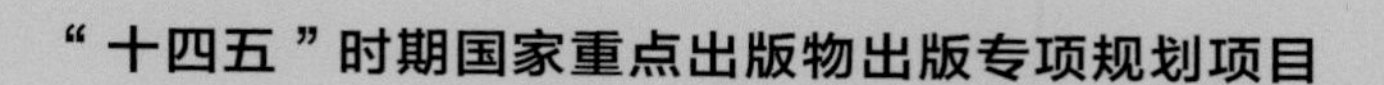

鱼类细菌性鳃感染病

Bacterial Gill Infectious Diseases of Fishes

房　海　葛慕湘　陈翠珍　编著

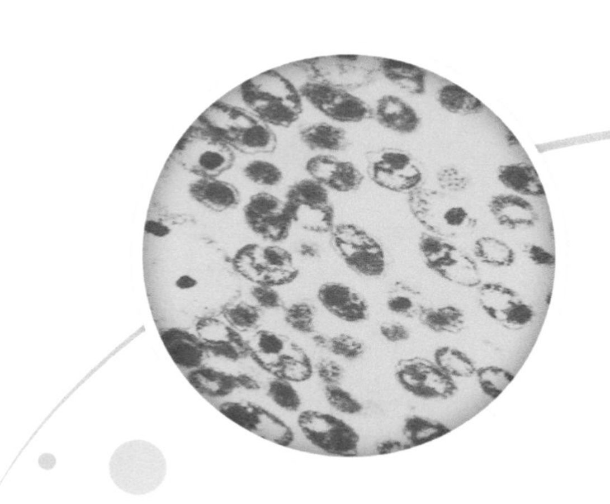

中国农业科学技术出版社

图书在版编目（CIP）数据

鱼类细菌性鳃感染病 / 房海，葛慕湘，陈翠珍编著. --北京：中国农业科学技术出版社，2023. 7

ISBN 978-7-5116-5570-7

Ⅰ. ①鱼…　Ⅱ. ①房… ②葛… ③陈…　Ⅲ. ①细菌性鱼病－鳃病－感染－研究　Ⅳ. ①S941.42

中国版本图书馆CIP数据核字（2021）第223174号

责任编辑　张诗瑶
责任校对　王　彦
责任印制　姜义伟　王思文

出 版 者　中国农业科学技术出版社
北京市中关村南大街12号　　邮编：100081
电　　话　（010）82106625（编辑室）　（010）82109702（发行部）
（010）82109709（读者服务部）
网　　址　https://castp.caas.cn
经 销 者　各地新华书店
印 刷 者　北京建宏印刷有限公司
开　　本　185 mm × 260 mm　1/16
印　　张　45
字　　数　1 100千字
版　　次　2023年7月第1版　　2023年7月第1次印刷
定　　价　498.00元

编著者简介

房　海（Fang Hai）

男，1956年生，河北省玉田县人。河北科技师范学院教授，长期从事“微生物学及免疫学”教学与科研工作。已主编出版《大肠埃希氏菌》《动物微生物学》《人及动物病原细菌学》《水产养殖动物病原细菌学》《动物微生物检验》《兽医生物制品学》《肠杆菌科病原细菌》《人兽共患细菌病》《中国食物中毒细菌》《病原细菌科学的丰碑》《中国医院感染细菌》《宠物：“感染病”伴侣》《食源性感染病：餐桌上的“定时生物炸弹”》《水生动物病原细菌》等。

葛慕湘（Ge Muxiang）

女，1971年生，河北省肃宁县人。河北科技师范学院副教授，长期从事“水生动物分类与养殖学”教学与科研工作。

陈翠珍（Chen Cuizhen）

女，1955年生，河北省滦南县人。河北科技师范学院教授，长期从事“水生动物微生物学”教学与科研工作。

内容提要

《鱼类细菌性鳃感染病》（Bacterial Gill Infectious Diseases of Fishes）包括3篇，共8章内容，记述了迄今已有记载和报道可明确列为或直接相关联作为鱼类细菌性鳃感染病的柱状病（columnaris disease，CD）、细菌性鳃病（bacterial gill disease，BGD）、黏着杆菌病（tenacibaculosis）、鳃上皮囊肿（epitheliocystis，EP）［也称上皮囊肿病（epitheliocystis disease，EPD）］四大类型感染病。

在病原体（pathogen）方面，涉及属于真细菌（eubacteria）范畴的12个菌属（Genus）24个种（Species）细菌（bacteria）。包括黄杆菌科（Flavobacteriaceae）中引起柱状病和细菌性鳃病［也常是统一以鱼类黄杆菌病（flavobacterial diseases）的名义描述］的黄杆菌属（*Flavobacterium*）病原性细菌（pathogenic bacteria）4个种（第四章）、引起鳃黏着杆菌病的黏着杆菌属（*Tenacibaculum*）病原性细菌2个种（第五章）；引起鳃上皮囊肿（上皮囊肿病）的衣原体目（Chlamydiales）、不同衣原体科（Family）病原性衣原体（pathogenic Chlamydia）的7个菌属13个种（第七章）；引起鳃上皮囊肿（上皮囊肿病）的非衣原体（non-Chlamydia）类病原性细菌3个菌属5个种（第八章）。

为使读者了解鱼类非细菌性鳃感染病，也便于与细菌性鳃感染病相比较，简要记述了鱼类非细菌性鳃感染病（真菌性鳃感染病、病毒性鳃感染病、寄生虫性鳃感染病），以及非细菌性感染病的综合描述与评价等内容。

本书力求集理论与实践于一体，尤其注重知识体系的形成。对鱼类细菌性鳃感染病（柱状病、细菌性鳃病、黏着杆菌病、鳃上皮囊肿）分别进行了在病症、病理、流行病学等方面比较系统的描述；对引起鱼类鳃感染病的病原性细菌，均比较详细地描述了发现与研究的历程、主要生物学性状、病原学意义、微生物学检验等内容。

本书可作为从事水生动物病原细菌学及感染病学与流行病学、公共卫生学、环境微生物学等学科领域的科技工作者、高等院校相关学科和专业（尤其是水生动物医学）师生的参考书，也可对相关科研工作提供有价值的参考。

前　言

先来说说鱼类的鳃（gill），其为鱼类的呼吸器官，也可以比作陆生动物（terrestrial animals）的肺脏。鳃的主要功能是从水中吸取氧气（O_2）、排出二氧化碳（CO_2），完成气体交换；此外，还兼有排泄小分子代谢物质和协助调节渗透压等的生理功能。无论如何，基于鳃的特殊生理解剖位置可以认为其与体表一样接触环境水体及水中所有物质，甚至因其特定功能和大表面积会表现得更为广泛和充分。也因此，带来了会与病原体（pathogen）出现不可避免的高频率互作（interaction），也就显著增加了被感染（infection）与发病（overt disease）的机会。

接着来说说细菌，基于现代分子技术（modern molecular techniques）的16S rRNA基因系统发育学分类（phylogenetic classification），将细菌分为了真细菌（eubacteria）、古细菌（archaebacteria）也称为古菌（archaea）或古生菌两大类。真细菌包括通常所指的细菌（bacteria），以及立克次氏体（Rickettsia）、支原体（Mycoplasma）、衣原体（Chlamydia）、螺旋体（Spirochaeta），还有放线菌（Actinomycetes）、蓝细菌（Cyanobacteria）等除古细菌（古菌、古生菌）外的所有单细胞原核生物（prokaryotes）。

再来说说鱼类的鳃病（gill disease，GD），是直接，也是最为普遍影响鳃机能的最重要因素。如果从广义的角度描述鱼类鳃病的种类，那么至少可以基于其病因分为物理性的如直接的机械性损伤，化学性的如由有害物质造成水污染导致的直接伤害，生物性的如由病原体引起的感染病（infectious diseases）或浮游植物（phytoplankton）和/或浮游动物（zooplankton）富集导致水华（blooms）对水生境（aquatic environments）的破坏以及直接的毒性作用等。无论如何，鱼类的鳃一旦出现机能障碍，其后果是导致呼吸窘迫（respiratory distress）以及一系列伴发症候。

现在来说说鱼类鳃的感染病，可以简单定义为由病原性细菌（pathogenic bacteria）、真菌（fungi）、病毒（virus）、寄生虫（parasites）等任何病原体引起的感染（传染）性疾病。相对来讲，非感染病（non-infectious diseases）即通常所指的普通病（common diseases），当包括所有不是由病原体引起、不具有传染性的疾病。也顺便说说所谓的复合鳃病（complex gill disease，CGD），通常可以认为是泛指由细菌、病毒、真菌、寄生虫等多种病原体引起的复杂感染类型，实际上也属于感染病的范畴、但其不是特定的感染病名称；其病原体的多元化，不是通常所指的所谓由某一种病原体所引起的单纯感染（pure infection）或称为单一感染（single infection）、在感染了某种（或某几种）病原体后又有另外病原菌侵入或原来存在于机体（体表、消化道内等）的病原体所引起的继发感染（secondary infection）、或是在被某种病原菌感染未愈又再次被其感染的所谓重复感染（repeated infection）等类型，更像是由两种及其以上病原体同时参与的混合感染（mixed infection）亦常被称为同时感染（coinfection）、或像是双重感染（double infection）或叠加感染（supper infection）类型，显然也自然导致了病症、病理的复杂化，需要多相检验、综合分析判定。

如果按病原体种类来划分鱼类鳃的感染病，则可大致分为鱼类细菌性鳃感染病（bacterial gill infectious diseases of fishes）、鱼类非细菌性鳃感染病（non-bacterial gill infectious diseases of fishes）两大类（从大的方面将细菌与其他病原体分开）。细菌性鳃感染病，泛指所有由真细菌引起的鳃感染病。非细菌性鳃感染病，则分别包括由真菌、病毒、寄生虫等任何病原体引起的鳃感染病；另外，由寄生虫引起的鳃感染病常界定在寄生虫病（parasitosis，parasitic diseases）的范畴，以便其与由病原性细菌、病毒、真菌等微生物（microorganism）引起的感染病相区别。其中尤以细菌性鳃感染病表现突出，这也是与细菌在水生境中的广泛存在、特别是那些所谓的水生细菌（aquatic bacteria）相关联的。

仅就鱼类细菌性鳃感染病来讲，可列：自从美国俄亥俄州立大学（Ohio State University；Columbus，Ohio，USA）的Osburn（1911）首先报道在养殖鳟鱼（trout）和鲑鱼（salmon）鱼苗（fry）的鱼类鳃病，即在后来被明确属于由柱状黄杆菌（*Flavobacterium columnare*）引起的柱状病（columnaris disease，CD）；美国渔业管理局（United States Bureau of Fisheries）的Davis（1926）首先报道描述了在佛蒙特州（Vermont）鱼类孵化场的美洲红点鲑（brook trout，*Salvelinus fontinalis*）和虹鳟（rainbow trout，*Salmo gairdneri*）鱼苗及鱼种（fingerling）中观察到的、真正意义上的“bacterial gill disease，BGD”（细菌性鳃病）并予以命名，即在后来被明确属于由嗜鳃黄杆菌（*Flavobacterium branchiophilum*）引起的细菌性鳃病；日本广岛县水产试验场（Hiroshima Prefectural Fisheries Experimental Station；Hiroshima，Japan）的Masumura和日本东京大学（University of Tokyo；Tokyo，Japan）的Wakabayashi（1977）报道发现在广岛县漂浮网箱（floating net cages）中养殖的真鲷（red sea bream，*Pagrus major*）即红海鲷、黑海鲷（gilthead，black sea bream；*Acanthopagrus schlegeli*）鱼苗所谓由滑动细菌感染（gliding bacterial infection）引起的滑动细菌病（gliding bacterial disease），即在后来被明确属于由近海黏着杆菌（*Tenacibaculum maritimum*）引起的鱼类“tenacibaculosis”（黏着杆菌病）；最初由德国鱼类生物学家（fische spezialisierte biologin）Plehn（1920）首先报道，在德国鲤鱼（common carp，*Cyprinus carpio*）中描述的所谓“mucophilosis”（嗜黏液病）、即

在后来被明确属于由病原性衣原体（pathogenic Chlamydia）引起的鳃“epitheliocystis，EP”（上皮囊肿）亦称为“epitheliocystis disease，EPD”（上皮囊肿病）。最早的鱼类细菌性鳃感染病被发现迄今百余年来，众多专家学者在鱼类细菌性鳃感染病的科技领域，致力于明确病原菌的种类、致病作用与致病机制，鳃感染的病症与病理发生、感染病的流行病学与溯源、危害程度评估与防控技术（措施与程序）等；近些年来，随着在流行病学方面对感染病的调查与检验及发生与流行规律分析、在病原体方面的多相分类（polyphasic taxonomic approach）及起源与进化研究，特别是分子生物学（molecular biology）方法的不断进步、规范与广泛应用，使诸多问题变得更加明晰。

迄今已有记载和报道可明确列为或直接相关联作为鱼类细菌性鳃感染病的，基本上可按其已明确病原体的分为三大类。一是由黄杆菌科（Flavobacteriaceae）中黄杆菌属（*Flavobacterium*）的柱状黄杆菌引起的所谓柱状病、由嗜鳃黄杆菌引起的细菌性鳃病；另外，通常也会将所有由病原性黄杆菌属细菌引起的水生动物感染病，统一在所谓黄杆菌病（flavobacterial diseases）或柱状病的名义之下（除特定需要明确划分的）予以描述，但并非均表现明显存在鳃感染。二是由黄杆菌科、黏着杆菌属（*Tenacibaculum*）的近海黏着杆菌引起的所谓黏着杆菌病，尽管表现病症与病理类型多样，但可明确列为鳃感染病的范畴。三是由衣原体目（Chlamydiales）不同菌科（Family）、不同菌属（Genus）的病原性衣原体（涉及7个菌属13个种），以及非衣原体（non-Chlamydia）类病原性细菌（涉及了3个菌属5个种）引起的鳃上皮囊肿（鳃上皮囊肿病）。

如果按鱼类细菌性鳃感染病的病症与病理特征划分，则基本上可分为四大类。一是柱状病，典型的由柱状黄杆菌感染引起，主要是发生在淡水鱼类（fresh-water fishes）。二是细菌性鳃病，作为专有感染病名称是指由嗜鳃黄杆菌感染引起的，主要是发生在淡水鱼类。三是黏着杆菌病，作为专有感染病名称是指由近海黏着杆菌感染引起的，主要发生在海洋鱼类（marine fishes）。四是鳃上皮囊肿（鳃上皮囊肿病），包括所有由病原性衣原体、非衣原体类细菌感染引起的，缺乏在淡水鱼类、海洋鱼类的特别亲嗜性。对不同水生境（淡水、海洋）鱼类的鳃感染病来讲，这些相应病原菌的生态位（ecological niches）进化也很有研究的必要，其中可能蕴含着重大的生物学奥秘。

回过头来说说现在来看鱼类细菌性鳃感染病及其相应病原细菌，无论是从哪个方位、哪个层面都似能感到已构成独立体系；但又往往会感受到宋代文学家苏轼《题西林壁》的“横看成岭侧成峰，远近高低各不同。不识庐山真面目，只缘身在此山中”。

为总结国内外专家学者在鱼类细菌性鳃感染病、病原学的学科领域迄今百余年来研究成果和学术成就，相对比较集中、系统反映鱼类细菌性鳃感染病以及相应病原细菌的主要内容，以为从事水生动物（aquatic animals）的预防医学（preventive medicine）、流行病学（epidemiology）、感染病学（infectious diseases）、病原细菌学（pathogenic bacteriology）、环境微生物学（environmental microbiology）、公共卫生学（public health）等学科研究与实践的科技工作者提供参考，在尽力广泛收集参考相关文献资料的基础上，本着“统筹与归纳、凝练与评价”的原则和“严肃与严密、严谨与严格”的要求，撰写了《鱼类细菌性鳃感染病》。就如同是国内外专家学者为我们备足（齐）了所需各种建材，如何能够展现学术殿堂，那就要看我们的设计水平与建造技能了；也如同是国内外专家学者为我们备足（齐）了所需各种食材，如何能够展现学术盛宴，那就要看我们的厨艺水平与烹饪技能了。

如实地讲，常会认为在水生动物感染病学的学科领域似是不及预防医学、甚至预防兽医学那样的进步和系统。实则不然，当将文献资料归类、分析后，不只会感到在一些方面的知识体系早已形成，着实需要我们认真总结、升华；也为实现真正意义上的学术四化“知识的系统化、开放化；技术的规范化、市场化”而感慨。另外，也使一些尘封的科技文献（知识点）焕发新的生机与活力，也启迪我们的科学思维；再者，时刻提醒我们缅怀科技界古圣先贤，激励我们在科学无涯路上不断前行。

当我们在拜读一篇迄今百年来的学术论文的时候，其丰富的内涵、精致的图片、科学的推理、求是的论证，真的会深感科研四严（严肃的态度、严密的方法、严谨的结论、严格的要求）作风在作者身上的完美体现。当我们在拜读科技先贤一篇迄今百年来的学术论文来获取知识、当我们仍然还一直在使用着法国微生物学家路易斯·巴斯德（Louis Pasteur，1822—1895）于1861年建立的感染病的病因论（pathogeny generation）作为指导、使用着德国细菌学家罗伯特·科赫（Robert Koch，1843—1910）创造的一系列细菌学技术方法来轻松地将细菌分离出来或将混杂的细菌分离开来以及通过动物感染试验来确定细菌病原性的时候……我们是否都能记得巴斯德在1860年著名的“retort test”（曲颈瓶试验）使我们对病原体的存在得以认知，是否都能记得是科赫及其同事们于1882年使琼脂（agar）从厨房走进实验室才使分离获得纯培养细菌在真正意义上成为可能，科赫于1884年通过对炭疽芽孢杆菌（*Bacillus anthracis*）研究试验建立起了确证病原菌的“Koch’s postulates”（科赫法则）使判定病原菌有了基本准则（至今也还仍然是不可替代的唯一标准）；是否都曾想过与现在相比在当时那样用“简陋”来形容都觉得是用词显得“奢侈”的实验室条件，那么，这些具有匠人精神的科学先贤和科学巨匠们是基于什么力量做出了如此对人类文明产生重大且深远影响的成就？是谜、不解？不是谜、能解！……最直接的基本解释，那就是“淡泊名利，崇尚科学”。

衷心希望《鱼类细菌性鳃感染病》的出版，能为广大致力于从事水生动物感染病学及相应病原细菌学的教学、科研、检验、评估，以及对水生动物感染病防治（防控）事业的科技工作者带来有益的帮助；同时，也愿能在促进水生动物感染病学的学科领域不断发展中，发挥一定的作用。

在此也对一些相关的共同事项，作以简要记述。

●此书特点　如果说此书能够体现出一些特点，则主要在以下几个方面。一是紧紧围绕“鱼类细菌性鳃感染病”这一主题，比较全面、系统地归纳了迄今百余年来明确记载和报道的、引起鱼类细菌性鳃感染病的病原细菌和相应感染病情况，共涉及12个菌属24个种病原性细菌，其中包括通常所指细菌中黄杆菌科细菌的2个菌属6个种、衣原体目不同菌科衣原体7个菌属13个种、同衣原体的致病作用一样引起鱼类鳃上皮囊肿（上皮囊肿病）的非衣原体类细菌3个菌属5个种；在感染病类型方面，已具有明确感染病名称的涉及了4种（柱状病、细菌性鳃病、黏着杆菌病、上皮囊肿亦即上皮囊肿病）。在此基础上以菌属（或种类）为单元（主体），构建了鱼类细菌性鳃感染病与病原菌体系；在每个菌属的起始，均首先记述了菌属的主要生物学性状与特征（菌属定义）、按伯杰氏（Bergey）细菌分类系统的分类位置及菌属内所包括的种，以便于读者对相应菌属进行了解；另外，为使读者了解鱼类非细菌性鳃感染病、也便于与细菌性鳃感染病相比较，在第二章“鱼类鳃感染病及其细菌性感染病概要”中简要记述了鱼类非细菌性鳃感染病（真菌性鳃感染病、病毒性鳃感染病、寄生虫性鳃感染病、非细菌性鳃感染病的综合描述与评价）内容。二是将鱼类细菌性鳃感染病与相应病原性细菌融为一体，进行了相对比较全面、集中的描述；不仅为对细菌性鳃感染病与相应病原性细菌能够比较系统地认识提供了便捷，也为学科间的交叉融合与发展升华搭建了平台，并且丰富了各自的学科内涵。三是在每个病原性菌属（种）及相应的鳃感染病中，为便于对其发现与研究历程的了解，均进行了比较系统的记述，也有助于启迪我们的科学思维与猜想、推论。四是在每种引起鱼类鳃感染的病原细菌中，均相对比较系统地记述了细菌的生物学性状、病原学意义以及微生物学检验内容，特别注重了对相关重点内容的描述；在病原学意义中，主体是鳃感染，另外也简要记述了其他感染类型，力求尽可能实现知识的相对系统化。五是既具有比较丰富的基础理论，又保证了密切联系实际，努力做到融研究工作与实践应用为一体；同时特别注重了内容的全面性和系统性，力求使此书可读、可用。

●鳃感染病的病原细菌界定　作为鱼类鳃感染病的病原细菌，基本界定指征是能够在一定条件下单独引起鳃组织感染发生病理学损伤、显示特征的嗜鳃（gill loving）性状，直接影响鳃组织正常生理学机能的所谓专性病原菌（obligate pathogen）；可能或不能同时引起皮肤以及其他组织器官的感染，无论是否表现出特征性临床病症。相对来讲，对尽管有的菌种（株）是分离于鳃组织且存在不同程度的病理损伤，但它们的最适感染部位并非鳃组织，因此还难以将它们与细菌性鳃感染病联系在一起，当然就更不包括那些通常是作为构成鳃部微生物区系（microbiota）、也可能具有一定的病原性（pathogenicity）而称为致病性的细菌成员了，这也是作者撰写《鱼类细菌性鳃感染病》所界定的病原菌种类。如仅就黄杆菌属病原性细菌来讲，鳃感染病的种类及其相应病原菌：柱状病，病原菌为柱状黄杆菌；细菌性鳃病，病原菌为嗜鳃黄杆菌。至于水生黄杆菌（*Flavobacterium hydatis*）、琥珀酸黄杆菌（*Flavobacterium succinicans*）两个种，则是以与鱼类细菌性鳃感染病直接相关联的名义描述的，因为此两种黄杆菌相比其他病原性黄杆菌来讲更接近于可被列入鳃感染病的病原菌范畴（至少是更倾向于鳃感染），尽管它们还没有专用的感染病名称。另外，黄杆菌属细菌通常多是被分离于鱼类体表（包括鳃表面），这也是与其为好氧生长菌的生物学性状相关联的；但有的种也被分离于实质器官，或也同时被分离于鳃组织，这种黄杆菌虽然在鳃也具有一定的病原性，但也还不能明确列入鳃感染病的病原菌范畴。如在近些年来报道的新种（sp. nov.）黄杆菌中，7个种明确在鱼类具有病原学意义，有的即是如此［可见在第四章“黄杆菌属”（*Flavobacterium*）中的相应简要描述内容］，不能列入鳃感染病的病原黄杆菌范畴。

如果总结这些引起鱼类鳃感染病细菌的基本特征，可以认为包括以下几方面。一是均为革兰氏阴性的杆菌，或为衣原体。尽管有的革兰氏阳性杆菌也能够引起鳃组织感染，但做综合判定还不能列入鳃感染病的病原菌范畴；如有记述革兰氏阳性、属于放线菌类的鰤鱼诺卡氏菌（*Nocardia seriolae*），主要是在日本的养殖鰤鱼（yellowtails，*Seriola quinqueruiata*；*Seriola purpurascens*）中广泛流行，引起所谓的结节病（nodule disease）、鳃-结核病（gill-tuberculosis）或统称为诺卡氏菌病（nocardiosis），其病症可明显分为躯干结节型和鳃结节型两种类型，其中的鳃结节型主要是表现在鳃丝基部形成乳白色的大型结节。二是通常表现需要在有氧条件下生长、或为严格的需氧菌（strict aerobes），在厌氧条件下不能生长，通常表现为氧化酶和过氧化氢酶阳性；另外，有的细菌还不能在体外人工培养基成功培养。三是能够在体外人工培养基生长的细菌，通常均属于非发酵菌（nonfermentative bacteria）类，也常记为非发酵革兰氏阴性杆菌（nonfermentative Gram-negative bacilli，NFGNB）。

●文献使用　对每种病原细菌引起鳃感染病的记述，均特别注重了尽力做到全面、系统；所引用的文献，均为公开发表的。文献（专业书籍、学术论文、文献综述等）最早自美国俄亥俄州立大学的Osburn（1911）在美国渔业协会（American Fisheries Society）第四十届年会（Fortieth Annual Meeting）发表的*The effects of exposure on the gill filaments of fishes*（暴露对鱼类鳃丝的影响）即鱼类鳃病（gill disease of fishes）始［发表于*Transactions of the American Fisheries Society*（美国渔业协会会刊）1911］，直至2019年；同时对每篇引用文献，均注明了第一作者所属国家、单位，目的是便于读者了解在某研究领域主要相对集中于哪些（个）国家、哪些（个）单位（系统研究、学术积淀深厚，处于引领地位），也有助于跟踪研究步伐和掌握学术动态。在此需要说明的是，虽已较广泛收集和汇总了相关文献资料（注重淘金学术资源、凝练学术思想）、尽力将其分门别类并融为一体（努力避免单纯的罗列、堆积），但尚有对文献理解不到位、或所译及使用不当、或因检索范围有限对一些重要文献有所遗漏的现象；另外，作者努力争取此书的理论与实践并重，以求尽力使读者能对鱼类细菌性鳃感染病及相应病原细菌有较全面的了解和认识；但这些，皆因作者学术水平所限及学识积淀浅薄，以致难以收到理想的预期效果，难免造成书中的不足、不妥甚至错误之处，恳请从事病原细菌学、水生动物感染病学、公共卫生学、水生环境学等学科领域的专家学者及广大读者不吝赐教，以增作者所学及待再版此书时予以充实、修正和完善，作者将非常感激。

●编写规范　书中各章节的编写体例与风格，均尽量做到相对的统一。主要体现在以下两方面：一是篇章结构与章次排列，是将引起鱼类细菌性鳃感染病的黄杆菌科病原性细菌、鳃上皮囊肿（鳃上皮囊肿病）的病原性衣原体、鳃上皮囊肿的病原性非衣原体细菌，各分别组成篇（章），再按菌属（种）编排。二是在文献中常被使用的英文缩写词、专有名词等，均是在正文第一次出现处标注了相应的英文全称和中文名称，以后再出现则均采用的是中文名称；细菌的菌属及菌种名称、水生动物名称等，均是在正文第一次出现处标注了相应的学名和中文名称，以后再出现则均采用的是中文名称。

《鱼类细菌性鳃感染病》的出版，与作者所在单位（河北科技师范学院）领导和同事们的大力支持与协助密不可分。值此，作者特别向被引作参考文献的各位作者、向所在单位（河北科技师范学院）的领导和同事、向所有关怀与支持此书撰写和出版的各位领导及同道，致以最诚挚的谢意。如果《鱼类细菌性鳃感染病》的出版，真的能为促进我国在水生动物感染病学、病原细菌学及相关学科的进步与发展尽其绵薄之力，则作者将会因撰写此书的愿望化为现实而受到莫大的鼓舞。

房　海

2020年1月

目　录

第一篇　鱼类的鳃及其鳃感染病要览

第二篇　鱼类鳃的黄杆菌科细菌感染病

第三篇　鱼类鳃的细菌性上皮囊肿

第一篇　鱼类的鳃及其鳃感染病要览

本篇包括了两章内容：第一章“鱼类鳃的结构与功能”、第二章“鱼类鳃感染病及其细菌性感染病概要”。

第一章“鱼类鳃的结构与功能”对鱼类的鳃在系统发生、生理结构与功能方面进行了比较系统的描述。包括了鱼类的分类与鳃的发生（鱼类的分类、鱼鳃的发生）、鱼鳃的结构（鱼鳃的大体解剖结构、鱼鳃的显微组织结构、鱼鳃的超微组织结构）、鱼鳃的功能（鱼鳃的呼吸功能、鱼鳃的排泄功能、鱼鳃的渗透压调节功能、鱼鳃的其他功能）等内容。

第二章“鱼类鳃感染病及其细菌性感染病概要”主要是综合性概括描述了鱼类细菌性鳃感染病（鱼类细菌性鳃感染病的病原菌种类、鱼类细菌性鳃感染病的基本病症）、鱼类非细菌性鳃感染病简介（鱼类真菌性鳃感染病、鱼类病毒性鳃感染病、鱼类寄生虫性鳃感染病等的综合描述与评价）、病原细菌的发现与致病作用（病原细菌的发现、病原细菌的致病作用）、细菌性感染病概要（细菌感染的类型、细菌性感染病的流行形式与病程发展阶段、细菌性感染病的传播途径、细菌性感染病的确证、细菌性感染病的监测与控制、细菌性感染病的量度）等内容。

第一章　鱼类鳃的结构与功能

鱼类（fishes）的鳃（gill）由咽部两侧发生而来，呈对称排列于咽腔两侧。鳃的主要功能是作为鱼类呼吸器官，从水中吸取氧气（O_2）、排出二氧化碳（CO_2）完成气体交换过程。此外，还兼有排泄小分子代谢物质和协助调节渗透压等的生理功能。

第一节　鱼类的分类与鳃的发生

鱼类的种类众多，但不同种鱼类在鳃的结构、生成方面存在不小的差异，因此在具体描述鱼类鳃的结构与功能之前，首先简要记述有关鱼类分类、鳃的生成问题，以便于对鱼类鳃的形态结构与功能更能够较系统地认识。

一、鱼类的分类

鱼类的分类比较复杂，目前世界各国使用的鱼类分类系统也并不统一。迄今世界上已发表的分类系统，最被广泛接受和采用的有两个：一是苏联学者拉斯和林德尔贝格著*Modern concepts of the natural system of recent fishes*《近代鱼类自然系统的现代概念》（1971）中使用的分类系统，称为拉斯-林德贝尔格分类系统；二是加拿大学者尼尔森在*Fishes of the World*《世界鱼类》（1976）中提出的尼尔森分类系统，此系统不断得以完善（1984、1994、2006），现已成为国际通行的分类系统[1]。

这两个分类系统的差别很大，如在拉斯-林德贝尔格分类系统中认为文昌鱼（Amphioxiformes）、盲鳗（Myxiniformes）、七鳃鳗（Petromyzontiformes）等非脊椎动物（invertebrate）不属于鱼类；但在尼尔森分类系统中，则将其包括在内。另外，两者在目（Order）层次及以上分类阶元的排列上，也区别很大。在我国出版的此类相关书籍中，通常采用的是在目层次的排列上采用拉斯-林德贝尔格分类系统，但在目内依据尼尔森分类系统[2]。目前的研究热点，是利用分子生物技术分析鱼类的进化发育关系；第一个基于全面分子系统发育的硬骨鱼类（bony fishes）分类系统发表于2013年，美国波多黎各大学（University of Puerto Rico，San Juan，USA）的Betancur等（2017）对该版本进行了更新[3]。但无论如何，目前在动物学领域通常多是将现存鱼类分为三大类、或称为3个纲，即圆口纲（Cyclostomata）、软骨鱼纲（Chondrichthyes）和硬骨鱼纲（Osteichthyes）[4]。

（一）圆口纲

圆口纲鱼类的结构特征是无上、下颌，所以也被称为无颌类（agnatha），其呈鳗形，骨骼全部为软骨，鳃呈囊状，单个鼻孔，无胸鳍、腹鳍，脊索终生存在。现存种类分为2个目，即盲鳗目（Myxiniformes）和七鳃鳗目（Petromyzoniformes）。

1. 盲鳗目

盲鳗目成体的眼睛埋于皮下，具有口须1～2对，单个鼻孔开口于吻端，嗅囊（olfactory sac）的内鼻孔与口腔相通；营寄生生活，强大的栉齿（comb-shaped teeth）用以刮食鱼肉及协助吸血；通常认为不但无经济价值、还对渔业有很大危害。如在我国常见的蒲氏黏盲鳗（*Eptatretus burgeri*），鳃孔6对，躯体茶褐色，在东海、黄海均有分布（图1-1、图1-2）。

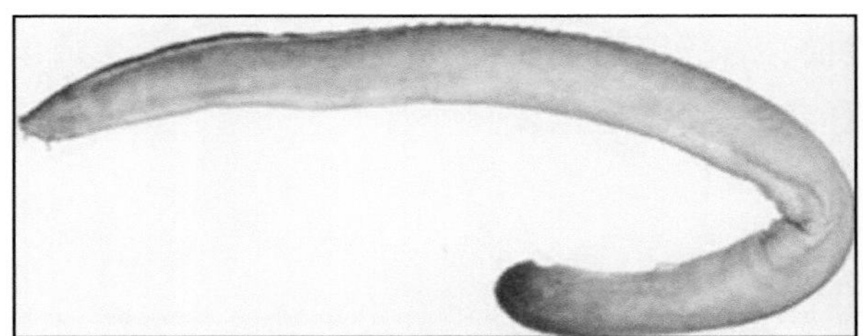

图1-1　蒲氏黏盲鳗成体

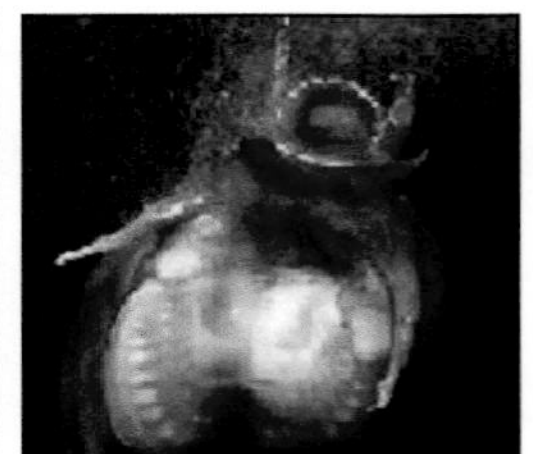

图1-2　蒲氏黏盲鳗头部

2. 七鳃鳗目

七鳃鳗目成体的眼发达，7对鳃孔分别开口体外，口呈漏斗状吸盘（funnel-like sucker）、内有多角质齿，无口须，单个鼻孔开口于头部背面正中；营半寄生生活，在海水、淡水均有分布，常是昼伏夜出，觅食时用吸盘状口吸附于其他鱼体上，用齿锉破寄主体表，吸食其血、肉。在我国分布有3种，常见的日本七鳃鳗（*Lampetra japonica*），两背鳍分离，下唇板齿6～7枚，生活于海洋，每年12月成鱼溯河洄游至黑龙江、图们江、乌苏里江的上游，春末产卵后亲鱼死亡，受精卵发育至幼鱼后降河入海（图1-3）[5-7]。

图1-3　日本七鳃鳗

（二）软骨鱼纲

软骨鱼纲的鱼类内骨骼全部是软骨，通常是钙化、但不骨化；具有上、下颌，具5～7对鳃裂（gill cleft）或外被膜质假鳃盖（operculum）、有1对鳃孔（gill opening）；体被呈楯鳞（placold scale）或光滑无鳞，尾鳍为歪尾型（heterocercal），无鳔（swim bladder）；雄性腹鳍内侧特化为鳍脚（clasper），体内受精。软骨鱼纲又分为板鳃亚纲（Elasmobranchii）和全头亚纲（Holocephali）[1,6]。

1. 全头亚纲

在全头亚纲内，现存仅有一个银鲛目（Chimaeriformes）鱼类。特征是在第一背鳍具一强大硬棘，能自由竖立；鳃外侧有一个膜质假鳃盖，仅具一鳃孔；上颌与脑颅固定，所以也被称为全头类（holocephali）。

银鲛目鱼类在全世界约有31种，在我国有6种。常见的黑线银鲛（*Chimaera phantasma*），吻短且圆锥形，体侧扁，银白色，具两褐色纵纹；臀鳍与尾鳍下叶有一缺刻相隔，尾细小而尖；体侧侧线暗褐色，呈波状纵走，分布于我国沿海及北太平洋西部（图1-4）[1,6]。

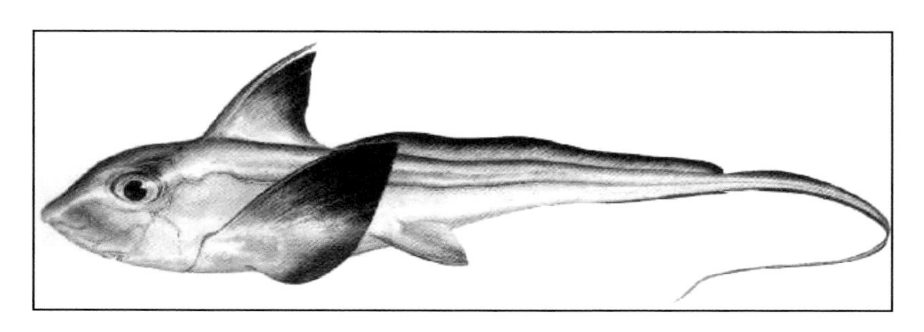

图1-4　黑线银鲛

2. 板鳃亚纲

除全头类以外，其他软骨鱼类都属于板鳃亚纲。其特征为鳃裂5～7对，各自开口体外，上、下颌不与头骨愈合，鳃间隔（gill septum 或interbranchial septum）宽大、呈板状，故称板鳃类。

板鳃亚纲分两个总目，鳃裂开口在体侧的为侧孔总目（Pleurotremata），也称鲨形总目（Selachomorpha），包括了所有鲨类，如噬人鲨（*Carcharodon carcharias*）（图1-5）；鳃裂开口在腹面，胸鳍扩大，与体侧或头侧愈合的为下孔总目（Hypotremata），也称鳐形总目（Batomorpha），包括孔鳐（*Raja porosa*）（图1-6）、赤魟（*Dasyatis akajei*）、双吻前口蝠鲼（*Manta birostris*）等[7]。

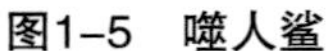

图1-5　噬人鲨

图1-6　孔鳐

（三）硬骨鱼纲

硬骨鱼纲的鱼类内骨骼或多或少为硬骨，种类众多（占鱼类总数的约95%）；分为内鼻孔亚纲（Choanichthyes）、辐鳍亚纲（Actinopterygii）两个亚纲[7]。

内鼻孔亚纲是一类原始的、结构较特化的种类，有内鼻孔且与口腔相同，有肉质桨叶状偶鳍，故又称肉鳍亚纲（Sarcopterygii），其鳔可辅助呼吸，如矛尾鱼（*Latimeria chalumnae*）、非洲肺鱼（*Protopterus annectens*）等；辐鳍亚纲无内鼻孔，偶鳍不呈桨叶状，鳍条呈辐射状排列，内骨骼一般为硬骨，绝大部分硬骨鱼类属于此亚纲[5]。

传统上是将辐鳍亚纲鱼类，分为软骨硬鳞鱼类（Chondrostei）、全骨鱼类（Holostei）、真骨鱼类（Teleostei）的3个类群。

软骨硬鳞鱼类的骨骼基本上是软骨，只在头部出现少量硬骨，被覆硬鳞（ganoid scale）；是一类古老的鱼类，多数已经灭绝，目前仅存多鳍鱼目（Polypteriformes）和鲟形目（Acipenseriformes）两个目，在我国常见的是中华鲟（*Acipenser sinensis*）（图1-7）、鳇鱼（*Huso dauricus*）等[6]。

全骨鱼类骨骼大部分为硬骨，被硬鳞，上颌皮内骨不与颊部骨骼连接，短时间内可以用鳔直接呼吸空气，现仅存弓鳍鱼目（Amiiformes）和雀鳝目（Lepidosteiformes）；我国不产，但近年来短吻雀鳝（*Lepidosteus platystomus*）作为一个入侵物种，在上海、重庆、韶关等地偶有被捕获的报道。

其余辅鳍亚纲的鱼类均属于真骨鱼类，内骨骼高度骨化，被骨鳞（bony scale），这是现代最繁盛的一群鱼类中，我们常见的鱼类大都属于真骨鱼类，如鲤鱼（common carp，*Cyprinus carpio*）、鲶鱼（cat fish，*Silurus asotus*）、带鱼（*Trichiurus haumela*）、牙鲆（*Paralichthys olivaceus*）、鲈鱼（perch，*Lateolabrax japonicus*）（图1-8）等。

图1–7　中华鲟

图1–8　鲈鱼

二、鱼鳃的发生

鱼类鳃的发生是在胚胎期，由口咽腔（oral-pharyngeal cavity）后部侧壁的内胚层（endoderm）、外胚层（ectoderm）和它们之间的头部间叶细胞（mesenchymal cells）共同发育而成。

（一）鳃裂及鳃的发生

首先是口咽腔后端两侧的内胚层壁，由后向前成对向外凸出形成若干对（多数在6对）咽囊（visceral pouch），最前面的一对称为舌腭囊（palatoglossal pouch）、后面的统称鳃囊（gill pouch）。

舌腭囊最终分化为腭弓（palatine arch）和舌弓（hyoid arch），鳃囊则继续向外伸展、突入中胚层；同时，与鳃囊相对的外胚层向内凹入形成鳃沟（visceral furrow）。鳃囊与鳃沟不断相向发展，两者最终相通形成鳃裂，开口于口咽腔内侧的称为内鳃裂（internal gill cleft）、开口体外的为外鳃裂（external gill cleft）。前后鳃裂间的组织即为鳃间隔，鳃间隔由内胚层、中胚层和外胚层共同构成。鳃间隔基部形成鳃弓（gill arch），在鳃间隔前后两侧面的表皮细胞形成许多极细的梳齿状或板条状突起、称为鳃丝（gill filament）[6]。

鳃间隔内的中胚层，还发生动脉、结缔组织等。在每个鳃间隔同一侧的所有鳃丝合在一起组成一个半鳃（hemibranch），通常称为鳃片或鳃瓣（gill flap或primary lamellae）；鳃间隔前（朝口方向）后两个半鳃，组成一个全鳃（holobranch）。一般认为，鱼类的鳃片是由外胚层发生的[7]。

（二）鳃盖的发生

全头类和硬骨鱼类在舌弓处产生皮褶，皮褶向后延伸、斜覆于鳃裂外面形成鳃盖（operculum）。鳃盖与鳃裂之间的空腔，被称为鳃腔（gill cavity）。全头类的鳃盖发育，停止于皮褶状态；硬骨鱼类鳃盖，则是从皮褶进一步发育产生若干膜骨（membrame bone）性硬骨、形成一组保护鳃，提高呼吸效率的骨骼被称为鳃盖骨系（opercular series）[6]。圆口类（cyclostomes）与板鳃类（elasmobranch）无鳃盖，外鳃裂直接开口于体外。

第二节　鱼鳃的结构

国外对鱼类鳃结构的研究，始于19世纪Riess对硬骨鱼鳃丝的显微结构观察。其后直到20世纪60年代，Hughes和Grimetons等首次运用透射电子显微镜对鱼鳃进行了动态研究分析；到了20世纪70年代，Wright总结证实了鱼类鳃的结构变化与其生活习性和水流环境的相关性，也使生物学界对于鱼类鳃的形态结构的研究进入了崭新的阶段。

在20世纪70年代，有不少学者也分别对虹鳟（rainbow trout，*Salmo gairdneri*）、攀鲈（*Anabas testudinesu*）、海七鳃鳗（*Petromyzon marinus*）、斑点猫鲨（*Scyliorhinus canicula*）、白亚口鱼（*Catostomus commersoni*）、高首鲟（*Acipenser transmontanus*）、肺鱼（*Lepidosiren paradoxa*）、异囊鲶（*Heteropneustes fossilis*）等不同种鱼类的鳃进行了观察研究，尤其是对其鳃的结构形态进行了比较详细的描述，且初步探讨了鱼类鳃的形态结构与其功能相适应的关系[8-15]。印度乌代普尔大学（University of Udaipur，India）的Rajbanshi针对异囊鲶的电子显微镜观察结果，提出大部分硬骨鱼类鳃的结构是基本相似的，由鳃弓、鳃丝、鳃小片组成，其表面都具有沟、缝、脊、坑等[16]。

我国对鱼类鳃结构的研究工作起步较晚，但进展还是比较快的。自20世纪80年代以来，我国学者已先后对草鱼（grass carp，*Ctenopharyngodon idellus*）、南方鲶（*Silurus meridionalis*）、鲤鱼、鲫鱼（*Carassius auratus*）、鲢（*Hypophthalmictuthys molitrix*）、鳙（*Aristichthys nobilis*）、剑尾鱼（*Xiphophorus helleri*）、胡子鲶、泥鳅（loach，*Misgurnus anguillicaudatus*）、尼罗罗非鱼（Nile tilapia，*Oreochromis niloptica*）、鲑点石斑鱼（*Epinephelus fario*）、鲻（*Mugil cephalus*）、鲅（*Liza haematocheila*）、黄鳍鲷（*Sparus latus*）、浅色黄姑鱼（*Nibea coibor*）等多种淡（海）水鱼类鳃的结构，进行了比较详细的亚显微观察研究[17-28]。

迄今已对不同科（Family）、属（Genus）、种（Species）的代表性鱼类鳃的基本结构（大体解剖结构、显微组织结构、超微组织结构），有了比较明晰的认识，且进一步的深入研究工作仍在持续。

一、鱼鳃的大体解剖结构

在解剖学结构方面，鳃以内鳃裂与口咽腔相通、以外鳃裂与外界相通，通常所说的鳃裂（孔）指的是外鳃裂（孔）。一个全鳃的大体结构，包括鳃弓、鳃片、鳃丝、鳃间隔、鳃耙（gill rakers）、血管和肌肉等。在全头类和硬骨鱼类鳃的外侧，覆有鳃盖（图1-9）[7,29]。

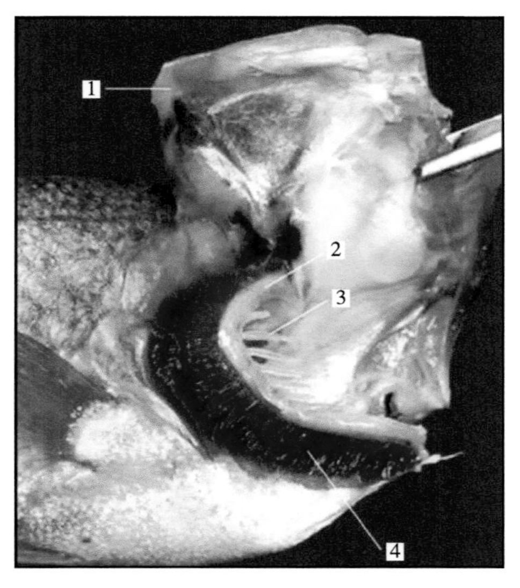

1. 鳃盖；2. 鳃弓；3. 鳃耙；4. 鳃丝。

图1-9　鲈鱼鳃的实体结构

（一）鳃裂与鳃盖

各种鱼类的鳃裂，其数目有所不同。圆口类鱼的外鳃裂呈圆孔状，称为鳃孔（gill opening）；七鳃鳗鱼有7对、盲鳗鱼有1～15对不等，分别开口于体外；板鳃类鱼呈裂缝状、称为鳃裂（gill cleft），有5～7对不等，在鲨类开口于头的两侧（图1-10A）、鳐类开口于头的腹面（图1-10B）。

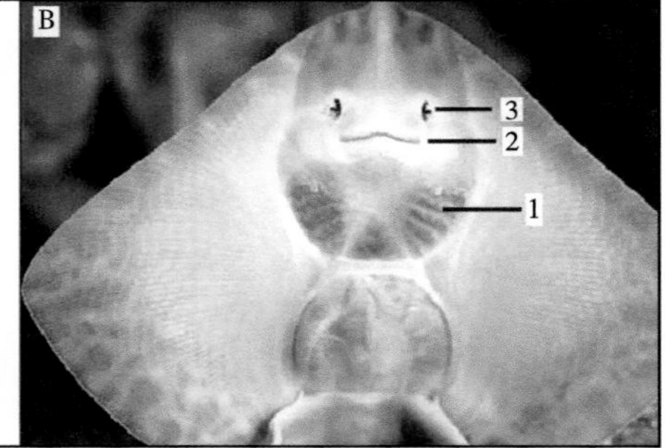

1. 鳃裂；2. 口；3. 鼻孔。

图1-10　鲨鱼（A）和鳐鱼（B）的鳃裂

全头类具有1对皮肤褶的假鳃盖，从外观看仅为1对，又称为鳃盖孔（opercular opening）或鳃盖裂（opercular clef）。所有硬骨鱼类的外鳃裂，其外侧均覆有骨质鳃盖，由前鳃盖骨（preopercle）、鳃盖骨（opercle）、间鳃盖骨（interopercle）、下鳃盖骨（subopercle）和鳃条骨（branchiostegal ray）组成，外观仅见1对鳃盖孔或鳃盖裂（图1-11）[6]。

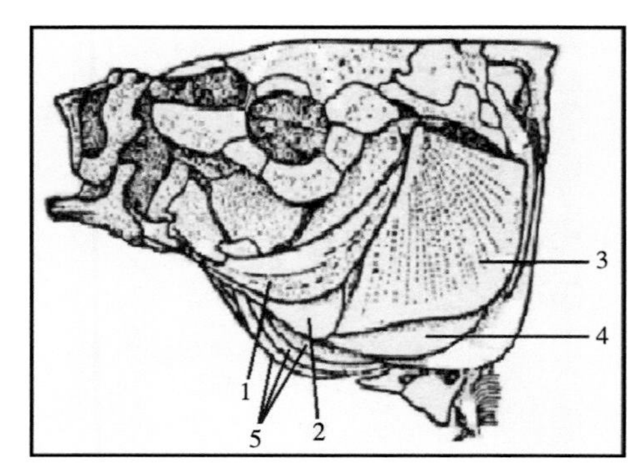

1. 前鳃盖骨；2. 间鳃盖骨；3. 鳃盖骨；4. 下鳃盖骨；5. 鳃条。

图1-11　鲤鱼的鳃盖骨系模式图

在个别的鱼类中，如合鳃目（Synbranchiformes）的黄鳝（*Monopterus albus*）其左右鳃

盖孔在腹面愈合为一；双孔鱼（*Gyrinocheilus aymonieri*）其头的两侧各具上下2个鳃孔，在主鳃孔上角具一入水孔，通入鳃腔。在鳃盖后缘的皮褶为鳃盖膜（branchiostegal membrance），起关闭鳃盖孔，防止外界水进入鳃腔的功能。

（二）鳃弓

鳃弓为支持鳃的弓形骨骼，在软骨鱼类为软骨、硬骨鱼类为硬骨。软骨鱼类的鳃弓有5～7对不等，每对鳃弓都由成对的咽鳃软骨（pharyngobranchial cartilage）、上鳃软骨（epibranchial cartilage）、角鳃软骨（ceratobranchial cartilage）、下鳃软骨（hypobranchial cartilage）和单块的基鳃软骨（basibranchial cartilage）组成。除最后1对鳃弓外，在其余各角鳃软骨后缘均附有细长的软骨棒，被称为鳃条软骨（branchial ray），用以支持鳃间隔。另外，在背侧和腹侧，还具有背外鳃软骨（dorsal extra-branchial cartilage）和腹外鳃软骨（ventral extra-branchial cartilage）[5]。

在硬骨鱼类一般具有5对鳃弓，在1～4对的鳃弓上均外生两列鳃片、内生两列鳃耙。鳃弓骨骼由咽鳃骨（pharyngobranchial）、上鳃骨（epibranchial）、角鳃骨（ceratobranchial）、下鳃骨（hypobranchial）、基鳃骨（basibranchial）组成。基鳃骨仅为4块，依次排列在两侧鳃弓中央，其他骨骼成对存在（图1-12）[30]。第五对鳃弓不生长鳃片，在真骨鱼类（teleostei）都发生了很大的变形、通常称为咽骨（pharyngeal bone）或下咽骨（hypopharyngeal bone）；鲤科（cyprinidae）鱼类的咽骨很发达，其上长有牙齿、通常称其为咽齿（pharyngeal teeth）（图1-13）。

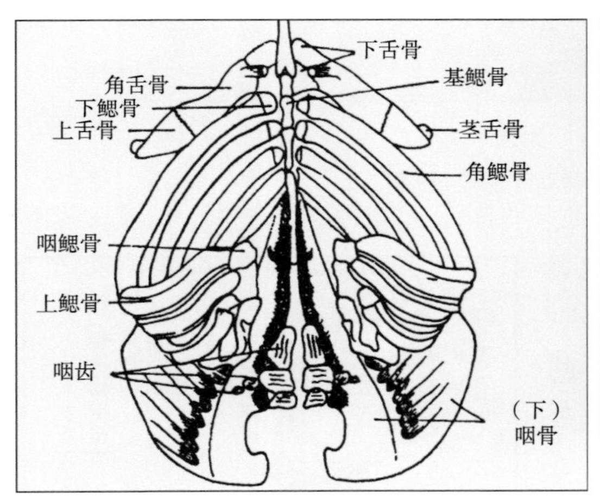

图1-12　鲤鱼的鳃弓骨骼示意

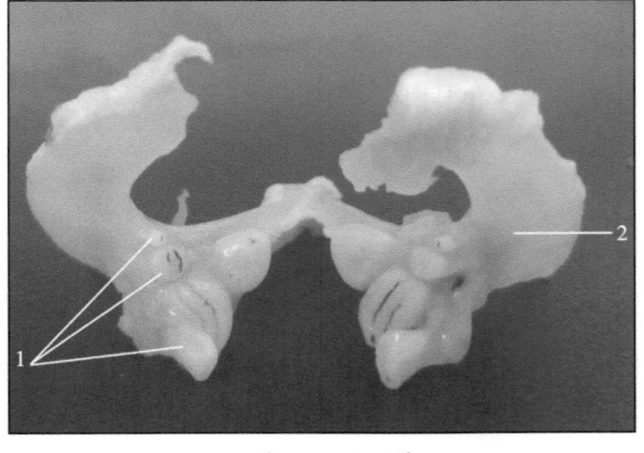

1. 咽齿；2. 下咽骨。

图1-13　鲤鱼第五对鳃弓及咽齿

（三）鳃片和鳃丝

鳃片又称鳃瓣，生长在鳃耙对面、位于鳃间隔两侧，呈鲜红色，由许多呈平行排列的鳃丝组成。板鳃鱼类的鳃丝着生在鳃间隔上，硬骨鱼类的鳃丝着生在鳃弓上。鳃丝排列紧密，使鳃片外观呈十分整齐的梳状。每条鳃丝向上下两侧又伸出许多薄片状小囊袋结构的突出物，称为鳃小片（gill lamellae或branch leaf）或称为次级鳃瓣（secondary lamellae），是鱼类与外界环境进行气体交换的场所。鳃小片数目很多，通常在1mm长的鳃丝上就长有鳃小片30～50片。鳃小片的出现显著扩大了鳃的表面积，保证了微血管能尽可能多地从水体中摄取溶解氧；鱼类鳃上皮的面积与皮肤的总面积相当，比许多动物要大得多，一尾体重10g的鲫鱼，其鳃的表面积即达16.96cm^2。鳃小片表面的上皮很薄，内含丰富的毛细血管，以致鲜活鱼的鳃呈鲜红色；但由于鳃小片细小，排列紧密，并不为肉眼所能见（图1-14）[18,20-25,29,31]。

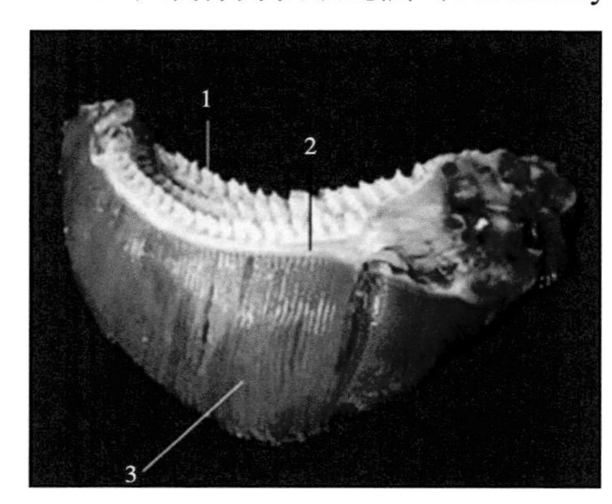

1. 鳃耙；2. 鳃弓；3. 鳃丝。

图1-14　鲤鱼的鳃结构

板鳃鱼类在舌弓的后方生长有1个舌弓半鳃，其大多具有5对鳃弓、在最后1对不生长鳃，4对全鳃加舌弓半鳃，所以具有9个半鳃。其中属于特殊的有六鳃鲨目（Hexanchiformes）的种类具6～7对鳃弓、六鳃魟科（Hexatrygonidae）的种类具有6对鳃弓，它们除最后1对鳃弓不生长鳃外、其余鳃弓上均具有1个全鳃[6]。

硬骨鱼类一般具有5对鳃弓，最后一对鳃弓不长鳃，故通常具有4对全鳃。鲟类具有舌弓半鳃，具9个半鳃。还有是某些鱼类在部分鳃弓不生长鳃，如海鲂科（Zeidae）、雀鲷科（Pomacentridae）、隆头鱼科（Labridae）、鹦嘴鱼科（Scaridae）等一些科的鱼类在第四鳃弓仅具1个半鳃；鲀科（Tetraodontidae）、刺鲀科（Diodontidae）、鮟鱇（*Lophiiformes*）及黄鳝鱼类仅具有3个全鳃；双肺鱼（*Amphiopnus*）类，仅在第二鳃弓上生长着1个半鳃。在海龙目（Syngnathiformes）和某些深海鱼类的鳃丝发生了变异，其不呈平行排列，而是呈簇状、刷状或羽毛状；如粗吻海龙（*Syngnathus serratus*）的羽状鳃丝结构、三斑海马（*Hippocampus trimaculatus*）的羽状鳃丝结构等[6]。

（四）鳃间隔

鱼类的鳃间隔指位于每个鳃弓前后、两个鳃片之间的隔板。板鳃鱼类的鳃间隔特别发达，向外侧延伸、末端被以皮肤，并向体后弯曲，覆盖在鳃裂上，起着保护鳃部的鳃盖作用；板鳃鱼类名字的来源，就是因为它们具有发达的、呈板状的鳃间隔。板鳃鱼类鳃片的一侧固定在鳃间隔上，这种鳃被称之为固定鳃（fixed gill）；硬骨鱼类鳃间隔是退化的，在高等类群几乎完全消失，鳃片的一端附着于鳃弓上、另一端呈游离状态，被称为游离鳃（free gill）[5]。

（五）鳃耙

鳃耙生长在鳃弓朝口腔一侧，为鳃弓上的骨质突起。一般每个鳃弓生长有内、外两行鳃耙，其中以第一鳃弓外鳃耙最长。鳃耙是鱼类的滤食器官，亦有保护鳃丝及味觉的功能。鳃耙的数目和形状与鱼类的食性有一定关系，与呼吸功能无直接关系。以浮游生物为食的鱼类鳃耙一般数目多而致密，如斑鰶（*Konosirus punctatus*）、鲮，通过鳃耙滤食；肉食性鱼类鳃耙粗、稀少，如鲈鱼、带鱼的鳃耙起栅栏的作用，以保护鳃丝。海龙科（Syngnathidae）、烟管鱼科（Fistulariidae）鱼类虽以浮游动物为食，但其口呈管状、口裂极小，食物大小以不超过口径为度，无须鳃耙过滤，所以无鳃耙。

1. 板鳃鱼类的鳃耙

板鳃鱼类绝大多数没有鳃耙，但以浮游生物为食的姥鲨（*Cetorhinus maximus*）具密集的长鳃耙，鳃耙基部侧扁，端部细长鬃毛状，形成似“鲸须”状的过滤器；而鲸鲨（*Rhincodon typus*）鳃耙的分支极为复杂，相互连接形成海绵状过滤器（图1-15）[32]。

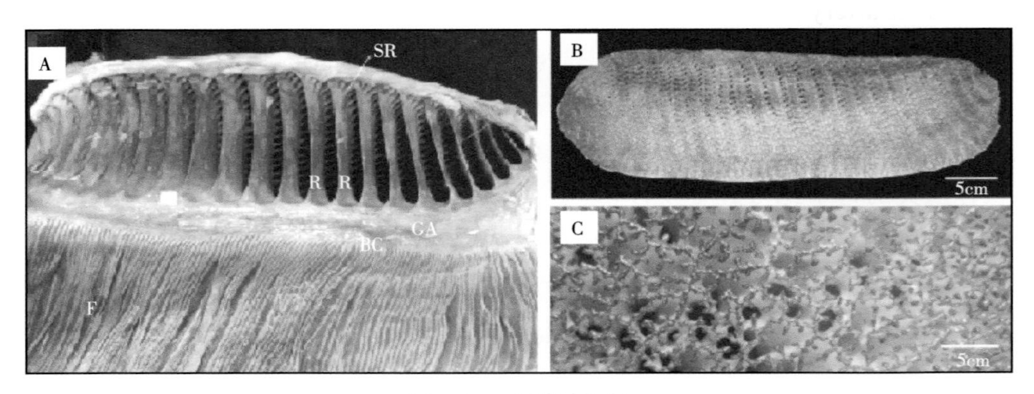

图1-15　鲸鲨的鳃耙

注：A显示了主鳃耙（primary raker，R）、副鳃耙（secondary raker，SR）、鳃冠（branchial canopy，BC）及鳃弓（GA）和鳃丝（F）；B为鳃耙的网状网格；C为网状网格的放大图。

2. 硬骨鱼类的鳃耙

硬骨鱼类鳃耙有几种不同类型。①无鳃耙，如鳗鲡科（Anguillidae）、海龙科、舌鳎科（Cynoglossidae）等。②具鳃耙痕迹，如鳅科（Cobitidae）、鰕虎鱼科（*Gobiidae*）等。③鳃耙发达，如鲱科（*Clupeidae*）、鲭科（Scombrida）等。④鳃耙变异，如乌鳢（*Channa argus*）的变异为簇状的刺、蓝子鱼（*Siganidae*）类的为叉状、带鱼为在叉状鳃耙间有簇状的刺[5,7]。

以摄取浮游生物为食的鲢和鳙的鳃耙，其构造十分发达和特殊。鳙的鳃耙稍短于鳃丝长，1～4对鳃弓均有两列对称的鳃耙，口咽腔顶壁每侧有四条腭褶（palatal folds），口闭合时腭褶正好嵌入各鳃弓内外鳃耙间；一尾长65cm的鳙鱼，其第一鳃弓的外列鳃耙就有177枚宽鳃耙和503枚窄鳃耙。其咽鳃骨和上鳃骨卷成蜗卷状，称为咽上器官（epibranchial organ），此处相邻两鳃弓间的鳃耙连成4个分隔的鳃耙管（sacculus pharyngeale）[7]。鲢的鳃耙（图1-16）构造更复杂，鳃耙长于鳃丝，且彼此相连成海绵状。1尾长66cm的鲢第一鳃弓外列鳃耙数约1 700条，也具有咽上器官及鳃耙管。

1. 咽上器官；2. 鳃弓；3. 鳃耙；4. 鳃丝。

图1-16　鲢的鳃耙

（六）血管

血液从心脏发出后进入腹主动脉（ventral aorta），向前伸达鳃弓下方，然后向左右两侧各发出若干对入鳃动脉（afferent branchial artery）后进入鳃弓，鱼类通常有4对入鳃动脉。入鳃动脉进入鳃后分化成许多入鳃丝动脉（afferent filament artery）、进入每根鳃丝，并在鳃丝中进一步分化为更细小的入鳃小片动脉（afferent lamellar artery）进入鳃小片，分支成为毛细血管网进行气体交换。经气体交换后的血液通过出鳃小片动脉（efferent lamellar artery）、出鳃丝动脉（efferent filament artery）、出鳃动脉（efferent branchial artery），汇入到背主动脉（dorsal aorta）[31]。

软骨鱼类的每个鳃弓具有1条入鳃动脉和2条出鳃动脉，每个鳃弓后半鳃的出鳃动脉与后一鳃弓前半鳃的出鳃动脉相互连接，形成围绕鳃裂的出鳃动脉环。软骨鱼类一般有9个半鳃，形成4个出鳃动脉环，第四鳃弓后半鳃的出鳃动脉通过小血管与第四出鳃动脉环相连接。各出鳃动脉分别注入背主动脉。硬骨鱼类每个鳃弓具1条入鳃动脉和1条出鳃动脉，不形成出鳃动脉环。鱼类还具有1条鳃下动脉（arteria hypobranchialis），为鳃弓、鳃下区域及心脏等处提供营养。软骨鱼类的鳃下动脉，远较硬骨鱼类发达。图1-17为鲨鱼（A）和鳕鱼（B）鳃区动脉的示意图[5]。

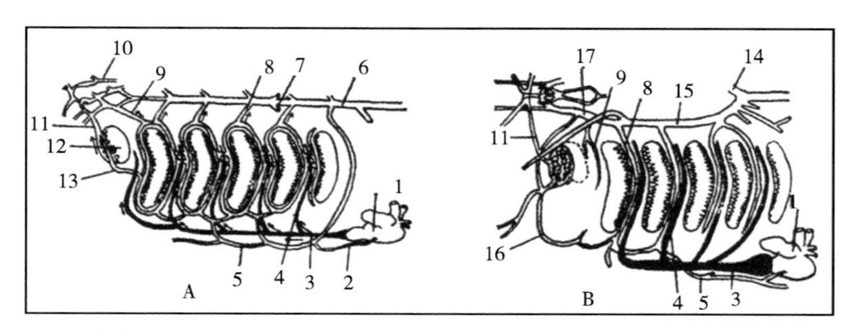

1. 心脏；2. 冠状动脉；3. 腹主动脉；4. 入鳃动脉；5. 鳃下动脉；6. 背主动脉；7. 锁骨下动脉；8. 出鳃动脉；9. 出舌弓动脉；10. 脑底动脉；11. 出伪鳃动脉；12. 喷水孔；13. 入伪鳃动脉；14. 右背主动脉；15. 左背主动脉；16. 颌动脉弓；17. 颈总动脉。

图1-17　鲨鱼（A）和鳕鱼（B）鳃区动脉示意

（七）肌肉组织

与鱼类呼吸作用相关的肌肉组织种类繁多，相当复杂，隐藏在口咽腔周围。司口关闭的主要有下颌收肌（musculus adductor mandibularis），另外，腭弓提肌（musculus levator arcus palatini）和腭弓收肌（musculus adductor arcus palatini）在口腔运动方面也参与作用；调节鳃盖启闭的主要有鳃盖开肌（musculus dilator operculi）、鳃盖提肌（musculus levator operculi）、鳃盖收肌（musculus adductor operculi）；管理鳃弓运动的肌肉，主要位于鳃弓背侧及腹侧；在每条鳃丝的基部还有鳃丝展肌（abductor muscle of gill filament）和鳃丝收肌（adductor muscle of gill filament），此两种肌肉收缩可使鳃丝分开或靠拢、以利于呼吸，同时可牵动入鳃动脉的管壁、使血液畅通。图1-18为显示鲤鱼头部侧面浅层肌肉（A）和部分深层肌肉（B）的模式[33]。

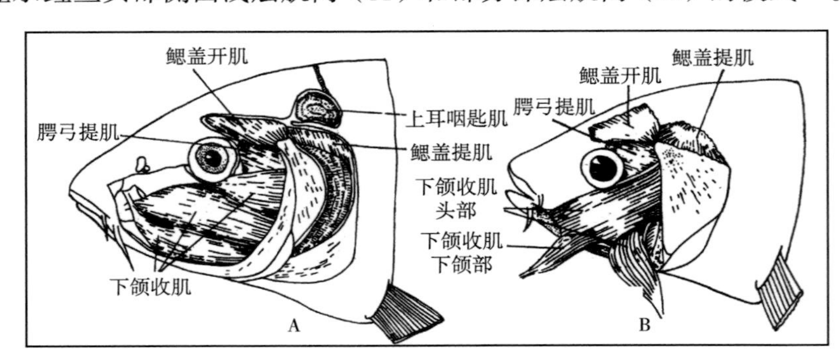

图1-18　鲤鱼头部侧面浅层肌肉（A）和部分深层肌肉（B）模式

（八）鳃上器官

胡子鲶、乌鳢、攀鲈及斗鱼（*Macropodus*）等鱼类的鳃弓或舌弓的一部分骨骼，特化成一种辅助呼吸器官突出于鳃腔，有黏膜包裹，黏膜组织里有丰富的微血管，可直接利用空气中的氧气进行气体交换，这种辅助呼吸器官称为鳃上器官（suprabranchial organ）。鳃上器官包藏在鳃腔后背方的鳃上腔（suprabranchial cavity）内，是一种既可进行气呼吸又可进行水呼吸的辅助呼吸器官，其形态及构成因种而异。胡子鲶的鳃上器官是分别由第二及第四鳃弓上的肉质突起形成，在鳃弓背侧呈二簇呈珊瑚状结构，富含血管，无骨骼支持。乌鳢是由第一鳃弓的上鳃骨和舌颌骨内面的骨质突起所构成，呈木耳状。攀鲈和斗鱼是由第一鳃弓的咽鳃骨和上鳃骨特化而成，攀鲈是由3个或3个以上的骨质瓣构成花朵状，斗鱼呈“T”形。这些鱼类由于有鳃上器官的存在，可以离水长时间不死，有的多达几个月。攀鲈甚至可以攀缘树木，所以“缘木求鱼”也并非一定不可得[7]。

二、鱼鳃的显微组织结构

进行显微组织结构观察时，通常是将清洗后的鳃组织用Bouin氏液固定，采用常规石蜡切片（厚5～6μm）。经苏木精-伊红染色（hematoxylin and eosin stain），染色后置普通光学显微镜下观察。

（一）鳃弓的显微组织结构

硬骨鱼类鳃弓的横断面为半椭圆形，其上固着两列鳃丝。鳃弓由上皮组织（epithelial tissue）、致密结缔组织（tight connective tissue）和软骨组织（cartilage tissue）构成。鳃弓的表面覆盖着复层上皮，细胞排列紧密，其表层具有大量的黏液细胞（mucous cells），特别是鳃丝着生处。黏液细胞较大，形态特征为杯状或圆形，核居于细胞底部，也称杯状细胞（goblet cell）。在许多种类中，上皮还含有淋巴细胞（lymphocytes）及嗜酸性颗粒细胞（eosinophils）[31]。西南师范大学的但学明等（1999）报道，在南方鲶的鳃弓上皮之表层，几乎全部由黏液细胞和嗜酸性颗粒细胞构成。黏液细胞较大，直径20～30μm，内含丰富絮状黏液；嗜酸性颗粒细胞含强嗜酸性大型颗粒，细胞直径6.5～16.0μm，核星月形或椭圆形，被挤压于细胞基底部。表层下的2～3层细胞主要为杯状细胞和棒状细胞（club cell），棒状细胞胞质嗜酸性弱于颗粒细胞，多为不规则的圆形。此层细胞之下几乎全由椭圆形的棒状细胞组成，体积仅略大于上层棒状细胞，长可达67.5μm，宽可达20μm。但与上层细胞比较亦有明显区别：此层细胞核大，异染色质明显，呈分裂相，核周围有一圈淡色区域，即淡晕。其外为深色区，有拉长的细胞质与基质相连。推断上层细胞可能为下层细胞的衰老退化形式[34]。

上皮最内层为生发层细胞（germinal cell），细胞核较大、呈蓝紫色。上皮最底层为一层较薄的红色基膜（menbrane），细胞内基质较为充实、在普通光学显微镜下观察清晰可见。

复层上皮下为致密结缔组织，其内包以鳃弓骨骼，鳃弓骨骼呈圆弧形，软骨细胞成团分散于结缔组织中。在其下方有两支血管，背面一支为出鳃丝动脉、腹面一支为入鳃丝动脉，均贯穿于鳃弓中且有分支伸入鳃丝[35]。部分结缔组织内包着软骨，向鳃弓外侧显著突起，即为鳃耙。西南师范大学的但学明等（1999）报道，南方鲶鳃弓凹面有部分结缔组织层突破基膜向外隆起形成味蕾，味蕾状如花蕾，由支持细胞和味细胞组成。两种细胞并列而立，支持细胞较感觉细胞大，核染色浅；味细胞核梭形，染色深，顶端有味毛，染为红色味毛积聚成束，通过味孔开口于体外[34]。图1-19为显示鲤鱼鳃丝横切面模式图[35]。

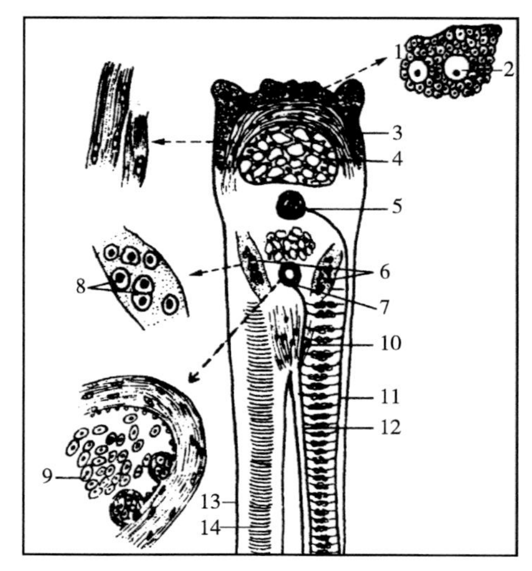

1. 复层上皮；2. 黏液细胞；3. 鳃丝展肌；4. 鳃弓软骨；5. 出鳃动脉；6. 鳃丝软骨；7. 入鳃动脉；8. 软骨细胞；9. 红细胞；10. 鳃丝收肌；11. 出鳃丝动脉；12. 入鳃丝动脉；13. 鳃丝；14. 鳃小片。

图1-19　鲤鳃丝横切面模式

图1-20［源自：任爽的西南大学硕士学位论文（2011年）《贝氏高原鳅（*Trilophysa bleekeri*）鳃组织形态学及呼吸面积的研究》］为贝氏高原鳅鳃弓侧面解剖图，显示了上皮组织（ET）、黏液细胞（MC）、生发细胞（GC）、基膜（M）、致密结缔组织（TCT）、软骨组织（CT）、鳃弓骨（GAB）等组织结构。

（二）鳃丝的显微组织结构

硬骨鱼类鳃丝的一端固着于鳃弓，另一端游离。鳃丝内外两侧的表面覆有复层上皮，并与鳃弓的上皮组织相连接；同时在鳃丝表面可见大量的黏液细胞，其形状及大小均与鳃弓中的黏液细胞类似。每条鳃丝基部内侧有一根小棒状软骨支持，称为鳃丝软骨（gill filament cartilage）或鳃条（gill ray），软骨的长度约为鳃丝全长的2/3或稍长一些。横切组织切片可见，鳃丝软骨位于鳃丝内侧，呈长椭圆形，其外包裹结缔组织。鳃丝的两侧靠近边缘处各有一支血管，靠内侧的为入鳃丝动脉、靠外侧的为出鳃丝动脉，它们分别于鳃弓的入鳃动脉和出鳃动脉相通。入鳃丝动脉和出鳃丝动脉在每个鳃小片的基部水平地伸出小支进入鳃小片，并在鳃小片分支形成毛细血管网，或称鳃窦状隙（gill-sinusoid）[35-36]。图1-21［源自：任爽的西南大学硕士学位论文（2011年）《贝氏高原鳅（*Trilophysa bleekeri*）鳃组织形态学及呼吸面积的研究》］为贝氏高原鳅鳃丝中部剖面图，显示了上皮组织（ET）、入鳃丝动脉（AFA）、鳃丝软骨（GFC）、黏液细胞（MC）、鳃丝（GF）、鳃小片（SL）、出鳃丝动脉（EFA）等组织结构。

在鳃丝基部的两侧，可观察到各有一束横纹肌；此肌肉收缩时牵动鳃丝软骨使鳃丝收缩，以调节气体交换率和鳃丝对水流的阻力，并引动动脉管壁改变血流量；当其有节率地收缩时，就起到“鳃心”作用[34]。鳃丝表面含大量黏液细胞，在黏液细胞中，广盐性种类还可能含有泌盐的氯细胞（chloride cell）。在这些细胞下面经常发现嗜酸性颗粒细胞、淋巴细胞、吞噬细胞（phagocytic cell）等，这些细胞在不同种之间数量不同。嗜酸性颗粒细胞经常在沿鳃丝长度方向上被发现，并可能在鳃丝顶端大量出现[31]。

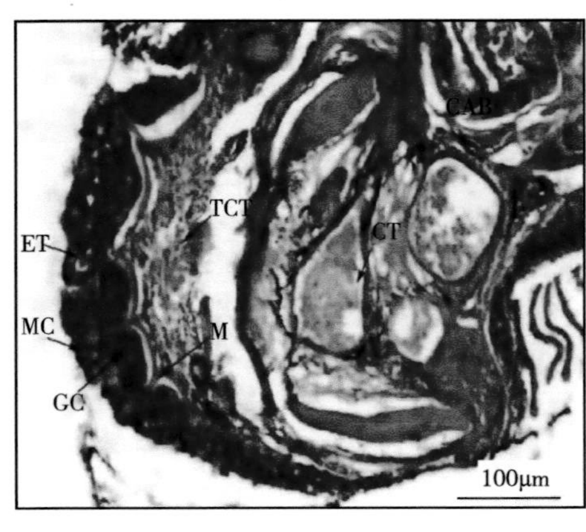

图1-20　贝氏高原鳅鳃弓侧面解剖

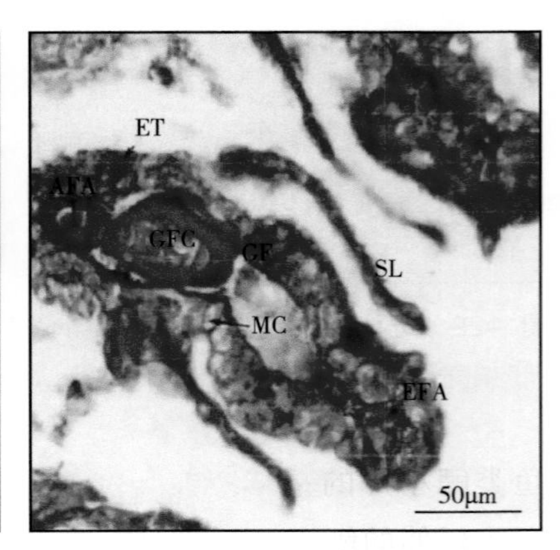

图1-21　贝氏高原鳅鳃丝中部剖面

（三）鳃小片的显微组织结构

鳃小片是鱼类与周围环境进行气体交换的基本结构单位，分两列紧密排列在鳃丝两侧，彼此平行垂直于鳃丝。板鳃鱼类鳃间隔很长，鳃丝的一侧附生其上，但近鳃间隔一侧鳃丝的鳃小片却不与之相连，而是离开一定的距离，形成一条长“水管”，保证了呼吸水流的通畅。硬骨鱼类相邻鳃丝间的鳃小片彼此嵌合，作犬牙交错状排列，即一个鳃小片嵌入相邻鳃丝的两个鳃小片之间。

对鳃丝进行纵切鳃，可见鳃小片分列紧密排列在鳃丝两侧。鳃小片由上下两层扁平呼吸上皮（respiratory epithelium）及其间起支撑作用的柱细胞（pillar cells）和毛细血管网所构成。上皮细胞的高低和形态，在不同种鱼类有所不同，真骨鱼类是单层鳞状上皮，板鳃鱼类是较厚一些的多角形扁平上皮。光镜下呼吸上皮的基底面看不见基膜，两层单层鳞状上皮由柱细胞撑开。柱细胞多呈“X”形或长柱状，细胞核大，呈方形或圆柱形，细胞核位于细胞中央几乎占据整个细胞，细胞质少，其上下两端细胞质膜向四周伸展与邻近柱细胞质膜相接，形成可使血细胞通过的毛细血管（或血窦）[35]。

在鳃小片基部，可观察到氯细胞及黏液细胞分布。氯细胞几乎存在于所有海水真骨鱼类的鳃中，在一些淡水鱼中也存在，但数量明显比海水鱼少得多；黏液细胞分泌黏液，能够保护鳃免受损伤。图1-22为斑马鱼（*Danio rerio*）鳃小片组织结构，显示了氯细胞（Cc）、上皮细胞（Ep）[28]；图1-23为鲤鱼鳃小片的组织结构图，包括扁平上皮细胞、柱细胞、血窦的细胞结构；在鳃小片基部具有氯细胞（嗜酸性），体积明显较其他细胞大、通常为椭圆形、细胞核位于中央，也有的氯细胞延长成柱状、细胞核位于基部。

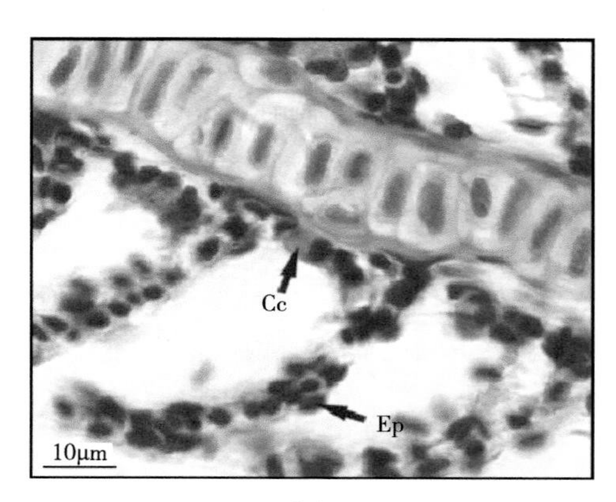

图1-22　斑马鱼鳃小片组织结构

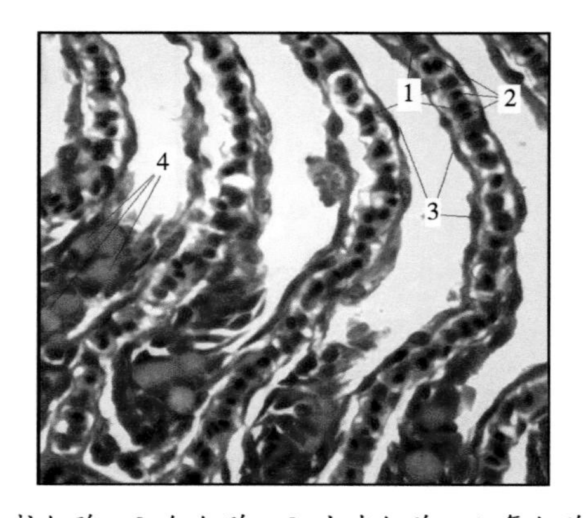

1. 柱细胞；2. 红细胞；3. 上皮细胞；4. 氯细胞。

图1-23　鲤鳃小片组织结构

板鳃鱼类鳃小片的基本结构与硬骨鱼类相似，外形通常是半圆形或矩形，但鳃丝前缘向口咽腔延伸的鳃小片上常具有明显的按钮状凸起（projection）。这些凸起多发现在底栖板鳃类上，且底栖板鳃类鳃上的凸起也更为明显，并沿鳃丝长度的增加，凸起的数量和大小增加。据报道在某些种类中，靠近鳃丝顶端的一个鳃小片上最多出现5个凸起。在一些种类中，鳃小片前缘两侧都具有凸起，且与相邻鳃小片的凸起相对齐。对白斑角鲨来说，这些突起是由鳃小片上皮增生（即鳃小片上皮的增厚）形成，但在尖吻鲭鲨（*Isurus oxyrinchus*）和大青鲨（*Prionace glauca*）中，它们主要是由于鳃小片内血腔直径的增加形成，因此被称为“血管囊”（vascular sac）（图1-24）[37]。

关于凸起的功能，有几种不同的说法：一是因为凸起出现在鳃丝顶端的鳃小片上，而鳃丝顶端鳃小片是最早出现的，推测这些凸起在早期生命阶段可能具有未知的功能；二是Olson和Kent（1980）观察发现，白斑角鲨（*Squalus acanthias*）凸起的大小与其身体大小呈正相关，推测它们可能有助于血液流入鳃小片内部空间；三是观察凸起出现的位置，发现其弥合了同一弓相邻两鳃丝及与对侧半鳃鳃丝间的间隙，从而尽量减少了不流经呼吸面的水流，提高了鳃的气体交换效率。四是凸起部位上皮较厚，有的种类凸起部位周围有一层厚的胶原蛋白，增加了鳃小片的弹性，认为凸起可能有助于促进鳃小片的稳定性[37]。

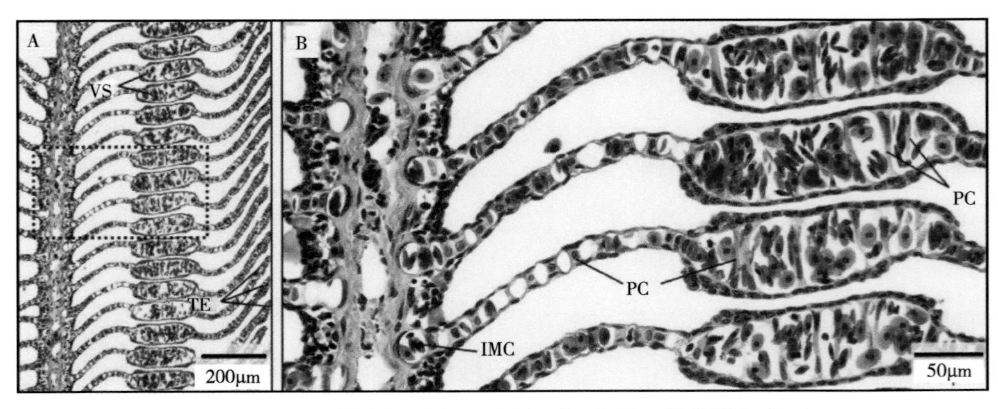

图1-24　尖吻鲭鲨鳃小片组织结构（A）及血管囊放大（B）

注：B为A中方框的放大图，显示由大的柱细胞支撑，内充满红细胞的血管囊细微构造；分别显示了血管囊（VS）、加厚上皮细胞（TE）、柱细胞（PC）、内侧血管（IMC）。

鳃小片这种薄到极致壁膜的构造，一方面十分利于小分子物质穿透，是气体等小分子物质进行交换的场所；另一方面，它一旦失去水的浮力，必然互相粘连，使鳃的表面积大打折扣，无法获取足够氧气，且鳃丝暴露在空气中引起鳃片干燥，鳃的结构遭到破坏即失去呼吸机能，所以鱼是离不开水的。

三、鱼鳃的超微组织结构

鳃的超微组织结构，指的是使用透射电子显微镜、扫描电子显微镜将鳃组织放大几万倍观察的结果。这样有助于更明晰和精确地定位组织结构，以及研究揭示鳃的系统发育与发生。

（一）鳃表面超微组织结构

扫描电镜具有很高的分辨率，景深大、图像富立体感、具有三维形态，特别适用于样品表面的观察和分析。目前已经有大量的国内外学者利用扫描电镜对各种鱼类鳃表面的超微组织构造进行了详细观察，发现鱼类鳃的表面结构大多相似，但不同鱼类存在一些细微的差别。

1. 鳃弓和鳃耙的表面形态结构

鳃弓表面主要由扁平上皮细胞（pavement cells）覆盖，扁平上皮细胞呈多边形，细胞表面具有大量指纹状的微脊（microridges）和微沟（microplicae），组成菱形或方形的迷宫状图案。上皮细胞排列紧密，细胞界限大多鱼类较为清晰[17,19,27,38-39]。山东师范大学的邢维贤等（2000）报道胡子鲶鳃弓表皮细胞大多数边缘微脊突出而规则，少数细胞边缘微脊排列紊乱，因此细胞之间的界限也较模糊[17]。在表皮细胞交界处或细胞中央分布有许多孔洞，是黏液细胞和氯细胞或称线粒体密集细胞（mitochondria-rich cells）的开口。这两种细胞被扁平上皮细胞覆盖在下，表面仅看到其开口。宁德师范学院的罗芬等（2011）报道，黄颡鱼（*Pelteobagrus fulvidraco*）黏液细胞开口周围隆起，形似"火山口"，推测隆起的边缘为黏液细胞的分泌物，同时在"火山口"周围表面有轻微盘状凹陷，中部低边缘高（图1-25A），周围也可以观察到圆球状或块状的分泌物（图1-25B）；氯细胞的开口处于几个上皮细胞交界处，一般为圆形，孔洞较浅，可以观察到孔洞内有一些白色的茸毛状突起，推测为氯细胞顶部的微脊（图1-25C）；鳃耙表面也被具环形微脊的扁平上皮细胞所覆盖，但整体表面较平坦，无分泌细胞开口（图1-25D）。图1-25为黄颡鱼鳃弓和鳃耙表面形态，分别显示了扁平上皮细胞（PVC）、氯细胞（MRC）、黏液细胞（MC）[27]。

研究发现，贝氏高原鳅鳃弓的部分结缔组织层突破基膜进入腺层，向外隆起形成丘突结构，呈乳头状隆起。在梭鱼、鲤鱼、鲫鱼鳃弓上皮细胞上，都具有蕾丘样结构，一般认为这些结构可增加鳃的表面积，促进水分子的机械附着力，提高气体交换效率[36]。华南师范大学的方展强等（2011）观察了苏氏芒鲶（*Pangasius sutchi*）、剑尾鱼的这些蕾丘状构造，发现其为味蕾。图1-26为剑尾鱼鳃弓表面形态（图1-26A）和鳃弓表面味蕾的形态（图1-26B），分别显示了上皮细胞（Ep）、鳃耙（Gr）、味蕾（Tb）、鳃弓（Gb）[18-19]。有研究报道，胡子鲶鳃弓上皮细胞之间有极细的丝状物相连，但未发现像鲤鱼、鲫鱼鳃弓的蕾丘样结构[39]。

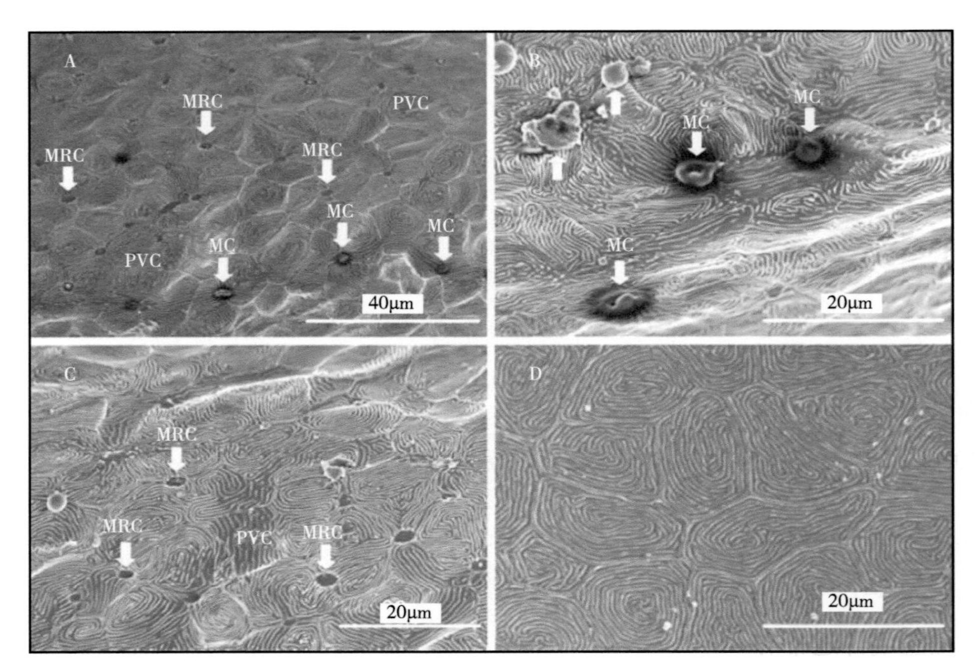

图1-25　黄颡鱼鳃弓和鳃耙表面形态

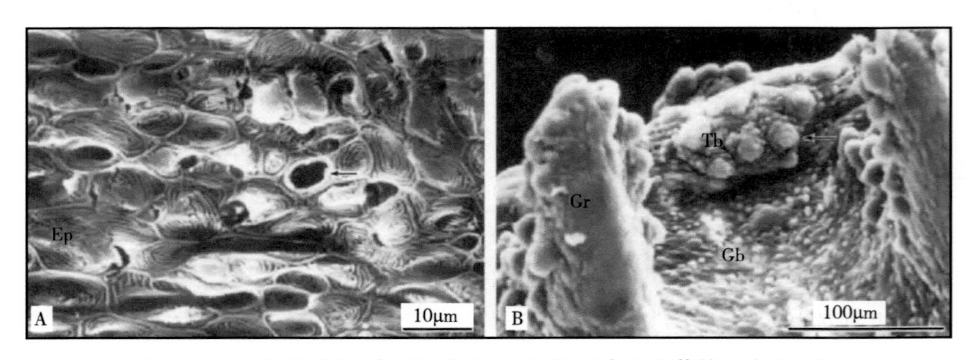

图1-26　剑尾鱼鳃弓表面形态（A）和鳃弓表面味蕾的形态（B）

2. 鳃丝及鳃小片的表面形态结构

鳃丝的大体结构类似，为丝状，并随鱼体长大而逐步变成长条形的片状，鳃小片以与鳃丝垂直的方式排列着生，一致向其中央侧呈弓形弯曲，游离尖端位于鳃丝迎水面一侧。图1-27A、图1-27B分别为浅色黄姑鱼鳃、鳃丝电子显微镜扫描图，分别显示了鳃丝（FL）、鳃小片（SL）[22]。各种鱼鳃丝间距差异较大，鲑点石斑鱼鳃丝间距为50～130μm、大眼鳜（*Siniperca kneri*）为100～180μm[20]、卵形鲳鲹（*Trachinotus ovatus*）为180～250μm[21]，鳃丝宽度一般在200～400μm。

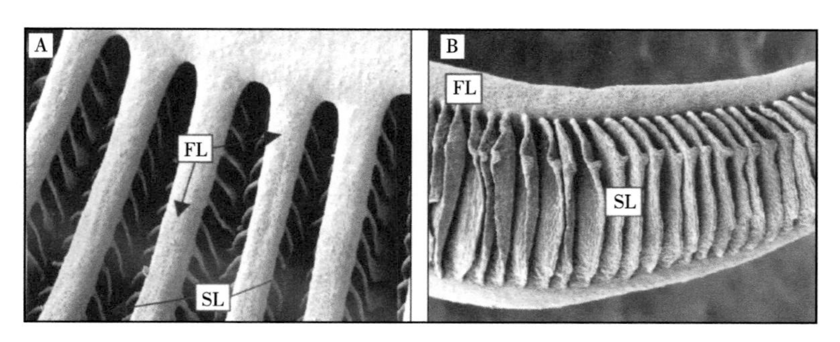

图1-27　浅色黄姑鱼鳃和鳃丝的结构

研究发现，大多数鱼的鳃小片着生密度都比较稳定，鳃小片厚度在10μm左右，间距在20μm左右，但斑点叉尾鮰（*Ictalurus spunctatus*）和尼罗罗非鱼鳃小片间距较宽，达30～50μm。鳃小片在鳃丝不同部位高度不同，一般在基部和端部的鳃小片较矮，而中部较高，斑马鱼在57μm左右[28]、鳜鱼（*Siniperca chuatsi*）的90～110μm[38]、黄鳍鲷145～155μm[23]、驼背鲈（*Cromileptes altivelis*）高达172～215μm[24]。据刘匆的研究发现，在鳃丝端部通常有一膨大的生长点，此处通常着生密集层叠的鳃小片，鳃小片互相紧贴、覆盖，因而不能与外界水流交换，也就失去了呼吸功能。但斑点叉尾鮰（channel catfish，*Ictalurus punctatus*）和金钱鱼（*Scatophagus argus*）的鳃小片在端部鳃丝不密集，鳃小片着生密度小于或不大于鳃丝其他部分，特别是斑点叉尾鮰端部鳃丝还看不出有明显的生长点，因此这两种鱼着生于端部鳃丝的鳃小片仍然具有呼吸交换功能。

扫描电镜下鳃丝的表面结构基本与鳃弓相似，其表皮细胞以扁平上皮细胞为主，细胞起伏不大，轮廓鲜明。鳃丝表面上皮细胞排列紧密，界限明显，且呈凹凸不平，细胞大致为三至六边形，表面有或无微脊，有微脊的细胞表面一般形成指纹状回路。微脊大约0.2μm宽，其宽度和密集度在不同种类和同一鳃丝的不同部位有所不同。在有些种，微脊会出现连接、融合、断裂，或形成泡囊状突起。此外，有些鳃丝上皮细胞微脊消失，形成呼吸效率更高的密集颗粒状突起（微绒毛）。与鳃弓相比，大多数鱼类鳃丝上皮细胞比鳃弓细胞表面的盘状凹陷更深，细胞边缘的隆起更宽厚，形成明显的细胞界线。图1-28为黄颡鱼鳃丝电子显微镜表面扫描图，箭头所示为细胞边缘的脊状隆起[27]。但也有些鱼类鳃丝上皮界限模糊，如鳜鱼扁平上皮细胞之间的界限模糊，难以确定其细胞的真实形状，且表面微脊纹路紊乱，呈短线状，没有规则[38]。鳃丝上皮细胞的表面形态，常作为某种鱼类鳃丝的表征来加以描述，但据在上面有记述的刘匆系统观察了14种海淡水鱼鳃的微观结构，发现鳃丝上皮细胞表面呈现形态多样性，14种海淡水鱼类中，只有尼罗罗非鱼、大眼鳜没有在同一鳃丝的鳃丝上皮（gill filaments epithelium）上发现细胞表面形态不同的上皮细胞群体。

在扫描电镜下观察，在鳃丝表面有很多长形不规则的凹陷，在凹陷处常看到圆形或椭圆形的供黏液细胞分泌物排出的小孔。靠鳃小片基部较大圆形或椭圆形开口，直径为12～23μm，为氯细胞的开口[36]。鱼鳃丝上分泌孔的分布方式和密度，分泌孔开口位置，分泌孔的形态和口径，分泌物的形态大小等，在不同种的鱼类中呈现很大的差异。海产鱼类氯细胞多，淡水鱼类氯细胞出现退化现象。因为鳃小片上皮为呼吸上皮，其覆盖面也称为呼吸面（respiratory surface）；鳃丝上皮为非呼吸上皮，其覆盖面也称非呼吸面（non-respiratory surface），两者形态不同。图1-29为剑尾鱼鳃丝及鳃小片的表面形态（箭头指示小孔结构），分别显示了呼吸面（Rs）、鳃小片（Sf）、非呼吸面（Nrs）、鳃丝（Pf）[19]。

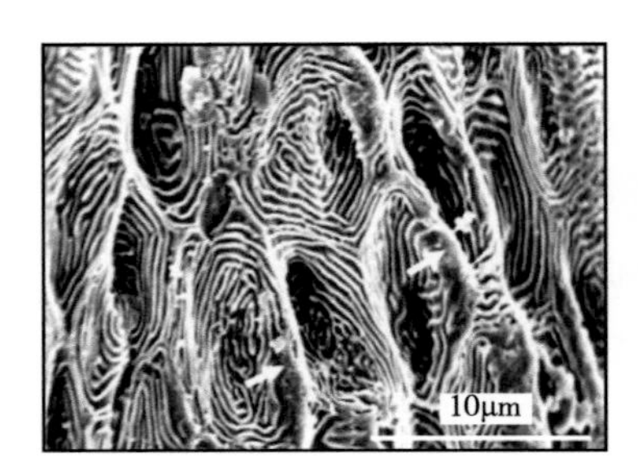

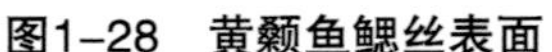

图1-28　黄颡鱼鳃丝表面

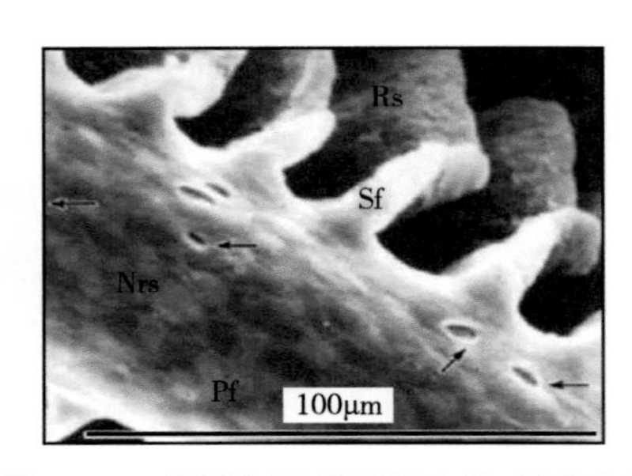

图1-29　剑尾鱼鳃丝及鳃小片表面形态

鳃小片表面结构与鳃丝表面差异大，鳃丝表面细胞相对较为平坦，但鳃小片细胞表面高低不平，呈凹凸状，剧烈起伏，布满小坑、缝隙、沟、微绒毛、隆起的脊等，使鳃的有效呼吸面积呈几何级数增加[19,40]。鳃小片的这些结构有助于表面黏液的附着，它除具有减少感染和磨损的作用外，在调节气体、水和离子交换方面也具有重要作用[31]。鳃小片上皮细胞形状不一，多呈多边形，边缘多褶皱，细胞界限多数较模糊，但据刘匆的研究，高原鳅、鳙、蓝鳃太阳鱼（*Lepomis macrochirus*）相邻两细胞界限较为明显。在一些鱼类如胡子鲶、黄颡鱼细胞表面没有隆脊和其他刻纹，而是着生有密集的圆球形颗粒，其大小为0.05～0.2μm[27,39]；一些鱼类呼吸表面有一层紧黏着的黏液，致使有时很难判断细胞脊状突起的真实形状[17-19]。图1-30为黄颡鱼鳃小片表面形态（图中箭头示细胞边缘的脊状突起），从图中可看到鳃小片上皮细胞表面凹凸不平，布满了许多圆形的点状小突起，表面覆盖黏液，细胞界限不清[27]。在剑尾鱼鳃小片的侧面及表面都有形状不同的孔或洞存在，小孔及小洞明显向内伸入；鳃小片基部，可见氯细胞开口[19]。

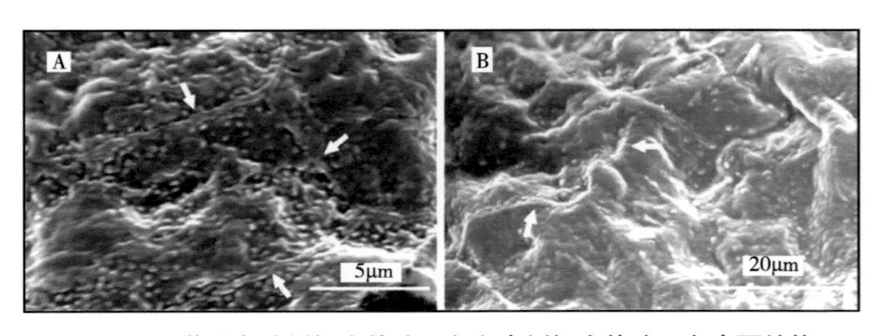

图1-30　黄颡鱼外侧鳃小片（A）和内侧鳃小片（B）表面结构

（二）鳃小片的超微组织结构

从本质上讲，鳃小片是由上皮细胞组成的一个袋状物，上皮细胞通常只有一层，中间由排成一行间隔9～10μm的柱细胞支撑和分隔。柱细胞边缘与鳃小片的基膜相连，并向四个角延伸，从而形成一层很薄的膜状缘（flanges），与邻近的柱细胞结合，形成鳃小片里毛细血管的内表面[31]。在鳃小片上特别是在基部或接近基部上皮细胞间还分布有氯细胞和黏液细胞等。

1. 鳃小片上皮的超微组织结构

鱼类的鳃上皮（gill epithelium），包括鳃丝上皮（gill filaments epithelium）和鳃小片上皮，两者的组织结构不同、功能存在明显差异。鳃丝上皮由多层上皮细胞构成，较厚，最外层为扁平上皮，下方为结缔组织，结缔组织中有血管和神经分布。鳃丝上皮包含5种主要细胞类型，即扁平上皮细胞、黏液细胞、未分化细胞、氯细胞和神经上皮细胞（neuro-epithelial cell）。扁平上皮细胞覆盖在最外层，细胞多边形，直径3～10μm，具明显的高尔基体（Golgi apparatus）。扁平上皮细胞外缘形成复杂的微脊结构，在有的扁平细胞之间露出氯细胞的顶部。黏液细胞在鳃丝前缘和尾缘最多，它们并排在一起；另外，有些黏液细胞分布在鳃小片之间的鳃丝上皮中，并靠近氯细胞；不同鱼类黏液细胞的数目和位置变化很大，淡水鱼多海水鱼少，同时黏液细胞还受环境盐度变化的影响；广盐性鱼类随着从淡水向海水生活的适应，其鳃丝上皮的黏液细胞体积增大，但数目逐渐减少[41]。

鳃小片是鳃进行气体交换的主要场所，其上皮又称为呼吸上皮。鳃小片上皮通常为单层扁平上皮，但有些鱼类具有数层呼吸上皮，如剑尾鱼、苏氏芒鲶等[18-19]。上皮细胞表面呈皱褶状，细胞核位于细胞中部，呈长棒状，胞内含内质网（endoplasmic reticulum）、高尔基体、线粒体（mitochondria）和大小不同的囊泡（vesicle）。这些细胞具有对水和离子的相对不通透性，从而避免离子的大幅度进入（海水中）和散失（淡水中）。鳃小片上皮这种通透性与其细胞膜结构、细胞间联系和细胞外被膜的特点有关。鳃小片上皮的外表细胞之间通过多脊的紧密连接（tight junction）和桥粒（desmosomes）相联系，并且这种联系不随环境而变化。另外，这种细胞的外表面具有一层连续的短绒毛细胞外被。因此，鳃小片上皮是一种“紧密”上皮（tight epithelium）[41]。另外是福州大学的阮成旭等（2014）报道，在大黄鱼（*Pseudosciaena crocea*）幼鱼（juvenile）鳃小片上皮细胞表面有黏液和糖萼（glycocalyx），细胞内缘有致密的黑囊泡（dark vesicle），上皮细胞表面观察到有微脊。推测黏液和糖萼可能是起到保护水中悬浮物对鳃丝伤害的作用，这些糖萼可能是由黏液细胞分泌产生或是由上皮细胞内缘的黑囊泡产生[26]。

在鳃小片上皮细胞与柱细胞及毛细血管之间有一层较厚的基膜存在。鳃小片的毛细血管网没有独立的血管壁，上皮细胞既是组成鳃小片的上皮又是血管壁，这样使血细胞仅通过上皮细胞就与外界环境接触，能方便地获得丰富的氧气并排出二氧化碳[26]。在鳃小片上皮的内层为大量未分化或少分化的细胞，这些细胞既可分化为表层细胞，也可分化为氯细胞[41]。图1-31为剑尾鱼鳃小片超微结构，显示了被膜嗜锇颗粒小体（Palade Weibel，PW）、窦状隙（sinusoid，S）、基膜（Bm）、红细胞（Ec）、内皮细胞（En）、上皮细胞（Ep）、柱细胞（Pc）[19]。

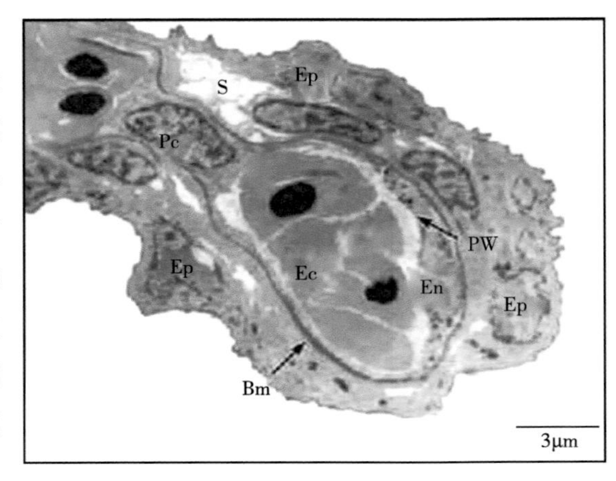

图1-31　剑尾鱼鳃小片超微结构

2. 柱细胞超微组织结构

柱细胞也称为支持细胞，分布于鳃小片血管的间隙，一方面起支撑鳃小片上皮细胞的作用，使鳃小片充满血液时，可使鳃小片不改变形状；另一方面也界定了鳃小片中毛细血管的位置和空间大小。柱细胞有的分别与两侧的上皮细胞相接，有的只一侧与上皮细胞相接，在柱细胞和上皮细胞间有腔隙结构称为窦状隙[25]。支持细胞一般呈方形，细胞核大、形态多样；胞内具有线粒体、核糖体，但缺乏内质网。支持细胞边缘与鳃小片的基膜相连，并向四个角延伸，从而形成一层很薄的膜状缘，厚度为0.02 ~ 0.05μm。这层膜状缘包裹在鳃小片血管的四周，基本限定了血管的大小和形态[25,27]。膜状缘超薄的结构有利于缩短血液向外部水体扩散的距离，提高血氧交换的效率。在柱细胞与基膜之间有较多的胶原纤维束，使鳃小片具有一定的伸缩性[19]。图1-32为波纹唇鱼（*Cheilinus undulatus*）不同柱细胞（图1-32A、图1-32B）超微结构及窦状隙（图1-32C），分别显示了基膜（Bm）、血细胞（Bc）、毛细血管网（Cvn）、内皮细胞（En）、上皮细胞（Ep）、柱细胞（Pc）、被膜嗜锇颗粒小体（PW）、窦状隙（S）[25]。

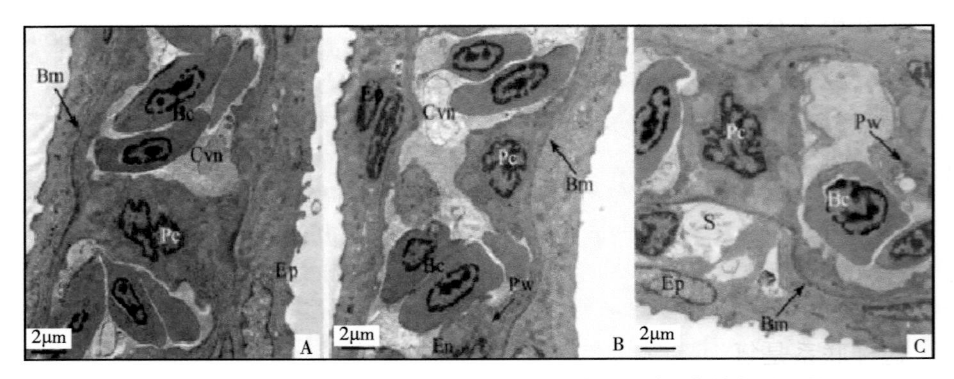

图1-32　波纹唇鱼不同柱细胞（A、B）及窦状隙（C）的超微结构

3. 毛细血管超微组织结构

由入鳃丝动脉分出的毛细血管在鳃小片内形成毛细血管网，毛细血管的血管壁与鳃小片上皮共用一层基膜，管腔内含有血细胞。鳃小片内的毛细血管并没有独立的血管壁，而是由上皮细胞、柱细胞、基膜共同构成。一般认为，鳃小片的毛细血管本身没有内皮。但据华南师范大学的方展强（2004）、福州大学的阮成旭（2014）、中国水产科学研究院南海水产研究所的廖光勇（2011）观察，剑尾鱼、大黄鱼、波纹唇鱼鳃小片毛细血管具有内皮细胞（endothelial cell），其内皮细胞也是血管壁的重要组成结构。内皮细胞具有一扁平状的细胞核，其胞质内含有明显可见的一类被膜嗜锇颗粒，称Palade/Weibel体[19,25-26]。另外，从显示的剑尾鱼（图1-31）、波纹唇鱼（图1-32）鳃小片结构中可以看出，鳃小片内毛细血管即使有内皮细胞，内皮细胞也不能独立构成毛细血管的细胞壁，而是需要与鳃小片上皮细胞共同构成。上皮细胞、基膜、内皮细胞和柱细胞一起构成了特殊的水-血屏障双层结构。

4. 氯细胞超微组织结构

氯细胞最早是由英国剑桥生理实验室（Physiological Laboratory，Cambridge）的Keys和Willmer于1932年在海水欧洲鳗鲡（*Anguilla anguilla*）的鳃上发现的一种能够分泌Cl^-的细胞，因此定名为泌氯细胞（chloride secreting cell），其后更名为氯细胞[42]。在20世纪晚期，诸多学者发现氯细胞不仅能在低渗调节中分泌Cl^-，还能在高渗调节中吸收Na^+和Cl^-，因此认为氯细胞这一名称不是很妥当的。因氯细胞内含有大量的线粒体，所以一些学者建议根据其富含线粒体这一特点将其改称为线粒体丰富细胞（mitochldria-rich cell），但现在大多还习惯性地称其为氯细胞[43]。氯细胞大多位于鳃小片基部及鳃丝外侧，鳃丝中的氯细胞往往被上皮细胞覆盖，开口于相邻上皮细胞连接处[24]；此外，鱼的皮肤、假鳃和鳃盖上皮中也存在少量氯细胞；少数鱼类中，氯细胞也分布在鳃小片中，如大黄鱼、胖头鲅（*Pimephales promelas*）和黄金鲈（yellow perch *Perch flavescens*）[26,41,44]。

氯细胞结构十分复杂，它们具有密集分支的管状系统、大量的线粒体，朝向水流的细胞顶端有微绒毛和许多小囊泡。管系（tubular system）形成一个三维网络，且或多或少地均匀分布在细胞内。在靠近细胞顶部的细胞质中分布有大量圆形或长形的囊泡，管系中管和线粒体膜之间的距离常小于10nm。冰冻蚀刻术（freeze-fracture）的研究表明，这些管和膜之间有颗粒排列；颗粒与管膜的网状表面相联系，这些颗粒可能是依赖于Na^+和K^+的ATP酶转换复合体的一部分。氯细胞管系的管腔是相通的，并且与氯细胞基侧的细胞外空间相通。管系可能还通过一个迅速的囊泡转移系统与细胞顶部的膜系联系，这种联系是氯细胞进行离子转移的机制之一。因此，氯细胞发达的内膜系统包含三个部分，即与细胞基侧质膜相连的管状系统、位于细胞顶部的囊管系统（vesicle-tubular）和内质网等一般的细胞内膜[41]。

淡水和海水硬骨鱼类都具有氯细胞，但氯细胞随鱼类生存环境的变化而呈现出显著的变化。海水鱼类的氯细胞比淡水鱼的氯细胞体积大、数量多，结构也较复杂。海水鱼类氯细胞的线粒体丰富，管系发达，富有ATP酶活性，在顶部形成顶隐窝（apical crypt），每个氯细胞旁边还有一个或多个狭长的辅助细胞（accessory）。海水鱼类的辅助细胞楔在氯细胞和扁平上皮细胞之间，氯细胞和辅助细胞都与邻近的上皮细胞形成很紧密的多脊结合，即紧密连接；但氯细胞和辅助细胞之间的联系却很松散，并且有可以通漏的细胞旁道（paracellular pathways），形成所谓的渗漏上皮（leaky epithelium）（图1-33）[26,41]。这种细胞旁道为海水鱼类所特有，对海水鱼类排出NaCl起重要作用。日本鳗鲡（Japanese eel，*Anguilla japonica*）从淡水向海水迁移过程中，鳃上氯细胞增加，通透性增强，氯细胞之间连接为渗漏型。在扫描电镜下观察，在向海水适应过程中，氯细胞顶隐窝增大，而由海水进入淡水后，顶隐窝在6h内变小[45]。长期观察从淡水向海水适应生活的鱼类发现，辅助细胞一直保持狭长、而比氯细胞小的状态，当鱼类返回淡水生活时，辅助细胞即消失[41]。但俄罗斯科学院远东分部海洋生物研究所（Institute of Marine Biology，Far Eastern Division，Russian Academy of Sciences）的Serkov等（2007）观察了海龙（*Syngnathus acusimilis*）从盐度32%的海水向盐度为5%的水的适应过程，发现海龙能在盐度为5%的水中正常存活且整个过程中，其鳃上的氯细胞仅一种类型[46]。淡水鱼类氯细胞数量少，无辅助细胞，和邻近上皮细胞之间缺少紧密的多脊结合，顶部没有凹入的顶隐窝，其排NaCl的功能也随之显著减弱[41]。

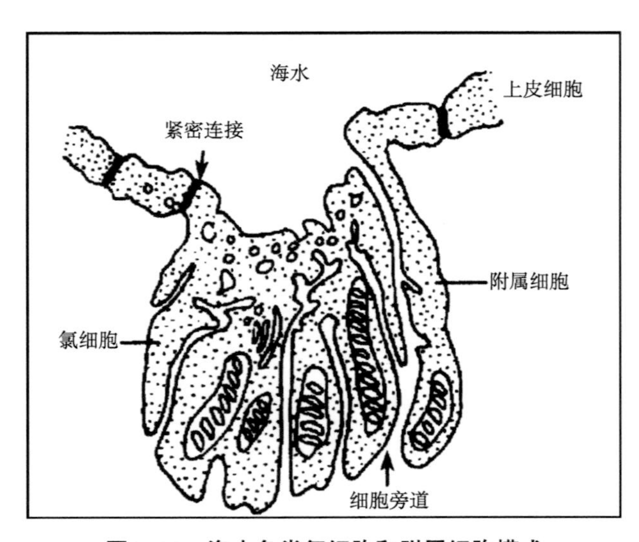

图1-33　海水鱼类氯细胞和附属细胞模式

氯细胞在海水硬骨鱼类中能够调节机体渗透压、调节体液pH值及氨氮的代谢；在淡水硬骨鱼中，氯细胞不再排出NaCl，而主要是离子内在化的场所，为钠离子和氢离子的通道，维持体内离子平衡[28]。美国明尼苏达大学（University of Minnesota，USA）的Leino等（1987）报道，研究发现在极软水中，胖头鲅和黄金鲈鳃上，特别是在鳃小片上皮中氯细胞大量增殖，此研究结果支持在极软淡水中氯细胞增加是帮助维持离子平衡的观点[44]。日本东京大学（The University of Tokyo，Japan）的Seo等（2009）报道，研究了不同盐度环境下日本鳗鲡鳃氯细胞的形态学变化，结果提示鳃丝和鳃小片上的氯细胞分别负责离子的分泌和吸收[47]。

氯细胞在鱼类鳃的功能细胞研究中备受关注，这主要是由于该细胞有多个细胞亚型且与多种生理功能密切相关。淡水鱼类氯细胞的形态多样，其细胞亚型的分类也颇受争议。罗芬等（2011）描述Pisam等最先根据细胞质的电子密度及在鳃中的分布位置，将氯细胞分为α和β两个亚型，并对它们在虹鳉（*Lebistes reticulatus*）、泥鳅、大西洋洋鲑（Atlantic salmon，*Salmo salar*）、鮈（*Gobio gobio*）和尼罗罗非鱼鳃中的形态结构进行了详细的描述[27]。α型氯细胞存在于海水和淡水生型广盐鱼类鳃中，位于鳃小片基部，细胞较大，多为长柱形或卵圆形，细胞基质电子密度较低，核基位，线粒体丰富且细胞呈卵圆形或拉长形等多种形态，胞内广泛分布微小管系统。α型氯细胞经常与一个或多个辅助细胞一起形成多细胞复合体。α型氯细胞顶膜凹陷，与周围附细胞和扁平细胞共同形成顶端小窝，执行海水适应功能。β型氯细胞在淡水鱼中大量存在，位于相邻鳃小片的鳃丝上，通常单独存在，细胞较小，呈卵圆形，细胞基质电子密度较高，核中位，胞内线粒体数量较少，微小管系统也不太发达[27,43]。在海水适应过程中α型氯细胞数量会增加，在淡水适应过程中β型氯细胞数量增加[26]。阮成旭等（2014）观察了大黄鱼氯细胞超微结构，发现鳃小片基部氯细胞符合α型特征，鳃小片上氯细胞符合β型氯细胞[26]。魏渲辉等（2001）报道Bonga和Meij（1989）根据氯细胞生长周期各阶段细胞超微结构特点，将氯细胞区分为附细胞、不成熟细胞、成熟细胞和退化细胞，其中只有成熟氯细胞才具有离子转运功能[43]。Lee等（1996，2000）根据细胞顶部的膜状突起的形态将尼罗罗非鱼鳃中的线粒体密集细胞分为深孔型（deep-hole）、浅滩型（shallow-basin）和波纹型（wavy-convex）三个亚型，并表明这三个亚型的线粒体密集细胞会随外部水体盐度和渗透压的改变而相应地发生形态结构的变化[48-49]。

罗芬等（2011）、赵巧雅等（2018）报道，研究发现斑马鱼与黄颡鱼的氯细胞形态特征较为相似，将其分为两种类型。CcⅠ型氯细胞大多位于鳃丝及鳃小片基部，细胞胞质电子密度低，线粒体形态多样且胞质内有丰富的微管系统，微管系统上具有大量离子转运活性位点Na^+/Ka^+-ATP酶，推测其可能与离子调节密切相关；CcⅡ型氯细胞大多分布于鳃弓及鳃丝血管周围，电子密度较高，线粒体大多呈圆形且较大、数量多，胞质中有小囊泡，推测其代谢活动旺盛，可能与能量代谢相关。图1-34为斑马鱼氯细胞CcⅠ型（图1-34A）和CcⅡ型（图1-34B）超微结构，显示了线粒体（M）、囊泡（V）、微管（箭头示）[27-28]。关于氯细胞的具体分类标准和功能，仍有待于进一步研究明晰。

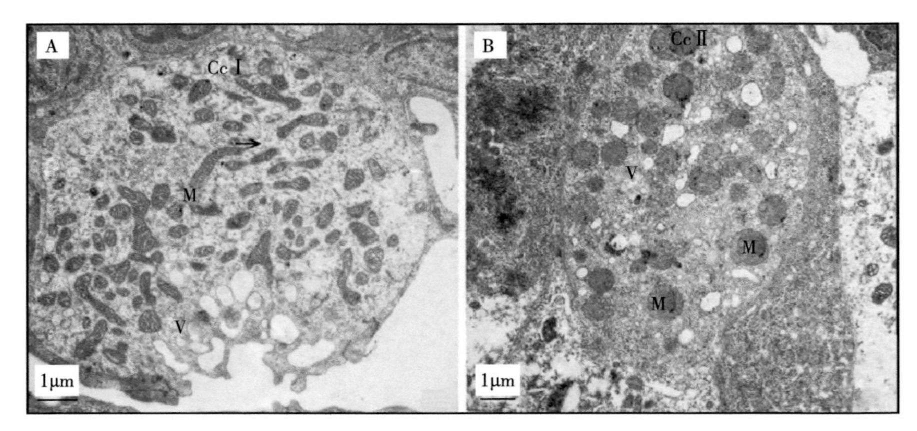

图1-34　斑马鱼氯细胞CcⅠ型（A）和CcⅡ型（B）超微结构

5. 黏液细胞超微组织结构

黏液细胞主要分布于鳃丝上皮，与氯细胞间隔而生。其数量较少，呈长椭圆形，细胞核呈长棒状，细胞器数量较少，有内质网、线粒体和高尔基体[28]。整个细胞内充满了黏液泡，电子密度低，较明亮[23]。成熟黏液细胞内可见大量黏原颗粒，细胞核和细胞器被挤在细胞基部。黏液细胞可分泌黏液到上皮细胞表面，形成一层对鳃组织有保护作用的屏障。图1-35为斑马鱼黏液细胞超微结构，显示了黏液细胞（Mc）、嗜酸性粒细胞（Eg）[28]。

6. 未分化细胞超微组织结构

鳃中还有一类未分化细胞，分布于鳃丝基部或是表皮细胞膜的间隔，它是其他功能细胞，如上皮细胞、氯细胞等其他功能细胞的母体，在发育时具有极大的可塑性。该细胞细胞核很大，呈圆形，核质比大，内有内质网、线粒体和囊泡等细胞器。图1-36为斑马鱼未分化细胞超微结构，显示了未分化细胞（NDC）[28]。

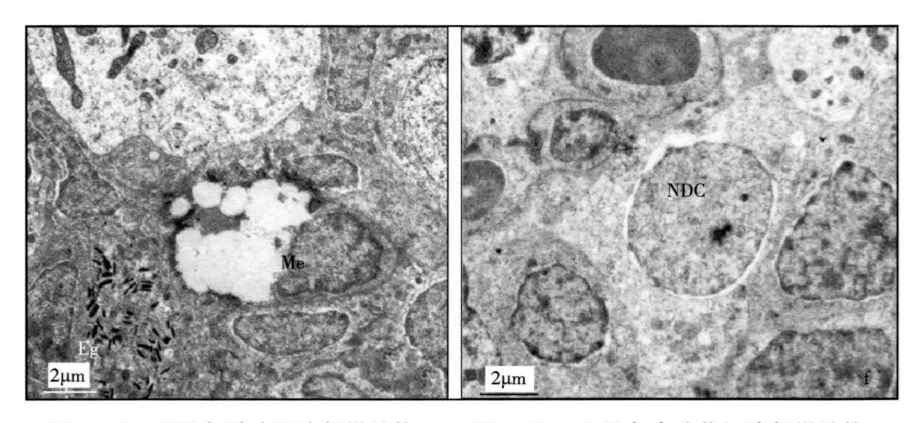

图1-35　斑马鱼黏液细胞超微结构　　图1-36　斑马鱼未分化细胞超微结构

第三节　鱼鳃的功能

鱼类通过鳃与外界进行气体交换，从而获得用于维持生命所需的氧气；同时，鳃还具有排泄氮代谢废物、参与渗透压调节等重要功能。不同鱼类由于生存环境不同，鳃的功能也有显著差别。

一、鱼鳃的呼吸功能

鳃的主要功能是执行外界与血液气体的交换，即基本的呼吸功能。从外界水环境中吸收足够的氧气，随血液循环输送到鱼体各部；同时，将身体各组织产生的二氧化碳，通过血液循环送到鳃排出体外。要完成这一功能就必须具备三方面的条件：一是密布血管网，尽量增大血管与外界的接触面；二是血管壁极薄，能迅速进行气体交换；三是具有使更新水不断接触呼吸面的“机械装置”。第一、第二点依赖于鳃自身的结构特点，第三点则依赖于呼吸运动来完成。

（一）鳃自身的特点

鱼类通常有4对全鳃，每个全鳃又有两个半鳃；每个半鳃由许多鳃丝组成，而每条鳃丝上又生出数千个鳃小片；无数鳃小片表面积相加，使鳃与外界的接触面积大大增加。鳃小片是气体交换的主要场所，其表面布满了各种复杂的环形微脊、沟状或坑状凹陷以及孔洞等结构，这使鳃的表面积进一步增加，同时也使水流与呼吸面充分接触；其内部密布毛细血管网，毛细血管网没有独立的血管壁，鳃小片上皮细胞就是血管壁的组成，这种薄到极致的结构大大方便了血液与外界环境的气体交换。同时，流经鳃丝的水流方向与遍布鳃小片的血流方向相反。鳃的这种自身结构特点保障了呼吸功能很好地完成。

大部分硬骨鱼的鳃形态结构基本相同，但不同种类的鱼生活习性及生活环境不同，鳃的细微结构差异较大，如鳃丝数、鳃丝长度、鳃小片的面积、密度、表皮厚度以及复杂程度等均与鱼类生活模式密切相关[50]。英国布里斯托大学的Hughes（1966）报道，发现活跃鱼类的鳃丝数、鳃丝长度、鳃小片密度大于中等活动性鱼类和活动迟钝鱼类，但活跃性鱼类的单个鳃小片面积小于缓慢性鱼类，这或许是因为活跃性鱼类代谢速率和能量需求较高，需要较大的交换面积，但较小的鳃小片对水的阻力较小，符合其对快速活动的要求[51]。鳃小片的高度、厚度、片间距及总量在不同鱼类是一个种的特征，与其生活模式有密切关系，其高度越高、厚度越小、总量越多，其呼吸面积就越大，摄取氧的效率就越高[34]。鳃小片的厚度在10μm左右，较薄的如贝氏高原鳅（*Trilophysa bleekeri*）约6μm、较厚的如黄鳍鲷在13～14μm[23]。此外，鳃小片表皮的厚度也与鱼类活动能力有关，活跃性的鱼气血屏障距离小，如金枪鱼等海洋快游种类的鳃小片壁很薄，仅0.53～1.0μm，而其他大多数硬骨鱼类为2～4μm，一些底栖种类为5～6μm[50]。单位长度鳃丝上鳃小片的数量，一般活动迟缓鱼类数量较少，活跃型鱼类较多，但这些数量并非固定不变。中国水产科学研究院南海水产研究所的李佳儿等（2008）报道浅色黄姑鱼鳃小片数目在12～27个/mm变动，鱼体规格越大，每毫米鳃丝上鳃小片数目越少，但每个鳃小片的表面积增大[22]。美国杜克大学（Duke University；Durham，N.C.，USA）的Gray（1953）报道对北美洲大西洋沿岸的31种海洋鱼类进行了大量的检测，数据显示不同的种类在鳃的呼吸面积上具有很大的差异；同时，Gray还证实，这种差异，无论是以身体表面积为单位、还是以身体体重为单位计算都是真实存在的；活跃的、游动迅速的、驯化过的、流线型的鱼类，如鲱科鱼类（Clupeidae）、鲭科鱼类（Scombridae）、鲹科鱼类（Carangidae）等的相对呼吸面积，比运动迟缓的、深海的鱼类，如豹蟾鱼（*Opsanus tau*）、鮟鱇等的更大；而中等活力的鱼类，如金眼门齿鲷（*Stenotomus chrysops*）、羊头鲷（*Archosargus probatocephalus*）、菱体兔齿鲷（*Lagodon rhomboides*）等的相对呼吸面积也是处于中段的[52]。中国水产科学研究院南海水产研究所的李加儿等（2008）报道，同一种类不同规格鱼类的呼吸面积也有所不同，一般呼吸总面积随体重的增加而增大，但相对面积随体重的增加而减小[22]。

（二）呼吸运动

使新鲜水不断地流过鳃区，这依赖的是鱼类的呼吸运动。各种鱼类因生活方式不同，其呼吸运动的特点也不同。软骨鱼类和硬骨鱼类呼吸时，一般水由口进入，经鳃由鳃孔排出。但鳐类、魟类伏于海底时，由于口位于身体腹面，由口进水将带进大量泥沙，这时改由头部背面眼后方的喷水孔（spiracle）进水，经鳃由鳃孔排出。鲆、鲽类长期侧卧水底，水多从一侧鳃孔排出，并且吸水时口不大张开，以防止泥沙进入。

硬骨鱼类鱼类呼吸是依靠下颌鳃部肌肉的收缩及口腔与鳃腔协同的工作，使水不断流经鳃部。在整个呼吸运动过程中主要靠口腔泵（buccal pump）和鳃腔泵（opercular pump）的扩张吸水和压缩出水来完成。扩张吸水时，鳃盖膜紧闭，口张开，口咽腔容积扩大，内部压力低于外界，水进入口咽腔。此刻，鳃盖的前部向外方扩展，扩大鳃腔的容积，鳃腔内压力就更低，于是水由口咽腔流经鳃区，开始进入鳃腔。压缩出水时，从水流过鳃区进入鳃腔时起，口腔瓣关闭。口咽腔容积变小，压力增大，此时鳃盖膜仍然关着，但鳃盖后部已处在最大限度的扩展中，水充满了整个鳃腔，浸漫整个鳃丝、鳃小片，完成气体交换。在肌肉的协同作用下，鳃腔内的高压冲开鳃盖膜，水被压出体外。鳃盖膜关上、口张开，呼吸运动又重复开始[5-6]。板鳃鱼类鳃的结构与硬骨鱼类不同，没有形成硬骨鱼类那样的鳃盖和鳃腔，但仍可利用上述方式进行呼吸，其向后弯曲并可弧形收缩的鳃间隔起到了类似鳃盖膜的作用。同时，其眼部后方的喷水孔也可引水入口咽腔进行呼吸。

硬骨鱼类呼吸时水流的方向与鳃小片内血液的流动方向相反，这种血水对流方式保证了新鲜的水不断与新的血液接触。据试验分析，血水对流可摄取水中85%的溶解氧，而血水同向而流只能摄取不到20%的溶解氧[6]。但板鳃鱼类与硬骨鱼类不同，水流过鳃时，水流与血流不是逆向的[53]。

在许多鱼类中，只要游泳达到一定速度，鱼类只需张开口和鳃盖，借助速度，让新鲜水流快速穿过鳃区，就足以保证呼吸需要，因此不必专门进行呼吸运动，如金枪鱼（*Thunnus* sp.）、鲨鱼等。这种呼吸方式称为冲压式呼吸（ram jet ventilation），它节省了鱼类用于呼吸的大量能量，实际上像大型金枪鱼类也只能通过这种方法完成呼吸[31]。短鲫（*Remora remora*）常吸附于其他鱼体上，当吸附的鱼游速超过60cm/s时，短鲫即停止呼吸动作。生活在湍急溪流中的一些鱼类，常把扁平的身体吸附于水底岩石上，张开口和鳃盖，让水不断从口流进，从鳃孔流出[6]。

二、鱼鳃的排泄功能

鳃除呼吸功能外，还可以以氨的形式排泄氮代谢产物。鱼类的氮代谢产物主要是氨，大部分氨在肝脏中产生，由血液运送到鳃。无论是淡水鱼类还是海水鱼类，氨都是通过鳃小片上皮的上皮细胞排泄。鳃排泄氨的氮量是鱼类肾脏以各种形式排出的总氮量的6～10倍。此外，鳃排泄物中还含有一些易溶的含氮物质，如尿素、胺、氧化胺等。与排泄尿素、尿酸相比，除氨具有毒性外，鱼类排泄氨有许多优点。一是蛋白氮转化为氨不需要消耗能量，而且一些产生氨的反应中，同时还伴有自由能的产生（如脱氨反应）。二是氨具有较小的体积和高的脂质可溶性，因此很容易通过生物膜排出，而不必伴随水额外流失。三是氨的排泄还能够以NH_4^+的形式完成[41]。

三、鱼鳃的渗透压调节功能

海水所含盐分一般比淡水高得多，两者相差约100倍。而在淡水鱼和海水鱼体内所含盐分相差不大，这是因为各种鱼类具有不同的渗透压调节机能。由于鳃具有比表面积大、与外界环境直接接触、存在大量氯细胞的特点，使其成为鱼类重要的渗透压调节器官。

淡水硬骨鱼类的体液相对于外界水环境是高渗的，由鳃及体表进入体内的多余水分主要通过肾脏以尿液的形式排出体外，在排尿过程中会造成部分盐分的流失。淡水硬骨鱼类的鳃会主动吸收水中的Na^+和Cl^-，用以补偿体内NaCl的流失。同位素示踪实验表明，淡水鱼类的Na^+和Cl^-内流完全是通过鳃小片上皮进行的，而Ca^{2+}是通过鳃丝上皮渗入，但主要由氯细胞转运。进入体内多余的Ca^{2+}最终由肾脏排出体外[41]。

海水硬骨鱼类体液相对外界水环境是低渗的，必须大量吞饮海水以补偿体内水分的流失，但随海水带进体内的大量Na^+、Cl^-和其他离子必须排出体外以维持渗透压平衡。研究发现，海水硬骨鱼类鳃小片上皮的Na^+和Cl^-内流量和外流量没有明显不同，但鳃丝上皮的Na^+和Cl^-外流量显著大于内流量，表明Na^+和Cl^-主要是从鳃丝上皮排出。海水硬骨鱼类的Na^+和Cl^-在鳃丝上皮的排泄是通过氯细胞和辅助细胞进行的。由于氯细胞的内管系发达，含有丰富的ATP酶，它们提供能量将血液运送来的Cl^-以主动运输的方式通过顶隐窝排出体外；Na^+则主要通过氯细胞和辅助细胞之间的细胞旁道扩散到体外（图1-37）[41]。

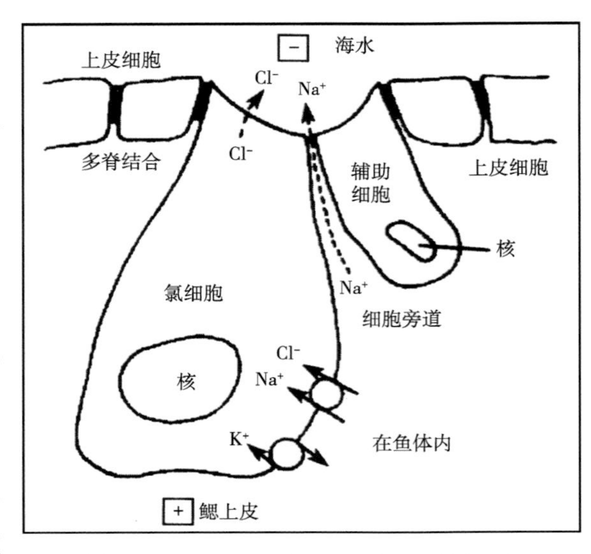

图1-37　海水鱼氯细胞Na^+和Cl^-排泄示意

一些研究结果，发现当某些鱼类自淡水洄游到海水中生活之后，为适应海水环境，鳃上皮的氯细胞会发生明显改变。首先是氯细胞数量增加，并出现辅助细胞，形成细胞旁道。其次，氯细胞体积增大，内部形成发达的管系，线粒体数量明显增多。生化分析显示，此时的Na^+/K^+-ATP酶数量增加，且表达加强。当这些鱼类由海水再洄游到淡水环境后，适应海水的渗透压调节机制受到抑制，适应淡水的调节机制被激活，鱼鳃丝上的氯细胞排出的功能降到低水平。尽管氯细胞数量未减少，但对Na^+和Cl^-通透性降低，辅助细胞消失，细胞旁道关闭，以维持体内的高渗透压[54-55]。中国水产科学研究院东海水产研究所的廖雅丽等（2015）总结大量氯细胞的研究成果，提出鱼鳃通过氯细胞分泌的催乳素、胰岛素生长因子Ⅰ等各种激素和Na^+/K^+-ATP酶以及相关离子通道转运基因和蛋白的表达综合地对渗透压进行调节。特别在不同盐度条件下，通过改变离子细胞中相关离子通道转运基因和蛋白的表达水平，对渗透压进行调节，以适应环境的变化[56]。

四、鱼鳃的其他功能

鱼类的鳃除具有呼吸功能、排泄功能、渗透压调节功能外，还具有平衡一些离子的浓度、过滤筛选食物的功能。

（一）平衡离子浓度

由于鳃上皮对H^+的渗透性很强，当鱼体内进行厌氧代谢使乳酸积累增多时，H^+可以通过鳃上皮渗透到水里，维持体液pH值稳定；而当水环境pH值降低、H^+增多时，H^+也会经鳃上皮渗入体内，降低体液pH值，对鱼体造成不良影响。鱼类对这种情况有一定的调节能力，即鳃上皮会主动地进行HCO_3^-和Cl^-交换、Na^+和H^+交换，通过吸收Na^+排出多余的H^+[41]。

江西教育学院的吴志强（1993）报道NH_3可很容易地穿过鳃上皮，但鳃上皮对NH_4^+的渗透性却很小，所以鱼体代谢产生的NH_3可很容易地通过鳃上皮扩散到体外，但当水体中氨氮增多，水质变坏时，也会严重影响鱼类生存。如果水体pH值偏低，水中氨氮主要以NH_4^+形式存在，鳃上皮对NH_4^+不渗透，影响还较小；若水体pH值偏高，NH_4^+转化为NH_3，则NH_3极易穿透上皮细胞进入鱼体内，毒害鱼类[57]。

（二）过滤筛选食物

硬骨鱼类鱼类鳃弓内侧一般均长有鳃耙，鳃耙是滤食性鱼类取食的主要器官，但因其归属于消化系统，而鳃属于呼吸系统，所以在讲鳃的功能时一般不做讨论。另外，鱼类的味蕾细胞分布很广，不仅分布于口腔，头部、体表、触须、鳍膜均有分布。多数鱼类在鳃耙的顶端和鳃弓的前缘也分布有味蕾细胞，所以鳃弓和鳃耙也能帮助鱼类辨别食物的味道，对食物进行甄别以决定是否吞咽[2,18]。华南师范大学的方展强等（2001，2004）报道对剑尾鱼、苏氏芒鲶鳃上的味蕾细胞进行了观察，发现其结构相似[18-19]。

总体来讲，鳃是鱼体对外的一个主要窗口，连接了鱼体的内外界环境。鳃的表面积极大，相当于整个鱼体的表面积，甚至更大，而鳃的表皮极薄，薄到鳃小片内血液与外界水环境之间仅隔了鳃小片上皮细胞及柱细胞两层细胞。鳃的这种构造方便了鳃的气体交换、渗透压调节、离子平衡及含氮物质的代谢，但这也使得它极易受到伤害。无论是温度、盐度、pH值、氨氮等环境因子的变化，还是病原体的侵袭，都会使鳃的组织结构发生变化，甚至损伤，而鳃的轻微损伤，就会引起鱼类呼吸困难、渗透压调节失调等情况，给鱼类的生命活动造成不利影响，甚至导致鱼类死亡。目前对真骨鱼类鳃的构造已研究得比较清楚，但关于鳃如何完成其多重生理功能、如何适应外界环境因子的变化、不同的病原生物及有害物质会对鳃造成怎样的损伤等方面，均还有待于深入、系统地研究。

参考文献

［1］　李明德. 鱼类分类学[M]. 北京：海洋出版社，2011：7-18，29-31.

［2］　冯昭信. 鱼类学[M]. 北京：中国农业出版社，2008：75-76，44-45，49-52.

［3］　BETANCUR-R R，WILEY E O，ARRATIA G，et al. Phylogenetic classification of bony fishes[J]. BMC Evolutionary Biology，2017，17（1）：1-40.

［4］　KAPOOR B G，BHAVNA KHANNA. Ichthyology Handbook[M]. 1st ed. Berlin：Springer-Verlag，2004：1-20.

［5］　王军，陈明茹，谢仰杰. 鱼类学[M]. 厦门：厦门大学出版社，2008：31-32，60-61，68-70，75-77，133-136，152-153.

[6] 谢从新. 鱼类学[M]. 北京：中国农业出版社，2010：8，51-52，94-101，185-189，201-203.

[7] 苏锦祥. 鱼类学与海水鱼类养殖[M]. 2版. 北京：中国农业出版社，1995：7，58-59，65-72，138-142，155-159.

[8] MORGAN M，TOVELL P W. The structure of the gill of the trout，*Salmo gairdneri*（Richardson）[J]. Zeitschrift fur Zellforschung und mikroskopische Anatomie，1973，142（2）：147-162.

[9] HUGHES G M，DUTTA MUNSHI J S. Fine structure of the respiratory organs of the climbing perch *Anabas testudinesu*（Pisces Anabantidae）[J]. Journal of Zoology，1973，170（2）：201-225.

[10] YOUSON J H，FREEMAN P A. Morphology of the gills of larval and parasitic adult sea lamprey，*Petromyzon marinus* L[J]. Journal of Morphology，1976，149（1）：73-103.

[11] WRIGHT D E. The structure of the gills of the elasmobranch，*Scyliorhinus canicula*[J]. Zeitschrift fur Zellforschung und mikroskopische Anatomie，1973，144（4）：489-509.

[12] BARBER D L，MILLS W J E，JENSEN D N. New observations on the rodlet cell（Rhabdospora thelohani） in the white sucker *Catostomus commersoni*（Lacépède）：LM and EM studies[J]. Journal of Fish Biology，1979，14（3）：277-284.

[13] BURGGREN W W，RANDALL D J. Oxygen uptake and transport during hypoxic exposure in the sturgeon *Acipenser transmontanus*[J]. Respiration Physiology，1978，34（2）：171-183.

[14] WRIGHT D E. Morphology of the gill epithelium of the lungfish，*Lepidosiren paradoxa*[J]. Cell and Tissue Research，1974，153（3）：365-381.

[15] HUGHES G M，DATTA MUNSHI J S. Scanning electron microscopy of the respiratory surfaces of *Saccobranchus*（*=Heteropneustes*） *fossilis*（Bloch）[J]. Cell and Tissue Research，1978，195（1）：99-109.

[16] RAJBANSHI V K. The architecture of the gill surface of the catfishes，*Heteropneustes fossilis*（Bloch）：SEM study[J]. Journal of Fish Biology，1977，10（4）：325-329.

[17] 邢维贤，安利国，杨桂文，等. 胡子鲶鳃扫描电镜的观察[J]. 水产学报，2000，24（2）：101-105.

[18] 方展强，郑文彪，肖智，等. 苏氏芒鲶鳃超微结构观察[J]. 水产学报，2001，25（6）：489-491.

[19] 方展强，邱玫，王春凤. 剑尾鱼鳃结构的光镜、扫描和透射电镜观察[J]. 电子显微学报，2004，23（5）：553-559.
[20] 黄建华，李加儿，刘匆，等. 鲑点石斑鱼和大眼鳜鳃的扫描电镜观察[J]. 动物学研究，2005，26（1）：82-88.
[21] 李加儿，区又君，刘匆. 红笛鲷和卵形鲳鲹鳃的扫描电镜观察与功能探讨[J]. 海洋水产研究，2007，28（6）：45-50.
[22] 李加儿，许晓娟，区又君，等. 浅色黄姑鱼鳃结构及其呼吸面积的研究[J]. 南方水产，2008，4（1）：22-27.
[23] 李加儿，区又君，刘匆，等.黄鳍鲷和尼罗罗非鱼鳃丝表面结构扫描电镜观察[J]. 南方水产，2009，5（4）：26-30.
[24] 何永亮，区又君，蔡文超，等. 驼背鲈鳃丝的光镜、扫描和透射电镜观察[J]. 华南农业大学学报，2009，30（2）：86-89.
[25] 廖光勇，区又君，李加儿. 波纹唇鱼鳃丝的光镜、扫描和透射电镜观察[J]. 动物学杂志，2011，46（1）：7-15.
[26] 阮成旭，吴德峰，袁重桂. 大黄鱼幼鱼鳃结构的光镜和透射电镜观察[J]. 解剖学报，2014，45（1）：120-123.
[27] 罗芬，陈礼强，康斌. 黄颡鱼（*Pelteobagrus fulvidraco*）鳃的超微结构研究[J]. 海洋与湖沼，2011，42（4）：488-494.
[28] 赵巧雅，王新栋，孙雪婧，等. 斑马鱼鳃的光镜和透射电镜观察[J]. 动物学杂志，2018，53（1）：92-98.
[29] 赵战勤，李健，刘志军. 鱼形态学彩色图谱[M]. 北京：化学工业出版社，2017：59-64.
[30] 李明德. 鱼类形态与生物学[M]. 厦门：厦门大学出版社，2011：40-41.
[31] ROBERTS R J . Fish Pathology[M]. 4th ed. Malden：Blackwell Publishing Ltd，2012：24-27.
[32] MOTTA P J，MASLANKA M，HUETER R E，et al. Feeding anatomy，filter-feeding rate，and diet of whale sharks *Rhincodon typus* during surface ram filter feeding off the Yucatan Peninsula，Mexico[J]. Zoology，2010，113（4）：199-212.
[33] 孟庆闻，李婉端，周碧云. 鱼类学实验指导[M]. 北京：中国农业出版社，1995：19.
[34] 但学明，张耀光，谢小军. 南方鲇鳃的光镜和扫描电镜观察[J]. 西南师范大学学报（自然科学版），1999，24（6）：666-673.
[35] 李霞. 水产动物组织胚胎学[M]. 北京：中国农业出版社，2006：118-123.
[36] 潘基桂，房慧伶. 鱼鳃及鳃上器形态学的研究概况[J]. 广西农业生物科学，2002，21（4）：289-291.

[37] SHADWICK R E，FARRELL A P，BRAUNER C J. Physiology of Elasmobranch Fishes：Structure and Interaction with Environment[J]. Fish Physiolgy. 2015，34A：102-105，110-114.

[38] 范毛毛，常藕琴，潘厚军，等. 鳜鳃的扫描电镜观察[J]. 大连海洋大学学报，2009，24（增刊）：81-83.

[39] 孙京田，谢英渤. 胡子鲶鳃及鳃上器形态结构扫描电镜研究[J]. 山东师大学报（自然科学版），1999，14（2）：190-192.

[40] 张圆圆，沈建忠，王海生，等. 鱼类呼吸器官形态与功能适应性研究进展[J]. 水产科学，2012，31（6）：382-386.

[41] 林浩然. 鱼类生理学[M]. 广州：中山大学出版社，2011：83-88，205-210.

[42] KEYS A，WILLMER E N. “Chloride secreting cells” in the gills of fishes，with special reference to the common eel[J]. Journal of Physiology，1932，76（3）：368-378.

[43] 魏渲辉，汝少国，徐路. 海水和淡水适应过程中广盐性鱼类鳃氯细胞的形态与功能变化及其激素调节[J]. 海洋科学，2001，25（4）：16-20.

[44] LEINO R L，MCCORMICK J H，JENSEN K M. Changes in gill histology of fathead minnows and yellow perch transferred to soft water or acidified soft water with particular reference to chloride cells[J]. Cell and Tissue Research，1987，250（2）：389-399.

[45] TSUYOSHI O，TETSUYA H. Changes in osmotic water permeability of the eel gills during seawater and freshwater adaptation[J]. Journal of Comparative Physiology B-Biochemical Systems and Environmental Physiology，1984，154（1）：3-11.

[46] SERKOV V M，KORNIENKO M S，KOLOBOV V A. Structural and functional features of gill epithelium and the brood pouch of pipefish *Syngnathus acusimilis*（Syngnathidae，Gasterosteiformes）during adaptation to dilute sea water[J]. Journal of Ichthyology. 2007，47（9）：750-754.

[47] SEO M Y，LEE K M，KANEKO T. Morphological changes in gill mitochondria-rich cells in cultured Japanese eel *Anguilla japonica* acclimated to a wide range of environmental salinity[J]. Fisheries Science，2009，75（5）：1147-1156.

[48] LEE T H，HWANG P P，LIN H C，et al. Mitochondria-rich cells in the branchial epithelium of the teleosts，*Oreochromis mossambicus*，acclimated to various hypotonic environments[J]. Fish Physiology and Biochemistry，1996，15：513-523.

[49] LEE T H，HWANG P P，SHIEH Y E，et al. The relationship between “deep-hole” mitochondria-rich cells and salinity adaptation in the euryhaline teleost，*Oreochromis mossambicus*[J]. Fish Physiology and Biochemistry，2000，23：133-140.

[50] 张圆圆，沈建忠，王海生，等. 鱼类呼吸器官形态与功能适应性研究进展[J]. 水产

科学，2012，31（6）：382-386.
[51] HUGHES G M. The dimensions of fish gills in relation to their function[J]. Journal of Experimental Biology，1966，45（1）：177-195.
[52] GRAY I E. The relation of body weight to body surface area in marine fishes[J]. Biological Bulletin，1953，105（2）：285-288.
[53] 温海深. 水产动物生理学[M]. 青岛：中国海洋大学出版社，2009：195-197.
[54] FISHELSON L. Scanning and transmission electron microscopy of the squamose gill filament epithelium from fresh and seawater adapted *Tilapia*[J]. Environmental Biology of Fishes，1980，5（2）：161-165.
[55] SHIRAI N，UTIDA S. Development and degeneration of the chloride cell during seawater and freshwater adaptation of the Japanese eel，*Anguilla japonica*[J]. Zeitschrift fur Zellforschung und mikroskopische Anatomie. 1970，103（2）：247-264.
[56] 廖雅丽，张晨捷，高权新，等. 鱼类离子细胞及离子通道的研究进展[J]. 海洋渔业，2015，37（1）：77-86.
[57] 吴志强. 鱼鳃的构造及其生理机能[J]. 生物学通报，1993，28（11）：6-7.

（葛慕湘　撰写）

第二章　鱼类鳃感染病及其细菌性感染病概要

鱼类的鳃是呼吸器官，主要功能是从水中吸取氧气、排出二氧化碳，完成气体交换。此外，还兼有排泄小分子代谢物质和协助调节渗透压等的生理功能（可见在第一章“鱼类鳃的结构与功能”中的记述）。无论如何，可以认为在鱼类的鳃与其体表一样接触环境水体及水中所有物质，甚至因其特定功能所致会更为广泛。也因此，同时带来了与病原体（pathogen）不可避免的互作（interaction），显著增加了被感染（infection）与发病（overt disease）的频率。

迄今已知有多种病原体能够引起鳃的感染、发病，其中尤以由某种（些）病原性细菌（pathogenic bacteria）引起的细菌性鳃感染病（bacterial gill infectious diseases）表现突出，这也是与细菌在水生境（aquatic environments）中广泛存在相关联的，尤其是那些具有致病性的所谓水生细菌（aquatic bacteria）。

从广义的角度描述鱼类鳃病（gill disease of fishes）的种类，可统一考虑是否由某种（些）病原体引起的划分为感染病（infectious diseases）、非感染病（non-infectious diseases）两大类。其中以感染病表现突出，有多种病原体能够引起水生动物（aquatic animals）的感染死亡，或影响水生动物正常生长发育，使其失去商业养殖的经济价值。

感染病包括所有由病原性细菌、真菌（fungi）、病毒（virus）、寄生虫（parasites）等病原体引起的疾病。感染病的共同特征是通常情况下表现具有传染性（infectivity），仅在程度上存在差异性。另外，由寄生虫引起的感染病常界定在寄生虫病（parasitosis，parasitic diseases）的范畴，以与由细菌、病毒、真菌等微生物（microorganism）引起的感染病相区别。

非感染病，即通常所指的普通病（common diseases），当包括所有不是由病原体引起的疾病。如因某种（些）营养物质缺乏导致的代谢性疾病（metabolic diseases）、环境物理性（机械性）损伤及水体污染带来有害化学物质的刺激，甚至可能因毒性物质引起的中毒（poisoning）等。

就鱼类的鳃感染病（gill infectious diseases of fishes）来讲，目前还没有明确的特定分类方案。这里基于通常情况下鳃感染病出现的频率，也为便于区分由不同种类病原体引起的感染病，尝试将其划分为鱼类的细菌性鳃感染病（bacterial gill infectious diseases of fishes）、鱼类的非细菌性鳃感染病（non-bacterial gill infectious diseases of fishes）两大类。其中以细菌性鳃感染病在病原菌、病症方面比较明确，且发生与流行表现严重。

第一节 鱼类细菌性鳃感染病概要

鱼类细菌性鳃感染病，指的是除古细菌（archaebacteria）也称为古菌（archaea）或古生菌外，由所有真细菌（eubacteria）引起的鳃感染病。这里所谓的真细菌，包括通常所指的细菌（bacteria），以及立克次氏体（Rickettsia）、支原体（Mycoplasma）、衣原体（Chlamydia）、螺旋体（Spirochaeta），还有放线菌（Actinomycetes）、蓝细菌（Cyanobacteria）等，除古细菌（古菌、古生菌）外的所有单细胞原核生物（prokaryotes）。

一、鱼类细菌性鳃感染病的病原菌种类

尽管有多种病原菌能够在特定条件下引起鱼类鳃的不同损伤，但真正意义上讲，作为鱼类鳃细菌性感染病的病原菌还是少数的，迄今还仅限于在真细菌的黄杆菌科（Flavobacteriaceae）中2个菌属、6个种：①黄杆菌属（*Flavobacterium*）的4个种；黏着杆菌属（*Tenacibaculum*）的2个种。这些细菌的共同特征是属于非发酵菌（nonfermentative bacteria）类，也常是记为非发酵革兰氏阴性杆菌（nonfermentative Gram-negative bacilli，NFGNB）。所引起的鳃感染病，包括鱼类柱状病（columnaris disease，CD）、细菌性鳃病（bacterial gill disease，BGD）、黏着杆菌病（tenacibaculosis）等。

另外是衣原体目（Chlamydiales）中不同衣原体科、属的衣原体，涉及7个菌属13个种。其中按伯杰氏（Bergey）细菌分类系统，*Bergey's Manual of Systematic Bacteriology*《伯杰氏系统细菌学手册》第2版第4卷（2010）和*Bergey's Manual of Systematics of Archaea and Bacteria*《伯杰氏系统古菌和细菌手册》（2015）中记载的衣原体，涉及3个菌属4个种[1-2]。还有是近年来以新菌属（gen. nov.）、新菌种（sp. nov.）衣原体名义报道的衣原体新菌属4个、新菌种9个。所引起的鱼类鳃感染病，均为鳃上皮囊肿（epitheliocystis，EP）亦即鳃上皮囊肿病（epitheliocystis disease，EPD）。

再者是近年来以新菌属（新菌种）名义报道的、同衣原体一样是引起鱼类鳃上皮囊肿（鳃上皮囊肿病）的病原性细菌，涉及3个菌属5个种（不是黄杆菌科细菌成员）。总体来讲这些细菌比较特殊，如果与引起鱼类鳃上皮囊肿（鳃上皮囊肿病）的病原性衣原体、引起鱼类细菌性鳃感染病的黄杆菌科细菌相比较，可以认为主要包括三个方面的

共性或相关性。一是有的在宿主细胞内生长发育阶段类似于衣原体，但通常不具有典型衣原体那样的发育周期（developmental cycles），不确切地比喻，更像是介于衣原体与通常所指细菌之间的一类微生物，也可在广义上将其看作是衣原体样生物体（*Chlamydia*-like organisms，CLOs）或称为类衣原体。二是有的具有与通常所指细菌一样的基本生物学性状，并能够在体外人工培养基生长；或是有的具有与通常所指细菌一样的基本形态特征，但尚不能在体外人工培养基生长；这些细菌，通常是属于β-变形菌纲（β-proteobacteria）或γ-变形菌纲（γ-proteobacteria）细菌的成员。三是均为鱼类鳃上皮囊肿（鳃上皮囊肿病）的病原体，这一点与衣原体在鱼类鳃的致病作用特征极其相似或相同。

表2-1所列是迄今明确记载和报道引起鱼类鳃细菌性感染病所涉及的病原菌种类（共12个菌属24个种）及其所致的相应感染病。

表2-1　鱼类鳃感染病的病原菌及其感染病类型

病原菌	感染病类型
鱼类细菌性鳃感染病的黄杆菌科病原性细菌（2个菌属6个种）	
黄杆菌属（*Flavobacterium*）4个种	
柱状黄杆菌（*Flavobacterium columnare*）	柱状病
嗜鳃黄杆菌（*Flavobacterium branchiophilum*）	细菌性鳃病
水生黄杆菌（*Flavobacterium hydatis*）	鳃感染病、黄杆菌病
琥珀酸黄杆菌（*Flavobacterium succinicans*）	鳃感染病、黄杆菌病
黏着杆菌属（*Tenacibaculum*）2个种	
近海黏着杆菌（*Tenacibaculum maritimum*）	鳃感染病、黏着杆菌病
舌齿鲈黏着杆菌（*Tenacibaculum dicentrarchi* sp. nov.）	鳃感染病、黏着杆菌病
鱼类细菌性鳃感染病的衣原体目病原性衣原体（7个菌属13个种）	
棒状衣原体属（Candidatus *Clavichlamydia*）1个种	
栖鲑鱼棒状衣原体（Candidatus *Clavichlamydia salmonicola*）	鳃上皮囊肿
新衣原体属（*Neochlamydia*）1个种	
哈特曼氏阿米巴原虫新衣原体（*Neochlamydia hartmannellae*）	鳃上皮囊肿
鱼衣原体属（Candidatus *Piscichlamydia*）2个种	
鲑鱼鱼衣原体（Candidatus *Piscichlamydia salmonis*）	鳃上皮囊肿
鲤科鱼鱼衣原体（Candidatus *Piscichlamydia cyprinis* sp. nov.）	鳃上皮囊肿
放射衣原体属（Candidatus *Actinochlamydia* gen. nov.）2个种	
胡鲶放射衣原体（*Actinochlamydia clariae* sp. nov.）	鳃上皮囊肿
巨鲶放射衣原体（Candidatus *Actinochlamydia pangasiae* sp. nov.）	鳃上皮囊肿
类似衣原体属（Candidatus *Parilichlamydia* gen. nov.）1个种	

（续表）

病原菌	感染病类型
鲹类似衣原体（Candidatus *Parilichlamydia carangidicola* sp. nov.）	鳃上皮囊肿
相似衣原体属（Candidatus *Similichlamydia* gen. nov.）4个种	
栖婢鱼相似衣原体（Candidatus *Similichlamydia latridicola* sp. nov.）	鳃上皮囊肿
尖吻鲈相似衣原体（Candidatus *Similichlamydia laticola* sp. nov.）	鳃上皮囊肿
隆头鱼相似衣原体（Candidatus *Similichlamydia labri* sp. nov.）	鳃上皮囊肿
石斑鱼相似衣原体（Candidatus *Similichlamydia epinephelii* sp. nov.）	鳃上皮囊肿
海龙衣原体属（Candidatus *Syngnamydia* gen. nov.）2个种	
威尼斯海龙衣原体（Candidatus *Syngnamydia venezia* sp. nov.）	鳃上皮囊肿
鲑鱼海龙衣原体（Candidatus *Syngnamydia salmonis* sp. nov.）	鳃上皮囊肿
鱼类细菌性鳃感染病的病原性非衣原体细菌（3个菌属5个种）	
鳃单胞菌属（Candidatus *Branchiomonas* gen. nov.）1个种	
囊肿鳃单胞菌（Candidatus *Branchiomonas cysticola* sp. nov.）	鳃上皮囊肿
动物内脏单胞菌属（*Endozoicomonas* gen. nov.）2个种	
栖海天牛动物内脏单胞菌（*Endozoicomonas elysicola* sp. nov.）	鳃上皮囊肿
克里特岛动物内脏单胞菌（*Endozoicomonas cretensis* sp. nov.）	鳃上皮囊肿
鱼囊肿菌属（*Ichthyocystis* gen. nov.）2个种	
希腊鱼囊肿菌（Candidatus *Ichthyocystis hellenicum* sp. nov.）	鳃上皮囊肿
鲷鱼鱼囊肿菌（Candidatus *Ichthyocystis sparus* sp. nov.）	鳃上皮囊肿

值此也简要记述肾衣原体属（Candidatus *Renichlamydia* gen. nov. Corsaro and Work，2012）与笛鲷肾衣原体（Candidatus *Renichlamydia lutjani* gen. nov. sp. nov. Corsaro and Work，2012），是由法国衣原体研究协会（CHLAREAS Chlamydia Research Association；Vandoeuvre-lès-Nancy，France）、瑞士纽沙特尔大学生物研究所土壤生物学实验室（Laboratory of Soil Biology，Institute of Biology，University of Neuchâtel；Neuchâtel，Switzerland）的Corsaro和美国国家野生动物健康中心夏威夷火奴鲁鲁野外站（Honolulu Field Station，National Wildlife Health Center；Honolulu，Hawaii，USA）的Work（2012）首先报道建立的衣原体新属、新种，发现在被感染四带笛鲷（blue-striped snapper，*Lutjanus kasmira*）亦称四线笛鲷、蓝纹笛鲷的肾脏和脾脏（主要是在肾脏）中，与在鱼类鳃是不同的（不是引起鳃的上皮囊肿病），也认为是首次报道发生在鱼类内脏器官的衣原体感染发。在对夏威夷作为礁鱼（reef fish）的四带笛鲷微寄生物（microparasites）常规监测研究中，揭示了一种衣原体样生物体在肾脏、脾脏的感染，其特征为在胞内嗜碱性颗粒包涵体（intracellular basophilic granular inclusions）中含有革兰氏染色阴性、姬梅尼茨氏（Gimenez）染色阳性的细菌，于光学显微

镜下观察其病变特征在外观上呈上皮囊肿样感染（epitheliocystis-like infections），即与上皮囊肿（上皮囊肿病）特征相似，这些生物体曾在当时被Work等（2003）暂时命名为“epitheliocystis-like organisms，ELO”（上皮囊肿样生物体）；然而，鱼类的上皮囊肿通常是影响鳃；而在夏威夷，这种生物体是在肾脏中，在电子显微镜下观察到的形态也与其他已有描述的上皮囊肿病原衣原体不一致。经采用PCR和16S rRNA序列分析，证明了这些革兰氏阴性细菌样生物体（Gramnegative bacteria-like organisms，BLO）属于衣原体、是衣原体科的新成员，命名为“Candidatus *Renichlamydia lutjani* gen. nov. sp. nov.”（笛鲷肾衣原体）[3-5]。

图2-1为这种衣原体样生物体即笛鲷肾衣原体的显微图像，包括在四带笛鲷尾肾（caudal kidney）中的（图2-1A、图2-1B、图2-1D、图2-1F）和脾脏（图2-1C、图2-1E）中的笛鲷肾衣原体。其中的图2-1A、图2-1B、图2-1C为苏木精-伊红（haemotoxylin-eosin，H-E）染色，图2-1D、图2-1E为姬梅尼茨氏染色，图2-1F为革兰氏染色；图2-1A、图2-1C、图2-1D、图2-1E、图2-1F显示初期感染的，在图2-1A、图2-1D和图2-1F中笛鲷肾衣原体周围有轻度淋巴浸润（mild lymphoid infiltrates）；图2-1B为慢性感染，结缔组织囊（connective tissue capsule）与笛鲷肾衣原体周围丰满的成纤维细胞（plump fibroblasts）混合[3]。

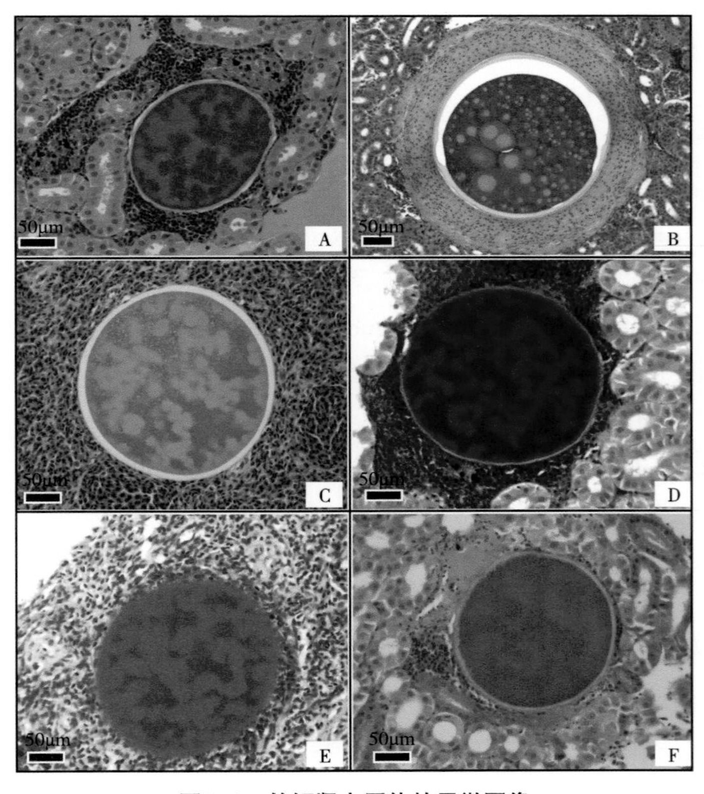

图2-1 笛鲷肾衣原体的显微图像

图2-2显示四带笛鲷的上皮囊肿样体。其中的图2-2A为在肾中的上皮囊肿样体，存在轻微的单核反应（箭头示）；图2-2B为在肾内的上皮囊肿样体，推测为晚期感染，在上皮囊肿样体周围存在突出的结缔组织囊（prominent connective tissue capsule）（箭头示）与嗜酸性物质团块混合；图2-2C为上皮囊肿样体的透射电子显微图片，可见被挤压的宿主细胞核（n）和囊（capsule，C）包围着颗粒基质和空泡状线粒体（m）；图2-2D为图2-2C中结构的突出显示，存在完整的线粒体（箭头示）；图2-2E为包围球形结构（spherical structures）聚集物的内膜（inner membrane）（黑色箭头示），白色箭头指向2-2C中所见的囊；图2-2F为在图2-2E中球形结构的突出显示，缺乏膜结合的细胞器（membrane-bound organelles）和偶尔可见的电子致密颗粒（electron-dense granules）（箭头示）[4]。

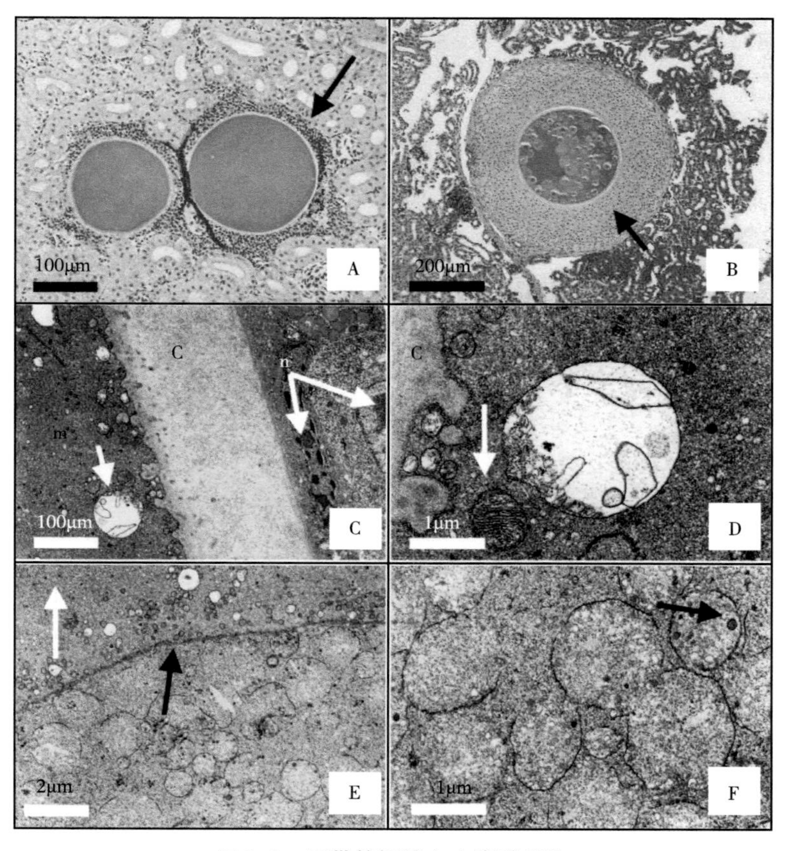

图2-2　四带笛鲷的上皮囊肿样体

二、鱼类细菌性鳃感染病的基本病症

鱼类细菌性鳃感染病的基本病症，主要包括由柱状黄杆菌（*Flavobacterium columnare*）引起的多种鱼类的柱状病，在淡水鱼类表现尤为突出；由嗜鳃黄杆菌（*Flavobacterium branchiophilum*）引起的多种鱼类的细菌性鳃病，主要是作为淡水鱼类典型细菌性鳃病的病原菌；由近海黏着杆菌（*Tenacibaculum maritimum*）引起的多种鱼类的黏着杆菌病，主要是发生在海洋鱼类（marine fishes）。水生黄杆菌（*Flavobacterium hydatis*）、琥珀酸黄杆菌（*Flavobacterium succinicans*）、舌齿鲈黏着杆菌（*Tenacibaculum dicentrarchi* sp. nov.）均能够引起多种鱼类的鳃感染病及其他类型感染病。另外是对鱼类具有致病性的、不同种类的衣原体，以及在近年来以新菌属（新菌种）名义报道的、比较特殊的病原性细菌；它们引起鱼类感染病的共同特征是鳃的上皮囊肿（上皮囊肿病）。有关这些病原菌及相应感染病的具体内容，可见在各相应章节中比较详细的描述。

智利纽恩科集团Pathovet实验室有限公司（Laboratorio Pathovet Ltd, Newenko Group SpA；Chile）的Rozas-Serri（2019）报道了所谓的复合鳃病（complex gill disease，CGD）。鳃病是世界范围内鲑鱼养殖的一个日益严重的健康问题，但相应的知识仍有许多空白；鳃病通常是复杂的、多因素疾病，往往具有可推测的时空分布格局，但很难有效预防和控制。复合鳃病包括养殖鲑鱼鳃上广泛的临床病症表现，通常发生在夏末至初冬。所涉及的病原体包括炎症新副阿米巴（*Neoparamoeba perurans*）、近海黏着杆菌、鲑鱼鱼衣原体（Candidatus *Piscichlamydia salmonis*）、囊肿鳃单胞菌（Candidatus *Branchiomonas cysticola* sp. nov.）、属于微孢子虫（microsporidian）的鲑鱼虱间质细胞孢子虫（*Desmozoon lepeophtherii*）、病毒如大西洋鲑副黏病毒（*Atlantic salmon paramyxovirus*，ASPV）和鲑鱼鳃痘病毒（*salmon gill poxvirus*，SGPV）。其中的阿米巴鳃病（Amoebic gill disease，AGD），可能是在鳃健康和经济影响方面最重要的寄生虫病，能够导致高死亡率、生产性能降低和鱼类福利受损。

所谓“complex gill disease，CGD”（复合鳃病）这个术语，在目前通常用于指这种可能的多因素病因和可变组织病理学的多种综合征（syndrome），包括以往报道中称为增生性鳃炎（proliferative gill inflammation，PGI）或增生性鳃病（Proliferative gill disease，PGD）的综合征。增生性鳃病包括养殖鲑鱼鳃上广泛的临床病症表现，这些疾病通常出现在夏末到初冬，经常是与浮游植物（phytoplankton）和/或浮游动物（zooplankton）对环境的破坏相关联。文章综述和分析了对复合鳃病的研究、暴发和治疗，重点是阿米巴鳃病，以及知识差距和未来研究的途径。具体包括与复合鳃病有关的病原体、阿米巴鳃病与相关病原体、危险因素、诊断、免疫反应、治疗与控制等方面。

图2-3为苏木精-伊红染色样本，显示大西洋鲑的复合鳃病。其中的图2-3A显示在鳃层间隙黏蛋白（mucin）和细胞碎屑中残留的微藻生物（microalgae organisms）（箭头示）；图2-3B、图2-3C显示与增生性鳃病相关的鳃组织病理，包括增生、片层融合（黑星号示）、上皮细胞局灶性坏死和黏液细胞增生；图2-3D显示阿米巴鳃病感染鱼的鳃病变，鳃上皮细胞增生伴阿米巴（amoeba）（黑色箭头示）、次级片层融合（secondary lamellae fusion）（白色星号示）和存在层间小泡（interlamellar vesicles）（黑色星号示），另外是放大显示阿米巴核（amoeba nucleus）的细节（插图），阿米巴核的两亲核（amphiphilic core）被不规则的嗜碱性环（basophilic ring）（黑色箭头示）包围，副体（parasomes）出现在嗜酸性细胞质（黑蘑菇状箭头示）内；图2-3E显示与增生性鳃炎相关的鳃组织病理学，包括在片层血管中存在纤维蛋白（fibrin）和/或死亡细胞（短实心箭头示）、上皮细胞增生（黑星号示）、上皮细胞死亡（实心蘑菇状箭头示）和炎症细胞（长实心箭头示），存在大量的上皮囊肿（短空心箭头示）[6]。

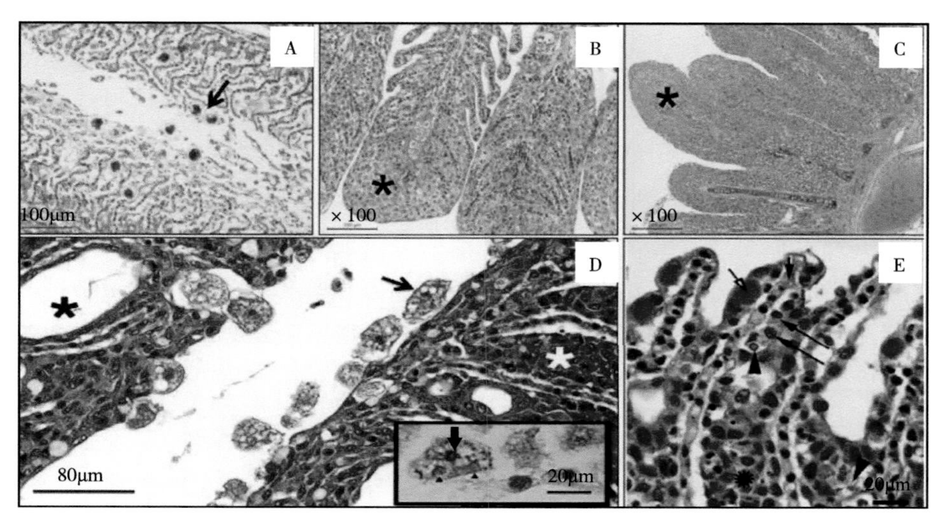

图2-3　大西洋鲑的复合鳃病

第二节　鱼类非细菌性鳃感染病简介

鱼类非细菌性鳃感染病，泛指除上述真细菌外由真菌、病毒、寄生虫等病原体引起的感染病。为与细菌性鳃感染病相比较，这里按不同病原体引起的相应感染病种类及特征等予以简述。另外，记述了一些在鱼类非细菌性鳃感染病方面的综合描述，以对这些感染病进行相对比较全面的了解和认识。

一、鱼类真菌性鳃感染病

由真菌引起的鱼类感染病，可统一归类在真菌病（mycosis）的名义之下，其中比较常见的是由水霉属（*Saprolegnia*）、绵霉属（*Achlya*）等真菌引起的水霉病（saprolegniasis）和由鳃霉属（*Branchiomyces*）真菌引起的鳃霉病（branchiomycosis）。其中的鳃霉病，是鱼类典型的真菌性鳃病（fungal gill disease）即真菌性鳃感染病。鳃霉病的主要病症表现为无食欲，呼吸困难游动缓慢，鳃上黏液增多、有出血和淤血或缺血的斑点，呈花鳃状；严重感染会出现过度贫血，整个鳃呈青灰色。易感的鱼类包括草鱼、青鱼、鳙鱼、鲮鱼、银鲴鱼、黄颡鱼等，其中以鲮鱼的鱼苗最为易感；在我国不少区域，均有不同程度的流行[7]。

鳃霉病也被称为鳃腐病（gill rot），其特征是由于鳃霉属的种（*Branchiomyces* spp.）在鳃的血管内生长，致鳃呈梗塞坏死（infarctive necrosis），鳃霉属的血鳃霉（*Branchiomyces sanguinis*）、穿移鳃霉（*Branchiomyces demigrans*）两个种都可参与这种疾病。鳃霉病由Plehn（1912）首次报道，鲤鱼是最常被感染的鱼类，但这种疾病也在丁鲷（tench）、棘鱼（sticklebacks）、日本鳗鲡、印度鲤（Indian carps）中被发现。在丁鲷，血鳃霉、穿移鳃霉两个种都被发现影响同一种鱼类。穿移鳃霉由Wundsch（1930）首次描述，能够导致白斑狗鱼（northern pike）的鳃腐病。在组织学方面，由真菌菌丝（fungal hyphae）引起的血管血栓形成引起的鳃片（gill lamellae）增生（hyperplasia）、融合（fusion）和大量坏死，与血管扩张和血管坏死一起出现。血鳃霉在血管外生长不良、不像穿移鳃霉那样，其表现为穿过血管壁生长、形成一团菌丝穿透坏死组织。被感染的鱼类可能在感染后2d迅速死亡，发病率可高达50%。感染可能是由坏死鳃组织释放出的孢子（spores）引起的，但尚不清楚感染是直接通过鳃发生的、还是在摄入孢子后通过血液发生的[8]。

二、鱼类病毒性鳃感染病

由病毒引起的鱼类感染病，可统一归类在病毒病（viral disease）的名义之下。已有的记载和报道显示，有多种病毒能够寄生在鱼类的鳃，引起相应的病毒病；有的病毒对鳃的感染表现突出（病症和病变明显），所以也可考虑列入鱼类病毒性鳃感染病的范畴。

（一）鳃的疱疹病毒感染病

由疱疹病毒（*Herpesvirus*）引起的鱼类鳃感染病，主要涉及的是由大菱鲆疱疹病毒（*Herpesvirus scophthalmi*）引起的大菱鲆疱疹病毒病（Herpesvirus scophthalmi disease）、由锦鲤疱疹病毒（*Koi herpesvirus*，KHV）引起的锦鲤疱疹病毒病（Koi herpesvirus disease，KHVD）。

1. 大菱鲆疱疹病毒病

由大菱鲆疱疹病毒引起的大菱鲆疱疹病毒病，通常具有宿主专一性，可感染养殖和野生的大菱鲆幼鱼。病鱼通常缺乏明显眼观病症，在养殖群体中可出现厌食、活力降低，静卧在水底，头和尾翘起；严重感染的鱼，其体表上皮细胞增生，鳍不透明，皮肤、鳃的上皮细胞因病毒侵染变得肥大形成巨大细胞。病鱼表现呼吸困难，对温度、盐度的波动变化敏感，并可引起快速死亡[7]。

2. 锦鲤疱疹病毒病

由锦鲤疱疹病毒即鲤科疱疹病毒-3（*cyprinid herpesvirus-3*，CyHV-3）引起的锦鲤疱疹病毒病，首先由美国加利福尼亚大学（Univerfity of California，Davis，California，USA）的Hedrick等（1990）报道作为一种疱疹病毒引起锦鲤（koi carp，*Cyprinus carpio koi*）和鲤鱼的表皮增生（epidermal hyperplasia），乳头状瘤（papillomas）主要见于鱼的尾部、也包括鳍；在美国北加利福尼亚州（northern California，USA），这种感染病约是在1998年发现的，在以色列和德国养殖鲤鱼的养殖场发生了大规模感染死亡；在美国、英国、德国、荷兰的养殖锦鲤，也出现了类似感染病的暴发。因为这种疾病是一种养殖鲤科（cultured cyprinid）鱼类的感染病，这些鱼类也作为全球贸易量很高的观赏性鱼类，为了控制其在全球的传播，此感染病一直是各国官方非常关注的。2000—2010年，锦鲤疱疹病毒病作为一种最重要的鱼类病毒性感染病被广泛研究。已知锦鲤疱疹病毒病在养殖鲤鱼和锦鲤最显著的病症是鳃褪色（discolouration）、由红色变为苍白，并伴有白色坏死斑（white necrotic patches）；其他伴随病症包括嗜睡、眼球内陷、皮肤上的浅斑（pale patches）、鳃和皮肤上的黏液增多，此外，存在恶病质（cachexia）、苍白和贫血。锦鲤疱疹病毒原发性鳃感染（primary gill infection），可被继发性寄生虫感染（secondary parasitic infection）所掩盖，如鱼波豆虫属（*Ichthyobodo* sp.）、车轮虫属（*Trichodina* sp.）、小瓜虫属（*Ichthyophthirius* sp.）、指环虫属（*Dactylogyrus* sp.）的寄生虫，鲤斜管虫（*Chilodonella cyprini*）和单殖亚纲寄生虫（monogenean parasites）等。

锦鲤疱疹病毒病可导致致死性的急性病毒血症（acute viraemia），在鲤鱼、锦鲤、鬼鲤（ghost carp，koi carp × common carp）等具有高度传染性。继1997年在德国、1998年在以色列和美国报道之后，该病的地理范围变得广泛。世界范围内的鲤鱼贸易通常是导致锦鲤疱疹病毒（鲤科疱疹病毒-3）传播的原因，并且该病现已在至少30个国家进口的鱼类中发生。锦鲤疱疹病毒病表现最一致的大体病变是皮肤出现苍白、不规则斑点，与黏液分泌不足相关的是导致皮肤出现带有砂纸状纹理（sandpaper-like texture）的斑点，皮肤也可能会出现充血、出血和溃疡；随着疾病的进展，可能会出现局部或广泛的皮肤上皮丢失。在受影响较小的鲤鱼，通常表现的临床病症包括厌食和眼内炎（眼窝凹陷）。鳃的大体病理学是锦鲤疱疹病毒病临床中最一致的特征，病理变化从苍白的坏死斑块到广泛变的色白（bleaching），伴有严重坏死（necrosis）和炎症。鳃的组织病理学变化，常见的是增生和肥大，鳃上皮细胞（branchial epithelial cells）的核肿胀，伴有染色质边缘和苍白的弥漫性嗜酸性包涵体（eosinophilic inclusions）；“印戒”（signet ring）外观，也被称为核内包涵体（intranuclear inclusion）；用透射电子显微镜观察，可见在这些细胞通常含有鲤科疱疹病毒-3。次级片层（secondary lamellae）常与增生的鳃上皮融合（fusion）、并常可见坏死，特别是发生在尖端。在心脏、肾脏、脾脏、肝脏、肠道、胃、大脑和鳍表皮也观察到包涵体。

图2-4显示鲤鱼疱疹病毒病鳃的褪色和坏死病变。图2-5显示锦鲤疱疹病毒病的贫血和恶病质病变。图2-6显示锦鲤疱疹病毒病的外部大体病症，其中的图2-6A显示皮肤上的不规则斑点，具有砂纸状纹理特征；图2-6B显示鲤鱼皮肤充血和出血；图2-6C显示锦鲤眼球内陷。

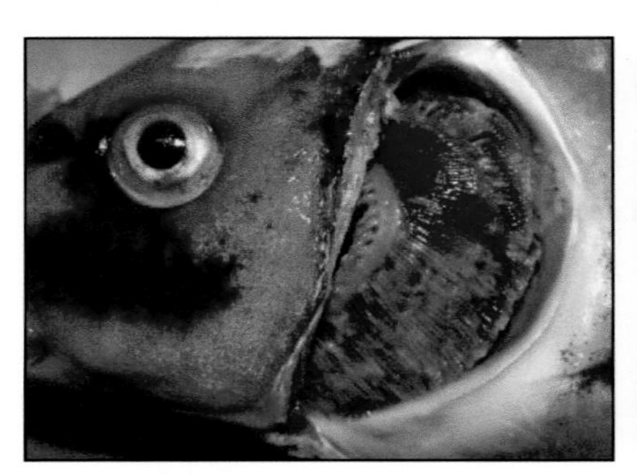

图2-4　鲤鱼鳃的褪色和坏死

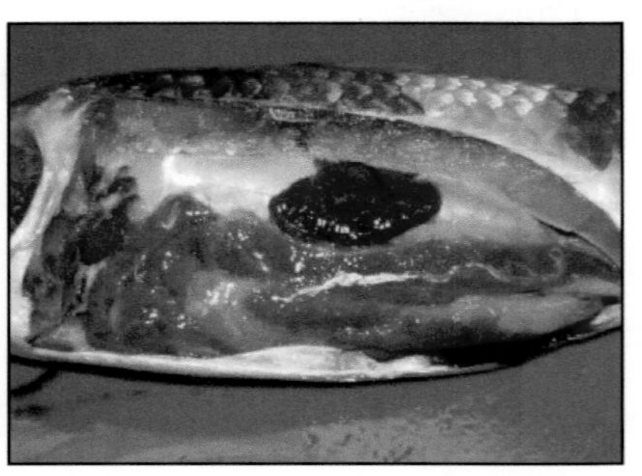

图2-5　锦鲤感染后的贫血和恶病质

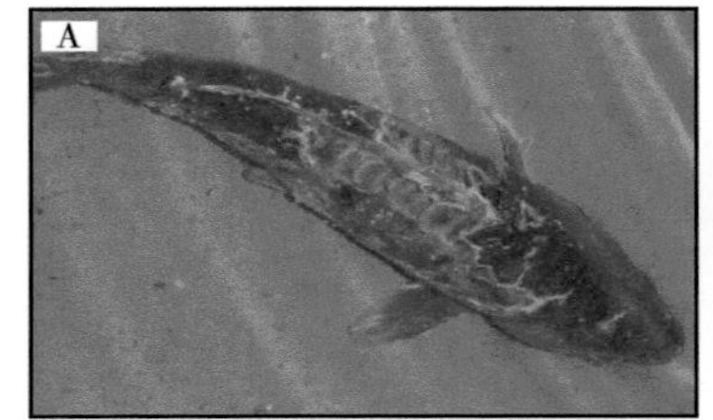

图2-6　锦鲤疱疹病毒病的外部病症

图2-7显示鲤鱼的锦鲤疱疹病毒病组织切片（苏木精-伊红染色）的显微病变，其中的图2-7A显示鳃上皮细胞肥大（hypertrophy）和增生，星号显示鳃次级片层（secondary lamellae）的融合（箭头示）；图2-7B显示坏死和炎症（星号示）、细胞凋亡（蘑菇状箭头示）、核内包涵体（箭头示）；图2-7C显示肾脏的间质造血细胞（interstitial haematopoietic cell）坏死，有核内含物（箭头示）；图2-7D显示从养鱼场采集的表现急性锦鲤疱疹病毒感染病鲤鱼，鳃次级片层细胞严重增生、融合和坏死。图2-8显示锦鲤疱疹病毒的形态特征，其中的图2-8A显示病毒的晶格状排列（crystalline appearance）形态；图2-8B显示在细胞质空泡（cytoplasmic vacuoles）中的病毒颗粒[8-10]。

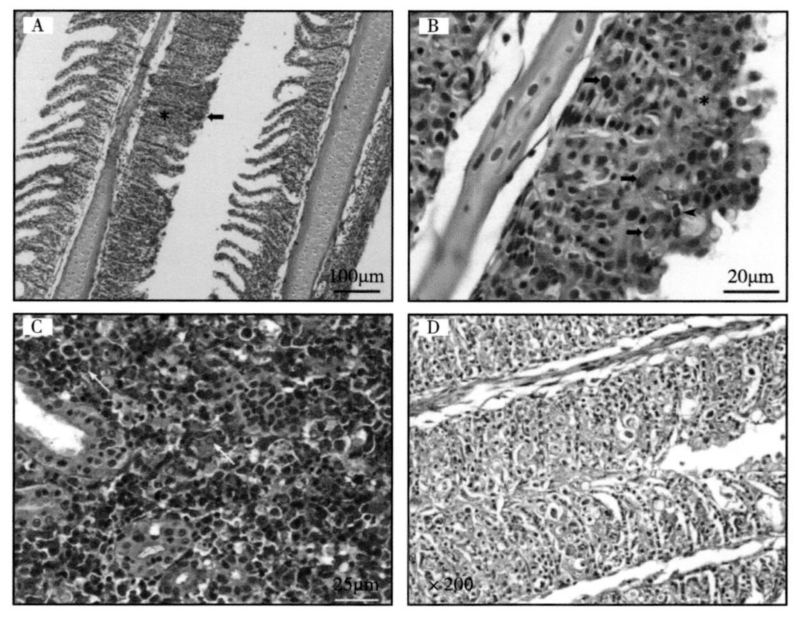

图2-7　锦鲤的组织病变

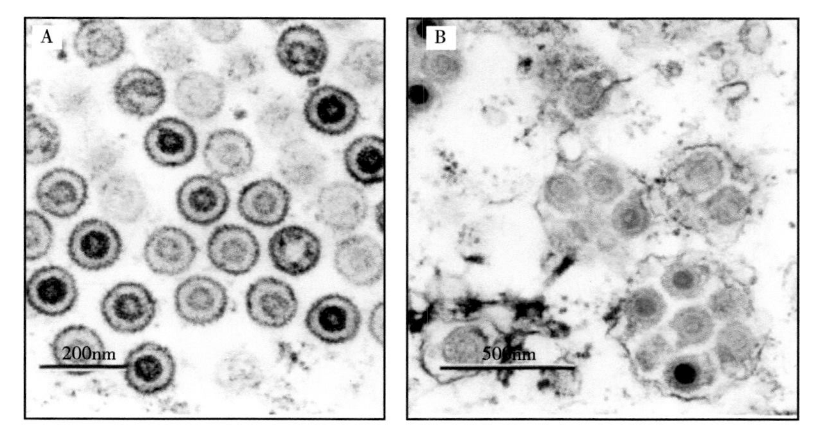

图2-8　锦鲤疱疹病毒的形态

（二）大西洋鲑鱼副黏病毒与增生性鳃炎

挪威兽医学院（Norwegian School of Veterinary Science；Oslo，Norway）、挪威国家兽医研究所（National Veterinary Institute；Oslo，Norway）的Kvellestad等（2003）报道，在挪威，一种在以前未曾被描述过的病毒从表现鳃病的养殖大西洋鲑的鳃中分离出来，检查发现在细胞质中有包涵体（inclusions）和病毒复制。病毒呈球形、部分存在多形，直径为150～300nm。根据对这种新病毒的分离和部分特性，特别是表面分子的形态、复制和性质等一些主要生物学特性的研究结果，认为这种新病毒属于副黏病毒科（Paramyxoviridae）的一种新型副黏病毒（novel paramyxovirus），并建议命名为

“*Atlantic salmon paramyxovirus*，ASPV”（大西洋鲑鱼副黏病毒）。此外，该病毒复制发生在6～21℃，表明其宿主范围仅限于冷血动物（cold-blooded animals）。

研究中的临床样品是在1995年9月，对20条大西洋鲑的鳃进行取样，这些鲑鱼曾是于5月转移到海水网箱（seawater netpens）中的。从8月初开始，这些鱼就显示出了呼吸困难的迹象；在接下来的3个月内，累计死亡率达到40%。取样前的组织学检查发现，显示广泛的鳃病变，鳃片血管血栓形成、上皮细胞坏死和增生；上皮浸润炎性细胞（inflammatory cells）和许多包涵体，显示出上皮囊肿。在肝脏，也存在坏死区域。

图2–9显示大西洋鲑鱼副黏病毒的超微结构。其中的图2–9A为完整的病毒颗粒，其表面布满代表病毒糖蛋白峰（viral glycoprotein spikes）的细小突起（箭头示）；图2–9B显示一个病毒颗粒破裂，使核衣壳（nucleocapsids）得以逃逸（箭头示）；图2–9C显示核衣壳被视为线性结构（linear structures），呈现典型的“人”字形（herringbone pattern）形态（箭头示）[11]。

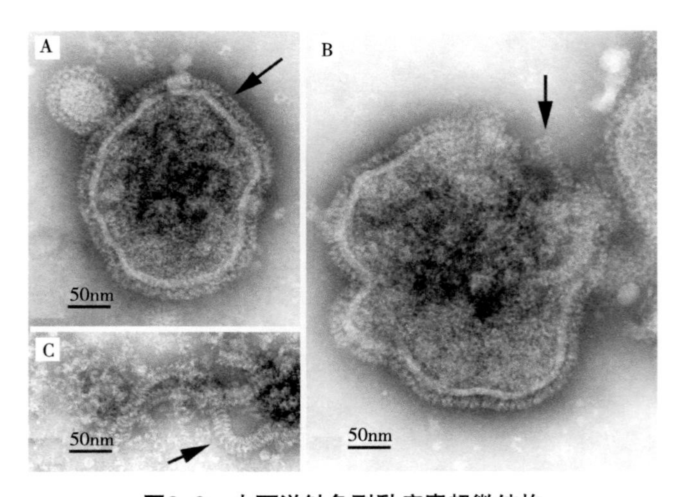

图2–9　大西洋鲑鱼副黏病毒超微结构

Kvellestad等（2005）相继报道，增生性鳃炎（proliferative gill inflammation，PGI）在挪威海水养殖大西洋鲑中造成重大损失，特别是在向海水转移后的前几个月。其病因显然是多因素的，包括衣原体样细菌（*Chlamydia*-like bacteria）和大西洋鲑鱼副黏病毒的感染。在此项研究中，对挪威西海岸3个养殖场的病鱼鳃进行了取样。通过冰冻切片（cryosections）的免疫荧光染色（immunofluorescent staining）和福尔马林固定石蜡包埋切片免疫组织化学（immunohistochemistry）染色，对其病理变化和病原学意义进行了描述。其病理变化以鳃的苍白为宏观特征，以炎症、循环障碍、细胞死亡和上皮细胞增殖（epithelial cell proliferation）为组织学特征。所有养殖场的鱼都显示存在大西洋鲑鱼副黏病毒，因为在病理改变组织的片层上皮细胞（lamellar epithelial cells）和内皮细胞（endothelial cells）均获得了与大西洋鲑鱼副黏病毒一致的免疫染色结果。

因此认为大西洋鲑鱼副黏病毒至少是增生性鳃炎的一个致因，这是第一例与副黏病毒（paramyxovirus）感染相关联的鱼类疾病。供试鱼鳃的样本，取于在前一年春天转移到挪威西海岸3个海水养殖场的大西洋鲑。其中1号和2号养殖场处于半咸水（brackish water）中，3号养殖场是处于全强度海水中（full-strength seawater）的。

图2-10显示用免疫染色法检测大西洋鲑鱼副黏病毒感染的RTgill-W1细胞（RTgill-W1 cells）培养物和患有增殖性鳃炎的大西洋鲑鳃切片。其中的图2-10A至图2-10E为用间接免疫荧光染色法（indirect immunofluorescence staining）检测培养物和冰冻切片中的大西洋鲑鱼副黏病毒，图2-10A至图2-10C为在染色前，接种后培养7d（图2-10A）和14d（图2-10B、图2-10C）的，细胞核呈红色的；A显示从细胞质中的许多小的和部分结合的颗粒发出的广泛的荧光，显然也存在于细胞的质膜中；图2-10B、图2-10C显示在包涵体和皱缩细胞（shrunken cells）的细胞质所有部分均发荧光；图2-10D、图2-10E显示鳃的冷冻切片（cryosection）样本，在片层细胞的细胞质中存在广泛荧光。其中的图2-10F至图2-10J为福尔马林固定石蜡包埋组织切片免疫组化检测大西洋鲑鱼副黏病毒，图2-10F显示内皮（柱状）细胞［endothelial（pillar）cell］细胞质的染色，片层中有水肿和少量炎性细胞（箭头示）；图2-10G显示片层血管系统中细胞的广泛染色，特别是在血管扩张和内皮细胞明显死亡的顶端边缘，没有观察到正常的血管结构；图2-10H显示上皮细胞的细胞质染色（箭头示）和炎性细胞区域的细胞染色（蘑菇状箭头示）；图2-10I显示上皮细胞大量炎性细胞染色和明显低分化上皮细胞增生；图2-10J显示增生上皮细胞的细胞质包涵体（cytoplasmic inclusions）染色。

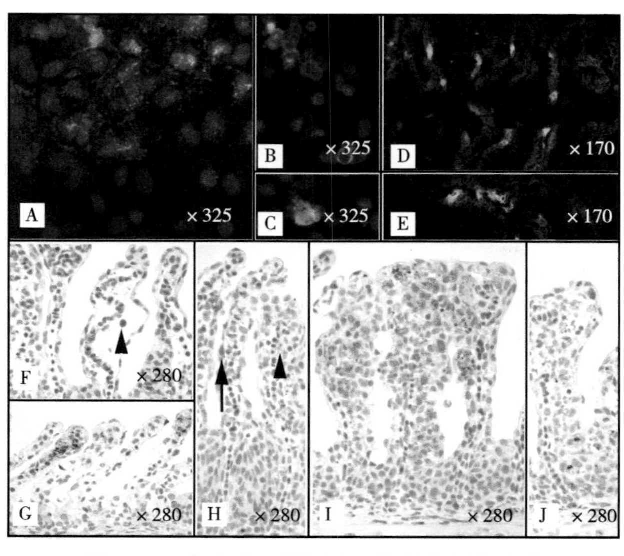

图2-10　免疫染色检测大西洋鲑鱼副黏病毒

图2-11显示大西洋鲑增生性鳃炎的组织病理，经福尔马林固定和石蜡包埋鳃组织

切片（苏木精-伊红染色）。其中的图2-11A显示一根具有广泛增殖的鳃丝（one filament），其末端（distal）部分（右侧）最突出的变化和近端（proximal）的（左侧）许多增厚的片层（thickened lamellae）；图2-11B显示片层毛细血管腔内有大量红细胞聚集；图2-11C显示片层出血，上皮细胞（蘑菇状箭头示）和鳃丝的中央（箭头示）很少有炎性细胞；图2-11D显示片层内皮（柱状）细胞死亡和血栓形成（长箭头示），基底部上皮水肿（星号示）和炎性细胞（蘑菇状箭头示），在1个片（短箭头示）中有一些上皮囊状包涵体；图2-11E显示两个早期鳃片（previous lamellae），在箭头位置上方的血管系统明显消失，广泛的上皮增生（菱形示），许多坏死细胞的残余（星号示）和炎性细胞在片层边缘通道的扩张管腔（蘑菇状箭头示）；图2-11F显示上皮增生，特别是在层间上皮（interlamellar epithelium）的（菱形示）和沿片层的上皮增生，在片层中也有炎性细胞[12]。

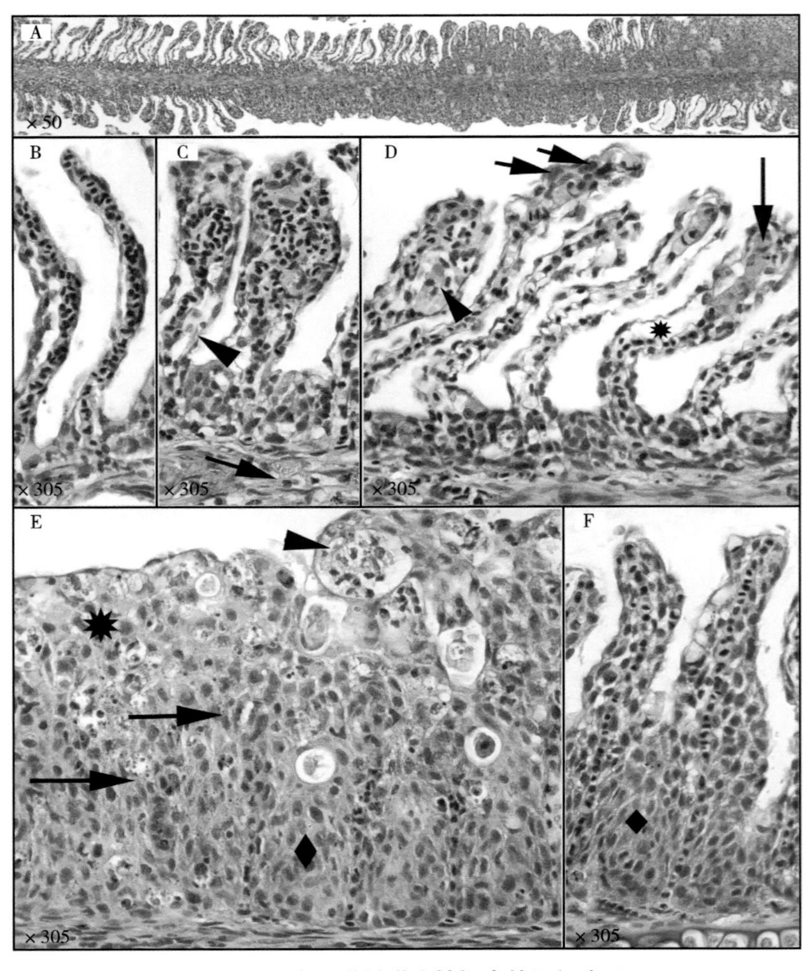

图2-11　大西洋鲑增生性鳃炎的组织病理

（三）鲑鱼鳃痘病毒与增殖性鳃病

挪威卑尔根大学（University of Bergen；Bergen，Norway）的Nylund等（2008）报道增殖性鳃病（proliferative gill disease，PGD），是挪威大西洋鲑养殖中的一个新问题。鱼波豆虫属的种（*Ichthyobodo* spp.）、细菌的屈挠杆菌（*Flexibacter*）/黄杆菌（*Flavobacterium*）可能导致增殖性鳃病，但在挪威养殖鲑鱼增殖性鳃病的大多数情况下，还没有特定病原体被确定。

报道于2006年春，在挪威北部淡水鲑鱼遭受增殖性鳃病的鳃中发现了一种新的痘病毒（new poxvirus），即“salmon gill poxvirus，SGPV”（鲑鱼鳃痘病毒）；同年晚些时候，在挪威西部的两个海洋地点的鲑鱼鳃上也发现了这种病毒。在所有养殖场都因这种病毒的存在，遭受了巨大损失。在此项研究中，描述了这种鲑鱼鳃痘病毒在大西洋鲑上皮鳃细胞的侵入和形态发生。细胞内成熟病毒（intracellular mature virions，IMVs）是唯一可能产生的感染性颗粒（infective particles），它们通过细胞裂解和芽殖（budding）从感染细胞的顶端表面传播。通过对此病毒基本形态与特性研究，显示其与属于脊椎动物痘病毒亚科（subfamily Chordopoxvirinae）的其他脊椎动物痘病毒（vertebrate poxviruses）相比，这种来自增殖性鳃病的病毒具有不同的形态特征，它们更类似于昆虫痘病毒亚科（subfamily Entomopoxvirinae）、α-昆虫痘病毒属（*genus Alphaentomopoxvirus*）的成员，在对此病毒基因组进行测序之前，对其进行分类学鉴定还为时过早，但形态发生学清楚地表明该病毒是痘病毒科（family Poxviridae）的一员。

对挪威养殖大西洋鲑增殖性鳃病的研究，在其病原方面仅限于一些涉及的寄生虫、细菌和病毒。分别于2006年1—2月和11—12月，在挪威北部的一个幼鲑（smolt）生产基地和挪威西部的两个海洋鲑鱼（marine salmon）生产基地采集了患有增殖性鳃病的大西洋鲑的组织样本。对所有鱼进行了宏观和微观检查，以确定是否存在寄生虫，以及在含1.5%NaCl的血液琼脂（blood agar）接种肾组织检验细菌，用实时PCR（real-time，RT-PCR）方法检测鱼体内是否存在大西洋鲑鱼副黏病毒和鲑鱼鱼衣原体。

图2-12为淡水中感染鲑鱼鳃痘病毒的大西洋鲑的鳃。其中的图2-12A显示大坏死区（环内）；图2-12B为通过鳃次级片层（secondary lamellas）的组织学切片，显示鳃上皮细胞增殖和可见次级片层完全丧失的区域。图2-13为感染鲑鱼鳃痘病毒的大西洋鲑的次级鳃片层（secondary gill lamellas）外层鳃上皮细胞，大多受到鲑鱼鳃痘病毒感染的强烈影响，表现细胞肥大、从鳃表面突出，细胞核增大、染色质浓缩，大部分染色质沿着核膜排列；病毒组装后，从受感染细胞表面芽殖（箭头示）。图2-14为鲑鱼鳃痘病毒复制周期的早期阶段。其中的图2-14A显示附着在鳃上皮细胞表面的微脊（microridge）上的病毒（长300nm），病毒的外膜似乎已与细胞质膜融合；图2-14B显示进入细胞质的病毒（直径230nm）；图2-14C显示感染后早期，膜包被区（星号示），靠近

细胞核。图2-15为鲑鱼鳃痘病毒形态。其中的图2-15A显示未成熟的病毒（immature virions，IVs）（星号示）和成熟病毒（箭头示）；图2-15B显示成熟病毒的单侧体（one lateral body）的高倍放大。图2-16为感染鲑鱼鳃痘病毒的鳃上皮细胞。其中的图2-16A显示感染鲑鱼鳃痘病毒的鳃上皮细胞顶端细胞膜（箭头示）破裂。成熟病毒位于膜下；图2-16B显示受感染的鳃上皮细胞，突起由细丝支撑（supported by filaments）（箭头示）[13]。

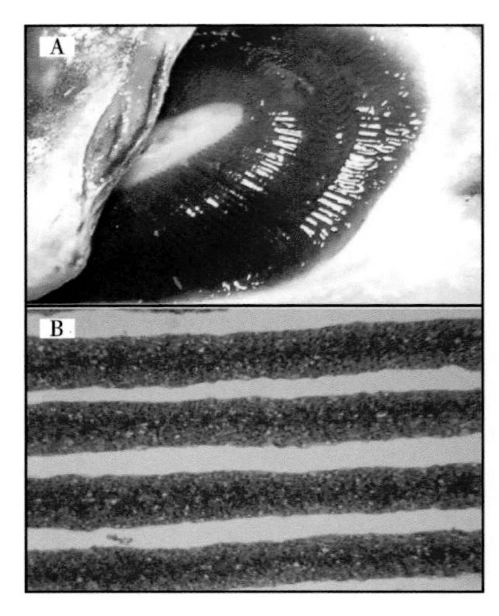

图2-12　感染SGPV淡水大西洋鲑的鳃

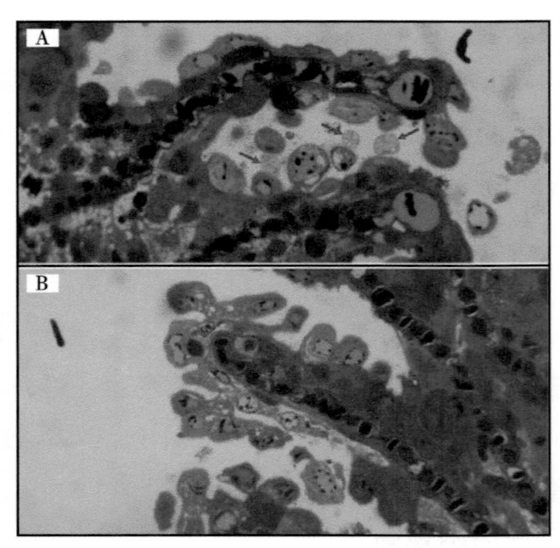

图2-13　感染SGPV大西洋鲑的次级鳃片层

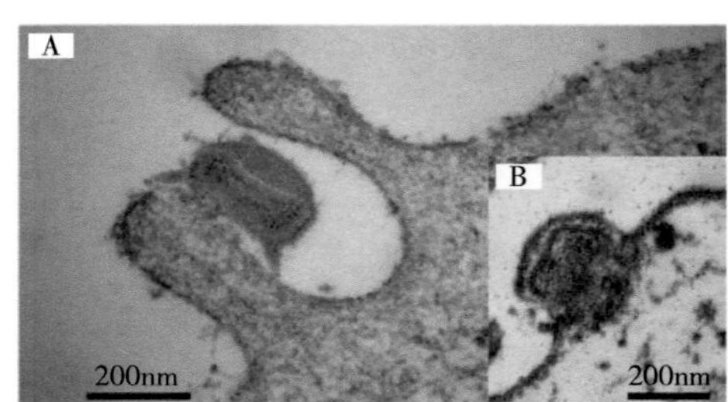

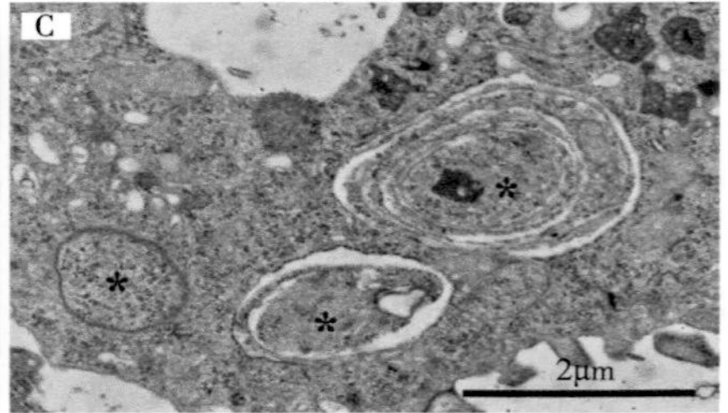

图2-14　SGPV复制周期的早期阶段

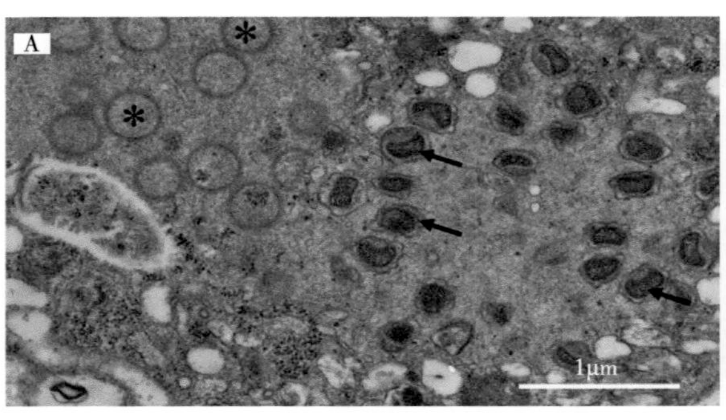

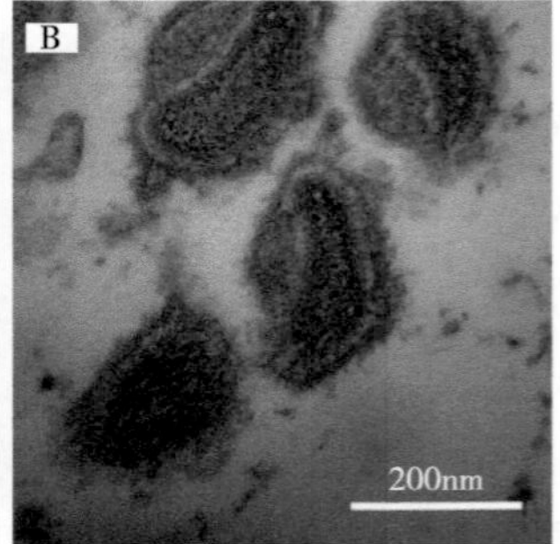

图2-15　鲑鱼鳃痘病毒形态

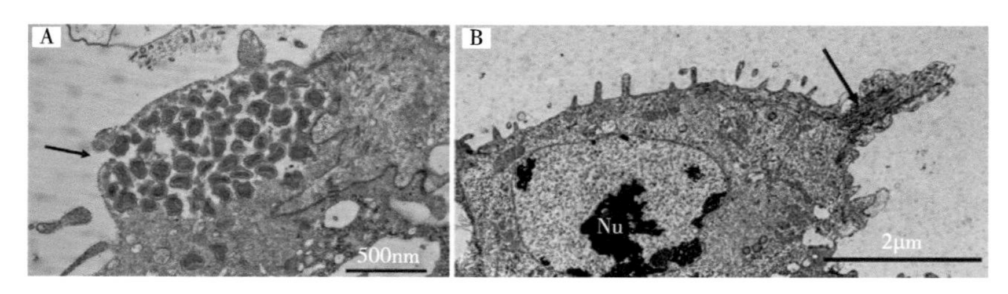

图2-16　感染鲑鱼鳃痘病毒的鳃上皮细胞

三、鱼类寄生虫性鳃感染病

由寄生虫引起的鱼类感染病，可统一归类在寄生虫病的名义之下。已有的记载和报道显示，有多种寄生虫能够寄生在鱼类的鳃，引起相应的寄生虫病；也有个别种寄生虫在鳃引起的感染病，可明确列为鳃感染病的范畴。

（一）淀粉卵涡鞭虫病

由眼点淀粉卵涡鞭虫（*Amyloodinium ocellatum*）引起的淀粉卵涡鞭虫病（amyloodiniosis），其营养体（trophozoite，trophont）主要是寄生在鱼类的鳃、其次是皮肤和鳍，严重感染的鱼在鳃、体表出现许多小白点，游动缓慢、无力地浮游于水面，呼吸加快、鳃盖开闭不规则，口通常不能闭合、有时喷水，或向固体物上摩擦躯体；病鱼瘦弱，鳃呈灰白色，呼吸困难、死亡。眼点淀粉卵涡鞭虫呈世界性分布，能够侵害海水或半咸水的多种鱼类，如常可引起鲻鱼、梭鱼、海马、鲈鱼、真鲷、黑鲷、河豚、大黄鱼、石斑鱼等的严重感染[7,14]。

（二）阿米巴鳃病

在原生生物（protista）所有主要寄生原生生物（parasitic protista）群（groups）的代表，都能够将鱼的表皮作为一个生存环境。其中的多数是利用表皮（integument）作为基质的体外共生体（ectocommensals），但在水产养殖环境中可能会增多而干扰皮肤功能；其他的则是皮肤和鳃上皮细胞（epithelium）的专性寄生物（obligate parasites），能够导致感染病，甚至死亡。

阿米巴鳃病（amoebic gill disease，AGD）已成为塔斯马尼亚（Tasmania）大西洋鲑养殖中的一个严重问题，尽管在其他鲑鱼生产的国家（salmon-growing countries）也有暴发的报道。来自太平洋鲑（Pacific salmon）感染的报道很少，但其他海洋物种（marine species）包括大菱鲆（turbot）、海鲈（sea bass，*Dicentrachus labrax*）、海鲷（sea bream，*Sparus aurata*）等，都受到了影响。人们对阿米巴鳃病致病生物体存在一些混淆，所涉及的种最初被确定为属于新副阿米巴（*Neoparamoeba*）的佩马奎德新副阿米巴（*Neoparamoeba pemaquidensis*），但最近的研究表明炎症新副阿米巴（*Neoparamoeba perurans*）是参与不同种鱼类和地理区域阿米巴鳃病暴发的主要种类。阿米巴鳃病通常发生在水温10~20℃，有时与高于正常温度有关。然而，其他的压力因素（stress factors）也可能在疾病的发展中很重要。在塔斯马尼亚州（Tasmania）的鲑鱼（salmon）中，鱼在第一年出海（first year at sea）受到的影响最为严重，在发白的鳃组织有多病灶性的斑（multifocal patches）、黏液过多；组织病理学检查显示鳃片（gill lamellae）、鳃丝（filaments）严重增生和融合，导致呼吸窘迫（respiratory distress）。这意味着受阿米巴鳃病影响的鱼类会发生心脏变化和酸碱平衡失调紊乱，提示可导致严重的急性心脏功能障碍和死亡。图2-17显示大西洋鲑鳃被炎症新副阿米巴侵染，在侵入这种阿米巴（amoebae）的周围有广泛的鳃上皮细胞增生（苏木精-伊红染色）[8]。

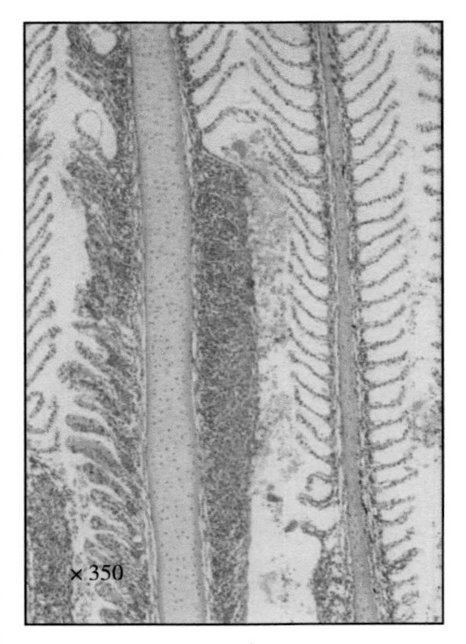

图2-17　鳃上皮细胞增生病变

澳大利亚塔斯马尼亚大学塔斯马尼亚水产养殖与渔业研究所、水产学院（School of Aquaculture，Tasmanian Aquaculture and Fisheries Institute，University of Tasmania; Launceston，Tasmania，Australia）的Powell等（2005）报道，在大西洋鲑中，评估了鳃破损（gill abrasion）和试验感染近海黏着杆菌对潜在阿米巴鳃病的影响。在背主动脉手术插管后48h的恢复期内，每隔一段时间测量呼吸、酸-碱参数、动脉血氧张力（arterial oxygen tension，PaO_2）、动脉全血氧含量（arterial whole blood oxygen content，CaO_2）、动脉pH值、红细胞压积和血红蛋白浓度。

结果显示，在组织学方面，手术后48h，擦伤的鳃（abraded gills）出现多灶性增生性病变（multifocal hyperplastic lesions），伴有明显的鳃部充血和毛细血管扩张，而那些接种了近海黏着杆菌的鳃部出现与近海黏着杆菌相关的局部坏死和糜烂。所有的鱼都显示出阿米巴鳃病的迹象，多灶性增生和海绵状病变（spongious lesions），伴有与鳃上皮（gill epithelium）相关的含阿米巴的副体（parasome-containing amoeba）。结果表明，呼吸衰竭的发生是由于鳃磨损，而不是因感染近海黏着杆菌。

供试大西洋鲑（平均质量579.3g ± 27.6g；长37.8cm ± 0.4cm），最初从塔斯马尼亚州斯科茨代尔（Scottsdale）的斯普林菲尔德渔业（Springfield Fisheries）公司获得的，在实验室中养殖至少1年。在适应、保存期间，鲑鱼自然会患上低水平的阿米巴鳃病（不易由大体病理确定）。

研究中检查的所有鱼，在鳃擦伤或接种近海黏着杆菌之前都有阿米巴鳃病样病变（AGD-like lesions）。试验结束后的组织学检查显示，17.7% ± 2.6%的鳃丝有阿米巴鳃病型病变（AGD-type lesions）。被擦伤的鱼鳃（第1组和第2组），显示毛细血管扩张和充血的迹象；接种了近海黏着杆菌的鱼（第1组和第3组），显示丝状细菌（filamentous bacteria）与呼吸上皮密切相关的局部区域，细菌相关的丝状坏死（filamental necrosis）似乎从鳃丝（filament）末端向近端发展。

图2-18（苏木精-伊红染色）显示鲑鱼鳃的病变。其中的图2-18A为接种近海黏着杆菌的大西洋鲑局部鳃片层坏死，是与丝状菌垫（filamentous bacterial mats）相关的（小箭头示），鳃中央静脉窦（大箭头示）充血；图2-18B显示与大西洋鲑鳃磨损（开放箭头示）和磨损方向（长箭头示）相关的增生性损伤；图2-18C显示一种典型的阿米巴鳃病病变，伴有实质增生组织（星号示）和周边相关阿米巴原虫（amoebae）（蘑菇状箭头示）；图2-18D显示与增生性阿米巴鳃病型鳃病变（hyperplastic AGD-type gill lesion）（蘑菇状箭头示）相关的阿米巴原虫，显示了一种新副阿米巴（*Neoparamoeba* sp.）特有的副体（parasome）（箭头示）。图2-19为对照（无阿米巴鳃病）大西洋鲑的鳃，显示的非阿米巴鳃病影响的区域[15]。

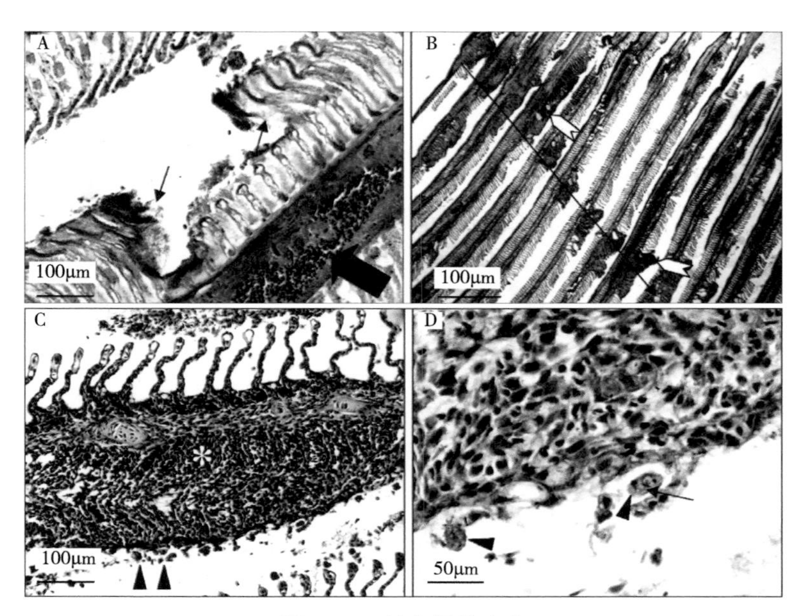

图2-18　鲑鱼鳃的病变

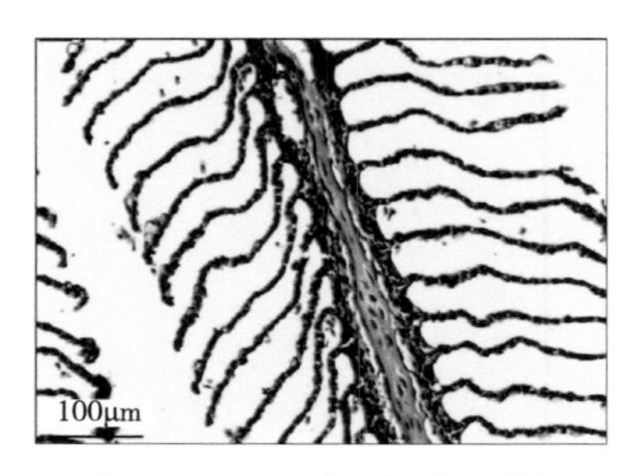

图2-19　无阿米巴鳃病鲑的鳃

（三）黄尾鰤的鳃吸虫感染病

澳大利亚塔斯马尼亚大学塔斯马尼亚水产养殖与渔业研究所、水产学院的Mansell等（2005）报道，鳃吸虫（gill fluke，*Zeuxapta seriolae*）感染是黄尾鰤（kingfish，*Seriola lalandi*）海洋网箱养殖（sea cage aquaculture）的一个严重问题。研究了鳃吸虫渐进性感染（progressive infection）的病理生理效应，描述了感染的病理学，评估了过氧化氢（hydrogen peroxide）作为感染治疗剂的效果和其在商业规模养殖中使用的可能。在渐进性感染研究中，被感染的鱼是从一个海洋网箱养殖场（sea cage farm）采集的，经驱除寄生虫后，再与感染严重的鱼类同养殖，每隔2周采样共8周，发现感染强度是在感染后4周达到高峰，成虫（长度≥2mm）数量在感染后6周达到高峰。鳃吸虫的附着几乎没有引起局部病理改变，但随着感染的进展，增生片层（hyperplastic lamellae）的发生率增加。为研究试验治疗的效果，在用过氧化氢处理之前或之后，对感染和未感染的鱼的组进行取样检验，发现过氧化氢处理似乎对鱼的健康有严重的影响。

供试黄尾鰤（平均体重223.5g ± 21.65g，体长258.5mm ± 7.53mm），是在南澳大利亚斯潘塞湾（Spencer Gulf，South Australia）的一个养殖场，从海洋网箱养殖中获得的。将鱼用吡喹酮（praziquantel）处理10min（5mg/L），以去除所有鳃吸虫，这种处理方法已被证明可以去除所有的鳃吸虫。

通过使用过氧化氢浴，是在澳大利亚控制养殖黄尾鰤鳃吸虫感染的重要方法。这种疗法显然是有益的，因其能够控制严重的贫血和死亡率。然而，这种疗法本身也可能影响鱼类健康。研究的数据显示，由于通过使用过氧化氢治疗，血液参数的乳酸盐（lactate）和渗透压的变化幅度小于感染高峰期，这表明过氧化氢浴的急性效应（acute effects）比持续感染、慢性感染对鱼类的危害小。

另外在研究中发现，有85.7%的黄尾鰤的鳃组织病理学显示存在上皮囊肿。因此，基于研究结果也认为存在鳃吸虫与上皮囊肿的共同感染情况。上皮囊肿病的高发病率可能反映了在南澳大利亚海洋网箱养殖黄尾鰤的正常情况。

图2-20为感染鳃吸虫的黄尾鰤鳃组织切片（苏木精-伊红染色）。其中的图2-20A显示在单个鳃片鳃吸虫吸盘（haptor）附着；图2-20B显示鳃吸虫吸盘附着在鳃片及一部分虫体；图2-20C显示从一部分的吸盘到前吸盘（prohaptor）的鳃吸虫全长。图2-21，感染鳃吸虫的黄尾鰤鳃组织切片（苏木精-伊红染色），显示鳃片层病变。其中的图2-21A显示两个增生片层（hyperplastic lamellae）；图2-21B显示片层融合（lamellar fusion）形成的病变。

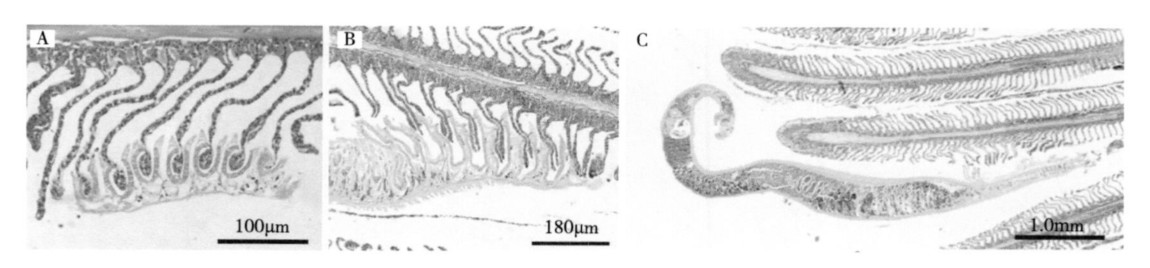

图2-20　感染鳃吸虫的黄尾鰤鳃组织

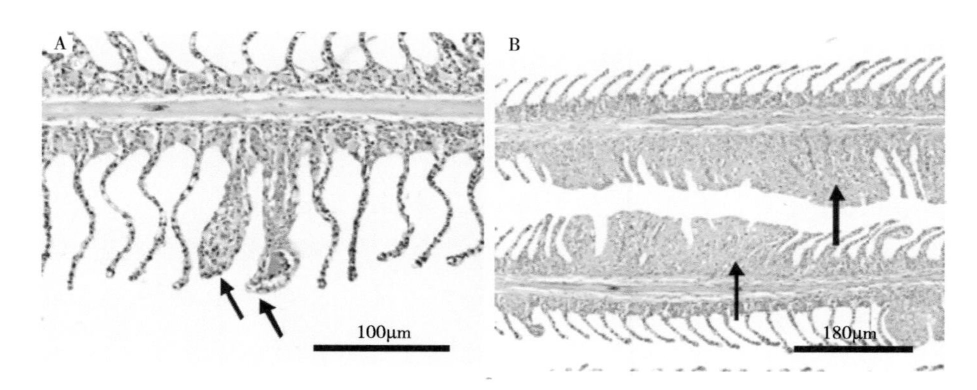

图2-21　感染鳃吸虫的黄尾鰤鳃病变

（四）鲑鱼虱间质细胞孢子虫引起的鳃感染病

挪威兽医研究所的Weli等（2017）报道，大西洋鲑是挪威以及许多其他国家水产养殖业最重要的鱼类，挪威的大西洋鲑生产受到几种特定疾病的影响，包括胰腺疾病（pancreas disease，PD）、心脏和骨骼肌炎症（heart and skeletal muscle inflammation，HSMI）和心肌病综合征（cardiomyopathy syndrome，CMS）等，这些疾病均以慢性炎症（chronic inflammation）为特征。另外，由于腹腔注射油佐剂疫苗（oil-adjuvanted vaccines）的普遍使用，以致慢性腹膜炎（chronic peritonitis）无所不在，这也可能引起自身免疫反应。养殖的大西洋鲑很少报道胃肠道炎症，但用于养殖种鱼（brood fish production）的植物性饵料（plant feed）与炎症性肠病-结肠癌样疾病（inflammatory bowel disease-colon cancer-like disease，IBD-CCD）有关。影响鳃部的疾病是大西洋鲑养殖的一个日益严重的问题，一些病原体与此类疾病有关。然而，由于缺乏病原体培养技术和试验模型，很难确定存在于鳃中的过多微生物的原发病原体（primary pathogens）、机会性和共生体（opportunistic and commensal agents）。

报道于2008年9月，在挪威西北部位于峡湾（fjord）内、距挪威海洋研究所（Institute of Marine Research，IMR）从事环境监测点最近位置即处在Sognessjøen的一家大西洋鲑养殖场正常大小的鱼（平均重约400g）群中暴发了以急性、严重鳃病理（gill pathology）和腹膜炎（peritonitis）为特征的，也涉及胃肠道的属于微孢子虫（microsporidian）的鲑鱼虱间质细胞孢子虫（*Desmozoon lepeophtherii*）感染病。此感染病自2008年8月始，开始主要表现鳃病理和腹膜炎的急性病；相继是在2008年11月和2009年1月的后续抽样检验中，发现慢性增生性鳃炎（chronic proliferative gill inflammation）和腹膜炎，观察到5.6%～12.8%的累积死亡率和严重的生长迟缓。

常规诊断显示当时在鲑科鱼类（salmon）还不明的疾病，但在组织病变观察到了微孢子虫感染（microsporidian infection）。对在2008年9月（编号：A1～A7，共7条）、2008年11月（编号：B1～B8，共8条）和2009年1月（编号：C1～C6，共6条）采样的21条患病鱼用于进一步检验，采用组织病理学（histopathology）、原位杂交（in situ hybridization，ISH）、几丁质（chitin）、钙荧光白（calcofluor-white，CFW）染色、实时聚合酶链反应（real-time PCR）相结合的方法，对在鲑科鱼类目前已知的疾病进行定性分析，在原位观察到了属于微孢子虫（microsporidian）的鲑鱼虱间质细胞孢子虫（*Desmozoon lepeophtherii*）。并首次在胃肠道上皮细胞核中发现这种属于微孢子虫的鲑鱼虱间质细胞孢子虫的外生孢子（exospores），提示了胃肠道在孢子（spores）向环境传播中的作用。

图2-22显示急性的鳃感染（gill infection）合并坏死病变。其中的图2-22A为苏木精-伊红染色，显示细长片层（slender lamellas）间的末端附着（distal adherences），有肿胀的坏死细胞（swollen，necrotic cells），有时染色不良、呈彩虹般（iridescent）的属于微孢子虫的鲑鱼虱间质细胞孢子虫的孢子簇（spore clusters）（箭头示）。图2-22B为用荧光几丁质结合探针（fluorescent chitin-binding probe，FCP），属于微孢子虫的鲑鱼虱间质细胞孢子虫的许多孢子（簇）显示异硫氰酸荧光素（flourescein iso-thiocyanate，FITC）几丁质染色（chitin staining）呈亮绿色（箭头示），与在图2-22A中苏木精-伊红染色的彩虹色属于微孢子虫的鲑鱼虱间质细胞孢子虫的孢子簇相对应的。图2-22C为钙荧光白染色，显示属于微孢子虫的鲑鱼虱间质细胞孢子虫孢子簇的紫外-蓝色几丁质荧光（UV-blue chitin fluorescence）（箭头示）、坏死（星号示）。图2-22D为原位杂交，rRNA探针（rRNA probe）染色显示属于微孢子虫的鲑鱼虱间质细胞孢子虫的增殖期（红色的）。图2-22E为苏木精-伊红染色，显示严重感染的鳃上皮（gill epithelium），肿胀的坏死细胞（swollen necrotic cells）（星号示），细胞质和核内增殖期周围有一个清晰晕（clear halo）（箭头示）。图2-22F为原位杂交，与图2-22E中鳃的相同，在细胞质和核中包围体的晕强染色（箭头示）；坏死细胞染色较少，常伴有一些黑色素颗粒（melanin granules）（星号示）[17]。

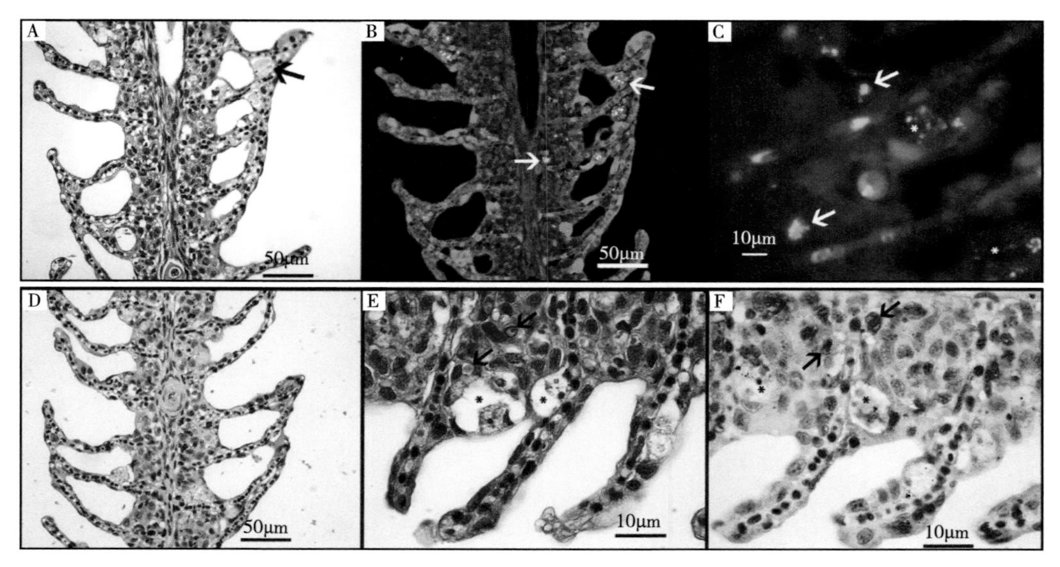

图2-22　鳃的急性感染合并坏死病变

四、鱼类非细菌性鳃感染病的综合描述与评价

爱尔兰兽医-水产国际奥兰莫尔公司（Vet-Aqua International，Oranmore，Co.Galway，Ireland）、爱尔兰奥兰莫尔兽医-水产国际工业园（Vet-Aqua International，Oranmore Business Park；Galway，Ireland）的Mitchell和Rodger（2011）、Mitchell等（2011）和Rodger等（2011），主要在鱼类非细菌性鳃感染病方面分别进行了综合描述与评价的报道。在对鱼类感染性鳃病（infectious gill diseases）的认知方面，具有参考价值。

（一）Mitchell和Rodger对鱼类非细菌性鳃感染病的综合描述与评价

Mitchell和Rodger（2011）报道，海洋鲑鱼（marine salmonid fish）感染性鳃病是鲑鱼产区面临的重大挑战。影响海洋养殖鲑鱼的疾病或感染综合征（infectious syndromes），包括阿米巴鳃病、增殖性鳃炎（proliferative gill inflammation，PGI）和黏着杆菌病。所涉及的病原体包括寄生虫如炎症新副阿米巴（*Neoparamoeba perurans*）、细菌如鲑鱼鱼衣原体和近海黏着杆菌，以及病毒如大西洋鲑副黏病毒等。

鱼类的鳃病是全球海洋鲑鱼养殖面临的重大挑战。有许多病因被认为参与或负责鳃病的临床和病理表现。在爱尔兰，由于鳃病引起的死亡率在2003—2005年为12%。最近研究了多种病原体和环境的相互作用，为鳃病作为一种多因素复合体提供了新的见解。该综述整理了每种疾病的各个方面，包括流行病学、临床体征、病理学、诊断学、治疗或控制策略等。

1. 寄生虫

已经检测到一系列感染海洋鲑鱼鳃的寄生虫，如果大量存在，其中许多种类的寄生虫可能是有问题的。

（1）阿米巴鳃病

从海洋鲑鱼养殖的经济影响来看，由鳃寄生虫（gill parasites）引起的最显著的疾病是阿米巴鳃病。自1984年以来，在塔斯马尼亚州，阿米巴鳃病被认为是海洋养殖鲑鱼的一个重要问题，据估计在治疗和生产率损失方面，每年的生产成本占到14%，影响鱼类生长、并可导致直接死亡。在爱尔兰、法国、苏格兰、智利、西班牙、新西兰、挪威等也报道了养殖大西洋鲑的暴发。Kent等（1988）报道北美洲的第一次暴发，是发生在海洋银大麻哈鱼（coho salmon，*Oncorhynchus kisutch*）即银鲑，造成了重大损失。据报道，阿米巴鳃病还影响海洋环境中养殖的其他几种鱼类，包括其他种的鲑鱼（salmonids）、大菱鲆、欧洲舌齿鲈（European sea bass，*Dicentrarchus labrax*）、尖吻海鲷（sharpsnout seabream，*Diplodus puntazzo*）等。大西洋鲑似乎是受阿米巴鳃病影响的最易感鲑鱼，太平洋鲑的暴发通常较少，通常是零星的，这表明太平洋鲑可能对这种疾病具有自然抵抗力。阿米巴鳃病在新西兰养殖的大鳞大麻哈鱼（chinook salmon，*Oncorhynchus tshawytscha*）即大鳞鲑中有记录，但在死亡率方面并不重要，很少需要治疗。

阿米巴鳃病的临床病症和病理变化，主要包括厌食症（anorexia）、呼吸窘迫（respiratory distress）、鳃盖张开（flared opercula）和嗜睡（lethargy）。根据Munday等（1990）的描述，在鳃弓周围有过量黏液、鳃组织有多处病灶斑（multifocal patches）或白色到灰色肿胀斑病灶；在组织学检查中，除鳃丝（filaments）的融合外，还发现了片层（lamellae）的增生（hyperplasia）和完全融合（fusion）；还描述了片层融合后于阿米巴存在处形成的层间小液泡（small interlamellar vesicles）或腔隙（lacunae）。

图2-23为养殖的大西洋鲑患阿米巴鳃病，鳃丝呈苍白肿胀，片层呈弥漫性增厚和融合。图2-24（苏木精-伊红染色）为鲑鱼鳃组织病理切片显示片层增生、融合的病变，以及发育不全（lacunae development）的阿米巴。

图2-23　养殖大西洋鲑的阿米巴鳃病

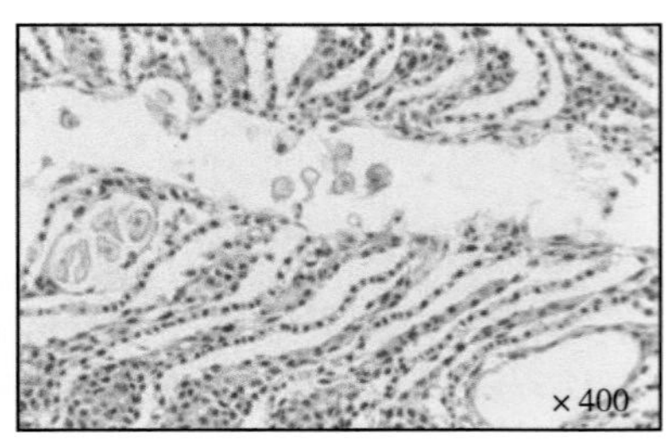

图2-24　鲑鱼鳃组织病变

（2）车轮虫引起的鳃感染病

车轮虫（trichodinids）是淡水鱼类和海洋鱼类的重要原生动物寄生虫（protozoan parasites），可通过定植皮肤和鳃引起显著的病理效应，表皮增生和正常鳃结构的破坏是最常见的。淡水鱼通常在皮肤上发现，而在海洋鱼的车轮虫更经常影响鳃。海洋环境中很少有关于由车轮虫引起的鲑鱼严重死亡的报道。然而，McArdle（1984）报道于1982年、1983年夏，在爱尔兰海中养殖的鲑鱼和鳟鱼（trout）都有大量死亡，病鱼表现嗜睡，观察到了由过量黏液引起的鳃盖张开和蓝色的膜（bluish film）。鱼的鳃表现苍白的，被侵蚀。组织病理学检查，在新鲜鳃座（gill mounts）的显微镜观察，可以看到大量的车轮虫；观察到原发性和继发性的片层（primary and secondary lamellae）末端严重增生、水肿和部分鳃丝严重广泛糜烂。

2. 与鲑鱼鳃感染相关的病毒

对于许多影响鲑鱼的病毒来说，鳃可能是最有可能的侵染门户，如感染性鲑鱼贫血病毒（*infectious salmon anaemia virus*）；然而，关于病毒在鲑鱼中作为鳃病原体的报道还很少。迄今为止，只有两种病毒与鳃感染病有关，即大西洋鲑鱼副黏病毒、鲑鱼鳃痘病毒。在这两种情况下，它们对宿主产生负面影响的机制及它们对鳃病理学的形成尚不清楚。Kvellestad等（2003）报道，于1995年首次从患增殖性鳃炎（proliferative gill inflammation，PGI）的挪威养殖大西洋鲑分离出大西洋鲑鱼副黏病毒。调查病毒的重要性，一个试验感染显示大西洋鲑鱼副黏病毒没有导致任何死亡或病理发生，然而这一病毒被认为与其他鳃病原体存在协同作用；另有报道一项试图揭示大西洋鲑鱼副黏病毒病因学意义的研究是采用免疫荧光染色和免疫组织化学方法，发现该病毒与三个受增殖性鳃炎影响的不同养殖场的患病鱼组织有关，表明它可能在疾病中起作用。通过分子研究方法，该病毒被分类于副黏病毒科的呼吸道病毒属（*Respirovirus*）。副黏病毒与哺乳动物和鸟类的呼吸系统疾病有关，主要在呼吸道发生原发复制；是在陆生动物（terrestrial animals）肺炎（pneumonia）的一种常见的，病毒作为引发病原体，从而导致继发性细菌感染（secondary bacterial infections）。虽然在哺乳动物中已明确记录了呼吸系统疾病（respiratory disease）病毒/细菌相互作用（virus/bacterial interaction）的生物学模型（biological model），但大西洋鲑鱼副黏病毒或其他病毒在鱼类疾病中的作用（如果有的话）尚不清楚。此外，在挪威的增殖性鳃炎病例中也未一致检测到大西洋鲑鱼副黏病毒。

Nylund等（2008）报道，在2006年，在挪威首次通过电子显微镜观察到属于DNA病毒的鲑鱼鳃痘病毒。感染痘病毒（*pox virus*）的鳃上皮细胞（gill epithelial cells），表现为细胞核的极度肥大和退化。鲑鱼鳃痘病毒在大西洋鲑的鳃中被观察到，鲑鱼表现为增生性鳃病（proliferative gill disease，PGD），导致挪威北部一个淡水设施20%的死亡率。2006年晚些时候，在挪威西部两个海洋地点的大西洋鲑鱼也发现了这种病毒，死亡率接近80%。在这两个海洋养殖场所，同时感染鲑鱼鱼衣原体细菌、炎症新副阿米巴（*Neoparamoeba perurans*）的鳃，可能是造成高死亡率的原因。与大西洋鲑鱼副黏病毒一样，这种病毒在鲑鱼作为鳃病原体的意义仍有待确定，而且多因素的相互作用可能是一个先决条件。

3. 与鲑鱼鳃感染相关联的细菌

与鲑鱼鳃感染相关联的细菌，主要涉及了近海黏着杆菌，以及主要作为鳃上皮囊肿感染病的病原性衣原体。

（1）近海黏着杆菌

近海黏着杆菌是海洋鱼类黏着杆菌病或称屈挠杆菌病（flexibacteriosis）的病原菌，是一种革兰氏阴性丝状细菌，由Wakabayashi等（1986）首次描述。根据病症表现的多样性，许多不同的名称被用来描述黏着杆菌病，包括海鱼的滑动细菌病（gliding bacterial disease）、口腔侵蚀综合征（eroded mouth syndrome）、鳃腐病等。黏着杆菌病的临床病症是可变的，与感染类型有关。发生鳃感染的鱼可能垂死、嗜睡、呼吸频率增加，有时可以在鳃上看到黄色或棕色的垫（yellow or brown mats），出现在鳃盖下面或暴露在鳃耙（gill rakers）上的有害浮游动物（zooplankton）之后，临床检查，鳃黏液增多，色苍白，片层（lamellae）可见明显的严重坏死斑块，也可能出现皮肤损伤。Soltani等（1996）研究了许多不同种类的鱼类对近海黏着杆菌的相对易感性，发现大西洋鲑和虹鳟都特别易感，而欧洲川鲽（flounder，*Platichthys flesus*）似乎对感染更具抵抗力。

图2-25显示近海黏着杆菌引起的大西洋鲑鳃部感染，在鳃耙上出现黄斑（yellow plaques），伴有相关的出血。图2-26显示大西洋鲑在鳃上有坏死斑（necrotic patches），这些斑点处严重感染了近海黏着杆菌。

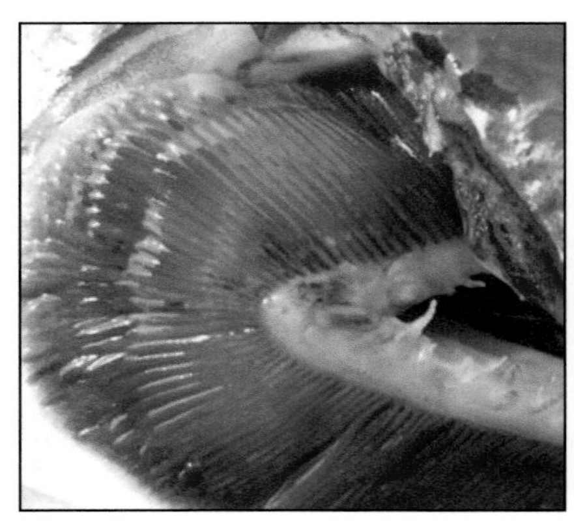

图2-25　大西洋鲑鳃耙上的黄斑

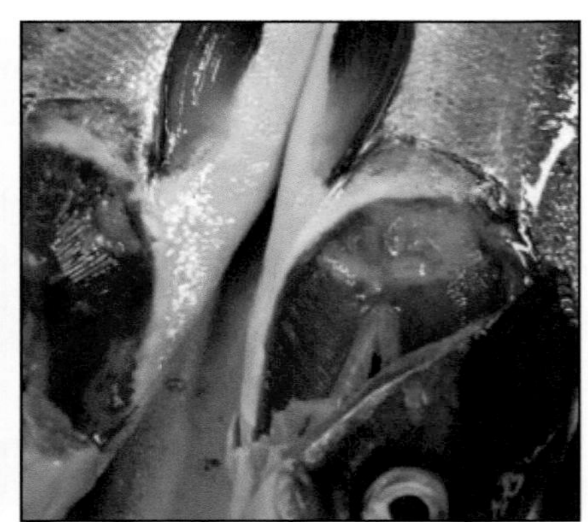

图2-26　大西洋鲑鳃上的坏死斑

（2）衣原体和上皮囊肿及增殖性鳃炎

上皮囊肿是一种感染性疾病，影响鳃和较不常见影响到鱼的皮肤。Nowak和Lapatra（2006）报道，据报道有50多种淡水和海洋鱼类感染。这种疾病最早由Plehn（1920）报道在德国的鲤鱼中描述，并命名其病原菌为鲤鱼嗜黏液菌（*Mucophilus cyprini*），因为当时归为是由单细胞藻类（unicellular algae）引起的。Hoffman等（1969）在调查蓝鳃太阳鱼（bluegills）疾病和死亡时，最初被认为是由于原生动物（protozoans）引起的，最终证实了其病原是衣原体，这种情况被称为上皮囊肿。上皮囊肿一直是养殖大西洋鲑的关注焦点，关于其重要性的争论仍在继续。

上皮囊肿经常被描述为没有任何相关的病理学或临床体征，在感染有囊肿的增殖性宿主反应的情况下，受影响的鱼被描述为嗜睡和显示呼吸窘迫的迹象。还有描述了鳃盖损伤、黏液的产生增加和层状结构（lamellar structure）的变形。垂死或死鱼的鳃，可能被白色或黏液球状物（mucoid spheres）浓厚覆盖。在光学显微镜下，有时可以在鳃组织中看到大的囊肿（cysts），但更常见的是上皮囊肿仅在组织病理可见。

图2-27显示大西洋鲑受上皮囊肿影响的鳃，在片层上有许多针头大小的灰白色黏液样肿胀（grey-white mucoid swellings）。图2-28显示大西洋鲑鳃组织病理切片，部分上皮细胞肥大、坏死，轻度的上皮囊肿。

挪威国家兽医研究所的信息（2009）显示，增殖性鳃炎在挪威养殖的大西洋鲑中造成了重大损失。有信息显示，在苏格兰也被诊断出来，在爱尔兰也观察到类似的病理，最严重的损失发生在春季鲑鱼在海上转移后的头几个月。自20世纪80年代以来，此病一直是挪威水产养殖面临的问题。在1998—1999年的生产周期中，挪威18.8%的养殖场受到了增殖性鳃炎的影响（Nygaard等，2004）；2002—2003年，这个数字上升到大约35%或250个地点（NyGaad，2004；Kvellestad等，2005）。增殖性鳃炎的病例数量似乎在下降，2008—2009年的记录为182起暴发；最近增殖性鳃炎病例数量的明显减少，也可能是由于报道减少（增殖性鳃炎不属于必须呈报的）或是对该综合征进行更具体分类的结果。

图2-27　大西洋鲑鳃上皮囊肿病变

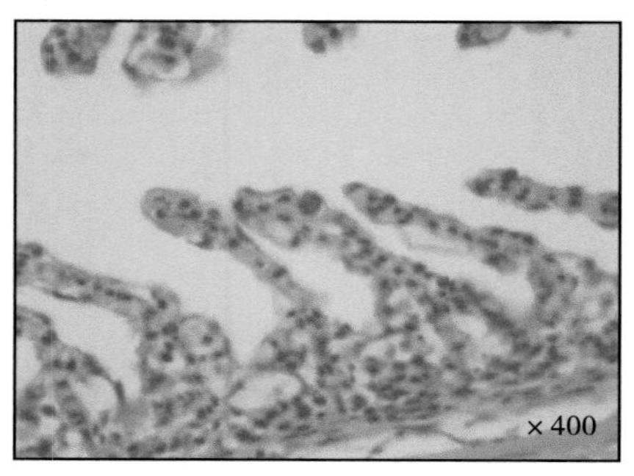

图2-28　大西洋鲑鳃上皮囊肿组织病变

4. 讨论

许多感染源对养殖海洋鲑鱼的鳃部健康构成挑战，预防疾病的方法和有效的治疗策略是有限的，在这些领域有着广泛的研究范围。一个重要的观察是，在报道的许多鳃病病例或综合征中，似乎存在多因素病因。缺乏感染性病原体之间的协同作用和这些因素之间的潜在相互作用和环境参数（environmental parameters）及自然现象的变化，如浮游植物水华（phytoplankton blooms）和浮游动物群集（zooplankton swarms）。需要阐明这些相互作用，以便有意义地了解海洋鳃病（marine gill disease）的发病机理，从而制定预防、治疗和缓解策略。

总结了选定的具有风险因素、潜在影响因素、缓解疾病的最佳实践方法、知识差距和未来研究需求的鳃病状况。通过陆地物种呼吸系统疾病中病毒/细菌相互作用的生物学模型（Hament等，1999），可以探索与海洋鲑鱼鳃病观察和分离的病原体之间的相互关系。尤其是在海洋养殖的鲑科鱼类中，应进一步研究以下各自两者之间的关系：阿米巴和衣原体；细菌和阿米巴；衣原体、鳃细菌和鳃病毒；黏着杆菌的种和有害浮游动物（harmful zooplankton）。

表2-2所列为养殖和野生鲑鱼发生鳃上皮囊肿的病理与死亡情况。鱼类涉及大西洋鲑（海洋）、大西洋鲑（淡水）、野生褐鳟（brown trout，*Salmo trutta*）、淡水红点鲑（arctic char，*Salvelinus alpinus*）；病原菌涉及了鲑鱼鱼衣原体、栖鲑鱼棒状衣原体（Candidatus *Clavichlamydia salmonicola*）。

表2-2　养殖和野生鲑鱼发生鳃上皮囊肿的病理与死亡情况

宿主鱼类	病原衣原体种类	养殖	野生	病变	死亡情况	资料来源
大西洋鲑（海洋）	鲑鱼鱼衣原体	R	NR	-/++	-/+	Draghi等（2004）
大西洋鲑（淡水）	栖鲑鱼棒状衣原体	R	NR	-	-	Karlsen等（2007）、Mitchell等（2010）
褐鳟	栖鲑鱼棒状衣原体	NR	R	-	-	Karlsen等（2007）
红点鲑	鲑鱼鱼衣原体	R	NR	+++	+++	Draghi等（2004）

注：根据发病程度分为“+”示轻微的（mild）、“++”示中度的（moderate）、“+++”示严重的（severe）、“-”示无病变的（no pathology）；R为有疾病记录（recorded disease）、NR为无记录（not recorded）。

表2-3所列为与海洋鲑科鱼类鳃病相关的主要病原体及感染病（感染鱼类、地理分布、相关病症/综合征）情况。地理分布涉及了挪威、爱尔兰、澳大利亚、苏格兰、美国、新西兰、西班牙、智利、加拿大等。病原体涉及了属于病毒的大西洋鲑副黏病毒、

鲑鱼鳃痘病毒；属于细菌的近海黏着杆菌、鲑鱼鱼衣原体、栖鲑鱼棒状衣原体；属于寄生虫的炎症新副阿米巴、鲑洛马微孢子虫（*Loma salmonae*）、鱼波豆虫（*Ichthyobodo* spp.）亦称为口丝虫、车轮虫（*Trichodinids* sp.）、鲑鱼虱间质细胞孢子虫（*Desmozoon lepeophtherii*）、鲑隐孔吸虫（*Salmincola salmonea*）、贝氏三代虫（*Gyrodactyloides bychowskii*）。病症/综合征涉及增殖性鳃炎、黏着杆菌病、轻度鳃炎（mild gill inflammation）、上皮囊肿、阿米巴鳃病、小孢子虫鳃病（Microsporidean gill disease）、海洋口丝虫病（Marine costiasis）、车轮虫病（Trichodinosis）、阻塞性鳃损伤（Obstructive gill damage）。鱼类涉及大西洋鲑、虹鳟、大鳞大麻哈鱼即大鳞鲑、褐鳟、银大麻哈鱼即银鲑、红点鲑[18]。

表2–3　与海洋鲑科鱼类鳃病相关的主要病原体及感染病情况

类群	病原体	鲑鱼种类	地理分布	相关病症/综合征
病毒	大西洋鲑副黏病毒	AS	挪威	增殖性鳃炎（可能）
	鲑鱼鳃痘病毒	AS	挪威	增殖性鳃炎（可能）
细菌	近海黏着杆菌	AS、RT、CS	全球	黏着杆菌病
	鲑鱼鱼衣原体	AS、AC	挪威、爱尔兰、北美洲、塔斯马尼亚	增殖性鳃炎、上皮囊肿
	栖鲑鱼棒状衣原体	AS，BT	挪威、爱尔兰	轻度鳃炎、上皮囊肿
寄生虫	炎症新副阿米巴	AS、RT、	澳大利亚、爱尔兰、挪威、苏格兰	阿米巴鳃病
		CO、CS	美国、新西兰、西班牙、智利	
	鲑洛马微孢子虫	CS、CO、RT（淡水）	加拿大、苏格兰	小孢子虫鳃病
	鱼波豆虫	AS、RT	全球	海洋口丝虫病
	车轮虫	所有鲑科鱼类	全球	车轮虫病
	鲑鱼虱间质细胞孢子虫	AS、RT	挪威、苏格兰、爱尔兰	增殖性鳃炎
	鲑隐孔吸虫	AS	欧洲、北美洲	轻度鳃炎
	贝氏三代虫	AS	全球	阻塞性鳃损伤

注：AS指大西洋鲑、RT指虹鳟、CS指大鳞大麻哈鱼（大鳞鲑）、BT指褐鳟、CO指银大麻哈鱼（银鲑）、AC指红点鲑。

（二）Rodger等对鱼类非细菌性鳃感染病的综合描述与评价

Rodger等（2011）报道，全球鲑鱼和大麻哈鱼（*Oncorhynchus* sp.）养殖区的鳃紊乱（gill disorders）是一个重大挑战。综述了海洋鱼类的鳃紊乱和疾病，重点介绍了海洋阶段鲑鱼（marine stage salmonids）鳃疾病的非感染性原因（non-infectious causes），并将其分为了有害藻类（harmful algae），如米氏凯伦藻（*Karenia mikimotoi*）；有害浮游动物（harmful zooplankton），如紫水母（*Pelagia noctiluca*）；其他环境挑战，如污染物（pollutants）、营养和遗传或先天因素（congenital causes）等。

鱼类的鳃病，尤其是与有害藻华（harmful algal blooms，HABs）和水母群集（jellyfish swarms）有关的鳃病，是全球海洋鲑鱼（marine salmonid，*Salmo salar*）和大麻哈鱼（*Oncorhynchus* sp.）养殖面临的重大挑战。有许多病因被认为参与或直接导致鳃病，并有一系列临床和病理表现。鳃病是造成大量死亡的主要原因，也是养殖鲑鱼生长和表现不佳的主要原因。此文综述了海洋鱼类鳃病的主要非传染性原因，并将其作为特定的病原体或与之相关的鳃疾病，特别是海洋阶段鲑鱼。非感染病原分为有害藻类、有害浮游动物、其他环境挑战以及营养和遗传或先天性疾病。

1. 有害藻华

有关影响鳍鱼类（finfish）或鲑鱼（salmonid）养殖的藻华（algal blooms）的报道很多，在当这些事件影响到人类公共卫生、野生动物和渔业或水产养殖时，藻华可被称为有害（harmful）的。迄今为止，大约有4 000种海洋微藻（marine microalgae）被描述。其中有60～80种被确定为有毒的，200种被确定为有害藻华的潜在原因。藻华是自然发生的，然而在近几十年来，有迹象表明这些藻华的频率和强度有所增加，并且据报道它们覆盖了更广泛的地理分布。

对由有害藻华事件引起的鳃损伤的组织病理学观察结果，包括急性坏死（acute necrosis）、上皮细胞脱落、上皮细胞与片层鳃血管的严重水肿分离（lamellar branchial vessels）、上皮细胞坏死，原发性片层上皮肿胀和皱缩（pyknosis），鳃血管充血。除鳃病理外，还可能观察到肝脏和胃肠道的组织病理。

图2-29（苏木精-伊红染色）显示大西洋鲑鳃暴露于有害浮游植物（harmful phytoplankton）米氏凯伦藻的组织病理学特征，显示坏死的上皮细胞、不规则表面和上皮提升（epithelial lifting）。

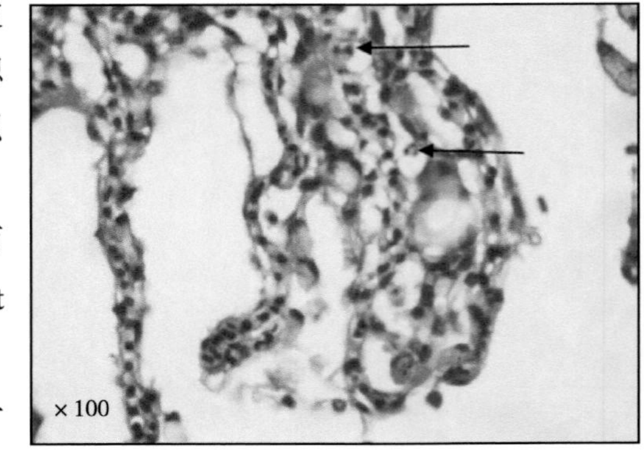

图2-29　米氏凯伦藻致大西洋鲑鳃病变

2. 有害浮游动物群集

胶状浮游动物群集（gelatinous zooplankton swarms），是水产养殖业生产损失的一个重要原因。在有害的浮游动物水华（harmful zooplankton bloom）期出现的临床症状，与浮游植物水华（phytoplankton bloom）期的相似。鱼可能会嗜睡，靠近水面游泳，或表现出跳跃行为，也可能停止进食，垂死的鱼类和/或死亡数可能会增加，呼吸压力可能是明显的、并且还观察到头部晃动。检查鳃丝（gill filaments）时，鳃、鳃耙（gill rakers）和鳃盖可能出现局部斑点、变色和局部点状腐蚀（punctate erosion）。能够观察到的其他损伤，包括皮肤和眼睛的损伤。鳃的局灶性坏死、出血、上皮脱落、嗜酸性颗粒细胞排出和水肿，与鱼类接触有害的胶状浮游动物有关；偶尔也可在组织切片中，观察到病原物（culprits）。

图2-30为养殖大西洋鲑的鳃，显示由有害的胶状浮游动物（harmful gelatinous zooplankton）引起的组织坏死（环状内）。图2-31为海洋养殖虹鳟（rainbow trout）的鳃耙，因有害的胶状浮游动物发生出血性坏死病变（环状内）。图2-32为养殖大西洋鲑因暴露于群集的紫水母（*Pelagia noctiluca*），引起的鼻、眼睛、皮肤溃疡和侵蚀。图2-33为显示大西洋鲑鳃的组织病理，在片层间隙（环绕内）有不明浮游动物引起的上皮增生、出血、片层融合（lamellar fusion）和坏死。

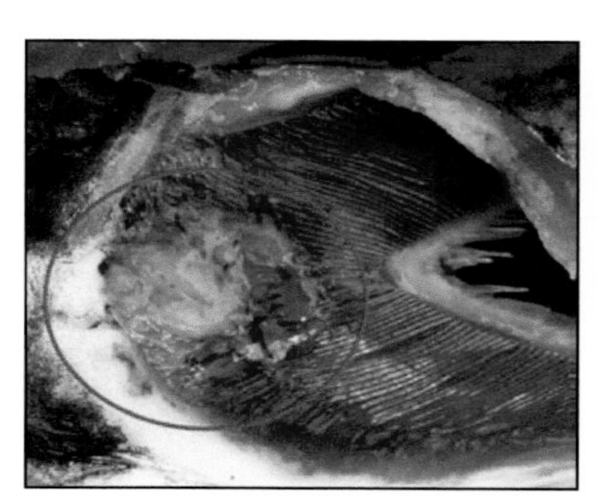

图2-30　大西洋鲑的鳃坏死病变

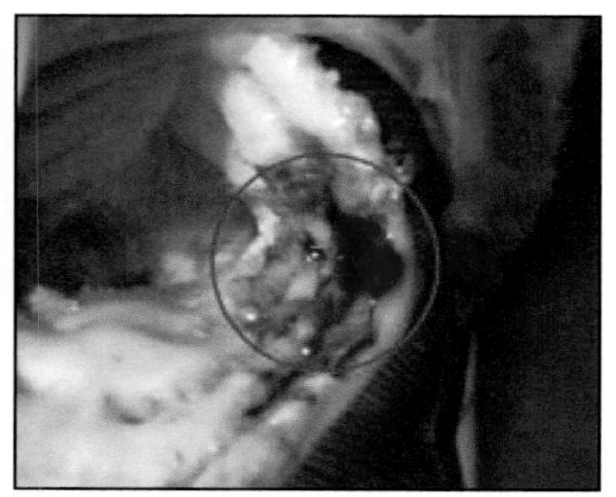

图2-31　虹鳟鳃耙的病变

图2-32　大西洋鲑暴露于紫水母的病变

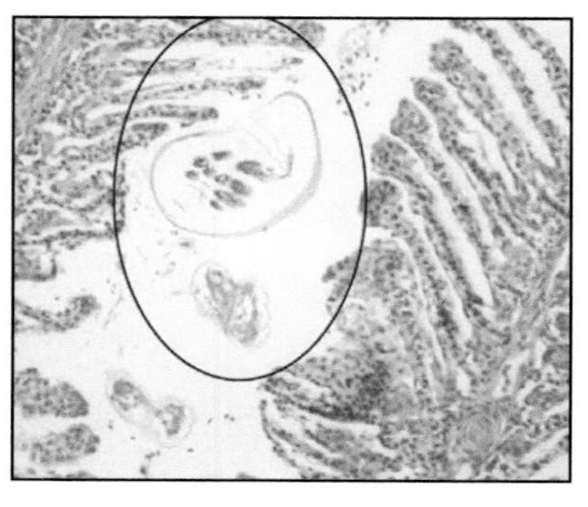

图2-33　大西洋鲑鳃组织病理

3. 鳃病的其他环境病因

在药物和治疗措施方面，有报道在某些情况下用于控制传染病的药物与处理过的鱼的鳃损伤有关，如福尔马林、过氧化氢和氯胺-T（chloramine-T）。福尔马林处理通常用于淡水养殖场，预防和预防由寄生虫、细菌和真菌引起的外部疾病。福尔马林很少用于海洋养鱼场，但偶尔也用于治疗外部寄生虫。

（1）过氧化氢

Speare等（1997）报道提出的形态学和组织学研究结果，在大西洋鲑和虹鳟的鳃上没有表现出明显的鳃病理学特征，尽管重复试验的剂量与养殖场使用的常规方法相当；在大西洋鲑中观察到的组织学变化包括轻微的剂量相关的片层融合增加，虹鳟鳃表现出轻微的变化（融合、炎症和丝上皮增生）；虽然两种鱼的黏液产量都有所增加，但没有出现水肿或坏死的迹象。

Rucker等（1963）报道，观察到虹鳟比太平洋鲑更容易受到福尔马林的影响。过氧化氢可用于鲑鱼外部寄生虫的水浴处理，鳃次片层（secondary lamellae）和鳃弓（gill arches）外表面受影响最为严重，病理学表现为次片层肥大、杵状变（clubbing），黏液细胞增生、充血，上皮细胞表面不规则、出血、坏死、融合、上皮表面隆起。病理严重程度与暴露时间和过氧化氢浓度一致。普遍认为的，是当水温较低时（低于13℃），使用过氧化氢最安全。

Speare等（1999）报道了虹鳟鱼的鳃损伤，暴露于过氧化氢1 000 ~ 1 500mg/L下20min，也暴露于750mg/L下。病理特征为上皮增生灶，伴有板片融合、柱细胞（pillar cell）坏死和柱通道动脉瘤（pillar channel aneurysms）。治疗后3周的采样期内，病变数量明显减少。过氧化氢被陆地工业用作消毒剂和漂白剂，无意中排放到水域中会导致严重的鱼类死亡和病理改变。图2-34显示苏格兰一家造纸厂（paper mill in Scotland）排出过氧化氢后，野生褐鳟鱼出现鳃坏死和角膜水肿（corneal oedema）病变。

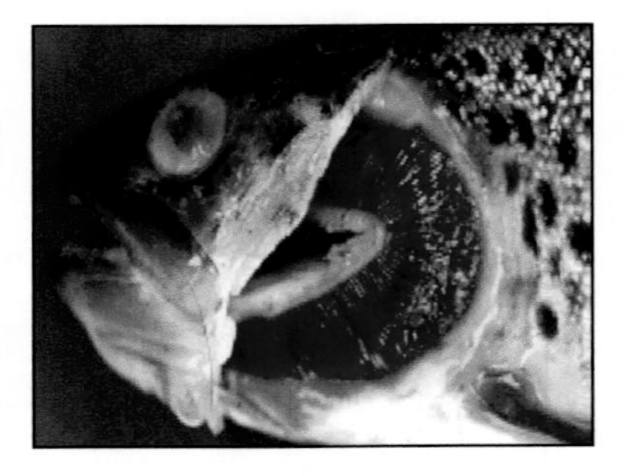

图2-34　野生褐鳟鱼的鳃病变

（2）氯胺-T

氯胺-T是一种常用的预防性药物，是淡水鲑鱼孵化场细菌性鳃病和外寄生虫病（ectoparasitic disease）的治疗方法，也是海洋鲑鱼阿米巴鳃病的一种治疗方法。

Sanchez等（1997）报道已经进行了几项研究，以确定氯胺-T这种潜在毒性化学物质对鲑鱼鳃的影响。观察到的反应，仅限于黏液细胞类型的改变，主要是上皮细胞和黏液细胞增生。研究中使用的剂量水平和治疗时间，与养殖场使用的相似。发现产生的黏液，显示了从中性（neutral）到酸性黏液（acid mucin）成分的变化。在这项为期11周的研究中，监测到的解剖变化包括片层水肿（lamellar oedema）、片层增生（lamellar hyperplasia）、片层炎症（lamellar inflammation）、杵状片层（clavate lamellae）、片层融合（lamellar fusion）、层间炎症（interlamellar inflammation）和血栓形成（thrombus formation）等；研究发现对照池鱼的鳃部病理变化比处理池的大，并且推测处理甚至可以改善集约饲养系统的鳃部状况。根据他们的研究结果，Sanchez等（1997）的报道还反驳了由于反复接触氯胺-T导致的鳃损伤、抑制生长和饲料转化的假设。然而，氯胺-T已被证明在鱼类中具有急性（12h内）呼吸和酸碱平衡紊乱的作用（Powell等，1998）。据报道，对该药剂的敏感度也取决于物种，淡水大西洋鲑和虹鳟的敏感度高于斑点叉尾鮰（Powell和Harris，2004）。氯胺-T在海水中对大西洋鲑的毒性也比在淡水中更大，尽管主要的有害作用在两种环境中都被认为是相同的，也就是说鳃丝和片层上皮的广泛氧化坏死（oxidative necrosis）导致渗透调节的急性破坏（Powell和Harris，2004）。鉴于对治疗的敏感性，建议在给药氯胺-T前进行生物测定（bioassay）。

（3）富营养化与污染

沿海富营养化（eutrophication）促进了浮游植物（phyto-plankton）的生产，并最终导致浮游植物和浮游动物水华（blooms）。营养物质富集的因素包括污水、农业径流和排放（agriculture runoff and discharge）以及工业废水和排放。除它们在海洋生态系统浮游生物富集（plankton enrichment）中的作用外，这些因素还对养殖的鳍鱼（finfish）的鳃病和死亡率起着直接作用（Liber等，2005）。对鳃丝或丝上的盐分泌细胞（salt secreting cells）的损害会降低鱼的呼吸能力，这对成年海洋阶段的鲑鱼和幼鲑适应海洋环境都很重要（Clarke，1992）。

硫化氢（H_2S）可能在沿海水域的正常条件下自然产生，但也可能是养殖场围栏下的自身污染造成的。Kiemer等（1995）报道描述试验产生的这种物质对大西洋鲑的影响，鱼类暴露于亚致死水平（sub-lethal levels）的硫化氢在两种情况下：慢性暴露（18周）或急性暴露（14d），在慢性接触病例中观察到适应性反应，损伤的组织学证据包括鳃片（gill lamellae）的杵状（clubbing）和增厚以及黏液细胞数量的增加；暴露于硫化氢6周后的鳃损伤达到峰值，8周后的鳃逐渐恢复；在18周的试验结束时，暴露的鱼和对照鱼都是健康的和正常的，尽管暴露的鱼的第二鳃片稍有增厚。在急性暴露病例，对鳃组织有严重的不可逆损伤，次片层广泛融合；此外是原发性片层增厚，上皮表面粗糙、出血明显，上皮与下鳃血管分离，试验开始和结束时黏液细胞数量增加、但中间几乎没有。

关于金属和污染物对鲑鱼和非鲑科鱼类（non-salmonid fish）的毒性及鳃病理学，在大多数报道中与淡水有关，尽管Kroglund等（2007）评估了酸化（acidification）和铝（aluminium，Al）对挪威大西洋鲑幼鲑存活率的影响，暴露强度和持续时间各不相同。研究发现，大西洋鲑的渗透调节能力对铝浓度极为敏感，与对照鱼相比，暴露于铝的鱼类的回报率（return rates）降低了20%～50%。

4. 鳃病的营养病因

有研究表明，许多营养缺乏可能导致养殖鱼类鳃部损伤，包括维生素C、维生素K、生物素（biotin）和泛酸（pantothenic acid）的不足。与这些营养变化相关的组织病理学包括片层变性或融合，鳃部出血是鲑鱼在低维生素K饮食的一个症状。Mæland和Waagbø（1998）报道，证明包括大西洋鲑在内的几种冷水海洋硬骨鱼类（cold water marine teleost fish）缺乏产生抗坏血酸（scorbic acid）能力，表明其必须包含在商业配方饲料中。

以鱼粉（fish meal）为基础的水产养殖业生产饲料的成本不断上升，导致使用了替代成分。Mæland和Waagbø（1998）报道，用喷雾干燥蛋清（egg white）代替鱼粉，由于生物素缺乏会引起严重鳃病理，包括鳃片层的融合和增厚；研究表明蛋清中含有的一种蛋白质、即抗生物素（avidin），能够与维生素强烈竞争，与生物素和生物胞素（biocytin）结合，从而使这些化合物无法被吸收。

鳃片层的上皮增生，表现为泛酸（pantothenic acid，PA）缺乏的特征（Poston和page，1982；Karges和Woodward，1984）。Wood和Yasutake（1957）报道，描述了泛酸缺乏是如何随着时间的推移而发展的；因为增生从片层基部延伸到远端丝尖（distal filament tips），是Karges和Woodward（1984）的研究证实了这一点。Barrows等（2008）报道，证明了食用植物性饮食（plant-based diet）、而不添加维生素的虹鳟泛酸缺乏症（pantothenic acid deficiency）；如Wood和Yasutake（1957）和Woodward（1994）所述，显示出典型的鳃组织病理学特征。

5. 鳃病的遗传和先天性原因

遗传和先天性原因（genetic and congenital causes）导致的鳃病的，鳃盖缩短可能是单侧或双侧的，其会导致鳃丝暴露在外部环境中、并造成潜在的损害，这可能导致鳃丝的缩短和增厚；图2-35显示嗜睡的养殖大西洋鲑有明显的鳃盖缩短。在组织学分析上，这些鳃表现出不同的病理，包括上皮增生和片层融合，易受继发性细菌感染。有这种缺陷的鱼无法有效地将水抽过鳃，因此必须连续游泳，以保持水连续流过鳃（Branson和Turnbull，2008）。

图2-35　大西洋鲑的鳃盖缩短

在大西洋鲑养殖场，畸形的原因被认为是一个可能的遗传因素，因为缺陷与来自某些地区的特定鱼类品种有关。然而，卵孵化和首次喂养期间的环境条件也可能是一个因素；在许多情况下，这种情况的病因现在似乎与卵的孵化温度升高有关。

Sadler等（2001）报道，调查了塔斯马尼亚大西洋鲑（Tasmanian Atlantic salmon）二倍体（diploid）和三倍体（triploid）鳃丝畸形综合征（gill filament deformity syndrome，GFDS）的患病率，鳃丝畸形综合征显示原发鳃丝（primary gill filaments）的缺失；发现骨骼畸形（skeletal deformity）是一种常染色体疾病（autosomal condition）、非性连锁基因型（non-sex-linked genotype），对幼鱼的畸形是致命的。与二倍体鱼类（diploid counterparts）相比，三倍体鱼类（triploid fish）在气体交换和酸碱平衡方面明显减少了鳃表面积，这发生在鳃是否受到鳃丝畸形综合征影响或完全正常，得出结论是骨骼畸形的病因尚不清楚，但减少的鳃表面积将对三倍体鱼在压力或次最佳环境条件下产生负面影响[19]。

（三）Mitchell等对鱼类非细菌性鳃感染病的综合描述与评价

Mitchell等（2011）报道，水母介导（Jellyfish-mediated）的对鲑鱼和其他养殖鱼类的损害是一个周期性的问题。已有报道在鳃部观察到受影响鱼类的严重病理，并被认为是由于通过刺丝囊（nematocyst）释放的水母毒液（jellyfish venom）的毒性作用（toxic effects）。有报道认为某些种的水母（jellyfish species）也可以作为黏着杆菌病的病原近海黏着杆菌的载体（vectors），在黏着杆菌病的发生上起作用。多年来，有报道多种水母都与鱼类死亡有关，包括水螅水母类（hydromedusae）、管水母类（Siphonophores）、钵水母类（scyphomedusae）的一些种。然而，迄今为止，关于水母介导的鱼类损伤的病理学和病理生理学的描述信息很少。

Mitchell等（2011）报道描述了水母水华（jellyfish bloom）对爱尔兰西北海岸一个鳍鱼养殖场（finfish farm）的临床影响，导致严重的急性鳃损伤和死亡。在2010年6月，爱尔兰西北部的一个海洋大西洋鲑养殖场因死亡率显著上升而要求进行兽医调查。发现这条鱼表现出过度跳跃的行为，除偶尔出现的紫水母（mauve stinger，*Pelagia noctiluca*）外，在网围栏附近还发现了数百只海月水母（common jellyfish，*Aurelia aurita*）的水华（bloom）。从4个不同的网箱中捕获并检查了7条体重约1kg的垂死鱼，在检查鳃时没有观察到明显的病理变化，尸检未发现任何外部或内部异常，在一些鱼类的侧翼观察到轻微的鳞片损失；细菌学检验结果，任何重要的鱼类病原体均为阴性；组织病理学检查显示鳃部有明显的急性损伤，在鳃片层（gill lamellae）中观察到多灶性血管内溶血（intravascular haemolysis）和上皮细胞坏死（epithelial cell necrosis），同时偶有片层尖端和不规则上皮表面融合（fusion），其他组织（心脏、肾脏、肠道、脾脏、肝脏、大脑、皮肤和肌肉）无明显病变。在这个临床案例中大约有3 000条鱼死亡，可能是由于海月水母的水华，发生在水母暴露期间和一周后；在事件发生8周后对鲑鱼进行的复查显示，一些鱼的鳃严重病理表现为片层的弥漫性增厚（diffuse thickening）。认为是直接毒性（directly toxic）作用，这是首次报道养殖鲑鱼自然暴露于海月水母的临床和病理变化。

图2-36显示养殖鲑鱼暴露于海月水母后鳃的血管内溶血；图2-37显示养殖大西洋鲑暴露于海月水母后的鳃片层增厚（lamellar thickening）[20]。

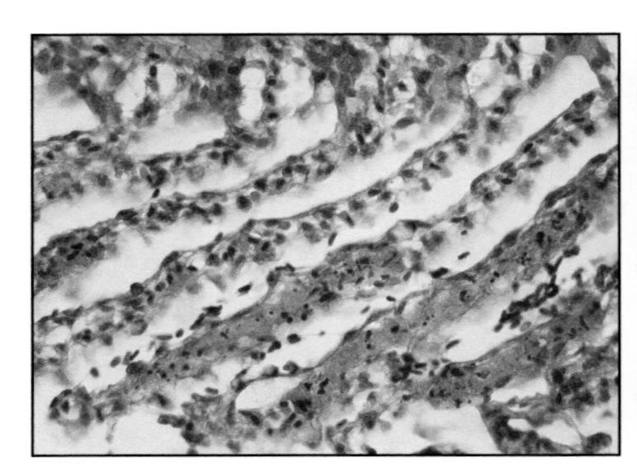

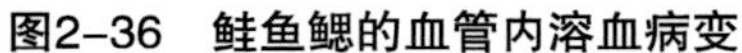

图2-36　鲑鱼鳃的血管内溶血病变

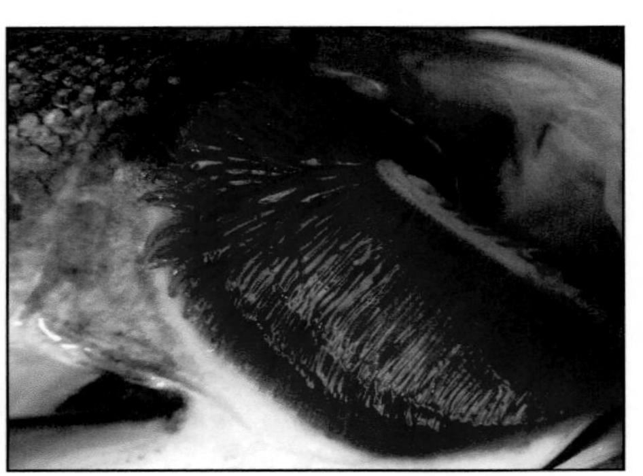

图2-37　大西洋鲑的鳃片层增厚病变

第三节　病原细菌的发现与致病作用

追溯历史，虽说人类对微生物作用的感性知识和利用，可至少追溯到8 000年以前。比如据考古学的推测，我国早在8 000年以前就已经出现曲蘖酿酒了。但对于微生物在真正意义上的认知与研究，最早还是从荷兰生物学家、显微镜学家安东尼·范·列文虎克（Antony van Leeuwenhoek，1632—1723）首先发现和描述了细菌开始的。

早在1676年，列文虎克用自己磨制的镜片创制了一个能放大约260倍的显微镜（microscope）。这种原始的显微镜，与我们现在熟知的普通光学显微镜（light microscope）相像之处很少，其个体也较小，被后人称为单式显微镜（simple microscope）。列文虎克在当时用这种显微镜，曾先后对雨水、井水、污水、河水、海水、血液、体液、灌入干胡椒中的水、腐败物质、有机物质水浸液、酒、醋、黄油、人及动物的粪便、从铁水桶底吸出的积水、牙垢等多种样品进行了观察，看到有各种微小的生物，当时列文虎克称它们为“animalcule”（微动物）。图2-38显示列文虎克手持一个由他制作的单式显微镜。

图2-38　安东尼·范·列文虎克

现早已明了细菌的概念，在广义上包括真细菌（细菌、立克次氏体、支原体、衣原体、螺旋体、放线菌、蓝细菌）和古细菌（古菌、古生菌）两大类群的所有原核微生物（prokaryotic microorganism）。古细菌是一群具有独特基因结构或系统发育生物大分子序列的单细胞原核生物，是由美国微生物学家、进化学家卡尔·理查德·沃斯（Carl Richard Woese，1928—2012）在1977年发现和分类命名的[21]。

一、病原细菌的发现

在庞大的细菌类群中，就病原性细菌或称致病性细菌来讲，历史上给人类所带来的灾难，简直是不堪回首。自从列文虎克用自制的单式显微镜，于1676年首先发现和描述细菌等微动物，便开启了一个崭新的生命科学领域。

至今340多年的历史进程中，是法国化学家、微生物学家、免疫学家路易斯·巴斯德（Louis Pasteur，1822—1895），于1861年试验建立起了微生物（细菌）引起感染病的病因论（pathogeny generation）；德国医生、细菌学家罗伯特·科赫（Robert Koch，1843—1910），发明了一系列的细菌学技术方法，并于1884年试验建立起了确证病原细菌的科赫法则（Koch's postulates）。巴斯德和科赫及其所领导的团队，卓越的研究成就直接开创了病原细菌学（pathogenic bacteriology）研究领域的新纪元，也极大地推动了整个微生物学（microbiology），尤其是病原微生物学（pathogenic microbiology）的学科建立与发展。

由于巴斯德和科赫两位伟大科学家在细菌学（bacteriology）、微生物学领域创造了具有划时代意义的杰出贡献，自然成为这些学科当之无愧的奠基人，也享有微生物学之父的美誉[21]。

（一）巴斯德建立感染病的病因论

巴斯德（图2-39）在病原微生物学的科学领域，贡献是多方面的。主要包括首先证实微生物的活动和否定微生物自然发生学说（spontaneous generation）、建立了感染病的病因论、发明疫苗（vaccine）和免疫预防接种、创立巴氏消毒法（pasteurization）等[21]。

图2-39　巴斯德

1. 微生物起源的学术争议

在列文虎克阐明了自然界中存在着众多的微动物之后，科学家们便开始议论它们的起源问题。在当时有一派学者们认为这些所谓的微动物，是从无生命的物质自然发生的；另一派学者们（包括列文虎克）则认为它们是从微动物的种子或胚形成的，并认为这种种子或胚存在于空气中。前一种见解称为自然发生学说或无生源说（abiogengsis），这种学说是很古老的，在古时候人们就认为很多种植物和动物都是在特殊条件下自然发生的，并认为这种见解是理所当然的，且在早期比较有影响和代表性的科学家还是不少的。

2. 巴斯德的曲颈瓶试验

随着关于生命知识的不断丰富，人们逐渐发觉植物和动物从来也没有自然发生过。尤其是经过一些科学家的试验证明，到了1850年前后已使微生物自然发生学说不能被大多数科学家所接受。同时，在以后逐渐开始认为微生物在有机物质水浸液内发育，可能与有机物质的发酵或腐败有关系。巴斯德是在这些方面进行科学研究的先驱者，他通过大量的试验证知，在空气中确实含有微生物，微生物的生长发育可引起有机物质的腐败，以及通过微生物的活动所引起物质的化学变化。巴斯德在前人如德国生物学家特奥多尔·施旺（Theodor Schwann，1810—1882）等科学家研究工作的基础上，进行了大量试验，并在1860年制备了一个具有细长且弯曲颈的玻瓶——“retort”（曲颈瓶），在瓶内装入有机物水浸液，水浸液经加热煮沸灭菌后，虽与空气接触但仍能一直保持无菌状态，因为弯曲的瓶颈阻挡了外面空气中微生物直达有机物水浸液中，一旦将瓶颈打碎使水浸液与空气直接接触或倒流染菌，瓶内水浸液中才有了微生物，有机质发生腐败，这就是巴斯德著名的“retort test”（曲颈瓶试验）。图2-40为曲颈瓶试验的示意，图2-40A表示烧瓶内容物灭菌；图2-40B为烧瓶保持朝上就无微生物出现；图2-40C表示微生物进入瓶颈内与灭菌液接触就会很快生长。用此巧妙的方法，既满足了自然发生学说要求的有新鲜空气，又使空气中的微生物被阻止于细长弯曲的

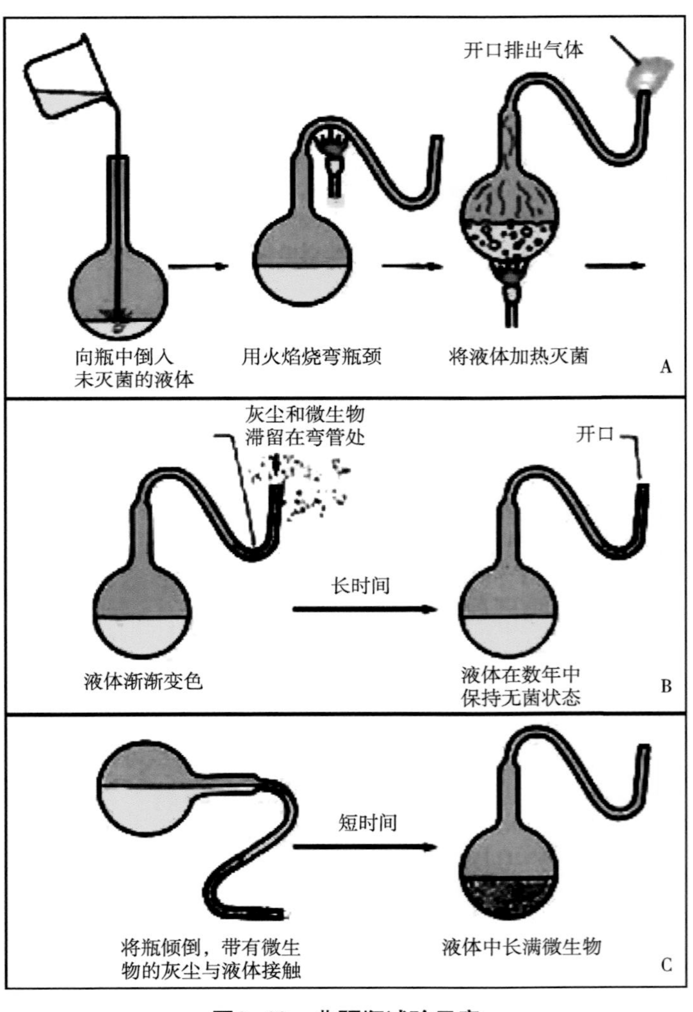

图2-40　曲颈瓶试验示意

瓶颈之中。

巴斯德通过这一试验，科学否定了微生物的自然发生学说。巴斯德根据这一试验结果，在1861年发表了《关于大气中的有机体的研究报道》，也从此建立了病原学说即病因论，帮助了研究者正确认识微生物的活动，推动了微生物学的发展。

（二）科赫确证病原细菌与建立科赫法则

科赫（图2-41）毕生的研究成果极为丰富，尤为突出的可归纳在两个方面：一是建立了研究微生物学的基本操作技术，二是证实感染病的病原体学说。科赫的研究几乎都是开创性的，被誉为细菌学及微生物学的奠基人之一、近代细菌学之父[21]。

图2-41 科赫

1. 确证病原细菌

最早被科学确证的病原细菌，是能够引起人及多种动物炭疽（anthrax）的炭疽芽孢杆菌（*Bacillus anthracis*）。巴斯德以及其他一些科学家，也曾对炭疽进行过研究；且由巴斯德于1881年首先发明了对炭疽的免疫预防接种法，使炭疽得到了控制。但具体证实炭疽的病原是炭疽芽孢杆菌，并搞清炭疽芽孢杆菌的生活史以及其形态、生态和其他特性的是由科赫完成的。

炭疽是一种古老的传染病，也是典型的人兽共患病（zoonoses）。科赫从1873年开始借助于显微镜研究炭疽，他将病死于炭疽的牛、羊的血液滴在玻璃片上，置显微镜下仔细观察，发现有小的杆状物（即单个菌体），还连在一起呈线状的（即多个菌体的链状排列）。为了能证明这些杆和线状物是炭疽的病原体，他用小鼠进行了试验，在用病羊血液接种感染后死亡的小鼠血液中，发现也有同样的杆和线状物。以后他又做了无数次的重复，每次总能在显微镜下见到那种杆和线状物。可这些杆和线状物是怎样繁殖的呢？科赫便做了一个可观察它们繁殖的试验，他从感染死亡小鼠有杆和线状物的脾脏取一点标本，放于滴在玻板上的一小滴牛眼睛的浸出液里，再盖上一片玻片，周围涂上凡士林，将整个装置放在用油灯加热的培养箱里，培养一段时间后他发现这种杆和线状物果真繁殖起来了，原来少数的杆和线状物变成了无数个，他又将这样培养后的液滴对小鼠进行感染试验，结果发现死亡小鼠也存在那种杆和线状物。从此，科赫认为在炭疽病死牛、羊病料中能见到细菌，将带有这种细菌的材料接种试验动物体内可使其感染发病死亡，然后从发病死亡的试验动物体内取出的内脏材料能被培养出同样的细菌，且又能使小鼠致死，而且每次还都能从死亡小鼠检查出同样的细菌，因此可确证此细菌即为炭疽的病原菌。这样便确证实了炭疽的病原菌，这个研究结果成为以后研究其他病原菌的标准示范。

1876年，科赫正式宣布发现了炭疽的相应病原菌（即炭疽芽孢杆菌），这也是人类首次通过严密试验确证的病原菌。尽管在此前有过一些科学家，曾分别对炭疽及炭疽芽孢杆菌进行过观察或研究，但真正科学地验证炭疽芽孢杆菌是炭疽病原菌的还是科赫；还研究发现了炭疽芽孢杆菌的芽孢（spore）和芽孢萌发后发育成菌体，并证明芽孢的抵抗力极强，也是传播炭疽的主要存在形式等。科赫对炭疽芽孢杆菌的研究，是医学细菌学发展史上一个重要的里程碑。图2-42是科赫在1877年拍摄的炭疽芽孢杆菌显微照片，左为未经染色的培养物繁殖体、中为未经染色的培养物芽孢、右为经染色过的感染小鼠的脾脏涂抹标本显示菌体和组织细胞。

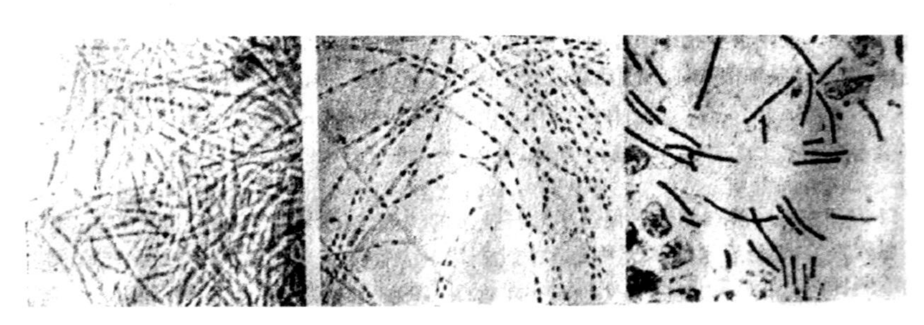

图2-42　科赫拍摄的炭疽芽孢杆菌显微照片

2. 建立科赫法则

科赫通过对炭疽芽孢杆菌、结核分枝杆菌（*Mycobacterium tuberculosis*）的研究，并在其前人德国病理学家、解剖学家、组织学创始人弗里德里希·古斯塔夫·雅各布·亨勒（Friedrich Gustav Jakob Henle，1809—1885）研究工作基础上，于1884年创立了确证病原细菌的基本准则——科赫法则。不仅为对病原细菌的确认与研究提供了方便、可靠的有效途径，也直接引领了病原微生物研究领域的发展。

亨勒（图2-43）是对微生物作为病因确切猜想的科学家，早在1840年就指出了疾病是因微生物活动引起的。可是亨勒在当时还拿不出有利于这一革命性概念的证据，因为缺乏必要的观察和试验结果作为根据，因而也只能算是个猜想。在1848年，亨勒还最早提出了证实特定微生物与特定疾病间关系所必须符合的一般准则：在每个病例中，都出现这种微生物；要从寄主分离出这种微生物，并在培养基中培养起来；用这种微生物的纯培养物接种健康的敏感寄主，会重复发生同样的疾病；从试验发病的寄主中，能再分离培养出同一种微生物来。亨勒还在病理学领域有

图2-43　亨勒

多种微观解剖上的发现，最著名的是肾小管的亨勒氏袢（Henle’s loop）。

科赫最先在实践中应用了亨勒确证特定病原微生物的这一准则，这就是对炭疽芽孢杆菌的病原学意义确认。科赫在对炭疽芽孢杆菌的研究中，还通过一系列试验来验证病原体的生物专一性，他用同样也是能形成芽孢的枯草芽孢杆菌（*Bacillus subtilis*），接种同样的动物，就不能引起炭疽。同时，他也将引起其他感染病的病原细菌与炭疽芽孢杆菌区分开来。根据研究结果，科赫对炭疽芽孢杆菌作出的结论：“只有一种细菌能引起这种特殊的疾病，而用其他细菌接种，或者不能致病，或者导致其他疾病。”于是，科赫通过对炭疽芽孢杆菌的研究，以及在确证其他病原菌方面的实践经验，在亨勒提出确定病原细菌的一般准则基础上，于1884年（亨勒提出这个一般准则的36年之后）建立了为证实病原细菌所必须条件的著名科赫法则。一是特殊的病原细菌仅存在于同一种特定疾病的患者中，在健康个体中不存在。二是该特殊的病原细菌可在体外人工培养基中生长，获得纯培养物。三是以这种培养物接种健康的敏感实验动物，可产生特定的同样病症。四是从人工感染发病的实验动物体内，能重新分离出该特殊的病原细菌获得纯培养物，且具有与原始菌株相同的性状。科赫法则的建立，对于传染病及其病原细菌的研究起到了重要的推动作用，因为它能指导研究工作者作出正确的结论。科赫法则是一套科学验证的方法，用以验证细菌与病害的关系，所以被后人奉为对传染病病原鉴定的金科玉律，也为对病原微生物学系统研究方法的建立奠定了基础（图2-44）。

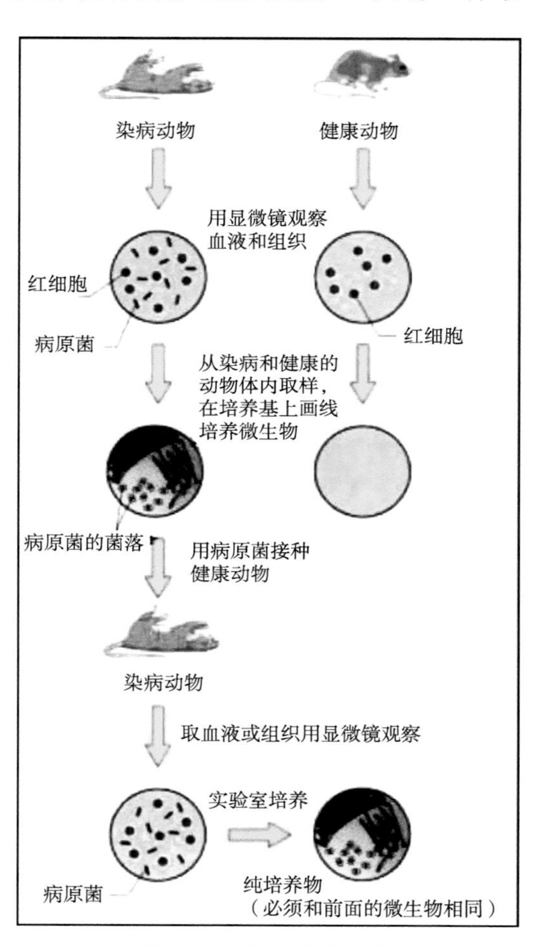

图2-44　科赫法则示意

尽管现在看来科赫法则存在一定的局限性，如多种病原菌存在健康带菌者或隐性感染，有的病原菌在迄今尚不能在体外人工培养或缺乏易感实验动物，长期的体外人工培养会使某些病原细菌菌株发生毒力减弱的变异等。但它在当前仍是一种尚不可替代的法则被广泛采用，尤其是对于新病原菌的确证更显出其具有重要的应用价值，因为它直接反映着病原细菌致病的本质。

巴斯德试验建立感染病的病因论，科赫对炭疽芽孢杆菌等病原细菌的发现与研究，尤其是科赫法则的建立，这些，具体且有效指导了对病原菌的发现与病原学意义的确定，也直接影响了整个细菌研究领域，并随之开辟了以欧洲为中心的一场寻找各种传染病病原菌的“淘金热”，世界各地细菌学家们相继发现了多种严重危害人及动物的病原细菌。

二、病原细菌的致病作用

在庞大的细菌类群中，有些细菌种类是具有致病作用的。通常情况下，凡是能够引起人或动物、植物等发生感染病即感染性疾病的细菌，被统称为病原菌或称致病菌。

在实践中，常常是根据病原菌的病原性（pathogenicity）或称为致病性，将其分为专性病原菌（obligate pathogen）或称为专性致病菌、条件病原菌（conditional pathogen）或称为条件致病菌两大类。专性病原菌指的是有些细菌，无论在任何情况下它对于易感宿主来讲都是具有致病性的，即通常所指的病原菌（致病菌）；另有些细菌在正常情况下并不致病，只有当在某些条件发生改变的特殊情况下才可致病，此类细菌被称为条件病原菌（致病菌），也称为机会病原菌（opportunistic pathogen）或机会致病菌，实践中更常用“opportunistic pathogen”表示条件病原菌（致病菌）或机会病原菌（致病菌）。相对于病原菌来讲，那些不能造成宿主感染、属于非致病性（nonpathogenicity）的细菌，则被称为非病原菌（nonpathogenic bacteria）或称非致病菌。实际上，非病原菌的概念并不是绝对的，如所谓的条件致病菌（机会致病菌）在正常情况下也可被列为非病原菌的范畴，但它们本质上是具有致病潜能的；另外，从易感宿主的角度来看致病菌与非致病菌，均可认为是相对的。

（一）细菌感染的发生条件

感染（infection）与发病（overt disease），是两个在性质上有差异、但又在过程上相关联的阶段区分概念。感染是指病原细菌在宿主（host）体内持续存在或增殖，是机体与病原体在一定条件下相互作用所引起的病理过程，但并不表现出明显的病理变化或临床病症；发病是指在病原细菌感染后，对宿主造成明显的损伤以致出现明显的病理变化或临床病症，此种情况即通常所指的感染病。感染的结局或是发病，或是持续性的感染，或是消除感染状态，或是成为带菌者（carrier）；发病的结局或是转愈，或是病死，或是转为持续性感染，或是成为带菌者。无论是感染还是发病，其结局均取决于病原细菌本身（病原细菌的种类、菌株的毒力强度、侵入机体的数量等）和机体（主要是易感程度）及外界环境条件等多种因素。

感染也常与传染（communication）被视为同义语，事实上两者的含义并不完全相同，感染不一定具有传染性、但传染实属感染的范畴，反之则不能成立。再就感染病与传染病（communicable disease或contagious disease）来讲，由于常常会将感染与传染视为同义语，也从而将感染病定义为传染病。事实上，尽管传染病与感染病都是由病原体引起的，但两种还是存在明显区别的。感染病通常是指因各种病原体引起的，在正常或非正常人群中流行的，可传播和非传播疾病（communicable and noncommunicable diseases）。作为病原体，主要指的是细菌、病毒、真菌、衣原体、支原体、立克次氏体、螺旋体及放线菌等病原微生物（pathogenic microorganism），实际上也可包括能够引起寄生虫病的原虫（protozoon）、蠕虫（worm）等寄生虫类。显然，感染病的含义包括了传染病，传染病属于具有传染性的感染病。构成细菌感染发生的必要条件，主要包括病原细菌、易感的宿主、适宜的外界环境因素三个方面[22-23]。

1. 病原细菌

病原细菌的存在是感染发生的前提，这些病原菌还须具备一定强度的毒力（virulence）、足够的数量、适当的侵入门户（invasion door），才有可能会导致机体发生感染，甚至发病。

（1）毒力

病原细菌能引起宿主感染或发病的性能，被称为致病性或病原性，它是一个质的概念。细菌的致病性是相对于特定宿主而言的，其中有的仅对人类有致病性，也被称为人的病原菌，比如伤寒沙门菌（*Salmonella typhi*）能引起人的伤寒（typhoid fever）；有的仅对某种或某些动物有致病性，也被称为动物的病原菌，比如柱状黄杆菌能引起多种鱼类发生柱状病；有的则对人类、某种或某些动物均具有致病性，也被称为人、动物共患病的病原菌（即人、动物共染病原菌），比如炭疽芽孢杆菌能引起人及多种动物发生炭疽；有的仅能引起植物发病，也被称为植物的病原菌，比如胡萝卜软腐果胶杆菌（*Pectobacterium carotovorum*）能引起多种植物（主要为大白菜、青菜等十字花科植物）发生软腐病（soft rot）。另外，不同种类的病原菌对同种宿主机体或同种病原菌对不同的宿主机体，可引起不同的病理过程和不同的疾病。显然，致病性所描述的是细菌种的特征。

相对于病原性（致病性）来讲，病原菌的病原性（致病性）强弱程度被称为毒力，它是一个量的概念，所描述的是细菌株（strain）的特征。一方面是在各种不同的病原菌间，其毒力常是不一致的；另一方面是在同种细菌甚至同菌型的病原菌，也会因菌株不同存在毒力上的差异，分为强毒、弱毒或无毒菌株。但并不是所有的某种病原菌均明确地存在强毒、弱毒、无毒菌株，且毒力也是随宿主和环境条件的不同存在差异的。在病原菌所表现出来的这种毒力差异，主要是与构成毒力的物质基础的质和量的不同相关联的。一般情况下，细菌性感染的发生是由具有一定强度毒力的菌株所引起的，且可因具体的强度差异引起不同程度的感染，直接涉及感染的发展与结局；弱毒及无毒菌株不会引起感染发病，也常可作为对相应细菌感染特异免疫的疫苗使用。

（2）数量

感染的发生，除病原菌必须具有一定的毒力外，还需要有足够的数量。所需数量的多少，一方面是与病原菌的毒力强弱有关的，一般是毒力越强则所需的菌数越小，反之则需菌数越大；另一方面是也取决于宿主的免疫机能状态，免疫力越强则所需菌数越大，反之则需菌数越小，因机体绝不似装有人工培养基的试管那样能允许病原菌任意生长繁殖，其免疫介质表现在多方面抗御病原菌的感染。

（3）侵入门户

侵入门户亦即侵入部位，具有一定毒力和足够数量的病原菌，若侵入易感机体的部位不适宜则也不能引起感染。一般情况下，各种病原菌均有其特定的适宜侵入部位，这与病原菌生长繁殖需要一定的微环境有关；有的病原菌的合适侵入部位不止一个，能通过多个部位侵入机体引起感染。

2. 易感宿主

就病原菌与非病原菌来讲，除上面所述及的内容外，从某种意义上也可以认为是相对于易感宿主所界定的。另外，易感宿主又可以被认为是相对于病原菌所界定的。

易感群体是对某种感染病易感染的人或动物群整体，易感者（susceptible person）是对某种感染病缺乏特异性免疫力、容易被感染的群体中的某个体。易感者的抵抗力越低，则易感性（susceptibility）也就越强。当易感者的比例在群体中达到一定水平时，又存在感染源（source of infection）、适宜的传播途径（route of transmission）和外界环境条件的情况下，就容易发生传染病的流行。易感者在某一特定群体中的比例，决定着该群体的易感性。

感染源即传染源，是指病原体已在体内生长繁殖、并能将其排出到体外的人及动物，主要为患者（patient）、隐性感染者（latent infection）、病原携带者（pathogen carriers）或称为带菌者以及被感染的其他动物。

3. 外界环境因素

是否发生细菌感染或感染后的轻重程度，除取决于病原菌和被感染群体的易感程度外，也直接受外界环境条件（如气候、季节、卫生状况等）的影响，同时也与生活条件有关，有时这些也在一定程度上关联到感染的发展与结局。

总体来讲，病原细菌和易感群体的并存，有细菌感染发生的潜在可能，但也不是必然的，因至少病原菌方面还直接关联毒力强度、数量、侵入门户（传播途径）等。适宜的外界环境条件也可促使细菌感染的发生。

（二）病原细菌的致病因素

病原细菌的存在是感染（infection）发生的前提，但这些病原菌还须具备一定的致病因素，这也是病原菌（致病菌）与非病原菌（非致病菌）的本质区别。病原菌的致病因素，主要指的是病原菌所具有的毒力；直接影响到病原菌毒力强弱的，是其表达毒力因子（virulence factor）的能力。

构成病原菌毒力的物质被称为毒力因子或称为致病因子（pathogenicity factor），主要包括侵袭力（invasiveness）和毒素（toxin）两个方面，是毒力基因（virulence gene）的表达产物。实际上，目前对有些病原菌致病物质的性质、功能等还尚不明了[23-29]。

1. 侵袭力

病原菌突破宿主机体的防御功能，在体内定植（colonization）、内化作用（internalization）、繁殖和扩散，这种能力被称为病原菌的侵袭力。侵袭力也被称为侵袭性，主要体现在病原菌对宿主组织细胞的黏附作用（adherence）和直接损伤的破坏作用。病原菌表达这种侵袭力，主要体现在以下几个方面。

（1）定植

定植亦称定居，常常是病原菌感染的第一步。实现定植的前提是细菌要黏附于某些特定组织细胞的表面，如消化道、呼吸道、泌尿生殖道等的黏膜上皮细胞，以免被呼吸道的纤毛运动、肠蠕动、黏液分泌等活动所排除；继之，在局部繁殖、积聚毒性产物或继续侵入细胞和组织，直至形成感染。凡具有黏附作用的细菌结构被统称为黏附因子（adhesive factor），相应的结构成分被称为黏附素（adhesin），但在实践中常将黏附因子与黏附素通用。已经明了的黏附因子，主要包括革兰氏阴性菌的菌毛（fimbria，复数为fimbriae），其次是某些非菌毛类物质。

①菌毛黏附素。菌毛作为某些细菌的一种细胞壁外结构，是一种重要的黏附因子，有些菌毛无宿主特异性及组织嗜性（tissue tropism），如Ⅰ型菌毛能与细胞表面的D-甘露糖残基结合，不论何种动物、何种组织细胞的D-甘露糖均可。但大多数细菌的菌毛黏附素具有宿主特异性及组织嗜性，具有代表性的是在病原性大肠埃希氏菌（*Escherichia coli*），属于定居因子抗原（colonization factor antigens，CFA）的K88（F4）菌毛仅能黏附于猪的小肠前段、987P（F6）菌毛则仅黏附于猪的小肠后段，引起猪发生腹泻；CFAⅠ（F2）菌毛及CFAⅡ（F3）菌毛仅黏附于人的小肠引起腹泻，P菌毛仅黏附于人的尿道上段引起尿道感染（urinary tract infection，UTI）。

②非菌毛黏附素。具有黏附作用的非菌毛类物质，被统称为非菌毛黏附素（afimbrial adhesin），主要包括以下几类。

鞭毛蛋白及血凝素：某些细菌的鞭毛蛋白（flagellin），具有黏附作用。如霍乱弧菌的鞭毛鞘蛋白，百日咳鲍特菌（*Bordetella pertussis*）、空肠弯曲杆菌（*Campylobacter jejuni*）的鞭毛蛋白，它们可参与细菌的黏附作用。

某些细菌的血凝素（hemagglutinin，HA），具有黏附作用。如鼠伤寒沙门氏菌的甘露糖抗性血凝素，霍乱弧菌的血凝素（包括甘露糖抗性和非抗性的、岩藻糖抗性和非抗性的、可溶性的），也在细菌的黏附过程中起重要作用。

表面蛋白及纤毛样物质：某些细菌的表面蛋白物质，具有黏附作用。如弗氏志贺菌（*Shigella flexneri*）、脑膜炎奈瑟球菌（*Neisseria meningitidis*）、某些肠致病性大肠埃希菌（enteropathogenic *Escherichia coli*，EPEC）的黏附作用，是由其外膜蛋白（outer membrane protein，OMP）所决定的；金黄色葡萄球菌（*Staphylococcus aureus*）可产生一种分子量为210kDa的表面蛋白质，来介导其与纤维粘连蛋白（fibronectin，FN）简称纤连蛋白的黏附。

纤毛样物质是大多数革兰氏阳性菌的黏附素，其化学本质是糖脂，这与革兰氏阴性菌的菌毛蛋白质不同。如酿脓链球菌（*Streptococcus pyogenes*）、金黄色葡萄球菌黏附到宿主上皮细胞时，菌细胞壁成分脂磷壁酸（lipoteichoic acid，LTA）起着黏附识别分子作用，脂磷壁酸的游离类脂在细菌表面形成微毛结构，构成细菌黏附过程中的配体部位。

特殊糖类及脂多糖：某些细菌的特殊糖类，具有黏附作用。例如，藻酸盐是铜绿假单胞菌（*Pseudomonas aeruginosa*）的一种外多糖，由于能与颊部和气管细胞结合及支气管黏蛋白结合，因而它在细菌与这些物质的黏附中起一定作用，抗藻酸盐抗体能抑制其与气管细胞的结合；口腔链球菌（*Streptococcus oralis*）是牙齿菌斑的主要成分，它附着在牙齿表面，是通过含有甘油己糖重复单位组成的一种多糖经磷酸二酯连接到α-吡喃半乳糖残基的C-6上，和通过吡喃半乳糖-β（1～3）与鼠李糖吡喃糖键相衔接。

许多研究指出，脂多糖（lipopolysaccharide，LPS）在空肠弯曲杆菌与上皮细胞的黏附中具有很重要的作用，此菌带有大量的阴电荷，疏水性弱的菌株要比疏水性强的菌株与人肠细胞系结合的要多；岩藻糖和甘露糖可以部分抑制细菌对肠上皮细胞的黏附，细菌的脂多糖可完全抑制其黏附，岩藻糖能抑制空肠弯曲杆菌的脂多糖与细胞的结合，用过碘酸盐处理脂多糖也能抑制这种结合；其他细菌中脂多糖有黏附素功能的有幽门螺杆菌（*Helicobacter pylori*）、铜绿假单胞菌、伤寒沙门菌、弗氏志贺菌和大肠埃希菌等。

表2-4所列是细菌一些黏附素及其相应的特殊附着物[29]。

表2-4　细菌黏附素和与其结合的细胞或组织

细菌	靶细胞或组织	细菌黏附素或与黏附有关的结构
脆弱拟杆菌（*Bacteroides fragilis*）	上皮细胞	菌毛
空肠弯曲杆菌（*Campylobacter jejuni*）	M细胞	外膜蛋白
	肠上皮细胞	脂多糖、外膜蛋白
铜绿假单胞菌（*Pseudomonas aeruginosa*）	气管细胞	藻酸盐
	红细胞	疏水蛋白
	口腔上皮细胞	菌毛
	层粘连蛋白	外膜蛋白
缓症链球菌（*Streptococcus mitis*）	口腔上皮细胞	表面蛋白
唾液链球菌（*Streptococcus salivarius*）	口腔上皮细胞、羟磷灰石	纤丝蛋白
酿脓链球菌（*Streptococcus pyogenes*）	上皮细胞	菌细胞壁脂磷壁酸
发酵乳杆菌（*Lactobacillus fermentum*）	肠上皮细胞	菌细胞壁脂磷壁酸
淋病奈瑟球菌（*Neisseria gonorrhoeae*）	尿道上皮	菌毛、外膜蛋白
霍乱弧菌（*Vibrio cholerae*）	肠上皮细胞	血细胞凝集素
伤寒沙门菌（*Salmonella typhi*）	肠上皮细胞	菌毛
黏放线菌（*Actinomyces viscosus*）	羟磷灰石	菌毛
流感嗜血杆菌（*Haemophilus influenzae*）	黏蛋白	菌毛
衣原体（*Chlamydia*）	结肠上皮细胞	糖胺聚糖
肺炎支原体（*Mycoplasma pneumoniae*）	呼吸上皮细胞	表面蛋白
脑膜炎奈瑟球菌（*Neisseria meningitidis*）	鼻咽上皮细胞	菌毛
大肠埃希菌（*Escherichia coli*）	肠上皮细胞	菌毛

黏附受体：细胞或组织表面与黏附素相互作用的成分称为受体（receptor），多为细胞表面糖蛋白，其中的糖残基往往是黏附素直接结合部位，如大肠埃希菌Ⅰ型菌毛结合D-甘露糖、霍乱弧菌的4型菌毛结合岩藻糖及甘露糖、大肠埃希菌的F5（K99）菌毛结合唾液酸和半乳糖；部分黏附素受体为蛋白质，最有代表性的是细胞外基质（extracellular matrix，ECM），细胞外基质的成员有1型及4型胶原蛋白（collagen，CA）、层粘连蛋白（laminin，LM）、纤维粘连蛋白等，如金黄色葡萄球菌的黏附素原结合蛋白受体为胶原蛋白。

（2）内化作用

某些细菌黏附于宿主细胞表面之后，能进入吞噬细胞或非吞噬细胞内部的过程称为内化作用。属于严格的细胞内寄生菌（intracellular parasites）亦称专性细胞内寄生菌（obligate intracellular parasites）的结核分枝杆菌、李斯特菌属（*Listeria* Pirie 1940）细菌、衣原体等，以及大肠埃希菌、沙门菌属细菌、耶尔森菌属（*Yersinia* Van Loghem 1944）细菌等细胞外寄生菌（extracellular parasites）的感染，都离不开内化作用，这些细菌一旦丧失进入细胞的能力，则毒力显著下降。

内化作用对病原菌发挥致病作用的意义在于可通过这种移位作用进入深层组织或进入血液循环，病原菌借以从感染的原发病灶扩散至全身或较远的靶器官，宿主细胞为进入其内的细菌提供了一个增殖的小环境和庇护所，使病原菌逃避宿主免疫机制的杀灭作用。

（3）体内生长

一旦病原菌定居于宿主表面或体内后，将依赖其自身的能力在此处持续性地进行生长和增殖。细菌可以应用的营养和物理化学条件通常依赖于侵入和定居的特殊部位，如组织黏膜表面、组织细胞间或细胞内、血流等部位为细菌的生长增殖提供不同部位的环境，但这与对细菌在体外培养时的生长繁殖条件不同，现在还很少知道细菌在体内生长时实际利用的营养物质及细菌是如何从宿主细胞及体液或分泌物中获得这些营养的，然而细菌表现出的组织趋向性已被证明是部分地由于宿主细胞产生的特殊分泌性产物所致，这些产物对某种细菌生长或刺激其生长是必需的，如在牛的布鲁氏菌性流产中，病原流产布鲁氏菌（*Brucella abortus*）局限于胎盘和绒毛膜中，是主要因在这些部位存在的赤藓醇（erythritol）能刺激其生长。

在直接影响细菌在体内生存的金属离子方面，已被广泛研究的是铁对细菌生长和毒力的影响及细菌和宿主之间对这种重要物质的竞争，已知铁对细菌来讲是重复的微量营养，对绝大多数细菌的核苷酸还原酶、顺乌头酸酶及许多与电子转移和氧化分解代谢有关的酶的激活是必需的，同样也与许多细菌毒素的合成、调节是有关联的；宿主试图控制病原菌生长的一个重要的方式是通过形成铁与蛋白的复合物，如主要存在于血清中的转铁蛋白（transferrin）、主要存在于乳汁中的乳铁蛋白（lactoferrin）和铁蛋白（iron-protein）等，来限制游离铁的有效性以控制细菌的生长，但细菌已经进化了一些方式来逃避该防御机制，如有些致病菌可结合和降解乳铁蛋白、有些可通过从含铁复合物中提取与结合铁来获取铁，但细菌是如何从这些含铁蛋白质中将铁转移和内化的机制尚不清楚。另外，一个比较明了的机制是某些细菌所产生的载铁体（siderophore），这是细菌在低铁条件下所产生的一类有机化合物，与Fe^{3+}有极强的亲和力，目前将铁载体分为两种类型，一种为异羟肟盐类（hydroxamate），具有单个或两个异羟肟酸功能团，气菌素（aerobactin）是其代表，能抵抗血清的灭活作用；另一种为酚盐类（phenolate），由2,3-二羟基苯甲酸与氨基酸偶联而成，肠菌素（enterobactin）是其代表，能被血清灭活。大肠埃希氏菌具有这两种载铁体，细菌通过摄取含铁蛋白所结合的Fe^{3+}，形成含铁螯合物，然后通过特异的主动运输使Fe^{3+}进入菌体细胞。

2. 毒素

由细菌在生长繁殖过程中所产生的，对宿主具有毒性作用的物质被归入细菌毒素的范畴。按细菌毒素的来源、性质和作用等的不同，可分为外毒素（exotoxin）和内毒素（endotoxin）两大类，通常情况下一般将外毒素简称为毒素。

（1）外毒素

外毒素是病原菌在生长繁殖过程中所产生的、对宿主细胞具有毒性的可溶性蛋白质，因大多数外毒素是在菌体内合成后、分泌于菌细胞外发挥毒性作用，所以被称为外毒素；但也有少数外毒素是存在于菌体细胞的周质间隙，只有当菌体细胞裂解后才释放至胞外发挥作用。与“toxin”（毒素）相对应的希腊词“toxikon”（箭毒），生动地形容了毒素发挥作用必须是经释放后、并作用于一定距离的靶细胞或组织。

外毒素主要由某些革兰氏阳性菌产生，如破伤风梭菌、肉毒梭菌、白喉棒杆菌、产气荚膜梭菌（*Clostridium perfringens*）、溶血性的酿脓链球菌、金黄色葡萄球菌等；某些革兰氏阴性菌，如痢疾志贺菌、霍乱弧菌、大肠埃希菌、铜绿假单胞菌、气单胞菌属（*Aeromonas* Stanier，1943）细菌等，亦能产生外毒素。

①外毒素的作用特点。大多数外毒素由A、B两种亚单位组成，有多种合成和排列形式。A亚单位为毒素的活性中心，称活性亚单位，决定毒素的毒性效应；B亚单位称结合亚单位，能使毒素分子特异性地结合在宿主易感组织的细胞膜受体上，并协助A亚单位穿过细胞膜。A、B亚单位单独均无毒性，A亚单位必须在B亚单位的协助下，结合至受体释放到细胞内，才能发挥毒性作用，因此毒素结构的完整性是其致病的必备条件；B亚单位可单独与细胞膜受体结合，并阻断完整毒素的结合，B亚单位可刺激机体产生相应的抗体，从而阻断完整毒素结合细胞，可作为良好的亚单位疫苗。有的外毒素是不具有典型A-B亚单位结构的，如一些溶血毒素、金黄色葡萄球菌的毒素休克综合征毒素-1（toxic shock syndrome toxin 1，TSST-1）等。

外毒素的毒性作用很强，肉毒梭菌外毒素纯化结晶品1mg能杀死2 000万只小鼠，毒性比氰化钾（KCN）强1万倍，Arnon（1978）报道肉毒梭菌外毒素对人的致死量为每千克体重1×10^{-9}mg，是目前已知的最剧毒物。外毒素的毒性一般具有高度的特异性，不同种病原菌所产生的不同的外毒素对机体组织器官具有一定的选择作用、并引发特征性的病症，如破伤风梭菌外毒素即破伤风毒素（tetanus toxin）中的破伤风痉挛毒素（tetanospasmin）能选择性地作用于脊髓前角运动神经细胞引起肌肉的强直性痉挛，肉毒梭菌外毒素即肉毒毒素（botulinum toxin）选择性地作用于眼神经和咽神经引起眼肌和咽肌麻痹；但也有一些外毒素具有相同的作用，霍乱弧菌、大肠埃希氏菌、金黄色葡萄球菌、气单胞菌属细菌等许多细菌均可产生作用类似的肠毒素（enterotoxin）。

外毒素具有良好的免疫原性，可刺激机体产生特异性的抗体，使机体获得免疫保护作用，这种抗体称为抗毒素（antitoxin），可用于紧急治疗和预防相应毒素引起的中毒症。外毒素在0.4%甲醛溶液作用下，经过一段时间可以脱毒，但仍保留原有抗原性，称为类毒素（toxoid），类毒素注入机体后，仍可刺激机体产生抗毒素，可作为疫苗进行免疫接种使用。多数外毒素不耐热，通常加热60～80℃经10～80min即可失去毒性；但也有少数例外，如葡萄球菌肠毒素及大肠埃希氏菌热稳定（耐热）肠毒素（heat-stable enterotoxin，ST）能耐100℃经30min的作用。

②外毒素的种类。根据外毒素对宿主细胞的亲合性及作用方式不同等，可将其分为神经毒素（neurotoxin）、细胞毒素（cell toxin）和肠毒素三大类。神经毒素主要作用于宿主的神经系统，如破伤风毒素、肉毒毒素等；细胞毒素主要是能破坏宿主细胞，如白喉棒杆菌产生的白喉毒素（diphtheria toxin）能抑制细胞蛋白质合成、A群链球菌产生的致热外毒素能破坏毛细血管内皮细胞等；肠毒素主要作用于肠道，如霍乱弧菌、肠产毒性大肠埃希菌（enterotoxigenic *Escherichia coli*，ETEC）、金黄色葡萄球菌等产生的肠毒素，能引起宿主的腹泻等。

（2）内毒素

内毒素是革兰氏阴性菌细胞壁中的脂多糖组分，只有当细菌在死亡后破裂或用人工方法裂解菌体后才释放出来，也所以被称为内毒素。螺旋体、衣原体、立克次氏体，亦含有脂多糖；革兰氏阳性菌细胞壁中的脂磷壁酸，具有革兰氏阴性菌脂多糖的绝大多数活性，但无致热功能。

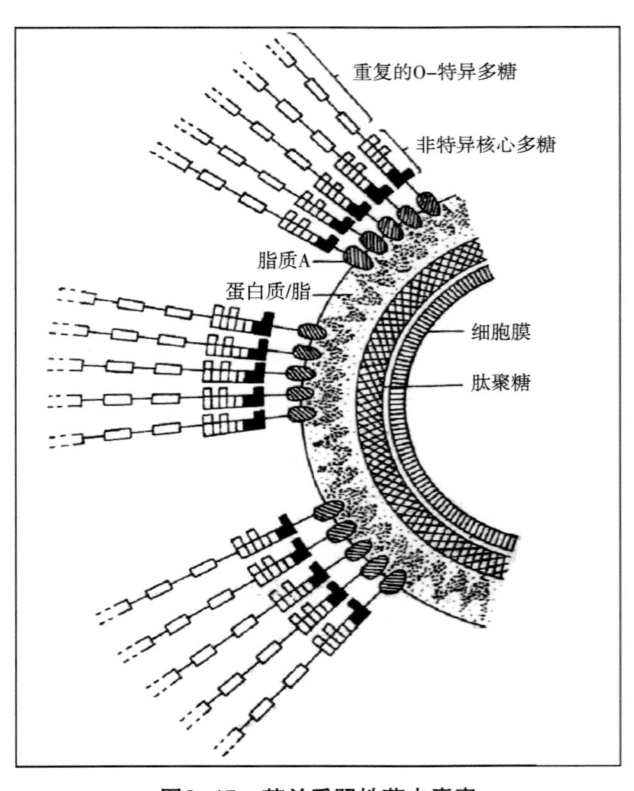

图2–45　革兰氏阴性菌内毒素

①内毒素的基本组成。许多不同种的革兰氏阴性菌具有相同的脂多糖骨架，即由O-特异性多糖侧链（O-specific side chain）、非特异性核心多糖（core polysaccharide）和脂质A（lipid A）三部分组成（图2–45），也被称为内毒素复合物。O-特异性多糖位于菌细胞壁的最外层，由若干重复的寡糖单位组成，它不仅在血清学

上决定了细菌的种、型抗原特异性，而且与细菌抗补体溶解作用密切相关。其中的脂质A是内毒素的主要毒性组分，脂质A由一个磷酸化的N-乙酰葡萄糖胺（N-acetylglucosamine，NAG）双体和6～7个饱和脂肪酸组成，是一种特殊的糖磷脂，它将脂多糖固定于革兰氏阴性菌的外膜上[24]。

②内毒素的生物学活性。不同种革兰氏阴性菌的脂质A的化学组成虽有差异、但较相似，所以在不同种革兰氏阴性菌感染时由内毒素引起的毒性作用（生物学活性）都大致相似，主要包括以下几个方面[24]。

发热反应：极微量内毒素注射入人体（每千克体重1～5ng），体温可于2h内上升，维持4h左右。其机制是内毒素作用于肝库普费尔氏细胞（Kupffer cell）、中性粒细胞等使之释放的内源性热原质，再刺激下丘脑体温调节中枢所致。

白细胞反应：注射内毒素后，血循环中的中性粒细胞数骤减，系与其移动并黏附至组织毛细血管床有关。经1～2h后，脂多糖诱生的中性粒细胞释放因子（neutrophil releasing factor）刺激骨髓释放中性粒细胞进入血流，使数量显著增多，且有左移现象。但伤寒沙门菌内毒素是例外，始终使血循环中的白细胞数减少，机制尚不清楚。

内毒素血症与内毒素休克：当血液中细菌或病灶内细菌释放大量内毒素入血时，可导致内毒素血症（endotoxemia）。内毒素作用于血小板、白细胞、补体系统、激肽系统等，形成和释放组胺（histamine）、5-羟色胺（5-hydroxytrytamine）、激肽（bradykinin）等血管活性介质，使小血管收缩和舒张功能紊乱，以致微循环障碍，表现为血液淤滞于微循环、有效循环血量减少、血压下降、组织器官毛细血管灌注不足、缺氧、酸中毒等，严重时则形成以微循环衰竭和低血压为特征的内毒素休克。

弥散性血管内凝血：指微血栓广泛沉着于小血管中，可发生于多种疾病的过程中，不是一种独立的疾病，而是一种病理过程或综合征。由细菌内毒素引起的弥散性血管内凝血（disseminated intravascular coagulatino，DIC），发生机制主要表现在：一是凝血系统被激活；二是血小板被激活并大量聚集；三是红细胞破坏；四是白细胞释放促凝物质。

施瓦茨曼反应：施瓦茨曼反应（Shwartzman reaction）亦称内毒素出血性坏死反应，是内毒素引起弥漫性血管内凝血的一种特殊表现，有局部和全身两种类型。若将革兰氏阴性菌培养物上清或杀死的菌体注入家兔皮内，经过8～24h再以同样或另一种革兰氏阴性菌行静脉注射；经约10h后，在第一次注射处局部皮肤可出现出血和坏死；如两次均为静脉注射，则动物两侧肾皮质呈现坏死，动物最终死亡；以上分别是局部和全身施瓦茨曼反应。该现象不是抗原抗体结合的免疫应答反应，因两次注射仅隔短时间，且两次注射的革兰氏阴性菌可为并无抗原交叉者。

其他活性：小量内毒素能激活B淋巴细胞产生多克隆抗体，促进T淋巴细胞的成熟，激活巨噬细胞和自然杀伤细胞（natural killer cells，NK）活性，诱生干扰素、肿瘤坏死因子（tumor necrosis factor，TNF）、集落刺激因子（colony stimulating factor，CSF）、IL-6等免疫调节因子。因此，适量的内毒素有增强机体的非特异性免疫作用，包括抗辐射损伤、促进粒细胞生成、增强单核吞噬细胞功能和佐剂活性等。

内毒素的性质稳定、耐热，经加热100℃作用1h不被破坏，需经加热160℃作用2～4h或用强碱、强酸、强氧化剂加热煮沸30min才被灭活。内毒素不能用甲醛脱毒成类毒素，以内毒素作为抗原注入机体可诱导产生针对其中多糖成分的特异性抗体，但该抗体不能中和内毒素的毒性作用。

（3）外毒素与内毒素的区别特征

表2-5列出了内毒素与外毒素的主要特征区别点，可供对比参考。

表2-5　细菌外毒素和内毒素的主要区别表

主要区别	外毒素	内毒素
来源	主要由革兰氏阳性菌及部分革兰氏阴性菌产生并分泌，也有的为菌细胞裂解后放出	是革兰氏阴性菌的细胞壁成分，细胞裂解时放出
化学成分	蛋白质	脂多糖（脂质A是毒性部分）
稳定性	不稳定，不耐热（60～80℃作用30min可被破坏），也易被酸及消化酶破坏	较稳定，耐热（160℃作用2～4h才被破坏）
毒性作用	强且多对组织有选择性毒害作用，各种外毒素常引发特征性的临床表现及病理变化	弱且对组织无选择性，不同种细菌内毒素的毒性作用大致相似，引起发热、白细胞数变化、休克、DIC等
致热性	对宿主一般不致热	具有致热性，常致宿主发热
免疫原性	强，能刺激机体产生抗毒素	弱，能刺激机体产生抗菌性抗体
变为类毒素	经甲醛处理可脱毒成类毒素	不能经甲醛脱毒成类毒素

值此述及，动物、植物、微生物所产生的有毒物质统称为毒素，已知有数千种，可按化学本质分为蛋白毒素和非蛋白毒素两大类。毒理学（toxicology）的研究对象，是所有对生物有毒性的物质；毒素学（toxinology）仅是其中的一个分支，仅研究活微生物所产生的毒性物质。在已发现的300多种蛋白或多肽类的毒素中，革兰氏阳性菌和革兰氏阴性菌几乎各占一半。很多学者认为内毒素、外毒素的分类方法不是很恰当的，容易引起误解，建议将内毒素称为菌内毒物（endobacterial poison），蛋白毒素则泛指细菌在对数生长期或裂解后所释放的、对动物或宿主细胞有毒性的蛋白质。但在目前，还是广泛沿用内毒素与外毒素这样的分类。

3. 与细菌毒力相关的其他物质

如上有述，构成病原菌毒力因子的主要包括侵袭力和毒素，它们或是直接对宿主细胞造成损伤，或是介导病原菌与宿主组织细胞的紧密结合，或是具有保护病原菌免受宿主防御系统抵抗的作用。另外，还有一类毒力基因的产物，并不能直接发挥前述这些对宿主的效应，但却是其他一种或几种效应分子到达菌细胞外环境或直接进入宿主细胞所必需的，而且许多病原菌依靠一些通常认为不是毒力因子的分子伴侣（molecular chaperone）和蛋白折叠催化剂来合成它们的毒力决定簇。再者，细菌的超抗原（super-antigen，SAg）和致病岛（pathogenicity island，PAI、PI）等，也均与病原细菌的毒力密切相关。

（1）细菌的蛋白质折叠网络

对于病原菌来讲，其毒力因子如菌毛、黏附因子、侵袭因子及毒素等均为菌体表面或分泌性蛋白，这些毒力因子需要在胞质中折叠成熟后表达于细菌表面或分泌到胞外发挥生物效应。毒力因子蛋白质的折叠，与在细菌胞质中存在的由多种因子组成的一套紧凑的胞质蛋白质折叠网络相关联，迄今已在多种病原菌中发现此网络，并证明对毒力有决定性作用，如二硫键催化酶（disulfide bond formation，Dsb）、脯氨酸同体异构酶（peptidyl-prolyl-cis/trans isomerase，PPI）、丝氨酸内切酶tegP、转录因子σ^{E}和二元信息传导系统CpxRA等。

已知二硫键催化酶包括DsbA、DsbB、DsbC、DsbD、DsbE、DsbF、DsbG 7个成员，它们的共同特征是含有1个-Cys-X-X-Cys-活性基团，其中2个半胱氨酸（Cys）残基可自身形成二硫键，或将二硫键交给底物蛋白使后者得以氧化，因细菌表面蛋白或分泌性蛋白多具有二硫键，所以需要“氧化型折叠”，DsbA具有较强的氧化作用和同体异构酶（isomerase）的功能，所以可识别并改正错误的二硫键。DsbA是一种分子量为21kDa的胞周间蛋白，具有催化一些输出蛋白二硫键形成的作用，已被证明是一些革兰氏阴性病原菌的毒素、表面结构（如菌毛和其他一些黏附因子）、或Ⅲ型分泌系统（type Ⅲ secretion system）成分的生物合成所必需的，研究表明DsbA失活会导致霍乱（肠）毒素（cholera enterotoxin，CT）和大肠埃希氏菌不耐热肠毒素（heat-labile en-terotoxin，LT）失活，因为此类毒素的B亚单位必须形成二硫键才具有活性；DsbA失活时，泌尿道致病性大肠埃希氏菌（uropathogenic *Escherichia coli*，UPEC）产生无活性的P菌毛而失去毒力，其原因是菌毛蛋白亚单位和帮助菌毛蛋白亚单位装配的分子伴侣均需要形成二硫键才具有活性。总之，DsbA与多种病原菌的致病性有关，它作为一个必需的催化剂，在启动一些分泌性蛋白或表面呈递因子（如毒素、黏附因子、Ⅲ型分泌系统成分）的正确折叠中具有重要作用。DsbA还与肠道病原菌的弗氏志贺菌5型菌株在细胞内的存活及细胞间的扩散有关，其具体机制尚有待阐明。由于DsbA似乎存在于绝大多数病原菌中，所以针对该催化酶的特异性抑制剂，可能会对那些获得了多重耐药机制且用目前已有抗生素又难以治疗的病原菌感染的控制具有重要意义。

（2）细菌的Ⅲ型分泌系统

细菌有许多分泌性蛋白（secreted proteins）和外露蛋白（surface-exposed proteins），如志贺氏菌属细菌的侵袭性蛋白ipaBCD就是分泌性蛋白、细菌的菌毛等就属于外露蛋白。在革兰氏阴性细菌中，这些分泌性蛋白和外露蛋白必须穿过细菌的内膜和外膜才能到达细菌的表面，这就需要细菌的分泌系统（secretion system）来完成。近年来的研究发现，病原菌中许多重要毒力物质的分泌，是与细菌的某些分泌系统有关的。

目前认为细菌的分泌系统有3个类型：Ⅰ型、Ⅱ型和Ⅲ型。由Ⅰ型分泌系统分泌的蛋白质直接从细胞质到达细胞表面，如大肠埃希菌的α-溶血素；由Ⅱ型分泌系统分泌的蛋白质使用通用分泌通路（general secretion pathway）到达胞周间，然后再通过通道蛋白穿越外膜，在胞周间停留时分泌性蛋白的一部分N-端氨基酸序列被切除，所以分泌到细胞外的蛋白质和位于细胞质内的蛋白质明显不同，区别就在于N-末端氨基酸序列，肠致病性大肠埃希菌的束状菌毛（bundle-forming pilis，BFP）就是通过Ⅱ型分泌系统分泌的；与Ⅰ型分泌系统的相似，Ⅲ型分泌系统也是一步性分泌，所分泌的蛋白质不在胞周间停留、也不被切割，与Ⅰ型分泌系统不同之处是Ⅲ型分泌系统具有较多的蛋白质参与。Ⅱ型分泌系统和Ⅲ型分泌系统的相同之处是它们都具有较多的蛋白质参与，共享一些外膜蛋白成分，但Ⅱ型分泌系统分泌的蛋白质要在胞周间停留并被切割。

概括起来，Ⅲ型分泌系统具有以下几个特点：一是需要能量，这是任何分泌系统都需要的；二是一种多成分分泌系统，在革兰氏阴性细菌中高度保守；三是能够把效应分子（effector molecules）直接从细胞质输送到细胞表面；四是在与宿主细胞密切接触时，病原菌才启动Ⅲ型分泌系统，分泌效应分子，是谓接触依赖性分泌（contact-dependent secretion），如肠致病性大肠埃希氏菌的束状菌毛的黏附对激活此分泌系统起关键作用；五是温度、盐浓度等环境因素可诱导分泌装置和效应分子的合成；六是编码Ⅲ型分泌系统的许多成分的基因，与编码革兰氏阴性和阳性细菌的鞭毛输送装置的基因有一定的同源性；七是Ⅲ型分泌系统包括效应分子、调节蛋白、结构蛋白、伴侣蛋白（chaperones）等；八是编码Ⅲ型分泌系统的基因通常聚集在一起，DNA片段较大，可位于细菌的质粒（plasmid）、细菌噬菌体（bacteriophage）或染色体上；九是编码Ⅲ型分泌系统的基因可在细菌间传递；十是与细菌的致病性有关，获得Ⅲ型分泌系统基因的非致病性细菌，可成为致病性的。

Ⅲ型分泌系统是一个由多组分蛋白复合体形成的跨膜孔状通道，其功能是在多种病原菌用来分泌蛋白或把这些蛋白直接注入宿主细胞以起始生化信息传导的结构，与细菌的致病性有关，不同的病原菌之所以能够产生不同的疾病和症状，这可能是因为它们分泌不同的蛋白质，作用于不同的宿主细胞和分子。如耶尔森菌属细菌可分泌大约10

种效应分子，并将至少3种注入细胞，其中YopE和YopH可修饰巨噬细胞蛋白，破坏细胞的功能，使巨噬细胞不能够吞噬和杀伤细菌；志贺菌属、沙门菌属细菌都是侵袭性细菌，都具有侵袭上皮细胞的能力，但侵袭的机制和后果不同，志贺菌属、沙门菌属细菌都可通过Ⅲ型分泌系统分泌的效应分子的作用，侵入在通常情况下非吞噬性的细胞，志贺菌属细菌侵入大肠的黏膜上皮细胞并在其中繁殖、沙门菌属细菌可通过小肠的M细胞进入腹腔。有研究表明，缺失了Ⅲ型分泌系统的鼠伤寒沙门菌，不管感染途径如何，都不能引起全身性疾病。在耶尔森菌属细菌中，YscN蛋白可水解三磷酸腺苷（adenosine triphosphate，ATP）产生能量，与内膜相关，可能是一种细胞质蛋白；YopB和YopD与外膜有关，在将效应分子输送到靶细胞的过程中发挥重要作用，它们可能是成孔蛋白（pore-forming protein），缺失了这两种蛋白的细菌，虽然也能够分泌效应分子，但是所分泌的效应分子对宿主细胞几乎没有什么活性。伴侣蛋白在Ⅲ型分泌系统中发挥着重要作用，它可能与细胞质中的分子结合，将其输送到分泌装置，同时对效应分子的构象也可能具有作用。Ⅲ型分泌系统的一些关键性的结构蛋白在许多Ⅲ型分泌系统中都是存在的，耶尔森菌属细菌Ⅲ型分泌系统的一些结构蛋白和志贺氏菌Ⅲ型分泌系统的一些结构蛋白具有同源性；而且，它们的一些功能可能是互补的。

细菌的一部分产物是要分泌到细菌细胞外才能发挥作用，志贺菌属细菌的侵袭性蛋白质就属于这一类，志贺菌属细菌至少有9种蛋白可分泌到细胞外，包括ipaBCDA等。目前已知有两类基因参与侵袭性蛋白质的分泌，包括侵袭性质粒抗原膜表达系统（membrane expression of invasion plasmid antigen，mxi），主要有*mxiA*、*mxiB*、*mxiC*、*mxiD*、*mxiE*等，*mxi*和*spa*基因均位于大质粒上，尽管已知它们和ipa蛋白的分泌有关，但详细机制仍不清楚；已知*mxiB*基因突变株的侵袭性蛋白不分泌到细胞外，细菌不能侵入上皮细胞，豚鼠角膜试验阴性。由此可见，侵袭蛋白的分泌对细菌的毒力是重要的。已知志贺菌属细菌的*mxiD*基因和耶尔森氏菌属细菌的*YscC*基因、肺炎克雷伯菌（*Klebsiella pneumoniae*）的*PulD*基因同源，属于PulD蛋白家族，而PulD是有代表性的分泌相关蛋白。

（3）细菌的超抗原

超抗原的概念由White等于1989年首先提出，他们发现某些细菌或病毒的一些产物可使很高比例的T淋巴细胞被激活，由于此类物质具有对T淋巴细胞强大的激活能力，所以被称为超抗原。超抗原可与抗原提呈细胞（antigen presenting cell，APC）表面的主要组织相容性复合物（major histocompatibility complex，MHC）Ⅱ类分子及T淋巴细胞受体（T cell receptor，TCR）的Vβ区结合，非特异性地刺激T淋巴细胞增殖并释放淋巴因子。

①超抗原的种类。超抗原可分为T淋巴细胞超抗原和B淋巴细胞超抗原，其中的T淋巴细胞超抗原可分为TCR的αβ型超抗原和TCR的γδ型SAg，T淋巴细胞受体的αβ型SAg

又可被分为外源性超抗原和内源性超抗原。

外源性超抗原：主要是某些细菌的毒素，包括葡萄球菌属细菌的葡萄球菌肠毒素（Staphylococcal enterotoxin，SE）和毒性休克综合征毒素-1、链球菌属细菌的M蛋白和致热外毒素（pyrogenic exotoxin）、小肠结肠炎耶尔森菌（*Yersinia enterocolitica*）的膜蛋白等。其中葡萄球菌肠毒素有A、B、C、D、E共5种主要的血清型，葡萄球菌肠毒素C型又可以分为C1、C2、C3的3个亚型，所以也有人认为葡萄球菌肠毒素共有7个血清型，对葡萄球菌肠毒素A型的研究最为深入，在1988年即已报道了葡萄球菌肠毒素A基因的全序列。细菌性超抗原的共同特点是均为由细菌分泌的、具有水溶性的蛋白质，对靶细胞无直接伤害作用，可与主要组织相容性复合物的Ⅱ类分子结合，活化淋巴细胞分化群（cluster of differentiation，CD）的$CD4^+$和$CD8^+$的T淋巴细胞。

内源性超抗原：病毒主要是反转录病毒（Retroviridae）感染机体后，病毒基因组的单股RNA通过反转录酶（reverse transcriptase，RT）反向转录的双股DNA，整合到宿主细胞染色体DNA的某个部位成为前病毒（provirus）、并随细胞分裂持续存在于细胞DNA中，可产生内源性超抗原，如小鼠乳腺肿瘤病毒（*mouse mammary tumor virus*，MMTV）侵犯淋巴细胞，其反转录的DNA整合到淋巴细胞DNA中、并在体内持续表达病毒蛋白质产物，即内源性抗原，亦被称为小鼠的次要淋巴细胞刺激抗原（minor lymphocyte stimulating antigen，MLSA），次要淋巴细胞刺激抗原在主要组织相容性复合物相同的小鼠间能产生强烈的混合白细胞反应（mixed leukocyte reaction，MLR），反应的细胞为T淋巴细胞、刺激细胞为B淋巴细胞，在1988年才证实了次要淋巴细胞刺激抗原的功能；T淋巴细胞受体识别次要淋巴细胞刺激抗原，次要淋巴细胞刺激抗原活性的主要决定因素看来是表达特殊的Vβ的基因片段；次要淋巴细胞刺激抗原作为自身抗原被识别，因为与次要淋巴细胞刺激抗原反应的T淋巴细胞在胸腺成熟过程中已被清除。此外，热休克蛋白（heat shock protein，HSP）能强烈刺激γ/δ-T细胞增殖，并激活其杀肿瘤活性。葡萄球菌A蛋白（Staphylococcal protein A，SPA）及人类免疫缺陷病毒（*human immunodeficiency virus*，HIV）的gp120（病毒特异糖蛋白）能与某些亚型的B淋巴细胞结合并刺激其增殖，所以属于B淋巴细胞超抗原。

②超抗原的作用特点。超抗原诱导机体免疫应答，与普通抗原相比具有其明显的特点（表2-6），主要表现在：强大的刺激能力；被T淋巴细胞识别前无须经抗原提呈细胞处理；与T细胞相互作用无主要组织相容性复合物限制性；选择性识别T淋巴细胞受体β链V区；不仅可激活T淋巴细胞，而且还可能诱导T淋巴细胞的耐受；激活T淋巴细胞时的免疫识别位包括主要组织相容性复合物结合位（MHC binding site）和与T淋巴细胞受体Vβ区结合的T淋巴细胞表位（T cell epitope）两类。在所谓强大的刺激能力方面，一般普通的多肽抗原刺激机体后，仅能刺激1/（10^4 ~ 10^6）的T淋巴细胞，而超抗原在较低的浓度（1×10^{-12}mol）时就可刺激大部分具有T淋巴细胞受体Vβ或T淋巴细

胞受体Vγ序列的T淋巴细胞增殖，被激活的T淋巴细胞可达总数的5%～20%，引起强烈的初次应答（primary response），且普通抗原必须在体内经引导和加强（priming and boosting）后才能在体外检测到T淋巴细胞增殖反应，也正因此特点才导致了超抗原的命名。

表2–6　超抗原与普通抗原比较

特点	普通抗原	超抗原
化学性质	蛋白质、多糖	细菌外毒素、HIV
免疫识别部位	T细胞表位，B细胞表位	与TCR-Vβ结合的T细胞表位，MHC结合位
提呈特点：APC存在	+	+
APC处理	+	–
与MHC-Ⅱ结合部位	肽结合沟（选位）	非多肽区
诱导应答的特点：识别	被T细胞识别	直接刺激T细胞
应答细胞	B细胞，T细胞	T细胞
T细胞反应频率	$1/10^6$～$1/10^4$	1/20～1/5
与TCR结合部位	α链V区、J区，β链V、D、J区	β链V区
MHC限制性	+	–

③超抗原的生物学意义。在超抗原的生物学意义方面，集中表现在超抗原可参与多种病理或生理效应上，主要包括以下几个方面。一是超抗原与某些病理过程。超抗原刺激大量T淋巴细胞活化，产生多种细胞因子、并继之使巨噬细胞及其他免疫细胞激活，这种过强的应答可能产生毒性效应，引起发热、体重减轻、渗透压平衡失调等。亦发现多种细菌性食物中毒（food poisoning）、某些类型的休克、获得性免疫缺陷综合征（acqired immunodeficiency syndrome，AIDS）、某些自身免疫病等疾病过程的发生和发展，均与超抗原的生物学作用有关。二是超抗原与自身免疫应答。一方面，超抗原的强大刺激作用可能激活体内自身反应性T淋巴细胞，诱发某些自身免疫病；另一方面，超抗原可在T淋巴细胞的TCR-Vβ与B细胞表面的MHC-Ⅱ类分子间发挥桥连作用，从而可能激活多克隆B淋巴细胞产生自身抗体。三是超抗原与免疫抑制和免疫耐受。一方面，在超抗原的过强刺激下，T淋巴细胞可能会因被过度激活所耗竭，导致T淋巴细胞功能或数量的失调，继发免疫抑制状态。另一方面，内源性超抗原作用于胸腺细胞并通过克隆选择，清除对超抗原的反应细胞，从而建立免疫耐受；对于外源性超抗原如葡

萄球菌肠毒素B，若将其注射给新生的小鼠亦可诱导免疫耐受，若给成年小鼠少量、多次注射有时也可诱导免疫耐受。四是超抗原与免疫自稳和抗瘤效应。在胸腺细胞发育过程中，超抗原可能参与阳性选择过程，从而有利于免疫自身稳定。在超抗原的直接刺激下，细胞毒性T淋巴细胞（cytotoxin T lymphocyte，CTL）大量被激活，各亚类T淋巴细胞激活分泌多种细胞因子，从而对肿瘤细胞具有明显的杀伤作用，已有研究资料显示超抗原很有可能成为新一代抗癌效应分子。

通过对超抗原的研究，使我们对许多基本生物学问题有了新的认识。由于超抗原所具有的重要生物学活性，深入开展对超抗原的研究，将有助于进一步揭示和阐明某些免疫学现象和疾病过程的机制与本质。

（4）细菌的致病岛

对于绝大多数的病原菌来讲，其致病过程是一个多因素综合作用的过程，一般需要两类基因的参与。一是参与基本生理过程的基因，为致病菌与非致病菌所共有；二是致病菌所特有的毒力基因（virulence gene）亦称致病基因，包括编码黏附素、侵袭素（invisin）、毒素等毒力因子的一系列基因，这些毒力基因常位于转座子（transposon，Tn）亦简称Tn因子（Tn element）、质粒和噬菌体等可移动的遗传物质上，另外则是它们常聚集成簇位于染色体的某些特定区域，被称为致病岛或毒力岛，通常也称为毒力块（virulence block）或毒力盒（virulence cassette）。

对致病岛的研究最早始于20世纪80年代，Goebel等在对尿道致病性大肠埃希氏菌的研究中发现在此菌染色体上存在的所谓“溶血素岛”（haemolysin island），除编码α-溶血素（α-haemolysin）等毒素外，还编码另外一些与此菌尿道致病性有关的毒力因子，如P菌毛（P fimbriae），因此溶血素岛就被重新命名为致病岛。随着对各种病原菌毒力基因和致病机理研究的不断深入，人们发现在许多病原菌中都存在致病岛，致病岛这一术语也得到了日益广泛的应用，且其定义也有了较大的改变。

目前，通常所说的致病岛是通过以下的主要特征来体现的。一是携带一个或多个致病基因。致病岛能编码黏附因子、侵袭因子、铁摄取系统、Ⅲ型分泌系统等已知毒力相关因子，随着研究的深入还将可能发现致病岛编码的另外毒力因子。二是存在于病原菌中。在非病原菌或相关菌株中一般是不存在的，致病岛最初是在细菌染色体中发现的。随着对侵袭性质粒的不断研究发现在这些质粒的某些区域也具有典型的致病岛特征，为了区别则将它们称为“致病岛前体（paiprocursors）”或“前致病岛（pre-Pais）”。三是占据较大的基因组区域。致病岛往往占据较大的基因组区域，通常在20～100kb（也有的近200kb或更大）；另外，在许多病原菌中常含有编码毒力因子的特异性1～10kb的DNA片段，相对于大的致病岛来讲它们被称为致病小岛（islets）。四是G+C比例特殊性。致病岛DNA片段中G+C比例往往不同于宿主菌DNA（比宿主菌的明显高或明显低），并且使用的密码子（codon）也不同。五是形成一个独特的致密遗传单位。在一些致病岛这个遗传单位的两侧，通常与正向重复序列（direct repeat sequence）相连，这些重复序列可能是致病岛在插入宿主基因组时通过重组产生的。六是边缘常与tRNA基因相界。致病岛往往位于细菌染色体的tRNA位点内或附近，或位于与质粒、噬菌体整合有关的位点。七是携带其他基因。致病岛常携带有隐性或功能性移动因子，如插入序列（insertion sequence，IS）、整合酶（integrase，Int）、转座酶（transposase）等的编码基因。八是不稳定性。致病岛通常具有不稳定性，致病岛的丢失常可通过两边的正向重复序列和内在的IS序列及可能存在的同源序列而发生。也有学者认为细菌的致病岛还应包括位于质粒和噬菌体上的与细菌的毒力有关的、其G+C比例和密码的使用与宿主菌明显不同的DNA片段，并认为致病岛的获得与新出现的病原菌有一定的关系。

从在尿道致病性大肠埃希菌中第一个致病岛的发现与命名以来，现已在多种病原菌中先后发现了十多个致病岛的存在，一种病原菌可同时具有一个或几个致病岛。

①革兰氏阴性菌的致病岛。对致病岛进行广泛研究最早是从尿道致病性大肠埃希菌及肠致病性大肠埃希菌开始的，包括尿道致病性大肠埃希菌菌株536的致病岛Ⅰ（PAI-Ⅰ）和致病岛Ⅱ（PAI-Ⅱ）、尿道致病性大肠埃希菌菌株J96的致病岛I_{J96}（PAI-I_{J96}）和致病岛$Ⅱ_{J96}$（PAI-$Ⅱ_{J96}$）、尿道致病性大肠埃希菌菌株CFT073的致病岛等，还有大肠埃希菌K1的致病岛、肠致病性大肠埃希菌的一个由肠细胞消除位点（locus of enterocyte effacement，LEE）组成的致病岛等。在沙门菌中，最早被研究的两个致病岛分别为沙门菌致病岛1（SPI-1）和沙门菌致病岛2（SPI-2）。志贺氏菌是一类引起细菌性痢疾的肠道致病菌，到目前为止已有两个致病岛被较为详细的研究，分别为志贺菌致病岛1（SHI-1）和志贺菌致病岛2（SHI-2）。霍乱弧菌O1菌株和O139菌株中含有一个共同的39.5kb的致病岛即VPI，据最新的研究表明VPI其实是一个丝状噬菌体（VPIϕ）。在耶尔森菌属的鼠疫耶尔森菌、假结核耶尔森菌（*Yersinia pseudotuberculosis*）O1血清型、小肠结肠炎耶尔森菌1b生物型等的众多菌株中，均有一个不稳定的染色体区，其丢失频率为1×10^{-5}，被称为高致病性岛（high pathogenicity island，HPI）；最近有研究表明高致病性岛其实在大肠埃希氏菌中也普遍存在，且不仅是在肠黏附性大肠埃希菌（enteroadherent *Escherichia coli*，EAEC）和尿道致病性大肠埃希菌等病原大肠埃希菌中，在机体排出的正常菌群中有30%的大肠埃希菌均含有高致病性岛。

②革兰氏阳性菌的致病岛。近年来的研究发现，在革兰氏阳性菌中也存在致病岛，但总体上对其研究还没有像革兰氏阴性菌致病岛那样深入。已知在金黄色葡萄球菌RN 4282菌株和RW 3984菌株中分别存在相类似的致病岛1（SaPI-1）和致病岛2（SaPI-2），它们均编码毒素休克综合征毒素-1，且后者可由葡萄球菌噬菌体编码。在艰难梭菌（*Clostridium difficile*）中存在一个19kb的致病位点（pathogernicity locus，Paloc），其

具有致病岛的许多特征，特异性地存在于有毒菌株中，携带肠毒素基因（enterotoxin，*tcdA*）、细胞毒素基因（cytotoxin，*tcdB*）和另外一些调控基因*tcdC*～*tcdE*。

总体来讲，致病岛是相对于病原微生物基因组而言的一个独特的遗传元件。实际上在非病原微生物中照样存在类似的外源DNA插入单位，一般通称为基因组岛（genomic islands），针对基因组岛不同的功能，这些独特的遗传单元又可分别被命名为分泌岛（secretion islands）、抗性岛（resistance islands）、代谢岛（metabolic islands）等。而位于某些共生菌中的共生岛（symbiosis islands），是一类与致病岛在结构、功能方面极为相似的遗传物质，共生菌与致病菌能否通过基因水平转移交换遗传物质、共生岛在致病菌中能否成为一个致病岛等，尚有待进一步的研究明确。

对细菌致病岛的发现与研究，使人们在认识细菌的致病性方面更进了一步，并能通过掌握致病岛的水平转移机制来预测将来可能产生的新病原菌。致病岛在病原菌中的普遍存在，及其结构特点和水平转移可能性的存在，使人们认识到细菌在与人以及其他生物进行生存竞争的进化过程中形成的毒力具有很复杂的特点，及时深入研究致病岛不仅有利于人们认识复杂的微生物世界、了解新病原微生物出现的机制，而且也终将会为具有针对性地有效预防与控制感染性疾病提供可靠的依据。

4. 病原菌毒力及毒力因子的测定

要了解供试病原菌菌株的毒力强度、所表达的主要毒力因子等，都需要进行相应的试验测定。通过对毒力的测定，能区分开强毒菌株、弱毒菌株及无毒菌株；对毒力因子的测定，不仅能了解其所产生的主要毒力因子，还能通过其所产生的毒力因子种类及其产量来推测其相应的毒力强度。

（1）毒力的测定

通常在下述情况下，均需对病原菌菌株进行毒力的测定。一是对所分离鉴定的某种细菌的菌株进行测定，通过毒力强度来确定其相应的病原学意义，尤其对原发感染菌、混合感染菌、继发感染菌的明确更是需要的。二是所保藏的某种病原菌的模式菌株（type strain）、参考菌株（reference strain）等，需通过毒力测定后明确其相应的毒力强度，以作为对同种病原菌菌株研究的参照或攻毒试验的菌株。三是在细菌疫苗的研究中，首先考虑的是毒力强度问题，弱毒株、无毒株可作为疫苗株使用，强毒株则用于对疫苗效力检验的攻毒用菌株。目前对于细菌毒力的测定，仍主要是采用对供试动物的半数致死量（median lethal dose，LD_{50}）或半数感染量（median infective dose，ID_{50}）的方法且为比较实用的。

①半数致死量。半数致死量指通过一定的接种途径、在一定的时限内、能使一定体重或年龄的某种实验动物发生半数死亡所需要的最小活细菌数或毒素量（其中的毒素量一般是专指用于测定某种细菌外毒素的）。

②半数感染量。因某些病原微生物只能使实验动物（当然也包括病毒对试验用鸡胚和细胞）发生感染，但并不一定能引起死亡，此时常用半数感染量来表示其毒力，其测定是与半数致死量相类似的，仅是在统计结果时以感染数量代替死亡数量。

这里需要说明以下几点。一是由于使用的是实验动物且接种途径又常是非自然感染途径，所以这类指标只能作为病原菌真实毒力强弱的参考，并应明确表达实验动物的种类、体重或年龄、接种途径、观察判定的时限、因接种病原菌致其死亡或感染的确定指标等。二是通常使用的实验动物主要是小鼠，其次是豚鼠及家兔等，但这些实验动物并非对某种病原菌均是易感的，即使是易感也在程度上存在差异，因此导致了不宜对任何病原菌做毒力测定均直接使用某种实验动物来作出毒力的判断，应是对那些已研究确定了某种实验动物可作为该病原菌毒力指标测定的才有意义，这一点尤其对水生动物的病原菌来讲更是不可忽视的，也因此导致了对某种病原菌毒力测定的实验动物模型研究是一个重要的研究领域，目的在于明确某种实验动物在某种病原菌毒力测定中的可用性及其与实际毒力的相关性。三是在分离和鉴定了某种动物的病原菌之后，要测定其毒力及病原学意义，最好使用本动物，但对某些大动物或珍稀动物来讲还是有一定困难的，此时则可考虑使用实验动物，对一些常规的小动物还是最好使用本动物直接测定。四是对从某种动物分离鉴定的病原菌进行对本动物的人工感染试验，以复制同自然发生的相应病害并借以确定其病原学意义，实际上从对病原菌本身来讲也可列为毒力测定的范畴，这在水生动物的病原菌更是常用的，但它应列为一种定性试验的范畴。

（2）毒力因子的测定

对病原菌某种毒力因子如黏附作用、毒素、侵袭性等的测定，常是在分离并经鉴定为某种病原菌后进行的。主要包括：一是对已知某种病原菌的某种毒力因子表达情况的测定；二是研究某种病原菌的毒力因子（包括已知的和未知的）。对于毒力因子的测定常采用的是已被学术界公认或标准化的体外方法（包括直接测定毒力因子产物及毒力基因等），有时也需要做动物试验的体内法如对某种毒力因子（尤其是新发现的某种毒力因子）的毒性作用及作用机制的研究或测定，另外如用于细菌侵袭性测定的瑟林尼试验（Séreny test）亦属于体内测定的范畴。

5. 细菌毒力的增强与减弱

毒力是病原菌特有的一种生物学性状，不仅在不同的菌株间存在毒力的差异，即使在同一菌株处于不同的条件也能表现出不同的毒力。尤其是毒力是可以发生变异的，这种变异可以是自然发生，也可以通过人工诱变发生。在实际工作中，常常由于特定的需要来人为地改变细菌的毒力，或是使毒力增强或是使毒力减弱。

（1）毒力增强的方法

在自然条件下回归易感动物是增强细菌毒力的最实用的方法，易感动物包括本动物及已被明确为易感动物的实验动物，接种后从一定时限内呈现典型感染发病或死亡的动物中重新分离回收的细菌，则为恢复其毒力的相应菌株。对于水产养殖动物来讲，最好还是选用本动物。这种情况常被应用在实验室人工培养基上长期传代或冻干保存的菌种，包括模式（或参考）菌株或所分离鉴定的菌株，若维持其相应毒力则应在一定时间内进行一次毒力复壮，或在应用其作为对某分离鉴定的菌株毒力测定时的对照用菌株之前，也需做毒力复壮以保证其在试验中反映出其真实的毒力强度。需要注意的是，所用动物、接种途径与剂量［菌落形成单位（colony forming unit，CFU）］、所表现的临床症状及病变、发病与死亡的时间、分离回收细菌所用的组织材料等，对不同的病原菌来讲均应有明确的相应指标，其原则是必须按公认的、经典的标准进行。

（2）毒力减弱的方法

为了获得毒力减弱或无毒的某种病原菌的菌株，常需进行人工致弱毒力，这种情况最多被应用于对细菌疫苗用菌株的培育，而且要求其必须是具有遗传稳定性的，实际上属于毒力的人工诱变的范畴。根据细菌毒力变异的规律和特点，常被采用的有以下几种方法。

①人工培养基上培养或改变培养条件。病原菌在体外人工培养基上连续多次传代培养后，毒力一般都会逐渐减弱，甚至失去毒力。在改变培养条件方面，一是在高于该病原菌最适生长温度的温度条件下培养，常采用的方法是逐渐提高培养温度进行诱导；二是改变该病原菌最适培养的气体条件，如减少氧气、增加二氧化碳气体等；三是在该病原菌适宜生长的人工培养基中，加入某些不利于其正常生长繁殖的某种化学物质以诱导其变异。

②通过非易感动物。强制性地对某种病原菌做对非易感动物的接种并在非易感动物中传代，则可使其发生毒力变异，而且常常是遗传稳定性的变异。

③基因工程方法。采用现代基因工程方法，去除病原菌的毒力基因或用点突变（point mutation）即基因突变的方法使毒力基因失活，可获得无毒力或弱毒的相应菌株，但这种方法对于毒力因子表达是由多基因调控的菌株来讲是难以奏效的。

尽管致弱病原菌毒力的方法较多，但对于任何一种方法来讲都不是很容易即可做到的，仅仅是这些方法可以被采用。对每种方法做一下分析，如长期的体外人工传代培养，只要该细菌能正常生长繁殖则一般不会很轻易地发生某种性状改变的，若容易改变的话那么细菌种的特性也就很难界定了，即使是发生了毒力的变异也常常会伴随其他某些性状的改变，若主要抗原成分随之发生了改变则也可能会失去了培养细菌疫苗用菌株的意义；当改变其适宜的培养条件进行细菌培养时，往往会带来细菌的非正常生长或根本不能生长，在非正常生长的情况下也不会仅仅是带来毒力的变异；通过非易感动物的方法更是比较困难的，因为某种病原菌即使是毒力再强也不会很容易地就能在非易感动物体内生长繁殖，若容易的话则这种动物也就不是非易感动物了；尽管现在已有较多的基因工程技术方法可以人为地改造细菌的基因，但任何一种方法对于活体细菌来讲都很难做到准确定位改变某种毒力基因的，即使是改变了某种毒力基因、那也是已知的，对于我们尚未能清楚地了解的毒力基因还是解决不了的问题。

不过，采用上述这些方法来致弱病原菌的毒力还是可以做到的，但它是一项需要长时间、耐心细致且工作量很大的工作，在培养过程中对其毒力强度的检查、筛选、是否遗传稳定的变异、毒力变异后的目的性状表达等都是任务很繁重的，需要科技工作者付出很大的努力。典型的例子如现在应用于制造预防结核病（tuberculosis）的卡介苗的菌株，是由法国巴斯德研究所的法国细菌学家卡尔梅特（A Calmette，1863—1933）和介朗（C Guérin，1872—1961）将一株有毒力的牛分枝杆菌（*Mycobacterium bovis*）接种于5%甘油-胆汁-马铃薯培养基上使之生长繁殖，每隔2～3周传代一次，历时13年（1907—1920）经过230多代才育成的一株失去毒力但仍保留其相应抗原性的毒力变异株，1921年将此株菌制成活疫苗、并由韦尔·哈利（Weil Hallé）医生首次用于一名其母死于结核病的婴儿，结果良好并由此逐渐开始使用，于1924年正式公布于世（从1922—1928年在法国共有50 000多名儿童接种了该疫苗），法国于1928年召开国家科学大会，值此由卡尔梅特（图2-46）和介朗（图2-47）给这株细菌取名为卡-介二氏杆菌（Calmette and Guérin's Bacillus），用卡介二氏杆菌制成的活疫苗称为卡介苗“Bacille Calmette-Guérin，BCG”。卡-介二氏所用的牛分枝杆菌菌株，是由法国生物学家诺卡尔（E Nocard，1850—1903）于1901年，从患结核性乳腺炎的奶牛中分离获得的（诺卡尔一生中主要从事了兽医学研究）。

图2-46　卡尔梅特　　图2-47　介朗

（三）病原细菌感染的建立

黏附对于病原菌和它的宿主来讲，除使其保持在宿主的组织、细胞表面外，还能继之发生其他一系列后效应，其最终是将建立感染的发生，可以认为细菌与宿主细胞的黏附是引起疾病病理改变发生的一系列事件的前奏。

1. 细菌生物膜

很多的研究显示，细菌一旦与附着物黏附，就有可能在那里形成一种被称为细菌生物膜（bacterial biofilm）的复杂结构，这是细菌的一种特殊存在形式，是细菌在生长过程中附着于固体表面形成的外观呈膜状的多细菌复合体，多细菌形成这种生物膜后其形态、生理就发生改变，个体间表现出相似的行为，相互协调，共同享有最经济合理的生存条件。细菌生物膜的结构复杂，对热、抗生素、射线等有较强的抵抗力，简单来讲生物膜是由细菌、真菌、藻类（algae）等生物细胞和由它们产生的细胞外生物高分子（biopolymer）物质构成的，生物膜可以是高度通道性的，可容许含有营养物质和废物的水流通。一般来讲，上皮细胞表面并不能承受这种类型的厚的生物膜（一个可能的方式是单层膜的形成），有关此膜对细菌黏附到宿主细胞的影响尚知之甚少，但有证据表明确实发生了细菌的黏附诱导性改变，如Finlay等报道伤寒沙门菌黏附到肠上皮细胞后产生了一些新的蛋白质，同时还发现在淋病奈瑟球菌黏附到HeLa细胞后其生长速度比未黏附的菌细胞明显快。显然，这些都是与感染的建立相关的。

2. 抗吞噬作用

病原菌除必须获得营养以生长、繁殖外，在发生黏附或已侵入体内的病原菌还需依赖其克服宿主广泛的防御机制才能生存，其中的抗宿主吞噬细胞的吞噬作用是一个很重要的方面，主要通过以下几个方面来实现。一是不与吞噬细胞接触。如通过所产生的外毒素来破坏细胞骨架、以抑制吞噬细胞的作用，如链球菌属（*Streptococcus* Rosenbach，1884）细菌的溶血素（hemolysin）等。二是抑制吞噬细胞的摄取。如某些病原菌所产生的荚膜（capsule或macrocapsule即大荚膜）及微荚膜（microcapsule）、A群链球菌（group A *Streptococci*）的M蛋白、伤寒沙门菌的Vi抗原等，具有抗吞噬和抗体液中杀菌物质的作用，或通过这些物质的释放来迷惑吞噬细胞，使病原菌在体内迅速繁殖。三是在吞噬细胞内生存。如沙门菌属细菌的某些成分可抑制溶酶体与吞噬小体的融合，李斯特菌属细菌被吞噬后能很快从吞噬小体中逸出并直接进入细胞质，金黄色葡萄球菌所产生的大量过氧化氢酶能中和吞噬细胞中的氧自由基，这些构成了病原菌能在宿主吞噬细胞内生存的重要方面。四是杀死或损伤吞噬细胞。病原菌可通过分泌外毒素或蛋白酶来破坏吞噬细胞的细胞膜，或诱导细胞凋亡（apoptosis），或直接杀死吞噬细胞。

3. 抗体液免疫作用

抗宿主的体液免疫作用，属于克服宿主特异防御机能的范畴，主要通过以下几个方面来实现。一是抗原伪装。抗原伪装主要是在细菌表面结合机体某些组织成分，如金黄色葡萄球菌通过细胞结合性凝固酶（coagulase）结合血纤维蛋白或通过葡萄球菌

A蛋白结合免疫球蛋白等来保护自身。二是抗原变异。抗原变异也是一种逃避机体特异免疫机能的重要方面，病原菌通过发生表面抗原的变异，以致机体内存在的原特异抗体不能识别，但这种变异多数并不是在病原菌进入体内后于短时间内即可发生的；也有些病原菌如淋病奈瑟球菌、大肠埃希菌、赫氏蜱疏螺旋体（*Borrelia hermsii*）和支原体，能持续产生一些新的免疫原性表面分子以迷惑和逃避体液免疫反应，前两种细菌的有关抗原位于菌毛上，淋病奈瑟球菌黏附于宿主细胞是由菌毛介导的，其主要亚单位是一种PilE蛋白质，据估计此菌能产生多达10^6种的这种蛋白质的不同抗原变种，使其能持续地逃避抗体（黏附性SIgA）的保护作用，赫氏蜱疏螺旋体的一种免疫显性脂蛋白的抗原变异是引起回归热（relapsing fever）的致病因子之一。三是分泌蛋白酶降解免疫球蛋白。如嗜血杆菌属（*Haemophilus* Winslow，Broadhurst，Buchanan et al.，1917）细菌等可分泌IgA蛋白酶，破坏附着于黏膜表面的IgA，以利于其侵入组织内。四是逃避抗体的作用。病原菌可通过所产生的脂多糖、外膜蛋白、荚膜、表层（surface，S层）等成分，与相应特异抗体结合后，保护自身免受抗体的攻击；另一方面，这种结合也有逃避补体、抑制抗体产生的作用。上述的抗原伪装或抗原变异，从某种意义上讲也属于逃避抗体作用的范畴。

4. 体内扩散

细菌分泌的蛋白酶称为胞外蛋白酶（extracellular proteinase，ECPase），它们具有激活外毒素、灭活血清中的补体等多种致病作用，有的蛋白酶本身就是外毒素。此外，最主要的是作用于组织基质或细胞膜、并造成损伤，增加其通透性，有利于细菌在体内的扩散。此类常见的有以下几种。一是透明质酸酶（hyaluronidase），以前称为扩散因子（spreading factor），能分解结缔组织的透明质酸，葡萄球菌属（*Staphylococcus* Rosenbach，1884）、链球菌属细菌等可产生。二是胶原酶（collagenase），主要是分解细胞外基质（extracellular matrix，ECM）中的胶原蛋白，见于梭菌属细菌、气单胞菌属细菌等。三是神经氨酸酶（neuraminidase），主要是分解肠黏膜上皮细胞的细胞间质，霍乱弧菌、志贺菌属细菌可产生。四是磷脂酶（phospholipase），又名α-毒素，可水解细胞膜的磷脂，产气荚膜梭菌（*Clostridium perfringens*）可产生。五是卵磷脂酶（lecithinase），能分解细胞膜的卵磷脂，产气荚膜梭菌可产生。六是激酶（kinase），能将血纤维蛋白酶原激活为血纤维蛋白酶，包括链球菌产生的链激酶（streptokinase）亦称链球菌纤维蛋白溶酶（streptococcal fibrinolysin）、葡萄球菌等产生的葡激酶（staphylokinase）亦称纤维蛋白溶酶（fibrinolysin），以分解血纤维蛋白，防止形成血凝块。七是凝固酶，细菌在体内的扩散也可通过内化作用完成，特别是细胞结合性凝固酶，可为细菌提供抗原伪装，使之不被吞噬或机体免疫机制所识别，见于致病性金黄色葡萄球菌。

第四节　细菌性感染病概要

这里所记述的细菌性感染病方面内容，涉及细菌感染的类型、细菌性感染病的流行形式与病程发展阶段、细菌性感染病的传播途径、细菌性感染病的确证、细菌性感染病的监测与控制、细菌性感染病的量度等内容。特别提示这里所记述的是泛义的，并非仅是在水生动物的，且主要还是在人的，这也是与在水生动物的该方面研究尚缺乏全面、系统性相关联的。

一、细菌感染的类型

在泛义上细菌感染的类型，并非仅仅是在细菌使被感染宿主发生感染后所表现出的某种病理变化或临床表现特征，也包括病原菌的种类数、侵害的部位及来源等方面内容。

通常情况下，在实践中对感染的类型划分，常是按以下几个方面予以描述。需要注意的是，在各种不同的感染类型间，是存在一定关联性的[22-23,30-38]。

（一）外源性感染与内源性感染

这是按病原菌的来源划分的，其感染来源包括外源性感染（exogenous infection）与内源性感染（endogenous infection）两种途径，也是泛义的细菌感染来源途径。

1. 外源性感染

外源性感染也称为交叉感染（cross infection），通常指的是来源于体外的自然生境，多种病原细菌可以通过空气、土壤、食物、发病或带菌者、带菌的动植物或相关物品等。在水生动物的外源性感染，主要是患病水生动物、水环境、带菌的饵料和养殖设施等。

2. 内源性感染

内源性感染也称为自身感染（self infection），通常指的是来源于机体自身的体表或与外界相通的天然腔道（如消化道、呼吸道等）中。实际上，存在于体表、天然腔道中的有的是原本构成正常菌群的、有的则是以隐伏状态留居的病原菌，当机体抵抗力下降或这些细菌出现越位生存时，它们则能以寄生（parasitism）的形式大量生长繁殖、并引起相应的感染。

在通常的细菌感染病，经常易出现的形式是外源性感染，内源性感染相对较少。在水生动物，来源于水环境的外源性感染尤为重要。

（二）单纯感染与混合感染及继发感染

按在一起病例中所感染的病原菌种类数来划分，若仅是由某一种病原细菌所引起的感染被称为单纯感染（pure infection）或单一感染（single infection）；由两种及其以上的病原细菌同时参与的感染，被称为混合感染（mixed infection）；在感染了某种病原菌（单纯感染）或某几种病原菌（混合感染）之后，常常是在机体抵抗力减弱的情况下，又有另外的某种或某几种病原菌侵入或原来存在于机体（体表、消化道内等的）的某种细菌所引起的感染，被称为继发感染（secondary infection）。在水生动物的细菌性感染中，此3种感染类型均有存在，尤其是常常会出现混合感染、继发感染的情况。

另外是对这些感染类型的划分也有其他的一些方法，如上述的混合感染，亦常被称为同时感染（coinfection）；在先有病毒或细菌感染，又夹杂真菌感染者，常被称为双重感染（double infection）或混合感染；在两种病原菌先后感染时，称为叠加感染（supper infection）；被某种病原菌感染尚未愈，又再次被其感染的，称为重复感染（repeated infection）；被某种病原菌感染痊愈后，又再次被其感染的，称为再感染（reinfection）。

通常情况下，混合感染和继发感染发生后，均比其中某一种病原细菌所引起的感染要表现病情严重且复杂，同时不同程度地会增加准确诊断和有效防治的难度。在做病原细菌检验时，对于医院感染尤其要注意混合感染与继发感染。至于混合感染与继发感染的区分，主要是看不同种病原菌的检出情况，若在同一病例，被同时检出两种或两种以上的病原菌，且在初代分离时所出现的细菌数量（常是以菌落数计）差异是不明显的，则可视为混合感染；若在同一病例，起初仅被检出同一种病原菌（单纯感染）或某几种病原菌（混合感染），相继被检出另外的病原菌，且常表现为细菌数量较少，此种情况则无论后者（病原菌）的致病力强弱，则均可被视为继发感染，前者为原发感染菌、后者为继发感染菌。另外，继发感染菌在一般情况下均要比原发感染菌的毒力弱，但这也是相对的，因其还与在发生感染时周围环境中及侵入时的数量、侵入部位及机体对该菌的易感程度、外界环境条件等因素有关。

（三）显性感染与隐性感染

按在感染中发生某种病原菌感染后所表现出的临床症状划分，若表现出相应病原菌感染所特有的明显临床症状的感染过程，被称为显性感染（apparent infection）；在感染后并不呈现明显临床症状，仅呈隐蔽经过的被称为隐性感染（inapparent infection）。隐性感染也被称为亚临床感染（subclinical infection），在有的患者虽然外表看不到症状，但其体内可呈现一定的病理变化；有的患者则是既不表现症状、又无明显可见的病理变化。发生隐性感染后能排出病原菌散播传染，一般仅能通过细菌学和免疫血清学的方法检查出来，当在机体抵抗力降低时也会转为显性感染。

另外，有时病原菌在所致的显性感染或隐性感染后并未立即消失，可在体内继续留存一定时间，与机体的免疫力处于相对平衡状态，此种情况被称为带菌状态，处于该带菌状态的为带菌者，可经常或间歇排出病原菌，成为重要的传染源，并能构成感染症的再次发生，因此在细菌性感染病流行过后继续维持一定时间的用药治疗，在控制由此种情况所引发的再感染也是很重要的。再者，与带菌状态相类似的一种形式是潜伏感染，指当机体与病原菌在相互作用过程中处于一种暂时的平衡状态时，病原菌较长时间地潜伏在病灶内或某些特殊组织中，一般不出现在血液、分泌物或排泄物中，一旦机体免疫力下降，则潜伏的病原菌就能大量生长繁殖并引发疾病。

（四）顿挫型感染与一过型感染及温和型感染

按在感染后的临床表现划分，若在发病的开始时症状较轻，特征临床症状尚未见出现即行恢复的被称为一过型感染或消散型感染；在发病伊始则症状表现较重，但在特征临床症状尚未出现即很快消退症状并转为健康的被称为顿挫型感染（abortive type infection），常见于感染病流行的后期；还有一种情况是其临床症状表现一直是比较轻缓的类型，这种类型一般被称为温和型感染。

（五）局部感染与全身感染

按所感染的部位划分，若病原菌仅局限于一定部位生长繁殖，并引起一定病理变化的则称为局部感染（local infection）；若感染发生后病原菌及其毒性代谢产物向全身扩散，并能使各主要组织器官发生不同程度的病理变化及全身症状，则称为全身感染（generalized infection，systemic infection）。显然，鱼类的细菌性鳃感染病为典型的局部感染。在全身感染中，其表现形式主要包括以下几个方面。

1. 毒血症与脓毒败血症

毒血症（toxemia）是指病原菌在侵入的局部组织中发生繁殖后，只有其所产生的外毒素进入血液循环并常通过血流到达一定的易感组织器官并引起相应的特殊毒性症状，其病原菌并不进入血液。典型的例子则是由破伤风梭菌（*Clostridium tetani*）所引起的人及某些动物的破伤风（tetanus）。

脓毒败血症（septicopyemia）为败血症（septicemia）的情形之一，但多是指化脓性细菌侵入血流后在其中大量生长繁殖，并通过血流扩散到机体其他组织或器官，产生化脓性病灶。如由金黄色葡萄球菌所引起的多发性肝脓肿、皮下脓肿、肾脓肿等。或是存在原发性化脓性感染病灶的情况，病原菌尚未进入血流，此情况可称为脓毒症（sepsis），但其通常为短暂的过渡过程，将很快会因病原菌进入血流、导致形成迁徙性化脓性病灶及演变为脓毒败血症。

2. 菌血症与败血症

病原菌由局部侵入血流，但未在血液中生长繁殖，只是短暂地通过血液循环进入体内适宜部位后再生长繁殖并引起致病，此期可被称为菌血症（bacteremia）阶段。这种情况只是在病原菌侵染机体过程中的一个阶段，且多数病原菌在很多情况下是进入血液后即行生长繁殖，其后果一般均是引发败血症感染。

病原菌侵入血流后在其中大量生长繁殖，有的还产生毒性代谢产物，引起严重的全身症状，被称为败血症感染。实际上，病原菌还常常是在全身各适宜的组织脏器中同样大量生长繁殖，并引起相应的病理损伤。多种病原细菌，均能引起机体发生败血症感染。

3. 内毒素血症

内毒素血症（endotoxemia）是指由革兰氏阴性病原菌侵入血流并在其中大量生长繁殖、菌体崩解后释放出内毒素（endotoxin）致病的一种感染类型，它是某些革兰氏阴性菌的一个感染特征。

（六）典型感染与非典型感染

这也是按临床症状划分的，在某种病原菌感染的过程中，表现出该种病原菌感染的相应病害的特征性（有代表性）临床症状的，称为典型感染；若感染发生后表现或轻或重，与典型症状有差异则被称为非典型感染。此两种感染类型，亦均属于显性感染的范畴。

（七）良性感染与恶性感染

一般常以群体发病的死亡率（%）作为判定感染病严重性的主要指标，若感染病发生后并不引起死亡，则可称之为良性感染；相反，若引起死亡则可称为恶性感染。在不同种细菌的感染病，表现既有良性感染也有恶性感染；即使是同一种细菌感染病，亦有时呈良性感染、亦有时呈恶性感染。发生良性感染或恶性感染，既取决于病原菌本身的毒力强度，亦取决于机体的抵抗力。无论是在不同种细菌性感染病间，还是同一种感染病的不同病例间，确切界定其良性感染与恶性感染的值（%）尚不是很明确的，常是按相对的印象值或大致的对比值来界定。

另外，尽管发病后的死亡率不是很高，但却在体表或体内其组织器官出现严重的病变，此类型的感染亦应列入恶性感染的范畴。

（八）急性感染与慢性感染

这是按发病后的病程划分的，急性感染（acute infection）的病程较短，从几天至2～3周不等，并伴有明显的典型症状；慢性感染（chronic infection）的病程一般发展缓慢，常在1个月以上，临床症状常不明显或甚至不表现出来。在急性感染中，若表现病程短促，常在数小时或1d内突然死亡，症状和病变均不显著，此种类型被称为最急性感染，常发生于感染病的流行初期；若临床表现不如急性感染那样显著，病程稍长些，与急性感染相比是一种比较缓和的形式，被称为亚急性感染。细菌感染病的病程长短，取决于机体的抵抗力和病原菌的致病力等因素，同一种细菌感染病的病程也不是经常不变的，在不同的人群间更可能会表现有差异，一种类型常易转变为另一种类型。

总体上看，各种不同的感染类型都是从某个侧面或某种角度进行划分的，因此上述各种类型也都是相对的，它们之间相互联系或重叠交叉，因此在具体描述时需加以不同情况的限定。

二、细菌性感染病的流行形式与病程发展阶段

细菌性感染病，能表现出在流行过程中的不同形式及病程发展阶段，也常具有一定的规律性，在作为流行病学资料、及时地有效预防与治疗等方面都具有重要意义。

（一）流行过程的表现形式

根据在一定的时间范围内，其发病率的高低和传染范围的大小（即流行强度），可将人群中细菌性感染病的表现分为下面几种形式，其表示的术语有散发流行（sporadic）、地方流行（endemic，enzootic）、流行、暴发、大流行（pandemic，panzootic）等。

1. 散发流行

感染病表现随机发生、无明显规律性，局部地区病例或发病与死亡零星地散在发生（无聚集性），各病例或发病与死亡者在发病时间、地点上没有明显的关系，这种情况称为散发流行（亦称散发性）。出现这种散发的形式，可能的主要原因包括以下几种。一是人群对某种细菌感染的免疫水平较高，如天然免疫水平较高或通过人工免疫已使大部分个体获得有效保护等。二是某种病原菌的隐性感染比例较大，偶尔在某些个体抵抗力下降时引起显性感染。三是某种病原菌的感染需要特定的条件，即传播的条件不易实现或潜伏期较长。

2. 地方流行

在一定的地区和群体中，带有局限性传播特征的，并且是比较小规模流行的细菌性感染病，可称为地方流行（亦称地方流行性），或叫作感染病的发生具有一定的地区性。地方流行性的含义一般认为有两个方面，一方面表示在一个地区的一个较长时间里发病的数量稍超过散发性的；另一方面除表示一个相对的数量以外，有时还包含着地区性的意义。如炭疽芽孢杆菌形成芽孢污染了某个地区，则使该地区成了常在的疫源地，

若防疫工作不良则每年都有可能会出现一定数量的炭疽病人或易感动物。

3. 流行

所谓发生流行是指在一定时间内、一定人群出现比寻常为多的发病或死亡个体，它没有一个发病或死亡的绝对数值界限，仅是指感染病发生频率较高的一个相对名词，亦称流行性。因此，任何一种感染病流行时，各地、各人群中所出现的发病或死亡数是很不一致的。流行性感染病的传播范围广、发病率高，此类情况往往是病原菌的毒力较强、能以多种方式传播，群体的易感性较高。

4. 暴发

感染病暴发是一个不太确切的名词，大致可作为流行性的同义词。一般认为，某种细菌感染病在一定的群体或一定区域范围内，在短期间（该感染病的最长潜伏期内）突然出现很多发病或死亡个体，可称为暴发。暴发常常是群体多有相同的传染源或传播途径，如人的食物中毒。

5. 大流行

大流行是一种规模非常大的流行形式，波及很大的范围（如跨国界、省界、地界等），被称为大流行（亦称大流行性）。历史上曾有过不少细菌性传染病的世界性大流行，如由鼠疫耶尔森菌引起的鼠疫、由霍乱弧菌引起的霍乱等。

上面所述及的几种流行表现形式，在它们之间的界定又是相对的，并且对每种形式来讲也不是固定不变的，因此需根据实际情况通过相对的比较作出流行形式的描述。

（二）病程的发展阶段

由病原微生物所引起的感染病，其病程发展过程在大多数情况下具有比较严格的规律性，大致可以分为潜伏期（incubation period）、前驱期（prodromal period）、明显（发病）期（period of apparent manifestation）和转归期（convalescent period）四个阶段。

1. 潜伏期

从病原细菌侵入机体并进行生长繁殖时起，再到感染病的临床症状开始出现时止，此段时间称为潜伏期。不同的细菌性感染病其潜伏期的长短常常是不相同的，即使是同一种细菌性感染病的潜伏期长短也存在较大的变动范围，这是由于不同的群体或个体的易感性是不一致的，病原菌的种类、数量、毒力和侵入途径及部位等情况有所不同所出现的差异性，但相对来讲还是具有一定的规律性。一般情况下，急性感染的潜伏期的差异范围较小，慢性以及症状不很显著的感染其潜伏期差异较大且常不规则。对同一种细菌性感染病来讲，潜伏期短时则一般表现感染病经过较严重，潜伏期延长时则感染病经过亦常较轻缓。从流行病学的观点来看，处于潜伏期中的群体或个体之所以值得注意，主要是因其可能是传染的来源。

潜伏期相当于病原细菌在体内定植和转移，引起组织损伤和功能改变导致临床症状出现之前的整个过程。对感染病潜伏期的了解，有助于对感染病的诊断、检疫和流行病学调查及早期治疗与防控。

2. 前驱期

是感染病的征兆阶段，其特点是临床症状开始表现出来，但该感染病的特征性症状仍不明显。从多数细菌性感染病来讲，这个时期仅可察觉到一般的症状，如表现出食欲减退、发热、疲乏和不愿活动等，为多种细菌性感染病所共有。各种细菌性感染病及各不同的病例所表现的前驱期长短不一，通常为数小时至1 ~ 2d的时间。需要注意的是，前驱期并非所有细菌性感染病都具有，起病急剧者可无前驱期。

3. 明显（发病）期

继前驱期之后，感染病的特征性症状逐步明显地表现出来，是感染病发展到高峰（临床症状由轻到重、由少到多）的阶段。这个阶段因相应感染病有代表性的特征性症状和体征相继表现出来，以致在临床诊断上比较容易识别。

4. 转归期

感染病的进一步发展，最终进入转归期。若病原菌的致病性能增强或机体的抵抗力减弱或两者兼具，则感染病会加重；若机体的抵抗力得到改进和增强（也包括使用有效抗菌药物的治疗），则机体逐渐恢复健康，表现为临床症状逐渐消退、体内的病理变化逐渐得到修复、正常的生理机能逐步恢复，此则是以恢复健康为转归。一方面，机体转为健康后，通常还能在一定的时间内保留特异免疫应答反应，以增强对病原菌再感染的抵抗力；另一方面，也有的在转愈后的一定时间内还有带菌及向外界环境排菌的现象存在，但病原菌最终还是被消除。

需要指出的是，也有些细菌性感染病患者在病程中可能会出现再燃（recrudescence）、复发（relapse）或后遗症（sequela）。再燃是指当感染病患者的临床症状和体征逐渐减轻，但体温尚未完全恢复正常的缓解阶段，由于仍潜伏于血液或组织中的病原菌再度繁殖，使体温再次升高，初期发病的症状和体征再度出现的情形。复发是指当感染病患者进入恢复期后，已稳定退热一段时间，由于在体内残留的病原菌再度繁殖，以致使临床表现再度出现的情形。后遗症是指有些感染病患者在恢复期结束后，仍有某些组织器官的功能在长期未能得到恢复正常的情形。

三、细菌性感染病的传播途径

病原菌从感染源（传染源）排出后，又经一定的方式再侵入其他易感者所经过的途径称为传播途径（route of transmission）。从总体上，传播途径可分为水平传播（horizontal transmission）、垂直传播（vertical transmission）两大类。其中的水平传播，主要包括空气传播（airborne transmission）、水源传播（waterborne transmission）、食物传播（food-borne transmission）、接触传播（contact transmission）、血液传播（transmission via blood）、虫媒传播（arthropod-borne transmission）、土壤传播（soilborne transmission）、医源性传播（iatrogenic transmission）等。在水生动物的细菌性感染病的病原菌传播途径，主要是水平传播。

（一）水平传播

水平传播指的是传染病在群体之间或个体之间，以水平形式横向平行传播。按传播方式，水平传播又可分为直接接触传播和间接接触传播。

直接接触传播指病原菌通过被感染者（传染源）与易感者直接接触（如咬伤）所引起的传播方式；这种情况不是多见的，且常是在被感染的个体发生感染，不易造成广泛的流行，通过这种传播途径造成的感染也被称为直接接触感染。

间接接触传播指病原菌通过传播媒介使易感者发生传染的方式；从传染源将病原菌传播给易感者的各种外界环境因素被称为传播媒介，传播媒介可能是生物即媒介者（vector）、也可能是无生命的物体即媒介物（vehicle）或称污染物（fomite）。在水生动物的细菌性感染中，通过间接接触传播的途径较多，如通过水环境、饵料、带菌的水生生物等的传播。

每种感染病的传播途径不一定是相同的，就同一种感染病来讲在每个具体病例中的传播途径也不一定是完全相同的，在同一种感染病可以存在一种以上的传播途径。只有针对某一种感染病的发生条件、传播途径和因素进行详细了解后，才能有效地控制这种感染病的流行。

1. 食物传播

摄入被病原菌污染的食物，则有可能通过消化道途径引起感染，这种途径也被称为消化道感染。食物传播主要见于以消化道为主要侵入门户的感染病，这种通过食物传播形式的也并非仅限于那些消化系统感染病；有些病原菌可通过胃肠道进入全身，引起某些特定组织器官或全身性的感染。

2. 接触传播

接触传播也称为日常生活接触传播，包括直接接触传播（direct contact transmission）和间接接触传播（indirect contact transmission）两种途径，多种细菌性感染病均可通过接触传播。直接接触传播是指感染源（传染源）与易感者不经过任何外界因素、直接接触所造成的传播，最为典型的是由狂犬病病毒（*rabies virus*，RV）引起的狂犬病（rabies）也称为恐水病（hydrophobia），当被患病犬咬伤后则可被感染发病。更多的情况是间接接触传播，即经被病原菌污染的物品等，经易感者接触后被感染造成传播。

另外，完整的皮肤、黏膜对多种病原菌均是有效的屏障，一旦皮肤、黏膜发生损伤（裂隙或创伤等），原来附着于皮肤、黏膜的病原菌，则可通过这种损伤的部位侵入引起局部感染，甚至侵入机体引起全身性感染，这种传播方式引起的感染也被称为创伤感染，在水生动物的细菌性感染中尤为突出。

3. 空气传播

空气传播主要包括通过飞沫、飞沫核、尘埃等传播因子引起的传播，主要见于以呼吸道为侵入门户的细菌性感染病，所以这种传播途径亦称为呼吸道传播，所有的呼吸道感染病病原菌通过空气传播，在医院环境显得尤为突出。多数情况是当患者大声讲话、咳嗽、打喷嚏时，可从鼻咽部喷散出含有病原菌的黏液飞沫悬浮于空气中，若被易感者吸入即可导致感染。凡是具有在外界自下而上力较强的病原菌，易感者也可通过吸入携带病原菌的尘埃被感染，比较典型的就是由结核分枝杆菌（*Mycobacterium tuberculosis*）引起的肺结核（pulmonary tuberculosis）。就水生动物的细菌性感染病来讲，这种传播形式是不存在的。

4. 水源传播

水源传播主要见于以消化道为侵入门户的感染病，当水源受到病原菌污染，在未经消毒材料的情况下饮用，常可发生相应感染病的流行。有不少的肠道细菌性感染病都可经水源传播，比较典型的有由霍乱弧菌引起的霍乱、由志贺菌属（*Shigella* Castellani and Chalmers，1919）细菌即通常称的痢疾杆菌（dysentery bacillus）引起的细菌性痢疾（bacillary dysentery）简称菌痢等。也有的感染病是通过易感者与疫水接触传播的，由于在生产劳动或生活活动过程中与含有病原菌的疫水接触，病原菌通过皮肤或黏膜的损伤（裂隙或创伤等）造成感染，如由问号钩端螺旋体（*Leptospira interrogans*）引起的钩端螺旋体病（leptospirosis）简称为钩体病，常可通过这种途径传播，也是自然疫源性感染病。就水生动物的细菌性感染病来讲，这种传播形式是最为重要的。

5. 血液传播

血液传播主要是指病原菌存在于携带者或患者的血液中，通过输血及血液制品、单采血浆、器官或骨髓移植等引起的传播。另外是未使用一次性或未经严格消毒处理的注射器，在医疗检查、治疗及手术器械和针灸等使用后未采取严格的消毒灭菌管理措施，将病原菌直接注入或经破损伤口侵入易感者体内的传播形式。就水生动物的细菌性感染病来讲，这种传播形式是不存在的。

6. 虫媒传播

虫媒传播是指由蚊、蚤、蝇、虱、蜱、螨等节肢动物作为传播媒介，进行病原体传播的形式。这些节肢动物媒介可以通过叮咬吸血传播某种感染病，通常此类感染病在人-人间，在无虫媒存在的前提下并不相互传染。有些病原体在虫媒体内不仅能生长繁殖，甚至可经卵传给后代，但节肢动物本身并非病原体发育繁殖的良好场所，且会受到外界环境影响的限制，所以虽是能起到感染源（传染源）的作用，但不能算作是感染源（传染源），仅是对病原体起到传播作用的媒介。

在细菌性感染病中，比较有代表性的是由鼠疫耶尔森菌引起的鼠疫。鼠疫的主要传染源是鼠类和其他啮齿类动物（自然界受感染的啮齿类动物已发现有220多种），主要为黄鼠属、旱獭属、大沙土鼠属及沙土鼠属等鼠类，家鼠中的黄胸鼠、褐家鼠和黑家鼠是人间鼠疫的重要传染源。动物和人间鼠疫的传播主要以鼠蚤为媒介，已发现至少有30种以上的蚤类能传播鼠疫（其中主要是开皇客蚤），“鼠→蚤→人”的传播是鼠疫的主要传播方式。另外的重要传播途径之一是在肺鼠疫（pneumonic plague），患者痰中的鼠疫耶尔森菌可通过飞沫构成“人→人”的传播。

7. 土壤传播

有些病原菌可长期存在于土壤中，当易感者接触了这些土壤，则土壤就可构成这些细菌性感染病的传播途径。比较典型的是能够引起人及动物破伤风（tetanus）的破伤风梭菌（*Clostridium tetani*）芽孢、引起人及多种动物发生炭疽的炭疽芽孢杆菌芽孢，可在土壤中存活多年，构成土壤传播的重要传染源。

8. 医源性传播

医源性传播是指在医疗、预防工作中，人为地造成某些感染病的传播。通常有两种类型：一类是指易感者在接受治疗、预防或检验时，由于所用器械受到医护人员或其他工作人员的手污染，或者消毒灭菌处理不严格引起病原菌的传播，另一类是药厂或生物制品受到污染引起病原菌传播。

（二）垂直传播

垂直传播指的是从母体至其后代的两代之间的传播，也称为母-婴传播。从广义上讲也属于间接接触传播的方式，包括宫内感染胎儿，主要是母体经胎盘血流将病原菌传播感染胎儿，或通过携带病原菌的卵细胞发育以致使胚胎感染，或是经产道传播（病原菌经阴道通过子宫颈口到达绒毛膜或胎盘引起胎儿感染），属于产前的传播；另外是在产程中使新生儿受到感染，以及在生后通过哺乳感染婴幼儿。

感染病的传播途径比较复杂，每种感染病通常均有其特定的传播途径，有的可能仅有一种途径，有的则有多种途径。研究感染病传播途径的目的主要在于通过切断病原菌继续传播的途径，以防止易感者受到感染，这是有效防控感染病的一个重要环节。

四、细菌性感染病的确证

对于细菌性感染病的确证，直接涉及的至少包括以下两个方面的问题：一是如何确定所分离到的细菌，即为被检患者的相应病原菌；二是如何确定被检患者，即为所检出病原菌引发的细菌感染病。这对于确定病原及感染病的性质、有效的防治等，都是至关重要的。如此，则需要以科学、规范的方法，获得大量且科学有效的试验数据、资料作为结论的支持，其根本在于决不可漏检，更不能误判，客观、真实地反映出所检感染病的相应病原菌种类。整个过程严守如科研工作那样的“四严”作风，即“严肃的态度、严密的方法、严谨的结论、严格的要求”，确保结果的真实、可靠。另外，这里所记述的细菌感染病确证为泛义的。

（一）病原菌方面

这里所述的病原菌方面，主要指的是准确、有效地从被检标本材料中检出某种或某些种相应病原菌，并不仅仅在于从被检标本材料中分离、鉴定了某种病原菌。因此，必须从以下几个方面严格要求。

1. 被检标本材料的选定

用于做细菌分离的病料，其选定原则通常是根据所发感染病特点选择其具有代表性的被检材料。如呼吸系统感染病的痰液、呼吸道分泌物，消化系统感染病的呕吐物、胃液、粪便，泌尿系统感染病的尿液、尿道分泌物，脑神经系统感染病的脑脊髓穿刺液，皮肤、黏膜等局部感染病的病变组织及分泌物等，疑为食物中毒的残留食物。在水生动物，主要包括病变部位、实质器官，以及必要的养殖水、设施、饲料等。

2. 严格的无菌操作

无菌操作贯穿于细菌检验工作的始终，它是保证结果可靠性的一个重要内容。此处所强调的无菌操作，主要指的是对分离细菌用病变组织（标本材料），包括对所用病变组织（标本材料）的采集与处理，目的在于排除一切可能会带来污染的细菌。

3. 使用的培养基与培养条件

结合对病料做直接抹（涂）片染色后镜检细菌的结果，在已圈定为某种或某几种可疑病原菌的情况下，则应选择这些病原菌适宜生长发育的培养基用于细菌分离，且最好是同时使用几种培养基（含选择性培养基），以便于在分离后对菌落做对比观察并有助于发现其分离的规律性和准确性。对于在确实难以圈定可疑的菌种范围的情况下，更宜做多方面的考虑来决定培养基的选用，此时应以宜多不宜少为原则。对于增菌培养，在一般的情况下是不宜使用的，其理由一方面是增菌培养的一般是仅利于某种特定细菌的生长、不利于或能抑制其他细菌生长的液体培养基，此种情况完全处于目的性分离，但尽管这种培养基的选择性再强也难以使其他细菌均不生长；另一方面则是液体培养若其他细菌在材料中再少也将容易生长繁殖扩大数量，直接影响到增菌后再进行固体培养基的分离。

在培养条件方面，水生动物的病原菌多为好氧菌，因此在非特殊需要进行厌氧培养或CO_2培养的情况下，均需进行好氧培养。对于培养温度，一般采用22～28℃培养条件即可，在特殊需要的情况下采用其他适宜培养温度。

4. 形态特征的对比

在对细菌分离培养后，对于是否还有其他可能在这些培养基上均不生长（或培养条件不宜等）的疑问，可通过在被检组织材料中发现同所分离菌纯培养在形态特征、染色反应相同的细菌来判定。其中需要注意的是有多数病原菌在人工培养基上的纯培养菌一般均比在病变组织材料中的稍小些或容易出现不甚规则形态的菌体（如长丝状菌体等），但最基本的形态特征、染色反应（常用革兰氏染色）是一致的。

5. 病原菌的分类鉴定

对于病原菌的有效鉴定，直接决定了病原菌的种类判定。一般情况下，若仅仅是出于对细菌常规鉴定之目的（非研究工作的特别需要），主要包括对分离后做纯培养的细菌做形态特征检查、培养及生化特性检查、免疫血清学检验、动物试验的致病作用检查等方面。

特别提示，对所测项目内容均必须使用具有明确记载、学术界公认的、标准的、规范的方法，对结果的判定时也是如此，切忌随便操作，对所测项目的可疑结果需认真分析原因并进行重复试验、尊重客观结果。对一项内容具有多种方法的，常常有的方法是专门用于对某种或某些种细菌检验的，此时必须予以明确，即使是泛义的方法也常会因方法不同将出现不同的结果，所以在这种情况下则需注明所用方法，以避免可能会导致在他人应用另外方法时所测结果的不一致性。此外，就同一种细菌、同一项指标及同一种测定方法来讲，有的也会因所使用的培养基、培养条件（如气体或温度等）的不同，表现出不同的结果，此时则需标注相应的测定条件。

（二）感染病方面

这里所述的感染病方面，主要指的是所检出的病原菌必须是所检感染病的相应病原菌，并不仅仅在于从被检材料中分离鉴定了某种病原菌后即可确定。因此，必须在以下几个方面严格要求。

1. 确证感染病的基本指征

对于已经明确的由某种病原菌所引起的某种细菌性感染病，当表现出特征的临床表现与病理变化、发病与流行规律等，又有规律地检出相应病原菌时，即可作为这种感染病的基本指征予以确证。但在某些细菌性感染病，尤其是与其他病原体的混合感染症中，有不少的情况下是缺乏经典的发病与流行规律及特征的临床表现与病理变化，所检出的病原菌也有时并非单一种或分离结果不规律，此时则需对群体的主要发病特点与流行规律、较多个体所表现出的主要临床表现与病理变化特征进行详细的归纳与总结描述；对病原体的检验，需取具有代表性的病例的病变组织材料，至少进行以下几个方面的检验和确认。

（1）病原体“优势理论”的使用

在细菌分离中的“优势理论”，指的是对于同一种及不同种的被检材料，在使用的同一种及不同种培养基上，某种细菌均表现为优势生长（菌落数量大）状态。此种细菌最大的可能是被检目的菌，且最大的可能为原发病原菌。此时需要考虑到的问题是在不可避免且为严重污染的被检材料，或在所使用的培养基中有不适宜该种细菌生长的培养基，这些情况则应认真核对、辨别。

（2）确认病原体的特殊条件

在特殊需要的情况下（尤其是出于研究之目的），对病原体的确认，还需要对被检标本材料进行特殊处理后，通过实验动物的感染检验。通常情况下，对水生动物一些细菌性感染来讲还是有必要的。

①甲醛处理材料及检验。无菌操作将病料称重后（液体材料可直接使用），加适量无菌生理盐水用玻璃组织研磨器充分磨细后装于适量玻瓶中，按0.5%量加入甲醛溶液并充分摇匀，置37℃、24h（其间摇动3～5次），取出用普通营养肉汤（瓶或管）和普通营养琼脂（平板）接种各2份（或使用可疑病原菌适宜生长的培养基），置37℃（或可疑病原菌所需适宜生长温度）培养24～72h，无菌生长为合格。以此作为供试材

料，分别接种实验动物（主要是用同种健康水生动物），同时以同数量、同批实验动物做接种生理盐水的对照，统一隔离饲养观察，试验组和对照组的均应在试验观察期内正常存活。

②过滤除菌材料及检验。同上方法中的研磨悬液，用细菌过滤器过滤除菌后（最好是再加入青霉素和链霉素的双抗处理）作为供试材料，同上所述方法做接种感染动物试验。若接种感染组出现发病、死亡（对照组需正常存活），对被检材料做细菌检验为无菌生长，则可初步判定为非细菌感染，最常见的可能性是存在病毒的感染，需进一步做病毒学的检验予以明确；若感染组和对照组均无发病与死亡情况（正常存活），则可初步排除可能存在的病毒感染，但也不可忽视所用实验动物对其中的病原不敏感。

③不处理材料及检验。同上方法中的研磨悬液，不做任何处理直接作为供试材料，同上所述方法做接种感染动物试验。若接种感染组出现发病、死亡（对照组需正常存活），对发病、死亡实验动物做细菌检验能有规律地检出细菌，且与从被检材料中直接做细菌检验所检出的细菌相同，则可初步判定为相应的细菌感染病，再对检出的细菌予以鉴定明确；若感染组和对照组均无发病与死亡情况（正常存活），则可初步排除为病原微生物所引起的感染症，但这种情况则需以被检材料做直接的细菌检验也应是无菌检出的，若从被检材料做直接的细菌检验曾经检出，则需进一步研究这种细菌在离体环境条件下的生存能力及其他方面的可能因素等，不宜简单地作出非细菌感染的结论。

2. 科赫法则的运用

在前面有述及的科赫，在1884年创立了确证病原细菌的科赫法则。尽管科学发展至今业已显示出了科赫法则的某些不足之处，但在实践中还是在体现着它的实用性和有效性，并一直在作为确证病原体（尤其是细菌）、感染病（尤其是细菌性感染病）的“金标准”，在对病原体新致病类型、新病原体的发现中的价值更为突出。

通常对检出细菌对实验动物进行的感染试验，其本质就是对科赫法则的扩大应用。另外是由于如上有述的某些病原菌，在机体组织中与纯培养菌常在形态特征上可能会表现出某些差异，此时则可通过在被检材料、纯培养菌、动物感染试验中的细菌形态特征（含染色反应）对比予以核证。

五、细菌性感染病的监测与控制

对感染病做好经常性的监测（surveillance）和有效的预防（prevention）与控制（control），是预防医学、健康保障的重要内容。通过监测，不仅仅在于较系统地掌握某种细菌感染病的发生规律、分布及其程度等，更直接的目的是指导与及时、有效的预防与控制，使相应细菌感染病不发生或不能引起流行，将其所造成的危害降低到最小值。

（一）监测

对细菌感染病的监测，主要指的是对某种或某些细菌感染病进行系统、完整、连续和定期观察，对病原菌检测，调查细菌感染病的分布、动态及影响因素等，以便及时采取行之有效的控制对策。无论哪一方面的内容，其基本的环节主要包括资料收集、资料处理与利用。

1. 资料收集

资料收集是一项长期、连续性的工作，也是监测的基础工作。主要涉及的资料包括发病与死亡情况、暴发与流行情况、病原菌的分布与规律、隐性或慢性感染、抗菌药物或疫苗的使用及其效果等。

（1）发病与死亡情况

主要是调查、统计某种或某些种细菌感染病的发病率（incidence rate，IR）及死亡率（mortality rate，death rate），以明确相应感染病的发生规律、危害程度，指导于制定相应的防控措施。在进行发病与死亡情况的调查、统计时，需要注意的是要明确相应感染病的病原菌种类，不可将可能是由于其他非由病原微生物引起的某种原因导致的个体（甚至群体）不正常或死亡均列为细菌感染病引起。

（2）暴发与流行情况

对一些细菌感染病做暴发或流行情况的调查与统计，有助于掌握这种感染病发生的一般规律，同时通过对引起暴发或流行原因的分析与判断，可以作出相应细菌感染病发生的预测，提前采取及时、有效的防控措施。

（3）病原菌的分布与规律

对于细菌感染病来讲，其病原菌的分布与规律，主要涉及对病原菌分离与鉴定、环境及食物中病原菌的测定。

分离病原菌时，一定要保证在无菌操作的前提下，从被检材料中有规律地检出某种（或者是混合感染或继发感染的某几种）病原菌，并应通过与发病情况、病理变化、动物感染试验确证所检出的细菌为相应感染病病原菌的综合判定相结合，以确立其相应病原学意义，不可在分离获得了某种细菌后则作出为相应感染病病原菌的结论，因为至少还要考虑到是否存在混合感染或继发感染的问题，更何况是还需对所分离细菌要做病原学意义确立的。另外是某些抗生素的使用，会直接影响到细菌检验的结果。

（4）隐性感染或慢性感染

对怀疑存在某种病原细菌隐性感染或慢性感染的人群，主要是采用测定血清中是否存在相应特异抗体的方法，如果知道某人群从未发生过某种病原菌的显性感染，若在该人群若干个体中检出了某种病原菌的相应抗体，则可判断其一定是经受了或正在经受着相应病原菌的隐性或不显症状的慢性感染，则应及时采取控制措施。

（5）抗菌药物或疫苗的使用及其效果

对患者使用抗菌类药物治疗，需要有使用抗菌类药物种类、次数、剂量、使用方法及使用效果等方面资料的完整记录，这样有助于指导选择用药、分析用药的效果和制定切实可行的用药方案。在人群使用了某种细菌疫苗后，要定期进行血清抗体的检测，主要是检测抗体在个体间形成的均一性及群体的几何平均滴度，也包括消长规律，用以判定相应的保护作用。

2. 资料处理与利用

对经上述监测获得的数据资料，要及时进行信息处理，包括具体的整理与归纳、分析、判断，整理要全面、归纳要清晰、分析要科学、判断要客观。对国家规定需按时向上级主管部门报道的内容，要严格按要求及时上报。对需要采取防控措施的，要及时作出相应的信息反馈，并尽可能地指导防控措施的制定与实施。需要注意的，凡国家规定的保密内容，要严格遵守保密条例和相应的规定。

（二）控制

控制也常被称为防控，主要是指采取各种有效防治措施降低已出现于群体中感染病的发病数和死亡数，并将感染病限制在最小的局部范围内。实际上，也应包括对未发病群体的有效预防等内容。

1. 防治

防与治是两个方面的内容，防是通过采取有效的预防方法，以防止新病例的出现和向易感人群的蔓延扩散，主要方法包括采取对环境、生活用品等的消毒处理，减少病原菌的数量；将发病的与未发病的隔离开，并对发病的进行治疗、对尚未发病的进行相应的预防；核证与消除传染源，彻底切断传播途径。治是通过使用有效药物对发病者进行治疗，其中最为重要的是选择使用敏感的抗菌类药物，并注意交替用药、以防抗药性的产生。

2. 预防

预防实际上属于上述防的内容，但常常是指对健康群体或已受到威胁但尚未发病的群体，采取有效的措施以防止感染病的发生。主要包括：一是使用疫苗接种的方法，在使用了某种细菌疫苗后，需要定期进行免疫保护效果的监测，不可认为在使用了某种细菌疫苗后就不会再被相应病原菌感染发病，一经检测抗体效价在低于有效保护水平的情况下，则需再接种免疫或采取其他措施预防。二是使用抗菌药物的预防，在某种细菌感染病的发病高峰期前和高峰期，或者在受到某种病原菌威胁（如可能有某种病原菌的污染或周围有感染病发生）等情况下，要做好相应的用药预防。三是做好平时的卫生、消毒等工作，以防止病原菌的富集与传播。

上述对细菌病害监测与控制内容，仅是一般性的、原则性的、泛义的。在实践中，需根据具体的细菌感染病种类、危害程度、流行性等，具体制定相应的监测与控制措施。

六、细菌性感染病的量度

在临床流行病学（clinical epidemiology）调查分析及研究中，常常需要对感染病（疾病）进行一些指标（流行病学指标）的测量。按这些指标的用途可以分为两类：一是测量感染病（疾病）发生（含感染）频率和死亡频率的指标；二是测量危险因素与感染病（疾病）联系强度的指标。前者主要用于描述感染病（疾病）的分布情况，如发病率、患病率（prevalence rate，PR）、死亡率等，通过这些指标的统计，能够确切地展示某种或某些感染病（疾病）在不同时间、区域、人（动物）群中的分布规律；后者主要用于对病因的推断，如相对危险度（relative risk，RR）、人（动物）群归因危险度（population attributable risk，PAR）等。以下所述及的内容，主要是测量感染病（疾病）发生（含感染）频率、死亡频率及治疗效果的指标[34-39]。

（一）比值和比例及率

在统计学中，测量指标有绝对数和相对数之分。流行病学研究是基于人（动物）群开展的，更注重的是感染病（疾病）在人（动物）群中发生、预后的全貌。因此，流行病学所用的测量指标多是相对数，其计算方法主要包括比值（ratio）、比例（proportion）和率（rate）。

1. 比值

比值指的是一个统计值A与另一个不包括A的统计值B之比的值（A：B或A/B），是比较特定时间两个独立事件数量大小关系的指标。所谓独立事件，是指互不包含或不为对方的一部分。比值无时间单位，通常是用比（A：B或A/B）或百分数（100%）来表示。如在某群体中患病的与健康的之比为1：20（或1/20）或记作5%（即有患病的1、健康的20）。在比值的分子不包含在分母中，分子和分母分别代表不同的事件。

2. 比例

比例是指一个统计值A与另一含A的统计值（A+B）的比值A/（A+B），用来表示某特定时间某特定事件在总体事件数中所占的比例，比例的分子是分母中的一部分。比例无时间单位，通常是用百分数（100%）来表示，如某地、某时间发病的占总数量的

0.5%（即在每200例中平均有1例发病）。

3. 率

率是指在一定的时间范围内，总体中出现某事件的频数或强度。设某事件的数量为A，在总体中非A的数量为B，则率为A/（A+B），表示总体与局部的关系。如总暴露者中发病者的比值，这时发病数为A、健康数为B。

率有时间单位，因观察时间的长短不同，所见到的事件数（分子部分）多少会不同，以致率的大小也会是不等的，所以在表达率时应注明时间单位。在流行病学中的率是比例频数，通常用百分率（最常用）、千分率、万分率等表示。

（二）测量感染病频率的指标

通常用来测量感染病（疾病）频率的指标，主要包括发病率、罹患率（attack rate，AR）、患病率、感染率（infection rate）、续发率（secondary attack rate，SAR）等。在对水生动物感染病的统计中，比较常用的是发病率、感染率、携带率（carrier rate）。

1. 发病率

发病率又称疾病发生率，表示在一定期间内，在特定群体中某种疾病新发生病例（个体）的出现频率。观察时间的单位可根据具体疾病种类及相应问题特点和需要决定，但通常多是以年度表示（一般为1年），即某年某疾病的发病率。计算公式（以百分率为例）：

$$发病率（\%）=\frac{一定期间内某群体中某感染病的新病例数量}{同期内可能发生该感染病的暴露数量}\times 100$$

发病率是群体中健康个体到患病个体变化频率的动态指标，是一项比较重要和常用的指标（对死亡率很低的疾病来讲尤为重要），主要用来描述感染病分布、探讨感染病决定因素和评价防控措施效果。其中：计算公式中的分子是在一定期间内的新发病数量，若在观察期间内的一个个体有多次发病的情况，则应分别计为新发病例数；分母中所规定的暴露（exposure）数量是指观察区域内可能发生此病的群体，对那些不可能发生（如正在患病或因曾患病或因接种疫苗获得了免疫力）的，理论上不应计入，但在实际工作中不易做到。当描述某区域的某种疾病发病率时，分母多是用该区域在该时间内的平均数量，这时应注明分母用的是平均数量；如果观察时间以年度为单位时，可为年初数量与年终数量之和除以2，或是以当年年中（7月1日零时整）的数量表示。发病率可按疾病种类、年龄、性别等特征，分别统计计算获得发病专率。

在对细菌感染病的统计时，发病率不是很常应用的，更多的是应用累计发病率（cumulative incidence，CI）。

$$累计发病率（\%）=\frac{在特定时期内变为发病的总数}{在该观察期开始时群体中的健康总数}\times 100$$

2. 感染率

感染率（infection rate）是指在某个期间内能够检查的整个群体样本中，某种感染病现有被感染数量所占的比例。感染率可分为现状感染率和新发感染率，现状感染率的性质与患病率相似，新发感染率则是类似于发病率。

$$感染率（\%）=\frac{检出被感染的（阳性）数量}{受检数量}\times 100$$

感染者包括带有临床症状和不带临床症状的、检出带有病原体和检不出来带有病原体但有曾感染过该病原体证据（如免疫学反应阳性）的。因感染的检验方法和判定标准对感染率影响很大，所以在分析比较时应特别注意。感染率的用途比较广泛，是评价群体健康状况常用的指标，多用于研究感染病的感染情况，推论感染病的流行态势，也可为制定防控对策提供依据，尤其在对一些慢性感染病的流行病学研究中是常应用的。

3. 携带率

携带率（carrier rate）是与上述感染率相近似的概念，计算公式中的分子为群体中携带某种病原体的数，分母为受检的总数。如果检查的是某种病原菌、病毒、寄生虫，则分别称为带菌率、带毒率、带虫率等。

$$携带率（\%）=\frac{检出携带某种病原体（阳性）的数}{受检者的总数}\times 100$$

（三）测量死亡频率的指标

通常用来测量因发生感染病（疾病）后死亡频率的指标，主要包括死亡率、死亡专率（specific death rate）、病死率（case fatality rate）、生存率（survival rate）等。

1. 死亡率

死亡率表示在一定期间内，一定的群体中发生死亡于某种感染病（或所有原因）的频率或强度。死亡率是用于衡量在某一时期内（一般为1年），一个区域群体死亡危险性大小的一个常用指标，它可反映一个区域不同时期群体的健康状况。计算公式（以百分率为例）：

$$\text{死亡率（\%）}=\frac{\text{某期间内死亡数量}}{\text{同期该群体的平均数量}}\times 100$$

计算公式中的分子为死亡数量，分母为可能发生死亡事件的总数量（若以1年计算则通常是以年中的数量计，或者以年初与年终之和除以2计），通常多是以年为单位，多是用千分率、万分率表示，计算时应注意分母必须是与分子相对应的。某感染病死亡率是该感染病分布的一项重要指标，对病死率高的感染病的流行病学研究很有价值，因其可以代替发病水平，且不易搞错，但对于症状轻微且致死率很低或不致死的感染病来讲，进行死亡率分析是不合适的。

2. 死亡专率

通常按上面公式计算的疾病死亡率，是粗死亡率（crude mortality rate）。在对不同区域或不同年代的某种疾病死亡率进行比较时，则不宜直接采用粗死亡率来比较。

死亡率统计可按不同病种、性别、年龄等分别加以计算，此时计算公式中的分母应与产生分子的相对应，这样计算的死亡率称为死亡专率。如因某疾病死亡的死亡专率计算公式（以百分率为例）：

$$\text{死因死亡专率（\%）}=\frac{\text{某年因某疾病死亡数量}}{\text{同年总数量}}\times 100$$

3. 病死率

病死率（fatality rate）是表示在一定的时期内，在患某种疾病的总数中、因该疾病死亡所占的比例。一定时期对于病程较长的感染病来讲可以是1年，病程较短的可以是月、天。计算公式：

$$\text{病死率（\%）}=\frac{\text{某时期内因某种疾病死亡的数量}}{\text{同期内患该疾病的数量}}\times 100$$

病死率表示确诊的某种感染病的死亡概率，因此可反映该感染病的严重程度，也可反映诊治的水平。病死率通常多是用于急性感染病，较少用于慢性感染病的统计分析。

（四）测量治疗效果频率的指标

通常用来测量感染病（疾病）患者在经采取治疗措施后，反映治疗效果频率的指标，主要包括有效率（effective rate）、治愈率（cure rate）、缓解率（remission rate）、复发率（recurrence rate）等。

1. 有效率

有效率是指某种疾病经治疗后，治疗有效数量占接受治疗总数的百分比。

$$有效率（\%）=\frac{经治疗有效的数量}{接受治疗的总数}\times 100$$

2. 治愈率

治愈率是指某种疾病经治疗后，被治愈数量占接受治疗总数的百分比。常用于病程短且不易引起死亡的疾病统计。

$$治愈率（\%）=\frac{经治疗后被治愈的数量}{接受治疗的总数}\times 100$$

3. 缓解率

缓解率是指某种疾病的患者经治疗后，进入疾病临床证据消失期的数量占接受治疗总数的百分比。有完全缓解率、部分缓解率和自发缓解率之分。

$$缓解率（\%）=\frac{经治疗后进入疾病临床证据消失期的病例数}{接受该方法治疗的总病例数}\times 100$$

4. 复发率

复发率是指某种疾病经过一段时间的缓解或痊愈后，又出现疾病临床证据的数量占接受观察总数的百分比。

$$复发率（\%）=\frac{疾病复发的病例数}{接受观察的总病例数}\times 100$$

参考文献

［1］ KRIEG N R，LUDWIQ W，WHITNAN W. et al.，Bergey's Manual of Systematic Bacteriology：Volume 4[M]. 2nd ed. New York：Springer，2010：845-877.

［2］ WHI TEMAN W B. Bergey's Manual of Systematics of Archaea and Bacteria[M]. New York：Weily，2015：*Chlamydia*（1-20）.

［3］ DANIELE C，THIERRY M W. 'Candidatus *Renichlamydia lutjani*'，a Gram-negative bacterium in internal organs of blue-striped snapper *Lutjanus kasmira* from

Hawaii[J]. Diseases of Aquatic Organisms，2012，98（3）：249–254.

［4］ THIERRY M W，ROBERT A R，GERALDINE T，et al. Protozoal and epitheliocystis-like infections in the introduced bluestripe snapper *Lutjanus kasmira* in Hawaii[J]. Diseases of Aquatic Organisms，2003，57（1–2）：59–66.

［5］ THIERRY M W，MATTHIAS V，GRETA S A. Microparasite ecology and health status of common bluestriped snapper *Lutjanus kasmira* from the Pacific Islands[J]. Aquatic Biology，2010，9（2）：185–192.

［6］ MARCO R. Gill diseases in marine salmon aquaculture with an emphasis on amoebic gill disease[J]. CAB Reviews，2019，14（32）：1–15.

［7］ 战文斌. 水产动物病害学[J]. 北京：中国农业出版社，2004：148–149，199–200，205–206.

［8］ ROBERTS R J . Fish pathology[M]. 4th ed. Malden：Blackwell Publishing Ltd，2012：226–227，259，306–307，341–348，390–392.

［9］ PATRICK T K W，ROCCO C C. Fish viruses and bacteria：pathobiology and protection[M]. Croydon：Printed and bound in the UK by CPI Group（UK） Ltd，2017：115–119.

［10］ HEDRICK R P，GROFF J M，OKIHIRO M S，et al. Herpesviruses detected in papillomatous skin growths of koi carp（*Cyprinus carpio*）[J]. Journal of Wildlife Diseases，1990，26（4）：578–581.

［11］ AGNAR K，BIRGIT H D，KNUT F. Isolation and partial characterization of a novel paramyxovirus from the gills of diseased seawaterreared Atlantic salmon（*Salmo salar* L.）[J]. Journal of General Virology，2003，84：2179–2189.

［12］ AGNAR K，KNUT F，SOLVEIG M R N. Atlantic salmon paramyxovirus（ASPV）infection contributes to proliferative gill inflammation（PGI）in seawater-reared *Salmo salar*[J]. Diseases of Aquatic Organisms，2005，67：47–54.

［13］ NYLUND A，WATANABE K，NYLUND S，et al. Morphogenesis of salmonid gill poxvirus associated with proliferative gill disease in farmed Atlantic salmon（*Salmo salar*） in Norway[J]. Archives of Virology，2008，153（7）：1299–1309.

［14］ 孟庆显. 海水养殖动物病害学[M]. 北京：中国农业出版社，1996：79–81.

［15］ POWELL M D，HARRIS J O，CARSON J，et al. Effects of gill abrasion and experimental infection with *Tenacibaculum maritimum* on the respiratory physiology of Atlantic salmon *Salmo salar* affected by amoebic gill disease[J]. Diseases of aquatic organisms，2005，63（2–3）：169–174.

［16］ MANSELL B，POWELL M D，ERNST I，et al. Effects of the gill monogenean

Zeuxapta seriolae（Meserve，1938）and treatment with hydrogen peroxide on pathophysiology of kingfish，*Seriola lalandi* Valenciennes，1833[J]. Journal of Fish Diseases，2005，28：253-262.

[17] WELI S C，DALE O B，HANSEN H，et al. A case study of *Desmozoon lepeophtherii* infection in farmed Atlantic salmon associated with gill disease，peritonitis，intestinal infection，stunted growth，and increased mortality[J]. Parasites & Vectors，2017，10：370.

[18] MITCHELL S O，RODGER H D. A review of infectious gill disease in marine salmonid fish[J]. Journal of Fish Diseases，2011，34：411-432.

[19] RODGER H D，HENRY L，MITCHELL S O. Non-infectious gill disorders of marine salmonid fish[J]. Reviews in Fish Biology and Fisheries，2011，21（3）：423-440.

[20] MITCHELL S O，BAXTER E J，RODGER H D. Gill pathology in farmed salmon associated with the jellyfish *Aurelia aurita*[J]. Veterinary Record，2011，169：609.

[21] 房海，陈翠珍. 病原细菌科学的丰碑[M]. 北京：科学出版社，2015：20-22，48-50.

[22] 王宇明. 感染病学[M]. 2版. 北京：人民卫生出版社，2010：1-2，54-59.

[23] 贾辅忠，李兰娟. 感染病学[M]. 南京：江苏科学技术出版社，2010：47-52，81-85，95-97，955-965.

[24] 陆德源. 医学微生物学[M]. 4版. 北京：人民卫生出版社，2000：58-79.

[25] 徐建国. 分子医学细菌学[M]. 北京：科学出版社，2000：104-165，173-178，197-229.

[26] 杨正时，房海. 人及动物病原细菌学[M]. 石家庄：河北科学技术出版社，2003：113-190.

[27] 韩文瑜，冯书章. 现代分子病原细菌学[M]. 长春：吉林人民出版社，2003：29-32，91-136.

[28] 李梦东. 实用传染病学[M]. 2版. 北京：人民卫生出版社，1998：3-47.

[29] HENDERSON B，POOLE S，VILSON M. 细胞微生物学[M]. 陈复兴，江学成，李玺，等，主译. 北京：人民军医出版社，2001：14-42.

[30] 申正义，田德英. 医院感染病学（上册）[M]. 北京：中国医药科技出版社，2007：1-5，39-40，159-164.

[31] 居丽雯，胡必杰. 医院感染学[M]. 上海：复旦大学出版社，2011：1-4.

[32] 徐秀华. 临床医院感染学[M]. 修订版. 长沙：湖南科学技术出版社，2005：1-5，61-66.

[33] 王鸣，杨智聪. 医院感染控制技术[M]. 北京：中国中医药出版社，2008：1-25.

[34] 胡永华. 实用流行病学[M]. 2版. 北京：北京大学医学出版社，2010：7-11.

［35］ 李立明. 流行病学[M]. 6版. 北京：人民卫生出版社，2010：15-21，241-247.
［36］ 郑全庆. 流行病学[M]. 西安：西安交通大学出版社，2010：15-29，309-329.
［37］ 王素萍. 流行病学[M]. 2版. 北京：中国协和医科大学出版社，2009：14-20，194-205.
［38］ 谭红专. 现代流行病学[M]. 北京：人民卫生出版社，2008：37-54，517-532.
［39］ 刘爱忠，黄民主. 临床流行病学[M]. 2版. 长沙：中南大学出版社，2010：36-39.

（房海　撰写）

第二篇 鱼类鳃的黄杆菌科细菌感染病

本篇共记述了3章内容：第三章“黄杆菌科细菌的分类特征与科内菌属”、第四章“黄杆菌属（*Flavobacterium*）”、第五章“黏着杆菌属（*Tenacibaculum*）”。

在第三章“黄杆菌科细菌的分类特征与科内菌属”中，比较系统地记述了黄杆菌科细菌的定义与分类相关内容、黄杆菌科所包括的菌属与涉及的病原性黄杆菌。

在第四章“黄杆菌属（*Flavobacterium*）”中，比较系统地记述了黄杆菌属细菌的菌属定义与属内菌种；分别比较详细地描述了作为鱼类细菌性鳃感染病的柱状黄杆菌（*Flavobacterium columnare*）、嗜鳃黄杆菌（*Flavobacterium branchiophilum*），以及与鳃感染病直接相关联的水生黄杆菌（*Flavobacterium hydatis*）、琥珀酸黄杆菌（*Flavobacterium succinicans*）共4种病原性黄杆菌，包括研究历程简介、生物学性状、病原学意义、微生物学检验等内容。

在第五章“黏着杆菌属（*Tenacibaculum*）”中，比较系统地记述了黏着杆菌属细菌的菌属定义与属内菌种；分别比较详细地描述了作为鱼类细菌性鳃感染病的近海黏着杆菌（*Tenacibaculum maritimum*）及与鳃感染病直接相关联的舌齿鲈黏着杆菌（*Tenacibaculum dicentrarchi* sp. nov.）两种病原性黏着杆菌，包括研究历程简介、生物学性状、病原学意义、微生物学检验等内容。

第三章　黄杆菌科细菌的分类特征与科内菌属

黄杆菌科［Flavobacteriaceae Reichenbach，1992（Effective publication：Reichenbach，1989）emend. Bernardet，Segers，Vancanneyt，Berthe，Kersters and Vandamme，1996 emend. Bernardet Nakagawa and Holmes，2002）］细菌，是一个包括多个菌属、菌种的庞大菌群，广泛分布于自然环境，尤其是在土壤和水生境中。

有少数的种具有致病性，包括作为原发病原菌、机会病原菌（亦称条件病原菌），在人、水生动物引起多种不同病症类型感染病。对人的致病，还主要是伊金氏菌属（*Elizabethkingia* Kim，Kim，Lim，Park and Lee，2005）的脑膜脓毒伊金氏菌（*Elizabethkingia meningoseptica*），主要是能够在医院婴幼儿室发生感染和流行，也可引起免疫力低、体弱的成人感染发病，也被认为是医院感染（hospital infection，HI）的一种重要病原菌。在临床检验材料中，常可从病人的脑脊液、血液、手术后伤口、皮肤溃疡等处检出。引起的主要病症是新生儿及早产儿的脑膜炎，从Brody（1958）首先发现此病后，相继发现在多个国家均有病例报道；另外，还可引起严重的化脓性脑膜炎、败血症、心内膜炎、伤口感染、肺炎及尿路感染等[1-4]。

在水生动物主要是作为淡水鱼类的病原菌，尤以由黄杆菌属（*Flavobacterium* Bergey，Harrison，Breed，Hammer and Huntoon，1923 emend. Bernardet，Segers，Vancanneyt Berthe，Kersters and Vandamme，1996）的一些种引起的所谓黄杆菌病（flavobacterial diseases）出现频率高。其中主要包括：柱状黄杆菌（*Flavobacterium columnare*）是鱼类柱状病的病原菌；嗜鳃黄杆菌（*Flavobacterium branchiophilum*）是鱼类细菌性鳃病（bacterial gill disease，BGD）的病原菌；嗜冷黄杆菌（*Flavobacterium psychrophilum*）是鱼类细菌性冷水病（bacterial cold water disease，BCWD）、虹鳟鱼苗综合征（rainbow trout fry syndrome，RTFS）的病原菌[5-9]。

第一节　黄杆菌科细菌的分类特征

按伯杰氏（Bergey）细菌分类系统，在第二版《伯杰氏系统细菌学手册》第4卷（2010）、《伯杰氏系统古菌和细菌手册》（2015）中记载，黄杆菌科隶属于拟杆菌门

（Bacteroidetes phyl. nov.）、黄杆菌纲（Flavobacteriia class. nov.）、黄杆菌目（Flavobacteriales ord. nov.）[10-11]。

一、黄杆菌科的定义

黄杆菌科细菌为革兰氏阴性，无芽孢（nonsporeforming），短或中等长度到丝状（filamentous），不易弯曲（rigid）到易弯曲（flexible）的杆菌；一些分类群（taxa）的成员，可形成卷曲（coiled）和螺旋状菌细胞（helical cells）、但不形成环状菌细胞（ring-shaped cells）；某些种的老龄培养物（old cultures），可形成球形菌体（coccoid bodies）。菌细胞通常以二分裂方式繁殖，但也有报道嗜琼脂华美菌（*Formosa agariphila*）存在萌芽过程。无动力或通过滑行（gliding）运动，无鞭毛（flagella）；一个例外是伊氏极地杆菌（*Polaribacter irgensii*），虽然可观察到运动，但不能观察到鞭毛。在鼠尾杆菌属（*Muricauda* Bruns，Rohde and Berthe-Corti，2001 emend. Yoon，Lee，Oh and Park，2005）内有3个种的菌细胞，产生长且比较厚的附属物（appendages）。在培养基生长的菌落呈圆形或凹凸不平到假根状（rhizoid）、凸起到扁平，并可能凹入或附着于培养基琼脂；通常可产生不扩散（nondiffusible）的、浅黄到亮黄色（bright yellow）到橙色色素（orange pigments），但有一些菌属的成员形成无色素的菌落。

黄杆菌科细菌为化能有机营养菌，含有六异戊二烯单元（six isoprene units，MK-6）的不饱和甲萘醌（Unsaturated menaquinone）、是唯一或主要的呼吸性异戊二烯醌（respiratory isoprenoid quinone）。生长通常是需氧的，但在一些菌属的成员中有能够在微氧到无氧条件下生长的。代谢类型是呼吸性或（很少）是发酵性的，以氧作为电子受体、少数的种可利用硝酸盐或亚硝酸盐作为电子受体。通常不能还原硝酸盐，有少数菌属的成员能够还原硝酸盐、但它们不能还原亚硝酸盐；一个例外是脱氮黄杆菌（*Flavobacterium denitrificans*），是一种在矿质培养基（mineral medium）中通过脱氮作用（denitrification）生长的兼性厌氧菌。

黄杆菌科细菌通常存在氧化酶（oxidase）、过氧化氢酶（catalase）活性。生长在有机氮化合物蛋白胨（peptones）、酵母提取物（yeast extract）或氨基酸培养基，作为氮的底物来源、通常也是碳和能量的底物来源（尽管碳水化合物是碳和能量的首选底物来源）；还有是无机氮，也被黄杆菌科细菌的大多数成员所利用。生长对维生素和氨基酸没有要求；大多数的种都能降解一系列有机大分子化合物，如蛋白质类（proteins）的酪蛋白（casein）、明胶（gelatin）等，脂类（lipids）的卵磷脂（lecithin）、吐温（tweens）等，简单或复杂的碳水化合物七叶苷（esculin）、淀粉、果胶（pectin）、琼脂、几丁质（chitin）、羧甲基纤维素（carboxymethylcellulose）等；但不能降解晶状纤维素（crystalline cellulose）即滤纸（filter paper）。

黄杆菌科细菌的大多数成员都是在不同程度上嗜盐的（halophilic），生长需要NaCl或海水；其他一些种，则仅仅是耐盐的（halotolerant）。大多数的种是嗜中温的，但也有不少的种是嗜冷的（psychrophilic）。产生的色素（pigments），属于类胡萝卜素（carotenoid）和/或柔红型色素（flexirubin type）；在菌细胞内，不存在聚-β-羟基丁酸盐（poly-β-hydroxybutyrate，PHB），也不存在鞘磷脂（sphingophospholipids）；通常情况下，主要的多胺（polyamine）是高精脒（Homospermidine）；通常含有高水平的支链饱和（branched saturated）、支链单不饱和（branched monounsaturated）、支链羟基C_{15} ~ C_{17}（branched hydroxy C_{15} ~ C_{17}）脂肪酸类。

黄杆菌科细菌在温带、热带或极地区域（polar areas），能够从土壤或淡水（fresh）、微咸水（brackish）或海水中分离到；有些种也经常能够从食品和乳制品中分离出来，也存在于多种不同环境的生物膜（biofilms）中。有一些种，对人类和其他温血动物（warm-blooded animals）具有致病性；也有其他的一些种，对淡水鱼类和海洋鱼类、两栖类动物（amphibians）及其他水生动物（aquatic animals）或海洋微藻（marine microalgae）具有致病性。在昆虫的内脏（guts of insects）、阿米巴的细胞内（intracellularly in amoebae），也发现存在黄杆菌科细菌的不明成员（unidentified members）。

黄杆菌科细菌DNA中G+C的摩尔百分数为27 ~ 56；模式属（type genus）为黄杆菌属（*Flavobacterium* Bergey，Harrison，Breed，Hammer and Huntoon，1923 emend. Bernardet，Segers，Vancanneyt Berthe，Kersters and Vandamme，1996）[10-11]。

二、黄杆菌科的分类相关研究

黄杆菌科细菌为拟杆菌门、黄杆菌纲、黄杆菌目细菌的成员。菌科名称“Flavobacteriaceae”为新拉丁语阴性复数名词，意为黄杆菌属的菌科（the family *Flavobacterium*）[10-11]。

（一）Jooste等对黄杆菌分类进行比较系统的研究

对属于黄杆菌科的细菌进行分类研究，是南非奥兰治自由州大学（University of the Orange Free State；Bloemfuntrin，Republic of South Africa）的Jooste等（1985）报道在早期的研究中，所有黄杆菌（flavobacteria）被认为是色素细菌（pigmented bacteria）的异质组合（heterogenous assemblage），大多数分离株不能鉴定到种的水平。这种不令人满意的情况，其原因在于对黄杆菌属的描述不充分（不恰当）。

Jooste等（1985）报道自20世纪40年代初以来，有关乳品环境（dairy environment）中黄杆菌的研究报道零星地出现在文献中，但对乳制品（dairy products）中黄杆菌的分类研究（taxonomic studies）还主要是在近10年中。报道在他们所进行的研究中是以对黄杆菌属的描述为基础，采用数值分类技术（numerical taxonomic techniques），对从牛乳（milk）和黄油（butter）中分离的属于黄杆菌属-噬纤维菌属（*Cytophaga* Winogradsky 1929 emend. Nakagawa and Yamasato，1996）菌群（group）203株革兰氏阴性、非发酵型细菌（non-fermentative bacteria），进行了多项表型分析（phenotypic data）。研究中所用的20个参考菌株（reference strains），包括黄杆菌属、噬纤维菌属的种、假单胞菌属（*Pseudomonas* Migula，1894）的少动假单胞菌（*Pseudomonas paucimobilis*）［注：即现在分类于鞘氨醇单胞菌属（*Sphingomonas* Yabuuchi，Yano，Oyaizu et al.，1990 emend. Takeuchi，Hamana and Hiraishi，2001 emend. Yabuuchi，Kosako，Fujiwara et al.，2002）的少动鞘氨醇单胞菌（*Sphingomonas paucimobilis*）］。利用Sokal和Michener的匹配系数分析方法、结合抗生素敏感性数据分析，有189株集中分布在9个簇（clusters）中。其中的6个簇分别显示在遗传上发育相同或在85%以上的相关联，另外3个簇分别显示在遗传上发育相同或在79%以上的相关联。最大的簇（占分离株的46.3%），可以等同于黄杆菌Ⅱb群（*Flavobacrerium* sp. group Ⅱb）；居第二位的菌簇可等同于黄杆菌L 16/1（*Flavobacrerium* sp. L 16/1，占分离株的22.7%。与黄杆菌L 16/1相似的菌簇和其他所占比例较小的菌簇，对头孢菌素（cephalothin）和青霉素G的敏感性异常[12]。

此后，“Flavobacteriaceae fam. nov.”（黄杆菌科）得到有效发表（effective pub lication）（1989），相继在国际系统细菌学杂志（International Journal of Systematic Bacteriology，IJSB）发布（1992）[13-14]。

（二）Bernardet等对黄杆菌科的校订描述

法国农业科学研究院（Unité de Virologie et Immunologie Moléculaires，Institut National de la Recherche Agronomique，Jouy-en-Josas Cedex，France）的Bernardet等（1996）报道，对黄杆菌科（family Flavobacteriaceae Reichenbach，1989）的校订描述（emended description）为：菌细胞为短至中等长度的杆状，两侧平行或稍不规则，末端圆或稍微锥形（slightly tapered），通常大小在（0.3～0.6）μm×（1.0～10.0）μm的革兰氏阴性杆菌，但有一些种在某些生长条件下可形成丝状易弯曲（filamentous flexible）菌体，在陈旧培养物中的菌体可形成球形（spherical）或球形体（coccoid bodies），不能形成芽孢（spores）、鞭毛，不能运动（nonmotile）或有的能够通过滑行运动。

生长是需氧（aerobic）的，或有的能够在微有氧到无氧的（microaerobic to anaerobic）环境生长，适宜生长温度通常在25～35℃。有的生长菌落无色素（nonpigmented），有的产生类胡萝卜素（carotenoid），有的产生柔红型（flexirubin types）色素，有的能够产生两种

（类胡萝卜素、柔红型色素）。甲基萘醌（Menaquinone 6）是唯一的或主要的呼吸醌（respiratory quinone）。化能有机营养菌，菌细胞内不存在聚-β-羟基丁酸盐颗粒，无鞘磷脂；高精脒是多胺的主要成分，辅以胍丁胺（agmatine）和腐胺（putrescine），不能分解纤维素。

细菌DNA中G+C的摩尔百分数为29～45。在陆地和水生境中，主要是腐生的；有一些成员通常可分离于患病的人或动物，一些种被认为是真性病原体（true pathogens）。

模式属：黄杆菌属（*Flavobacterium* Bergey，Harrison，Breed，Hammer and Huntoon，1923 emend. Bernardet，Segers，Vancanneyt Berthe，Kersters and Vandamme，1996）[15]。

此后是Bernardet等（2002）报道，根据“Bacteriological Code”《细菌学法规》（1990年修订版）第30b条建议，进一步提出了描述黄杆菌科细菌的新属（new genera）和可培养种（cultivable species）的最低标准（minimal standards）。认为对新种（new species）的描述，除特定的表型特征（phenotypic characteristics）外，应以DNA-DNA杂交（DNA-DNA hybridization）数据为基础；新分类群（new taxa）的分类位置，应与16S rRNA测序得到的系统发育数据（phylogenetic data）相一致。此外是基于自1996年以来已描述了几个新的分类群，还提出了对黄杆菌科的校订描述内容。这些提议，均得到了国际原核生物系统分类学委员会（International Committee on Systematics of Prokaryotes）黄杆菌属和噬纤维菌属样细菌（*Cytophaga*-like bacteria）分类学小组委员会（Subcommittee on the taxonomy of *Flavobacterium* and *Cytophaga*-like bacteria）成员的认同，形成了上述对黄杆菌科细菌描述的定义[16]。

（三）与黄杆菌科最为密切相关的菌科

澳大利亚塔斯马尼亚大学（University of Tasmania；Hobart，Tasmania，Australia）的Bowman等（2003）报道在黄杆菌目内，由其所建立的冷形菌科（Cryomorphaceae fam. nov. Bowman，Nichols and Gibson，2003），是在表型（phenotypically）和系统发育（phylogenetically）方面与黄杆菌科细菌关系最为密切的。

冷形菌科（新菌科）的建立，是澳大利亚塔斯马尼亚大学的Bowman等（2003）报道从富含藻类的南极和南大洋（algal-rich Antarctic and Southern Ocean）多种不同样本中分离出的几种冷适应菌株（cold-adapted strains），在黄杆菌纲（class Flavobacteria）内形成了三个不同的类群，在系统发育上与其他的种相距较远。将其中的第一个分类群（taxon）命名为“*Algoriphagus ratkowskyi* gen. nov.，sp. nov.”（拉氏噬冷菌），是从海冰（sea ice）和盐湖蓝藻垫（saline lake cyanobacterial mats）中分离到的，无动力（non-motile）、严格需氧生长、分解糖类的、形态特征为杆状或蜿蜒的

（serpentine）菌株；基于16S rRNA序列分析，与环杆菌属（*Cyclobacterium* Raj and Maloy，1990）细菌最为密切相关。第二个分类群命名为“*Brumimicrobium glaciale* gen. nov.，sp. nov.”（冰冻寒冷微菌），是从海冰和大陆架沉积物（continental shelf sediment）中分离到的，是能够滑动的杆状菌，能够进行发酵代谢的兼性厌氧菌。第三个分类群命名为“*Cryomorpha ignava* gen. nov.，sp. nov.”（惰性冷形菌），是从南大洋微粒（Southern Ocean particulates）和从石英石亚岩（quartz stone subliths）中分离到的，为严格需氧生长的多形性杆菌（pleomorphic rod-like cells）。冰冻寒冷微菌和惰性冷形菌，与成团微颤菌产接触酶变种（*Microscilla aggregans* var.*catalatica*）的关系最为密切，基于其独特的分类特征，又被认为是一个新的属（种）命名为“*Crocinitomix catalasitica* gen. nov.，sp. nov.”（产接触酶藏红花色线菌）。认为“*Brumimicrobium*”（寒冷微菌属）、“*Cryomorpha*”（冷形菌属）、“*Crocinitomix*”（藏红花色线菌属）这3个新的菌属，可构成一个新的科（fam. nov.）、命名为“Cryomorphaceae fam. nov. Bowman，Nichols and Gibson，2003”（冷形菌科）。此3个新菌属细菌，具有一般相似的形态和生态生理特征（ecophysiological characteristics），在黄杆菌纲细菌中形成一个共同和独特的分支。

冷形菌科的名称“Cryomorphaceae fam. nov.”为新拉丁语中性名词，指冷形菌属的菌科（the *Cryomorpha* family）。其基本特征是所包括的种，为大多数主要是杆状到丝状（rod-like to filamentous）形态的种，无动力或通过滑行运动，通常含有类胡萝卜素色素（carotenoid pigments），严格需氧或兼性厌氧（发酵）的化学异养代谢（chemoheterotrophic metabolism）。存在复杂的生长需求，需要海水盐类（seawatersalts）、有机化合物作为氮源底物、酵母提取物（yeast extract）和维生素类。其系统发育分类位置，在黄杆菌纲细菌的黄杆菌科和拟杆菌科（Bacteroidaceae Pribam，1933）之间。冷形菌科的模式属为冷形菌属（*Cryomorpha* Bowman，Nichols and Gibson，2003）[17]。

第二节　黄杆菌科的菌属与病原性黄杆菌

按伯杰氏（Bergey）细菌分类系统，在第二版《伯杰氏系统细菌学手册》第4卷（2010）、《伯杰氏系统古菌和细菌手册》（2015）中，黄杆菌科内均是记载了61个菌属[10-11]。近年来在黄杆菌科内，又有不少新菌属的报道。在这些菌属（种）中多数是无致病性的，具有病原学意义的还是少数。

一、伯杰氏细菌分类手册记载的菌属

在第二版《伯杰氏系统细菌学手册》第4卷（2010）、《伯杰氏系统古菌和细菌手册》（2015）中记载的61个菌属，依次为黄杆菌属、栖海面菌属（*Aequorivita* Bowman and Nichols，2002）、海藻杆菌属（*Algibacter* Nedashkovskaya，Kim，Han et al.，2004）、海水杆菌属（*Aquimarina* Nedashkovskaya，Kim，Lysenko et al.，2005 emend. Nedashkovskaya，Vancanneyt，Christiaens et al.，2006）、栖砂杆菌属（*Arenibacter* Ivanova，Nedashkovskaya，Chun et al.，2001 emend. Nedashkovskaya，Vancanneyt，Cleenwerck et al.，2006）、伯杰氏菌属（*Bergeyella* Vandamme，Bernardet，Segers，Kersters and Holmes，1994）、比齐奥氏菌属（*Bizionia* Nedashkovskaya，Kim，Lysenko et al.，2005）、二氧化碳嗜纤维菌属（*Capnocytophaga* Leadbetter，Holt and Socransky，1982）、食纤维菌属（*Cellulophaga* Johansen，Nielsen and Sjøholm，1999）、金黄杆菌属（*Chryseobacterium* Vandamme，Bernardet，Segers，Kersters and Holmes，1994）、管道杆菌属（*Cloacibacterium* Allen，Lawson，Collins，Falsen and Tanner，2006）、相关菌属（*Coenonia* Vandamme，Vancanneyt，Segers et al.，1999）、柯斯特通氏菌属（*Costertonia* Kwon，Lee and Lee，2006）、藏红花色杆菌属（*Croceibacter* Cho and Giovannoni，2003）、独岛菌属（*Dokdonia* Yoon，Kang，Lee and Oh，2005）、东海杆菌属（*Donghaeana* Yoon，Kang，Lee and Oh，2006）、伊金氏菌属（*Elizabethkingia* Kim，Kim，Lim，Park and Lee，2005）、稳杆菌属［*Empedobacter*（ex Prévot，1961）Vandamme，Bernardet，Segers，Kersters and Holmes，1994］、石面单胞菌属（*Epilithonimonas* O'Sullivan，Rinna，Humphreys，Weightman and Fry，2006）、黄色分枝菌属（*Flaviramulus* Einen and Øvreås，2006）、华美菌属（*Formosa* Ivanova，Alexeeva，Flavier et al.，2004 emend. Nedashkovskaya，Kim，Vancanneyt et al.，2006）、潮汐菌属（*Gaetbulibacter* Jung，Kang，Lee et al.，2005）、冰冷杆菌属（*Gelidibacter* Bowman，McCammon，Brown et al.，1997）、吉莱氏菌属（*Gillisia* Van Trappen，Vandecandelaere，Mergaert and Swings，2004）、革兰氏菌属（*Gramella* Nedashkovskaya，Kim，Lysenko et al.，2005）、凯斯特纳菌属（*Kaistella* Kim，Im，Shin et al.，2004）、科迪亚菌属（*Kordia* Sohn，Lee，Yi et al.，2004）、黄色杆状菌属（*Krokinobacter* Khan，Nakagawa and Harayama，2006）、湖食物链菌属（*Lacinutrix* Bowman and Nichols，2005）、列文虎克氏菌属（*Leeuwenhoekiella* Nedashkovskaya，Vancanneyt，Dawyndt et al.，2005）、烂泥杆菌属（*Lutibacter* Choi and Cho，2006）、海菌属（*Maribacter* Nedashkovskaya，Kim，Han et al.，2004）、海曲菌属（*Mariniflexile* Nedashkovskaya，Kim，Kwak et al.，2006）、海研站菌属（*Mesonia* Nedashkovskaya，Kim，Han et al.，2003 emend. Nedashkovskaya，Kim，

Zhukova et al.，2006）、鼠尾杆菌属（*Muricauda* Bruns，Rohde and Berthe-Corti，2001 emend. Yoon，Lee，Oh and Park，2005）、类香味菌属（*Myroides* Vancanneyt，Segers，Torck et al.，1996）、不滑动菌属（*Nonlabens* Lau，Tsoi，Li et al.，2005）、沃雷氏菌属（*Olleya* Mancuso Nichols，Bowman and Guezennec，2005）、鸟杆状菌属（*Ornithobacterium* Vandamme，Segers，Vancanneyt et al.，1994）、桃色杆状菌属（*Persicivirga* O'Sullivan，Rinna，Humphreys，Weightman and Fry，2006）、极地杆菌属（*Polaribacter* Gosink，Woese and Staley，1998）、冷弯曲菌属（*Psychroflexus* Bowman，McCammon，Lewis et al.，1999）、冷蛇形菌属（*Psychroserpens* Bowman，McCammon，Brown et al.，1997）、立默氏菌属（*Riemerella* Segers，Mannheim，Vancanneyt et al.，1993 emend. Vancanneyt，Vandamme，Segers et al.，1999）、锈色杆菌属（*Robiginitalea* Cho and Giovannoni，2004）、需盐杆菌属（*Salegentibacter* McCammon and Bowman 2000 emend. Ying，Liu，Wang et al.，2007）、橙色细杆菌属（*Sandarakinotalea* Khan，Nakagawa and Harayama，2006）、栖沉积物杆菌属（*Sediminicola* Khan，Nakagawa and Harayama，2006）、世宗菌属（*Sejongia* Yi，Yoon and Chun，2005）、寡养热杆菌属（*Stenothermobacter* Lau，Tsoi，Li et al.，2006）、石下菌属（*Subsaxibacter* Bowman and Nichols，2005）、石下微菌属（*Subsaximicrobium* Bowman and Nichols，2005）、黏着杆菌属（*Tenacibaculum* Suzuki，Nakagawa，Harayama and Yamamoto，2001）、居绿藻菌属（*Ulvibacter* Nedashkovskaya，Kim，Han et al.，2004）、卵黄色杆菌属（*Vitellibacter* Nedashkovskaya，Suzuki，Vysotskii and Mikhailov，2003）、沃氏黄杆菌属（*Wautersiella* Kämpfer，Avesani，Janssens et al.，2006）、威克斯氏菌属（*Weeksella* Holmes，Steigerwalt，Weaver and Brenner，1987）、维诺格拉德斯基氏菌属（*Winogradskyella* Nedashkovskaya，Kim，Han et al.，2005）、丽水菌属（*Yeosuana* Kwon，Lee，Jung et al.，2006）、周培瑾氏菌属（*Zhouia* Liu，Wang，Dai et al.，2006）、卓贝尔氏菌属（*Zobellia* Barbeyron，L'Haridon，Corre et al.，2001）。

黄杆菌科细菌DNA中G+C的摩尔百分数为27～56，模式属为黄杆菌属[10-11]。

二、黄杆菌科的新菌属

近年来随着对细菌多相分类（polyphasic taxonomy）、特别是16S rRNA基因系统发育学分类（phylogenetic classification）的应用，在黄杆菌科多有新菌属的报道（经初步检索的不完全统计，约有50个）。这些新菌属的建立，多是来自于韩国、日本、美国和我国学者的研究报道。需要注意的是，其中有的菌属相继被重新校订描述。

（一）黄杆菌科内新菌属菌株的主要分离源

在已有报道的新菌属中，与已有记载菌属不同的特征是除个别的外，几乎均是与海洋环境（marine environments）有关的海洋细菌（marine bacterium），绝大多数是分离于海水（seawater）、海洋沉积物（marine sediment）、潮坪沉积物（tidal flat sediment）；也有个别的是分离于盐湖（salt lake）、南极潮间带沉积物（Antarctic intertidal sediment）、南极海岸海水（antarctic coastal seawater）、北极潮间带沙滩（Arctic intertidal sand）、河口湾微咸水（estuarine water）、河口沉积物（estuarine sediment）；在与海洋生物有关的方面，有的涉及海绵（marine sponge）、海胆（sea urchin）、深海脆星（deep-sea brittle star）、属于石（硬）珊瑚（hard coral）的丛生盔形珊瑚（*Galaxea fascicularis*）、属于软珊瑚（soft coral）的拟柳珊瑚（*Paragorgia arborea*）、海草（seaweed）、属于海洋红藻（marine red alga）的角叉菜（*Chondrus ocellatus*）、由不同种海藻（various marine algae）构成的成熟海洋生物膜（mature marine biofilm）、属于海藻的鹅掌菜（*Ecklonia kurome*）、海洋腹足类（marine gastropod，*Reichia luteostoma*）等。

（二）黄杆菌科内新菌属的不常见来源菌株

这里所记述的不常见来源菌株，主要是涉及通常认为黄杆菌科细菌不常见的生境，由这些菌株分别建立了相应的新菌属，也显示了黄杆菌科细菌在自然环境中的广泛存在。

1. 荒漠土壤源菌株

泳动杆菌属（*Planobacterium* gen. nov. Peng，Liu，Zhang et al.，2009），由武汉大学（Wuhan University）的Peng等（2009）报道。基于从我国新疆塔克拉玛干沙漠（Taklimakan desert，Xinjiang，China）荒漠土壤（desert soil）样本中分离的一种革兰氏阴性杆菌（菌株为X-65），经鉴定为黄杆菌科细菌的新成员、命名为“*Planobacterium taklimakanense* gen. nov.，sp. nov. Peng，Liu，Zhang et al.，2009”（塔克拉玛干泳动杆菌），建立了泳动杆菌属。

泳动杆菌属的模式种为塔克拉玛干泳动杆菌。塔克拉玛干泳动杆菌DNA中G+C的摩尔百分数为41.5；模式株为X-65（CCTCC AB 208154=NRRL B-51322）[18]。

2. 极地源菌株

极地（polar region）源菌株，涉及3个菌属。北极（arctic）源菌株的北极黄杆菌属（*Arcticiflavibacter* gen. nov. Liu，Zhang，Wen et al.，2016）；南极（antarctic）源菌株的南极单胞菌属（*Antarcticimonas* gen. nov. Yang，Oh，Chung and Cho，2009）；

南极源菌株的长城站菌属（*Changchengzhania* gen. nov. Wang，Xu，Zhang et al.，2017）。

（1）北极黄杆菌属

北极黄杆菌属，由山东大学（Shandong University；Jinan，China）的Liu等（2016）报道。基于从斯瓦尔巴孔斯峡湾（Kongsfjorden，Svalbard）潮间带沙滩（intertidal sand）样本中分离的一种产生黄色色素（yellow-pigmented）、需氧生长的革兰氏阴性杆菌（菌株SM1212）。经鉴定为黄杆菌科细菌的新成员、命名为“*Arcticiflavibacter luteus* gen. nov.，sp. nov. Liu，Zhang，Wen et al.，2016”（黄色北极黄杆菌），建立了北极黄杆菌属。

北极黄杆菌属的模式种为黄色北极黄杆菌。黄色北极黄杆菌DNA中G+C的摩尔百分数为36.6；模式株为SM1212（MCCC 1K00234=KCTC 32514），分离于北极潮间带沙滩（Arctic intertidal sand）[19]。

（2）南极单胞菌属

南极单胞菌属，由韩国仁荷大学（Inha University；Incheon，Republic of Korea）的Yang等（2009）报道。基于从南极洲西部乔治王岛麦克斯韦尔海湾（the Maxwell Bay，King George Island，West Antarctica ）表层海水（surface seawater）样本中分离的一种产生类胡萝卜素色素（carotenoid pigment）、专性需氧（obligately aerobic）生长的革兰氏阴性杆菌（菌株IMCC3175）。经鉴定为黄杆菌科细菌的新成员、命名为“*Antarcticimonas flava* gen. nov.，sp. nov. Yang，Oh，Chung and Cho，2009”（黄色南极单胞菌），建立了南极单胞菌属。

南极单胞菌属的模式种为黄色南极单胞菌。黄色南极单胞菌DNA中G+C的摩尔百分数为37.3；模式株为IMCC 3175（KCCM 42713=NBRC 103398）[20]。

（3）长城站菌属

长城站菌属，由山东大学的Wang等（2017）报道。基于从中国南极长城站（Chinese Antarctic Great Wall Station）附近收集的南极潮间带沉积物（Antarctic intertidal sediment）样本中分离的一种产生黄色色素（yellow-pigmented）、需氧生长的革兰氏阴性杆菌（菌株为SM1355）。经鉴定为黄杆菌科细菌的新成员、命名为“*Changchengzhania lutea* gen. nov.，sp. nov. Wang，Xu，Zhang et al.，2017”（黄色长城站菌），建立了长城站菌属。

长城站菌属的模式种为黄色长城站菌。黄色长城站菌DNA中G+C的摩尔百分数为36.2；模式株为SM1355（JCM 30336=CCTCC AB 2014246）[21]。

3. 红树林源菌株

在红树林（mangrove）源菌株，涉及3个菌属。分别为红树林单胞菌属（*Man-*

grovimonas gen. nov. Li，Bai，Yang et al.，2013）、黄色杆菌属（*Croceivirga* gen. nov. Hu，Wang，Chen et al.，2017）、落叶杆菌属（*Frondibacter* gen. nov. Yoon，Adachi，Kasai，2015）。

（1）红树林单胞菌属

红树林单胞菌属，由厦门大学（Xiamen University；Xiamen，China）的Li等（2013）报道。基于首先从我国云霄红树林国家级自然保护区（Yunxiao mangrove National Nature Reserve；Fujian Province，China）收集的红树林沉积物（mangrove sediment）样本中分离到的菌株（编号为LYYY01）。经鉴定为黄杆菌科细菌的新成员、命名为“*Mangrovimonas yunxiaonensis* gen. nov.，sp. nov. Li，Bai，Yang et al.，2013”（云霄红树林单胞菌），建立了红树林单胞菌属。

红树林单胞菌属的模式种为云霄红树林单胞菌。云霄红树林单胞菌DNA中G+C的摩尔百分数为38.6；模式株为LYYY01（CGMCC 1.12280=LMG 27142）[22]。

（2）黄色杆菌属

黄色杆菌属，由我国国家海洋局第三海洋研究所（the Third Institute of Oceanography，Ministry of Natural Resources；Xiamen，China）的Hu等（2017）报道。基于了在2010年5月从我国海南热带红树林的腐烂根部（rotten root in a tropical mangrove；Hainan province，China）样本中分离的一种黄色（yellow）、需氧生长的革兰氏阴性杆菌（菌株为HSG9）。经鉴定为黄杆菌科细菌的新成员、命名为“*Croceivirga radicis* gen. nov.，sp. nov. Hu，Wang，Chen et al.，2017”（根黄色杆菌），建立了黄色杆菌属。

黄色杆菌属的模式种为根黄色杆菌。根黄色杆菌DN中G+C的摩尔百分数为37.1；模式株为HSG9（MCCC 1A06690=KCTC 52589）[23]。

（3）落叶杆菌属

落叶杆菌属，由韩国启明大学（Keimyung University；Daegu，Republic of Korea）的Yoon和日本海洋生物工程研究所（Marine Biotechnology Institute；Iwate，Japan）的Adachi等（2015）报道。基于了在日本冲绳西表岛中间川（Nakama River，Iriomote Island，Okinawa，Japan）红树林河口（mangrove estuary）收集的深褐色落叶层（dark brown coloured leaf litter）样本中分离的一种产生金黄色色素（golden-yellow pigmented）、兼性厌氧（facultatively anaerobic）生长的革兰氏阴性杆菌（菌株为A5Q-67）。经鉴定为黄杆菌科细菌的新成员、命名为“*Frondibacter aureus* gen. nov.，sp. nov. Yoon，Adachi，Kasai，2015”（金黄色落叶杆菌），建立了落叶杆菌属。

落叶杆菌属的模式种为金黄色落叶杆菌。金黄色落叶杆菌DNA中G+C的摩尔百分数为36.7；模式株为A5Q-67（KCTC 32991=NBRC 110021）[24]。

4. 蜜蜂源菌株

蜜蜂杆菌属（*Apibacter* gen. nov. Kwong and Moran，2016），由美国耶鲁大学（Yale University；New Haven，CT，USA）的Kwong和得克萨斯大学（University of Texas；Austin，TX，USA）的Moran（2016）报道。报道在2014年7月和8月，从新加坡（Singapore）、马来西亚的吉隆坡（Kuala Lumpur，Malaysia）收集的中华蜜蜂（Asian honey bee，*Apis cerana*）和大蜜蜂（giant honey bee，*Apis dorsata*）的肠道（gut）分离的一种微需氧（microaerophilic）生长、革兰氏阴性杆菌（3个菌株为wkB180、wkB309、wkB301）。经鉴定为黄杆菌科细菌的新成员、命名为"*Apibacter adventoris* gen. nov.，sp. nov. Kwong and Moran，2016"（肠道客座蜜蜂杆菌），建立了蜜蜂杆菌属。

蜜蜂杆菌属的模式种为肠道客座蜜蜂杆菌。肠道客座蜜蜂杆菌DNA中G+C的摩尔百分数为29.0～31.0（模式株为29.0）；模式株为wkB301（NRRL B-65307=NCIMB 14986），分离于从马来西亚吉隆坡收集的成年大蜜蜂工蜂（adult worker *Apis dorsata*）肠道[25]。

5. 养殖鱼类源菌株

在养殖鱼类源菌株，涉及3个菌属。分别为鱼肠道杆菌属（*Ichthyenterobacterium* gen. nov. Shakeela，Shehzad，Tang，Zhang and Zhang，2015）、黄色杆状菌属（*Flavirhabdus* gen. nov. Shakeela，Shehzad，Zhang，Tang and Zhang，2015）、假黏着杆菌属（*Pseudotenacibaculum* gen. nov. Huang，Wang，Zhang and Shao，2016）。

（1）鱼肠道杆菌属

鱼肠道杆菌属，由中国海洋大学（Ocean University of China；Qingdao，China）的Qismat Shakeela和Xiao-Hua Zhang等（2015）报道。是在从山东省某养鱼场收集的养殖牙鲆（olive flounder，*Paralichthys olivaceus*）进行细菌群体感应（quorum-quenching bacteria）研究中，基于从牙鲆的肠道内（intestine）分离到的菌株（编号为Th6）。经鉴定为黄杆菌科细菌的新成员、命名为"*Ichthyenterobacterium magnum* gen. nov.，sp. nov. Shakeela，Shehzad，Tang，Zhang and Zhang，2015"（大形鱼肠道杆菌），建立了鱼肠道杆菌属。

鱼肠道杆菌属的模式种为大形鱼肠道杆菌。大形鱼肠道杆菌DNA中G+C的摩尔百分数为29；模式株为Th6（JCM 18636=KCTC 32140）[26]。

（2）黄色杆状菌属

黄色杆状菌属，由中国海洋大学的Qismat Shakeela和Xiao-Hua Zhang等（2015）报道。报道在2010年，从山东省某养鱼场的养殖牙鲆肠道中分离的1株（编号为Th68）生长需要海盐（sea salts）的革兰氏阴性菌。经鉴定为黄杆菌科细菌的新成员、命名为

"*Flavirhabdus iliipiscaria* gen. nov., sp. nov. Shakeela, Shehzad, Zhang, Tang and Zhang, 2015"（鱼肠道黄色杆状菌），建立了黄色杆状菌属。

黄色杆菌属的模式种为鱼肠道黄色杆状菌。鱼肠道黄色杆菌DNA中G+C的摩尔百分数为33.0；模式株为Th68（JCM 18637=KCTC 32141）[27]。

（3）假黏着杆菌属

假黏着杆菌属，由宁波大学（Ningbo University；Ningbo，China）的Huang等（2016）报道。报道在2015年11月，从福建晋江鲍鱼养殖中心（abalone breeding centre located at Jinjing；Jinjiang，Fujian Province）贝壳长度约4cm的杂色鲍（*Haliotis diversicolor*）、皱纹盘鲍（*Haliotis discus hannai*）两种成年鲍鱼（adult abalone）肠道，分离的两个菌株：FDZSB0410（分离于杂色鲍）、FDZWPB0420（分离于皱纹盘鲍），经16S rRNA基因系统发育分析显示介于黏着杆菌属和极地杆菌属之间（序列同源性小于96.0%）。经鉴定为黄杆菌科细菌的新成员、命名为"*Pseudotenacibaculum haliotis* gen. nov. Huang，Wang，Zhang and Shao，2016"（鲍鱼假黏着杆菌），建立了假黏着杆菌属。

假黏着杆菌属的模式种为鲍鱼假黏着杆菌。鲍鱼假黏着杆菌DNA中G+C的摩尔百分数为35.3；模式株为FDZSB0410（KCTC 52127=MCCC1A01897）[28]。

6. 人类源菌株

阴道菌属（*Vaginella* gen. nov. Diop，Mediannikov，Raoult，Bretelle and Fenollar 2017），由法国艾克斯-马赛大学（Aix-Marseille Université）的Diop等（2017）报道。是作为通过分离培养对阴道微生物群（vaginal microbiota）研究的一部分，在2016年2月从法国一名22岁健康女性的阴道样本中分离出一种专性需氧（obligate aerobe）生长的革兰氏阴性杆菌（菌株为Marseille P2517）。经鉴定为黄杆菌科细菌的新成员、命名为"*Vaginella massiliensis* gen. nov., sp. nov. Diop，Mediannikov，Raoult，Bretelle and Fenollar，2017"（马赛阴道菌），建立了阴道菌属。同时，Diop等（2017）报道还对模式株（Marseille P2517）进行了分类基因组学（taxonogenomics）研究（其基因组为2.34Mb）。

阴道菌属的模式种为马赛阴道菌。马赛阴道菌的DNA中G+C的摩尔百分数为38.16，模式株为Marseille P2517（DSM 102346=CSUR P2517）[29-30]。

三、黄杆菌科的病原菌

在黄杆菌科的菌属（种）中，有的种是明确的病原菌，但相对来讲还是所占份额比较小的。在前面有提及，对人具有致病性的还主要是伊金氏菌属的脑膜脓毒伊金氏菌；对水生动物具有致病性的，出现频率高的还主要是黄杆菌属的一些种，另外是黏着杆菌属的近海黏着杆菌。

（一）伯杰氏细菌分类手册记载黄杆菌科的水生动物病原菌

在伯杰氏细菌分类手册记载黄杆菌科的61个菌属中，在水生动物具有一定病原学意义的主要是涉及4个属（黄杆菌属、金黄杆菌属、伊金氏菌属、黏着杆菌属）27个种（包括新种）。表3-1所列是这些菌属（种）及其所致的感染病类型（有的无特定感染病病症）[5-9,31-44]。

表3-1　黄杆菌科细菌在水生动物致病的菌属（种）

菌属	菌种	致病宿主	感染病类型
黄杆菌属（13个种）			
	柱状黄杆菌（*Flavobacterium columnare*）	鱼类	柱状病
	嗜鳃黄杆菌（*Flavobacterium branchiophilum*）	鱼类	细菌性鳃病
	嗜冷黄杆菌（*Flavobacterium psychrophilum*）	鱼类	细菌性冷水病、虹鳟鱼苗综合征
	水生黄杆菌（*Flavobacterium hydatis*）	鱼类	鳃感染病、其他感染病
	约氏黄杆菌（*Flavobacterium johnsoniae*）	鱼类	无特定病症
	琥珀酸黄杆菌（*Flavobacterium succinicans*）	鱼类	鳃感染病、其他感染病
	阿拉卡诺黄杆菌（*Flavobacterium araucananum* sp. nov.）	鱼类	无特定病症
	智利黄杆菌（*Flavobacterium chilense* sp. nov.）	鱼类	无特定病症
	大麻哈鱼黄杆菌（*Flavobacterium oncorhynchi* sp. nov.）	鱼类	无特定病症
	鱼黄杆菌（*Flavobacterium piscis* sp. nov.）	鱼类	无特定病症
	多脏器黄杆菌（*Flavobacterium plurextorum* sp. nov.）	鱼类	无特定病症
	斯巴达人黄杆菌（*Flavobacterium spartansii* sp. nov.）	鱼类	无特定病症
	鳟鱼黄杆菌（*Flavobacterium tructae* sp. nov.）	鱼类	无特定病症
金黄杆菌属（5个种）			
	产吲哚金黄杆菌（*Chryseobacterium indologenes*）	鱼类、蛙、蟹	无特定病症
	大菱鲆金黄杆菌（*Chryseobacterium scophthalmum*）	大菱鲆	出血性败血症

（续表）

菌属	菌种	致病宿主	感染病类型
	水生动物健康实验室金黄杆菌（*Chryseobacterium aahli* sp. nov.）	鱼类	无特定病症
	栖鱼金黄杆菌（*Chryseobacterium piscicola* sp. nov.）	鱼类	溃疡性病变
	虹鳟金黄杆菌（*Chryseobacterium tructae* sp. nov.）	鱼类	败血症感染病
伊金氏菌属（1个种）			
	脑膜脓毒伊金氏菌（*Elizabethkingia meningoseptica*）	鱼类、蛙、鳖	无特定病症
黏着杆菌属（8个种）			
	近海黏着杆菌（*Tenacibaculum maritimum*）	鱼类	鳃感染病、其他感染病
	解卵黏着杆菌（*Tenacibaculum ovolyticum*）	鱼类	无特定病症（卵、幼体感染）
	海葵黏着杆菌（*Tenacibaculum aiptasiae* sp. nov.）	海葵	无特定病症
	舌齿鲈黏着杆菌（*Tenacibaculum dicentrarchi* sp. nov.）	鱼类	鳃感染病、其他感染病
	异色黏着杆菌（*Tenacibaculum discolor* sp. nov.）	鱼类	无特定病症
	芬马克黏着杆菌（*Tenacibaculum finnmarkense* sp. nov.）	鱼类	无特定病症
	加利西亚黏着杆菌（*Tenacibaculum gallaicum* sp. nov.）	鱼类	无特定病症
	鳎黏着杆菌（*Tenacibaculum soleae* sp. nov.）	鱼类	无特定病症

在这些（共4个菌属27个种）病原菌中，明确作为鱼类鳃感染病的病原菌包括柱状黄杆菌、嗜鳃黄杆菌、近海黏着杆菌（*Tenacibaculum maritimum*）3个种；另外，水生黄杆菌（*Flavobacterium hydatis*）、琥珀酸黄杆菌（*Flavobacterium succinicans*）、舌齿鲈黏着杆菌（*Tenacibaculum dicentrarchi* sp. nov.）也是与鱼类鳃感染病直接相关联的病原菌。

（二）黄杆菌科内新菌属的病原菌

在迄今所报道的黄杆菌科细菌新菌属（种）中，表现具有一定病原学意义的，仅涉及两个菌属（种）。血液菌属（*Hemobacterium* gen. nov.）的蛙血液菌（Candidatus *He-*

mobacterium ranarum comb. nov.），是两栖类动物青蛙（frogs）的病原菌[45]。血源菌属（*Cruoricaptor* gen. nov.）的惰性血源菌（*Cruoricaptor ignavus* gen. nov., sp. nov.），是从1例败血症感染患者检出的[46]。

1. 血液菌属

血液菌属（*Hemobacterium* gen. nov. Zhang and Rikihisa，2004）由美国俄亥俄州立大学（Ohio State University；Columbus，USA）的Zhang和Rikihisa（2004）报道，是对原来分类命名的蛙埃及小体（*Aegyptianella ranarum*）进行了校订描述。报道克隆并测序了一个加拿大青蛙（Canadian frog）血液样本中蛙埃及小体的16S rRNA基因（1 310bp）和*gyrB*基因（718bp），研究证实其为黄杆菌科的一个成员，提出将"*Aegyptianella ranarum*"（蛙埃及小体）分类为黄杆菌科、暂定命名为"Candidatus *Hemobacterium ranarum* comb. nov."（蛙血液菌），建立了血液菌属。

血液菌属的模式种为蛙血液菌。蛙血液菌的模式株为Toronto；模式株（Toronto）的16S rRNA基因和*gyrB*基因序列分别为AY208995和AY208996[45]。

2. 血源菌属

血源菌属（*Cruoricaptor* gen. nov. Yassin，Inglis，Hupfer et al.，2012）由德国波恩大学（Universität Bonn；Bonn，Germany）的Yassin等（2012）报道，基于首先从西澳大利亚（Western Australian）一家教学医院（teaching hospital）急诊科收治的一名呈败血症感染的30岁男性患者血液培养分离的1株（编号为IMMIB L-12475）产生含有柔红素型色素（flexirubin pigment）的黄橙色色素（yellowish orange pigmented）、革兰氏阴性菌。经鉴定为黄杆菌科细菌的新成员、命名为"*Cruoricaptor ignavus* gen. nov., sp. nov. Yassin，Inglis，Hupfer et al.，2012"（惰性血源菌），建立了血源菌属。

血源菌属的模式种为惰性血源菌。惰性血源菌DNA中G+C的摩尔百分数为45.6；模式株为IMMIB L-12475（DSM 25479=CCUG 62025）[46]。

参考文献

[1] 贾辅忠，李兰娟. 感染病学[M]. 南京：江苏科学技术出版社，2010：495-496.

[2] 杨正时，房海. 人及动物病原细菌学[M]. 石家庄：河北科学技术出版社，2003：730-736.

[3] 罗海波，张福森，何浙生，等. 现代医学细菌学[M]. 北京：人民卫生出版社，1995：104-109.

[4] 房海，陈翠珍. 中国医院感染细菌[M]. 北京：科学出版社，2018：404-413.

[5] WOO P T K, BRUNO D W. Fish diseases and disorders, volume 3: viral, bacterial and fungal infections[M]. 2nd ed. Cornwall: MPG Books Group, 2011: 606–624.

[6] ROBERTS R J. Fish pathology[M]. 4th ed. Malden: Blackwell Publishing Ltd, 2012: 341–348.

[7] BULLER N B. Bacteria and fungi from fish and other aquatic animals[M]. 2nd ed. London: CABI Publishing, 2014: 344–354.

[8] AUSTIN B, AUSTIN D A. Bacterial fish pathogens disease of farmed and wild fish[M]. 6th ed. Cham: Springer International Publishing Switzerland, 2016: 407–436.

[9] WOO P T K, CIPRIANO R C. Fish viruses and bacteria: pathobiology and protection[M]. London: Printed and bound in the UK by CPI Group (UK) Ltd, 2017: 211–224.

[10] PARTE A C. Bergey's manual of systematic bacteriology[M]. 2nd ed. New Iork: Springer New York, 2010: 112–154.

[11] BERGEY'S MANUAL TRUST. Bergey's manual of systematics of archaea and bacteria[M]. New York: Wiley, 2015: Fiavobacteriaceae.

[12] JOOSTE P J, BRITZ T J, DE HAAST J. A numerical taxonomic study of *Flavobactevium-Cytophaga* strains from dairy sources[J]. Journal of Applied Bacteriology, 1985, 59 (4): 311–323.

[13] REICHENBACH H, ORDER I. Cytophagales leadbetter 1974, in Bergey's manual of systematic bacteriology[M]. Baltimore: Williams & Wilkins, 1989: 2011–2013.

[14] REICHENBACH H. Flavobacteriaceae fam. nov. in validation of the publication of new names and new combinations previously effectively published outside the IJSB. List no. 41[J]. International Journal of Systematic Bacteriology, 1992, 42: 327–329.

[15] BERNARDET J F, SEGERS P, VANCANNEYT M, et al. Cutting a gordian knot: emended classification and description of the genus *Flavobacterium*, emended description of the family Flavobacteriaceae, and proposal of *Flavobacterium hydatis* nom. nov. (Basonym, *Cytophaga aquatilis* Strohl and Tait 1978) [J]. International Journal of Systematic Bacteriology, 1996, 46 (1): 128–148.

[16] BERNARDET J F, NAKAGAWA Y HOLMES B. Proposed minimal standards for describing new taxa of the family Flavobacteriaceae and emended description of the family[J]. International Journal of Systematic and Evolutionary Microbiology, 2002, 52 (3): 1049–1070.

[17] BOWMAN J P, NICHOLS C M, GIBSON J A E. *Algoriphagus ratkowskyi* gen. nov. sp. nov., *Brumimicrobium glaciale* gen. nov., sp. nov., *Cryomorpha ignava* gen.

nov., sp. nov. and *Crocinitomix catalasitica* gen. nov., sp. nov., novel flavobacteria isolated from various polar habitats[J]. International Journal of Systematic and Evolutionary Microbiology, 2003, 53（3）: 1343–1355.

[18] PENG F, LIU M, ZHANG L, et al. *Planobacterium taklimakanense* gen. nov., sp. nov., a member of the family Flavobacteriaceae that exhibits swimming motility, isolated from desert soil[J]. International Journal of Systematic and Evolutionary Microbiology, 2009, 59（7）: 1672–1678.

[19] LIU C, ZHANG X, WEN X, et al. *Arcticiflavibacter luteus* gen. nov., sp. nov., a member of the family Flavobacteriaceae isolated from intertidal sand[J]. International Journal of Systematic and Evolutionary Microbiology, 2016, 66（1）: 144–149.

[20] YANG S, OH H, CHUNG S, CHO J. *Antarcticimonas flava* gen. nov., sp. nov., isolated from Antarctic coastal seawater[J]. The Journal of Microbiology, 2009, 47（5）: 517–523.

[21] WANG N, XU F, X ZHANG, et al. *Changchengzhania lutea* gen. nov., sp. nov., a new member of the family Flavobacteriaceae isolated from Antarctic intertidal sediment[J]. International Journal of Systematic and Evolutionary Microbiology, 2017, 67（12）: 5187–5192.

[22] LI Y, BAI S, YANG C, et al. *Mangrovimonas yunxiaonensis* gen. nov., sp. nov., isolated from mangrove sediment[J]. International Journal of Systematic and Evolutionary Microbiology, 2013, 63（6）: 2043–2048.

[23] HU D, WANG L, CHEN Y, et al. *Croceivirga radicis* gen. nov., sp. nov., isolated from a rotten tropical mangrove root[J]. International Journal of Systematic and Evolutionary Microbiology, 2017, 67（10）: 3733–3738.

[24] YOON J, ADACHI K, KASAI H. Isolation and classification of a novel marine Bacteroidetes as *Frondibacter aureus* gen. nov., sp. nov[J]. Antonie van Leeuwenhoek, 2015, 107（2）: 321–328.

[25] KWONG W K, MORAN N A. *Apibacter adventoris* gen. nov., sp. nov., a member of the phylum Bacteroidetes isolated from honey bees[J]. International Journal of Systematic and Evolutionary Microbiology, 2016, 66: 1323–1329.

[26] SHAKEELA Q, SHEHZAD A, TANG K, et al. Zhang. *Ichthyenterobacterium magnum* gen. nov., sp. nov., a member of the family Flavobacteriaceae isolated from olive flounder（*Paralichthys olivaceus*）[J]. International Journal of Systematic and Evolutionary Microbiology, 2015, 65: 1186–1192.

[27] SHAKEELA Q, SHEHZAD A, ZHANG Y, et al. *Flavirhabdus iliipiscaria* gen. nov., sp. nov., isolated from intestine of flounder (*Paralichthys olivaceus*) and emended descriptions of the genera *Flavivirga*, *Algibacter*, *Bizionia* and *Formosa*[J]. International Journal of Systematic and Evolutionary Microbiology, 2015, 65 (4): 1347-1353.

[28] HUANG Z, WANG L, ZHANG D, et al. *Pseudotenacibaculum haliotis* gen. nov., sp. nov., a new member within the *Tenacibaculum-Polaribacter* clade of the family Flavobacteriaceae, isolated from the intestine of adult abalones, *Haliotis diversicolor* and *H. discus hannai*[J]. International Journal of Systematic and Evolutionary Microbiology, 2016, 66: 3718-3724.

[29] DIOP K, MEDIANNIKOV O, RAOULT D, et al. *Vaginella massiliensis* gen. nov. sp. nov., a new genus cultivated from human female genital tract[J]. New Microbes and New Infecttion, 2017, 15: 18-20.

[30] DIOP K, BRETELLE F, MICHELLE C, et al. Taxonogenomics and description of *Vaginella massiliensis* gen. nov., sp. nov., strain Marseille P2517^T, a new bacterial genus isolated from the human vagina[J]. New Microbes and New Infections, 2017, 15: 94-103.

[31] ZAMORA L, FERNÁNDEZ-GARAYZÁBAL J F, SVENSSON-STADLER L A, et al. *Flavobacterium oncorhynchi* sp. nov., a new species isolated from rainbow trout (*Oncorhynchus mykiss*) [J]. Systematic and Applied Microbiology, 2012, 35 (2): 86-91.

[32] LOCH T P, FUJIMOTOM, WOODIGA S A, et al. Diversity of fish-associated Flavobacteria of michigan[J]. Journal of Aquatic Animal Health, 2013, 25, (3): 149-164.

[33] LOCH T P, FAISAL M. Deciphering the biodiversity of fish-pathogenic *Flavobacterium* spp, recovered from the Great Lakes basin[J]. Diseases of Aquatic Organisms, 2014, 112 (1): 45-57.

[34] KÄMPFER P, LODDERS N, MARTIN K, et al. *Flavobacterium chilense* sp. nov. and *Flavobacterium araucananum* sp. nov., isolated from farmed salmonid fish[J]. International Journal of Systematic and Evolutionary Microbiology, 2012, 62 (6): 1402-1408.

[35] LOCH T P, FAISAL M. *Flavobacterium spartansii* sp. nov., a pathogen of fishes, and emended descriptions of *Flavobacterium aquidurense* and *Flavobacterium araucananum*[J]. International Journal of Systematic and Evolutionary Microbiology, 2014, 64 (2): 406-412.

[36] ZAMORA L, VELA A I, SÁNCHEZ-PORRO C, et al. *Flavobacterium tructae*

sp. nov. and *Flavobacterium piscis* sp. nov., isolated from farmed rainbow trout（*Oncorhynchus mykiss*）[J]. International Journal of Systematic and Evolutionary Microbiology, 2014, 64（2）: 392–399.

[37] ZAMORA L, FERNÁNDEZ-GARAYZÁBAL J F, SÁNCHEZ-PORRO C, et al. *Flavobacterium plurextorum* sp. nov. Isolated from Farmed Rainbow Trout（*Oncorhynchus mykiss*）[J]. PLOS ONE, 2013, 8（6）: 1–7.

[38] HANSEN G H, BERGH O, MICHAELSEN J, et al. *Flexibacter ovolyticus* sp. nov., a pathogen of eggs and larvae of Atlantic halibut, *Hippoglossus hippoglossus* L[J]. International Journal of Systematic Bacteriology, 1992, 42（3）: 451–458.

[39] PIÑEIRO-VIDAL M, RIAZA A, SANTOS Y. *Tenacibaculum discolor* sp. nov. and *Tenacibaculum gallaicum* sp. nov., isolated from sole（*Solea senegalensis*）and turbot（*Psetta maxima*）culture systems[J]. International Journal of Systematic and Evolutionary Microbiology, 2008, 58（Pt 1）: 21–25.

[40] PIÑEIRO-VIDAL M, CENTERNO-SESTELO G, RIAZA A, et al. Isolation of pathogenic *Tenacibaculum maritimum*-related organisms from diseased turbot and sole cultured in the Northwest of Spain[J]. Bulletin of the European Association of Fish Pathologists, 2007, 27（1）: 29–35.

[41] SMÅGES B, ØYVIND J B, HENRIK D, et al. *Tenacibaculum finnmarkense* sp. nov., a fish pathogenic bacterium of the family Flavobacteriaceae isolated from Atlantic salmon[J]. Antonie van Leeuwenhoek, 2016, 109（2）: 273–285.

[42] PIÑEIRO-VIDAL M, CARBALLAS C G, GÓMEZ-BARREIRO O, et al. *Tenacibaculum soleae* sp. nov., isolated from diseased sole（*Solea senegalensis* Kaup）[J]. International Journal of Systematic and Evolutionary Microbiology, 2008, 58（Pt 4）: 881–885.

[43] WANG J, CHOU Y, CHOU J, et al. *Tenacibaculum aiptasiae* sp. nov., isolated from a sea anemone *Aiptasia pulchella*[J]. International Journal of Systematic and Evolutionary Microbiology, 2008, 58（4）: 761–766.

[44] PIÑEIRO-VIDAL M, GIJÓN D, ZARZA C, et al. *Tenacibaculum dicentrarchi* sp. nov., a marine bacterium of the family Flavobacteriaceae isolated from European sea bass[J]. International Journal of Systematic and Evolutionary Microbiology, 2012, 62（2）: 425–429.

[45] ZHANG C, RIKIHISA Y. Proposal to transfer '*Aegyptianella ranarum*', an intracellular bacterium of frog red blood cells, to the family Flavobacteriaceae as 'Candidatus *Hemobacterium ranarum*'comb. nov[J]. Environmental Microbiology,

2004，6（6）：568-573.

［46］YASSIN A F，INGLIS T J J，HUPFER H，et al. *Cruoricaptor ignavus* gen. nov.，sp. nov.，a novel bacterium of the family Flavobacteriaceae isolated from blood culture of a man with bacteraemia[J]. Systematic and Applied Microbiology，2012，35（7）：421-426.

（陈翠珍　撰写）

第四章　黄杆菌属（*Flavobacterium*）

黄杆菌属（*Flavobacterium* Bergey，Harrison，Breed et al.，1923 emend. Bernardet，Segers，Vancanneyt et al.，1996）细菌常常是作为机会病原菌亦称为条件病原菌，能在一定条件下引起人的多种类型感染病。但在原分类于黄杆菌属的细菌，多数已先后易属。分类在黄杆菌属的细菌中，几乎均缺乏明确的医学临床意义；其中的嗜糖黄杆菌（*Flavobacterium saccharophilum*），有记述或报道从眼、咽分泌物、肺组织、血液、腹水、尿液、脑脊液、伤口浓汁等临床标本材料检出，以及从腹膜炎病例、医院感染临床标本材料中检出，但还都是少见的[1-4]。

黄杆菌属细菌属于非发酵菌（nonfermentative bacteria）类，也常是记为非发酵革兰氏阴性杆菌（nonfermentative Gram-negative bacilli，NFGNB）。在水生动物的病原黄杆菌属细菌中，主要是作为淡水鱼类病原菌，已有明确记载和报道的涉及了13个种，能够引起多种水生动物的所谓黄杆菌病。

在13种病原黄杆菌中，比较常见和重要的包括3个种。柱状黄杆菌（*Flavobacterium columnare*）是鱼类柱状病的病原菌，但需注意柱状病也常常被泛指由黄杆菌属所有病原菌引起的鱼类感染病；嗜鳃黄杆菌（*Flavobacterium branchiophilum*）是典型的鱼类细菌性鳃病的病原菌；嗜冷黄杆菌（*Flavobacterium psychrophilum*）是鱼类细菌性冷水病、虹鳟鱼苗综合征的病原菌[5-10]。

另外是水生黄杆菌（*Flavobacterium hydatis*）、约氏黄杆菌（*Flavobacterium johnsoniae*）、琥珀酸黄杆菌（*Flavobacterium succinicans*）、阿拉卡诺黄杆菌（*Flavobacterium araucananum* sp. nov.）、智利黄杆菌（*Flavobacterium chilense* sp. nov.）、大麻哈鱼黄杆菌（*Flavobacterium oncorhynchi* sp. nov.）、鱼黄杆菌（*Flavobacterium piscis* sp. nov.）、多脏器黄杆菌（*Flavobacterium plurextorum* sp. nov.）、斯巴达人黄杆菌（*Flavobacterium spartansii* sp. nov.）、鳟鱼黄杆菌（*Flavobacterium tructae* sp. nov.）10种黄杆菌，也分别有引起鱼类不同类型感染病的报道。

就作为在鱼类细菌性鳃感染病的病原黄杆菌属细菌中，已有明确记述的是作为鱼类柱状病的柱状黄杆菌、鱼类细菌性鳃病的嗜鳃黄杆菌。另外是水生黄杆菌、琥珀酸黄杆菌，也被认为是与鱼类细菌性鳃感染病相关联的。

第一节　菌属定义与属内菌种

按伯杰氏（Bergey）细菌分类系统，在第二版《伯杰氏系统细菌学手册》第4卷（2010）、《伯杰氏系统古菌和细菌手册》（2015）中，黄杆菌属分类于黄杆菌科（Flavobacteriaceae Reichenbach，1992 emend. Bernardet，Segers，Vancanneyt et al.，1996 emend. Bernardet Nakagawa and Holmes et al.，2002），是黄杆菌科细菌的模式属。隶属于拟杆菌门（Bacteroidetes phyl. nov.）、黄杆菌纲（Flavobacteriia class. nov.）、黄杆菌目（Flavobacteriales ord. nov.）细菌的成员。

菌属名称“*Flavobacterium*”为现代拉丁语中性名词，指这些细菌为黄色杆菌（a yellow bacterium）[11-12]。

一、菌属定义

黄杆菌属细菌为革兰氏染色阴性杆菌，端钝圆或微尖，大小在（0.3～0.5）μm×（2.0～5.0）μm，在某些条件下有的种也形成较短（1.0μm）或长丝状（10.0～40.0μm）菌细胞，较长的菌体柔韧；能够滑动运动，但在嗜鳃黄杆菌未见有此运动现象；无鞭毛，无芽孢（spore），在菌细胞内不存在聚-β-羟基丁酸盐（poly-β-hydroxybutyrate，PHB）颗粒。

在含有丰富营养的固体培养基上的菌落呈圆形、凸起或低凸、有光泽、边缘整齐或呈波状（有时沉入琼脂中）；在含低营养的固体培养基上的菌落，多数的种形成平坦或非常薄的、扩散的、有时很黏并充满不匀的根状的或丝状的边缘；典型菌落为黄色（从奶油色至亮橙色不等），这是由于产生不扩散的类胡萝卜素（carotenoid）或柔红素型色素（Flexirubin-type pigment）之故，但也有不产生色素的菌株；多数的种不能在含海水的培养基上生长，但内海黄杆菌（*Flavobacterium flevense*）例外；多数的种能生长于普通营养琼脂（nutrient agar，NA）、胰蛋白胨大豆胨琼脂（tryptone soytone agar，TSA）培养基，不需要生长因子（growth factors）；多数的种，都能在含有2%～4% NaCl条件下生长。在20～30℃生长良好，也有的种在15～20℃生长良好。

有机化能营养，需氧，进行呼吸型代谢，当提供生长因子时则水生黄杆菌、琥珀酸黄杆菌也能厌氧生长，以蛋白胨为氮源并从中释放NH_3（在单纯胨中即可生长）；除柱状黄杆菌和嗜冷黄杆菌外所有的种都能从碳水化合物中产酸，除内海黄杆菌外的全部种都分解明胶和酪蛋白，若干个种也水解几种多糖（包括淀粉、几丁质、果胶和羧甲基纤维素等），内海黄杆菌和嗜糖黄杆菌也能分解琼脂；不能分解纤维素，能够分解三丁酸甘油酯和吐温（tween）化合物，不产生靛基质，产生接触酶（catalase），除嗜糖黄杆菌外的全部种均能够产生细胞色素氧化酶（oxidase）。

甲基萘醌是唯一的呼吸醌类，主要的脂肪酸是15：0、15：0 iso、15：1 iso G、15：0 iso 3OH……无鞘磷脂，已检测的菌种的主要多胺均是高精脒。

广泛分布于土壤和淡水环境、海洋、温暖的盐环境，分解有机物，有的种对淡水鱼有致病性，或者可从患病淡水鱼中分离到，是鱼类柱状病的病原菌，是淡水鱼类的病原菌。

黄杆菌属细菌DNA中G+C的摩尔百分数为30～41，模式种（type species）为水栖黄杆菌［*Flavobacterium aquatile*（Frankland and Frankland 1889）Bergey，Harrison，Breed et al.，1923］[11-12]。

二、属内菌种

按伯杰氏（Bergey）细菌分类系统，在第二版《伯杰氏系统细菌学手册》第4卷（2010）、《伯杰氏系统古菌和细菌手册》（2015）中，黄杆菌科内记载了61个菌属[11-12]。近些年来，又相继有多个新菌属的报道。在这些菌属（种）中，多是无病原学意义的。这些菌属名录，记述在了第三章“黄杆菌科细菌的分类特征与科内菌属”中。

在第二版《伯杰氏系统细菌学手册》第4卷（2010）、《伯杰氏系统古菌和细菌手册》（2015）中，黄杆菌属内共记载了40个种，以及4个其他培养物（other organisms）[11-12]。另外，近些年多有新种的报道。

（一）伯杰氏细菌分类手册记载黄杆菌属的菌种

在第二版《伯杰氏系统细菌学手册》第4卷（2010）、《伯杰氏系统古菌和细菌手册》（2015）中记载的40个种，依次为水栖黄杆菌、南极黄杆菌（*Flavobacterium antarcticum*）、硬水黄杆菌（*Flavobacterium aquidurense*）、嗜鳃黄杆菌、柱状黄杆菌、黄色黄杆菌（*Flavobacterium croceum*）、大田黄杆菌（*Flavobacterium daejeonense*）、污水黄杆菌（*Flavobacterium defluvii*）、迪吉氏黄杆菌（*Flavobacterium degerlachei*）、脱氮黄杆菌（*Flavobacterium denitrificans*）、内海黄杆菌、冷水黄杆菌（*Flavobacterium frigidarium*）、冷海水黄杆菌（*Flavobacterium frigidimaris*）、冷域黄杆菌（*Flavobacterium frigoris*）、弗里克塞尔湖黄杆菌（*Flavobacterium fryxellicola*）、冰湖黄杆菌（*Flavobacterium gelidilacus*）、吉氏黄杆菌（*Flavobacterium gillisiae*）、米川黄杆菌（*Flavobacterium glaciei*）、细粒黄杆菌（*Flavobacterium granuli*）、哈茨山黄杆菌（*Flavobacterium hercynium*）、冬天黄杆菌（*Flavobacterium hibernum*）、水生黄杆菌、印度黄杆菌（*Flavobacterium indicum*）、约氏黄杆菌、栖污泥黄杆菌（*Flavobacterium limicola*）、密克罗黄杆菌（*Flavobacterium micromati*）、广食黄杆菌（*Flavo-*

bacterium omnivorum）、噬果胶黄杆菌（*Flavobacterium pectinovorum*）、冷湖黄杆菌（*Flavobacterium psychrolimnae*）、嗜冷黄杆菌、嗜糖黄杆菌、盐帽黄杆菌（*Flavobacterium saliperosum*）、泥土黄杆菌（*Flavobacterium segetis*）、土壤黄杆菌（*Flavobacterium soli*）、琥珀酸黄杆菌、顺天黄杆菌（*Flavobacterium suncheonense*）、栖菌垫黄杆菌（*Flavobacterium tegetincola*）、威弗半岛黄杆菌（*Flavobacterium weaverense*）、橙黄黄杆菌（*Flavobacterium xanthum*）、新疆黄杆菌（*Flavobacterium xinjiangense*）。

另外的4个其他培养物，分别为变态噬纤维菌（*Cytophaga allerginae*）、橙色屈挠杆菌外座变种（*Flexibacter aurantiacus* var.*excathedrus*）、黄色原黏杆菌（*Promyxobacterium flavum*）、甘蓝状生孢噬纤维菌（*Sporocytophaga cauliformis*）[11-12]。

在40种黄杆菌中，迄今有明确记述和报道在水生动物具有病原学意义的涉及6个（柱状黄杆菌、嗜鳃黄杆菌、水生黄杆菌、约氏黄杆菌、嗜冷黄杆菌、琥珀酸黄杆菌）。

（二）黄杆菌属的新菌种

近些年来，在黄杆菌属内有大量（经初步检索的不完全统计迄今有200多个）新种的报道。主要是分离于土壤（soil）、淡水（freshwater）环境；另外是冰川（glacier）、富营养湖的沉积物（sediment of eutrophic lake）、污染的废水（wastewater）、温泉水（warm spring water）、活性污泥（activated sludge）、森林泥浆（forest mud）、北极海水（arctic seawater）、南极海水（antarctic seawater）、冰川冰（glacier ice）、冰川融水（glacier meltwater）、水系沉积物（stream sediment）、海洋藻类（marine algae）、海水（seawater）、海洋沉积物（marine sediment）、湿地（wetland）、潮坪（tidal flat）等样本，其中多是属于嗜冷细菌（psychrophilic bacteria）类型。另外，有的种，也有再被重新修订描述（emended description）的报道。

在病原学意义方面，涉及7个种（阿拉卡诺黄杆菌、智利黄杆菌、大麻哈鱼黄杆菌、鱼黄杆菌、多脏器黄杆菌、斯巴达人黄杆菌、鳟鱼黄杆菌），多是分离于虹鳟；在这些新种中，尽管有的菌株是分离于鳃部且存在不同程度的病理损伤，但还难于将它们与细菌性鳃感染病联系在一起。为便于对此7个新种病原性黄杆菌的初步认识和了解，这里分别对其在菌株来源与命名、DNA中G+C的摩尔百分数和模式株、病原学意义等方面的基本信息，予以简介供参考。

1. 阿拉卡诺黄杆菌（*Flavobacterium araucananum* sp. nov.）

阿拉卡诺黄杆菌（*Flavobacterium araucananum* sp. nov. Kämpfer，Lodders，Martin and Avendaño-Herrera，2012），由德国吉森大学（Justus-Liebig-Universität Giessen；Giessen，Germany）的Kämpfer等（2012）报道。种名“*araucananum*”为新拉

丁语中性形容词，指隶属于曾经居住在康塞普西翁的古阿拉卡诺人（belonging to the ancient people-the Araucanos-who once inhabited Concepción）。当时从智利养殖鱼中分离的3个菌株：一株（编号LM-09-Fp）分离于虹鳟、另外两株（编号LM-19-Fp和LM-20-Fp）分离于大西洋鲑，被分类鉴定为新种黄杆菌。其中的菌株LM-19-Fp和LM-20-Fp为同种，命名为“*Flavobacterium araucananum* sp. nov.”（阿拉卡诺黄杆菌）[13]。相继是美国密歇根州立大学（Michigan State University；East Lansing，USA）的Loch和Faisal（2014）报道，对阿拉卡诺黄杆菌的一些生物学性状进行了校订描述[14]。

阿拉卡诺黄杆菌的模式株为LM-19-Fp（LMG 26359=CCM 7939）；是在智利康塞普西翁（Concepción Chile）的一个养鱼场中，从两种不同的患病大西洋鲑分离到的[13]。

在病原学意义方面，Kämpfer等（2012）报道于2006年，在智利南部艾森（Aysen，in southern Chile）附近的一个养鱼场，从患病的虹鳟的外部病变（external lesion）部位中分离出菌株LM-09-Fp（即被分类鉴定、命名的智利黄杆菌）。2008年在智利中西部康塞普西翁（Concepción，in central western Chile），从养殖的、两种不同的患病大西洋鲑中分离出了菌株LM-19-Fp和LM-20-Fp（分别分离于肾脏、外部病变部位），即被分类鉴定、命名的阿拉卡诺黄杆菌。每个新菌株都是从一种混合培养物（mixed culture）中获得的，混合培养物中含有在鱼类明确的病原嗜冷黄杆菌；每个新菌株对鱼类的毒力，在当时没有通过感染试验进行评估[13]。

2. 智利黄杆菌（*Flavobacterium chilense* sp. nov.）

智利黄杆菌（*Flavobacterium chilense* sp. nov. Kämpfer，Lodders，Martin and Avendaño-Herrera，2012），由在阿拉卡诺黄杆菌中记述的德国吉森大学的Kämpfer等（2012）报道。种名“*chilense*”为新拉丁语中性形容词，指隶属于智利的（belonging to Chile）。

在阿拉卡诺黄杆菌中有记述，德国吉森大学的Kämpfer等（2012）报道从智利的养殖鱼类中分离到3个菌株，其中分离于虹鳟的一株（编号为LM-09-Fp），即被分类鉴定为新种黄杆菌、命名的“*Flavobacterium chilense* sp. nov.”（智利黄杆菌）。

智利黄杆菌的模式株为LM-09-Fp（LMG 26360=CCM 7940）；在智利艾森附近（near Aysen，Chile）的一个养鱼场中，从患病的虹鳟分离到。

在病原学意义方面，在阿拉卡诺黄杆菌中有记述德国吉森大学的Kämpfer等（2012）报道于2006年，在智利南部艾森附近的一个养鱼场，从患病虹鳟的外部病变部位中分离出菌株LM-09-Fp，即被分类鉴定、命名的智利黄杆菌[13]。

3. 大麻哈鱼黄杆菌（*Flavobacterium oncorhynchi* sp. nov.）

大麻哈鱼黄杆菌（*Flavobacterium oncorhynchi* sp. nov. Zamora，Fernández-Garayzábal，Svensson-Stadler et al.，2012），由西班牙马德里康普顿斯大学（Universidad Complutense；Madrid，Spain）的Zamora等（2012）报道。种名“*oncorhynchi*”为新拉丁语属格名词，以大麻哈鱼属（*Oncorhynchus*）命名、指菌株（模式株）分离于裂喉大麻哈鱼。

Zamora等（2012）报道采用多相分类法（polyphasic taxonomic approach），对从患病裂喉大麻哈鱼（*Oncorhynchus mykiss*）分离的18个菌株进行了分类学鉴定。基于比较16S rRNA基因序列分析的研究表明，18个菌株具有99.2%～100%的序列同源性，被鉴定为新种黄杆菌、命名为“*Flavobacterium oncorhynchi*”（大麻哈鱼黄杆菌）。

在病原学意义方面，Zamora等（2012）报道在此项研究中，是利用表型和基因型技术鉴定了在2008—2009年从患病的幼龄裂喉大麻哈鱼中分离的菌株，这些发病的幼龄裂喉大麻哈鱼，表现出如同嗜冷黄杆菌感染的临床病症[15]。

4. 鱼黄杆菌（*Flavobacterium piscis* sp. nov.）

鱼黄杆菌（*Flavobacterium piscis* sp. nov. Zamora，Vela，Sánchez-Porro et al.，2014），由西班牙马德里康普顿斯大学的Zamora等（2014）报道。种名“*piscis*”为拉丁语属格阳性名词，指鱼。

Zamora等（2014）报道，从虹鳟分离到4个菌株（编号435-08、47B-3-09、412R-09、60B-3-09）。基于16S rRNA基因序列分析表明为黄杆菌属细菌，4个菌株分为435-08和47B-3-09（A群）、412R-09和60B-3-09（B群）的两个系统发育类群（phylogenetic groups）。系统发育、基因型和表型性状的分类鉴定证据表明，A群和B群菌株各自属于黄杆菌属的两个新种，将其分别命名为“*Flavobacterium tructae* sp. nov.”（鳟鱼黄杆菌）、“*Flavobacterium piscis* sp. nov.”（鱼黄杆菌）。

鱼黄杆菌DNA中G+C的摩尔百分数为34.3；模式株为412R-09（CECT 7911=CCUG 60099），分离于虹鳟的肾脏。

在病原学意义方面，Zamora等（2014）报道，在向西班牙马德里康普顿斯大学动物健康监测中心（Animal Health Surveillance Centre，Visavet）提交的不同临床标本的虹鳟常规微生物诊断过程中，从推定诊断为败血症感染的不同虹鳟的肝脏（菌株为435-08，鳟鱼黄杆菌）、肾脏（菌株为412R-09，鱼黄杆菌）、鳃（菌株为47B-3-09，鳟鱼黄杆菌和60B-3-09，鱼黄杆菌）分离到4株属于新种的革兰氏染色阴性杆菌。这些被检虹鳟来自同一个养鱼场，是在两个不同年份（2008年和2009年）、分别从三个不同养殖池取样的病鱼分离的，其中从一个池分离的菌株为435-08、另一个池分离的菌株为412R-09、第三个池分离的菌株为47B-3-09和60B-3-09[16]。

5. 鳟鱼黄杆菌（*Flavobacterium tructae* sp. nov. ）

鳟鱼黄杆菌（*Flavobacterium tructae* sp. nov. Zamora，Vela，Sánchez-Porro et al.，2014），由西班牙马德里康普顿斯大学的Zamora等（2014）报道。种名“*tructae*”为拉丁语属格名词，指鳟鱼（trout）、模式株分离于虹鳟的肝脏。

在前面的“*Flavobacterium piscis* sp. nov.”（鱼黄杆菌）中有记述，西班牙马德里康普顿斯大学的Zamora等（2014）报道从患病虹鳟分离到的4个菌株（编号为435-08、47B-3-09、412R-09、60B-3-09），经系统发育、基因型和表型性状的证据表明其中A群两个菌株（435-08和47B-3-09），即为分类命名的“*Flavobacterium tructae* sp. nov.”（鳟鱼黄杆菌）。

鳟鱼黄杆菌DNA中G+C的摩尔百分数为36.2；模式株为435-08（CECT 7791=CCUG 60100），分离于虹鳟的肝脏。

在病原学意义方面，在前面的鱼黄杆菌中有记述Zamora等（2014）报道鳟鱼黄杆菌，在向西班牙马德里康普顿斯大学动物健康监测中心提交的不同临床标本的虹鳟常规微生物诊断过程中，从推定诊断为败血症感染的不同虹鳟的肝脏（菌株为435-08）、鳃（菌株为47B-3-09）分离到的[16]。

6. 多脏器黄杆菌（*Flavobacterium plurextorum* sp. nov. ）

多脏器黄杆菌（*Flavobacterium plurextorum* sp. nov. Zamora，Fernández-Garayzábal，Sánchez-Porro et al.，2013），由西班牙马德里康普顿斯大学的Zamora等（2013）报道。种名“*plurextorum*”为新拉丁语属格复数名词、指源于几个内脏器官（of several internal organs）。

Zamora等（2013）报道，从患病虹鳟中分离到5株（1126-1H-08、51B-09、986-08、1084B-08、424-08）革兰氏阴性杆菌。系统发育、遗传和表型性状的数据表明，这些菌株代表了黄杆菌属的一个新种，命名为“*Flavobacterium plurextorum* sp. nov.”（多脏器黄杆菌）。

多脏器黄杆菌（模式株）DNA中G+C的摩尔百分数为33.2；模式株为1126-1H-08（CECT 7844=CCUG 60112）。

在病原学意义方面，Zamora等（2013）报道，在位于西班牙中部的一个虹鳟养殖场发生败血症感染事件。取被感染鱼提交给西班牙马德里康普顿斯大学动物健康监测中心，进行了细菌性败血症（bacterial septicemia）的病原常规微生物诊断。结果从5条不同鱼的肝脏（986-08和424-08）、鳃（1084b-08和51b-09）、卵（1126-1h-08）中分离到5株革兰氏阴性杆菌。这些菌株是在两个不同的年份（2008年和2009年）分离的。

黄杆菌属细菌属于鱼类和鱼卵的微生物区系（microbiota），因此虽然从内脏分离出多脏器黄杆菌两个菌株，但从鳃和卵中分离出另外3个菌株，表明这个新种多脏器黄杆菌可能是腐生（saprophytic）或共生（commensal）的，并且其能够在应激（stressful）条件下或其他易感的情况如与其他细菌或病毒共感染（coinfections）或生产条件差等引起疾病。认为对多种黄杆菌的正式描述，有助于从与鱼类疾病相关或从患病鱼类中分离出的其他黄杆菌物种中有效鉴定黄杆菌，也将有助于提高对其分布的认识[17]。

7. 斯巴达人黄杆菌（*Flavobacterium spartansii* sp. nov.）

斯巴达人黄杆菌（*Flavobacterium spartansii* sp. nov. Loch and Faisal，2014），由美国密歇根州立大学的Loch和Faisal（2014）报道。种名“*spartansii*”为新拉丁语阳性名词，是为纪念密歇根州立大学的吉祥物（mascot of Michigan State University）斯巴达人（Spartans）予以命名的。

Loch和Faisal（2014）报道，从野生产卵成年大鳞大麻哈鱼（feral spawning adult Chinook salmon，*Oncorhynchus tshawytscha*）肾脏、发生死亡的养殖大鳞大麻哈鱼鱼种（captive-reared Chinook salmon fingerlings）的鳃，分离到两株（编号T16、S12）革兰氏阴性杆菌。16S rRNA基因的测序表明，菌株T16和S12彼此几乎相同（99%相似性），属于黄杆菌属细菌，系统发育分析表明菌株T16和S12在黄杆菌属内形成一个与其他黄杆菌属不同、支持良好的分支；基于多相分类鉴定的数据支持菌株T16和S12代表黄杆菌属的一个新种，命名为“*Flavobacterium spartansii* sp. nov.”（斯巴达人黄杆菌）。

斯巴达人黄杆菌DNA中G+C的摩尔百分数为35.6；模式株为T16（LMG 27337=ATCC BAA-2541）。菌株T16分离于野生成年（feral adult）大鳞大麻哈鱼的肾脏，大鳞大麻哈鱼返回到美国普雷斯克艾尔县天鹅河堰（Swan River Weir，Presque Isle County，MI，USA）产卵（spawn）；另外是菌株S12，分离于圈养的大鳞大麻哈鱼鱼种（captive-reared Chinook salmon fingerlings）。

在病原学意义方面，Loch和Faisal（2014）报道，黄杆菌病对全球野生和增养殖的鱼类（wild and propagated fish）种群构成严重威胁。此项研究强调了在密歇根州（Michigan）与患病鱼类相关黄杆菌种的异质组合（heterogeneous assemblage），描述了一种从美国密歇根州的病鲑科鱼类（diseased salmonids in Michigan，USA）中分离的黄杆菌属新的鱼类致病种：菌株T16和S12最初分别是在美国普雷斯克艾尔县天鹅河堰从野生产卵成年大鳞大麻哈鱼肾脏、在斯库尔克拉夫特县汤普森州鱼类孵化场（Thompson State Fish Hatchery，Schoolcraft County，MI，USA）从发生死亡的养殖大鳞大麻哈鱼鱼种（Chinook salmon fingerlings）的鳃分离的。

系统感染的野生大鳞大麻哈鱼（4/60感染）的疾病症状包括轻度到严重的单侧突眼症（unilateral exophthalmia）、肌肉溃疡（muscular ulcerations）、肝苍白（hepatic pallor）、肾脏脆弱（friable kidneys）。在孵化场养殖的大鳞大麻哈鱼鱼种（hatchery-reared Chinook salmon fingerlings）中，观察到有大量丝状细菌（filamentous bacteria）覆盖坏死鳃片（necrotic gill lamellae）和苍白肝脏的表面[14]。

第二节　柱状黄杆菌（*Flavobacterium columnare*）

柱状黄杆菌［*Flavobacterium columnare*（Bernardet and Grimont，1989）Bernardet，Segers，Vancanneyt et al.，1996］最早被分类于芽孢杆菌属（*Bacillus* Cohn，1872），名为柱状杆菌（*Bacillus columnaris* Davis，1922；注："*Bacillus*"在1937年以前称为杆菌属）。又曾先后被分类于软骨球菌属（*Chondrococcus* Jahn，1924）亦称为粒球黏细菌属，命名为柱状软骨球菌［*Chondrococcus columnaris*（Davis，1922）Ordal and Rucker，1944］亦称为柱状粒球黏细菌；也有将此菌作为黏细菌属（*Myxobacteria*）细菌的描述；噬纤维菌属（*Cytophaga* Winogradsky，1929 emend. Nakagawa and Yamasato，1996），名为柱状噬纤维菌［*Cytophaga columnaris*（Davis，1922）Garnjobst，1945］、柱状噬纤维菌［*Cytophaga columnaris*（ex Davis，1922）Reichenbach，1989］；黏球菌属（*Myxococcus* Thaxter，1892），名为鱼害黏球菌（*Myxococcus piscicola* sp. nov. Lu Nie and Ko，1975）；屈挠杆菌属［*Flexibacter*（Soriano，1945）Lewin，1969］，名为柱状屈挠杆菌［*Flexibacter columnaris*（Davis，1922）Leadbetter，1974］、柱状屈挠杆菌［*Flexibacter columnaris*（Davis，1922）Bernardet and Grimont，1989］。菌种名称"*columnare*"为拉丁语中性形容词，指其菌落在被感染鱼的体表感染部位呈聚集的柱状增长（rising as a pillar）。

细菌DNA中G+C的摩尔百分数为32～33（T_m，Bd），模式株为1-S-2cl、ATCC 23463、CIP 103531、IAM 14301、LMG 10406、LMG 13035、NBRC 100251、NCIMB 1038、NCIMB 2248；属于基因型1（Genomovar 1）。

GenBank登录号（16S rRNA）如下。Genomovar 1为AB078047（模式株），AB010952（菌株FK 401）；Genomovar 2为AB016515（菌株IAM 14820），AB015480（菌株LP 8）；Genomovar 3为AB015481（菌株IAM 14821）。参考菌株（reference strains）信息如下：Genomovar 1为JIP 39/87（ATCC 49513、CIP 103532），JIP 44/87（ATCC 49512、CIP 103533）；Genomovar 2为Wakabayashi EK28（IAM 14820）；Genomovar 3为Wakabayashi PH 97028（IAM 14821、JCM 21327）[11-12]。

一、研究历程简介

柱状黄杆菌能够引起多种鱼类发生所谓的柱状病，在淡水鱼类表现尤为突出。从上面记述对柱状黄杆菌的分类命名沿革能够看出，对此病原菌的明确认知经历了一个相当长的时期。

（一）Osburn在早期报道鱼鳃细菌性感染病

相关文献显示，在早期由美国俄亥俄州立大学动物学系（Department of Zoology，Ohio State University；Columbus，Ohio，USA）的Osburn（1911）在美国渔业协会（American Fisheries Society）第四十届年会（Fortieth Annual Meeting）发表的*The effects of exposure on the gill filaments of fishes*（暴露对鱼类鳃丝的影响）即鱼类鳃病，尽管没有明确提出其病原，但可能是鱼类鳃细菌性感染病（尤其是柱状病）最早的正式描述和报道。

报道在养殖的鳟鱼（trout）和鲑鱼（salmon），其鱼苗期显示出在一侧或两侧的鳃盖（gill covers）发育障碍（停止），从而暴露出鳃丝（gill filamentos）。报道称其在前一天，在纽约水族馆（New York Aquarium）检查了一罐1年龄的银鲑（silver salmo），发现其中有很多鱼的鳃盖异常；在检查的486条鱼中有89条出现异常（构成比18.31%），其中右鳃异常的44条、左鳃异常的27条、两鳃均异常的18条。

与正常的鳃丝相比，发现虽然主血管的轴线和总体布局相同，但在顶端往往有一部分发生显著改变；有时多达半数的鳃丝没有次级鳃片，且经常是不正常的、表现末端膨大。通常出现许多鳃片融合在一起，或部分呈在基部融合或明显缩短；无论丝状体暴露到什么程度上，都能够发现其末端有突起（knobbed），细胞的外层也会发生很大的变化。发生变化的细胞不是很扁平（flattened），而是变成立方体（cuboid）或柱状（columnar）；特别是在末端暴露更广的情况下，常常是能够发现这些细胞的两层，甚至三层分离，水从血液中出来[18]。

值此，也简要记述美国动物学家（American zoologist）雷蒙德·卡洛尔·奥斯本（Raymond Carroll Osburn；1872—1955年）博士［1872年1月4日出生于俄亥俄州纽瓦克（Newark，Ohio）；1955年8月6日在俄亥俄州哥伦布（Columbus，Ohio）逝世］。奥斯本（图4-1）于1898年获俄亥俄州立大学（Ohio State University）理学学士学位，毕业后在斯塔林医学院（Starling Medical College）任教，担任生物学和胚胎学讲师；并在母校（俄亥俄州立大学）继续深造，于两年后获得了理学硕士学位。1899—1902年，任北达科他州（North Dakota）法戈学院（Fargo College）的生物学教授。1906年进入哥伦比亚大学（Columbia University），获得哲学博士学位。随后在哥伦比亚大学巴纳德学院（Barnard College of Columbia University）任生物学教授；还曾任康涅狄格女子学院（Connecticut College for Women）生物学系教授兼系主任，并曾担任俄亥俄州立大学动物学和昆虫学系主任，曾担任美国渔业管理局（United States Bureau of Fisheries）科学研究员（Scientific Investigator）及纽约水族馆的副总监（Associate director）；指导了俄亥俄州普特湾的弗朗茨·西奥多·斯通实验室（Franz Theodore Stone Laboratory at Put-in-Bay，Ohio）建设。在职业生涯的早期，被美国自然历史博物馆（American Museum of Natural History）派去研究加勒比海（Caribbean Sea）的水生生物（aquatic life）。他的研究兴趣主要是苔藓动物（Bryozoa）、鱼类和昆虫。他从系主任职位（chairmanship of his department）退休后，被邀请到加利福尼亚州（California）从事汉考克基金会远征队（Hancock Foundation expeditions）在从阿拉斯加（Alaska）到秘鲁（Peru）的太平洋水域采集的苔藓动物收藏工作。奥斯本的成就卓越，被美国国家科学院授予丹尼尔·吉拉德·埃利奥特（Daniel Giraud Elliot）1950年金质奖章，1949年被俄亥俄州立大学授予荣誉理学博士。

图4–1　奥斯本

（二）Davis首先描述鱼类柱状病和相应病原体

美国渔业管理局的Davis（1922）报道，于1917—1919年夏季，在美国密西西比河（Mississippi river）首次发现许多温水鱼类（warm-water fishes）患有所谓的柱状病，被认为是淡水鱼类的一种新的细菌性感染病。被感染鱼的躯体存在污秽白色（dirty-white areas）或微黄色区域（yellowish areas），病变在鳍和/或鳃，并最终导致死亡。主要表现鳍常常是被侵蚀成一个单纯的根（mere stubs），鳃坏死[19]。

据报道在1917年夏季，在艾奥瓦州费尔波特的美国渔业生物站（United States Fisheries biological station；Fairport，Iowa）研究鱼类的原生动物寄生虫（protozoan parasites）时，发现在近期放入鱼缸（aquaria）的一些鱼由于细菌感染发生死亡。在季节的后期，这种疾病在水槽的鱼中相当普遍，但由于其他工作的压力，没有人特别留心这种情况。

在1918年初夏，这种疾病再次出现，此次是在一个池塘（ponds）里。在费尔波特站（Fairport station）进行的一系列养殖试验（feeding experiments）过程中，大量的水牛鱼鱼种（fingerling buffalofish）被养殖在一个池塘里，池塘里已经放置了大量的马粪。这些鱼长得很快，一段时间以来似乎处于健康、旺盛的状态。然而于7月初开始出现大量死亡，经过仔细检查发现这些濒死的鱼感染了1917年夏季在水槽（troughs）的鱼发现的同一种细菌。在这个季节稍晚的时候，这种疾病出现在近期被转移到水槽进行喂养试验的鱼中，并导致相当高的死亡率。

鉴于其明显的重要性，决定对该疾病进行更广泛的调查，以尽可能确定一种可行的控制方法。这项调查于1918年夏季后半年开始，并于1919年夏季继续进行。

这种疾病很容易被辨认，以明确的特征来区分。通常情况下，此病的第一个特征是躯体某些部位出现一个或多个特征性的污秽白色或微黄色区域；感染区域通常很明显，且面积迅速增加。在某些情况下，躯体的很大一部分可能最终被感染。随着病变增大，鱼变得非常虚弱，通常在病变首次可见后24～72h死亡。损伤可能发生在躯体的任何部位，但在大多数情况下首先出现在鳍部，尤其是尾部，并从那里扩散到躯体的相邻部位；在疾病晚期，病变可能会从躯体的1/2～2/3处覆盖，鳍部破损严重，尾部有时会破损成一个单纯的根。受感染鱼的种类也有相当大的差异，如在小翻车鱼（crappies）中，这种病通常局限于鳍和鳃部、很少传播到躯体；这可能是因为这些鱼特别容易感染这种疾病，于细菌在躯体表面广泛传播之前即死亡。鳃部的感染损伤首先表现为小的白色斑块（white patches），其传播迅速、通常会在几个小时内死亡。

在大头鱼（bullheads）黑鮰（*Ameiurus melas*）和云斑鮰（*Ameiurus nebulosus*），病变的外观与有鳞鱼类（scaled fishes）有所不同，它们通常首先表现为许多小的、轮廓清晰的圆形病变区域。病变周围有清晰区域，因充血呈明显带红色的、宽的区域；随后病变常常融合，并覆盖躯体的大部分。由于某种原因，在大头鱼鱼种（fingerling bullheads）中，疾病更常见于尾鳍，与其他鱼类一样，感染区域逐渐向前端推进，躯体的整个后端呈污秽白色。

偶尔，鱼可能会死于疾病，但不会在躯体或鳍上显示任何损伤。在这种情况下，鳃总是被严重感染，其中很大一部分被完全破坏。在鳃感染的晚期，鱼经常表现出窒息的特征性体征（如在水面游泳和喘气）；在大多数情况下，带有被感染鳃的鱼也会在躯体或鳍的表面出现病变，但在不同种类的鱼又有相当大的差异。

虽然有些鱼类比其他鱼类更易受感染，但大多数鱼类似乎很可能会受到这种疾病的侵袭。如已在以下鱼类上观察到了这种疾病：水牛鱼的小口牛胭鱼（*Ictiobus bubalus*）和巨口牛胭鱼（*Ictiobus cyprinella*）、太阳鱼（sunfishes；*Lepomis incisor*，*Lepomis humilis*）、鲤鱼、黑鲈（black basses；*Micropterus salmoides*，*Micropterus dolomieu*）、花鲈（*Pomoxis sparoides*）、白莓鲈（*Pomoxis annularis*）、大口突鳃太阳鱼（warmouth，*Chcenobryttus gulosus*）、黄金鲈、金眼鲈（white bass，*Roccus chrysops*）、美洲红点鲑、金体美鳊鱼（minnow，*Pimephales notatus*）、斑点叉尾鮰、云斑鮰和黑鮰。从这些可以看出这种疾病很普遍，而且几乎没有理由怀疑在有利的条件下，这种疾病可能会发生在几乎所有种类的淡水鱼。

在一个实例中，一些在一个装有大量受感染水牛鱼的水箱中的蝌蚪（tadpoles），在尾部形成了明确的损伤。这些蝌蚪刚刚开始变态（metamorphose），这可能使它们更容易受到感染。但给成年青蛙（adult frogs）接种这种疾病的尝试，被证明是失败的。

到目前为止，还不能获得有关该病地理分布的任何数据。然而在1919年7月的第一周，在纽约奥格登斯堡圣劳伦斯河（St. Lawrence River at Ogdensburg，New York）的考察期间，在小口黑鲈（smallmouth black bass，*Micropterus dolomieu*）和河鲈的病变处发现了这种细菌。在这种情况下，鱼似乎没有受到细菌的严重伤害，细菌显然是生长得很慢。

在病原方面，这种疾病是由一种明显未被描述过的细菌引起的，建议将其作为“*Bacillus*”［芽孢杆菌属（杆菌属）］的细菌、命名为“*Bacillus columnaris*”（柱状杆菌）。通过培养获得纯培养菌还不可能，但它的外观很有特色，如果有一定数量的菌体，总是很容易被识别出来。显微镜检查受侵害的组织湿涂片（wet mounts）显示菌体特征是一种细长、易弯曲的杆状菌，长5～12μm、宽0.5μm。细菌是透明的，除非大量存在、否则很难区分；通常看起来菌体完全均匀，很少会表现出轻微的颗粒结构；细菌是能够运动的，可能有鞭毛（但还没有能够试验确定），通常可以看到菌体沿直线移动相当长的距离，移动时伴随着杆状菌体的弯曲、可能会在暂时呈“S”形（S-shape），其中一个典型的运动形式是在一个圆圈内缓慢转动一端、另一端保持静止形成一个支点，整个杆状菌体在该支点上旋转。当放在载玻片上观察时，沿着鳞片或受感染组织的边缘移动是非常明显的；通常在一端连接的地方可以看到大量细菌，而游离端则是以上述方式来回移动。另一个特点是在载玻片上从一个目标到另一个目标形成小的菌体链，这些链是由细菌排成一排形成的，它们的末端与末端相连（末端略微重叠）；通常这些链由两到三排平行排列的细菌组成，但偶尔可能只有一排，菌体在这些链上以一种非常独特的方式不断地来回移动。然而，当从病变处刮下的一点材料放置在玻片上的一滴水中时，最具特征的运动和通常使这种细菌易于识别的运动表现得很好，可能是由于盖玻片的压力，细菌很快在受感染的组织、鳞片等边缘大量聚集；在这里，它们形成短柱状聚集体（short column-like masses），菌名“*columnaris*”（柱状）则是源于此，在每个柱状聚集体与相邻柱状聚集体的距离很窄。柱通常向游离端略微倾斜，游离端通常是圆形的（但在极少数情况下可能是尖的）；在某些情况下，柱端可能会明显增大；在有利的情况下，沿着鳞片的边缘可以形成一系列这样的柱。这些柱状的细菌群是很有特点的，很明显的是当它们生长在鱼体时，它们会从嵌入其中的胶状基质（gelatinous matrix）中释放出来；沿着柱子的侧面和圆端可以看到细菌，一端附着、游离端则是来回波动；细菌不断地从柱子上散开，而其他细菌则蜂拥而出取代它们；有时菌体短链可能会从柱的末端延伸出来，末端的细菌不断地变得游离，但通常会在一段时间后沿着链返回；当细菌游离时，首先表现出一种与布朗运动（Brownian movement）有所不同的特殊震颤运动（vibratory movement），在空闲一段时间后，它们通常会聚集在盖玻片的下面完全静止不动。

毫无疑问，这些细菌的典型成群运动不断地发生在鱼体上，至少在疾病的晚期，因为已经发现严重患病的鱼不断地大量释放这种细菌。由于缺乏多种染色剂，因此对这种细菌的染色反应还未能进行详细的研究；这种细菌很容易用品红（fuchsin）和吉姆萨染色剂（Giemsa’s stain）染色，染色后的看起来非常均匀。

到目前为止，所有在人工培养基上培养细菌的尝试都被证明是失败的。1918年夏季曾做了几次分离细菌的尝试，这些试验还在继续进行。由于设备条件有限，只能尝试一些简单培养基（simpler media），试验了标准的牛肉肉汤琼脂（beef-broth agar）和鱼肉琼脂（fish agar）培养基，虽然在培养基上有大量细菌生长，但未发现这种所谓的柱状杆菌；试图利用鱼血清培养这种细菌，同样是不成功的。然而，尽管未能分离出细菌、但也没有严重阻碍对这种疾病的研究；这种细菌很容易从受感染鱼的病变处大量获得，而且它们的外观特征是很容易被识别出来的。

当然，由于未能分离出细菌获得纯培养，因此无法确证这种疾病的病因；但证据确凿，这种细菌几乎没有疑问。这种细菌在病变处总是大量存在，通过刮掉一些鳞片和涂上从患病鱼体一些细菌，则健康的鱼很容易产生这种疾病。在疾病的晚期，除这种柱状杆菌外，通常还有大量的细菌存在，但已经发现在小病变中，这种柱状杆菌总是比任何其他细菌都要丰富得多，而且在某些情况下当病变第一次可见时，存在几乎纯的这种柱状杆菌。病变前沿大量的这种柱状杆菌非常明显，总是从这一区域能够获取细菌（图4-2所示的这种柱状杆菌，即是由这种材料制备的）。

也有证据表明在某些情况下，鱼类在没有机械损伤的活力降低情况下可能导致感染。这可能是对发生在费尔波特的一个池塘里的流行病的解释，在那里，幼龄的水牛鱼（young buffalofish）被用来进行喂养试验，就在疾病出现之前，水体明显变得污浊；毫无疑问，这降低了鱼的活力，使它们容易受到感染。作者还被渔民告知，他们在夏季晚些时候在密西西比河沿岸的孤立池塘（isolated ponds）和泥沼（sloughs along）中发现了具有同样疾病的鱼；此时，这些池塘中的水变得非常温暖和停滞，这将有利于细菌的生长，同时有助于降低鱼类的活力[19]。

图4-2显示病变组织涂片的柱状杆菌，石炭酸品红（carbolfuchsin）染色。图4-3显示蓝鳃太阳鱼（bluegill，*Lepomis incisor*）病变组织的细菌形成的柱（columns）状生长，图4-3A显示蓝鳃太阳鱼鳞片的一小部分，可见沿着边缘的细菌形成的柱，伊红（eosin）染色；图4-3B显示了细菌在移动离开后，沿着受感染组织边缘形成的柱[19]。

图4-2　柱状杆菌形态特征

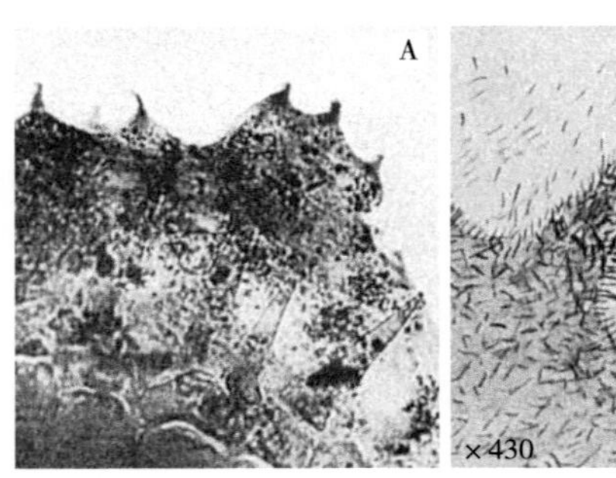

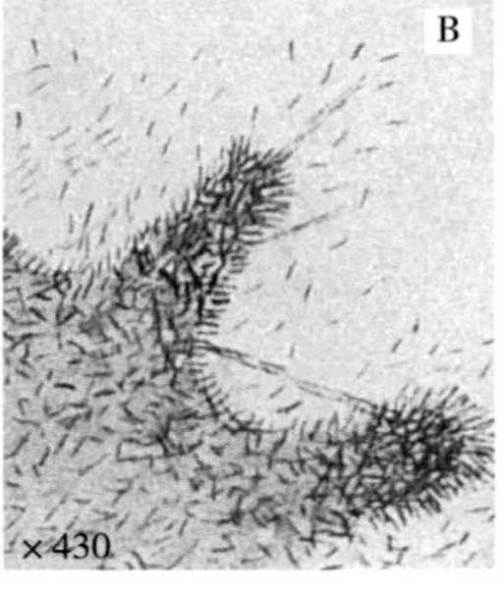

图4-3　细菌形成的柱

（三）Ordal和Rucker首先分离鉴定柱状病的相应病原体

美国华盛顿大学（University of Washington）的Ordal和美国鱼类和野生动物管理局（Fish and wildlife Service，Seattle，Washington）的Rucker（1944）报道在1942年夏天，在华盛顿州莱文沃斯鱼类和野生动物管理局孵化场（Fish and Wildlife Service hatchery at Leavenworth，Washington）养殖的红大麻哈鱼（blueback-salmon，*Oncorhynchus nerka*）即红鲑的一批鱼种（fingerlings）发生一种流行病，在当时此病被确认是与Davis（1922）报道在密西西比河流域（Mississippi Valley）温水鱼类发生的细菌病（bacterial disease）相似（如果不相同的话）的。菌体形成短柱状聚集体的特征，也在从红大麻哈鱼鱼种病变部位获取的材料中存在，并被用来鉴定这种感染病。

在红大麻哈鱼这种疾病的特征性病变中大量出现的细菌，最初分离是通过在经连续稀释的鱼浸液培养基（fish-infusion medium）中获得的。这种细菌不能在含有通常浓度的营养物质和琼脂的培养基生长，但在低浓度下的生长良好。随后发现含有0.25%～0.50%的胰蛋白胨（Racto-tryptone）、0.5%～0.9%琼脂的培养基（pH值为7.3），非常适合分离和培养。

这种细菌的纯培养菌，在当时被认为是“*Myxobacteria*”（黏细菌属）细菌。在控制条件下的感染试验表明，这种黏细菌对鲑具有致病性，其感染死亡率取决于鱼被养殖的温度，在16℃、18℃、20℃、22℃养殖的红大麻哈鱼鱼种试验（在7d后终止），感染死亡率分别为30%（6/20）、45%（9/20）、95%（19/20）、100%（10/10）。在多种鱼类中，能够引起感染死亡的疾病。

通常可从受感染的鱼的内脏以及体表损伤部位，分离出这种黏细菌。在一项试验中，从25条显示体表感染黏细菌的鱼中的22条的肾脏分离到典型的这种黏细菌。这种细菌明显具有黏细菌属细菌的特征，认为应归入黏细菌目（order Myxobacteriales）、黏球菌科（family Myxococcaceae）、软骨球菌属，命名为“*Chondrococcus columnaris*”（柱状软骨球菌、亦称为柱状粒球黏细菌）[20]。在以后的较长时期内，这一菌名一直被承认和使用。

（四）Garnjobst分离鉴定与命名鱼类柱状病的相应病原菌

美国鱼类和野生动物管理局（United States Fish and Wildlife Service，Kearneysville，West Virginia）的Garnjobst（1945）报道，是Davis（1922）报道首先描述了一种具有独特运动能力的杆状细菌，为多种淡水鱼类皮肤病（dermal disease）的病原菌，并将这种细菌命名为柱状杆菌。通过对这种有趣且重要细菌的生物学性状研究，尤其是在其生命周期的特征方面，发现其未能形成子实体（fruiting bodies）或微囊（microcysts）。因此，认为这种细菌当归入黏细菌目、噬纤维菌科（Cytophagaceae Stanier，1940）、噬纤维菌属，命名为“*Cytophaga columnaris*”（柱状噬纤维菌）。

据报道，在1943年7—8月，从美国鱼类和野生动物管理局的利敦实验室（Leetown laboratory）的池塘中采集的被感染发生皮肤病的云斑鮰中，从皮肤和结缔组织分离获得的这种柱状噬纤维菌的菌落。经进一步的纯化，对取自5个菌落的菌株在研究期间（1943年8月至1944年2月）进一步纯化、并保持原有状态用于研究。

在致病性方面，以健康淡水产太阳鱼（sunfish）为试材，在轻度表面损伤部位接种纯培养菌检测其的致病性。结果在一定的温度范围内养殖，这种鱼类和其他种类的鱼类在自然和诱发的柱状感染（columnaris infections）特征性损伤很容易产生，导致100%的感染死亡；再分离培养中的细菌也保留了其独特的原有性状，包括在水中的柱状聚集运动（columnar swarming movements）。毫无疑问，分离的细菌与在鱼的损伤中发现的大量且几乎纯的培养物中发现的长（易弯曲）杆菌是一致的。

这种柱状噬纤维菌的表型性状，其形态特征表现为高度易弯曲、单个存在、大小在（0.2～0.4）μm×（2.0～12.0）μm的革兰氏阴性杆菌，能够在表面呈柱状生长、无鞭毛、渐进滑动（progressive movement）；其长度变化很大（平均约在8.0μm），在老龄培养物中也常见12.0～20.0μm的；有时会呈分枝（branched）状的，通常在陈旧培养物中可见加粗的细丝和卷曲的环状（ring）或球形（coccus）的衰老形式（involution forms），星形菌细胞聚集体（star-shaped aggregates）形成于在液体培养物和表面潮湿的琼脂培养基生长的。

严格的需氧生长，最佳生长温度为25～30℃，在0.5%胰蛋白胨溶液（tryptone solution）中生长的盐浓度范围为0.3%。能够在蛋白胨培养基（peptone media），在矿物基质中添加水解酪蛋白的培养基中生长。通常在蛋白胨琼脂（peptone agar）培养基生长，开始时为淡黄色的扩散群（pale yellow spreading swarm），在任何时候其大小（直径）都很少有超过5.0cm的。菌细胞的分枝、吻合柱状（anastomosing columns）形成一个不断变化的模式，但模式逐渐变为固定的，从中心或老龄的部分（older portion）开始、并向外扩展，疣（warts）和环状的衰老形式出现在老龄的部分。在培养3～4d后，颜色变为明显的黄色或旧金黄色（有时带有橙色），表面有光泽。

在液体培养基中，呈浑浊生长、丝滑（silky）、有时有菌膜，随着菌龄的增长变黄；特别是在13～18℃时，菌细胞堆积在试管的底部。在无营养明胶（non nutrient gelatin）培养基生长，呈快速层状液化（stratiform liquefaction）明胶。在代谢方面，已知可利用的碳源只有蛋白质，不能利用纤维素、淀粉和琼脂；可利用的氮源，蛋白胨和水解酪蛋白（hydrolyzed casein）是已知唯一合适的。能够产生过氧化氢酶、H_2S，不能产生吲哚[21]。

图4-4A为柱状噬纤维菌在琼脂培养基表面生长的菌细胞，显示菌细胞基本形态；岑克尔氏液（Zenker's fluid）固定、碱性复红（basic fuchsin）染色。图4-4B为柱状噬纤维菌在蛋白胨琼脂培养基中生长的营养细胞，显示菌细胞基本形态及一个简单的环状（simple ring form）菌细胞；伍斯特氏液（Worcester's fluid）固定、碱性复红染色。图4-4C为柱状噬纤维菌生长到晚期，显示环状或球形的衰老形态菌细胞，有少量杆状菌体存在；伍斯特氏液固定、海德汉氏铁明矾苏木精染色（Heidenhain's iron-alum hematoxylin stain）。图4-4D为柱状噬纤维菌在琼脂表面生长，显示在去除菌膜（pellicle removed）后的细菌形成的模式（pattern formed），在菌群（clusters）周围存在排列的菌细胞。图4-4E显示柱状噬纤维菌在营养琼脂表面的柱状滑动（columnar movements），岑克尔氏液固定、碱性复红染色。图4-5A为柱状噬纤维菌在0.5%胰蛋白胨溶液（tryptone solution）培养基中形成的簇（或星）状生长（示意图）。图4-5B为柱状噬纤维菌在蛋白胨琼脂培养基表面生长（72h）的菌落（示意图）[21]。

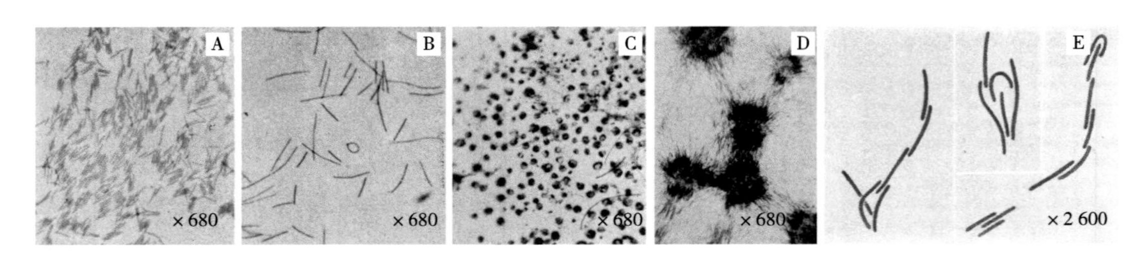

图4-4　柱状噬纤维菌细胞形态

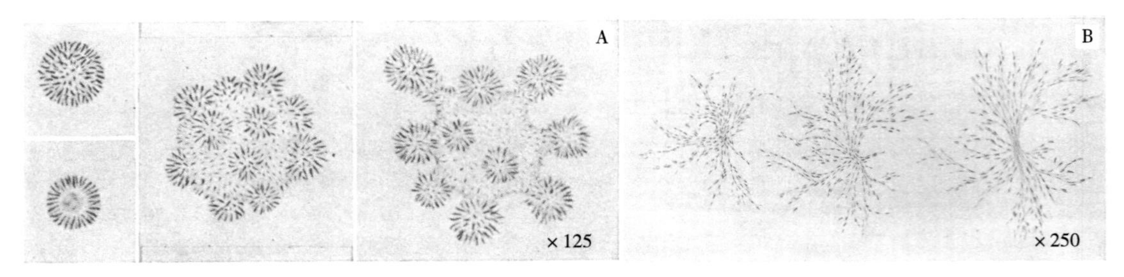

图4-5　柱状噬纤维菌的生长

（五）Bernardet等首先分类命名柱状病的病原黄杆菌

继在上面有记述美国华盛顿大学的Ordal和鱼类和野生动物管理局的Rucker（1944）的报道之后，一些学者分别对引起柱状病的这种病原菌进行了分类学研究，并有不同的分类命名。后来法国农业科学研究院（Unité de Virologie et Immunologie Moléculaires，Institut National de la Recherche Agronomique，Jouy-en-Josas Cedex，France）的Bernardet等（1996）将其校订分类命名为"*Flavobacterium columnare* comb. nov."（柱状黄杆菌），并为学术界广泛接受。

Bernardet等（1996）报道在当时是利用多相分类学研究方法，包括DNA中G+C的摩尔百分数测定、DNA-DNA杂交试验（DNA-DNA hybridization experiments）、DNA-rRNA杂交试验（DNA-rRNA hybridization experiments）、甲基脂肪酸酯（fatty acid methyl ester，FAME）分析、十二烷基硫酸钠（sodium dodecyl sulfate，SDS）-聚丙烯酰胺凝胶电泳（polyacrylamide gel electrophoresis，PAGE）的全细胞蛋白质谱（whole-cell proteins，Protein patterns）分析等。测定了已明确的黄杆菌属、噬纤维菌属、屈挠杆菌属一些种，以及几个相关分类群的系统发育位置分析。结果显示供试的大多数菌株属于rRNA超家族V（rRNA superfamily V）的成员，但3个菌属表现高度多源化（highly polyphyletic）。分离于土壤和淡水中的、一些所谓的噬纤维菌属和屈挠杆菌属的种，与黄杆菌属的模式种水栖黄杆菌（*Flavobacterium aquatile*）、嗜鳃黄杆菌的类群有关。提出了对黄杆菌属（定义）的修正描述，并对当时在黄杆菌属内10个有效描述种中的7个种（柱状黄杆菌、内海黄杆菌、约氏黄杆菌、噬果胶黄杆菌、嗜冷黄杆菌、嗜糖黄杆菌、琥珀酸黄杆菌）提出了一个新的组合；另外是一个新的种［*Flavobacterium hydatis*（Strohl and Tait，1978）Bernardet，Segers，Vancanneyt et al.，1996］（水生黄杆菌），为原来的"*Cytophaga aquatilis* Strohl and Tait，1978 and Reichenbach，1989"（水生噬纤维菌）。

同时，还对黄杆菌科细菌的生物学性状（菌科定义）提供修订描述。相应地对黄杆菌属细菌修正后的描述，包括以下主要特征：革兰氏阴性杆菌，滑动运动，在琼脂培养基生长形成黄色菌落，有机营养菌，需氧生长，能够分解一些多糖（polysaccharides）、但不分解纤维素；广泛分布于土壤、淡水环境，有3种黄杆菌属细菌对鱼类具有致病性。DNA中G+C的摩尔百分数为32～37[22]。

（六）Fish首先描述西部型鳃病的病理学变化

美国渔业管理局的Fish（1935）报道，是Osburn（1911）首先介绍鲑鱼（salmonid fishes）鳃组织病理（pathological condition）的（注：可见前面的记述[18]）。Osburn在当时描述鳟鱼（trout）鳃盖的渐进性折叠（progressive infolding）时，通常被称为短鳃

盖（short gill covers），伴随这种情况的是鳃上皮（gill epithelium）显著增生（proliferation）。

据报道，在过去经常发现在蒙大拿州（Montana）、华盛顿州（Washington）、俄勒冈州（Oregon）鳟鱼孵化场（trout hatcheries）存在鳃部感染，这种鳟鱼的鳃部感染在某些方面与典型的鳃病特征有所不同，呈渐进病理学变化；称其为细菌性鳃病西部型（western type of bacterial gill disease），也是首先对鱼类鳃病病理学变化比较详细的描述。这种所谓的西部型鳃病（western type of gill disease）的病变，迄今所知与由美国渔业管理局的Davis（1926、1927）描述的所谓东部细菌性鳃病（eastern bacterial gill disease）的相似，但为一种新型细菌性鳃病（本书作者注：此当是在后面有记述由嗜鳃黄杆菌引起的细菌性鳃病）。对从未接受任何治疗的鱼采集严重感染的鳃组织进行的检验，没有发现在类似所谓东部鳃病（eastern gill disease）病例中能够相对容易地发现相应的特征。这种所谓的西部型鳃病，对任何常规治疗都没有效果。因此认为可以得出结论，不止一种生物能够引起细菌性鳃病具有特异性的损伤。

严重感染了鳃的组织通常存在两种细菌。一种是革兰氏阴性、大小在0.25μm×（1.6～4.8）μm的杆菌，这种细菌似乎是引起东部鳃病的病原体，尽管其明显是两个菌体以上的链状排列。另一种也是更常见的，大小在0.5μm×（1.6～4.0）μm的革兰氏阴性杆菌，这种细菌通常成对排列。这些在鳃组织中哪一种或两种是相应的病原菌，或是西部型鳃病的病原菌是不知道的。

这种西部型鳃病的病变出现在鳃丝（gill filaments）远端，且经常出现在沿着鳃弓（gill arch）外缘的那些鳃丝中。

图4-6显示从一条1.5英寸（inch，1英寸≈2.54cm）的美洲红点鲑鳟鱼采集的正常鳃组织切片。图4-7A显示了西部型鳃病的早期阶段，沿鳃丝纵轴的上皮和片层（lamellae）都在很快增殖；图4-7B显示此病处于晚期的阶段，丝状体的片层间隙（interlamellar spaces）实际上是由固体上皮组织（epithelial tissue）的阻滞物填充的，因此大部分的呼吸表面片层被完全覆盖；图4-7C显示了这种疾病的一个极端阶段，片层完全过度生长，一根鳃丝的上皮与边缘鳃丝的上皮完全融合。鳃组织切片，均为苏木精-伊红染色[23]。

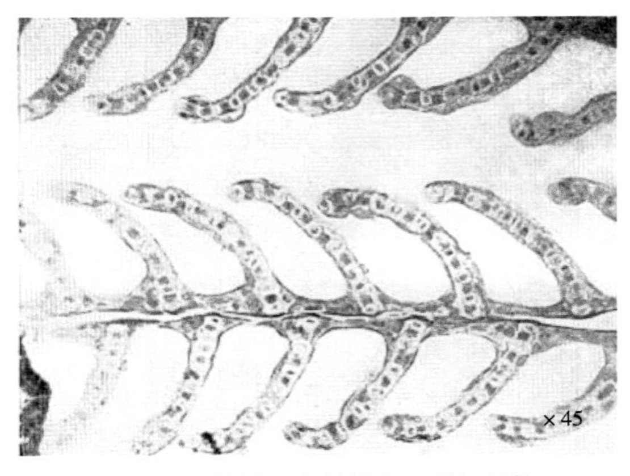

图4-6　美洲红点鲑鳟鱼正常鳃结构

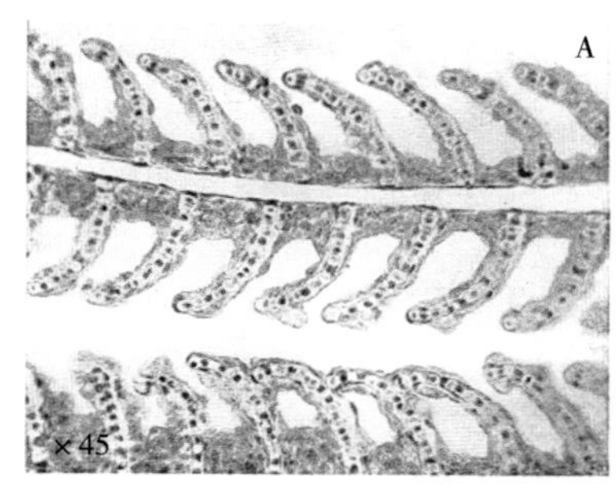

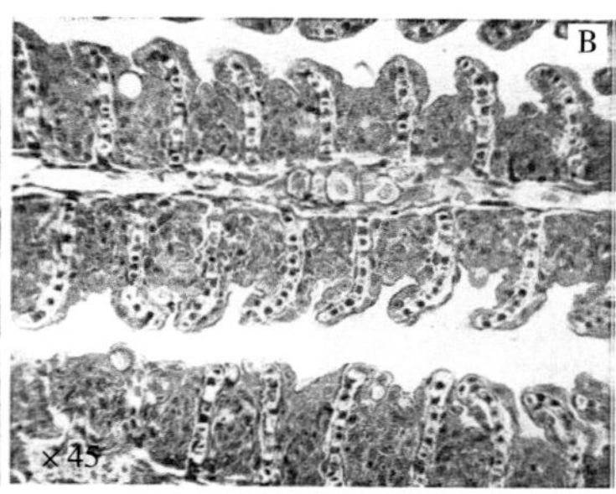

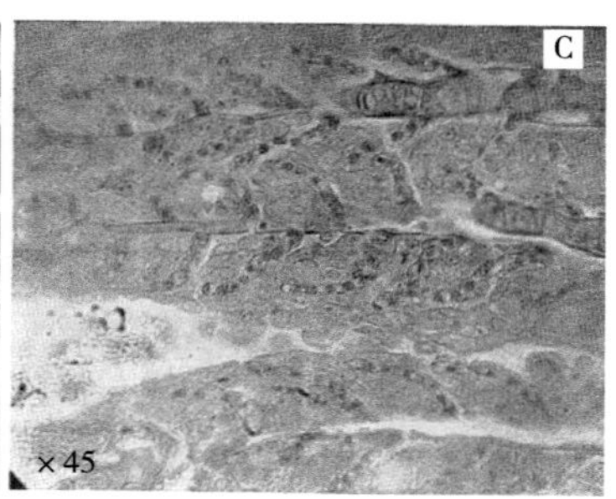

图4–7　西部型鳃病的病变

（七）Fish和Rucker首先描述冷水鱼类的柱状病

美国内政部鱼类和野生动物管理局（United States Department of the Interior，Fish and Wildlife Service Seattle，Washington）的Fish和Rucker（1945）报道，描述了在华盛顿州（Washington）野生成鱼（wild adult）孵化场养殖鱼种鲑鱼（hatchery-reared fingerling salmon）中柱状病的自然暴发（natural outbreak）。这种疾病是通过分离病原菌，即“*Bacillus columnaris*”（柱状杆菌）来予以确定的。病鱼大体病变，主要表现为组织的进行性坏死和解体；主要受影响的组织器官，是皮肤、肌肉组织和鳃。以分离菌株进行试验感染，表明这种病原菌在冷水鱼类（cold-water fishes），在水温低于12.8℃时对鱼种的影响不大、但在温度超过21.1℃时具有很强的致病性；在这个温度阈值（temperature thresholds）之间，对宿主不利的因素会明显影响感染的程度和严重程度，未发现有效的控制措施。

报道是美国渔业管理局Davis（1922）首先描述了一种出现在密西西比河流域（Mississippi valley）温水鱼类中的疾病，是由细菌引起的，并被其称为“*Bacillus columnaris*”（柱状杆菌）。Davis在艾奥瓦州费尔波特市（Fairport，Iowa）附近的大约16种温水鱼类中发现了这种疾病的自然感染；后来在圣劳伦斯河（St.Lawrence River），发现了另外两种温水鱼类的感染。Davis的试验，成功地将温水鱼类的疾病传播到试验感染的鳟鱼鱼种（fingerling trout），从而证实了柱状病也可以攻击冷水鱼类（注：可见在前面的相应记述[19]）。

Fish和Rucker（1945）报道在1942年夏季，在华盛顿州莱文沃思市（Leavenworth，Washington）鱼类和野生动物管理局孵化场（Fish and Wildlife Service hatchery）养殖的一个Quinault品系（Quinault strain）红大麻哈鱼鱼种中，自然暴发了柱状病，表现在这些鱼类中迅速流行。

Quinault品系的红大麻哈鱼的鱼种是1942年在莱文沃思孵化场（Leavenworth hatchery）暴发期间唯一受到严重影响的鱼种种群。其分散的感染出现在邻近的哥伦比亚河（Columbia River）的蓝背鲑（blueback），但这种感染未能广泛传播；同样的情况也出现在大鳞大麻哈鱼（chinook salmon）和硬头鳟（steelhead trout，*Oncorhynchus mykiss*）的鱼种中，以及在较小程度上出现在银鲑（silver salmo）的鱼种中。特别令人感兴趣的是在华盛顿州温纳奇（Wenatchee，Washington）附近哥伦比亚河从野生成年大鳞大麻哈鱼（大鳞鲑）、红大马哈鱼、硬头鳟、属于大型食用淡水鱼的叶唇鱼（squawfish）、白鱼（whitefish）、白鲑（chubs）的损伤中分离到病原菌。显然，这种柱状杆菌当是源于哥伦比亚河的[24]。

（八）Rucker等首先对鱼的鳃病进行综合描述

美国鱼类和野生动物管理局的Rucker（1952）等综合描述，鱼类的鳃病是一种以鳃上皮细胞增生（proliferation of the gill epithelium）为特征的疾病，存在多种不同的病因。通常来讲，存在两种公认的类型（types）：东方型（eastern type）或称为细菌型（bacterial type），其总是可以表现存在长丝状细菌（long filamentous bacteria）；西方型（western type），其不表现出细菌的存在。

Osburn（1911）报道在纽约水族馆发现在检查的486条银鲑幼鱼中有89条缩短了鳃盖（鳃盖的后部变短），鳃上皮细胞（gill epithelial cells）不是单一的扁平层，而是立方体和柱状的、有两三层厚。鳃的增厚归因于自身矫正过程（remedial process），因鳃盖的变短使脆弱的鳃丝摩擦、来保护鳃丝造成的（注：可见在前面的相应记述[18]）。

Plehn（1924）进一步描述了鳃上皮的增生，提到这些鳃丝甚至可以生长到一起成为一个实体（solid mass）及鱼因鳃受损以致气体交换受阻窒息。认为这种增生是由于水中的一种化学物质引起的，而那些被怀疑是微小寄生物（microscopic parasites）的结构可能是病理性上皮细胞（pathological epidermis cells）。

美国渔业管理局的Davis（1926）描述了类似的鳃病，归因于鳃表面的丝状细菌的刺激，用硫酸铜（copper sulfate）治疗可以杀灭细菌，且在大多数情况下的病鱼很快可恢复、鳃恢复正常的外观。因此，推测病原体是细菌性的（本书作者注：此即在后来被明确认知由嗜鳃黄杆菌引起的细菌性鳃病）。

Fish（1935）描述了一种鱼鳃的渐进病理学变化，称其为细菌性鳃病西部型[23]。虽然Fish认为此病是由一种生物体引起的，因为在被感染鳃涂片被证明存在两种类型细菌。目前还没有已知的治疗方法，发现硫酸铜在治疗中没有价值、但在3%的盐溶液中浴10min是非常有效的。

Wales和Evins（1937）在研究鳟鱼孵化场的鳃病问题时报道，两个因素在这个特殊的鳃病中起作用。首先，孵化场的水被硅藻类（diatoms）、丝状藻（filamentous algae）、细菌和原生动物（protozoa）污染，这种异物将堵塞幼鳟鱼鱼种的鳃，造成相当大的损失，对某些品种的鳟鱼鳃的机械伤害很大，所有鳟鱼会受到不同程度的影响；其次是某些品种的虹鳟、美洲红点鲑，比其他品种更容易受到上述异物的伤害。澄清的供水，是唯一的补救办法。这种鳃病之所以被称为“sestonosis”（浮游物病），是因为人们认为它是由漂浮在水中的活体（living bodies）和非活体（nonliving bodies）的混合物引起的。

Fish（1941）报道，发现生长有鞭毛原生动物外寄生虫（flagellated protozoan ectoparasite）漂游口丝虫（*Costia necatrix*）的感染，可引起对鳃上皮细胞的刺激，产生与鳃病早期阶段相当的组织病变。

Wolf（1944）曾报道了一项关于对鳃病的研究，认为这种疾病的原因现在肯定是饮食失调、特别是缺乏一种B族维生素泛酸（B vitamins，pantothenic acid）。细菌和某些环境因素能够作为鳃病的起因，但现在已知只起次要作用。Wolf（1945）报道总结了其在过去10年的工作，其研究未能通过健康鱼与病鱼一起养殖，以及投喂病鳃，或者通过使用培养基从病鳃中培养生长的大量混合菌群（mixed bacterial flora）来将鳃病传染给健康鱼。他推断鱼排泄物的化学刺激引起呼吸上皮增生，从而产生鳃病的特征性病变；发现鱼对这种刺激能产生一定的抵抗力，从对鱼的各种化学治疗方法处理的结果来看，没有找到任何支持鳃病的细菌病因学（bacterial etiology）理论。使用盐处理是有益的，其益处是由盐吸收进入体液引起的。当褐鳟鱼种日粮为猪脾脏（pork spleen）30份、肉骨粉（meat meal）63份、明胶（gelatin）7份、水60份时；此日粮可导致褐鳟鱼种在23d内引起鳃病及死亡，因其可引起泛酸缺乏症（pantothenic acid deficiency），增加呼吸上皮细胞对化学刺激的敏感性。Tunison等（1944）报道证实了Wolf（1944）的这项研究工作，他们发现在饮食中添加泛酸，纠正了鱼因缺乏这种维生素而出现鳃病的状况。

Rucker等（1952）首次尝试在银鲑鱼种群中复制鳃病，是用Cortland的饮食No.823（Cortland’s Diet No.823），含50%猪肉糜（pork melts）和50%干饲料（dry feed）的泛酸缺乏日粮，即使在4个月后，这些鱼也没有表现出疾病的病症。接下来又用Wolf（1945）的日粮，含猪脾脏（pork spleen）30份、肉骨粉（meat meal）63份、明胶（gelatin）7份，水60份，喂给一组平均体重在1.7g的200条红大麻哈鱼鱼种，时间从1947年8月20日到1947年12月3日。该组的死亡率相当高（发生贫血），但没有发现鳃病的证据。

Ordal和Rucker（1944）报道在研究细菌性鳃病的同时，从受感染鱼的鳃中持续分离出黏细菌属细菌[20]。继续这些研究，Ordal发现不同类型的黏细菌属细菌是与鳃病相关联的；有时在鳃病暴发的情况下，黏细菌属细菌可同时从鳃和其他器官（同鳃中的一样）分离到，这种暴发情况通过外部治疗不能收效；仅是从鳃中，但不能从其他器官分离黏细菌属细菌的轻度暴发情况下，通过外部治疗有效。Ordal认为，由于对治疗的反应，以及能够从濒死病鱼的鳃和器官中持续分离到黏细菌属细菌，所以黏细菌属细菌是某些类型鳃病的病原体。

Burrows（1949）在一次演讲中指出，至少存在两种病因的鳃病。在对细菌性鳃病的发展过程进行观察时，他强调一种在鳃丝上形成类似斑块的（resembling plaques）菌落的细菌可能是原发性感染原（primary invader）。这些斑块的大小有所不同，图4-8显示为红大麻哈鱼鱼种一个鳃片上的菌落斑块（plaque），其大小约为长度30μm、深度10μm。这种斑块呈椭圆形、扁平状，有向外突出的细菌，在首先出现这种斑块时，鳃上皮出现轻度增生，鱼表现倦怠；接下来，能够见到鳃上的典型鳃细菌（typical gill bacteria）与菌落斑块相互连接在一起；不久，斑块不再可见，只有典型的丝状细菌（typical filamentous bacteria）存在，更广泛的鳃杵状膨大（clubbing）和随之的丝状细菌融合。用消毒剂处理病鱼，首先除去细菌、暴露菌落斑块，然后斑块失去颗粒状形态，病鳃似乎恢复正常状态。在华盛顿莱文沃思（Leavenworth，Washington）的联邦养鱼站（Federal fish-cultural station），使用1：500 000的醋酸吡啶汞（pyridylmercuric acetate）在每周进行1h处理作为预防措施；如果没有这样做，则这种细菌型鳃病的发生会造成严重损失。Burrows还观察到孵化场在春季大鳞大麻哈鱼鱼种的一种鳃病类型，到了春季当鱼生长到一定大小时，它们就竭力向下游区域迁移，聚集在高高的遮蔽物（tall screen）前，如果鱼存留则会发生西方型鳃病；如果在日粮中泛酸含量增加，则鱼的移行欲增强，疾病的发生会延迟一个月左右、死亡率降低[25]。

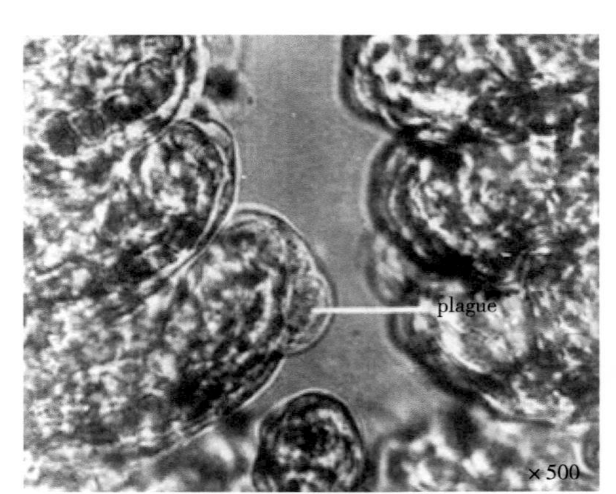

图4-8　鳃片上的菌落斑块

从Rucker等（1952）的描述可以看出，正如Rucker等（1952）描述尽管人们认为这种鳃感染病是与黏细菌属细菌的存在相关联的，但鳃病的病因是复杂的。Wolf（1945）描述了一种发生在鳟鱼的，因泛酸缺乏导致的典型鳃病；这一结果导致了Rucker等（1952）描述存在细菌性感染的称为东部鳃病（eastern gill disease）、营养不良导致的称为西部鳃病（western gill disease）两种类型。在前面有记述由美国渔业管理局的Fish（1935）所描述的属于细菌性鳃病的西部型，当包含在Rucker等（1953）报道的东方型中。另外，需要注意的，目前对鱼类鳃的一些重要感染病的病原体已经明确，包括一些细菌、病毒、真菌、寄生虫等。在此Rucker等（1952）综合描述中所涉及的，现在均已有比较明确的相应病原体或病因描述。

（九）Rucker等首先描述海洋鱼类的类似柱状病

美国鱼类和野生动物管理局的Rucker等（1954）报道，首先对海洋鱼类的所谓黏细菌病（Myxobacterial diseases）进行了描述，描述了在幼龄大鳞大麻哈鱼的暴发，其在病症方面与柱状病相似，病原菌为具有高营养需求的嗜盐性黏细菌（halophilic myxobacterium）。

报道对太平洋鲑由非病毒性病原体引起的感染病调查，发现其病原包括吸虫（trematodes）、真菌、原生动物和细菌，其中细菌是在几种太平洋鲑中最重要的致病因子。由一种小的、未命名的革兰氏阳性双杆菌（Gram-positive diplobacillus）引起的肾病（kidney disease），导致在孵化场养殖的幼鲑严重死亡，这种疾病也在野生鱼（wild fish）中发现。水生黏细菌属（Aquatic *Myxobacteria*）细菌，是在孵化场和自然栖息地（natural habitat）疾病发生的重要病原菌。其中一种属于黏细菌属细菌的"*Chondrococcus columnaris*"（柱状软骨球菌），在相对较高的水温下引起疾病；另一种黏细菌（myxobacterium）为嗜冷噬纤维菌（*Cytophaga psychrophila*），已被发现在低温（4.4～12.8℃范围内）条件下引起银鲑发病。在幼年鲑鱼鳃病暴发时，几种黏细菌属细菌都有牵连。

人们发现多种细菌是导致海水中鲑鱼暴发疾病的原因，其中最多且重要的是弧菌属（*Vibrio* Pacini 1854）细菌。有证据表明成年大鳞大麻哈鱼的鱼结核病（fish tuberculosis），是在海上感染的。

东北太平洋（Northeast Pacific ocean）水域有5种鲑鱼，分别为大鳞大麻哈鱼即王鲑、银大麻哈鱼即银鲑、红大麻哈鱼即红鲑、大麻哈鱼（chum，*Oncorhynchus keta*）、细鳞大麻哈鱼（pink salmon，*Oncorhynchus gorbuscha*）。这些鲑鱼有别于大西洋鲑和真正的鳟鱼，尽管它们也是分类在鲑鱼科（family Salmonidae）内。太平洋鲑是溯河产卵鱼类（anadromous fish），都属于大麻哈鱼属（genus *Oncorhynchus*）亦即太平洋鲑属。

许多其他水生黏细菌属细菌，被发现对鲑鱼有致病性。在普通的鳃病中，黏细菌属细菌经常从受感染的鱼的鳃中分离出来；这种类型的鳃病很容易被醋酸吡啶汞（pyridylmercuric acetate）或杀藻铵（roccal）控制，而且黏细菌不能从鱼的器官中分离到。这种黏细菌分离的特殊特征，在不同的暴发中是不同的，显然这些黏细菌的致病性有限。

鳃病可能会有更严重的形式，特别是在幼龄大鳞大麻哈鱼。在这里，特定的黏细菌属尚未命名，除在鳃上生长外，还可以引起全身性感染（generalized infection）。这种病原菌可从鱼的鳃和其他器官中分离，并且这种疾病对醋酸吡啶汞或杀藻铵的治疗没有反应。

在幼龄鲑鱼发现了一些具有一定侵袭能力（invasive powers）的黏细菌属细菌，并伴随着其他类型疾病的暴发。一种有趣的类型是在中等温度下，当柱状软骨球菌不活跃（inactive）时，会在红鲑产生溃疡[26]。

本书作者注，以供参考。在此文中记述的由一种小的、未命名的革兰氏阳性双杆菌引起的肾病，当是现已明确由肾杆菌属（*Renibacterium* Sanders and Fryer，1980）的鲑亚科肾杆菌（*Renibacterium salmoninarum*）引起的野生和养殖（主要是在养殖的）鲑科鱼类细菌性肾病（bacterial kidney disease，BKD）；海洋鱼类的所谓黏细菌病，还应当包括现已明确由黏着杆菌属（*Tenacibaculum* Suzuki，Nakagawa，Harayama and Yamamoto，2001）细菌引起的海洋鱼类所谓海洋黏着杆菌病（Marine tenacibaculosis），尤其是由近海黏着杆菌（*Tenacibaculum maritimum*）引起的；鱼结核病，当是由分枝杆菌属（*Mycobacterium* Lehmann and Neumann，1896）细菌引起的分枝杆菌病（mycobacteriosis）。

（十）Anderson和Conroy首先综合描述鱼类的柱状病及相关感染病

在早期，苏格兰联合利华研究实验室［Unilever Research Laboratory（Colworth）；Aberdeen，Scotland］的Anderson和Conroy（1969）曾统一归类在“*Myxobacteria*”（黏细菌属）的名义（注：其所指即现在的黄杆菌属细菌）之下，对相关联的鱼类一些感染病，结合其本身的研究工作进行了综合描述。描述中包括了柱状病、细菌性冷水病和尾柄病（peduncle disease）、细菌性鳃病、鳍腐病（fin rot）、尾腐病（tail rot）等，涉及病症、病原体方面。认为鱼类的此类感染病是常见的，可能影响到河流中的自然种群或来自孵化场使用淡水或海水养殖的鱼类，尤其在恒温养殖池表现突出，在条件适宜的情况下，可能会使多种、似乎是没有种或种族限制的鱼类感染发病。

1. 柱状病

描述柱状病由黏细菌（Myxobacterioses）引起，在美国表现尤为重要，首先由Davis（1922）描述，作为密西西比河鱼类感染死亡的重要原因；后来是Fish和Rucker（1945）报道了在冷水鱼发生的、类似于柱状病的感染病，发生在水族馆（aquarium）的鱼，被称为棉絮病（cotton wool disease）或口腔真菌（mouth fungus）感染。多种温水、冷水鱼类对柱状病都是易受感染的（表4-1；涉及了10个科、36种鱼类），此病在世界范围内分布。

Davis（1961）报道，柱状病的特征是在头部、躯体和鳍上出现灰白色斑点，表面上这些斑点类似于由水霉属（*Saprolegnia*）真菌感染所产生的病变，但通常可以通过周围存在的充血区域（hyperaemic zone）来区分。病变部位是累及表皮、真皮和肌肉组织的渐进性坏死，入侵的细菌迅速通过真皮、结缔组织到达健康组织引起充血和出血，源于鳍的原发病灶，软组织间的放射组织（soft inter-ray tissues）被侵蚀和破坏；鳃经常是以一种特有的方式受到攻击，鳃丝（filaments）受到从远端向基部延伸的破坏，与另外一种黏细菌感染引起的细菌性鳃病相比较，表现为在鳃上皮（gill epithelium）无增生（hyperplasia）病症。

虽然Davis（1922）报道未能从柱状病的病变组织培养出细菌，但其详细描述了细菌的形态；如果取鱼鳞或被细菌感染的组织放在玻片上观察几分钟后，在边缘周围会形成典型的柱状细胞团（typical columnar masses），柱状病的名称也因此观察结果得出。

表4–1　柱状病的鱼类及报道者

序号及鱼的种类（科、种）	报道者（年）
1　鲱科（Clupeidae）	
（1）美洲真鲦（gizzard shad，*Dorosoma cepedianum*）	Isom（1960）
2　鲑科（Salmonidae）	
（1）红大麻哈鱼（sockeye salmon，*Oncorhynchus nerka*）	Fish and Rucker（1945）
（2）大鳞大麻哈鱼（chinook salmon，*Oncorhynchus tschawytscha*）	Johnson and Brice（1952）
（3）银大麻哈鱼（coho salmon，*Oncorhynchus kisutch*）	Johnson and Brice（1952）
（4）细鳞大麻哈鱼（pink salmon，*Oncorhynchus gorbuscha*）	Fish and Rucker（1945）
（5）虹鳟（rainbow trout，*Salmo gairdneri*）	Rucker et al.（1953）
（6）硬头鳟（steelheed trout，*Oncorhynchus mykiss*）	Rucker et al.（1953）
（7）美洲鲑（cutthroat trout，*Salmo clarki*）	Johnson and Brice（1952）
（8）美洲红点鲑（brook trout，*Salvelinus fontinalis*）	Davis（1947）
（9）山地柱白鲑（mountain whitefish，*Prosopium williamsoni*）	Rucker et al.（1953）
3　胭脂鱼科（Catostomidae）	
（1）小口胭脂鱼（smallmouth buffalo，*Ictiobus bubalus*）	Davis（1922）
（2）大口胭脂鱼（bigmouth buffalo，*Ictiobus cyprinellus*）	Davis（1922）
（3）北方黑猪鱼（northern hog sucker，*Hypentelium nigricans*）	Lennon and Parker（1960）
（4）扁头鮰（flat bullhead，*Ictalurus platycephalus*）	Nigrelli（1943）
（5）平头鲶（flathead catfish，*Pylodictis olivaris*）	Nigrelli（1943）
4　鲤科（Cyprinidae）	
（1）锦鲤（carp，*Cyprinus carpio*）	Isom（1960）
（2）斜齿鳊（roach，*Rutilus rutilus*）	Ajmal and Hobbs（1967）
（3）俄勒冈叶唇鱼（northern squawfish，*Ptychocheilus oregonensis*）	Rucker et al.（1953）
（4）裂唇绒口鱼（stoneroller，*Campostoma anomalum*）	Lennon and Parker（1960）
（5）钝头鱼（bluntnose minnow，*Pimephales notatus*）	Davis（1922）
5　叉尾鮰科（Ictaluridae）	
（1）蓝鲶鱼（blue catfish，*Ictalurus furcatus*）	Isom（1960）
（2）斑点叉尾鮰（channel catfish，*Ictalurus punctatus*）	Davis（1922）

（续表）

序号及鱼的种类（科、种）	报道者（年）
（3）黑鮰（black bullhead，*Ictalurus melas*）	Davis（1922）
（4）棕鮰（brown bullhead，*Ictalurus nebulosus*）	Garnjobst（1945）
6　鳉科（Cyprinodontidae）	
（1）底鳉（mummichog，*Fundulus heteroclitus*）	Nigrelli anf Hutner（1945）
7　鮨科（Serranidae）	
（1）狼鲈（white bass，*Roccus chrysops*）	Davis（1922）
8　太阳鱼科（Centrarchidae）	
（1）小口黑鲈（smallmouth bass，*Micropterus dolomieui*）	Isom（1960）
（2）大口黑鲈（largemouth bass，*Micropterus salmoides*）	Isom（1960）
（3）蓝鳃太阳鱼（bluegill，*Lepomis macrochirus*）	Isom（1960）
（4）橙点太阳鱼（orangespotted sunfish，*Lepomis humilis*）	Davis（1922）
（5）翻车鱼（sunfish，*Lepomis incisor*）	Davis（1922）
（6）红眼突鳃太阳鱼（warmouth，*Chaenobryttus gulosus*）	Davis（1922）
（7）刺盖太阳鱼（white crappie，*Pomoxis annularis*）	Davis（1922）
（8）花鲈鱼（crappie，*Pomoxis sparoides*）	Davis（1922）
9　鲈科（Percidae）	
（1）赤鲈（perch，*Perca fluviatilis*）	Ajmal ang Hobbs（1967）
（2）黄金鲈（yellow perch，*Perca flavescens*）	Davis（1922）
10　鳅科（Cobitidae）	
（1）泥鳅（loach，*Misgurnus anguillicaudatus*）	Wakabayashi and Egusa（1967）

Ordal和Rucker（1944）报道在红大麻哈鱼柱状病的流行期间首先分离到细菌，并通过对其微包囊和子实体的观察，分类命名其为“*Chondrococcus columnaris*”（柱状软骨球菌）。Garnjobst（1945）报道，首先综合描述了从发病温水鱼类褐色大头鲶（brown bullheads）分离的这种相应病原菌，并分类命名为“*Cytophaga columnaris*”（柱状噬纤维菌）。

Fish和Rucker（1945）报道这种病原菌的毒力表现是温度依赖性的，在温度<12.5℃时的致病后果不大、而在21℃以上时会引起暴发。鱼类的机械损伤能够增强其易感性，尤其是表现在较低温度的情况下。因此，在长期炎热干燥的天气之后，其自然发生率会达到峰值。

Rucker等（1953）报道，描述了这种病原菌在不同菌株间存在毒力的差异性。低毒力（low virulence）组的菌株感染，在广泛的表面组织损伤后会产生一种慢性病死状态；高毒力（high virulence）菌株感染，能够产生几乎是无症状的、全身系统性感染的致死性疾病。

2. 细菌性冷水病和尾柄病

细菌性冷水病和尾柄病可能是同义词，是由"*Myxobacteria*"（黏细菌属）细菌引起的、具有相似的外部病变产生和侵入内脏的感染病。此外是这种综合征在低水温时的发生最为普遍。

尾柄病首先由Davis（1947）报道，为一种侵害虹鳟鱼种种群的显著疾病（remarkable disease）。尾柄病的最初病症表现之一是在脂鳍（adipose fin）和尾柄（caudal peduncle）部位出现白色病变，这些病症能够持续发展存在到脂鳍消失和尾柄皮肤被分解以至暴露出下面的肌肉组织；在组织极度破坏的情况下，会暴露出脊柱和尾部崩解。

冷水病（cold water disease）首先由Borg（1960）报道，于1948年在银大麻哈鱼中引起了暴发感染，分离并命名相应病原菌为"*Cytophaga psychrophila*"（嗜冷噬纤维菌）。Borg（1960）报道有些病鱼颜色异常变暗，但缺乏明显的外表损伤。

Borg（1960）、Rucker等（1953）报道，黏细菌属细菌可从被感染鱼的病变部位和内脏器官分离到，在冷水病的黏细菌被公认为是嗜冷噬纤维菌；而在尾柄病，从系统感染分离的黏细菌属细菌是否与嗜冷噬纤维菌相同或相似尚不清楚。然而在这两种情况下，在病灶中可见大量典型的弯曲杆菌，尤其是在皮下组织中。

冷水病在每年春季暴发，严重影响美国西北部的一些鲑鱼孵化场。当水温在4～10℃时的感染发生最为普遍，在水温达到12℃之前通常是有规律发生的。关于尾柄病的传播方式或传播周期的信息很少，然而持续性的组织病变有利于将细菌释放到水中，因此被认为是具有传染性的。

3. 细菌性鳃病

Davis（1961）报道，细菌性鳃病定义为鳃的黏细菌特异性感染（specific infection）。在孵化场，是鲑科鱼类鱼苗和鱼种中存在的一个普遍问题。

Davis（1926）首次对细菌性鳃病进行了描述，认为其病症是由细菌对鳃表面上皮组织的刺激作用引起的，没有发生对宿主组织的真正入侵，但导致鳃丝呈棒状（club-shaped）和增生（hyperplasia）。被感染的鱼经常表现出突然缺乏食欲，聚集在水流入的管道处。诊断依赖于对鳃组织的显微镜检查，因增生导致上皮充血和肿胀上皮，在晚期会出现鳃片和鳃丝融合；由于在鳃表面的这些病理变化直接损害到呼吸和排泄功能，以致病鱼会表现出痛苦状态。

描述细菌性鳃病的病理变化特征，已由Fish（1935）、Wood和Yasutake（1957）所确定。在感染的早期阶段，出现上皮沿鳃丝和鳃片增厚，进一步发展导致上皮增生

（epithelial hyperplasia）、鳃片被完全覆盖和鳃丝融合。Wood和Yasutake（1957）观察到鳃片常常呈现出弯曲和扭曲状，鳃组织中存在大量长的、柔韧的杆状细菌，分离鉴定为黏细菌属细菌。Ordal和Rucker（1944）报道，在鳃上存在的细菌被公认为属于黏细菌属细菌。Rucker、Johnson和Ordal（1949）报道，成功地从细菌性鳃病的病鱼分离到了不同的菌株，研究得出结论为噬纤维菌属的细菌。

Borg（1960）研究了许多细菌性鳃病暴发的情况，其损耗在（2%～12%）周。从被感染的鳃组织中分离到"*Myxobacteria*"（黏细菌属）细菌，鉴定在不同菌株间存在一些小的差异。细菌显示黏细菌属的所有特征，但没有微包囊和子实体结构。Borg在一个群体中遇到了这种疾病的暴发，是在苏格兰西海岸（west coast of Scotland）的一个孵化场饲养的4 000条幼鲑鱼（salmon parr，*Xalmo salar*）群。病鱼在水中显示出特征性的"flashing movement"（闪动）后死亡，在几周的时间内死亡了600尾。详细检查的结果表明仅有的异常情况是鳃上皮增生。以鱼蛋白胨酵母膏琼脂（fish peptone-yeast extract agar）培养基，从所有被检病鱼分离到了黏细菌属那样的细菌，鉴定为噬纤维菌属细菌。这是首次报道在英国被诊断为细菌性鳃病的暴发，事实上除在美国外还很少有这种暴发情况被记录的。Klingler（1958）的报道此病，是在瑞士（Switzerland）的病例；Machado Cruz（1962）、Ghittino（1967）报道对一些最近发表的暴发疫情描述，是发生在葡萄牙北部和意大利的鳟鱼。

通常认为，与鳃病相关联的黏细菌属细菌仅存在有限的致病性。然而，Rucker等（1953）报道表明某些类型可能具有侵入性，有时能够从内脏器官中分离到。支持细菌性鳃病的黏细菌病因论（Myxobacterial aetiology）的进一步证据，是通过使用消毒剂将细菌杀死的事实提供的，即在使用消毒剂后，病鱼可很快恢复。一种治疗措施，是将鱼暴露于氯化苄烷胺（Roccal）即一种苯扎胺化合物（alkyldimethylbenzylammonium chloride）。

4. 鳍腐病与尾腐病

用鳍腐病和尾腐病的名称，来描述淡水鱼类的特定疾病。典型的鳍腐病是从鳍边缘、进展到基部呈现不透明开始认知的，特征性的病症是上皮增生、鳍条间软组织被分解和鳍被毁坏。在鲸（whale）发生严重的尾腐病，其尾巴可能会烂掉。这种疾病的病因仍然是混淆的，虽然它肯定是细菌入侵。其他一些疾病也会引起类似的病症，特别是在疖病（furunculosis）、溃疡病（ulcer disease）、细菌性出血性败血症（bacterial haemorrhagic septicaemia）和柱状病。

有多种细菌已被认为是导致鳍腐病的病原菌，包括气单胞菌属（*Aeromonas* Stanier，1943）、假单胞菌属（*Pseudomonas* Migula，1894）、弧菌属（*Vibrio* Pacini，1854）、黏细菌属的细菌等，从受感染的鱼中频繁被分离出来。Bullock（1968）报道，黏细菌属细菌在鳍的坏死进程中起重要作用。

Borg（1960）报道了发生在细鳞大麻哈鱼的一种疾病，是在1948年调查期间发现细鳞大麻哈鱼在海水中生长期间，在尾柄（peduncle）部位呈现坏死的区域，在病变组织中存在大量的典型黏细菌属细菌，具有许多与“*Cytophaga columnaris*”（柱状噬纤维菌）共同的特征，通过使用含有等份海水和3%（*W/V*）NaCl溶液的1.5%（*W/V*）琼脂培养基、从不加热处理的鱼组织提取物中分离到，尽管死亡率比正常健康群体情况的高，但此菌致病性的证据是间接的。

Borg有一个对黏细菌问题的经验描述，感染在海湾网箱养殖的1年龄硬头鳟形成口蚀（eroded mouth），观察到的唯一病症是上颚发生严重的、渐进性侵蚀，以及病鱼群倦怠、停止进食，约有10%的鱼死亡。受侵害区域的正常组织结构，在被感染出现病变时则表皮和大部分真皮被破坏、并在许多病鱼存在暴露出软骨组织（cartilaginous tissue）的病变。受侵害区域的截面显示在真皮存在黏细菌样杆菌（*Myxobacteria*-like rods），鳃或其他器官似乎是没有累及到。最初尝试进行细菌分离培养获得纯培养菌是不成功的，表现生长不良、无法传代保存，是使用的Bullock（1961）的Ordal氏柱状病培养基（Ordal’s columnaris medium）、用25%（*V/V*）海水制备后接种感染组织；细菌纯培养的分离与保存最后是通过在琼脂培养基中加入蛋白胨0.1%（*W/V*）、0.1%（*W/V*）酵母浸出物、5%（*V/V*）的在海水中酶消化的鱼肌肉组织，10℃培养获得成功，经过几次实验室的传代培养，细菌变得容易培养和保存，在20℃培养生长良好。对纯培养物细菌的检验表明，为细长的黏细菌属细菌。

这种情况是由黏细菌感染引起的，鱼的吻端（snout）在笼网的摩擦产生磨损。这种暴发情况与Rucker等（1953）、Bog（1960）等所描述的有相似之处，即是由属于高营养需求的嗜盐性黏细菌引起的。Rucker（1963）观察到这种感染能够发生在水变热的情况下，用醋酸吡啶汞（pyridylmercuric acetate）和磺胺类药物（sulphonamides）水浴处理鱼是成功的。

总体来讲，认为柱状病在某些地区是常见的，无论是在孵化场还是河流中，高密度和过度拥挤、高水温和表面擦伤，无论是由于人为的干预还是自然原因，都是发生严重流行的先行因素。水温对这些黏细菌病（myxobacterial diseases）的发生与发展是不容忽视的，在这方面特别感兴趣的是柱状病与冷水病间的关系，温度明显影响病原菌的毒力，可能影响寄主的抗性，所涉及的机制尚不清楚。在黏细菌属细菌中，有许多菌株是水生动物的正常成员；但当条件合适时，可作为机会性病原菌（opportunistic pathogens），细菌性鳃病和鳍腐病的病原菌几乎肯定属于这一类。除少数例外，黏细菌属细菌的致病性仅限于在鱼类。Davis（1922）报道了一次水牛鱼（又名牛胭脂鱼）与接触许多蝌蚪发生柱状病相关联的情况、病变出现在尾部，但不能用这种细菌感染成年蛙。Dworkin（1966）报道一种与人口腔相关的厌氧性黏细菌（anaerobic myxobacterium），在试验中显示其对挫伤的组织（bruised tissue）具有致细胞病变（cytopathogenic effects）作用。该文作者已经有证据表明黏细菌属细菌，可能与锯齿长臂虾（English prawns，*Palaemon serratus*）的外骨骼疾病（disease of the exoskeleton）相关联。

图4-9显示大西洋鲑鳃组织的正常结构，苏木精-伊红（haematoxylin-eosin）染色。图4-10为细菌性鳃病（苏木精-伊红染色），其中的图4-10A显示早期的鳃片基部鳃上皮增生；图4-10B为显示在晚期上皮组织（epithelial tissues）的过度增生和导致鳃片扭曲变形（苏木精-伊红染色）；图4-10C显示包膜急性期（acute stage with envelopment）在鳃片增生的上皮组织。图4-11为虹鳟的口蚀病变，显示在上颚和吻部位的损伤。图4-12（苏木精-伊红染色）显示虹鳟吻的正常结构，包括软骨（cartilage，ca）、结缔组织（connective tissue，co）。图4-13（苏木精-伊红染色）显示口蚀，为表皮、真皮和结缔组织被破坏后暴露的软骨的断面。图4-14为口蚀切片显示黏细菌侵入结缔组织的病变，吉姆萨染色[27]。

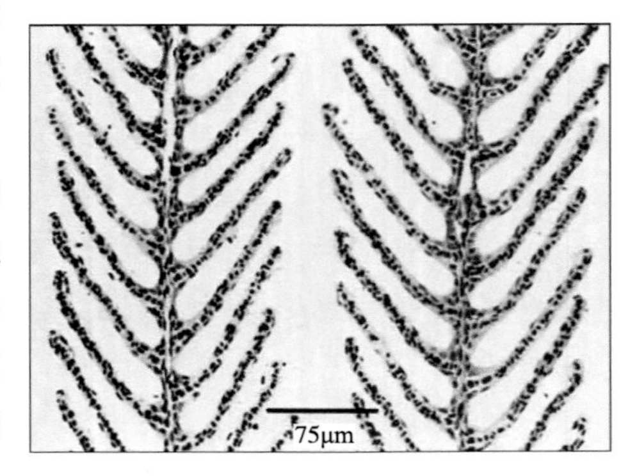

图4-9　大西洋鲑正常鳃组织

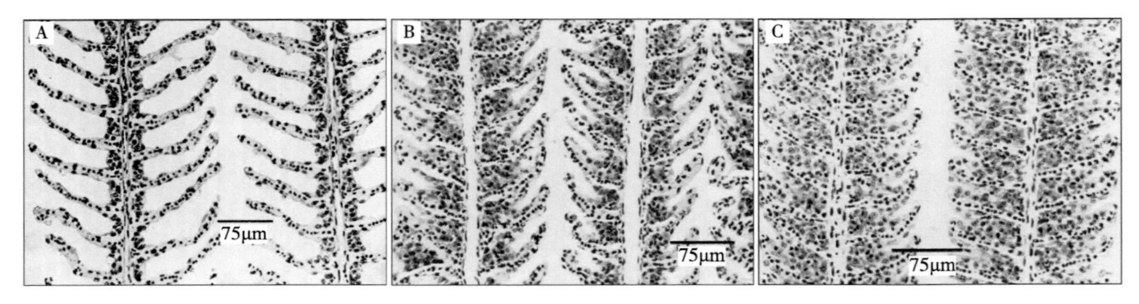

图4-10　鳃病早期的鳃片

图4-11　虹鳟的口蚀病变

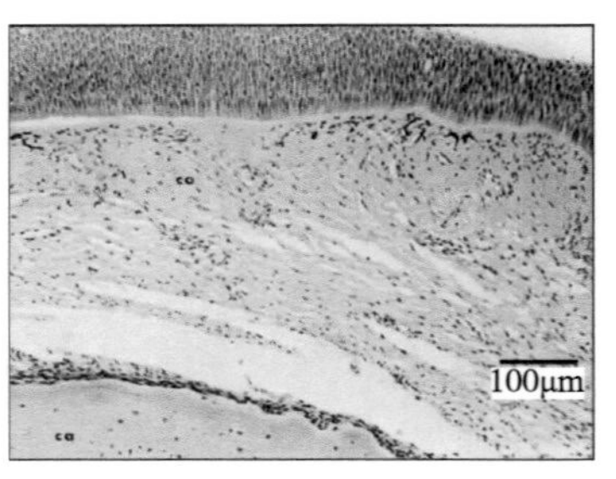

图4-12　虹鳟吻的正常结构

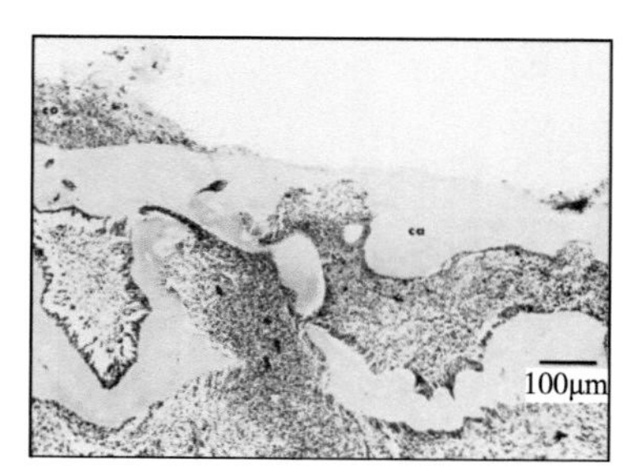

图4-13　软骨病变的断面

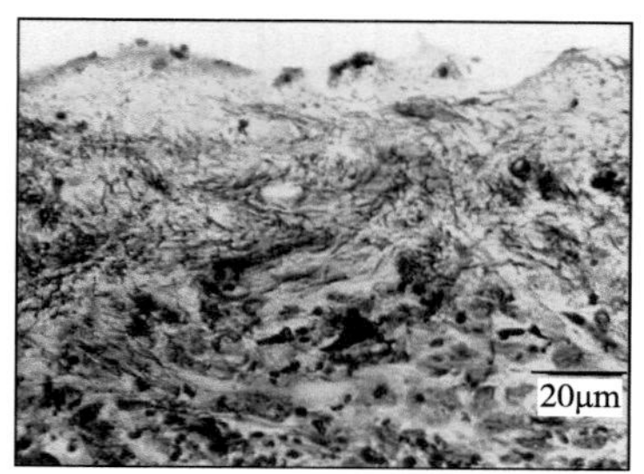

图4-14　黏细菌侵入结缔组织的病变

需要注意的是，在Anderson和Conroy（1969）所描述的鱼类柱状病及相关感染病中，其病原体是在当时所认为的；迄今，这些感染病的相应病原体已基本得到认定，但作为对这些感染病及病原体的发现、研究过程及进一步的研究是具有重要意义的。

（十一）我国学者早期对草鱼烂鳃病及相应病原菌的研究

在我国对柱状黄杆菌的研究，有记述最早当记为中国科学院水生生物研究所在1972年对草鱼烂鳃病（gill-rot disease）及其病原的研究，当时经以噬纤维菌培养基（*Cytophaga* medium）反复做细菌分离、人工感染试验等，终于检出了相应病原菌、并在当时依据《伯杰氏鉴定细菌学手册》第七版（1957）中的记载将其归入了黏球菌属，于1974年初将其作为新种命名为"*Myxococcus piscicola* sp. nov."（鱼害黏球菌）。随后由中国水产科学研究院珠江水产研究所（1986）报道了从患烂鳃病的草鱼和金鱼分离到病原菌（编号为M165株），经与上述鱼害黏球菌做主要生物学性状的对比测定，结果表明两者均与《伯杰氏鉴定细菌学手册》第八版（1974）中所记述屈挠杆菌属中的柱状屈挠杆菌相似，并提出应归于柱状屈挠杆菌；后来，根据这些分离菌的主要生物学特性，又依据新一版《伯杰氏系统细菌学手册》第3卷（1989）的记述，将其正式归为了柱状噬纤维菌，当时对这些分离菌株的归属（种）则不再继续使用。由此表明，我国学者从1972年对草鱼烂鳃病的病原研究，则分离鉴定出、并明确了其为柱状噬纤维菌（即现在分类命名的柱状黄杆菌）[28]。

中国科学院水生生物研究所（原湖北省水生生物研究所）的卢全章等（1975）报道在1972年下半年，从原湖北省水生生物研究所养鱼池和武汉市东西湖养殖场的发病鱼池中挑选有明显烂鳃病症的三龄草鱼、当年草鱼、当年草鳙杂交种和三龄鳙鱼共8尾，分别进行细菌分离。方法是取病变鳃丝划线接种于培养基，25℃培养2～3d。结果在1972年8—11月，先后从6尾烂鳃的草鱼和1尾烂鳃的草鳙杂交种分到17株，在1973年3月又从1尾具有明显烂鳃症状的鳙鱼鳃分离到2株，如此共19株黏细菌。经人工浸洗感染试验，显示所分离的大多数菌株具有不同程度的致病力，其中以G4菌株的致病力比较强，故对G4菌株进行了进一步的研究。通过多次人工感染（包括再分离和再感染）试验，证实G4菌株是草鱼细菌性烂鳃病的病原菌，能引起草鱼、鳙鱼、鲢鱼、草鳙杂种鱼、团头鲂、鲤等多种鱼类鱼烂鳃病。较详细地观察了G4菌株在胰蛋白胨液体培养基中生长的群集习性，“柱子”形成、繁殖散发和衰老死亡的全过程；认为“柱子”（图4-15）形成是G4菌株、也可能是所有鱼类寄生黏细菌所共有的一种运动和繁殖的表现形式，其不会转化为真正的子实体。经对G4菌株比较系统的表型性状鉴定，根据其特征定名为“*Myxococcus piscicola* sp. nov. Lu，Nie and Ko，1975”（鱼害黏球菌）[29]。

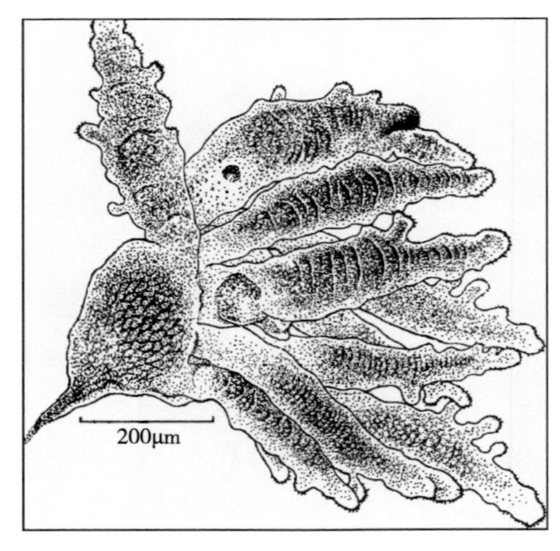

图4-15　G4菌株柱子示意图

二、生物学性状

在鱼类病原黄杆菌属细菌中，对柱状黄杆菌生物学性状的研究是最多的，也是相对来讲比较全面的。

（一）基本形态与培养特征

柱状黄杆菌在培养48h的肉汤培养物（broth cultures）形态，为大小在（0.3～0.5）μm×（3.0～10.0）μm的革兰氏阴性细长杆菌（丝状菌体可达25.0μm），无荚膜（capsule）、芽孢（spore），能够滑行运动。图4-16显示柱状黄杆菌的形态特征（革兰氏染色阴性），菌体杆状、呈柱状（columns）生长[9]。

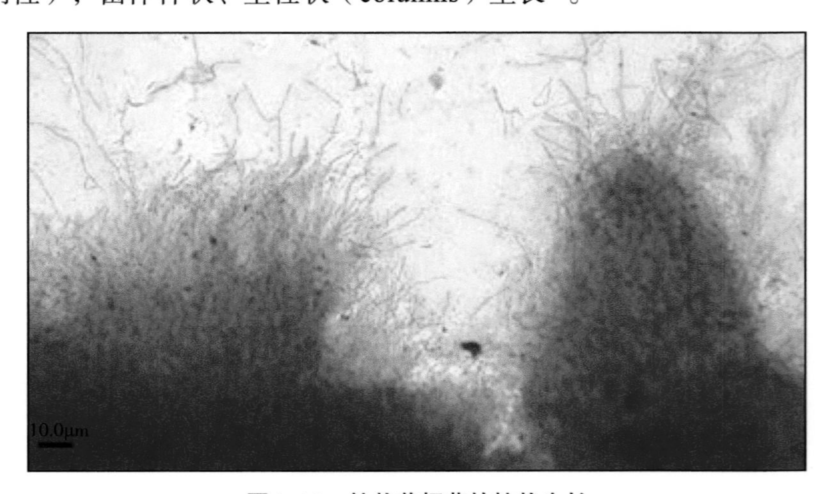

图4-16　柱状黄杆菌的柱状生长

生长温度范围在15～37℃（一些菌株也可在4℃缓慢生长），最高生长温度<37℃（一些菌株也可在37℃生长），在15℃生长缓慢；最佳生长在20～25℃，尽管细菌可

以在处于10～12℃的鱼分离到。生长的NaCl盐度范围为0～0.5%（*W/V*）、最高耐NaCl浓度为0.5%（*W/V*），在海水培养基中不能生长。在含有0.5%NaCl的噬纤维菌培养基、蛋白胨酵母培养基、Chase培养基、Shieh's培养基（Shieh's media）及改良Shieh's培养基、Liewes培养基中均生长良好，多数菌株形成黄色、扁平、表面粗糙、中间卷曲、边缘呈假根状的菌落且黏附于琼脂上，少数菌株形成表面黏液状或蜂窝状的菌落。在Anacker和Ordal（1959）报道的噬纤维菌琼脂（*Cytophaga* agar）培养基（Anacker-Ordal agar，AOA）生长的菌落扁平、扩散型、产生黄绿色色素，边缘假根状，在琼脂上黏着；也有的菌落隆起、圆形或瘤状的。在液体培养基中静止培养时，在液体表面形成黄色、有一定韧性的膜，震荡培养时则呈均匀浑浊生长，菌体培养到第4天后开始老化（有些缩成球状且衰老死亡）。在Anacker和Ordal肉汤（Anacker-Ordal broth，AOB）培养基振荡培养，多数菌体丝状或成丛附着在培养瓶壁。有的菌株在37℃生长，菌落能够吸收刚果红（Congo red）。能够溶解死的大肠埃希菌（*Escherichia coli*）的菌细胞[8-9,11,30]。

在我国，有记载对上述分离于草鱼烂鳃病的柱状黄杆菌（以柱状噬纤维菌记述）菌株进行了较系统的形态特征与培养特性等的研究。结果为菌体形态呈细长、柔软且易弯曲、粗细基本一致（0.5μm左右）、两端钝圆、一般稍弯（有时弯成半圆形或圆形或"U"形或"V"形及"Y"形等）但较短的菌体通常是直的、其长短很不一致（2～24μm，有的长达37μm）、革兰氏阴性、无鞭毛；取噬纤维菌培养基（液体）中的幼龄培养物做显微镜观察，可见到滑行运动，若加入无菌水稀释后则见这种运动更活泼、明显，这种运动方式包括一种是像鳝鱼样的滑行运动（通常是向一个方向但若前进遇到障碍则会后端变为前端作反方向运动），另一种是作摇晃摆动，有时忽然垂直成一个发亮圆点，然后又慢慢横卧并如此周而复始形成旋转式的运动。在噬纤维菌培养基（固体）平板上生长良好，25℃培养48h左右出现稀薄的、平铺在培养基表面上呈蔓延生长的菌落，菌落边缘不整齐、假根状、中央较厚、呈颗粒状、大小不一，菌落最初与培养基的颜色相近、粗看不易发现，以后逐渐变为淡黄色，菌落随培养时间的延长不断增大、菌层增厚、颜色也加深，一般在培养5d后则不再生长。在噬纤维菌培养基（液体）中25℃培养48h左右，可见生长旺盛、液体浑浊，表面有一层淡黄色的菌膜，随培养时间的延长其菌膜增厚、颜色加深、不易破碎，在培养液管壁周围常黏附有圆形的菌落并扩散出网状的小菌团，像大团藻状向四周扩布，管底也有菌体堆积，此后液体由浑浊变清；从培养液中取菌连续做观察，可见菌体形态有如下变化：24h内的菌体较短、运动活泼，60h内生长旺盛、分裂快、菌体较长、有呈弯曲和假分枝状的、短的菌体相对较少、运动还是很活泼，96h内的菌体长短悬殊、有长丝状和中等长及很短的，此后出现许多圆球形的球质体（spheroblasts）、长菌体逐渐减少、球质体逐渐变多，再后则杆状菌体极少、球质体占绝对优势、终至衰亡。在液体培养基中的另一特征是形成柱状菌团，即因该菌有群集习性以致在液体中的菌体一般相互堆集在一起，形成各种形式的图像如星状、球状和乱草堆状的菌团，在培养24h内观察凡较大的菌团因其在繁殖时的运动特性，形成高低不一的指状柱子，此时培养液还比较清澈，但在24h后则这些菌团从四周向外长出乳头状突起并逐渐延长成柱子状，通常在这种柱状菌团的末端萌发出圆球形菌团，在菌团周围布满许多细长且摇摆着的菌体，柱状菌团增大后又产生乳突状的突起并延长成新的柱状菌团，从而形成一种分枝复杂的结构；有些团块状的菌团从四周向外抛出圆球形子菌团，如此不断向外散发使菌团逐渐变小，最后常成为更小的菌团或菌体分散在培养液中使培养液变得比较浑浊（表示菌体生长繁殖丰盛），以后分散在培养液中的菌体或小的菌团逐渐衰亡并沉于底部，同时另外一些不向四周散发的子菌团的各式各样的菌团都显得萎缩、软弱、有的则仅留骷髅的样子；此时用显微镜检查可见绝大多数菌体收缩成圆球形或椭圆形的球质体，这时培养液又从浊变清，表示菌体已衰亡。该菌在pH值6.5～7.5生长良好、pH值8生长较差、pH值6以下和pH值8.5以上不生长；适宜生长温度为25℃、生长良好、毒力强，18℃生长缓慢、毒力无明显变化，33℃生长快但毒力减弱，40℃生长很慢且毒力很弱，4℃不生长，65℃经5min即死亡；在含0.7%以上NaCl的条件下即能抑制其生长，在厌气条件下也能生长但生长很慢[28]。

本书作者房海等（2019）以由中国科学院水生生物研究所李爱华博士赠予的柱状黄杆菌，进行了形态特征、在培养基生长特征等的观察。在噬纤维菌琼脂培养基于28℃培养48h，进行革兰氏染色检查为革兰氏阴性细小杆菌，大小多在（0.2～0.3）μm×（1.0～1.5）μm，有的稍微弯曲（图4-17A）；在液体噬纤维菌培养基生长的较细长，多在（0.2～0.4）μm×（1.5～3.0）μm，多有长丝状菌体（图4-17B）。在噬纤维菌琼脂培养基于28℃培养48h，做喷镀扫描电子显微镜（scanning electron microscope，SEM）观察，菌体细长杆状、有的弯曲（图4-18）。在噬纤维菌琼脂培养基于28℃培养48h，做负染色透射电子显微镜（transmission electron microscope，TEM）观察，菌体杆状、有的菌体表面不平整、菌体周围似有分泌物形成，有菌毛（图4-19A显示菌体表面不平整；图4-19B显示菌体表面较平整；图4-19C显示菌体生长有菌毛）。在液体噬纤维菌培养基（28℃培养48h），生长菌体较细长（图4-19D）。

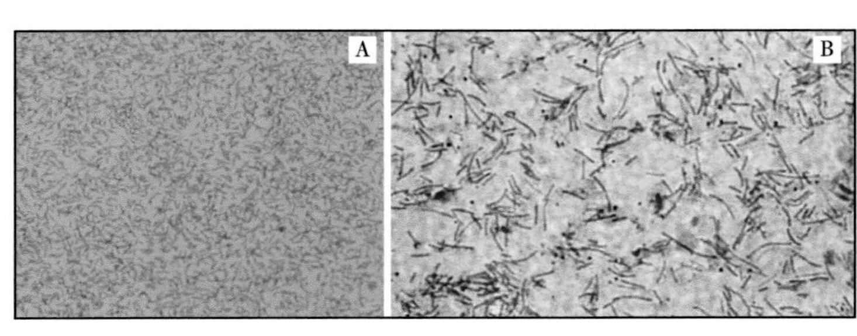

图4-17　柱状黄杆菌形态特征

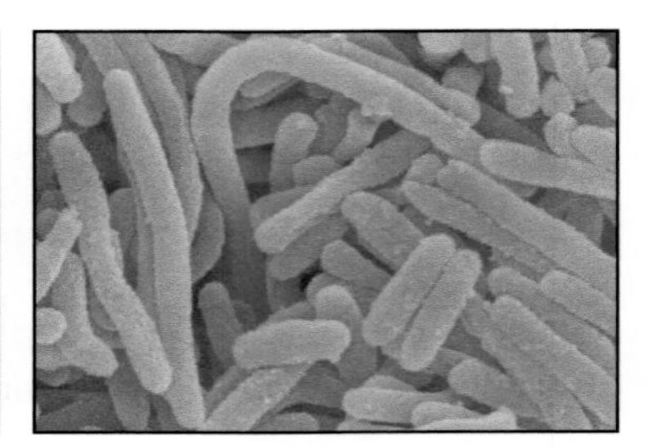

图4-18　柱状黄杆菌形态（喷镀扫描电子显微镜观察）

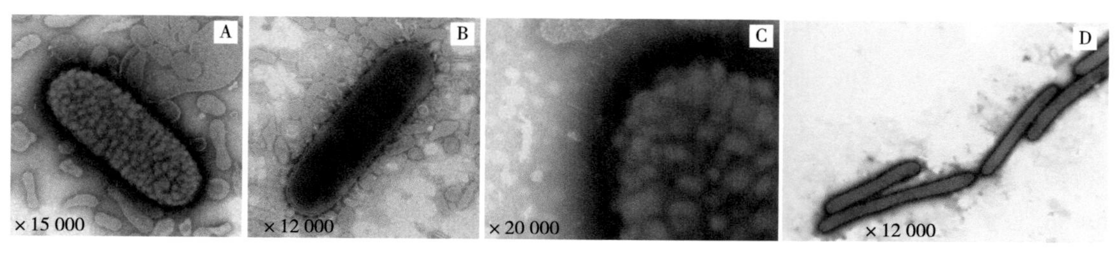

图4-19　柱状黄杆菌形态（负染色透射电子显微镜观察）

在噬纤维菌琼脂培养基于28℃培养72h，形成较扁平、边缘不整齐（假根状生长）、浅橘黄色的不规则较大菌落（图4-20A）。在R2A琼脂（R2A agar）培养基，生长的菌落与在噬纤维菌琼脂培养基的基本相同，但因其琼脂含量为1.1%，以致菌落呈轻度扩散生长（图4-20B）。在液体噬纤维菌培养基28℃培养72h，呈均匀浑浊生长，管底有轻度菌体沉淀（摇动后消散）。

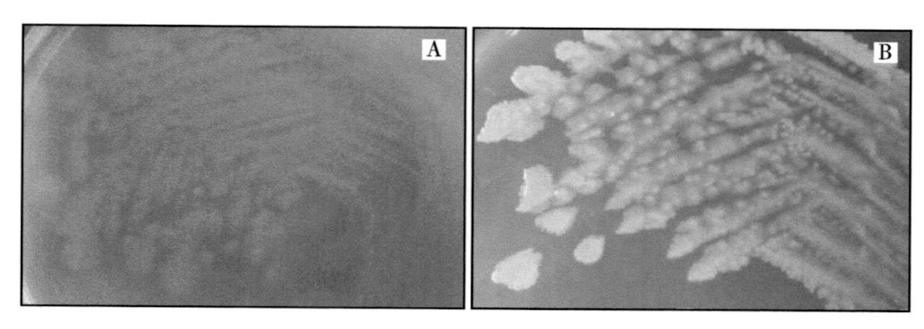

图4-20　柱状黄杆菌的菌落

（二）菌细胞超微结构特征

在早期，美国华盛顿大学（Department of Microbiology，School of Medicine，University of Washington；Seattle，Washington）的Pate等（1967）分别报道了对柱状黄杆菌（原文中以柱状软骨球菌记述）的菌细胞，进行了超微结构观察与描述，主要涉及间体（mesosomes）、杆状体（rhapidosomes）和表面层（surface layers）的结构特征与形成过程等方面[31-33]。

1. 间体的超微结构

Pate和Ordal（1967）报道对柱状软骨球菌（柱状黄杆菌）的菌细胞，采用两种不同方法固定后进行切片和电子显微镜观察。结果显示，单独用四氧化锇（osmium tetroxide）固定的，显示菌细胞表面由一层质膜（plasma membrane）、一层致密层（dense layer）为黏肽层（mucopeptide layer）和一层外单位膜（outer unit membrane）组成。外膜（outer membrane）出现扭曲（distorted），并与菌细胞的其他部分广泛分离。胞质内膜（intracytoplasmic membranes）即间体表现为单位膜包裹在细胞质内的迂回小管（convoluted tubules），小管周围的单位膜与质膜连续。当菌细胞在用四氧化锇固定前以戊二醛（glutaraldehyde）固定时，外膜没有变形，与菌细胞的其余部分分离开，结构成分的外周纤维（peripheral fibrils）位于外膜和致密层之间，间体表现为由质膜内陷和增殖形成的高度组织结构。间体由一系列单位膜结合的复合膜（compound membranes）组成，复合膜是由两个单位膜沿细胞质表面结合而成。研究中使用的柱状软骨球菌（柱状黄杆菌），为菌株1-R43；另外，以橙黄色黏球菌（*Myxococcus xanthus*）菌株FB用于比较。

在图4-21至图4-36的16幅图（注：原文中共17幅，其中的第15幅为间体形成的示意图，此处未引用）中，主要显示了柱状黄杆菌的间体结构特征与形成过程。图中英文缩写词，分别为复合膜（compound membrane，CM）、致密层（dense layer，DL）、内单位膜（inner unit membrane，IUM）、间体（mesosome，M）、核质（nuclear material，N）、外界膜（outer limiting membrane，OLM）、外膜（outer membrane，OM）、质膜（plasma membrane，PM）、突出物（projections，P）、核糖体（ribosomes，R）。

图4-21、图4-22、图4-23分别显示柱状黄杆菌的菌细胞，按Ryter和Kellenberger的方法固定，间体以单位膜结合的小管系统形式存在，质膜（PM）和外膜（OM）均具有单位膜（unit membrane）结构。其中的图4-21显示菌细胞的纵截面，质膜（PM）是连续的，间体（M）由膜包裹；图4-22显示菌细胞的纵截面、横截面，显示质膜（M）、致密层（DL）和外膜（OM）三个独特的结构；图4-23显示菌细胞的横截面，同图4-22中横截面的。

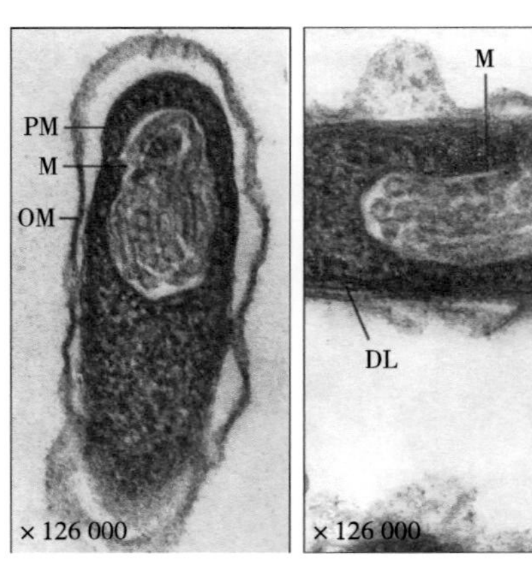

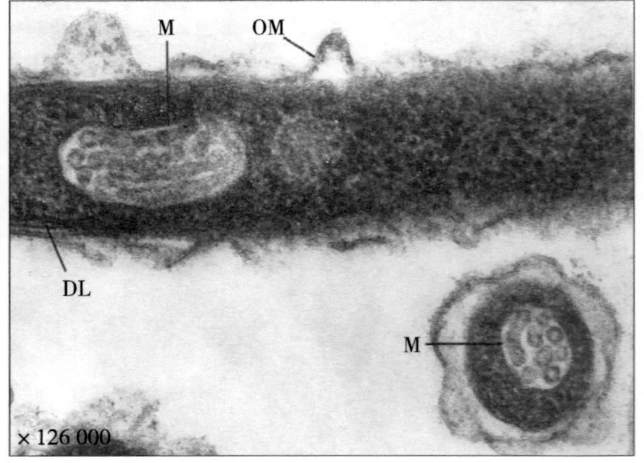

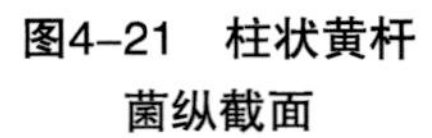

图4-21　柱状黄杆菌纵截面

图4-22　柱状黄杆菌的纵截面和横截面

图4-24显示的柱状黄杆菌菌细胞切片，用戊二醛和四氧化锇（OsO_4）固定，显

示细胞中心的大间体（M）、外膜的细长突出物（P）、箭头所示的外膜内部致密体（dense bodies）。

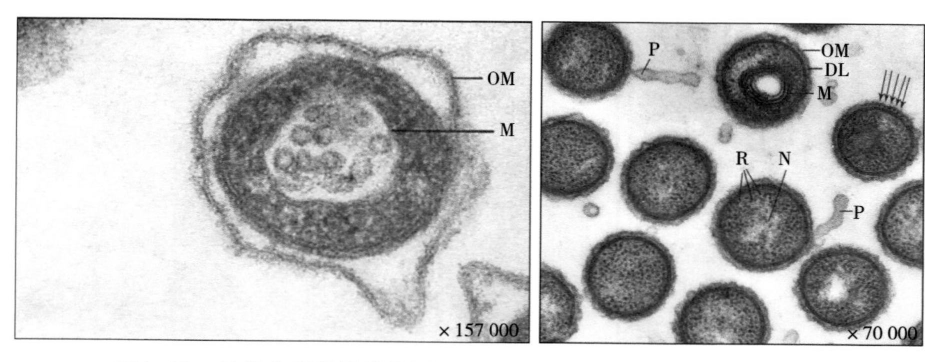

图4-23　柱状黄杆菌的横截面　　　图4-24　柱状黄杆菌切片显示的结构物

图4-25、图4-26、图4-27显示含有间体的柱状黄杆菌的菌细胞横截面，以戊二醛和四氧化锇固定，显示了几种不同结构的特征。

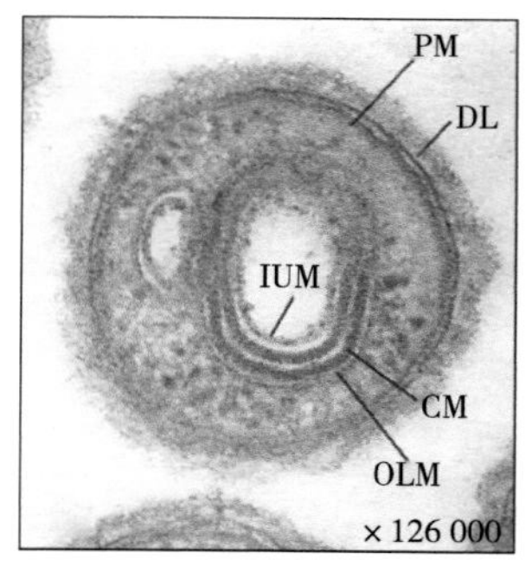

图4-25　柱状黄杆菌结构（一）

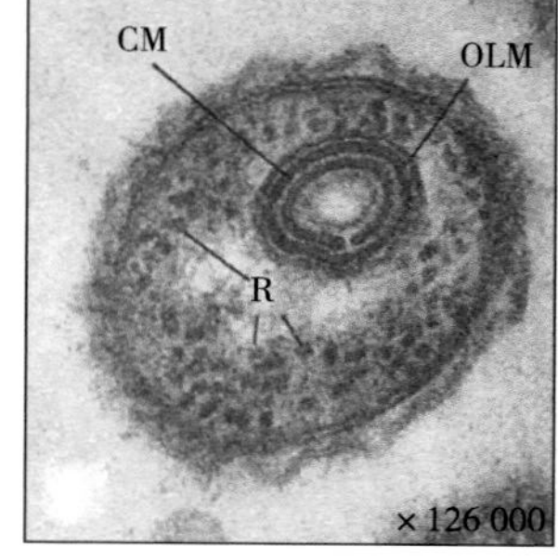

图4-26　柱状黄杆菌结构（二）

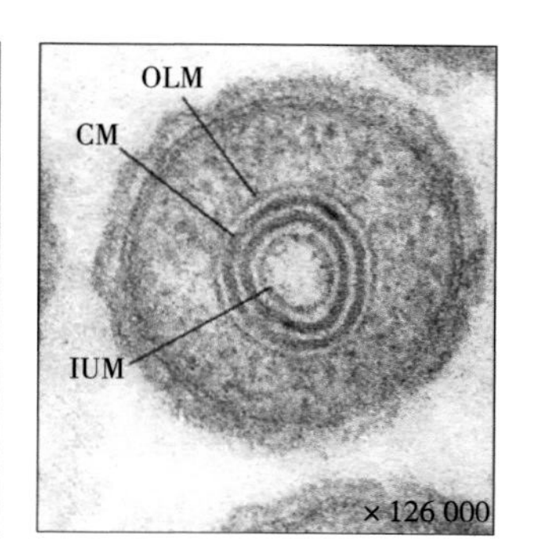

图4-27　柱状黄杆菌结构（三）

图4-28、图4-29显示含有间体的柱状黄杆菌的菌细胞纵切面，戊二醛和四氧化锇固定，在细胞中的间体位于分裂平面上；在图4-29中，显示间体的外界膜（OLM）似乎在分裂平面上与质膜（PM）连续，两个单位膜结合形成如箭头所示的复合膜（CM）。

图4-30显示柱状软骨球菌的菌细胞纵切面，戊二醛和四氧化锇（osmium tetroxide；OsO_4）固定；间体的外界膜（OLM）与细胞侧的质膜（PM）连续，而不是在分裂平面（箭头示）。

图4-31显示柱状软骨球菌的菌细胞切片，戊二醛和四氧化锇固定。注意间体膜染色的不对称性（asynmmetry）。这是在两个外界膜相遇形成复合膜（箭头示）时尤其明显。

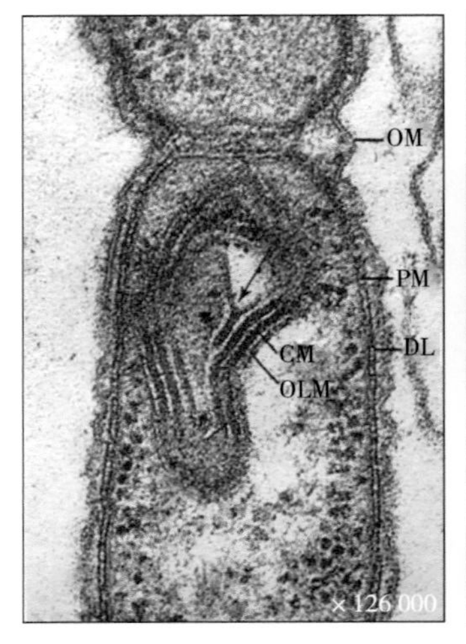

图4-28　柱状黄杆菌结构(四)

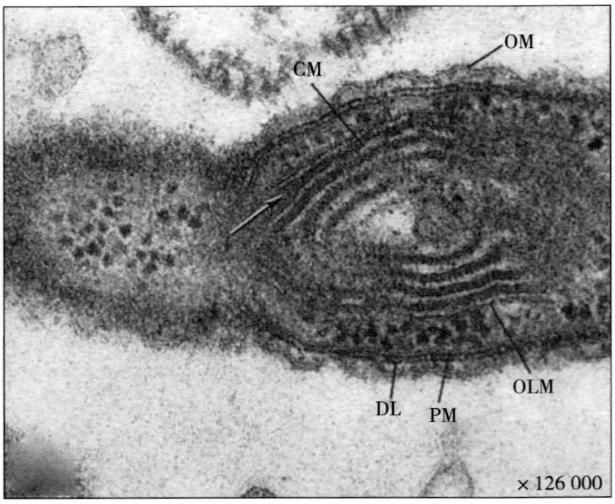

图4-29　柱状黄杆菌结构（五）

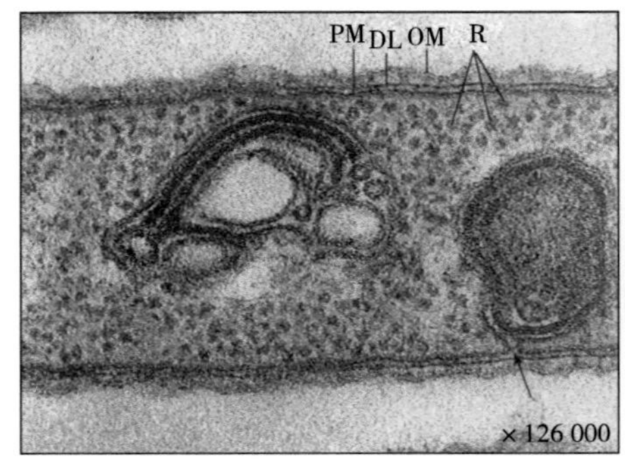

图4-30　柱状黄杆菌结构（六）

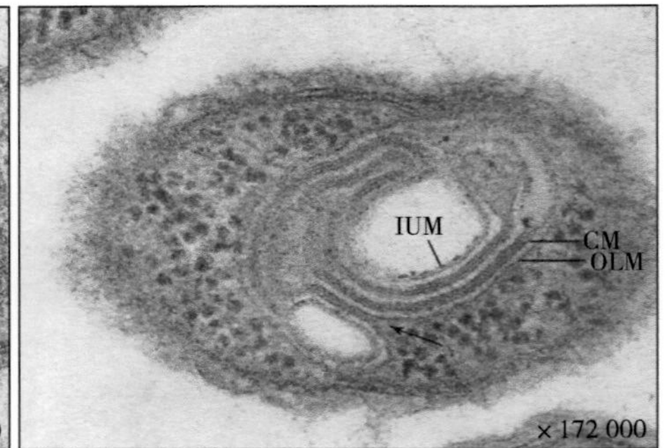

图4-31　柱状黄杆菌结构（七）

图4-32、图4-33、图4-34显示柱状黄杆菌的菌细胞横截面，戊二醛和四氧化锇固定，注意在一些间体的复合膜末端的环（loops）。

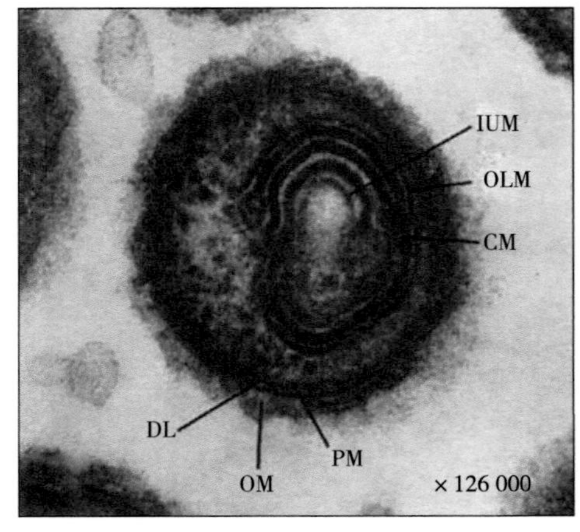

图4-32　柱状黄杆菌结构（八）

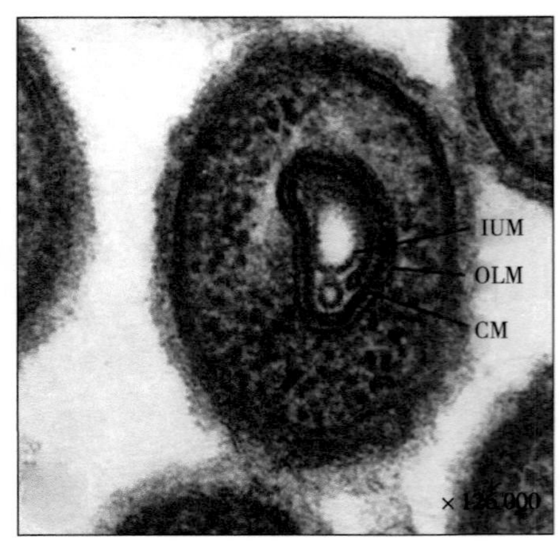

图4-33　柱状黄杆菌结构（九）

图4-35、图4-36显示作为对照研究的橙黄色黏球菌FB菌株的菌细胞切片，戊二醛和四氧化锇固定。图4-36所示的间体与柱状黄杆菌的类似，由单位膜包围的复合膜组成的同心圆[31]。

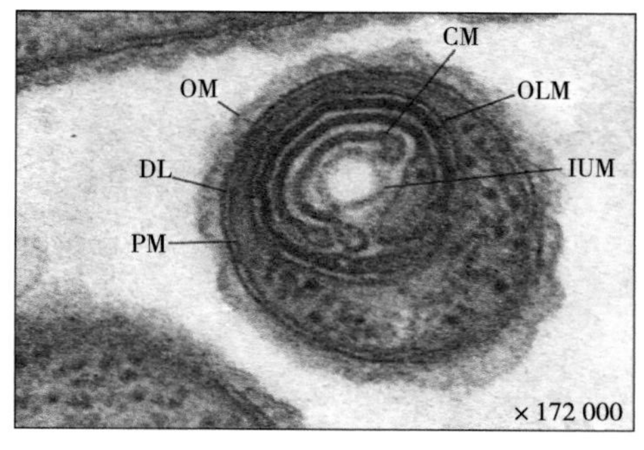

图4-34　柱状黄杆菌结构（十）

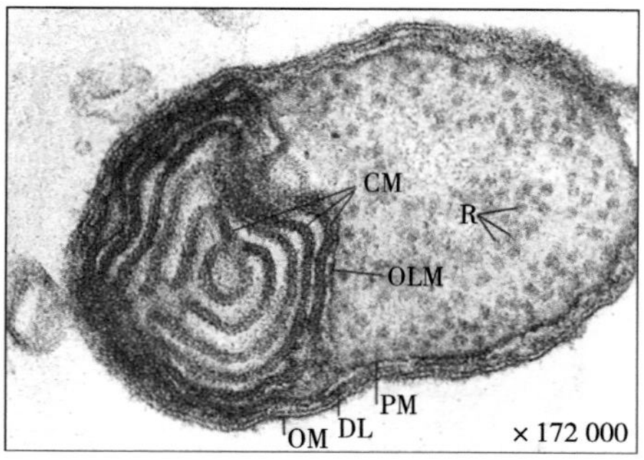

图4-35　橙黄色黏球菌结构（一）

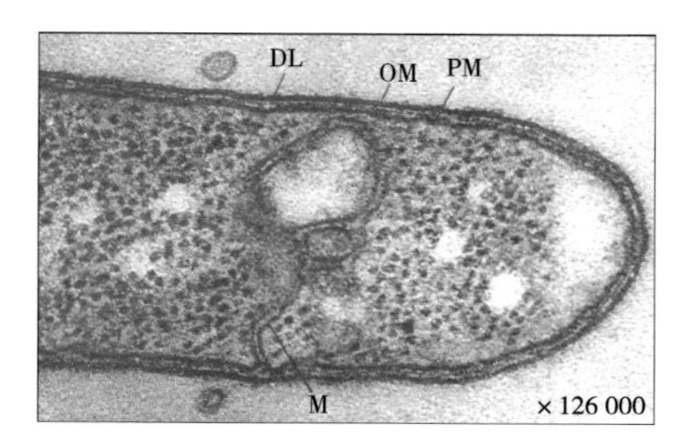

图4-36　橙黄色黏球菌结构（二）

2. 杆状体的超微结构

Pate、Johnson和Ordal（1967）报道，当柱状黄杆菌的菌细胞被打开，用磷钨酸（phosphotungstic acid，PTA）处理后在电子显微镜下观察时，可见在样品中存在管状结构（tubular structures）的杆状体（rhapidosomes）；杆状体的直径约为30nm，其长度从50～1 500nm不等。一个杆状体，其长的轴向孔（axial hole）似乎随着有规律的周期性而变宽和变窄；对杆状体短片段末端的观察显示，它们的外周存在亚单位（sub-units）。对裂解菌细胞（lysed cells）和切片菌细胞的研究结果表明，杆状体是在细胞解体过程中产生的，似乎是间体的复合膜破裂，形成管状结构；由于在本研究中未研究其他细菌的杆状体起源，因此仅假设柱状黄杆菌的杆状体起源于间体。柱状黄杆菌的杆状体可能与大腐败螺旋菌（*Saprospira grandis*）、拟黏球生孢噬纤维菌（*Sporocytophaga myxococcoides*）、紫原囊菌（*Archangium violaceum*）、堆囊菌属［*Sorangium*（ex Jahn，1924）Reichenbach，2007］菌株495的杆状体无关，因为柱状黄杆菌的杆状体与其他这4种细菌杆状体的精细结构（fine structure）存在差异。

研究中使用的柱状软骨球菌（柱状黄杆菌），为菌株1-R43；另外，以大腐败螺旋菌、拟黏球生孢噬纤维菌、紫原囊菌、堆囊菌属的菌株495用于比较。

在图4-37至图4-55的40幅图中［注：原文中共41幅，其中的第41幅为柱状黄杆菌单位膜（unit membrane）的示意图，此处未用］，主要是显示了柱状黄杆菌和对照用菌的间体结构特征与形成过程。图中英文缩写词，分别为纤丝状结构（fibrillar structures，F）、内界膜（inner limiting membrane，ILM）、杆状体（rhapidosome，Rh）、亚单位（subunits，S）、芯（wick，W），其他的如在前面图4-21至图4-36中的记述。

图4-37、图4-38、图4-39显示柱状黄杆菌经干冰破碎（grinding with dry ice）菌细胞的磷钨酸处理样品，细胞的裂解相当差（rather poor），许多杆状体（Rh）与大的菌细胞碎片有关；杆状体的长度不均一，它们沿中心轴（central axis）具有周期性模式（periodic pattern），这种周期性（periodicity）在图4-37中显示尤为明显。

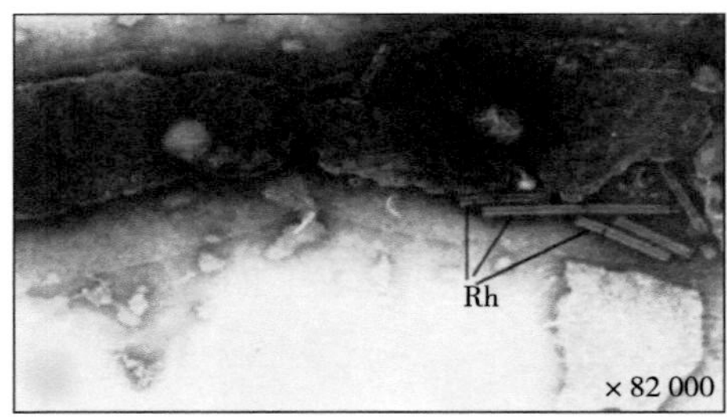

图4-37　柱状黄杆菌的杆状体（一）

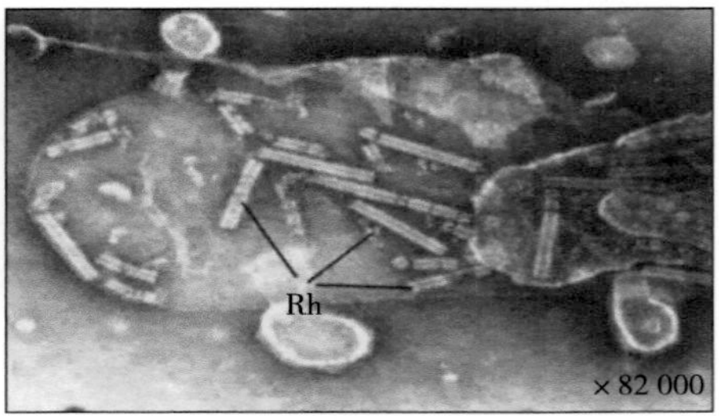

图4-38　柱状黄杆菌的杆状体（二）

图4-40显示柱状黄杆菌经弗氏压碎器（French pressure）处理菌细胞的磷钨酸样品，菌细胞似乎是通过剥离过程（stripping-away process）裂解的。

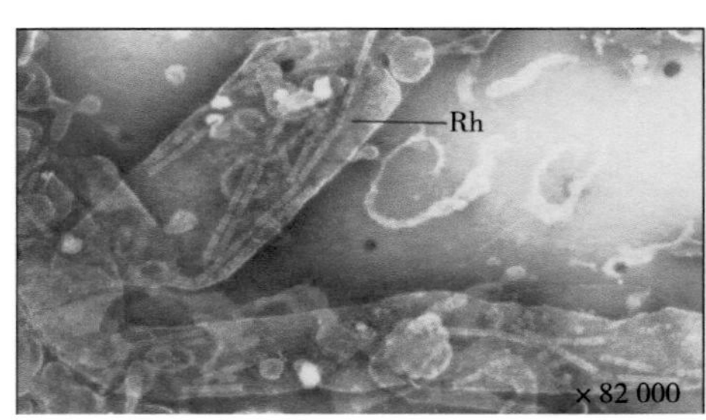

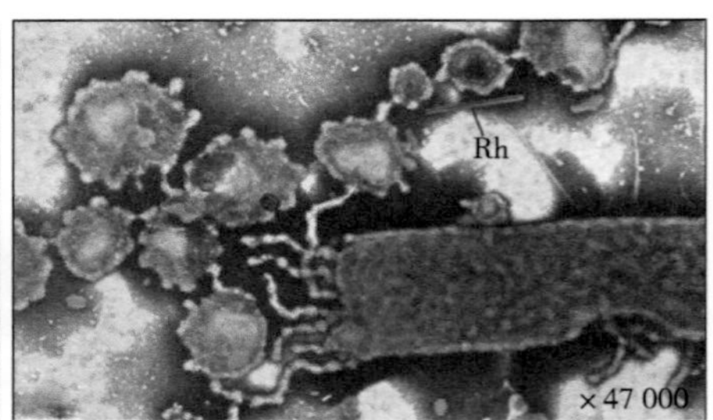

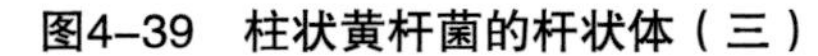

图4-39　柱状黄杆菌的杆状体（三）

图4-40　柱状黄杆菌的杆状体（四）

图4-41显示柱状黄杆菌的菌细胞经十二烷基硫酸钠（sodium lauryl sulfate，SLS）处理60s后放置冰浴中制备的磷钨酸样品，细胞裂解不完全；杆状体（Rh）聚集在菌细胞一定的区域（图4-41A、图4-41B），图4-41C显示了一个仍然保持细胞形状的非常薄的层。

图4-42A和图4-42B显示柱状黄杆菌的菌细胞经十二烷基硫酸钠处理15s后的磷钨酸样品，外周膜从细胞中折叠回来，可见含有间体的区域，受损细胞仍保持其形状，杆状体在这些制剂中非常罕见；图4-42C为经十二烷基硫酸钠处理30s后的磷钨酸样品，周围的膜不再可见，细胞也失去了电子不透明性，在这个裂解阶段的杆状体仍然罕见。

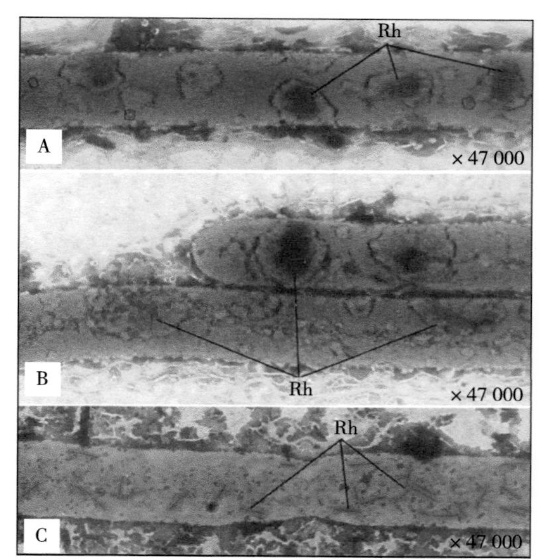

图4-41　柱状黄杆菌的杆状体（五）

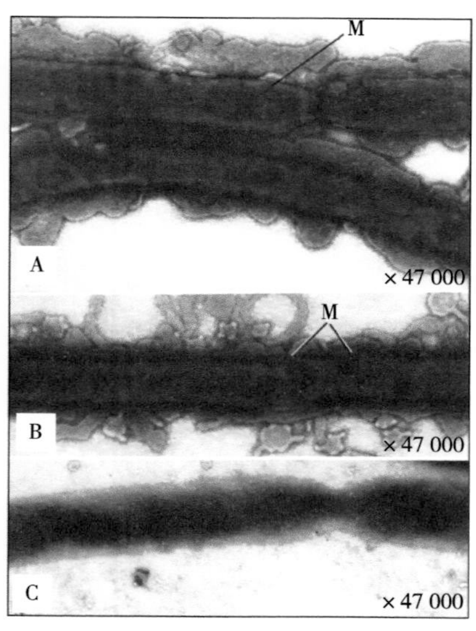

图4-42　柱状黄杆菌的杆状体（六）

图4-43显示柱状黄杆菌的菌细胞经十二烷基硫酸钠处理60s（图4-43A）、120s（图4-43B）的磷钨酸样品，在这个裂解阶段，仍然保持细胞形状的、非常薄的结构存在；杆状体大量存在，通常与薄结构（thin structures）有关。

图4-44显示柱状黄杆菌的菌细胞经十二烷基硫酸钠处理15s（图4-44A）、30s（图4-44B）的甲醛固定磷钨酸样品；纤丝状结构（fibrillar structures，F）存在于这些样品中，图4-43B显示了三种纤丝状结构，其中一个结构似乎处于解体的最后阶段。

图4-45为柱状黄杆菌的菌细胞经十二烷基硫酸钠处理30s的甲醛固定磷钨酸样品，显示从菌细胞释放的纤丝状结构。

图4-46显示柱状黄杆菌的菌细胞经十二烷基硫酸钠处理60s的甲醛固定磷钨酸样品，在裂解阶段没有看到纤丝状结构，细胞是相当透明的，许多杆状体与受损的细胞有关。

图4-47显示柱状黄杆菌的杆状体的磷钨酸样品，可以在杆状体周围看到亚单位（subunits，S），这些亚单位在图4-47B中可见沿着杆状体的长度向前出现；杆状体的轴孔（axial hole），呈有规律的周期性变宽、变窄。

图4-48为用Markham旋转技术（Markham rotation technique）打印（printed）显示在磷钨酸中嵌入（embedded in PTA）的杆状体的端视图。式中的n等于每个杆状体旋转所经过的等角分裂数（number of equal angular divisions），图4-48A的n=0；图4-48B

的n=6；图4-48C的n=7；图4-48D的n=8；图4-48E的n=9；图4-48F的n=10；图4-48G的n=11；图4-48H的n=12；图4-48I的n=13。亚单位（subunits）的增强发生在n=6和n=12处，如果杆状体周围的亚单位数量为12，则可能出现这种情况。

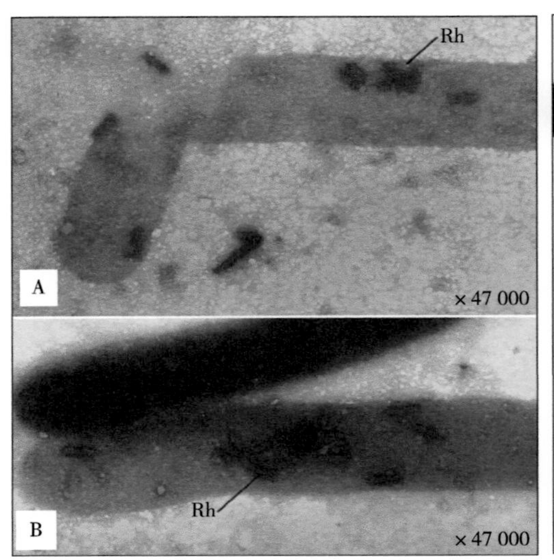

图4-43　柱状黄杆菌的杆状体（七）

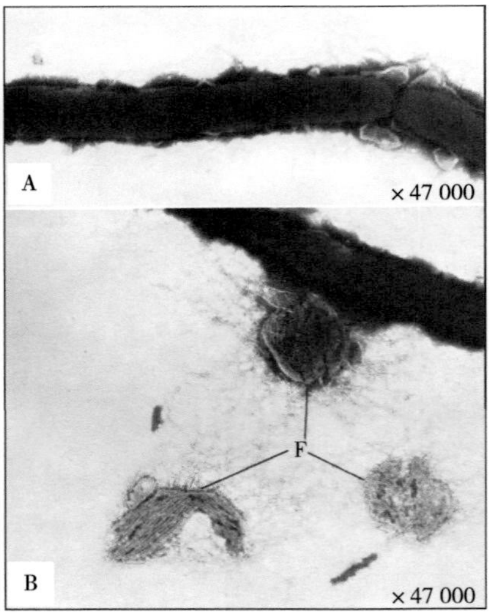

图4-44　柱状黄杆菌的杆状体（八）

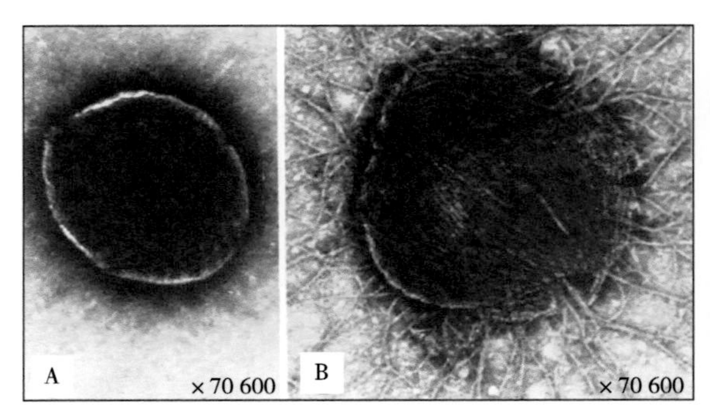

图4-45　柱状黄杆菌的杆状体（九）

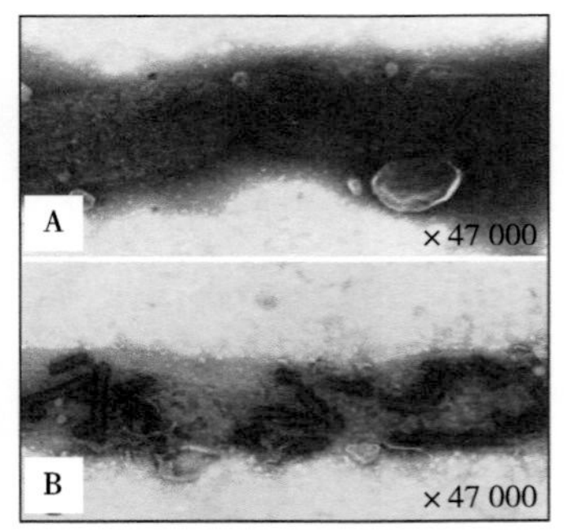

图4-46　柱状黄杆菌的杆状体（十）

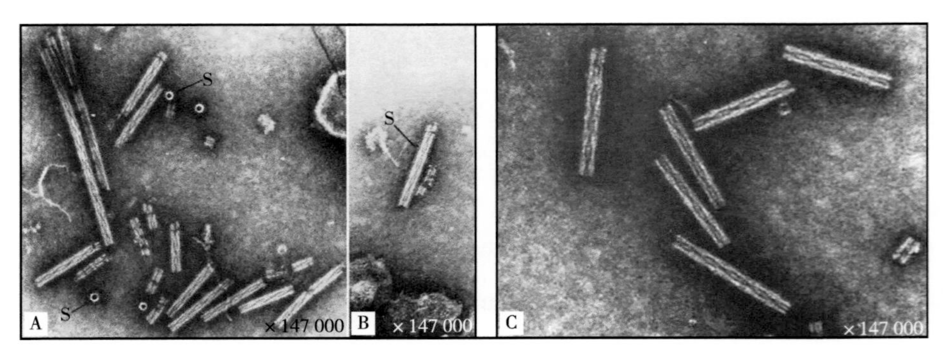

图4-47　柱状黄杆菌的杆状体（十一）

图4-49显示用于对照研究的大腐败螺旋菌的杆状体的磷钨酸样品，这些杆状体不同于柱状黄杆菌的，在轴孔中插有芯（W），芯呈空心；也存在没有芯的空杆状体，从杆状体中分离出的芯也是如此。

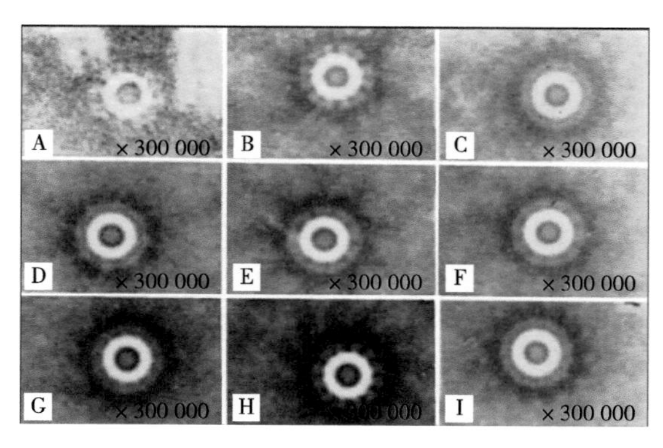

图4-48　柱状黄杆菌的杆状体（十二）

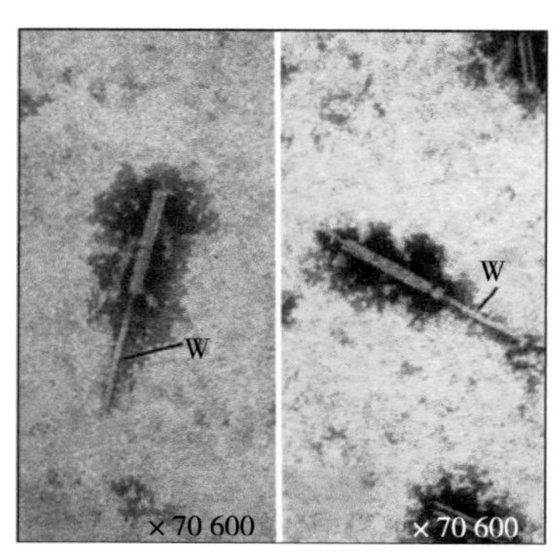

图4-49　大腐败螺旋菌的杆状体

图4-50显示用于对照研究的拟黏球生孢噬纤维菌的杆状体的磷钨酸样品，这些杆状体也是与大腐败螺旋菌相同的类型。

图4-51显示柱状黄杆菌（16h培养物）的细胞切片，戊二醛和四氧化锇固定，间体的复合膜似乎被分解形成管状结构（tubular structures）。

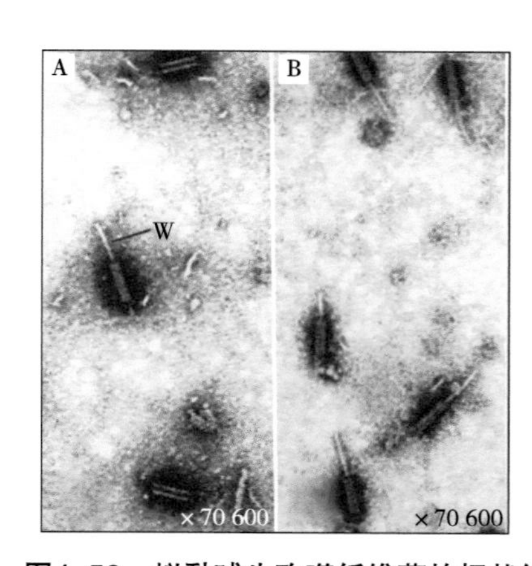

图4-50　拟黏球生孢噬纤维菌的杆状体

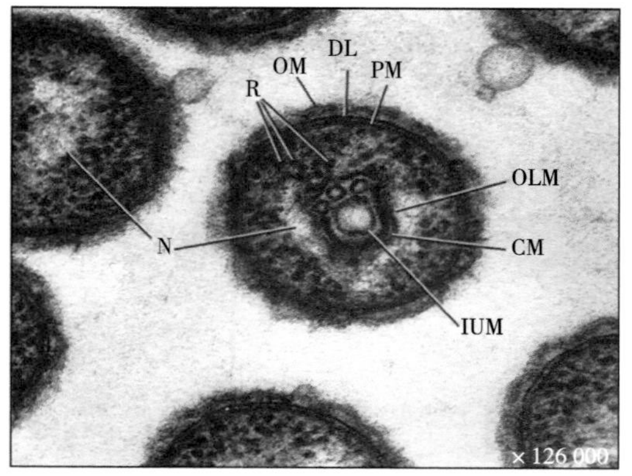

图4-51　柱状黄杆菌的杆状体（十三）

图4-52显示柱状黄杆菌（16h培养物）的细胞切片，戊二醛和四氧化锇固定，间体的复合膜似乎被分解形成管状结构；在图4-52A中，可以看到间体的外界膜（OLM）与质膜（PM）是连续的。

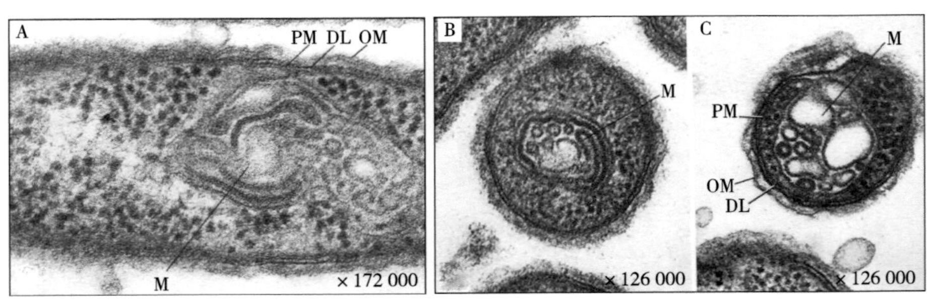

图4-52　柱状黄杆菌的杆状体（十四）

图4-53显示柱状黄杆菌（20h培养物）的菌细胞切片，戊二醛和四氧化锇固定，细胞处于晚期退化状态，在菌细胞中心的横截面上可以看到管状结构。在图4-53C中，管壁显示为单位膜；在图4-53D中，细胞的外周膜已经分离，可以清楚地分辨出。

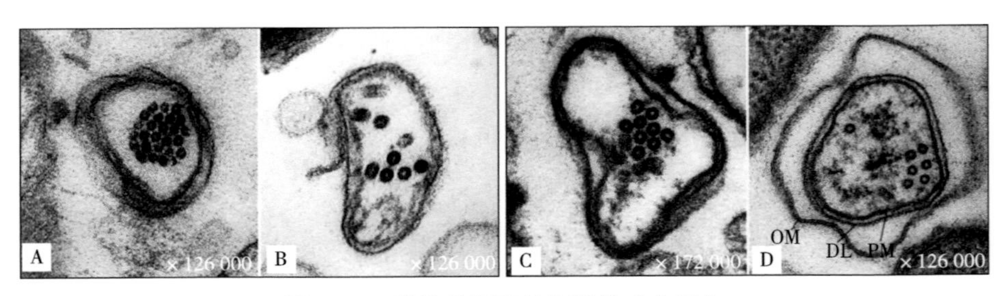

图4-53　柱状黄杆菌的杆状体（十五）

图4-54显示柱状黄杆菌（20h培养物）的菌细胞切片，戊二醛和四氧化锇固定，这些显微图片显示解体菌细胞中小管的纵切面，小管壁从一端到另一端似乎连续、没有螺旋状的迹象。

图4-55为柱状黄杆菌间体的杆状体形成示意。图4-55A表示间体的复合膜，折线表示解离的首选线；图4-55B表示崩解时的同一膜，复合膜正在形成管状结构[32]。

3. 表面层的超微结构

Pate和Ordal（1967）报道对属于黏细菌的柱状软骨球菌（柱状黄杆菌），通过电子显微镜研究表明在菌细胞的外周层存在以下结构：分别为质膜；单一致密层（single dense layer），可能是细胞壁的黏肽成分（mucopeptide component）；外周纤维（peripheral fibrils）；外膜；覆盖在菌细胞表面的物质，能被钌红（ruthenium red）染色，可能是一种酸性黏多糖（acid mucopolysaccharide）和可能与对细胞的黏附（adhesive）特性有关。外膜和质膜都具有单位膜（unit membranes）的外观，即夹在两个电子不透明层（electron-opaque layers）之间的电子半透明层（electron-translucent layer）。外周纤维跨越外膜和黏肽层之间的间隙，间距（distance）约为10nm，并沿着细胞的长度彼此平行，纤维似乎在细胞两端是连续的，这些纤维结构的位置表明它们可能在这些细菌的滑动中起到作用。

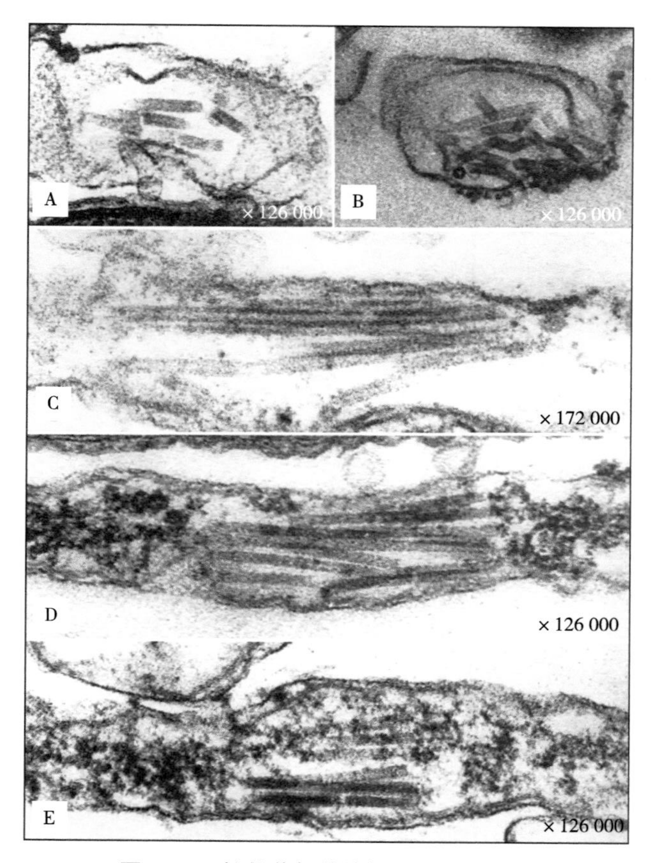

图4–54　柱状黄杆菌的杆状体（十六）

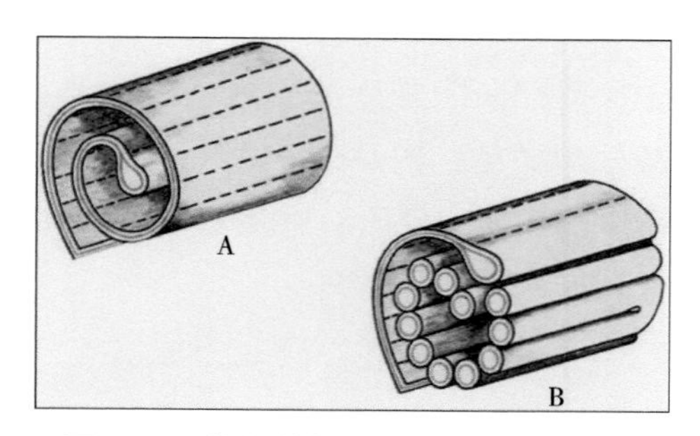

图4–55　柱状黄杆菌的杆状体（十七）

研究中使用的柱状软骨球菌（柱状黄杆菌），为菌株1-R43；用于比较目的的其他细菌包括枯草芽孢杆菌（*Bacillus subtilis*）、橙黄色黏球菌的菌株FB、珊瑚软骨球菌（*Chondrococcus coralloides*）、蔓延螺菌（*Spirillum serpens*）、噬纤维菌AL-1菌株（*Cytophaga* AL-1）、大肠埃希菌（*Escherichia coli*）。

在图4-56至图4-65主要是显示了柱状软骨球菌（柱状黄杆菌）的表面层的超微结构。图中英文缩写词，分别为层状结构（lamellar structure，LS）、周围纤维（peripheral fibrils，PF）、钌红染色（Ruthenium red-stained，RR）、黏液层（slime layer，Sl），其他的如在前面图4-21至图4-36中的记述。

图4-56显示柱状黄杆菌投影（shadow-cast）菌细胞，没有可见的外部附属结构（external appendages）；细胞周围有黏液层（Sl），一些细胞似乎是黏附在一起的。

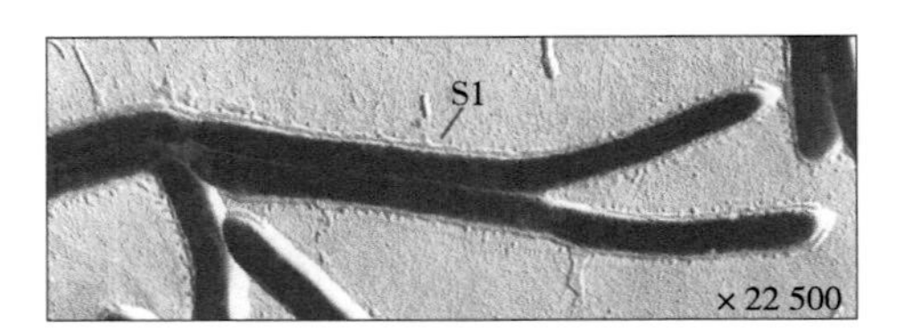

图4-56 柱状黄杆菌的表面层结构（一）

图4-57显示柱状软骨球菌（柱状黄杆菌）的菌细胞磷钨酸处理样品，注意于菌细胞周围存在的薄层（thin layer）物质。

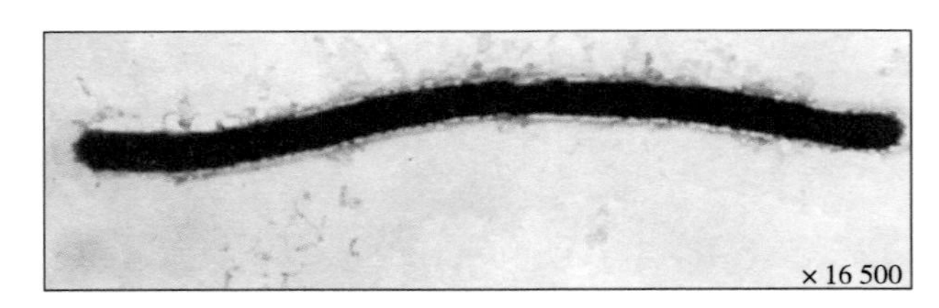

图4-57 柱状黄杆菌的表面层结构（二）

图4-58中的图4-58A显示经甲醛固定后超声处理3min的柱状黄杆菌裂解物（lysate），磷钨酸处理样品显示纤维状结构（fibrillar structure），所有这些裂解物均含有膜碎片结构，纤维网络贯穿其中，纤维似乎彼此平行，中心到中心的距离约为16nm。图4-58B和图4-58C显示柱状黄杆菌的细胞经甲醛固定、干冰破碎（ground with dry ice）后的纤维结构的磷钨酸处理样品；图4-58B显示了一种纤维结构，其中的纤维呈纵横交错排列，就像一层纤维覆盖在另一层上；在图4-58C中，显示了一片平行的纤维，似乎是从菌细胞顶端剥离出来的。

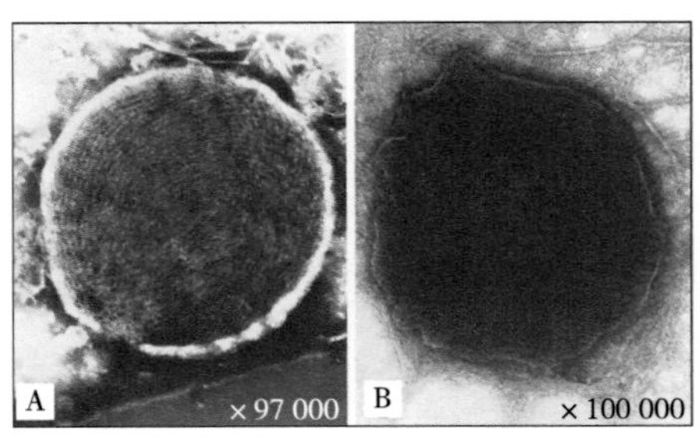

图4-58 柱状黄杆菌的表面层结构（三）

图4-59为柱状黄杆菌菌细胞切片，显示外周纤维，戊二醛和四氧化锇固定，纤维位于外膜和致密层之间。图4-59C、图4-59D、图4-59E显示细胞尖端附近的纤维切片；图4-59D中的箭头指向纤维，纤维使细胞看起来连续穿过细胞的末端；在图4-59E中，可以看到纤维连续穿过细胞的顶端。

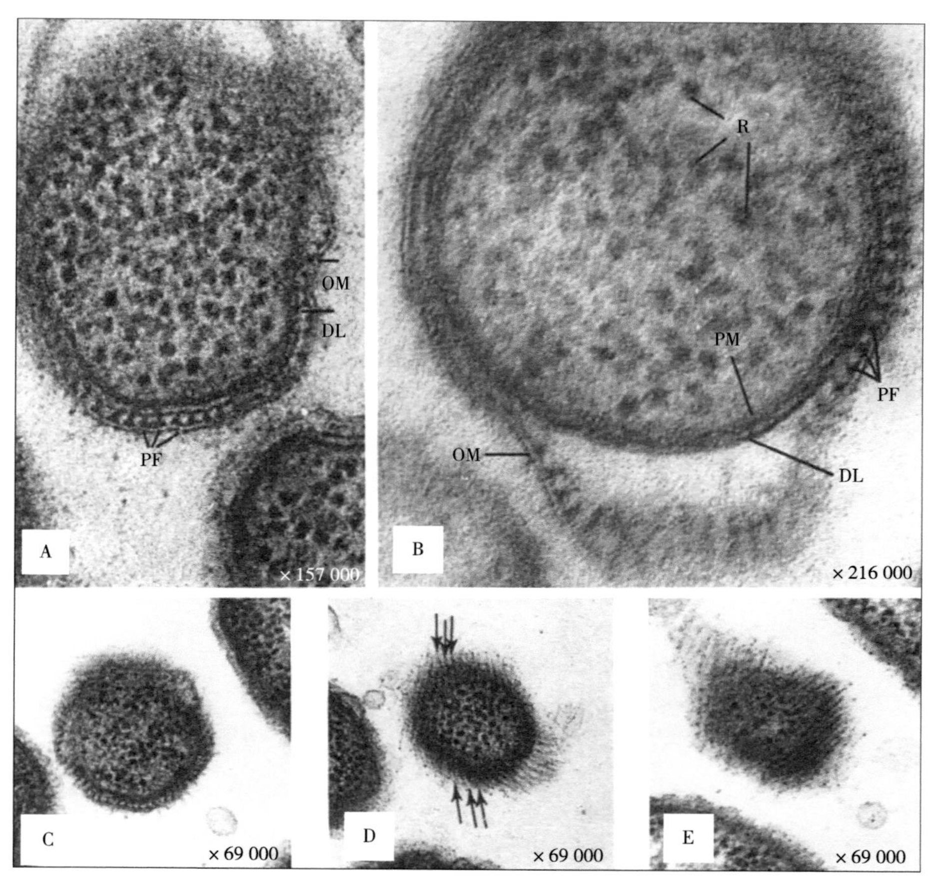

图4-59　柱状黄杆菌的表面层结构（四）

图4-60为柱状黄杆菌菌细胞切片，显示了外周纤维与外膜的附着，戊二醛和四氧化锇固定；在这些显微图片中，外膜与细胞分离，外周纤维总是与外膜相连、而不是与致密层相连。

图4-61为柱状黄杆菌外周纤维斜切面，戊二醛和四氧化锇固定。

图4-62为在钌红存在下固定的柱状黄杆菌菌细胞切片。图4-62A未着色，在细胞表面的密度增加（钌红染色，RR）；图4-62B显示加入柠檬酸铅（lead citrate），深色染色物质（钌红染色，RR）覆盖了菌细胞表面，并在相邻细胞表面之间延伸。

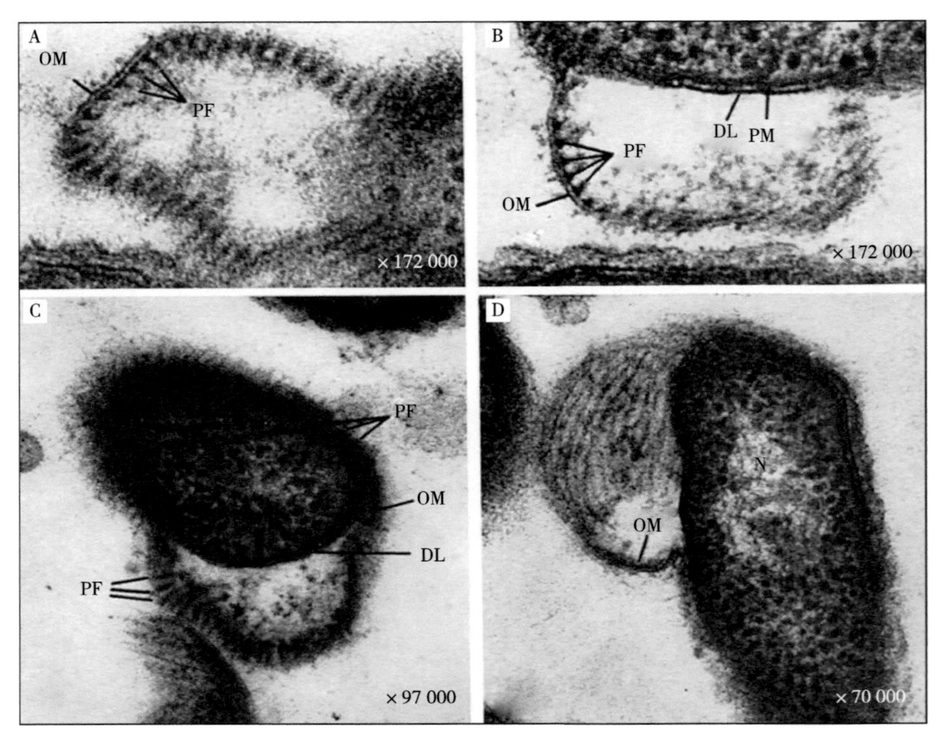

图4-60　柱状黄杆菌的表面层结构（五）

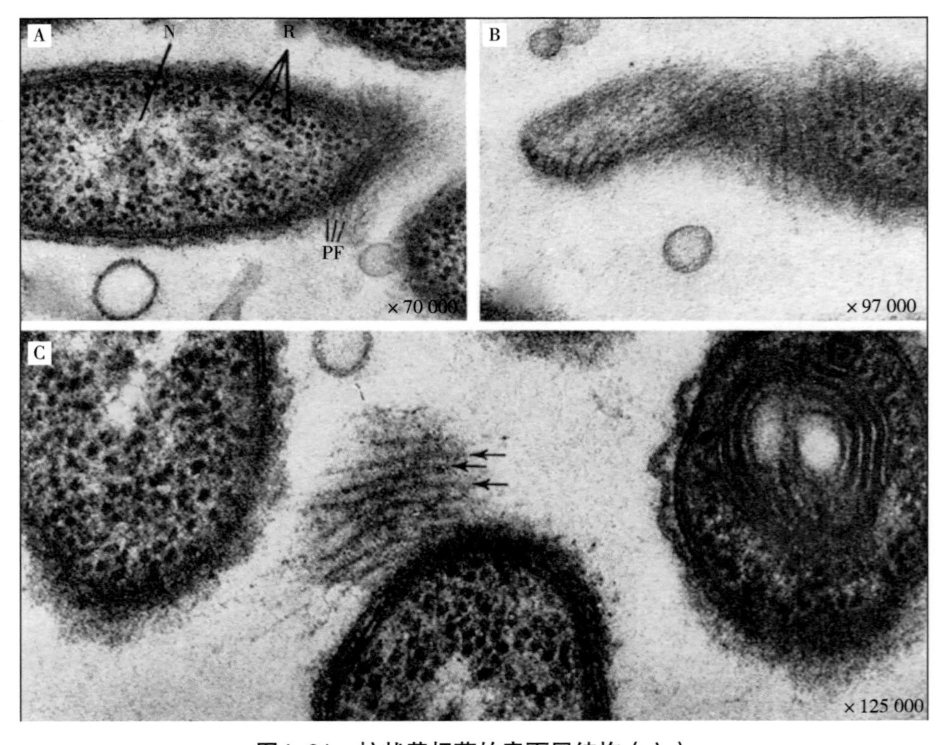

图4-61　柱状黄杆菌的表面层结构（六）

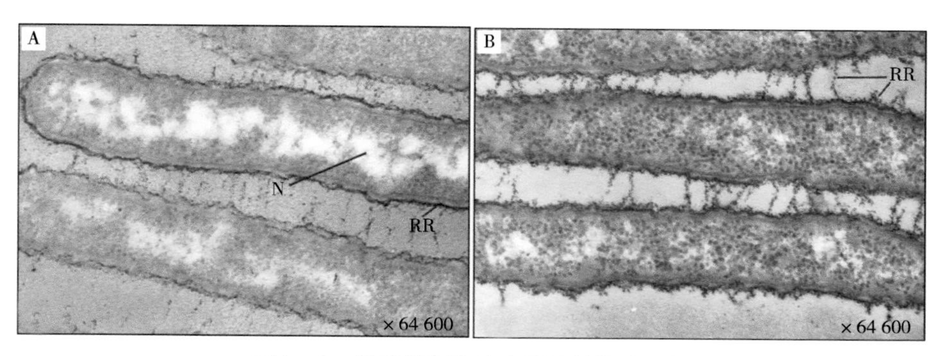

图4-62　柱状黄杆菌的表面层结构（七）

图4-63为在钌红存在下固定的柱状黄杆菌菌细胞切片，加入柠檬酸铅，被钌红染色（RR）的物质位于外膜的外表面。

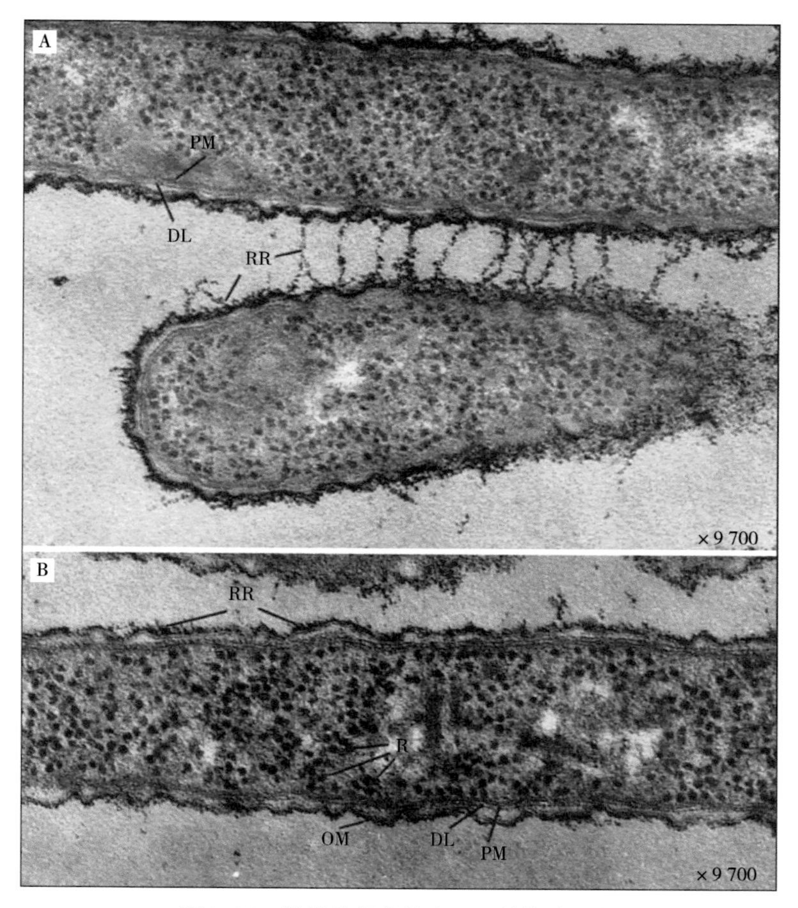

图4-63　柱状黄杆菌的表面层结构（八）

图4-64为在钌红存在下固定的柱状黄杆菌受损菌细胞（damaged cells）切片，加入柠檬酸铅。注意在图4-64B所示的细胞中的层状结构（LS），该结构在插图中以更高的放大率显示。

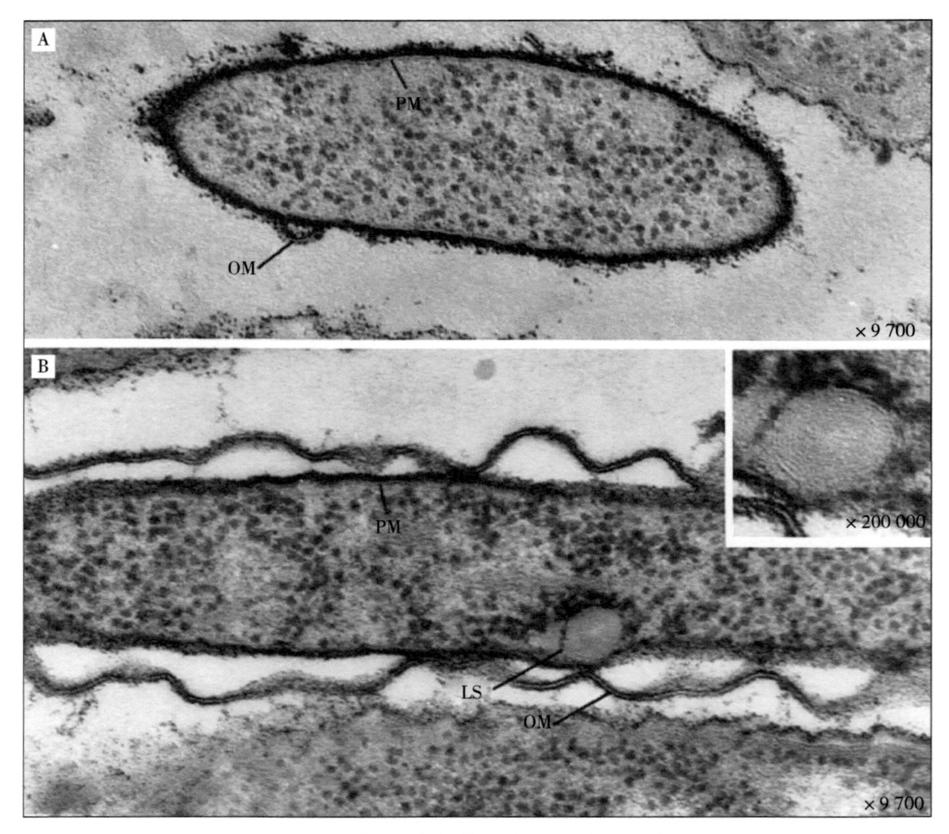

图4-64　柱状黄杆菌的表面层结构（九）

图4-65显示柱状黄杆菌横截面的示意图，总结了在研究中发现的多种不同菌细胞结构，外周纤维似乎与外膜密切相关；在图的底部，外膜折叠起来远离细胞、以说明周围的纤维平行于菌细胞的长轴；从致密层到外膜的距离约为10nm，外周纤维之间的中心到中心的距离约为16nm；不知道外周纤维是否完全缠绕菌细胞，或它们是否仅部分延伸[33]。

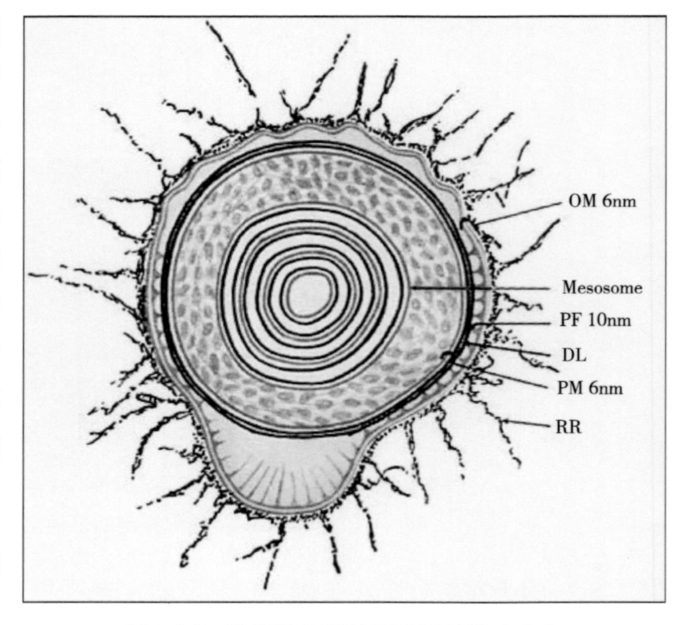

图4-65　柱状黄杆菌的表面层结构（十）

（三）在特殊条件下的形态特征

美国奥本大学（Auburn University；Auburn，USA）的Arias等（2012）报道，由柱状黄杆菌引起的柱状病，尽管给世界各地的水产养殖造成了经济损失，但对其生态学（ecology）的了解却很少。目前对柱状黄杆菌的自然贮存状况还不清楚，但有限的数据表明其在水中能够长时间存活。研究描述了柱状黄杆菌细胞在饥饿状体（starvation conditions）下的超微结构变化，是在无营养培养基（media without nutrients）中对两种不同基因型（genomovar）的4个菌株进行14d的监测，在整个研究过程中对培养能力和细胞活力进行了评估；此外，用光学显微镜、扫描电子显微镜和透射电子显微镜对菌细胞形态和超微结构进行了分析，研究了饥饿菌细胞（starved cells）在不同营养条件下的再生情况及饥饿菌细胞的毒力潜能。

结果显示经饥饿诱导的所有供试菌株，显示独特和一致的形态学变化。菌细胞经过14d的饥饿后发生变形成为卷曲状（coiled forms），占所有菌细胞的80%以上。通过稀释至消亡（extinction strategy）的策略，这些卷曲状菌细胞仍然可以培养生长。尽管所有菌株都能在缺乏营养的情况下存活至少14d，但在两个菌株之间的细胞活力存在统计学上的显著差异。在饥饿后期，观察到细胞外基质（extracellular matrix）覆盖着卷曲状菌细胞。在不同营养物质条件下，饥饿培养物的恢复表明，细胞在遇到营养物质后，会回到原来的细长杆菌状态。感染试验表明，饥饿的菌细胞对鱼类宿主模型是无毒力的。

研究结果表明，柱状黄杆菌对饥饿的反应是采用一种卷曲状结构（coiled conform ation），而不是采用“四舍五入”策略（“rounding up” strategy）。特殊的卷曲状菌细胞（coiled cells）形态和超微结构改变使柱状黄杆菌在不利条件下仍能存活，能够在没有营养的水中存活很长一段时间；当细菌获得适当的营养时，这些变化可通过添加营养物质所逆转，尽管长时间的饥饿似乎会降低细胞的适应性并导致毒力的丧失。显然，柱状黄杆菌在遇到不利条件时会诱导一种长期的生存反应机制。

研究中使用了4个在先前已鉴定过的柱状黄杆菌菌株，代表了柱状黄杆菌的两个（Ⅰ、Ⅱ）基因型。基因型Ⅰ菌株包括最初从大鳞大麻哈鱼分离的ATCC 23463菌株（模式株）和从斑点叉尾鮰分离的ARS-1菌株；基因型Ⅱ菌株，是分别从斑点叉尾鮰分离的ALG-00-530、从大口黑鲈分离的ALG-02-036菌株。基因型Ⅰ和基因型Ⅱ菌株对斑点叉尾鮰的毒力有显著差异，选择的基因型Ⅱ菌株对斑点叉尾鮰鱼种具有强毒力、导致感染死亡率在90%以上，而基因型Ⅰ菌株的毒性较小（菌株ARS-1产生的死亡率低于50%）或不具有毒性（菌株ATCC 23463）。

图4-66显示在超纯水饥饿时柱状黄杆菌细胞的形态，通过扫描电子显微镜测定。图4-66A显示ATCC 23643菌株、图4-66B显示ARS-1菌株，图4-66C显示ALG-00-530菌株、图4-66D显示ALG-02-36菌株。

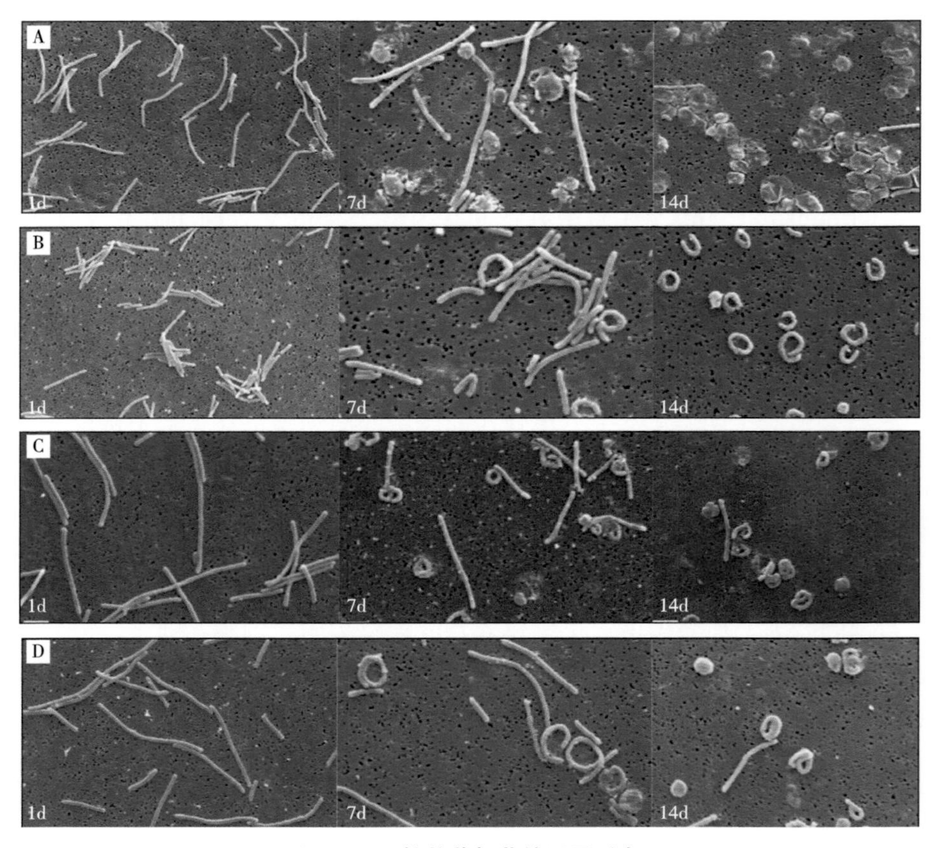

图4-66　柱状黄杆菌的不同形态

图4-67显示柱状黄杆菌ALG-00-530菌株在超纯水的菌细胞的形态，通过透射电子显微镜测定。图4-67A显示转移到超纯水后第1天；图4-67B显示在超纯水中保持150d的图像。

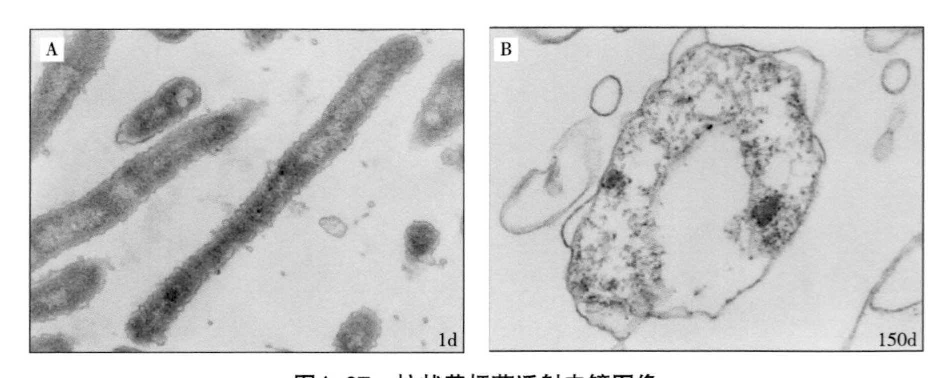

图4-67　柱状黄杆菌透射电镜图像

图4-68显示柱状黄杆菌ALG-00-530菌株在超纯水中饥饿150d后的特征，通过扫描电子显微镜测定，在其中观察到的唯一的杆状菌体。

图4-68 柱状黄杆菌的扫描电镜图像（一）

图4-69显示柱状黄杆菌在不同营养介质中复苏时的形态变化，扫描电子显微镜观察。图4-69A的左（上、下）为在改良Sheih培养基［Modified Sheih（MS）medium］中接种后培养4h的菌细胞；右为在稀释的改良Sheih培养基（MS-10）接种后培养4h的菌细胞，显示有菌毛（fimbriae）。图4-69B中左上的为在稀释的改良Sheih培养基接种后培养12h，观察到活性菌细胞分裂；右为在改良Sheih培养基接种后培养36h的，菌细胞表现活跃生长；左下的为在稀释的改良Sheih培养基接种后培养36h的，观察到的卷曲状菌细胞[34]。

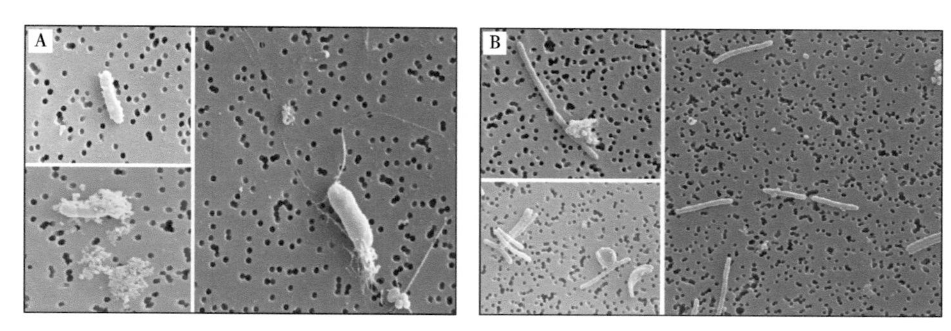

图4-69 柱状黄杆菌的扫描电图像（二）

（四）柱状黄杆菌的不同形态菌落

近年来的一些研究报道显示，柱状黄杆菌能够表现出不同的菌落形态特征，有的是存在环境压力条件下产生的。呈不同菌落形态特征的柱状黄杆菌菌株，常常是会伴随在滑动能力、黏附（adhesion）能力、毒力（virulence）等方面的变异。这里所记述的是具有一定代表性的研究报道，对认识和深入研究柱状黄杆菌具有指导意义。

1. Song等描述的不同形态菌落

我国台湾大学（National Taiwan University；Taipei，Taiwan，China）的Song等（1988）报道从不同种的鱼类中，广泛收集到26株与柱状病相关的滑行细菌（gliding bacteria）。虽然观察到的菌株在菌落形态上有3种不同的特征，但这些菌株的生长和生化特性以及GC含量均无差异。然而在DNA杂交，基于DNA同源性，表现为3个不同的类群。其中18个菌株为代表第一类群的假根状菌株（rhizoid strains），与柱状黄杆菌（文中以柱状屈挠杆菌记述）太平洋西北部菌株（Pacific Northwest strain）DD3［1969年从美国俄勒冈州（USA-Oregon）的大鳞大麻哈鱼鳃病变组织分离］的同源性为81%～98%，包括来自加拿大、智利、日本、韩国、美国（大西洋和太平洋沿岸）和中国台湾地区的菌株；黏液型菌株（mucoid strain）K4m［1983年从美国俄勒冈州的亚口鱼（*Catostomusmacrocheilus*）分离］，与菌株DD3具有95%的同源性。台湾菌株4G和5F属于第二类群，与太平洋西北部菌株的DNA同源性较低（≤29%），可分类为滑动细菌新种。来自美国南部的1个菌株［1983年从美国佐治亚州（USA-Georgia）的金鲫（goldfish，*Carassius auratus*）分离］GA468，表现为蜂窝状菌落（honeycomb-like colony）形态代表第三组，与DD3菌株的同源性较低（73%）[35]。

研究中比较了26株与柱状病相关的滑动细菌，有4个黏液样菌株，分别命名为IC8m、244m、K4m和GA325m。菌株的宿主包括温水鱼类和冷水鱼类。从温水鱼类中分离的16个菌株，包括大口黑鲈（large mouth bass，*Micropterus salmoides*）、鲤鱼、金鲫、斑点叉尾鮰、日本鳗鲡、泥鳅、大型亚口鱼（large-scale sucker，*Catastomus macrocheilus*）、瓜仁太阳鱼（pumpkinseed，*Lepomis gibbosus*）和莫桑比克罗非鱼（Mozambique tilapia，*Tilapia mossambica*）。另外10个菌株分离于冷水鱼，分别为大鳞大麻哈鱼（大鳞鲑）、银大麻哈鱼、虹鳟和硬头鳟。

在所观察的菌株中，菌落形态的三种表型变异。大多数分离株产生的菌落呈鲜黄色，中心呈漩涡状（convoluted）与假根状边缘（图4-70显示菌株DD3表现出特征性的聚集性，漩涡状中心和根状边缘）；4个菌株（IC8m、244m、K4m、GA325m）的菌落，不黏附在琼脂表面和具有黏液表面（图4-71显示菌株IC8m的黏液表面特征）；菌株GA468形成了第三个菌落类型，较小（直径1.5mm），蜂窝状、边缘有短的假根状（图4-72显示菌株GA468呈蜂窝状特征）[35]。

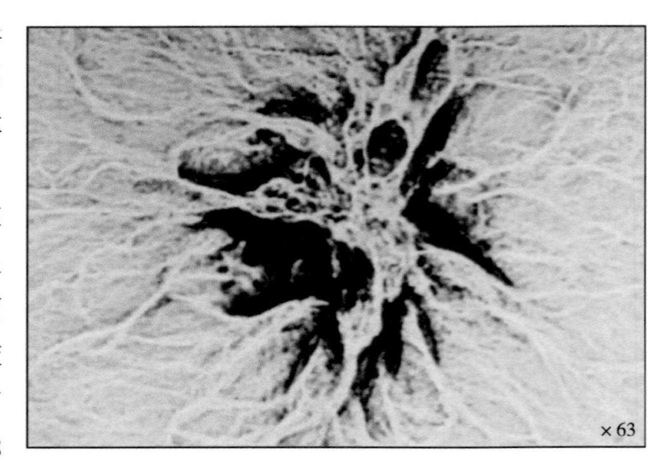

图4-70　菌株DD3的聚集性特征

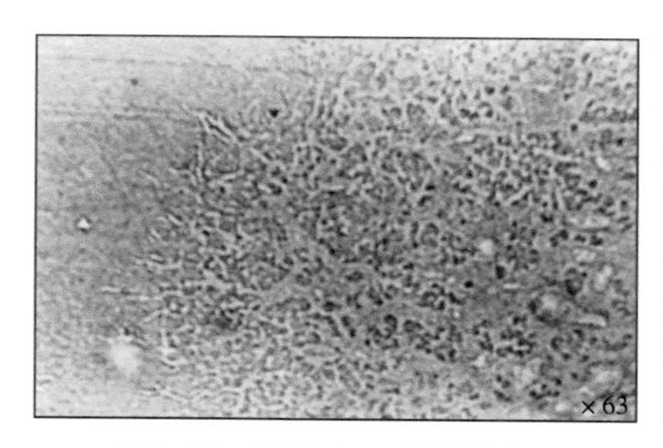

图4–71　菌株IC8m的黏液表面

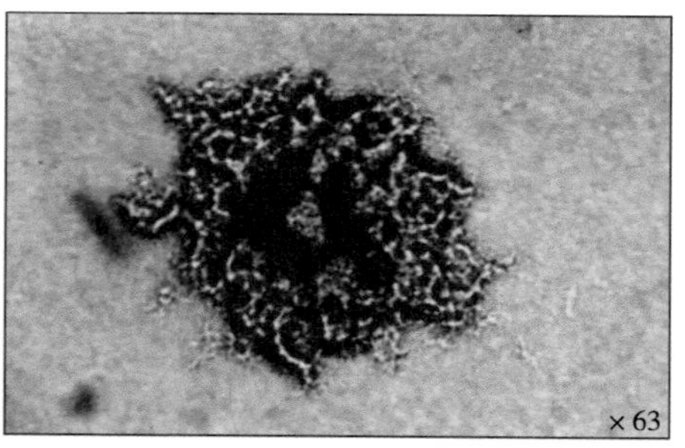

图4–72　菌株GA468的蜂窝状

2. Bader等描述的不同形态菌落

美国农业部农业研究局水生动物健康研究实验室（Aquatic Animal Health Research Laboratory，Agricultural Research Service，United States Department of Agriculture；Auburn，USA）的Bader等（2005）报道，通过从选择性培养基中选择培养柱状黄杆菌的功能突变体（functional mutants），并将这些突变体用于未来的细菌感染和发病机理研究。结果成功地培育出了1株缺乏黏附力的功能性突变体，对其进行了鉴定、并评估了其感染斑点叉尾鮰的能力。

柱状黄杆菌ARS-1菌株，被选为诱变的亲本菌株；该菌株是于1996年初在发生典型的柱状病感染、即呈鞍状病变（saddleback lesions）和高死亡率的期间，从美国农业部（United States Department of Agriculture）农业研究局（Agriculture Research Service）水生动物卫生研究所（Aquatic Animal Health Research Unit，AAHRU）的一条斑点叉尾鮰分离的，表现柱状病特有的病症，即鞍状病变、鳃和口腔黄色素沉着。

柱状黄杆菌ARS-1菌株，通过在添加β-内酰胺（β-lactam）氨苄西林的改良H-S培养基（modified Hsu-Shotts medium，HSM）的连续传代筛选后，得到了1株柱状黄杆菌的突变体（*Flavobacterium columnare* mutant），其在菌落形态、全菌细胞裂解物（whole-cell lysates）全细胞蛋白、黏附力和毒力均与亲本菌株不同。具体是柱状黄杆菌ARS-1菌株发生了边缘光滑（smooth-edged）、边缘粗糙（rough-edged）两种菌落形态的显著变化；呈明显黄色，柔红素型色素（flexirubin pigment）呈阳性，吸收刚果红（Congo red），菌细胞呈长的弯曲状。所有菌落中的大多数（97%）为扁平的，边缘粗糙，有指状突起（finger-like projections）的，这些菌落与亲本菌株ARS-1的相似；然而在光滑边缘菌落的表现更圆，缺少指状突起。这种光滑边缘变异的菌落在非选择性培养基上的通过传代75代没有导致完全的亲本菌株形态的恢复，粗糙边缘变异的菌落在相同的传代中继续与亲本菌株的相似。选择一个具有代表性的光滑的、MB形态（MB morphology）和粗糙的、MC形态（MC morphology）的菌落进行进一步评价。

在全菌细胞蛋白方面，每种菌落形态型和亲本ARS-1菌株的全菌细胞裂解物

（whole-cell lysates）是在无菌磷酸盐缓冲盐水中（10mmol/L、pH值7.4）用超声处理产生，用十二烷基硫酸钠-聚丙烯酰胺凝胶电泳（sodium dodecyl sulphate-polyacrylamide gel electrophoresis，SDS-PAGE）分析蛋白成分。结果得到了相似的多肽图谱（polypeptide profiles），但突变体MB和MC产生的40kDa蛋白质明显较少，突变体MB与亲本菌株ARS-1和突变体MC相比在产生少量50kDa的蛋白质方面存在差异。

在毒力方面，经注射接种ARS-1、MB和MC的所有供试斑点叉尾鮰在24h内均表现出由柱状黄杆菌引起的损害，多数鱼死亡。在改良H-S培养基（modified Hsu-Shotts agar）上，从死鱼中分离到相应ARS-1、MB和MC菌落，但只有MB和MC的可以在含氨苄西林的改良H-S培养基上培养。到48h，注射接种ARS-1、MB和MC的鱼100%死亡。经浸泡接种ARS-1和MC的鱼，开始表现出典型的由柱状黄杆菌引起的损伤，菌株ARS-1和MC分别为在24h和48h，ARS-1和MC感染出现死亡分别为48h和72h；用改良H-S培养基从死鱼分离出ARS-1、MB和MC的菌落，但只有MB和MC的菌落能够在含有氨苄西林的改良H-S培养基上生长；菌株ARS-1感染导致的累积死亡率（cumulative percentage mortality，CPM）为64%±25%，突变体MC的在15d后为65.3%±20.5%，突变体MB的死亡率明显低于ARS-1；浸泡感染后恢复的鱼在各菌株间的抗体滴度无统计学差异，平均滴度：菌株ARS-1的为0.226±0.067，MB的为0.239±0.069，MC的为0.222±0.043；观察15d后对照组的没有死亡，也没有检测到柱状黄杆菌抗体。

基于研究结果，认为通过在含有β-内酰胺氨苄西林的培养基进行选择，简单快速地产生柱状黄杆菌突变体具有重要意义。原因如下：与从非选择性培养基中选择的突变体不同，这些突变体是在该种细菌的选择性培养基上产生的第一个突变体；其中的一个突变体，是缺乏黏附力的功能性突变体。虽然产生了两种氨苄西林抗性菌株MB和MC，在菌落形态和两种分子量分别为40kDa和50kDa的蛋白质方面与亲本菌株ARS-1不同，但只发现了一种突变体MB是一种功能性突变体。在暴露于β-内酰胺后，出现不同菌落形态和功能突变体并非史无前例，此前在与柱状黄杆菌关系密切的近海屈挠杆菌（*Flexibacter maritimus*）即现在分类命名的近海黏着杆菌（*Tenacibaculum maritimum*）中曾观察到，由美国马里兰大学（University of Maryland；Baltimore，USA）的Burchard（1999）报道。突变体MB在菌落形态上与ARS-1不同，表面光滑、无指状突起，具有一个表观分子量为50kDa的全菌细胞蛋白。突变体MB缺乏或具有低的黏附特性，并且具有修饰黏附（modified ability）到皮肤的能力；该突变体可作为研究黏附在柱状病发病机制中作用的菌株，并可推断黏附在毒力中可能的作用。黏附对柱状黄杆菌的发育不是必需的，而是感染的初始阶段且这一感染过程可以从皮肤或鳃开始。柱状黄杆菌感染的确切途径很难确定，但在菌株ARS-1或MC通过鳃或皮肤感染的鱼产生了相似水平的抗体滴度，表明这两种途径都会产生感染。

柱状黄杆菌ARS-1菌株暴露于氨苄西林中，既产生了对该抗生素的耐药性，也产生了缺乏或降低了黏附能力的突变体，以及对鱼组织黏附能力的改变。这是第一次描述1株柱状黄杆菌有黏附缺陷突变体（adhesion-defective mutant）和黏附改变对柱状病的影响，该突变体作为研究柱状病中黏附作用的材料具有相当大的潜力。

图4-73显示柱状黄杆菌ARS-1菌株在改良H-S琼脂培养基的菌落（图4-73A）、柱状黄杆菌突变体菌株MB（图4-73B）和MC（图4-73C）在添加氨苄西林（0.5μg/mL）的改良H-S琼脂培养基的菌落[36]。

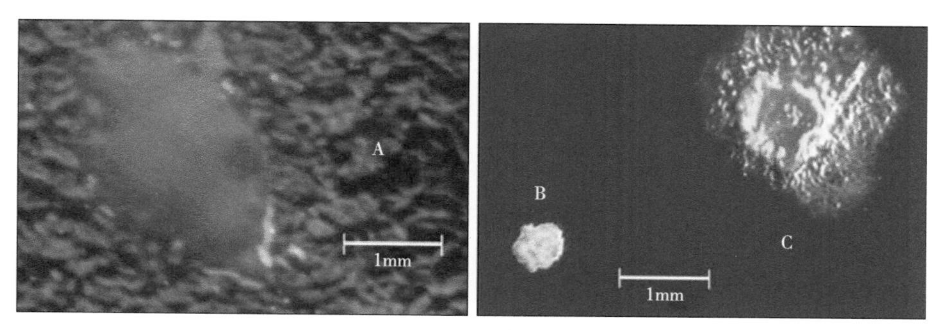

图4-73　ARS-1菌株的不同菌落

3. Kunttu等描述的不同形态菌落

芬兰于韦斯屈莱大学（University of Jyväskylä；Jyväskylä，Finland）的Kunttu等（2009、2011），先后报道了柱状黄杆菌的菌落形态（colony morphologies）改变，形成的不同特征性菌落及对菌株毒力的影响等[37-38]。

（1）不同特征性菌落

芬兰于韦斯屈莱大学的Kunttu等（2009）报道，菌细胞表面成分的改变常常会导致细菌菌落形态的改变，即呈现出不同的菌落型（colony types）；一个菌株产生的不同菌落形态，可以表现出不同的毒力。以前，在菌落形态上的差异已被发现在柱状黄杆菌的菌株；此外是在继代培养后，发现非假根状（non-rhizoid）以及柔软的和非黏附的菌落（non-adherent colonies）出现在原始的假根状（rhizoid）的菌落中。有研究表明，扩散或假根状菌落的形成是约氏黄杆菌和嗜冷黄杆菌滑行运动的一个标志。因此，滑动力的丧失可能也表现为非假根状菌落形态。认为进一步研究这些菌落类型很重要，这对于开发准确的柱状黄杆菌感染诊断方法，以及查明毒力与菌落形态之间是否存在联系都是必要的。

采用表现不同程度毒力的8株柱状黄杆菌，分别为NCIMB 2248（模式株）和从不同养鱼场患病鱼中分离的芬兰A～E和G、H菌株。研究发现在实验室条件下，供试8株柱状黄杆菌在Shieh琼脂培养基形成4种不同的菌落类型：菌落1型的特征，表现为假根状、扁平（flat）、中心呈黄色，供试菌株A、C、E表现为此型的；菌落2型为坚固（hard）菌落，颜色多为橙色、非假根状或仅有轻微假根状（slightly rhizoid）、边缘不规则、生长形态为凸形（convex），供试菌株D、G、H表现为此型的；菌落3型具有圆形边缘、光滑、柔软、外观微黄色，供试菌株B表现为此型的；菌落4型为白色或淡黄色、光滑、柔软、不规则形状的扩散生长，模式株NCIMB 2248是表现为此型的。在初始的柱状黄杆菌菌株形成菌落类型1～4，每个菌株只产生一种菌落类型；在进一步的培养中，其他菌落类型开始在初始类型中以如下方式形成：1型/2型、2型/4型和3型/4型，这意味着在1型菌落中，2型菌落开始出现等。这些其他菌落类型都是在相同龄的培养物中形成的，一旦形成，则从世代到世代保持不变。实验室培育中的世代，在相反方向无菌落类型变化，4型菌落中无3、2、1型菌落形成，3型菌落中无2、1型菌落形成，2型菌落中无1型菌落形成。在肉汤培养中，菌落类型没有变化。在较老龄的培养物中（培养后3d以上），一些2型和3型菌落的边缘开始出现类似于4型的生长情况。菌落类型4只存在于低或中等毒力的遗传群体中，而菌落类型3只存在于高毒力菌株中。在A-O琼脂培养基，菌落形态的形成在一定程度上不同于Shieh琼脂培养基的，细菌的生长形态在A-O琼脂培养基比Shieh琼脂培养基的更为广泛；而且在A-O琼脂培养基的老龄培养物，会开始出现透明的外观，在Shieh琼脂培养基则没有出现这种现象，所有遗传群的所有细菌的生长形态都与在Shieh琼脂培养基形成的菌落类型4相似，但有更多的扩展菌落，有轻微的根状边缘。例外的是B和F基因组菌株，它们在Shieh琼脂培养基分别形成3型和4型，类似于A-O琼脂培养基的菌落。在4型假根状菌群中，1型和2型（在Shieh琼脂上形成）相似的菌落也是由D、E、G等遗传群的细菌形成的，A-O琼脂培养基形成的1～4型菌落的外观与Shieh琼脂上形成的1～4型菌落的外观不完全相同，但可以分为这两类。

研究发现在实验室培养条件下，供试柱状黄杆菌的菌株在Shieh琼脂培养基形成了4种不同的菌落形态，一个菌株可以形成一种或两种形态变异。采用扩增片段长度多态性（Amplified Fragment Length Polymorphism，AFLP）、核糖体间质自动分析（Automated Ribosomal Intergenic Spacer Analysis，ARISA）的分子特性、全细胞蛋白SDS-PAGE图谱（whole cell protein SDS-PAGE profiles）、对虹鳟鱼种的毒力、在聚苯乙烯（polystyrene）和鱼鳃的黏附等方法，研究了在Shieh琼脂上形成的菌落型的特征。在一个菌株的菌落型之间，没有分子差异；2型是在聚苯乙烯上黏附性最强的，而1型则是毒力最强的，研究所用柱状黄杆菌菌株的黏附力与毒力无关；从感染1型菌落的鱼中，分离出3种不同菌落型（1型、2型和4型）。与以往的研究的相反，此项研究的结果表明强黏附力可能不是柱状黄杆菌的主要毒力因素；菌落形态的变化可能是由阶段性变化引起的，从感染鱼类中分离出的不同型菌落可能表明菌落形态在柱状黄杆菌感染引起柱状病过程中的不同作用。

图4-74显示柱状黄杆菌不同菌落形态的代表（图4-74A为菌落类型1，图4-74B为类型2、图4-74C为类型3，图4-74D为类型4），在实验室培养的Shieh琼脂培养基上形成[37]。

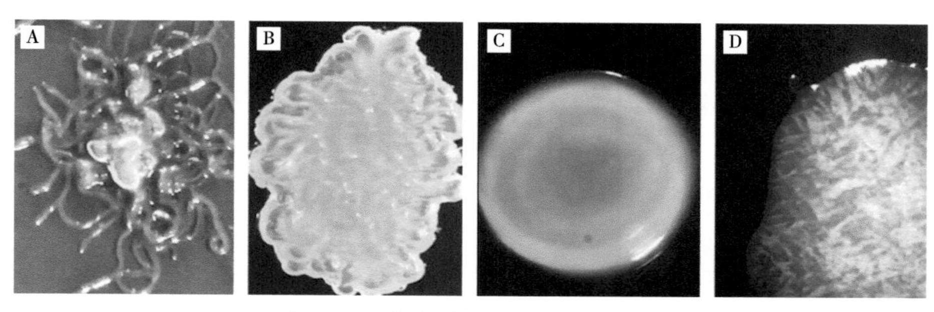

图4-74　柱状黄杆菌不同菌落形态

（2）菌落形态变异对菌株毒力的影响

芬兰于韦斯屈莱大学的Kunttu等（2011）报道，研究了鱼类病原柱状黄杆菌的菌落形态变异（colony morphology variants）对菌株毒力的影响。典型的假根状菌落（rhizoid colony，Rz）变种（variants），是有毒力和中度黏附（moderately adherent）的；非假根状粗糙型（nonrhizoid rough，R）菌落变种，是无毒性和高度黏附的；柔软型菌落（soft colony，S）变种，是无毒力和弱黏附的。研究了软骨素AC裂合酶（Chondroitin AC lyase）活性、不同温度和菌体表面改变（modification）后对聚苯乙烯（polystyrene）的黏附性以及不同变种的脂多糖谱（LPS profiles）。结果显示强毒力的假根样变种的软骨素酶活性（chondroitinase activity），明显高于同一菌株的粗糙型变种的；温度显著提高了假根变种的黏附力，最高可达20℃。细菌表面的修饰，表明黏附分子同时含有碳水化合物和蛋白质；在同一菌株的不同变种间，脂多糖无明显差异。这些研究结果，构成了柱状黄杆菌产生的毒力机制和细菌在渔场生存的原因。

研究中使用的柱状黄杆菌，是从不同养鱼场患病鱼中分离的芬兰菌株C、E、G和H菌株，在实验室条件下培养时，每个菌株形成2～3个菌落形态，分别为：假根状，黄色，平坦和适度N黏附；非假根状，边缘不规则，黄橙色，坚硬和高度黏附；圆形，边缘规则，黄色和适度黏附；光滑，柔软，淡黄色，形状不规则，黏附性差。此外是将形态变异重新命名为与菌株的表型直接对应，以便于编码和可读性，即菌落形态变体1（colony morphology variant 1）被称为Rz（假根状，如C_{Rz}；C为菌株C）、形态变体2和3被称为R（粗糙型）、形态变体4被称为S（柔软型）。在鱼类感染试验中，只有假根状变异体（rhizoid variants）的C_{Rz}和E_{Rz}被定义为高毒力菌株，C_R、E_R、G_R、G_S、H_R和H_S被定义为低毒力变异体[38]。

4. Laanto等描述的不同形态菌落

芬兰于韦斯屈莱大学的Laanto等（2012、2014）先后报道了柱状黄杆菌的菌落形态改变［噬菌体（phage）的影响］、不同菌落形态型的菌细胞特征等。

（1）噬菌体的影响

芬兰于韦斯屈莱大学的Laanto等（2012）报道在人工养殖的鲑鱼鱼种（salmonid fingerlings）中，柱状黄杆菌是一种新出现的病原体（emerging pathogen），已分离出感染柱状黄杆菌的噬菌体。然而，这些噬菌体对宿主细菌的影响尚不清楚。为研究这一现象，将4株柱状黄杆菌与3株裂解噬菌体（lytic phage）进行了接触，并对噬菌体抗性的发展（development）和菌落形态的变化进行了监测。以斑马鱼（zebrafish，*Danio rerio*）为模型系统，亲本的假根形态型（rhizoid morphotypes）即Rz的与25%～100%（菌株B67、B185的100%；B245的50%，Os06的25%）的死亡率相关，而相应菌株的丧失其毒力和滑行动力（这是亲本类型的关键特征）的抗噬菌体粗糙形态型（phage-resistant rough morphotypes）即R的不影响斑马鱼的生存（菌株B67为0、B185为12.5%；B245、Os06为0），每个菌株使用8条斑马鱼。两种形态型在液体培养中均保持了超过10个连续传代培养的菌落形态；除低毒力菌株Os06，随传代的不同而改变了形态。据了解，这是第一次报道噬菌体-宿主相互作用在一个商业上重要鱼类的病原体，其中噬菌体抗性（phage resistance）直接与细菌毒力下降相关。这些结果表明，噬菌体可引起鱼类宿主外柱状黄杆菌的表型改变，细菌病原菌与其寄生噬菌体的拮抗作用有利于降低自然条件下的细菌毒力。此外是根据柱状黄杆菌的噬菌体敏感性，以及菌落形态类型与毒力的相关性，假设柱状黄杆菌暴露于噬菌体中会导致细菌毒力下降，这种噬菌体-宿主关系的表征将为进一步深入了解鱼类宿主柱状黄杆菌的毒力机制，以及了解宿主外的机会性病原体的感染动态提供新的视角。再者是对集约化养殖中出现的复杂宿主-寄生相互作用（host-parasite interactions）的研究，有可能促进对新出现的疾病的了解，并改善水产养殖中的疾病管理，基于噬菌体的治疗可以为水产养殖中的柱状病提供一种疾病管理策略。

研究使用了来自芬兰中部和北部3个不同渔场的4个先前分离的柱状黄杆菌。作为疾病监测项目的一部分，细菌最初是从患病的褐鳟、大西洋鲑及从养鱼场的槽水（tank water）中分离的。先前测定了B67、B185和B245的基因群和噬菌体敏感性（phage susceptibility），此项研究中又对菌株Os06进行了鉴定。在此项研究中，亲本的假根形态被简化为Rz，而噬菌体诱导的粗糙形态（phage-induced morphotype rough）被简化为R。研究中使用的3个裂解噬菌体是在以前从芬兰中部两个不同养鱼场的池水中分离的；这些柱状黄杆菌噬菌体具有基因型特异性，因此对基因群G型（genetic group G）的两个菌株（B185、Os06）使用了噬菌体FCL-2（表4-2）。

表4-2　研究中使用的柱状黄杆菌菌株和噬菌体

菌株	基因群	养殖场	来源	分离（年）	噬菌体	菌株	基因群	养殖场	来源	分离（年）	噬菌体
B67	A	L	褐鳟	2007	FCL-1	B185	G	L	槽水	2008	FCL-2
B245	C	V	槽水	2009	FCV-1	Os06	G	O	大西洋鲑	2006	FCL-2

研究结果显示，柱状黄杆菌的寄生性噬菌体（parasitic phage）可以在鱼类宿主外的环境中，根据菌落形态选择对细菌的毒力和动力的抑制作用。通过研究噬菌体的选择压力及其对细菌毒力的影响，能够有机会深入了解柱状黄杆菌的毒力因子，了解其毒力在生态和分子尺度上的演变。此项研究首次报道了噬菌体-宿主相互作用（互作）对一种商业上重要鱼类的病原菌（柱状黄杆菌）的影响，其中噬菌体抗性与细菌毒力的下降直接相关；所观察到的噬菌体驱动的毒力损失，也支持拮抗性共进化可以降低毒力的假设。结果还表明需要进一步描述噬菌体与宿主的互作，特别是在噬菌体对影响集约化养殖的机会性病原体毒力进化的影响方面，以及开发疾病控制的应用。

图4-75显示柱状黄杆菌菌落形态；图4-75A为亲本假根状的（Rz）菌落、图4-75B为噬菌体抗性的粗糙形态（phage-resistant rough）的R菌落，在Shieh琼脂（Shieh agar）培养基的培养物[39]。

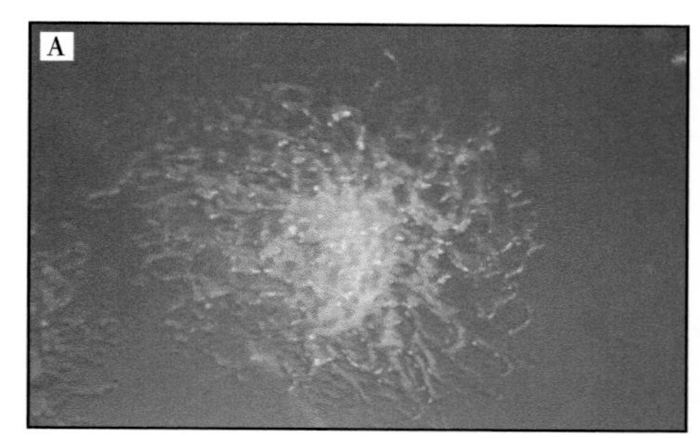

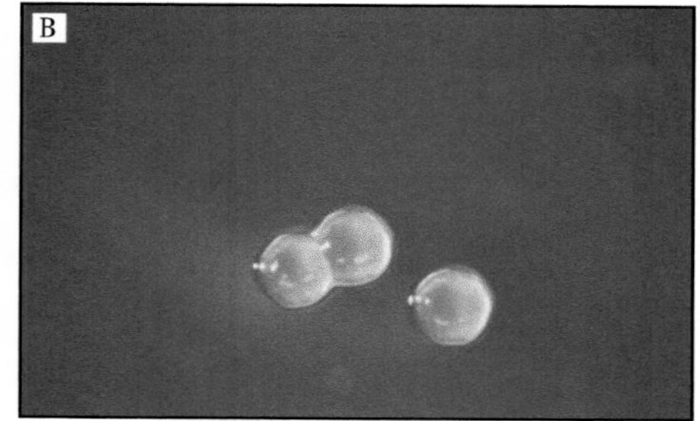

图4-75　柱状黄杆菌菌落形态

（2）不同菌落形态型的菌细胞特征

芬兰于韦斯屈莱大学的Laanto等（2014）报道，柱状黄杆菌能够形成假根型（rhizoid type）、粗糙型（rough type）、柔软型（soft type）3种形态的菌落，但形态的差异尚不清楚。研究了柱状黄杆菌B067菌株在虹鳟中的形态毒力，并利用高分辨率扫描电子显微镜（high-resolution scanning electron microscopy，HR-SEM）对在液体和琼脂培养基生长的菌细胞进行了精细结构检验。还分析了细胞外和膜囊（membrane vesicles）中分泌的蛋白质，以确定可能的毒力因子。结果显示在虹鳟仅是假根形态型（rhizoid morphotype）的具有毒力，在电子显微镜下观察到假根形态型和柔软形态型

（soft morphotype）菌细胞在菌落内呈有组织的结构（organised structure）；而在粗糙形态型（rough morphotype）的，没有观察到这种内部组织结构。在假根形态型和粗糙形态型的浮游菌细胞（planktonic cells）产生了大的膜囊，柔软形态型的菌细胞上没有这种膜囊；经对囊泡（vesicles）进行纯化和分析，鉴定出了外膜蛋白A（outer membrane protein A，OmpA）家族蛋白（OmpA-family protein）和Spr蛋白F（Spr proteins F，SprF）两种具有预测功能的蛋白质。此外是在假根形态型的分泌了大量未被确认的13kDa小蛋白，粗糙形态型和柔软形态型中不存在，这表明与细菌的毒力有关。研究结果提示，与柱状黄杆菌毒力相关的3个因素，分别为菌细胞的协调组织（coordinated organisation）、分泌性蛋白（secreted protein）和外膜囊泡（outer membrane vesicles，OMVs）。菌落内菌细胞的内部组织（internal organisation）可能与细菌的滑行运动（gliding motility）有关，这可能与柱状黄杆菌的毒力有关。毒力形态型（virulent morphotype）菌细胞分泌的13kDa蛋白，其功能尚不清楚。膜囊可能与菌细胞的表面黏附特性有关，也可能携带潜在的毒力因子。事实上，OmpA是几种细菌性病原体的毒力因子，通常与黏附和侵袭（invasion）有关；SprF是一种与滑行运动和黄杆菌蛋白分泌有关的蛋白。

了解病原菌的行为，是阐明宿主-病原菌相互作用的一个重要组成部分。实际上，菌细胞通常具有促进表面黏附、生物膜形成和细胞间相互作用（cell-cell interactions）的结构。细菌形成生物膜的普遍能力会影响毒力、并促进持续感染，生物膜中的细菌被一层细胞外聚合物（extracellular polymeric substance，EPS）覆盖，保护菌细胞免受不利环境因素的影响；这种细胞外聚合物层由蛋白质、DNA和其他物质的复杂混合物组成，还有外膜囊泡（outer membrane vesicles，OMVs）。外膜囊泡在许多革兰氏阴性菌的细胞外物质中含量丰富，包括幽门螺杆菌（*Helicobacter pylori*）、黄色黏球菌（*Myxococcus xanthus*）和铜绿假单胞菌（*Pseudomonas aeruginosa*）等，它们通常与毒力有关。在鱼类病原性嗜冷黄杆菌和柱状黄杆菌中也检测到外膜囊泡。外膜囊泡在许多其他致病性细菌中的作用也被广泛研究，毫无疑问，它们在细菌病原体的毒力中发挥着重要作用。

作者先前曾观察到，在实验室中，柱状黄杆菌可以通过暴露于噬菌体感染（phage infection）、饥饿（starvation）和连续培养而诱导形成不同形态的菌落。只有原始的假根型在鱼类中表现出毒力，其衍生的粗糙型和柔软型是非毒力（non-virulent）的。因此，鉴定这些毒力和非毒力类型的结构和菌细胞组织可以为细菌在宿主外的行为提供有价值的信息，并为可能的毒力机制提供线索。在此项研究中，利用高分辨率扫描电子显微镜观察了在不同培养条件下的柱状黄杆菌B067菌株的有毒力（假根型）及其衍生的无毒力（粗糙型和柔软型）菌落形态型的菌细胞组织机构；其亲本假根型最初是在2007年从患病鳟鱼分离的，通过噬菌体选择获得粗糙型，培养过程中柔软型是自发出现的。在形态类型中，假根型和柔软型能够在琼脂上形成扩散菌落，这通常表明滑动运动的能力，但并不总是直接相关。由于以往对柱状黄杆菌的电子显微镜研究很少，因此需要了解不同毒力水平的细菌细胞如何相互作用以及如何与表面相互作用；此项研究的目的，是为发现细菌细胞特征和毒力之间的联系。研究结果表明尽管柱状病在水产养殖业中是一个问题，但柱状黄杆菌的候选毒力因子（candidate virulence factors）仍不太清楚；特别是关于OmpA及在囊泡内携带和分泌到菌细胞外的其他不明蛋白，在黏附于表面和侵入鱼类宿主的作用。此外，在耐噬菌体的粗糙型细菌中，菌落内有组织的内部结构的丧失表明，邻近细胞和群体行为（social behaviour）间的联系可能对柱状黄杆菌的毒力很重要。

图4-76显示柱状黄杆菌B067菌株假根形态型的和柔软形态型的菌落表面特征；菌细胞在Shieh琼脂培养基平板上的滤纸上，用高分辨率扫描电子显微镜观察。图4-76A显示覆盖有菌细胞外层的假根形态型的生物膜；图4-76C显示近距离观察典型区域，该区域的表层很薄或缺失，可见大小约1μm的大囊泡（large vesicles）；图4-76B和图4-76D显示柔软形态型的菌落、生物膜表面特征，未检测到在其他形态型的纤维层（fibrous layer），柔软形态型的大囊泡丰富。

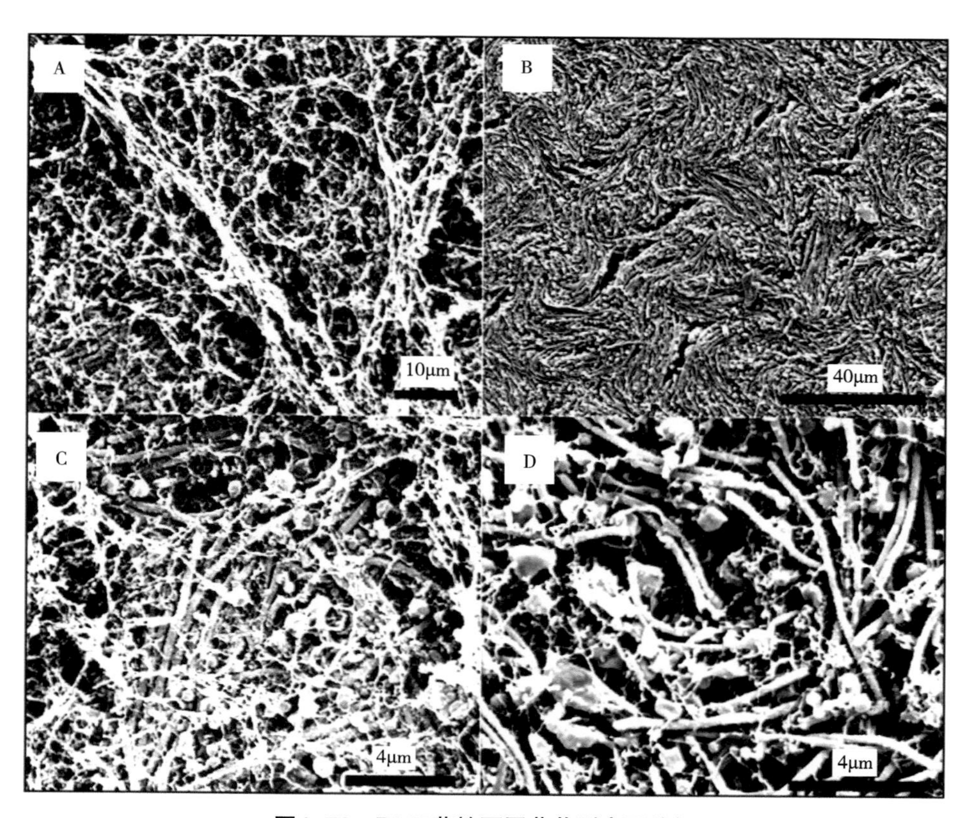

图4-76　B067菌株不同菌落型表面特征

图4-77显示柱状黄杆菌B067菌株假根形态型、粗糙形态型和柔软形态型的菌落内部结构，柱状黄杆菌细胞生长在玻璃载片和Shieh琼脂培养基之间，用高分辨率扫描电子显微镜观察。图4-77A为假根形态型，图4-77B为粗糙形态型，图4-77C为柔软形态型；图4-77D、图4-77E、图4-77F是更近视图的菌细胞，图4-77E和F中的箭头指示短丝（short filaments）附着于菌细胞表面和连接菌细胞。

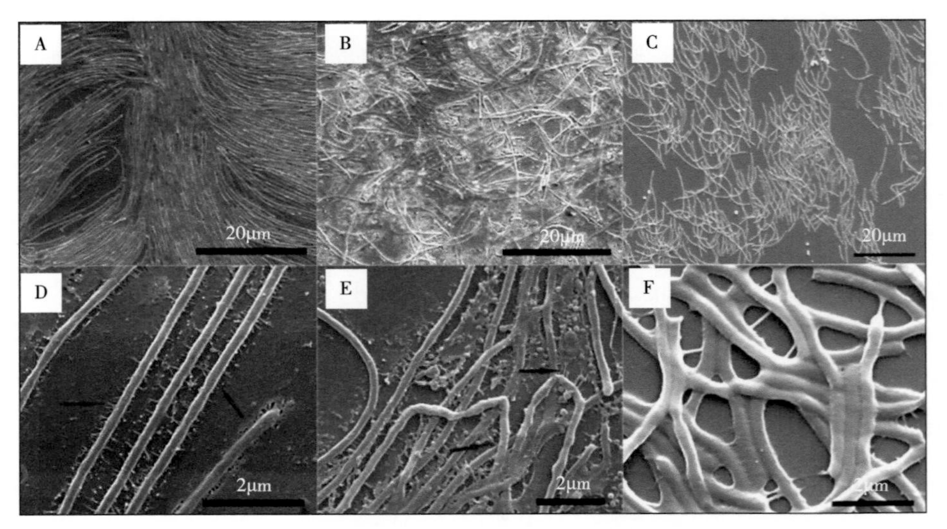

图4-77　B067菌株不同菌落型菌细胞结构特征

图4-78显示在柱状黄杆菌B067菌株观察到的表面结构和囊泡，是在液体和琼脂培养基中培养的。图4-78A、图4-78B、图4-78C代表浮游菌细胞（planktonic cells），图4-78D、图4-78E、图4-78F代表在琼脂培养基生长的菌细胞。图4-78A显示假根形态型浮游细胞的典型特征，大量的囊泡和索状结构（rope-like structures）连接囊泡到菌细胞（箭头示）是丰富的；图4-78B显示从粗糙形态型上更近地观察连接囊泡（箭头示）和细胞的索状结构；图4-78C显示粗糙形态型典型的细胞簇（clusters），囊泡和长丝（long filaments）；图4-78D显示假根形态型细胞上的短丝；图4-78E和图4-78F显示粗糙形态型的菌落中的菌细胞和囊泡。

图4-79显示柱状黄杆菌B067菌株假根形态型、粗糙形态型和柔软形态型的浮游菌细胞，3种形态型的高分辨率扫描电子显微镜观察液体培养基中生长的菌细胞。图4-79A显示大的囊泡是典型的、在表面和周围的（假根形态型）和图4-79B显示的为粗糙形态型的；图4-79C显示在柔软形态型的菌细胞表面仅可见小气泡（small blebs）。

图4-80显示柱状黄杆菌B067菌株假根形态型的外膜囊泡。图4-80A为从薄切片在透射电镜下可见的外膜囊泡；图4-80B为在透射电镜下可见的纯化囊泡。在薄切片中，观察到的小泡大小在100nm以下，而纯化的小泡大小为60～350nm[40]。

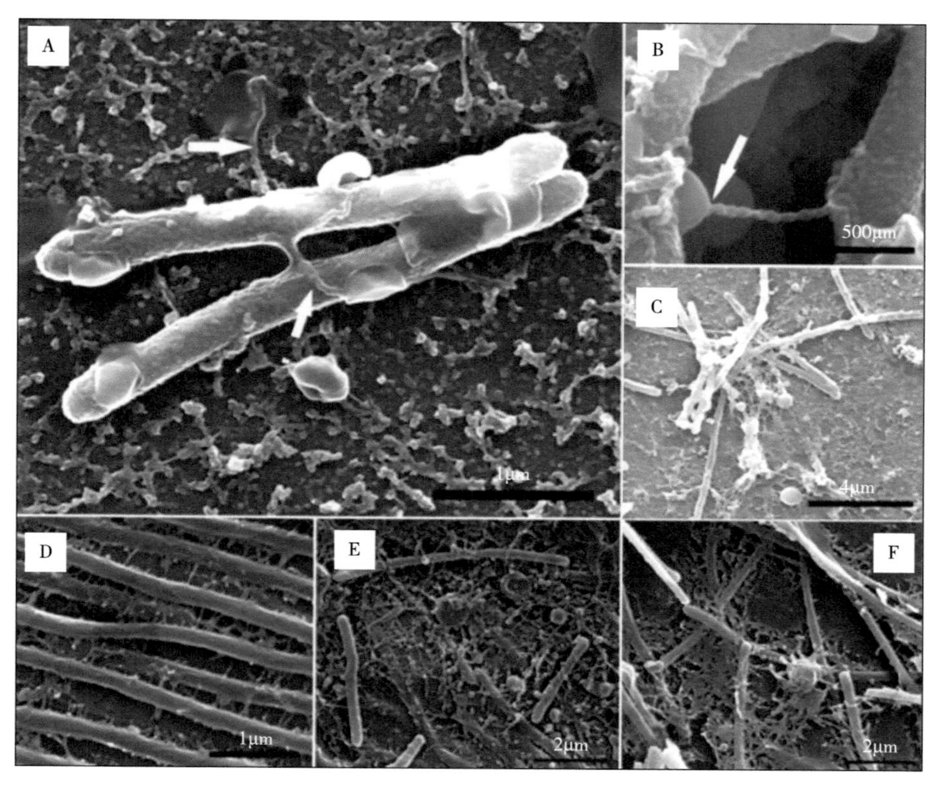

图4-78　B067菌株不同菌细胞表面结构

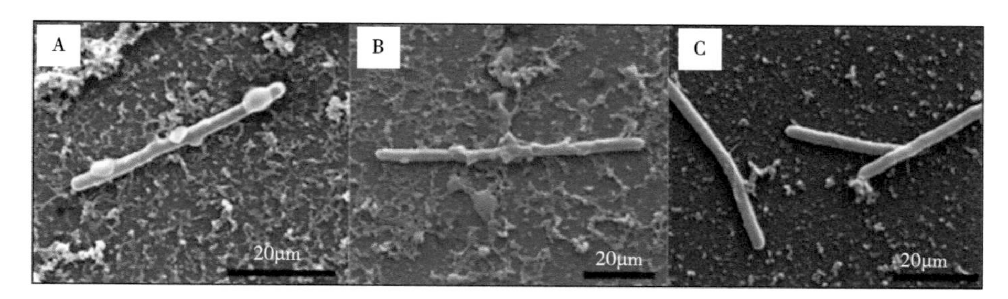

图4-79　B067菌株浮游菌细胞表面结构

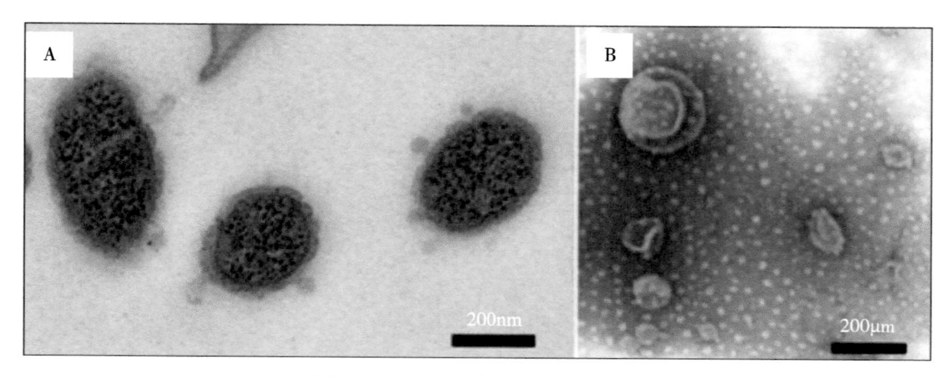

图4-80　B067菌株的外膜囊泡

（五）生化特性

柱状黄杆菌的氧化酶、过氧化氢酶阳性，精氨酸双水解酶、赖氨酸脱羧酶、鸟氨酸脱羧酶、甲基红试验（methyl red test，MR）、V-P试验（Voges-Proskauer test）阴性，氮源利用为蛋白胨、酪蛋白氨基酸阳性，NH_4^+、NO_3^-阴性；在蛋白胨中生长、蛋白胨释放NH_3为阳性，葡萄糖作为唯一碳源和能源、碳水化合物产酸（需氧型）为阴性，水解明胶、酪蛋白、三丁酸甘油酯（Tributyrin）、卵磷脂（lecithin），不水解七叶苷、几丁质、酪氨酸、淀粉、纤维素（滤纸）、琼脂、壳多糖（chitin）；吲哚阴性，H_2S阳性，还原硝酸盐。通常不利用碳水化合物，不能从阿拉伯糖、纤维二糖、葡萄糖、乳糖、甘露醇、棉子糖、水杨苷、蔗糖及木糖产酸[8,11,30]。

10种黄杆菌的一些主要特性如表4-3所示，其中包括主要作为鱼类鳃感染病的4种（柱状黄杆菌、嗜鳃黄杆菌、水生黄杆菌、琥珀酸黄杆菌）病原菌[30]。

表4-3　黄杆菌属10个种的主要特性

项目	水栖黄杆菌	嗜鳃黄杆菌	柱状黄杆菌	内海黄杆菌	水生黄杆菌	约氏黄杆菌	噬果胶黄杆菌	嗜冷黄杆菌	嗜糖黄杆菌	琥珀酸黄杆菌
在噬纤维菌琼脂菌落	1	1	2	3	4	4	1	5	6	4
刚果红吸收	–	–	+	–	–	V	–	–	–	–
生长：海水培养基	–	–	–	+	–	–	–	–	–	–
普通营养琼脂	–	–	–	+	+	+	+	–	+	+
胰大豆胨琼脂	(+)	–	–	+	+	+	+	–	+	+
滑行运动	+	–	+	+	+	+	+	(+)	+	+
柔红素型色素	–	–	+	–	+	+	+	+	+	–
以葡萄糖为主要碳源	ND	ND	–	+	+	+	+	–	+	+
碳水化合物有氧产酸	+	+	–	+	+	+	+	–	ND	+

（续表）

项目	水栖黄杆菌	嗜鳃黄杆菌	柱状黄杆菌	内海黄杆菌	水生黄杆菌	约氏黄杆菌	噬果胶黄杆菌	嗜冷黄杆菌	嗜糖黄杆菌	琥珀酸黄杆菌
分解：										
明胶	V	+	+	−	+	+	+	+	+	（+）
酪蛋白	+	+	+	−	+	+	+	+	+	+
淀粉	V	+	−	V	+	+	+	−	+	+
羧甲基纤维素	−	−	−	−	V	+	+	−	+	ND
琼脂	−	−	−	+	−	−	−	−	+	−
藻酸盐	ND	ND	ND	−	−	+	+	−	ND	ND
果胶	ND	ND	ND	+	+	+	+	−	+	ND
几丁质	−	−	−	−	（+）	+	+	−	−	−
七叶苷	V	−	−	+	+	+	+	−	+	+
DNA	−	−	+	−	+	+	+	（+）	−	+
酪氨酸	V	+	−	−	+	+	+	V	+	−
酪氨酸琼脂上产棕色	−	−	V	−	−	V	−	−	−	−
卵黄琼脂上形成沉淀	+	+	+	−	−	−	−	+	−	−
β-半乳糖苷酶	V	+	−	+	+	+	+	−	+	+
敏感于O/129	−	+	+	+	−	−	+	+	+	+
产生 H_2S	−	−	+	−	−	−	V	−	+	−
细胞色素氧化酶	+	+	+	+	V	+	+	V	−	+
硝酸盐还原	V	−	V	V	+	V	+	−	+	V

注：表中在噬纤维菌琼脂培养基的菌落特征为1表示低凸起、圆形、边缘整齐，2表示扁平、根状边缘、黏结琼脂，3表示低凸起、圆形、沉入琼脂，4表示扁平、扩散线状边缘，5表示低凸起、圆形、边缘整齐或不整齐，6表示扁平、扩散边缘并沉入琼脂；表中符号的+表示阳性，−表示阴性，（+）表示多数菌株阳性，ND表示未阐明或未得到资料，V表示反应结果不定。

法国农业科学研究院（Institut National de la Recherche Agronomique，Laboratoire d'Ichtyopathologie，Station de Virologie et Immunologie Moleculaires，Centre de Recherches de Jouy-en-Josas，Domaine de Vilvert，Jouy-en-Josas，France）的Bernardet（1989）报道，从法国淡水鱼中分离到3株类似于已知鱼类病原柱状黄杆菌（注：在文中以柱状屈挠杆菌记述）的滑动细菌，比较研究了这些分离株与来自美国、日本和匈牙利的6株柱状黄杆菌在形态、生理和生化特征等表型方面的差异性。结果显示其表现非常相似，这是在法国首次明确鉴定鱼类这种病原菌。基于检验结果，认为这种柱状屈挠杆菌（柱状黄杆菌）区别于其他明显非致病性滑动细菌的特征主要包括在固体培养基上的强黏附性和假根状、黄色扁平菌落；对刚果红染料（Congo red dye）的吸收以及其产生的柔红素型色素（Flexirubin-type pigments）；其他有用的区别特征是能够产生H_2S和还原硝酸盐，对任何碳水化合物没有作用，对卵磷脂（lecithin）能够快速和强烈水解，以及在含有0.5%以上NaCl的培养基中没有生长。3个菌株分别于1987年分离，菌株39/87分离于成年短棘鮰（black bullhead，*Ictalurus melas*）的皮肤溃疡（skin ulcer），44/87分离于溪红点鲑（*Salmo trutta*）鱼苗的皮肤病变（skin lesion）部位，P03/87分离于幼龄六须鲶（sheatfish，*Silurus glanis*）的肾脏[41]。

图4-81显示柱状屈挠杆菌（柱状黄杆菌）菌株NCMB 2248在Anacker-Ordal琼脂（Anacker-Ordal agar）培养基28℃培养48h，形成的典型假根状菌落（typical rhizoid colony）；图4-82显示分离菌株39/87在Anacker-Ordal肉汤（Anacker-Ordal broth）培养基生长48h的菌体形态（革兰氏染色）[41]。

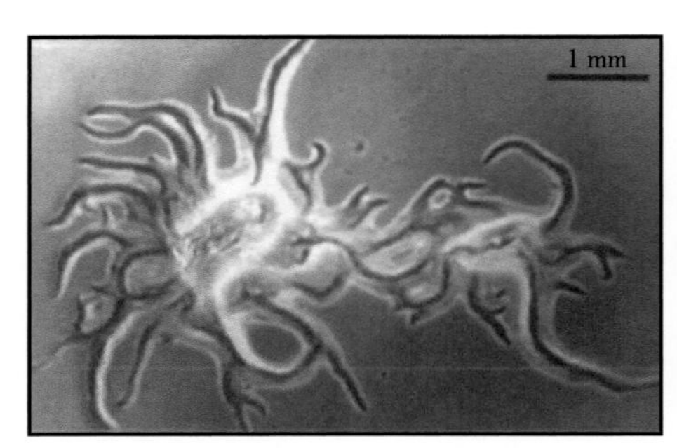

图4-81　显示柱状屈挠杆菌的菌落

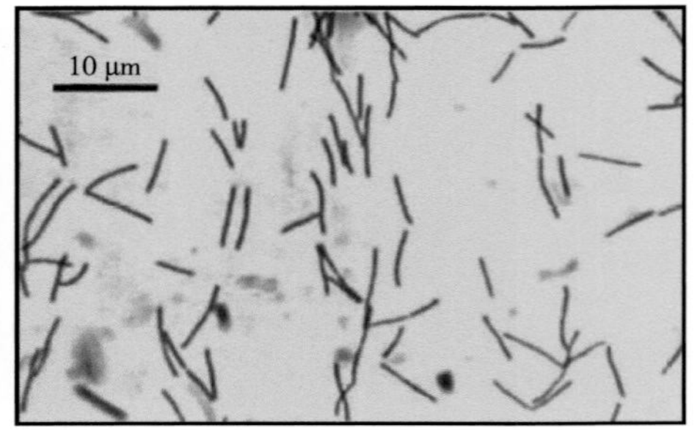

图4-82　柱状屈挠杆菌的形态

（六）基因组序列与基因型

柱状黄杆菌（菌株ATCC 49512）完整的注释基因组，由美国密西西比州立大学（Mississippi State University；Mississippi State，Mississippi，USA）的Tekedar等（2012）报道。已明确柱状黄杆菌具有不同的基因型（genomovar），在早期定义了基因型Ⅰ（genomovar Ⅰ）、Ⅱ和Ⅲ；此后描述了更多的遗传异质性（genetic heterogeneity）和额外的基因型，例如Ⅰ、Ⅱ、Ⅱ-B、Ⅲ和Ⅰ/Ⅱ，并与菌株毒力和宿主特异性相关[9]。

1. 柱状黄杆菌的基因组序列与比较分析

柱状黄杆菌的基因组序列与比较分析，由美国密西西比州立大学的Tekedar等（2012、2017）、Kumru和Tekedar等（2017）分别报道。

（1）柱状黄杆菌ATCC 49512菌株的基因组序列

美国密西西比州立大学的Tekedar等（2012）报道，柱状黄杆菌是一种革兰氏阴性、杆状、能动、在世界范围内引起淡水鱼类柱状病的、高度流行的鱼类病原体。在温水环境中普遍存在，影响着世界各地的养殖、野生和观赏鱼类（ornamental fish）。柱状黄杆菌具有广泛的遗传异质性和菌落形态，且在种内的毒力（virulence）存在显著差异。柱状黄杆菌菌株可分为三种基因型（genomovars），表现出在不同种鱼类的不同毒力水平。

柱状黄杆菌的菌株ATCC 49512［CIP 103533（TG 44/87）］，是法国农业科学研究院的Bernardet（1989）报道在1987年，首次在法国从溪红点鲑鱼苗的皮肤病变分离的（注：可见在上面的相应记述，当时Bernardet是以柱状屈挠杆菌描述的菌株编号为44/87[41]）。此菌株属于基因型Ⅰ，对斑点叉尾鮰无毒力。已有报道黄杆菌属细菌种的平均基因组大小（genome size）和柱状黄杆菌基因组中G+C的摩尔百分数，分别为4.1Mb ± 1.0Mb和32.5。

研究获得了柱状黄杆菌菌株ATCC 49512的全基因组序列（complete genome sequence），显示由一条3 162 432bp的染色体组成，G+C的摩尔百分数为31.5。基因组编码率（coding）为85.2%，预测基因（predicted genes）2 731个，包括2 642个蛋白质编码（protein coding）、15个rRNA和74个tRNA基因（tRNA genes）。蛋白质编码基因的平均长度为1 021bp，1 625个基因（61.5%）具有指定的功能（assigned functions）。基因组中包含5个rRNA操纵子（rRNA operons），其中两个操纵子排列整齐（tandemly arranged）。对基因组序列的分析显示，许多特征与其他已测序的黄杆菌属细菌的种相似。分别鉴定了软骨素AC裂解酶（chondroitin AC lyase）、蛋白酶（proteases）和胶原酶（collagenases）以及涉及生物膜形成、分泌系统（secretion systems）和铁获取（iron acquisition）的基因，还鉴定了13个滑动基因（gliding motility genes）。核苷酸序列登记号，基因组序列存放在GenBank中，登记号为CP00322，变体（version）为CP00322.2，GI为372863588[42]。

（2）柱状黄杆菌的基因组序列比较分析

相继是Tekedar等（2017）报道在对柱状黄杆菌的ATCC 49512菌株（为基因型I的模式株）全基因组序列分析的基础上，又与已有报道了全基因组序列的4种（嗜冷黄杆菌、约氏黄杆菌、嗜鳃黄杆菌、印度黄杆菌）黄杆菌进行了比较基因组分析（comparative genomics analysis）。分析中鉴定了预测蛋白（predicted proteins），其功能表明柱状黄杆菌能够反硝化（denitrification），这将使水生池塘沉积物中的厌氧生长（anaerobic growth in aquatic pond sediments），检测到了添加硝酸盐（nitrate）的柱状黄杆菌ATCC 49512菌株的厌氧生长。柱状黄杆菌ATCC 49512的插入序列（insertion sequences）和基因组岛（genomic islands）数量与其他黄杆菌种相比相对较高，表明水平基因交换（horizontal gene exchange）和基因组可塑性（genome plasticity）程度更高。Ⅵ型Ⅲ亚型分泌系统（type VI subtype Ⅲ secretion system）在柱状黄杆菌、连同约氏黄杆菌和嗜鳃黄杆菌中编码。RNA测序是提高注释质量（annotation quality）的一项重要技术，共鉴定出41个新的蛋白质编码区（protein coding regions），其中16个具有非传统的起始位点［non-traditional start site（TTG、GTG和CTT）］；候选小的非编码RNA（candidate small noncoding RNAs）也被确定。36个新鉴定的蛋白质是保守的假定蛋白（conserved hypothetical proteins），其中30个可能是与MvirDB中蛋白相似性的、基于毒力（virulence）相关的。研究结果为柱状黄杆菌的生理学提供了重要的新信息，并为RNA测序（RNA sequencing，RNA-seq）用于细菌基因组改善注释（improve annotation）提供了有力的证据[43]。

同时，美国密西西比州立大学的Kumru和Tekedar等（2017）报道，由柱状黄杆菌引起的柱状病是鲶鱼最常见的疾病之一，也是世界上其他养殖鱼类普遍存在的问题。柱状黄杆菌有三个主要的基因型（genomovars），对基因型I的代表性菌株ATCC 49512（对鲶鱼无毒力）和属于基因型Ⅱ的菌株94-081（对鲶鱼具有高度致病性）进行了测序（sequenced）和比较分析。有趣的是，柱状黄杆菌菌株ATCC 49512和94-081符合根据平均核苷酸特性（average nucleotide identity，ANI）（90.71%相似）和DNA-DNA杂交（42.6%相似）、被视为不同种的标准，基因组比对显示这两个基因组有大量的重排。然而，基于功能的比较基因组学分析表明，这两个菌株存在2 263个保守同源基因簇（conserved orthologous clusters）具有相似的功能能力；菌株ATCC 49512具有290个独特同源基因簇（unique orthologous clusters），而菌株94-081具有391个。两个菌株都携带I型分泌系统（type I secretion system）、VI型分泌系统和IX型分泌系统，这两个基因组也具有相似的CRISPR能力（similar CRISPR capacities）。菌株ATCC 49512基因组包含更多的插入序列家族（insertion sequence families）和噬菌体区域（phage regions），而菌株94-081基因组具有更多的基因组岛（genomic islands）和更多的调控基因能力（regulatory gene capacity）。用致病菌株94-081中的Tn4351进行转座子突变（transposon mutagenesis），获得6个突变体（mutants），鱼类试验感染显示溶血素和甘氨酸裂解蛋白突变体（glycine cleavage protein mutants）的感染死亡率分别为15%和10%，野生型菌株（wild-type strain）的感染死亡率为100%。比较和突变分析，在柱状黄杆菌的基因型I和Ⅱ提供了重要的分类信息，以及在菌株94-081的潜在的毒力基因

（potential virulence genes）。总体来讲，通过对柱状黄杆菌基因型I菌株ATCC 49512和基因型Ⅱ菌株94-081的基因组比较，提供了一些证据证明这两种基因型可以被视为独立的种（基于平均核苷酸特性和DNA-DNA杂交分析）；然而，同源分析显示这两种基因型的核心基因组（core genome）基本上是保守的，在表型上是非常相似的，特别是两种基因型之间的核心代谢功能（core metabolic functions）是相似的。两种基因型都有CRISPR-Cas系统（CRISPR-Cas systems）和水平基因获得（horizontal gene acquisition）的证据；尽管存在局部的结合区域（local syntenic regions），但在这两种基因型之间存在大量的基因组重排（genomic rearrangements）。同时首次报道了基因型Ⅱ菌株的转座子突变；该工具连同基因组序列和已建立的鲶鱼感染模型，将有助于进一步阐明这种重要鱼类病原体的发病机制[44]。

值此也顺便简要记述在上面有提及的、相关的MvirDB［即Tekedar等（2017）报道[43]］，由美国劳伦斯利弗莫尔国家实验室（Lawrence Livermore National Laboratory，LLNL；Livermore，USA）的Zhou等（2007）报道。报道细菌毒素（toxins）、毒力因子和抗生素抗性基因（antibiotic resistance genes）的知识，对于生物防御应用（bio-defense applications）至关重要，这些应用旨在识别新兴（emerging）或工程病原体（engineered pathogens）的功能性特征（functional signatures）。虽然基因特征能够识别病原体，但功能性特征具有识别病原体的能力。为了便于快速鉴定基因序列和鉴定基因的特征，收集了一个方便的数据库中迄今所有公开的代表已知毒素、毒力因子和抗生素抗性基因的有组织的序列（organized sequences），相信这些序列将用于生物防御研究（bio-defense research）。MvirDB整合了来自毒原（Tox-Prot）、SCORPION、指纹毒力因子（PRINTS virulence factors）、VFDB、TVFac、岛（Islander）、ARGO和VIDA的子集（subset of VIDA）的DNA和蛋白质序列信息，MvirDB中的条目被超链接回其原始源。允许用户对MvirDB中的所有DNA或蛋白质序列进行搜索数据库以检索毒力因子的描述、序列和分类，并下载感兴趣的序列。MvirDB有一个自动的每周更新机制。MvirDB中的每个蛋白质序列都有注释。使用全自动蛋白质注释系统，并链接到该系统的浏览器工具（http://mvirdb.llnl.gov/）[45]。

2. 柱状黄杆菌的基因型与比较分析

近年来，多有基于16S rRNA的系统发育分析和限制性片段长度多态性（restriction fragment length polymorphism，RFLP）用于鱼类病原菌遗传多样性研究的报道。在柱状黄杆菌，迄今已多有研究报道，也涉及几种不同的方法和相互比较的结果，其中以RFLP分型的3种基因型（Ⅰ、Ⅱ、Ⅲ）是相对比较广泛应用的。按此分型方案，我国从草鱼分离的G4菌株为Ⅰ型。

（1）RFLP分类的基因型

日本东京大学（University Tokyo；Tokyo，Japan）的Triyanto和Wakabayashi（1999）报道，为进行柱状黄杆菌的遗传变异性（genetic variability）特征性分析，利用限制性片段长度多态性分析、16S rRNA序列分析以及DNA-DNA杂交方法，进一步评价柱状黄杆菌在菌株间的种内变异（intra-specific variation）特性。结果从不同地区的患病鱼中分离出的23株（1966—1998年）柱状黄杆菌，被分为三个不同的基因组群（genomic groups）；23株包括从日本分离的12株、法国分离的8株、印度尼西亚（Indonesia）分离的1株、美国（模式株IAM 14301）和我国的（G4）的各1株。主要为基因型1（genomovar 1）或记作基因群Ⅰ（genomic group Ⅰ），由20个菌株组成，包括在美国从鲑鱼（Salmonid fish）分离的模式株IAM 14301（NCMB 2248）和我国的从草鱼分离的G4菌株。有两个菌株（EK 28=IAM 14820，1967年分离于日本鳗鲡，从日本静冈；LP8，1966年分离于泥鳅，从日本东京），被分为基因型2（基因群Ⅱ）；1个菌株（PH 97028=IAM 14821）分为基因型3（基因群Ⅲ），于1997年分离于香鱼（ayu，*Plecoglossus altivelis*）、从日本广岛（Hiroshima）。然而当发现这些菌株的表型特征是相同的，以致没有将这些基因型的菌株分类为新种或亚种的证据。

基于研究结果认为柱状黄杆菌包含三个基因型。基因型1，由模式株IAM 14301定义，这些菌株在15℃（85%；17/20株）和37℃（75%；15/20）条件下生长，20株中有10株的硝酸还原试验呈阳性反应；基因型2，由菌株EK 28（IAM 14820）定义，能够在37℃生长、在15℃不能生长，2个菌株（均分离于日本）中有1株的硝酸还原试验呈阳性反应；基因型3，由1个菌株PH 97028（IAM 14821）定义（分离于日本），能够在37℃生长、在15℃不能生长，在硝酸盐还原试验中没有反应[46]。

（2）RFLP基因型及ISR和AFLP分类的基因型

美国奥本大学的Arias等（2004）报道，采用16S rRNA基因限制性片段长度多态性分析（RFLP analysis）、基因间间隔区（intergenic spacer region，ISR）测序和扩增片段长度多态性（amplified fragment length polymorphism，AFLP）指纹图谱（fingerprinting），对30株柱状黄杆菌的遗传变异性进行了分析，以评价鱼类病原柱状黄杆菌的种内多样性（intraspecific diversity）。

研究中的30株柱状黄杆菌（表4-4），除两个参考菌株（reference strains）ATCC 23463（模式株）和ATCC 49512外的28株，均是从不同地理区域的不同鱼类分离的。鱼类涉及大鳞大麻哈鱼（chinook salmon，*Oncorhynchus tshawytscha*）亦即大鳞鲑、褐鳟、斑点叉尾鮰、虹鳟、鲤鱼、大口黑鲈、尼罗罗非鱼；地理区域涉及美国华盛顿州、法国、美国亚拉巴马州、美国密西西比州、美国佐治亚州、以色列、美国路易斯安那州、美国密苏里州、巴西。

结果（表4-4）显示15株属于RFLP的基因型I（其中的5株为ISR的A类型、10株不明确；属于AFLP的类型11的2株、12的1株、13的1株、14的1株、15的1株、16的1株、17的2株、18的1株、19的1株、20的2株、21的1株、22的1株）；11株属于RFLP的基因型Ⅱ（其中的7株为ISR的C类型、4株为D类型的；属于AFLP的类型1的4株、2的1株、3的1株、4的1株、5的1株、6的1株、7的1株、9的1株）；4个从巴西罗非鱼分离的菌株（基因型未测定），均为ISR的B类型，属于AFLP的类型8的3株、10的1株。

ISR序列的分析证实了两种基因型（基因型I、基因型Ⅱ）间的遗传差异，但显示在基因型I分离株间存在更高的多样性。最大分辨率由AFLP指纹提供，因为在种中可以定义多达22个AFLP图谱型（profiles）。同时发现基因型I、基因型Ⅱ，都存在于美国的斑点叉尾鮰中。另外，描述了一个独特的基因群（genetic group），由从巴西尼罗罗非鱼的4个分离株组成（未确定基因型的），这似乎与两种基因型（基因型I、基因型Ⅱ）有关。再者是通过分析ISR，能够进一步细分种；AFLP的使用能够在克隆水平（clone level）上对种进行指纹（fingerprint）识别，而不会失去更高的基因型等级（genomovar division）划分[47]。

表4-4　供试30株柱状黄杆菌及分型情况

菌株	鱼类	地理区域	分离（年）	基因型	ISR	AFLP
ATCC 23463	大鳞大麻哈鱼	美国华盛顿州	不清楚	I	–	17
ATCC 49512	褐鳟	法国	1987	I	–	17
ALG-03-057	斑点叉尾鮰	美国亚拉巴马州	2003	I	–	16
ALG-03-063	斑点叉尾鮰	美国亚拉巴马州	2003	I	–	15
ALG-03-069	斑点叉尾鮰	美国亚拉巴马州	2003	I	A	22
27	斑点叉尾鮰	美国亚拉巴马州	2002	I	–	12
HS	斑点叉尾鮰	美国亚拉巴马州	不清楚	I	–	19
GZ	斑点叉尾鮰	美国亚拉巴马州	2000	I	A	18
ARS-1	斑点叉尾鮰	美国亚拉巴马州	1996	I	A	20
BioMed	斑点叉尾鮰	美国亚拉巴马州	1996	I	A	20
MS-02-463	斑点叉尾鮰	美国密西西比州	2002	I	–	14
MS-02-465	斑点叉尾鮰	美国密西西比州	2002	I	–	11
MS-02-467	斑点叉尾鮰	美国密西西比州	2002	I	–	11

（续表）

菌株	鱼类	地理区域	分离（年）	基因型	ISR	AFLP
GA-02-14	虹鳟	美国佐治亚州	2002	Ⅰ	A	21
IR	鲤鱼	以色列	不清楚	Ⅰ	–	13
ALG-00-513	斑点叉尾鮰	美国亚拉巴马州	2000	Ⅱ	C	1
ALG-00-515	斑点叉尾鮰	美国亚拉巴马州	2000	Ⅱ	C	3
ALG-00-521	斑点叉尾鮰	美国亚拉巴马州	2000	Ⅱ	D	9
ALG-00-522	斑点叉尾鮰	美国亚拉巴马州	2000	Ⅱ	D	6
ALG-00-527	斑点叉尾鮰	美国亚拉巴马州	2000	Ⅱ	D	5
ALG-00-530	斑点叉尾鮰	美国亚拉巴马州	2000	Ⅱ	C	1
ALG-02-036	大口黑鲈	美国亚拉巴马州	2002	Ⅱ	C	4
PT-14-00-151	斑点叉尾鮰	美国密西西比州	2000	Ⅱ	C	2
MS-02-475	斑点叉尾鮰	美国密西西比州	2002	Ⅱ	D	7
LSU	斑点叉尾鮰	美国路易斯安那州	1999	Ⅱ	C	1
MO-02-23	大口黑鲈	美国密苏里州	2002	Ⅱ	C	1
BZ-1-02	尼罗罗非鱼	巴西	2002	ND	B	8
BZ-2-02	尼罗罗非鱼	巴西	2002	ND	B	10
BZ-4-02	尼罗罗非鱼	巴西	2002	ND	B	8
BZ-5-02	尼罗罗非鱼	巴西	2002	ND	B	8

（3）RFLP基因型和16S-23S rDNA间隔序列分析

美国农业部农业研究服务局，Harry K. Dupree斯图加特国家水产养殖研究中心（Agricultural Research Service，United States Department of Agriculture，Harry K. Dupree Stuttgart National Aquaculture Research Center，Stuttgart，USA）的Darwish和Ismaiel（2005）报道，利用RFLP（限制性片段长度多态性）和基于16S rRNA基因序列的系统发育分析，对美国分离的柱状黄杆菌的遗传变异性进行了研究。目的是调查美国柱状黄杆菌分离株的遗传多样性，比较美国分离株与世界不同地理位置分离株的遗传相关性。为了实现这一目的，设计了一种扩增16S rRNA基因的方法，用RFLP基因分析，对具有不同RFLP模式（RFLP patterns）的基因进行测序，并根据16S rRNA基因序列对不同柱状黄杆菌进行基因分型；在对分离株进行基因分型后，对16-23S间隔区域（16-23S spacer）进行互补RFLP分析（complementary RFLP analysis），进一步将分离株分为不同的基因型。

结果将供试27个柱状黄杆菌分离株分为了3个基因型（genotypes），对基因型内的分离株根据16S-23S rDNA间隔区（16S-23S rDNA spacer）的RFLP进一步分群（grouped）。第一个基因型有5个菌株进一步分为了A群（group A）的4株、B组的1株；第二个基因型有10个菌株进一步分为了A群的4株、B群的6株；第三个基因型有12个分离株，在16S-23S rDNA间隔序列的RFLP模式上没有差异。通过系统发育分析，将代表三个已鉴定基因型的16S rRNA基因序列与已发表的不同序列进行了比较，结果表明这些美国基因型（American genotypes）1、2、3，分别对应于Triyanto和Wakabayashi（1999）报道的基因型1、2和3（注：可见在前面的相应记述[46]）。

供试菌株的参考菌株从美国典型培养物保藏中心（American Type Culture Collection，ATCC）获得，这些菌株包括柱状黄杆菌ATCC 49512及模式株ATCC 23463、嗜冷黄杆菌ATCC 49511、水栖黄杆菌ATCC 11947、约氏黄杆菌ATCC 29584，另外是近海黏着杆菌（*Tenacibaculum maritimum*）ATCC 43398；27个柱状黄杆菌分离株，其中的1株（Ga-6-93）是在1993年分离于鲤鱼，其他的是在1989—2002年分离于斑点叉尾鮰的。

目前的研究描述了柱状黄杆菌中16S rRNA基因的RFLP和序列分析技术，但对同一基因型柱状黄杆菌的不同菌株进行RFLP和16S-23S rDNA间隔序列分析还是很有用的。这种基于16S-23S rDNA间隔区序列（16S-23S rDNA spacers'sequences）的分化能力，在将基因型1和2的每个分离株分为两群中是有用的；在对柱状黄杆菌不同分离株进行基因分型和基因上区分（distinguish genetically）的能力，对柱状黄杆菌感染病的流行病学研究、疫苗开发和设计更好的防控管理方法等方面将非常有用[48]。

（4）RFLP与SSCP分型比较分析

美国奥本大学的Olivares-Fuster1等（2007）报道进行此项研究的目的，一是评价单链构象多态性（single-strand conformation polymorphism，SSCP）作为柱状黄杆菌分型方法的有效性，二是通过不同的指纹图谱分析（fingerprinting methods）建立病鱼柱状黄杆菌分离株的多样性指数（diversity index）。研究中使用了不同来源（地理区域、鱼类）的30株柱状黄杆菌［注：即在上面有记述美国奥本大学的Arias等（2004）报道中记述的表4-4中的柱状黄杆菌］，如表4-5所示。

通过对16S rRNA基因和16S-23S内间隔区（16S-23S internal spacer region，ISR）的分析，揭示了柱状黄杆菌的种内多样性（intraspecies diversity）。将这些序列的标准RFLP（限制性片段长度多态性）与单链构象多态性（single-strand conformation polymorphism，SSCP）进行了比较。多样性指数表明与标准RFLP相比，16S-SSCP和ISR-SSCP均提高了分辨率（resolution）D≥0.9；ISR-SSCP提供了比16S-SSCP更简单的带型（banding pattern），同时提供了分离株间的高度区分（表4-5）。对rRNA基因进行SSCP分析，对不同来源的柱状黄杆菌是一种简便、快速、经济有效的方法。

16S-SSCP和ISR-SSCP提供的多样性指数是相似的，尽管ISR-SSCP显示的简单模式极大促进了判别分析（discriminatory analysis）；获得的分辨率略低于其他可靠技术（如AFLP和DNA测序）提供的分辨率，但远高于PCR-RFLP分析的。在考虑分辨率、成本、人工和时间的基础上，提出了用ISR-SSCP分析法对柱状黄杆菌分离株进行常规指纹图谱选择的方法[49]。

表4-5 供试30株柱状黄杆菌及分型情况

菌株	鱼类	地理区域	分离（年）	16S-RFLP	16S-SSCP	ISR-RFLP	ISR-SSCP
ATCC 23463	大鳞大麻哈鱼	美国华盛顿州	不清楚	Ⅰ	1	Ⅰ	1
ATCC 49512	褐鳟	法国	1987	Ⅰ	1	Ⅰ	1
ALG-03-057	斑点叉尾鮰	美国亚拉巴马州	2003	Ⅰ	1	Ⅰ	1
ALG-03-063	斑点叉尾鮰	美国亚拉巴马州	2003	Ⅰ	1	Ⅰ	1
ALG-03-069	斑点叉尾鮰	美国亚拉巴马州	2003	Ⅰ	1	Ⅰ	1
27	斑点叉尾鮰	美国亚拉巴马州	2002	Ⅰ	1	Ⅱ	1
HS	斑点叉尾鮰	美国亚拉巴马州	不清楚	Ⅰ	2	Ⅱ	2
GZ	斑点叉尾鮰	美国亚拉巴马州	2000	Ⅰ-B	3	Ⅱ	2
ARS-1	斑点叉尾鮰	美国亚拉巴马州	1996	Ⅰ	2	Ⅱ	2
BioMed	斑点叉尾鮰	美国亚拉巴马州	1996	Ⅰ	2	Ⅱ	2
MS-02-463	斑点叉尾鮰	美国密西西比州	2002	Ⅰ	4	Ⅱ	3
MS-02-465	斑点叉尾鮰	美国密西西比州	2002	Ⅰ	4	Ⅱ	4
MS-02-467	斑点叉尾鮰	美国密西西比州	2002	Ⅰ	5	Ⅱ	3
GA-02-14	虹鳟	美国佐治亚州	2002	Ⅰ-B	6	Ⅱ	5
IR	鲤鱼	以色列	不清楚	Ⅰ	7	Ⅰ	6
ALG-00-513	斑点叉尾鮰	美国亚拉巴马州	2000	Ⅱ	8	Ⅲ	7
ALG-00-515	斑点叉尾鮰	美国亚拉巴马州	2000	Ⅱ-B	9	Ⅳ	8
ALG-00-521	斑点叉尾鮰	美国亚拉巴马州	2000	Ⅱ	8	Ⅳ	9

（续表）

菌株	鱼类	地理区域	分离（年）	16S-RFLP	16S-SSCP	ISR-RFLP	ISR-SSCP
ALG-00-522	斑点叉尾鮰	美国亚拉巴马州	2000	Ⅱ-B	9	Ⅳ	10
ALG-00-527	斑点叉尾鮰	美国亚拉巴马州	2000	Ⅱ	8	Ⅳ	11
ALG-00-530	斑点叉尾鮰	美国亚拉巴马州	2000	Ⅱ	8	Ⅲ	7
ALG-02-036	大口黑鲈	美国亚拉巴马州	2002	Ⅱ	8	Ⅳ	12
PT-14-00-151	斑点叉尾鮰	美国密西西比州	2000	Ⅱ-B	9	Ⅳ	13
MS-02-475	斑点叉尾鮰	美国密西西比州	2002	Ⅱ	10	Ⅳ	14
LSU	斑点叉尾鮰	美国路易斯安那州	1999	Ⅱ	11	Ⅲ	15
MO-02-23	大口黑鲈	美国密苏里州	2002	Ⅱ	11	Ⅲ	15
BZ-1-02	尼罗罗非鱼	巴西	2002	Ⅱ	12	Ⅴ	16
BZ-2-02	尼罗罗非鱼	巴西	2002	Ⅱ	12	Ⅴ	16
BZ-4-02	尼罗罗非鱼	巴西	2002	Ⅱ	12	Ⅴ	16
BZ-5-02	尼罗罗非鱼	巴西	2002	Ⅱ	12	Ⅴ	16

（5）RFLP与ARISA分型比较分析

芬兰于韦斯屈莱大学的Suomalainen等（2006）报道，由柱状黄杆菌引起的柱状病是世界范围内养鱼业的一大难题。在过去15年间，芬兰开始暴发疫情。采用16S rRNA分析（analysis of 16S rRNA）方法研究了柱状黄杆菌模式株NCIMB 2248和30株芬兰分离菌株，包括限制性片段长度多态性（restriction-fragment length polymorphism，16S RFLP）、长度异质性分析（length heterogeneity analysis PCR，LH-PCR）产物、自动核糖体间间隔物分析（automated ribosomal intergenic spacer analysis，ARISA），以及16S rRNA序列分析。所有的分离菌株都属于RFLP基因型Ⅰ（RFLP genomovar Ⅰ），并且在LH-PCR中具有相同的长度。基于ARISA，选择8个不同基因型的菌株进行进一步的分析。供试的31株（模式株NCIMB 2248和30株芬兰分离菌株）柱状黄杆菌，为ARISA群（ARISA group）：A16株、B1株、C3株、D1株、E5株、F1株（模式株）、G1株、ZH3株[50]。

（6）柱状黄杆菌RFLP分型的标准方案

美国农业部农业研究局水生动物健康研究实验室的LaFrentz等（2014）报道，16S rRNA基因序列的遗传变异（genetic variability）已被证明在柱状黄杆菌的分离菌株中存在，限制性片段长度多态性（RFLP）分析可用于该重要鱼类病原体的基因分型（genetic typing)。限制性图谱(restriction patterns)的解释可能是困难的，因为缺少对所描述的基因组DNA所产生的DNA片段的预期数量和大小的正式描述。

在此项研究中，从代表每种描述的基因型的分离株和产生独特限制图谱的分离株中克隆、并测序部分16S rRNA基因序列(约1 250bp片段)。结果表明，一些分离株含有3个不同的16S rRNA基因，由于*Hae*Ⅲ限制酶切位点(restriction sites)的基因组内异质性(intragenomic heterogeneity)，这些基因的序列产生不同的RFLP图谱。用于柱状黄杆菌分离株分型的16S rRNA基因部分内出现*Hae*Ⅲ限制酶切位点，这些位点内的基因组内异质性解释了RFLP分析后观察到的限制图谱。本项研究提供了用RFLP对柱状黄杆菌分离株进行分型的标准方案，并对先前描述的基因型Ⅰ、Ⅱ、Ⅱ-B和Ⅲ的预期限制图谱进行了正式描述；此外，还描述了一种新的基因型Ⅰ/Ⅱ(表4-6)。

表4-6　柱状黄杆菌菌株的基本情况

菌株	分离年度	鱼类宿主	地理分布	基因型
ATCC 23463(模式株)	1955	大鳞大麻哈鱼	美国华盛顿州	Ⅰ[a]
90-106	1990	斑点叉尾鮰	美国密西西比州	Ⅲ[b]
ARS-1	1996	斑点叉尾鮰	美国亚拉巴马州	Ⅰ[a]
ALG-00-530	2000	斑点叉尾鮰	美国亚拉巴马州	Ⅱ[a]
PT-14-00-151	2000	斑点叉尾鮰	美国密西西比州	Ⅱ-B[c]
GA-02-14	2002	虹鳟	美国佐治亚州	Ⅰ-B[c]
F10-HK-A	2012	黄金鲈	美国印第安纳州	NPD

注：上角标的a表示其基因分型源于Arias等(2004)，b表示源于Darwish和Ismaiel(2005)，c表示源于Olivares-Fuster等(2007)；NPD表示在此前未确定的(not previously determined，NPD)。

研究包括了7个柱状黄杆菌分离株，分别来自不同的地理区域和鱼类，除一个外，其余均已由RFLP分类(表4-6)。鱼类涉及大鳞大麻哈鱼、斑点叉尾鮰、虹鳟、黄金鲈；地理分布涉及美国华盛顿州、美国密西西比州、美国亚拉巴马州、美国佐治亚州、美国印第安纳州(Indiana，USA)[51]。

3. 我国淡水鱼类病原柱状黄杆菌的遗传多样性

华中农业大学的王良发等(2010)报道，为认识我国淡水鱼类烂鳃病(gill-rot disease)的病原以及柱状病在我国的发生情况，试验从发生烂鳃病的病鱼中分离细菌性病原，经生理生化特性鉴定、并结合16S rRNA序列分析，证实柱状黄杆菌是所分离的烂鳃病的病原菌。同时也证实在20世纪曾经命名为烂鳃病原菌的鱼害黏球菌(*Myxococ-*

cus piscicola Lu，Nie and Ko，1975），是柱状黄杆菌的同物异名（synonym）。利用分离的16株柱状黄杆菌的16S rRNA序列，以及已有发表的柱状黄杆菌的相关序列构建了系统发育树，发现这些菌株聚成3支（即3种基因型），与柱状黄杆菌的3种基因型相对应。其中当时命名为鱼害黏球菌的强毒菌株G4与分别分离自日本、美国的两个菌株聚为一支。另外两支包括的菌株较多，它们中的一些菌株来源于相同的鱼类宿主（如鲤形目的种类）；但这两支也包括一些特有的株，如从欧洲和美国的鲑形目鱼类分离的柱状黄杆菌聚为一支，这一支还包括我国曾经命名为鱼害黏球菌的G18弱毒菌株，从我国隶属于鲈形目的鳜鱼和鲟形目的中华鲟分离到的柱状黄杆菌则聚为另外一支。认为对不同基因型菌株的致病性和致病机理的研究，将可能从根本上认识鱼类柱状病的流行规律。

对从湖北、广东、安徽、四川、北京等省（市）水产养殖场的草鱼（*Ctenopharyngodon idellus*）、胭脂鱼（*Myxocyprinus asiaticus*）、中华鲟（*Acipenser sinensis*）、鳜（*Siniperca chuatsi*）、红白锦鲤（*Cyprinus carpio kohaku*）、长吻鮠（*Leiocassis longirostris*）、斑点叉尾鮰等鱼类中患柱状病的鱼分离的柱状黄杆菌，以及在中国科学院水生生物研究所保存的、曾命名为鱼害黏球菌的强毒菌株G4和弱毒株G18进行了鉴定。在此基础上，利用已经报道的柱状黄杆菌的16S rRNA序列和本研究中克隆到的16S rRNA序列，构建了柱状黄杆菌的系统发育树，对我国流行的鱼类柱状病和其病原柱状黄杆菌的遗传多样性有进一步的认识。

根据16S rRNA序列构建的系统发育树，可以将柱状黄杆菌的菌株分为3支（即3种基因型），它们并没有明显的地域分布特点。但第一支所包括的菌株最少，只有3株，分别是20世纪70年代在我国发现的曾命名为鱼害黏球菌的G4强毒株、已有报道日本从香鱼和美国从斑点叉尾鮰分离到的两株柱状黄杆菌。第二和第三支包括的菌株很多，每支都有来源于多种不同的鱼类，包括草鱼、斑点叉尾鮰和日本鳗鲡；这两支也包括一些特有的菌株，如从欧洲和美国的鲑形目鱼类分离的柱状黄杆菌聚在第二支，曾经命名为鱼害黏球菌的G18弱毒株也在这一支；从我国的鳜鱼和中华鲟分离到的柱状黄杆菌则聚在第三支。

如果将此研究结果与已有报道柱状黄杆菌基因型相比较，由我国分离的供试16株（包括G4和G18）柱状黄杆菌和引用自GenBank的柱状黄杆菌的16S rRNA序列构建的系统发育树同样可以分为3支（即3种基因型）；其中的第Ⅰ基因型对应于Darwish和Ismaiel（注：可见在前面的相应记述）第Ⅲ、第Ⅱ对应于第Ⅰ，第Ⅲ则对应于第Ⅱ。

研究的结果表明我国的柱状黄杆菌存在遗传多样性，首次证实了我国淡水鱼类的柱状黄杆菌也存在3种基因型。但有关它们的致病性与基因型的关系，则有待进一步研究[52]。

（七）抗原结构与免疫学特性

关于柱状黄杆菌的抗原结构、血清型别及分型方法、抗原性等在目前尚缺乏比较系统的研究，已有研究资料显示此菌具有种属共同的特异凝集抗原和种内的型特异抗原成分。制备免疫原接种鱼体，可诱导特异性免疫保护。

1. 血清型及相关内容

柱状黄杆菌存在特异性种内血清学异质性（serological heterogeneity），在早期由美国华盛顿大学（University of Washington；Seattle，Washington）的Anacker和Ordal（1959）报道对325株柱状黄杆菌（注：文中以柱状软骨球菌记述），采用玻片凝集法（slide agglutination method）进行血清学分析（serological analysis）。鉴于涉及的菌株数量相对较多，首先将菌株分为4个血清群（serological groups），这些血清学群由抗原相同型或抗原相关型组成，将两个菌株放在了杂群（miscellaneous group）中。涉及抗原8的反应往往较弱，且不确定是否在每种情况下都检测到抗原8的存在；另外，涉及抗原2的凝集反应很容易观察到；因此，抗原群分为1、2或1、2、8的所有菌株都放在了一个血清群Ⅰ（serological group Ⅰ）中（196株，构成比60.3%）。群Ⅲ的成员相似，因为每个菌株都具有抗原6；一些菌株也携带抗原7，1、6或1、6、7（29株，构成比8.9%）。群Ⅱ为1、3、8（82株，构成比25.2%）；群Ⅳ为1、9（16株，构成比4.9%）。另外，有2株（构成比0.6%），尚不明确。如此，325株柱状黄杆菌分为了4个（Ⅰ、Ⅱ、Ⅲ、Ⅳ）血清群（或血清型）以及1个杂群（第5个）。

这是目前研究的关于柱状黄杆菌一个暂定血清学分型方案，所有供试菌株都有一个共同的抗原，这可能是柱状黄杆菌的特征，但这些菌株是其他被称为类型抗原的抗原组合。各血清学群（或血清型）均由含有相同类型抗原的菌株或具有至少一种共同类型抗原的菌株组成，由于菌株之间存在血清学关系及所有菌株的形态相似性，目前还没有理由以此对其进行分类。

报道目前对柱状黄杆菌血清学类型的地理分布，尚不可能作出确切的结论。从华盛顿西部（western Washington）湖泊和孵化场、俄勒冈西部（western Oregon）的罗格河（Rogue River）分离的柱状黄杆菌的所有菌株都被归入血清学Ⅰ群。然而，在哥伦比亚河及其支流中发现了4个血清群的代表，其中大多数位于华盛顿东部（eastern Washington）。得克萨斯菌株是太平洋西北部以外唯一的1个菌株，与其他菌株有关，但在抗原组成上与其他菌株不同。可以得出结论，从迄今积累的证据来看，很难从逻辑上解释血清学类型的发生。

供试325株柱状黄杆菌，是自1953年以来在太平洋西北部（Pacific Northwest）和得克萨斯（Texas）州（仅1株）鱼的体表或鳃损伤（gill lesions）部位（有时是内部器官）划线接种噬纤维菌琼脂分离获得的，其中大多数菌株分离于哥伦比亚河（Columbia river）及其支流（tributaries）的鱼。相应抗血清，是由选择代表性菌株免疫家兔制备的[53]。

在我国，华中农业大学的陈昌福（1998）报道采用于1974—1992年从我国不同地区患病鱼（草鱼、青鱼、鲤鱼、鲫鱼、尼罗罗非鱼、翘嘴鳜、斑鳢等）分离的柱状黄杆菌（注：文中以柱状噬纤维菌记述）40个菌株，通过交叉凝集和琼脂扩散反应，研究了相应的血清型。具体方法和结果为从40个菌株中选取7个代表株，分别制备成福尔马林灭活抗原后免疫家兔制备相应抗血清供用；试验结果表明用7个代表菌株制备的抗血清均能分别与供试40个菌株发生相应及交叉的凝集反应，尽管玻片凝集的强度及微量凝集的效价在各菌株间存在差异，但研究者认为可以采用凝集反应鉴定柱状黄杆菌；依据琼脂扩散反应是否出现沉淀线及沉淀线的条数结果（含全菌抗原及热稳定抗原），研究者将供试40个菌株分为了3个不同血清型，其一是有26个菌株均具有共同的全菌抗原和热稳定抗原，认为属于同种血清型菌株并称其为GR-1血清型；其二是有11个菌株属于同种血清型，称其为GR-2血清型；其三是有3个菌株相同，但其又不同于其他菌株被归于GR-3血清型[54]。

印度中央淡水养殖研究所（Central Institute of Freshwater Aquaculture；Kausalyaganga，Bhubaneswar，India）的Dash等（2009）报道，对从卡特拉鲃（*Catla catla*）、南亚野鲮（*Labeo rohita*）、麦瑞加拉鲮（*Cirrhinus mrigala*）、鲫鱼、龟壳攀鲈（*Anabas testudineus*）、胡子鲶鳃坏死（gill necrosis）、皮肤损伤（skin lesions）、内脏器官等部位分离到7株柱状黄杆菌，进行了生化反应和血清学检验。血清学试验包括间接酶联免疫吸附试验（indirect enzyme-linked immunosorbent assay，ELISA）、斑点酶联免疫吸附试验（Dot-ELISA）、凝集素试验（agglutination test）。所有菌株均表现出与刚果红染料（Congo red dye）的结合及溶血作用（hemolysis），对阿米卡星、庆大霉素和氧氟沙星均敏感。试验感染南亚野鲮，强毒力菌株MS2的半数致死量（LD_{50}）为6×10^4CFU/mL。7个菌株均表现出凝集、斑点酶联免疫吸附试验和间接酶联免疫吸附试验阳性，其凝集效价在256 ~ 131 072。高免疫血清的溶菌酶活性（lysozyme activity）为39.37U/mL ± 0.80U/mL。这是首次报道在印度东部（Eastern India）淡水鱼类柱状黄杆菌，从不同鱼类分离菌株及其相应的生化和血清学特性[55]。

2. 免疫学特性

在柱状黄杆菌的免疫学特性方面多有研究报道，总体来讲是鱼类可对柱状黄杆菌的免疫刺激措施免疫应答，其特异性免疫制剂也涉及多种类型。

（1）国外的研究报道

在国外已有的研究报道，在免疫制剂方面涉及全菌细胞免疫制剂、超声处理全菌细胞免疫制剂、弱毒和双价免疫制剂、全菌细胞裂解物中的免疫显性抗原等。

①全菌细胞免疫制剂。在早期由美国巴特尔纪念研究所太平洋西北实验室（Pacific Northwest Laboratories Battelle Memorial Institute；Richland，Washington，USA）的Fujihara和华盛顿大学（University of Washington；Seattle，Wash）的Nakatani（1971）报道，对约3月龄的银大麻哈鱼通过饵料途径口服热灭活菌细胞（heat-killed cells）疫苗接种，产生了对柱状病［注：文中以柱状软骨球菌病（*Chondrococcus columnaris* disease）记述］的主动免疫。对照组的平均抗体凝集滴度为1：17，口服接种鱼的平均凝集滴度为1：168。当约3个月龄的虹鳟暴露于在哥伦比亚河（Columbia River）水中作为自然污染物的柱状黄杆菌（文中以柱状软骨球菌记述）的水槽中时，有52%的鱼在试验前6周死亡；暴露后存活下来的鱼通常对随后的感染有抵抗力。大龄虹鳟在幼龄时期，经过几个月的再暴露后采样，这些样本在柱状软骨球菌（柱状黄杆菌）感染中存活下来，对该病是病原体的免疫载体（immune carriers），并产生凝集抗体（滴度范围从1：80至1：640）；对无病幼龄虹鳟胃肠道外接种疫苗，其抗体滴度高达1：5 120。另外是免疫载体的存在能够将大量柱状软骨球菌（柱状黄杆菌）释放到水中，这可能是哥伦比亚河鲑鱼感染的主要来源。鲑鱼迁徙期间的密度高、与其他鱼类（coarse fishes）是最有可能接触和感染的；由于未暴露的鱼类似乎很容易受到感染，因此在高浓度的病原体和相应的低水流量将为感染创造理想的条件。基于研究结果认为也许故意让孵化场孵化的鲑鱼接触无毒或低毒力的柱状软骨球菌（柱状黄杆菌），可能有助于诱导鱼类的抵抗力[56]。

日本大学（Nihon University；Kanagawa，Japan）的间野伸宏等（1996）报道，为探讨日本鳗鲡对柱状黄杆菌（注：文中以柱状噬纤维菌记述）福尔马林灭活菌细胞（formalin-killed cells，FKC）的免疫反应（菌株EK-28为1970年从静冈县鳗鲡病鱼中分离的），采用浸泡或注射FKC接种鳗鲡（取自静冈县养殖场、平均体重148g），研究了接种2周后的免疫反应。在感染之前将鳗鲡的皮肤经酒精棉擦拭造成损伤，在感染中将鱼浸泡在密度为1.0×10^7CFU/mL的柱状噬纤维菌（柱状黄杆菌）悬浮液中15min。结果浸泡组、注射组和对照组的存活率分别为60%、20%和0，浸泡组的皮肤损伤出现时间比其他组晚，在感染12h后的皮肤损伤处出现白细胞浸润，在其他组没有出现这样的白细胞浸润形象；浸泡对皮肤细菌黏附有抑制作用，但浸泡后的血清或黏液中未检测到凝集抗体。这些结果表明，浸泡免疫可以激活鳗鲡的皮肤防御系统。鱼类体表黏液中包含的各种抗菌物质的分泌机构复杂，浸泡疫苗被引导到体表面的物质除IgM等特异的体液免疫机制外，细胞性的免疫机制也被考虑是有关的[57]。

②超声处理全菌细胞免疫制剂。美国爱达荷大学（University of Idaho；Moscow，USA）的Grabowski等（2004）报道，鉴于目前尚无关于通过罗非鱼疫苗接种（vaccination）预防柱状病的报道，另外是这些鱼类对柱状黄杆菌的免疫应答能力尚未得到研究，因此研究并初步描述了罗非鱼对柱状黄杆菌的适应性免疫。具体目标一是研究一种

酶联免疫吸附试验（enzyme-linked immunosorbent assay，ELISA），用于检测罗非鱼血浆和皮肤黏液中的柱状黄杆菌特异性抗体；二是利用不同的免疫途径和制剂，确定随时间对柱状黄杆菌的黏膜和全身抗体反应的特征。

在爱达荷州莫斯科水产养殖研究所（Aquaculture Research Institute；Moscow，Idaho）养殖的尼罗罗非鱼（平均重量66g ± 19g）试验，用柱状黄杆菌ATCC 23463（模式株）的福尔马林灭活的超声处理（formalin-killed sonicated）或全菌细胞制剂（whole cell preparations），经腹腔注射（intraperitoneal，ip）、浸泡免疫（immersion immunization）接种尼罗罗非鱼后，检验了其血浆（plasma）和黏液（mucus）中对柱状黄杆菌（ATCC 23463）的特异性抗体反应。鱼在接受了初步免疫后，在4周后进行加强免疫。建立了一种酶联免疫吸附测定法用于检测和定量特异性抗柱状黄杆菌特异性抗体，发现在注射有弗氏完全佐剂（Freund's complete adjuvant，FCA）的福尔马林灭活的超声处理制剂的，在2周内刺激了显著的系统性抗体反应（平均抗体滴度为11 200）、二次免疫增加到30 600；免疫后10周，平均抗体滴度仍显著高于对照组。在免疫后6周和8周，用福尔马林杀死的弗氏完全佐剂的超声菌细胞免疫的鱼，在其皮肤黏液中也观察到了抗体（平均滴度分别为67和33）。

研究描述了用酶联免疫吸附试验检测和定量罗非鱼血浆、血清或黏液中的抗柱状黄杆菌抗体的方法。免疫结果表明在罗非鱼血浆和皮肤黏液能够产生对柱状黄杆菌的体液免疫应答，但需要使用弗氏完全佐剂的免疫接种来诱导这种反应，这是首次在罗非鱼皮肤黏液中发现柱状黄杆菌特异性抗体应答的报道[58]。

③弱毒和双价免疫制剂。美国农业部农业研究局水生动物健康研究实验室的Shoemaker等（2007）报道，对经改良的活单价柱状黄杆菌疫苗（modified live monovalent *Flavobacterium columnare* vaccine）、双价的柱状黄杆菌疫苗和鲶鱼爱德华氏菌（*Edwardsiella ictaluri*）疫苗（bivalent product）在斑点叉尾鮰眼卵期（eyed egg stage）浸泡接种后的免疫保护效果进行了评价。改良的活柱状黄杆菌疫苗在改良Shieh肉汤中培养生长，以1.35×10^7CFU/mL的剂量浸泡15min（在1 000mL水中），在第34天用2.17×10^7CFU/mL的进行15min的加强免疫；双价疫苗包括1：1比例的改良活柱状黄杆菌疫苗和AQUAVAC-ESC^{TM}疫苗，浸泡15min（在1 000mL水中）。未接种疫苗的对照组，是在1 000mL水中保持15min。在初次免疫后第109天、第116天和第137天浸入柱状黄杆菌（ALG-00-530菌株）或在第116天双价疫苗组浸入鲶鱼爱德华氏菌（AL-93-75菌株）。单次或加强免疫接种的单价改良活柱状黄杆菌疫苗具有保护作用，相对存活率（relative percent survival，RPS）值在50.0 ~ 76.8；双价疫苗免疫后的相对存活率出现了一些变化，柱状黄杆菌感染的为33.0 ~ 59.7、鲶鱼爱德华氏菌感染的为44.5 ~ 66.7，但相对存活率值没有统计学差异。结果表明，眼卵期接种活二价疫苗是安全的，对单一病原菌的感染具有保护作用[59]。

相继是Shoemaker等（2011）报道一种改良的活柱状黄杆菌疫苗（modified live *Flavobacterium columnare* vaccine），是对一个毒性毒株（virulent strain）反复通过渐增浓度的利福平（rifampicin）作用研制的，如此会导致毒力减弱（attenuation）。在实验室通过疫苗接种/感染试验，评估了相应的免疫保护效果和安全性。试验在孵化后10～48d用此疫苗或许可产品（AQUAVAC-COL™）对斑点叉尾鮰鱼苗（channel catfish fry）进行浸泡接种，在感染后的相对存活率在57%～94%；同样在实验室条件下，使用不同剂量的许可产品以孵化后10d的大口黑鲈鱼苗进行疫苗接种/感染试验，结果表明，该疫苗具有安全性和显著的保护效果，感染的相对存活率在74%～94%（取决于疫苗使用剂量）。试验结果表明，对早期生命阶段的斑点叉尾鮰和大口黑鲈接种疫苗是安全的，并降低了柱状黄杆菌感染后的死亡率。这种经利福平改性活柱状黄杆菌疫苗，最初由美国农业部农业研究局研制并获得专利。感染试验的柱状黄杆菌，为菌株ARS-1（基因型Ⅰ）或ALG-00-530（基因型Ⅱ），在改良噬纤维菌肉汤（modified *Cytophaga* broth）培养基28℃±2℃、100r/min摇动24h的培养物[60]。

美国奥本大学的Mohammed等（2013）报道，柱状黄杆菌是由三种基因型构成的高度多样性（highly diverse）的种。基因型Ⅱ菌株比基因型Ⅰ菌株对鲶鱼的毒力更强。研究的目的是用利福平耐药策略（rifampicin-resistance strategy），比较基因型Ⅰ和基因型Ⅱ的无毒突变体（avirulent mutants）作为疫苗的效果。首先是比较了13个基因型Ⅱ突变体对斑点叉尾鮰种鱼（fingerlings）的效果，并根据突变体17-23（mutant17-23）的感染相对存活率确定了其对高毒力基因型Ⅱ菌株（BGFS-27）的最佳候选疫苗。在第二个试验中，用两个基因型Ⅱ突变体（17-23和16-534）和FCRR（基因型Ⅰ突变体）接种斑马鱼（zebrafish，*Danio rerio*），然后暴露基因型Ⅱ的BGFS-27菌株。突变体17-23、16-534和FCRR的相对存活率分别为28.4%、20.3%和8.1%。在第3和第4次试验中，检测了突变体17-23和FCRR在斑点叉尾鮰鱼苗和尼罗罗非鱼中的含量，在这两个试验中，接种过疫苗的鱼被分成两组，每一组都受到一个基因型Ⅰ（ARS-1）或一个基因型Ⅱ（BGFS-27）菌株的感染。用突变体17-23和FCRR接种斑点叉尾鮰鱼苗，随后用BGFS-27（基因型Ⅱ）接种感染，相对存活率分别为37.0%和4.4%。当鱼受到ARS-1（基因型Ⅰ）的感染时，接种突变体17-23和FCRR的鱼的相对存活率分别为90.9%和72.7%。尼罗罗非鱼接种突变体17-23和FCRR，随后接种BGFS-27（基因型Ⅱ），相对存活率分别为82.1%和16.1%；当鱼受到ARS-1（基因型Ⅰ）菌株的感染时，相对存活率分别为86.9%和75.5%。研究结果表明，与FCRR（基因型Ⅰ突变体）相比，基因型Ⅱ突变体17-23对斑点叉尾鮰和尼罗罗非鱼的保护效果更好，对两个基因型具有交叉保护作用，认为比FCRR（基因型Ⅰ突变体）更具商业价值[61]。

④全菌细胞裂解物中的免疫显性抗原。美国农业部农业研究局水生动物健康研究实验室的Bader等（1997）报道，鉴定并比较了经压力灭活（pressure-killed）和福尔马

林灭活（formalin-killed）的柱状黄杆菌（注：文中以柱状屈挠杆菌记述）全菌细胞裂解物（whole-cell lysates）中的免疫显性抗原（immunodominant antigens）。血清为来自自然感染和接种过疫苗（福尔马林灭活菌体）的斑点叉尾鮰的。

比较了压力和福尔马林杀灭柱状屈挠杆菌（柱状黄杆菌）的全细胞裂解物，并用十二烷基硫酸钠-聚丙烯酰胺凝胶电泳分离抗原，通过染色、蛋白印迹（western blotting）和糖蛋白（glycoproteins）特异性单克隆抗体鉴定抗原；利用自然感染柱状屈挠杆菌（柱状黄杆菌）的斑点叉尾鮰和接种试验性柱状屈挠杆菌（柱状黄杆菌）疫苗的斑点叉尾鮰的血清，进行免疫印迹。

压力灭活和福尔马林灭活的柱状屈挠杆菌（柱状黄杆菌）全细胞裂解物，共显示有4种蛋白质（100kDa、80kDa、66kDa、60kDa），其中60kDa的蛋白抗原是一种糖蛋白。用自然感染的斑点叉尾鮰血清进行的蛋白质印迹分析显示，压力灭活和福尔马林灭活的为同样的蛋白；接种疫苗的鱼的血清，只对压力灭活的柱状屈挠杆菌（柱状黄杆菌）全细胞裂解物抗原（lysate antigens）产生反应。认为福尔马林处理可改变或灭活60kDa蛋白抗原，使其无法识别自然感染柱状屈挠杆菌（柱状黄杆菌）的斑点叉尾鮰的抗体，这表明福尔马林杀死的柱状屈挠杆菌（柱状黄杆菌）可能不适合用作抗柱状病的疫苗[62]。

⑤商品化免疫制剂。在美国渔业协会鱼类养殖部（American Fisheries Society Fish Culture Section）2011年2月修订的*Guide to Using Drugs*，*Biologics*，*and Other Chemicals in Aquaculture*《水产养殖中使用药物、生物制品和其他化学品指南》中记述，在美国一种商品名称FryVacc1的柱状黄杆菌菌苗（*Flavobacterium Columnare* Bacterin），通过疫苗浴（vaccine bath）用于健康鲑科（salmonids）鱼类（≥3g）的免疫接种预防由柱状黄杆菌引起的柱状病[63]。

（2）国内的研究报道

在我国，近些年来多有在柱状黄杆菌免疫学特性方面的研究报道，涉及免疫制剂、免疫活性抗原成分、天然免疫介质等多种内容。

①全菌细胞免疫制剂。在早期由华中农业大学的陈昌福等（1995）报道，用从患细菌性烂鳃病的翘嘴鳜分离的柱状黄杆菌（文中以柱状噬纤维菌记述）SC-6菌株制备成酚灭活免疫制剂，经胸鳍基部注射接种平均体重67.5g健康翘嘴鳜（*Siniperca chuatsi*）3周后，采血测定血清抗体效价、白细胞吞噬百分比和吞噬指数的吞噬活性，攻毒感染检查免疫保护效果等，结果表明受免鱼体血清中凝集抗体效价在1：（512～2 048），血液中白细胞的吞噬活性显著地高于对照鱼，攻毒感染的免疫保护力为100%（10/10）[64]。

中国科学院水生生物研究所的刘毅等（2008）报道，将福尔马林灭活的柱状黄杆菌菌苗（FKG_4）经腹腔注射免疫草鱼，以注射灭菌磷酸盐缓冲液作为对照，分别在免疫后1d、7d、15d和28d，提取受免鱼和对照鱼3种组织（肝脏、脾脏和头肾）中的总RNA并反转录成cDNA，利用Real-time PCR方法对不同组织中C-反应蛋白（CRP）、主要组织相容性复合体Ⅰ（MHCⅠ）、肿瘤坏死因子α（TNFα）、白介素1β（IL-1β）、白介素8（IL-8）、Ⅰ型干扰素（IFNⅠ）等6种免疫相关基因的表达进行定量分析。结果发现C-反应蛋白在受免鱼肝脏中的表达于免疫后1、7d显著高于对照鱼，而在脾脏与头肾中的表达未出现显著差异；主要组织相容性复合体I在受免鱼3种组织中的表达于免疫后1d、7d、15d都显著高于对照鱼；肿瘤坏死因子α在3种组织中的表达水平都较低，但都于免疫后1d、7d显著高于对照鱼；白介素1β在3种组织中的表达于免疫后1d都显著高于对照鱼，但只有在头肾中的表达于免疫后7d时仍保持显著差异；白介素8在3种组织中的表达都只是于免疫后1d显著高于对照鱼；肿瘤坏死因子α、白介素1β及白介素8等3种炎症因子的基因表达在免疫后15d都恢复到对照鱼的水平；Ⅰ型干扰素在3种组织中的表达，与对照组之间未出现显著差异。结果表明柱状黄杆菌菌苗（FKG_4）经注射免疫能够显著提高草鱼3种组织中与抗菌免疫相关的基因表达，从而增强鱼体抵抗细菌性病原的免疫力[65]。

②脂多糖免疫制剂。在早期由陈昌福等（1996）报道了浸泡接种柱状黄杆菌（注：文中以柱状噬纤维菌记述）SC-6菌株制备的免疫制剂对翘嘴鳜的免疫效果，方法是以酚灭活全菌疫苗、提取的菌体脂多糖、酚灭活全菌疫苗与脂多糖混合物作为免疫原，分别对不同组供试的健康翘嘴鳜（5.56g ± 0.27g）做浸泡免疫30min，免疫后21d从各组（含不免疫的对照组）随机取15尾鱼采血分离血清、以微量凝集试验测定凝集抗体效价，同时随机各取60尾做感染保护试验；结果经3种不同免疫原（含混合的）浸泡接种后21d的鱼体血清中凝集抗体效价与对照组鱼未见存在显著差别，但发现攻毒感染均具有一定的保护效果，其中以脂多糖免疫组的免疫保护力最强，全菌疫苗免疫组的次之，混合物免疫组的最弱。根据结果认为此菌的全菌及脂多糖抗原均可经浸泡进入翘嘴鳜体内，脂多糖所显示出的高免疫保护力，可能是因其更易经浸泡进入鱼体[66]。

相继，陈昌福（1997）报道采用不同方法提取的柱状黄杆菌（文中以柱状噬纤维菌记述）菌株GCR-9061（分离于患病草鱼）的脂多糖，制成10mg/mL的生理盐水悬液作为免疫原，分别对体重80.0g ± 9.5g健康鲤经胸鳍基部注射免疫0.4mL/尾，然后每间隔7d从各免疫组随机取5尾鱼采血，分别测定血清中凝集抗体效价（以经0.5%福尔马林灭活的GCR-9061株全菌为凝集原）、以脂多糖为沉淀原测定沉淀抗体、吞噬百分比和吞噬指数的白细胞吞噬活性；并通过感染保护试验等，比较了不同方法提取脂多糖的抗原性。结果表明以酚-水（phenol-water）法提取的脂多糖免疫组凝集抗体效价最高，其次是Boivin氏法提取的脂多糖免疫组，用乙二胺四乙酸（ethylenediamine tetraacetic acid，EDTA）法提取的脂多糖免疫组凝集抗体效价较低，但3种不同方法提取的脂多糖均有良好的免疫原性，均于免疫接种后第3周可使凝集抗体效价达到高峰；沉淀抗体测定结果表明于免疫接种后5周出现，但通过沉淀线出现的量及位置等可看出3种不同方法提取的脂多糖在抗原性上可能是有差异的；各免疫组的白细胞吞噬活性均显著高于非免疫对照组，其中乙二胺四乙酸法提取的脂多糖免疫组出现的较迟；感染保护试验的结果为酚-水法和Biovin氏法提取脂多糖免疫组的保护率分别为68.8%和71.2%，乙二胺四乙酸法提取脂多糖免疫组为43.7%。根据试验结果，认为上述3种方法提取的脂多糖均能使受免鲤产生抗体和增强白细胞吞噬活性；3种方法间存在的脂多糖抗原性差异，可能主要是不同方法导致了此菌脂多糖化学成分上的差异所致[67]。

在上述研究基础上，陈昌福（1998）报道又进行了1龄鲤（平均体重82g）对此菌株（GCR-9061）福尔马林灭活的全菌、脂多糖不同免疫原的免疫应答比较研究，通过免疫接种后检测血清中凝集抗体效价、白细胞吞噬活性、直接荧光抗体法测定血液中各种淋巴细胞的数量变化等，结果表明在经全菌和脂多糖免疫后血清中抗体凝集效价分别在第4周和第3周达到高峰，吞噬细胞吞噬活性均在第2周达到高峰，血液中T淋巴细胞和B淋巴细胞样细胞的比率也均在第2周最高，且随免疫后时间的延长均逐渐下降[68]。

继之，陈昌福和日本国福山大学的楠田理一（1999）报道，进行了翘嘴鳜、斑鳜（*Siniperca scherzeri*）、大眼鳜（*Siniperca kneri*）3种鳜对此菌脂多糖免疫应答的比较研究。从柱状黄杆菌（文中以柱状噬纤维菌记述）提取菌体脂多糖作为免疫原，分别注射接种翘嘴鳜、斑鳜、大眼鳜后，检测了供试鱼血清中凝集抗体效价和血液中白细胞吞噬活性及采用直接荧光抗体法测定了受免鳜血液中各种淋巴细胞数量的变化。结果表明接种脂多糖后，3种受免鳜血清中凝集抗体效价均在第三周达到峰值，血液中吞噬细胞的吞噬活性和T淋巴细胞、B淋巴细胞样细胞的比率均在第二周最高。但3种鳜对脂多糖的免疫应答水平存在种间差异，以翘嘴鳜最高、斑鳜次之、大眼鳜最低[69]。

③胞外多糖免疫制剂。中国科学院水生生物研究所的刘毅等（2006）报道，细菌的多糖成分多以3种形式存在，其中与细胞膜结合的为脂多糖，与细胞壁共价连接的为荚膜多糖（capsular polysaccaride，CPS），完全分泌到胞外的多糖成分被称为胞外多糖（exopolysaccharide，EPS ）。在3种多糖成分中，已有报道脂多糖对鱼类的免疫具有促进作用；尽管近来有研究表明胞外多糖对小鼠具有免疫促进作用、抗肿瘤作用以及降低胆固醇的功能，在对虾也存在免疫促进作用，但对鱼类是否具有免疫促进作用则不为所知。

通过提取柱状黄杆菌的胞外多糖，将其经腹腔注射草鱼，在免疫一周后利用半定量RT-PCR（semi-quantitative RT-PCR）方法，检测受免鱼以及对照鱼（注射灭菌生理盐水）5种免疫基因（immune gene）的表达情况，以揭示该菌胞外多糖对草鱼（体重为25～30g）是否具有免疫促进作用。

在免疫一周后，分别取受免鱼与对照鱼肝脏、脾脏、体肾和头肾4种组织中的总RNA，通过半定量RT-PCR方法检测不同组织中C-反应蛋白、白介素1、主要组织相容性复合体Ⅰ、免疫球蛋白M（IgM）、干扰素等5种免疫基因的表达情况。结果显示，C-反应蛋白在受免鱼肝脏中的表达显著上升；主要组织相容性复合体Ⅰ在受免鱼脾脏、体肾中的表达显著下降；免疫球蛋白M在受免鱼4种组织中的表达皆显著上升；白介素1在受免鱼4种组织中的表达与对照组没有显著差异；无论受免组、还是对照组都只能检测到微弱的干扰素表达，且两组之间没有显著差异。结果表明，柱状黄杆菌胞外多糖对草鱼的先天免疫能力以及特异性体液免疫能力具有促进作用[70]。

④外膜蛋白免疫制剂。中国科学院水生生物研究所的孙宝剑等（2001）报道，外膜蛋白和脂多糖是构成革兰氏阴性菌表面抗原最主要的成分，它们可作为重要的保护性抗原。以从患病鳜分离的柱状黄杆菌（文中以柱状嗜纤维菌记述），分别提取的外膜蛋白（outer membrane protein，OMP）、脂多糖，通过检测在考马斯亮蓝显色的凝胶上可以识别出11种蛋白，其中4种蛋白染色较深，它们的分子量分别为24.4kDa、34.4kDa、47.5kDa、51.3kDa，另外的7种蛋白染色较浅，分子量分别为29.6kDa、41.0kDa、58.6kDa、63.2kDa、70.2kDa、75.0kDa、85.7kDa、104.0kDa；在免疫印迹膜上，24.4kDa、58.6kDa、75.0kDa、85.7kDa的呈现较深的颜色，尤其是分子量为24.4kDa的蛋白呈现出深而宽的条带。在银染显色的凝胶上可以显现出2种脂多糖，其中分子量约为17.5kDa的条带染色深，分子量约为65.0kDa的条带染色较浅；在免疫印迹膜上，17.5kDa的脂多糖表现出较强的免疫原性[71]。

华中农业大学的夏露等（2007）报道，利用从患病斑点叉尾鮰分离的嗜水气单胞菌（*Aeromonas hydrophila*）、鲶鱼爱德华氏菌，从患细菌性烂鳃病的翘嘴鳜分离的柱状黄杆菌（文中以柱状嗜纤维菌记述），分别提取的外膜蛋白作为免疫原，注射接种斑点叉尾鮰后，通过测定受免鱼的交叉凝集抗体效价、肾脏和血液中吞噬细胞的吞噬活性和采用嗜水气单胞菌活菌攻毒方法，比较了3种致病菌外膜蛋白对斑点叉尾鮰的免疫原性。试验结果表明，从3种致病菌中提取的外膜蛋白对斑点叉尾鮰均具有较强的免疫原性，受免鱼的血清中存在对3种致病菌的交叉凝集抗体；与对照鱼相比，肾脏和血液中吞噬细胞对吞噬原的吞噬活性和对嗜水气单胞菌活菌攻毒的相对存活率明显上升。表明在此3种供试菌的外膜蛋白上，不同程度地存在共同保护性抗原[72]。

江西省水产技术推广站的胡火根等（2010）报道，利用从江西南昌县某水产养殖场养殖的患病团头鲂（*Megalobrama amblycephala*）分离的柱状黄杆菌、嗜水气单胞菌（*Aeromonas hydrophila*）、温和气单胞菌（*Aeromonas sobria*）中提取的外膜蛋白作为免疫原，注射接种团头鲂后，通过测定受免鱼的交叉凝集抗体效价、肾脏和血液中吞噬细胞的吞噬活性和采用嗜水气单胞菌活菌攻毒方法，比较了此3种致病菌外膜蛋白对团头鲂的免疫原性。结果表明从3种致病菌提取的外膜蛋白对团头鲂均具有较强的免疫原性，受免鱼的血清中存在对3种致病菌的交叉凝集抗体；与对照鱼相比，肾脏和血液中吞噬细胞对吞噬原的吞噬活性和对嗜水气单胞菌活菌攻毒的相对存活率明显上升。说明在3种致病菌的外膜蛋白上，不同程度地存在共同保护性抗原[73]。

⑤菌体成分潜在免疫原活性。中国科学院水生生物研究所的Liu等（2012）报道，采用免疫印迹（immunoblotting）对草鱼抗菌血清（antibacterial sera）进行双相电泳（Two-dimensional electrophoresis，2-DE）图谱凝胶（map gels）分析，从柱状黄杆菌（原分离于草鱼的菌株G4）的菌细胞成分鉴定出14种蛋白，并对抗草鱼重组免疫球蛋白（recombinant Ig，RIg）多克隆抗体（anti-grass carp-RIg polyclonal antibodies）进行鉴定。利用基质辅助激光解吸/电离飞行时间质谱（matrix-assisted laser desorption/ionization-time of flight-mass spectrometry，MALDI-TOF/TOF-MS）对这些蛋白质进行了定性分析。此14种蛋白是柱状黄杆菌的免疫原性分子（immunogenic molecules），包括伴侣蛋白Dnak（chaperonins DnaK）、GroEL和触发因子（trigger factor），以及翻译延伸因子G（translation elongation factor G）、Tu，30S核糖体亚基蛋白S1（ribosomal subunit protein S1）、二氢硫酰胺琥珀酰转移酶（dihydrolipoamide succinyltransferase）、琥珀酰辅酶A合成酶（succinyl-CoA synthetase）、SpoOJ调节蛋白（SpoOJ regulator protein）、乙醇脱氢酶（alcohol dehydrogenase）、果糖二磷酸盐醛缩酶（fructose-bisphosphate aldolase）、3-羟基丁酰辅酶A脱氢酶（3-hydroxybutyryl-CoA dehydrogenase）和两种保守假设蛋白（conserved hypothetical proteins）。认为这些已鉴定的免疫原性蛋白，可能为柱状病疫苗的研制提供候选分子[74]。

⑥菌蜕免疫制剂。山东师范大学Zhu等（2012）报道，为制备细菌菌蜕疫苗（bacterial ghost vaccine），通过将克隆PhiX174裂解基因E（cloning PhiX174 lysis gene *E*）和具有柱状黄杆菌启动子（promoter）的*cat*基因（*cat* gene）克隆到原核表达载体pBV220（prokaryotic expression vector pBV220）中，构建了一种特异性黄杆菌裂解质粒（specific *Flavobacterium* lysis plasmid）pBV-*E-cat*。用电穿孔法（electroporated）成功地将质粒进入柱状黄杆菌G4cpN22菌株中，利用基因*E*介导的裂解（gene *E*-mediated lysis）方法首次产生了柱状黄杆菌菌株（由中国科学院水生生物研究所提供的高毒性病原柱状黄杆菌G4菌株）G4cpN22菌蜕（*Flavobacterium columnare* G4cpN22 ghosts，FCGs），并通过腹腔途径对草鱼（体重45g ± 5g）进行接种FCG的疫苗潜力研究，结果显示用FCG免疫的鱼比用福尔马林灭活菌细胞（formalin-killed *F. columnare*，FKC）或磷酸盐缓冲盐水接种的鱼具有显著的高血清凝集效价和杀菌活性（bactericidal activity）。最重要的是，在以亲本菌株G4试验感染后，FCG免疫组的相对存活率（70.9%）明显高于福尔马林灭活菌细胞组的（41.9%）。这些结果表明FCG具有免疫保护作用，可以有效预防柱状黄杆菌感染。FCG作为一种非活性全细胞包膜制剂（non-living whole cell envelope preparation），在水产养殖中可作为一种理想的病原菌疫苗替代品。

图4-83为柱状黄杆菌G4cpN22菌蜕的电子显微镜分析。图4-83A显示，通过扫描

电子显微镜检查，跨膜溶解通道（transmembrane lysis tunnel）主要位于菌细胞两极（poles）；图4-83B为透射电子显微镜检查，显示柱状黄杆菌G4cpN22菌蜕细胞质物质丢失，溶解后的细胞电子密度低、不均匀，保留了菌细胞的基本形态；未溶解的细胞电子密度高、均匀，呈整体细胞结构[75]。

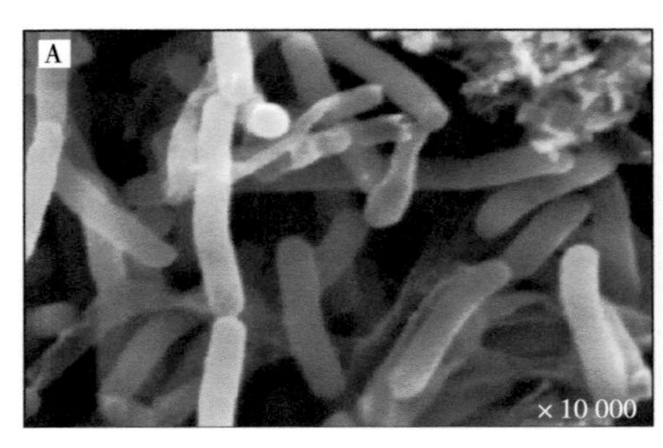

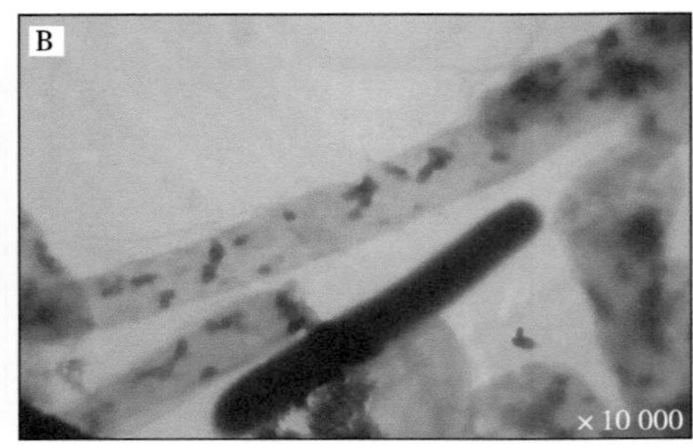

图4-83　柱状黄杆菌G4cpN22菌蜕

⑦不同血清型间的交互免疫保护作用。在柱状黄杆菌不同血清型间的交互免疫保护方面，陈昌福（1997）报道应用此菌已知3个不同血清型菌株（编号G-4、CTS-5、M-157），分别制备1%福尔马林灭活和热（100℃作用2h）灭活的全菌免疫原（10^7个菌细胞/mL浓度），分别经胸鳍基部注射免疫接种平均体重51g ± 6.3g健康草鱼0.2mL/尾，免疫接种后4周随机从各组取5尾鱼采血分离血清测定凝集抗体效价（凝集原用各菌株的福尔马林灭活菌体），另对各种不同血清型菌株不同免疫原接种组，分别以1.3×10^7CFU/mL菌液做对应及交叉感染的免疫保护测定（胸鳍基部注射0.2mL/尾），结果表明各不同型菌株、各不同免疫原均能刺激受免鱼产生较高的相应和交叉凝集抗体效价，且各免疫组间未见明显的差别。据此，研究者认为用不同血清型的菌株制备的福尔马林灭活、热灭活抗原在受免鱼产生凝集抗体方面具有同源性，且用福尔马林灭活和热灭活均能有效保护这些抗原不受破坏；另外，感染免疫保护试验表明两种免疫原的均能产生有效的相应及交互免疫保护作用，且差异不很明显。所以，研究者认为柱状噬纤维菌的血清型与其疫苗的抗原性没有明显相关性，制备该菌的鱼用疫苗时不必考虑菌株的血清型或制备多价疫苗[76]。

⑧天然免疫介质。广西大学的韦友传等（2012）报道，运用RT-PCR和快速扩增cDNA末端（rapid amplication of cDNA Ends，RACE）技术获得草鱼抗菌肽（hepcidin）基因全长cDNA，为774 bp，包括ORF282bp、5′UTR117bp和3′UTR383bp，3′UTR存在1个多聚腺苷酸加尾信号（AATAAA）和1个mRNA不稳定基序（ATTTA）。推定编码93个氨基酸，与其他鱼类hepcidin的序列同一性为27.9% ~ 51.6%；SignalP4.0软件预测信号肽位于1 ~ 24位。在邻接（neighbor-joining，NJ）法构建的系统进化树中，草鱼hepcidin前体肽和其他已有报道鱼类hepcidin前体肽聚为一支。实时定量PCR（quantitative real-time polymerase chain reaction，qPCR）检测，结果显示草鱼抗菌肽基因mRNA主要表达于肝脏、脾脏、头肾和眼等组织；柱状黄杆菌注射后4～48h，草鱼抗菌肽基因在肝脏、脾脏和头肾中表达均显著上调。此项研究的结果，克隆到了草鱼抗菌肽一个新基因的全长cDNA，阐明了其所编码的抗菌肽与其他脊椎动物抗菌肽具有类似的结构与功能；证明其广泛分布于各组织中，参与对细菌的免疫应答，是固有免疫的重要组成部分[77]。

江西农业大学的隗黎丽等（2013）报道用柱状黄杆菌G4菌株感染草鱼，分别在感染1d、4d、7d后提取感染组和对照组草鱼5种组织（鳃、脾脏、肝脏、肠道、头肾）的总RNA，采用半定量RT-PCR方法检测不同组织中Toll样受体3（Toll-like receptor 3，TLR3）、Toll样受体7（TLR7）和Toll样受体22（TLR22）3个抗菌免疫基因的表达变化。结果表明，注射接种柱状黄杆菌7d后，TLR3在草鱼鳃、肝脏、肠道和头肾4种组织中的表达显著上调（$P<0.05$）；注射接种柱状黄杆菌4d和7d后，TLR7和TLR22在5种组织中的表达均显著上调（$P<0.05$）；而注射接种柱状黄杆菌1d后，TLR22在鳃、脾脏和肝脏组织中的相对表达量就显著上调（$P<0.05$）。研究表明，TLR3、TLR7和TLR22基因在机体应对细菌感染的免疫反应过程中发挥着重要的作用[78]。

⑨免疫多糖的免疫应答调节作用。华中农业大学的汪成竹和陈昌福（2008）报道在饲料中添加定量的免疫多糖（immunopolysacchride），投喂经注射接种福尔马林灭活的柱状黄杆菌菌苗的草鱼28d后，通过测定供试鱼的增重量、血清中凝集抗体效价、溶菌酶活性、谷丙转氨酶活性、血清总蛋白含量、白细胞吞噬活性以及活菌攻毒后的免疫保护率，探讨了免疫多糖对受免草鱼免疫应答的增强作用。结果表明，用添加200.0mg/kg免疫多糖的饲料投喂受免草鱼，不仅可以使受免草鱼对灭活柱状黄杆菌的免疫应答水平提高、增强抵抗柱状黄杆菌人工感染的能力，而且还具有一定的促进生长和改善肝功能的作用。研究中作为免疫刺激剂（immunostimulant）使用的免疫多糖是安琪酵母股份有限公司以医药专用酵母生产的福邦牌，该产品中主要含有β-葡聚糖（≥20.0%）、α-甘露聚糖肽（≥20.0%）、肽类及蛋白质（≥30.0%）和几丁质（≥2.0%）[79]。

（八）生境与抗性

淡水水域是柱状黄杆菌的生态环境，世界上已有多个国家从淡水鱼检出此菌的报道，近些年来在我国也有多个省、地从多种患病淡水鱼中分离到该菌。在柱状黄杆菌对常用抗菌类药物的敏感性方面，国内外已有一些研究报道，总体上显示在不同的菌株间存在一定的耐药性差异。

1. 生境

多有研究报道显示，柱状黄杆菌属于水生细菌，在水及池塘泥中存活的时间与水温、水质等有关。能够在实验室条件下，在蒸馏水中存活>5个月和在湖水中>2年的时间；多种因素如水硬度/碱度、温度、有机负荷和性质等，直接影响其生存时间。能够形成生物膜，甚至在惰性表面（inert surfaces）[9]。

中国水产科学研究院淡水渔业研究中心的谢骏等（2004）报道，通过对该中心渔场的鱼池（混养草鱼、鲫鱼、鲢、鳙、鳊鱼和青鱼等）中的几种主要病原菌进行定期采样测定（采样时间为5—8月的上旬、下旬间隔半个月各采一次样，共7次），研究了鱼池中不同生物体表面柱状黄杆菌（文中以柱状屈挠杆菌记述）、大肠埃希菌（*Escherichia coli*）、鳗弧菌（*Vibrio anguillarum*）的区系分布。结果显示此三种细菌在各种鱼体表的数量主要在$10^2 \sim 10^4$CFU/cm^3波动。研究还表明柱状黄杆菌、大肠埃希菌、鳗弧菌在池塘水体和各种浮游生物上的数量波动区域：浮游细菌（planktonic bacteria）为$10^5 \sim 10^6$CFU/L、大型浮游生物（large plankton）为$10^3 \sim 10^4$CFU/L、小型浮游生物（small plankton）为$10^4 \sim 10^5$CFU/L，其分布顺序（根据其平均值）都是：水体中的浮游细菌数量总是远远高于小型浮游生物（通常高10～100倍），小型浮游生物也总高于大型浮游生物（通常高10倍左右）；在同一种生物，其体表上的各种病原菌有相同的分布规律。另外，由于在检测期间养殖未发生鱼病，认为所检测的大肠埃希氏菌、柱状黄杆菌、鳗弧菌在池塘中（包括各种鱼的体表黏液）是普遍存在的，可以作为池塘的正常菌群。柱状黄杆菌在池塘各种鱼体表的分布顺序（根据其平均值）为草鱼>鳙>鲢鱼>鳊鱼>鲫鱼>青鱼；大肠埃希菌的分布顺序为草鱼>鲫鱼>鳙>鲢>青鱼>鳊鱼，其中鲫鱼、鳙和鲢几乎相等；鳗弧菌的分布顺序为鲫鱼>青鱼>草鱼>鳙>鳊鱼>鲢，其中青鱼和草鱼几乎相等。各种鱼体表上的同一细菌数量总体相差不大（几倍之间），但有一定的选择性，柱状黄杆菌和大肠埃希氏菌在草鱼体表的数量明显高于青鱼和鳊鱼，而鳗弧菌在鲫鱼体表的分布明显高于鲢鱼。另外，同一种鱼其体表上的各种病原菌有相似的分布规律，柱状黄杆菌总是明显高于大肠埃希菌、鳗弧菌，大肠埃希菌和鳗弧菌则相差不大；如果仅以这三种菌来分析，则柱状屈挠杆菌在各种鱼体表明显处于优势地位，这可能是细菌性烂鳃病最为常见的一个重要原因。此三种细菌在水体和各种生物体上的高峰期通常在5月下旬至6月上旬、7月下旬至8月上旬，因此认为在这两个时间段，要特别重视防治鱼病的工作[80]。

比利时根特大学（Ghent University；Merelbeke，Belgium）的Declercq等（2013）以综述的形式报道，柱状黄杆菌广泛分布于世界各地的淡水资源中，也可构成淡水鱼、卵和鱼类生存的养殖水体的细菌微生物群（bacterial microbiota）的一部分。有几项研究已经表明，柱状黄杆菌在水中可长时间存活，其存活率被证明受周围水的物理和化学特性的影响。Fijan（1968）报道柱状黄杆菌在25℃条件下，在高有机负荷的硬碱性水中可存活16d；含有10mg/L的$CaCO_3$的软水（soft water），尤其是在酸性或有机物含量较低的情况下，不能为细菌提供有利的环境。Chowdhury和Wakabayashi（1990）报道，钾离子和钠离子对柱状黄杆菌在水中的长期存活都很重要。Ross和Smith（1974）

报道，发现柱状黄杆菌在静态无菌河水中的存活率与温度直接相关，在较低温度下的存活率较高。Kunttu等（2012）报道在实验室条件下，这种细菌能在湖水中保持其感染性至少5个月。Bullock等（1986）报道，柱状黄杆菌也能在无菌河泥中存活。Wakabayashi（1993）报道，泥浆往往含有足够的营养物质，以维持柱状黄杆菌的生存能力比在无菌河水的长；然而在这种情况下，在25℃下的存活率似乎高于5℃下的存活率，低于5℃的温度甚至对柱状黄杆菌有害；柱状黄杆菌在微粒鱼饵料（particulate fish feed）中，也生长良好。Kunttu等（2012）报道当柱状黄杆菌在宿主外存活时，可以在菌落形态方面从一种有毒力的转变为毒性较小的，这可能是为了节约能源。有研究者建议渔场的柱状黄杆菌菌株来源于环境水域，养殖场环境和做法可选择性导致暴发感染的有毒力菌株[81]。

2. 抗性

在此所记述的一些报道，是分离于不同鱼类的柱状黄杆菌菌株，表现出了一定的耐药差异性。这里所记述的内容，是在不同鱼类分离菌株具有一定代表性的。

（1）对抗菌类药物的耐药性

中国科学院水生生物研究所的李楠等（2011）报道，对从草鱼分离的病原柱状黄杆菌，经以常用的16种抗菌类药物进行耐药性测定，结果为对供试的氨苄青霉素、利福平、左氧氟沙星、阿奇霉素、链霉素、四环素、红霉素、青霉素、奥复星、环丙沙星10种抗菌类药物敏感，对菌必治、庆大霉素2种抗菌类药物中度敏感，对杆菌肽、万古霉素、盐酸林可霉素、磺胺4种抗菌类药物耐药[82]。

贵州省畜牧兽医研究所的余波等（2011）报道，对从大鲵（*Megalobatrchus davidianus*）分离的病原柱状黄杆菌，经以常用抗菌类药物进行耐药性测定，结果为对供试的头孢噻吩、庆大霉素、诺氟沙星、头孢三嗪、强力霉素、头孢唑啉、卡那霉素、四环素、青霉素、氨苄青霉素、红霉素、盐酸林可霉素、多黏菌素B、呋喃唑酮、复方新诺明、利福平、链霉素等17种均耐药[83]。

贵州黔西南州畜牧水产局的范兴刚等（2013）报道，对从大鲵分离的病原柱状黄杆菌，经以17种常用抗菌类药物进行耐药性测定，结果为对供试的头孢噻吩、头孢拉定、氟苯尼考等3种高度敏感，对庆大霉素、诺氟沙星、头孢三嗪、强力霉素、头孢唑啉、四环素、青霉素、氨苄青霉素、红霉素、盐酸林可霉素、呋喃唑酮、复方新诺明、利福平、链霉素等14种不敏感[84]。

天津市水产技术推广站的徐晓丽等（2014）报道，对从剑尾鱼（*Xiphophorus hellerii*）分离的病原柱状黄杆菌，经以22种常用抗菌类药物进行耐药性测定，结果为对供试的罗红霉素、恩诺沙星、阿奇霉素、诺氟沙星、盐酸林可霉素、左氟沙星、环丙沙星、阿洛西林等8种敏感，对链霉素、强力霉素、磺胺异噁唑、利福平、庆大霉素、氟苯尼考、丁胺卡那霉素等7种中度敏感，对呋喃唑酮、克拉霉素、复方新诺明、多黏菌素B、新生霉素、甲氧苄啶等7种耐药[85]。

广西渔业病害防治环境监测和质量检验中心的谢宗升等（2013）报道，对从斑点叉尾鮰分离的病原柱状黄杆菌（菌株YZ130310）对供试的头孢哌酮、庆大霉素、卡那霉素、四环素、强力霉素、恩诺沙星、诺氟沙星等7种抗菌药物敏感，对阿米卡星和氧氟沙星2种中度敏感，对头孢氨苄、头孢拉定、新霉素、土霉素、氟甲砜霉素、复方新诺明、红霉素等7种均存在不同程度的耐药性[86]。

（2）对烟酸诺氟沙星的耐药性获得与消失速率

华中农业大学陈昌福等（2015）报道，柱状黄杆菌能引起养殖黄颡鱼（*Pelteobagrus fulvidraco*）的细菌性溃疡病。对于由致病菌引起的疾病，大多是采用各种抗菌类药物进行治疗。在同一个养殖水体中多次使用同种抗菌类药物会导致病原菌的耐药性增加，使药物治疗疾病的效果越来越差。此外，抗菌药物的大量使用还可能造成养殖鱼体内的药物残留超标，甚至引起公共卫生方面的问题。由于各种致病菌对不同种类的抗菌类药物产生耐药性的机制不同，而且产生速度和消失速率也是有所不同的。因此，了解致病菌对抗菌类药物耐药性的产生和消失速率，是决定抗菌类药物的使用程序的基础。研究了在离体条件下检测从患病黄颡鱼分离的柱状黄杆菌菌株对烟酸诺氟沙星（Nicotinic acid Norfloxacin）的耐药性获得与消失速率，旨在为制定该抗菌类药物用于黄颡鱼细菌性疾病治疗的科学用药程序提供基础资料。研究中的4株（编号为HS-120605、HS-120607、HS-130301、HS-130308）柱状黄杆菌，是在2012年5—6月和2013年3—5月分别从江苏射阳黄沙港养殖区和浙江省菱湖地区的养殖场养殖的患病黄颡鱼分离的。

结果在供试菌株对烟酸诺氟沙星的敏感性方面，对4个菌株最小抑菌浓度（minimum inhibitory concentration，MIC）分别为HS-120605菌株为0.39mg/L、HS-120607菌株为0.20mg/L，HS-130301菌株和HS-130308菌株均为0.78 mg/L。在供试菌株对烟酸诺氟沙星耐药性产生速率方面，4个菌株经过连续9次在含有烟酸诺氟沙星的胰蛋白胨液体培养基中传代培养后，均获得了比较强的耐药性，最小抑菌浓度在HS-120605菌株由0.39mg/L上升到了1.56mg/L、HS-120607菌株由0.20mg/L上升到了0.78mg/L，HS-130301菌株和HS-130308菌株的由0.78mg/L上升到了3.13mg/L；即经过在含有烟酸诺氟沙星的培养基中传代9次后，烟酸诺氟沙星对柱状黄杆菌4个菌株的最小抑菌浓度值均上升了4倍。在供试菌株对烟酸诺氟沙星耐药性消除速率方面，将获得了较强耐药性的柱状黄杆菌4个菌株在不含烟酸诺氟沙星的胰蛋白胨液体培养基中连续5次传代培养后，最小抑菌浓度值在HS-120605菌株由1.56mg/L下降到了0.78mg/L、HS-120607菌株由0.78mg/L下降到了0.39mg/L，HS-130301菌株和HS-130308菌株的由3.13mg/L下降到了1.56mg/L；即经过在没有烟酸诺氟沙星的培养基中传代5次后，烟酸诺氟沙星对柱状黄杆菌4个菌株的最小抑菌浓度值均下降到了1/2[87]。

（3）对常用抗生素的药物敏感性模式

比利时根特大学的Declercq等（2013）报道，对柱状黄杆菌的药物敏感性模式（antimicrobial susceptibility pattern）进行了研究，测试了1987—2011年从不同国家收集的、17种鱼类分离的97株柱状黄杆菌对12种抗菌药物的体外敏感性。涉及的国家和菌株，分别为美国的57株、法国的15株、越南的9株、荷兰的6株、芬兰的3株、比利时的2株、中国的1株、未注明的4株；其中我国的1株（编号C5），是于2007年分离于中国胭脂鱼（Chinese high fin banded shark，*Myxocyprinus asiaticus*）的，由P.Nie提供。使用的12种抗菌药物，分别为氨苄西林、氯霉素、恩氟沙星（enrofloxacin）、红霉素、氟苯尼考（florfenicol）、氟甲喹（flumequine）、庆大霉素、硝基呋喃（nitrofuran）、奥美托普利-磺胺二甲氧嘧啶（ormetoprim-sulfadimethoxine）、奥索利酸（oxolinic acid）、土霉素、复方磺胺甲噁唑（trimethoprim-sulfamethoxazole）。

采用肉汤微稀释方法（broth microdilution technique），对这些苛刻生长细菌（fastidious organisms）进行了可靠的检测。对氟苯尼考、庆大霉素、奥美托普利-磺胺二甲氧嘧啶、复方磺胺甲噁唑，均无获得性耐药（acquired resistance）；其获得性耐药率为对氯霉素的1%、对硝基呋喃的5%、对土霉素的11%、对恩诺沙星的10%、对氟甲喹的16%、对奥索利酸的16%，分别由其最低抑制浓度的双峰或三峰分布反映出来。一个菌株对包括红霉素在内的几种抗菌剂表现出获得性耐药，另一个菌株显示对氨苄西林的获得性抗性；表现获得性抗性的分离株来自观赏性鱼类或越南鲶鱼，但来自野生斑点叉尾鮰的两个菌株仅对土霉素有获得性抗性。有50%的观赏鱼抗药性菌株对三种抗菌药物具有耐药性，将这些分离株指定为多重耐药性（multi-drug resistant）的菌株。

此项研究涉及不同种鱼类、不同年份、不同地理区域等方面，认为是在国内外首次检测数量多、来源复杂的柱状黄杆菌的耐药性。对氯霉素、土霉素、氟甲喹、奥索利酸、恩诺沙星和硝基呋喃的耐药性，是首次在柱状黄杆菌中的报道；研究结果可能表明，抗菌药物、特别是在观赏性鱼类行业的使用不太谨慎，因此敦促限制其使用，并将重点放在预防措施上[88]。

（4）对其他化学因素的耐受性

在前面有记述芬兰于韦斯屈莱大学的Suomalainen等（2006）报道，采用16S rRNA分析方法研究了柱状黄杆菌模式株NCIMB 2248和30株芬兰分离菌株，所有的分离菌株都属于RFLP基因型Ⅰ，ARISA群（ARISA group）分为A、B、C、D、E、F（模式株）、G、H的8种。在抗性方面，对这些菌株在不同温度、不同NaCl浓度和不同pH值条件下的生长情况进行了测试，结果显示芬兰柱状黄杆菌菌株在0.1%的NaCl浓度或pH值6.5条件下没有生长。另外，是表现对供试几种抗菌剂敏感，但对多黏菌素B或新霉素不敏感。这些发现，可能有助于养鱼场对疾病的科学管理[50]。

Suomalainen等（2005）相继报道，研究了盐和低pH值对鱼类柱状病的影响。体外研究柱状黄杆菌在4%的NaCl（pH值7.2）或pH值5.0、pH值4.86或pH值4.6条件下、作用15min或1h的存活率，所有条件都显著减少了活菌细胞的数量。在两个试验中，研究了盐（4%和2%）和酸性浴（pH值4.6）对虹鳟感染柱状黄杆菌的体内影响。盐浴和酸性浴都不能防止鱼类死亡，所有试验组的总死亡率都达到100%；然而，根据存活率分析，与对照组相比，4%盐浴处理的鱼类的死亡率较低。研究了鱼皮肤黏液（skin mucus）对酸性水的缓冲能力，一方面，鱼皮肤黏液显示是一种有效的缓冲液，能有效对抗水的酸碱度下降，皮肤的酸碱度明显高于黏液；如果附着的柱状黄杆菌位于黏液表面以下，则可能解释了水浴疗法无法防止死亡。另一方面，盐浴和酸性浴处理可以用来对感染鱼类流下的含有柱状黄杆菌的水进行消毒，从而防止疾病的传播[89]。

尼日利亚伊巴丹大学（University of Ibadan；Oyo State，Nigeria）的Akinola和伊格纳蒂乌斯·阿久鲁教育大学（Ignatius Ajuru University of Education；Port-Harcourt，Rivers State，Nigeria）的Olakunbi（2019）报道，抗菌类药物的耐药性是一个全球性的问题，特别是在可能对环境和公共卫生造成危害的背景下。柱状黄杆菌被观察到具有多重耐药性，但对NaCl高度敏感，因此需要进行具体的敏感性分析。分别采用纸片扩散法（disc diffusion）和倾注平板法（pour plate methods），检测了庆大霉素、复方甲基异噁唑（cotrimoxazole）、氧氟沙星（ofloxacin）、阿莫西林（amoxicillin）、环丙沙星（ciprofloxacin）、四环素、培氟沙星（pefloxacin）、奥格门汀（augmentin）、头孢曲松（ceftriazone）、呋喃妥因（nitrofurantoin）等10种常用抗生素和NaCl对4株（分离于不同病症柱状病的）柱状黄杆菌的体外敏感性；对11组各15条试验感染的养殖革胡子鲶（*Clarias gariepinus*）幼鱼进行了体内比较试验，9组分别用1.0%、2.0%、3.0%的NaCl治疗5min、10min、30min。第10组浸泡25mg/L环丙沙星1h，第11组未治疗（阳性对照）。结果显示其敏感性以环丙沙星的生长抑制率最高，其次是氧氟沙星和四环素，在所有NaCl浓度下也是如此。在感染的革胡子鲶中，仅用25mg/L环丙沙星、1%NaCl和2%～3%NaCl治疗5min和10min，没有出现死亡；然而在3%NaCl治疗30min的死亡率为46.7%±9.4%，明显高于2%NaCl治疗30min的死亡率（23.3%±4.6%），但与死亡率为36.7%±4.7%的阳性对照组无显著差异。由于短期NaCl浴对控制柱状病有效，因此以1%的盐消毒鱼苗和鱼种30min的方法可纳入鲶鱼孵化场的日常管理，也不必担心环境或公共卫生危害。另外，研究结果显示使用的柱状黄杆菌菌株具有多药耐药性，表明在尼日利亚（Nigeria）水产养殖业对鱼类进行抗生素治疗之前，需要进行抗菌谱（antibiogram）测定；此外，用于鱼类水浴处理的药物水处理方法应考虑环境保护[90]。

（5）特异性噬菌体的作用

芬兰于韦斯屈莱大学的Laanto等（2011）报道，由柱状黄杆菌引起的鱼类柱状病，在鲑鱼鱼种（salmonid fingerlings）中可导致高达100%的感染死亡率。为避免与使用抗生素治疗有关的风险，细菌噬菌体（bacteriophages）的富集（enrichment）可作为一种生态学方法（ecological method）来减少柱状黄杆菌感染的数量。

从芬兰淡水和渔场中分离出黄杆菌及其噬菌体（phages），重点是寻找感染鱼类病原柱状黄杆菌的噬菌体作为噬菌体治疗剂（phage therapy agents）。黄杆菌噬菌体的寄主范围多种多样，柱状黄杆菌噬菌体的感染比其他噬菌体更具寄主特异性。在此项研究中，于2008年和2009年的温水期（5—8月）共从包括与养鱼无关的河流和湖泊的开放淡水环境（open freshwater environments）及芬兰3个主要养殖鲑鱼鱼种的内陆陆基养鱼场的水样中分离到53株黄杆菌，2007年从患病的鱼中分离出1株（编号B67）。采用通用引物对黄杆菌分离株进行PCR，对不同组的16S rRNA基因进行测序；结果显示所有柱状黄杆菌的菌株都属于同一个组，因此用核糖体基因间间隔区分析（ribosomal intergenic spacer analysis，RISA）进一步分析，结果将分离菌株分为5组。结果显示，柱状黄杆菌的出现似乎是与养鱼环境相关联的；这种细菌不是从自然水域中分离出来的，但在养殖场中柱状黄杆菌的最初来源很可能是自然的，因为有证据表明其也存在于养鱼场之外。

利用从淡水、养鱼场分离的黄杆菌和先前描述的柱状黄杆菌富集噬菌体，结果从水样中分离出49株噬菌体。通过感染宿主细菌来培养选定噬菌体，对已测序的噬菌体（编号为FKj-2、FL-1、FCL-2、FCV-1），数据库中未发现显著的DNA序列同源性。用透射电子显微镜研究了噬菌体的形态，所有具有特征的黄杆菌噬菌体均为肌尾病毒科（Myoviridae）、短尾病毒科（Podoviridae）、长尾病毒科（Siphoviridae）的有尾噬菌体（tailed phages）；大多数噬菌体的平均头部大小为50～70nm，但一些肌尾病毒（myovirus）即肌尾噬菌体分离株的衣壳（capsid）大小约为100nm或更大（编号为FJy-3、FKo-2、FKj-2、FKy-1、FKy-3）。

在疾病暴发期间，只从养鱼场分离出感染柱状黄杆菌的噬菌体；这些噬菌体可能在冷水期存活于宿主菌细胞内，并在宿主菌细胞获得营养和足够能量时开始裂解循环（lytic cycle）。一些噬菌体（尤其是所有柱状黄杆菌噬菌体）更具宿主特异性，这是在研究中收集的黄杆菌菌株所确定的；其柱状黄杆菌菌株是从与噬菌体相同位置分离出来的，是唯一易受该特异噬菌体影响的菌株。其中一个噬菌体（FCL-1）是从一条发生了柱状病的鱼中分离出来的，柱状黄杆菌噬菌体在鱼类中的存在，表明了通过富集这些噬菌体来控制鱼类疾病的可能性；与噬菌体有关的另一个可能的好处是，它们可以被研究用作诊断材料。在目前的研究中，发现噬菌体和黄杆菌广泛分布在北部淡水中；柱状黄杆菌的噬菌体具有宿主特异性，是噬菌体治疗的理想选择。报道者认为，这是首次研究欧洲柱状黄杆菌噬菌体（European *Flavobacterium columnare* phages）。图4-84显示纯化和负染色的黄杆菌有尾噬菌体（tailed *Flavobacterium* phages）的透射电子显微镜图像，图4-84A为FCV-1株、图4-84B为FCL-2株、图4-84C为FJy-3株、图4-84D为FKo-2株、图4-84E为FKy-1株[91]。

相继，Laanto等（2015）报道水产养殖业对细菌性疾病的控制和治疗，需要新的方法来替代传统的化学疗法。一种潜在的解决方案可能是使用噬菌体，即细菌病毒（bacterial viruses）、宿主特异性和自身富集的颗粒（self-enriching particles），这些颗粒可以很容易地通过水流分布。对在以前分离（可见上述）的一种噬菌体（编号为FCL-2）感染柱状黄杆菌，测序此噬菌体的基因组为47 142bp、G+C的摩尔百分数为30.2，其与噬纤维素菌属噬菌体（*Cellulophaga* phage）phiSM在结构蛋白方面最为相似。在试验条件下，用柱状黄杆菌的两种宿主鱼类虹鳟和斑马鱼研究了噬菌体防治柱状病的效果；此两种供试鱼在噬菌体存在情况下的存活率明显高，在噬菌体治疗中斑马鱼（100%）和虹鳟（50%）存活（无噬菌体的存活分别为0和8.3%）。最为重要的是，虹鳟鱼群是通过向流经的鱼槽系统的水中加入噬菌体来避免感染的；因此，柱状黄杆菌可以作为一个模式系统（model system）来测试、评估噬菌体大规模治疗的益处和风险。图4-85显示噬菌体FCL-2的透射电子显微镜图像[92]。

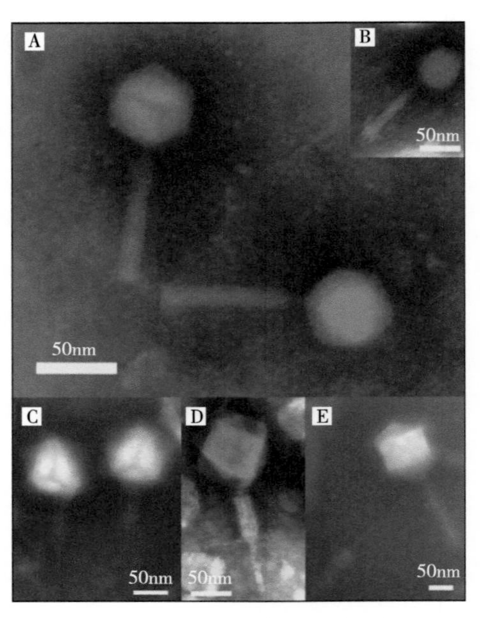

图4-84　不同噬菌体株的形态

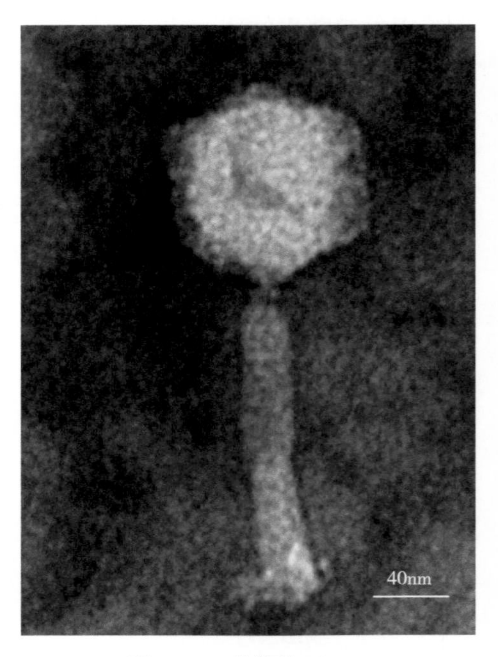

图4-85　噬菌体FCL-2

（6）细菌素的作用

美国华盛顿大学的Anacker和Ordal（1959）报道细菌感染不仅需要进入宿主组织，还需要消灭竞争性细菌（competitive bacteria）。不同菌株的柱状黄杆菌释放出特定的、不可传播的杀菌物质，相当于大肠埃希氏菌的大肠菌素（colicins），进入环境中以减少与其他菌株的竞争。假设柱状黄杆菌的菌细胞也具有多个特定的细菌素（bacteriocins）受体，因此使菌细胞仅对那些细胞具有受体的细菌素敏感。研究了柱状黄杆菌（文中以柱状软骨球菌记述）产细菌素的作用，研究中的大多数柱状软骨球菌（柱状黄杆菌）菌株都是从哥伦比亚河（Columbia River）或其支流（tributaries）的不同地点采集的鱼中分离出来的；所有这些菌株都是在1957年之前分离的，并且都是从外部损伤或内部器官中分离获得的。

研究发现柱状软骨球菌（柱状黄杆菌）细菌素，是在尝试分离温和噬菌体（temperate phages）、通过在异源菌株（heterologous strains）培养上清液首次观察到的，发现10种不同混合物的上清液（每种混合物含有5株柱状软骨球菌）抑制了许多柱状软骨球菌（柱状黄杆菌）的生长[93]。

芬兰于韦斯屈莱大学的Tiirola等（2002）报道，采用通用16S rRNA靶向引物宽范围细菌PCR方法和细菌培养，对黄杆菌暴发（flavobacterial outbreaks）的假定病原菌进行了鉴定。对10个皮肤样本和从相应鱼皮肤样本分离的10个代表性分离菌株，进行限制性片段长度多态性PCR（restriction fragment length polymorphism PCR，PCR-RFLP）分析和部分16S rRNA的PCR产物序列分析显示，直接分子分析和基于培养的分析存在差异。在大多数情况下，柱状黄杆菌样（*Flavobacterium columnare*-like）细菌的序列在直接分子分析中占主导地位，而大多数分离株属于一个黄杆菌的系统发育异质群（phylogenetically heterogeneous group），与“*Flavobacterium hibernum*”（冬天黄杆菌）聚集；仅在一次暴发中，分离到柱状黄杆菌。对不同结果的解释可能是由于体外黄杆菌培养过程中存在困难，在培养过程中，同一菌属或其他菌属的腐生菌（saprophytic species）可以掩盖主要的黄杆菌种类，或者黄杆菌的生长可被假单胞菌属（*Pseudomonas* Migula，1894）细菌等拮抗菌（antagonistic bacteria）完全抑制。直接分析16S rRNA序列可避免培养问题，因此可能更适合黄杆菌病的诊断。从体表样品中分离黄杆菌时，在接种前对样品进行连续稀释可以提高分离结果。

通过对样品D4进行连续稀释，获得了在琼脂平板培养中细菌拮抗（antagonism）的明确证据。对拮抗菌株进行了分离，并进行了序列测定和生理学测试鉴定，结果表明该菌株具有荧光假单胞菌（*Pseudomonas fluorescens*）的生理特性，该菌株被命名为假单胞菌MT5（*Pseudomonas* sp. MT5）。检测结果显示假单胞菌MT5菌株对多种革兰氏阳性和革兰氏阴性菌株均有拮抗作用，对柱状黄杆菌有很强的拮抗作用。培养基平板菌落数和培养基种类对其拮抗作用有一定影响，在A-O琼脂（A-O agar）的抑菌作用强于R2A琼脂（R2A agar）培养基的，表现在A-O琼脂培养基的抑菌区大。在A-O琼脂培养基，对黄杆菌菌株的抑菌区范围从5mm到完全抑制平板上的细菌生长；在R2A琼脂培养基的，未发现完全抑菌现象[94]。

三、病原学意义

已有的研究资料显示，柱状黄杆菌在全球几乎分布于所有的淡水（包括一些咸水）。冷水和温水性鱼类敏感，也包括观赏鱼类（ornamental fishes）。多有报道在养殖的一些冷水鱼，特别是鳟鱼和溯河产卵鱼（anadromous fish）的淡水期鲑鱼［溯河鲑鱼（anadromous salmonids）的淡水阶段］，也容易受到感染。尽管许多暴发发生在养殖鱼类中，但野生/野性鱼类（wild/feral fish）也可被感染。

（一）地理分布和寄主范围

由病原性黄杆菌属细菌的种（*Flavobacterium* spp.）引起的鱼类感染病是常见的，其宿主范围和地理分布广泛。在世界上多种鱼类中，至少易受其中一种病原性黄杆菌的感染。黄杆菌属细菌的地理分布范围，通常受到有利于细菌最佳生长水温的限制。这些细菌通常被认为是于淡水水生环境（freshwater aquatic environments）中普遍存在的，并在不同程度上与各种宿主易感因素一并出现。宿主易感因子的作用与由嗜冷黄杆菌引起的细菌性鳃病尤其相关，主要被认为是在集中养殖鱼中的一个问题。嗜冷黄杆菌和柱状黄杆菌与其他病原体或机会病原菌的共感染也是常见的，如运动性气单胞菌（motile *Aeromonas* spp.）、卵菌（Oomycetes）等感染[5-10]。

在前面有记述在早期，苏格兰联合利华研究实验室的Anderson和Conroy（1969）曾统一归类在“*Myxobacteria*”（黏细菌属）的名义（注：其所指即现在所谓的黄杆菌属细菌）之下，对相关联的鱼类一些感染病，结合其本身的研究工作进行了综合描述。在涉及感染鱼类方面，记述多种温水、冷水鱼类对柱状病都是易受感染的，在世界范围内分布[27]。

柱状黄杆菌已被公认为分布在世界各地的淡水鱼，几乎所有淡水以及一些微咸（brackish）水的冷水和温水鱼类都易感；已有明确记述从多种淡水鱼、热带鱼（tropical fish）和鳗（eels）中分离出来，也包括观赏鱼类。主要涉及红点鲑、白鲑（whitefish）、查布鱼（chub）、鲈鱼、虹鳟、欧洲舌齿鲈、黑鲈的大口黑鲈和小口黑鲈鱼种、黑花鳉（black molly，*Poecilia sphenops*）、美洲红点鲑、水牛鱼（buffalo fish）的小口牛胭脂鱼（*Ictiobus bubalus*）和巨口牛胭脂鱼（*Ictiobus cyprinellus*）、大头鱼（bullhead）、鲤鱼、拟鲤（roach）、草鱼、泥鳅、金鱼、下口鲶（suckermouth catfish，*Hypostomus plecostomus*）、斑点叉尾鮰、短棘鮰（black bullheads）、鲶鱼、大鳞大麻哈鱼（大鳞鲑）、大西洋鲑、莓鲈（crappie，*Pomoxis annularis*）、底鳉（killifish，*Fundulus heteroclitus*）、金体美鳊鱼（minnow，*Pimephales notatus*）、霓虹脂鲤（neon tetra，*Paracheirodon innesi*）、尼罗罗非鱼、锯腹脂鲤（Pacu，*Piaractus mesopotamicus*）、花斑剑尾鱼［southern platyfish，*Xiphophorus*（*Platypoecilus*）*maculatus*］、南亚野鲮（rohu labeo，*Labeo rohita*）、欧洲巨鲶（wels catfish，*Silurus glanis*）、橙点太阳鱼（sunfish，*Lepomis humilis*）、大盖巨脂鲤（Tambaqui，*Colossoma macropomum*）、大口突鳃太阳鱼（Warmouth，*Lepomis gulosus*）、金眼狼鲈（white bass，*Morone chrysops*）、黄金鲈、河鲈（perch，*Perca fluviatilis*）罗非鱼、六棘刺盖太阳鱼（white crappie）、白亚口鱼（whitesuckers）、叶唇鱼（squawfish）、斑马鱼（Zebrafish，*Danio rerio*）、日本鳗鲡、真鲅（minnow，*Phoxinus phoxinus*）、米诺鱼（minnow）、锦鲤（koi carp），以及多种热带淡水水族馆鱼类（freshwater aquarium fish）等。

报道来自多个国家，主要包括澳大利亚、比利时、巴西、日本、芬兰、法国、匈牙利、印度、西班牙、美国、中国等。在美国斑点叉尾鮰养殖产业中表现尤为突出，柱状黄杆菌是继鲶鱼爱德华氏菌之后第二大导致疾病和死亡的病原菌，具有特殊的经济意义[5-10]。

在某些情况下，野生鱼类种群也有报道存在柱状病，且所引起的危害性也是严重的；除比较常见的柱状黄杆菌外，也常常是涉及多种病原性黄杆菌。在此记述的相关报道，是具有一定代表性的。

1. 玛丽皇后水库河鲈的柱状病

英国伦敦大学（University of London；Egham，UK）的Morley和Lewis（2010）报道，对玛丽皇后水库（Queen Mary reservoir）的河鲈区系进行了调查，这是一个大型（290hm^2）的完全人工蓄水库，为其鱼类种群形成了独特而具有挑战性的栖息地。经过3年的研究，发现由于柱状黄杆菌引起的柱状病暴发，高密度种群数量显著减少[95]。

2. 五大湖鱼类的黄杆菌感染病

美国密歇根州立大学（Michigan State University；Michigan，USA）的Loch和Faisal（2015）报道，鱼类的黄杆菌病是由黄杆菌科内的多种病原黄杆菌引起的，并引起对世界各地野生和养殖鱼类种群的破坏，以及会直接造成经济损失和生态破坏。尽管已经过近100年的研究，但还很难有效预防和控制。最近的报道表明在欧洲、南美洲、亚洲、非洲和北美洲的鱼类种群中，在先前未经鉴定的黄杆菌与全身系统性感染和死亡事件有关，这也是被主要关注的问题，且这种鱼类感染病的诊断和化学治疗还存在一些困难。

图4-86显示了在五大湖（Great Lakes）鱼类黄杆菌感染的大体病理学特征。其中的图4-86A为虹鳟尾柄部感染嗜冷黄杆菌，深部肌肉溃疡、并发出血（箭头示）；图4-86B为嗜冷黄杆菌感染相关的尾柄溃疡，使脊柱（箭头示）完全暴露，由于黄色色素细菌（yellow-pigmented bacterium）垫（mats）引起的病变呈淡黄色变色（yellowish discoloration）；图4-86C为大鳞大麻哈鱼（大鳞鲑）感染柱状黄杆菌，臀鳍广泛侵蚀和坏死（箭头示），由于黄色色素细菌的存在导致的病变呈淡黄色变色；图4-86D为大鳞大麻哈鱼（大鳞鲑）的柱状黄杆菌感染导致严重的鳃小瓣（gill lamellae）坏死（箭头示），同时伴有淡黄色变色；图4-86E为虹鳟感染多灶性溃疡（multifocal ulceration）（箭头示）和背部出血、在箭头右侧有轻微的淡黄色变色，是感染了在以前未经鉴定的一种黄杆菌属细菌；图4-86F为大鳞大麻哈鱼（大鳞鲑）感染了以前未经鉴定的黄杆菌种（flavobacterial species），脂鳍侵蚀和坏死（箭头示），伴有淡黄色变色[96]。

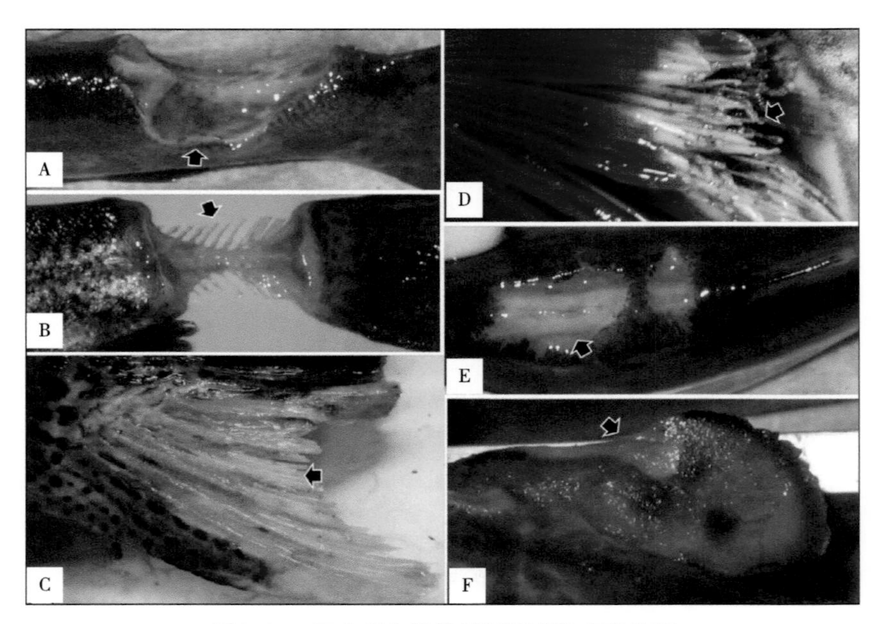

图4-86　五大湖鱼类的黄杆菌感染病变特征

（二）发病与流行病学特征

在发病与流行病学特征方面，涉及传播途径、环境感染来源、水温的影响、基因型分布及菌株毒力的影响，研究其他因素的影响等内容。

1. 传播途径

已有报道显示柱状黄杆菌在颗粒饵料上生长良好，在野性种群（feral populations）中的带菌鱼（carriers）被认为是引起感染高发病率的重要因素。也有报道模式拥挤不仅能够诱导应激，而且增加了柱状黄杆菌黏附在鱼体表面、并引发感染的能力[6]。

（1）水平传播

芬兰于韦斯屈莱大学的Kunttu等（2009）报道，鱼类养殖创造了疾病传播增强的条件，抗生素治疗通常用于治疗细菌性疾病，以防止因感染造成严重损失。在这种环境中保持的能力会导致高毒力的进化，柱状病是淡水鱼类养殖中一个日益严重的问题。柱状病的传播尚不清楚，柱状黄杆菌在养殖环境中的存活率尚缺乏明确研究。在柱状病的传播及柱状黄杆菌的生存策略方面，通过对平均体重16g的虹鳟鱼种在感染柱状黄杆菌死亡前和死亡后立即进行细菌脱落（shedding），研究了虹鳟鱼种的柱状黄杆菌的腐生活性（saprophytic activity）。从感染后立即被杀死的鱼体，细菌以很高的速度脱落5d，及从感染死亡后8d的时间。在另一个试验中，虹鳟鱼种被试验性感染柱状黄杆菌，并监测感染后的细菌传播，直到鱼死亡，柱状病向活虹鳟鱼的传播是死鱼最有效的传播方式，从死鱼体以高于活鱼的速度将细菌排入水中。还研究发现柱状黄杆菌在消毒蒸馏水和湖水中，至少能存活5个月。这些结果表明，宿主的死亡不会给柱状黄杆菌带来任何影响，其在活鱼和死鱼以及水中能够生长。腐生作用（saprophytism）可能是这种原本无害的水细菌向致病性转变的一个阶段，并作为柱状黄杆菌的有效传播和生存策略而得以维持。研究结果也表明柱状黄杆菌，在对活鱼进行抗生素治疗期间可能能够在养殖环境中持续存在[97]。

比利时根特大学的Declercq等（2013）以综述的形式报道，柱状黄杆菌的传播方式为水平传播（transmitted horizontally），被感染后存活的鱼成为周期性地释放细菌的载体、循环感染。已有的报道显示柱状黄杆菌在鱼类也可处于健康的带菌状态，其中包括那些在以前暴发柱状病留下的菌株，以这种方式将细菌散播到槽水中（鳃是主要的释放部位）、构成其他鱼类的感染源；与这种活鱼相比，死鱼能够以更高的传播率进行传播[81]。

图4-87显示柱状黄杆菌在虹鳟鱼苗中引起的鳃病变（gill lesions），在幼鱼中大多呈急性经过，鳃是主要的损伤部位，病变表现为苍白坏死区（pale necrotic areas）（箭头示）。

图4-88显示由柱状黄杆菌引起的金鲫（shubunkin，*Carassius auratus*）鳃损伤，在第一鳃弓腹侧可见黄白色（Yellowish-white areas）退化区（箭头示）；当柱状黄杆菌感染迅速蔓延到整个鳃小瓣（gill lamellae）时，鱼可能会在短时间内死亡，而没有任何其他明显的损伤，由鳃损伤引起的呼吸窘迫似乎是死亡的原因。

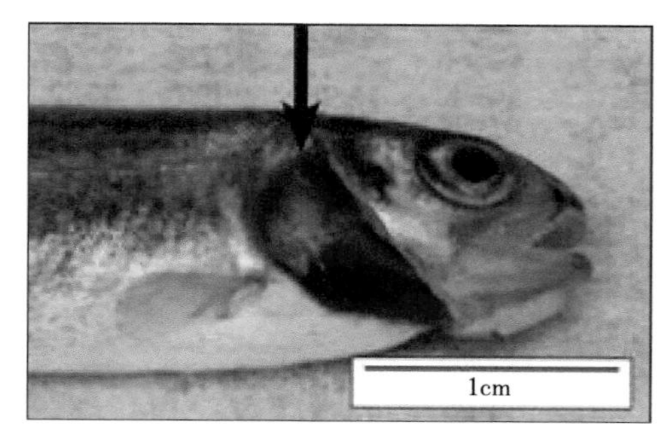

图4-87　柱状黄杆菌在虹鳟鱼苗引起鳃损伤

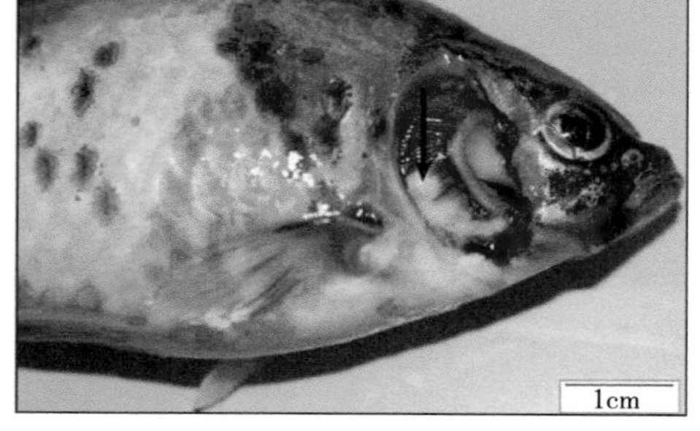

图4-88　柱状黄杆菌引起的金鲫的鳃损伤

图4-89显示柱状黄杆菌在人工感染虹鳟鱼苗中引起的鞍状损伤（saddleback lesion），病变（箭头示）表现为一种褪色（discoloration）现象，从背鳍基部的共同位置开始、向侧面延伸，以环绕类似马鞍（saddle），因此经常使用描述性术语“saddle-back”（鞍背）、称其为“saddle-back disease”（鞍背病）。

图4-90显示真鲹由柱状黄杆菌引起的皮肤溃疡（箭头示）。病变已经发展到更深的皮肤层，暴露肌肉组织。溃疡边缘呈明显的红色，中心覆盖黄白色黏液。

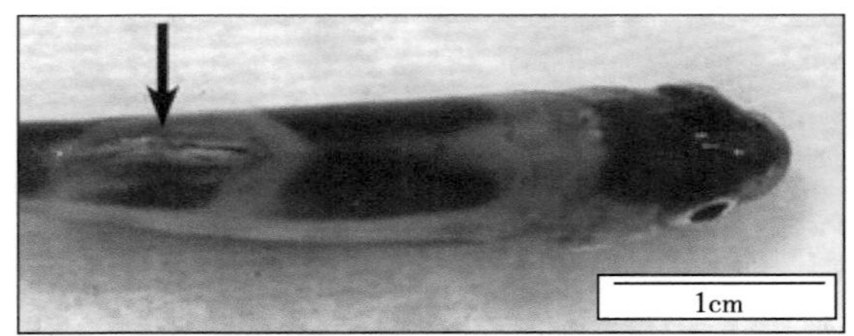

图4-89　感染虹鳟鱼苗引起的鞍状损伤

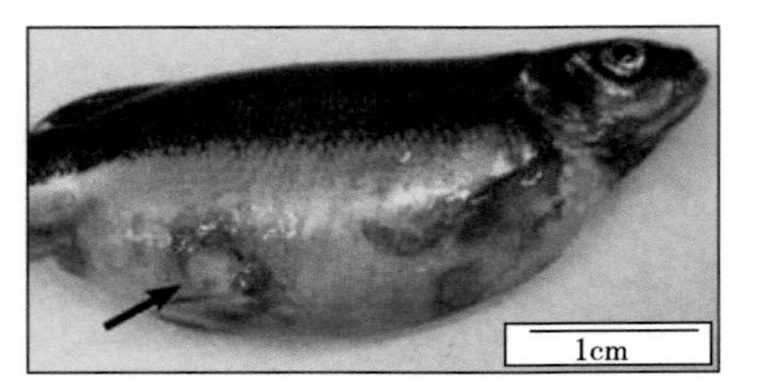

图4-90　真鲹感染的皮肤溃疡

图4-91显示由柱状黄杆菌引起的一条米诺鱼的尾鳍侵蚀，导致鳍的上半部分完全消失，暴露其下的肌肉组织[81]。

图4-91　米诺鱼感染的尾鳍侵蚀

（2）垂直传播

美国密歇根州立大学的Loch和Faisal（2016）报道，还没有证据表明柱状黄杆菌可通过垂直传播（transmitted vertically），但柱状黄杆菌能够从鲑科鱼类的生殖液（reproductive fluids）中检出。

报道黄杆菌科内多个菌属细菌引起的鱼类疾病，是养殖硬骨鱼类（teleosts）的主要障碍。至少有一种鱼类致病性黄杆菌（如嗜冷黄杆菌）是通过受感染的性产物（sexual products）从双亲传给后代，但大多数研究集中在卵巢液（ovarian fluid）和卵在细菌传播中的作用。然而在一些研究表明，雄鱼的生殖腺（milt）也可以存留（harbor）嗜冷黄杆菌。通过对五大湖野生大鳞大马麻鱼生殖腺中多种黄杆菌属细菌和金黄杆菌属（*Chryseobacterium* Vandamme，Bernardet，Segers，et al.，1994）细菌的分离和鉴定，根据部分16S rRNA基因序列和系统发育分析，一些与生殖腺相关联的黄杆菌属细菌被鉴定为已知的鱼类病原菌（如柱状黄杆菌），而另一些则与新出现的鱼类病原菌［如鱼金黄杆菌（*Chryseobacterium piscium*）］最为相似，或与已有描述的黄杆菌属细菌和金黄杆菌属细菌不同。尽管在120份取样的雄性大鳞大麻哈鱼（大鳞鲑）中，有35%的是从肾脏中检测到全身性嗜冷黄杆菌感染，但在鱼类生殖腺中从未检测到这种细菌。此项研究的发现，突出了鱼类生殖腺在黄杆菌属细菌种的多样性的传播中的作用。

黄杆菌科的黄杆菌属和金黄杆菌属细菌，除那些长期以来被认为是鱼类病原菌的一些种如柱状黄杆菌、嗜冷黄杆菌、嗜鳃黄杆菌和大菱鲆金黄杆菌（*Chryseobacterium scophthalmum*）外，最近的研究表明有多种新的黄杆菌属和金黄杆菌属细菌也会导致养殖鲑鱼的系统感染和疾病暴发，包括在五大湖。在传播途径方面，除水平传播外，有证据表明至少是在嗜冷黄杆菌也可以通过受感染的性产品从父母传给后代；然而，导致这种垂直传播的机制尚未充分阐明。这一点尤其令人关注，因为一些鱼类致病性黄杆菌在宿主防御机制完全形成之前攻击鲑鱼卵、胚胎和新孵化出的鱼苗，导致大量死亡。对生殖液作为跨代黄杆菌感染（transgenerational flavobacterial infection）来源的研究大多集中在卵和卵巢液，精子和精液在黄杆菌传播中的作用在很大程度上被忽视。在产卵鲑鱼（spawning salmonids）生殖腺中只报道了嗜冷黄杆菌一个种，包括在波罗的海（Baltic Sea）的多种鲑鱼和大西洋鲑。在先前的研究范围仅限于嗜冷黄杆菌，对雄性性产品（male sexual products）在其他致病性黄杆菌传播中的作用还知之甚少。

此项研究的结果显示，在五大湖野生（wild）即野性（feral）产卵大鳞大麻哈鱼（大鳞鲑）的生殖腺中存在多种潜在致病性黄杆菌，其中一些在生殖腺和内脏器官中均有发现。

在2010年和2011年的秋季大鳞大麻哈鱼（大鳞鲑）产卵季节，收集了60条返回到密歇根湖流域（Lake Michigan watershed）小曼尼斯特河堰（Little Manistee River weir）和60条返回到休伦湖流域（Lake Huron watershed）天鹅河堰（Swan River weir）的产卵雄性大鳞大麻哈鱼（大鳞鲑），收集用于黄杆菌分离的生殖腺、脾脏、肾脏、脑组织，接种H-S培养基和噬纤维菌琼脂培养基分离细菌。结果在收集的120份大鳞大麻哈鱼（大鳞鲑）生殖腺样本中，有14份（11.7%）生长了纯一的产黄色素细菌；有一条大鳞大麻哈鱼（大鳞鲑）生殖腺样本生长的细菌显示了柱状黄杆菌的表型特征，利用PCR分析和随后的凝胶电泳（gel electrophoresis）显示存在约550bp的带，这是柱状黄杆菌所预期的扩增子大小。出乎意料的是在整个研究过程中，尽管在同一条鱼的其他器官中存在嗜冷黄杆菌，但在生殖腺中没有检测到。

经对从生殖腺中分离的非柱状黄杆菌和非嗜冷黄杆菌的初步表型特征鉴定，以16S rRNA基因部分序列分析显示5个分离菌株中的4个属于金黄杆菌属细菌、1个属于黄杆菌属细菌。属于金黄杆菌属细菌的菌株460和462与鱼金黄杆菌最为相似（99.3%～99.7%）、菌株464与格陵兰岛金黄杆菌（*Chryseobacterium greenlandense*）最为相似（98.3%），菌株816与肉金黄杆菌（*Chryseobacterium carnis*）最为相似（98.1%）；属于黄杆菌属细菌的菌株784，与冷海水黄杆菌最为相似（99.1%）。有趣的是，提供生殖腺的鱼感染了金黄杆菌属细菌的菌株462的，在其脾脏中也存在金黄杆菌属细菌（分离菌株435）。该研究者在最近（2015）曾报道了从患病的溯河性虹鳟和加拿大白鲑（Cisco，*Coregonus artedi*）中分离出类鱼金黄杆菌（*Chryseobacterium piscium*-like）菌株，这些菌株也能在试验条件下感染大鳞大麻哈鱼（大鳞鲑）、美洲红点鲑、褐鳟鱼种引起多系统感染。因此，这些细菌可存在于受感染的鱼类体内这一事实值得注意，因为它可能代表了一种传播感染的途径。在类似的背景下，3株金黄杆菌属细菌的肾脏分离株（编号为417、419、474）与从生殖腺分离的金黄杆菌属细菌的菌株816几乎相同（99.7%），进一步证实了一些能够引起系统感染的金黄杆菌属细菌可以在生殖腺内传播。

大鳞大麻哈鱼（大鳞鲑）肾脏中柱状黄杆菌感染的总患病率为25%（30/120），患病率随所在位置（小曼尼斯泰河6.7%至天鹅河43.3%）和年份（2010年为20%、2011年为30%）有所不同。在不同器官组织方面，脾脏感染（1.7%）、大脑感染（1.7%）的总患病率低。有趣的是，唯一的柱状黄杆菌是从大脑中发现的，仅有的2条鱼（2010年在天鹅河）中的1条是在生殖腺样本。关于柱状黄杆菌存在于受感染鱼生殖腺中的这一发现，表明生殖腺可能是柱状黄杆菌的一种传播方式。然而在一个单一的生殖腺样本包含了30种细菌，这些细菌是从系统感染了柱状黄杆菌的鱼采集的样品，这表明这种传播途径可能并不常见，至少在五大湖的大鳞大麻哈鱼（大鳞鲑）是如此。

尽管在整个研究过程中未在生殖腺中检测到嗜冷黄杆菌，但在其他器官中检测到了。在肾脏中，整体感染率为35.8%（43/120），其中来自小曼尼斯泰河（56.7%）的大鳞大麻哈鱼（大鳞鲑）的感染率远高于来自天鹅河（15%）的，但在两年度的抽样中相似（2010年为37%、2011年为35%）；只有一次检测到脾脏感染（0.83%；2010年在小曼尼斯泰河），在肾脏的感染强度最高；脑组织感染在4条鱼（3.3%）检测到（2011年，在天鹅河的1条、小曼尼斯泰河的3条），在其中3条鱼的肾脏中也存在。

在此项研究中，在五大湖大鳞大麻哈鱼（大鳞鲑）的生殖腺样品中缺少嗜冷黄杆菌是令人感到惊讶的，特别是考虑到其他研究报道已经证明嗜冷黄杆菌存在于包括大鳞大麻哈鱼（大鳞鲑）的多种鲑鱼生殖腺样品中。这项研究的另一个值得注意的发现是在8条鱼中存在柱状黄杆菌和嗜冷黄杆菌的共感染，这两种细菌仅在肾脏中被发现。在整个研究过程中，从大鳞大麻哈鱼（大鳞鲑）中发现了多种黄杆菌属细菌，其中一些在其生殖腺、肾脏、脾脏和（或）大脑中也含有相同的细菌。尽管其他研究报道已经证明生殖腺可以作为嗜冷黄杆菌的来源，但还不清楚有研究证明其他黄杆菌属细菌能够与鱼类精液（fish seminal fluids）一起传播。在鲑鱼精液中存在柱状黄杆菌是值得注意的，因为这种细菌因在美国鲶鱼产业造成巨大损失而闻名，已经成为对北美（North America）鲑鱼养殖业的威胁[98]。

2. 环境感染来源

已有的研究报道显示，柱状黄杆菌的环境感染来源，涉及病（死）鱼感染源、细菌生物膜作为感染源、水源感染源对方面。

（1）病（死）鱼感染源

芬兰于韦斯屈莱大学的Pulkkinen等（2010）报道，生态变化影响病原流行病学和进化，可能引发新疾病的出现，水产养殖从根本上改变了鱼类及其病原体的生态。在芬兰北部某渔场自20世纪80年代中期始，鲑鱼鱼种（salmon fingerlings）柱状病的暴发频率和严重程度在过去23年中有所增加，养鱼为有毒力菌株创造了大量流行病学机会。

作为鱼类疾病预防监测计划的一部分，从20世纪80年代初开始，每年在芬兰北部的一个农场集中监测渔场鱼类疾病的数据收集，发现病原柱状黄杆菌最早出现在1984年，于1984—2006年监测了柱状病的发生率和死亡率。所监测的农场生产大西洋鲑和海鳟（sea trout，*Salmo trutta*）幼鲑（smolt），用于放养。其位于流入波罗的海北部（northern part of the Baltic Sea）博思尼亚湾（Bothnian Bay）的伊约基河（River Iijoki）旁，鲑鱼鱼种从另一个农场获得，该农场维持着伊约基河的种鱼群。在5—9月，每月进行2～4次监测和取样，持续了23年。在此段时间内，除引入土霉素外，农业生产实践没有明显变化；从1993年起，土霉素被用于对付所有的柱状病暴发。监测过程中观察鱼类柱状病的病症，以Anacker-Ordal琼脂培养基从被感染的鱼组织（鳍、鳃、皮肤以及从2004年起也从肾脏）中分离细菌。同时，直接取被感染组织进行革兰氏染色检查。在柱状病的病症检验方面，采集垂死或刚死亡的鱼进行检查，根据柱状病的严重程度，将其病症分为了五类。这些分类是按组织坏死、侵蚀或炎症的严重程度降低顺序排列，依次为鳃部、颌部（jaws）、鞍区（saddleback area）、尾部、皮肤。

假设柱状病的发生率增加是由于细菌毒力的进化造成的，那么这个论点是建立在了几个观察结果基础上的：第一，与病症的严重程度增加有关；第二，柱状黄杆菌菌株的毒力不同，更致命的菌株在被感染鱼死亡前会诱发更严重的病症；第三，毒性更强的菌株具有更强的感染力、更高的组织降解能力和更高的生长速率；第四，病原菌株共存，使菌株相互竞争；第五，柱状黄杆菌能有效地从死鱼身上传播，并能在消毒水中保持数月的传染性，大大降低了病原菌在自然界中可能经历的宿主死亡的适应性代价（fitness cost）；第六，柱状黄杆菌作为腐生菌（saprophyte）的能力增加了毒力菌株的持久性，农场的条件和养殖方式可能会进一步选择毒力，这种腐生感染性（saprophytic infectiousness）意味着化疗强烈地选择了能迅速杀死宿主的菌株：死鱼仍然具有传染性，而治疗过的鱼则没有；第七，鱼类同质亚群（homogeneous subsets）的高放养密度大大增加了传播机会。因此认为养鱼场提供了一个环境，促进毒力更强的柱状黄杆菌菌株的循环，这一影响因最近夏季水温升高而加剧；更一般地说，密集方式的养鱼将导致更具毒力的病原体的进化[99]。

（2）细菌生物膜作为感染源

美国奥本大学的Cai等（2013）报道，柱状黄杆菌是一种细菌性鱼类病原体（bacterial fish pathogen），影响着世界各地的多种淡水鱼类。这种病原体的自然宿主还不清楚，但其在封闭的水产养殖系统中的耐力（resilience）是将生物膜作为养殖鱼类的传染源。此项研究的目的：一是描述在静态和流动条件下生物膜形成的动力学和形态特征，并对其从细胞附着早期到成熟生物膜中胞外多糖物质的形成过程进行表征；二是评估温度、酸碱度、盐度、硬度（hardness）和碳水化合物等不同理化参数，对生物膜形成的影响[100]。

研究中使用了从不同来源分离的19株柱状黄杆菌，根据在先前的基因分型分析，这些菌株表现出明显的遗传特征。这项研究包括了3种基因型（基因型Ⅰ的7株、Ⅱ的10株、Ⅲ的2株）的代表，涵盖了柱状黄杆菌的遗传多样性，尽管只获得了两个基因型Ⅲ的菌株。采用光学显微镜、共聚焦激光扫描显微镜（confocal laser scanning microscopy，CLSM）和扫描电子显微镜比较研究了生物膜的结构特征。在考虑所有试验参数的基础上，将研究中使用的所有菌株分为了两组。结果显示各参数对两组菌株的影响相似，但总体而言是Ⅰ组菌株对聚苯乙烯板（polystyrene plates）的黏附力大于Ⅱ组；Ⅰ组和Ⅱ组的黏附力与基因型、毒力、分离日期或分离来源之间没有相关性。在先前的研究表明，柱状黄杆菌对宿主组织的黏附力与毒力相关，而对聚苯乙烯的黏附力则不相关；通过使用更广泛多样的柱状黄杆菌菌株检测，进一步证实了这一点。

研究结果显示柱状黄杆菌通过产生生物膜附着在惰性物体表面，并在其上定植（colonization）。在接种后6h内开始表面定植，24h内可观察到微菌落（microcolonies）形成，在成熟生物膜（mature biofilm）中（24～48h的）观察到胞外多糖物质（Extracellular polysaccharide substances，EPS）和水通道（water channels）。在流动条件下，柱状黄杆菌在微流控室（microfluidic chambers）中形成生物膜的时间历程相似。采用发育成熟生物膜对斑点叉尾鮰鱼种（channel catfish fingerlings）进行皮肤接种感染，证实了生物膜的毒力潜能（virulence potential）。几种理化参数调节柱状黄杆菌在表面的附着，硬度、盐度和甘露糖的存在对附着的影响最大；在一定范围内保持硬度和盐度，可以防止养殖系统中柱状黄杆菌形成生物膜。

此项研究结果，首次描述了柱状黄杆菌在静态和流动条件下形成生物膜的过程。成熟的生物膜具有复杂的三维结构（three-dimensional structures），水通道和丰富的胞外多糖物质，与其他革兰氏阴性细菌的相似。一个重要的研究结果是柱状黄杆菌在生物膜中保留了其毒力；因此在水产养殖设施的最佳管理实践，应避免本研究中确定的作为生物膜形成促进剂的水质参数。高温（高于28℃）和高盐度（大于5ng/L的NaCl）能够显著抑制生物膜的形成，可作为预防措施；相比之下，高硬度（360mg/L）对生物膜的形成具有显著的促进作用，因此建议使用较低的水硬度来预防柱状病。所有这些参数（温度、盐度和水硬度），在商业化的鲶鱼池塘中很难控制，但可以在孵化场中维持；在孵化场中，柱状病可导致超过90%的鲶鱼鱼种死亡率。虽然需要进一步的研究来评估柱状黄杆菌在水产养殖环境中是否作为生物膜持续存在，但此项研究提供了基线，以确定温度、盐度和硬度在商业运营中的影响。

利用光学显微镜进行的研究证实，柱状黄杆菌可以附着在显微镜载玻片上、并迅速定植。图4-92显示了菌株ALG-00-530［基因型Ⅱ，2000年在美国亚拉巴马州（Alabama）分离于斑点叉尾鮰］的菌细胞在整个研究过程中的定植和生物膜形成，在接种后6h内开始附着玻璃（图4-92A），尽管在此阶段的菌细胞仍在玻片上滑动（见细胞周围的晕圈）。接种后6～12h，载玻片上仍可见单个细胞，但大多数细胞不活动；出现第一个细胞聚集，载玻片上出现菌细胞分裂（图4-92B）。在18h（图4-92C）和24h（图4-92D）间，开始观察到微菌落形成。24h后，菌细胞密度更高，微菌落覆盖了大部分的玻片（图4-92E）。最后是在接种后48h（图4-92F），载玻片完全被菌细胞覆盖，根据光线折射的剧烈变化，推测为胞外多糖物质。另外使用菌株ARS-1（基因型Ⅰ，1996年在美国亚拉巴马州分离于斑点叉尾鮰）获得了类似的结果。

通过扫描电子显微镜，研究了生物膜结构。图4-93显示了在玻片上通过菌株ALG-00-530形成生物膜的早期阶段（少于24h）的情况，附着菌细胞（接种后12h）的长度约为20μm，但大小从5～50μm不等（图4-93A）；相反，作为对照的浮游菌细胞（planktonic cells）在24h内仍在柱状黄杆菌正常大小的范围内（3～10μm）。随着微菌落（接种后48h）的形成（图4-93B），菌细胞形成了复杂的三维结构（图4-93C）。在一些菌细胞（图4-93D）和对照浮游细胞中，观察到了类似于起泡的小囊泡（blebbing-like vesicles）；图中黑色箭头表示细菌表面起泡（surface blebbing，SB），白色箭头表示在早期分泌的胞外多糖物质。成熟生物膜（24h的）中的菌细胞产生的胞外多糖物质，通过扫描电子显微镜清晰可见（图4-93D和图4-94）。值得注意的是所采用的不同固定方法，影响了对胞外多糖物质结构的观察（图4-94）：福尔马林与六甲基二硅氮烷（hexamethyldisilazane，HMDS）结合固定，似乎可消除更多的胞外多糖物质和细胞外残留物，并提供对单个菌细胞膜泡（membrane blebbing）的更好观察（图4-94A）；然而用四氧化锇（osmium tetroxide）固定的样品，保留了大部分的菌细胞外基质（extracellular matrix），因此呈现出一种更复杂的生物膜结构，菌细胞（bacterial cells，BC）嵌入在有机分泌物中（图4-94B）。

在生物膜活性方面，通过活菌细胞/死菌细胞活力试剂盒（live/dead cell viability kit）和共聚焦激光扫描显微镜的结合使用，使得那些活跃的菌细胞和那些细胞膜受损的菌细胞得以区分。通常情况下，活菌细胞倾向于保持在微菌落的中心，死菌细胞（或膜受损的菌细胞）出现在簇（cluster）的外围并被胞外多糖物质包围（图4-95）。通过使用平铺视图对三维结构进行的检查表明，生物膜的底层（与玻璃接触）含有大量的死菌细胞；在靠近生物膜顶部的部分，活菌细胞占主导地位，最外层的死菌细胞很少或没有死菌细胞。

在流动条件下检测生物膜的形成，两个被测菌株（ALG-00-530、ARS-1）在附着玻璃表面和形成生物膜的能力上存在差异（图4-96）。菌株ALG-00-530在5h内迅速附着在玻片表面，并在短时间内（接种后15～17h）形成类似于生物膜的细胞聚集物，这些聚集物抵抗了液体流动引起的剪切力（shear force）；另外，菌株ARS-1对玻片表面的附着较弱，偶尔观察到细胞聚集物，但仅在通道（channels）的侧壁（side walls）处观察到，在侧壁处的剪切应力降低，菌株ARS-1的菌细胞很容易通过液体流动从玻璃表面去除。

图4-92显示柱状黄杆菌ALG-00-530菌株在玻片上的定植和生物膜形成。

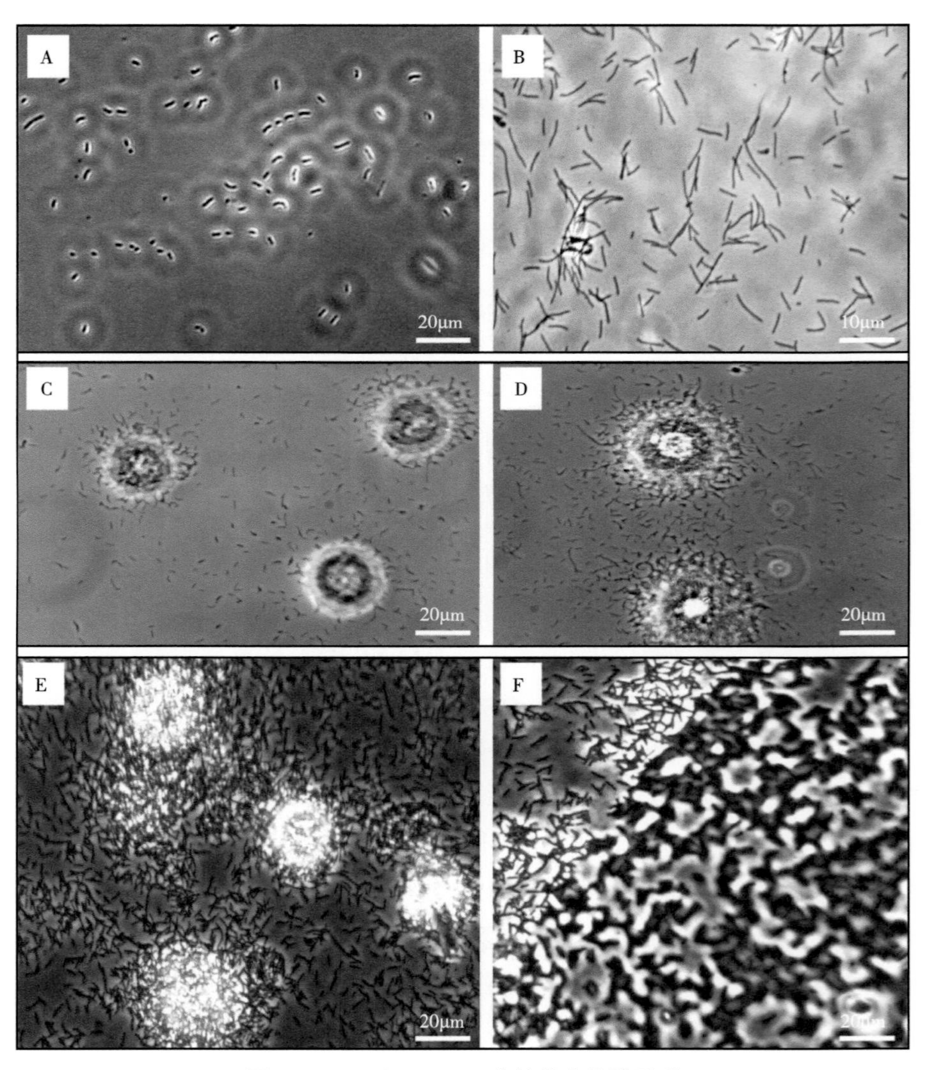

图4-92　ALG-00-530菌株的生物膜形成

图4-93显示柱状黄杆菌ALG-00-530在玻片上的定植和生物膜发育，扫描电子显微镜分析。

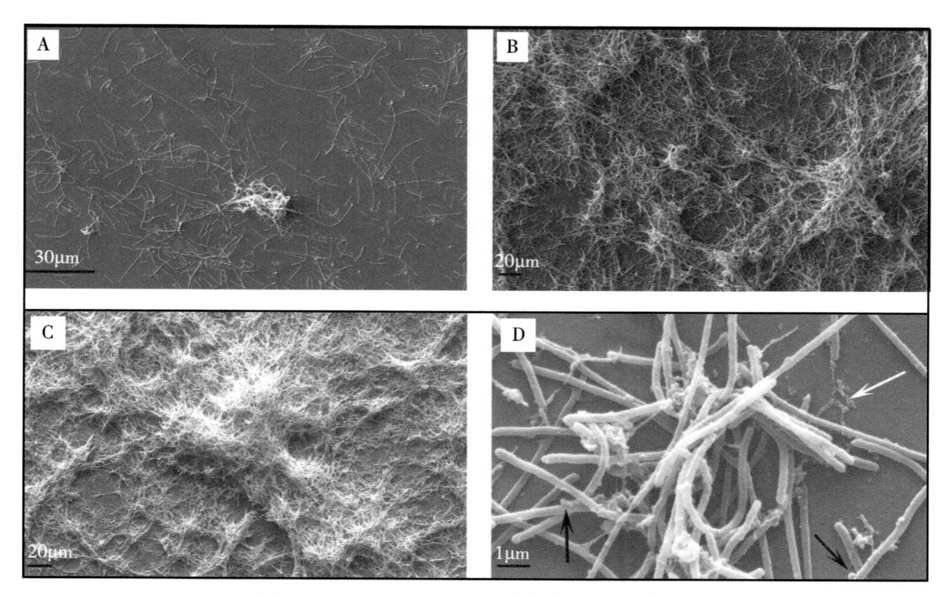

图4-93　ALG-00-530菌株的生物膜发育

图4-94显示附着在玻璃载玻片上的柱状黄杆菌细胞，扫描电镜观察，用六甲基二硅氮烷（图4-96A）、四氧化锇（图4-96B）固定。箭头表示胞外多糖物质（EPC）和菌细胞（bacterial cells，BC）。

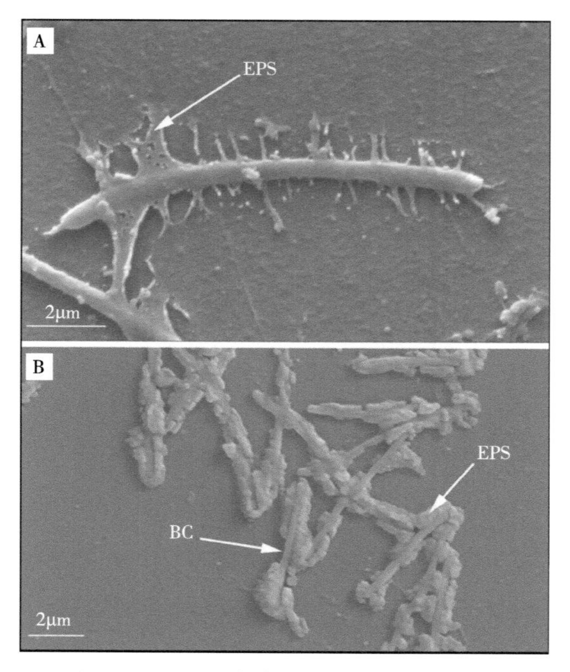

图4-94　附着在载玻片上的柱状黄杆菌

图4-95为用活菌细胞/死菌细胞活力试剂盒测定柱状黄杆菌在生物膜中的存活力（viability），并用共聚焦激光扫描显微镜检测，是接种后48h在玻片上生长的生物膜；活细胞染绿色，死细胞染红色，胞外多糖物质染蓝色加卡尔科弗卢尔白色(blue with calcofluor white)。

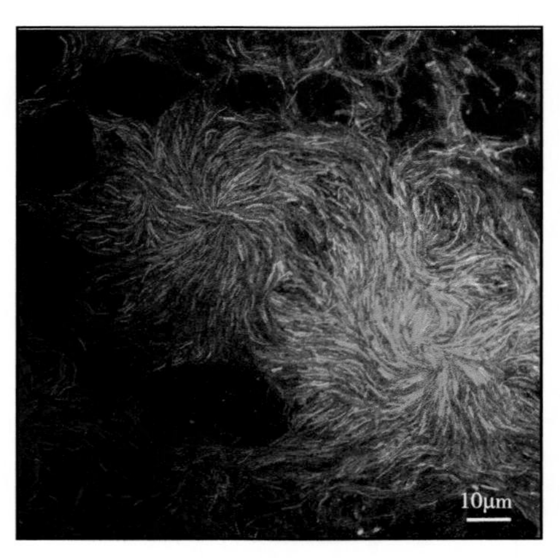

图4–95　柱状黄杆菌在生物膜中的存活力

图4–96显示在微流控室内柱状黄杆菌形成的生物膜。将柱状黄杆菌菌株ALG-00-530（图4–96A）和菌株ARS-1（图4–96B）分别引入改良Shieh肉汤培养基恒流条件下的微流控室，并对其生长和生物膜形成过程进行了显微镜观察监测。菌株ALG-00-530形成了一种生物膜，占据了大部分通道；而菌株ARS-1形成的细胞聚集在通道底部，在降低的剪切应力下[100]。

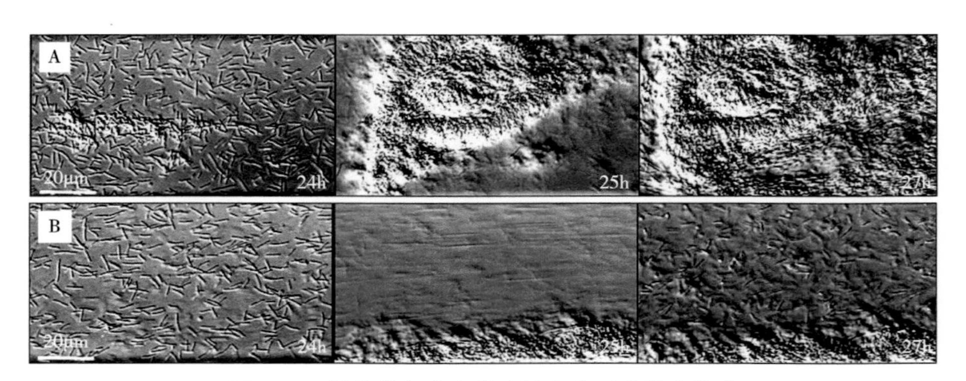

图4–96　柱状黄杆菌在微流控室内形成的生物膜

（3）水源感染源

芬兰于韦斯屈莱大学的Kunttu等（2012）报道，由柱状黄杆菌引起的柱状病，是暖水期全球淡水鱼类养殖中的一个严重问题。虽然在鲑科鱼类的暴发是用土霉素治疗的，而且还没有发现耐药性；但在夏季连续暴发，养殖场的感染源尚不清楚。在冷水期，当水温升高时，柱状黄杆菌是否仍留在养殖场重新开始暴发，或者如果感染性柱状黄杆菌通过上游水域的取水口进入养殖场，仍然还都是未知的。

Kunttu等（2009）的报道[97]已证明，柱状黄杆菌可以在实验室条件下、在湖水中存活2年以上，保持其传染性至少5个月；并且与活的宿主鱼类相比，柱状黄杆菌感染从死的宿主鱼类更能够有效地向新的宿主传播。细菌有能力将其菌落形态从原始的假根状变为粗糙或柔软型的，同时伴随着毒力的变化；这种菌落形态的变化可能与生存策略有关，也可能是被用作生存策略，因为这种变化发生在液体和琼脂培养物及消毒湖水和蒸馏水的长期保存中。

研究在芬兰中部和东部的12个水体样品中，在芬兰中部的检出了15株柱状黄杆菌，其中14个分离株是从Ⅰ号河（River Ⅰ）获得的（距养殖场进水口和养殖场上游400m处），该河为一个鲑鱼养殖场供水，鸟类或人类活动可能污染了养殖场上方的Ⅰ号河；另一个来自Ⅰ号湖（Lake Ⅰ），附近没有养鱼。在芬兰中部其他五个湖泊和芬兰东部三个湖泊的样本中，均未检出柱状黄杆菌。研究结果表明，养鱼场的柱状黄杆菌菌株来自养鱼场上游水域，这意味着柱状黄杆菌生活在环境水域，并可能通过水流入侵养鱼场。然而在大多数水系中，柱状黄杆菌可能并不常见，因为Ⅰ号湖的采样频率几乎与Ⅰ号河相同，但与Ⅰ号河的14个分离株相比，仅从Ⅰ号湖获得了一个分离株；这可能是水化学和营养物质的有效性，对环境中柱状黄杆菌的丰度有影响。

环境分离株代表在先前曾定义的柱状黄杆菌遗传群A（genetic groups A）、C和G［注：遗传群A～H可见在前面有记述Suomalanen等（2006）的报道[50]］。Ⅰ号河不同基因群的分离株表明，该环境中的柱状黄杆菌具有遗传多样性，可以在同一区域同时存在。有趣的是，尽管在鲑鱼养殖场上游检测到3个不同的遗传群（A、C、G），但养殖场的两个分离株和上一年从同一养殖场分离出的所有柱状黄杆菌菌株都属于遗传群C。然而在7年前，从同一养殖场分离出了属于3个遗传群（A、E、H）的菌株。

通过水浴感染试验（bath challenge experiment），自环境分离的15个菌株中有7个能够导致供试斑马鱼感染死亡，死亡率与基因群无关。从养鱼场白鲑（whitefish）暴发柱状病分离出的柱状黄杆菌具有很高的致病性，可导致所有供试斑马鱼的感染死亡。与从湖泊和河水中分离的菌株相比，从养鱼场分离的菌株的遗传多样性明显低，且毒性更高。渔场的一些做法可能会选择柱状黄杆菌的毒株，如增加营养水平。通过在鱼类的连续传代可能由于基因表达、表观遗传和/或突变的变化而导致更具毒性的形式的转变。毒力也可以通过其他机制进化，随机突变可通过将来自环境、其他细菌和/或细菌病毒（细菌噬菌体）的外源DNA纳入细菌基因组，促进毒性菌株的形成和水平基因转移，这种情况尤其可能发生在生物膜中。

这种从环境自由水（free water）、生物膜分离菌株在鱼类宿主外生存的能力，进一步支持了将环境水作为鱼类养殖场感染源的观点；养殖场上游的水域，是夏季养殖场发生柱状病暴发的潜在来源。其还使细菌能够避免在养殖场发生柱状病暴发时对鱼类进行抗生素治疗，并在治疗结束后再次定居宿主。另外，柱状黄杆菌改变其菌落形态的能力可能会有助于细菌适应环境水域和养殖场之间不断变化的生长环境，在鱼类宿主不可用时在水中自由生存，并在进入养殖场时感染宿主。柱状黄杆菌能从环境水体中分离出来，且在遗传变异和毒力上存在差异，在蒸馏水中也能存活数月，这表明大多数细菌是环境细菌。研究结果支持Pulkkinen及其同事（2010）的建议，即鱼类养殖场的柱状黄杆菌菌株源自环境水域，并且养殖环境和做法可能会选择导致暴发的有毒菌株。研究结果有助于对不同类型的水体进行更系统的采样和详细的研究评估水流、地理位置、营养状况、酸碱度和温度等因素对环境中柱状黄杆菌发生的影响[101]。

3. 水温的影响

由柱状黄杆菌引起柱状病影响冷水鱼和温水鱼，通常发生在水温20～25℃及以上的情况下、一般来说当水温在18～22℃范围内时则会发生流行；然而在12～14℃（低于15℃）的冷水中虽很少发生、但也并不罕见，包括不同种的鳟鱼（trout species）。生存在较高温度下养殖和自由放养的多种鱼类，也被认为具有感染和可能发病的风险。柱状病可能呈慢性的、急性的或过急性的经过，水温和菌株毒力是决定疾病严重程度的最重要因素。暴发通常是发生在18℃以上（更常见于夏季水温较高的月份）、通常在10～15℃的情况下通常不会发生，但强毒力菌株（highly virulent strains）在较低温度下也可产生严重感染。在池塘鱼类（pond fish）养殖中，感染的温度阈值通常为20℃；已有报道证明，这种情况不太可能发生在软水、低pH值和含低水平有机物的情况下[5-6,8]。

芬兰于韦斯屈莱大学的Suomalainen等（2005）报道，在实验室和养鱼场对虹鳟柱状黄杆菌感染的影响进行了试验研究。其中的一项试验是研究了养殖密度和水温对鱼总死亡率的影响，高温（+23℃）条件下正常养殖密度鱼的总死亡率最高，低温（+18℃）条件下养殖密度对死亡率无影响，但两种温度条件下正常养殖密度的柱状病传播较快。这支持了降低鱼类密度可用于预防柱状病的观点，尤其是在水温较高的情况下。由于较低的养殖密度也能减少外寄生虫（ectoparasites）和穿透性内寄生虫（penetrating endoparasites）的传播，因此认为可以成为一种有效的生态疾病管理手段[102]。

湖北省水产科学研究所的陈霞等（2017）报道，通过腹腔注射感染的方式研究了在不同水温（15℃、20℃、25℃、30℃、35℃）条件下，以由中国科学院水生生物研究所提供的柱状黄杆菌G4菌株对体重为60g ± 5g草鱼感染力的影响。结果显示在相同的试验条件下，柱状黄杆菌在不同水温条件下对草鱼的致病性不同，15℃试验组草鱼的感染死亡率仅为5%，其他各试验组感染死亡率均在45.5%～68.8%，其中25℃和30℃试验组的死亡率最高；水温继续升高到35℃时，死亡率开始下降。这一结果与天然条件下流行病学的调查结果相吻合，可为该病防控措施的制定提供依据[103]。

4. 基因型分布及菌株毒力的影响

在不同基因型菌株的毒力方面，涉及不同基因型菌株在鱼类的分布、不同基因型菌株的毒力等内容。

（1）不同基因型菌株在鱼类的分布

美国奥本大学的Olivares-Fuster等（2007）报道，描述柱状黄杆菌的分子流行病学（molecular epidemiology），对于制定使用疫苗等控制策略具有重要意义。为评估在柱状黄杆菌种内的差异、包括某些基因型的毒力潜力，了解自然细菌种群结构是必要的。在此项研究中，于2005年秋季（9月26日至11月2日），对从美国亚拉巴马州莫比尔河（Mobile River；Mobile County，Alabama，USA）的一个蒸汽发电厂（steam power plant）捕获的丝鳍鲱鱼（threadfin shad，*Dorosoma pretenense*）、鲶鱼的斑点叉尾鮰和蓝鲶（blue catfish，*Ictalurus furcatus*）、淡水石首鱼（freshwater drum，*Aplodintous grunniens*）进行了研究，目的在于对美国东南部温水河（warmwater river）环境中同时采集的、影响优势鱼类种群的柱状黄杆菌进行鉴定，并调查柱状黄杆菌不同基因型在野生鱼类种群中的分布。

供试鱼是在莫比尔河上的巴里蒸汽厂（Barry Steam Plant）收集了截留（entrapped）或撞击（impinged）到的主要野生鱼，分别取其肾脏、肝脏、鳃和外部损伤组织样品，用含有4μg/mL妥布霉素的H-S琼脂培养基在28℃培养48h分离细菌；在这些鱼中，没有观察到典型的柱状病的外部病症。另外，通过电击（electroshocking）、刺网（gill nets）和捕捉器（traps）从开阔河流域（open river）中采集参考鱼（reference fish），同样进行检验。

从主要野生鱼中共分离到90株柱状黄杆菌，采用16S限制性片段长度多态性分析法进行的基因分型，结果从丝鳍鲱鱼分离的大部分菌株为基因型Ⅰ，从斑点叉尾鮰和蓝鲶分离的菌株为基因型Ⅱ。其他的基因分型方法，包括多位点序列分析（multilocus sequence analysis，MLSA）、内部间隔区单链构象多态性分析（internal spacer region-single strand conformation polymorphism analysis，ISR-SSCP）、扩增片段长度多态性（amplified fragment length polymorphism，AFLP），证实了将分离菌株分为与16S-RFLP基因型归属相匹配的两群；指纹图谱（Fingerprinting methods）分析，显示基因型Ⅱ的菌株具有较高的遗传多样性。研究数据证实了柱状黄杆菌基因型Ⅰ和基因型Ⅱ在自然环境中共存，基因型Ⅰ菌株与丝鳍鲱鱼之间存在统计学上的显著相关性，而基因型Ⅱ菌株主要从鲶鱼中分离到。

对撞击的鱼（impinged fish）的采样，明显有助于从野生鱼类种群中分离柱状黄杆菌，鱼类是否因有在被诱捕之前受到感染，或是因它们是柱状黄杆菌的携带者，在应激条件下屈服（succumbed）于病原体；尽管撞击的情况不在此项研究范畴，但认为撞击还是为研究野生鱼类种群中病原体的存在提供了一个独特的机会。水生生态系统中病原体的自然低患病率，阻碍了对野生鱼类病原体的广泛研究。通过使用该采集系统，认为能够对与野生鱼类种群相关的柱状黄杆菌进行采样和分析。此研究结果将有助于进一步研究病原菌-鱼之间的相互作用，因为基因型和鱼类物种之间建立了明确的相关性。

内部间隔区单链构象多态性分析和扩增片段长度多态性分型方法，将柱状黄杆菌分为两个主要的簇（clusters），这些簇与基于16S限制性片段长度多态性的基因型归属相关。当两种方法（内部间隔区单链构象多态性分析和扩增片段长度多态性）的数据组合成一个复合集（composite set），并建立一个新的相似矩阵（similarity matrix）时，这些柱状黄杆菌被清晰地分为两群；所有基因型Ⅰ分离株都显示出比基因型Ⅱ具有更紧密的亲缘关系，同样的是鲶鱼分离株表现出比丝鳍鲱鱼分离株显示更大的变异性[104]。

（2）不同基因型菌株的毒力

美国农业部农业研究局水生动物健康研究实验室的Shoemaker等（2008）报道，从患病斑点叉尾鮰分离的大部分柱状黄杆菌都属于基因型Ⅰ或基因型Ⅱ（表4-7）。通过浸泡感染试验（在$5 \times 10^5 \sim 1 \times 10^6$CFU/mL浸泡感染15min），评估了基因型Ⅰ和Ⅱ分离株对斑点叉尾鮰的毒力。结果表明，基因型Ⅱ菌株（4株）对斑点叉尾鮰鱼苗（channel catfish fry）的毒力（死亡率92%～100%）明显高于基因型Ⅰ菌株（3株）（死亡率0～46%）；显示遗传特征的柱状黄杆菌的体内黏附（In vivo adhesion），也与受感染鱼苗的死亡率增加相关。在鱼种斑点叉尾鮰（fingerling channel catfish），基因型Ⅱ菌株ALM-05-182和ALG-00-530（2株）导致的死亡率显著高于所有基因型Ⅰ菌株（3株）的，基因型Ⅱ菌株BGFS-27的感染死亡率与基因型Ⅱ菌株ALG-00-530和两个基因型Ⅰ菌株（ALM-05-53和ALM-05-140）的相似。结果表明，虽然两种基因型都存在于水生环境中，但基因型Ⅱ菌株似乎对斑点叉尾鮰更具致病性[105]。

表4-7　供试柱状黄杆菌不同基因型的菌株

菌株	分离来源	分离（年）	基因型	菌株	分离来源	分离（年）	基因型
LSU	斑点叉尾鮰	1999	Ⅱ	ARS-1	斑点叉尾鮰	1996	Ⅰ
ALG-00-515	斑点叉尾鮰	2000	Ⅱ	HS	斑点叉尾鮰	2000	Ⅰ
ALG-00-530	斑点叉尾鮰	2000	Ⅱ	MS-02-463	斑点叉尾鮰	2002	Ⅰ
AL-02-36	大口黑鲈	2002	Ⅱ	ATCC-23463	大鳞鲑	不清楚	Ⅰ
ALM-05-182	斑点叉尾鮰	2000	Ⅱ	ALM-05-53	斑点叉尾鮰	2005	Ⅰ
BGFS-27	斑点叉尾鮰	2005	Ⅱ	ALM-05-140	斑点叉尾鮰	2005	Ⅰ

注：菌株ALM-05-182、BGFS-27、ALM-05-53、ALM-05-140，分离于莫比尔河流域（Mobile River basin）的野生斑点叉尾鮰（Wild channel catfish）。

美国塔德·科克伦国家温水养殖中心（Thad Cochran National Warmwater Aquaculture Center；Stoneville，MS，USA）、密西西比州立大学（Mississippi State University；Mississippi State，USA）的Soto等（2008）报道，关于来自美国东南部（south-eastern United States）主要是温水水产养殖区的柱状黄杆菌不同分离菌株间的流行病学关系的信息很少。此项研究的目的是建立一种脉冲场凝胶电泳（pulsed-field gel electrophoresis，PFGE）方法来鉴定从美国东南部不同地点分离的柱状黄杆菌菌株，并确定柱状黄杆菌PFGE亚群（PFGE subgroups）与在斑点叉尾鮰鱼种的毒力之间可能的相关性。

对在1989—2006年从美国东南部养殖的斑点叉尾鮰分离的30株、法国的ATCC 49512菌株共31株柱状黄杆菌，通过脉冲场凝胶电泳方法分析，基于PFGE图谱（PFGE-derived profiles）构建了相似性树形图，结果发现两个（记作A、B）分别具有60%以上相似性的主要遗传群。

用PFGE的A群（PFGE group A）菌株，对斑点叉尾鮰鱼种（Channel catfish finger-lings）浸泡感染检测的平均死亡率（大于60%）明显高于用B群菌株的（小于9%）。经破损和去除皮肤黏液的斑点叉尾鮰鱼种，在浸泡暴露后易受B群菌株的感染。研究结果表明，脉冲场凝胶电泳方法一种对柱状黄杆菌有效、可靠和可重复的基因指纹图谱（genetically fingerprinting）分子技术，能够分析斑点叉尾鮰分离株的异质性（hetero-geneity）。经浸泡感染试验表明，两个不同遗传群菌株间存在毒力强度差异性，表明脉冲场凝胶电泳是一个潜在的有用方法，以确定在不同菌株的致病性差异，以及柱状黄杆菌分离株是否更可能是一个主要或次要的、原发性或继发性的病原体。如果在鲶鱼池塘中检测到柱状黄杆菌，则可以利用这些信息确定是否有必要进行处理。此外，今后对鲶鱼柱状病的发病机理研究应重点放在PFGE的A群的菌株[106]。

5. 其他因素的影响

柱状病的严重性还受到环境（压力）、鱼体相关因素（感染寄生虫或体表受损伤等）等的多重因素影响；死亡率与水中溶解氧的水平成反比，而且在有足够溶解氧的情况下，死亡率随氨水平的增加而增加。某些应激条件如水体温度变化大、水体溶氧量低，氨、氮、亚硝酸盐含量高以及继发感染等，常常成为柱状黄杆菌感染的重要诱因。由于其寄主范围广、疾病分布地域广，因此柱状黄杆菌被认为是温带淡水水生环境中普遍存在的[5,8]。

芬兰于韦斯屈莱大学的Suomalainen等（2005）报道，采用柱状黄杆菌带菌鱼（carrier fish）研究了寄生虫感染（parasitic infection）对柱状病的影响，为引起临床柱状黄杆菌感染，将鱼暴露于复口吸虫尾蚴（*Diplostomum spathaceum* cercariae）和一组其他应激源（stressors）中，寄生虫感染和其他应激源均未能诱发该病；在柱状黄杆菌感染鱼引起发病时，复口吸虫感染没有提高感染的严重性[102]。

（三）感染病与病症特征

在前面有记述在早期，苏格兰联合利华研究实验室的Anderson和Conroy（1969）曾统一归类在“Myxobacteria”（黏细菌属）的名义（注：其所指即现在所谓的黄杆菌属细菌）之下，对相关联的鱼类一些感染病，结合其本身的研究工作进行了综合描述。描述中包括了柱状病、细菌性冷水病和尾柄病（peduncle disease）、细菌性鳃病、鳍腐病（fin rot）、尾腐病（tail rot）等。认为鱼类的此类感染病是常见的，可能影响到在河流中的自然种群或来自孵化场使用淡水或海水养殖的鱼类，尤其在恒温养殖池表现突出，在条件适宜的情况下，可能会使多种、似乎是没有种或种族限制的鱼类感染发病。由柱状黄杆菌引起的柱状病，能够感染多种养殖和野生的淡水鱼类；主要感染病症是导致皮肤损伤、鳍侵蚀（fin erosion）、鳃坏死，死亡率高，能够造成严重的经济损失[27]。

在黄杆菌科中属于黄杆菌属的鱼类病原体，在早期被分类于不同的菌群（groupings）中，包括软骨球菌属、噬纤维菌属、屈挠杆菌属，这些细菌的特征都是革兰氏阴性杆状菌，通常在固体表面有不寻常的滑动（unusual gliding）。总的来说是经常被称为“myxobacteria”（黏细菌），因为这些细菌常常是与黏液表面（mucoid surfaces）相关联；尤其是柱状黄杆菌，通常总是与正常和患病鱼类的黏液（mucus）有关[6]。

由柱状黄杆菌引起柱状病，也被描述为“saddleback disease”（鞍状病、鞍背病），是因其病变特征是在背鳍基部周围出现灰色变（grey discolouration）区域、即呈鞍状损伤（saddleback lesion）的病症。另外的病症特征是引起体表和鳃部损伤，病变的外观常常表现出因鱼的种类而异。在无鳞鱼（scaleless fish）如鲶鱼中，感染开始于小的圆形病变，呈蓝灰色坏死中心（blue-grey necrotic centre），红细胞浸润导致皮肤红肿；在病变的中心和边缘可以看到细菌柱（columns of bacteria），但病变的边缘几乎是纯的柱状黄杆菌细胞、而中心则含有继发感染菌（secondary invaders）。在有鳞鱼（scaled fish）中，病变始于鳍的外边缘、并向身体内部扩散形成鞍（saddle）状，因此被称为鞍状（背）病；鳞片随着皮被的解体而松弛和脱落，严重的损伤是由于真皮的侵蚀和皮下肌肉的坏死造成的，显微镜下可以看到菌细胞附着在鱼组织和鳞上，呈柱状聚集（column-like masses）。在斑马鱼的试验性感染中，疾病的发病很快，出现鞍状损伤的病症，出现在擦伤鱼浸泡及腹腔或肌内注射的鱼感染的24h内。根据感染方法，LD_{50}在$1.1\times10^{6}\sim7.2\times10^{7}$CFU[7]。

1. 鳃组织感染病

病原性黄杆菌属的多个种，均能引起鳃组织感染的所谓鳃病（gill disease）；但以柱状黄杆菌为常见，由柱状黄杆菌感染引起的所谓柱状病，主要指的是发生在鳃部的感染病，也是最早被发现和描述的。鳃通常是柱状黄杆菌感染的主要部位，典型的是供应鳃的血管发生阻塞，鳃片（gill lamellae）表面上皮（surface epithelium）与毛细血管床（capillary bed）分离，还可能会有分散的出血区域。鳃部病变通常由黄橙色（yelloworange）坏死区域组成，这些通常始于鳃的外围、并向鳃弓（gill arch）的基部延伸，最终导致的大面积侵蚀可能会彻底摧毁鳃丝；其组织学病变特征是鳃上皮（gill epithelia）的增生（hyperplasia）、肿胀，通常幼鱼（juvenile fish）发病的情况是在邻近鳃小片的末端发生融合（fusion），在某些情况下也与增生诱导因子（hyperplasia-inducing agents）有关。鳃片的破坏导致白色到棕色病灶的形成，这可能或不可能被黄色薄膜（yellow film）覆盖。柱状黄杆菌导致鳃上皮和结缔组织坏死，通常始于上皮细胞增殖和黏液细胞增生，从而堵塞相邻鳃瓣之间的空间；随着病情的发展，鳃片充血、炎症和水肿导致上皮隆起（epithelial lifting），最终可能发生鳃片融合、广泛出血和伴随的循环衰竭以及坏死。在一些养殖的斑点叉尾鮰中，皮肤和鳃部病变的主要组织病理学特征是坏死，很少或没有炎症反应[6,8-9]。图4-97（苏木精-伊红染色）显示感染早期柱状黄杆菌在次级鳃片（gill secondary lamellae）顶端大量生长[6]。

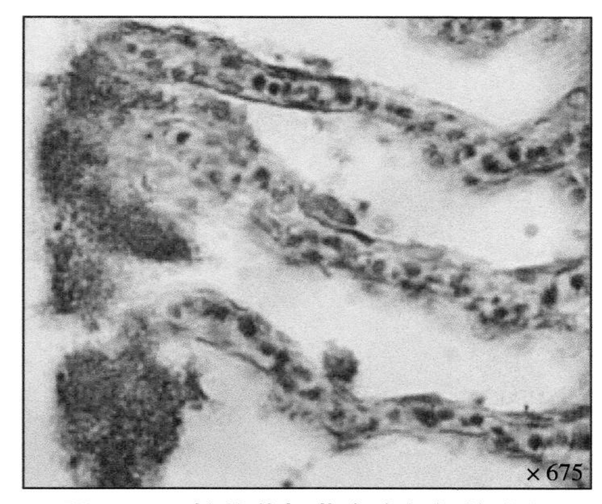

图4-97　柱状黄杆菌在次级鳃片生长

（1）鳃病变的感染模型

比利时根特大学的Declercq等（2015）报道，以鲤鱼鱼苗和虹鳟鱼苗为研究对象，采用浸泡感染（immersion challenge），建立了由柱状黄杆菌引起的典型柱状病致鳃病变（gill lesions）的感染模型。接种了高毒力（highly virulent，HV）分离株的鲤鱼，显示鳃的弥漫性发白变色（whitish discoloration）、影响到所有的鳃弓（gill arches）；在虹鳟主要是单侧局灶性病变，仅限于前两个鳃弓。对暴露于强毒力菌株中的鲤鱼鳃组织进行了显微镜检查，发现正常鳃结构弥漫性缺失，鳃上皮脱落和坏死，丝状体（filaments）和片层（lamellae）融合；在严重的病鱼，大量的丝状体被坏死碎片（necrotic debris）替代，这些碎片被包裹在嗜酸性基质（eosinophilic matrix）中的、大量柱状黄杆菌的菌细胞群缠绕。在虹鳟中，与鲤鱼的组织病理学损伤相似，但通常表现范围较小、病灶更为集中，且与健康的组织有明显的界线。扫描电子显微镜和透射电子显微镜观察显示，受影响的鳃组织在细胞外基质中含有细长的菌细胞，并与受损的鳃组织密切接触。这是在宏观、光学显微镜和超微结构水平，首次发现典型的柱状病的鳃组织病变，研究结果为进一步研究病原-鳃相互作用提供了依据。

研究中的供试菌株，是使用5个鲤鱼分离株（0401781、0901393、10009061-1、10012573/2、CDI-A）和6个虹鳟分离株（JIP 44/87、JIP P11/91、LVDJ D7461、H2、B259、Coho 92）。供试鱼，2d的鲤鱼鱼苗是引自于比利时的孵化场，将鱼苗运至试验设施后、生长到平均体长5cm后用于试验；虹鳟鱼苗平均体长5cm，由比利时鲁汶养鱼实验室（Laboratoire de Pisciculture Huet，Leuven，Belgium）提供，适应性养殖2个月。

图4-98显示用强毒力株0401781接种感染体长5cm鲤鱼鱼苗后12h鳃部病变，鳃弓

弥漫的黄白色变色（yellowish-white discolorations）。

图4-99（苏木精-伊红染色）显示用强毒力株0401781感染鲤鱼鱼苗后12h对左鳃进行检验，在所有瓣层消失的情况下，可见丝状体（图4-99A）的弥漫合并（diffuse merging），广泛的柱状黄杆菌的菌细胞（箭头示）嵌入嗜酸性基质、也存在坏死碎片（图4-99B）。

图4-98　鲤鱼鱼苗的鳃部病变

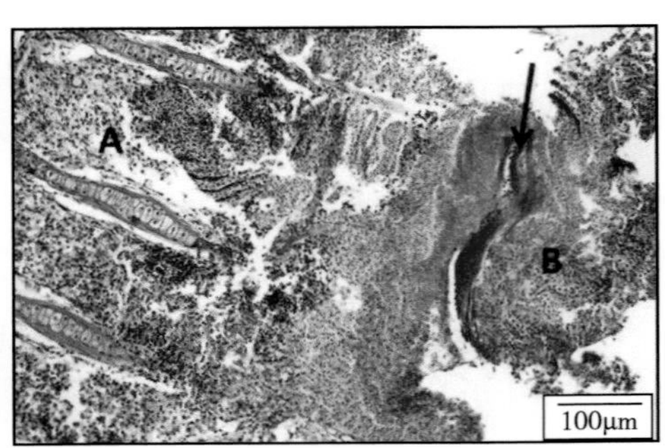

图4-99　鲤鱼鱼苗的鳃组织病变

图4-100为用强毒力株0401781对鲤鱼鱼苗感染12h后，鳃组织的扫描电子显微镜检验。左显示丝状体（图4-100A）的弥漫合并、丝状体排列丧失，黏液凝块（mucus clots）出现在鳃丝之间（图4-100B）；右显示在左图中的细节、沿着鳃丝排列细长菌细胞（图4-100C），在瓣层间大量菌细胞聚集并包裹在黏液凝块中，脱落内皮细胞（endothelial cells）和红细胞（图4-100D）。

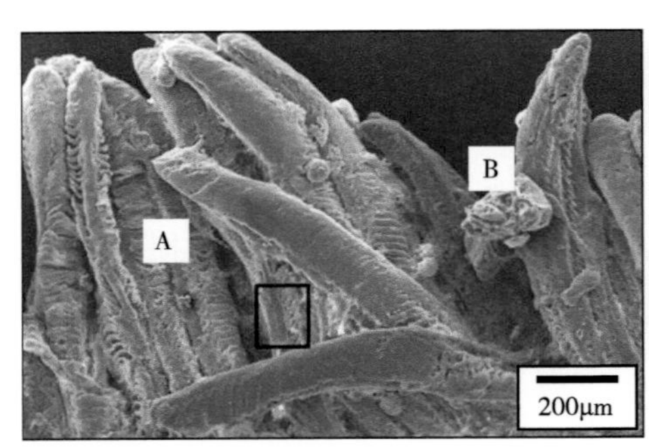

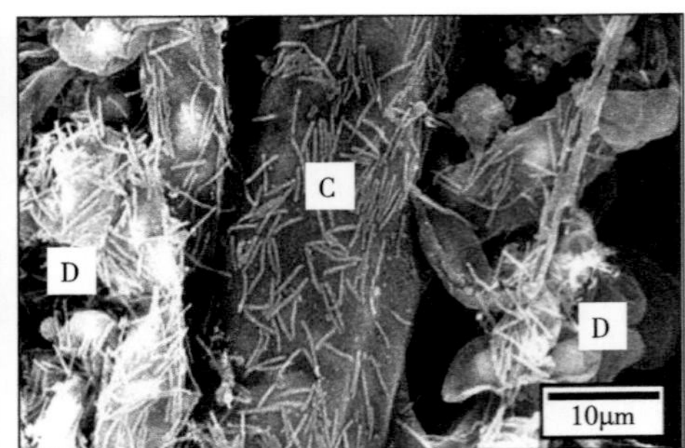

图4-100　鲤鱼鱼苗的鳃组织超微结构病变

图4-101为强毒力株0401781对鲤鱼鱼苗感染12h后，透射电子显微镜检验坏死鳃片，显示柱细胞质膜（pillar cell plasma membrane）暴露（粗箭头示），与菌细胞（细箭头示）密切相关，存在坏死的碎片（星号示）。

图4-102为用强毒力柱状黄杆菌菌株B259感染体长5cm的虹鳟鱼苗，显示鳃病变（箭头示）的两个清晰的变色区域。

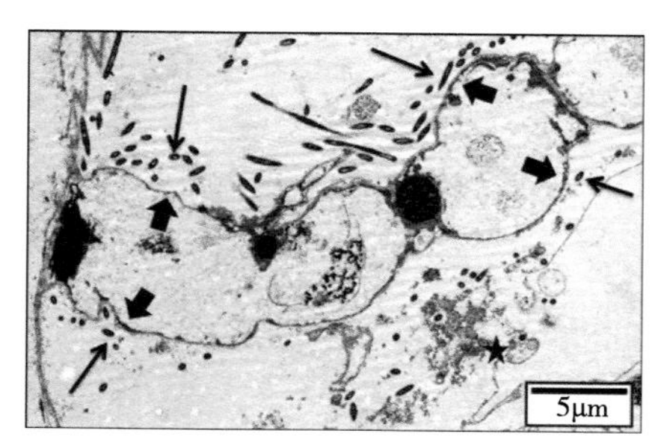

图4-101　鲤鱼鱼苗的鳃片超微结构病变

图4-102　虹鳟鱼苗的鳃部病变

图4-103为用强毒力柱状黄杆菌菌株B259感染体长5cm的虹鳟鱼苗，在感染后24h出现典型的皮肤损伤，带有强毒力柱状黄杆菌菌株B259。皮肤变色从背侧部开始扩展到腹鳍、臀鳍，类似于马鞍（saddle）（粗箭头示）；胸鳍周围皮肤的变色区域明显，由于柔嫩的鳍组织（delicate fin tissue）消失（细箭头示），背鳍条（dorsal fin rays）暴露。

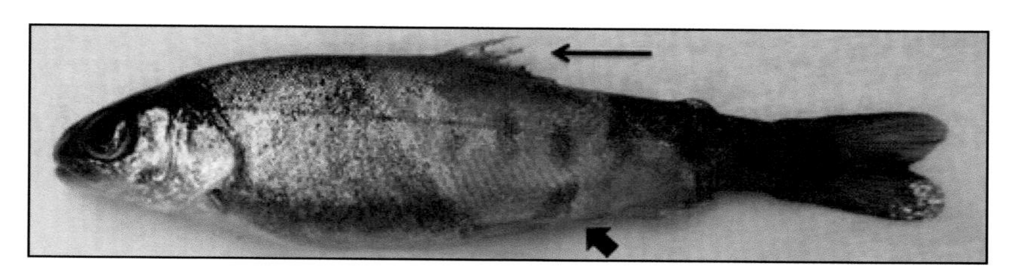

图4-103　虹鳟鱼苗的体表病变

图4-104（苏木精-伊红染色）为用强毒力柱状黄杆菌菌株JIP P11/91感染虹鳟鱼苗27.5h的左第一鳃弓切片。图4-104A中上面四条鳃丝在中部和顶端显示瓣层坏死和融合，图中下半部分的4条鳃丝融合、鳃瓣完全坏死，被柱状黄杆菌菌细胞取代。图4-104B为在图4-104A中的方框的细节，显示坏死的瓣层几乎完全被细长细菌（箭头示）的大量微菌落（microcolonies）所取代。

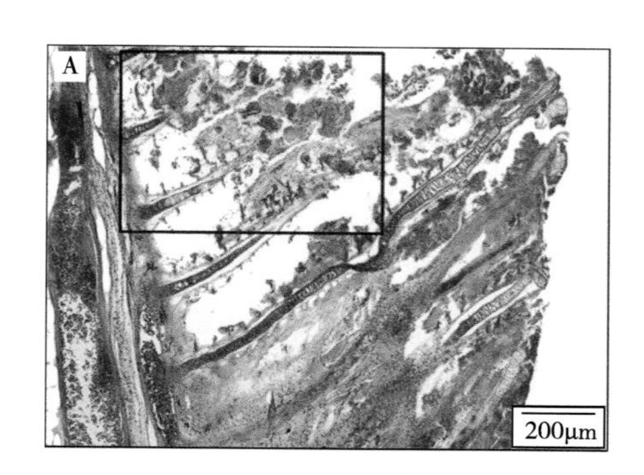

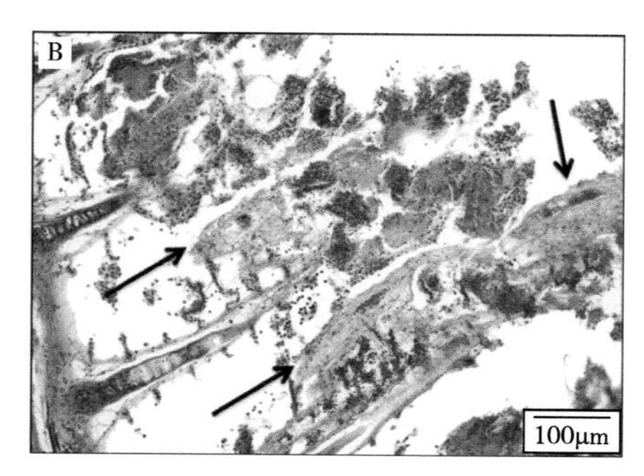

图4-104　虹鳟鱼苗的鳃组织病变

图4-105为用强毒力柱状黄杆菌菌株JIP P11/91感染虹鳟鱼苗27.5h的鳃组织扫描电

子显微镜检验，在图像的右侧显示包裹在黏液、红细胞和细胞碎片基质中的细长菌细胞（箭头示）明显可见（A）；在左上半部分，显示靠近细菌簇（bacterial cluster），鳃丝的正常指纹模式（normal fingerprinting pattern）仍然可以辨别（B）。

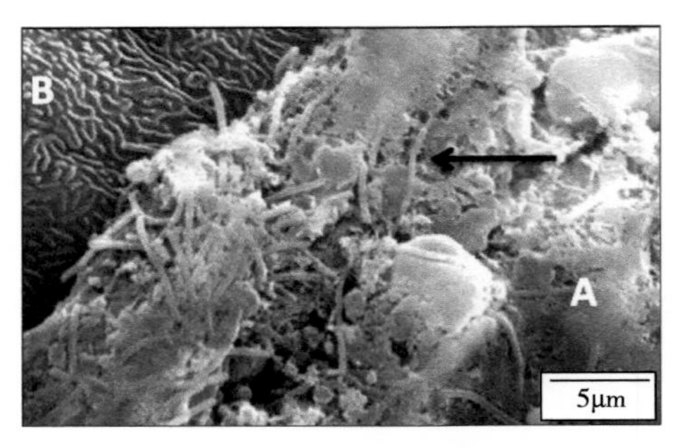

图4-105　虹鳟鱼苗的鳃组织超微结构病变

此项研究描述了一种在鲤鱼和虹鳟的浸泡接种模型（immersion inoculation model），该模型用于引起典型的柱状病的鳃病变，如在现场观察到的。这样，就有助于深入研究柱状黄杆菌与其目标感染组织的相互作用；此外，对鳃病变详细描述了从完整到部分或完全破坏鳃组织的过程，作为阐明柱状病发病机制的一种手段，并有助于开发有效的方法来对抗柱状病，而无须借助抗菌剂[107]。

（2）不同毒力菌株感染的鳃病变特征

比利时根特大学的Declercq等（2015）相继报道，研究了柱状黄杆菌不同毒力菌株与鲤鱼和虹鳟鳃的相互作用。研究中使用了具有已知毒力特征的高毒力（high virulence，HV）菌株和低毒力（low virulence，LV）菌株，在感染后72h内能够导致80%或以上死亡率的被指定为高毒力菌株，在72h内导致20%或以下死亡率的被指定为低毒力菌株。用从患病鲤鱼中分离得到的0901393（HV）和CDI-A（LV）菌株进行鲤鱼试验接种，从患病鳟鱼分离出JIP P11/91（HV）和JIP 44/87（LV）对虹鳟进行了检测；这4个菌株（注：在上面所记述的[107]），均属于基因型Ⅰ。

两种供试鱼均分别暴露于不同的高毒力或低毒力菌株中感染。接种高毒力菌株的鲤鱼和虹鳟的组织病理学、超微结构检查，揭示了细菌入侵和伴随的鳃组织结构破坏，从鳃丝端逐渐向基部扩展，膜外囊泡包围大多数的菌细胞。在鲤鱼，接种了低毒力菌株的鱼5%～10%死亡，其鳃组织显示出与接种感染高毒力菌株相同的特征，尽管程度较低；从鳃组织中分离细菌的数量，接种高毒力菌株的明显多于接种低毒力菌株的。与对照相比，经三磷酸（dutp）缺口末端标记（tunel）方法［triphosphate（dUTP）nick end-labelling（TUNEL）methodology］染色和蛋白酶（caspase-3）免疫染色（caspase-3-immunostained）的鳃组织切片显示，受到高毒力菌株感染的鲤鱼和虹鳟的凋亡细胞计数明显高；与对照鲤鱼相比，过碘酸希夫氏/阿新蓝染色（Periodic acid-Schiff/alcian blue staining，PAS/AB stain）显示，高毒力菌株、低毒力菌株的总鳃杯状细胞计数明显高。此外，细菌簇（bacterial clusters）嵌入中性基质（neutral matrix）中，同时被酸性黏蛋白（acid mucins）包裹，类似于生物膜的形成。高毒力菌株感染中的嗜酸粒细胞计数，明显高于低毒力菌株和对照鲤鱼的。

研究结果揭示在通过浸泡感染后，高毒力柱状黄杆菌的黏附和聚集是首先黏附在鳃丝的顶端，然后菌细胞继续向菌丝的中部和底部移动，最终定植在完全的鳃丝上；与在鲤鱼中最为明显的完全鳃丝解体相比，虹鳟表现出更多的是局灶性组织破坏。此外，在鲤鱼还发现软骨组织（cartilaginous tissue）溶解。膜外囊泡的产生值得进一步关注，因为这些结构已经被描述为在毒力和组织溶解中起作用，而且已知其在体内的柱状黄杆菌还从未被描述过。此外，生物膜的形成是通过包裹在过碘酸希夫氏染色（Periodic acid-Schiff staining，PAS）阳性基质中的菌细胞，同时在阿新蓝染色阳性黏液（Ab positive mucus）中观察到的。观察到的杯状细胞在数量和质量上的变化，都指向了柱状黄杆菌与鳃黏液之间复杂而有趣的相互作用，需要进一步的研究。凋亡细胞（apoptotic cells）的增加和更高的嗜酸粒细胞（eosinophilic granular cells，EGC）计数表明了一系列显著的特征，为将来研究柱状病的发病机制提供了依据。研究数据表明了高毒力菌株的高定植能力、破坏性和促进细胞凋亡的特性，并认为在重要的动态宿主黏蛋白-柱状黄杆菌相互作用（host mucin-*Flavobacterium columnare* interactions）方面值得进一步研究。

图4-106显示高毒力菌株感染鲤鱼的鳃部组织病变及细菌。图4-106A（苏木精-伊红染色）显示菌细胞（箭头示）集中聚集在嗜酸性基质中，包括鳃丝（gill filament，F）的尖端并延伸至鳃丝的中部，L为鳃片（gill lamella，L）。图4-106B（过碘酸希夫氏/阿新蓝染色），显示菌细胞被一个过碘酸希夫氏染色阳性基质（PAS-positive matrix）包围（细箭头示）呈洋红色（magenta），被阿新蓝染色阳性黏蛋白（AB-positive mucins）包围的呈蓝色（粗箭头示），F为鳃丝、L为鳃片。

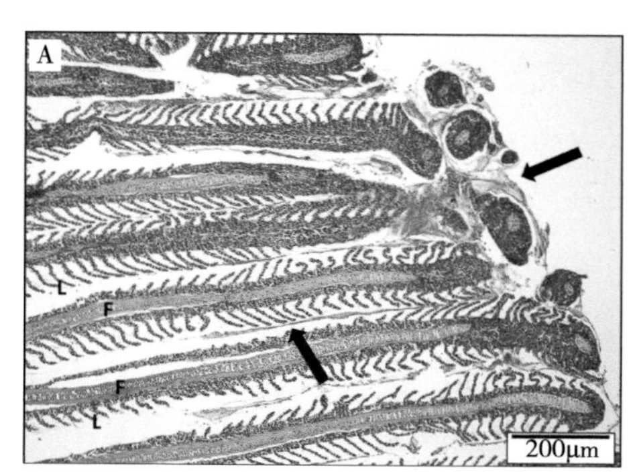

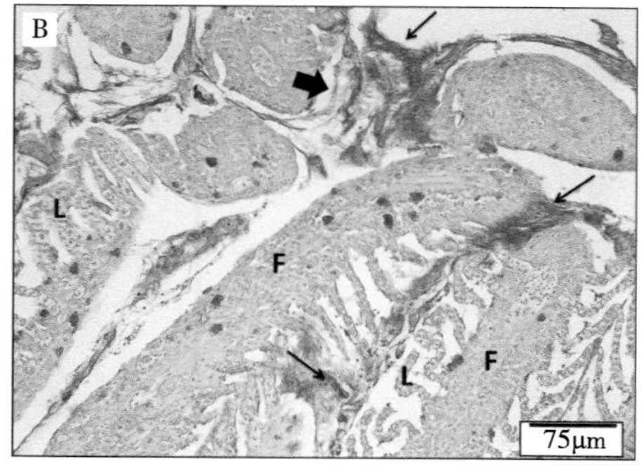

图4-106　高毒力菌株感染鲤鱼鳃病变

图4-107显示高毒力菌株感染鲤鱼的鳃部及细菌（电子显微镜图），其中的图4-107A（扫描电子显微镜观察）显示鳃丝（F）和鳃小瓣（L）被细长的菌细胞（bacterial cells，B）覆盖、聚集在黏液（mucus，M）和细胞碎片之间；图4-107B（透射电子显微镜观察）显示菌细胞有一个呈滚花的外膜（knurled outer membrane）结构（长箭头示），并有规律地被外膜囊泡（outer membrane vesicles）围绕（短箭头示）。

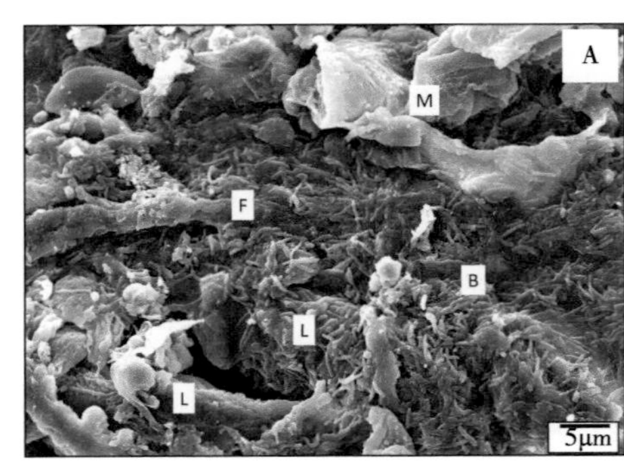

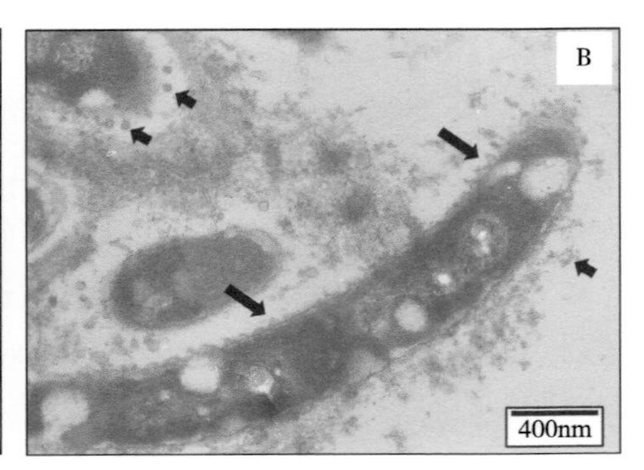

图4-107 鲤鱼的鳃部及细菌

图4-108（苏木精-伊红染色）为高毒力菌株感染鲤鱼的鳃组织切片，可见嵌入嗜酸性基质中的大量细菌微菌落（micro-colonies）存在（粗箭头示）；完整的结构损失区域（星号示）存在于细菌丛的附近，总体水肿（overall oedema）（细箭头示）及完全的鳃瓣（L）和鳃丝（F）融合明显。

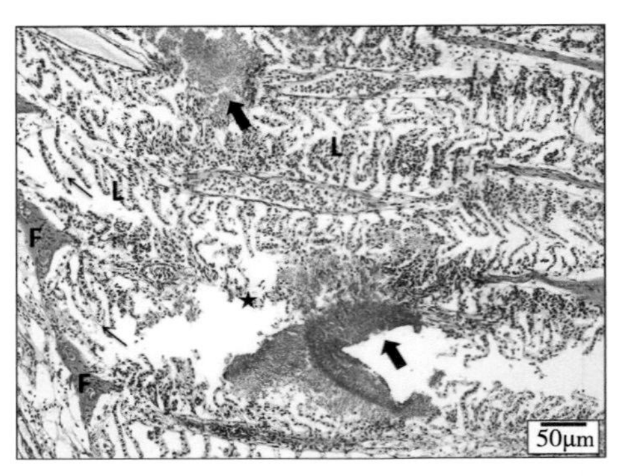

图4-108 鲤鱼的鳃组织切片

图4-109为高毒力菌株感染鲤鱼的鳃部（透射电子显微镜观察），显示一簇菌细胞（长箭头示）通过半透明层（translucent layer）（星号示）与鳃瓣上皮（lamellar epithelium，L）（短箭头示）分离。

图4-110为高毒力菌株感染虹鳟的鳃组织病变（透射电子显微镜观察），在鳃片（gill lamella，L）中观察到局部坏死（长箭头示），而相邻的鳃瓣保持完整（短箭头示），除上皮的轻微水肿（白色箭头示）、存在细菌[108]。

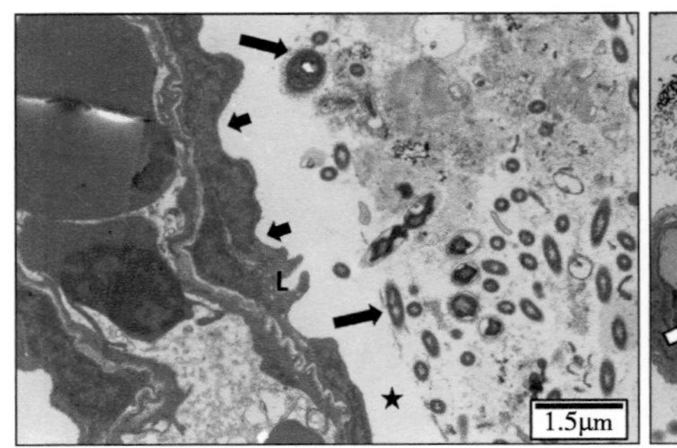

图4-109 鲤鱼鳃组织的菌细胞

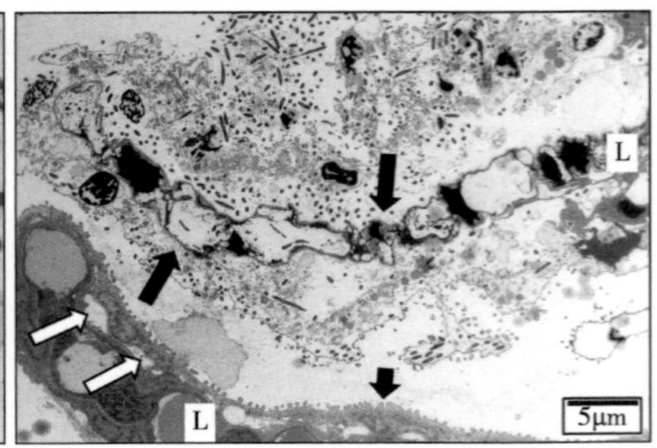

图4-110 虹鳟的鳃组织病变

2. 欧洲鳎的黑斑坏死感染病

一种发生在养殖欧洲鳎（dover sole，*Solea solea*）的、被称为黑斑坏死病（black

patch necrosis，BPN）的感染病（McVicar and White，1979），在早期的相关报道显示其病原菌为柱状黄杆菌（Campbell and Buswell，1982）。但有研究报道显示，鉴定其病原菌为近海屈挠杆菌（*Flexibacter maritimus*）、即现在分类于黏着杆菌属（*Tenacibaculum* Suzuki，Nakagawa，Harayama and Yamamoto，2001）的近海黏着杆菌（*Tenacibaculum maritimum*）（Bernardet and Grimont，1989）。

鉴于最初的报道其病原体为柱状屈挠杆菌（柱状黄杆菌），为避免可能出现的混乱，在此处也对养殖欧洲鳎的这种所谓黑斑坏死病予以简介。相应的一些具体内容，可见在第五章“黏着杆菌属（*Tenacibaculum*）”“近海黏着杆菌（*Tenacibaculum maritimum*）”的“感染病与病症特征”项中的记述。

（1）McVicar和White首先报道欧洲鳎黑斑坏死

英国DAFS海洋实验室（DAFS Marine Laboratory；Aberdeen，Scotland）的McVicar和WFA海洋养殖单位（WFA Marine Cultivation Unit；Hunterston，Ayrshire，Scotland）的White（1979）报道苏格兰艾尔郡亨特斯顿（Hunterston，Ayrshire，Scotland）白鲑管理局实验农场（White Fish Authority's experimental farm）养殖的欧洲鳎，于1978年在一些水槽鱼群中出现与鱼鳍和皮肤变暗（darkening）和坏死（necrosis）有关的严重死亡。尽管术语“black patch necrosis，BPN”（黑斑坏死病）已被用来描述这种情况，但认为这些变化是鱼皮肤对各种原因造成的损伤的正常反应，因此不能明确诊断目前被认为是养殖欧洲鳎的疾病。这种情况最早于1976年在0群（0-group）养殖欧洲鳎中被发现，每次暴发都会造成严重的损失[109]。

（2）Campbell和Buswell报道欧洲鳎黑斑坏死的病原菌

英国佩斯利理工学院（Department of Biology，Paisley College of Technology；Paisley，Renfrewshire，Scotland）的Campbell和Buswell（1982）报道，一种被称为黑斑坏死的复发性疾病（recurring disease），是于1974—1978年在苏格兰艾尔郡亨特斯顿海鱼业管理局海洋养殖场（Sea Fish Industry Authority's Marine Cultivation Unit at Hunterston，Ayrshire，Scotland）的0群和1群养殖欧洲鳎严重死亡的原因［注：可见上面McVicar和White（1979）的报道[109]］。对患病和健康欧洲鳎的组织样本进行了微生物学检查，从患病组织中反复分离出一个细长的革兰氏阴性菌，与“*Flexibacter columnaris*”（柱状屈挠杆菌）极为相似。此菌对欧洲鳎具有致病性，从所有试验感染的鱼中可重新分离出来。对分离菌株和感染再分离菌株进行了检测，并与柱状屈挠杆菌的参考菌株NCMB 1038进行了比较。结果显示这种“*Flexibacter columnaris*-like organism”（柱状屈挠杆菌样细菌）被认为是与欧洲鳎相应“黑斑坏死”相关联的（注：此菌即现在分类命名的柱状黄杆菌，菌株NCMB 1038即模式株NCIMB 1038）。McVicar和White（1979）报道描述的临床症状与此前有报道的柱状病非常相似，尽管柱状病在世界范围内有分布，但这种疾病在美国尤为重要。在这项研究中，柱状屈挠杆菌（柱状黄杆菌）反复从欧洲鳎的黑斑坏死的坏死区域分离出来，证实了此菌的病原学意义[110]。

（3）Bernardet和Grimont比较研究近海屈挠杆菌

法国农业科学研究院（Laboratoire d'Ichtyopathologie，Institut National de la Recherche Agronomique，Station de Virologie Immrinologie Moléculaires，Centre de Recherches de Jouy-en-Josas；Jouy-en-Josas，France）的Bernardet和巴斯德研究所（Unité des Entérohactéries，Institut National de la Santé et de la Recherche Médicale，Institut Pasteur；Paris Cédex，France）的Grimont（1989）报道，对一些未明确的鱼类病原菌和被称为"*Flexibacter columnaris* sp. nov."（柱状屈挠杆菌）（注：柱状黄杆菌）、"*Cytophaga psychrophila*"（嗜冷噬纤维菌）（注：嗜冷黄杆菌）、"*Flexibacter maritimus*"（近海屈挠杆菌）的菌株，进行了DNA相关性和表型性状比较研究。研究中将法国分离株与其他国家分离株进行了比较，其中也包括由英国佩斯利理工学院的Campbell和Buswell（1982）报道在苏格兰从欧洲鳎呈黑斑坏死病皮肤病灶（skin lesions）分离出的柱状屈挠杆菌（柱状黄杆菌）样细菌（*Flexibacter columnaris*-like bacterium）的菌株NCMB 2158［注：即Campbell和Buswell（1982）的报道[110]］。结果显示菌株NCMB 2158被鉴定为"*Flexibacter maritimus*"（近海屈挠杆菌），是首次在欧洲证明了近海屈挠杆菌（近海黏着杆菌）这种病原菌的存在[111]。

3. 其他感染病症特征

柱状黄杆菌感染的病变通常局限于头部、背部和鳃部的皮肤，尽管也可能涉及身体的其他部位。开始是于周围有红色充血带的凸起白色斑块（raised whitish plaques）。在皮肤的病变很快发展成出血性溃疡（haemorrhagic ulcers），上面有菌细胞和坏死组织的基质；由于菌细胞的色素沉着，病变可能是黄色或橙色。组织学病变有表皮海绵样变（epidermal spongiosis）、坏死和溃疡；坏死扩展到真皮，周围充血和出血。

感染柱状黄杆菌，可能导致几种不同的疾病状况。在幼鱼于感染死亡发生前，通常仅是可以忽略的病理变化。在成鱼，损伤可能发生在鳃、皮肤和/或肌肉组织中，系统性感染可能发生；在霓虹脂鲤已有记录了皮肤变色/褪色和肌肉损伤。在身体上，小的损伤开始于背鳍基部或偶尔在腹鳍基部的苍白变色区域，并导致鳍的退化；这些区域的尺寸增大，直径可能达到3～4cm，覆盖鱼体总表面积的20%～25%，这可能具有马鞍（saddle）的特征外观，因此具有描述性术语"saddleback"（鞍状）。通常情况下，皮肤会完全腐蚀掉，暴露出下面的肌肉；大量细菌存在于病变组织的前沿，鱼类在出现皮肤变色后的48h内死亡并不罕见。

一些学者认为柱状病的临床症状几乎是病理学的，尽管病变位置/严重程度和病程可能有所不同。例如，强毒力柱状黄杆菌导致暴发性感染，伴有高的急性死亡率，但几乎没有严重病理学；低毒力（lesser virulence）菌株感染表现进展缓慢，并导致慢性死亡，伴有显著病理学变化。柱状黄杆菌感染从外部开始在鳍、鳃和皮肤上发生，行为变化包括食欲不振、嗜睡和悬挂（hanging）等。柱状黄杆菌引起的皮肤损伤，可累及头部和身体的区域，常因出血或无出血而褪色，并可覆盖相同的黄色薄膜和/或坏死碎屑，皮肤损伤可使下层肌肉溃疡。受感染的鳍破损并坏死，鳍缘将呈现白色/灰色外观；细菌可能在背鳍和/或脂鳍基部的皮肤上增殖并向外扩展，产生鞍状损伤（saddle-back lesion）。在水槽养殖的鱼类中，柱状病经常发生在口腔黏膜上；虽然经常是一种外部感染，也可能发生系统性疾病，但很少观察到内部病理学变化。在五大湖区域，柱状黄杆菌与鲑科鱼类的外部和系统性感染有关，并且细菌经常从肾脏中检出。由柱状黄杆菌引起的皮肤/肌肉微观病变包括上皮溃疡，并用细菌垫（尤其是背鳍周围）替换，最终侵入真皮和皮下肌肉，导致坏死[6,8-9]。

图4-111显示养殖斑点叉尾鮰的躯干上被弥漫性出血所包围的皮肤溃疡，其上覆盖着黄色的柱状黄杆菌的垫（mats）（箭头示）。图4-112（苏木精-伊红染色）为感染柱状黄杆菌的大鳞大麻哈鱼的皮肤切片，显示表皮和真皮溃疡，皮下结缔组织暴露，箭头示产生的炎症反应[9]。

图4-111　斑点叉尾鮰的皮肤溃疡

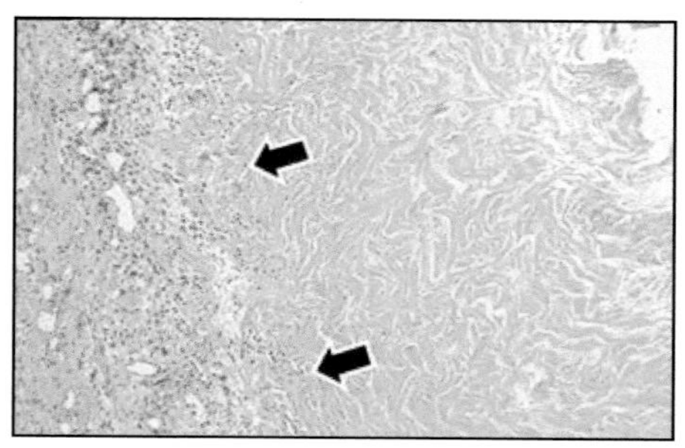

图4-112　大鳞大麻哈鱼皮肤组织病理

4. 我国对柱状黄杆菌感染病的研究报道

我国对柱状黄杆菌感染病的研究报道，最早当是在前面有记述中国科学院水生生物研究所（原湖北省水生生物研究所）在1972年对草鱼烂鳃病及其病原的研究。经对分离的19个菌株致病性检验，选择了致病性强的1株（编号G4）进行了进一步的研究，并在当时根据其特征定名为“*Myxococcus piscicola* sp. nov. Lu，Nie and Ko，1975”（鱼害黏球菌）。此后，G4菌株也被不少学者引用作为了对柱状黄杆菌研究的参考菌株[28-29]。

相继，多有在不同种鱼类检出柱状黄杆菌感染的报道。除比较多见的所谓烂鳃病外，也涉及多种不同鱼类及不同感染类型。这里所记述的一些报道，是在不同种鱼类、不同种感染类型具有一定代表性的。

（1）烂鳃病

近些年来，我国多有由柱状黄杆菌引起鱼类烂鳃病或以烂鳃为主并伴有其他病变的报道，或由柱状黄杆菌单独引起、或由多种病原菌混合感染引起。除比较多见草鱼发生外，其他也涉及多种鱼类。

①草鱼。在我国对由柱状黄杆菌引起鱼类感染症的研究，最早是始于20世纪50年代对草鱼烂鳃病的研究工作，1972年由中国科学院水生生物研究所（原湖北省水生生物研究所）分离到、并明确了柱状黄杆菌为我国草鱼相应烂鳃病的病原菌。由此菌引起的烂鳃病在草鱼、青鱼、鳙、鲤等均可发生，但主要是危害草鱼，全国各地均有此病发生，在水温15℃以下一般少见、20℃左右时开始流行、流行的最适水温为28～35℃；眼观烂鳃病鱼的鳃瓣呈泥灰色（尤其是鳃丝末端），黏液很多，往往粘着污泥和杂物碎屑，有时在鳃瓣上也可见到淤血斑点，在有些病鱼的鳃盖骨中央，有时可见到内侧的表皮已脱落形成一透明区，所以有“开天窗”之称；鳃丝的形态和结构都发生明显变化，鳃丝及鳃小片组织因病变以致变得软弱、失去张力、常呈现凋萎不整的弯曲，所以在鳃瓣水平切面上鳃丝排列已不整齐、有的鳃丝呈弯曲扭挠、鳃小片不再是规则的互生羽状排列于鳃丝软骨的两侧（呈杂乱无章）、有的鳃小片呈波状扭曲、也有的鳃小片呈各种不规则的袋状或片状。柱状黄杆菌对草鱼鳃的侵袭方式一般是从鳃丝末端开始，然后向鳃丝基部和两侧扩展，因此鳃丝末端组织病变比较严重，有的鳃丝末端甚至呈钩状，其两侧的鳃小片被细菌侵袭后不仅失去张力且组织已坏死；病变严重的鳃丝末端已难以识别其组织形态和鳃丝的界线，它们与成对的菌体、黏液及崩溃的组织混杂在一起，有的鳃丝两侧鳃小片坏死，最后全部崩溃、脱落、只剩下光秃秃的鳃丝软骨[28]。

珠江水产研究所的何君慈等（1987）报道，从1979年开始对草鱼烂鳃病进行研究，先后从发病草鱼及金鱼的病灶、体表和鳍条上分离获得细菌20多株，经感染、筛选从中选出致病力最强的1株（M165），经鉴定为柱状黄杆菌（文中是以柱状屈挠杆菌记述的）；直接浸泡感染试验在M165菌株含菌量达2万～6万个/mL时，能使当年草鱼或一冬龄草鱼致病、死亡；对池塘中的鲢、鳙、鲮、鲫鱼、鲂、罗非鱼、黄尾密鲴、纹唇鱼及鳑鲏等，也具有不同程度的致病性；从感染发病的草鱼病灶可重新分得感染菌，再感染可同样见鳃丝呈现斑白点，黏液增多，鳃丝骨弯曲变形，鳃瓣、体表及鳃条黏附大量坏死细胞和滑动细菌的混合物，与自然烂鳃病的症状相似[112]。

中国科学院水生生物研究所的李楠等（2011）报道在2009年8月，河南新乡市某草鱼养殖场的草鱼发病，发病草鱼的成鱼体长30.0～40.0cm、鱼苗体长10.0～15.0cm。病鱼均表现出食欲下降、游动缓慢、反应迟钝，背部发黑、腹部膨大、眼球突出，鳃盖、鳍条出血，鳃丝呈灰白色有部分缺损、附着大量灰白色黏液，体表溃烂（局部出血）；剖检可见严重的腹水，脾脏紫黑色，肝脏灰色，肠系膜、肠道出血，肛门红肿。持续4周时间，约有40%的鱼发病并死亡。选取具有典型症状的濒死草鱼，以其鳃丝上的黏液、肝脏、脾脏、肾脏，进行病原学检验。结果从鱼苗体内均分离到了相应病原霍乱弧菌（*Vibrio cholerae*），从成鱼体内均分离到了相应病原嗜水气单胞菌（*Aeromonas hydrophila*）和柱状黄杆菌。报道者认为，从草鱼中分离到致病性霍乱弧菌还是首次报道[82]。

②剑尾鱼。天津市水产技术推广站的徐晓丽等（2014）报道，对发生烂鳃、烂尾病的剑尾鱼进行病原学检验，从其体表病灶处、鳃及肝脏同时分离到相应病原柱状黄杆菌和维氏气单胞菌（*Aeromonas veronii*）。病鱼为天津津南某养殖场的濒死剑尾鱼（体长4～5cm），发病表现为游动无力，反应迟钝，离群独游，不食；病鱼体表有明显的溃烂，鳍条溃烂发白、缺损，鳃丝腐烂、缺损，鳃黏液增多；剖检可见肠道无食，肝脏灰白色；刮取病鱼体表溃烂处黏液及鳞片观察，可见鳞片上有明显柱状结构，黏液中有大量滑行运动的长杆状细菌[85]。

③鲈鱼。中国水产科学研究院珠江水产研究所的邓国成等（1995）报道了加州鲈鱼发生的病害，主要症状表现为烂鳃、上下颌齿周围充血发炎引起唇皮溃烂脱落，另在网箱养殖的发病的病鱼还常伴有“白头白嘴”以及体表有一片椭圆状的白皮或赤皮的症状；此病在水温24～30℃时最易发生，发病水域包括池塘、水库及河叉网箱中，池塘中的发病率通常在15%～30%、严重的死亡率可达60%，网箱中的死亡率可高达80%；从广东省的佛山市南海区和顺德区、肇庆市及新丰江水库等地的池塘与网箱养殖鱼的病鱼（鳃和吻端及颌齿周围发炎的病灶）中分离到病原柱状黄杆菌（文中是以柱状噬纤维菌记述的）。经以分离菌株对健康加州鲈鱼分别做浸泡、肌内注射的感染试验，结果表明浸泡感染的能引起被感染鱼发生同自然病例样的症状及死亡，肌内注射感染的能引起被感染鱼发病死亡但未出现烂鳃症状；同时对草鱼、金鱼、鳗鲡、斑点叉尾鮰、鲤鱼、红剑鱼、桂花鱼做浸泡感染试验，发现对这些供试鱼均具有高致死率，且在供试草鱼、金鱼、鲤鱼、桂花鱼中均出现了烂鳃变化[113]。

④鳜鱼。华中农业大学的陈昌福等（1995）报道广东省中山市某养殖场翘嘴鳜烂鳃病例，表现为病鱼鳃上黏液增多并附有少量污泥，鳃丝肿胀、部分区域因贫血呈灰白色，因鳃片脱落以致出现鳃丝末端缺损，具有典型的烂鳃病症状；经病原检验，确定为由柱状黄杆菌（文中是以柱状噬纤维菌记述的）所致[114]。

华南师范大学的黄文芳等（1999）报道了在翘嘴鳜发生的典型烂鳃病，用从华南师范大学养殖的患病的当年翘嘴鳜（体长6～11cm）鳃丝组织分离到的柱状黄杆菌（文中是以柱状屈挠杆菌记述的）菌株，培养菌液浸泡感染健康翘嘴鳜，能引起感染翘嘴鳜的发病与死亡，表现症状与自然病例的基本一致，即鳃丝末端膨大、弯曲、发白、鳃小片肿胀、混乱、腐烂、腐烂部位多出现在鳃丝的远端，坏死细胞、细菌与黏液及泥沙杂物混在一起形成黏液团块黏附于鳃丝的周围，人工感染与自然病例所出现症状不同的是在人工感染病例中未出现自然病例那样有的在鳃盖上形成一圆形的透明区域[115]。

⑤斑鳠。中国水产科学研究院珠江水产研究所的邓国成等（2009）报道，斑鳠

（*Mystus guttatus*）是珠江流域特有的重要经济鱼类。该鱼的特点是个体大、肉质鲜美，与鲈鱼、鳜鱼、嘉鱼齐名，被誉为珠江四大名贵鱼类。在广东省云浮市郁南县建成的特种水产养殖场养殖的斑鳠亲鱼，发生烂鳃病造成严重死亡。发病亲鱼体重3.5～5.0kg、体长70.0～80.0cm，主要表现为鳃丝末端腐烂（严重的鳃小瓣缺损并粘有污泥和坏死组织），鳃盖内侧因致病菌腐蚀而发炎、溃烂。经以病灶组织进行病原学检验，分离出相应病原柱状黄杆菌[116]。

在烂鳃病的组织病变方面，华南师范大学的李海燕和黄文芳（2000）报道，经对由柱状黄杆菌（文中是以柱状屈挠杆菌记述的）引起的翘嘴鳜烂鳃病鱼（即上面黄文芳等1999年报道的病例）组织及细胞超微结构观察，发现在鳃、肝脏、肾脏的细胞均有不同程度的病理变化，从肿胀、变性以至坏死解体的情况均存在；其中以鳃的细胞病变最为严重，发生大面积的坏死，肝脏、肾脏的细胞病变较轻，只是局部区域细胞肿胀、变性，坏死解体的情况不严重[104,117]。

⑥斑点叉尾鮰。中国水产科学研究院珠江水产研究所的刘礼辉等（2008）报道，我国还未见柱状黄杆菌引起斑点叉尾鮰烂鳃病的相关报道。为此对从斑点叉尾鮰分离的烂鳃病病原进行了分类研究。病鱼于2006年11月取自广东顺德某养殖场患烂鳃病的斑点叉尾鮰，从有明显症状的斑点叉尾鮰体表及鳃部取样，从鳃部分离到1株优势菌（菌株编号为GHS061212），经鉴定为柱状黄杆菌，这是国内首次报道斑点叉尾鮰烂鳃病病原为柱状黄杆菌，通过浸泡感染方法确定了其致病性。回归感染试验表明，此菌株对斑点叉尾鮰有明显的致病作用。发病鱼的主要症状为在水中行动缓慢，鳍条末端发白缺损，背上可见白色或微黄色絮状物，鳃丝腐烂缺损，口腔表皮糜烂、布满微黄色黏液样物质。从回归感染发病的斑点叉尾鮰鳃内再次分离细菌，斑点叉尾鮰的发病症状与自然发病症状基本相同。这表明菌株GHS061212是人工养殖的斑点叉尾鮰细菌性烂鳃病的致病菌[118]。

广西渔业病害防治环境监测和质量检验中心的谢宗升等（2013）报道，鱼类柱形病是淡水鱼类养殖中的一种破坏性严重的细菌性疾病，在世界范围内都有分布，曾有马鞍病、棉丝病、口腔棉丝病以及烂鳍病之称，其主要病症为烂鳃、烂鳍、烂尾以及内脏充血等。此病一年四季均可发生，春末秋初为多发季节，水温20～25℃时最常见，各种规格的鱼均可发病，死亡率可达80%以上。在2013年3月中旬，广西宜州龙江河网箱养殖的斑点叉尾鮰发生了一种急性流行性传染病，症状与柱形病极为相似，病鱼体色变浅，体表出现圆形或椭圆形的褪色灶，有的病鱼皮肤上的褪色灶逐渐扩大变成浅灰色溃烂；尾鳍、腹鳍和臀鳍基部充血，鳍条均出现不同程度的溃烂；鳃丝肿大、充血，黏液增多。从病鱼体表病灶分离到一株优势菌（命名为YZ130310），鉴定为柱状黄杆菌；人工感染结果显示对斑点叉尾鮰有明显的致病作用，能使其发生与自然发病鱼相似的症状，且试验鱼死亡率达100%，表明菌株YZ130310是引起此次网箱养殖斑点叉尾鮰发病的相应病原菌[86]。

⑦中华鲟。中国长江三峡集团公司中华鲟研究所的张建明等（2017）报道，中华鲟（*Acipenser sinensis*）是我国国家一级保护水生动物，主要分布于长江干流、黄海和东海海域。随着中华鲟繁殖和养殖业的发展，养殖过程中发生的病害也逐渐增加。在2015年7月，中华鲟研究所宜都大溪基地养殖的子二代中华鲟幼鱼出现死亡病鱼。通过对病鲟进行检验，诊断为由柱状黄杆菌引起的单一性细菌性烂鳃病。

患病子二代中华鲟是2014年全人工繁殖的子二代中华鲟幼鱼，病鲟全长26～32cm（平均全长28.5cm）、体质量61～80g（平均体质量70g）。于2015年7月中华鲟幼鱼开始出现零星死亡现象，死亡的鲟鱼集中在密度较高的养殖池，日死亡量少于5尾。病鲟体表外观完整无伤，打开其鳃盖可见鳃丝颜色变浅、发白，肿胀，黏液增多，末端弯曲、膨大，局部存在黄色溃疡灶；解剖见体腔内无腹水，内部脏器肉眼观察无明显异常。

将病鲟病灶处鳃组织划线接种于选择性Shieh培养基（含托普霉素终浓度为1mg/mL）进行细菌分离，分离菌株经鉴定为柱状黄杆菌。对肝脏、脾脏、肾脏进行的细菌分离，未分离到细菌。图4-113显示患病子二代中华鲟幼鱼的鳃（图4-113A）与健康子二代中华鲟幼鱼鳃（图4-113B）的对比[119]。

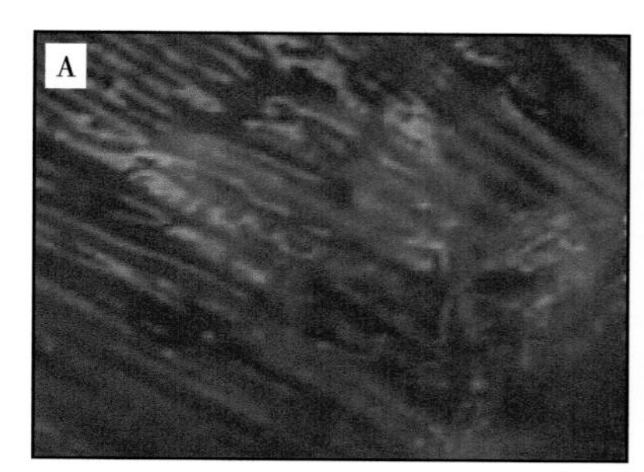

图4-113　子二代中华鲟幼鱼的病鳃与正常鳃

⑧银龙鱼。天津农学院的史谢尧等（2018）报道，龙鱼是一类古老的大型淡水鱼，因其体形酷似我国神话中的龙，故俗称龙鱼，在分类上属于辐鳍鱼纲骨舌鱼目骨舌鱼科。龙鱼是地球上比较原始的鱼类，早在距今3亿多年前的远古石炭纪就已经存在，素有“活化石”之称。目前，人工养殖的龙鱼品种主要有金龙鱼、银龙鱼（*Osteoglossum bicirrhosum*）和红龙鱼，其中以银龙鱼养殖数量和市场销量最大。银龙鱼鳞片较大，受光线照射时鳞片反射出银白色光辉，具有较高的观赏价值，深受观赏鱼爱好者喜爱，是一种名贵观赏鱼。近年来，随着养殖技术的不断发展，银龙鱼的人工培育和养殖技术逐步完善，广东、河北、天津等地养殖企业已开展银龙鱼苗的规模化培育并取得成功。

2017年3月中旬，天津市宁河区某银龙鱼养殖场发生病害，患病银龙鱼体色暗淡无光泽，厌食，游泳异常、离群独游并常浮于水体表层，对外界反应迟钝；体色暗淡、无光泽，鳃丝发白和部分腐烂。对来自天津市宁河区某观赏鱼养殖场的患病银龙鱼（体长

8.2～10.3cm）进行检验，取少量鳃丝置于显微镜下观察，发现大量杆状细菌呈滑行运动；检验内脏未见异常。

从患病银龙鱼的肝脏、脾脏、肾脏等组织中未分离到细菌，从鳃部分离到1株细菌，暂定名为YY-2017-3。该菌株在分离用的Shieh培养基上形成大小不一、边缘不整齐、假根状、中央较厚、干燥、淡黄色的菌落（图4-114）。YY-2017-3菌株为革兰氏阴性杆菌，有时弯曲成半圆形，无芽孢（图4-115）；取菌悬液在显微镜下观察，发现其运动方式为滑行。经鉴定表明为柱状黄杆菌，这是柱状黄杆菌引起银龙鱼烂鳃病在国内的首次报道[120]。

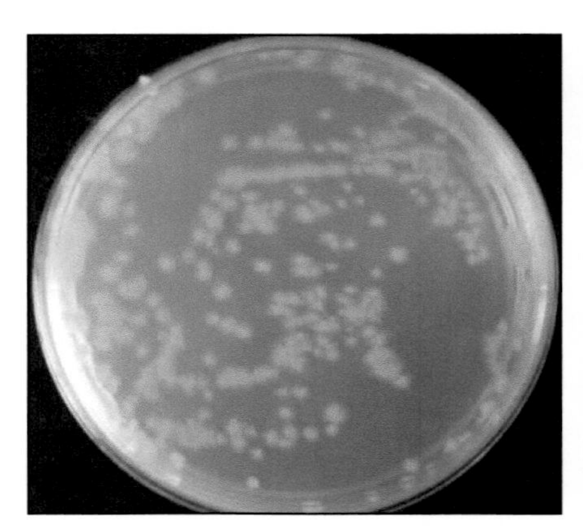

图4-114　菌株YY-2017-3的菌落

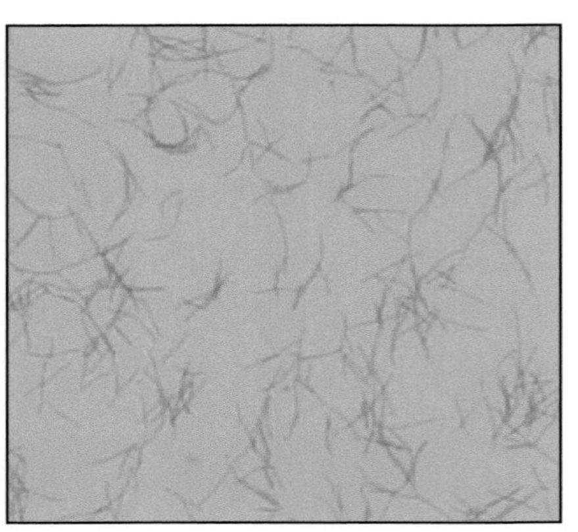

图4-115　菌株YY-2017-3的形态

（2）白头白嘴病

柱状黄杆菌也是鱼的白头白嘴病的病原菌，主要危害夏花鱼种，且为草鱼、青鱼、鳙、鲢、鲤等鱼的一种严重病害，尤以对草鱼的危害严重；发病急剧，死亡率高，在严重发病池中的野杂鱼如花鳅、麦穗鱼及蝌蚪等也会被感染死亡；在我国长江和西江流域各养鱼地区均有该病发生、尤以华中和华南地区最常流行，一般从5月下旬至7月上旬的鱼苗饲养夏花阶段，常会因该病流行导致严重损失；病鱼从吻端至眼球的一段皮肤失去正常颜色变成乳白色，唇似肿胀、张闭失灵以致呼吸困难，口周围的皮肤溃烂并有絮状物黏附，所以在池边观察水面浮动的病鱼时可见白头白嘴症状，若将病鱼拿出水面则此症状不明显；个别病鱼的颅顶和眼睛孔周围有充血现象呈现红头白嘴症状，还有个别病鱼的体表有灰白色毛茸物，尾鳍的边缘有白色镶边或尾尖蛀蚀[28]。

（3）其他类型感染病

这里记述由柱状黄杆菌引起的其他类型感染病，涉及了大鲵、黄颡鱼，也是以皮肤溃烂为病症特征。

①大鲵。贵州省畜牧兽医研究所的余波等（2011）报道，大鲵俗称娃娃鱼，是我国特有的珍稀有尾两栖动物，为国家二级保护动物，其经济价值高，具有广泛开发利用

的前景。近年来大鲵的人工养殖中不断发生各种疾病，造成了严重的经济损失。贵州省贵定县某养殖场养殖的大鲵发生细菌性感染病，病（死）大鲵（体重150～300g、体长19.0～35.0cm）表现皮肤溃烂（四肢、腹侧最为严重），前后肢均严重溃烂、肿胀，口腔黏膜弥漫性出血，肝脏肿大、出血，胆囊充盈，肺脏出血（呈紫红色），肠道充血、出血。经以病（死）大鲵的肝脏和肺脏病变组织进行病原学检验，表明其病原菌包括弗氏柠檬酸杆菌（*Citrobacter freundii*）、嗜水气单胞菌、柱状黄杆菌，属于混合感染[83]。

贵州黔西南州畜牧水产局的范兴刚等（2013）报道在2012年3月，贵州省某大鲵养殖场发生了在大鲵（体重50～100g、体长10.0～15.0cm）体表和四肢多处溃烂、内脏器官出现充血和出血的疾病，表现在发病初期行动缓慢，摄食量减少，5～7d病鲵出现腹部肿胀，前后肢均严重肿胀、溃烂，口腔黏膜弥漫性出血。陆续死亡，其病死率高达90%。对病死大鲵进行病理剖检，可见在下颌与腹部肌肉组织充血，腹腔内有大量淡黄色的积水，肝脏肿大（有淤血呈花斑状），胆囊充盈，脾脏、肾脏肿大（充血和出血），肠道充血、出血（肠壁内充满淡黄色的浆液）。取患病大鲵的肝脏组织进行病原学检验，检出了相应病原柱状黄杆菌[84]。

②黄颡鱼。华中农业大学的程辉辉等（2015）报道，鱼类自然感染柱状黄杆菌通常发生在水温高于20℃的水环境中，虽然当水体温度为6～12℃时，淡水鱼也可感染发病，但报道不多。2014年12月在华中农业大学水产学院教学实习基地发现低水温条件下柱状黄杆菌感染于黄颡鱼成鱼，引起体表溃烂，发病率高达100%。其病症除尾部背肌处皮肤斑块状发白溃烂外，体色发黑、特别在头部尤为明显；眼球凹陷，体表黏液增多，但未见鳃丝肿胀、糜烂等异常情况；偶见在腹部胸鳍处，有明显的破溃。解剖观察内脏，未出现明显异常.病鱼离群独游，行动缓慢，对外界刺激反应迟钝，偶尔可见病鱼旋转翻滚。在随后的10d左右，每天死亡率约1%；10d后的死亡率增加至3%～5%。病鱼死亡持续一个月左右，除转移进温室大棚的黄颡鱼外，其余无一幸免（全部死亡）。由于水温偏低，黄颡鱼已经不吃饲料；当时测得水温为12℃±1℃，溶氧9.64mg/L±0.23mg/L。取病鱼肝脏、脾脏、肾脏划线接种于Shieh培养基，27℃培养48h后可见大小不一的黄色菌落，中央较厚，呈树根状。做纯培养后鉴定为柱状黄杆菌，人工回归感染能够引起健康黄颡鱼相同的病症[121]。

（四）毒力因子与致病机制

通常认为黏附性（adherence）、侵袭性（invasiveness）、对宿主细胞的破坏及毒素（toxin），是病原细菌发挥致病作用的四个重要方面。就柱状黄杆菌来讲，相关研究数据显示其毒力因子与致病机制，还主要是体现在黏附性和对宿主细胞的破坏方面。

已知由黄杆菌属细菌引起的所谓黄杆菌病，其病理生理效应是复杂的。皮肤/鳃上皮和覆盖的黏液是抵御病原体的重要防御措施，对渗透调节非常重要。嗜冷黄杆菌和柱状黄杆菌对这些组织的损害、损害了宿主的稳态（homeostasis）。柱状病通常伴有所谓的“水涝”（waterlogging），这是一种皮肤/肌肉组织水肿的术语；同样，细菌性鳃病诱导的鳃上皮增生，会损害离子交换并干扰渗透稳态。在系统性嗜冷黄杆菌和柱状黄杆菌感染期间，宿主可能会进行血管扩张以增加对感染部位的血液供应、并增加血管通透性，从而使白细胞、抗体、补体（complement）和促炎性细胞因子（pro-inflammatory cytokines）能够控制感染。宿主对黄杆菌感染的免疫应答是重要的，但这种应答可能会损害幸存鱼（survivors）的生长、性成熟和繁殖。同样，从系统性嗜冷黄杆菌感染中恢复的养殖鱼类经常遭受眼部和/或脊柱异常。

Marancik等（2014）报道用嗜冷黄杆菌感染虹鳟，显示其红细胞压积（packed cell volumes，PCVs）、总蛋白、白蛋白、葡萄糖、胆固醇、氯化物和钙浓度发生了变化，导致了与细菌性冷水病相关的变化。指出红细胞压积、总蛋白、胆固醇和钙水平，与嗜冷黄杆菌感染鱼的脾脏负荷呈负相关，最早观察到的病理生理变化是总蛋白和白蛋白下降，以及电解质失衡。Miwa和Nakayasu（2005）报道在受嗜冷黄杆菌感染的香鱼（ayu），显示红细胞压积降低。Tripathi等（2005）报道，发现柱状黄杆菌感染的鲤鱼显著降低了红细胞压积、红细胞计数、血红蛋白（haemoglobin）浓度、平均红细胞体积和绝对淋巴细胞计数，导致非再生性贫血（non-regenerative anaemia）和白细胞减少症（leucopenia），但红细胞数量有再生。在某些个体中，有广泛皮肤溃疡的鱼存在严重的血液学变化，血清中有明显的低钠血症（hyponatraemia）和低氯血症（hypochloraemia），是由于通过鳃被动灌注（passive perfusion）和由于溃疡破坏皮肤屏障，钠和氯离子丢失[9]。

1. 鱼体表面黏液对细菌的趋化作用

在柱状黄杆菌感染周期的前一阶段，是首先到达细胞/组织；然而这一事件可能是随机的，在许多情况下可被直接吸引到宿主细胞。最初，柱状黄杆菌被趋化到鱼的黏液，并在皮肤、黏液、鳃部定植和生长；当然，在柱状黄杆菌的不同毒力菌株间是存在显著差异的[8]。

有证据表明，柱状黄杆菌可被鱼体（主要的皮肤、鳃）黏液趋化吸引，作为趋化因子（chemotactic factors）的碳水化合物受体（carbohydratebinding receptors）在这一过程中是很重要的；另外，柱状黄杆菌对鱼体黏液趋化的反应是直接与菌株毒力相关联的。

（1）鱼体黏液的毛细管趋化性测定

美国农业部农业研究局水生动物健康研究实验室的Klesius等（2008）报道，柱状黄杆菌是多种野生和养殖鱼类的革兰氏阴性病原菌，从患病斑点叉尾鮰分离的菌株属于基因型Ⅰ或基因型Ⅱ，发现基因型Ⅱ菌株比基因型Ⅰ菌株更具毒力。

通过毛细管趋化性测定（capillary chemotaxis assay）方法来确定不同基因型菌株

（供试基因型Ⅰ和基因型Ⅱ的各6株）对健康斑点叉尾鮰皮肤、鳃和肠道黏液的趋化反应（chemotactic response）是否存在差异，结果显示来自皮肤和鳃的黏液比来自肠道的更能诱导柱状黄杆菌的趋化反应，个别斑点叉尾鮰皮肤上的黏液中有60%产生了对柱状黄杆菌的阳性趋化反应；另外是皮肤黏液在基因型Ⅱ菌株比基因型Ⅰ菌株，显示能够诱导更明显的趋化反应。研究数据表明，斑点叉尾鮰的黏液导致柱状黄杆菌的趋化反应，这种积极的趋化反应可能是柱状黄杆菌在斑点叉尾鮰皮肤或鳃上定植的重要第一步；虽然趋化性在柱状黄杆菌毒力中的作用尚未完全确定，但基因型Ⅱ菌株的趋化反应表明趋化性与毒力有关[122]。

（2）与培养无关的方法的定量研究

美国农业部农业研究局水生动物健康研究所的LaFrentz和Klesius等（2009）报道有研究表明，柱状黄杆菌对鲶鱼皮肤黏液有趋化反应，这种反应可能对发病机制具有重要意义。

研究建立了一种与培养无关的方法（culture independent method）来定量研究柱状黄杆菌对皮肤黏液的趋化反应，该方法使用了盲管趋化室（blind-well chemotaxis chambers），克服了传统毛细管（capillary tube）分析的困难，并使用菌细胞增殖分析来量化活菌细胞，从而减少与细菌培养相关的时间和劳动。将该方法应用于两组斑点叉尾鮰皮肤黏液样本，结果表明柱状黄杆菌对单个鲶鱼黏液样本的趋化反应存在差异，与以往采用传统毛细管法进行的研究结果相似。

研究中使用了柱状黄杆菌ALG-00-530毒力菌株，该菌株最初是于2000年从美国亚拉巴马州的患病斑点叉尾鮰分离的、对斑点叉尾鮰具有高毒力，属于基因型Ⅱ［即在前面有记述的Arias等（2004）的报道[47]］；采用美国农业部水生动物健康研究所养殖的斑点叉尾鮰（NWAC-103）采集黏液，鱼的体长在20～30cm。

基于研究结果提出了一种简单、快速、与培养无关的方法，这将进一步增强描述柱状黄杆菌对鲶鱼皮肤黏液的趋化反应的能力，以增加对这种重要的宿主–病原菌相互作用的理解，并可能确定预防柱状体病的新的控制策略[123]。

（3）趋化因子的检测

美国农业部农业研究局水生动物健康研究所的Klesius等（2010）报道相关信息显示，与柱状黄杆菌滑动有关的基因的表达在以前没有被描述过；已经证明鲶鱼皮肤和鳃的黏液能够促进柱状黄杆菌的趋化性，但柱状黄杆菌对黏液的趋化反应机制在很大程度上尚不清楚。为深入了解与趋化作用（chemotaxis）有关的趋化因子，对柱状黄杆菌毒力菌株（ALG-00-530）进行了不同的处理，研究了高碘酸钠（sodium metaperiodate）和不同碳水化合物处理对通过通气和流通水养殖的、体重50～100g的健康斑点叉尾鮰（NWAC-103）皮肤黏液柱状黄杆菌趋化活性的影响；此外，还评价了鲶鱼皮肤黏液处理对柱状黄杆菌3个（*gldB*、*gldC*、*gldH*）滑动基因转录水平的影响。同时，对其趋化活性（chemotactic activity）进行了分析。

菌细胞经高碘酸钠预处理后，其趋化活性明显降低，菌细胞周围的包膜层（capsular layer）大部分被去除。用D-甘露糖、D-葡萄糖、N-乙酰基-D-葡萄糖胺（N-acteyl-D-glucosamine）预处理柱状黄杆菌的菌细胞，能显著抑制其趋化活性；而用D-果糖、L-岩藻糖（L-fucose）、D-葡萄糖胺（D-glucosamine）、D-半乳糖胺（D-galactosamine）、D-蔗糖和N-乙酰基-D-半乳糖胺（N-acetyl-D-galactosamine）预处理的菌细胞，不能抑制其趋化活性。这些结果表明，至少有3种（D-甘露糖、D-葡萄糖和N-乙酰基-D-葡萄糖胺）与柱状黄杆菌包膜（capsule）相关的碳水化合物结合受体（carbohydrate-binding receptors）可能参与了趋化反应。用定量PCR（quantitative PCR，qPCR）评价了柱状黄杆菌暴露于斑点叉尾鮰皮肤黏液后3个（*gldB*、*gldC*、*gldH*）滑动基因与16S rRNA基因的相对转录水平（relative transcriptional levels），结果表明正常柱状黄杆菌的*gldH*的转录水平为暴露于鲶鱼黏液后5min显著上调；然而，当用D-甘露糖预处理柱状黄杆菌时，滑动基因没有上调。

通过对柱状黄杆菌细胞的不同预处理和体外趋化试验，发现至少有两个主要方面参与了柱状黄杆菌对鲶鱼皮肤黏液的趋化反应。首先，柱状黄杆菌包膜在识别鲶鱼黏液趋化因子、通过类凝集素受体（lectin-like receptors）的细胞外化学吸引中具有重要作用；其次是一种或多种滑动蛋白（gliding motility proteins）参与了柱状黄杆菌对鲶鱼皮肤黏液的趋化反应，这些成分可能在菌细胞间联络（cell-to-cell communication）中发挥重要作用，使柱状黄杆菌的趋化性滑向鲶鱼皮肤黏液。然而，柱状黄杆菌的滑动蛋白在趋化过程中的确切作用，柱状黄杆菌包膜上的类凝集素受体的特性，以及鲶鱼皮肤黏液的趋化作用等还有待进一步研究。无论如何，研究结果表明碳水化合物结合受体在鲶鱼黏液的趋化反应中起着重要作用。

图4-116显示柱状黄杆菌包膜染色（capsule staining）。图4-116A为未经处理的柱状黄杆菌（对照组）被较厚的包膜覆盖；图4-116B为以2.5mmol/L的高碘酸钠（$NaIO_4$）处理柱状黄杆菌，显示较薄的包膜覆盖[124]。

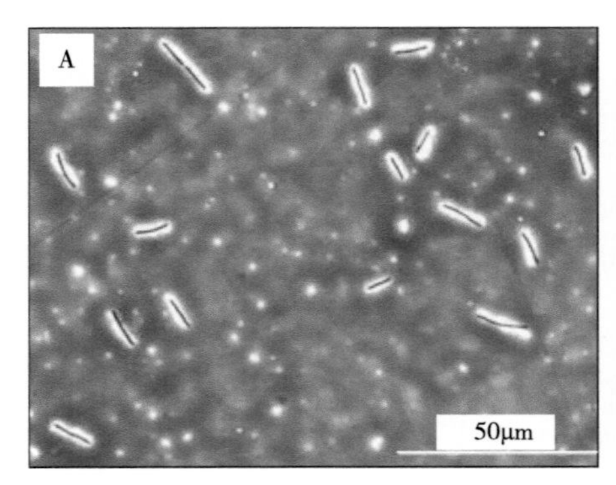

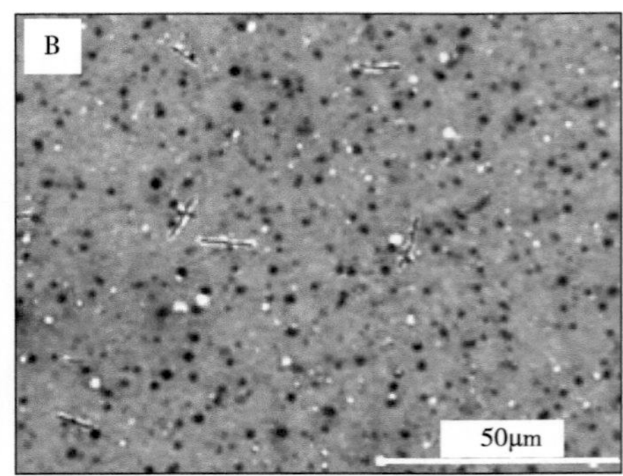

图4-116　柱状黄杆菌的包膜

2. 细菌的黏附作用

这里记述的柱状黄杆菌的黏附作用，涉及不同毒力菌株的黏附特征及影响因素、皮肤黏液在黏附中的作用、黏附受体的检测、水质盐度对黏附的影响等方面的内容。

（1）不同毒力菌株的黏附特征及影响因素

比利时根特大学（University of Gent，Belgium）的Decostere等（1998）报道，从具有典型柱状黄杆菌感染病症的热带鱼类（tropical fish）黑花鳉（black molly，*Poecilia sphenops*）和花斑剑尾鱼（platy，*Xiphophorus maculatus*）分离到4株柱状黄杆菌（记作AJS 1～4；其中的AJS 2是分离于花斑剑尾鱼的），病症表现在背部、头部和皮肤溃疡处均有白斑（white spots）。这些菌株在Shieh琼脂（Shieh agar）培养基生长形成特征性的假根状黄色菌落（rhizoid yellow pigmented colonies），在Shieh肉汤培养基中呈典型的生长。对黑花鳉进行了致病性检验，通过浸泡感染发现4个菌株的毒力有显著差异，其中以AJS 1的毒力最强、AJS 4为低毒力菌株[125]。

相继，Decostere等（1999）报道在以往的研究中，显示柱状黄杆菌的毒力与黏附鳃组织的能力有关。为深入了解导致黏附的因素，采用对鲤鱼鳃灌注模型（gill perfusion model），将强毒力菌株AJS 1的菌细胞暴露在不同的处理下，然后将其添加到分离的鳃弓的器官浴（organ bath）中，并评估其与鳃组织的黏附性。

用高碘酸钠处理细菌或用D-葡萄糖、N-乙酰基-D-葡糖胺、D-半乳糖、D-蔗糖培养细菌后，黏附能力显著降低；将细菌与胰蛋白酶（trypsin）和链霉蛋白酶（pronase）一起培养，不能显著抑制黏附。此外，还对柱状黄杆菌在鳃组织上的结合位点进行了部分表征。用高碘酸钠处理鳃后黏附力降低，但用链霉蛋白酶或胰蛋白酶处理并未造成任何显著降低，表明受体的主要成分是碳水化合物。利用鸡和豚鼠红细胞检验，显示细菌的黏附能力与其血凝能力（haemagglutination capacity）密切相关。强毒力菌株AJS 1比低毒力和低黏附力的菌株AJS 4具有更高的血凝滴度，用D-葡萄糖、N-乙酰基-D-葡糖胺培养细菌或细菌在41℃处理10min（轻微热处理）后会部分抑制血凝，在用高碘酸钠或强热处理（65℃处理25min）菌细胞后，血凝作用被完全消除。血凝作用对链霉蛋白酶、胰蛋白酶处理的不敏感。透射电子显微镜观察显示，强毒力菌株有一个在120～130nm的厚包膜（thick capsule）、外观规则致密，而低毒力菌株的包膜薄（80～90nm）、密度小；另外，在用轻度的热和高碘酸钠处理菌细胞后，强毒力菌株的包膜丢失。这些结果表明，包膜中含有一种凝集素样的碳水化合物结合物质（lectin-like carbohydratebinding substance incorporated），负责将柱状黄杆菌附着在鳃组织上。

供试菌株AJS 1和AJS 4，其中的菌株AJS 1是从黑花鳉分离的，病症表现皮肤具有局部白化（focally bleached）和溃疡。这种鱼来自一个水族馆（aquarium），每天的死亡率很高；菌株AJS4也是从黑花鳉分离到，其病症表现在背鳍周围的皮肤覆盖着灰色的斑块（grey patches），在相应的水族馆没有明显的死亡率。试验感染研究表明，菌株AJS 1是一种高毒力菌株，而菌株AJS 4是一种低毒力菌株；此外是发现高毒力菌株表现出很强的黏附能力，而低毒力菌株仅表现出很低的黏附能力。

图4-117显示柱状黄杆菌的菌株AJS 1和AJS 4的透射电子显微镜图。图4-117A显示菌株AJS 1覆盖着一层厚而密的包膜（120～130nm）；图4-117B显示菌株AJS 4存在一层薄而不太致密的包膜（80～90nm）。图4-118显示柱状黄杆菌的菌株AJS 1经不同处理的透射电子显微镜图。图4-118A显示过碘酸钠（10mg/mL处理1h）处理的，图4-118B显示微热（41℃处理10min）处理的；两种方法处理后，部分或全部包膜损失明显[126]。

同时，Decostere等（1999）报道采用鳃灌注模型，评价了柱状黄杆菌附着在鲤鱼鳃的能力，对高毒力菌株（AJS 1）与株低毒力菌株（AJS 4）进行了在不同水质及温度条件下的黏附能力比较。试验对悬挂鳃的器官浴（organ bath）水的离子组成进行了改变，并对其对黏附过程的影响进行了评估；研究了水质即亚硝酸盐（nitrite）和有机物，以及温度对细菌黏附能力的影响。结果表明，高毒力菌株比低毒力菌株更容易发生黏附，同在体内试验中发现的。此外，高毒力菌株的黏附力受到多种因素影响的增强，这些是将鳃浸泡在二价离子丰富的水中，存在亚硝酸盐或有机物及高温的条件下[127]。

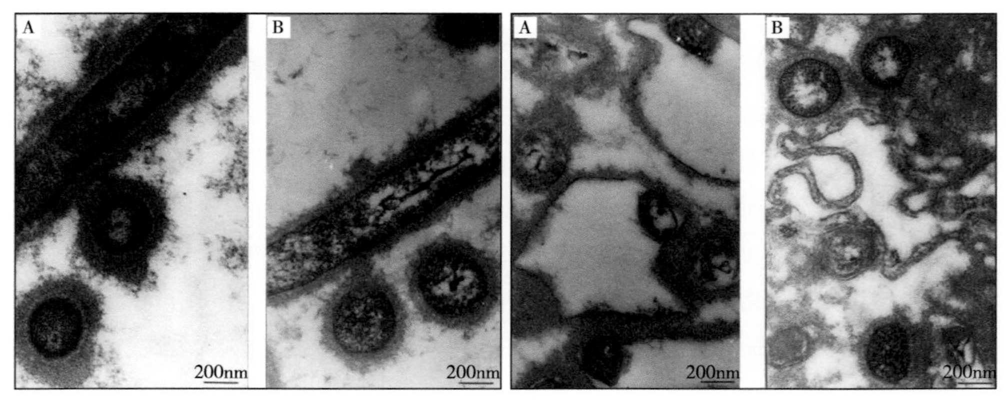

图4-117　菌株AJS 1和AJS 4的包膜　　**图4-118　菌株AJS 1经不同处理后的包膜**

图4-119显示鳃弓悬挂于柱状黄杆菌的高毒力菌株AJS 1的菌悬液中1h后，可见在初级鳃片层（primary lamellae）顶部出现白色-黄色线状物（white-yellowish threads）（箭头示）。

图4-119　初级鳃瓣层顶部的线状物

图4-120显示柱状黄杆菌的菌株AJS 1的菌簇（cluster），附着在被感染的全鳃（infected holobranch）初级鳃丝（primary filament）顶端（Giesma

染色）。

图4-121显示感染柱状黄杆菌的菌株AJS 1的一个鳃弓的扫描电子显微镜图。图4-121A显示一个鳃弓的初级鳃丝，一些鳃丝和鳃片的表面覆盖着不规则的菌垫（mat）（箭头示）；图4-121B显示菌垫由典型的、细长的细菌团组成，这些细菌团被包裹在黏液中[127]。

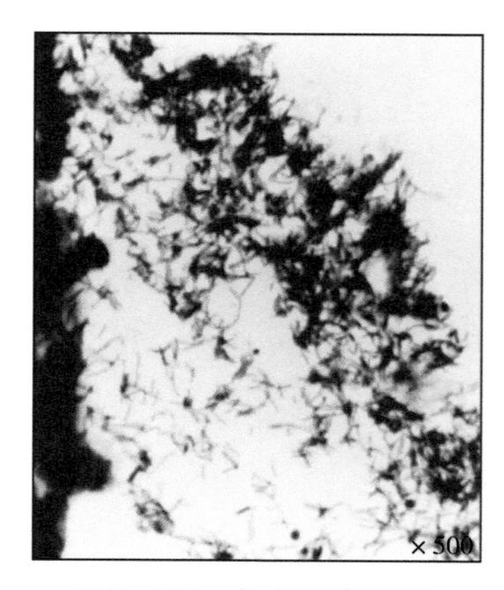

图4-120　初级鳃丝顶端附着的菌簇

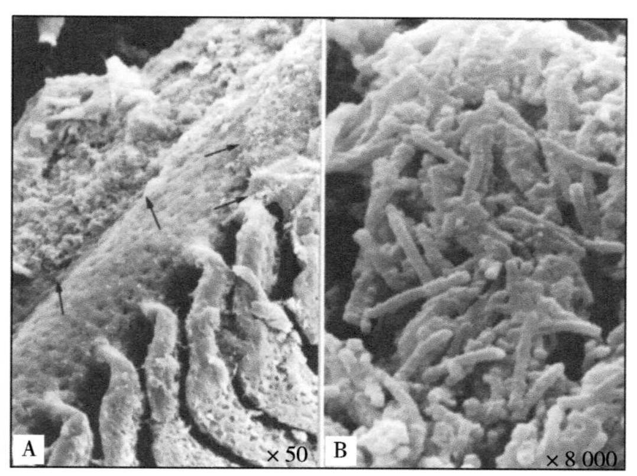

图4-121　鳃丝和鳃片的表面覆盖着不规则的菌垫

（2）皮肤黏液在黏附中的作用

美国罗德岛大学（University of Rhode Island；Kingston，RI，USA）的Staroscik和Nelson（2008）报道柱状黄杆菌感染发病的病鱼，其鳃、皮肤和鳍出现病变提示柱状黄杆菌能够利用鱼的皮肤黏液（skin mucus）作为生长的基质，并且暴露在这种物质中会改变基因的表达（包括涉及鱼类外表面定植的毒力因子基因）。

研究比较了柱状黄杆菌C#2菌株在添加大西洋鲑幼鱼（juvenile Atlantic salmon）皮肤黏液的培养基与不添加黏液培养基的生长、生物膜形成、胞外蛋白酶产生及蛋白表达的变化。结果表明C#2菌株可以通过使用黏液作为唯一的营养来源生长，含黏液培养基中的生长诱导菌细胞作为生物膜生长，含黏液培养基中的胞外蛋白酶活性增加；十二烷基硫酸钠-聚丙烯酰胺凝胶电泳的蛋白谱显示，在含黏液的培养基中6种胞外蛋白的表达增加。这些结果表明，鲑鱼表面黏液（salmon surface mucus）促进了柱状黄杆菌的生长，暴露在黏液中会改变这种细菌的生长特性，产酶和生物膜形成。进一步描述黏液诱导的生理变化，将增加我们对柱状黄杆菌的毒力基础的理解。

研究鲑鱼表面黏液的生长，最初尝试量化含黏液蛋白35μg/mL的Ordal氏培养基的振荡培养，菌株C#2的生长情况，结果导致菌细胞大量成簇（clumps）生长，并在培养管壁上可见生长。生物膜在每个培养孔的底部形成一个厚层，这与其他有研究报道的细菌在空气-水界面形成的菌细胞环状是不同的。

图4-122显示柱状黄杆菌C#2菌株在27℃振荡培养20h的菌细胞相差显微镜观察图。图4-122A为Ordal氏培养基的，图4-122B为在Ordal氏培养基中添加鲑鱼表面黏液（35μg/mL）的。

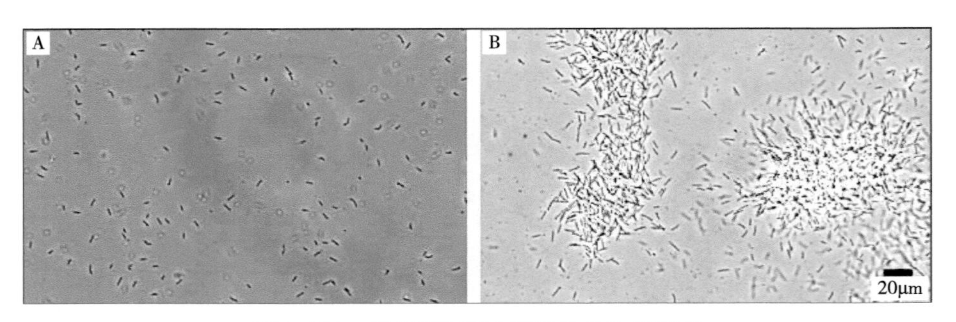

图4-122　柱状黄杆菌C#2菌株的生长情况

图4-123显示柱状黄杆菌在Ordal氏培养基（B）或添加鲑鱼表面黏液（35μg/mL）的Ordal氏培养基的（A）培养，分别生长6h、9h、12h、24h后，对培养微孔（microtitre plate）进行染色，以测定生物膜密度，添加鲑鱼表面黏液的明显厚[128]。

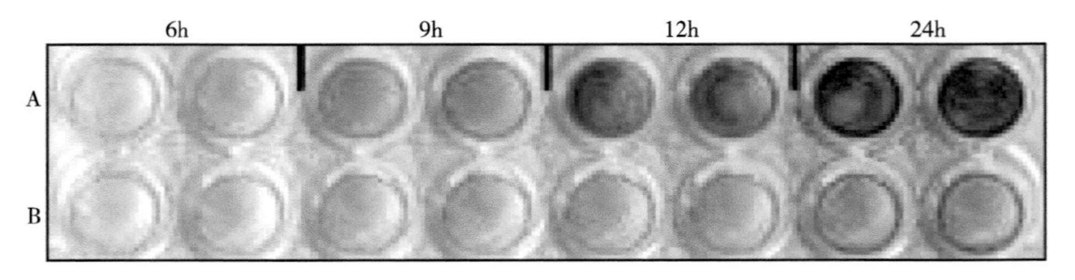

图4-123　显示柱状黄杆菌的生物膜密度

（3）黏附受体的检测

美国农业部农业研究局斯图加特国家水产养殖研究中心（United States Department of Agriculture，Agricultural Research Service，Stuttgart National Aquaculture Research Center；Stuttgart，USA）的Beck等（2012）报道，尽管由柱状黄杆菌引起的柱状病对生态和经济有严重影响，但宿主对柱状黄杆菌的免疫反应的基本分子机制仍不清楚。柱状黄杆菌在许多异位组织中都能引起明显的病理变化，特别是在鳃的黏附与其毒力和宿主的易感性密切相关；虽然在宿主鱼与柱状黄杆菌之间凝集素（lectin）介导的相互作用的证据已经建立了十多年，但候选受体（candidate receptors）还一直不明确。通过利用RNA-seq表达谱（RNA-seq expression profiling）分析，发现感染柱状黄杆菌的鱼的鳃中鼠李糖结合凝集素（rhamnose-binding lectin，RBL）显著上调（upregulated）。

在此项研究中，试图进一步描述和理解斑点叉尾鮰的鼠李糖结合凝集素反应。首先确定了两个对柱状病有不同敏感性的不同鲶鱼家族成员；一个家族完全抗性、另一个家族易感（死亡率分别为0和18.3%），以研究两个斑点叉尾鮰家族鳃内鼠李糖结合凝集素基因表达的动力学和数量。结果仅在易感家族中，观察到鲶鱼鼠李糖结合凝集素的急性和强有力的选择性上调，至少持续24h。为阐明鼠李糖结合凝集素是否在柱状病发病机制中发挥直接的作用，将斑点叉尾鮰暴露于不同剂量的假定鼠李糖结合凝集素配体（RBL ligands）L-鼠李糖（L-rhamnose）和D-半乳糖（D-galactose）中，发现这些糖能够通过与宿主鼠李糖结合凝集素的竞争、以剂量依赖的方式强烈保护斑点叉尾鮰免受柱状病的侵袭（避免与柱状病相关的死亡率）。同时研究了营养状况对鼠李糖结合凝集素调节的作用，发现禁食（fasted）7d的鱼的鼠李糖结合凝集素表达与每天喂饱的鱼相比表现显著上调（>120倍），但在重新喂饱后4h内，表达水平恢复到饱鱼的水平。

总之，这些发现突出了鼠李糖结合凝集素在柱状病中的假定作用，揭示了鼠李糖结合凝集素调节与饲料供应之间的新联系，支持黏膜凝集素在免疫营养调节（immuno-nutritional regulation）中的一个关键的、多方面的作用；为营养调控鲶鱼鳃中鼠李糖结合凝集素转录物的表达提供了证据，提供了一种连接喂养方式和柱状病易感性的潜在分子机制。进一步研究控制长期观察到的喂养状态与病原菌敏感性间相互作用的分子机制，对于开发免疫保护饮食和更新水产养殖的喂养策略至关重要[129]。

（4）水质盐度对黏附的影响

美国农业部农业研究局斯图加特国家水产养殖研究中心的Straus等（2015）报道，对斯图加特国家水产养殖研究中心在斯图加特（Stuttgart）、阿肯色州（Arkansas），温水水产养殖研究单位（Warmwater Aquaculture Research Unit，WARU）在斯通维尔（Stoneville）、密西西比州（Mississippi）的供水系统进行了试验。水有两个主要特征：与SNARC水相比，WARU水含有可感知（appreciable）的溶解有机质（dissolved organic matter，DOM）、极低浓度的溶解钙和镁。在试验1中，鱼暴露在与SNARC水或WARU水一起的水中的柱状黄杆菌感染，SNARC水中鱼类在4d时的死亡率为100%、而在WARU水中没有鱼死亡。在这两种水中，细菌对鳃表面的黏附力存在显著差异，在SNARC水中受到感染的鱼（超过800 000个细菌/ng提取的DNA）的黏附力大约是在WARU水中受到感染的鱼（少于450个细菌/ng提取的DNA）的1 900倍。试验2是在较低数量的细菌感染下进行的，以确定是哪种因子，溶解有机质或二价阳离子浓度、导致了在试验1中的死亡率差异。碳过滤（carbon filtration）完全去除WARU水中的溶解有机质后不会影响细菌与鳃的黏附、也不会导致受感染鱼的死亡率增高，因此认为在试验1中观察到的死亡率差异与溶解有机质无关；然而与未改变的SNARC水相比，通过离子交换过滤去除SNARC水中的大部分钙和镁后导致细菌对鳃的黏附力降低和死亡率降低，二价阳离子（divalent cations）钙和镁浓度即水的硬度（hardness）影响柱状病的发病机制。显然，柱状黄杆菌的黏附与感染是与盐度直接相关联的[130]。

3. 毒力相关蛋白与酶类

已有报道显示柱状黄杆菌与菌株毒力相关的，主要是产生蛋白酶、有助于菌体黏附的胞外糖萼（external glycocalyx）成分的存在；菌株毒力是可变的，而温度依赖性（temperature dependent）的软骨素裂解酶（chondroitin lysase）的产生是决定感染性的主要因素。与柱状黄杆菌致病有关的主要胞外蛋白酶，包括胶原酶、软骨素酶（chondroitinase）和蛋白酶等[6,8]。

在前面有记述的比利时根特大学的Declercq等（2013）以综述的形式报道，已明确黄杆菌属病原细菌的多糖降解（polysaccharide degradation）能力与各种胞外酶（extracellular enzymes）的分泌，共同参与了皮肤、肌肉和鳃组织的破坏。柱状黄杆菌在培养过程中产生一种酶，可以降解硫酸软骨素A和C（chondroitin sulfates A-C）以及透明质酸（hyaluronic acid），这些物质属于结缔组织的复合多糖（complex polysaccharides），增强了相应的致病性；这种所谓的软骨素AC裂合酶（chondroitin AC lyase），专门作用于一组主要在动物结缔组织中发现的酸性黏多糖（acidic mucopolysaccharides），在不同菌株的宿主来源、地理分布和产酶量之间没有发现相关性，软骨素AC裂合酶被认为在柱状黄杆菌的毒力中起作用。虽然单独高的软骨素AC裂合酶活性不足以诱导柱状黄杆菌菌株的毒力，但柱状黄杆菌的毒力需要高的软骨素AC裂合酶活性和细菌的滑动。蛋白酶的作用是有助于破坏组织或增强侵入过程[81]。

（1）菌细胞的胞外蛋白产物

柱状黄杆菌的胞外产物（extracellular products，ECP）主要是一些蛋白酶，在不同菌株间常常是表现很大程度的匀质性（uniformity）。

美国俄勒冈州立大学（Oregon State University；Oregon，USA）的Bertolini和Rohovec（1992）报道，用底物SDS-聚丙烯酰胺凝胶电泳（substrate SDS-polyacrylamide gel electrophoresis）鉴定了柱状黄杆菌（文中以柱状屈挠杆菌记述）胞外产物中分子量为47kDa、40kDa、34kDa、32kDa的蛋白酶。从不同鱼类和地理来源收集的13株柱状黄杆菌产生的蛋白酶表现出很大程度的匀质性，但与其他7种供试滑动细菌的蛋白酶谱有显著差异。13株柱状黄杆菌分离出降解明胶（gelatin）、酪蛋白（casein）、血红蛋白（hemoglobin）、纤维蛋白原（fibrinogen）、弹性蛋白（elastin）的蛋白酶。蛋白酶抑制剂试验结果表明，锌金属蛋白酶（zinc metalloproteases）是柱状黄杆菌胞外蛋白酶的主要组成部分。已有的研究报道显示，柱状黄杆菌产生的胞外蛋白酶，可能是其一个重要毒力机制（virulence mechanism）。在此项研究中鉴定了柱状黄杆菌产生的胞外蛋白酶，同时评估了作为培养时间因素的蛋白酶产生的变化，并检测了柱状黄杆菌一系列蛋白酶产生的变化。对主要的、常见的细胞外蛋白酶的鉴定，将有助于今后对可能是重要毒力因子的蛋白酶的研究[131]。

中国科学院水生生物研究所的刘国勇和聂品（2007）报道，柱状黄杆菌是我国重要养殖鱼类的草鱼、鳜鱼等鱼类烂鳃病（gill-rot disease）的病原菌。以在1972年从患烂鳃病草鱼分离的G4和G18两个菌株［即在当时被命名的“*Myxococcus piscicola*”（鱼害黏球菌）］为研究对象（菌株G4为强毒株、G18为弱毒株），并将G4株再次分离纯化得纯培养菌株命名为G4R3。对草鱼鱼苗浸泡感染结果显示，菌株G4R3的LD_{50}至少比菌株G18的高3个数量级，因此G4R3为强毒株、G18为弱毒株。利用蛋白质组学方法分析强毒株G4R3和弱毒株G18的胞外蛋白，经双向电泳并结合图像分析，共发现了34个点是差异表达的蛋白。胶内酶解、肽质量指纹图谱和串联质谱分析后，鉴定出其中的7个蛋白点代表滑动蛋白K（GldK）、腺酐甲硫氨酸（s-adenosylmethionine，SAM）合成酶（SAM synthetase）和一种可能的膜蛋白等3种蛋白，它们可能是柱状黄杆菌的毒力因子[132]。

四川农业大学的黄锦炉等（2010）报道，对柱状黄杆菌（分离自四川某水产养殖场患柱形病的斑点叉尾鮰的菌株）的部分生物学特性进行了研究。在最佳培养条件下，此菌株的胞外产物具有蛋白酶、脂酶和卵磷脂酶活性，然而却检测不到淀粉酶、明胶酶和脲酶活性。胞外产物作为细菌生长代谢过程中分泌到膜外的物质，其中某些物质如胞外酶、溶血素或外毒素等可直接破坏宿主鱼体，引起宿主鱼发病甚至死亡，是决定病原菌毒力的重要因素之一。作为胞外产物活性成分之一，胞外酶是在细菌侵染鱼体的过程中发挥重要作用的一类酶，其中蛋白酶能够激活外毒素、灭活血清中的补体等，是重要的致病因子之一；脂酶可分解脂类，卵磷脂酶可分解细胞膜的卵磷脂。因此当致病菌侵染鱼体、并分泌释放这些活性酶作用于鱼体时，鱼体将成为入侵菌的天然富营养培养基，释放出来的胞外酶对宿主鱼的皮肤、肌肉或鳃组织也具有破坏性，从而引起感染鱼烂鳃、体表出血和溃疡等症状。尤其是对于主要通过体表皮肤和鳃侵染为主要途径的柱状黄杆菌而言，胞外产物酶活性的检测对该菌胞外酶纯化及其对鱼体侵染机制的后续研究将有着至关重要的作用[133]。

（2）菌细胞的外膜蛋白

三峡大学的刘国勇等（2007）报道，为鉴定柱状黄杆菌的毒力相关因子，利用蛋白质组学方法分析了强毒株G_{4R3}和弱毒株G_{18}的外膜蛋白。双向电泳结合图像分析，共发现了8个差异表达的蛋白点。经胶内酶解和质谱分析，其中的1个蛋白点被鉴定为LemA蛋白，可能是柱状黄杆菌的一种毒力因子。除1个鉴定的蛋白点以外，本研究还对只在强毒株中表达的另外3个蛋白点、2个在强毒株中表达上调的蛋白点以及2个只在弱毒株中表达的蛋白点进行了质谱分析。但是，没有得到阳性的蛋白质鉴定结果。这些蛋白点可能是新的毒力因子或者与现有数据库中的毒力相关蛋白的序列同源性太低，这些蛋白的性质以及它们在致病过程中所起的作用有待于进一步的研究[134]。

中国科学院水生生物研究所的Liu等（2008）报道，细菌外膜蛋白（outer membrane proteins，OMPs）是与宿主环境相互作用的关键分子，为了解其组成成分，对引起世界鱼类柱状病的病原柱状黄杆菌进行了研究。用十二烷基硫酸钠-聚丙烯酰胺凝胶电泳（sodium dodecyl sulphate polyacrylamide gel electrophoresis，SDS-PAGE）结合反相高效液相色谱-串联质谱（reverse-phase high-performance liquid chromatography-tandem mass spectrometry，RP-HPLC MS/MS），分析了柱状黄杆菌G4菌株（我国最初于1972年从草鱼分离的强毒力菌株）外膜蛋白的肌氨酸不溶性膜部分（sarcosine-insoluble membrane fraction）。共鉴定出36种蛋白，这些蛋白质包括负责细胞壁/膜生物发生和氨基酸、碳水化合物、脂类和无机离子特殊转运的蛋白和基本代谢的蛋白；其中14种为外膜成分，在外膜中可能存在更多的蛋白，因为这里不包括许多只有单肽（one peptide）超过（exceeding）肽过滤器（peptide filters）的外膜蛋白。此研究为首次报道了柱状黄杆菌的外膜蛋白，这些蛋白的成功鉴定，为进一步了解柱状黄杆菌表面抗原（surface antigens）的致病性及相关发病机制提供依据[135]。

（3）其他毒力相关酶类

美国奥本大学的Newton等（1997）报道，对从在美国东南部养殖的斑点叉尾鮰分离的23株（1987—1995年）柱状黄杆菌的蛋白酶进行了部分鉴定。以明胶（gelatin）为蛋白酶底物，采用非还原性、非变性十二烷基硫酸钠-聚丙烯酰胺凝胶电泳，根据酶谱分辨率（zymographic resolution）分为两组：第1组的15个菌株含有两种表面分子量分别为58kDa和53.5kDa的蛋白酶，8个第2组菌株产生3个表观分子量分别为59.5kDa、48kDa和44.5kDa的蛋白酶。试验培养基对柱状黄杆菌菌株LA 88-173的产蛋白酶量有影响，在不同培养基或不同培养时间，低营养和盐的Ordal氏培养基产生的蛋白酶比高营养和盐浓度的胰蛋白胨-酵母提取物-盐类（tryptone-yeast extract-salts，TYES）、H-S、改良Shieh培养基产生的蛋白酶多；柱状黄杆菌LA88-173菌株产生两种表观分子量（58kDa和53.5kDa）蛋白酶的无明显差异、在接种后最早（1d）发现，7d试验中这些分子量没有变化；在试验的前24h内，蛋白酶产生量急剧增加，而在剩下的7d内，蛋白酶产生量几乎没有增加。23株柱状黄杆菌均降解了加有明胶和酪蛋白（casein）的TYES琼脂培养基（TYES agar medium）中的明胶和酪蛋白，而23株菌中只有7株降解了弹性蛋白（elastin）。

研究中使用了23株柱状黄杆菌，其中的菌株LA88-173是从斑点叉尾鮰（1988年）分离的，用于时间进程研究和研究其生长介质对蛋白酶产生的影响；其余22株柱状黄杆菌，分别是从美国南部的商业养殖斑点叉尾鮰（20株）、鲤鱼的1株（1993）、褐鳟鱼苗的1株（1987）分离的（即模式株ATCC 49512）[136]。

4. *毒力相关基因与产物*

美国奥本大学的Olivares-Fuster和Arias（2008）报道，为鉴定约氏黄杆菌不共有

（not shared）的鱼病原柱状黄杆菌中的特异性序列，采用抑制消减杂交（suppressive subtractive hybridization，SSH）方法对柱状黄杆菌特异性序列进行选择性扩增和克隆。以一株毒力强的柱状黄杆菌为试验菌株，以约氏黄杆菌模式株为驱动（driver）程序菌株。文库构建后，选择192个克隆并进行测序；在这些克隆中，通过斑点杂交（blot hybridization）验证有110个克隆含有柱状黄杆菌的独特序列，序列大小在55～872bp（共测序45 363bp）。结果显示特异性柱状黄杆菌序列除一个与运动相关的外，其余的功能类别均被注释。在柱状黄杆菌中发现了几种假定的毒力因子，如胶原酶、软骨素酶、蛋白酶、抗药性（drug resistance）、铁转运相关（iron transport-related）的基因。抑制消减杂交是在黄杆菌属细菌的种间，鉴定基因的一种成本有效的方法，从柱状黄杆菌获得的序列数量增加了一倍。

研究中选择约氏黄杆菌作为驱动因素，有几个原因：约氏黄杆菌被认为对鲶鱼无毒力；在系统发育学上接近于柱状黄杆菌，并且约氏黄杆菌的基因组在最近已被测序和可供比较。以柱状黄杆菌高致病性菌株ALG-00-530作为检测菌株（tester），是为了提高抑制消减杂交鉴定出的序列具有新颖性、并与毒力有关的可能性；此菌株是从受柱状病感染的斑点叉尾鮰分离的，属于基因型Ⅱ，是对斑点叉尾鮰最具毒力的遗传类群，具有广泛的特征。作为驱动程序菌株的约氏黄杆菌模式株ATCC 17061，最初是从土壤中分离的，被认为对斑点叉尾鮰是无毒力的[137]。

中国科学院水生生物研究所的Li等（2010）报道，不同的柱状黄杆菌遗传群（genetic groups）在一定程度上表现出不同程度的毒力。近年来，为了解柱状黄杆菌的致病机理，已经进行了几项研究，并确定了一些假定的致病因子，包括胶原酶、软骨素酶AC和黏附因子。通过对胞外蛋白和外膜蛋白（outer membrane proteins，OMPs）的蛋白质组学分析（proteomic analysis）发现了4种可能的毒性相关蛋白，即GldK、S-腺苷甲硫氨酸合成酶（S-adenosylmethionine synthetase）、LemA和一种假定的膜蛋白（membrane protein）。检测了在柱状黄杆菌不同基因型菌株间，脂多糖和蛋白质谱差异。此外，从柱状黄杆菌的外膜蛋白数据库中筛选出11个基因被认为是可能的毒力因子；但不编码外膜蛋白的基因被排除在该库之外。然而，在柱状黄杆菌不同菌株间基因差异的研究却很少。

基于16S rRNA，柱状黄杆菌可分为3个基因型，通常是基因型Ⅱ菌株的毒力高于基因型Ⅰ的。我国从草鱼柱状病暴发过程中分离的柱状黄杆菌G4和G18菌株属于不同的基因型，其毒力表现出显著差异，G18的半数致死量所需菌数量约高于G4的3个数量级。然而，不同株柱状黄杆菌毒力的确切遗传差异尚不清楚。因此，研究构建了一个抑制消减杂交技术库（SSH library），以G4为测试菌株（tester），G18为驱动菌株（driver）识别特异性差异，并识别潜在的毒力基因。

研究中利用抑制消减杂交技术，鉴定了强毒力菌株G4和低毒力菌株G18的遗传差异（另外使用的其他菌株是2006—2008年在我国几个地区的实验室收集的）。从强毒力菌株G4共鉴定出46个基因，其中35个基因与已知蛋白具有一定的同源性，可分为11类：DNA复制或重组蛋白（DNA replication or recombination proteins）、无机离子转运蛋白（inorganic ion transport proteins）、外膜蛋白（OMPs）、肠毒素（enterotoxin）、结合蛋白（binding proteins）、YD重复蛋白（YD repeat proteins）、转座酶（transposase）、伴侣（chaperon）、信号转导相关蛋白（signal transduction-related proteins）、调节蛋白（regulatory proteins）、代谢相关蛋白（metabolism-related proteins）。在其他细菌中鉴定出的几种假定的毒力因子也可以在毒力菌株G4中鉴定出来，如亚铁转运蛋白（ferrous iron transport protein）、TonB依赖性受体（TonB-dependent receptor）、转座酶以及ABC转运体渗透酶蛋白（ABC transporter permease protein）。分析了假定转座酶ISFclⅠ（transposase ISFclⅠ）的侧翼区，在其下游有一个假定Rhs元件（Rhs element）。通过对我国24株柱状黄杆菌*isfcl*I基因的分析，发现11株具有*isfcl*Ⅰ基因，肇庆、安徽、清江等地的菌株均具有*isfcl*Ⅰ基因。

研究结果显示，柱状黄杆菌毒力菌株G4共有46个基因，为进一步研究该细菌的毒力因子提供了依据，这些基因包含了许多潜在的毒力因子，包括假定的TonB依赖性受体、ABC转运蛋白渗透酶、Ⅰ型R-M系统（typeⅠR-M system）的M亚基（M subunit）。其他与代谢相关的基因，也在柱状黄杆菌毒力菌株G4中得到了特异性检测；此外是菌株G4和G18之间的基因差异，也可支持分别属于不同的基因型[138]。

中国科学院水生生物研究所的李烨等（2015）报道，柱状黄杆菌的致病性与环境因素、寄生虫感染或体表受损伤及菌株自身毒力等密切相关。有研究报道，柱状黄杆菌的毒力因子包括黏附因子、硫酸软骨素酶等。柱状黄杆菌能够在添加5%（*V/V*）羊血液的琼脂培养基产生β-溶血，其产生的溶血素（haemolysin）也是一类重要的毒力因子。

溶血素作为细菌致病的重要毒力因子，在疾病的发生过程中起着不容忽视的作用，但有关柱状黄杆菌溶血素及其作用机理的相关报道较少。研究中从已构建的柱状黄杆菌基因组注释中筛选到一个溶血素基因，对其进行了克隆和表达，为进一步研究溶血素的功能及柱状黄杆菌的致病机理奠定了基础。

研究使用的柱状黄杆菌G4菌株，是由中国科学院水生生物研究所于1972年从患烂鳃病的草鱼分离的。基于实验室构建的柱状黄杆菌基因组注释，筛选到一个溶血素基因*hly*2031（GenBank：KJ856900.1）。基因*hly*2031的开放阅读框全长1 812bp，编码603个氨基酸，分子量69.4kDa，理论等电点8.36。软件预测显示，在蛋白分子内没有糖基化位点，没有信号肽，无跨膜结构区。BLAST比对结果表明，该基因与柱状黄杆菌ATCC 49512菌株的溶血素（YP_004943259.1）有99%的一致性和100%的相似性，与嗜冷黄杆菌假设的溶血素（YP_001295003.1）有85%的一致性和92%的相似性。在实验室中同时构建了柱状黄杆菌G18菌株的基因组注释，从中筛选到溶血素

（G18GL000072），与G4菌株溶血素有100%的一致性和100%的相似性。

研究在柱状黄杆菌全菌蛋白和胞外蛋白中经蛋白免疫印迹（western blot）均能检测到大小约为70kDa的目的条带，证明该溶血素是一种分泌型蛋白，与多数溶血素分泌后发挥作用的模式相同；但在绵羊血液培养基平板，并未检测到该重组蛋白的溶血活性。在嗜冷黄杆菌中发现，细菌胞外蛋白与红细胞共同孵育后也没有溶血现象，该溶血素可能无法独立发挥作用或者合成后位于细菌表面、而不是分泌至胞外，其溶血功能的发挥可能具有接触依赖性，可能依靠细菌细胞壁上的凝集素与红细胞膜上的唾液酸相结合促发后续溶血素蛋白的溶细胞过程。有研究报道细菌凝集素在细胞裂解酶（如溶血素）的溶细胞过程中起到协同作用，凝集素与裂解酶形成一个大分子或者单独两个分子结合于细菌表面或游离于细菌外。因此，可以推论柱状黄杆菌的溶血素蛋白分泌至胞外后可能无法单独发挥溶血功能，可能也需要细菌及其凝集素的参与，这有待于进一步的研究证实[139]。

中国科学院水生生物研究所的Li等（2015）报道柱状黄杆菌感染鱼类，能够导致高死亡率和水产养殖的重大经济损失。由于缺乏有效的遗传操作方法，对柱状黄杆菌的发病机制还了解甚少。研究中采用基因缺失策略（gene deletion strategy），探讨了软骨素裂合酶（chondroitin lyases）产生与毒力的关系。将约氏黄杆菌*ompA*启动子（ompA promoter，P*ompA*）与*sacB*融合，构建一个为柱状黄杆菌的反选择标记（counterselectable marker）；携带P*ompA*的柱状黄杆菌在含10%蔗糖的培养基上不能生长，构建了一个携带P*ompA-sacB*的自杀性载体（suicide vector）和制定了一个基因缺失策略。使用这种方法，软骨素裂合酶编码基因（chondroitin lyase-encoding genes）*cslA*和*cslB*缺失，*ΔcslA*和*ΔcslB*突变体（mutants）均部分缺乏对硫酸软骨素A（chondroitin sulfate A）的消化功能，而*ΔcslA*和*ΔcslB*的这种双突变体（double mutant）则完全缺乏软骨素裂合酶的活性。柱状黄杆菌为野生型菌株G4（wild type strain G4），软骨素裂合酶缺失突变体（chondroitin lyase deficient mutant）的这种*ΔcslA*和*ΔcslB*双突变体的菌细胞，在使用单菌株感染对草鱼的毒力相似。然而，联合使用感染显示野生型菌株比软骨素裂合酶突变体菌株具有竞争优势。结果表明，这种基因缺失突变体（gene deletion mutants）的使用显示软骨素裂合酶不是柱状黄杆菌必需的毒力因子，但可能有助于柱状黄杆菌在自然感染中的竞争和致病[140]。

5. 铁离子的影响

我国台湾大学的Kuo等（1981）报道，滑动细菌（gliding bacteria）引起的鱼类疾病在11月和12月流行，但在5月和6月通常不流行。滑动细菌的年度调查（重点研究样品中滑动细菌的季节性发生）是于1979年3月至1980年5月，每月分别从养殖鱼类中采集样本（鳃或皮肤）检查滑动细菌。结果显示，9月和10月份有柱状黄杆菌（文中以柱状屈挠杆菌记述）、3—4月有其他种屈挠杆菌（*Flexibacter* spp.）。在分离的145株滑动细菌中，对55株进行了分析；其中柱状屈挠杆菌（柱状黄杆菌）30株，其他种屈挠杆菌25株。

通过试验感染体重为20g的幼鱼苗日本鳗鲡、体重为10g的罗非鱼（tilapia），研究了这些细菌对鳗和罗非鱼的毒力，对感染方法和条件也进行了研究。在流动水（running water）中，柱状屈挠杆菌（柱状黄杆菌）对鳗的毒力大于罗非鱼的，而其他种屈挠杆菌对罗非鱼的毒力大于鳗的，直接接触法（contact method）比注射法（injection method）的人工感染更有效；鱼类感染滑动细菌后，在静止水（standing water）中、而不是在流动水中，其死亡率较高。

对人工感染的鱼补充高铁离子（ferric ion）可缩短其存活时间，这在注射感染的鱼中表现更为明显。然而，人类转铁蛋白（human transferrin afforded）能够保护鱼免受这些细菌的感染[141]。

美国亚利桑那州立大学（Arizona State University；Tempe，Arizona，USA）的Guan等（2013）报道，柱状黄杆菌是淡水养鱼业危害最大的致病菌之一。然而，柱状黄杆菌的毒力机制尚不清楚。

病原细菌在感染过程中从宿主体内吸收铁（iron uptake），是一种重要的毒力机制。使用菌株J201（ATCC 23463），研究鉴定和分析了柱状黄杆菌的部分吸铁机制（iron uptake machinery）。在体外生长的铁限制（iron-limited）条件下，上调了分子量约为86kDa的外膜蛋白的合成，该蛋白被鉴定为一种TonB依赖性铁色素受体前体（TonB-dependent ferrichrome-iron receptor precursor，FhuA）；用铬天青S（chrome azurol S）法，证实了在柱状黄杆菌铁载体（siderophores）的合成。在柱状黄杆菌基因组中也发现了一种假定的三价铁摄取调节（ferric uptake regulator，Fur）蛋白（Fur protein），对柱状黄杆菌Fur蛋白的结构分析表明，其与参与其他细菌铁摄取调节的Fur蛋白相似。

柱状黄杆菌的发病机制（pathogenesis）尚不清楚，但已知柱状病过程涉及细菌入侵和外部组织损伤，未发现系统性感染。这可能表明在建立柱状黄杆菌感染时，菌细胞外包膜（extracellular capsule）或蛋白酶的作用比铁获得（iron acquisition）更显重要。因此，需要进行更多的试验来确定柱状黄杆菌铁的获取是否会影响其毒力。由于尚缺乏可行的遗传手段和突变体构建技术，是进一步深入研究柱状黄杆菌铁吸收机制的一个主要局限。

通过研究确定了柱状黄杆菌的主要吸收铁机制的一部分，该机制包含一个假定的铁载体吸铁系统（siderophore iron uptake system）FhuA，该系统以铁依赖性方式（iron-dependent fashion）调节，也可能以三价铁摄取调节依赖性方式（Fur dependent fashion）调节。在柱状黄杆菌中检测到铁载体，还需在遗传水平上进一步研究，以确定这些铁摄取系统成分的调节关系，以及它们在柱状黄杆菌发病机制中的潜在作用[142]。

6. 脂多糖的作用

芬兰于韦斯屈莱大学的Kunttu等（2011）报道，研究了鱼类病原柱状黄杆菌菌落形态变异对菌株毒力的影响。同时研究了软骨素AC裂合酶活性、不同温度和菌体表面改变后对聚苯乙烯的黏附性以及不同变种的脂多糖谱。结果显示强毒力的假根样变种的软骨素酶活性，明显高于同一菌株的粗糙型变种的；细菌表面的修饰，表明黏附分子同时含有碳水化合物和蛋白质；在同一菌株的不同变种间，脂多糖无明显差异。这些研究结果，构成了柱状黄杆菌产生的毒力机制和细菌在渔场生存的原因[38]。

美国奥本大学的Zhang等（2006）报道，研究比较了4株（ALG-00-530、FC-RR、ARS-1、ALG-03-063）柱状黄杆菌的脂多糖和总蛋白谱（total protein profiles）。这些菌株属于遗传上不同的群和/或表现出不同的毒力特征，菌株ALG-00-530（基因型Ⅱ）和ARS-1（基因型Ⅰ）是属于不同基因型的高毒力菌株，菌株FC-RR是一种用作抗柱状黄杆菌活疫苗（live vaccine）的减毒突变体（attenuated mutant）；菌株ALG-03-063与FC-RR属于同一基因型，具有相似的基因组指纹图谱（genomic fingerprint）。

4个菌株的脂多糖电泳均表现出质的差异，免疫印迹（immunoblotting）对脂多糖的进一步分析表明，减毒突变体在脂多糖中缺少较高分子量的带。免疫印迹的总蛋白分析显示，尽管在所有分离株中都存在共同带，但所分析的菌株之间存在差异，菌株FC-RR缺乏其他3个菌株共有的、两个不同的共有带（34kDa和33kDa）；根据脂多糖和总蛋白谱的差异，可以将已减弱的突变株FC-RR与其他柱状黄杆菌菌株区别开来。综合分析，发现柱状黄杆菌的FC-RR菌株缺少其他毒力菌株中存在的高分子量脂多糖成分，在不同基因型菌株间观察到脂多糖和免疫原性蛋白的差异；另外，菌株FC-RR的基因指纹显示具有独特的扩增片段长度多态性图谱（AFLP profile），在现有的数据库中不存在，可用于跟踪养鱼场环境中的改性活疫苗株（modified live vaccine strain）FC-RR。

研究使用的菌株FC-RR，是耐利福平（rifampicin-resistant mutant）、对鲶鱼无毒力的突变株；菌株ALG-00-530是从美国亚拉巴马州格林斯博罗市养鱼中心（Alabama Fish Farming Center，Greensboro，AL）的患病斑点叉尾鮰分离的，菌株ARS-1是从美国农业部水生动物健康研究实验室的患病斑点叉尾鮰分离的，这两个分离株已被证实对斑点叉尾鮰具有毒力；菌株ALG-03-063是从患病的斑点叉尾鮰分离的，是与减毒突变体FC-RR菌株基因最相似的菌株[143]。

7. 其他相关内容

芬兰于韦斯屈莱大学的Laanto等（2012）报道，已分离出感染柱状黄杆菌的噬菌体；然而，这些噬菌体对宿主细菌的影响尚不清楚。为了研究这一现象，将4株柱状黄杆菌与3株裂解噬菌体进行了接触，并对噬菌体抗性的发展和菌落形态的变化进行了监测。以斑马鱼为模型系统，亲本的假根形态型与25%～100%的死亡率相关，而相应菌株的丧失其毒力和滑行动力（这是亲本类型的关键特征）的抗噬菌体粗糙形态型不影响斑马鱼的生存。认为这是第一次报道噬菌体-宿主相互作用在一个商业上重要鱼类的病原体，其中噬菌体抗性直接与细菌毒力下降相关。这些结果表明，噬菌体可引起鱼类宿主外柱状黄杆菌的表型改变，细菌病原菌与其寄生噬菌体的拮抗作用有利于降低自然条件下的细菌毒力，裂解噬菌体可以作为一种选择性的压力对抗细菌的毒力。此外，这些结果表明，基于噬菌体的治疗可以为水产养殖中的柱状病提供一种疾病管理策略[39]。

芬兰于韦斯屈莱大学的Laanto等（2014）报道，柱状黄杆菌能够形成3种形态（假根型、粗糙型、柔软型）的菌落。研究了柱状黄杆菌B067菌株在虹鳟的形态毒力，并利用高分辨率扫描电镜对在液体和琼脂培养基生长的菌细胞进行了精细结构检验。还分析了细胞外和膜囊中分泌的蛋白质，以确定可能的毒力因子，结果显示在虹鳟仅是假根形态型的具有毒力。在假根形态型和粗糙形态型的浮游菌细胞产生了大的膜囊，柔软形态型的菌细胞上没有这种膜囊；经对囊泡进行纯化和分析，鉴定出了外膜蛋白A家族蛋白和Spr蛋白F两种具有预测功能的蛋白质。此外是在假根形态型的分泌了大量未被确认的13kDa小蛋白，这表明与细菌的毒力有关。研究结果提示与柱状黄杆菌毒力相关的3个因素，分别为菌细胞的协调组织、分泌性蛋白和外膜囊泡。菌落内菌细胞的内部组织可能与细菌的滑动有关，这可能与柱状黄杆菌的毒力有关。膜囊可能与菌细胞的表面黏附特性有关，也可能携带潜在的毒力因子。事实上，外膜蛋白A是几种细菌性病原体的毒力因子，通常与黏附和侵袭有关；Spr蛋白F是一种与滑动和黄杆菌蛋白分泌有关的蛋白。

了解病原菌的行为，是阐明宿主-病原菌相互作用的一个重要组成部分。实际上，菌细胞通常具有促进表面黏附、生物膜形成和细胞间相互作用的结构。细菌形成生物膜的普遍能力会影响毒力并促进持续感染，生物膜中的细菌被一层细胞外聚合物（extracellular polymeric substance，EPS）覆盖，保护菌细胞免受不利环境因素的影响；这种细胞外聚合物层由蛋白质、DNA和其他物质的复杂混合物组成，还有外膜囊泡。外膜囊泡在许多革兰氏阴性菌的细胞外物质中含量丰富，在许多其他致病性细菌中的作用也被广泛研究，毫无疑问，它们在细菌病原体的毒力中发挥着重要作用[40]。

四、微生物学检验

尽管已明确柱状黄杆菌为某些水生动物的病原菌，但因其常是引起鳃及口腔周围表皮等部位的感染，以致易与其他病原或非病原菌混杂，加之引起烂鳃的病原并非只有此菌，所以除对此菌进行分离和常规的表型性状鉴定外，还需进行对同种水生动物的感染试验以明确其病原学意义。另外，免疫血清学、分子生物学方法也有应用。

对黄杆菌感染的诊断是根据设施/病例历程、行为变化和大体病理学/组织病理学进行的，随后对病原体进行分离和鉴定。在临床和尸检方面，当观察到皮肤/鳃损伤提示黄杆菌感染病时，应使用光学显微镜检查来自受影响区域的组织，细长杆菌、聚集成“柱状”（columns）或“干草堆”（haystacks）状的杆菌或大量丝状细菌，通常与鳃组织相关的，这些分别提示为嗜冷黄杆菌、柱状黄杆菌、嗜鳃黄杆菌。在初步分离和推定识别方面，黄杆菌培养的组织样本应是从外部损伤的前缘收集、以减少继发感染菌的过度生长。肾脏、脾脏和/或大脑、肝脏和腹水等组织也用于检测全身感染，嗜冷黄杆菌通常以全身性疾病和感染神经组织为特征；柱状黄杆菌也可以从脑组织中分离到。将被检组织直接接种到培养基，或通过均质化以增强细菌分离；由于培养生长非常挑剔，所以对嗜鳃黄杆菌的初步分离及其后续鉴定的频率相对较低。设施历程、临床病症和细菌形态的结合，有助于进行鉴定。表4-8所列的一些项目，可用于鉴别嗜冷黄杆菌、柱状黄杆菌、嗜鳃黄杆菌[9]。

表4-8　嗜冷黄杆菌、柱状黄杆菌、嗜鳃黄杆菌的基本鉴别特征

特征	嗜冷黄杆菌	柱状黄杆菌	嗜鳃黄杆菌
菌落形态	低隆起、圆形、边缘整齐、煎蛋（fried egg）状	扁平、轻微隆起、不规则根状边缘	低隆起、圆形、边缘整齐
刚果红吸附	-	+	-
柔红型色素	+	+	-
滑动	（+）	+	-
从葡萄糖、蔗糖、麦芽糖、海藻糖等产酸	-	-	+
β-半乳糖苷酶	-	-	+
H_2S产生	-	+	-

注：-表示阴性，+表示>90%的菌株阳性，（+）表示≤90%的菌株迟缓或弱阳性。

（一）细菌分离

对于黄杆菌分离培养的组织材料，应是从外部病变组织边缘采集、要尽量避免存在继发感染菌或其他污染菌的过度生长；从肾脏、脾脏和/或脑组织、肝脏和腹水分离，也用于检测全身感染。虽然嗜冷黄杆菌主要是全身性疾病和感染神经组织，但有报道显示柱状黄杆菌也可从脑组织分离到。初步分离嗜鳃黄杆菌及其后续的鉴定，需要注意此菌需要复杂营养生长[8]。

表4-9所列是常用于分离培养鱼类病原黄杆菌属（也适用于以往记作的噬纤维菌属、屈挠杆菌属）细菌的培养基配方，可根据需要选择使用[144]。

表4-9　分离鱼类病原黄杆菌属细菌的常用培养基配方

项目	A	B[a]	C	D	E	F
牛肉浸膏	0.02%	—	0.02%	—	—	—
酪蛋白氨基酸	—	—	—	—	0.1%	—
酪蛋白	—	—	—	—	—	0.3%
酪蛋白胨	—	—	—	0.05%	—	—
鱼肌肉酶消化液	—	5.0%	—	—	—	—
蛋白胨	—	0.1%	—	—	—	—
胰蛋白胨	0.05%	—	0.05%	—	0.10%	0.20%
酵母浸膏	0.05%	0.10%	0.05%	0.05%	0.02%	0.05%
氯化钙	—	—	—	—	0.1%	0.3%
氯化镁	—	—	—	—	1.08%	—
氯化钾	—	—	—	—	0.07%	—
乙酸钠	0.02%	—	0.02%	—	—	—
NaCl	—	—	—	—	3.13%	—
琼脂	0.9%	0.9%	0.9%	1.0%	—	1.0%
红霉素	—	—	—	—	—	10μg/mL[b]
硫酸新霉素	—	—	5μg/mL	—	—	10μg/mL[b]
多黏菌素B	—	—	10IU/mL	—	—	256IU/mL[b]
pH值	7.2 ~ 7.4	7.0	7.2 ~ 7.4	8.0	7.0 ~ 7.2	7.0

注：上角标的a表示用海水配置，b表示红霉素、硫酸新霉素、多黏菌素B（可用黏菌素代替）均可使用；表头中的A表示噬纤维菌琼脂（Anacker and Ordal，1959），B表示源于Anderson和Conroy（1969），C表示源于Fijan（1969），D表示源于Bootsma和Clerx（1976），E表示TCY培养基（Hikida et al.，1979），F表示源于Hsu等（1983）。

分离黄杆菌的种（*Flavobacterium* sp.），可使用添加0.5%～3.0%（*W/V*）NaCl的胰蛋白胨大豆胨琼脂培养基。比较常用于分离柱状黄杆菌的是噬纤维菌琼脂（表4-9中的A）、Bootsma和Clerx培养基（Bootsma and Clerx's medium）即表4-9中的D；在这些培养基上，柱状黄杆菌产生特征性的黄橙色色素菌落[8]。

黄杆菌科细菌的所有成员，均在低营养培养基（low-nutrient media）上生长为佳，生长的菌落通常是黄绿色或棕色。像所有黄杆菌一样，柱状黄杆菌的生长需要相对较低水平的营养和琼脂；选择的培养基是Anacker-Ordal（1959）的噬纤维菌琼脂，但营养琼脂（nutrient agar）稀释后含有约1/10的营养成分、1%的琼脂也是一种合适的替代品。用新制备的培养基在22℃的潮湿环境中培养，可以获得最佳的结果[6]。

在早期，我国台湾大学的徐大全和郭光雄（1977）报道于1974年8月至1975年10月间，从患病的鳗鱼、鲤鱼、鲫鱼、锦鲤、泥鳅、虹鳟等淡水养殖鱼类分离出23株淡水鱼类病原柱状黄杆菌（文中以柱状屈挠杆菌记述）。研究了6种分离培养基的分离效果，包括噬纤维菌琼脂（Cytophaga agar，CA）、改良Ordal氏琼脂（Modified Ordal's agar，MOA）、改良噬纤维菌琼脂（Modified Cytophaga agar，MCA）、改良胨化牛奶（Modified Peptonized Milk agar，MPMA）、Lewin和Lounsbery二氏琼脂（Lewin and Lounsbery's agar，LLA）、胨化牛奶放线菌酮（Peptonized-Milk-Actidione agar，PMAA）；均可用于分离，其中以改良胨化牛奶的效果最佳[145]。

比利时根特大学（University of Ghent；Merelbeke，Belgium）的Decostere等（1997）报道，与鱼类的其他相关病原菌相比，妥布霉素（tobramycin）对柱状黄杆菌的抑制作用较小。在浓度为1μg/mL的条件下加入妥布霉素，可显著提高分离培养基Shieh氏培养基（Shieh medium）的选择性能力。培养基是含浓度为1μg/mL妥布霉素，培养基组成为蛋白胨5g/L、酵母提取物（yeast extrac）0.5g/L、醋酸钠0.01g/L、$BaCl_2 \cdot 2H_2O$为0.01g/L、K_2HPO_4为0.1g/L、KH_2PO_4为0.05g/L、$MgSO_4 \cdot 7H_2O$为0.3g/L、$CaCl_2 \cdot 2H_2O$为0.006 7g/L、$FeSO_4 \cdot 7H_2O$为0.001g/L、$NaHCO_3$为0.05g/L、琼脂10g/L，蒸馏水（pH值为7.2）1 000mL；灭菌（15min，120℃）并冷却后，加入妥布霉素。Shieh氏肉汤成分相同，不含琼脂[146]。

（二）常规表型性状鉴定

对柱状黄杆菌的常规表型性状鉴定，主要包括形态与菌落特征、在液体培养基中的生长表现、一些生化特性等内容，均具有其相应的特点，通常情况下并不难鉴定出。一些主要的生化特性及与鱼类常见病原嗜冷黄杆菌、嗜鳃黄杆菌的鉴别特征，如表4-3、表4-8所示。

美国鱼类和野生动物管理局（United States Fish and Wildlife Service；Stuttgart，Arkansas，USA）的Griffin（1992）报道，一种简便、省时的鉴别方法（五步法）可用

于鉴别鱼类柱状病的病原柱状黄杆菌柱状噬纤维菌（文中以柱状噬纤维菌记述）。该方法利用了五种生化试验或培养特征，被认为是柱状黄杆菌特有的。鉴别方法如下。一是能够在硫酸新霉素（neomycin sulfate）和多黏菌素B（polymyxin B）存在的条件下生长；二是菌落的颜色和形态，与典型柱状黄杆菌的相一致；三是产生可扩散（diffusible）的明胶降解酶（gelatin-degrading enzyme）；四是刚果红染料（Congo red dye）水溶液能够在疑似的菌落表面分泌物（surface secretions）中结合，即能够结合刚果红；五是产生降解硫酸软骨素A的可扩散酶。前四个特征，可直接通过在原始分类培养基上观察到；第五个特征，可通过简单的试验检测软骨素AC裂合酶活性完成。

具体的试验方法，是对在选择性生长培养基（selective growth medium）上划线接种培养，对存在硫酸新霉素和多黏菌素B的条件下生长、菌落颜色和形态、明胶降解、吸附刚果红染料进行评价。培养基由0.2%蛋白胨、0.05%酵母提取物（yeast extract）、0.3%明胶、1.0%的琼脂组成，过滤（0.45μm过滤器）除菌的硫酸新霉素（5mg/L）和多黏菌素B（10 000IU/L）添加到冷却、经高压灭菌培养基中，然后制备培养基平板。

相应判定指标如下。一是细菌对硫酸新霉素和多黏菌素B的抗性，由是否能够在此选择性生长培养基上生长决定。二是柱状黄杆菌在此选择性生长培养基上生长的菌落的颜色和形态，已多有描述其颜色为黄绿色（yellowish green）、黄色（yellow）、绿黄色（greenish yellow）、金黄色（golden yellow）或浅绿黄色（pale greenish yellow）到橙色（orange）；菌落的形状和形态被描述为扁平的假根状（flat rhizoid），有疣状中心（warty center）和明显的放射状（radial）的薄分枝（thin branching），扁平、薄层和扩展、边缘不均匀，或扁平、薄、扩展和或多或少的假根状，菌落附着在琼脂表面生长、黏性（sticking）、黏附力强或黏附在琼脂上。三是当在明胶中观察到局部透明（local clearing）时，表明为明胶降解导致选择性培养基的不透明结果。四是刚果红的吸收，是通过用1.0%的刚果红水溶液浸泡含有菌落的培养基几秒后用自来水冲洗。五是降解硫酸软骨素试验，切取琼脂块约1cm^3（从疑似菌落生长区域）置于有1.0mL硫酸软骨素A溶液（含1.0mg的硫酸软骨素A）的，试管中，溶液以磷酸盐缓冲盐水（0.1mol/L KH_2PO_4、0.15mol/L NaCl；pH值为6.0）配制；将琼脂块切碎，并在溶液中洗脱至少10min，之后添加1.0mL酸化牛血清白蛋白（acidified BSA），观察此混合液管中物质浊度（turbidity）的变化。对照管为含有1.0mL的不含硫酸软骨素A的磷酸盐缓冲盐水；1.0mL含硫酸软骨素A的、未接种细菌培养基的1cm^3碎块琼脂；或1mL含硫酸软骨素A的磷酸盐缓冲盐水和生长已知柱状黄杆菌的1cm^3碎块琼脂（软骨素AC裂合酶阳性对照）；然后将酸化牛血清白蛋白加入每个对照管中，混合观察管内的浊度[147]。

（三）免疫血清学检验

对柱状黄杆菌的免疫血清学检验方法，主要包括常规的凝集反应、荧光抗体试验

（fluorescent antibody tests，FAT）、酶联免疫吸附试验（enzyme-linked immunosorbent assays，ELISA）等方法。

1. 凝集反应

前面有述在早期，美国华盛顿大学的Anacker和Ordal（1959）曾研究表明柱状黄杆菌在不同株间存在一种共同作为种特征的凝集抗原；其后的相关研究报道表明由于这种共同凝集抗原的存在，所以用玻片凝集反应可使所有菌株都能对由一个菌株制备的抗血清发生凝集。在前面有记述华中农业大学的陈昌福（1998）报道在对此菌血清型的研究中，也同样证明了这一点。基于此，可以用已知的柱状黄杆菌的菌株制备相应抗血清，以用于对此菌的免疫血清学鉴定[53-54]。

2. 荧光抗体技术

多有研究报道，荧光抗体试验可用于对柱状黄杆菌的基因。加拿大爱德华王子岛大学（University of Prince Edward Island；Charlottetown，Prince Edward Island，Canada）的Speare等（1995）报道，研制了针对鱼类重要的鳃部细菌性病原体嗜鳃黄杆菌和柱状黄杆菌（文中以柱状噬纤维菌记述）的单克隆抗体（monoclonal antibodies，MAbs），这些单克隆抗体被用来作为间接荧光抗体试验（indirect fluorescent antibody test，IFAT）的基础，以评估鱼类鳃病。嗜鳃黄杆菌是此项研究所在区域病鳃生物膜中检出的优势菌，在根据组织病理学初步诊断为细菌性鳃病的病例中，有76.2%的用单克隆抗体检出了嗜鳃黄杆菌、18.7%的存在对柱状黄杆菌单克隆抗体有阳性反应。得出结论是所研制的单克隆抗体，在加拿大大西洋鲑和鳟鱼鳃常见细菌性疾病有价值的诊断和研究探针（research probes），研究结果也进一步证明了嗜鳃黄杆菌单独导致细菌性鳃病的充分原因[148]。

华中农业大学的陈昌福等（1995）报道，用常规的直接荧光抗体法对从患烂鳃病的翘嘴鳜鳃分离的7个菌株（3个病原柱状黄杆菌的菌株及4个其他非病原菌的菌株）进行检验，结果对3株柱状黄杆菌显示了强特异荧光，初步表明了此方法的可行性[114]。

3. 酶联免疫吸附试验

华中农业大学的夏君等（2009）报道，应用间接酶联免疫吸附试验（indirect-ELISA）技术，建立了快速检测柱状黄杆菌的方法。结果显示，根据棋盘试验确定的最佳抗原包被浓度和免疫血清最佳工作浓度，分别为1×10^6CFU/mL和1：5 000，酶标抗体最佳工作浓度为1：10 000。在该条件下所建立的间接酶联免疫吸附试验方法能检测出5×10^4CFU/mL的柱状黄杆菌，且与爱德华氏菌、哈维氏弧菌、嗜水气单胞菌、副溶血弧菌等常见鱼类致病菌无交叉反应。结果表明，所建立的间接酶联免疫吸附试验方法，可不经细菌培养、直接检测人工感染后草鱼鳃组织中的柱状黄杆菌，对柱状黄杆菌的检测具有快速、敏感、特异、实用的优点[149]。

4. 胶体金免疫层析技术

浙江万里学院、吉林农业大学的吕娜等（2013）报道，为制备抗柱状黄杆菌多克隆抗体（PcAb），研究利用颗粒性抗原免疫新西兰白兔，收集的抗血清通过辛酸-硫酸铵法纯化，采用间接酶联免疫吸附试验检测纯化后多克隆抗体的效价和交叉反应性。结果显示，制备的多克隆抗体蛋白质浓度为29.28mg/mL，效价在1：64 000以上；与迟钝爱德华氏菌、大肠杆菌、嗜水气单胞菌、鳗弧菌、溶藻弧菌、副溶血弧菌、哈维氏弧菌等水生动物致病菌均无交叉反应。此研究成功建立了抗柱状黄杆菌多克隆抗体的制备方法，可用于柱状黄杆菌的快速检测[150]。

吕娜等（2014）报道为建立一种通过胶体金免疫层析技术（colloidal cold immunochromatographic assay）快速检测柱状黄杆菌的方法，试验采用柠檬酸三钠还原法制备粒径为20nm的胶体金颗粒，将其标记纯化的抗柱状黄杆菌单克隆抗体（McAb）制备出金标抗体结合垫，纯化的兔抗柱状黄杆菌多克隆抗体和羊抗鼠IgG分别包被在硝酸纤维素膜的检测线（T）与质控线（C）上，制备出胶体金免疫层析试纸条，并对试纸条的灵敏度、特异性及稳定性进行测定。结果显示，该试纸条检测灵敏度为1×10^3CFU（检测时间为3.5min），制备的试纸条与迟钝爱德华氏菌、大肠杆菌、嗜水气单胞菌、鳗弧菌、溶藻弧菌、副溶血弧菌、哈维氏弧菌均无交叉反应，且稳定性好。首次成功建立了柱状黄杆菌胶体金快速检测方法，所制备的试纸条具有灵敏、特异、稳定、快速等优点，可用于柱状黄杆菌的检测[151]。

天津市水产局（2014）发布信息称，近日，天津市水产技术推广站承担的“天津市养殖观赏鱼主要病害的现场快速诊断技术研究”的成果已进入试用阶段。项目研发的观赏鱼疾病病原快速检测技术产品——胶体金免疫层析试纸条及快速检测试剂盒可检测嗜水气单胞菌、柱状黄杆菌、海豚链球菌、无乳链球菌、维氏气单胞菌、美人鱼发光杆菌等6种在观赏鱼常见病原菌，实现了现场检测，操作简便，快速高效。胶体金免疫层析试纸条只需5～10min即可得到检测结果，检测灵敏度更高的快速检测试剂盒在90min内即可得到肉眼可见的检测结果。目前快速检测产品已开始在天津地区9个观赏鱼养殖基地进行试用。为证明产品的准确性，技术人员根据疑似病菌引起的症状，结合检测阳性结果，将病样带回实验室进行细菌分离鉴定，以确认检测结果的准确性[152]。

天津师范大学的刘亦娟等（2016）报道，试验分别制作柱状黄杆菌、嗜水气单胞菌（*Aeromonas hydrophila*）、海豚链球菌（*Streptococcus iniae*）3种病原菌的胶体金免疫层析试纸条（immunochromatographic strip），将其组装成三联体卡条（triplet-immunochromatographic strip），用于对此3种常见鱼类病原菌的平行检测。结果表明，所制作的三联体检测试纸具有较好的特异性，与其他鱼类病原菌无交叉反应，对柱状黄杆菌的检测灵敏度为3×10^{6}CFU/mL，对嗜水气单胞菌和海豚链球菌的检测灵敏度均为3×10^{5}CFU/mL。将三联体检测试纸用于生产上鱼类病原菌的现场检测，与实验室检测结果的符合率在87.7%以上。操作简便快速，一次制样可同时检测3种病原菌，5～10min即可得到检测结果，提高了检测效率，适合基层生产推广应用及大量样本的快速筛查。认为在细菌检测应用中，采用全菌抗原制备的单克隆抗体容易出现漏检情况，尤其是对于抗原结构复杂的细菌来说，单克隆抗体并不占优势，并且单克隆抗体制备技术要求较高，制备周期长从而会增加试纸条的研发成本。本次所制作的试纸条采用的均为细菌全菌免疫制作的多抗，试验结果证实，所制作的试纸条具有较好的特异性和灵敏度，在实际应用中检测结果与实验室检测相比，符合率在87.7%以上，在一定程度上证明了采用多克隆抗体制备试纸条的可行性[153]。

（四）分子生物学检验

近年来，多有使用分子生物学方法检验柱状黄杆菌的研究报道。这里所记述的，是几种不同方法具有一定代表性的，可供在实践中参考。

1. 巢式PCR检测柱状黄杆菌及鉴别不同基因型菌株

日本东京大学的Triyanto等（1999）报道，以16S rRNA为靶点的PCR，已被用于柱状黄杆菌的鉴定。这些结果表明，该方法是一种鉴定柱状黄杆菌很有前景的技术。然而到目前为止，其结果还没有达到所需的特异性和选择性要求。在此项研究中以16S rRNA为靶点，建立了特异性引物，用于在基因组水平鉴定和检测柱状黄杆菌。

在目前的研究中，发现特异性引物Col-72F（5′-GAAGGAGCTTGTTCCTTT-3′）和Col-1260R（5′-GCCTACTTGCGTAGTG-3′）能够从所有供试菌株中扩增出预期大小的DNA片段。应用巢式PCR（nested PCR）可以作为一种有价值的方法在基因型水平上来鉴定柱状黄杆菌，特别是对在表型特征上不可区分的不同基因型菌株。

研究中用PCR检测从霞浦湖（Lake Kasumigaura）供水的一个水槽中养殖的鲤鱼中的柱状黄杆菌（1997年7月17日至1998年5月1日共16批次），发现柱状黄杆菌感染的患病率在0～78.6%。这表明养殖的鲤鱼体内存在柱状黄杆菌，即使鲤鱼是呈无症状感染的。在此项研究中，所有的3种不同基因型（基因型1、2、3）都被检测出来，尽管基因型1是主要的；这一发现表明，这些基因型同时存在于同一地点或同一鱼中。研究的结论是使用目前的特异性引物套式PCR，是识别和检测柱状黄杆菌基因型的一种替代工具[154]。

美国农业部农业研究局水生动物健康研究实验室的Bader等（2003）报道，从鱼类致病性柱状黄杆菌的菌株ARS-1染色体DNA中克隆出一个16S rRNA基因，并对其进行测序，设计了一套PCR引物（FvpF1为5′-GCCCAGAGAAATTTGGAT-3′、FvpR1为

5′-TGCGATTACTAGCGAATCC-3′），该引物从柱状黄杆菌菌株中扩增出一个特异的1 193bp的DNA片段。对PCR反应条件进行了优化，以满足能够在5h内从琼脂培养基和肉汤培养基的培养菌、冷冻样品、死鱼组织和活鱼中检测出；如果使用更敏感的巢式PCR，则为8h。在DNA浓度低于0.1ng和少于100个菌细胞的情况下，检测到PCR产物。使用通用的真细菌引物（universal eubacterial primers）的巢式PCR反应增加了5倍的敏感性，能够在DNA浓度低于0.05ng和在明显健康、无症状的鱼类中少于10个菌细胞的情况下检测出柱状黄杆菌。

供试菌株ARS-1，是于1996年年初从美国农业部农业研究局水生动物卫生研究所的一条斑点叉尾鮰分离的致病性菌株；斑点叉尾鮰表现鞍状病变、鳃和口腔黄色素沉着的柱状病特有病症[155]。

2. DNA原位杂交检测柱状黄杆菌

美国佐治亚大学的Tripathi等（2005）报道，为研究锦鲤（koi，*Cyprinus carpio*）由柱状黄杆菌感染引起的皮肤病（cutaneous disease）的发病机制，建立了一个可重复的柱状病试验模型（experimental model）。在试验性感染中，损伤通常局限于皮肤和鳍，发现鳃坏死的并不一致。细胞学和组织病理学检查，提供了对柱状病的一种推测性诊断。利用PCR和DNA原位杂交（DNA in situ hybridization，ISH）对柱状黄杆菌进行了特异性检测，PCR可以检测新鲜生物材料和石蜡包埋组织中的柱状黄杆菌。DNA原位杂交技术能够在福尔马林固定、石蜡包埋组织中，鉴定和定位柱状黄杆菌。利用这些分子技术，柱状黄杆菌很容易在受感染鱼的皮肤标本中被检测到；然而，在肝脏、肾脏和脾脏的标本中很少检测到。这些观察表明，柱状病通常表现为与锦鲤全身感染无关的皮肤疾病。血液学研究表明大多数被感染的锦鲤出现了微细胞性（microcytic）、正常色素性（normochromic）、非再生性贫血（nonregenerative anemia）和白细胞减少症（leukopenia），以淋巴细胞减少症（lymphopenia）、轻度中性粒细胞增多症（mild neutrophilia）和单核细胞增多症（monocytosis）为特征。病鱼的生化指标变化，包括显著的高血糖症（hyperglycemia）、低钠血症（hyponatremia）和低氯血症（hypochloridemia）。

研究中使用的供试鱼，为取自一个商业孵化场的健康锦鲤，平均长度12～18cm、平均重量为150g。3株柱状黄杆菌（编号为12/99、7、AL-94），根据对锦鲤的初步感染试验，12/99菌株是最具毒力的、并用于随后的感染性试验。

图4-124为试验性柱状病感染的锦鲤。图4-124A显示为右侧生长有棉线状（cotton-like）物，用清洁剂（detergent）擦拭（wiped）；图4-124B显示在同一锦鲤的左侧（未经擦拭），缺少皮肤损伤病症。

图4-124　试验性柱状病感染的锦鲤

图4-125为一条试验性感染柱状黄杆菌的幼锦鲤（young koi），呈严重的皮肤溃疡和下部肌肉坏死、尾柄和尾鳍也有坏死。

图4-125　幼锦鲤感染性试验后的病症

图4-126显示在皮肤溃疡中的柱状黄杆菌，赖特-利什曼染色（Wright-Leishman stained）表现为均匀的细长杆菌（0.5 ~ 10μm）。

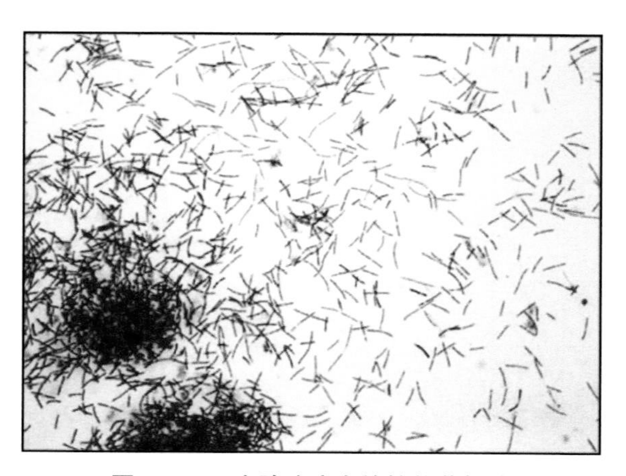

图4-126　皮肤溃疡中的柱状黄杆菌

图4-127（苏木精-伊红染色）中，图4-127A显示正常皮肤的表皮、鳞片、真皮和下面的骨骼肌；图4-127B显示试验性感染柱状黄杆菌的锦鲤皮肤，存在表皮溃疡和坏死、鳞片脱落，真皮严重的中性粒细胞浸润，这种皮肤病变的表面被许多细长的柱状黄杆菌侵入（图4-127B中插图示）。

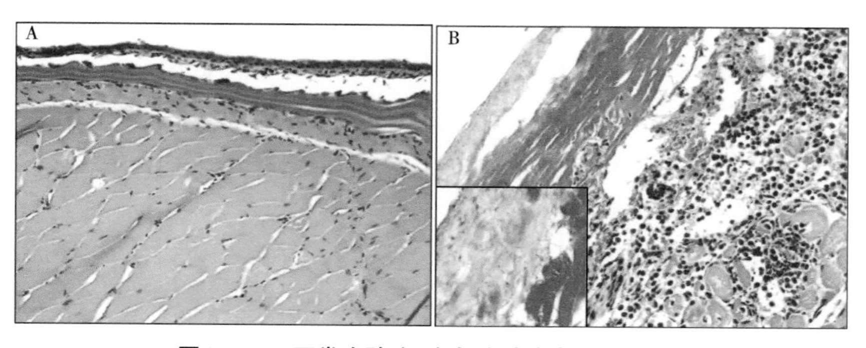

图4-127　正常皮肤（A）与皮肤病变（B）组织

图4-128显示在含有柱状黄杆菌对照（P）和受感染皮肤提取物（S）的泳道中，存在的250bp的PCR产物。在水对照（W）、阴性对照（N）、肾脏（K）和肝脏（L）等样品的泳道中，不存在扩增子；在凝胶的左侧，存在1kb的梯度分子量（MW）参照。

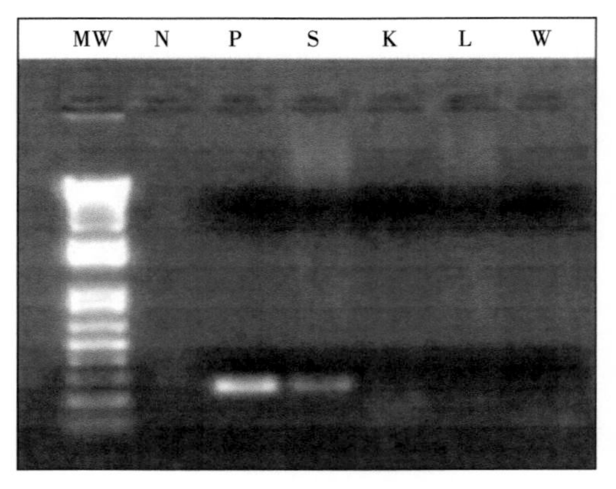

图4-128　柱状黄杆菌的PCR产物

图4-129显示利用DNA原位杂交技术，对皮肤切片中柱状黄杆菌的特异性鉴定。图4-129A为皮肤溃疡阴性对照区，无柱状黄杆菌定植。图4-129B为试验性柱状病的锦鲤皮肤溃疡，不溶性蓝黑色甲臜色素（formazan pigment）的沉积表明存在柱状黄杆菌；使用地高辛39末端标记（digoxigenin 39-end labeled）的寡核苷酸探针（oligonucleotide probes）、碱性磷酸酶（alkaline phosphatase）指示系统、四唑氮蓝染料（nitroblue tetrazolium dye）发色团溶液（chromagen solution）和固绿FCF（fast green FCF）复染进行的DNA原位杂交[156]。

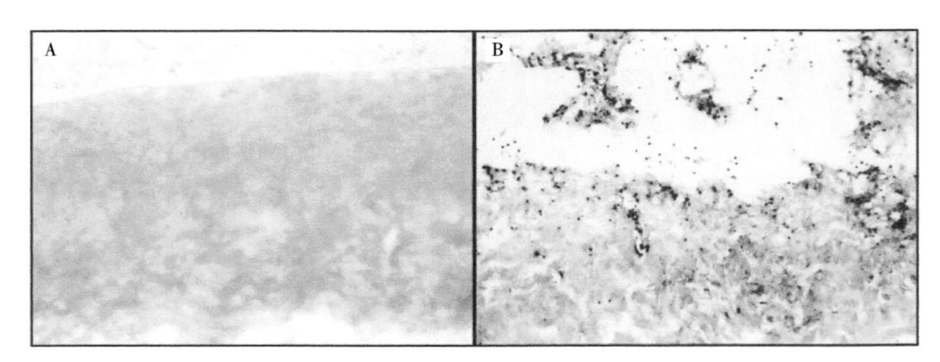

图4-129　DNA原位杂交显示皮肤中的柱状黄杆菌

3. 环介导等温扩增检测柱状黄杆菌

美国农业部农业研究局水生动物健康研究实验室的Yeh等（2006）报道，为评价环介导等温扩增法（loop-mediated isothermal amplification method，LAMP）用于快速检测柱状黄杆菌，确定环介导等温扩增在快速诊断斑点叉尾鮰柱状黄杆菌感染中的适用性。设计了一套专为鉴定柱状黄杆菌的16S rRNA基因的4个引物（表4-10），包括2个外引物（outer primers）、2个内引物（inner primers），在裂解缓冲液（lysis buffer）中经热裂解（hot lysis）制备细菌基因组DNA模板，在65℃（作用1h）扩增特异基因片段。用琼脂糖凝胶电泳（agarose gel electrophoresis）分析扩增产物，并用溴化乙锭（ethidium bromide）染色凝胶进行检测，研究还包括了一种PCR分析。研究结果表明，在梯度条带（ladder-like pattern）中柱状黄杆菌204bp的16S rRNA基因被扩增，环介导等温扩增分析的检测限与PCR在已制备的基因组DNA反应中的检测限相当。此外，优化后的环介导等温扩增法能够检测到试验感染斑点叉尾鮰的柱状黄杆菌16S rRNA基因。研究结果，建立了快速、灵敏、特异、简便、经济有效的检测斑点叉尾鮰中柱状黄杆菌的环介导等温扩增方法，有助于快速诊断鱼类孵化场和野外的柱状黄杆菌感染，以及监测柱状黄杆菌[157]。

表4-10　环介导等温扩增柱状黄杆菌16S rRNA基因的引物

引物	类型	长度	序列
161F3	Forward outer	19-mer	5′-CAAGGCAACGATGGGTAGG-3′
161B3	Reverse outer	18-mer	5′-GCACGGAGTTAGCCGATC-3′
161FIP	Forward inner	44-mer	5′-TCAGGCTTGCGCCCATTGACTTTTCCCACACTGGTACTGAGACA-3′
161BIP	Reverse inner	46-mer	5′-CGTGCAGGATGACGGTCCTATGTTTTAGTACCGTCAAGCTCCCTTA-3′

泰国玛希隆大学（Mahidol University；Bangkok，Thailand）的Suebsing等（2015）报道，提出了一种基于环介导等温扩增法加钙黄绿素（calcein）的环介导等温扩增-钙黄绿素（LAMP-calcein）的比色法（colorimetric method），用于检测养殖罗非鱼（tilapia）的尼罗罗非鱼、红罗非鱼（red tilapia，*Oreochromis mossambicus*）及养殖用水中的柱状黄杆菌。根据颜色从橙色到绿色的变化，检测方法可以在63℃作用45min内进行。该方法具有高度的特异性，与供试14种其他细菌（包括鱼类其他病原体和两种黄杆菌）没有交叉反应。该方法的最低检出限为2.2×10^2的柱状黄杆菌的菌落形成单位（CFU），比常规PCR方法灵敏度高10倍左右；用这种方法，在明显健康罗非鱼亲鱼（tilapia broodstock）的性腺（gonad）、鳃和血液样本，以及受精卵、新孵化的鱼苗和养殖水样本中检测到柱状黄杆菌。环介导等温扩增-钙黄绿素法扩增产物，与柱状黄杆菌的DNA序列具有97%的同源性。环介导等温扩增-钙黄绿素的比色法，引物是根据柱状黄杆菌菌株ATCC 49512（GenBank登记号为CP00322）软骨素AC裂合酶基因（chondroitin AC lyase，*cslA*）基因的公布序列设计的。表4-11所列，为用于这种比色法中的寡核苷酸引物（oligonucleotide primers），预先加入钙黄绿素检测柱状黄杆菌[158]。

表4-11　比色法中的寡核苷酸引物

引物[a]	序列（5′-3′）	特定区域（bp）
Fla-F3	CGTTGTATACACATCCGAAGT	1911011-1911031
Fla-B3	CCTGTACCTAATTGGGGAA	1911196-1911214

（续表）

引物[a]	序列（5′-3′）	特定区域（bp）
Fla-FIP[b]	GGCATAACCGCTAATAAATCATGGT-**TTTT**-TCCATTCGTTTGAGATATTTCTGA	1911032-1911055/1911088-1911112
Fla-BIP[b]	CATAGATCATAGCTGATGCTCCATT-**TTTT**-AAGAGGGTAAAAACAACAATGA	1911121-1911145/1911174-1911195
Fla-LF	CTAATGCAAGTACTAGAT	1911058-1911075
Fla-LB	GTAGTCTATGAGGAGGA	1911151-1911164

注：上角标的a指引物F3为前外侧（forward outer），B3为后外侧（backward outer），FIP为前内侧（forward inner），BIP为后内侧（backward inner），LF为前环（loop forward），LB为后环（loop backward）；b为在FIP和BIP的TTTT连接子（linker），在引物序列中以黑体字突出显示。

4. 多重PCR检测方法

美国农业部农业研究局水生动物健康研究实验室的Panangala等（2007）报道，建立了一种同时检测温水养殖鱼类柱状黄杆菌、鮰鱼爱德华氏菌、嗜水气单胞菌3种重要病原菌的多重PCR（multiplex PCR，m-PCR）方法。通过对反应缓冲液的调节和方案的优化，对柱状黄杆菌（504bp）、鮰鱼爱德华氏菌（407bp）、嗜水气单胞菌（209bp）的靶DNA片段进行了多重PCR扩增。3种细菌的检测下限为每种多重PCR反应混合物中每种细菌的20pg核酸模板，组织中3种细菌的检测灵敏度阈值在3.4×10^2个细胞/g和2.5×10^5个细胞/g组织之间（斑点叉尾鮰）。用具有代表性的3种细菌的各10株、11株其他革兰氏阴性菌和2株革兰氏阳性菌对多重PCR的诊断敏感性和特异性进行评估，这些细菌在水生环境中具有分类相关性或普遍存在。除杀鲑气单胞菌杀鲑亚种（*Aeromonas salmonicida* subsp.*salmonicida*）一个种外，每套引物都专门扩增了同源细菌的靶DNA。将多重PCR与细菌培养进行比较，以鉴定试验感染鱼中的细菌；与费时的传统细菌培养技术相比，多重PCR在快速、灵敏和同时检测受感染鱼类中的柱状黄杆菌、鮰鱼爱德华氏菌、嗜水气单胞菌方面显示出良好的前景[159]。

比利时地球科学研究所（Scientia Terrae Research Institute；Sint-Katelijne-Waver，Belgium）的Lievens等（2011）报道，鱼类疾病可由多种多样的生物体引起，包括细菌、真菌、病毒和原生动物，由于缺乏快速、准确和可靠的方法来检测和识别鱼类病原体，是鱼类病原体诊断和鱼类疾病管理的主要局限之一，因此刺激了对替代诊断技术的探索。此项研究，描述了一种基于多重（multiplex）和广域PCR（broad-range PCR）扩增结合DNA阵列杂交（DNA array hybridization）的方法，用于同时检测和鉴定所有的鲤科鱼类疱疹病毒CyHV-1、CyHV-2、CyHV-3及3种重要的鱼类病原黄杆菌（嗜鳃黄杆菌、柱状黄杆菌、嗜冷黄杆菌）。在病毒鉴定方面，以DNA聚合酶和螺旋酶（helicase）基因为靶点；对细菌的鉴定，采用rRNA基因。所建立的方法对目标种（病毒、细菌）的鉴定均具有100%的特异性，检测灵敏度相当于10个病毒基因组（viral genomes）或小于细菌DNA的1pg。在该阵列的实用性和能力方面，以感染组织等复杂样本为研究对象，进行了敏感病原体的检测与鉴定[160]。

5. 实时PCR检测方法

美国农业部农业研究局水生动物健康研究实验室的Panangala等（2007）报道，研发了一种基于TaqMan的实时PCR（real-time polymerase chain reaction，PCR），针对柱状黄杆菌G4菌株软骨素AC裂解酶基因113bp的核苷酸区域。用20株柱状黄杆菌和15株其他分类学或生态相关细菌进行分析，其特异性表明引物和探针（probe）检测柱状黄杆菌具有100%的特异性，在纯培养基中检测柱状黄杆菌的敏感性限值，使用的菌落形成单位在$3.1 \times 10^0 \sim 3.1 \times 10^6$CFU/mL菌细胞（约3个菌细胞）、核酸最低检出限为5.4fg。

在试验感染柱状黄杆菌的斑点叉尾鮰组织（血液、鳃、肾脏）中，由TaqMan实时PCR检测的细菌数为$3.4 \times 10^0 \sim 9.5 \times 10^5$个/mL菌细胞，在柱状黄杆菌的试验感染和加标样品（spiked samples）中，通过细菌学100%证实了阳性的PCR结果。研究所建立的Taqman实时PCR方法，具有特异性、敏感性和可重复性，可用于检测和定量受感染鱼中的柱状黄杆菌。表4-12所示，为TaqMan实时PCR的引物、探针和解链温度（melting temperature）[161]。

表4-12　TaqMan实时PCR的引物、探针和解链温度

引物和探针	序列（5′-3′）	长度（bp）	解链温度（℃）
FcFp	CCTGTACCTAATTGGGGAAAAGAGG	25	57.4
FcRp	GCGGTTATGGCCTTGTTTATCATAGA	25	55.7
Probe	ACAACAATGATTTTGCAGGAGGAGTATCTGATGGG	35	68.8

另外，在基于柱状黄杆菌软骨素裂解酶基因方面，通威股份有限公司药物研究所的黄冠军等（2011）报道，根据NCBI公布的柱状黄杆菌软骨素裂解酶基因的序列，以其编码基因的一段保守序列设计并选取一对能够快速、准确检测柱状黄杆菌的PCR引物，建立了PCR快速检测体系。使用设计的引物能够扩增出与预计大小相符合的138bp的特异性片段，具有较好的检测特异性，对靶标DNA的检测灵敏度为pg级，对柱状黄杆菌的检测灵敏度为25个菌细胞/20μL。检测结果表明，该体系可以用于对柱状黄杆菌感染的诊断和样品的检测[162]。

6. PCR检测方法的证实

美国农业部农业研究局水生动物健康研究实验室的Bader等（2003）报道，有报道在评估临床鱼类样本的诊断实验室中，使用PCR检测鱼类病原体（包括柱状黄杆菌）目

前在微生物学家和诊断学家中存在广泛争议（Hiney和Smith，1998）。大多数引物在成为诊断实验室中的常见位置之前，都要等待一段长时间的系统验证（validation）。有报道基于聚合酶链反应的细菌基因检测方法存在许多缺陷，在广泛应用之前需要进行广泛的验证研究（Johnson，2000）[155]。

爱尔兰高威大学学院（University College Galway；Galway City，Ireland）的Hiney和Smith（1998）报道，验证是一个确定技术在特定试验环境中、为特定目的应用时产生有意义数据的程度的过程。综述了基于PCR技术在环境中的鱼类病原菌检测中应用的验证研究进展。有人认为这些技术应用于环境微生物学（environmental microbiology）的潜力，只有在充分注意其验证的情况下才能实现。框架研发（framework developed）提倡在试验复杂性的四个层次上评估技术的定量（quantitative）、定性（qualitative）和可信度标准（reliability criteria），讨论了在评估这些有效性标准的各个复杂程度时遇到的问题。有人认为，在以实地研究为代表的试验复杂性的第四个层次上，比较和预测验证为确定基于PCR技术的任何应用价值提供了强有力的工具；然而，这类研究是耗时的，不能用实验室研究中可能被拒绝的技术来设想它们的性能。对于大多数基于PCR技术的潜在领域应用，预测确认提供了最合适的方法。然而，预测验证是大规模、多中心和长期的调查。有人认为更便宜、更快速的实验室确认试验系统性能可以在消除对任何拟议环境（proposed environmental）应用几乎没有或根本没有有效性的技术方面发挥重要作用[163]。

美国明尼苏达大学（University of Minnesota；Minneapolis，USA）的Johnson（2000）报道，基于聚合酶链反应的检测方法，提供了快速、简单和敏感的细菌基因检测，但也有其缺点。综述总结了基于PCR的细菌基因检测的主要优点和缺点，为新的PCR分析方法的开发和验证提供了指导，并描述了可能遇到的潜在缺陷及如何避免这些缺陷。综述内容涉及：细菌学研究中的诊断性PCR；PCR真的是最好的方法吗？核苷酸序列（nucleotide sequence）；底物设计（primer design）；分析方法研发（assay development）与优化；分析的验证（assay validation）；多路复用（multiplexing）；总结等方面。认为诊断性PCR，是细菌学研究的有力工具。尽管在某些情况下，替代方法可能更可取；但与传统方法相比，PCR分析确实提供了许多潜在的优势。只要遵循既定的原则，即使只有一点PCR经验的研究人员也可以很容易地研发出新的分析方法。严格的分析验证和使用过程中的质量控制，是必不可少的[164]。

（五）与其他病原菌感染鳃病及溃疡的鉴别检验

需要注意的是，鱼类的柱状黄杆菌感染主要是发生在鳃部、其次为体表溃疡病变，也常常是表现同时存在。然而在鱼类的鳃部和溃疡病变常常可由不同的病原菌感染引起，或是混合感染，在诊断时需要对病原菌予以鉴别。

1. 与其他病原菌感染鳃病的鉴别检验

河南省水产科学研究院的王先科等（2013）报道，黄河鲤（*Cyprinus carpio haematopterus*）是我国黄河流域长期自然形成的一种特有的重要淡水经济鱼类，自古就有“肥美甲天下”之美誉，具有较高的经济价值，已经成为洛阳、郑州、焦作、新乡、开封等沿黄区域主要养殖品种。近年来，随着高密度、集约化养殖程度不断提高，水质恶化，黄河鲤体质下降，一种以头部肌肉凹凸不平、鳃丝溃烂为典型病症的急性烂鳃病（acute gill-rot disease）又称肾炎烂鳃病频频暴发，对我国尤其是河南地区黄河鲤养殖业造成了巨大的损失。然而，从现有文献资料来看，虽然本实验室从患急性烂鳃病的黄河鲤体内分离到一株病原性柱状黄杆菌，但国内关于黄河鲤急性烂鳃病的认识仍极其匮乏，在一定程度上造成了对该病诊断的误区。鉴于此，以健康黄河鲤（体重250～500g）作为对照（取自河南省水产科学研究院黄河鲤养殖池），观察了患急性烂鳃病（取自河南某养殖场的发病池）的黄河鲤（体重250～500g）肾脏、脾脏、肠道和肝脏等组织病理变化，测定了其血清钾离子（K^+）、钠离子（Na^+）、钙离子（Ca^{2+}）、总蛋白（total protein）、白蛋白（albumin）、球蛋白（globumin）、谷丙转氨酶（glutamic pyruvic transaminase）、谷草转氨酶（glutamic oxalacetic transaminase）、乳酸脱氢酶（lactic dehydrogenase）、尿素氮（urea nitrogen）、肌酐（creatinine）等血液生化指标的变化，以期为黄河鲤急性烂鳃病的准确诊断提供理论参考。基于检验结果，认为患急性烂鳃病的黄河鲤可能因肝脏、肾脏、肌肉等重要组织严重病变，使鱼体各项正常的生理功能失调，造成机体严重脱水，最后休克死亡[165]。

王先科等（2016）相继报道自2000年前后起至2015年，通过多年连续的流行病学调查，了解了一些流行规律。总结历年数据，河南沿黄渔区鲤急性烂鳃病病种有三种类型：一是细菌性败血症，占死亡鱼总数的60%～70%；二是鲤肾炎烂鳃病，占所谓鱼总数的30%～40%；三是寄生虫病，占死亡鱼总数的1%～2%。在病原方面，多批次检测到锦鲤疱疹病毒（KHV）；在多批次不同病例中分离到柱状黄杆菌、嗜水气单胞菌、阴沟肠杆菌、霍乱弧菌、维氏气单胞菌、温和气单胞菌（*Aeromonas sobria*）等[166]。

2. 与其他病原菌感染溃疡的鉴别检验

美国爱达荷大学（University of Idaho，Moscow，USA）的Parvez等（2011）报道，病原细菌是造成野生和养殖鱼类感染严重死亡的原因。这些病原菌的实际作用可能因原发性病原菌和机会性病原菌的不同而异，通过启动疾病过程使宿主死亡。为明确与革胡子鲶溃疡病（ulcerative disease）相关的病原菌，对存在溃疡病的革胡子鲶进行了细菌学检验。在从存在溃疡病的革胡子鲶分离到的18种、30株细菌中，包括豚鼠气单胞菌（*Aeromonas caviae*）占3.4%、嗜水气单胞菌占10%、杀鲑气单胞菌（*Aeromonas salmonicida*）占3.4%、温和气单胞菌占3.4%、一种芽孢杆菌（*Bacillus* sp. nov.）占

10%、大肠埃希菌（*Escherichia coli*）占3.4%、迟钝爱德华氏菌（*Edwardsiella tarda*）占3.4%、柱状黄杆菌占3.4%、一种黄杆菌（*Flavobacterium* sp. nov.）占3.4%、藤黄微球菌（*Micrococcus luteus*）占3.4%、类志贺邻单胞菌（*Plesiomonas shigelloides*）占3.4%、铜绿假单胞菌（*Pseudomonas aeruginosa*）占10%、一种假单胞菌（*Pseudomonas* sp. nov.）占6.7%、一种沙门菌（*Salmonella* sp. nov.）占6.7%、金黄色葡萄球菌（*Staphylococcus aureus*）占3.4%、表皮葡萄球菌（*Staphylococcus epidermidis*）占6.7%、一种链球菌（*Streptococcus* sp. nov.）占6.7%、未明确种的细菌占10%[167]。

（六）菌株毒力检验

对柱状黄杆菌的菌株毒力检验，主要包括与其毒力相关联的基因型鉴定、研究常用的感染试验。

1. 基因型鉴定

在前面有记述，已有明确的研究数据表明柱状黄杆菌的基因型与菌株毒力是相关联的。美国农业部农业研究局水生动物健康研究实验室的LaFrentz等（2014）报道，提出了柱状黄杆菌的16S rRNA基因序列的限制性片段长度多态性（RFLP）分析，用于柱状黄杆菌基因分型的标准方案，并对先前描述的基因型Ⅰ、Ⅱ、Ⅱ-B和Ⅲ的预期限制图谱进行了正式描述。此外，还描述了一种新的基因型Ⅰ/Ⅱ[51]。

2. 感染试验

鉴于不同菌株存在的毒力差异，所以需要对分离菌株进行水生动物感染试验，以明确其相应的病原学意义。通常可使用健康斑马鱼试验，但目前还缺乏明确、通用的柱状黄杆菌毒力判定标准，仅是能够确定其致病作用。在柱状病诊断意义上，需要用分离菌株的同种、同样规格健康水生动物在同等条件下进行试验。

另外，在前面有记述美国佐治亚大学的Tripathi等（2005）报道，为研究锦鲤由柱状黄杆菌感染引起的皮肤病的发病机制，建立了一个可重复的柱状病试验模型[156]。实际上，无论是出于诊断、还是研究工作的需要，建立在不同种水生动物的试验模型，都是一项很有意义的工作，且对所有病原菌来讲都是有必要的。

第三节　嗜鳃黄杆菌（*Flavobacterium branchiophilum*）

嗜鳃黄杆菌（*Flavobacterium branchiophilum* Wakabayashi，Huh and Kimura，1989 emend. Bernardet，Segers，Vancanneyt，Berthe，Kersters and Vandamme，1996），最初作为新种命名为“*Flavobacterium branchiophila* sp. nov.Wakabayashi，

Huh and Kimura，1989”（嗜鳃黄杆菌）、“*Flavobacteriurn branchiophilum* von Graevenitz，1990”（嗜鳃黄杆菌），是鱼类（主要是淡水鱼类）典型细菌性鳃病的病原菌。菌种名称“*branchiophilum*”为新拉丁语中性形容词，指喜亲嗜鳃的（gill loving）。

细菌DNA中G+C的摩尔百分数为32.5～34.2，模式株为Wakabayashi BGD-7721、ATCC 35035、CCUG 33442、CIP 103527、IFO（now NBRC）15030、LMG 13707、NCIMB 12904；GenBank登录号（16S rRNA）为D14017[11-12]。

一、研究历程简介

对鱼类细菌性鳃病及相应病原嗜鳃黄杆菌的明确认知，也同样是经历了一个相当长的时期。美国鱼类和野生动物服务国家鱼类健康实验室（United States Fish and Wildlife Sevice National Fish Health Research Laboratory；Kearneysville，West Virginia）的Snieszko（1981）在*Bacterial gill disease of freshwater fishes*（淡水鱼类细菌性鳃病）文中描述，是美国渔业管理局的Davis（1926、1927）首先描述了在真正意义上的“bacterial gill disease，BGD”（细菌性鳃病）。Davis在佛蒙特州（Vermont）鱼类孵化场的鱼苗和鱼种美洲红点鲑、虹鳟中观察到了这种疾病。受感染的鳟鱼在泥底池塘中养殖，并不拥挤；每天的死亡率很低，随着水温的升高、死亡数迅速增加，随着水温的降低、死亡数迅速减少。对患病鳟鱼的检查显示鳃丝呈棒状（clubbing）。在对鳃的湿涂片进行显微镜检查时，发现鳃表面覆盖着紧密黏附的丝状体、细长的细菌，Davis称这种疾病为“bacterial gill disease，BGD”（细菌性鳃病），但没有尝试分离或鉴定细菌[168]。

（一）Davis首先描述鲑鳟鱼类细菌性鳃病

美国渔业管理局的Davis（1926）报道在过去的夏季，在美国佛蒙特州霍尔登（Holden，Vermont）实验孵化场的鳟鱼，在7月和8月发生了在此前未曾认知的鳃感染病。在一些被感染的鳟鱼鱼种中引起了严重损伤，幸运的是此类感染病容易被控制，没有理由相信其将对鳟鱼养殖产生严重威胁。

这种感染病最早出现在7月初，一些大小在约两英寸长的美洲红点鲑鱼种发病。在当时这些鱼的状况良好、生长迅速，养殖的泥塘（dirt pond）提供了良好的泉水流（spring water）；池里的鱼相对比较少，所以不存在密度过大导致拥挤构成疾病发生的一个因素。在8月初，有不少鱼种虹鳟也暴发了同样的疾病，这些鱼种养殖在一个封闭的、供应泉水的泥塘里；后来到了季节的晚些时候，在一些美洲红点鲑鱼种塘中上层的虹鳟又出现了这种疾病；在虹鳟、黑斑鳟（black-spotted trout）、陆鲑（land-locked salmon）鱼群中，也有一些因这种疾病导致的损耗。

对此病的研究表明为细菌感染，细菌在鳃的表面生长丰盛，这种细菌的形态特征为长的、丝状，通常是位于上皮表面的侧面在边上形成一个或多或少的连续层；这些长丝的菌体是无色、透明和难以识别的，需要非常小心用高倍镜观察鳃表面才可见。鳃的上皮细胞（epithelial cells）快速增生（proliferation），导致鳃丝的游离端（free ends）扩展、使其往往或多或少地呈现出明显的棒状（club-shaped），该病最显著的特征之一是由于上皮厚度的快速增加，鳃丝常常融合，特别是在尖端附近，且在极端情况下的每个鳃的所有细丝都可以结合成连续的团块。在某些情况下，肉眼可以分辨出增厚的上皮，细丝末端呈白色，比正常情况大得多。有时鳃可能会坏死，这是伴随真菌生长后很快出现的情况，鱼会在几小时内死亡。

鳃上黏液的分泌量也大大增加，沙土和碎屑颗粒相互缠结，与增大的鳃丝相结合，严重阻碍水在鳃的循环，从而干扰呼吸。鳃中气体的自由交换也受到上皮增厚的阻碍，上皮增厚导致几层细胞将血管与水分开，而不是像通常那样只隔一层或两层。

鳃的病变是在此疾病唯一可以识别的，病鱼在其他方面缺乏特征性的病症，在死亡前很短时间内看起来几乎是正常的。目前已知这种所谓的“鳃病”（gill diseases，GD）在许多孵化场非常普遍，并且可导致高死亡率。然而还不知道是否都是由相同的病因引起的，但从目前掌握的信息来看，由于完全不同的因素可能存在几种形式的“鳃病”。对此病可通过对被感染鱼鳃的显微检查来确定，因为除鳃的外观外，没有其他症状，通过鳃的外观可以肯定地识别此病[169]。

相继，Davis（1927）报道对这种鳃病作了进一步的描述。提及对这种疾病的进一步体验，在几个重要方面改变了一些看法。就其带来的损失来讲，现在看来这一疾病可能会在鳟鱼的鱼种和小鱼（yearling trout）造成严重损失。有相当多的证据表明，这种疾病发生在新英格兰（New England）和纽约州（New York State）的几个孵化场；对其确切的流行和分布范围情况，还需要一段时间的调查才能得出明确的结论[170]。

（二）Kimura和Wakabayashi等描述鱼类细菌性鳃病及分离细菌

日本群马县水产试验场的Kimura和日本东京大学的Wakabayashi等（1978）报道，自Davis（1926）报道鲑科鱼类（salmonids）的细菌性鳃病以来，一直进行着多项研究，但使用从病鱼中分离培养的细菌的人工感染试验还仍无成功的研究报道。

在1975—1977年，对日本群马县（Gumma Prefecture，Japan）养鳟场的虹鳟和马苏大麻哈鱼的鱼苗所发生的鳃病进行了调查，在对病鱼进行病理学观察的同时，还尝试使用噬纤维菌琼脂培养基从患部分离出了细菌。检验发现在被检病鱼的鳃组织表面，有丝状菌（filamentous bacterium）缠绕如同毛发状，好像生长着细长的毛。

用噬纤维菌琼脂培养基从病鱼的鳃中分离病原菌，结果分离到几种菌落外观不同的细菌，从这些菌落中取菌检验，发现呈黄色、圆形的菌落是与病鱼患部观察到的相同形态的细菌。这种细菌为一种革兰氏阴性丝状菌，不能滑动（gliding movement），在噬纤维菌琼脂培养基生长呈黄色、半透明、光滑、边缘整齐的小菌落，在营养琼脂、肉汤培养基中均未能生长。在15～20℃的温度环境生长最好，能够利用葡萄糖、蔗糖产酸。通过在水族箱（aquarium）中加入这种细菌纯培养物，使供试虹鳟鱼种被感染发生了细菌性鳃病，试验感染的鳃表现出与自然发生的鳃病基本相同的病症，符合科赫法则（Koch's postulates）。

图4-130为自然感染鱼的鳃部病变，显示上部相邻鳃丝（filaments）和下部鳃片（gill lamellae）完全融合（fusion）；图4-131为在鳃片层可观察到丝状菌（filamentous bacteria）、增生（hyperplasia）和融合（箭头示）病变；图4-132，分离的丝状菌，在噬纤维菌液体培养基20℃培养48h的纯培养物形态特征；图4-133为在试验水族箱中加入分离的丝状细菌纯培养物的感染试验，在24h后检查可见在供试的鱼种鳃显示出被这种丝状菌严重感染；图4-134为在试验感染在72h后检查，可见鳃片出现融合（箭头示）病变；图4-135为试验感染鳃的早期损伤，显示斑块状结构（plaque-like structres）的病变（箭头示）[171]。

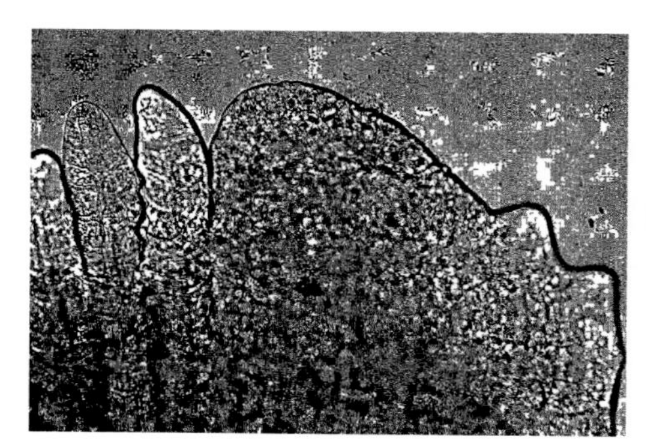

图4-130　鳃丝和鳃片的融合病变

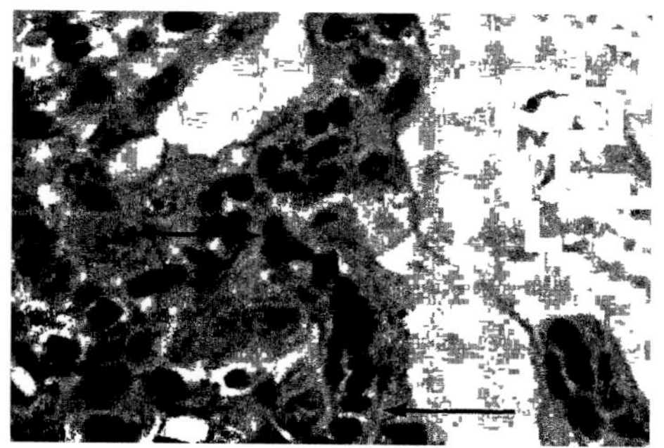

图4-131　鳃片增生和融合病变

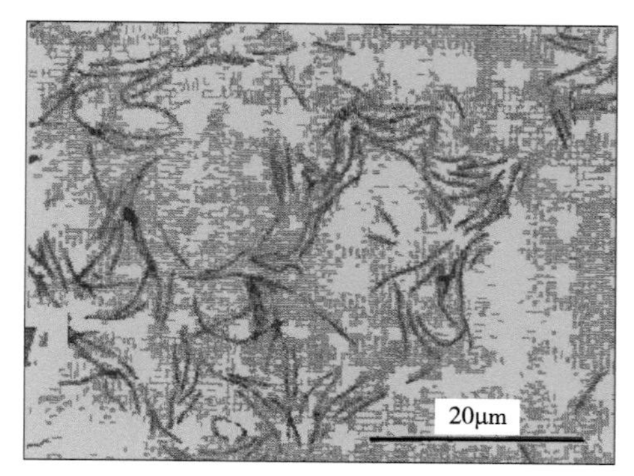

图4-132　丝状菌的形态特征

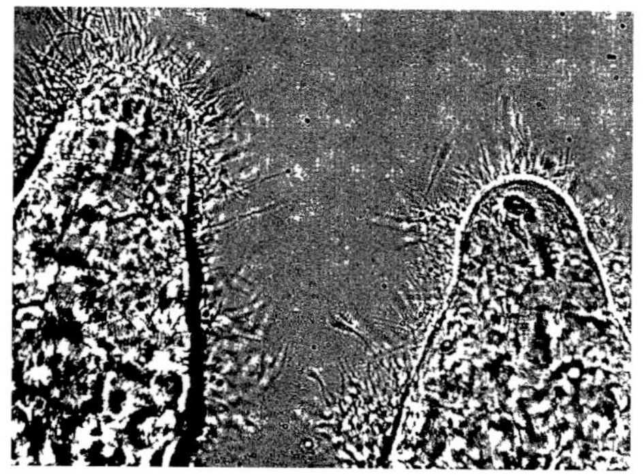

图4-133　试验感染鱼鳃上的丝状菌

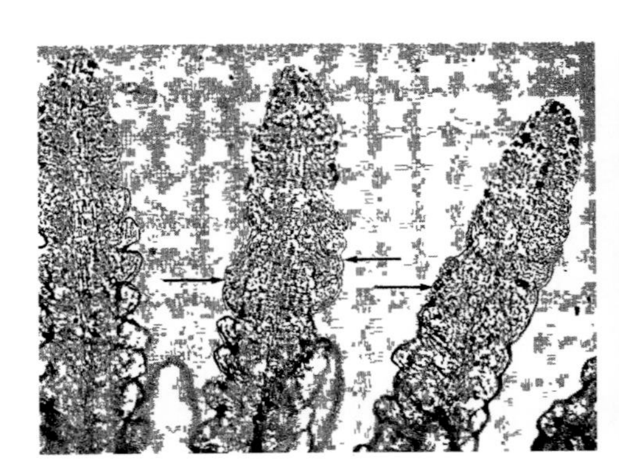

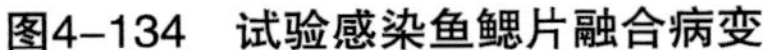
图4-134　试验感染鱼鳃片融合病变

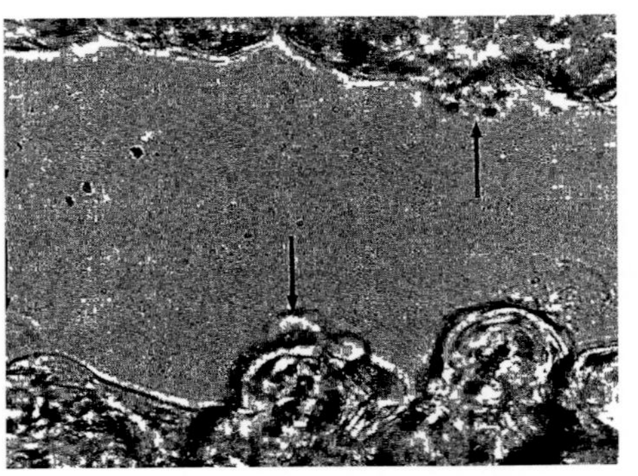

图4-135　试验感染鱼鳃斑块状病变

（三）Wakabayashi等比较系统描述鱼类细菌性鳃病的病原菌

日本东京大学的Wakabayashi和Egusa及美国俄勒冈州立大学（Oregon State University；Corvallis，USA）的Fryer（1980）报道，对在日本（5株）和美国俄勒冈州从发生细菌性鳃病的养殖鲑鱼（cultured salmonids）分离的共15株丝状菌的形态、生理和血清学特征（serological characteristics），进行了检验和比较研究。这些菌株的特征表现一致，仅是在生长的温度和盐度耐受性方面存在微小差异。然而在血清学方面，虽然所有菌株都有一个共同抗原（common antigen），但从日本和俄勒冈州的分离菌株是存在差异的。发现所有菌株都能很容易地在幼虹鳟的鳃上皮（gill epithelium）定植，导致无症状感染（asymptomatic infection）；但在一些试验中，致命的鳃病（gill disease）是显示不规律产生的。

对细菌的分离，是通过使用噬纤维菌琼脂培养基从被感染的鳃组织、以常规划线分离完成的。在18℃培养4～5d，取淡黄色（slightly yellow）、半透明、光滑的菌落，做纯培养供研究用。

这种细菌为革兰氏阴性、大小在0.5μm×（5.0～8.0）μm的细长杆菌（slender rods），通常出现两个或三个菌体的链（chains）状排列，无动力（nonmotile），在琼脂培养基（agar media）上既不滑动、也不成簇（swarming）生长。在噬纤维菌琼脂培养基生长缓慢，在培养2d以内很少能够见到菌落；在18℃培养5d后，菌落呈浅黄色（light yellow）、圆形、透明、光滑、直径在0.5～1mm。在胰蛋白酶大豆琼脂（trypticase soy agar，TSA）培养基，只有当将培养基稀释约20倍时才能够生长。能够在10℃、18℃和25℃良好生长，一些菌株能够在5℃生长。在30℃，所有的俄勒冈州分离菌株都不能生长、所有的日本分离菌株都能够生长。所有菌株在不含NaCl的肉汤培养基中都能够良好生长，俄勒冈州分离菌株在含0.1%氯化钠的肉汤培养基都不能生长、在日本分离的菌株中有的能够生长。所有菌株都不能厌氧（anaerobically）培养生长。

所有菌株均能产生过氧化氢酶和细胞色素氧化酶，能够水解明胶、酪蛋白和淀粉；不能产生硫化氢和吲哚，不能还原硝酸盐，不能降解几丁质。一些被测菌株，在硝酸盐还原试验的培养基中不能生长。虽然细菌能够在滤纸表面生长，但滤纸不被降解。在20种被测碳水化合物中，能够利用葡萄糖、果糖、蔗糖、麦芽糖、海藻糖、纤维二糖、蜜二糖、棉子糖、菊糖，但均不能产气。细菌DNA中G+C的摩尔百分数为32.9～34.1[172]。

相继，Wakabayashi和Iwado（1985）报道，为验证细菌性鳃病死亡率与组织缺氧（tissue hypoxia）有关的假设，测定了细菌性鳃病的虹鳟幼鱼肌肉组织中糖原（glycogen）、丙酮酸盐（pyruvate）和乳酸盐（lactate）浓度的变化。试验感染一种黄杆菌（*Flavobacterium* sp.）菌株BGD-7721（ATCC 35035）的鱼，显示肌肉中糖原和乳酸盐水平在感染后逐渐下降[173]。

（四）Farkas首先从匈牙利分离鉴定细菌性鳃病黄杆菌

匈牙利鱼类养殖研究所（Fish Culture Research Institute；Szarvas，Hungary）的Farkas（1985）报道，在匈牙利鳟鱼养殖场（Hungarian trout farm）的鱼苗（fry）死亡，在过去的3～4年中反复造成了20%～25%的损失。

"*Flavobacterium* sp."（一种黄杆菌属细菌）作为导致鱼苗死亡的一个原因，直到1984年才被发现。在匈牙利，自1982年以来的冬季和春季，细菌性鳃病（bacterial gill diseases）已造成六须鲶、白鲢（silver carp，*Hypophthalmichthys molitrix*）、虹鳟种群的损失，其病症和分离的病原体与日本东京大学的Wakabayashi等（1980）报道（可见在上面的相应记述）分离自日本和美国的一种黄杆菌属细菌菌株相似，这是首次在匈牙利检出这种黄杆菌。

报道在1984年初春，在鱼类养殖研究所越冬池（overwintering ponds）调查了6个越冬池鱼群白鲢鳃的丝状细菌存在情况；随机抽取76条白鲢，以其鳃制备湿涂片后进行显微镜检查。结果为50条白鲢的鳃中存在特征丝状细菌，且不存在鱼的年龄和重量差异性。在匈牙利，常常是鲤鱼（carp）和白鲢养殖在同一池塘越冬，检查了至少有100条1年龄的鲤鱼，但在其鳃上未发现丝状细菌。

这种鳃病的症状具有特征性，病鱼表现虚弱，行动缓慢，有缺氧的迹象。除鳟鱼鱼苗（trout fry）外，鳃不出现变色，也没有坏死病变；在鳟鱼鱼苗中观察到贫血症（anaemia）和覆盖鳃的灰白色层（greyish layer）。在鳃部直接涂片标本，显微镜观察可见大量丝状细菌，细菌细胞紧密地黏附在鳃丝上，或在其表面形成不规则的簇状。在鳟鱼鱼苗中，灰白层由大量菌细胞和水中的有机废物组成，长丝状细菌常见于染色涂片中。

用噬纤维菌琼脂培养基分离细菌，从发生这种冷水鳃病（cold water gill disease）

的六须鲶、白鲢、虹鳟中分离到呈丝状、非滑动（non-gliding）的菌株。这种细菌表现生长缓慢，17℃培养4～6d，生长出小菌落。菌落呈圆形、凸起，幼龄的菌落无色；老龄的菌落在常规的噬纤维菌琼脂上变为淡黄色（light yellow），在含0.2%～0.4%淀粉的噬纤维菌琼脂上变为亮橙色（bright orange）。培养7～10d，菌落直径达到1～3mm。在液体培养基中，首先出现浑浊生长；在较老的培养物中，菌体会沉积到底部。

这种丝状菌为革兰氏阴性、大小在0.5μm×（5.0～10.0）μm的细长杆状（有些菌体更长）。在含淀粉的噬纤维菌琼脂生长的，观察到最长的菌体在20.0～40.0μm（最短的在2.0～6.0μm），且这种培养基被证明对生长最有利。

对这种丝状菌的形态、一些生理和生化特征（physiological and biochemical characteristics），与日本东京大学的Wakabayashi等（1980）报道的一种黄杆菌属细菌进行了比较。结果除过氧化氢酶（catalase）反应外，其他反应均相似，过氧化氢酶在从荷兰分离于鳟鱼（trout）的3株是阴性的。在较老的培养物中，细丝菌体变得破碎（fragmented），在明胶肉汤培养基（gelatine containing broth cultures）生长的菌体会出现微囊（microcysts）。能够耐受0.1%的氯化钠生长，但这会使生长延迟。从荷兰分离于鳟鱼的菌株，不能在30℃的温度下生长。碳水化合物的利用弱，只有在长时间的培养后才会出现，可从葡萄糖、果糖、蔗糖、海藻糖、纤维二糖、棉子糖、蜜二糖、菊糖产酸，有时还有半乳糖。同时，对5个匈牙利分离的菌株（从六须鲶分离的FL-5、FL-6、FL-8、FL-9和白鲢的FL-20），进行了抗菌药物敏感性评价。

采用日本东京大学的Wakabayashi提供的一种黄杆菌BGD-7721（ATCC 35035）菌株特异性抗血清进行玻片凝集试验（slide agglutination）。所检测的菌株（匈牙利的FL-5、FL-20，日本的BGD-7721），均与这种特异性抗血清发生阳性反应；与从匈牙利的鲤鱼柱状鳃病（columnaris gill disease）分离的柱状屈挠杆菌（*Flexibacter columnaris*）即现在分类命名的柱状黄杆菌无反应。

根据研究结果，在匈牙利和荷兰的鱼类鳃病中观察到的丝状细菌属于黄杆菌属细菌。目前还没有关于该属细菌形成微囊的信息，但因缺乏滑行运动和/或群集（swarming make）存在，以致还无法将分离菌株放在滑行菌群（group of gliding bacteria）中。

除日本群马县水产试验场的Kimura等（1978）和日本东京大学的Wakabayashi等（1980年）的报道外，还没有关于丝状黄杆菌（filamentous *Flauobacterium* sp.）引起细菌性鳃病的另外可靠信息。目前的研究表明在气温较低的冬季，无论是鲑鱼（salmonids）、还是温水鱼类（warm-water fish），均存在于欧洲（Europe）。还发现在冬季，明显健康的白鲢鳃上有丝状细菌，但在夏季却从未见过。在匈牙利，温水鱼池塘的水温一般为20～25℃，认为在这种温度下不会出现这种黄杆菌。这种黄杆菌对鲑鱼和一些温水鱼类，在寒冷时期是致病的；似乎是一个兼性病原体（facultative pathogen），因为这种细菌也发现存在于表面健康的白鲢。因此，由这种黄杆菌引起的鲑鱼和温水鱼类细菌性鳃病在冷水中较为常见，但不是温水鱼类的常见病；疾病的发生受水温的限制，也可能受其他尚未确定的因素的限制[174]。

图4-136为发病白鲢鳃的直接湿涂片（wet mount）标本，显示丝状菌的菌细胞群（cell mass）；图4-137为发病白鲢鳃的直接涂片标本，结晶紫（crystal violet）染色显示丝状菌；图4-138为用噬纤维菌琼脂在匈牙利从鳟鱼鱼苗鳃分离的一种黄杆菌属细菌，培养5d的菌落；图4-139为一种黄杆菌属细菌的破碎菌细胞，以及显示在明胶肉汤培养基培养14d生长的菌体出现的微囊；图4-140为一种黄杆菌属细菌的纯培养菌体形态，是用噬纤维菌琼脂培养7d的[174]。

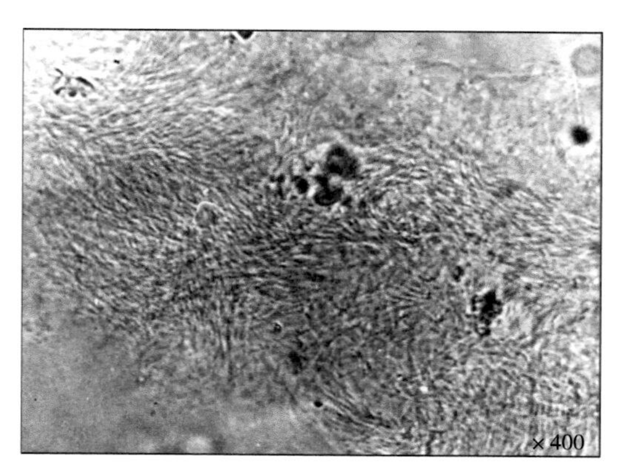

图4-136　白鲢鳃上的丝状菌

图4-137　白鲢鳃染色的丝状菌

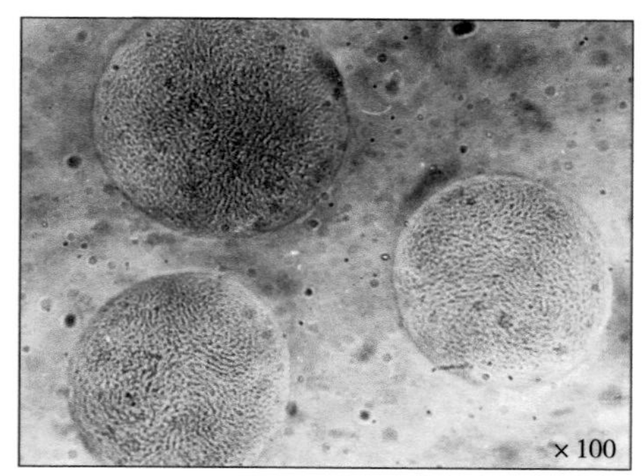

图4-138　分离菌的菌落特征

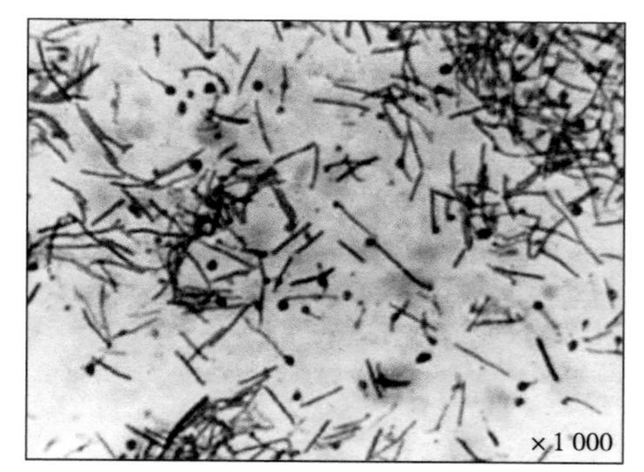

图4-139　分离菌的微囊

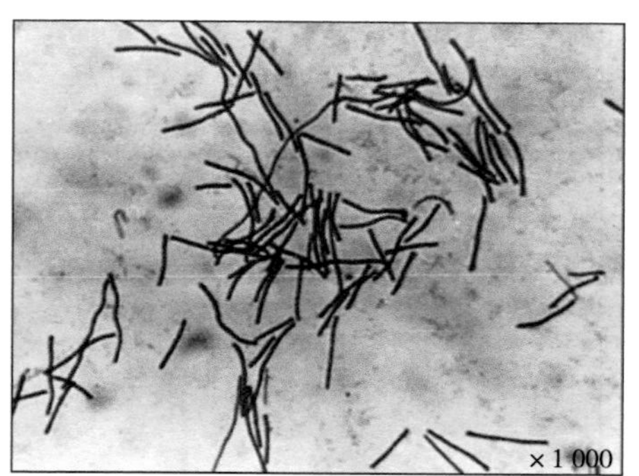

图4-140　分离菌的形态特征

（五）Wakabayashi等分类命名嗜鳃黄杆菌

日本东京大学的Wakabayashi等（1989）报道，细菌性鳃病能够导致鲑鱼（salmonid fishes）的高死亡率，其特征是鳃表面存在大量丝状菌细胞（filamentous bacterial cells）。在日本和美国俄勒冈州，这种革兰氏阴性菌已从一些发生细菌性鳃病的鲑鱼中分离出来，并被归类为黄杆菌属细菌。试验暴露在水族馆的菌悬液（bacterial suspension）中的幼鳟（juvenile trout）18～24h，这种细菌可通过水传播大量出现在幼鳟（juvenile trout）的鳃表面；感染对鳃造成刺激并损害其呼吸功能，最终窒息死于含溶氧的水中、远远高于未受感染的对照鱼。Farkas（1985）报道从匈牙利渔场的一些发生细菌性鳃病的淡水鱼中，分离出呈丝状的、非滑动（nongliding）细菌，这些菌株被鉴定为一种黄杆菌（*Flavobacterium* sp.），并报道与使用研究者分离菌株制备的抗血清呈阳性玻片凝集（slide agglutination）。

对从日本、美国俄勒冈州、匈牙利发生细菌性鳃病的养殖鲑鱼或六须鲶分离的16个菌株，鉴定表明为黄杆菌属的一个新种，提出分类命名为“*Flavobacterium branchiophila* sp. nov.”（嗜鳃黄杆菌）；模式株为BGD-7721（ATCC 35035）。这些菌株在噬纤维菌培养基生长，生长温度在10～25℃；形态特征为革兰氏阴性、无动力（nonmotile）、大小在0.5μm×（5.0～8.0）μm的细长杆状。能够利用明胶、酪蛋白、淀粉、葡萄糖、果糖、蔗糖、麦芽糖和海藻糖。测定3个菌株DNA中G+C的摩尔百分数为30（平均值）。

研究中从患发生细菌性鳃病的病鱼中分离的16个菌株，包括日本的5株，分别为菌株BGD-7501，于1975年在日本群马从虹鳟分离；BGD-7721（ATCC 35035）即模式株、BGD-7736、BGD-7737、BGD-7738菌株，于1977年在日本群马从马苏大麻哈鱼分离。美国俄勒冈州的10株，分别为菌株FDL-1，于1978年在俄勒冈州科瓦利斯鱼病实验室从硬头鳟分离；菌株BV-1（ATCC 35036）、BV-4、BV-5、BV-6、BV-8和FDL-2，于1978年在俄勒冈州邦纳维尔孵化场从大鳞大麻哈鱼分离；菌株FDL-3，于1978年在俄勒冈州科瓦利斯鱼病实验室科瓦利斯鱼类疾病实验室从红大麻哈鱼分离；菌株OS-1、OS-2，于1978年在俄勒冈州橡树泉孵化场从硬头鳟分离。匈牙利的1株（菌株FL-5），于1983年在匈牙利从六须鲶分离，由在前面有记述匈牙利鱼类养殖研究所的Farkas提供。这些菌株是在噬纤维菌琼脂培养基，通过常规划线方法从鳃组织分离的（18℃培养），菌株在含10%甘油的噬纤维菌肉汤置温度为-80℃或通过冻干保存。图4-141为嗜鳃黄杆菌模式株（BGD-7721）的负染色（negatively stained）电子显微镜观察菌体图片[175]。

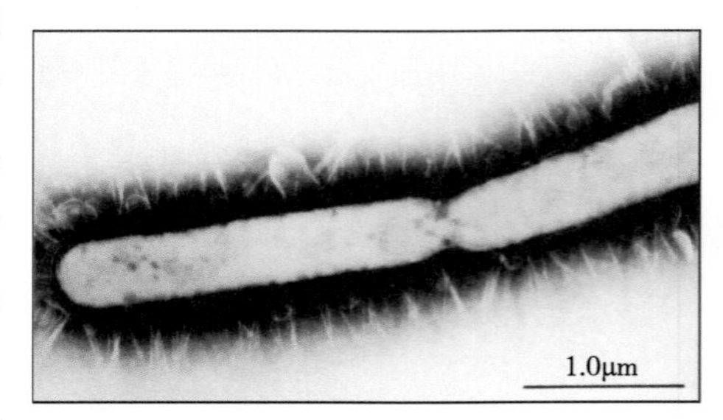

图4-141　嗜鳃黄杆菌模式株的形态

（六）嗜鳃黄杆菌种名的修订

瑞士苏黎世大学（University of Zurich；Zurich，Switzerland）的von Graevenitz（1990）报道，嗜鳃黄杆菌（*Flavobacterium branchiophila* sp. nov.）的种名"*branchiophila*"为形容词（adjectives），根据"International Code of Nomenclature of Bacteria"（国际细菌命名法规）1975年版第12c条的规则，需与属名"*Flavobacterium*"（黄杆菌属）在词的性别（gender）上保持一致。因此，将种名"*branchiophila*"修订（revised）为"*branchiophilum*"[176]。

相继是法国农业科学研究院的Bernardet等（1996）报道利用多相分类学研究方法，进一步提出了对黄杆菌属（定义）及黄杆菌属内有效描述的种（包括嗜鳃黄杆菌）的修订描述[22]。

二、生物学性状

在鱼类病原黄杆菌属细菌中，对嗜鳃黄杆菌生物学性状的研究也是比较多的，这是与其具有比较重要的病原学意义相关联的。另外，在前面有记述的相关报道，有的涉及嗜鳃黄杆菌的主要生物学性状，可供参考[171-175]。

（一）形态特征与培养特性

嗜鳃黄杆菌为革兰氏染色阴性细长杆菌，菌体平直，两端钝圆或微尖，散在、2～3个或短链排列，大小通常在0.5μm（0.3～0.8μm）×（5.0～8.0）μm，有长丝状（15～40μm）菌细胞，无动力，不能屈曲或滑行运动，不形成芽孢。另外，从上面图4-141可以看出，嗜鳃黄杆菌能够形成周生菌毛。

生长适宜温度范围5～30℃（最佳在18～25℃）、在37℃不能生长，值得注意的是有报道日本分离菌株可在30℃生长、而美国分离菌株不能在30℃生长。耐盐浓度为0～0.075%、少数菌株在0.1%NaCl培养基中也能生长（也有记述能够在0.2%NaCl培养基中生长的菌株），严格需氧、在厌氧（anaerobically）条件下不生长。对营养要求比较特殊，通常在胰蛋白胨大豆胨琼脂、普通营养琼脂、Mueller-Hinton琼脂培养基不能生长，在噬纤维菌琼脂（Anacker-Ordal）培养基生长，其他培养基包括Shieh's琼脂、Microcyclus-Spirosoma琼脂，最好为酪蛋白胨-酵母浸出液琼脂（casitone yeast extract agar）培养基20～25℃培养。通常此菌在噬纤维菌琼脂平板上18℃培养5d左右，形成圆形、隆起、表面光滑、不扩展、边缘整齐、淡黄色、半透明、不产生柔红型色素（以KOH试验）、直径为0.5～1.0mm的小菌落；在Ordal氏培养基生长为小、光滑、凸起和不扩散的菌落，呈淡黄色。在噬纤维菌液体培养基中，均匀浑浊生长；若在培养基中添加5%的犊牛血清，可促进其发育。不在dnase培养基（Dnase medium）、胰蛋白酶大豆琼脂（trypticase soya agar，TSA）、普通营养琼脂（nutrient agar）、Macconkey琼脂（MacConkey agar）培养基生长，能够在稀释1：20的胰蛋白酶大豆琼脂（TSA）培养基生长[6-9,11-12]。

（二）生化特性

嗜鳃黄杆菌的氧化酶、接触酶阳性，好氧培养从葡萄糖、果糖、纤维二糖、麦芽糖、棉子糖、蔗糖、菊糖、蜜二糖、海藻糖等多种碳水化合物产酸不产气，不能从阿拉伯糖、乳糖、甜醇、半乳糖、肌醇、甘露醇、鼠李糖、水杨苷、山梨醇、阿东醇、木糖产酸。消化酪蛋白，不水解七叶苷、纤维素、壳多糖（chitin）、琼脂、几丁质，不产生吲哚（Ehrlich法），不还原硝酸盐，水解淀粉，ONPG阴性，产生明胶酶（平皿法），降解三丁酸甘油酯（tributyrin）、卵磷脂（lecithin）、酪氨酸，H_2S阴性，不还原硝酸盐[6-9,11-12]。

（三）完整基因组序列及特征

法国巴斯德研究所微生物进化基因组学及基因组与遗传学研究室（Institut Pasteur，Microbial Evolutionary Genomics，Département Génomes et Génétique；Paris，France）、法国国家科学研究中心（Centre national de la recherche scientifique，CNRS；Paris，France）的Touchon等（2011）报道，黄杆菌属细菌的成员出现在各种生态位（ecological niches）中，代表了有趣的生活方式多样性。嗜鳃黄杆菌是细菌性鳃病的主要致病菌，影响世界各地、各种淡水鱼类，特别是加拿大和日本鲑科（salmonids）的严重疾病。

迄今为止，还只有很少的关于细菌性鳃病发病机制和嗜鳃黄杆菌的毒力机制的资料，使得很难采取预防措施来对抗这种病原体。为深入了解分子决定因素，特别强调致病性，测定并分析了1983年在匈牙利一个渔场从患细菌性鳃病一条六须鲶幼鱼分离的嗜鳃黄杆菌FL-15（CIP 109950）菌株的完整基因组序列（complete genome sequence）[注：嗜鳃黄杆菌FL-15菌株，即在上面有记述匈牙利鱼类养殖研究所的Farkas（1985）报道的[174]]。

对基因组的分析显示，与其他黄杆菌细菌的可用基因组进行比较，发现嗜鳃黄杆菌显示为小基因组（small genome size），染色体的结构（chromosome organization）差异大，rRNA和tRNA基因较少，这与此菌更为挑剔的生长（fastidious growth）相一致。此外是水平基因转移（horizontal gene transfer）形成了嗜鳃黄杆菌的进化，其毒力因子、基因组岛（genomic islands）和簇状规则间隔短回文重复序列（clustered regularly interspaced short palindromic repeats，CRISPR）系统证明了这一点。进一步的功能分析有助于理解宿主-病原体相互作用，以及研发合理的渔场诊断工具和控制策略。

嗜鳃黄杆菌FL-15菌株的完整基因组特征，显示由3 559 884bp的圆形染色体（circular chromosome）和一个3 408bp的小质粒（small plasmid）pFB1组成。染色体和pFB1质粒的平均G+C的摩尔百分数为33%，该染色体预测含有2 867个蛋白质编码基因（protein-coding genes）。鉴定了3个rRNA操纵子（rRNA operons）、44个tRNA基因，在黄杆菌科细菌的测序基因组中，嗜鳃黄杆菌含有这些基因中最小的一个子集（smallest subset），这与嗜鳃黄杆菌菌株的挑剔生长相一致，因为在生长缓慢的表现此类基因较少。菌株FL-15基因组编码36个插入序列（insertion sequences），其中8个显示不完整。pFB1质粒与嗜冷黄杆菌JIP02/86菌株的pCP1质粒（pCP1 plasmid）有很大的不同，尽管它们大小相同；预测pFB1质粒包含五个编码蛋白质的基因，其中包括：质粒复制起始蛋白（plasmid replication initiation protein）；一种类似于先前在"phylum Bacteroidetes"（拟杆菌门）细菌不同质粒上，鉴定出的动员蛋白（mobilization protein）；一种毒素抗毒素单元（toxin-antitoxin module）[177]。

（四）血清学特征

在嗜鳃黄杆菌的血清学方面，还缺乏比较系统的研究明确。从已有的一些研究报道显示，在不同的菌株间存在一定的抗原异质性（antigenic heterogeneity）。

1. 日本菌株的血清学特征

日本东京农业大学（Faculty of Agriculture University of Tokyo；Tokyo，Japan）的Huh和Wakabayashi（1989）报道，通过凝集试验和沉淀试验（precipitation tests），对从冷水鱼细菌性鳃病中分离的6株嗜鳃黄杆菌的特性进行了测定和比较。本研究中使用的菌株为分离于日本的3株［TS-1（BGD 7721，ATCC 35035）、TW-1、OD-1）］、美国的2株［BV-1（ATCC 35036）、FDL-1］、匈牙利的1株［注：FL-15，即在上面有记述匈牙利鱼类养殖研究所的Farkas（1985）报道的[174]］。所有菌株的表型性状都相同，只是在温度和盐度耐受性方面略有不同，均具有共同的抗原；然而在日本菌株，与美国和匈牙利菌株具有血清学差异。沉淀试验的结果，确定了一种日本菌株特异性抗原和两种美国和匈牙利菌株特异性抗原。

抗血清的制备，是将福尔马林灭活的弗氏完全佐剂中的菌细胞悬液皮下注射体重约2.5kg的白兔背部，2周后皮下注射无佐剂的菌细胞悬液。第二次注射2周后采集血液，在56℃作用30min。抗原的制备是在噬纤维菌肉汤培养基中培养的嗜鳃黄杆菌，收获的一部分悬浮在磷酸盐缓冲盐水（0.01mol/L，pH值7.2）中，在121℃加热30min杀死；另一部分以0.3%福尔马林杀死，离心、清洗两次后在磷酸盐缓冲盐水中重新悬浮。对于沉淀反应抗原，是福尔马林杀死的菌细胞悬液在200W条件下超声处理3次、持续5min，离心后获得的上清液用作未加热的沉淀素（可溶性抗原）、通过将上清液在121℃加热30min并再次离心制备热处理沉淀素（可溶性抗原）。

凝集试验是用微量凝集技术（96孔微量滴定板）检测菌株之间的血清学关系，在37℃作用30min后在4℃保持过夜判定结果。免疫电泳（immunoelectrophoresis）是使用凝胶涂布的显微镜载玻片进行，用0.8%的琼脂糖凝胶。免疫扩散（immunodiffusion）是用0.8%琼脂糖凝胶包覆的显微镜载玻片进行，在20℃的加湿室中反应24h判定结果。

研究结果显示，在凝集素吸附（agglutinin adsorption）的基础上可分为两组。在沉淀试验中，一些抗原是所有菌株共有的；然而，一个抗原对日本菌株具有特异性，另外两个抗原对其他菌株具有特异性。从这些试验得出的结论是，虽然本研究所用的嗜鳃黄杆菌菌株在形态和生化特性方面是一致的，但美国和匈牙利的分离株在血清学上与日本的分离株不同[178]。

2. 韩国菌株的血清学特征

韩国忠北国立大学（Chungbuk National University；Cheongju，Korea）的Ko和Heo（1997）报道，韩国清州市（Chungbuk province of Korea）养殖虹鳟发生细菌性鳃病，此病发生在2—7月（地下水）和5—6月（天然水），水温在18℃左右。目前在韩国虹鳟细菌性鳃病的嗜鳃黄杆菌分离率仍然很低，其原因尚不清楚，但可能是这种细菌有特殊的生长要求，噬纤维菌琼脂不能满足其要求；研发一种选择性或浓缩培养基来分离嗜鳃黄杆菌，将提高对这种黏膜病原体（mucosal pathogen）生态的了解。

在1996年，从韩国受细菌性鳃病感染的养殖虹鳟中分离到一种类似嗜鳃黄杆菌的革兰氏阴性、丝状、黄色素菌（yellow-pigmented bacteria，YPB）。与日本在1977年分离于马苏大麻哈鱼的菌株ATCC 35035（模式株）、1978年在美国俄勒冈州从大鳞大麻哈鱼分离的菌株ATCC 35036嗜鳃黄杆菌，在形态、生理、生化特征相同，鉴定结果表明分离的3株（编号为CB1、CB2、CB3）为嗜鳃黄杆菌。在鱼暴露于水中的细菌悬浮液后18～24h内，这种细菌则出现在虹鳟幼鱼的鳃上。

在抗原特征方面，通过微量凝集试验显示在同菌株相应福尔马林灭活菌细胞的抗血清凝集效价为1 024～4 096倍、热灭活菌细胞的抗血清凝集效价为64～256倍；在异源菌株间，福尔马林灭活菌细胞的抗血清凝集效价为128～1 024倍、热灭活菌细胞的抗血清凝集效价为32～128倍。韩国分离的3株，与ATCC 35035（模式株）和菌株ATCC 35036具有不同程度的抗原相似性。通过免疫扩散试验显示，韩国细菌性鳃病分离菌株与细菌性鳃病参考株（模式株ATCC 35035、菌株ATCC 35036）在使用福尔马林灭活抗原和热灭活抗原的两种试验中，在双重免疫扩散凝胶中存在多条沉淀线。从这些结果分析，还不能确定韩国分离菌株与日本或美国俄勒冈州分离菌株的血清学相关[179]。

（五）对抗菌类药物的敏感性

匈牙利鱼类养殖研究所的Farkas（1985）报道，对5个匈牙利分离株（从六须鲶分离的FL-5、FL-6、FL-8、FL-9和白鲢的FL-20）嗜鳃黄杆菌，进行了抗菌药物敏感性评价。表现对青霉素、氯霉素、竹桃霉素（oleandomycin）、链霉素、四环素、土霉素、金霉素、红霉素、呋喃妥因、螺旋霉素、氨苄西林、萘啶酸（nalidixic acid）、羧苄青霉素、普那霉素（pristinamycin）、林可霉素（lincomycin）敏感或中度敏感；对苯唑青霉素、万古霉素、甲氧西林、卡那霉素、黏菌素（colistin）、新霉素、多黏菌素B、巴龙霉素（paramomycin）、磺胺二甲嘧啶（superseptil）耐药；对头孢菌素敏感到耐药，对庆大霉素敏感或耐药[174]。

美国鱼类和野生动物管理局的Bowker等（2008）报道，由嗜鳃黄杆菌以及其他黄色素丝状细菌引起的细菌性鳃病，是孵化场（淡水）养殖鱼类常见的潜在灾难性疾病。氯胺-T是一种被证明能有效控制细菌性鳃病死亡率的生物杀伤剂（biocide）评估了氯胺-T（每隔3d以12mg/L的静态浴水给予60min/d）控制淡水养殖的大麻哈鱼、吉尔亚利桑那大麻哈鱼（Apache trout，*Oncorhynchus gilae apache*）和虹鳟细菌性鳃病导致死亡率的有效性。对每种鱼，经氯胺-T处理的养殖水箱中的平均总死亡率百分比（3个）明显低于对照养殖水箱（3个）的，分别为大麻哈鱼为8.9%，对照的为99.7%；吉尔亚利桑那大麻哈鱼为39.2%，对照的为97.9%；虹鳟为5.7%，对照的为25.8%。结果显示，氯胺-T对每种鱼均有效，支持批准氯胺-T在美国用于控制淡水鲑鱼细菌性鳃病的死亡率[180]。

三、病原学意义

嗜鳃黄杆菌的分布区域较广，是淡水鱼类细菌性鳃病的病原菌，细菌性鳃病也是养殖鲑科鱼类常见的细菌性感染病。

（一）流行病学特征

由嗜鳃黄杆菌引起的鱼类细菌性鳃病，嗜鳃黄杆菌在世界范围内分布，在鱼类集中养殖的地方很普遍。事实上，细菌性鳃病是养殖鱼类独有的问题。

1. 地理分布和寄主范围

已有报道显示，细菌性鳃病在日本、美国、加拿大、瑞士、葡萄牙、意大利、匈牙利、朝鲜、英国等均有不同程度的发生与流行；也被认为是养殖淡水鱼类的感染病难题，嗜鳃黄杆菌在淡水环境中几乎是无处不在。尽管细菌性鳃病通常在冷水鱼类暴发，但温水鱼类也易感（尽管它们的易感性不同）。

嗜鳃黄杆菌主要危害虹鳟、美洲红点鲑、黑点鲑、大西洋鲑、大鳞鲑、马苏大麻哈鱼、红大麻哈鱼、六须鲶、金鲫（goldfish，*Carassius auratus*）、加拿大鳟（splake，*Salvelinus namaycush* × *Salvelinus fontinalis*）等。通常情况下，养殖美洲红点鲑、加拿大鳟比其他的鲑科鱼类的易感性高。

细菌性鳃病影响凉水鱼和冷水鱼，尤其是孵化的幼鲑鱼（juvenile salmonid fish；young salmonids）。溪红点鲑和虹鳟特别易感。如果病情没有改善，治疗不及时，患病群的死亡率可能会迅速上升，累积总百分比可能非常高。这种疾病通常被认为是养殖鱼类的问题，而不是野生鱼类种群的问题。它很可能发生在世界各地的任何地方养殖的幼龄鲑。这种疾病与不利的环境条件密切相关，在感染病流行地区，嗜鳃黄杆菌被认为是淡水水生境（freshwater aquatic environments）中普遍存在的，假设嗜鳃黄杆菌的正常栖息地是易感鱼类的鳃黏膜；通常发生在运输或其他应激压力（stress）之后，随着宿主应激源（host stressors）的增加，经常会发生细菌性鳃病的暴发。这种疾病在不会同时损害鳃的情况下，很难在试验条件下复制。

一般来说，幼年鲑鱼比成人更易受感染。流行水温通常是在13℃，引起大量死亡的病例主要见于从幼鱼到体重10g（体长5cm）左右的鱼种，更大的鱼很少发病。根据鱼龄的大小、放养密度、环境条件质量等情况，在24～48h的发病率高达80%和10%～50%的死亡率[5-10]。

2. 传播途径

嗜鳃黄杆菌通过水平传播（transmitted horizontally），但在不同菌株间存在感染性差异、环境也影响在鳃的定植。这种细菌在淡水环境中普遍存在，因此含有鱼类的供水以及在有细菌性鳃病病史的设施中饲养鱼类，都是疾病的重要危险因素。高营养饲料、低水交换率和高饲养密度也有利于细菌性鳃病暴发。营养高的补给饵料、低水交换率和高饲养密度养殖，也直接关联到细菌性鳃病暴发[5-10]。

3. 鱼鳃上存在的嗜鳃黄杆菌

在对自然感染鱼类鳃上存在的细菌种类检查方面，美国保护基金淡水研究所（The Conservation Fund's Freshwater Institute，Shepherdstown，WV，USA）的Good等（2015）报道，细菌性鳃病是一种常见且偶尔具有破坏性的疾病，影响到世界各地的许多养殖鱼类物种。当环境条件恶化，机会性病原体更容易引起显性疾病时，就会出现细菌性鳃病的暴发。在实验室条件下，嗜鳃黄杆菌可诱导细菌性鳃病。然而，通常对细菌性鳃病的诊断是通过光学显微镜检验病变与细菌和/或观察临床症状来进行的；以致在养殖环境中，对被细菌性鳃病影响的鱼类鳃上存在的细菌种类的检验通常仅基于视觉评估。根据菌体形态（大量的细长杆菌），用显微镜观察到的细菌被认为是嗜鳃黄杆菌，这一假设得到了先前在细菌性鳃病研究的支持。图4–142显示典型细菌性鳃病（即由嗜鳃黄杆菌感染引起的）的表现，通过光学显微镜能够在鳃的湿涂片标本观察到在鳃组织（A）区域，末端次级鳃片层覆盖着大量聚集的、形态上类似嗜鳃黄杆菌（B）的毛发状细菌（hair-like bacteria）。然而，还没有对自然感染鱼类鳃上存在的细菌种类进行全面的检查的报道，此类研究有助于增进对细菌性鳃病的了解，并能够为进一步的研究（例如潜在的疫苗研究）提供信息。因此，试图通过环境操纵（而不是病原体感染）来诱导细菌性鳃病，并确定与典型细菌性鳃病暴发有关的细菌种类。

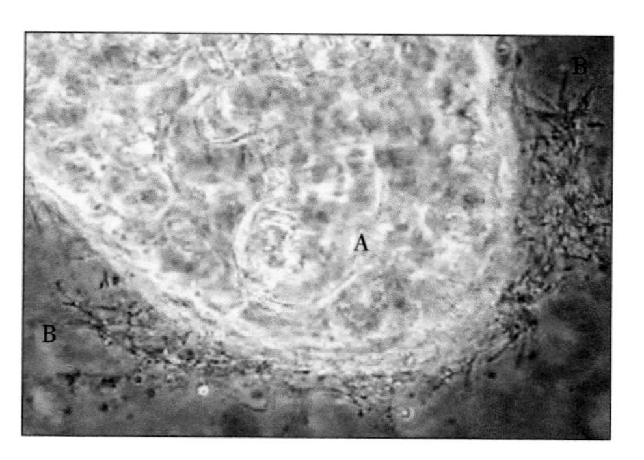

图4–142　典型细菌性鳃病的病原菌

此项研究工作是在六套重复水循环水产养殖系统（water recirculation aquaculture systems，WRAS）及三个较小的环形流通池（circular flow-through tanks）中养殖虹鳟进行的。重复水循环水产养殖系统均在接近零（near-zero）的交换条件下运行（即76d的系统水力停留时间），其中的三个系统接受水臭氧化（water ozonation），另外三个不接受臭氧化（without ozonation），鳟鱼孵化后被养殖到175d（平均体重105g ± 3.62g）。为促进形成细菌性鳃病，使6个重复水循环水产养殖系统中都受到环境条件影响。破坏循环水箱的水旋转电流，以减少通过底部中央排水管的固体去除；使进料速度加倍，以促进废物料的积累，并进一步恶化水质；降低水箱的溶解氧量，通过低头氧合器（low-head oxygenators）降低液氧（liquid oxygen）的流量达到大约70%的饱和度。研究期间，水温范围为16～18℃。在1个月内，于3个非臭氧化（non-ozonated）的重复水循环水产养殖系统内均出现了轻度细菌性鳃病的暴发（即死亡率相对较低）；在臭氧化重复水循环水产养殖系统内中，未观察到细菌性鳃病或可疑的死亡。

在每次细菌性鳃病的发生，均对以下部位进行鳃组织取样：（a）取6条细菌性鳃病感染鱼，用其右侧鳃组织的湿涂片进行光学显微镜检查确认，通常细菌性鳃病表现为存在大量类似于嗜鳃黄杆菌的细菌；（b）对来自经受过细菌性鳃病的同一重复水循环水产养殖系统，取6条没有显示细菌性鳃病迹象的鱼供试，并且通过光学显微镜在鳃上没有观察到类似的嗜鳃黄杆菌。在（a）和（b）的同时，还在距离接受了水臭氧化最近的重复水循环水产养殖系统（c）及环形流通池，随机选择6条没有显示细菌性鳃病迹象的鱼进行同样的评估。

所有经一夜间冷冻鳃样本（frozen gill samples），用干冰（dry ice）保存运送到内布拉斯加州立大学（University of Nebraska）应用基因组学和生态学中心（Core for Applied Genomics and Ecology，CAGE）检测。简单地说是对每个鳃样本以0.1%蛋白胨（peptone）液洗涤30min，通过离心法收集的细菌用标准的应用基因组学和生态学中心方案提取细菌DNA，使用F8和R518通用引物（universal primers）进行测定。检测结果就黄杆菌属细菌来讲，证实了嗜鳃黄杆菌是在供试虹鳟鳃上存在的、受自然环境诱导的细菌性鳃病的优势菌种。黄杆菌属其他主要的鱼类病原体，即柱状黄杆菌、嗜冷黄杆菌，虽然在此项研究中也偶尔检测到，但认为不属于与疾病相关的优势种。在感染了细菌性鳃病的鱼中，检测到明显较高水平的琥珀酸黄杆菌，再者是显著较高水平的嗜鳃黄杆菌；这也是一种新的观点，认为琥珀酸黄杆菌可能是一种共生的种（commensal species），在一定条件下可能会作为一种机会性病原体发挥致病作用（如引起细菌性鳃病）。需要进一步研究阐明嗜鳃黄杆菌与琥珀酸黄杆菌间的关系，以及它们在亚最佳环境条件下从健康鱼类向患病鱼类过渡过程中的作用。已有的报道表明黄杆菌的种类过多存在，可能与养殖鱼类的疾病有关；作为机会性病原体，有必要进一步研究黄杆菌属细菌与养殖鱼类疾病的生态学[181]。

（二）细菌性鳃病的特征

细菌性鳃病的病症特征，主要是病鱼表现为摄食不良，离群独游水面且游动迟缓、顺着水流入的方向游动，嗜睡，缺乏逃避反射，喘息和双侧鳃盖张开呈喇叭口样（flared opercula）是常见的。因为嗜鳃黄杆菌是非侵袭性的（non-invasive），以致病理特征常常是局限于鳃。嗜鳃黄杆菌通过水附着于鱼类鳃瓣表面，引起鳃组织分泌大量黏液、鳃淤血、鳃丝肿胀、过多黏液/碎屑（debris）和不规则或张开的鳃弓很明显，鳃盖不能完全闭合、在挤压鳃盖时可由鳃腔流出黄色黏液，鳃弓溃烂。在显微镜下观察可见鳃上皮细胞增生，黏液细胞脱落，细胞结构丧失，鳃丝棍棒化，在鳃丝表面可见有大量丝状、革兰氏阴性的长杆状细菌[5-10]。

细菌性鳃病病变特征的主要病变特征是嗜鳃黄杆菌在鳃黏液（gill mucoid）表面附着和增殖。受感染的鱼表现出喘气、鳃盖肿胀，在严重的情况下，从鳃盖边缘延伸出棉毛状的细菌垫（cotton wool-like mats）和黏液扩展（mucus extending）。鳃部病变通常包括鳃瓣增生（lamellar proliferation）和次级鳃片融合，尤其是远端1/3处。几乎没有证据表明在鳃瓣中有黏液分泌细胞（mucus-secreting cells），但黏液分泌的顽强性（tenacious nature）表明，其中大部分可能是表皮马尔皮吉细胞起源（malpighian cell origin）。鳃室（branchial chamber）内层的黏液细胞也可能参与。嗜鳃黄杆菌很容易在湿涂片中用显微镜观察到，但通常在经处理过的切片中不能发现，这表明细菌是存在于非常浅表的位置。

图4-143为虹鳟鳃小瓣感染的扫描电子显微镜图，显示丝状细菌紧密地附着在鳃小瓣表面，坏死细胞（箭头示）正在剥落。图4-144显示虹鳟鳃部在发生细菌性鳃病时严重的细菌定植（箭头示）的扫描电子显微镜图。图4-145显示虹鳟细菌性鳃病经治疗后的鳃的扫描电子显微镜图，鳃小瓣上皮仍广泛增生（extensive proliferation）。图4-146为显示经

治疗后的鳃的扫描电子显微镜图，显示持续性存在的小菌落（small colony）（箭头示）和增厚的次级鳃瓣[6]。

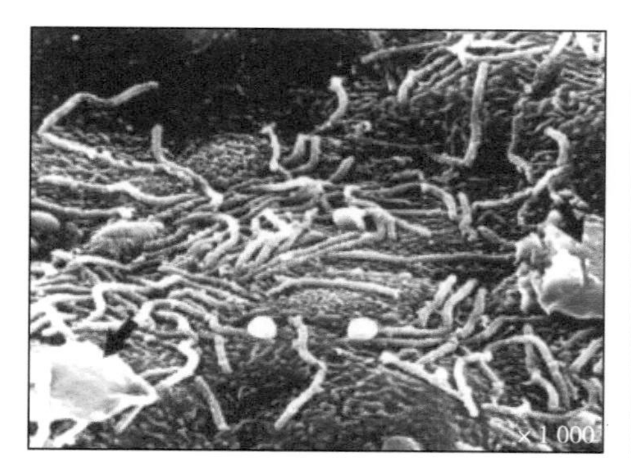

图4-143　附着在鳃小瓣表面的丝状细菌

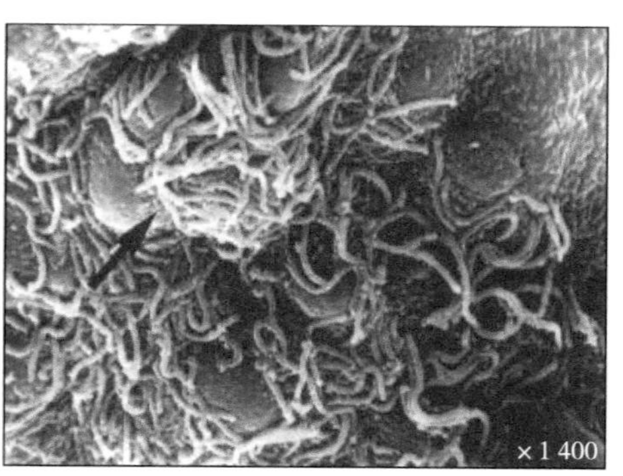

图4-144　虹鳟鳃部定植的细菌

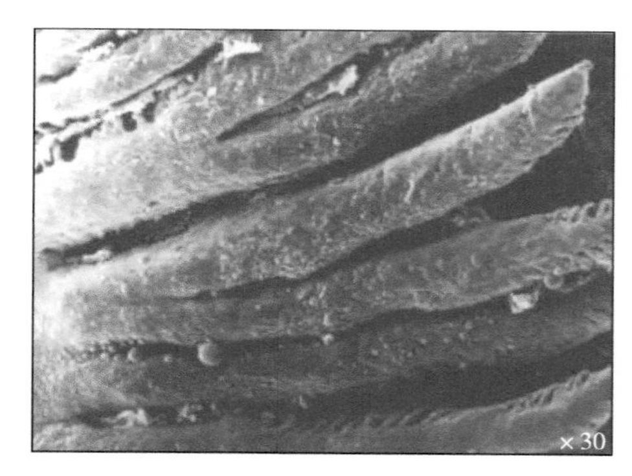

图4-145　鳃小瓣上皮的广泛增生

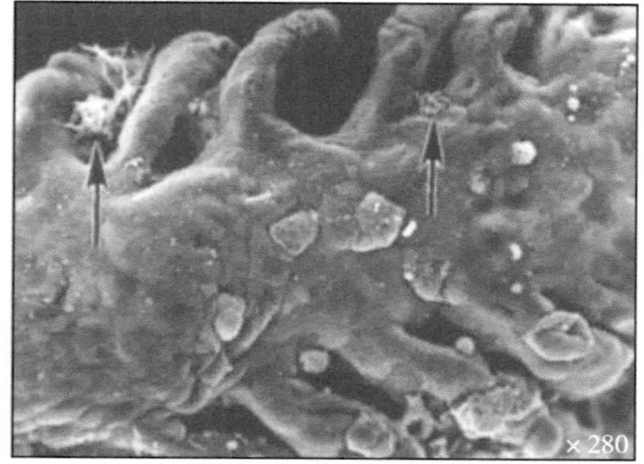

图4-146　鳃上小菌落和增厚的次级鳃片

与柱状黄杆菌、嗜冷黄杆菌的感染相比较，嗜鳃黄杆菌感染特征是引起上皮增生（注意与上皮囊肿区别）、但不坏死，鳃瓣融合呈杵状变（clubbing）；甚至导致原发性鳃瓣融合，这会导致呼吸表面积显著减少。细菌性鳃病诱导的增生通常开始于鳃瓣末端的上皮细胞，并最终导致不规则地沿着鳃丝的小增生岛（small islands of hyperplasia）即多灶性上皮增生（multifocal epithelial hyperplasia）。鳃组织通常肿胀，黏液过多分泌，在严重情况下将导致呼吸表面积的大幅度减少、使气体和离子交换受到抑制（表现出呼吸困难），渗透平衡也受到抑制，通常能够在感染后24h内死亡。

图4-147为虹鳟感染嗜鳃黄杆菌的鳃病变。图4-147A显示被感染的鳃存在大量嗜鳃黄杆菌，插图为嗜鳃黄杆菌的革兰氏染色形态特征；图4-147B显示鳃盖呈喇叭口样和鳃苍白，这是虹鳟感染嗜鳃黄杆菌的特征，病鱼在水面的水柱中升高、靠近与气泡的界面处；图4-147C为鳃的苏木精-伊红染色切片，显示在一条鱼明显存在鳃上皮增生，感染了嗜鳃黄杆菌，导致许多次级鳃片（secondary lamellae）融合[9]。

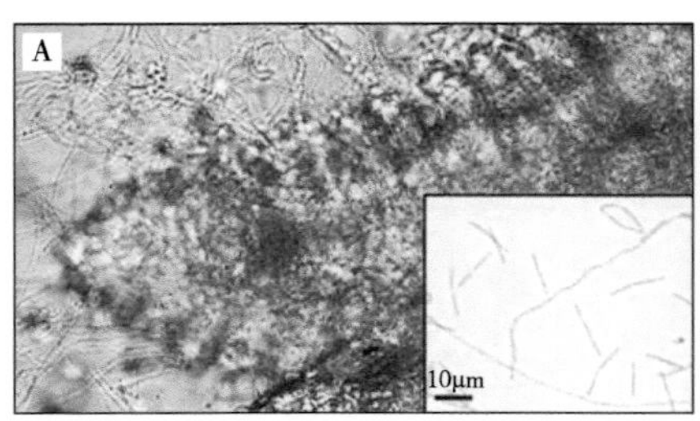

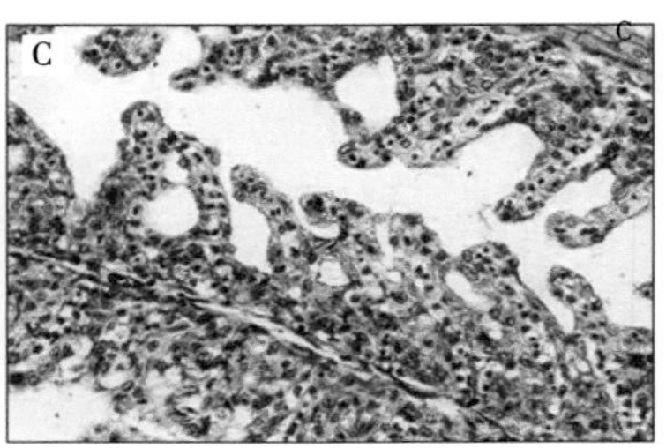

图4-147　虹鳟感染的鳃病变

（三）致病机制

法国巴斯德研究所微生物进化基因组学及基因组与遗传学研究室、法国国家科学研究中心的Touchon等（2011）报道，经对从患细菌性鳃病的一条六须鲶幼鱼分离的嗜鳃黄杆菌FL-15（CIP 109950）菌株的完整基因组序列分析，显示其致病性的假定机制（putative mechanisms）与密切相关的鱼类致病菌嗜冷黄杆菌有着显著的不同，包括非变形菌门（non-Proteobacteria）细菌中的第一个霍乱样毒素（cholera-like toxin）和丰富的黏附素（adhesins），病原体最初附着于宿主细胞的方式可能是通过菌毛[177]。

加拿大圭尔夫大学（University of Guelph；Guelph，Ontario，Canada）的Speare等（1991）报道，探讨了在4群商业饲养虹鳟鱼种中，在典型细菌性鳃病暴发期间细菌定植（bacterial colonization）的顺序模式（sequential pattern）及鳃部病变的发展顺序。在为期5个月的监测中，在细菌性鳃病自然暴发之前，受检鱼的鳃形态保持不变；在鳃的细菌定植之前则即刻发生了鳃的一些变化，这些变化广泛存在于所有检测群的鱼中。这些变化仅在超微结构水平上可检测到，包括细胞质起泡（cytoplasmic blistering）和浅表鳃丝上皮（superficial filament epithelium）的微脊退化，以及鳃丝尖端（filament tips）的轻微不规则（提示轻度增生）。细菌定植开始于这些改变的鳃丝尖端丝尖，然后扩散到更近端的鳃丝和相邻的鳃瓣表面（lamellar surfaces）。发病率和死亡率的急剧增高，与以下鳃病变的发展相一致：广泛的细菌定植于鳃瓣表面，鳃瓣上皮水肿和坏死，以及鳃瓣水肿；在早期的鳃损伤，如鳃瓣融合、上皮增生和各种变质反应（metaplastic responses），在后来被检测为亚急性（3～5d）或慢性（7～14d）的变化。上皮坏死（epithelial necrosis）作为细菌性鳃病的主要病变，被认为是导致亚急性和慢性鳃病变的可能机制。

图4-148为细菌定植的初期证据（箭头示）的扫描电子显微镜图，出现在鳃丝尖端（filament tip）有褶皱粗糙表面（rugose surface）区域的丝端；图4-149为显示与严重急性细菌性鳃病相关的病变透射电子显微镜图，这些病变包括严重的细菌定植于鳃片表面（lamellar surfaces）、上皮细胞水样变性（epithelial hydropic degeneration）和坏死（箭头所指的是几个脱落的坏死细胞），以及明显的间质水肿性臌胀（oedematous dilation），这些水肿性膨胀从鳃片上皮细胞的外层到内层；图4-150为广泛病变的透射电子显微镜图像，鳃丝上皮细胞（filament epithelial cells）的微脊顶端（microridge apices）部分的脱落和常见的细胞质起泡（箭头示）[182]。

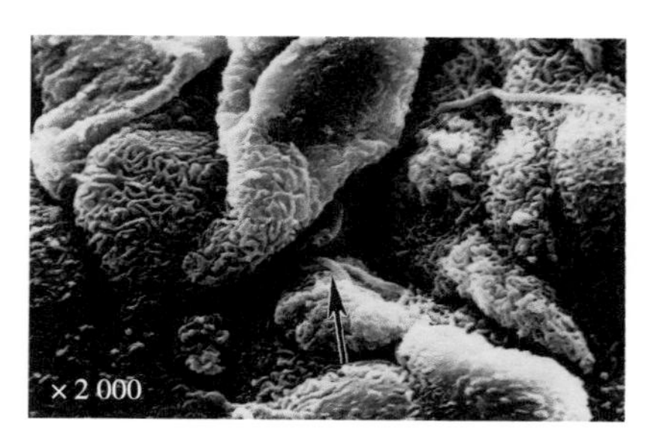

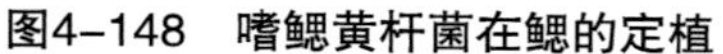
图4-148　嗜鳃黄杆菌在鳃的定植

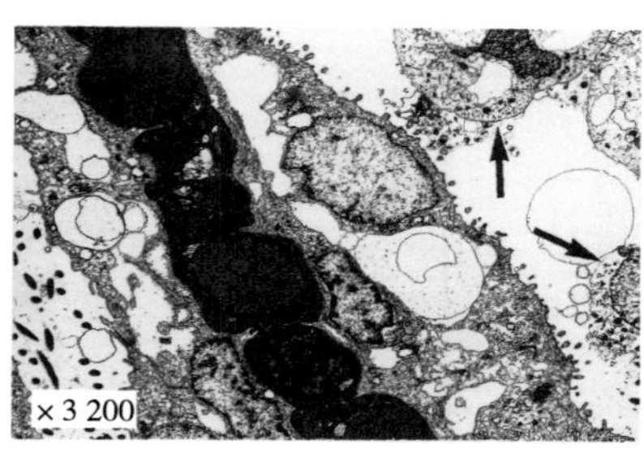

图4-149　急性感染

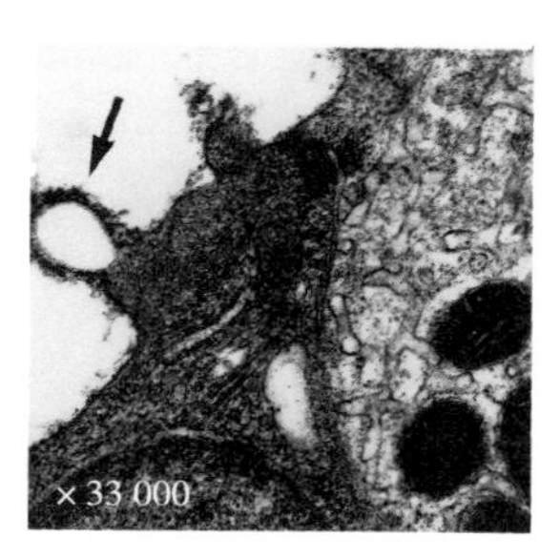

图4-150　广泛病变

四、微生物学检验

对嗜鳃黄杆菌的微生物学检验，目前仍依赖于对细菌的分离与鉴定；尽管此菌已明确为主要是淡水鱼（尤其是鲑科鱼类）细菌性鳃病的原发病原菌，但因引起鳃部感染的病原菌并非其一种，所以要明确其鳃部感染的原发病原学意义，还需对分离菌株进行对同种水生动物的感染试验。

（一）细菌分离与鉴定

目前对嗜鳃黄杆菌的分离培养还缺乏较为系统的研究资料，通常是将被检材料接种于培养基于10～25℃培养4～14d检查结果，可使用在前面有记述由Anacker和Ordal（1959）报道的噬纤维菌琼脂培养基作分离用，可将被检材料（常用病鱼鳃组织等）直接接种于噬纤维菌琼脂培养基，置于18℃培养5d左右，选取典型菌落做成纯培养后供鉴定用。

Wakabayashi等（1989）报道最初分离嗜鳃黄杆菌，可以从感染鳃接种噬纤维菌琼脂、胰蛋白胨-酵母提取物-盐类（tryptone-yeast extract-salts，TYES）培养基、胰蛋白胨-酵母提取物-明胶琼脂（tryptone yeast extract-gelatin agar，TYGA），特别是酪胨酵母浸膏琼脂（casitone yeast extract agar）培养基，于18～25℃需氧培养12d检查结果[8,175]。

（二）免疫血清学检验

在免疫血清学检验方面，加拿大爱德华王子岛大学的Speare等（1995）报道，使用单克隆抗体的间接荧光抗体试验，检测鲑科鱼类细菌性鳃病的病原嗜鳃黄杆菌、柱状黄杆菌，能够检测鳃表面、胃肠道内的细菌[148]。

日本东京大学的Heo等（1990）报道，为了调查东京大都会渔业实验站大田鳟鱼孵化场的鳃瓣黄叶蝶感染情况，进行了4年的实地调查。采用间接荧光抗体技术、培养法和光学显微镜对养殖池塘中的鱼鳃和鱼皮进行了检测，并对养殖池塘中的水进行了检测。显示间接荧光抗体技术在检测嗜鳃黄杆菌方面更具判断力和特异性[183]。

加拿大圭尔夫大学的MacPhee等（1995）报道采用酶联免疫吸附试验方法，对被感染虹鳟可检测到500个菌落形成单位（CFU/mL）和1 000个菌落形成单位（CFU/100μg）鳃组织的嗜鳃黄杆菌；与使用复杂营养培养基分离的相比较，从感染鳃分离的阳性结果仅19/54、酶联免疫吸附试验的阳性结果为53/54[184]。

此外，还有对嗜鳃黄杆菌的凝集反应、免疫扩散分析（immunodiffusion assays）检测的报道[9,178]。

（三）分子生物学检验

日本东京大学的Toyama等（1996）报道，在对近缘种的16S rRNA序列数据分析的基础上，构建了近海屈挠杆菌（*Flexibacter maritimus*）即现在分类命名的近海黏着杆菌（*Tenacibaculum maritimum*）、嗜鳃黄杆菌、柱状黄杆菌（文中以柱状噬纤维菌记述）的特异引物。通过对相关细菌和主要鱼类病原菌的检测，证实了相应16S rRNA扩增的特异性。引物MAR1和MAR2，可以将近海黏着杆菌与其他细菌区分开来；用特异引物（specific primer）BRA1和通用引物（universal primer）1500R，能够特异性扩增嗜鳃黄杆菌的菌16S rRNA[185]。

第四节　其他致鳃感染病黄杆菌（*Flavobacterium* spp.）

在鱼类细菌性鳃感染病的病原黄杆菌属细菌中，除已有明确记述的柱状黄杆菌、嗜鳃黄杆菌外，水生黄杆菌、琥珀酸黄杆菌也是与鱼类细菌性鳃感染病密切相关联的。

一、水生黄杆菌（*Flavobacterium hydatis*）

水生黄杆菌（*Flavobacterium hydatis* Strohl and Tait，1978；Bernardet，Segers，Vancanneyt，Berthe，Kersters and Vandamme，1996），种名“*hydatis*”为新拉丁语属格名词、指来自水（from water）[11-12]。

（一）研究历程简介

水生黄杆菌是早期由Strohl和Tait分类于噬纤维菌属（*Cytophaga* Winogradsky，1929 emend. Nakagawa and Yamasato，1996）、作为新种命名的“*Cytophaga aquatilis* sp. nov.”（水生噬纤维菌）；由Bernardet等（1996）将其重新分类（reclassification）为黄杆菌属、命名为“*Flavobacterium hydatis* nom. nov.”（水生黄杆菌）[22,186]。

1. Strohl和Tait首先分离鉴定和命名水生噬纤维菌

美国中央密歇根大学的Strohl和Tait（1978）报道，从淡水鱼鳃中分离到一种兼性厌氧、革兰氏阴性的滑动细菌。菌体大小多在0.5μm×8.0μm，能够水解羧甲基纤维素（carboxymethylcellulose）和几丁质（chitin），认为属于噬纤维菌属的细菌。这种水生性噬纤维菌（aquatic cytophaga），可通过其对碳水化合物的发酵、蛋白水解能力、一些生理和生化试验性状，与噬纤维菌属的其他种区别开。通过将其与其他类似的鱼类分离株进行了比较，发现其属于一个新种、命名为“*Cytophaga aquatilis* sp. nov.”（水生噬纤维菌）；模式株为ATCC 29551。

报道的13株噬纤维菌（6株分离于鳃、7株分离于鳍），是在美国密歇根州普拉特河鱼类孵化场（Platte River Fish Hatchery；Honor，Mich，USA）、密歇根州的沃尔夫湖鱼类孵化场（Wolf Lake Fish Hatchery；Wolf Lake，Mich），从发病的鲑或鳟鱼分离获得的；其中的1株是在密歇根的鱼饵店（Honor Mich；baitshop）从储液罐中的有患病的鱼鳃分离的。在分离于鳃的6株中，有5株是从表现出细菌性鳃病的鱼分离的。

这种水生噬纤维菌为菌体大小在（0.5～0.75）μm×（5～15）μm的革兰氏阴性杆菌，易弯曲（flexible）。通过滑行运动，无鞭毛（aflagellate）。在老龄培养物（old cultures）中既有细长的也有球形的，在球形的菌体表面存在类似微囊（resembling microcysts）。几丁质可被弱水解，不能水解纤维素和琼脂，能够水解淀粉、酪蛋白、明胶和蛋白胨。产生过氧化氢酶，不能产生硫化氢、吲哚，不能利用柠檬酸盐；硝酸盐可被还原成氨（ammonia）以作为氮源底物利用。

能够由葡萄糖和麦芽糖氧化（oxidatively）产酸，不能从蔗糖、纤维二糖、乳糖、半乳糖、甘露醇产酸。在葡萄糖和酵母提取物或硝酸盐还原过程中，能够厌氧生长。在有氧生长时的菌落呈黄色或橙色至浅棕色，在厌氧生长的菌落无色素。

菌株N（模式株）的其他特性，表现为藻酸盐（alginate）不能用作碳源和能源利用，能够强烈水解羧甲基纤维素（carboxymethylcellulose），产生DNA酶和乙酸吲哚酯酶（indoxyl acetate esterase），不能产生细胞色素氧化酶（cytochrome oxidase）和尿素酶。不能产生乙酰甲基甲醇（acetylmethylcarbinol），甲基红试验阴性。能够水解吐温-40（tweens-40）、吐温-60和吐温-80以及三丁酸甘油酯（tributyrin），并用作碳源底物。能够发酵和弱氧化多种碳水化合物和醇类。产生的主要色素类似于柔红，不是类胡萝卜素。最佳生长温度为20℃，在0℃或37℃不能生长。DNA中G+C的摩尔百分数为33.7。

模式株为目前可获得的唯一菌株N（分离于密歇根州普拉特河鱼类孵化场的发病鲑的鳃）被指定为模式株，该菌株在美国典型培养物收藏中心（American Type Culture Collection，ATCC）的登记号为29551（ATCC 29551）。

对模式菌株N进行的结构特征观察，发现在其菌体表面存在黏质物（slime，S），显示表面起伏（undulated surface, U）的纤维状特征（fibrillar nature）（图4-151A）。其薄切片（thin-section）样本，显示为典型的菌细胞被膜（cell envelope，CE），带有细胞质膜（cytoplasmic membrane，CM）、肽聚糖层（peptidoglycan layer，PL）和脂多糖外膜（lipopolysaccharide outer membrane，OM），存在发育良好的中介体（mesosomes，M）和核区（nuclear region，NR）（图4-151B）[186]。

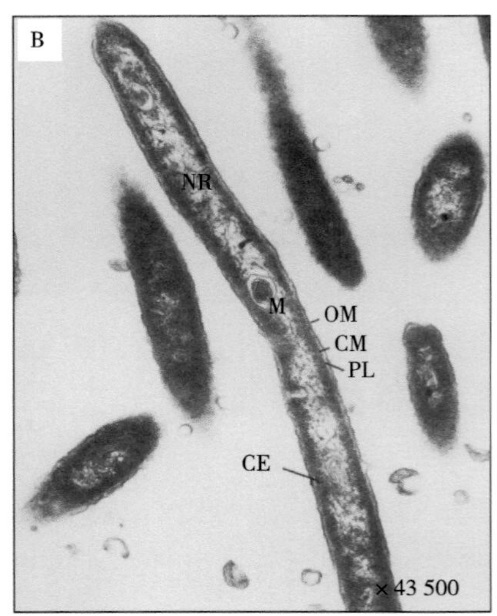

图4-151　菌株N的结构特征

2. Bernardet等校订分类命名水生黄杆菌

在前面有记述法国农业科学研究院的Bernardet等（1996）报道，首先将“*Cytophaga aquatilis* sp. nov.”（水生噬纤维菌）校订分类命名为“*Fluvobacterium hydatis* nom. nov.”（水生黄杆菌），并为学术界广泛接受。

对水生黄杆菌的校订描述是在原有Strohl和Tait（1978）的基础上，增加了不能降解卵磷脂（lecithin），能够产生细胞色素氧化酶，水解邻硝基苯-β-D-半乳糖苷（o-nitrophenyl-β-D-galactopyranoside）；能够在胰蛋白酶大豆琼脂培养基良好生长[22]。

（二）生物学性状

在水生黄杆菌的生物学性状方面，目前还缺乏比较系统的研究；尤其是在基因学研究方面，还有待于明确其特征。

1. 理化特性

水生黄杆菌为菌体大小在（0.4 ~ 0.7）μm ×（1.5 ~ 15.0）μm的杆菌，易弯曲（flexible），可能出现球形和长丝状的。在营养比较丰富的培养基生长的菌落，呈圆形、边缘整齐、凸起，产生黄色素。厌氧生长，能够发生在可发酵碳水化合物和酵母提取物或蛋白胨存在的条件下，或者在硝酸盐还原过程中。厌氧培养生长的菌落，呈淡奶油色（light cream color）或无色素产生。生长可能发生在35℃，但培养物在30℃下会迅速退化。菌落不能吸附刚果红，但有报道其黏液层能够着色钌红。

过氧化氢酶阳性，具有氧化酶活性。能够发酵阿拉伯糖、纤维二糖、果糖、半乳糖、葡萄糖、乳糖、麦芽糖、甘露糖、棉子糖、蔗糖、木糖、甘油、卫矛醇、甘露醇产酸，同样的化合物也通过产酸进行有氧代谢。具有很强的蛋白水解活性，能够水解三丁酸甘油酯（tributyrin）、不能水解卵磷脂（lecithin）；不能产生吲哚，不能利用柠檬酸盐。可利用蛋白胨、酪蛋白氨基酸（casamino acids）、NH_4^+和NO_3^-作为氮源。

对氨苄西林、青霉素G、多黏菌素B具有抗性；对氯霉素、红霉素、卡那霉素、萘啶酸、新霉素、新生霉素和四环素敏感。

其菌株是1974年在美国密歇根州普拉特河鱼类孵化场从表现细菌性鳃病感染的、一种未明确种类的鲑鱼鳃中分离的。

细菌DNA中G+C的摩尔百分数次为32.0～33.7（Bd）；模式株为Strohl株N（Strohl strain N）、Reichenbach Cyaq1、ATCC 29551、CCUG 35201、CIP 104741、DSM 2063、IFO（现在的NBRC）14958、LMG 8385、NRRL B-14732。GenBank登录号（16S rRNA）为M 58764[11-12]。

2. 对抗菌类药物的敏感性

最初由美国中央密歇根大学的Strohl和Tait（1978）报道的菌株，对常用抗菌类药物的敏感性，显示对供试的放线菌素D（actinomycin D）、氨苄西林、杆菌肽、氯霉素、红霉素、卡那霉素、萘啶酸（nalidixic acid）、新霉素、新生霉素、竹桃霉素（oleandomycin）、链霉素、磺胺噻唑、四环素、三倍磺胺（triple sulfa）敏感；对金霉素、黏菌素、林可霉素、甲氧西林、青霉素G、多黏菌素B、磺胺嘧啶、万古霉素不敏感[186]。

（三）病原学意义

迄今已有的报道，对水生黄杆菌在鱼类的致病作用还缺乏明确、系统的描述。但就在上面有记述美国中央密歇根大学的Strohl和Tait（1978）报道来看，水生黄杆菌作为鱼类细菌性鳃感染病的一种病原菌，还是可以从某种意义上认定的[186]。

印度西孟加拉邦动物和渔业科学大学（West Bengal University of Animal and Fishery Sciences；West Bengal，India）的Sarker等（2017）报道，描述了在印度西孟加拉邦（West Bengal，India）一个以污水为食（sewage fed）的印度大鲤鱼（Indian major carps，IMCs）养殖场中，存在由一种长杆状的革兰氏阴性黄杆菌引起的鳃腐病。对这种黄杆菌的分离菌株（编号为KG3）的表型和分子特性、毒力及病理学进行了研究。

报道在冬季（11月至翌年2月），是在印度西孟加拉邦帕干纳斯区（Parganas district，West Bengal，India）Haripota的一个42hm^{2}污水养鱼场（sewage fed fish farm）养殖的鲤鱼，经历了慢性死亡。雨水和污水，即来自东加尔各答湿地（east Kolkata wetlands）污水通道的天然处理废水，是该养殖场的主要水源。

在2014年1月的采样，至少对100尾印度大鲤鱼，其中，厚唇鲃（catla，*Catla catla*）55尾、南亚野鲮（*Labeo rohita*）30尾、麦瑞加拉鲮鱼（*Cirrhinus mrigala*）15尾进行了眼观检查，以确定疾病的总体和临床病症。从被感染的和表面健康的厚唇鲃的鳃尖端部位取接种材料，接种于添加新霉素5μg/mL和多黏菌素B 200U/mL的选择性噬纤维菌琼脂（selective *Cytophaga* agar）培养基，在28℃培养48h检查；被感染的鱼主要生长小的、非假根状黄色色素菌落（non-rhizoid yellow pigmented colonies）。从被感染鱼分离菌中随机挑选代表性菌落，并对其先进行革兰氏染色初步检查菌细胞形态（即：长杆状）；取单个非假根状黄色、圆形、凸起的菌落（5个）作为代表所有采样患病鱼的分离菌（显示长杆状菌体），通过在无抗生素的噬纤维菌琼脂培养基上继代培养纯化用于研究。结果在系统学方面，KG3菌株与黄杆菌属的种有明显的不同，但其分支为与水生黄杆菌模式株（DSM 2063）存在低相关。

眼观检查被感染的鲤鱼（厚唇鲃、南亚野鲮），表现体弱、嗜睡、厌食；皮肤出血、躯干和鳃上有白色斑块（white patches）、鳃坏死/腐烂（gill necrosis/rot）和过量黏液分泌。死亡率较低，在12.7℃ ± 2.1℃的水温下，每天有10～20条鱼死亡。发病率现场观察约为39%，其中感染最严重的是厚唇鲃（42%）；在污水养殖场记录的总死亡率，约为总存量的2%～3%。

在组织病理学方面，自然感染的厚唇鲃的鳃表现特征为软骨组织炎症（cartilaginous tissue）呈现炎症（inflammation，I）反应、黏液形成；鳃丝坏死，每丝片数（number of lamellae per filament，N）减少和分泌黏液（mucus secretion，MS）；鳃片层结构（gill lamellar structure，LL）消失、鳃片间（interlamellar）水道减少或消失（reduction or obliteration of interlamellar water channels，RI）、片层融合（fusion of lamellae，FL）。

图4-152为自然感染厚唇鲃的鳃显微病变特征，苏木精-伊红染色。图4-152A为鳃的软骨组织炎症（I）、分泌黏液（MS）；图4-152B为鳃丝坏死，每丝片数（N）减少和分泌黏液（MS）；图4-152C为鳃片层结构（LL）消失和软骨组织炎症（I）；图4-152D为鳃片间水道减少或消失（RI）、片层融合（FL）。

使用KG3菌株的纯培养菌液，对厚唇鲃鱼种（*Catla catla* fingerlings）进行的感染试验，表明这种黄杆菌具有毒力[187]。

有描述尽管水生黄杆菌可产生细胞外的、耐热的、葡萄糖抑制性的胶原酶类（glucose-repressible collagenases），这些胶原酶可能与致病性有关[8]。

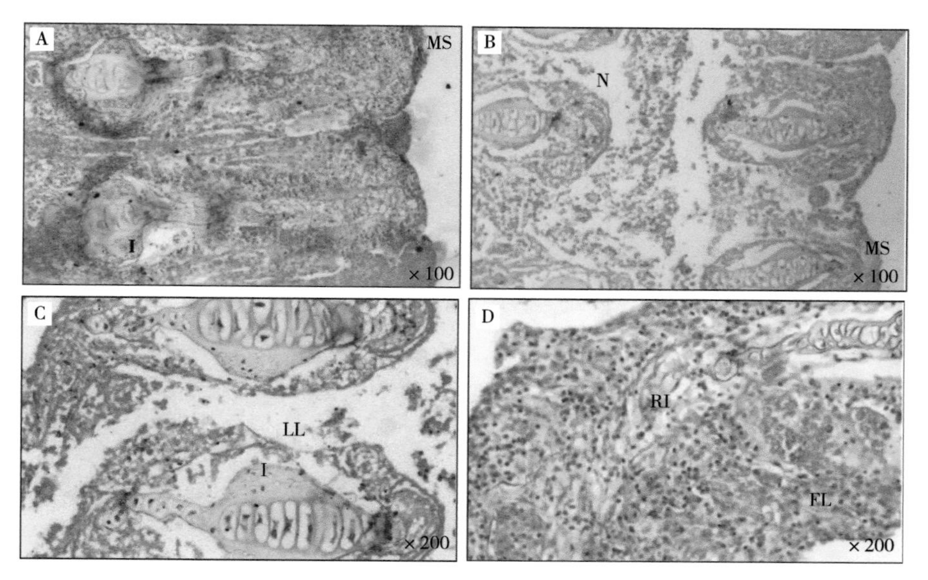

图4-152　厚唇鲃的鳃显微病变特征

（四）微生物学检验

对水生黄杆菌的微生物学检验，目前还主要是依赖于对细菌进行分离鉴定的常规细菌学检验。从受感染组织中分离，能够在噬纤维菌琼脂、Pacha和Ordal氏培养基生长[8]。

另外，鉴于水生黄杆菌并非比较常见的水生动物病原菌，对分离鉴定的菌株，还需要进行对同种健康水生动物的感染试验，以明确其相应的病原学意义。

二、琥珀酸黄杆菌（*Flavobacterium succinicans*）

琥珀酸黄杆菌［*Flavobacterium succinicans*（Anderson and Ordal，1961）Bernardet，Segers，Vancanneyt，Berthe，Kersters and Vandamme，1996］，是在最初由Anderson和Ordal（1961）报道的琥珀酸噬纤维菌（*Cytophaga succinicans* Anderson and Ordal，1961）、相继由Leadbetter（1974）校订描述的琥珀酸屈挠杆菌［*Flexibacter succinicans*（Anderson and Ordal，1961）Leadbetter，1974］。种名“*succinicans*”为新拉丁语分词形容词，意指形成琥珀酸（intended to mean forming succinic acid）的[11-12]。

（一）研究历程简介

琥珀酸黄杆菌首先由美国华盛顿大学的Anderson和Ordal（1961）分离鉴定，当时将其分类于噬纤维菌属细菌、作为新种命名为“*Cytophaga succinicans* sp. nov.”（琥珀酸噬纤维菌）；其后是在上面有记述的法国国家农学研究所的Bernardet等（1996），将琥珀酸噬纤维菌校订分类命名为“*Fluvobacterium succinicans* comb. nov.”（琥珀酸黄杆菌）。

1. Anderson和Ordal首先分离鉴定和命名琥珀酸噬纤维菌

美国华盛顿大学的Anderson和Ordal（1961）报道在从事黏细菌性鱼病（myxobacterial fish diseases）相关研究过程中，发现了一些非致病性噬纤维菌（nonpathogenic cytophagas），这些菌株能够通过发酵碳水化合物进行厌氧生长，认为在过去还很少遇到这种能够进行发酵代谢的黏杆菌属（*Myxobacteria*）细菌。由这些菌株引起的特别兴趣，是因它们的发酵似乎是一个消耗二氧化碳的过程，甚至可能是一个需要CO_2的过程。

这些菌株，是从鳃组织或病鱼的病变部位接种于噬纤维菌琼脂培养基进行细菌分离时，经常会分离到黏杆菌属细菌。虽然有不少以这种方式分离的黏杆菌属细菌被证明是鱼的致病性，但也有许多其他的被发现是无毒力的，因此被认为是腐生菌或继发感染菌。在这些所谓的继发感染菌中，有很大一部分是具有发酵能力的。

为进一步研究这些菌株的特性，选择研究了在3年内分离的、代表了一个相当广阔地理区域的3株发酵型黏杆菌属（fermentative *Myxobacteria*）细菌。其中的菌株16（Strain 16）是于1957年12月3日，从华盛顿大学渔业学院（University of Washington School of Fisheries）的各种不同鱼池中采集的水样中分离的。菌株8是于1954年12月23日，在华盛顿大学孵化场（University of Washington hatchery），从发生疖病（furunculosis disease）大鳞大麻哈鱼鱼种的侵蚀尾鳍（eroded caudal fin）病变部位分离出的。菌株14是在对柱状病研究期间，于1957年9月16日，从爱达荷州（Idaho）布朗利大坝蛇河（Snake River at Brownlee Dam，Idaho）中采集的成年大鳞大麻哈鱼的损伤（lesion）部位分离的。

这种菌株的特征，是一种在淡水中的兼性厌氧黏杆菌（facultatively anaerobic myxobacterium）。只有当存在底物量的CO_2时，才能在含有蛋白胨、酵母提取物、牛肉提取物（beef extract）和葡萄糖的培养基中厌氧生长。其生长量和发酵的葡萄糖量，都与可用的CO_2量成正比。静止菌细胞悬液（resting cell suspensions）发酵葡萄糖，也是需要CO_2存在。

基于对这种淡水发酵黏杆菌属（fresh-water fermentative *Myxobacteria*）细菌的研究结果，认为供试3个菌株属于噬纤维菌属细菌的一个新种，命名为琥珀酸噬纤维菌（*Cytophaga succinicans* sp. nov. Anderson and Ordal，1961）。图4-153显示琥珀酸噬纤维菌（菌株14）在噬纤维菌琼脂培养基生长的菌落边缘，相差显微照片（phase contrast micrograph）。图4-154显示琥珀酸噬纤维

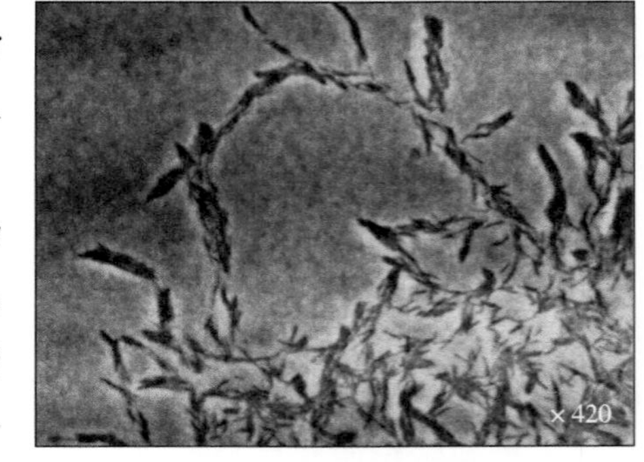

图4-153 琥珀酸噬纤维菌的菌落

菌（菌株8）的电子显微图片。图4-154A显示在营养肉汤（nutrient broth）培养5h的形态；图4-154B显示在营养肉汤培养2d的形态；图4-154C显示在老龄培养物中发现的衰老形式（involution forms）菌体的电子显微图片[188]。

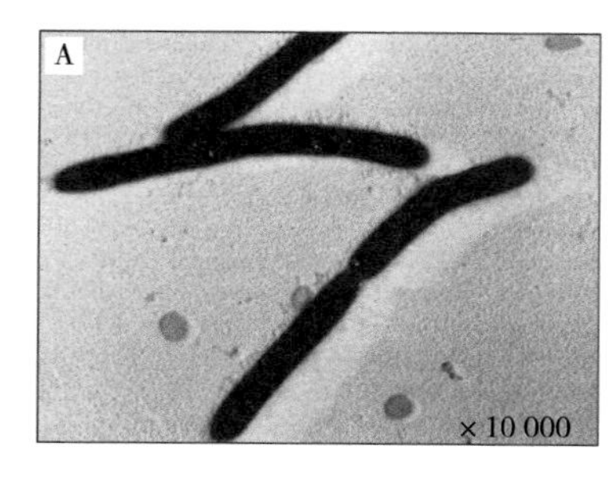

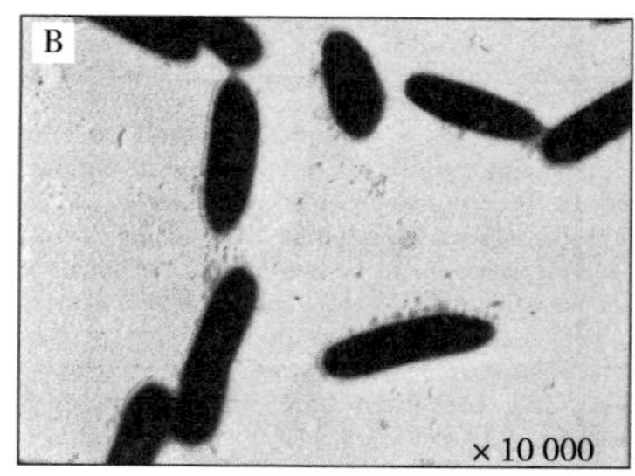

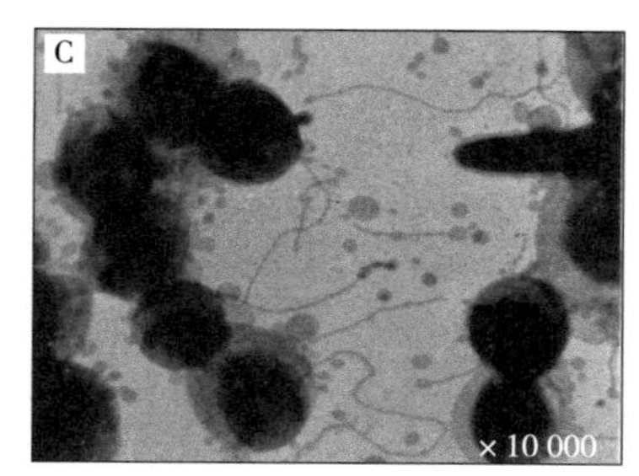

图4-154　琥珀酸噬纤维菌的形态

2. Bernardet等校订分类命名琥珀酸黄杆菌

法国农业科学研究院的Bernardet等（1996）报道，首先将“*Cytophaga succinicans* sp. nov.”（琥珀酸噬纤维菌）校订分类命名为“*Fluvobacterium succinicans* comb. nov.”（琥珀酸黄杆菌），并为学术界广泛接受。

对琥珀酸黄杆菌的校订描述是在原有基础上，增加了在普通营养琼脂（nutrient agar）和胰蛋白酶大豆琼脂（trypticase soy agar）培养基生长良好；能够水解七叶苷（esculin）、DNA、邻硝基苯-β-D-半乳糖苷（o-nitrophenyl-β-D-galactopyranoside），不能水解酪氨酸（tyrosine）；在蛋黄琼脂（egg yolk agar）生长，不能形成沉淀；不能产生H_2S，易受弧菌抑制剂0/129（vibriostatic compound 0/129）的影响[22]。

（二）生物学性状

在琥珀酸黄杆菌的生物学性状方面，相对来讲在黄杆菌属细菌中还是研究比较多的，尤其是体现在基因组序列（genome sequence）方面；但在其生境、病原学意义方面，还缺乏比较系统的描述。

1. 基本生物学性状

琥珀酸黄杆菌为菌体大小在0.5μm×（4.0～6.0）μm（长度可直到40.0μm）的革兰氏阴性杆菌，在老化的培养基中，细胞长度变短和直径略有增大、并早于球形体（spheroplasts）的出现。在营养浓度高的培养基生长的菌落，呈低凸、圆形、边缘不规则；在营养浓度低的培养基生长的菌落，呈淡黄色、薄、蔓延的根状边缘到丝状边缘。在同一个琼脂培养基上可能存在不扩散的变种（non-spreading variants）和不同的菌落类型。生长通常是有氧的，但如果有可发酵的碳水化合物和CO_2（以15～25mmol/L

的$NaHCO_3$的形式提供）存在，则可发生兼性厌氧生长。当厌氧生长时没有色素产生，而黄橙色类胡萝卜素色素（yellow-orange carotenoid pigments）是在有氧生长过程中产生的。

没有过氧化氢酶活性或弱，能够以蛋白胨、酪蛋白氨基酸（casamino acids）、谷氨酸盐（glutamate）、NH_4^+和NO_3^-作为氮源。所有菌株均能够发酵葡萄糖、半乳糖、乳糖（延迟期为6～38d）、麦芽糖、甘露糖、淀粉；一些菌株也发酵其他碳水化合物。发酵产物是琥珀酸盐（succinate）、醋酸盐、甲酸盐。只有模式株才能将NO_3^-还原到NO_2^-。易受弧菌抑制剂（O/129）的影响。

细菌DNA中G+C的摩尔百分数为34.0～36.7（Bd，Tm）；模式株为Anderson and Ordal 8、Reichenbach Cysu 3、CIP 104744、DSM 4002、IFO（现在的NBRC）14905、LMG 10402、NCIMB 2277。GenBank登录号（16S rRNA）为D12673[11-12]。

2. 基因组序列

德国哥廷根大学（Georg-August University of Göttingen；Götingen，Germany）的Poehlein等（2017）报道，首先提出了琥珀酸黄杆菌（菌株为DD5b）的3.315Mbp基因组序列（genome sequence）框图（assembled draft）。菌株DD5b是在从事与大型蚤（Daphnia magna）内脏（guts）细菌群落（bacterial communities）多样性相关的研究中，从浮游动物（zooplankton）大型蚤内脏中分离的。

琥珀酸黄杆菌的菌株DD5b，作为一个磷源（P source）同化亚磷酸盐（assimilate phosphite）能力的代表性菌株，研究了其基因组和代谢（metabolism）。结果显示其基因组由一条大小在3.315Mbp的染色体组成，细菌DNA中G+C的摩尔百分数为35.18。分别用RNAmmer和tRNAscan鉴定了rRNA和tRNA的编码基因（genes coding），该基因组包含3个rRNA基因、34个tRNA基因、1 841个具有预测功能（predicted functions）的蛋白质编码基因（protein-coding genes）和972个编码假定蛋白质（hypothetical proteins）的基因。

还发现了细胞色素cbb3复合体（cytochrome cbb3 complex）及其氧化酶（oxidase）的完整拷贝（complete copy），这是不同病原体成功定植缺氧组织（anoxic tissues）所必需的[189]。

3. 生境

对琥珀酸黄杆菌的生境，在近些年来已有一些报道。例如，韩国江原大学（Kangwon National University）的Jung等（2009）报道，从淡水湖（freshwater lakes）中检出；墨西哥国家科学技术委员会（Consejo Nacional de Cienciay Tecnología，CONACYT；CONACYT-Colegio de Postgraduados Campus Campeche，Champotón，

Campeche，Mexico）的Sarria-Guzmán等（2016）报道，从健康火鹤花（*Anthurium andraeanum*）检出[190-191]。

（1）Jung等报道从淡水湖中检出

韩国江原大学的Jung等（2009）报道，为了解永冻区（permafrost zone）大型淡水湖（large freshwater lakes）水体中异养细菌群落（heterotrophic bacterial community）的生态功能（ecological functions），对蒙古科沃斯古尔湖（Lake Khuvsgul，Mongolia）的细菌群落结构和功能进行了研究。研究中利用变性梯度凝胶电泳（denaturing gradient gel electrophoresis，DGGE）分析了16S rRNA基因片段的细菌群落组成，并于10℃培养的细菌进行了分离鉴定。筛选了蛋白酶、纤维素酶、淀粉酶和脂肪酶活性的细菌培养物，筛选出23株具有水解酶高活性的菌株。根据16S rRNA基因序列对分离株进行鉴定，在表层水（0米深）中存在纤维素酶活性较高的污水食酸菌（*Acidovorax defluvii*）和粪鞘氨醇杆菌（*Sphingobacterium faecium*）；琥珀酸黄杆菌、泡沫枝面菌（*Mycoplana bullata*）、速生食酸菌（*Acidovorax facilis*），分别在2m、5m和≥10m深处是稳定的主要分离菌。琥珀酸黄杆菌的菌株显示蛋白酶活性较高，而泡沫枝面菌的菌株显示中等蛋白酶和纤维素酶活性。速生食酸菌分离株，表现出纤维素酶或脂肪酶的活性。根据温度范围（0～42℃）内的菌株生长速率（growth rates）曲线，表面层（0～5m）菌株为兼性嗜冷菌（facultative psychrophiles）、深度大于或等于10m的分离菌株为典型嗜温菌（typical mesophiles），这种分层被认为是由于有机物质对细菌分解的分层可用性。科沃斯古尔湖的细菌群落组成和分解活性的分层分布表明，冷水区湖泊细菌群落的生态功能被水体分层划分得很明显[190]。

（2）Sarria-Guzmán等报道从火鹤花中检出

墨西哥国家科学技术委员会的Sarria-Guzmán等（2016）报道，植物相关微生物具有特定的有益功能，被认为是植物健康的关键驱动因素（drivers）。采用16S rRNA基因焦磷酸测序（16S rRNA gene pyrosequencing）技术，结合不同植物部位和根际（rhizosphere），对健康火鹤花植物的细菌群落结构进行了研究。发现在内生植物（Endophytes）根中比在嫩芽中的具有多样性，所有芽内生植物（shoot endophytes）的细菌在根中均存在；仅在根中发现的，包括链霉菌属（*Streptomyces* Waksman and Henrici，1943）细菌、琥珀酸黄杆菌、无甾醇支原体属（*Asteroleplasma* Robinson and Freundt，1987）细菌[191]。

（三）病原学意义

迄今已有的报道，琥珀酸黄杆菌在鱼类的致病性是已被确认的。但在其致病的宿主范围与分布、引起感染病的病症特征等方面，还缺乏比较系统的描述。就作为鱼类鳃感染病的一种病原菌来讲，是可以肯定的。

1. 鱼类鳃相关的细菌性感染病

由琥珀酸黄杆菌引起典型的鱼类鳃细菌性感染病，迄今还缺乏比较明确的描述。但就其所感染导致的病症来讲，当是能够作为鳃细菌性感染病的病原菌之一。这里所记述的，均是与鳃细菌性感染病相关联的。

（1）Anderson和Ordal报道的琥珀酸黄杆菌

在上面有记述美国华盛顿大学的Anderson和Ordal（1961）报道，不仅是对琥珀酸黄杆菌分离鉴定、命名的最早报道，也是首次从鱼类病变部位的检出；在所分离的菌株中，包括从鳃组织或病鱼的病变部位。认为此前也没有被怀疑为可能是琥珀酸黄杆菌的，能够作为鱼类病原菌的报道[188]。

（2）Loch等报道的琥珀酸黄杆菌

美国密歇根州立大学的Loch等（2013）报道，淡水鱼类黄杆菌病的暴发，大多归因于嗜冷黄杆菌、柱状黄杆菌和嗜鳃黄杆菌3种黄杆菌。此外，也有报道与鱼类疾病有关的一些其他鱼类相关黄杆菌，如约氏黄杆菌、琥珀酸黄杆菌、水生黄杆菌。最近有报道从欧洲和南美洲的病鱼中分离出不少新种黄杆菌属细菌，包括大麻哈鱼黄杆菌、智利黄杆菌和阿拉卡诺黄杆菌等。类似的情况，金黄杆菌属（*Chryseobacterium* Vandamme，Bernardet，Segers，Kersters and Holmes，1994）细菌也包含一些鱼类致病菌，有报道最近在欧洲和亚洲成为一个严重问题。事实上，许多新的鱼类相关金黄色杆菌属细菌在最近被描述，如鱼金黄杆菌（*Chryseobacterium piscium*）、栖鱼金黄杆菌（*Chryseobacterium piscicola* sp. nov.）、纹腹叉鼻鲀金黄杆菌（*Chryseobacterium arothri* sp. nov.）［与人金黄杆菌（*Chryseobacterium hominis* sp. nov.）为同物异名（heterotypic synonym）］、查坡湖金黄杆菌（*Chryseobacterium chaponense* sp. nov.），以及内脏金黄杆菌（*Chryseobacterium viscerum*）等；目前在美国大陆，还没有关于这些金黄色杆菌引起鱼病的报道。

在美国密歇根州及其相关州的鱼类孵化场中，由黄杆菌属细菌引起的鱼类感染死亡率比所有其他鱼类病原体引起的更高。黄杆菌属细菌分离株的种类从最常见的三种（嗜冷黄杆菌、柱状黄杆菌、嗜鳃黄杆菌）到其他的种及金黄杆菌属的种（*Chryseobacterium* spp.）。在此项研究中特别强调了黄杆菌属和金黄杆菌属的多样性，这些黄杆菌属和金黄杆菌属细菌在对密歇根州的鱼类健康调查和疾病流行病学调查的8年中被分离出来，并首次详细研究了劳伦森大湖区（Laurentian Great Lakes）鱼类中的黄杆菌多样性（flavobacterial diversity）。

黄杆菌病对野生和养殖鱼类种群均构成严重威胁，在密歇根州及其相关州的鱼类孵化场的鱼类死亡率高于所有其他病原体的总和；虽然这一鱼类疾病的组合主要归因于嗜冷黄杆菌、柱状黄杆菌和嗜鳃黄杆菌，但在密歇根州从患病及表现健康的野生和养殖鱼类中分离到黄杆菌属细菌和金黄杆菌属细菌的多样组合。在2003—2010年，从21种鱼类中分离到254株鱼类相关黄杆菌；基于rRNA部分基因测序和系统发育分析，其中的211株被鉴定为黄杆菌属的种（*Flavobacterium* spp.），而43株被鉴定为金黄杆菌属的种。虽然嗜冷黄杆菌、柱状黄杆菌确实与多种鱼类死亡事件有关，但从表现明显病症、呈系统感染的鱼分离到不少在以前未经明确鉴定的黄杆菌，且经体外蛋白酶分析表明，这些分离菌株对多个基质底物、包括宿主组织具有强蛋白水解作用。事实上，大多数分离株显示两种情况：一是与最近有报道描述的鱼类相关黄杆菌属的种和金黄杆菌属的种最为相似，而此前在北美洲还从未有过报道，如大麻哈鱼黄杆菌、阿拉卡诺黄杆菌、内脏金黄杆菌、栖鱼金黄杆菌和查坡湖金黄杆菌；或另外是与任何描述过的种都没有聚类，并且最有可能代表新的黄杆菌类群（novel flavobacterial taxa）。此项研究强调的黄杆菌极端多样性，有可能是与密歇根黄杆菌病相关联的。

研究中的鱼类和细菌分离，是在2003—2010年，采集代表性的21种鱼类提交到密歇根州立大学水生动物健康实验室（Aquatic Animal Health Laboratory，AAHL）进行常规疾病监测和诊断。对鱼类健康监测，是取肾脏和/或鳃组织用于细菌分离；对疾病迹象的，还同时对其他组织（鳃、鳍、膀胱液、外部溃疡或这些组织的组合）进行细菌学分析。采集的样本直接接种到H-S培养基和噬纤维菌琼脂培养基，在两种培养基中均添加4mg/L的硫酸新霉素（neomycin sulfate）；接种H-S培养基的在22℃培养至7d或噬纤维菌琼脂在15℃培养至14d，记录细菌生长情况、并取单个菌落传代接种进行表型和分子分析（phenotypic and molecular analyses）。冷冻保存菌种，是将单个菌落接种到H-S培养基或噬纤维菌培养液中，在培养3～5d的菌液中添加20%甘油（*V/V*）于-80℃保存。

结果在H-S培养基、噬纤维菌琼脂或此两种培养基，生长为革兰氏阴性、产生黄色素（yellowpigmented）的细菌。在2003—2010年进行的101次采样中，涉及的21种鱼类：斑点叉尾鮰、银大麻哈鱼、大鳞大麻哈鱼、硬头鳟、溯河虹鳟、蓝鳃太阳鱼（bluegill，*Lepomis macrochirus*）、海七鳃鳗（sea lamprey，*Petromyzon marinus*）、白眼鱼（walleye，*Sander vitreus*）、鲱形白鲑（lake whitefish，*Coregonus clupeaformis*）、加拿大白鲑（cisco，*Coregonus artedi*）、褐鳟、大西洋鲑、美洲红点鲑、湖红点鲑（lake trout，*Salvelinus namaycush*）、断线杜父鱼（mottled sculpin，*Cottus bairdii*）、北方鱼吸鳗（northern brook lamprey，*Ichthyomyzon fossor*）、黄金鲈、小口黑鲈、大口黑鲈、北美狗鱼（muskellunge，*Esox masquinongy*）、白斑狗鱼（northern pike，*Esox lucius*）。

在研究分离的254株革兰氏阴性、产生黄色素的黄杆菌中，基于部分16S rRNA基因序列和BLASTN分析（BLASTN analysis）结果，211株被鉴定为不同种的黄杆菌属细菌（涉及21种鱼类的88个样品）、43株被鉴定为金黄杆菌属的种（涉及12种鱼类的26个样品）。

211株黄杆菌属细菌，其中的123株分别来自野生的（wild）和野生密歇根鱼（feral Michigan fish）、88分离于孵化场养殖的鱼；大多数分离株是在常规健康调查期间被分离的（155株），56株是与发生死亡（mortality episodes）相关联的。在分离用样品方面，包括肾脏的92株、鳃的88株、脑组织的16株、鳍的9株、膀胱腔（swim bladder lumen）内液体的4株、皮肤或肌肉溃疡（ulcers）的2株。从密歇根州分离的黄杆菌属细菌211株，包括：安徽黄杆菌（*Flavobacterium anhuiense*）2株、硬水黄杆菌（*Flavobacterium aquidurense*）15株、阿拉卡诺黄杆菌20株、智利黄杆菌2株、韩国安松中港大学黄杆菌（*Flavobacterium chungangense*）10株、韩国忠北黄杆菌（*Flavobacterium chungbukense*）2株、柱状黄杆菌15株、迪吉氏黄杆菌（*Flavobacterium degerlachei*）2株、冷海水黄杆菌（*Flavobacterium frigidimaris*）12株、米川黄杆菌（*Flavobacterium glaciei*）2株、哈茨山黄杆菌（*Flavobacterium hercynium*）33株、鲱鱼黄杆菌（*Flavobacterium hibernum*）2株、水生黄杆菌3株、大麻哈鱼黄杆菌20株、噬果胶黄杆菌（*Flavobacterium pectinovorum*）28株、冷湖黄杆菌（*Flavobacterium psychrolimnae*）1株、嗜冷黄杆菌19株、雷钦巴赫黄杆菌（*Flavobacterium reichenbachii*）3株、抗药性黄杆菌（*Flavobacterium resistens*）2株、琥珀酸黄杆菌16株、天格尔山黄杆菌（*Flavobacterium tiangeerense*）3株。

从密歇根州鱼类中分离的43株产生黄色素的金黄杆菌属细菌，分离于野生或野鱼类的17株、孵化场养殖鱼类的26株；这些菌株是在健康调查分离的27株、发生死亡相关联的16株。在分离用样品方面，包括鳃的21株、肾脏的11株、鳍的7株、皮肤或肌肉溃疡的2株、脑组织的2株。

图4-155显示密歇根州鱼类感染黄杆菌属和金黄色杆菌属细菌出现的大体病变。图4-155A为虹鳟鱼背部出现坏死性溃疡（necrotic ulceration），背鳍被完全侵蚀（complete erosion），并渗透到下面的肌肉组织中（箭头示），分离到一种黄杆菌（*Flavobacterium* sp.）的S21菌株；图4-155B为褐鳟鱼种左胸鳍严重坏死和出血（箭头示），分离到一种黄杆菌；图4-155C为美洲红点鲑鱼种的尾鳍和尾柄被侵蚀和坏死（箭头示），分离到一种黄杆菌；图4-155D为加拿大白鲑鱼种肾脏和周围肌肉严重出血（箭头示），分离到一种金黄杆菌（*Chryseobacterium* sp.）T72菌株；图4-155E为从1年龄的褐鳟左胸鳍分离到一种金黄杆菌T62菌株，表现鳍严重坏死和出血，同时暴露被侵蚀的鳍条（fin rays）（箭头示）；图4-155F为野生繁殖虹鳟躯干出现多灶性皮肤溃疡（multifocal dermal ulcerations）（箭头示），从中分离到一种金黄杆菌S25菌株[192]。

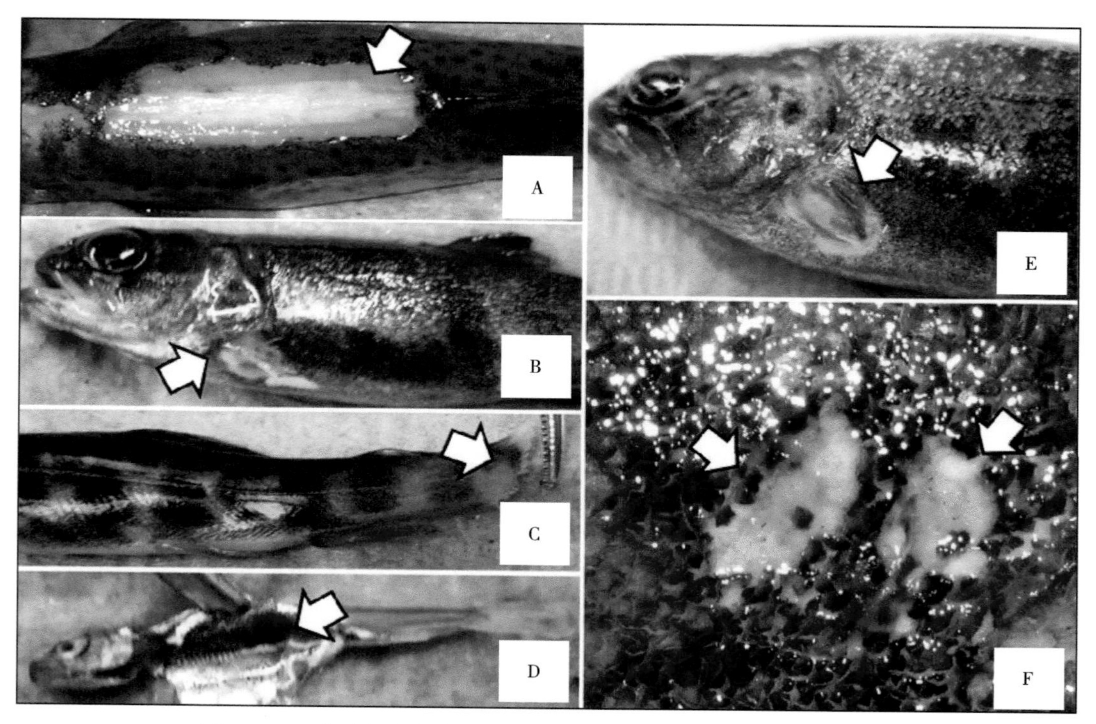

图4-155 密歇根州鱼类感染黄杆菌属和金黄色杆菌属细菌的病变

（3）Good等报道的琥珀酸黄杆菌

在前面有记述美国保护基金淡水研究所的Good等（2015）报道，试图通过环境操纵（而不是病原体感染）来诱导细菌性鳃病，并确定与典型细菌性鳃病暴发有关的细菌种类。检测结果就黄杆菌属细菌来讲，证实了嗜鳃黄杆菌是在供试虹鳟鳃上存在的、受自然环境诱导的细菌性鳃病的优势菌种。黄杆菌属其他主要的鱼类病原体，即柱状黄杆菌、嗜冷黄杆菌，虽然在此项研究中也偶尔检测到，但认为不属于与疾病相关的优势种。在感染了细菌性鳃病的鱼中，检测到明显较高水平的琥珀酸黄杆菌，再者是显著较高水平的嗜鳃黄杆菌[181]。

2. 其他感染病

在前面有记述美国华盛顿大学的Anderson和Ordal（1961）报道，在所分离的、属于琥珀酸黄杆菌的菌株中，除主要是从病鱼鳃组织外，也包括其他的病变部位[188]。在前面有记述美国密歇根州立大学的Loch等（2013）报道，在从鱼类黄杆菌病的病变部位分离的菌株中，琥珀酸黄杆菌的检出频率还是比较高的[192]。

韩国济州渔业研究所的Lee等（2009）报道于2008年5月，在济州江亭河观察到溯河型香鱼（anadromous ayu，*Plecoglossus altivelis*）的死亡。被感染鱼的主要病症是口腔腐烂（mouth rot）和皮肤溃疡（skin ulcer），其病原体被怀疑是滑动细菌。用Shu-Shott

培养基（Shu-Shott media）和R2A培养基进行细菌的分离培养，从病变部位分离到隶属于黄杆菌属的细菌，被鉴定为琥珀酸黄杆菌[193]。

（四）微生物学检验

对琥珀酸黄杆菌的微生物学检验，目前还主要是依赖于对细菌进行分离鉴定的常规细菌学检验。分离琥珀酸黄杆菌，通常是使用H-S培养基和噬纤维菌琼脂培养基，生长为产生黄色素的菌落。

另外，鉴于琥珀酸黄杆菌并非比较常见的水生动物病原菌，对分离鉴定的菌株，还需要进行对同种健康水生动物的感染试验，以明确其相应的病原学意义。

参考文献

[1] 贾辅忠，李兰娟. 感染病学[M]. 南京：江苏科学技术出版社，2010：495-496.

[2] 杨正时，房海. 人及动物病原细菌学[M]. 石家庄：河北科学技术出版社，2003：730-736.

[3] 罗海波，张福森，何浙生，等. 现代医学细菌学[M]. 北京：人民卫生出版社，1995：104-109.

[4] 房海，陈翠珍. 中国医院感染细菌[M]. 北京：科学出版社，2018：418-422.

[5] WOO P T K，BRUNO D W. Fish diseases and disorders，volume 3：viral，bacterial and fungal infections[M]. 2nd ed. Cornwall：MPG Books Group，2011：606-624.

[6] ROBERTS R J. Fish pathology[M]. 4th ed. Malden：Blackwell Publishing Ltd，2012：341-348.

[7] BULLER N B. Bacteria and fungi from fish and other aquatic animals[M]. 2nd ed. London：CABI Publishing，2014：344-354.

[8] AUSTIN B，AUSTIN D A. Bacterial fish pathogens disease of farmed and wild fish[M]. 6th ed. Cham：Springer International Publishing Switzerland，2016：407-436.

[9] WOO P T K，CIPRIANO R C. Fish viruses and bacteria：pathobiology and protection[M]. London：Printed and bound in the UK by CPI Group（UK）Ltd，2017：211-224.

[10] 室贺清邦，江草周三. 鱼病学概论[M]. 东京：恒星社厚生阁，1996：55-58.

[11] PARTE A C. Bergey's manual of systematic bacteriology[M]. 2nd ed. New York：Springer New York，2010：112-154.

［12］ BERGEY'S MANUAL TRUST. Bergey's manual of systematics of archaea and bacteria[M]. New York：Wiley，2015：*Flavobacterium*.

［13］ KÄMPFER P，LODDERS N，MARTIN K，et al. *Flavobacterium chilense* sp. nov. and *Flavobacterium araucananum* sp. nov.，isolated from farmed salmonid fish[J]. International Journal of Systematic and Evolutionary Microbiology，2012，62（6）：1402–1408.

［14］ LOCH T P，FAISAL M. *Flavobacterium spartansii* sp. nov.，a pathogen of fishes，and emended descriptions of *Flavobacterium aquidurense* and *Flavobacterium araucananum*[J]. International Journal of Systematic and Evolutionary Microbiology，2014，64（2）：406–412.

［15］ ZAMORA L，FERNÁNDEZ-GARAYZÁBAL J F，SVENSSON-STADLER L A，et al. *Flavobacterium oncorhynchi* sp. nov.，a new species isolated from rainbow trout（*Oncorhynchus mykiss*）[J]. Systematic and Applied Microbiology，2012，35（2）：86–91.

［16］ ZAMORA L，VELA A I，SÁNCHEZ-PORRO C，et al. *Flavobacterium tructae* sp. nov. and *Flavobacterium piscis* sp. nov.，isolated from farmed rainbow trout（*Oncorhynchus mykiss*）[J]. International Journal of Systematic and Evolutionary Microbiology，2014，64（2）：392–399.

［17］ ZAMORA L，FERNÁNDEZ-GARAYZÁBAL J F，SÁNCHEZ-PORRO C，et al. *Flavobacterium plurextorum* sp. nov. isolated from farmed rainbow trout（*Oncorhynchus mykiss*）[J]. PLOS ONE，2013，8（6）：1–7.

［18］ OSBURN R C. The effects of exposure on the gill filaments of fishes[J]. Transactions of the American Fisheries Society. 1911，40（1）：371–376.

［19］ DAVIS H S. A new bacterial disease of fresh-water fishes[J]. Bulletin of the United States Bureau of Fisheries，1922，38：261–280.

［20］ ORDAL E J，RUCKER R R. Pathogenic *myxobacteria*[J]. Experimental Biology and Medicine，1944，56（1）：15–18.

［21］ GARNJOBST L. *Cytophaga columnaris*（Davis） in pure culture：a myxobacterium pathogenic to fish[J]. Journal of Bacteriology，1945，49（2）：113–128.

［22］ BERNARDET JF，SEGERS P，VANCANNEYT M，et al. Cutting a gordian knot：emended classification and description of the genus *Flavobacterium*，emended description of the family Flavobacteriacea，and proposal of *Flavobacterium hydatis* nom. nov.（basonym，*cytophaga aquatilis* strohl and tait 1978）[J]. International Journal of Systematic Bacteriology，1996，46（1）：128–148.

[23] FISH F F. A western type of bacterial gill disease[J]. Transactions of the American Fisheries Society，1935，65（1）：85-87.
[24] FISH F F，RUCKER R R. Columnaris as a disease of cold-water fishes[J]. Transactions of the American Fisheries Society，1945，73（1）：32-36.
[25] RUCKER R R，JOHNSON H E，KAYDAS G M. An interim report on gill disease[J]. The Progressive Fish-Culturist，1952，14（1）：10-14.
[26] RUCKER R R，EARP B J，ORDAL E J. Infectious diseases of Pacific salmon[J]. Transactions of the American Fisheries Society，1954，83（1）：297-312.
[27] ANDERSON J I W，CONROY D A. The pathogenic *Myxobacteria* with Special reference to fish diseases[J]. Journal of Applied Bacteriology，1969，32（1）：30-39.
[28] 倪达书，汪建国. 草鱼生物学与疾病[M]. 北京：科学出版社，1999：133-145.
[29] 卢全章，倪达书，葛蕊芳. 草鱼（*Ctenopharyngodon idellus*）烂鳃病的研究 I. 细菌性病原的研究[J]. 水生生物学集刊，1975，5（3）：315-329.
[30] 赵乃昕，苑广盈. 医学细菌名称及分类鉴定[M]. 3版. 济南：山东大学出版社，2013：173-179.
[31] PATE J L，ORDAL E J. The fine structure of *Chondrococcus columnaris*. Ⅰ. Structure and formation of mesosomes[J]. The Journal Of Cell Biology，1967，35（1）：1-13.
[32] PATE J L，JOHNSON J L，ORDAL E J. The fine structure of *Chondrococcus columnaris*. Ⅱ. Structure and formation of rhapidosomes[J]. The Journal of Cell Biology，1967，35（1）：15-35.
[33] PATE J L，ORDAL E J. The fine structure of *Chondrococcus columnaris*. Ⅲ. The surface layers of *Chondrococcus columnaris*[J]. The Journal of Cell Biology，1967，35（1）：37-51.
[34] ARIAS C R，LAFRENTZ S，CAI W，et al. Adaptive response to starvation in the fish pathogen *Flavobacterium columnare*：cell viability and ultrastructural changes[J]. BMC Microbiology，2012，12（1）：11.
[35] SONG Y，FRYER J L，ROHOVEC J S. Comparison of gliding bacteria isolated from fish in north america and other areas of the Pacific Rim[J]. Fish Pathology，1988，23（3）：197-202.
[36] BADER J A，SHOEMAKER C A，KLESIUS P H. Production，characterization and evaluation of virulence of an adhesion defective mutant of *Flavobacterium columnare* produced by β-lactam selection[J]. Letters in Applied Microbiology，2005，40：123-127.
[37] KUNTTU H M T，SUOMALAINEN L，JOKINEN E I，et al. *Flavobacterium*

columnare colony types: Connection to adhesion and virulence[J]. Microbial Pathogenesis, 2009, 46: 21–27.

[38] KUNTTU H M T, JOKINEN E I, VALTONEN E T, et al. Virulent and nonvirulent *Flavobacterium columnare* colony morphologies: characterization of chondroitin AC lyase activity and adhesion to polystyrene[J]. Journal of Applied Microbiology, 2011, 111: 1319–1326.

[39] LAANTO E, BAMFORD J K H, LAAKSO J, et al. Phage-driven loss of virulence in a fish pathogenic bacterium[J]. PLOS ONE, 2012, 7 (12): 1–8.

[40] LAANTO E, PENTTINEN R K, BAMFORD J K H, et al. Comparing the different morphotypes of a fish pathogen-implications for key virulence factors in *Flavobacterium columnare*[J]. BMC Microbiology, 2014, 14: 170.

[41] BERNARDET J F. '*Flexibacter columnaris*': first description in France and comparison with bacterial strains from other origins[J]. Diseases of Aquatic Organisms, 1989, 6 (1): 37–44.

[42] TEKEDAR H C, KARSI A, GILLASPY A F, et al. Genome sequence of the fish pathogen *Flavobacterium columnare* ATCC 49512[J]. Journal of Bacteriology, 2012, 194 (10): 2763–2764.

[43] TEKEDAR H C, KARSI A, REDDY J S, et al. Comparative genomics and transcriptional analysis of *Flavobacterium columnare* strain ATCC 49512[J]. Frontiers in Microbiology, 2017, 8: 21.

[44] KUMRU S, TEKEDAR H C, GULSOY N, et al. Comparative analysis of the *Flavobacterium columnare* genomovar Ⅰ and Ⅱ genomes[J]. Frontiers in Microbiology, 2017, 10: 15.

[45] ZHOU C E, SMITH J, LAM M, et al. MvirDB-a microbial database of protein toxins, virulence factors and antibiotic resistance genes for bio-defence applications[J]. Nucleic Acids Research, 2007, 35: D391–D394.

[46] TRIYANTO A, WAKABAYASHI H. Genotypic diversity of strains of *Flavobacterium columnare* from diseased fishes[J]. Fish Pathology, 1999, 34 (2): 65–71.

[47] ARIAS C R, WELKER T L, SHOEMAKER C A, et al. Genetic fingerprinting of *Flavobacterium columnare* isolates from cultured fish[J]. Journal of Applied Microbiology, 2004, 97: 421–428.

[48] DARWISH A M, ISMAIEL A A, Genetic diversity of *Flavobacterium columnare* examined by restriction fragment length polymorphism and sequencing of the 16S ribosomal

RNA gene and the 16S-23S rDNA spacer[J]. Molecular and Cellular Probes，2005，19：267–274.

[49] OLIVARES-FUSTER1 O，SHOEMAKER C A，KLESIUS P H，et al. Molecular typing of isolates of the fish pathogen，*Flavobacterium columnare*，by single-strand conformation polymorphism analysis[J]. FEMS Microbiology Letters，2007，269：63–69.

[50] SUOMALAINEN L-R，KUNTTU H，VALTONEN E T，et al. Molecular diversity and growth features of *Flavobacterium columnare* strains isolated in Finland[J]. Diseases Aquatic Organisms，2006，70（1–2）：55–61.

[51] LAFRENTZ B R，WALDBIESER G C，WELCH T J，et al. Intragenomic heterogeneity in the 16S rRNA genes of *Flavobacterium columnare* and standard protocol for genomovar assignment[J]. Journal of Fish Diseases，2014，37（7）：657–669.

[52] 王良发，谢海侠，张金，等. 我国淡水鱼类柱形病病原菌柱状黄杆菌的遗传多样性[J]. 水生生物学报，2010，34（2）：367–377.

[53] ANACKER R L，ORDAL E J. Studies on the myxobacterium *Chondrococcus columnaris*：I. Serological typing[J]. Journal of Bacteriology，1959，78（1）：25–32.

[54] 陈昌福. 柱状嗜纤维菌血清型的研究[J]. 淡水渔业，1998，28（1）：3–7.

[55] DASH S S，DAS B K，PATTNAIK P，et al. Biochemical and serological characterization of *Flavobacterium columnare* from freshwater fishes of eastern India[J]. Journal of the World Aquaculture Society，2009，40（2）：236–247.

[56] FUJIHARA M P AND NAKATANI R E. Antibody production and immune responses of rainbow trout and coho salmon to *Chondrococcus columnaris*[J]. Journal of the Fisheries Board of Canada，1971，28（9）：1253–1258.

[57] 间野伸宏，乾享哉，荒井大介，等. *Cytophaga columnaris*对鳗鱼皮肤的免疫应答[J]. 鱼病研究，1996，31（2）：65–70.

[58] GRABOWSKI L D，LAPATRA S E，CAIN K D. Systemic and mucosal antibody response in tilapia，*Oreochromis niloticus*（L.），following immunization with *Flavobacterium columnare*[J]. Journal of Fish Diseases，2004，27（10）：573–581.

[59] SHOEMAKER C A，KLESIUS P H，EVANS J J. Immunization of eyed channel catfish，*Ictalurus punctatus*，eggs with monovalent *Flavobacterium columnare* vaccine and bivalent *F. columnare* and *Edwardsiella ictaluri* vaccine[J]. Vaccine，2007，25：1126–1131.

[60] SHOEMAKER C A，KLESIUS P H，DRENNANJ D，et al. Efficacy of a modified live Flavobacterium columnare vaccine in fish[J]. Fish and Shellfish Immunology，2011，30：304–308.

[61] MOHAMMED H，OLIVARES-FUSTER O，LAFRENTZ S，et al. New attenuated vaccine against columnaris disease in fish：Choosing the right parental strain is critical for vaccine efficacy[J]. Vaccine，2013，31：5276-5280.

[62] BADER J A，KLESIUS P H，VINITNANTHARAT S. Comparison of whole-cell antigens of pressure-and formalin-killed *Flexibacter columnaris* from channel catfish（*Ictalurus punctatus*）[J]. American Journal of Veterinary Research，1997，58（9）：985-988.

[63] AMERICAN FISHERIES SOCIETY FISH CULTURE SECTION. Guide to using drugs，biologics，and other chemicals in aquaculture[M]. New Yovk：AFS Fish Culture Section Wovking Group，2011：7.

[64] 陈昌福，史维舟，李静，等. 翘嘴鳜对柱状嗜纤维菌免疫反应的初步研究[J]. 华中农业大学学报，1995，14（4）：377-380.

[65] 刘毅，隗黎丽，李莉，等. 福尔马林灭活柱状黄杆菌对草鱼免疫相关基因表达的影响[J]. 水生生物学报，2008，32（6）：794-801.

[66] 陈昌福，李静，杨广，等. 浸泡接种疫苗对翘嘴鳜细菌性烂鳃病的免疫效果[J]. 华中农业大学学报，1996，15（1）：52-55.

[67] 陈昌福. 不同方法提取的柱状嗜纤维菌脂多糖对鲤免疫活性的比较[J]. 华中农业大学学报，1997，16（4）：380-385.

[68] 陈昌福. 鲤对不同免疫原的免疫应答的比较研究[J]. 华中农业大学学报，1998，17（5）：493-498.

[69] 陈昌福，楠田理一. 三种鳜对柱状嗜纤维菌脂多糖免疫应答的比较研究[J]. 华中农业大学学报，1999，18（3）：252-255.

[70] 刘毅，谢海侠，吕鸣先，等. 柱状黄杆菌胞外多糖对草鱼的免疫促进作用[J]. 水产学报，2006，35（5）：683-689.

[71] 孙宝剑，聂品. 柱状嗜纤维菌的外膜蛋白和脂多糖及其对鳜的免疫原性[J]. 水生生物学报，2001，25（5）：524-527.

[72] 夏露，汪成竹，陈昌福. 斑点叉尾鮰对3种致病菌外膜蛋白（OMP）的免疫应答[J]. 华中农业大学学报，2007，26（3）：371-375.

[73] 胡火根，汪成竹，陈昌福. 团头鲂对3种致病菌外膜蛋白（OMP）的免疫应答[J]. 饲料工业，2010，31（12）：9-12.

[74] LIU Z X，LIU G Y，LI N，et al. Identification of immunogenic proteins of *Flavobacterium columnare* by two-dimensional electrophoresis immunoblotting with antibacterial sera from grass carp，*Ctenopharyngodon idella*（Valenciennes）[J].

Journal of Fish Diseases，2012，35：255-263.

［75］ZHU W，YANG G，ZHANG Y，et al. Generation of biotechnology-derived *Flavobacterium columnare* ghosts by *PhiX*174 gene e-mediated inactivation and the potential as vaccine candidates against infection in grass carp[J]. Journal of Biomedicine and Biotechnology，Hindawi Publishing Corporation，2012：8.

［76］陈昌福. 柱状嗜纤维菌的血清型与其菌苗抗原性的关系[J]. 华中农业大学学报，1997，16（6）：585-588.

［77］韦友传，黄荣俊，陆专灵，等. 草鱼*hepcidin*基因cDNA克隆、序列分析与表达[J]. 上海海洋大学学报，2012，21（4）：495-501.

［78］隗黎丽，吴华东，熊六凤. 柱状黄杆菌对草鱼TLRs基因表达水平的影响[J]. 大连海洋大学学报，2013，28（4）：378-382.

［79］汪成竹，陈昌福. 免疫多糖对受免草鱼免疫应答的调节作用[J]. 华中农业大学学报，2008，27（4）：495-499.

［80］谢骏，徐跑，殷国俊，等. 池塘中大肠埃希菌、柱状屈挠杆菌和鳗弧菌的动态演变规律的研究[J]. 中国微生态学杂志，2004，16（1）：18-21.

［81］DECLERCQ A M，HAESEBROUCK F，BROECK W V，et al. Columnaris disease in fish：a review with emphasis on bacterium-host interactions[J]. Veterinary Research，2013，44（1）：27.

［82］李楠，郭慧芝，焦冉，等. 草鱼的一种急性细菌性传染病病原的分离鉴定及致病性研究[J]. 水生生物学报，2011，35（6）：980-987.

［83］余波，徐景峨，谭诗文，等. 大鲵细菌性败血症病原的分离鉴定与药敏特性[J]. 中国兽医杂志，2011，47（1）：30-31.

［84］范兴刚，陈鹏. 人工养殖大鲵感染柱状黄杆菌的诊治[J]. 渔业致富指南，2013，（16）：57-58.

［85］徐晓丽，邵蓬，崔宽宽，等. 剑尾鱼烂鳃、烂尾病病菌的分离鉴定[J]. 淡水渔业，2014，44（1）：66-72.

［86］谢宗升，童桂香，廖荣秋，等. 斑点叉尾鮰柱形病病原的分离鉴定及药敏试验[J]. 广东农业科学，2013（13）：123-126.

［87］陈昌福，方苹，冯东岳，等. 柱状黄杆菌对烟酸诺氟沙星的耐药性获得和消失速率[J]. 当代水产，2015（9）：90-91.

［88］DECLERCQ A M，BOYEN F，BROECK W V，et al. Antimicrobial susceptibility pattern of *Flavobacterium columnare* isolates collected worldwide from 17 fish species[J]. Journal of Fish Diseases，2013，36（1）：45-55.

[89] SUOMALAINEN L-R, TIIROLA M, VALTONEN E T. Treatment of columnaris disease of rainbow trout: low pH and salt as possible tools[J]. Diseases of Aquatic Organisms, 2005, 65: 115–120.

[90] AKINOLA O G, OLAKUNBI O O. Antibiotic sensitivity and sodium chloride susceptibility patterns of *Flavobacterium columnare* isolated from clinical columnaris in cultured *Clarias gariepinus*[J]. Journal of Veterinary Medicine and Animal Health, 2019, 11 (3): 59–63.

[91] LAANTO E, SUNDBERG L R, BAMFORD J K H. Phage specificity of the freshwater fish pathogen *Flavobacterium columnare*[J]. Applied and Environmental Microbiology, 2011, 77 (21): 7868–7872.

[92] LAANTO E, BAMFORD J K H, RAVANTTI J J, et al. The use of phage FCL-2 as an alternative to chemotherapy against columnaris disease in aquaculture[J]. Frontiers in Microbiology, 2015, 6: 829.

[93] ANACKER R L, ORDAL E J. Studies on the myxobacterium *Chondrococcus columnaris*. Ⅱ. Bacteriocins[J]. Journal of Bacteriology, 1959, 78 (1): 33–40.

[94] TIIROLA M, VALTONEN E T, RINTAMÄKI-KINNUNEN P, et al., Diagnosis of flavobacteriosis by direct amplification of rRNA genes[J]. Diseases of Aquatic Organisms, 2002, 51 (2): 93–100.

[95] MORLEY N J LEWIS J W. Consequences of an outbreak of columnaris disease (*Flavobacterium columnare*) to the helminth fauna of perch (*Perca fluviatilis*) in the Queen Mary reservoir, south-east England[J]. Journal of Helminthology, 2010, 84: 186–192.

[96] LOCH T P, FAISAL M. Emerging flavobacterial infections in fish: a review[J]. Journal of Advanced Research, 2015, 6 (3): 283–300.

[97] KUNTTU H M T, VALTONEN E T, JOKINEN E I, et al. Saprophytism of a fish pathogen as a transmission strategy[J]. Epidemics, 2009, 1: 96–100.

[98] LOCHT P, FAISAL M. Flavobacteria isolated from the milt of feral chinook salmon of the Great Lakes[J]. North American Journal of Aquaculture, 2016, 78 (1): 25–33.

[99] PULKKINEN K, SUOMALAINEN L-R, READ A F, et al. Intensive fish farming and the evolution of pathogen virulence: the case of columnaris disease in Finland[J]. Proceedings of the Royal Society B: Biological Sciences, 2010, 277 (1681): 593–600.

[100] CAI W, FUENTE L D L, ARIAS C R. Biofilm formation by the fish pathogen *Flavobacterium columnare*: development and parameters affecting surface attachment[J]. Applied and Environmental Microbiology, 2013, 79 (18): 5633–5642.

[101] KUNTTU H M T，SUNDBERG L R，PULKKINEN K，et al. Environment may be the source of *Flavobacterium columnare* outbreaks at fish farms[J]. Environmental Microbiology Reports，2012，4：398–402.

[102] SUOMALAINEN L-R，TIIROLA M A，VALTONEN E T. Influence of rearing conditions on *Flavobacterium columnare* infection of rainbow trout，*Oncorhynchus mykiss*（Walbaum）[J]. Journal of Fish Diseases，2005，28（5）：271–277.

[103] 陈霞，卢伶俐，温周瑞，等. 不同水温下柱状黄杆菌对草鱼感染力的研究[J]. 养殖与饲料，2017（7）：9–12.

[104] OLIVARES-FUSTER O，BAKER J L，TERHUNE J S，et al. Host-specific association between *Flavobacterium columnare* genomovars and fish species[J]. Systematic and Applied Microbiology，2007，30：624–633.

[105] SHOEMAKER C A，OLIVARES-FUSTER O，ARIAS C R，et al. *Flavobacterium columnare* genomovar influences mortality in channel catfish（*Ictalurus punctatus*）[J]. Veterinary Microbiology，2008，127（3）：353–359.

[106] SOTO E，MAUEL M J，KARSI A，et al. Genetic and virulence characterization of *Flavobacterium columnare* from channel catfish（*Ictalurus punctatus*）[J]. Journal of Applied Microbiology，2008，104：1302–1310.

[107] Declercq A M，Chiers K，Haesebrouck F，et al. Gill infection model for columnaris disease in common carp and rainbow trout[J]. Journal of Aquatic Animal Health，2015，27：1–11.

[108] DECLERCQ A M，CHIERS K，BROECK W V，et al. Interactions of highly and low virulent *Flavobacterium columnare* isolates with gill tissue in carp and rainbow trout[J]. Veterinary Research，2015，46（25）：16.

[109] MCVICAR A H，WHITE P G. Fin and skin necrosis of cultivated dover sole *Solea solea*（L.）[J]. Journal of Fish Diseases，1979，2（6）：557–562.

[110] CAMPBELL A C，BUSWELL J A. An investigation into the bacterial aetiology of ‘black patch necrosis’ in Dover sole，*Solea solea* L[J]. Journal of Fish Diseases，1982，5（6）：495–508.

[111] BERNARDET J F，GRIMONT P A D. Deoxyribonucleic acid relatedness and phenotypic characterization of *Flexibacter columnaris* sp. nov.，nom. rev.，*Flexibacter psychrophilus* sp. nov.，nom. rev.，and *Flexibacter maritimus* Wakabayashi，Hikida，and Masumura 1986[J]. International Journal of Systematic Bacteriology，1989，39（3）：346–354.

［112］何君慈，邓国成. 草鱼细菌性烂鳃病病原的研究[J]. 水产学报，1987，11（1）：1-9.

［113］邓国成，姜兰，许淑英，等. 加州鲈鱼纤维黏细菌病及其防治初步研究[C]//中国科学院水生生物研究所鱼病学研究室. 鱼病学研究论文集（第二辑）. 北京：海洋出版社，1995：35-39.

［114］陈昌福，史维舟，赵桂珍，等. 翘嘴鳜烂鳃病病原菌的分离及初步鉴定[J]. 华中农业大学学报，1995，14（3）：263-266.

［115］黄文芳，李海燕，张剑英. 翘嘴鳜烂鳃病病原的研究[J]. 微生物学通报，1999，26（4）：246-250.

［116］邓国成，江小燕，陈昆慈，等. 斑鳠烂鳃病病原菌的研究[J]. 水生生物学报，2009，33（3）：442-448.

［117］李海燕，黄文芳. 鳜细菌性烂鳃病的组织及细胞超微结构观察[J]. 华南师范大学学报（自然科学版），2000（1）：109-112.

［118］刘礼辉，李宁求，石存斌，等. 斑点叉尾鮰烂鳃病病原柱状黄杆菌的分离及鉴定[J]. 安徽农业科学，2008，36（17）：7124-7126.

［119］张建明，田甜，张德志. 中华鲟幼鱼细菌性烂鳃病的诊断与治疗[J]. 水产科技情报，2017，44（5）：245-247.

［120］史谢尧，贾文平，郝爽，等. 银龙鱼烂鳃病病原的分离和鉴定[J]. 安徽农业科学，2018，46（15）：75-78.

［121］程辉辉，邵建春，李大鹏，等. 黄颡鱼柱形病的防治[J]. 科学养鱼，2015（4）：59.

［122］KLESIUS P H，SHOEMAKER C A，EVANS J J. *Flavobacterium columnare* chemotaxis to channel catfish mucus[J]. FEMS Microbiology Letters，2008，288：216-220.

［123］LAFRENTZ B R，KLESIUS P H. Development of a culture independent method to characterize the chemotactic response of *Flavobacterium columnare* to fish mucus[J]. Journal of Microbiological Methods，2009，77：37-40.

［124］KLESIUS P H，PRIDGEON J W，AKSOY M. Chemotactic factors of *Flavobacterium columnare* to skin mucus of healthy channel catfish（Ictalurus punctatus）[J]. FEMS Microbiology Letters，2010，310：145-151.

［125］DECOSTERE A，HAESEBROUCK F，DEVRIESE L A. Characterization of four *Flavobacterium columnare*（*Flexibacter columnaris*）strains isolated from tropical fish[J]. Veterinary Microbiology，1998，62：35-45.

［126］DECOSTERE A，HAESEBROUCK F，DRIESSCHE E V，et al. Characterization of the adhesion of *Flavobacterium columnare*（*Flexibacter columnaris*）to gill tissue[J]. Journal of Fish Diseases，1999，22：465-474.

[127] DECOSTERE A，HAESEBROUCK F，TURNBULL J F，et al. Influence of water quality and temperature on adhesion of high and low virulence *Flavobacterium columnare* strains to isolated gill arches[J]. Journal of Fish Diseases，1999，22（1）：1–11.

[128] STAROSCIK A M，NELSON D R. The influence of salmon surface mucus on the growth of *Flavobacterium columnare*[J]. Journal of Fish Diseases，2008，31（1）：59–69.

[129] BECK B H，FARMER B D，STRAUS D L，et al. Putative roles for a rhamnose binding lectin in *Flavobacterium columnare* pathogenesis in channel catfish *Ictalurus punctatus*[J]. Fish and Shellfish Immunology，2012，33：1008–1015.

[130] STRAUS D L，FARMER B D，BECK B H，et al. Water hardness influences *Flavobacterium columnare* pathogenesis in channel catfish[J]. Aquaculture，2015，435：252–256.

[131] BERTOLINI J M，ROHOVEC J S. Electrophoretic detection of proteases from different *Flexibacter columnaris* strains and assessment of their variability[J]. Diseases of Aquatic Organisms，1992，12（2）：121–128.

[132] 刘国勇，聂品. 柱状黄杆菌强毒株和弱毒株胞外蛋白中差异蛋白的初步鉴定[J]. 中国水产科学，2007，14（5）：807–814.

[133] 黄锦炉，汪开毓，姜婷婷，等. 柱状黄杆菌部分生物学特性的研究[J]. 大连海洋大学学报，2010，25（6）：506–510.

[134] 刘国勇，陈发菊，聂品. 柱状黄杆菌外膜蛋白的比较蛋白质组学研究[J]. 华中农业大学学报，2007，26（6）：827–830.

[135] LIU G Y，NIE P，ZHANG J，et al. Proteomic analysis of the sarcosine-insoluble outer membrane fraction of *Flavobacterium columnare*[J]. Journal of Fish Diseases，2008，31：269–276.

[136] NEWTON J C，WOOD T M，HARTLEY M M. Isolation and partial characterization of extracellular proteases produced by isolates of *Flavobacterium columnare* derived from channel catfish[J]. Journal of Aquatic Animal Health，1997，9：75–85.

[137] OLIVARES-FUSTER O，ARIAS C R. Use of suppressive subtractive hybridization to identify *Flavobacterium columnare* DNA sequences not shared with *Flavobacterium johnsoniae*[J]. Letters in Applied Microbiology，2008，46：605–612.

[138] LI N，ZHANG J，ZHANG L Q，et al. Difference in genes between a high virulence strain G4 and a low virulence strain G18 of *Flavobacterium columnare* by using suppression subtractive hybridization[J]. Journal of Fish Diseases，2010，33：403–412.

[139] 李烨，李楠，张晓林，等. 鱼类烂鳃病病原柱状黄杆菌溶血素基因的初步研究[J]. 水生生物学报，2015，39（3）：604–607.

[140] NAN LI，TING QIN，XIAO LIN ZHANG，et al. Development and use of a gene deletion strategy to examine the two chondroitin lyases in virulence of *Flavobacterium columnare*[J]. Applied and Environmental Microbiology，2015，81（21）：7394-7402.

[141] KUO S C，CHUNG H Y，KOU G H. Studies on Artificial Infection of the Gliding Bacteria in Cultured Fishes[J]. Fish Pathology，1981，15（3-4）：309-314.

[142] GUAN L，SANTANDER J，MELLATA M，et al. Identification of an iron acquisition machinery in *Flavobacterium columnare*[J]. Diseases of Aquatic Organisms，2013，106：129-138.

[143] ZHANG Y，ARIAS C R，SHOEMAKER C A，et al. Comparison of lipopolysaccharide and protein profiles between *Flavobacterium columnare* strains from different genomovars[J]. Journal of Fish Diseases，2006，29：657-663.

[144] AUSTIN B，AUSTIN D A. Bacterial fish pathogens：disease in farmed and wild fish[M]. Chichester：Ellis Horwood Limited Publishing，1987：225-249.

[145] 徐大全，郭光雄. 鱼类病原性黏液细菌（*Flexibacter columnaris*）之研究[J]. 台湾水产学会刊，1977，5（2）：41-54.

[146] DECOSTERE A，HAESEBROUCK F，DEVRIESE L A. Shieh medium supplemented with tobramycin for selective isolation of *Flavobacterium columnare*（*Flexibacter columnaris*）from diseased fish[J]. Journal of Clinical Microbiology，1997，35（1）：322-324.

[147] GRIFFIN B R. A simple procedure for identification of *Cytophaga columnaris*[J]. Journal of Aquatic Animal Health，1992，4（1）：63-66.

[148] SPEARE D J，MARKHAM R J F，DESPRES B，et al. Examination of gills from salmonids with bacterial gill disease using monoclonal antibody probes for *Flavobacterium branchiophilum* and *Cytophaga columnaris*[J]. Journal of Veterinary Diagnostic Investigation，1995，7：500-505.

[149] 夏君，吴志新，张鹏，等. 柱状黄杆菌间接ELISA快速检测方法的研究[J]. 淡水渔业，2009，39（2）：65-70.

[150] 吕娜，赵国坤，孙强，等. 抗柱状黄杆菌多克隆抗体的制备及其免疫学特性鉴定[J]. 中国畜牧兽医，2013，40（10）：64-67.

[151] 吕娜，张虹茜，殷晓平，等. 柱状黄杆菌胶体金免疫层析快速检测方法的建立[J]. 中国畜牧兽医，2014，41（10）：51-55.

[152] 天津市水产局. 天津观赏鱼疾病病原快速检测产品进入试用[J]. 海洋与渔业，2014（9）：16.

［153］刘亦娟，孙金生，包海岩，等. 鱼类病原菌三联体检测试纸的制作与应用[J]. 饲料工业，2016，37（4）：56–60.

［154］TRIYANTO，KUMAMARU A，WAKABAYASHI H. The use of PCR targeted 16S rDNA for identification of genomovars of *Flavobacterium columnare*[J]. Fish Pathology，1999，34（4）：217–218.

［155］BADER J A，SHOEMAKER C A，KLESIUS P H. Rapid detection of columnaris disease in channel catfish（*Ictalurus punctatus*）with a new species-specific 16-S rRNA gene-based PCR primer for *Flavobacterium columnare*[J]. Journal of Microbiological Methods，2003，52：209–220.

［156］TRIPATHI N K，LATIMER K S，GREGORY C R，et al. Development and evaluation of an experimental model of cutaneous columnaris disease in koi *Cyprinus carpio*[J]. Journal of Veterinary Diagnostic Investigation，2005，17：45–54.

［157］YEH H Y，SHOEMAKER C A，KLESIUS P H. Sensitive and rapid detection of *Flavobacterium columnare* in channel catfish *Ictalurus punctatus* by a loop-mediated isothermal amplification method[J]. Journal of Applied Microbiology，2006，100（5）：919–925.

［158］SUEBSING R，KAMPEERA J，SIRITHAMMAJAK S，et al. Colorimetric method of loop-mediated isothermal amplification with the pre-addition of calcein for detecting *Flavobacterium columnare* and its assessment in tilapia farms[J]. Journal of Aquatic Animal Health，2015，27（1）：38–44.

［159］PANANGALA V S，SHOEMAKER C A，VAN SANTEN L ，et al. Multiplex-PCR for simultaneous detection of 3 bacterial fish pathogens，*Flavobacterium columnare*，*Edwardsiella ictaluri*，and *Aeromonas hydrophila*[J]. Diseases of Aquatic Organisms，2007，74（3）：199–208.

［160］LIEVENS B，FRANS I，HEUSDENS C，et al. Rapid detection and identification of viral and bacterial fish pathogens using a DNA array-based multiplex assay[J]. Journal of Fish Diseases，2011，34：861–875.

［161］PANANGALA V S，SHOEMAKER C A，KLESIUS P H. TaqMan real-time polymerase chain reaction assay for rapid detection of *Flavobacterium columnare*[J]. Aquaculture Research，2007，38（5）：508–517.

［162］黄冠军，饶朝龙，刘衍鹏，等. 柱状黄杆菌常规PCR检测体系的建立[J]. 水产科学，2011，30（11）：689–692.

［163］HINEY M P，SMITH P R. Validation of polymerase chain reaction-based techniques for proxy detection of bacterial fish pathogens：framework，problems and possible solutions for environmental applications[J]. Aquaculture，1998，162（1）：41-68.

［164］JOHNSON J R. Development of polymerase chain reaction-based assays for bacterial gene detection[J]. Journal of Microbiological Methods，2000，41：201-209.

［165］王先科，曹海鹏，李莉，等. 黄河鲤急性烂鳃病的组织病理观察与血液生化指标分析[J]. 动物医学进展，2013，34（12）：110-114.

［166］王先科，梁红茹，贾滔，等. 河南沿黄渔区鲤急性烂鳃病调研[J]. 养殖与饲料，2016（2）：55-58.

［167］PARVEZ N，RATHORE G，SWAMINATHAN T R，et al. Isolatton and characterization of bacteria associated with ulcerative disease of the fish，*Clarias gariepinus*（Burchell，1822）[J]. Bulletin of Pure and Applied Sciences. 2011，30 A（2）：85-92.

［168］SNIESZKO S F. Bacterial gill disease of freshwater fishes[J]. Fish Disease Leaflet. 1981，62：1-11.

［169］DAVIES H S. A new gill disease of trout[J]. Transactions of the American Fisheries society，1926，56（1）：156-160.

［170］DAVIS H S. Further observations on the gill disease of trout[J]. Transactions of the American Fisheries Society，1927，57（1）：210-216.

［171］KIMURA N，WAKABAYASHI H，KUDO S. Studies on bacterial gill disease in salmonids. I. selection of bacterium transmitting gill disease[J]. Fish Pathology，1978，12（4）：233-242.

［172］WAKABAYASHI H，EGUSA S，FRYER J L. Characteristics of filamentous bacteria isolated from a gill disease of salmonids[J]. Canadian Journal of Fisheries and Aquatic Sciences，1980，37（10）：1499-1504.

［173］WAKABAYASHI H，IWADO T. Changes in glycogen，pyruvate and lactate in rainbow trout with bacterial gill disease[J]. Fish Pathology，1985，20（2-3）：161-165.

［174］FARKAS J. Filamentous *Flavobacterium* sp. isolated from fish with gill diseases in cold water[J]. Aquaculture，1985，44（1）：1-10.

［175］WAKABAYASHI H，HUH G J，KIMURA N. *Flavobacterium branchiophila* sp. nov.，a causative agent of bacterial gill disease of freshwater fishes[J]. International Journal of Systematic and Evolutionary Bacteriology. 1989，39（3）：213-216.

［176］GRAEVENITZ A. Revised nomenclature of *Campylohacter laridis*，*Enterobacter intermedium*，and "*Flavobacteriurn branchiophila.*" [J]. International Journal of Systematic and Evolutionary Microbiology，1990，40（2）：211.

[177] TOUCHON M, BARBIER P, BERNARDET J F, et al. Complete genome sequence of the fish pathogen *Flavobacterium branchiophilum*[J]. Applied and Environmental Microbiology, 2011, 77(21): 7656–7662.

[178] HUH G J, WAKABAYASHI H. Serological characteristics of *Flavobacterium branchiophila* isolated from gill diseases of freshwater fishes in Japan, USA, and Hungary[J]. Journal of Aquatic Animal Health, 1989, 1(2): 142–147.

[179] KO Y M, HEO G J. Characteristics of *Flavobacterium branchiophilum* Isolated from Rainbow Trout in Korea[J]. Fish Pathology, 1997, 32(2): 97–102.

[180] BOWKER J D, CARTY D G, TELLES L, et al. Efficacy of chloramine-T to control mortality in freshwater-reared salmonids diagnosed with bacterial gill disease[J]. North American Journal of Aquaculture, 2008, 70(1): 20–26.

[181] GOOD C, DAVIDSON J, WIENS G D, et al. *Flavobacterium branchiophilum* and *F. succinicans* associated with bacterial gill disease in rainbow trout *Oncorhynchus mykiss* (Walbaum) in water recirculation aquaculture systems[J]. Journal of Fish Diseases, 2015, 38(4): 409–413.

[182] SPEARE D J, FERGUSON H W, BEAMISH F W M, et al. Pathology of bacterial gill disease: sequential development of lesions during natural outbreaks of the disease[J]. Journal of Fish Diseases, 1991, 14: 21–32.

[183] GANG-JOON H, KAZUHIKO K AND HISATSUGU W. Occurrence of *Flavobacterium branchiophila* associated with bacterial gill disease at a trout hatchery[J]. Fish Pathology, 1990, 25(2): 99–105.

[184] MACPHEE D D, OSTLAND V E, LUMSDEN J S, et al. Development of an enzyme-linked immunosorbent assay (ELISA) to estimate the quantity of *Flavobacterium branchiophilum* on the gills of rainbow trout *Oncorhynchus mykiss*[J]. Diseases of Aquatic Organisms, 1995, 21: 13–23.

[185] TOYAMA T, KITA-TSUKAMOTO K, WAKABAYASHI H. Identification of *Flexibacter maritimus*, *Flavobacterium branchiophilum* and *Cytophaga columnaris* by PCR targeted 16S ribosomal DNA[J]. Fish Pathology, 1996, 31(1): 25–31.

[186] STROHL W R, TAIT L R. *Cytophaga aquatilis* sp. nov., a facultative anaerobe isolated from the gills of freshwater fish[J]. International Journal of Systematic Bacteriology, 1978, 28(2): 293–303.

[187] SARKER S, ABRAHAM T J, BANERJEE S, et al. Characterization, virulence and pathology of *Flavobacterium* sp. KG3 associated with gill rot in carp, *Catla catla*

（Ham.）[J]. Aquaculture，2017，468：579–584.

［188］ANDERSON R L，ORDAL E J. *Cytophaga succinicans* sp. nov.，a factaltatively anaerobic，aquatic myxobacterium[J]. Journal of Bacteriology，1961，81：130–138.

［189］POEHLEIN A，NAJDENSKI H，SIMEONOVA D D. Draft genome sequence of *Flavobacterium succinicans* strain DD5b[J]. Genome Announcements，2017，5（2）：1–3.

［190］JUNG Y J，JUNG D，KIM J Y，et al. Distribution of bacterial decomposers in Lake Khuvsgul，Mongolia[J]. The Korean Journal of Microbiology，2009，45（2）：119–125.

［191］SARRIA-GUZMÁN Y，CHÁVEZ-ROMERO Y，GÓMEZ-ACATA S. Bacterial Communities Associated with Different *Anthurium andraeanum* L. Plant Tissues[J]. Microbes and Environments，2016，31（3）：321–328.

［192］LOCH T P，FUJIMOTO M，WOODIGA S A，et al. Diversity of fish-associated Flavobacteria of michigan[J]. Journal of Aquatic Animal Health，2013，25（3）：149–164.

［193］LEE C H，KIM P Y，LIM B S，et al. Isolation and identification of *Flavobcterium succinicans* from anadromous ayu *Plecoglossus altivelis*[J]. Journal of fish pathology，2009，22（3）：401–406.

（房海　撰写）

第五章　黏着杆菌属（*Tenacibaculum*）

黏着杆菌属（*Tenacibaculum* Suzuki，Nakagawa，Harayama and Yamamoto，2001）细菌，属于非发酵菌（nonfermentative bacteria）类，也常是记作非发酵革兰氏阴性杆菌（nonfermentative Gram-negative bacilli，NFGNB）。

在水生动物（aquatic animals）的病原黏着杆菌属细菌中，有明确记载或报道的涉及8个种，能够引起多种鱼类所谓的黏着杆菌病。分别为：近海黏着杆菌（*Tenacibaculum maritimum*），是多种海洋鱼类的重要病原菌（可见后面的相应记述）；解卵黏着杆菌（*Tenacibaculum ovolyticum*），对大西洋庸鲽（Atlantic halibut，*Hippoglossus hippoglossus*）的卵和幼体（larvae）具有致病作用[1]。

另外，在近年来作为新种（sp. nov.）报道的，其中有6个种具有病原学意义。分别为：海葵黏着杆菌（*Tenacibaculum aiptasiae* sp. nov.）；舌齿鲈黏着杆菌（*Tenacibaculum dicentrarchi* sp. nov.）；异色黏着杆菌（*Tenacibaculum discolor* sp. nov.）；芬马克黏着杆菌（*Tenacibaculum finnmarkense* sp. nov.）；加利西亚黏着杆菌（*Tenacibaculum gallaicum* sp. nov.）；鳎黏着杆菌（*Tenacibaculum soleae* sp. nov.）。对这些新种，在后面有相应的简介。

但就能够明确列为鱼类鳃感染病的病原黏着杆菌来讲，已有的记载或报道还是仅涉及近海黏着杆菌；另外是舌齿鲈黏着杆菌，也是与鳃感染病相关联的。

第一节　菌属定义与属内菌种

按伯杰氏（Bergey）细菌分类系统，在第二版《伯杰氏系统细菌学手册》第4卷（2010）、《伯杰氏系统古菌和细菌手册》（2015）中，黏着杆菌属分类于黄杆菌科（Flavobacteriaceae Reichenbach，1992 emend. Bernardet，Segers，Vancanneyt et al.，1996 emend. Bernardet Nakagawa and Holmes et al.，2002），是黄杆菌科细菌较晚的成员。隶属于拟杆菌门（Bacteroidetes phyl. nov.）、黄杆菌纲（Flavobacteriia class. nov.）、黄杆菌目（Flavobacteriales ord. nov.）细菌的成员。

菌属名称“*Tenacibaculum*”为新拉丁语中性名词，指这些细菌为黏着在海洋有机物表面的杆菌（rod-shaped bacterium that adheres to the surface of marine organisms）[2-3]。

黏着杆菌属，由日本海洋生物技术研究所釜石实验室（Marine Biotechnology Institute，Kamaishi Laboratories；Kamaishi，Japan）的Suzuki等（2001）报道作为黄杆菌科细菌的新菌属成员建立。在当时明确的4个种中，有两个是从原在屈挠杆菌属［*Flexibacter*（Soriano，1945）Lewin，1969］中划归的。

Suzuki等（2001）报道在生态学的研究表明，隶属于噬纤维菌属-黄杆菌属-拟杆菌属细菌（*Cytophaga-Flavobacterium-Bacteroides*，CFB）复合体（complex）的成员，构成了海洋环境中的优势菌群（bacterial groups）之一，它们被称为分解生物大分子（biomacromolecules）如纤维素、琼脂和几丁质的细菌，这些代谢能力表明噬纤维菌属-黄杆菌属-拟杆菌属细菌群（CFB group）在海洋环境的碳循环中起着重要作用。其中一些细菌还被报道作为鱼类的病原菌、具有杀藻（algicidal）和/或溶藻（algal-lytic）活性、能够附着于藻类（algal-attached）、可诱导大型藻类（macro-algae）形态发生（morphogenesis）等能力。在细菌与藻类或与其他海洋生物（marine organisms）间的这些积极和消极的相互作用，无疑对海洋生态系统（marine ecosystem）和海洋产品工业（marine-product industry）是重要的。

目前对噬纤维菌属-黄杆菌属-拟杆菌属细菌群复合体的分类，还是相对不清晰的。近年来，重新分类（reclassifications）和校正描述（emended descriptions）已应用于这些细菌；然而，海洋噬纤维菌属-黄杆菌属-拟杆菌属细菌的种的分类特征尚未得到明确解决。

Olsen和Woese（1993）报道小亚基rRNA（small-subunit rRNA）即16S rRNA序列的相似性（similarity），被用作细菌分类的强有力方法。然而，有报道显示16S rRNA序列分析的分辨率，还不足以区分密切相关的细菌。另外，有报道显示蛋白质编码基因的进化速度比rRNA基因（rDNA）更快，因此基于这些基因的系统发育分析比基于16S rRNA序列的系统发育分析具有更高的分辨率。Yamamoto和Harayama（1995、1996）报道开发了一个DNA旋转酶B（DNA gyrase B）的亚基基因*gyrB*（subunit gene *gyrB*）的PCR扩增和直接测序系统，并表明基于*gyrB*序列的系统发育分析比基于16S rRNA序列的系统发育分析具有更高的分辨率。

据报道，在从日本和帕劳（Palau）海岸环境收集的海绵（sponges）样品中，分离到噬纤维菌属-黄杆菌属-拟杆菌属细菌复合体的菌株。对5个分离菌株、以及选择从海藻（macroalgae）的绿藻（green algae）表面分离的两个相似的菌株，利用它们的*gyrB*核苷酸序列（*gyrB* nucleotide sequences）和翻译的肽序列（GyrB）及16S rRNA序列，分析了这些分离菌株在属于海洋菌种（marine species）的噬纤维菌属-黄杆菌属-拟杆菌属细菌复合体间的系统发育关系和分类研究。在这些菌株中，5个分离菌株被认为属于新的细菌类群，它们在系统发育上属于在以前已有描述为鱼类病原菌的、海洋屈挠杆菌属的解卵屈挠杆菌（*Flexibacter ovolyticus*）、近海屈挠杆菌（*Flexibacter maritimus*）。基于16S rRNA和GyrB序列分析，显示这些屈挠杆菌属的种（涉及的4个种）仅与屈挠杆菌属的模式种弯曲屈挠杆菌（*Flexibacter flexilis*）存在远缘关系，在系统发育（phylogenetically）上隶属于黄杆菌科细菌的成员。基于它们在系统发育、化学分类（chemotaxonomic）和表型特征（phenotypic characteristics），提出将近海屈挠杆菌、解卵屈挠杆菌两个种分别划归到新建立的"*Tenacibaculum* gen. nov."（黏着杆菌属）中，分别校订命名："*Tenacibaculum maritimum* comb.nov."（近海黏着杆菌）、"*Tenacibaculum ovolyticum* comb. nov."（解卵黏着杆菌）。此外，还同时报道了从海绵和海藻中分离的两个新种："*Tenacibaculum mesophilum* gen. nov., sp. nov."（嗜中温黏着杆菌），模式株为MBIC 1140（IFO 16307=DSM13764），是在日本沼津（Numazu，Japan）从收集的冈田软海绵（sponge，*Halichondria okadai*）分离的；"*Tenacibaculum amylolyticum* gen. nov. sp. nov."（解淀粉黏着杆菌），模式株为MBIC 4355（IFO 16310=DSM 13766），是在帕劳从收集的绿藻（green alga，*Avrain-villea riukiuensisi*）分离的。

对黏着杆菌属的描述，细菌为革兰氏阴性、大小在（1.5～30）μm×（0.4～0.5）μm的杆菌，不形成环状菌细胞（ring-shaped cells）和气泡（gas vesicles）。能够产生黄色色素，主要是玉米黄素（zeaxanthin）；不能产生柔红型色素。无芽孢，无鞭毛、但能够滑动。严格的有氧异养（aerobic heterotrophs）生长，能够产生接触酶和氧化酶；主要的呼吸醌（respiratory quinones）类是甲萘醌（menaquinone，MK-6）。细菌DNA中G+C的摩尔百分数为31～33，是黄杆菌科的成员。所有菌株均是从海洋环境分离的，在含有海水的培养基生长良好。其中的一个种，能够在含有1%～7%NaCl（*W/V*）的培养基活跃生长。模式种为近海黏着杆菌。

对近海黏着杆菌［*Tenacibaculum maritimum*（Wakabayashi et al., 1986）gen. nov. comb. nov.］的描述，为近海黏着杆菌的特征同Wakabayashi等（1986）报道在当时命名为"*Flexibacter maritimus*"（近海屈挠杆菌）的描述。模式株为NCIMB 2514；是在日本从患病真鲷（red sea bream，*Pagrus major*）鱼种（fingerling）分离的。

对解卵黏着杆菌［*Tenacibaculum ovolyticum*（Hansen et al., 1992）gen. nov. comb. nov.］的描述，为解卵黏着杆菌的特征同Hansen等（1992）报道在当时命名为"*Flexibacter ovolyticus*"（解卵屈挠杆菌）的描述。模式株为NCIMB 13127；是在西挪威（Western Norway）从比目鱼卵（halibut eggs）附着菌相（adherent epiflora）中分离出的。

基于研究结果，认为从细菌种的层级分类上考虑，*gyrB*序列的分辨率优于16S rRNA序列的；基于*gyrB*系统发育图（*gyrB* phylogram）的分类，与DNA-DNA杂交（DNA-DNA hybridization）的结果相一致[4]。

一、菌属定义

黏着杆菌属（*Tenacibaculum* Suzuki，Nakagawa，Harayama and Yamamoto，2001）细菌的种，其中有的分别是从屈挠杆菌属、噬纤维菌属（*Cytophaga* Winogradsky，1929 emend. Nakagawa and Yamasato，1996）细菌移入的。

在第二版《伯杰氏系统细菌学手册》第4卷（2010）、《伯杰氏系统古菌和细菌手册》（2015）中，定义了黏着杆菌属细菌的基本特征，主要是源于最初由日本海洋生物技术研究所釜石实验室的Suzuki等（2001）报道（即在上面有记述的[4]）的内容。

描述黏着杆菌属细菌为革兰氏阴性、大小在（1.5～30）μm×（0.4～0.5）μm的杆菌，无芽孢，无鞭毛、能够滑动。能够产生玉米黄素类的黄色色素，不产生柔红素型色素，需氧生长，有机化能营养；能够产生氧化酶、接触酶，在含有海水的培养基中生长良好，主要的呼吸醌类是甲基萘醌，所有菌株，均主要是分离于海洋环境。

Suzuki等（2001）描述黏着杆菌属细菌的一些种在鱼类具有致病性，一些种分离于患病鱼和海葵（sea anemone），一些种是牡蛎（oysters）的微生物区系。需氧菌，无鞭毛、但能够滑动，能够附着或不能附着于琼脂，产生主要是玉米黄素的黄色色素，不产生柔红素型色素。当时在属内共描述了近海黏着杆菌、解卵黏着杆菌、嗜中温黏着杆菌、解淀粉黏着杆菌4个种。

黏着杆菌属细菌DNA中G+C的摩尔百分数为31～33，模式种为近海黏着杆菌［*Tenacibaculum maritimum*（Wakabayashi，Hikida and Masumura，1986）Suzuki，Nakagawa，Harayama and Yamamoto，2001］[2-3]。

二、属内菌种

按伯杰氏（Bergey）细菌分类系统，在第二版《伯杰氏系统细菌学手册》第4卷（2010）、《伯杰氏系统古菌和细菌手册》（2015）中，黄杆菌科内均是记载了包括黏着杆菌属的61个菌属[2-3]。近些年来，又相继有多个新菌属的报道。在这些菌属（种）中，多是没有病原学意义的。这些菌属名录，记述在了第三章“黄杆菌科细菌的分类特征与科内菌属”中。

在第二版《伯杰氏系统细菌学手册》第4卷（2010）、《伯杰氏系统古菌和细菌手册》（2015）中，黏着杆菌属内共记载了8个种[2-3]。另外，近些年来多有新种的报道。

（一）伯杰氏细菌分类手册记载黏着杆菌属的菌种

在第二版《伯杰氏系统细菌学手册》第4卷（2010）、《伯杰氏系统古菌和细菌手册》（2015）中记载的8个种，依次为近海黏着杆菌、潮汐黏着杆菌（*Tenacibaculum aestuarii*）、解淀粉黏着杆菌、岸黏着杆菌（*Tenacibaculum litoreum*）、海泥黏着杆菌

（*Tenacibaculum lutimaris*）、嗜中温黏着杆菌、解卵黏着杆菌、斯卡格拉克海峡黏着杆菌（*Tenacibaculum skagerrakense*）[2-3]。

在此8种黏着杆菌中，已有的报道明确近海黏着杆菌、解卵黏着杆菌两个种为病原菌，但还仅是在鱼类。

（二）近年来报道的新种

经初步的文献检索，近年来有报道黏着杆菌属细菌的新种22个；其中的6个种，是在鱼类或其他海洋动物明确（或相关）具有病原学意义的。从这些新种的分离菌株来源看，其均是与海洋动物或海洋环境相关联的。

1. 具有致病性的新种黏着杆菌6种

已有报道具有致病性的6个新种黏着杆菌，分别为海葵黏着杆菌、舌齿鲈黏着杆菌、异色黏着杆菌、芬马克黏着杆菌、加利西亚黏着杆菌、鳎黏着杆菌。在此，分别对其致病作用予以简要记述。

（1）海葵黏着杆菌（*Tenacibaculum aiptasiae* sp. nov.）

海葵黏着杆菌（*Tenacibaculum aiptasiae* sp. nov. Wang，Chou，Chou et al.，2008），由大仁科技大学（Tajen University；Pingtung，Taiwan）的Wang等（2008）报道。种名“*aiptasiae*”为新拉丁语属格名词，指菌株分离于海葵（sea anemone belonging to the genus *Aiptasia*）。细菌DNA中G+C的摩尔百分数为35.0；模式株为a4（BCRC 17655=LMG 24004）。

Wang等（2008）报道，拂尘海葵（sea anemone，*Aiptasia pulchella*）广泛分布于热带和亚热带太平洋，在实验室中易于培养，常用作研究虫黄藻-刺胞动物间共生（*Symbiodinium*-cnidarian symbiosis）关系的模型动物（model animal）。但在封闭系统（closed system）中维持这种共生关系的过程中，有时会由于未知的原因导致发病。

对在我国台湾屏东（Pingtung，Taiwan，China）一个水族箱（aquarium）养殖的这种患病海葵（diseased sea anemone），将其表面以75%酒精消毒处理后压碎涂布接种于海洋2216琼脂（marine 2216 agar）25℃培养，分离到一株新的、产生淡黄色色素（pale-yellow-pigmented）的杆菌，指定模式株为a4。采用多相分类方法（polyphasic taxonomic approach）对其鉴定，基于16S rRNA基因序列的系统发育分析，表明该菌株属于黏着杆菌属细菌。基因型和表型数据（genotypic and phenotypic data）表明，菌株a4可被分类为黏着杆菌属细菌的一个新种，命名为“*Tenacibaculum aiptasiae* sp. nov.”（海葵黏着杆菌）[5]。

（2）舌齿鲈黏着杆菌（*Tenacibaculum dicentrarchi* sp. nov.）

舌齿鲈黏着杆菌（*Tenacibaculum dicentrarchi* sp. nov. Piñeiro-Vidal，Gijón，

Zarza，Santos，2012），由西班牙圣地亚哥德孔波斯特拉大学（Universidad de Santiago de Compostela；Santiago de Compostela，Spain）的Piñeiro-Vidal等（2012）报道，在西班牙从养殖的患病欧洲舌齿鲈分离到[6]。其致病作用，可见后面的相应记述。

（3）异色黏着杆菌（*Tenacibaculum discolor* sp. nov.）

异色黏着杆菌（*Tenacibaculum discolor* sp. nov. Piñeiro-Vidal，Riaza，Santos 2008），由西班牙圣地亚哥德孔波斯特拉大学的Piñeiro-Vidal等（2008）报道在西班牙西北部，从养殖的患病塞内加尔鳎（sole，*Solea senegalensis*）的肾脏分离到。种名“*discolor*”为拉丁语中性形容词，指其菌落颜色是特殊的（different colours，referring to the colours of the colonies）。细菌DNA中G+C的摩尔百分数为32.1（Piñeiro-Vidal et al.，2008）；模式株为LL04 11.1.1、NCIMB 14278、DSM 18842。

对大菱鲆（turbot，*Psetta maxima*）和鳎（sole）具有致病性，被感染鱼表现侵蚀口腔、鳍腐烂、皮肤浅表损伤、脏器变苍白等病变；以分离菌株对大菱鲆、鳎感染试验，显示具有强致病性[7]。

（4）芬马克黏着杆菌（*Tenacibaculum finnmarkense* sp. nov.）

芬马克黏着杆菌（*Tenacibaculum finnmarkense* sp. nov. Småge，Brevik，Duesund et al.，2016），由挪威卑尔根大学（University of Bergen；Bergen，Norway）的Småge等（2016）报道。种名“*finnmarkense*”为新拉丁语中性形容词，指菌株分离于挪威芬马克郡（Finnmark，Norway，referring to the place of isolation）。细菌DNA中G+C的摩尔百分数为34.1。模式株为HFJ（DSM 28541=NCIMB 42386）；GenBank登录号（16S rRNA）为KT270358（菌株HFJ）。

Småge等（2016）报道在挪威芬马克郡（Finnmark，Norway），从一条患溃疡性疾病（ulcerative disease）大西洋鲑的皮肤病灶（skin lesions）中分离到一个新的革兰氏阴性、需氧生长、无鞭毛、能够滑动的菌株，命名为HFJ。采用将表型数据（phenotypic data）与遗传和系统发育数据（genetic and phylogenetic data）相结合的多相分类（polyphasic taxonomy）的方法鉴定，结果显示菌株HFJ可被列为黏着杆菌属的一个新种，以其分离地（挪威芬马克郡）命名为“*Tenacibaculum finnmarkense* sp. nov.”（芬马克黏着杆菌）。

据报道，在2013年对HFJ和Tsp.2菌株，进行了对大西洋鲑的感染试验，复制出与自然感染相同的病症、并能够重新分离出感染菌（通过16S rRNA基因测序确认），从而实现了科赫法则（Koch’s postulates）对其致病性的确认[8]。

（5）加利西亚黏着杆菌（*Tenacibaculum gallaicum* sp. nov.）

加利西亚黏着杆菌（*Tenacibaculum gallaicum* sp. nov. Piñeiro-Vidal，Riaza，Santos，2008），是在上面的异色黏着杆菌中有记述由西班牙圣地亚哥德孔波斯特拉大学的Piñeiro-Vidal等（2008）报道，分离鉴定的黏着杆菌属两个新种，包括从大菱鲆养殖系统的保温贮槽海水分离的、命名为“*Tenacibaculum gallaicum* sp. nov.”（加利西亚黏着杆菌）。种名“*gallaicum*”为拉丁语中性形容词，指加利西亚的。细菌DNA中G+C的摩尔分数为32.7（Piñeiro-Vidal et al.，2008）；模式株为A37.1、NCIMB 14147、DSM 18841。

加利西亚黏着杆菌是大菱鲆的病原菌，病鱼表现典型的病症，侵蚀口腔、鳍腐烂、皮肤浅表损伤、脏器变苍白等病变。经感染试验表明，对大菱鲆、鳎显示具有强致病性[7]。

（6）鳎黏着杆菌（*Tenacibaculum soleae* sp. nov.）

鳎黏着杆菌（*Tenacibaculum soleae* sp. nov. Piñeiro-Vidal，Carballas，Gómez-Barreiro et al.，2008），由西班牙圣地亚哥德孔波斯特拉大学的Piñeiro-Vidal等（2008）报道在西班牙加利西亚（Galicia，Spain）分离于患病的养殖塞内加尔鳎。种名“*soleae*”为拉丁语属格名词，指分离于鳎的。细菌DNA中G+C的摩尔分数为29.8（Piñeiro-Vidal et al.，2008）；模式株为LL04 12.1.7、CECT 7292、NCIMB 14368。

Piñeiro-Vidal等（2008）报道，一种革兰氏阴性、杆状、能够滑动的细菌（菌株LL04 12.1.7），在西班牙加利西亚分离于患病的养殖塞内加尔鳎。基因型和表型性状研究表明为黏着杆菌属细菌的一个新种，命名为“*Tenacibaculum soleae* sp. nov.”（鳎黏着杆菌）。通过浸浴、腹腔注射接种感染试验，表明在鳎、大菱鲆鱼种具有致病性[9]。

2. 非致病性或致病性不明确的新种黏着杆菌16种

在已有报道的新种黏着杆菌中，属于非致病性或致病性不明确的涉及了16个种。这里以种名的英文字母顺序排列，简要记述这些新种的基本情况（种名、来源宿主、模式株、致病性、报道者等），以供参考。

（1）亚得里亚海黏着杆菌

亚得里亚海黏着杆菌（*Tenacibaculum adriaticum* sp. nov. Heindl，Wiese and Imhoff，2008），由德国莱布尼兹海洋科学研究所（the Leibniz-Institute for Marine Sciences；Kiel，Germany）的Heindl等（2008）报道。是从在克罗地亚罗维尼（Rovinj，Croatia）附近的亚得里亚海（Adriatic Sea），采集的苔藓虫（bryozoan，*Schizobrachiella sanguinea*）标本中分离到的。细菌DNA中G+C的摩尔百分数为31.6；模式株为B390（DSM 18961=JCM 14633）[10]。

（2）潮坪黏着杆菌

潮坪黏着杆菌（*Tenacibaculum aestuariivivum* sp. nov. Park，Choi，Won and Yoon，2017），由韩国成均馆大学（Sungkyunkwan University，South Korea）的Park等（2017）报道。菌株JDTF-79，是从黄海韩国珍岛（Jindo，South Korea，in the Yellow Sea）潮坪（tidal flat）分离的。细菌DNA中G+C的摩尔百分数为30.3；模式株为

JDTF-79（KCTC 52980=NBRC 112903）[11]。

（3）降解琼脂黏着杆菌

降解琼脂黏着杆菌（*Tenacibaculum agarivorans* sp. nov. Xu，Yu，Mu et al.，2017），由山东大学的Xu等（2017）报道。菌株HZ1，是在从各种自然资源筛选降解琼脂（agar-degrading）的微小生物（micro-organisms）过程中，从在威海海岸区域收集的条斑紫菜（marine alga，*Porphyra yezoensis*）表面分离到的。细菌DNA中G+C的摩尔百分数为31.8；模式株为HZ1（MCCC 1H00174=KCTC 52476）[12]。

（4）栖海鞘黏着杆菌

栖海鞘黏着杆菌（*Tenacibaculum ascidiaceicola* sp. nov. Kim，Park et al.，2016），由韩国国家渔业研究开发研究所（National Fisheries Research and Development Institute，NFRDI；South Korea）的Kim等（2016）报道。菌株RSS1-6，是从在韩国江陵（Gangneung，South Korea）东海收集的金海鞘（golden sea squirt，*Halocynthia aurantium*）分离的。细菌DNA中G+C的摩尔百分数为32.5；模式株为RSS1-6（KCTC 42702=NBRC 111225）[13]。

（5）海泥黏着杆菌

海泥黏着杆菌（*Tenacibaculum caenipelagi* sp. nov. Park，Jung-Hoon Yoon，2013），由韩国成均馆大学的Park和Yoon（2013）报道。菌株HJ-26M，是从在韩国南海宝城（Boseong in the South Sea，South Korea）海岸收集的潮坪沉积物（tidal flat sediment）海泥（mud of the sea）分离的。细菌DNA中G+C的摩尔百分数为34.5；模式株：HJ-26M（KCTC 32323=CECT 8283）[14]。

（6）太平洋牡蛎黏着杆菌

太平洋牡蛎黏着杆菌（*Tenacibaculum crassostreae* sp. nov. Lee，Baik，Park et al.，2009），由韩国新川国立大学（Department of Biology，Sunchon National University；Suncheon，Republic of Korea）的Lee等（2009）报道在韩国，从广泛收集于不同区域的表观健康太平洋牡蛎（Pacific oyster，*Crassostrea gigas*）分离到的；模式株为JO（KCTC 22329=JCM 15428）[15]。

（7）巨济黏着杆菌

巨济黏着杆菌（*Tenacibaculum geojense* sp. nov. Kang，Lee，Lee et al.，2012），由韩国生物科学与生物技术研究所（Korea Research Institute of Bioscience and Biotechnology，KRIBB；Yusong，Taejon，Korea）的Kang等（2012）报道。菌株YCS-6，是从在韩国巨济（Geoje，Korea）周围海岸收集的海水中分离到的。细菌DNA中G+C的摩尔百分数为32.7；模式株为YCS-6（KCTC 23423=CCUG 60527）[16]。

（8）鲍黏着杆菌

鲍黏着杆菌（*Tenacibaculum haliotis* sp. nov. Kim，Park，Park et al.，2017），由韩国

国家渔业科学研究所的Kim等（2017）报道。菌株RA3-2，是在韩国济州岛（Jeju island，South Korea）周围海域，从收集的野生皱纹盘鲍（abalone，*Haliotis discus hannai*）肠道分离到的。细菌DNA中G+C的摩尔百分数为31.7；模式株为RA3-2（KCTC 52419=NBRC 112382）[17]。

（9）海鞘黏着杆菌

海鞘黏着杆菌（*Tenacibaculum halocynthiae* sp. nov. Kim，Park，Nam et al.，2013），由韩国国家渔业研究开发研究所的Kim等（2013）报道。菌株P-R2A1-2，是在南海（South Sea，Korea）从收集的海鞘（sea squirt，*Halocynthia roretzi*）中分离的。细菌DNA中G+C的摩尔百分数为30.7；模式株为P-R2A1-2（KCTC 32262=CCUG 63681）[18]。

（10）海参黏着杆菌

海参黏着杆菌（*Tenacibaculum holothuriorum* sp. nov. Wang，Li，Hu et al.，2015），由我国海洋遗传资源国家重点实验室育种基地（State Key Laboratory Breeding Base of Marine Genetic Resources；Xiamen，China）的Wang等（2015）报道。菌株S2-2，是在从事海参类（holothurians）肠道微生物群落（intestinal microbial communities）调查期间，从在福建霞浦收集的刺参（sea cucumber，*Apostichopus japonicus*）肠道中分离的。细菌DNA中G+C的摩尔百分数为31.8；模式株为S2-2（MCCC 1A09872=LMG 27758）[19]。

（11）珍岛黏着杆菌

珍岛黏着杆菌（*Tenacibaculum insulae* sp. nov. Park，Choi，Choi and Yoon，2018），由韩国成均馆大学的Park等（2018）报道。菌株JDTF-31，是从在韩国附近黄海珍岛（Jindo，an island located in the Yellow Sea off the Korean peninsula）潮坪（tidal flat）分离到的。细菌DNA中G+C的摩尔百分数为31.3；模式株为JDTF-31（KCTC 52749=NBRC 112783）[20]。

（12）济州岛黏着杆菌

济州岛黏着杆菌（*Tenacibaculum jejuense* sp. nov. Oh，Kahng，Lee and Lee，2012），由韩国国立济州大学（JeJu National University；Jeju，Republic of Korea）的Oh等（2012）报道。菌株CNURIC01，是从在韩国济州岛收集的海水中分离的。细菌DNA中G+C的摩尔百分数为34.5；模式株为CNURIC013（KCTC 22618=JCM 15975）[21]。

（13）对虾黏着杆菌

对虾黏着杆菌（*Tenacibaculum litopenaei* sp. nov. Sheu，Lin，Chou et al.，2007），由我国台湾高雄海洋科技大学（National Kaohsiung Marine University；Kaohsiung，Taiwan，China）的Sheu等（2007）报道。在分离几丁质溶解细菌（chitinolytic bacteria）的研究过程中，于2000年8月在我国台湾南部屏东县，从收集的海水养殖凡纳滨对虾（prawn，*Litopenaeus vannamei*）小虾（shrimp）的池水中分离到的。细菌DNA

中G+C的摩尔百分数为35.2；模式株为B-1（BCRC 17590=LMG 23706）[22]。

（14）沉积物黏着杆菌

沉积物黏着杆菌（*Tenacibaculum sediminilitoris* sp. nov. Park，Ha，Jung et al.，2016），由韩国成均馆大学的Park等（2016）报道。菌株YKTF-3，是从在韩国黄海延光（Yeongkwang on the Yellow Sea of South Korea）采集的潮坪沉积物（tidal flat sediment）中分离的。细菌DNA中G+C的摩尔百分数为32.3；模式株为YKTF-3（KCTC 52210=NBRC 111991）[23]。

（15）鱿鱼黏着杆菌

鱿鱼黏着杆菌（*Tenacibaculum todarodis* sp. nov. Shin，Kim and Yi，2018），由高丽大学（Korea University；Seoul，Republic of Korea）的Shin等（2018）报道。是在从事海洋动物（marine animals）微生物群系成员（microbiome members）培养的试验中，从在靠近韩国的东海捕获的一种海洋无脊椎动物（marine invertebrate）鱿鱼（squid，*Todarodes pacificus*）中分离到的。细菌DNA中G+C的摩尔百分数为30.7；模式株为LPB0136（KACC 18887=JCM 31564）[24]。

（16）厦门黏着杆菌

厦门黏着杆菌（*Tenacibaculum xiamenense* sp. nov. Li，Wei，Yang et al.，2013），由厦门大学（Xiamen University；Xiamen，China）的Li等（2013）报道。是为研究赤潮（red tides）频发的厦门沿海海水中的杀藻细菌（algicidal bacteria），对一些分离菌株进行了分类鉴定。其中的菌株WJ-1，是于2011年8月从厦门沿岸海水（深度1～2m）中分离到的，对有害藻类三角褐指藻（Phaeodactylum tricornutum）具有杀藻活性（algicidal activity）。细菌DNA中G+C的摩尔百分数为33.2；模式株为WJ-1（CGMCC 1.12378=LMG 27422T）[25]。

第二节　近海黏着杆菌（*Tenacibaculum maritimum*）

近海黏着杆菌［*Tenacibaculum maritimum*（Wakabayashi，Hikida and Masumura，1986）Suzuki，Nakagawa，Harayama and Yamamoto，2001］最初被分类于屈挠杆菌属，名为近海屈挠杆菌（*Flexibacter marinus* Hikida，Wakabayashi，Egusa and Masumura，1979）、近海屈挠杆菌（*Flexibacter maritimus* Wakabayashi，Hikida and Masumura，1986 emend. Bernardet and Grimont，1989）；又被分类于噬纤维菌属，名为近海噬纤维菌［*Cytophaga marina*（ex Hikida，Wakabayashi，Egusa and Masumura，1979）Reichenbach，1989］。菌种名称“*maritimum*”为拉丁语中性形容词，指海洋的。

细菌DNA中G+C的摩尔百分数为31.3～32.5，模式株为R2、ATCC 43398、CIP

103528、CCUG 35198、LMG 11612、NBRC 15946、NCIMB 2154；GenBank登录号（16S rRNA）为AB078057[2-3]。

需要注意的是，关于近海黏着杆菌的模式菌株在菌种保藏中心的编号，此处的NCIMB 2154（模式株）与在前面有记述的日本海洋生物技术研究所釜石实验室Suzuki等（2001）报道（注：可见在上面的记述[4]），以及在后面有相关记述的NCIMB 2514、R2（NCMB 2514）等编号不一致，在原文中即如此记述的，当是在当时对此菌（株）不同命名的“模式株”，其原始菌株R2，即由日本东京大学农学部的Hikida等、日本广岛县水产试验场的Masumura（1979）报道于1977年7月1日从日本广岛县翁都患病的真鲷鱼种（red sea bream fingerling）口腔部位（mouth）分离到的；另外，对在1976年7月26日从广岛患病黑海鲷口腔部位分离的菌株B2（NCMB 2513）、NCMB 2153（亦为近海黏着杆菌）的记述，也存在同样的情况。NCIMB，应当是在当时被称为的“National Collections of Industrial and Marine Bacteria，NCIMB；Aberdeen，Scotland”（英国国家工业与海洋细菌收藏中心；苏格兰，阿伯丁）、也记作NCMB。

一、研究历程简介

对近海黏着杆菌，曾分别有过分类于不同菌属的命名；后来是在前面有记述日本海洋生物技术研究所釜石实验室的Suzuki等（2001）报道，明确当是属于黄杆菌科细菌的一个新菌属、新菌种，命名为“*Tenacibaculum* gen. nov.”（黏着杆菌属）、“*Tenacibaculum maritimum* comb. nov.”（近海黏着杆菌）[4]。

（一）Masumura和Wakabayashi首先描述海鲷的滑动细菌病

日本广岛县水产试验场的Masumura和东京大学农学部的Wakabayashi（1977）报道，在日本广岛县漂浮网箱（floating net cages）中养殖的、体长在15～60mm（主要为20～40mm的）的真鲷（红海鲷）、黑海鲷鱼苗的死亡，是与一种滑动细菌感染引起的所谓滑动细菌病相关联的，可导致20%～30%的种群死亡率；病症表现，主要是以口部被侵蚀（eroded mouth）、鳍破损（frayed fins）和尾部腐烂（rotten tail）为典型特征。

作为真鲷、黑海鲷种苗生产技术的一种方法，是在幼鱼成长到全长约10mm的阶段，从陆地池转移到海面小鱼池，进行生长到全长2～10cm的中间阶段养殖。然而在真鲷幼鱼达到全长2cm左右时，以口吻部的糜烂和尾鳍融解缺损等为主要症状的细菌性疾病开始被人们所熟知，如松里寿彦（1973）的报道和濑户内海增养殖渔业协会（1974）的报道，因为这种疾病具有高死亡率（减耗大多可达到放养尾数的20%～30%）。另外，在广岛县自1975年始盛行养殖黑海鲷鱼苗以来，也发生了与真鲷情况极为相似的疾病。

从发现此病的1976年7月上旬至8月上旬，在广岛县水产试验场的海面小鱼池内以中间阶段养殖中的真鲷、黑海鲷鱼苗为供试材料，进行眼观病症检查、通过显微镜观察患部的组织片检验、从黑海鲷进行细菌分离鉴定。结果在病变处生长有大量的滑动细菌，呈淡黄色。对分离细菌的检验，基本特征为革兰氏阴性，大小在（0.3～0.5）μm×（2.0～6.0）μm的易弯曲杆菌；氧化酶阳性，不能降解琼脂、纤维素、几丁质。在没有海水存在的情况下，在改良Ordal氏培养基没有生长。通过用分离的菌株在口腔或尾鳍表面涂抹接种感染真鲷和黑海鲷鱼苗，试验感染的鱼表现出与自然感染的鱼基本相同的病症。这种病原菌，被判定为一种屈挠杆菌（*Flexibacter* sp.）[26]。

图5-1A显示患病真鲷（红海鲷）的尾腐烂（rotten tail）的病症；图5-1B显示患病黑海鲷口腔溃疡侵蚀（eroded mouth ulcer），颌骨已露出（jaws have come out）的病症。图5-2A显示直接从病灶涂抹标本，用亚甲蓝（methylene blue）染色的滑动细菌；图5-2B显示这种滑动细菌在用海水配制的噬纤维菌琼脂培养基上生长的菌落，淡黄色、扁平、边缘呈根状（rhizoid form）[26]。

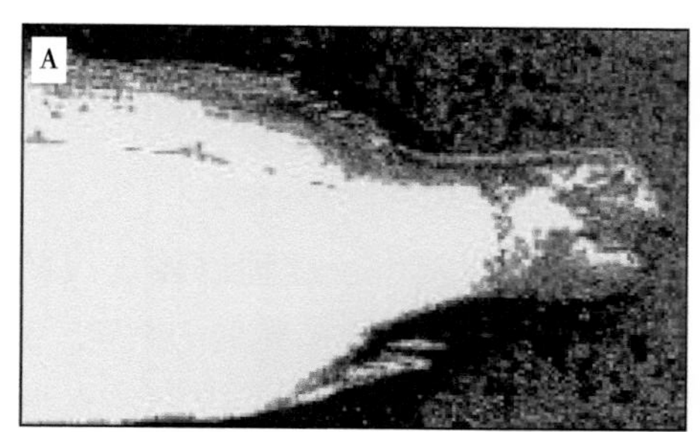

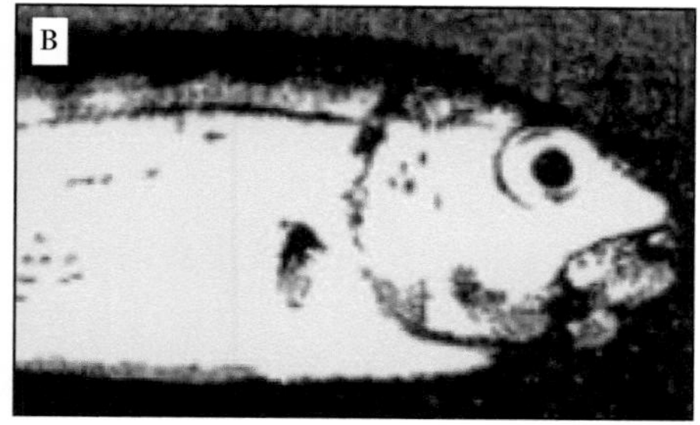

图5-1　患病鱼的病症

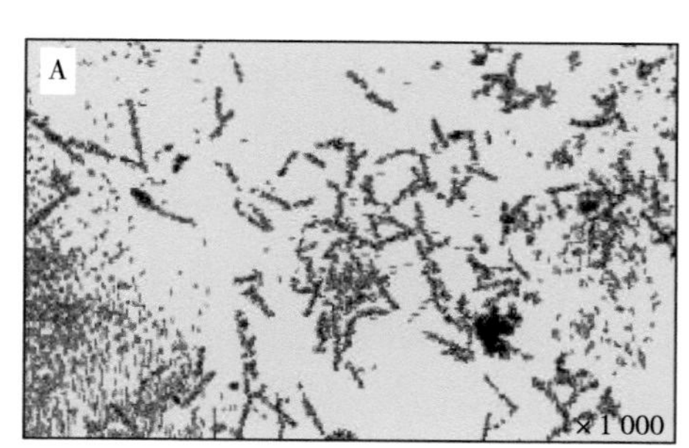

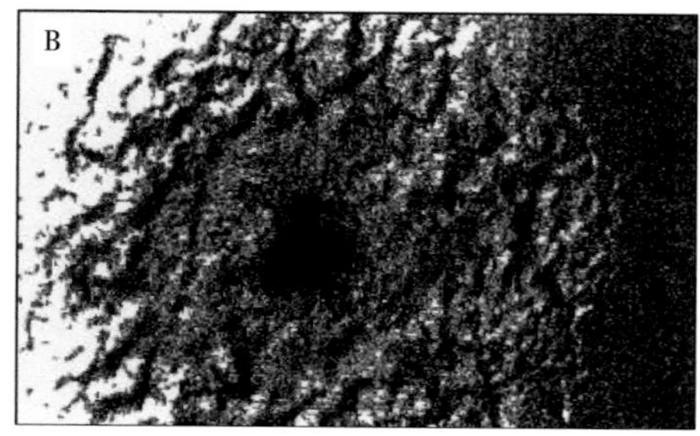

图5-2　滑动细菌的特征

现在来综合分析此病，应当是由现在分类命名的近海黏着杆菌引起的海鲷感染病、即所谓鱼类的“tenacibaculosis”（黏着杆菌病）及其病原菌（近海黏着杆菌）方面最早的报道。

（二）宫崎等首先描述鱼类滑动细菌病的病理组织学变化

日本三重大学水产学部的宫崎照雄（Teruo Miyazaki）、洼田三朗（Saburoh S

Kubota）和日本东京大学农学部的江草周三（Syuzo Egusa），在早期（1975、1976）分别比较详细地描述了不同鱼类滑动细菌感染的病理组织学变化[27-30]。

现在来综合分析这些所谓的鱼类滑动细菌感染，当是由现在分类命名的近海黏着杆菌引起的，也是在此类感染病（黏着杆菌病）的病理组织学方面最早的报道，并为后来在黏着杆菌病方面的研究提供了重要的基础资料。

1. 宫崎等描述五条鰤滑动细菌感染病的病理组织学变化

宫崎照雄、洼田三朗和江草周三（1975）报道于1973年冬季，在敦贺地区（Tsuruga area）发生了一起五条鰤（yellowtail，*Seriola quinqueradiata*）暴发海洋滑动细菌感染。病鱼的主要特征是体表和鳍的被侵蚀和形成浅层溃疡形成。在侵蚀部位，早期在上皮基底膜和真皮疏松结缔组织发现少量的屈挠杆菌（flexible rods）；在晚期观察到大量的屈挠杆菌侵入广泛的松散结缔组织和致密结缔组织的表层，其中发生了相当多的坏死，真皮和鳞片被破坏，形成了广泛的皮肤溃疡。从组织病理学观察来看，皮肤损伤被认为这种溃疡病是由海洋屈挠细菌（marine flexible bacterium）感染引起的。对真皮胶原组织（dermal collagenous tissues）的侵袭，是这种细菌的一个重要致病特征。病理组织学研究显示，一种滑行细菌侵入真皮增殖，感染局部的组织崩溃。

报道在1973年冬季，在福井县沿岸养殖场的五条鰤发生了这种以体表浅的溃疡形成为主的滑行细菌感染症。1973年12月在福井县沿岸的养殖场采集的6尾病五条鰤，均为鳃盖、体侧部、腹部或尾柄糜烂或浅的溃疡。在鳃盖、体侧部、腹部的初期患部以表皮糜烂为主要特征，进而扩大其中心区域，发展为脱鳞和真皮的损伤及伴随皮下充（出）血而达到真皮的溃疡。

病理组织学的研究显示在糜烂性病灶中，表皮局部的上皮细胞坏死，在基底膜上坏死的上皮细胞是单层或者是呈裂痕状残存，或者表皮剥离露出基底膜，暴露的基底膜变性。此后，在基底膜和疏松结缔组织（loose connective tissue）有多数的长杆菌侵入增殖，组织陷入融解坏死、局部性崩溃，鳞片崩溃、脱落。这种长杆菌也传播到皮下脂肪组织，那里的血管也发生出血。感染病灶在真皮上没有局限性地向败血病灶发展，也没有发现脾脏、肾脏造血组织、肝脏等系统组织的反应[27]。

图5-3显示屈挠杆菌在五条鰤的感染。图5-3A显示患病五条鰤体测和尾柄部位的浅溃疡病灶；图5-3B为苏木精-伊红染色显示溃疡性病灶，表皮疏松结缔组织崩解坏死，致密结缔组织暴露、表层严重溶解坏死、中层变性坏死；图5-3C为溃疡性病灶（与图5-3B为同部位病灶），吉姆萨染色显示这种屈挠杆菌在坏死的致密结缔组织（dence connective tissue）表层大量生长繁殖并向深层扩散；图5-3D显示这种屈挠杆菌在真皮胶原组织中生长繁殖，吉姆萨染色[27]。

2. 宫崎等描述锦鲤滑动细菌感染病的病理组织学变化

宫崎照雄、洼田三朗和江草周三（1976），分别报道了锦鲤（color carp，*Cyprinus carpio*）所谓的滑动细菌感染的病理组织学变化，包括了感染溃疡病灶、治愈阶段溃疡病灶、内脏器官。

（1）感染溃疡病灶的病理组织学变化

宫崎照雄、洼田三朗和江草周三（1976）报道对在1974年春末暴发的所谓屈挠细菌（flexible bacterial）感染的患病锦鲤，进行了体表感染性溃疡过程中的组织病理学观察。分离出的屈挠细菌的生长温度范围，低于柱状屈挠杆菌（*Flexibacter columnaris*）［注：柱状屈挠杆菌即现在分类命名的柱状黄杆菌（*Flavobacterium columnare*）］。

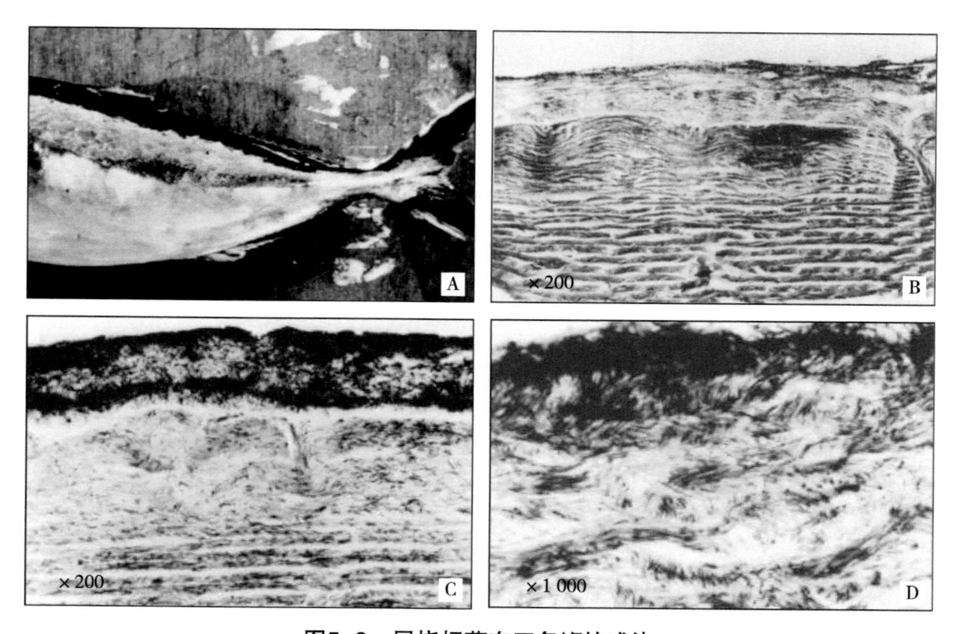

图5-3　屈挠杆菌在五条鰤的感染

观察结果发现在浅层溃疡中的上皮细胞消失，暴露在外的真皮受到相当数量的屈挠细菌的感染。在病理组织学方面：溃疡中央区域暴露的肌组织明显坏死，屈挠细菌和其他革兰氏阴性杆菌侵入其表层；边缘区域受到大量屈挠细菌感染，出现坏死，纤维蛋白沉淀覆盖了真皮的网状结构，许多巨噬细胞浸润并发生急性炎症反应；在周围区域，大量的屈挠细菌通过真皮的皮肤表层。

结果显示这种滑动细菌在真皮胶原纤维性结合织中具有高度的侵袭性，通过向侧面传播真皮使溃疡病灶扩大，且与相继侵入的其他细菌一起侵入体侧肌组织使溃疡更加深入。在重病例，卷入体侧肌组织的感染病灶发展成败血病灶。另外，这种滑动细菌，被推测为外部寄生虫造成的皮肤创伤入侵门户；由外部寄生虫产生的皮肤伤口进入真皮，并通过其通过真皮的横向传播扩大溃疡。其他细菌随后的侵入，暴露的侧肌组织有助于加深溃疡[28]。

图5-4显示被屈挠细菌感染锦鲤的病变。图5-4A显示溃疡病灶周围鳞片脱落，皮内及皮下出血；图5-4B显示致密结缔组织胶原纤维崩解、坏死；图5-4C显示这种屈挠细菌在坏死的致密结缔组织中大量生长繁殖，混有革兰氏阴性杆菌；图5-4D显示肌组织溃疡，在表皮基底膜、真皮致密结缔组织和疏松结缔组织存在大量屈挠细菌生长繁殖，引起组织变性、坏死[28]。

（2）治愈阶段溃疡病灶的病理组织学变化

宫崎照雄、洼田三朗和江草周三（1976）报道从一起滑动细菌感染患病锦鲤中获得治愈过程的溃疡病灶，对其病变进行了组织病理学观察。发现在治愈初期阶段的病灶，溃疡表面被网状稀疏的表皮覆盖，溃疡底部纤维素析出；在受影响的肌肉组织中，存在大量炎性细胞浸润（inflammatory cells infiltrated）并吞噬坏死组织，在那里没有细菌。在愈合溃疡的进展阶段，再生上皮变厚，在再生上皮下新形成高血管化（highly vascularized）肉芽组织（granulation tissue）取代了炎症渗出物和肌肉组织的坏死物质。

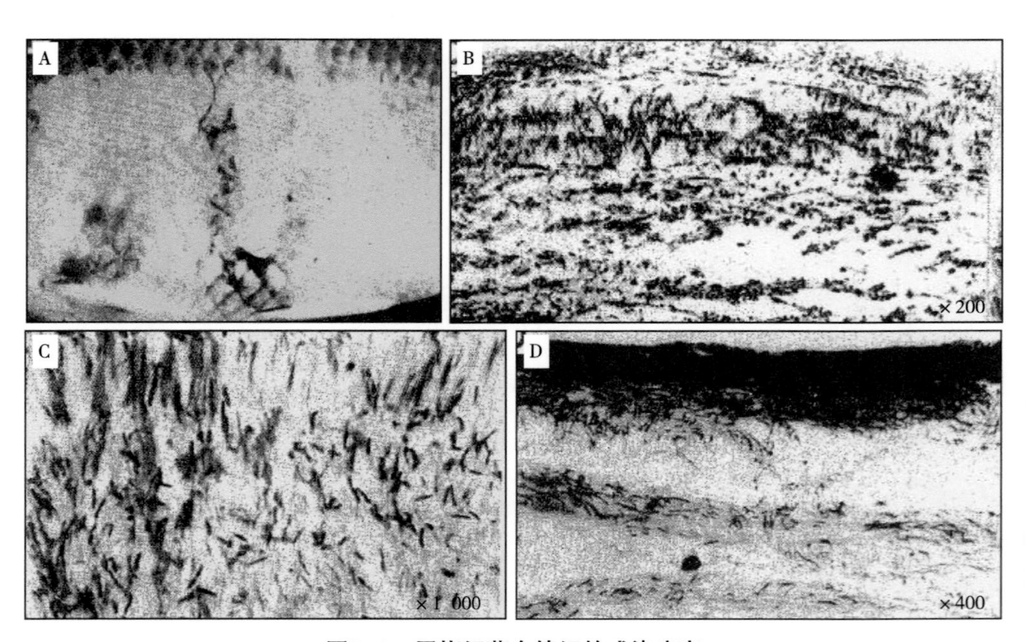

图5-4　屈挠细菌在锦鲤的感染病变

从观察结果可知，再生表皮和析出纤维素侵入的组织表面的覆盖及之后新生的肉芽组织的析出纤维素和坏死组织的消化吸收和替换，对溃疡病灶的治愈起着最重要的作用[29]。

（3）内脏器官的病理组织学变化

宫崎照雄、洼田三朗和江草周三（1976）报道对有感染性溃疡或体表愈合性溃疡的患病锦鲤内脏器官，进行了组织病理学检查。发现在有大的感染性溃疡的严重患病重病例鱼中，表现：一是在心室内产生涉及心内膜和心肌的小损伤，其中存在杆状菌（rods）分布；二是在脾脏和肾脏造血组织中，出现明显的含铁血黄素沉着症（hemosiderosis）；三是在肝细胞外周血中，出现广泛的脂蛋白颗粒变性（lipoprotein-granulation degeneration）；四是大量富含脂褐质（lipofuscin-laden）的巨噬细胞出现在肝脏和胰腺的间质组织，以及脾脏和肾脏的造血组织中。在有愈合性溃疡的鱼体内，表现为小的圆形细胞（small round cells），广泛浸润到心肌中；大量的含蜡样质（ceroid-laden）或脂褐质巨噬细胞，出现在脾脏和造血组织中。

从观察结果证实，这种细菌血症引起内脏器官的播散性病变是由杆状菌引起的，而屈挠细菌不能产生。得出的结论是富含网状内皮细胞（cells of the reticuloendothelial system）的器官出现含铁血黄素沉着症，这是在溃疡性病变中明显的循环紊乱所造成的。在严重的疾病情况下，内脏器官会发生功能损害[30]。

（三）近海黏着杆菌的分类与命名研究

对近海黏着杆菌的分类与命名，经历了一个比较长期的过程。涉及相应分类于屈挠杆菌属，名为近海屈挠杆菌；噬纤维菌属，名为近海噬纤维菌；最后由在前面有记述日本海洋生物技术研究所釜石实验室的Suzuki等（2001），将其校订分类于新建立的“*Tenacibaculum* gen. nov.”（黏着杆菌属），命名为“*Tenacibaculum maritimum* comb. nov.”（近海黏着杆菌）。

1. Hikida等首先分离鉴定与命名近海屈挠杆菌

日本东京大学农学部的Hikida等、广岛县水产试验场的Masumura（1979）报道，以作为屈挠杆菌属细菌的种“*Flexibacter marinus*”（近海屈挠杆菌）命名。当时报道滑动细菌，是在淡水鱼类明确的病原菌；已明确柱状屈挠杆菌（*Flexibacter columnaris*）即现在分类命名的柱状黄杆菌，是鱼类柱状病的病原菌。另外，认为在海鱼的滑动细菌病还鲜为人知[31]。

在1976年和1977年，日本广岛县养殖的幼龄（juvenile）真鲷（红海鲷）和黑海鲷发生一种新的细菌性疾病（bacterial disease），是由一种滑动细菌引起的。以含有70%海水的噬纤维菌培养基（*Cytophaga* medium）或TCY培养基（TCY medium）于室温（20～25℃）分离培养，从患病幼龄红海鲷和黑海鲷中分离到8株滑动细菌。8株菌均分离于广岛，涉及当年（0-year-old）的真鲷和黑海鲷的尾部（tail）、口腔部位

（mouth）、背鳍（dorsal fin）、皮肤（skin）等部位（表5-1）。所用TCY培养基，为细菌用胰蛋白胨（Bacto-tryptone，T）0.1g、细菌用水解酪蛋白氨基酸0.1g、酵母提取物0.02g、NaCl为3.13g、KCl为0.07g、$MgCl_2 \cdot 6H_2O$为1.08g、$CaCl_2 \cdot 2H_2O$为0.1g，蒸馏水100mL；pH值为7.0 ~ 7.2。

对8个菌株基本生物学性状进行了研究（表5-1），显示均为革兰氏阴性的弯曲状杆菌（rod-shaped cells），无鞭毛，能够滑动，通常为大小在0.5μm ×（2 ~ 30）μm、偶可见长度达100μm的丝状菌细胞（filamentous cell），不产生微囊（microcysts），不能厌氧生长；对供试24种碳水化合物均不能利用，对供试琼脂、纤维素和几丁质等多糖类（polysaccharides）均不能降解。在以海水或合成海水制备的培养基中生长，不能在仅含NaCl的培养基中生长。细菌DNA中G+C的摩尔百分数为31.3 ~ 32.5。根据这些特性，认为应归入屈挠杆菌属，不属于已有明确的种（在生物学特性及对鱼类的致病性方面），因此被归类为一个独立的种、命名为“*Flexibacter marinus*”（近海屈挠杆菌）。

表5-1　8株细菌的编号及分离源

序号	菌株	分离日期	鱼类	部位	序号	菌株	分离日期	鱼类	部位
1	R-1	1977.6.30	真鲷	尾部	5	R-5	1976.12.24	真鲷	皮肤
2	R-2	1977.7.1	真鲷	口腔	6	R-6	1977.1.18	真鲷	背鳍
3	R-3	1977.7.7	真鲷	口腔	7	B-1	1976.7.26	黑海鲷	口腔
4	R-4	1976.11.20	真鲷	背鳍	8	B-2	1976.7.26	黑海鲷	口腔

图5-5显示近海屈挠杆菌及感染病特征。图5-5A为感染近海屈挠杆菌的幼龄真鲷，显示口腔部位被侵蚀（eroded mouth）；图5-5B为感染近海屈挠杆菌的幼龄真鲷，显示尾部腐烂（tail rot）；图5-5C为近海屈挠杆菌的亚甲蓝（methylene blue）染色，显示杆状菌形态；图5-5D为近海屈挠杆菌的亚甲蓝染色，显示丝状菌细胞；图5-5E为近海屈挠杆菌在TCY琼脂（TCY agar）培养基生长的菌落，显示边缘不整齐；图5-5F为近海屈挠杆菌在TCY液体培养基（TCY liquid medium）生长，显示在上层产生薄膜（pellicle）[31]。

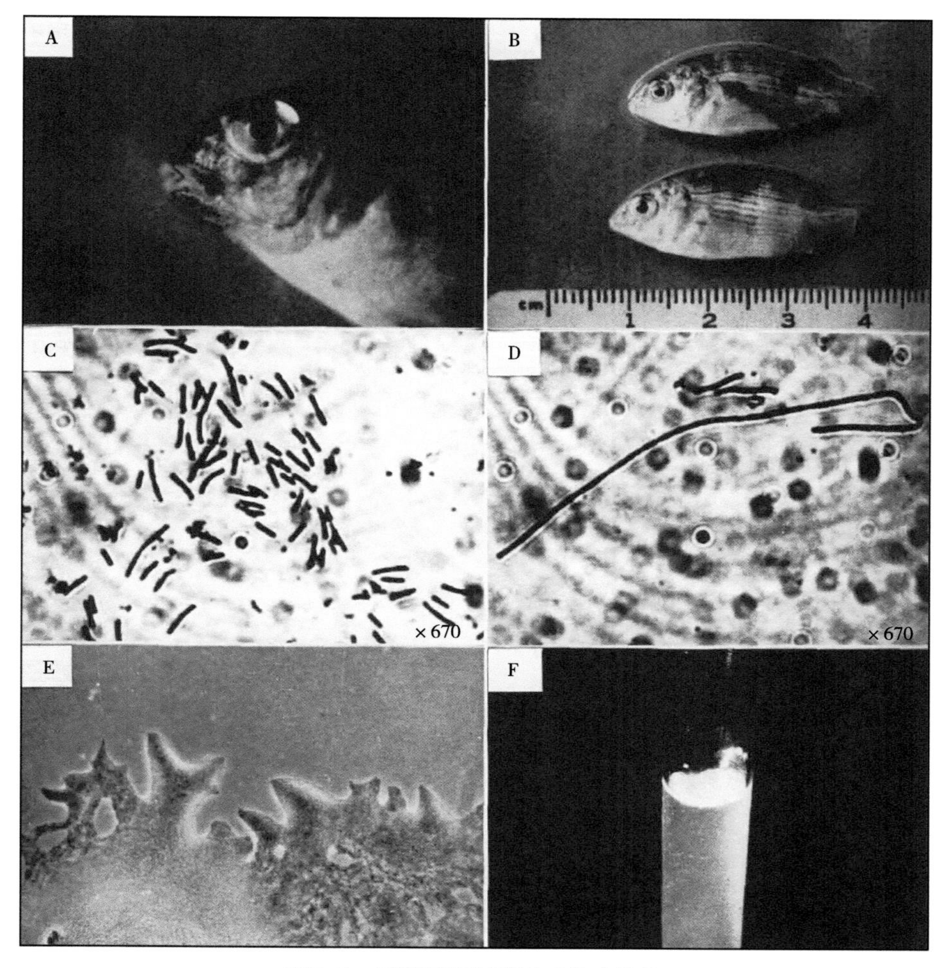

图5-5　近海屈挠杆菌及感染病特征

2. Wakabayashi等进一步分离鉴定与命名近海屈挠杆菌

日本东京大学农学部的Wakabayashi和Hikida、广岛县水产试验场的Masumura（1986）报道，是Masumura和Wakabayashi（1977）首先描述了在日本广岛海水网箱养殖（net-cage culture）中养殖的真鲷、黑鲷鱼苗中的一种屈挠杆菌感染是导致死亡的原因；在病变部位，观察到大量细长的杆菌，受感染的组织呈淡黄色（pale-yellow）外观（注：可见在上面的相应记述[26]）。自1976年以来，此病已成为日本各地养殖真鲷、黑鲷鱼苗的常见问题。在冬季，这种屈挠杆菌感染也导致养殖鱼类死亡，损伤最初是在鳍、头和躯干出现灰白色皮肤（greyish-white cutaneous foci）病灶。在皮肤上，发生病变处被侵蚀（eroded），产生浅层溃疡（shallow ulcers）。从患病鱼类中分离出的细菌由Hikida等（1979）报道进行了特征鉴定，并作为屈挠杆菌属的种命名为“*Flexibacter marinus*”（近海屈挠杆菌）（注：可见在上面的相应记述[31]）。

报道对从患病的真鲷、黑鲷、条石鲷（rock bream，*Oplegnathus fasciatus*）分离的15株菌，进行了鉴定。这些细菌在用海水制备的噬纤维菌培养基（*Cytophaga* medium）中生长，但未能在添加NaCl的噬纤维菌培养基中生长。分离菌株的基本特征，为革兰氏阴性、易弯曲的杆菌，在湿表面上表现出滑动。严格有氧生长，海水至少需要1/3的强度才能生长，生长不仅需要NaCl、还需要KCl，Mg^{2+}和Ca^{2+}能够促进生长。不能利用琼脂、纤维素、几丁质。基于其生物学特性，正式作为屈挠杆菌属细菌的新种命名为"*Flexibacter maritimus* sp. nov."（近海屈挠杆菌）。

细菌DNA中G+C的摩尔百分数为31.3～32.5（模式株为31.6）。模式株为R2（NCMB 2514）；于1977年7月1日在日本广岛县翁都（Ondo，Hiroshima Prefecture，Japan）从海面漂浮网箱养殖（reared in a floating net cage offshore）的患病真鲷鱼种（fingerling）分离的。另外的一株B2（NCMB 2513），是于1976年7月26日在广岛从黑鲷分离的，已作为NCMB 2513保藏。

15株供试菌是分别在1976—1979年，分离于广岛、石川（Ishikawa）、德岛（Tokushima）、静冈（Shizuoka）、长崎（Nagasaki）5个地区。其菌株编号、分离日期、鱼类、区域等情况，如表5-2所示。这些菌株是从患病鱼的外部损伤或肾脏组织，通过划线接种在含有70%海水的噬纤维菌琼脂（*Cytophaga* agar）培养基分离到的；在25℃孵育2～3d后生长的菌落，呈淡黄色、扁平、边缘不规则[32]。

表5-2　15株菌的编号及分离情况

序号	菌株	分离日期	鱼类	地点	序号	菌株	分离日期	鱼类	地点
1	B1	1976.7.26	黑海鲷	广岛	9	B3	1978.7.20	黑海鲷	石川
2	B2（NCMB 2513）	1976.7.26	黑海鲷	广岛	10	R8	1978.10.11	真鲷	广岛
3	R4	1976.11.20	真鲷	广岛	11	R10	1978.10.11	真鲷	广岛
4	R5	1976.12.24	真鲷	广岛	12	R22	1978.12.26	真鲷	德岛
5	R6	1977.1.18	真鲷	广岛	13	R28	1978.12.26	真鲷	德岛
6	R1	1977.6.30	真鲷	广岛	14	R31	1979.1.10	真鲷	静冈
7	R2（NCMB 2514）	1977.7.1	真鲷	广岛	15	Pl	1979.2.16	条石鲷	长崎
8	R3	1977.7.7	真鲷	广岛	合计	15株			

3. Bernardet和Grimont比较研究近海屈挠杆菌

法国农业科学研究院的Bernardet和巴斯德研究所的Grimont（1989）报道，对一些未明确的鱼类病原菌和被称为"*Flexibacter columnaris* sp. nov."（柱状屈挠杆菌）

［注：即现在分类命名的柱状黄杆菌（*Flavobacterium columnare*）］、“*Cytophaga psychrophila*”（嗜冷噬纤维菌）［注：即现在分类命名的嗜冷黄杆菌（*Flavobacterium psychrophilum*）；也曾名为嗜冷屈挠杆菌（*Flexibacter psychrophilus* sp. nov.）］、“*Flexibacter maritimus*”（近海屈挠杆菌）的菌株，进行了DNA相关性和表型性状比较研究。

报道柱状屈挠杆菌（柱状黄杆菌）和嗜冷噬纤维菌（嗜冷黄杆菌），是最近在法国首次分离出。研究中将法国分离株与其他国家分离株进行了比较，并包括每个隶属于屈挠杆菌属、噬纤维菌属的有效种的模式株和黄杆菌属（*Flavobacterium* Bergey，Harrison，Breed et al.，1923；Bernardet，Segers，Vancanneyt et al.，1996）细菌的7个种；还纳入了NCMB保藏的2株近海屈挠杆菌，并与由英国佩斯利理工学院（Department of Biology，Paisley College of Technology；Paisley，Renfrewshire，Scotland）的Campbell和Buswell（1982）报道在苏格兰从欧洲鳎（dover sole，*Solea solea*）呈黑斑坏死病皮肤病灶分离出的柱状屈挠杆菌（柱状黄杆菌）样细菌（*Flexibacter columnaris*-like bacterium）的菌株NCMB 2158进行了比较。表型性状和DNA相关性研究的结果表明，鱼类的柱状屈挠杆菌、嗜冷噬纤维菌（嗜冷屈挠杆菌）、近海屈挠杆菌三种病原菌各为独立的种（注：即现在分类命名的柱状黄杆菌、嗜冷黄杆菌、近海黏着杆菌）。菌株NCMB 2158与NCMB 2153、NCMB 2154（模式株）一同被鉴定为“*Flexibacter maritimus*”（近海屈挠杆菌），是首次在欧洲证明了近海屈挠杆菌（近海黏着杆菌）这种病原菌的存在。

供试的大多数菌株，均能够在Anacker和Ordal（1955）报道的肉汤或琼脂培养基中生长。培养基是在1 000mL蒸馏水中含有0.5g胰蛋白胨、0.5g酵母提取物、0.2g醋酸钠（sodium acetate）、0.2g牛肉膏，琼脂培养基为含有9g琼脂；将pH值调为7.2 ~ 7.4[33]。

4. Holmes正式分类命名近海屈挠杆菌

英国鉴定服务实验室（Identification Services Laboratory）、国家标准菌种库（National Collection of Type Cultures）、公共卫生中心实验室（Central Public Health Laboratory；London，United Kingdom）的Holmes（1992）报道，日本广岛县水产试验场的Masumura和日本东京大学Wakabayashi（1977）报道分离到一种滑动细菌（gliding organism），能够导致某些养殖的幼龄海鱼（juvenile marine fishes）大量死亡（注：可见在上面的相应记述[26]）；日本东京大学的Hikida等（1979）报道，描述了这种细菌的8个菌株，并认为它们是一个新种成员（注：可见上面的记述[31]）。这些报道者发表了他们打算单独提出一个正式的种名“*Flexibacter marinus*”（近海屈挠杆菌）的建议。日本东京大学Wakabayashi等（1984、1986）报道描述了这种细菌附加菌株的一些特征，且在细菌“*marinus*”这个种名已用于“*Vibrio marinus*”（海弧菌），改变了对这个种名称使用的想法，最终正式的提议是作为新种命名为“*Flexibacter maritimus* sp. nov.”（近海屈挠杆菌）（注：可见在上面的相应记述[32]）。菌株R2被指定为模式株，被保藏在英国国家工业与海洋细菌收藏中心（National Collections of Industrial and Marine Bacteria，NCMB；Aberdeen，Scotland）、即菌株NCMB 2514；另外是一个附加菌株B2（NCMB 2513），一起保藏。这两个菌株的NCMB登录号（accession numbers），分别为NCMB 2154、NCMB 2153［National Collections of Industrial and Marine Bacteria.1990.Catalogue of strains.National Collections of Industrial and Marine Bacteria Ltd.，Aberdeen，Scotland（国家工业与海洋细菌收藏中心菌株目录，1990）］。

目前这种细菌2个有效发表（validly published）的种。一种为“*Flexibacter maritimus* Wakabayashi，Hikida and Masumura，1986”（近海屈挠杆菌），模式株为NCMB 2514；另一种为近海噬纤维菌（*Cytophaga marina* Reichenbach，1989），模式株为NCMB 2153。然而很明显，是同一个种存在的两个种名。提议“*Cytophaga marina*”是作为一种新的组合归入“*Flexibacter marinus*”，这个名称从未被有效公布，最终被作为具有优先权的同一个种归入“*Flexibacter maritimus*”。Reichenbach（1989）提议的“*Cytophaga marina*”（近海噬纤维菌）、日本东京大学的Hikida等（1979）报道的新种“*Flexibacter marinus*”（近海屈挠杆菌），应包括在日本东京大学的Wakabayashi等（1986）报道明确提出的“*Flexibacter maritimus*”（近海屈挠杆菌）新组合内。DNA相关性研究的结果，进一步证明了这两个种的同义性；NCMB 2154菌株与NCMB 2153菌株的DNA存在73%的关联[34]。

注：文中有记述的“*Vibrio marinus*”（海弧菌），现已转入莫里塔氏菌属（*Moritella* Urakawa，Kita-Tsukamoto，Steven，Ohwada and Colwell 1999）、名为“*Moritella marina*”（海莫里塔氏菌）。

5. Suzuki等校订分类命名近海黏着杆菌

在前面有记述日本海洋生物技术研究所釜石实验室的Suzuki等（2001）报道，基于16S rRNA和DNA旋转酶B亚基基因（*gyrB*）序列的系统发育学分析，确定有效发表的“*Flexibacter maritimus* Wakabayashi，Hikida and Masumura，1986”（近海屈挠杆菌）、近海噬纤维菌（*Cytophaga marina* Reichenbach，1989），应当是分类于新建立的“*Tenacibaculum*”（黏着杆菌属）、修订命名为“*Tenacibaculum maritimum* comb. nov.”（近海黏着杆菌）[4]。

二、生物学性状

在前面有记述日本东京大学农学部的Wakabayashi等（1986）在早期对近海黏着

杆菌主要生物学性状较详细的描述，是以作为海洋鱼类病原菌、屈挠杆菌属的新种"*Flexibacter maritimus* sp. nov."（近海屈挠杆菌）描述的。其主要性状为：近海黏着杆菌是革兰氏阴性的需氧菌，氧化酶阳性，形态特征为能弯曲的、大小在0.5μm×（2～30）μm（偶有100μm长的）的杆菌，在老龄菌体有短或球形菌体（这种球形菌细胞是无活力的），无鞭毛、但在以海水制备的悬滴（hanging drop）标本能够见到滑动运动。

生长在噬纤维菌琼脂培养基、含有海盐类的AO培养基（Anacker-Ordal's medium containing sea salts，AO-M）上，菌落生长缓慢，扁平、薄、亮黄色、边缘不整齐（根样）、25℃培养4～5d后直径在约5mm（不大于5mm）；在液体培养基表面有薄菌膜，厌氧培养不能形成；在仅添加NaCl的AO琼脂（Anacker-Ordal's agar）培养基上不能生长，至少有30%海水或38g/L人造海水盐类（artificial seawater salts，ASW）才能生长，KCl也同NaCl一样需要、Ca^{2+}和Mg^{2+}能够增强生长，但SO_4^{2-}具有轻度抑制作用。在添加有0.5%酪氨酸的AO培养基，能够产生褐色素。能够在15～34℃生长，适宜在28℃生长。

不能利用葡萄糖、阿拉伯糖、乳糖、水杨苷、蔗糖、山梨糖、麦芽糖、棉子糖、糖原、菊糖、甘油、侧金盏花醇、糊精、海藻糖、木糖、甘露糖、甘露醇、卫矛醇、山梨醇、肌醇、水杨苷、果糖、半乳糖、纤维二糖、鼠李糖产酸。不能降解琼脂、几丁质（壳多糖）、羟甲基纤维素（carboxymethyl cellulose）、七叶苷、淀粉；降解酪蛋白。酪蛋白氨基酸、酵母菌浸出物、胰蛋白胨（tryptone），可作为生长的碳源和氮源。不能产生H_2S、吲哚，能够产生接触酶、细胞色素氧化酶（cytochrome oxidase），还原硝酸盐，刚果红吸附试验呈阳性[32]。

（一）形态与培养特征

近海黏着杆菌为革兰氏阴性、大小在0.5μm×（2～30）μm的杆菌，常常会出现球形菌体（直径约0.5μm）；无鞭毛、能滑动的海洋细菌（marine bacterium），滑动可在用海水制成的湿制剂（悬滴）中看到。在噬纤维菌培养基（cytophaga medium）上，也被称为含有海盐（AO-M）的AO培养基生长，菌落生长缓慢，扁平、薄、浅黄色，边缘参差不齐（根瘤状），在25℃培养4～5d生长到直径约5mm（通常不大于5mm）。在液体培养基中，表面生长一层薄膜。当AO琼脂培养基添加NaCl时，则不能生长。能够在海水培养基上生长，生长至少需要30%的海水或38g/L的人工海水盐（artificial seawater salts，ASW）。生长需要KCl和NaCl，Ca^{2+}和Mg^{2+}能够促进生长，而SO_4^{2-}则具有轻度抑制作用。需氧生长，在厌氧条件下不能生长；生长在15～34℃生长、适宜在28～30℃，生长的pH值范围在5.9～8.6、在pH值5.0不生长，生长需要酪蛋白氨基酸（casamino acids）。氮源利用有蛋白胨、酪蛋白氨基酸，在蛋白胨中能够生长，可从蛋白胨释放氨（NH_3）[2-3,35-36]。

有记述Bernardet等（1994）、Pazos等（1996）等报道，生长在近海屈挠杆菌培养基（*Flexibacter maritimus* medium，FMM）的菌落呈浅黄色、扁平、边缘不整齐；在海洋琼脂2216（marine agar，MA2216）培养基生长良好，菌落圆形、黄色、边缘整齐。López等（2009）报道，一些菌落能够牢固地黏附于琼脂。Ostland等（1999）报道，菌落吸收刚果红变为红色，但不能产生柔红型色素；另外是在加拿大从大西洋鲑幼鲑分离的菌株，与其他菌株相比较存在特殊性，它们的适宜生长温度在18～25℃，良好生长需要70%的海水，多数菌株产生α-葡萄糖苷酶（α-glucosidase）、β-葡萄糖苷酶，还是属于比较少见的[36]。

日本长崎大学（Nagasaki University；Nagasaki Japan）的Rahman等（2014）报道，近海黏着杆菌是一种革兰氏阴性、能滑动的海洋细菌；能引起黏着杆菌病，是海鱼的溃疡性疾病。这种细菌通常在琼脂培养基上形成根状菌落（rhizoid colonies）。在研究者所分离的近海黏着杆菌菌株，与通常的根状菌落一起、形成微黄色的圆形致密菌落（slightly yellowish round compact colonies）。从患黏着杆菌病的红鳍东方鲀（puffer fish，*Takifugu rubripes*）中，研究了这种致密菌落表型（compact colony phenotype）的生物学和血清学（serological）特征，指定菌株NUF1129。该菌株为非滑动和浸泡感染对牙鲆（Japanese flounder Paralichthys olivaceus）无毒力，液体培养基摇动培养对玻璃壁、牙鲆体表的黏附（adhesion）能力较低；缺乏通过在凝胶免疫扩散试验中，能够在滑动菌株检测到的一种常见的细胞表面抗原。十二烷基硫酸钠-聚丙烯酰胺凝胶电泳分析显示，菌株NUF1129和滑动菌株间存在不同的多肽带型（polypeptide banding patterns）；菌株NUF1129如同滑动菌株那样，同时表现出软骨素酶和明胶酶活性，这是该菌潜在的毒力因子。这些结果表明，一些菌细胞表面成分与滑动和黏附能力有关，是与近海黏着杆菌的毒力有关的[37]。

（二）生化特性

糖代谢阴性，不能利用葡萄糖作为唯一碳源和能源，不能从碳水化合物产酸（严格需氧型）。能够还原硝酸盐，水解明胶、吐温-80、DNA、酪蛋白、尿素，不能水解淀粉、几丁质、纤维素（滤纸）、琼脂、壳多糖；吲哚阴性，H_2S阴性，硝酸盐还原、过氧化氢酶、氧化酶阳性，弱利用L-谷氨酸作为碳源，不能利用柠檬酸盐、L-亮氨酸、蔗糖、L-脯氨酸、DL-天冬氨酸[2-3,35]。

（三）基因型与遗传变异特征

对近海黏着杆菌在分子分型（molecular typing）的基因分型（genotyping）与遗传变异性（genetic variability）特征方面的研究，近年来多有报道。总体结果显示，在其种内不同菌株间存在不同的遗传变异性，表现出了明显的种内多样性（intraspecific diversity），通常表现与不同的宿主和/或血清群（serogroups）或血清型（serotypes）密切相关。

1. 黏着杆菌的随机扩增多态性DNA分析

西班牙圣地亚哥大学（Universidad de Santiago；Santiago de Compostela，Spain）的Avendaño-Herrera等（2004）报道，采用随机扩增多态性DNA（randomly amplified polymorphic DNA，RAPD）方法，研究了分离于不同种海洋鱼类近海黏着杆菌的种内遗传变异性。涉及6种鱼类的分离菌株，分别为塞内加尔鳎（sole，*Solea senegalensis*）、欧洲鳎（sole，*solea solea*）、大菱鲆（turbot，*Scophthalmus maximus*）、金头鲷（gilthead seabream，*Sparus aurata*）、大西洋鲑、五条鰤（yellowtail，*Seriola quinqueradiata*）。供试共32株，分别为从这些不同鱼类分离的29株和3个（菌株NCIMB 2153、模式株NCIMB 2154、菌株NCIMB 2158）参考菌株（reference strains）。

对随机扩增多态性DNA-PCR图谱的聚类分析表明，无论采用何种寡核苷酸引物（p2和p6），菌株都被分为两个主要群（main groups），这两个群与宿主种类和/或描述的近海黏着杆菌的菌体-血清型（O-serotypes）密切相关。其中的一个群包括从塞内加尔鳎、欧洲鳎和金头鲷分离的所有菌株；另一群包括从五条鰤、大西洋鲑和大菱鲆分离的菌株。参考菌株的随机扩增多态性DNA模式（RAPD patterns）存在一个重要的例外，基于所用引物的不同，该模式包含在不同的遗传群（genetic groups）内。

研究结果表明从不同种类海鱼中分离的近海黏着杆菌，在其不同菌株间存在种内的遗传变异性；这种遗传变异性特征，被证明与宿主和/或血清群密切相关。基于研究结果认为随机扩增多态性DNA分析是一种有价值的分子技术，可用于对近海黏着杆菌的流行病学研究。另外，这也是对从养殖鱼类中分离的海水近海黏着杆菌种内不同菌株的首次特异性区分[38]。

2. 黏着杆菌的多位点序列类型

法国农业科学研究院的Habib等（2014）报道，黏着杆菌属是黄杆菌科的成员，是海洋细菌生态系统（marine bacterial ecosystems）的丰富组成部分，也是几种鱼类的病原菌，其中一些种是在海洋水产养殖中关注的重点。

阐明黄杆菌科的分类和描述黏着杆菌属，是进一步合理描述拟杆菌门（phylum Bacteroidetes）成员关系的关键步骤。然而，目前对黏着杆菌属成员间进化关系的了解仍然非常缺乏，而且没有实用的分子技术来监测黏着杆菌属感染在全球海洋水产养殖系统中的多样性和发生率。基于此，对在2013年3月公布的18种黏着杆菌（不包括环境种的海泥黏着杆菌、海鞘黏着杆菌、厦门黏着杆菌）的代表，以及代表世界不同区域的鱼类病原近海黏着杆菌共114个菌株，采用多位点序列分析（multilocus sequence analysis，MLSA）方法进行了遗传多样性研究，并与已经用于评估黏着杆菌属遗传多样性的DNA-DNA杂交、随机扩增多态性DNA和血清分型方案（serotyping schemes）相比较。结果显示环境的和致病谱系（pathogenic lineages）菌株相互交织，表明致病性在几个种中的独立进化；在较低的系统发育水平显示重组也很重要，并且近海黏着杆菌分离菌株（73个）构成了一个有内聚群（cohesive group）。重要的是数据显示，没有与国际鱼类运动（fish movements）相关的长距离传播（long-distance dissemination）的痕迹；相反，大量不同的基因型（genotypes）表明了菌株的区域性分布（endemic distribution）特征。多位点序列分析方案和研究中描述的数据，将有助于监测海洋水产养殖中的黏着杆菌属细菌感染；例如，结果显示从在挪威鲑鱼养殖场中黏着杆菌病暴发的分离株与最近描述的"*Tenacibaculum dicentrarchi* sp. nov."（舌齿鲈黏着杆菌）有关。另外，多位点序列分析具有直接依赖于易于进化分析的序列数据的优势；此外，数据可以很容易地存储在数据库中，通过试验进行比较，并通过添加新的分离物逐步丰富。

研究中的基因座（loci）、菌株和试验方案，分别为位于黄杆菌科细菌中保守的单拷贝蛋白编码基因（single-copy protein-coding genes）内的11个基因座，因此可为黏着杆菌属设计通用简并PCR引物。除研究中需要足够的保护（conservation）引物所识别的21bp序列外，这些基因座的选择并没有使用黏着杆菌属细菌的菌株群体的遗传多态性（genetic polymorphism）数据；这些基因座可以被认为是典型的核心基因组基因（typical core genome genes），其多态性更可能是相对中性的（即不经历频繁的适应性选择）。另外，单独的、这些基因中的每个基因，已被用于其他细菌种类和菌属的多位点序列分析研究。

在黏着杆菌属细菌的进化关系方面，研究中提出的PCR和测序方案能够对黏着杆菌属的整个多样性的11个位点（总长度5 811bp）进行测序。根据自举支持率（bootstrap support）在80%以上的大多数遗传节点（ancestral nodes），18种黏着杆菌可分为3个不同的分支加上4个更遥远的谱系（lineages）。

鱼类致病性近海黏着杆菌的多态性模式（Patterns of polymorphism），在供试114个分离株的连锁多位点序列分析发育树（concatenated MLSA tree），能够明确地将73个分离株分类为近海黏着杆菌。这些分离株涉及16种宿主鱼类、五大洲（欧洲、大洋洲、亚洲、北美洲和南美洲）、30多年（1976—2011年）的样本。显然，这些数据为这一重要的鱼类致病种的遗传多样性提供了广泛的概述。

通过R_{min}和h的汇总统计，检测到近海黏着杆菌序列谱系中存在种内重组（intraspecies recombination）。当每个多态性由一个突变引起时，R_{min}是最小重组事件数的一个下限，这对于大多数位点来说是一个合理的假设，因为序列之间的差异很小；第二个统计数据*h*，是表观同形（apparent homoplasies）的最小数目。假设所有多态性位点沿着同一个树的分支进化，则可以通过观察到的多态性数量与获得序列的最小突变数量之间的差异来获得序列。在没有反复突变和重组的情况下，*h*值为0。

基于研究结果，认为多位点序列分析可作为监测黏着杆菌属细菌感染（*Tenacibaculum* infections）方法。多位点序列分析也被称为多位点序列分型，当专注于单一的种时，目前被公认是对许多细菌种的分离株基因分型的参考方法。特别是，其被证明有助于监测不同菌株的出现和流行，并能够追溯大量致病种的污染途径（contamination routes）。由于成本和分辨力之间的平衡，大多数多位点序列分析方案依赖于7个基因座。研究中碳钢评估所有的基因座组合，提出了未来的多位点序列分析对黏着杆菌属菌株的调查应使用的6个（*atpA*、*dnaK*、*glyA*、*infB*、*rlmN*、*tgt*）基因座，这允许基于11个基因座、加上*gyrB*基因座来区分在近海黏着杆菌中鉴定的所有47个序列类型（sequence types，STs），因为*gyrB*基因已被用来定义黏着杆菌属。这7个基因座不仅涵盖了近海黏着杆菌中序列类型的整体多样性，而且还涵盖了系统发生树的重要特征，如近海黏着杆菌中的3个亚群（subgroups）的划分、3个分支的存在以及4个更为远缘的黏着杆菌属谱系[39]。

3. 挪威黏着杆菌的多位点序列类型

挪威兽医研究所（Norwegian Veterinary Institute；Bergen，Norway）的Olsen等（2017）报道，挪威是世界上最大的大西洋鲑生产国，海养虹鳟的产量相当可观。然而，一个制约因素是保持良好的鱼类健康。从深秋到早春，冬季溃疡（winter ulcers）会影响海水养殖的大西洋鲑；尽管全年都可能出现溃疡，特别是在挪威北部。虽然经典的冬季溃疡与黏莫里塔氏菌（*Moritella viscosa*）有关，但黏着杆菌属细菌与挪威海产鲑鱼和海洋鱼类的皮肤和鳍的侵蚀（erosions）越来越相关。通常与黏着杆菌属细菌感染有关的海水养殖鲑鱼皮肤溃疡（skin ulcer），是挪威水产养殖中一个重要的鱼类健康和经济问题。

在挪威，目前对从病鱼中分离的黏着杆菌属细菌的总体遗传多样性还知之甚少。已有的报道通过使用表型特征和16S rRNA测序及有限数量的挪威分离株的多位点序列分析确定了两个不同的群，证明了一些分离株代表舌齿鲈黏着杆菌或舌齿鲈黏着杆菌样（*Tenacibaculum dicentrarchi*-like）菌株的遗传多样性。

为进一步了解在挪威与鱼类疾病相关的黏着杆菌属细菌分离株的多样性，并为疫苗开发提供便利，将Habib等（2014）报道的多位点序列分析方案（注：可见上面的相应记述[39]）应用于扩大收集的黏着杆菌属细菌分离株。具体是对从沿挪威海岸线分布的43个养殖场、56项涉及皮肤溃疡和/或鳍腐病（fin rot）诊断性调查的7种不同鱼类，在19年间（1996—2014年）的暴发病中分离的89株黏着杆菌属细菌，进行了多位点序列分析。结果揭示了相当大的遗传多样性，但能够鉴定4个主要分支（main clades）；

一个分支包含属于舌齿鲈黏着杆菌的分离菌株，另外3个分支包含可能代表新的、尚未被描述的种。研究确定了在吸盘圆鳍鱼（lumpsucker）中的近海黏着杆菌、在大比目鱼（halibut）中的解卵黏着杆菌，并扩大了从濑鱼（wrasse）中分离出的鳎黏着杆菌的宿主和地理范围。总体上缺乏克隆性和宿主特异性，一些地理范围限制的迹象表明局部流行涉及多样性的菌株。从显示溃疡性疾病的鱼类中分离出的黏着杆菌属细菌的多样性，可能会使疫苗的研制复杂化[40]。

4. 近海黏着杆菌的基因组序列和毒力基因分析

法国巴黎-萨克雷大学（Université Paris-Saclay）、国家农业科学研究院（Virologie et Immunologie Moléculaires，Institut National de la Recherche Agronomique）的Pérez-Pascual等（2017）报道，近海黏着杆菌是野生和养殖海洋鱼类的重要病原菌，引发黏着杆菌病，是许多商业海洋鱼类的一种非常严重的细菌性疾病，其寄主鱼类和分布广泛，对全球所有主要海洋鱼类养殖区域（即日本、欧洲，包括大西洋、海峡和地中海沿岸、北美、澳大利亚和红海）经济产生了巨大的影响。

迄今已有3种血清型的近海黏着杆菌菌株，被证明与宿主鱼类有不同程度的关联；这种血清学多样性，可能对研制一种高效疫苗产生重要影响。Habib等（2014）报道，代表世界多样性的近海黏着杆菌分离株的多位点序列分析表明，其构成了一个结合群，具有中等水平的核苷酸多样性和重组；此外，近海黏着杆菌的种群结构并未显示出显性基因型或克隆复合物，而是具有一定的地方性特征，不存在与鱼类活动相关的远距离污染；再者是在同一地理区域的不同种类宿主中发现了相同的多位点序列基因型，表明宿主具有多适应性（注：可见上面的相应记述[39]）。

报道尽管黏着杆菌病在水产养殖业暴发的意义重大，但对病原近海黏着杆菌的毒力机制（virulence mechanisms）还知之甚少。已有报道提出在疏水表面的黏附（adhesion）或鱼皮肤黏液、血凝素（hemagglutination）、细胞外产物（extracellular products）包括蛋白质水解活性、铁摄取机制（iron uptake mechanisms）等在毒力中起作用。然而，所涉及的分子因素（molecular factors）仍有待确定。

在此项研究中，对近海黏着杆菌模式株NCIMB2154的全基因组进行了测序和分析，以预测与细菌生活方式相关的基因，特别是与毒力相关的基因。结果显示近海黏着杆菌模式株NCIMB 2154的完整基因组序列（genome sequence），显示为由3 435 971个碱基对（base pair，bp）的环状染色体（circular chromosome）和2 866个预测蛋白编码基因（predicted protein-coding genes）组成。鉴定了编码外多糖（exopolysaccharides）生物合成、Ⅸ型分泌系统（type Ⅸ secretion-mediated）、铁摄取系统（iron uptake systems）、黏附素（adhesins）、溶血素（hemolysins）、蛋白酶、糖苷水解酶（glycoside hydrolases）的基因。这些可能参与包括免疫逃逸（immune escape）、侵袭、定植、宿主组织破坏和营养素清除（nutrient scavenging）等的毒力过程（virulence process），发挥致病作用。在预测的毒力因子中，鉴定了Ⅸ型分泌系统介导的和细胞表面暴露的蛋白，包括一种非典型唾液酸酶（atypical sialidase）、一种鞘磷脂酶（sphingomyelinase）和一种软骨素AC裂合酶，这些蛋白类在体外表现出活性。该基因组将作为未来分析疾病发生和传播的、基于基因组的分子流行病学调查的参考[41]。

5. 近海黏着杆菌的加拿大菌株基因型特征

挪威卑尔根大学（University of Bergen；Bergen，Norway）的Frisch等（2017）报道，近海黏着杆菌是一种在全世界范围内发现的，引起多种养殖海鱼感染发生所谓黏着杆菌病的病原菌。病症主要表现为口腔腐蚀（mouth erosion）、皮肤溃疡、鳍破损和尾部腐烂等。然而在加拿大不列颠哥伦比亚省（British Columbia，BC），近海黏着杆菌感染最常见的病症是表现口中出现黄色斑块（yellow plaques）的口腐烂（mouthrot），是新转移到海水中的大西洋鲑幼鲑（smolts）的一个重要疾病。这种口腐烂疫情与加拿大西部水产养殖业的重大经济损失有关，并导致严重的鱼类健康问题。

属于细菌性口炎（bacterial stomatitis）的这种口腐烂感染，对加拿大西部的大西洋鲑养殖业具有重大影响，从病变中分离的细菌被鉴定为近海黏着杆菌。这种口腐烂不同于传统的黏着杆菌病，因为黏着杆菌病通常主要是与溃疡性病灶（ulcerative lesions）、鱼鳍破损和尾腐烂（tail rot）有关。海洋鱼类病原近海黏着杆菌在世界各地都有发现，然而在加拿大西部近海黏着杆菌分离的菌株，对其遗传特征了解有限。从20世纪90年代始，就开始在加拿大不列颠哥伦比亚省有记录口腐烂，但对此病及其近海黏着杆菌的作用研究却很少，没有文献报道通过遗传鉴定证实从口腐烂病变中分离出的细菌是近海黏着杆菌。此项研究通过对从加拿大西部养殖场采集的大西洋鲑分离株，进行了基因分型来增加这方面的知识。这些基因型与黏着杆菌属的其他种及在种内其他已知的序列类型进行了比较，结果显示从加拿大西部的近海黏着杆菌分离株，属于两个新的序列类型；系统发育分析表明，分离株和模式株NCIMB 2154形成一个与其他黏着杆菌模式株不同的独特分支，与挪威、智利的分离菌株关系最为密切。

多位点序列的分子分型方法，已经能够为病原菌制定统一和可重复的命名方案（nomenclature schemes）。多位点序列分型利用少量管家基因（housekeeping genes）的等位基因错配（allelic mismatches）来表征一个种内的原核生物（prokaryotes），并能够进行流行病学研究，定义命名种内的菌株。来自多位点序列分型的序列数据可用于系统发育分析，称为多位点序列分析，并定义为多个蛋白质编码基因的序列分析，用于对不同的原核生物群进行基因型鉴定，包括整个菌属的。多位点序列分析是目前在菌属和种水平上探索系统发育关系的方法。

虽然已有报道完成了许多来自欧洲、亚洲和澳大利亚的近海黏着杆菌分离菌株的遗传研究，但加拿大西部近海黏着杆菌菌株的遗传概况却还一无所知。此项研究提供了这方面的知识，并增加了世界范围内近海黏着杆菌的基因分型。研究中所包括的近海黏着杆菌分离株，是2011—2016年从加拿大不列颠哥伦比亚省海水养殖场的、表现口腐烂病变（口腔中的黄色斑块）病症的大西洋鲑幼鲑采集的。用添加50μg/mL卡那霉素（kanamycin）的改良海洋琼脂2216培养基、16℃培养5d分离的，传代培养用海洋琼脂培养基16℃培养[42]。

（四）血清群与血清型

西班牙圣地亚哥大学的Avendaño-Herrera等（2004、2005）报道，研究明确了近海黏着杆菌的O1、O2、O3三种不同血清型；作为宿主的特异性，分别为包括从鳎（sole）、大菱鲆、金头鲷分离的菌株[43-44]。另外是在上面有记述日本长崎大学的Rahman等（2014）报道，在日本从患黏着杆菌病的红鳍东方鲀分离的、不具有滑动能力的菌株，通过凝胶免疫扩散分析，表明缺乏与滑动菌株相关的细胞表面抗原[37]。总体来讲，目前对近海黏着杆菌血清学的研究还是在菌体抗原（O-antigens）方面，其结果已比较明确的血清群（型）有3个，分别记作O1、O2、O3，另外一个是复合的（O1/O2）。

1. Avendaño-Herrera等报道的3种血清型

Avendaño-Herrera等（2004）报道，近海黏着杆菌是引起所谓海洋屈挠杆菌病（marine flexibacteriosis disease）的病原菌，对多种养殖的海洋鱼类可造成严重的死亡。制定有效的预防措施如疫苗接种（vaccination），则需要对近海黏着杆菌的生化、血清学和遗传特征的认识。为此，对从鳎（塞内加尔鳎和欧洲鳎）、大菱鲆、金头鲷分离菌株的生化和抗原特性进行了分析。制备了家兔抗从鳎、大菱鲆分离菌株的抗血清，检测了29个分离菌株和3个参考菌株（注：这些供试菌株可见在上面的相应记述[38]）的抗原性关系。对玻片凝集试验、斑点印迹分析、脂多糖免疫印迹（immunoblotting）试验，以及膜蛋白类（membrane proteins）进行了评价。

结果显示所研究的29个分离菌株，在生化学上均与近海黏着杆菌的参考菌株相同。使用菌体抗原的玻片凝集试验，显示在所有菌株间存在交叉反应。但当进行斑点印迹分析时，证明存在抗原异质性（antigenic heterogeneity）；这种抗原异质性得到了用脂多糖进行的免疫印迹分析的支持，该分析的结果清楚地显示了两个主要的血清群，不使用经吸收的抗血清即可区分即：血清型O1和O2。这两种血清型似乎具有宿主特异性。另外是在所有血清学检测中，有2个从鳎的分离株和日本参考株与两个血清型都显示出交叉反应，被认为是一个较少的血清型即O1/O2。对总蛋白和外膜蛋白的分析显示，所有菌株都有相当多的共同条带，这些条带与抗原有关[43]。

Avendaño-Herrera等（2005）相继报道在过去两年中（自2003年始），在葡萄牙

（Portugal）和西班牙南部的鳎养殖场，塞内加尔鳎发生黏着杆菌病疫情，从病鳎中持续分离出近海黏着杆菌。经血清学检验，这些新分离的近海黏着杆菌菌株，不属于已有报道的两个主要血清型（O1和O2）。以1株从葡萄牙分离的菌株制备兔抗血清，用微量凝集试验（microtitre agglutination tests）、斑点印迹法和脂多糖免疫印迹法（immuno-blotting of lipopolysaccharides）对分离菌株进行抗原性检测。结果显示这些分离菌株的血清学特征属于一种新的菌体血清型（O-serotype），命名为O3。认为研究结果扩展了近海黏着杆菌的血清型，对的流行病学和疫苗接种预防研究很有用[44]。

2. Castro等报道的血清型分析

西班牙圣地亚哥德孔波斯特拉大学的Castro等（2007）报道在早期的研究报道显示，近海黏着杆菌是一个生物化学、血清学和分子生物学方面表现相同的分类群。然而，Avendaño-Herrera等（2004、2005）进行的研究证明了近海黏着杆菌存在抗原变异性，描述了一个由3个主要血清型（O1、O2、O3）组成的菌体-血清分型方案，不同的血清型主要与宿主种类有关。金头鲷分离株包含在O1血清型中，所有的大菱鲆菌株都属于血清型O2，鳎分离株分布在血清型O1或O3中（注：可见在上面的记述[43-44]）。

近几年来，在沿伊比利亚半岛（Iberian Peninsula）养殖的大菱鲆、欧洲鳎、黑斑海鲷（blackspot seabream，*Pagellus bogaraveo*）出现了新的黏着杆菌病暴发。为确定上述Avendaño-Herrera等（2004、2005）的菌体-血清分型方案是否足够、或是否需要延续或修改，对从发病死亡鱼中分离的35株近海黏着杆菌进行了血清学分析。这些病鱼是2004—2006年，在10个水产养殖设施（aquaculture facilities）中发生的；35株近海黏着杆菌包括从患病大菱鲆中分离的18株、鳎的15株，2株来自黑斑海鲷。在这些设施中的3个，大菱鲆和鳎是共同养殖的。35株近海黏着杆菌无论其地理来源和寄主如何，均表现出生化同质性；PCR证实35个分离株，均显示一条清晰的1 080bp带。

使用全菌细胞制剂及每株近海黏着杆菌的热稳定O抗原（heat stable O antigens）进行血清学分析。血清型O1、O2和O3的抗血清，以先前由Avendaño-Herrera等（2004、2005）描述的用于所有分析。血清学分析方法，包括定量凝集试验（quantitative agglu-tination test）是通过微滴定板系统进行的，该系统使用藏红0染料（safranine 0 dye）使反应易于观察；使用0抗原和未吸收的抗3种O血清型抗血清，进行斑点杂交分析（Dot-Blot analysis）；提取菌株的细胞壁中脂多糖，进行十二烷基硫酸钠-聚丙烯酰胺凝胶电泳后，进行免疫印迹分析（immunobloting analysis）。

凝集试验的抗血清效价、斑点杂交和免疫印迹试验（western-blot assays）的研究结果，显示能够分离特定血清中的菌株。其中的第1组包括10个来自鳎和2个从黑斑海鲷的分离株，血清反应对血清型O1株PC503.1；第2组包括9个大菱鲆分离株，对血清型O2的PC424.1抗血清反应；9个大菱鲆菌株、5株来自同一个农场的鳎，属于第3组，与血清变种O3菌株ACC13.1产生强烈的免疫反应。显然，所有这些组的菌株都与先前由Avendaño-Herrera等（2004、2005）报道在近海黏着杆菌描述的血清型相对应。

此研究的结果清楚地表明，血清型O3分离株在养殖的大菱鲆中具有导致死亡的致病力，这一点得到了先前在试验感染中证明的该血清型缺乏宿主特异性的支持。另外是在之前的方案中，大菱鲆菌株都包含在血清型O2中；从目前的调查中获得的结果表明在以后的几年中，当考虑到对目前在大菱鲆养殖中用于抗黏着杆菌病的商业疫苗需要进行修改，由于这些O3血清型的大菱鲆分离株仅在大菱鲆和鳎共养殖的设施中检测到，因此在大菱鲆疫苗中尤其需要加入血清型O3抗原，以适用于两种鱼类共同养殖的农场[45]。

3. Fernández-Álvarez等报道不同种黏着杆菌的血清型相关性

西班牙圣地亚哥德孔波斯特拉大学的Fernández-Álvarez等（2018）报道，研究评价了血清学方法、重复性外源性回文PCR（repetitive extragenic palindromic PCR，REP-PCR）和肠杆菌重复性基因间共有序列PCR（enterobacterial repetitive intergenic consensus sequence PCR，ERIC-PCR）方法，对近海黏着杆菌48株、鳎黏着杆菌12株、异色黏着杆菌8株（共68株）进行分型（typing）的潜力。此外，还利用分子和蛋白质组学技术（proteomic techniques）评估了不同血清型菌株及不同宿主和地理区域菌株间的变异性（variability）。

玻片凝集试验和斑点印迹分析表明，所分析的黏着杆菌属细菌在不同种间缺乏免疫学关系。通过重复性外源性回文PCR和肠杆菌重复性基因间共有序列PCR对近海黏着杆菌、鳎黏着杆菌和异色黏着杆菌的分析，发现无论鱼类种类或地理区域如何，O1血清型均主要存在于近海黏着杆菌分离株中；鳎黏着杆菌菌株存在两种血清型，在异色黏着杆菌的至少存在一种血清型。认为这种方法，可作为诊断方法。使用这两种技术进行的基因分型分析，表明在所分析的每种致病性黏着杆菌的不同菌株间存在遗传变异性（genetic variability）。然而从不同种类宿主或不同地理区域分离的，或者属于不同血清型的菌株，产生了高度相似的重复性外源性回文PCR谱（profiles）和肠杆菌重复性基因间共有序列PCR谱。经以MALDI-TOF质谱法（MALDI-TOF mass spectrometry，MALDI-TOF-MS）对近海黏着杆菌的菌株分析，未发现任何血清型的生物标志物（serotype-identifying biomarkers），发现血清型特异性质量峰（serotype-specific mass peaks）出现在鳎黏着杆菌的血清型O1和O2菌株及异色黏着杆菌的血清型O1菌株上。然而在研究中所分析的任何一种黏着杆菌的菌株，在蛋白质组学特征（proteomic profiles）和菌株分离源间均未发现存在任何关系[46]。

（五）免疫学特性

目前在近海黏着杆菌的免疫学特性方面，已有的研究报道涉及鱼类的天然免疫反应、特异性及非特异性免疫制剂的免疫活性等内容。

1. 天然免疫反应

鱼类对近海黏着杆菌的天然免疫反应，目前已有的研究报道涉及皮肤黏液（mucus）的抗菌活性、补充免疫活性物质的免疫反应、头肾白细胞（head-kidney leucocytes）的免疫反应、感染近海黏着杆菌的免疫反应、黏液和血浆（plasma）的杀菌活性等方面内容。

（1）Magariños等报道鱼类皮肤黏液的抗菌活性

在早期是西班牙圣地亚哥德孔波斯特拉大学的Magariños等（1995）报道，研究评价了大菱鲆、金头鲷、欧洲舌齿鲈皮肤黏液对近海屈挠杆菌（注：即现在的近海黏着杆菌）、杀鱼巴斯德氏菌（*Pasteurella piscicida*）[注：即现在的美人鱼发光杆菌杀鱼亚种（*Photobacterium damselae* subsp. *piscicida*）]的抗菌活性。使用在琼脂平板试验方法（agar plate method），这些鱼类的黏液没有显示任何对近海屈挠杆菌（近海黏着杆菌）的抗菌活性；大菱鲆的黏液能够抑制杀鱼巴斯德氏菌（美人鱼发光杆菌杀鱼亚种）的生长、但金头鲷和欧洲舌齿鲈的黏液不能。在液体培养系统中测定于皮肤黏液存在下的这些病原菌的存活情况，证实了琼脂平板法获得的结果。黏液在pH值3.5、经热处理后，测定相应的杀菌性质显示为丧失；所用黏液均显示具有抗金黄色葡萄球菌菌株ATCC 25923的活性，金黄色葡萄球菌菌株ATCC 25923是一个耐溶菌酶（lysozyme）的菌株。这些结果表明，在海洋鱼类黏液中除溶菌酶外的不耐热物质具有重要的抗菌活性。经酶和热处理的黏液也表明，除补体（complement）外的参与因素，相关的活性组分很可能是一种糖蛋白（glycoprotein）。无论菌株的分离来源和毒力程度如何，所有的杀鱼巴斯德氏菌（美人鱼发光杆菌杀鱼亚种）和近海屈挠杆菌（近海黏着杆菌）菌株均能够强烈黏附于所测试的3种鱼类的皮肤黏液。基于研究结果，认为近海屈挠杆菌（近海黏着杆菌）侵入鱼体的可能途径似乎是经皮肤，杀鱼巴斯德氏菌（美人鱼发光杆菌杀鱼亚种）则必须涉及另外的途径[47]。

（2）Harikrishnan等报道补充桤木喂养牙鲆的免疫反应

韩国济州国立大学的Harikrishnan等（2011）报道，研究了在牙鲆（olive flounder，*Paralichthys olivaceus*）日粮中分别添加0、0.01%、0.1%、1.0%的桤木（*Alnus firma*），对抗近海黏着杆菌感染的血液学的影响和先天性免疫参数；在补充饲料30d，进行近海黏着杆菌感染试验。在感染后1周、2周和4周内，继续特定的饮食。

结果在第一周后的白细胞计数没有显著变化，而在第2周和第4周，以0.1%和1.0%的补充桤木饲料喂养鱼的显著增加。用0.01%和0.1%的补充桤木饲料喂养的鱼类的红细胞没有显著变化，但在1.0%的补充桤木饮食中表现显著增加。在第一周的任何饮食后，血红蛋白和红细胞压积水平均没有显著变化；但在2周和4周的补充桤木饮食中，添加0.1%和1.0%的鱼的血红蛋白和红细胞压积水平显著增加，总蛋白质和胆固醇等生化参数显著增加。观察到从第1周到第4周，钙水平（calcium levels）均有变化。在第2周和第4周，所有饮食中的葡萄糖水平（glucose level）都显著增加。与0%的饮食相比，0.1%和1.0%的补充饮食在第1周至第4周期间的呼吸爆发（respiratory burst）活性和溶菌酶活性显著增强。补充0.1%和1.0%饲料组的累积死亡率，比0.01%饮食的较低。研究报道了0.1%和1.0%的桤木补充饮食保护牙鲆抗近海黏着杆菌感染，与血液学、生物化学、先天免疫参数变化相关联[48]。

（3）Costas等报道塞内加尔鳎头肾白细胞的免疫反应

葡萄牙CIMAR/CIIMAR海洋环境研究中心（CIMAR/CIIMAR-Centro Interdisciplinar de Investigação Marinha e Ambiental；Porto，Portugal）的Costas等（2013）报道由近海黏着杆菌引起的黏着杆菌病，是目前限制许多具有商业价值的物种养殖的最具威胁性的细菌感染之一，包括塞内加尔鳎（Senegalese sole，*Solea senegalensis*）。然而，关于塞内加尔鳎抗御近海黏着杆菌的能力还知之甚少，关于近海黏着杆菌与宿主吞噬细胞间相互作用的信息是仍然稀缺。因此，研究了塞内加尔鳎头肾白细胞对近海黏着杆菌的反应。研究采用96孔板中的原代细胞培养，近海黏着杆菌的菌株为ACC6.1和ACC13.1供试，通过测定细胞外超氧化物阴离子（superoxide anion）和一氧化氮（NO）水平来分析呼吸爆发；此外，将佛波酯（phorbol myristate acetate，PMA）作为超氧化物阴离子产生的可溶性刺激物添加、并作为阳性对照，同时将大肠埃希菌血清型O111：B4菌株的脂多糖添加到细胞单层中，以产生一氧化氮。结果与ACC6.1菌株相比，菌株ACC13.1刺激后的超氧化物阴离子和一氧化氮生成量均显著增加。尽管用添加脂多糖培养的头肾细胞在一氧化氮产生方面没有显著差异，但用脂多糖刺激4h和24h后，铁调素抗菌肽（hepcidin antimicrobial peptide，HAMP）、白介素-8和g型溶菌酶（g-type lysozyme）转录物（transcripts）增加。培养4h和24h后，用近海黏着杆菌刺激的细胞，铁调素抗菌肽的表达水平也上调。在混合白细胞反应（mixed leucocyte reaction，MLR）过程中，g型溶菌酶在24h和48h分别升高到峰值水平。此外，白细胞介素-8转录物（IL-8 transcripts）在4h内表现出相反的模式、显示表达水平更高（增加20倍）。结果表明，几种病原体相关分子模式（pathogen-associated molecular patterns）的刺激程度不同。毫不奇怪，脂多糖或细菌的刺激导致了铁调素抗菌肽的显著上调，这与铁调素在细菌免疫反应中的主要作用一致。由于ACC6.1和ACC13.1菌株属于同一血清型，提示不同的白细胞对这些菌株的反应可能与遗传异质性（genetic heterogeneity）的存在有关[49]。

相继，Costas等（2014）报道鱼类具有许多先天的和后天获得的体液与细胞介导免疫机制，来抵抗细菌性疾病。然而，由于鱼类的进化状态和变温性质（poikilothermic nature），先天免疫系统在对抗感染方面具有重要作用。在鱼类中，嗜中性粒细胞和巨噬细胞以不同的定位和活动方式进入感染区域，参与吞噬、杀死和降解入侵微生物。事实上，巨噬细胞可在与细菌接触的呼吸爆发期间产生杀菌活性氧（reactive oxygen species，ROS）。然而，目前还没有关于近海黏着杆菌与宿主细胞相互作用的资料。因此，本研究的目的是通过研究塞内加尔鳎头肾白细胞在体外暴露于近海黏着杆菌后的反应，来为这一缺乏的信息做出贡献。

供试8条健康的塞内加尔鳎体重在356.5g ± 68.4g，取自葡萄牙西北部的一个商业渔场，没有在最近发生的黏着杆菌病问题的历程；用于分离、收集白细胞。供试两个近海黏着杆菌的菌株（编号为ACC6.1、ACC13.1），从葡萄牙分离于塞内加尔鳎，属于O3血清型菌株。

研究结果显示当塞内加尔鳎头肾巨噬细胞受到不同的近海黏着杆菌菌株、不同浓度近海黏着杆菌攻击时，能够观察到许多变化。这项研究首次表明，鱼体内的两株近海黏着杆菌对白细胞的刺激反应，呈现出的固有免疫反应与其他革兰氏阴性菌感染的相似；此外是用菌株ACC6.1攻击的头肾巨噬细胞显示出更强的先天免疫反应，表现杀菌活性氧和一氧化氮产生水平均高于用菌株ACC13.1刺激的细胞。但其基本机制尚不清楚，其与塞内加尔鳎的相互作用值得进一步研究[50]。

（4）Faílde等报道感染大菱鲆的免疫反应

西班牙圣地亚哥德孔波斯特拉大学的Faílde等（2014）报道，近海黏着杆菌能够对养殖大菱鲆造成较大损失，主要病变包括鱼体内不同部位的糜烂性和溃疡性皮肤损伤。此项研究，旨在深入了解大菱鲆对近海黏着杆菌感染的免疫反应。

为确定外周血中白细胞的变化，在血液涂片中至少计数200个白细胞。采用免疫组织化学方法，研究了经试验感染近海黏着杆菌的大菱鲆脾脏、肾脏、肠道、胸腺和皮肤中免疫球蛋白阳性细胞的存在情况。结果发现在受到细菌感染的鱼中，循环中的粒细胞、淋巴细胞和蠕动细胞（trombocytes）的百分比在不同取样点有显著差异；此外，脾脏、肾脏、肠道和胸腺中的免疫球蛋白阳性细胞数量显著增加；在皮肤损伤部位间质液中，可见存在强烈的免疫反应。研究结果表明，近海黏着杆菌感染大菱鲆引起的免疫反应与外周血中白细胞数量、免疫球蛋白阳性细胞数量及分布的变化有关。研究中所用大菱鲆（平均重量为33.43g ± 8.4g），源自西班牙西北部的一个养殖场；供试近海黏着杆菌，为LL01.8.3.8菌株[51]。

（5）Mabrok等报道塞内加尔鳎黏液和血浆的杀菌活性

葡萄牙波尔图大学（Universidade do Porto；Porto，Portugal）的Mabrok等（2016）报道，近海黏着杆菌是海洋黏着杆菌病的病原菌，是危害塞内加尔鳎水产养殖的一种重要病原。由于以前没有这种比目鱼（flatfish）对近海黏着杆菌浸泡感染的报道，此项研究的目的是优化细菌量，并建立一个诱导黏着杆菌病的感染模型（challenge model）。

研究是在16℃和23℃两种不同温度下进行24h长时间的水浴感染，并评估了黏液和血浆对近海黏着杆菌杀菌活性。结果显示在没有皮肤或鳃划痕的情况下，延长24h的水浴法被认为是合适的，表现能够诱导高死亡率。此外，有关黏液和血浆杀菌活性的数据表明，对近海黏着杆菌缺乏宿主固有的免疫反应，或者这种特殊的病原体对塞内加尔鳎有逃避策略。

供试健康的塞内加尔鳎是从葡萄牙西北部（north-west Portugal）的一个渔场获得的，没有黏着杆菌病的病史。体重为176.5g ± 14.3g的用于黏液和血液采样，体重为25.5g ± 5.9g的用于感染试验。在感染试验中，采用了从葡萄牙当地一个渔场的塞内加尔鳎中分离出的3株有毒力的近海黏着杆菌（编号为ACC20.1、ACC13.1、ACC6.1）；这些菌株属于血清型O3，由西班牙圣地亚哥德孔波斯特拉大学的Alicia E. Toranzo教授提供。

图5-6显示近海黏着杆菌试验感染塞内加尔鳎的病变：图5-6A显示严重的溃疡和尾部腐烂；图5-6B显示皮肤发红、坏死和鳍侵蚀；图5-6C显示肝脏脆弱和肾脏充血[52]。

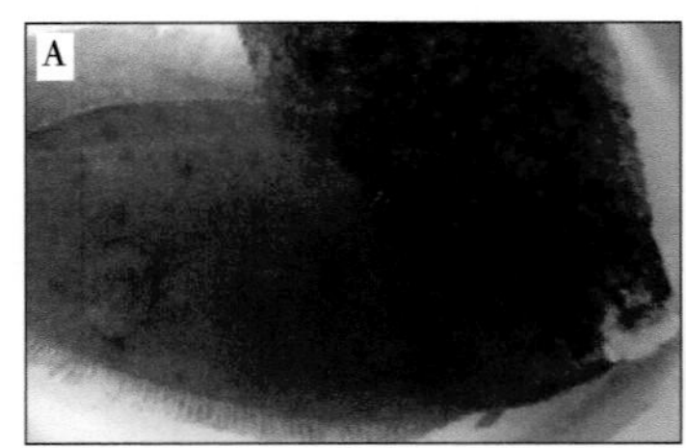

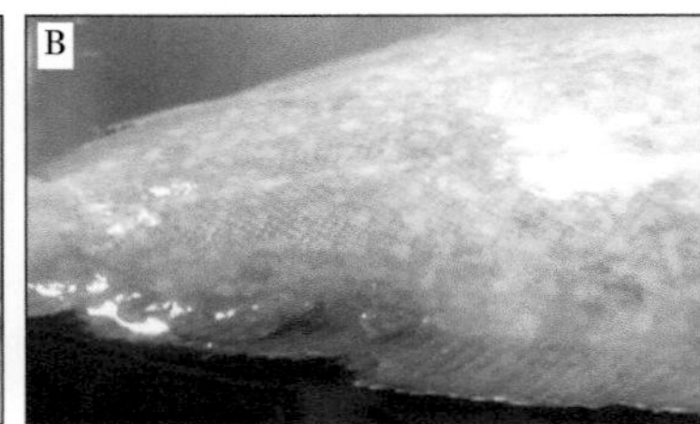

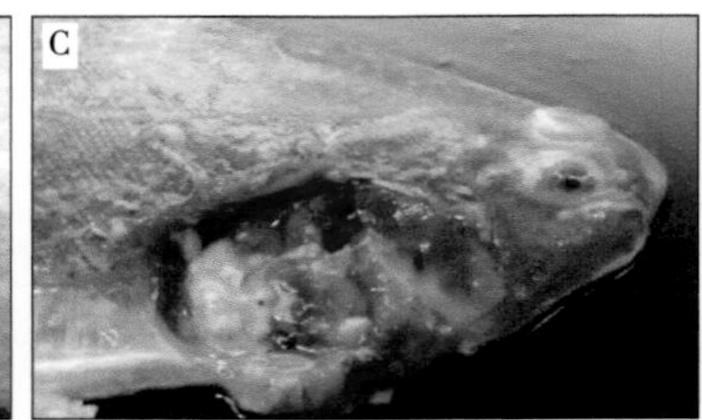

图5-6　塞内加尔鳎的病变

2. 免疫制剂的免疫活性

在免疫制剂的免疫活性方面，目前的研究报道涉及近海黏着杆菌的抗原性差异、不同免疫制剂的免疫活性、免疫佐剂的相关作用以及副作用、特异性及非特异性制剂的免疫活性等内容。

（1）van Gelderen等报道近海黏着杆菌的抗原性差异

澳大利亚塔斯马尼亚大学（University of Tasmania; Tasmania, Australia）的van Gelderen等（2010）报道，近海黏着杆菌是世界上著名的鱼类病原菌，对澳大利亚塔斯马尼亚（Tasmania, Australia）的大西洋鲑等多种鱼类均有影响。对近海黏着杆菌进行了特征性和差异性研究，以期为以后的致病性和疫苗接种试验选择分离株。

供试近海黏着杆菌的菌株是在1989—2001年，在塔斯马尼亚养殖的大西洋鲑分离的17株、虹鳟分离的1株（编号00/3280）共18株，均是从皮肤病变处分离的。研究中进行了全细胞蛋白谱（whole cell protein profiles）、脂多糖谱、胞外产物谱（ECP profiles）、间接免疫荧光抗体试验（indirect immunofluorescent antibody test，IFAT）、疏水性（hydrophobicity）等多项特性测定。结果显示从塔斯马尼亚岛分离的菌株在生理特性上比较均匀，但在抗原性上有所不同；所有的分离株都是疏水的，并产生不同的胞外产物图谱。有两个分离株（编号为89/4747、01/0356-7）在所有测定项目中表现突出，与其他分离株差异较大。根据研究结果，筛选出了3个菌株（编号为89/4747、89/4762、00/3280）用于体内试验。

报道这是首次对塔斯马尼亚水域中的近海黏着杆菌进行定性研究，更深入地了解病原体的物理特性，有助于为塔斯马尼亚鲑鱼养殖业开发疫苗[53]。

（2）Salati等报道近海黏着杆菌不同免疫制剂的免疫活性

意大利国家兽医研究所、鱼病和水产养殖中心（Fish Disease and Aquaculture Center，IZS of Sardinia，State Veterinary Institute，Oristano，Italy）的Salati等（2005）报道，海水鱼类受一种通常称为“myxobacteriosis”（黏菌病）的病理学影响，是由近海黏着杆菌引起的。该病以鳍侵蚀（fin erosion）和皮肤和肌肉坏死性溃疡（necrotic ulcers）为特征，养殖的海鱼死亡率低但恒定；在意大利，是影响欧洲舌齿鲈、金头鲷、尖吻重牙鲷（sharp-snouted bream，*Diplodus puntazzo*）、黑尾重牙鲷（white bream，*Diplodus sargus*）、细点牙鲷（six-tooted bream，*Dentex dentex*）的最重要和最广泛传播的疾病之一。

为获得一种有效的抗病疫苗，从近海黏着杆菌SPVId菌株分别制备福尔马林灭活菌细胞、菌细胞外产物、粗制脂多糖制剂，经腹腔途径两次接种欧洲舌齿鲈，研究了鱼类对这些制剂的免疫应答。在第一次和第二次注射后测定凝集抗体效价（agglutinating antibody titer）和体外吞噬作用（phagocytosis），以评价这些制剂是否具有免疫原性及是否发生了免疫增强作用。结果表明，与对照欧洲舌齿鲈相比，福尔马林灭活菌细胞和粗制脂多糖制剂在首次接种后提高了抗体效价。此外，所有3种制剂都刺激了次级免疫反应，有增强免疫应答的作用。与对照组相比，所有制剂的体外全血吞噬活性均显著提高，但以粗制脂多糖制剂免疫的活性最高。

研究中使用的欧洲舌齿鲈，是从意大利撒丁岛的一个养鱼场获得的幼鱼（体重为5g）。近海黏着杆菌SPVId菌株是最初于1999年9月在意大利撒丁岛养殖的欧洲舌齿鲈暴发黏菌病期间从患病欧洲舌齿鲈分离的[54]。

（3）Kato等报道福尔马林制剂的免疫性

日本近畿大学（Kinki University；Shirahama，Wakayama，Japan）的Kato等（2007）报道，从真鲷（红海鲷）分离的菌株R2和从牙鲆分离的菌株GF0609两株近海黏着杆菌，在含70%海水的改良噬纤维菌琼脂（modified cytophaga agar）培养基25℃

培养48h后，用1.5%（*V/V*）福尔马林-PBS在4℃灭活48h，记作FKC-R2、FKC-GF。

为评价近海黏着杆菌福尔马林灭活菌细胞在真鲷和牙鲆的免疫保护效果，分别用FKC-R2、FKC-GF（均为20μg/mL的量）浸泡接种20min，在接种后10d用R2和/或GF0609菌株进行试验感染。结果在感染R2菌株的，免疫接种FKC-R2和FKC-GF的真鲷存活率分别为80%和40%、相对存活率分别为75%和25%，与对照组相比有显著性差异；在感染GF0609菌株的，在牙鲆没有观察到免疫接种的效果。此外，真鲷对GF0609菌株和牙鲆对R2菌株的敏感性较低。

研究中使用的养殖真鲷（平均体重30.7g）和牙鲆（平均体重63.6g）种鱼，是从近畿大学白滨实验站渔业实验室（Fisheries Laboratory of Kinki University，Shirahama Station）获得的。供试近海黏着杆菌菌株R2（ATCC 43398），最初于1977年从广岛县的真鲷中分离，由东京大学的小川（Kazuo Ogawa）博士提供；GF0609菌株是于2003年，在近畿大学白滨实验站渔业实验室从一条养殖牙鲆中分离的[55]。

（4）免疫佐剂的相关作用以及副作用

在免疫佐剂的相关作用以及副作用方面，目前的研究报道涉及加佐剂福尔马林制剂的免疫性、弗氏不完全佐剂（Freund’s incomplete adjuvant，FIA）的免疫增强作用等内容。

①van Gelderen等报道加佐剂福尔马林制剂的免疫性。澳大利亚塔斯马尼亚大学（University of Tasmania；Tasmania，Australia）的van Gelderen等（2009）报道，近海黏着杆菌的感染会导致海水养殖的损失，但在澳大利亚还没有市售的疫苗（vaccine）供用。

供试疫苗菌株89/4762分离于发病大西洋鲑，研究中使用4组进行疫苗接种试验：空白对照组、注射无菌PBS的对照组（IP对照组）、接种福尔马林灭活细菌疫苗（formalin inactivated bacteria vaccine）的疫苗组、接种加有弗氏不完全佐剂的疫苗组（疫苗+佐剂组）。结果在27d的感染试验期内，与所有其他组相比，注射疫苗+佐剂组的鱼类表现出显著的保护作用，相对存活率在79.6%（IP对照组）和78.0%（空白对照组）。27.7%（IP对照组）和22.0%（空白对照组）的低相对存活率值表明，没有佐剂的疫苗无法提供足够的保护，使其免受近海黏着杆菌的中度攻击。

油佐剂（oil adjuvants）、弗氏不完全佐剂存在副作用，所有注射疫苗+佐剂的鱼都存在与胃底区外表面相关的黑色/棕色色素（black/brown pigment），组织学检查显示该物质为黑色/棕色色素沉着（black/brown pigmentation），最可能是由黑色素（melanin）引起；在这种物质周围发现炎症反应，形成肉芽肿（granulomas）和囊肿。更重要的是，佐剂与胃底区相关的作用可能会产生严重的后果。使用油佐剂的可注射疫苗的副作用已被广泛报道，由于其降低了肉的质量并对动物福利产生不利影响，因此认为是不可取的。

通过对近海黏着杆菌抗原特性的进一步研究，以及疫苗类型和给药技术的发展，认为未来可能减少对油佐剂的需求。虽然在当前研究中测试了一种经典佐剂，但对于商用疫苗应评估新的商用佐剂。考虑使用非矿物油佐剂（nonmineral oil adjuvants），如有报道的Montanide油（Montanide oil）。认为此研究的结果是大西洋鲑抗海洋屈挠杆菌病（marine flexibacteriosis）疫苗研制的初步步骤，为进一步研究提供了依据。

图5-7显示佐剂诱导副作用的大体和组织学病理学。图5-7A显示注射疫苗+佐剂的鱼胃底区相关的黑/棕色色素；图5-7B为存在黑/棕色色素沉着（i）的胃底区组织学切片，（ii）为空泡；图5-7C显示脂肪组织间的肉芽肿[56]。

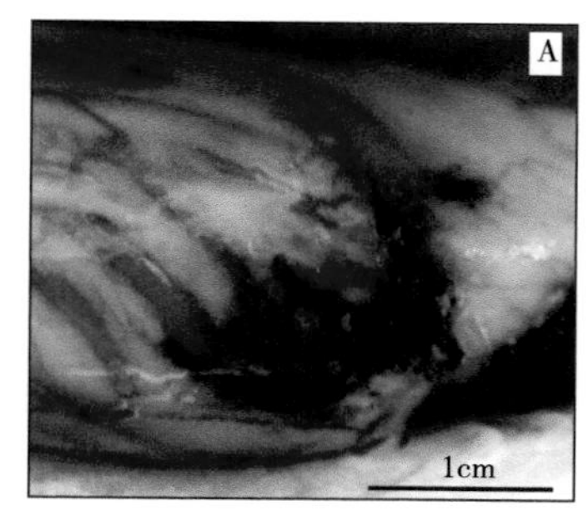

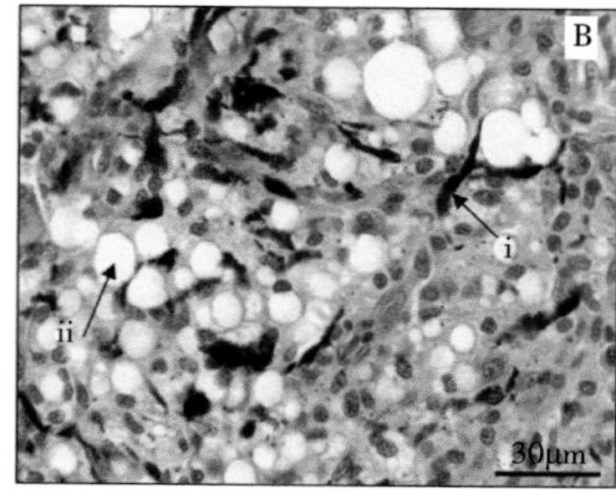

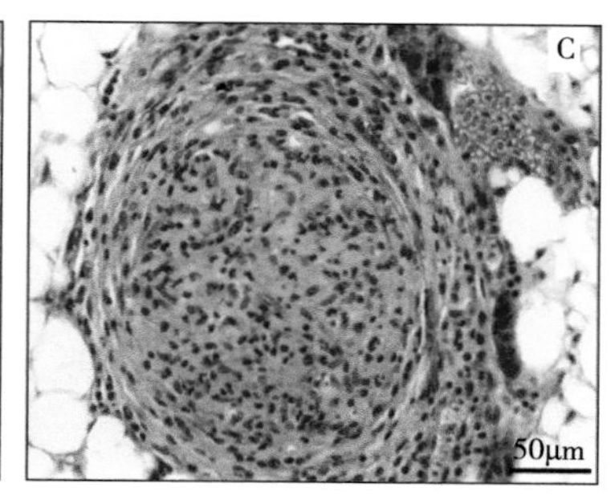

图5-7 佐剂副作用的病变

②弗氏不完全佐剂的免疫增强作用。有记述近海黏着杆菌作为海洋鱼类的病原菌，涉及多种海洋养殖鱼类的感染。近海黏着杆菌通常在鱼类轻微的表皮或上皮损伤或刺激后发生感染，并能迅速在这些组织中繁殖。感染特征是在感染病变或受损区域呈淡黄色、口腔腐烂、尾部腐烂、皮肤和鳍损伤，以及鳃、鳃耙和肠道也常可见病变。如果鱼维持在低应激环境中，广谱抗生素口服治疗通常是成功的。一些地区有商用疫苗。图5-8显示近海黏着杆菌感染的大西洋鲑，表现出的体侧出血和呈黄色的病变。

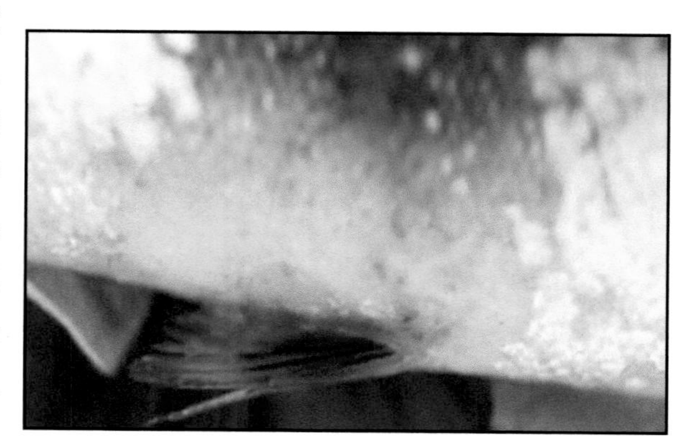

图5-8 大西洋鲑的病变

在澳大利亚，大西洋鲑和虹鳟是受近海黏着杆菌影响最严重的鱼类，已有报道用甲氧苄啶（trimethoprim）和土霉素治疗，并对环境产生了负面影响。在鲑鱼经注射福尔马林灭活菌（formalin-inactivated bacteria）与弗氏不完全佐剂混合制剂，对近海黏着杆菌的感染具有免疫保护作用；而未添加佐剂的制剂，不能对近海黏着杆菌的中度感染提供足够的免疫保护[57]。

（5）Khalil等报道特异性及非特异性制剂的免疫活性

埃及亚历山大大学（Alexandria University；Alexandria，Egypt）的Khalil等（2018）报道，研究探讨了注射接种近海黏着杆菌福尔马林灭活菌细胞、胞外产物、粗制脂多糖，以及紫锥菊（*Echinacea purpurea*）、牛至（*Origanum vulgare*）的油提取物1%的饲料添加剂，对改善欧洲舌齿鲈免疫功能的效果。

试验4周后感染近海黏着杆菌，供试近海黏着杆菌是从自然感染的欧洲舌齿鲈鳃、皮肤和/或鳍显示棕色到黄褐色的病变（溃疡）组织分离鉴定的。与对照组相比，近海黏着杆菌福尔马林灭活菌细胞、脂多糖、胞外产物、牛至和紫锥菊均分别提高了总蛋白、球蛋白和溶菌酶活性以及相对保护水平。基于研究结果，认为应用近海黏着杆菌福尔马林灭活菌细胞、脂多糖、胞外产物、牛至和紫锥菊，可以提高欧洲舌齿鲈的免疫力，有利于提高欧洲舌齿鲈对近海黏着杆菌感染的抗病性[58]。

（六）生境与抗性

黏着杆菌属细菌被发现于水、潮滩、淤泥中，一些种是鱼类的病原菌、还有一些种构成牡蛎（oysters）微生物区系（microflora）的一部分。栖息在海洋、海水鱼，能够黏着、也可能不能够黏着于琼脂[2-3,59]。

1. 生境

在近海黏着杆菌的生境方面，目前的研究报道主要涉及在海水中的近海黏着杆菌、在大鳞大麻哈鱼（Chinook salmon，*Oncorhynchus tshawytscha*）和红大麻哈鱼（Sockeye salmon，*Oncorhynchus nerka*）等鱼类的分布、水母的分布、海虱的分布等内容。

（1）Avendaño-Herrera等报道在海水中的近海黏着杆菌

西班牙圣地亚哥大学的Avendaño-Herrera等（2006）报道，研究了在不同海水微环境（microcosms）下鱼类病原近海黏着杆菌，在160d内的存活情况。结果显示可培养菌细胞在无菌条件下的持久性比在自然海水中的大，标准平板计数表明近海黏着杆菌在10^3CFU/mL的浓度下，在无菌海水中存活5个月以上；然而在非无菌海水中，表现出极不稳定的特性，可培养时间不超过5d，这一结果在DNA方法的应用中得到了证实。在无菌的微环境中，生化、生理、血清学和遗传特性均不受影响。总的结果有助于更好地了解在自然海水中的近海黏着杆菌的行为，并表明水生细菌种群（aquatic bacterial population）在近海黏着杆菌这种鱼类病原体的生存中起着重要作用[60]。

（2）Brosnahan等报道近海黏着杆菌在大鳞大麻哈鱼的分布

新西兰第一产业部动物卫生实验室（Animal Health Laboratory，Ministry for Primary Industries；Upper Hutt，New Zealand）、梅西大学兽医学院（School of Veterinary Science，Massey University；Palmerston North，New Zealand）的Brosnahan等（2019）

报道，共对来自新西兰马尔堡峡湾（Marlborough Sounds）、坎特伯雷（Canterbury）、斯图尔特岛（Stewart Island）三个区域（五个地点）的大鳞大麻哈鱼（大鳞鲑）养殖场，777条鱼进行了测试。所有样本，均在2015年秋季至2017年夏季期间采集；偏向于鱼类显示皮肤溃疡病的病症，以最大限度地提高检测目标病原体的敏感性。

采用定量PCR（quantitative PCR）方法测定了新西兰立克次体样生物（New Zealand *Rickettsia*-like organism，NZ-RLO）、近海黏着杆菌的分布，并将其遗传信息与国内外报道的菌株进行比较。利用这一信息，提出了病原菌与感染鱼类的关联。在三个区域中的两个区域检测到新西兰立克次体样生物，在所有区域都检测到近海黏着杆菌。3株新西兰立克次体样生物在此项研究中被确认，基于对其ITS rRNA基因（ITS rRNA gene）的分析，新西兰立克次体样生物似乎是一个与塔斯马尼亚立克次体样生物（Tasmanian *Rickettsia*-like organism，Tasmanian RLO）高度相似的澳大拉西亚群体（Australasian grouping）的一部分，新西兰立克次体样生物菌株2（NZ-RLO2）与爱尔兰菌株（Irish strain）相同，新西兰立克次体样生物菌株3（NZ-RLO3）与智利（Chile）的两个菌株密切相关。基于多位点序列分型，新西兰近海黏着杆菌与澳大利亚菌株（Australian strains）相同。在有皮肤溃疡的鱼中比没有皮肤溃疡的鱼，更经常检测到立克次体样生物，虽然还需要进一步研究这些生物体的致病性，但这是首次证实新西兰立克次体样生物与养殖的大鳞大麻哈鱼临床感染相关[61]。

（3）近海黏着杆菌在水母的分布

斯特林大学（University of Stirling；Stirling，Scotland）的Delannoy等（2011）报道，水母（jellyfish）的聚集（aggregations）或繁殖（blooms），对于水产养殖业来说越来越成问题。与水母相关（jellyfish-associated）的海水网箱鱼类（sea-caged fish）大量死亡，通常是由大量海洋物种如紫水母（Mauve Stingers，*Pelagia noctiluca*）引起的。这些相对较大的水母被潮汐和水流携带到鱼网箱上，导致它们分裂成含有能够通过网孔的碎片的致病性的刺丝囊（pathogenic nematocyst）。对鱼类的主要影响是鳃部损伤，导致呼吸窘迫，但损伤也可能由细菌混合感染引起，其中近海黏着杆菌是一种病原菌。目前的研究结果表明，这些丝状细菌存在于紫水母的口部，以前与养殖鱼类没有接触。这些新的研究结果突出了一个事实，那就是一些腔肠动物（Cnidarian）种类藏匿着近海黏着杆菌，并提示水母是这些细菌的自然宿主，而这些细菌的环境贮存尚未确定。通过扫描电子显微镜观察显示，所有样品（10个）紫水母的口部都存在丝状细菌。图5-9为扫描电子显微照片，显示紫水母口部表面存在许多丝状细菌[62]。

图5-9　紫水母口部表面的丝状细菌

北爱尔兰农业食品和生物科学研究所兽医科学部（Veterinary Sciences Division, Agri-food and Biosciences Institute of Northern Ireland；Stormont，Belfast，UK）的Fringuelli等（2012）报道，介绍了一种实时定量PCR（quantitative real-time PCR）技术的发展及应用。设计了一套引物和探针（probe），扩增了一个特异的近海黏着杆菌16S rRNA基因的155bp片段，结果表明该检测方法非常灵敏；此外，该方法具有很高的重复性和重现性。将该方法应用于48份福尔马林固定石蜡包埋（formalin-fixed paraffin-embedded，FFPE）大西洋鲑的鳃组织（显示不同程度鳃病理学）和26份水母的DNA样本检测，在89%的无鳃疾病征象的组织块和95%的有轻度至重度鳃病变的组织块中检测到近海黏着杆菌的DNA；在26份水母样本中，有4份被检测到低水平的近海黏着杆菌的DNA，也被认为是在相应感染病中起到带菌传播作用[63]。

（4）Barker等报道近海黏着杆菌在海虱的分布

加拿大温哥华岛大学（Vancouver Island University；Nanaimo，Canada）的Barker等（2009）报道采用标准的OIE细菌学筛选方案（standard OIE bacteriological screening protocols），对在2007年5月至2008年4月间从加拿大不列颠哥伦比亚省［British Columbia（BC），Canada）］养殖大西洋鲑中采集的鲑鱼虱（sea lice，*Lepeophtheirus salmonis*）即海虱的活动期（motile stages）的成虫期前（preadult）和成虫（adult），对其外甲壳（external carapace）和内部胃内容物（internal stomach contents）进行了采样。结果从海虱的外部（58%～100%）和内部（12.5%～100%）样本中分离出3种潜在的致病菌，包括近海黏着杆菌、荧光假单胞菌（*Pseudomonas fluorescens*）和弧菌。在水温较高的月份采集的这种海虱（sea lice）和在成年虱（adult lice）中，细菌的检出频率较高。这些初步结果导致了一项全面的多年研究，计划在其中检查海虱作为疾病媒介的可能作用。

供试海虱从不列颠哥伦比亚省农业和土地部（British Columbia Ministry of Agriculture & Lands，BC MAL）5个鱼类健康监护区（fish health surveillance zones）环境周围采集，位于温哥华岛（Vancouver Island）东部和西部海岸线附近。在采样区内，有80%以上的大西洋鲑养殖[64]。

（5）Nekouei等报道近海黏着杆菌在红大麻哈鱼的分布

加拿大爱德华王子岛大学（University of Prince Edward Island；Charlottetown，PE，Canada）的Nekouei等（2018）报道，感染性疾病可能导致弗雷泽河（Fraser River）红大麻哈鱼（红鲑）种群数量下降，但围绕重要传染源（infectious agents）和疾病间存在一个明显的知识缺口。

此项研究的目的，一是确定幼龄弗雷泽河红鲑（juvenile Fraser River Sockeye salmon）中46种感染因子（infectious agents）的存在和流行情况；二是评估初始向海迁移（initial seaward migration）的流行和程度（burden）的分布类型（spatial patterns），对比两年平均生产率（average productivity）和较差生产率（average and poor productivity）间的格局（patterns）。于2012年和2013年在不列颠哥伦比亚省，共从四个迁徙路线（migration trajectory）上采集了出游红鲑（out-migrating Sockeye salmon）。采用高通量微流体定量聚合酶链反应（High-throughput microfluidics quantitative PCR），对46种不同的传染源进行同时定量分析。结果至少检测到26种，其中9种的流行大于5%。感染因子的多样性和流行在幼鲑进入海洋后持续增加，但之后并没有实质性改变。值得注意的是，2013年淡水和海水传播（transmitted）的病原体比2012年更为普遍，导致前两个采样区域的感染总体更高。最常见的传染源都是自然发生的，在少量的样本（0.9%）中，只有7种在这些鲑鱼养殖区周围和养殖后才被发现，包括4种重要的病原体：鱼原呼肠孤病毒（*piscine orthoreovirus*，PRV）、鲑鱼鱼立克次氏体（*Piscirickettsia salmonis*）、近海黏着杆菌、黏莫里塔氏菌（*Moritella viscosa*）。此项研究是在不列颠哥伦比亚省首次对幼鲑感染因子进行概要调查（synoptic survey），为进一步研究最常见的感染因子及其潜在致病性提供了必要的基础，对参与保护计划的决策具有参考价值。

样品采集是在2012年和2013年春夏季对幼红鲑（juvenile Sockeye salmon）进行了采样，同时对大多数弗雷泽河红鲑种群（即在4—7月）进行了迁移出口外（out-migration window）采样。从每条鱼中无菌取样五个组织（鳃、全脑、心脏、肝脏和肾脏）。总的来说，从弗雷泽河流域内的淡水养殖区（freshwater natal rearing areas）到海洋环境及佐治亚海峡（Strait of Georgia）和夏洛特皇后群岛海峡（Strait of Haida Gwaii）间的过度迁徙（over migration），沿迁徙路线获得2 289条红鲑[65]。

2. 抗性

在近海黏着杆菌的抗性方面，目前的研究报道涉及对常用抗菌类药物的敏感性、药物对近海黏着杆菌的最低抑菌浓度、对治疗鱼类细菌性疾病的化学治疗药物的敏感性、过氧化氢对近海黏着杆菌杀灭能力、对化学试剂的敏感性、生物活性物质对近海黏着杆菌的作用、益生菌对近海黏着杆菌的作用等内容。

（1）Baxa等报道近海黏着杆菌对常用抗菌类药物的敏感性

有记载在早期，日本高知农业大学（Agriculture Kochi University；Nankoku，Kochi，Japan）的Baxa等（1988）报道了以化学疗法（Chemotherapy）对75株近海黏着杆菌的检测结果。显示对供试的氨苄青霉素、红霉素、交沙霉素（josamycin）、硝呋吡醇（nifurpirinol）、青霉素G、呋喃苯烯酸钠（sodium nifurstyrenate）高度敏感，对氯霉素、多西环素、竹桃霉素、土霉素、磺胺间甲氧嘧啶（sulphamonomethoxine）、甲砜霉素（thiamphenicol）中度敏感，对萘啶酸（nalidixic acid）、奥索利酸（oxolinic acid）、螺旋霉素、磺胺二甲基异噁唑（sulphisoxazole）弱敏感，对黏菌素（colistin）、链霉素有抗性。在鲕鱼（yellowtail）的体内试验中，呋喃苯烯酸钠的有效性被确认，通过浸泡（0.5μg/μL处理1h）或口服给药（每天每千克体重30mg，连用4d），可减少死亡率60.5%（未经处理的对照组鱼为100%）[59,66]。

（2）Avendaño-Herrera等报道近海黏着杆菌的药物敏感性

西班牙圣地亚哥大学Avendaño-Herrera等（2005、2006、2008），分别报道了使用不同培养基测定药物对近海黏着杆菌的最低抑菌浓度、对治疗鱼类细菌性疾病的化学治疗药物的敏感性、过氧化氢对近海黏着杆菌杀灭能力等内容。

①使用不同培养基测定药物对近海黏着杆菌的最低抑菌浓度。Avendaño-Herrera等（2005）报道，将Anacker-Ordal琼脂、海洋琼脂（marine agar，MA）、近海屈挠杆菌培养基（Flexibacter maritimus medium，FMM），与美国国家临床实验室标准委员会（National Committee for Clinical Laboratory Standards，NCCLS）推荐的稀释改良Mueller-Hinton琼脂（dilute versions of Mueller-Hinton agar，DMHA）培养基进行比较，以用于近海黏着杆菌的菌株圆盘扩散试验（disk diffusion tests），用Etest法（Etest method）计算5种供试药物的最低抑菌浓度值。

对在每种培养基上32株近海黏着杆菌进行的初步生长试验表明菌株在稀释改良Mueller-Hinton琼脂上未能生长，其他培养基能够支持所有菌株的良好生长。在用其他3种培养基进行的药敏试验，所有菌株对奥索利酸表现抗性，对阿莫西林和复方磺胺甲噁唑（trimethoprim-sulfamethoxazole）具有高度敏感性；恩诺沙星（enrofloxacin）和土霉素，显示在海洋琼脂的抑制区和最低抑菌浓度值明显小于其他培养基的。然而，快速、清晰和明确的抑制区是所有菌株在培养24h后，仅是在近海屈挠杆菌培养基上通过圆盘扩散分析和Etest法检测显示；此外是用市售海盐（sea salts）代替海水制备的近海屈挠杆菌培养基，也适用于近海黏着杆菌的分离以及药物敏感性测试。基于这些结果，建议使用近海屈挠杆菌培养基测定近海黏着杆菌的体外药物敏感性，并将其纳入美国国家临床实验室标准委员会M42（NCCLS M42）报道的未来修订版中[67]。

②对治疗鱼类细菌性疾病化学治疗药物的敏感性。Avendaño-Herrera等（2008）报道对从4个养殖场分离的63株近海黏着杆菌，进行了对8种用于治疗鱼类细菌性疾病（bacterial diseases）的化学治疗药物的体外敏感性进行了评价。结果表明，所有菌株均对供试的奥索利酸耐药，对阿莫西林、呋喃妥因、氟苯尼考（florfenicol）、土霉素、复方磺胺甲噁唑敏感；一些菌株对恩诺沙星、氟甲喹（flumequine）的耐药率分别为10%～30%、25%～60%（这取决于所取样的养殖场）。

这些数据用于预测恩诺沙星的耐药性是静态的、还是在2003—2004年的采样期间发生的；研究养殖场中检测到恩诺沙星的使用与耐药性水平之间的关系，从2003年的无耐药性菌株显著增加到2004年的44.8%，即该药物普遍使用的年份，与初始值（抑制区平均21.5mm）相比，此结果伴随着约29.2%对近海黏着杆菌菌株抑制区大小显著下降。采用微量稀释法（microdilution method）测定了100株近海黏着杆菌对恩诺沙星的最低抑菌浓度，其中20株对恩诺沙星耐药（大于256μg/mL），其余菌株呈双峰分布（bimodal distribution），范围在0.5～32μg/mL。对恩诺沙星最低抑菌浓度数据的解释表明，近海黏着杆菌的临界点（breakpoint）应为4μg/mL。然而，其他实验室的类似研究也有必要验证这个临界点值（breakpoint value）。

供试分离菌株是在2003—2004年，在西班牙西北部（northwest Spain）和葡萄牙（Portugal）的4个养殖场收集了21次发病的大菱鲆和鳎病鱼。将体重在2～150g的鱼从养鱼场放在冰上送到西班牙圣地亚哥德孔波斯特拉大学的实验室，在那里进行细菌学检查。每次暴发的几条鱼肾脏和外部损伤的样本，直接涂到海洋琼脂（marine agar，MA）、近海屈挠杆菌培养基琼脂，在24℃孵育2～5d；从培养皿中收集生长在每个培养基上的不同群体形态的代表性数量，并进一步纯化，以进行鉴定[68]。

③过氧化氢对近海黏着杆菌的杀灭能力。Avendaño-Herrera等（2006）报道，因过氧化氢（H_2O_2）能够有效控制多种鱼类的外部病原体而受到关注。此项研究检验了过氧化氢浓度在30～240μg/mL，对近海黏着杆菌的体外杀灭能力；此外是为评估过氧化氢在体重8～10g大菱鲆在浸泡感染近海黏着杆菌（菌细胞10^6个/mL）诱导了黏着杆菌病条件下的有效性，用30μg/mL或240μg/mL的过氧化氢处理。

结果显示在体外条件下暴露30min后，所试浓度的过氧化氢均能有效杀死海水中高比例的近海黏着杆菌；在处理过的皮肤黏液中，30μg/mL的过氧化氢对近海黏着杆菌的影响表现是在黏液的存在减少、需要更高浓度的过氧化氢（240μg/mL）处理才能杀死近海黏着杆菌。虽然这些浓度对鱼类没有毒性，但由于应力（stress）水平的增加，表现对试验感染大菱鲆无治疗效果，这不会导致死亡、但会加速黏着杆菌病的暴发。基于研究结果，建议仅使用浓度为240μg/mL的过氧化氢，作为在引入鱼之前处理用水和水槽表面的一般消毒预防方法[69]。

（3）Nishioka和Nishioka报道近海黏着杆菌对化学试剂的敏感性

日本东京农业大学的Watanabe和国家水产研究所渔业研究局的Nishioka（2010）报道，测定了12种化学试剂（chemical reagents）对4株近海黏着杆菌的最低抑菌浓度。

结果为布罗波尔（bronopol）即溴硝丙二醇（拌棉醇）、稳定态二氧化氯（stabilized chlorine dioxide）的最低抑菌浓度值最低（1.0μg/mL）。经过6h处理后，布罗波尔、稳定态二氧化氯的最低杀菌浓度（minimum bactericidal concentrations，MBC）值分别为4.0μg/mL和≤8.0μg/mL。

此两种化学物质对供试的高体鰤（greater amberjack）、真鲷（红海鲷）、褐石斑鱼（longtooth grouper）、牙鲆（Japanese flounder）、虎河豚（tiger puffer）5种海鱼，在浸泡暴露于5倍最低杀菌浓度量6h的情况下表现无毒性反应；认为此这两种化学物质，是最适合用于治疗近海黏着杆菌感染的抗菌剂[70]。

（4）Vazquez-Rodriguez等报道近海黏着杆菌对氨基衍生物的敏感性

葡萄牙波尔图大学的Vazquez-Rodriguez等（2015）报道，为寻找对鱼类病原体有选择性的新化学品（new chemical entities），以避免人类的耐药性产生，设计并合成了一系列不同取代方式的查尔酮/苯亚甲基苯乙酮杂化化合物（coumarin-chalcone hybrid compounds）。对重要的人类病原大肠埃希菌、金黄色葡萄球菌、铜绿假单胞菌，以及14株近海黏着杆菌进行了抗菌活性评价。

结果显示所有的氨基衍生物（amino derivatives）5 ~ 12，对近海黏着杆菌的不同菌株均表现出高抗菌活性，对供试3种人类病原菌均无抗菌活性、也无毒性（toxicity）。其中的化合物6、7和11是最有前途的分子，对这些化合物最敏感的近海黏着杆菌是LL01 8.3.8和LL01 8.3.1菌株，化合物11的活性是恩诺沙星的20倍。因此，这些将是水产养殖治疗的理想选择，避免了人类可能出现的耐药性问题。

供试的海洋致病性黏着杆菌属细菌，除近海黏着杆菌外，还包括异色黏着杆菌、加利西亚黏着杆菌、鳎黏着杆菌、解卵黏着杆菌，均为分离于发病鱼的[71]。

（5）生物活性物质对近海黏着杆菌的抗菌作用

在生物活性物质对近海黏着杆菌的抗菌作用方面，目前的研究报道涉及植物提取物的抗菌活性、伯克霍尔德氏菌属（*Burkholderia* Yabuuchi et al.，1993 emend. Gillis et al.，1995）细菌提取物的抗菌活性等内容。

①Jang等报道植物提取物的抗菌活性。韩国济州国立大学的Jang等（2009）报道由近海黏着杆菌引起的海洋鱼类黏着杆菌病，是济州岛养殖鱼类的一种重要的经济疾病。最初是对皮肤、口、鳍、尾的影响，导致体表严重坏死病变和溃疡病变。

研究从表现黏着杆菌病症状的牙鲆口蚀（eroded mouth）病变部位、用海洋琼脂培养基25℃培养2d分离到的1个菌株（编号A-7），经鉴定为近海黏着杆菌，在济州岛陆基鱼池（land-based fish tanks）通过浸泡感染试验引起了黏着杆菌病。根据最新数据，针对黏着杆菌病暴发提出的一些治疗方案是基于在罐中浸泡给药；土霉素是养鱼场使用最广泛的消毒剂，然而大多数养鱼场和消费者都对在鱼组织及其环境中的土霉素生物累积表示关注，此外是这种抗菌化合物在养鱼场很昂贵。为克服这一问题，需要天然植物衍生产品的应用。为此以从济州岛35种本地植物中的70%乙醇提取物，对其抗菌活性进行了筛选。研究发现，大多数植物提取物对近海黏着杆菌具有较好的抗菌活性。图5-10A、图5-10B分别显示菌株A-7的扫描电子显微镜观察的形态特征[72]。

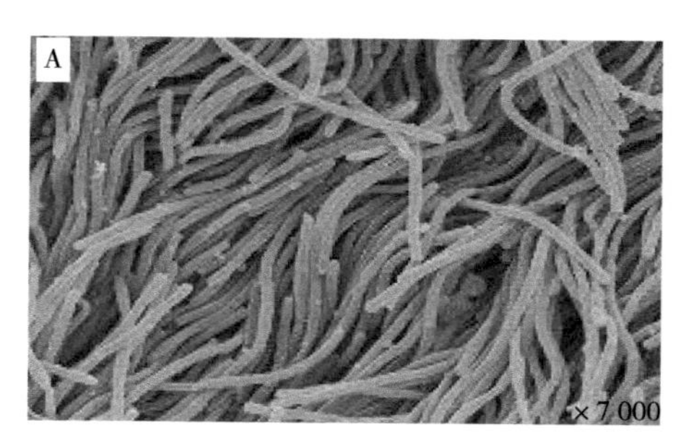

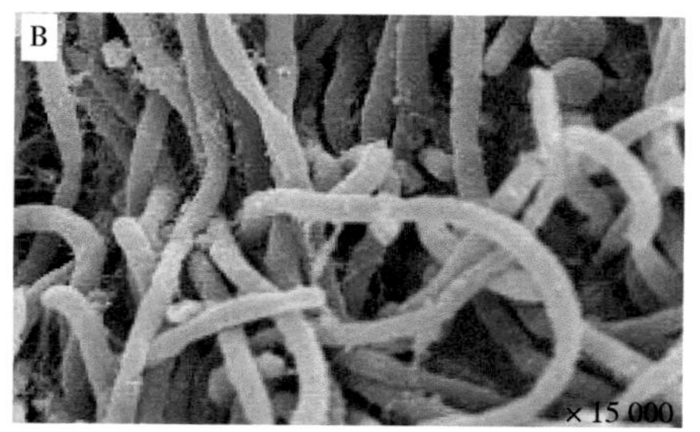

图5-10　近海黏着杆菌菌株A-7

②Li等报道伯克霍尔德氏菌提取物的抗菌活性。日本富山县立大学（Toyama Prefectural University；Kurokawa，Imizu，Toyama，Japan）的Li等（2018）报道，从伯克霍尔德氏菌属细菌这类根际细菌（rhizobacteria）资源，探索了生物活性分子（bioactive molecules）。分离获得两种新的抗菌药物2-烷基-4-喹诺酮类（2-alkyl-4-quinolones）：(E)-2-(Hept-2-en-1-yl)喹啉-4(1H)-one(1)［(E)-2-(Hept-2-en-1-yl) quinolin-4(1H)-one(1)］、(E)-2-(non-2-en-1-yl)喹啉-4(1H)-one(3)［(E)-2-(non-2-en-1-yl) quinolin-4(1H)-one(3)］；与4种已知的烷基喹诺酮类（alkylquinolones）（2和4～6）、硝吡咯菌素（pyrrolnitrin）（7）和BN-227（8），一起从菌株MBAF1239的培养物中分离出来。用核磁共振光谱法（Nuclear Magnetic Resonance spectroscopy，NMRS）对分离物1和3的结构，进行了明确的特性分析。其中的化合物1～8能够抑制近海黏着杆菌的生长，为开发鱼类养殖抗菌药物提供了新的机会[73]。

（6）Wanka等报道益生菌对近海黏着杆菌的作用

德国莱布尼茨淡水生态和内陆渔业研究所的Wanka等（2018）报道，鱼类营养创新是水产养殖业快速发展的可持续发展动力。益生菌膳食补充剂（probiotic dietary supplements）能够改善家畜的健康和营养，但它们主要是从陆地温血宿主（terrestrial，warm-blooded hosts）中分离出来的，限制了在鱼类中的有效应用。适应各自鱼类胃肠道的天然益生菌（native probiotics），将更能有效地在原始宿主体内建立。

研究从三种温带比目鱼（temperate flatfish）消化系统中分离培养了248株自身（autochthonous）菌株。对195个菌株进行16S rRNA基因测序，共鉴定出175株（占89.7%）革兰氏阴性菌，隶属于α（占1.0%）、β（占4.1%）和γ（占84.6%）变形菌纲（proteobacteria）的细菌。对候选益生菌（candidate probiotics）进一步利用体外试验进行了表征检测，其中涉及：一是抑制病原体的作用；二是对植物源性抗营养素（plant derived anti-nutrient）皂苷（saponin）的降解作用；三是必需脂肪酸（essential fatty acids，FA）及其前体（precursors）的含量。结果显示12个菌株，对常见的鱼类病原近海黏着杆菌有抑菌作用；7个菌株，能够代谢皂苷作为碳源和能源底物；2个菌株（012、047），分别为一种嗜冷杆菌属（*Psychrobacter* Juni and Heym 1986）细菌（*Psychrobacter* sp.）

和一种副球菌属（*Paracoccus* Davis 1969）细菌（*Paracoccus* sp.），显示高含量的二十二碳六烯酸（docosahexaenoic acid，DHA）和二十碳五烯酸（eicosapentaenoic acid，EPA）。此外是一种快速且具有成本效益的饲料颗粒包衣剂（coat feed pellets），显示在4℃下储存54d以上的补充益生菌（supplemented probiotics）具有较高的活性。

基于研究结果，提出了一种很容易适应其他养殖鱼类的本地益生菌候选菌分离和鉴定策略。简单的包衣程序确保了益生菌的生存能力，因此可以应用于未来益生菌候选物的评估[74]。

三、病原学意义

近海黏着杆菌是多种海水鱼类的病原菌，所引起的感染病被称为黏着杆菌病。自在前面有记述由日本广岛县水产试验场的Masumura和日本东京大学的Wakabayashi（1977）报道，在日本广岛县养殖的患病真鲷（红海鲷）、黑海鲷鱼苗检出后（注：可见在前面的相应记述[26]），相继在多个国家均有检出的报道。

（一）流行病学特征

Masumura和Wakabayashi（1977）、Wakabayashi等（1986）报道，近海黏着杆菌首先在日本分离于发病的养殖真鲷（红海鲷）和黑海鲷鱼苗（体长15 ~ 60mm）、条石鲷。这些细菌能够在由海水制备的噬纤维菌培养基（cytophaga medium）培养基生长，但不能在添加NaCl的噬纤维菌培养基生长。被感染的鱼显示出口腔侵蚀综合征、鳍磨损（frayed fins）、尾腐烂（tail rot）、皮肤损伤并进一步发展到浅表溃疡，最初的病症可能是皮肤苍白、边缘呈黄色、迅速发展为坏死性病变，死亡率为20% ~ 30%；显微镜下观察，可见细长的革兰氏阴性杆菌黏附在病变表面[26,32]。

1. 感染鱼类及流行区域

相继多有报道显示从那时起，近海黏着杆菌作为主要是海洋鱼类的病原菌从大西洋鲑、尖吻鲈（barramundi，*Lates calcarifer*）、牙鲆（flounder，*Paralichthys olivaceus*）、绿背菱鲽（greenback flounder，*Rhombosolea tapirina*）、虹鳟、塞内加尔鳎（sole，*Solea senegalensis*）、欧洲鳎（dover sole，*Solea solea*）、楔形鳎（wedge sole，*Dicologoglossa cuneata*）、欧洲舌齿鲈、鯻鱼（striped trumpeter，*Latris lineata*）、太平洋犬牙石首鱼（white weakfish）或白鲷（white seabream，*Atractoscion nobilis*）、太平洋沙丁鱼（Pacific sardine，*Sardinops sagax*）、北方鳀鱼（northern anchovy，*Engraulis mordax*）、五条鰤等多种鱼类分离到，包括养殖及野生的。

在区域分布方面，包括澳大利亚、加拿大、法国、日本、苏格兰、西班牙、美国等国家和地区[36,59,75]。

2. 不同区域的流行情况

这里简要记述在一些国家检出近海黏着杆菌及黏着杆菌多样性的情况，这些将有助于对近海黏着杆菌及相应黏着杆菌病流行情况的更明确认识和在流行病学方面的深入研究。

（1）Magi等报道在意大利首次检出近海黏着杆菌

意大利卡梅里诺大学医学兽医学院（Università di Camerino，Facoltà di Medicina Veterinaria，Italy）的Magi等（2007）报道，描述了在意大利的养殖细鳞绿鳍鱼（tub gurnard，*Chelidonichthys lucernus* L.）和野生大菱鲆（wild turbot，*Scophthalmus maximus*）中首次发生的所谓"flexibacteriosis"（屈挠杆菌病），诊断出两次由近海黏着杆菌引起的这种屈挠杆菌病。这两个不同的病例发生在卡梅里诺大学进行繁殖试验期间的设施中，一组10条成年大菱鲆，是从北亚得里亚海（North Adriatic Sea）捕获的，在两周后出现出血、鳍破损和口蚀（eroded mouth），由抗生素治疗得到控制；一组20条养殖细鳞绿鳍鱼（平均重量150g），在从一个渔场运送到实验室设施3d后出现口腔腐蚀、鳍腐烂（rotten fins）和严重的皮肤溃疡性病变（skin ulcerative lesions），死亡率在9d内达90%。

通过常规细菌学和PCR对两次发作的分离菌株进行检验，确定了病原菌为近海黏着杆菌，菌株的血清型为O3。组织病理学检查显示严重的皮肤坏死，真皮充血，伴有嗜异性和巨噬细胞浸润。这些病例构成了在意大利养殖的细鳞绿鳍鱼和野生大菱鲆中屈挠杆菌病的首次描述，因此需要考虑近海黏着杆菌是这两种鱼类未来在意大利养殖的潜在风险[76]。

（2）López等报道在西班牙首次从楔形鳎检出近海黏着杆菌

西班牙国际爱护动物基金会（IFAPA Centro Agua del Pino，Huelva，Spain）的López等（2009）报道，首次从楔形鳎中分离出近海黏着杆菌。在三次不同的暴发（outbreaks）中，从养殖鱼的溃疡中分离到病原体。通过特异性引物聚合酶链反应和部分16S rRNA基因测序分析，对所获得的6个菌株进行了生化和血清学鉴定，并对其进行了诊断。这些分离菌株构成了一个相同的表型群；然而，它们属于近海黏着杆菌的两种不同血清型。用楔形鳎鱼苗（Wedge sole fry），对分离菌株进行了毒力评价。这是首次描述在西班牙养殖楔形鳎，发生由近海黏着杆菌引起的黏着杆菌病。

报道在2006年3—5月、2007年1月，在西班牙西南部两个海洋养殖场（marine farms）的楔状鳎发生了3次黏着杆菌病暴发，幼鱼（体重7～21g）在1～3周内死亡率高达18%。在不同的疫情暴发期间，细菌分离的样本为濒死楔形鳎的溃疡部位、肝脏和肾脏，在近海屈挠杆菌培养基（Flexibacter maritimus medium，FMM）于20℃的培养24～96h。

结果在受感染楔状鳎观察到的主要外部迹象是躯体和尾部的溃疡，通常没有明显的内部病变，但在某些情况下能够观察到出血或肝脏苍白。显微镜检查显示在溃疡病变组织涂片中，存在大量的杆菌和丝状细菌。从A养殖场和B养殖场的暴发中分离出6株近海黏着杆菌，分别为2006年从A养殖场分离的2株（编号a274、a388）和B养殖场分离的3株（编号a443、a444、a461），2007年从A养殖场分离的1株（编号a523）；这些菌株，都是从尾部损伤中分离的混合培养物，通常有弧菌属细菌（*Vibrio* spp.）存在。使用O抗原的斑点印迹分析（dot-blot assay）显示，在这些菌株间存在抗原异质性（antigenic heterogeneity）；菌株a274和a388属于血清型O1，其余4株属于血清型O3。图5-11显示楔形鳎感染近海黏着杆菌的病症，最常见的外部病症为尾腐烂（图5-11A）、躯体溃疡（图5-11B）和尾部溃疡（图5-11C）[77]。

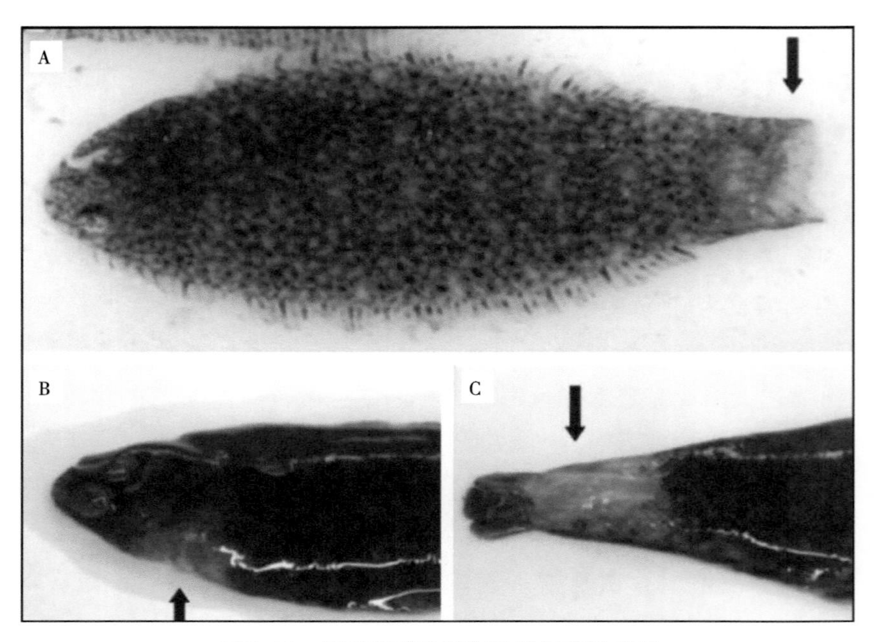

图5-11　楔形鳎感染近海黏着杆菌的病症

（3）Habib等报道黏着杆菌的多样性

西班牙圣地亚哥德孔波斯特拉大学的Habib等（2014）报道，黏着杆菌属细菌是海洋细菌生态系统（marine bacterial ecosystems）的丰富组成部分，也是几种鱼类的病原菌，其中一些是海洋水产养殖（marine aquaculture）的重要病原菌。通过将多位点序列分析（multilocus sequence analysis，MLSA）方法，应用于114株代表黏着杆菌属最知名的种及和全球主要鱼类病原菌的近海黏着杆菌。结果显示，重组阻碍（recombination hampers）了精确的系统发育重建（phylogenetic reconstruction），但数据显示了环境和致病谱系相互交织，这表明在几个种中独立的致病性进化（pathogenicity evolved）。在较低的系统发育水平上，重组也是很重要的，而近海黏着杆菌在分离菌株构成了一个内聚群（cohesive group）。重要的是，数据显示没有与世界性的鱼类运动（fish movements）相关的长距离传播（long-distance dissemination）的痕迹。相反，高数量的独特基因型（distinct genotypes）提示菌株的地方分布特征。多位点序列分析方案和本研究中描述的结果，将有助于监测海洋水产养殖（marine aquaculture）中的黏着杆菌属细菌感染；例如曾证实在挪威鲑鱼养殖场（Norwegian salmon farms）中黏着杆菌病暴发的分离菌株，是与最近有报道描述的“*Tenacibaculum dicentrarchi*”（舌齿鲈黏着杆菌）有关。

供试114株涉及18个明确的种和一种黏着杆菌，分别为近海黏着杆菌73株、异色黏着杆菌6株、嗜中温黏着杆菌（*Tenacibaculum mesophilum*）2株、一种黏着杆菌18株、鳎黏着杆菌1株、亚得里亚海黏着杆菌（*Tenacibaculum adriaticum*）1株、潮汐黏着杆菌（*Tenacibaculum aestuarii*）1株、海葵黏着杆菌（*Tenacibaculum aiptasiae*）1株、解淀粉黏着杆菌（*Tenacibaculum amylolyticum*）1株、太平洋牡蛎黏着杆菌（*Tenacibaculum crassostreae*）1株、舌齿鲈黏着杆菌1株、加利西亚黏着杆菌（*Tenacibaculum gallaicum*）1株、对虾黏着杆菌（*Tenacibaculum litopenaei*）1株、岸黏着杆菌（*Tenacibaculum litoreum*）1株、海泥黏着杆菌（*Tenacibaculum lutimaris*）1株、解卵黏着杆菌1株、斯卡格拉克海峡黏着杆菌（*Tenacibaculum skagerrakense*）1株、巨济黏着杆菌（*Tenacibaculum geojense*）1株、济州岛黏着杆菌（*Tenacibaculum jejuense*）1株[78]。

（4）Olsen等报道在挪威检出的黏着杆菌多样性

挪威兽医研究所（Norwegian Veterinary Institute；Bergen，Norway）的Olsen等（2017）报道，海水养殖鲑鱼的皮肤溃疡发生，通常与黏着杆菌属细菌有关，是挪威水产养殖中一个重要的鱼类福利和经济问题。挪威是世界上最大的大西洋鲑生产国，海养虹鳟的产量相当可观。然而从深秋到早春，冬季溃疡（winter ulcers）会影响海水养殖的大西洋鲑，尽管全年都可能出现溃疡，特别是在挪威北部，溃疡的发展直接导致损失和损害鱼类福利。有报道显示发病的死亡率高，尤其是最近转移到冷海水中的幼鲑。虽然有报道经典的冬季溃疡与莫里塔氏菌属（*Moritella* Urakawa，Kita-Tsukamoto，Steven，Ohwada and Colwell，1999）的黏莫里塔氏菌（*Moritella viscosa*）有关，但黏着杆菌属的成员与挪威海养鲑鱼和海洋鱼类的皮肤和鳍侵蚀越来越相关。

在挪威，虽然黏着杆菌属的种自20世纪80年代末以来就与养殖鲑鱼的溃疡有关，但养殖实践的变化和将新鱼类引入水产养殖可能部分解释了近年来这些感染的日益严重的影响。然而，对从这些病例中分离出的黏着杆菌属细菌的总体遗传多样性知之甚少。使用表型特征和16S rRNA测序和有限数量的挪威分离株的多位点序列分析确定了两个不同的组，证明了一些分离株代表舌齿鲈黏着杆菌或舌齿鲈黏着杆菌样菌株（*Tenaci-*

baculum dicentrarchi-like strains）的遗传多样性。最近，两个来自患病大西洋鲑的分离株被提议为新种“*Tenacibaculum finnmarkense* sp. nov.”（芬马克黏着杆菌）。

为进一步了解挪威与鱼类疾病相关的黏着杆菌分离株的多样性，并为疫苗开发提供便利；基于多位点序列分析，应用于扩大收集的黏着杆菌属的菌株。研究了1996年至2014年从各种养殖鱼类宿主溃疡病例中分离的89株黏着杆菌属细菌得出的结果。这些挪威分离株，来自挪威海岸线43个农场的56项诊断性调查，涉及7种不同鱼类、在19年内暴发的皮肤溃疡和/或鳍腐病。结果发现包括舌齿鲈黏着杆菌、鳎黏着杆菌、解卵黏着杆菌和近海黏着杆菌。

多位点序列分析分析揭示了这些菌株存在相当大的遗传多样性，但允许鉴定四个主要分支。其中的一个分支包含属于舌齿鲈黏着杆菌种的分离物，而三个分支包含可能代表新的尚未被描述的种的细菌。此项研究证实了近海黏着杆菌在吸盘圆鳍鱼（lump-sucker）、解卵黏着杆菌在大比目鱼（halibut）；并扩大了鳎黏着杆菌的宿主和地理分布范围、从濑鱼（wrasse）亦称隆头鱼中分离出。

总体上是在大多数挪威黏着杆菌分离株缺乏克隆性和宿主特异性，加上有一定的区域分离趋势，可能表明黏着杆菌属细菌感染主要是由涉及多个菌株的局部流行病引起的，这种机会性行为将取决于有利的环境。因此，控制细菌感染的尝试应该集中在消除危险因素上。此外，高水平的遗传多样性可能会使疫苗开发和挑战性试验的代表候选菌株的选择及为评估致病性和传播潜力的复杂化[79]。

（二）感染病与病症特征

多种鱼类感染近海黏着杆菌，主要表现的病症是溃疡病（ulcerative disease），常常被统称为黏着杆菌病。实际上，常常会出现感染组织的坏死、腐烂等病症。

1. 基本病症特征

近海黏着杆菌可引起多种海水鱼类的溃疡病，也被称为黏着杆菌病。在多年来曾有许多名称被用作描述这种感染病，包括咸水柱状病（salt water columnaris disease）、细菌性口炎、黑斑坏死病、口腔侵蚀综合征等。特征性的临床病症包括体表溃疡和坏死、口腔腐烂（mouth rot）、鳍磨损、尾部腐烂、烂鳃等，这种疾病可进一步发展为败血症感染[36,59,75]。

这种黏着杆菌病在20世纪70年代，在苏格兰养殖的欧洲鳎感染被称为黑斑坏死病，原因是皮肤表面轻微起泡（slight blistering），尾部和鳍边缘鳍之间的皮肤变黑（darkening），导致上皮细胞丧失、皮下出血性真皮组织（haemorrhagic dermal tissues）暴露，继发感染病原体引起坏死性溃疡（necrotic ulcers）。在加拿大，于第一年在海水中养殖的大西洋鲑幼鲑这种黏着杆菌病被称为细菌性口炎或口腔腐烂，是因在牙齿和口腔上有黄色斑块（yellow plaques）[36]。

总体来讲，近海黏着杆菌引起的感染病的主要病症包括口腔侵蚀（mouth erosion）、鳃侵蚀（gill erosion）尾部腐烂、体表溃疡，尤其是在幼鱼（juvenile fish）表现突出。在老龄鱼中，病变发展最初为在鳍、头部和躯干的灰白色皮肤区域（grey-white cutaneous areas），这些病变发展为溃疡（ulcers）。图5-12显示幼龄鲽（young plaice）外围鳍腐烂病变[75]。

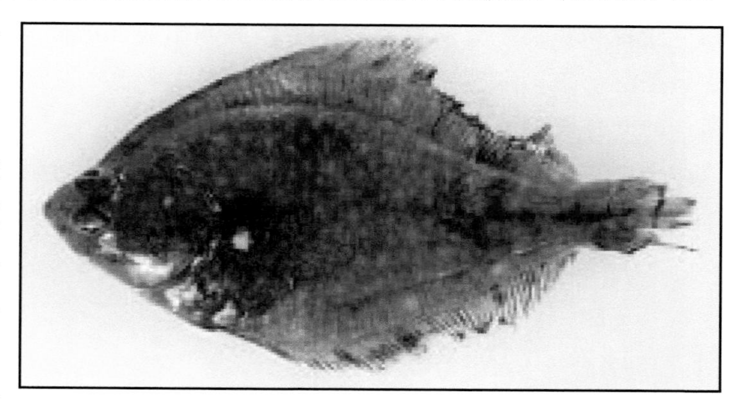

图5-12　幼龄鲽外围鳍腐烂病变

2. 鳃的感染病特征

多有研究报道显示，近海黏着杆菌作为鱼类鳃感染病的病原菌，主要是在大西洋鲑的感染，且病症表现还是比较严重的。无论如何，将近海黏着杆菌列为鱼类鳃感染病的病原菌范畴，还是比较明确的。

（1）Apablaza等报道在智利首次检出大西洋鲑鳃感染病

挪威卑尔根大学（University of Bergen；Bergen，Norway）的Apablaza等（2017）报道，首次从智利养殖大西洋鲑分离出近海黏着杆菌，命名菌株为CH-2402。是于2016年2月（智利夏季）由海洋藻的种（*Pseudochattonella* spp.）引起的有害藻华（harmful algal bloom）期间，从位于智利洛斯拉戈斯X区（region X，Los Lagos，Chile）的一个养殖场大西洋鲑鳃中分离出。

近海黏着杆菌是在全球的一种重要的海洋鱼类病原菌，能引起黏着杆菌病。利用遗传、系统发育和表型特征，描述了近海黏着杆菌CH-2402菌株与近海黏着杆菌的模式株相似，但在遗传上具有独特性（genetically unique）。另外是在同一个养殖场采样期间，也分离到了舌齿鲈黏着杆菌。基于近海黏着杆菌在其他地区已被证明会引起大西洋鲑的疾病的事实，这种细菌的存在对智利水产养殖业的鱼类构成潜在的疾病风险。

报道在2016年2月，智利洛斯拉戈斯X区发生了一次大型藻华（large algal bloom），造成2 500万条大西洋鲑死亡（死亡率94%），给水产养殖业造成了巨大的经济损失。已知这些种类浮游生物（plankton species），会导致在挪威和新西兰养殖鲑鱼的大量死亡。

2016年智利藻华的死亡率，与严重的鳃部病理学有关；从感染大西洋鲑鳃组织中，首次分离出的近海黏着杆菌（Ch-2402菌株）。菌株是在2016年2月，在奇洛埃岛西侧（west side of Chiloé Island）藻华的最初几天分离获得的。所有分离菌株，均是从大西洋鲑（平均重量为1kg）用海洋琼脂2216（marine agar，MA2216）在16℃培养3～5d获得的。

受检病鱼的主要病变是鳃黏液增多和出血，内部未见明显病变。培养分离细菌的生长是混合的，许多的菌落表现出典型的黏着杆菌属细菌的细胞和菌落形态。Ch-2402菌株的所有表型，均符合近海黏着杆菌的描述。

图5-13显示鱼鳃黏液增多和出血的病变；图5-14显示Ch-2402菌株用迪夫快速染色（Diff-Quik Stain），在显微镜检查菌细胞为细杆状（长度为3～6μm）形态[80]。

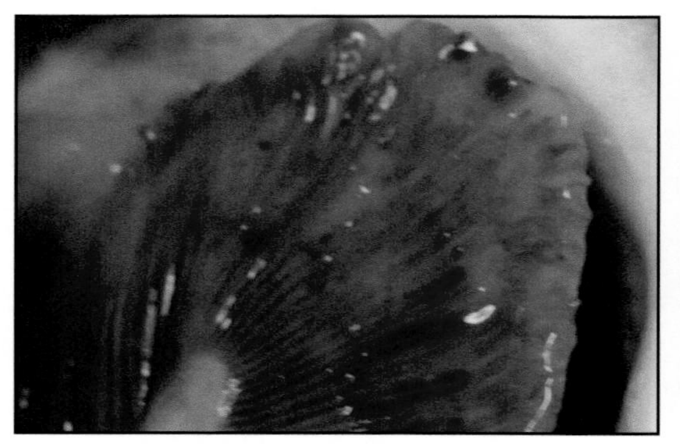

图5-13　鳃的黏液增多和出血病变

图5-14　Ch-2402菌株的形态

（2）Jones等报道大西洋鲑鳃感染对代谢率的影响

澳大利亚塔斯马尼亚大学塔斯马尼亚水产养殖与渔业研究所（Tasmanian Aquaculture and Fisheries Institute，University of Tasmania；Launceston，Tasmania，Australia）的Jones等（2007）报道，以近海黏着杆菌为感染模型，探讨了急性坏死性细菌性鳃感染（acute necrotic bacterial gill infection）对大西洋鲑代谢率（metabolic rate，Mo_2）的影响。

以高浓度（5×10^{12}CFU/mL）的近海黏着杆菌，分别测定了喂饲和未喂饲（近海黏着杆菌）大西洋鲑幼鲑（平均质量68.4g ± 1.7g；长22.0cm ± 1.1cm）的常规和最大代谢率（routine and maximum metabolic rates），并测定了相对代谢范围。结果发现，无论是喂饲组还是未喂饲组，其代谢范围均显著降低；代谢范围的降低，是由于受感染鲑鱼和未受感染鲑鱼的常规代谢率显著增加的结果。有趣的是，无论感染情况如何，所有组都保持最大的代谢率。代谢率的增加与血浆渗透压的显著增加相对应，代谢范围的减少影响到个体如何分配能量；代谢范围较小的鱼类将有较少的能量分配给诸如生长、繁殖和免疫反应等功能，这可能对鱼类的生长效率产生不利影响[81]。

（3）van Gelderen等报道大西洋鲑感染近海黏着杆菌的病变特征

澳大利亚塔斯马尼亚大学（University of Tasmania；Tasmania，Australia）的van Gelderen等（2010、2011）报道，鱼类海洋屈挠杆菌病（marine flexibacteriosis）的特

征是躯体、头部、鳍部和偶尔鳃部有坏死斑（necrotic lesions）、外表面有侵蚀性损伤（erosive lesions）是显著的临床症状。在澳大利亚，受影响的主要种是塔斯马尼亚（Tasmania）海笼养殖（sea-cage culture）的大西洋鲑和硬头鳟。

van Gelderen等（2010）报道在大西洋鲑的试验感染，显示近海黏着杆菌在不同菌株间会存在不同毒力；具有黏附能力的菌株比无黏附（non-adherent）能力的菌株，能够导致更高的死亡率[82]。

van Gelderen等（2011）报道，研究采用剂量依赖性试验（dose-dependent trial）确定病理学，在大西洋鲑中发现急性和慢性两种类型的疾病。急性形式发生在大剂量（菌数在1×10^8个/mL）接种感染后2～3d内出现高发病率，其特征是上皮细胞崩解；这种疾病的慢性形式开始于表皮表面的小浅泡（small superficial blisters），这将导致形成溃疡性病变、使肌肉组织暴露，主要病变部位为背部、胸鳍，颌骨通常受到影响，出现鳃坏死。在病理学上缺乏炎症反应，在较高接种剂量下观察到快速和破坏性死亡，提示毒素在近海黏着杆菌的病理发生中起作用。这是第一次研究海洋屈挠杆菌病的病变发展，并利用免疫组织化学方法来验证在组织学上观察到的细菌是近海黏着杆菌。

研究中的供试大西洋鲑幼鲑的体重为47.6～138.3g（平均88.1g），长度16.2～23.9cm（平均20.9cm）。采用从受感染的大西洋鲑中分离的近海黏着杆菌89/4762菌株，菌细胞浓度使用分光光度计在550nm下估计[83]。

图5-15显示免疫组化法检验近海黏着杆菌。图5-15A为阳性对照、图5-15B为阴性对照。

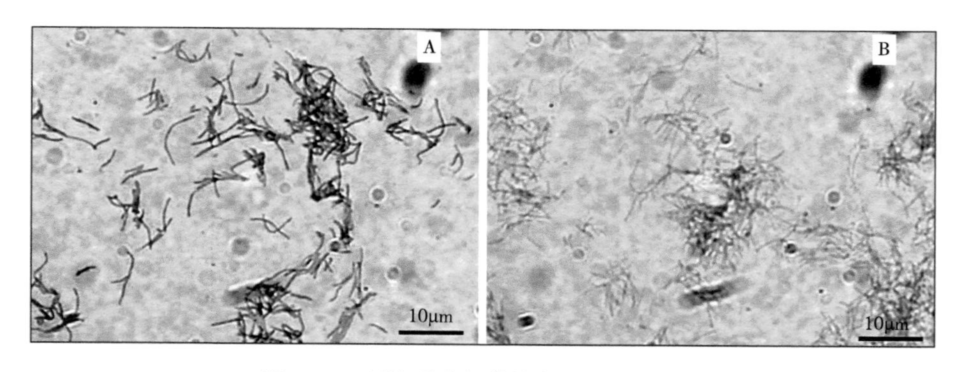

图5-15 近海黏着杆菌的免疫组化法检验

图5-16显示感染近海黏着杆菌的大西洋鲑鳃坏死病变。图5-16A为鳃损伤的大体病理；图5-16B为几个坏死片层的组织学，显示细菌团（bacterial association）；图5-16C为对照鳃（control gill）；图5-16D为单条鳃丝（individual filament）的坏死；图5-16E为鳃的苏木精-伊红染色切片，显示与坏死有关的大量细菌；图5-16F为鳃

片革兰氏染色；图5-16G为鳃片阳性免疫组化法检验的结果；图5-16H为鳃片阴性免疫组化法检验的结果。

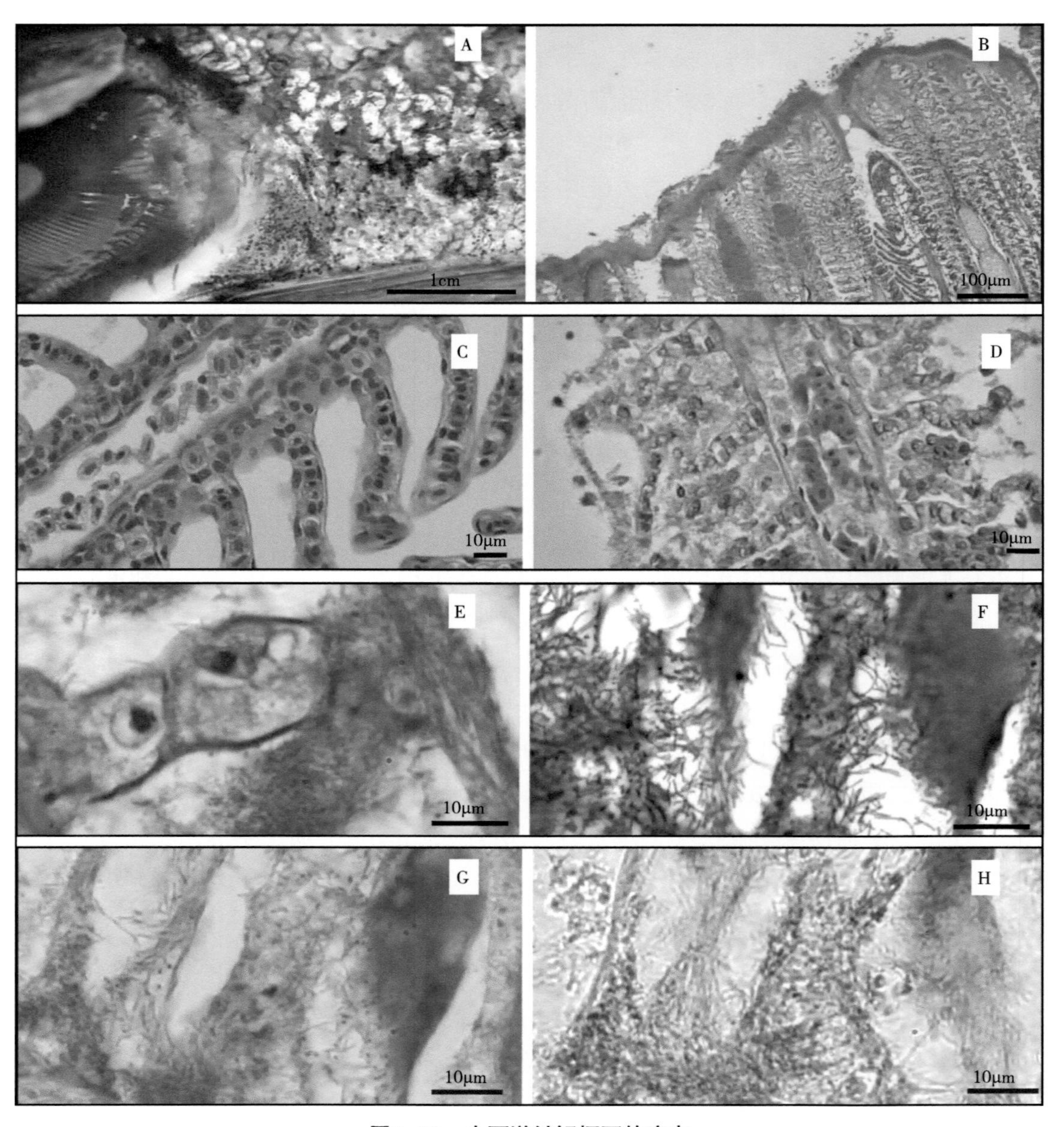

图5-16 大西洋鲑鳃坏死的病变

图5-17显示感染近海黏着杆菌的大西洋鲑，病变进展的组织学。图5-17A为对照皮肤；图5-17B显示鳞片脱落，在表皮下留下鳞片囊（scale pockets）（箭头示）；图5-17C显示表皮被细菌侵蚀，使真皮成为上层（箭头示）；图5-17D显示真皮受到侵蚀，使下层肌肉组织暴露。

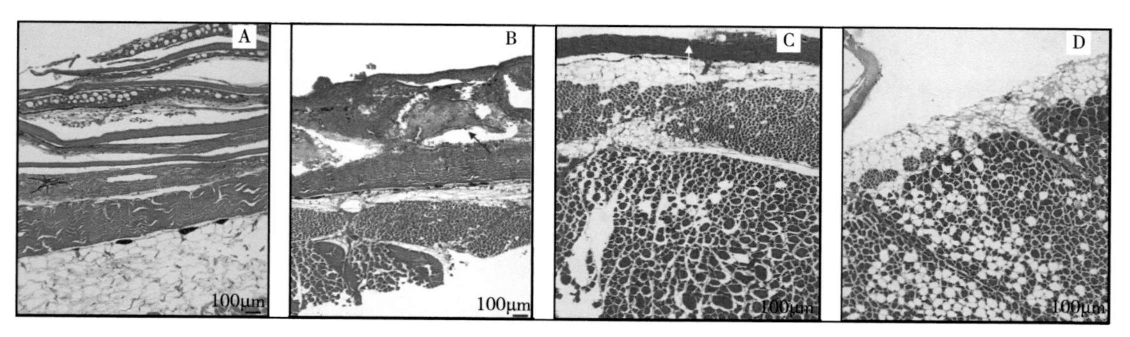

图5-17　大西洋鲑病变的组织学

图5-18显示感染近海黏着杆菌的大西洋鲑，感染引起的坏死物（necrotic material）。图5-18A显示坏死物由（i）细菌、（ii）坏死组织、（iii）鳞片组成；图5-18B为革兰氏染色；图5-18C为阳性免疫组化法检验的结果；图5-18D为阴性免疫组化法检验的结果[83]。

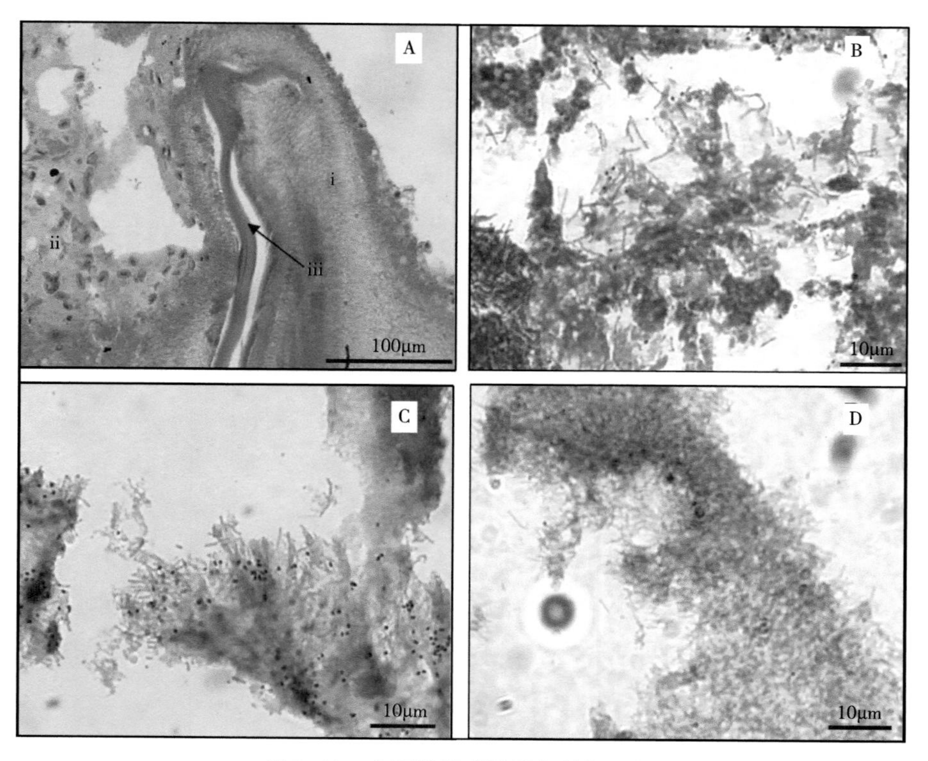

图5-18　大西洋鲑感染引起的坏死物

（4）Yardimci等报道土耳其养殖欧洲舌齿鲈的近海黏着杆菌感染

土耳其伊斯坦布尔大学（Istanbul University；Laleli，Istanbul）的Yardimci等（2015）报道采用细菌学、组织病理学、分子生物学等方法，在位于土耳其爱琴海沿岸（Aegean Sea Coast of Turkey）几个区域五个不同的浮式网箱养殖场（floating net cage farms）和两个孵化场（hatcheries），从养殖感染的欧洲舌齿鲈分离、鉴定了近海黏着杆菌。观察到头部和身体表面的外部红斑（erythemic）、腐蚀性颌骨（erosive jaw）和外皮浅表或深溃疡性皮肤损伤，感染个体的鳃腐（gill rot）、出血和红斑鳍（erythemic fins），同时发现轻微的眼球凸出症（exophthalmia）。此外还观察到内脏器官内出血和充血，腹腔内有血性液体。

从受感染鱼的肾脏和皮肤损伤中分离出的细菌在近海屈挠杆菌培养基、海洋浓缩噬纤维菌琼脂（marine enriched *Cytophaga* agar，MECA）培养基、海洋琼脂（marine Agar，MA）培养基生长，形成扁平、浅色的菌落，并被鉴定为近海黏着杆菌；另外还有一种弧菌（*Vibrio* sp.）、以及有动力（motile）或无动力的气单胞菌（non-motile *Aeromonas* species.）。

在组织病理学方面，观察到感染近海黏着杆菌的个体的肝脏、肾脏和脾脏变性和液化性坏死（liquefactive necrosis）。用套式聚合酶链反应（nested polymerase chain reaction）方法，直接从受感染的鱼组织中鉴定出了近海黏着杆菌。在此项研究中，发现在四个渔场中主要由近海黏着杆菌引起的混合感染，主要是弧菌和运动性或非运动性气单胞菌，导致25%的死亡率。在一个养殖场中以相同的死亡率（25%）表现，发现近海黏着杆菌感染、非混合感染的幼鱼。

研究中从位于土耳其爱琴海沿岸的五个浮式网箱养殖场和两个孵化场获得125条濒死的鱼。这些鱼分为鱼苗（体重0.5～2g）、幼鱼（体重5～15g）和成鱼（体重100～250g）。是在2008年和2010年的春夏季节，海水温度高于15℃时，进行了细菌学、组织病理学和分子检验。细菌学检验是从受感染鱼的肾脏、肝脏、脾脏和外皮损伤处采集细菌样本，分别涂布接种在含1.5%氯化钠的近海屈挠杆菌培养基、海洋浓缩噬纤维菌琼脂培养基、海洋琼脂培养基和胰蛋白胨大豆琼脂（trypticate soy agar，TSA）培养基，在22～24℃培养48h，选择一组具有代表性的菌落进行鉴定。

结果是两个孵化场提供的鱼苗样品，表现为外颌糜烂和红斑、轻度凸眼、头部出血性和溃疡性皮肤病变；内脏器官（脾脏、肾脏和肝脏）有溶解（lyses）病变。在幼鱼的鳍的基底部外部观察到出血性和溃疡性皮肤损伤，检测到颌、口和鳃盖（operculum）的病变，表现为出血性、红斑、糜烂，以及轻微的眼球突出症。此外，一些幼小鱼的内脏器官出现充血和出血，并暴露于肝脏、脾脏和肾脏的溶解中。一些幼鱼，表现在头部出现大的溃疡性皮肤损伤。从网箱养殖场提供的成鱼样本，其头部、表皮、颈部以及骨盆、胸鳍和肛鳍底部出现红斑和出血，出现轻微的眼球突出症，腐蚀性颌骨和多灶性出血以及溃疡性皮肤损伤；此外，在腹腔内还观察到苍白的肝脏和出血性腹水。

在22℃培养24h后，在近海屈挠杆菌培养基、海洋浓缩噬纤维菌琼脂培养基、海洋琼脂培养基上观察到扁平、淡黄色、边缘和大小不规则的菌落，而在胰蛋白胨大豆琼脂培养基的则没有观察到。在这些琼脂培养基上发现了近海黏着杆菌，通常从与其他致病性革兰氏阴性细菌混合感染中分离出来[84]。

图5-19显示欧洲舌齿鲈感染近海黏着杆菌的组织病理，分别为被感染鱼通常表现为皮肤表面损伤，上皮层完全丢失，暴露于真皮胶原纤维或深层溃疡性皮肤损伤（图5-19A）；出血性和侵蚀性鳃丝，带有游离或黏附的丝状细菌（图5-19B、图5-19C）；在腹腔液（图5-19D）、糜烂性颌骨（图5-19E）、多灶性液化性坏死和受影响肝脏出血（图5-19F）、多灶性液化性坏死、肾小球周围水肿和肾小管坏死、出血和肾间造血组织衰竭（图5-19G）中丝状细菌积聚，以及脾脏多灶性液化性坏死（图5-19H）。在混合感染的鱼，也表现为相似的组织病理学表现[84]。

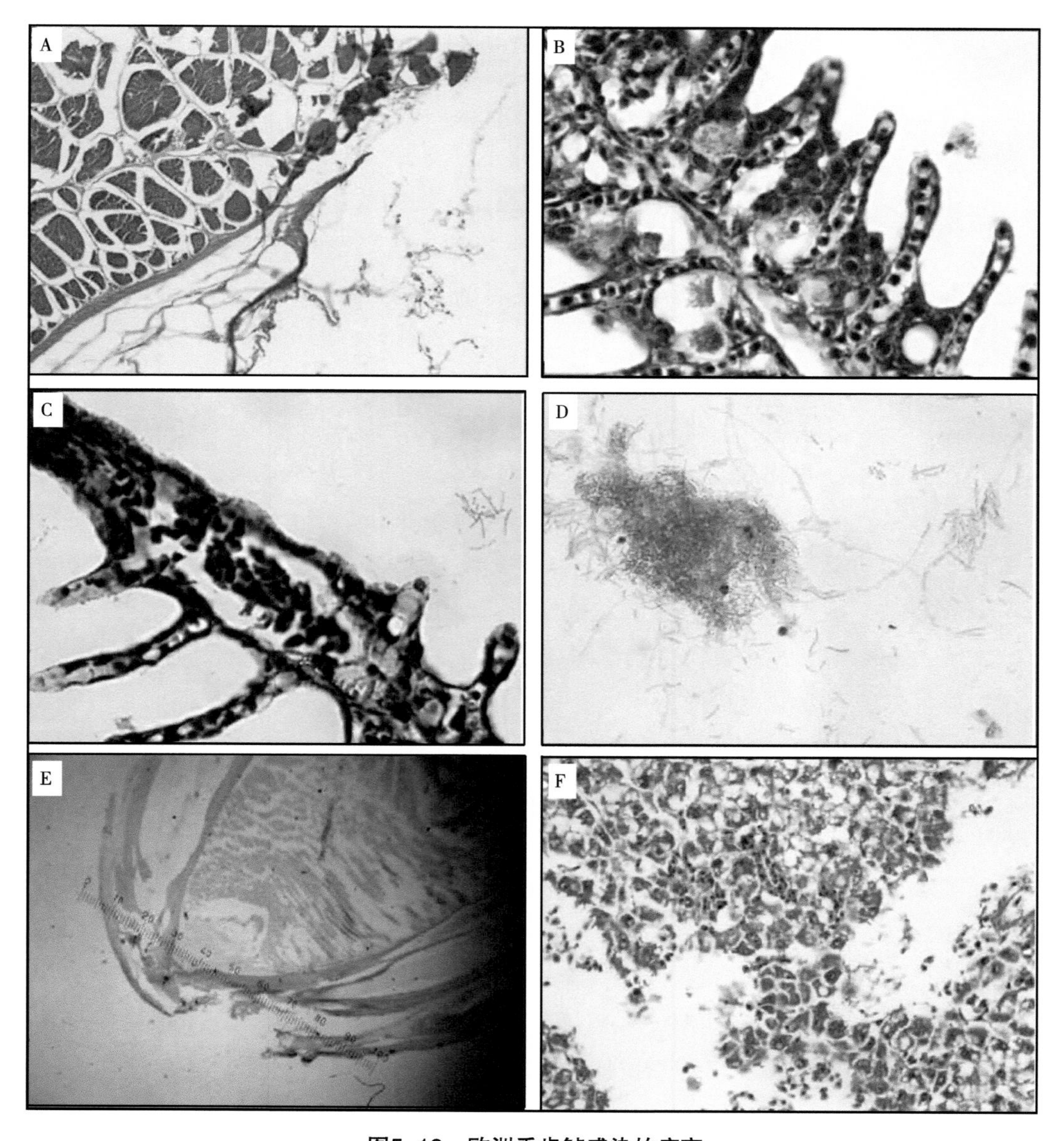

图5-19　欧洲舌齿鲈感染的病变

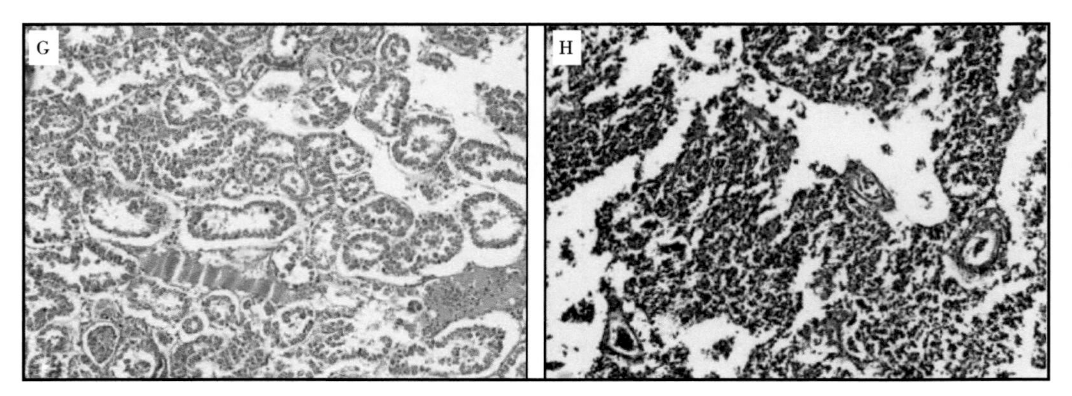

图5-19　欧洲舌齿鲈感染的病变（续）

（5）Frisch等报道大西洋鲑感染近海黏着杆菌的病变特征

挪威卑尔根大学（University of Bergen；Bergen，Norway）的Frisch等（2018）报道，由近海黏着杆菌引起的口腐烂（mouth rot），是北美洲西海岸（West Coast of North America）人工养殖大西洋鲑的一种重要病害。最近转移到海水中的幼鲑是最易受感染死亡的，除口腔内出现的特征性小的（通常小于5mm）黄色斑（yellow plaques）外，几乎没有内部或外部临床病症，这些幼鲑死亡的机理尚不清楚。

此项研究以从加拿大西部分离的近海黏着杆菌菌株TmarCan15-1、TmarCan16-1和TmarCan16-5为研究对象，研究了其对沐浴感染（bath infected）幼鲑的显微病理学（组织学和扫描电子显微镜检验），并与在自然暴发的口腐烂中所见的结果进行了比较。基于近海黏着杆菌特异性外膜蛋白A（outer membrane protein A）设计、并用于研究近海黏着杆菌的组织嗜性（tissue tropism）的实时逆转录-PCR（real-time RT-PCR）进行了研究。结果表明，实时逆转录-PCR可在体内检测到近海黏着杆菌。再加上细菌可以从肾脏中分离出来这一事实，就意味着近海黏着杆菌会变成系统性的。感染幼鲑的病理学主要是口腔损伤，包括牙齿周围受损组织；该病与哺乳动物的牙周病（periodontal disease）相似。病理变化是局灶性的、严重的，并且发生得很快，几乎没有相关的炎症。皮肤损伤在试验感染的幼鲑中比在自然暴发感染的更常见，但这可能是试验中使用的感染剂量、处理和水槽等的人为现象。

①显微镜检验病理。来自患病鱼病变（口、皮肤和鳃）的代表性组织、感染近海黏着杆菌BC菌株（BC strains of *Tenacibaculum maritimum*）大西洋鲑幼鲑的，分别固定在10%中性福尔马林缓冲溶液，并保持在4℃直到处理，组织切片以苏木精-伊红染色。从疾病的幼鲑组织切片，以BC养殖场（BC farm）口腐烂自然暴发的为参考。从试验感染的幼鲑中选择组织（口腔和皮肤），进行扫描电子显微镜检查。BC是指位于太平洋西北部的加拿大不列颠哥伦比亚省，与美国华盛顿接壤。

②同居试验组织筛选。采用最新研发的Tmar-ompA分析法（Tmar-ompA assay）检

验（Tmar-ompA的Tmar是指近海黏着杆菌、ompA是指外膜蛋白A），来自患病同居鱼的所有样本对近海黏着杆菌均呈阳性。接触两个致病性较低的菌株（TMARCAN15-1和TMARCAN16-5）感染组的鳃和口中的细菌数量较高。心脏、大脑和肾脏样本的结果显示，在临床感染的同居鱼中，三种组织中都含有近海黏着杆菌，这表明细菌或检测到的片段是系统性的。在随机抽样的无病同居鱼中，大多数抽样组织中也检测到近海黏着杆菌。虽然大多数都是阳性的，但并非所有个体的内部组织都是阳性的。对照组的同居鱼经筛选，近海黏着杆菌阴性。

③临床病症。大西洋鲑在幼鲑时感染了来自BC的近海黏着杆菌菌株，很少有外部或内部临床病症。口腔损伤是最常见的发现，一些鱼也有皮肤和/或鳃损伤。口腔损伤通常在牙齿和舌上或周围，并与黏液层相关，黏液层通常呈黄色。这种黏液中含有大量细长的杆状细菌。当病变发生在皮肤或鳃时，它们也与含有大量细菌的黏液层相连。

④显微病理学。在试验感染的幼鲑中，组织病理学变化主要出现在口腔中，一些鱼有鳃和/或皮肤损伤，这些变化与大体病变有关。口腔总的损伤在显微镜下观察与长、细的杆状细菌垫（mats of bacteria）有关，这些细菌与对近海黏着杆菌的描述相符。组织病理学的严重程度因个体而异，完整表皮之间的距离非常短，对于含有大量细菌的开放性溃疡，没有结构损伤迹象。在大多数情况下，病变周围很少或没有炎症反应。在牙齿周围的牙龈袋（gingival pockets）中存在大量具有近海黏着杆菌形态的细菌，这些细菌通常是疏松的，在某些情况下会脱落或完全缺失。在严重的情况下，正常的组织结构被大量细菌和细胞碎片的无结构物质所取代。

从试验感染的幼鲑中检测到的大多数鳃没有与疾病相关的微观变化，被认为是“健康的”；但是，在具有宏观损伤的鳃、具有显著的微观变化。与口腔病变一样，与这些病变相关的细胞和组织结构完全丧失，很少或没有炎症反应，大量细菌具有近海黏着杆菌的形态。大多数鳃部病变发生在鳃弓（gill arch）的弯曲处。受影响区域的鳃丝顶端完全被破坏，并被一层厚层的细菌所取代，细菌形态为近海黏着杆菌。溃疡与鳃完整鳃丝之间的距离非常短，只有片层（lamellae）的残余在溃疡内。

试验过程中出现的皮肤损伤与鳞片囊水肿（scale pocket edema）有关，组织下的完全破坏被具有近海黏着杆菌形态的细菌垫所取代。在组织破坏区域和牙齿周围有大量具有细菌垫形态的细菌聚集，细胞碎片在这些细菌垫内清晰可见。细菌嵌在一些牙齿的表面，一些牙齿断裂（fractured）、细菌聚集物位于这些牙齿暴露的牙髓中。细菌垫和聚集物与组织被破坏有关，也存在于皮肤损伤中。

在太平洋西北部（Pacific Northwest），近海黏着杆菌感染幼鲑死亡的机制仍然是个谜。试验性感染幼鲑的加拿大西部近海黏着杆菌株的主要病理学是口腔损伤，损害牙齿周围的组织、导致类似于哺乳动物牙周疾病的疾病。病理变化是局灶性的，严重的，并且发生得很快，几乎没有相关的炎症。通过实时RT-PCR和细菌学检验，能够在体内检测到近海黏着杆菌，认为一个可能的进入点是牙齿。

图5-20显示口腐烂自然暴发引起幼鲑下颚的组织病理学变化（苏木精-伊红染色）。对养殖大西洋鲑的颌骨组织病理学研究，该鲑鱼在从淡水中转移到咸水网兜（saltwater net-pen）中2个月后死亡。图5-20A显示左侧黏膜上皮溃疡，并被一层深嗜碱性细菌（deeply basophilic bacteria）覆盖（箭头示）；黑框包围的是从细菌覆盖的溃疡（左）到完整上皮（右）的转变，其勾勒出的是在图5-20B中的区域。图5-20B显示丝状细菌覆盖的溃疡（箭头示）和完整上皮（右箭头示）之间转变的高倍放大；黑框勾勒出包含在图5-20C中的区域。图5-20C显示在蛋白质基质（proteinaceous matrix）中流动（streaming）的大量丝状细菌的高倍放大。

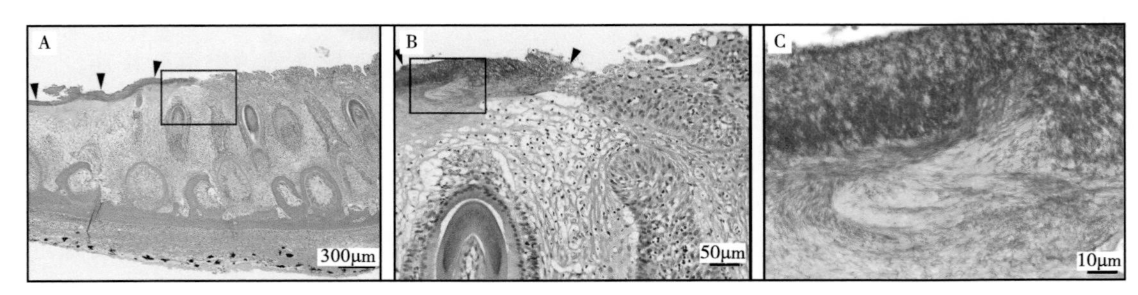

图5-20　口腐烂幼鲑下颚的组织病理

图5-21显示试验感染幼鲑的临床病症，经浸泡感染近海黏着杆菌菌株TmarCan16-1的一条濒死大西洋鲑。其大体病变（图5-21A）显示除尾部和背侧表面的一些鳞片脱落（箭头示）外，很少有临床病症出现在体表；图5-21B显示牙龈肿胀（gingiva is swollen）（箭头示）；图5-21C显示鳃损伤（箭头示）。

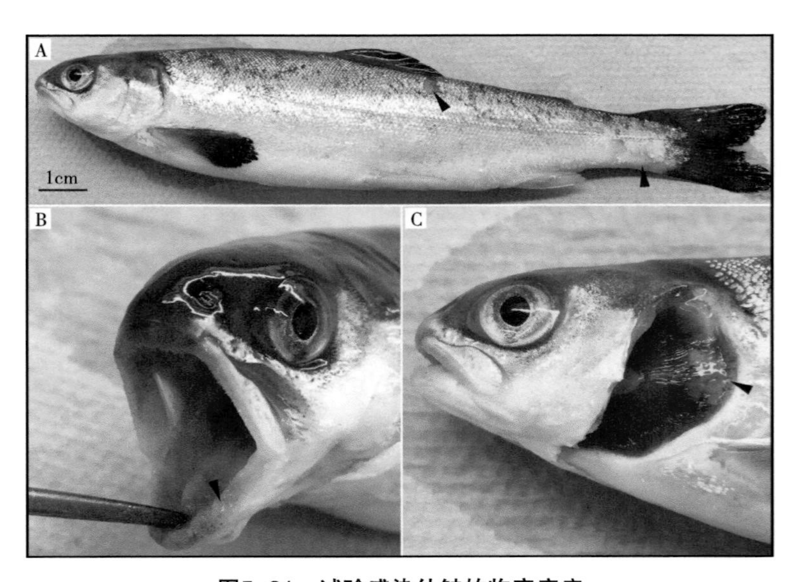

图5-21　试验感染幼鲑的临床病症

图5-22显示试验感染幼鲑的颌骨组织病理学特征（苏木精-伊红染色），以近海黏着杆菌菌株TmarCan15-1试验感染幼鲑。其中图5-22A显示颌的斜切面，有口腐烂和松动的牙齿（loose teeth）（箭头示）、只有少数与颌相连；顶部是口腔内部（inside oral cavity），底部是口腔外表（outside oral cavity）；外面的表皮是完整的；黑框勾勒出包含在图5-22B中的区域，并表示溃疡边缘的过渡。图5-22B显示完整黏膜上皮（箭头a示）与溃疡（箭头b示）之间的距离非常短；溃疡内有大量具有近海黏着杆菌形态的细菌（箭头c示），溃疡边缘无炎症迹象。

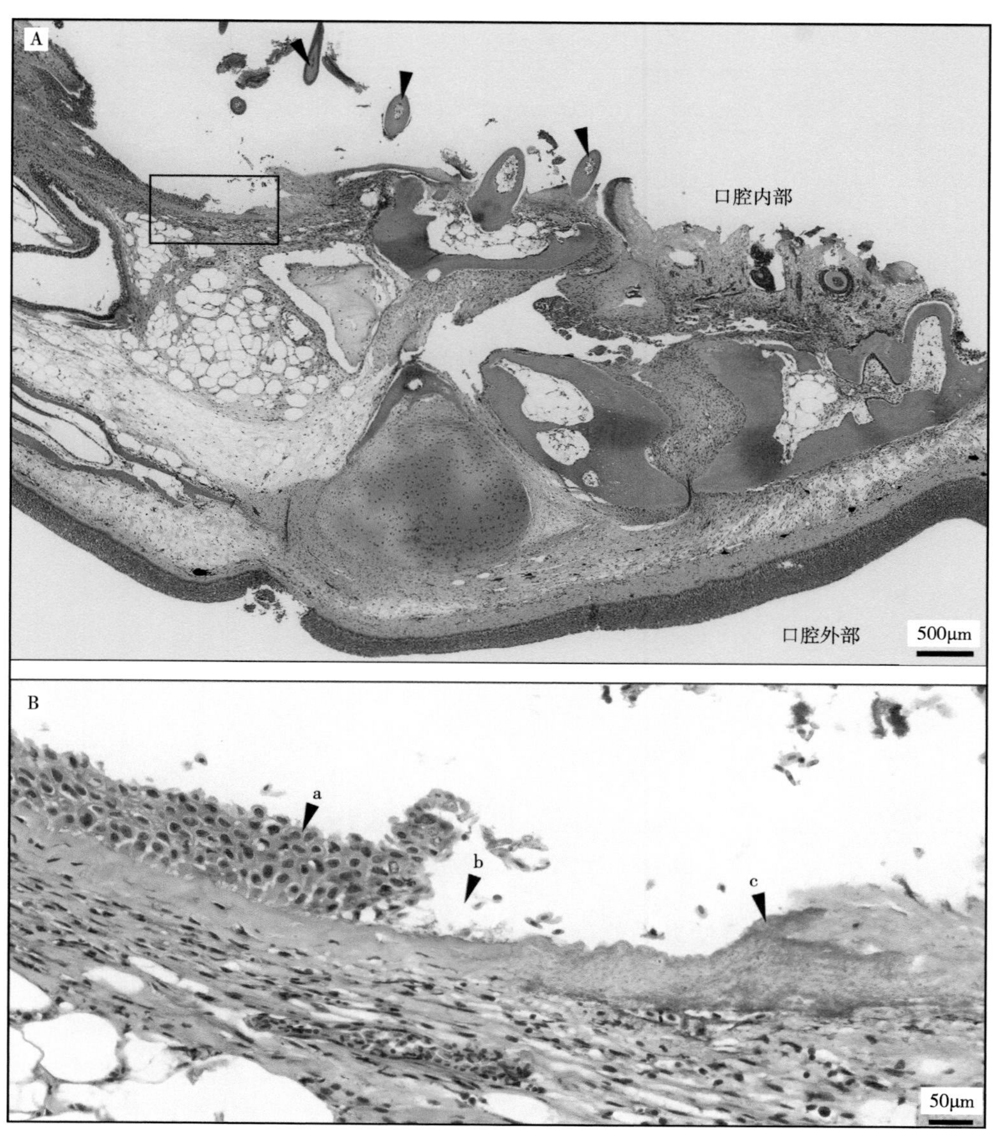

图5-22　试验感染幼鲑的颌骨组织病理学

图5-23试验感染幼鲑颌骨组织病理特征，是从图5-21的幼鲑的（苏木精-伊红染色）。图5-23A显示颌的斜切面，表皮完全消失，外表面覆盖着一层厚厚的、细长的、杆状的、渗入黏膜下层的细菌（箭头a示），只剩下一个齿（tooth）（箭头b示），在原来有更多齿的地方有孔（箭头c示）；标记为Ⅰ和Ⅱ的黑框勾勒出图5-23B和图5-23C中包含的区域。图5-23B显示具有近海黏着杆菌形态的细菌垫位于外表面（箭头d示），细菌已渗入黏膜下层；图5-23C显示大量具有近海黏着杆菌形态的细菌，位于牙齿周围被破坏的黏膜下层（箭头e示），一些完整的红细胞（箭头f示）位于细菌和组织残余物的范围内。

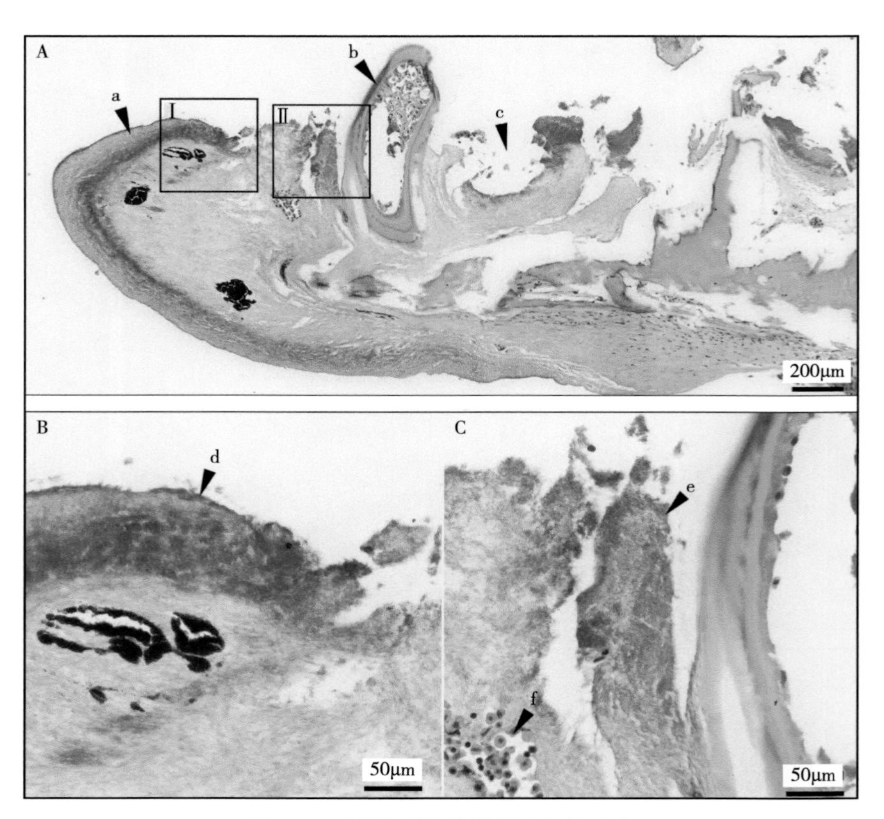

图5-23　试验感染幼鲑颌骨组织病变

图5-24显示试验感染幼鲑的鳃的组织病理学，是从图5-21的幼鲑的（苏木精-伊红染色）。图5-24A显示在鳃弓（gill arch）弯曲处顶部（curve）有明显损伤的鳃断面（section），鳃丝的尖端在病变中心缺失；鳃丝的剩余远端坏死组织，被一层厚厚的细菌取代，细菌的形态为近海黏着杆菌；黑框显示病变与正常组织间的过渡，并勾勒出图5-24B中包含的区域。图5-24B显示病变与正常鳃丝之间的距离非常短，在受损区域只有血管留在一些鳃片（lamellae）中；黑框勾勒出了包含在图5-24C中的区域。图5-24C显示大量的细菌是近海黏着杆菌形态的、覆盖了鳃的破坏区域，只有片层的残

余在溃疡内。

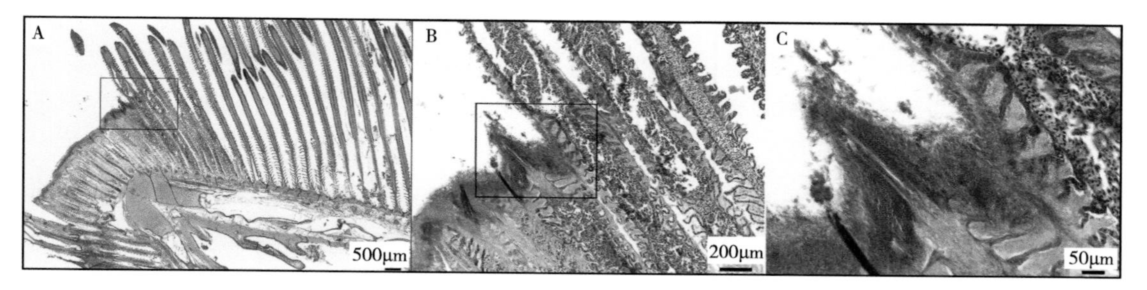

图5-24　试验感染幼鲑的鳃组织病理学

图5-25显示试验感染幼鲑的牙齿（teeth）的扫描电子显微镜观察结果，感染近海黏着杆菌菌株TmarCan15-1的患病幼鲑牙齿和口腔周围组织的病变。图5-25A显示牙齿和周围的牙龈被近海黏着杆菌细菌垫（bacterial mats）覆盖（箭头示），相关组织受损。图5-25B为放大显示细菌在牙齿表面生长（箭头a示）以及在周围牙龈组织生长（箭头b示）。图5-25C显示与相关组织破坏相关联的牙实质-釉质界面（dentin-enameloid interface），白色框表示图5-25D的区域。图5-25D显示细胞碎片内的细菌垫。

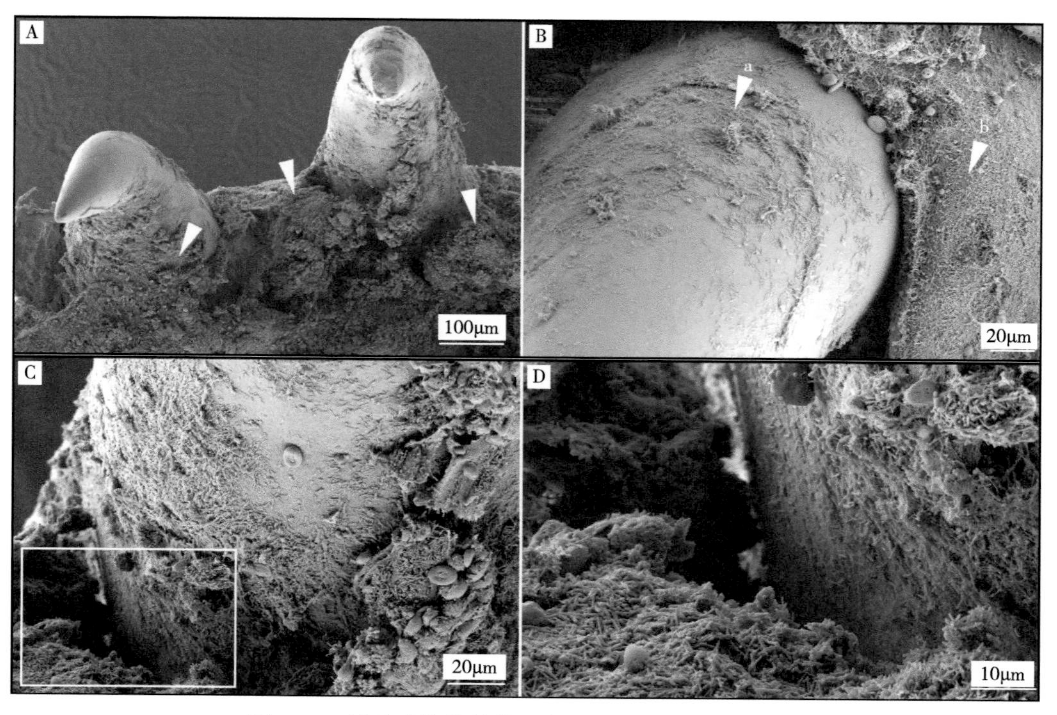

图5-25　试验感染幼鲑的牙齿和口腔周围组织的病变

图5-26显示试验感染幼鲑牙齿表面的扫描电子显微镜观察结果，同居试验中感染近海黏着杆菌菌株TmarCan15-1的患病幼鲑的牙齿表面的显微病变，近海黏着杆菌在牙釉质

内（箭头示）。

图5-27显示试验感染幼鲑的牙齿断裂（fractured tooth）的扫描电子显微镜观察结果。同居试验中感染近海黏着杆菌菌株TmarCan15-1的患病幼鲑牙齿断裂，牙齿外侧（白色箭头示）以及牙齿裸露的牙髓（exposed pulp）（黑色箭头示）内都存在大量的细菌聚集。

图5-28显示试验感染幼鲑的皮肤损伤的扫描电子显微镜观察结果，同居试验中感染近海黏着杆菌菌株TmarCan15-1的患病幼鲑背侧皮肤损伤病变。图5-28A显示与暴露鳞片的上皮损伤（SC）有关的、具有近海黏着杆菌形态的细菌垫（箭头示）。图5-28B显示细胞碎片，以及具有近海黏着杆菌形态的细菌聚集物[85]。

图5-26　试验感染幼鲑牙齿组织病变

图5-27　试验感染幼鲑的牙齿断裂病变

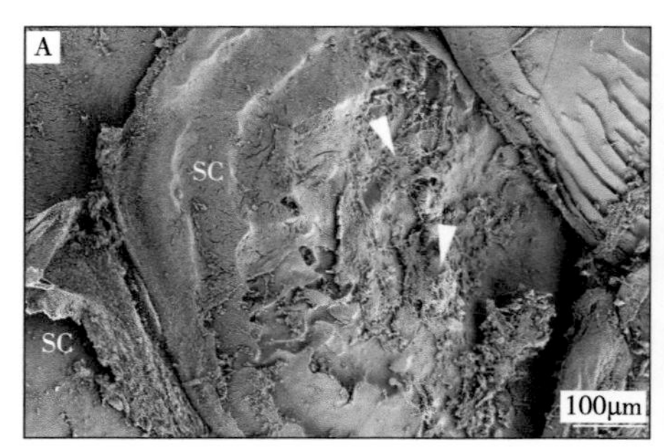

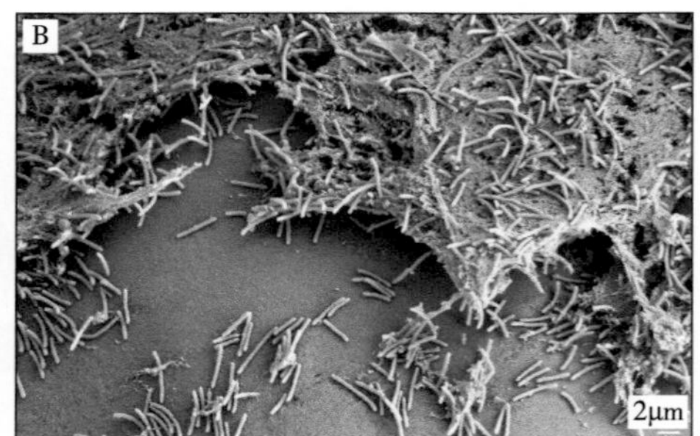

图5-28　试验感染幼鲑的皮肤损伤病变

3. 欧洲鳎的黑斑坏死病

20世纪70年代在苏格兰养殖的欧洲鳎发生的所谓“black patch necrosis，BPN”（黑斑坏死病），最初的报道认为其病原体为柱状屈挠杆菌（*Flexibacter columnaris*）即现在分类命名的柱状黄杆菌（*Flavobacterium columnare*）。

现在看来其病原体当是近海黏着杆菌，尤其是通过法国农业科学研究院的Bernardet和巴斯德研究所的Grimont（1989）报道，在对一些未明确的鱼类病原菌和被称为

“*Flexibacter columnaris* sp. nov.”（柱状屈挠杆菌）（注：即现在分类命名的柱状黄杆菌）、“*Cytophaga psychrophila*”（嗜冷噬纤维菌）（注：即现在分类命名的嗜冷黄杆菌）、“*Flexibacter maritimus*”（近海屈挠杆菌）的菌株进行的DNA相关性和表型性状比较研究中，证实了由Campbell和Buswell（1982）首次报道在苏格兰从欧洲鳎呈黑斑坏死病皮肤病灶分离出的菌株NCMB 2158被鉴定为“*Flexibacter maritimus*”（近海屈挠杆菌）即现在的近海黏着杆菌（可见在前面的相应记述[33]），可以得到证实。

总体来讲这种所谓的黑斑坏死病感染类型还是比较少见的，这里所记述的还是早期在感染病及病原体（柱状屈挠杆菌）方面的相应报道。另外，鉴于最初的报道其病原体为柱状屈挠杆菌（柱状黄杆菌），为避免可能出现的混乱，在第四章“黄杆菌属（*Flavobacterium*）”“柱状黄杆菌（*Flavobacterium columnare*）”的“感染病与病症特征”内容中，也对欧洲鳎黑斑坏死病有所介绍。

（1）McVicar和White首先报道欧洲鳎黑斑坏死病

英国DAFS海洋实验室（DAFS Marine Laboratory；Aberdeen，Scotland）的McVicar和WFA海洋养殖单位（WFA Marine Cultivation Unit；Hunterston，Ayrshire，Scotland）的White（1979）报道，欧洲鳎在英国已被确定为一个有希望集中养殖的海洋鱼类。苏格兰艾尔郡亨特斯顿（Hunterston，Ayrshire，Scotland）白鲑管理局实验农场（White Fish Authority’s experimental farm）在养殖欧洲鳎方面取得了良好进展，1978年有超过7 500条幼鱼以惰性饮食（inert diet）喂养、并正在进行试点规模的试验，目的是开发单位规模代表后续商业应用。使用这种方法可能有很高的存活率，但近期在一些水槽鱼群中出现与鱼鳍和皮肤变暗（darkening）和坏死有关的严重死亡。尽管术语“black patch necrosis，BPN”（黑斑坏死病）已被用来描述这种情况，但认为这些变化是鱼皮肤对各种原因造成的损伤的正常反应，因此还不能明确诊断目前被认为是养殖欧洲鳎的疾病。

这种情况最早于1976年在0群（0-group）养殖欧洲鳎中被发现，因为它在0群和1群鱼群中已经成为一个反复出现的问题。在发现适合控制该病的治疗方法之前，每次暴发都会造成严重的损失。通常在孵化后60～100d内首次发现这种问题的迹象，夏季的暴发比冬季更频繁。尽管条件明显相同，但个别罐内情况的发展和严重程度差异很大，而一些存鱼在整个过程中保持健康。通常在未经处理的罐内，在第一次出现迹象后的5d内，死亡率迅速上升到峰值（1978年记录的最大值为每天10.2%），虽然每天减少到3%左右，但仍持续在这一不可接受的高水平、并间歇性达到高峰，直到大多数死亡。在随后的任何一次暴发中，幸存者似乎同样容易受到感染[86]。

图5-29显示欧洲鳎黑斑坏死病早期病变。图5-29A显示上皮细胞（epithelium）的圆形细胞（rounded cells）（箭头示），色素凝结（condensation of pigment）、并从完整的

表皮（epidermis，ep）脱落；图5-29B显示在早期病变中外层上皮细胞丢失的圆形细胞的细节[86]。

（2）Campbell和Buswell报道欧洲鳎黑斑坏死的病原菌

英国佩斯利理工学院（Department of Biology，Paisley College of Technology；Paisley，Renfrewshire，Scotland）的Campbell和Buswell（1982）报道，一种被称为黑斑坏死的复发性疾病（recurring disease），是于1974—1978年在苏格兰艾尔郡亨特斯顿海鱼业管理局海洋养殖场（Sea Fish Industry Authority's Marine Cultivation Unit at Hunterston，Ayrshire，Scotland）的0群和1群养殖欧洲鳎严重死亡的原因［注：可见上面McVicar和White（1979）的报道[86]］。对患病和健康欧洲鳎的组织样本进行了微生物学检查，从患病欧洲鳎病变组织中（仅从患病欧洲鳎病变组织分离到、不能从健康欧洲鳎组织中分离到）反复分离出一种细长的革兰氏阴性菌（两个菌株编号DsA、DsD），与"*Flexibacter columnaris*"（柱状屈挠杆菌）极为相似，但未在健康组织中发现。此菌对欧洲鳎具有致病性，在17.5℃ ± 2℃条件下试验感染于96h内死亡率为100%，此菌从所有经试验感染的鱼中可重新分离出来。对分离菌株（DsA）和感染再分离菌株（编号DsR）进行了检测，并与柱状屈挠杆菌、以前称为"*Chondrococcus columnaris*"（柱状软骨球菌）或"*Cytophaga columnaris*"（柱状噬纤维菌）的参考菌株NCMB 1038进行了比较。结果显示，这种"*Flexibacter columnaris*-like organism"（柱状屈挠杆菌样细菌）被认为是与欧洲鳎相应"黑斑坏死病"相关联的（注：此菌即现在分类命名的柱状黄杆菌，试验参考菌株为NCMB 1038即模式株NCIMB 1038）。

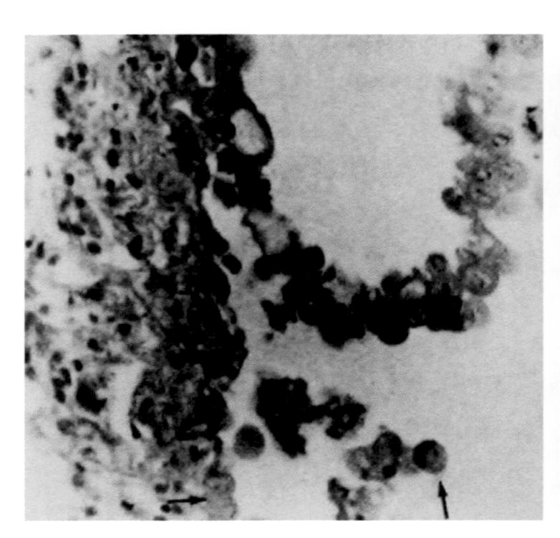
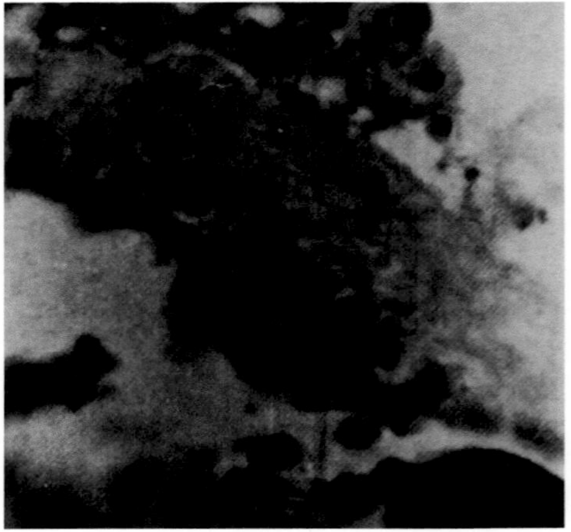

图5-29　欧洲鳎黑斑坏死病早期病变

自1974年以来，海洋渔业管理局（Sea Fish Industry Authority）即原白鲑管理局（White Fish Authority，WFA）一直在苏格兰艾尔郡亨特斯顿的海洋养殖场（Marine Cultivation Unit；Hunterston，Ayrshire，Scotland）进行试验，以研究欧洲鳎作为适合

养殖的物种的潜力。由于一种被称为“黑斑坏死病”的复发性疾病影响了0群和1群的鱼种群，以致商业数量的孵化场养殖幼鱼（hatchery-reared juveniles）生产发展受到限制。McVicar和White（1979）报道了这种疾病在1978年的最高死亡率为每天10.2%，并描述了该病的临床症状为皮肤表面轻微起泡（slight blistering）或尾鳍和边缘鳍条之间组织变暗，随后这些区域变暗、上皮表面消失，暴露的真皮组织出血。在幼鱼中，这种情况可在2～3d内从早期发展到晚期，造成严重的死亡。以前没有发现病因，但McVicar和White（1979）报道有间接证据表明与原发性感染有关；尽管所有通过注射从患病个体中培养的细菌来诱导疾病的尝试都失败了，但是健康鱼群与患病鱼类的同居导致了4d后的严重死亡。幸运的是，McVicar和White（1982）开发的养殖方法包括在水槽底板在罐底引入沙子（sand）使疾病得到控制，并在很大程度上消除了复发。McVicar和White（1979）报道描述的临床症状与此前有报道的柱状病非常相似，尽管柱状病在世界范围内有分布，但这种疾病在美国尤为重要。在此项研究中，柱状屈挠杆菌（柱状黄杆菌）反复从欧洲鳎的黑斑坏死的坏死区域分离出来，证实了此菌的病原学意义[87]。

图5-30显示欧洲鳎黑斑坏死病的病原菌。图5-30A显示从患病欧洲鳎坏死病灶分离的菌株DsA，革兰氏染色；图5-30B显示菌株DsA在海洋肉汤（marine broth）培养基中，以120r/min的转速在摇床上20℃培养24h形成菌丝状沉积物（mycelial type deposit）[87]。

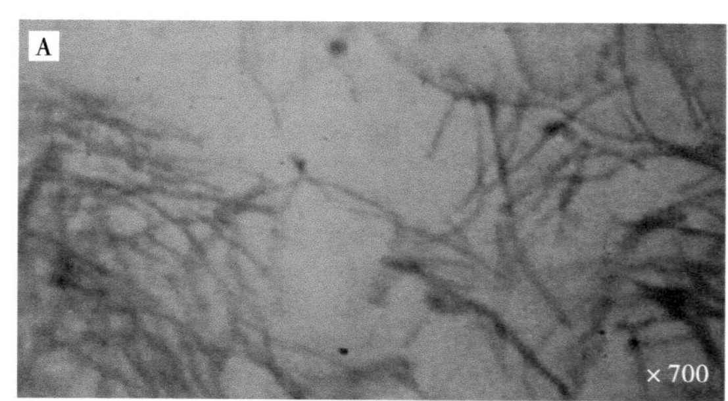

图5-30　欧洲鳎黑斑坏死病的病原菌

4. 其他类型感染病特征

近海黏着杆菌感染鱼类，其病症与病变特征表现是多方面的。这里所记述的内容，涉及相关的综合描述及在不同种鱼类的一些具有一定代表性的报道。

（1）Bernardet等综合描述鱼类黄杆菌-噬纤维菌群感染特征

法国农业科学研究院（Unité de Virologie et Immunologie Moléculaires，Centre de Recherches INRA，Jouy-en-Josas cedex，France）的Bernardet等（1998）报道在海水养殖鱼类中，多年来一直报道在引起鱼鳍或尾部腐烂、皮肤溃疡、颌骨糜烂等的多种常见的病原菌中，常见的是属于黄杆菌-噬纤维菌群（*Flavobacterium-Cytophaga* group）的

细菌的致病作用，但迄今为止明确对海洋鱼类致病的细菌只有3种。

近海黏着杆菌（注：文中以近海屈挠杆菌描述）是20世纪70年代末在日本首次从海水中饲养的几种鱼类中发现的。随后，在法国、苏格兰、西班牙、马耳他（Malta）、塔斯马尼亚、加利福尼亚（California）等不同地理区域发现了这种疾病。通过试验证实了这种细菌的致病性，并对其表型、基因组特征及毒力机制进行了研究，提出了治疗方法。近海屈挠杆菌感染引起的大量损失，可能发生在局部。

在挪威，解卵黏着杆菌（注：文中以解卵屈挠杆菌描述）是从大西洋比目鱼卵（Atlantic halibut eggs）附着的细菌中分离出来的，被证明是大比目鱼卵和幼体的机会致病菌。

10年前，在苏格兰从患有鳃增生和出血性败血症的大菱鲆分离出了大菱鲆金黄杆菌（*Chryseobacterium scophthalmum*），对大量菌株进行了研究，包括试验感染、组织学和免疫试验。

报道认为在全球许多海洋鱼类和贝类（shellfish）的养殖，受到了各种金黄杆菌属（*Chryseobacterium* Vandamme，Bernardet，Segers，Kersters and Holmes，1994）、屈挠杆菌属、噬纤维菌属细菌的严重阻碍。到目前为止，还很少有细菌种类被广泛研究和鉴定，很可能将来会有几个新的种类被描述[88]。

（2）Avendaño-Herrera等综合描述鱼类黏着杆菌病的特征

西班牙圣地亚哥大学的Avendaño-Herrera等（2006）报道，近海黏着杆菌是一种溃疡性疾病（ulcerative disease）即黏着杆菌病的病原菌，在世界范围内影响着大量的海洋鱼类，对水产养殖者具有重要的经济意义。与流行病学相关的问题包括死亡率高、对其他病原体的易感性增加、治疗的劳动力成本高以及在治疗上的巨大支出。

综述了近年来有关近海黏着杆菌的研究进展，重点介绍了近海黏着杆菌的表型、血清学和遗传特性、地理分布以及受影响的寄主种类等重要方面。同时，还对黏着杆菌病的病原学、传播途径和假定的近海黏着杆菌贮存库进行了讨论。对分子诊断程序、预防和控制策略的现状、病原体的主要毒力机制进行了总结，并试图突出富有成效的领域，以便继续研究。

就血清学方面来讲，报道是Wakabayashi等（1984）描述的第一个血清学研究和Pazos等（1993）根据玻片凝集试验，报道了无论其菌株的来源和分离源如何，近海黏着杆菌均为抗原均一性的。Pazos（1997）和Ostland等（1999）的进一步研究证明了近海黏着杆菌分离株间存在抗原差异，这表明这种细菌可能不像以前认为的那样均一。然而，这些研究者建立的血清学间没有达成共识，可能是由于抗原、抗血清和所用技术的差异，由于这些差异，有必要进行研究，因为对这种细菌病原体抗原知识的明确定义，对于开发和配制适当和有效的疫苗至关重要。

图5-31显示近海黏着杆菌的形态特征。菌细胞的超薄切片透射电子显微镜观察结

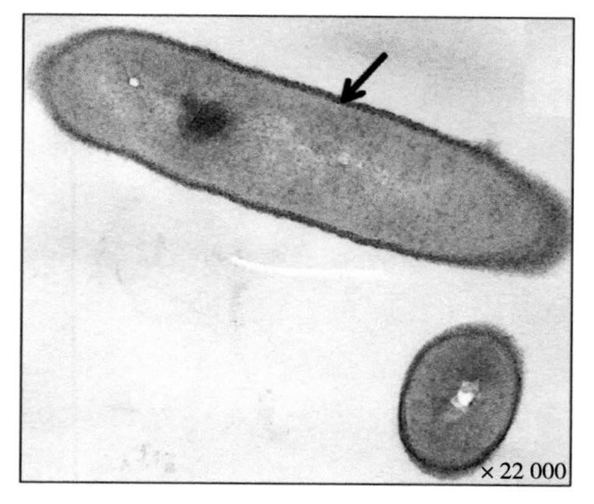

图5-31　近海黏着杆菌的形态

果，箭头表示被钌红（ruthenium red）强烈染色的包膜结构（capsular structure）[89]。

注：在此综述中所涉及的一些内容，在本章相应项下有记述，可供参考。

（3）Vilar等报道塞内加尔鳎近海黏着杆菌感染的病变特征

美国密歇根州立大学的Vilar等（2012）报道，描述了自然感染的养殖塞内加尔鳎因近海黏着杆菌引起的黏着杆菌病所引起的形态学变化，并用肉眼观察、光镜和扫描电镜对其病变进行了研究。发现其主要病变表现为表皮、真皮完全损伤，肌层广泛坏死；在透明变性（hyaline degenerated）肌肉细胞周围可见轻度至中度的炎症反应，伴有巨噬细胞。革兰氏阴性丝状菌（Gram-negative filamentous bacteria）仅在真皮处可见，扫描电镜下可见鳞片无上皮的丝状菌。这些发现以及对肾脏和皮肤组织中细菌的分离和PCR检测表明，一旦细菌到达真皮，很可能是通过被侵蚀的表皮，它们就能够增殖并产生导致潜在组织损伤的酶类（enzymes）。

报道于2005年5月，加利西亚的一个养殖场暴发了塞内加尔鳎溃疡性皮肤病（ulcerative skin disease）。这种疾病每月造成大约20%的发病率和0.1%的死亡率。患病鱼主要临床表现为游泳不稳、厌食、腹胀、皮肤溃疡；在内部器官未发现损伤，所有外部损伤的涂片和一个肾脏组织的光学显微镜检查，显示存在滑动丝状细菌（gliding filamentous bacteria）。

在西班牙西北部的一个养殖场从同一孵化场中采集10条1年龄的塞内加尔鳎平均长度为15.0cm ± 0.5cm患病鱼的样本，进行微生物和组织病理学研究。在取样时，这些鱼均表现有皮肤表面的侵蚀和溃疡病变。10条鱼中有8条表现出严重的溃疡性皮肤病变（ulcerative skin lesions），这些病变被清晰地分界线隔开，呈楔形（wedge shaped），基底至皮肤表面较宽，狭窄的一侧到达肌肉组织；溃疡组织在表面测量为1.5cm ± 0.5 cm，并向肌肉加深，显示组织坏死。在其中一些溃疡中，观察到坏死表皮的襟翼（flaps of necrotic epidermis），刺（spines）暴露并明显缩短。这些类型的溃疡位于背鳍和腹鳍，但在腹鳍中部更为典型。检验的10条鱼中有一条的躯干出现溃疡性病变，呈圆形（直径约1cm），边缘苍白清晰。所有这些溃疡都显示出一个坏死区，影响表皮和真皮、并延伸到肌肉层。

光学显微镜观察严重溃疡的，表皮、真皮和皮下组织完全丧失，肌肉暴露。观察到广泛的坏死影响了延伸到肌肉深层的表面肌肉束，肌肉细胞呈透明变性，周围有轻度到中度的炎症反应、并伴有巨噬细胞。在这些部位，血管中完全充满红细胞，偶尔可以检测到血细胞外渗。在溃疡周围，鳞片囊（scale pockets）无鳞片，但水肿伴大量炎性细胞，上皮层（epithelial lining）消失，黑色素细胞（melanophores）中的黑色素（melanin）聚集形成点状斑，聚集在真皮色素层（pigment layer）。在真皮中，可见大量革兰氏阴性丝状细菌。由于马氏管（Malpighian）和黏液细胞增生，也观察到表皮厚度增加。鳍部腐蚀表皮下的真皮和皮下组织，显示出严重的炎症反应和出血延伸到邻近的健康组织区域；在这些部位，发现磨损的鳍骨（fin bone）溶解。无论疾病的发展阶段如何，细菌总是在真皮中观察到，在表皮、皮下、肌肉或内脏中未观察到。

扫描电子显微镜观察在有严重损伤的区域，可以观察到明显的脱皮或没有上皮的鳞片，其表面暴露在外。这些损伤的一个特征是鳞片中央区域严重侵蚀，纤维状骨（fibroid bone）完全暴露在环境中。病变首先影响鳞片中部的上皮细胞，然后发展到边缘。在没有上皮的区域，在鳞片表面和鳞片半径之间存在大量的丝状细菌群。在病变周围，由于炎症、剥落和表皮细胞微脊（epidermal cell microridges）丢失，皮肤表面呈现不规则的外观。在健康皮肤的表面呈现均匀的图像，鳞片重叠，被完整的上皮层覆盖。

图5-32显示受感染鳎损伤的宏观特征。图5-32A（左）显示位于背鳍（dorsal fin）的楔形溃疡（wedge-shaped ulcer），坏死表皮的襟翼是与损伤有关的（箭头示）。图5-32A（右）显示腹侧，在背鳍上有楔形溃疡。图5-32B（左）显示位于鱼躯干上的圆形溃疡，周围有明显的色素脱失，坏死表皮的襟翼与损伤有关（箭头示）。图5-32B（右上）显示位于靠近眼睛和嘴的背鳍上的小溃疡（箭头示）。图5-32B（右下）显示背鳍轻度侵蚀和增厚。

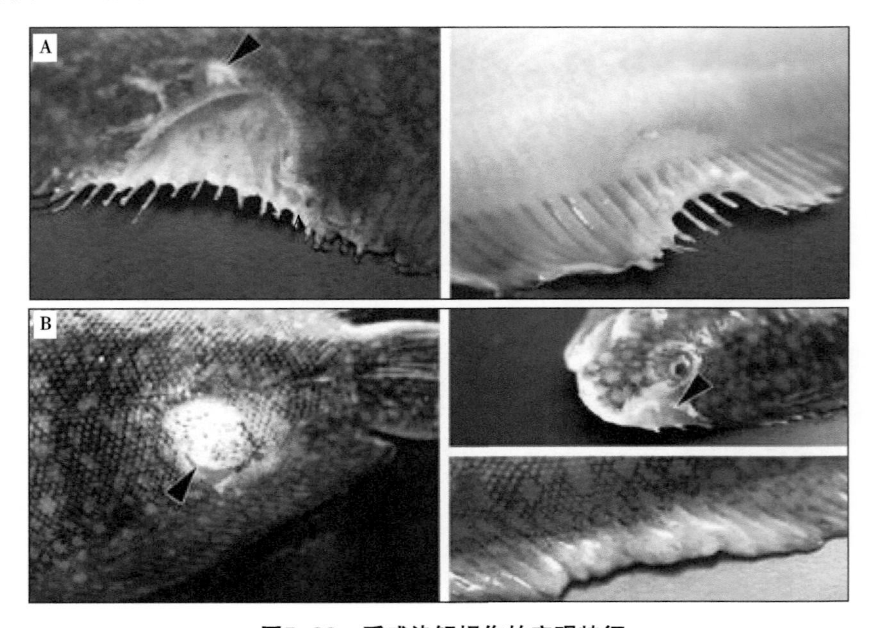

图5-32　受感染鳎损伤的宏观特征

图5-33显示受感染鳎病变的组织病理学特征。图5-33A（左）显示无表皮严重溃疡和在肌肉间的炎性细胞，肌肉细胞呈透明变性（hyaline degeneration）（箭头示）；插图显示位于皮肤溃疡性病变的巨噬细胞的细节。图5-33A（中）显示炎性巨噬细胞吞噬肌肉细胞碎片（箭头示）。图5-33A（右）显示鳞片囊扩张，伴有鳞片丢失和明显的炎症反应（星号示）和聚集的黑色素团（melanophores）（箭头示）。图5-33B（左起1）显示溃疡性病变，大量丝状细菌（蘑菇状箭头示）和黑色素分散在受损组织间（箭头示）。图5-33B（左起2）显示丝状革兰氏阴性细菌（箭头示）。图5-33B（左起3）显示表皮明显的海绵状（spongiosis）（星号示）。图5-33B（左起4）显示上皮细胞增生（星号示）。图5-33B（左起5）显示表皮黏液细胞增生（箭头示）和聚集的黑色素团（蘑菇状箭头示）。图5-33C（左）显示严重炎症反应和出血。图5-33C（右）显示磨损鳍骨内的骨溶解（箭头示）。其中图5-33B的左起2为革兰氏染色，其他为苏木精-伊红染色。

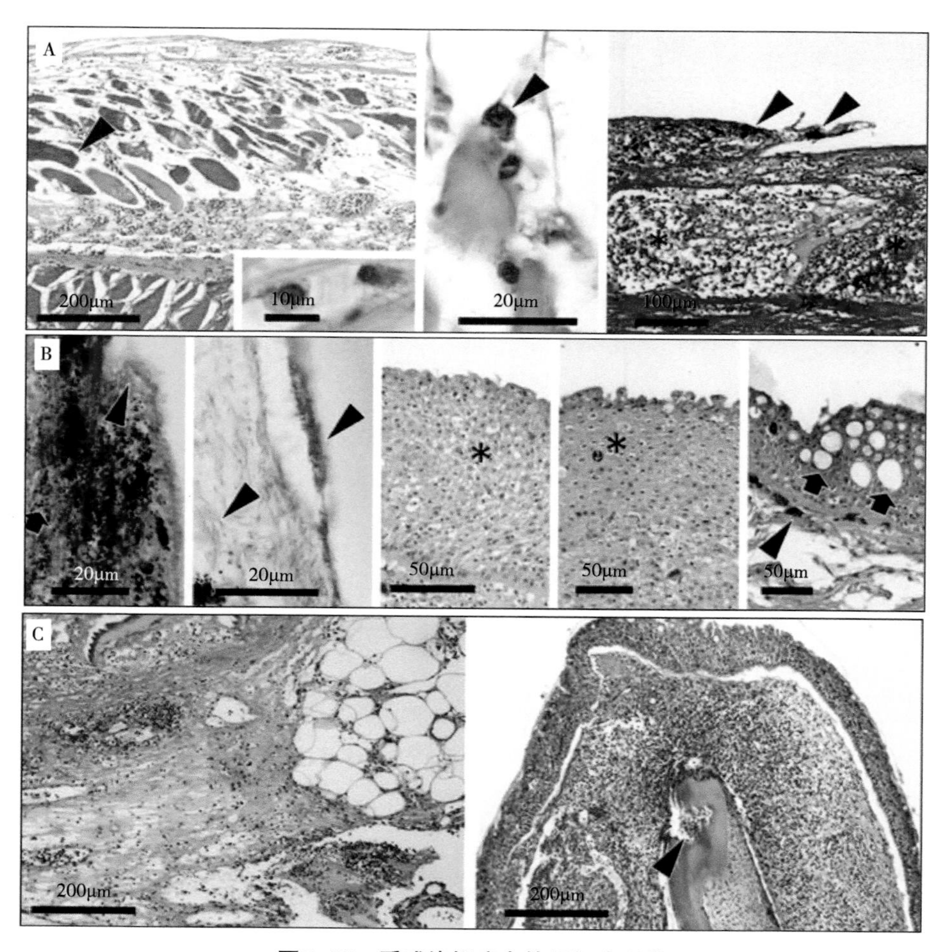

图5-33　受感染鳎病变的组织病理学

图5-34显示扫描电子显微镜观察受感染鳎皮肤的超微结构。图5-34A（左、中）显示明显脱鳞的区域或无上皮的鳞片，表面暴露；图5-34A（右）显示鳞片中心区域严重侵蚀；图5-34B（左）显示大量丝状细菌群，位于鳞片表面和鳞片半径之间；图5-34B（右）显示皮肤早期病变，表皮轻微肿胀，在一些上皮细胞表面的微脊缺失（星号示）；图5-34C（左）显示晚期病变，表皮表面不规则；图5-34C（右）显示健康鱼的皮肤，表皮均匀，无损伤[90]。

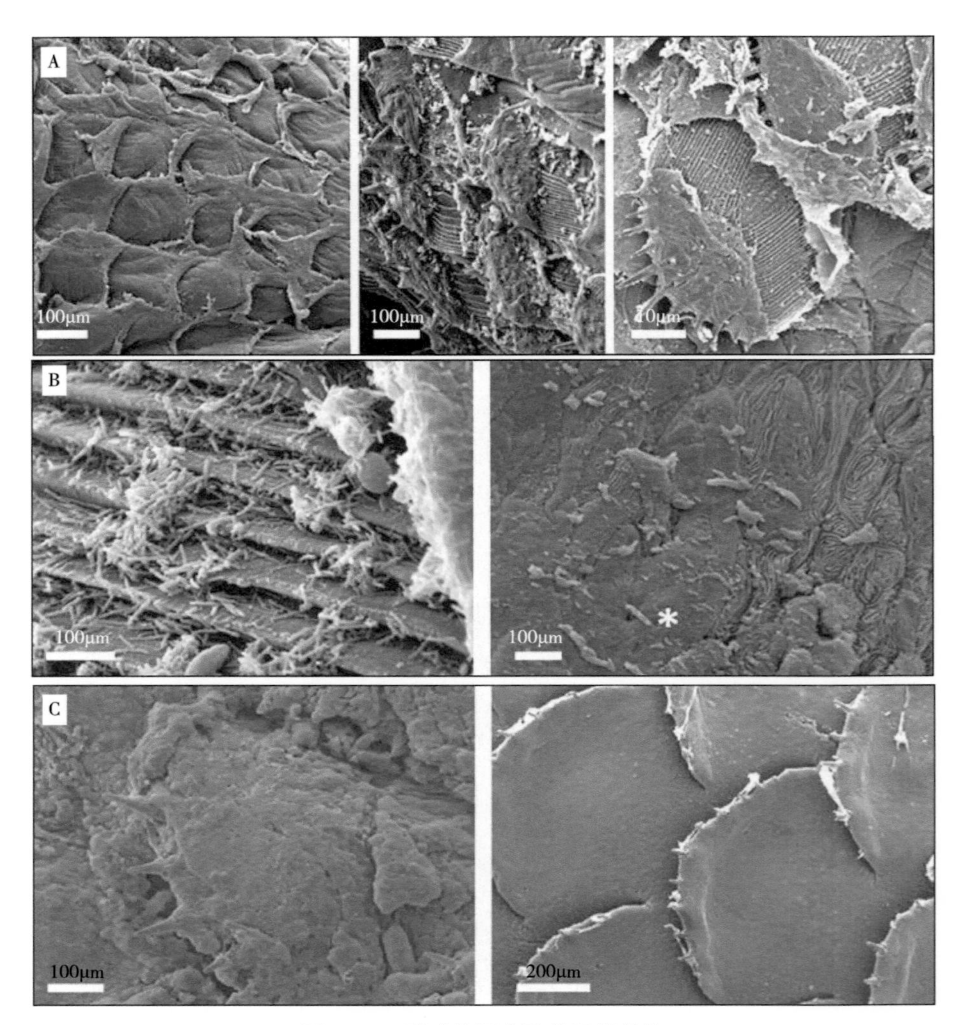

图5-34　受感染鳎皮肤的超微结构

（4）Florio等报道沙虎鲨的近海黏着杆菌感染

意大利博洛尼亚大学（University of Bologna，Italy）的Florio等（2016）报道，描述在意大利的卡托利卡水族馆（Cattolica Aquarium，Italy），首次从一只圈养成年雌性沙虎鲨（Sand Tiger Shark，*Carcharias Taurus*）分离出近海黏着杆菌的案例。显示在第二背鳍和尾前凹（precaudal pit）间，存在大量发白的坏死组织的皮肤损伤（最大的直径5cm）。通过常规细菌学检查，从皮肤损伤中分离出一株细菌，并通过表型特征和种特异性聚合酶链反应鉴定为近海黏着杆菌。采用圆盘扩散法（disk diffusion method）测定了11种抗菌药物对分离菌株的抗菌敏感性。用恩诺沙星治疗，每隔10d进行一次；在治疗结束后一个月，皮肤病变完全消退，鲨鱼（shark）完全康复。认为此病例，是第一例由近海黏着杆菌引起沙虎鲨的感染。

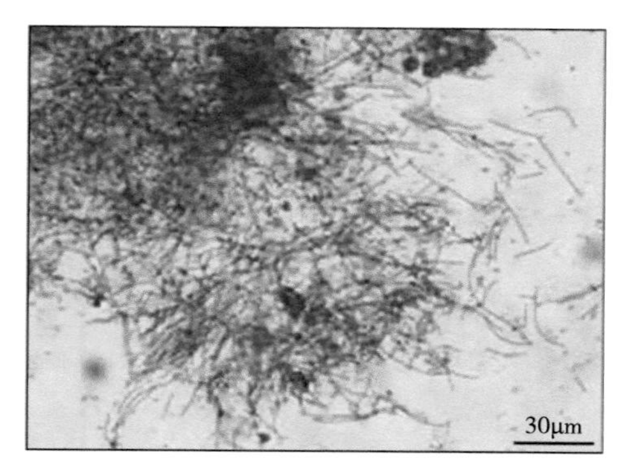

图5-35 沙虎鲨皮肤病变中的细菌

取皮肤病变坏死组织，进行细菌学、真菌学和寄生虫学检查。对坏死材料进行的革兰氏染色显示大量存在丝状革兰氏阴性细菌，未发现与寄生虫或真菌有关的病原体。图5-35显示沙虎鲨皮肤病变中的革兰氏染色坏死物质，存在丝状革兰氏阴性细菌，被鉴定为近海黏着杆菌[91]。

（5）Småge等报道圆鳍鱼的近海黏着杆菌感染

挪威卑尔根大学（University of Bergen；Bergen，Norway）的Småge等（2016）报道在过去的10年里，清洁工鱼类（cleaner fish）也称为医生鱼，作为鲑鱼虱（salmon lice，*Lepeophtheirus salmonis*）的生物控制（biological controls）手段的使用已成倍增加，在挪威大西洋鲑（Norwegian Atlantic salmon，*Salmo salar*）这种化学处理的替代方法，导致在挪威出现了吸盘圆鳍鱼（lumpsucker，*Cyclopterus lumpus*）的孵化场和养殖设施。有研究表明，使用圆鳍鱼是去除鲑鱼虱的一种有效的生物方法；但也有研究表明在生产和使用这些鱼的过程中，存在许多病原体的感染（biological challenges）即寄生虫和细菌。

此项研究描述了在挪威养殖的幼圆鳍鱼（juvenile lumpsuckers）中分离出的第一例近海黏着杆菌感染，这是一种全球重要的鱼类病原体。检验皮肤中存在大量以黏着杆菌样细菌（*Tenacibaculum*-like bacteria）为主的细菌，从患病的圆鳍鱼分离出几株相同的黏着杆菌（*Tenacibaculum* sp.）菌株，指定菌株为NLF-15。经遗传和表型鉴定，与近海黏着杆菌模式株关系密切。组织病理学分析显示细菌与病理学密切相关，因此可能导致疾病和/或死亡。

报道是在2015年4月中旬孵化的圆鳍鱼，于9月被运到挪威一个养殖场培育生长。疾病迹象首次出现在9月中旬，当时鱼表现出食欲不振，嗜睡，眼睛周围、头部和胸部出现皮肤损伤；病变的特征是黏液分泌增加，出现白色坏死组织，尤其是在头部区域。此病蔓延到所有的鱼池，死亡率很高（在9—11月有15万条以上的鱼死亡）。认为这是在挪威圆鳍鱼首次分离到近海黏着杆菌，随着挪威鲑鱼产业越来越多地使用圆鳍鱼，需要更多地了解养殖圆鳍鱼面临的病原体感染。

图5-36为从濒死圆鳍鱼切下的皮肤碎片，显示出以杆状黏着杆菌样细菌为主的不同形态的细菌。图5-37为一条濒死圆鳍鱼皮肤的扫描电子显微镜观察结果，显示存在两种主要形态的细菌（箭头示）。图5-38显示骨结节（bone nodule，BN）周围的皮肤上皮（epithelium，E）缺失，被一层厚厚的细菌（layer of bacteria，BL）覆盖的区域。图5-39显示细菌的菌落形成于黏着杆菌样细菌层内[92]。

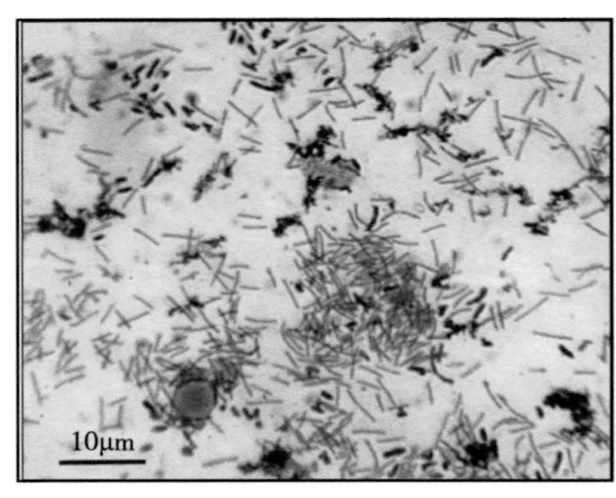

图5-36　圆鳍鱼皮肤碎片的细菌

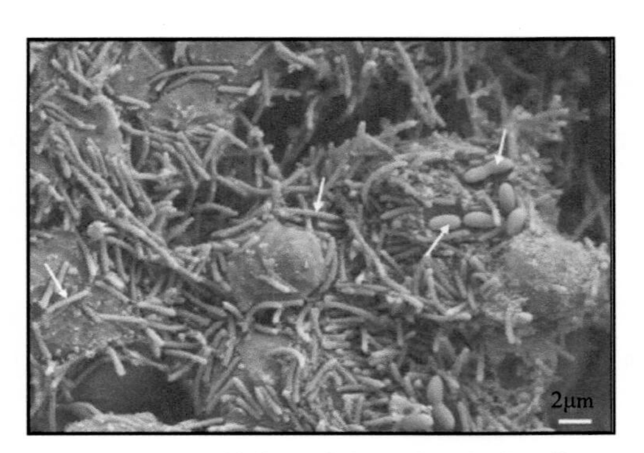

图5-37　圆鳍鱼皮肤中两种形态的细菌

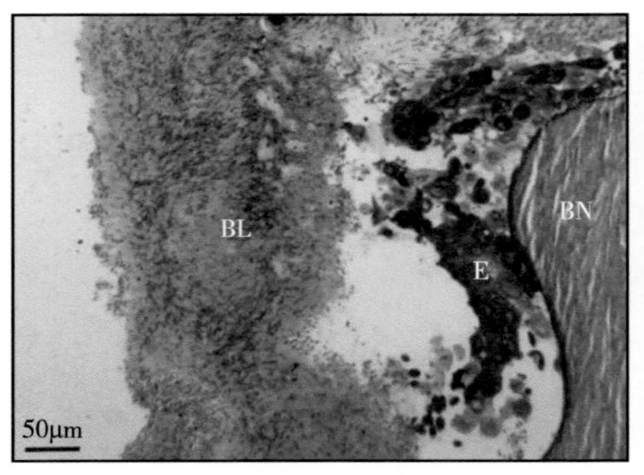

图5-38　皮肤上皮的细菌覆盖区域

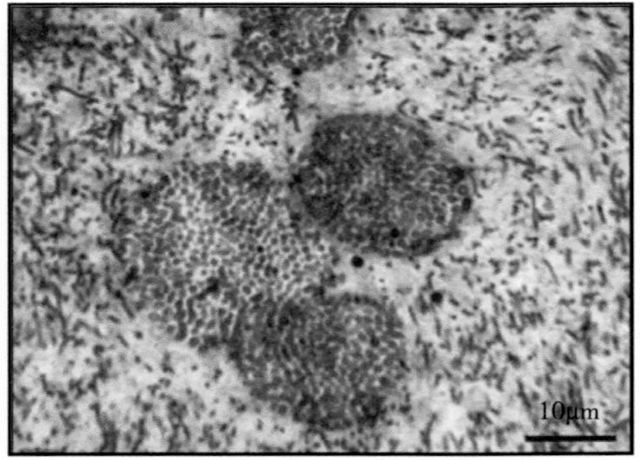

图5-39　黏着杆菌样细菌层内的菌落

5. 试验感染的感染模型及病理学特征

近海黏着杆菌在鱼类试验感染的细菌感染模型（bacterial infection model）及病理学特征方面，目前的研究报道涉及感染模型的建立、感染条件、相应的感染病理学特征等内容。

（1）Powell等报道近海黏着杆菌对大西洋鲑鳃感染模型

澳大利亚塔斯马尼亚大学塔斯马尼亚水产养殖与渔业研究所（Tasmanian Aquaculture and Fisheries Institute，University of Tasmania；Launceston，Tasmania，Australia）的Powell等（2004）报道，探讨了试验性将大西洋鲑鳃接种近海黏着杆菌，是否会引起急性鳃病（acute gill disease），并找出可能导致死亡的潜在过程。

研究中利用从塔斯马尼亚州疾病暴发中、养殖鲑鱼的皮肤病灶分离的，临床病例为皮肤糜烂病（cutaneous erosion disease），菌株分别命名为89/4747（大西洋鲑）和00/3280（虹鳟），是分别于1989年和2000年分离的。利用此两个近海黏着杆菌菌株，建立了一种试验性诱导的海洋大西洋鲑幼鲑鳃细菌感染模型。

对鲑鱼鳃接种高浓度细菌（每条鱼接种4×10^{11}个菌细胞），鳃经轻微破损、以用来促进鳃病的进程。显示菌株00/3280具有高致病性，在接种后24h内引起发病和死亡，与对照组（未接种）或89/4747株接种鱼相比，产生急性局灶性鳃坏死（acute focal branchial necrosis），与血浆渗透压和乳酸盐（lactate）浓度显著增加相关。与对照（未接种）或菌株00/3820接种的鱼相比较，全身净铵通量（net ammonium flux）无差异。鳃破损导致所有鱼类急性毛细血管扩张和局灶性片层增生，而不考虑细菌接种。此项工作为研究与海洋鱼类急性鳃部坏死相关的病理生理过程提供了感染模型的基础，表明渗透调节和可能的呼吸功能障碍是感染的主要后果。

图5-40显示近海黏着杆菌感染大西洋鲑的病变。其中的图5-40A、图5-40B为接种菌株00/3280的大西洋鲑幼鲑，显示鳃上丝状细菌垫（filamentous bacterial mats）（箭头示）及相关的广泛鳃坏死（branchial necrosis）（箭头示）。图5-40C显示接种89/4747菌株的鲑鱼，在鳃上与丝状细菌相关的鳃丝坏死（filamental necrosis）（箭头示）。图5-40D显示与控制鳃（gills of control）相关的毛细血管扩张（大黑箭头示）。图5-40E显示接种菌株00/3280和图5-40F显示接种菌株89/4747的鱼，增生性病变（hyperplastic lesions）也与鳃磨损（gill abrasion）有关（白色箭头示）[93]。

（2）Avendaño-Herrera等报道大菱鲆黏着杆菌病的感染模型

西班牙圣地亚哥大学的Avendaño-Herrera等（2006）报道，在研究中描述了一个有效的和可重复的大菱鲆黏着杆菌病感染浸泡模型（immersion model）；该模型在未来的流行病学研究和开发野外系统以预防和/或控制黏着杆菌病暴发中可能非常重要。还试图确定近海黏着杆菌不同血清型的菌株，对大菱鲆的致病性。

供试菌株包括从塞内加尔鳎分离的PC503.1（血清型O1）和ACC6.1（O3）、从大菱鲆分离的PC424.1（O2），3株近海黏着杆菌代表主要血清型。因从西班牙西北部的鳎分离出的多数菌株和从金头鲷分离的所有菌株都属于O1血清型，而从葡萄牙和西班牙南部的鳎分离的所有菌株都属于O3血清型，从大菱鲆分离出的菌株为O2血清型。

研究使用从西班牙西北部一个最近没有黏着杆菌病问题病史的孵化场获得的健康、无黏着杆菌病（平均体重4～6g）的大菱鲆。进行了两种类型的感染，试验1是采用腹腔注射法，以每个菌株$5 \times 10^{3} \sim 5 \times 10^{8}$个菌细胞的10倍稀释液为0.1mL，每个菌株分别接种两组；另外两个装有注入生理盐水的鱼的水箱作为对照。试验2为两组每个菌株分别在海水中用不同稀释度的海水浸泡，得到最终浓度为$5 \times 10^{3} \sim 5 \times 10^{8}$个/mL，在18h后更换水，并将鱼保存在同一个水槽中；对照组由两个水槽组成。在海水中加入相同量的生理盐水。

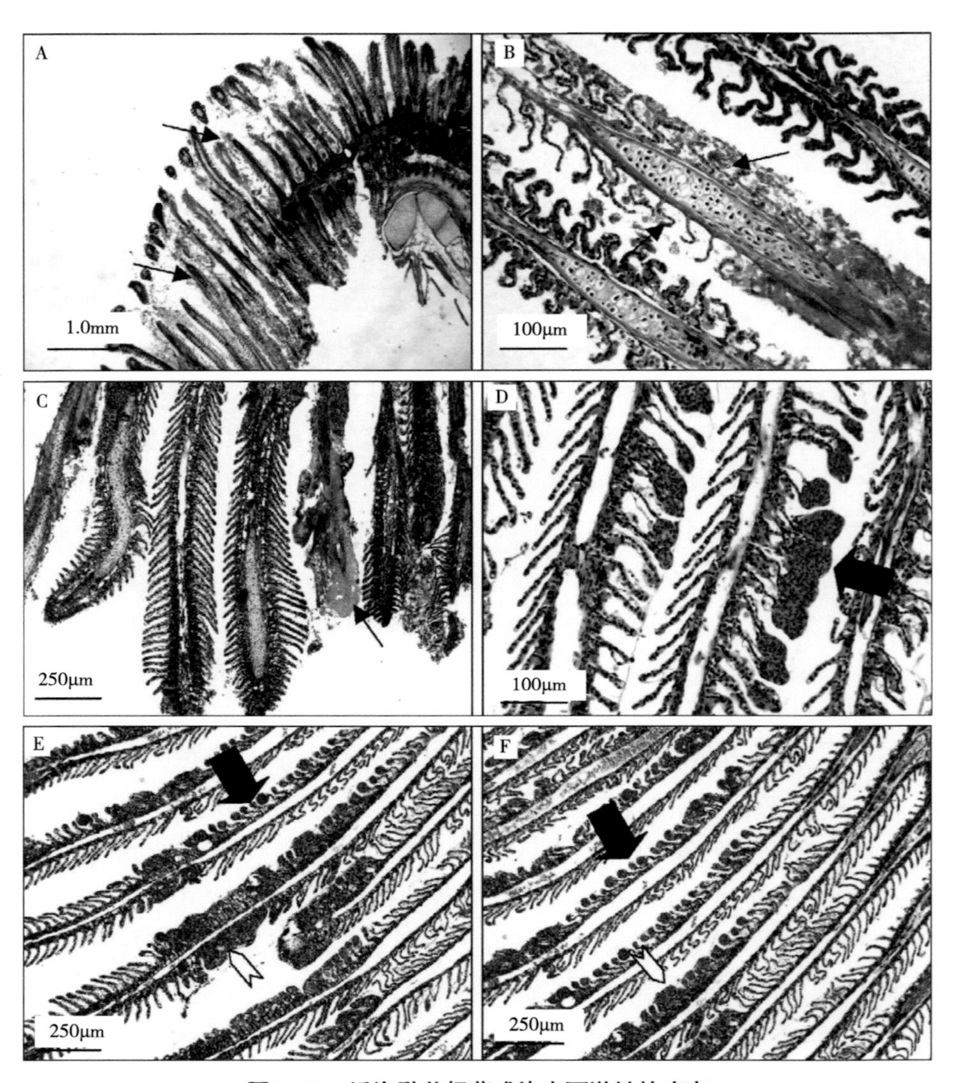

图5-40　近海黏着杆菌感染大西洋鲑的病变

每天对感染死鱼进行检查，以确认是否由近海黏着杆菌引起的死亡，方法：将肾脏和外部损伤部位直接涂于近海屈挠杆菌培养基，20℃培养1周；用放大400倍的光学显微镜检查鳃、皮肤样本和溃疡的涂片；用种特异性嵌套式PCR（species-specific nested PCR）检测鱼肉组织（黏液、皮肤和肾脏），以检测近海黏着杆菌。根据Reed和Müench（1938）的方法计算被感染鱼的半数致死量（lethal dose that killed 50%，LD_{50}），每条鱼的LD_{50}为高于10^8个菌细胞/mL，10^8个菌细胞的菌株不被认为是有毒力的。试验结束时，任何幸存者都被致死并按上述方法进行检查。

致病性分析表明，无论使用何种血清型和剂量，当鱼被腹腔注射感染时，近海黏着杆菌分离株都不能导致死亡或诱发疾病。事实上，嵌套式PCR方法表明，在鱼体内接种的大多数近海黏着杆菌在注射后的前6h释放到水中，这似乎是腹膜内注射作为一种感染的模型不能有效细菌繁殖的原因。相比之下，长时间浸泡鱼18h后，用近海黏着杆菌悬浮液是诱发黏着杆菌病的有效模型，因为两个被测菌株（PC424.1和ACC6.1）证明对大菱鲆具有致病性，并复制了与自然感染鱼相同的典型黏着杆菌病的病症，即口部和颌骨出血侵蚀，导致鱼在感染后24h至10d内死亡，具体取决于所用的菌株和剂量。

从大菱鲆分离的菌株PC424.1，比从鳎分离的菌株ACC6.1（LD_{50}为菌细胞小于5×10^3个/mL）的毒力（virulent）较小（LD_{50}为菌细胞5×10^4个/mL）。值得注意的是菌株PC503.1（血清型O1）对大菱鲆无毒，因为在试验期间没有观察到感染死亡鱼，即使使用了最高剂量（菌细胞5×10^8个/mL）的。但是，这一分离菌株是在最初发现中所述使幼龄鳎（sole juveniles）被感染死亡的。在所有试验中，未感染的鱼没有出现死亡。

值得注意的是，根据其他研究者对不同种类海鱼（marine fish）的报道，当大菱鲆经浸泡仅在暴露于近海黏着杆菌中1h或2h后，所测试的所有分离株均未产生成功的感染。一种可能的解释是这种短时间的接触不足以在皮肤和/或鳃上形成生物膜，这是成功感染必需的第一步；另外，本研究所述的长时间浸泡感染与另一个大菱鲆组（重15～20g）重复，其中死亡与较小的鱼相似，尽管死亡发生在18d内。

尽管在某些情况下没有从肾脏中分离到近海黏着杆菌，从腐蚀的口腔和皮肤溃疡等外部皮肤损伤的近海屈挠杆菌培养基上的所有濒死的鱼都可以分离回收到相应近海黏着杆菌。当将嵌套式PCR方案应用于所有临床患病鱼的不同组织样本时，所有样本中都能够检测到近海黏着杆菌，产生预期的1 088bp片段。在残存鱼（fish surviving）中，只能够从黏液中分离到了有毒力菌株的，这表明可以建立细菌的携带者状态。

研究结果表明，毒力的程度与近海黏着杆菌菌株的来源没有关系。尽管一些作者认为浸泡感染不是诱导红海鲷（真鲷）和黑海鲷黏着杆菌病的合适方法，根据我们的研究结果，这种疾病可以通过长时间浸泡而在大菱鲆中很容易再现，而不必在感染前使用皮肤磨损（skin abrasion）处理。近海黏着杆菌感染的主要部位是体表，因为这种细菌很容易附着在不含抑制其生长的化合物的大菱鲆的外表面和黏液上。因此，近海黏着杆菌可以利用储存鱼类宿主（reservoir fish hosts）的黏液在水生环境（aquatic environments）中持续存在。

报道所描述采用近海黏着杆菌浸泡法感染的大菱鲆模型（turbot model）效果良好，可以标准化。该模型将有助于流行病学研究、毒力机制的确定和针对近海黏着杆菌的疫苗接种方案的制定[94]。

（3）Nishioka等报道牙鲆黏着杆菌病的感染模型

日本国家水产养殖研究所（National Research Institute of Aquaculture，Mie，Japan）的Nishioka等（2009）报道，采用幼龄牙鲆（juvenile Japanese flounder，*Paralichthys olivaceus*）为试材，研究了近海黏着杆菌一种水浴感染法（bath challenge method）的效果。将幼龄牙鲆浸泡在不同浓度的菌悬液中1h后，将其维持在15℃、20℃和25℃。在任何温度情况下，在剂量为$10^{7.9}$和$10^{6.9}$CFU/mL情况下，受到感染鱼的死亡率分别为80%～100%和20%～40%。在$10^{5.9}$CFU/mL的浓度下进行试验，在供试鱼中未发现任何疾病迹象。受感染的鱼出现嘴发红和皮肤腐蚀病症，近海黏着杆菌可从出血性皮肤病变（hemorrhagic skin lesions）中重新分离回收到。认为本研究中使用的方法，可能提供高死亡率的可重复结果。研究中的供试鱼，平均体长76.8mm ± 6.3mm、平均体重3.3g ± 0.8g；供试近海黏着杆菌（模式株）菌株，是在1977年从患病真鲷（Pagrus major）分离的菌株TC133（ATCC 43398）[95]。

（4）Yamamoto等报道牙鲆近海黏着杆菌感染的条件

日本高知大学（Kochi University；Nankoku，Kochi，Japan）的Yamamoto等（2010）报道，研究了近海黏着杆菌试验感染牙鲆的必要条件；试图通过对不同感染条件的仔细观察，建立一种可靠的牙鲆黏着杆菌病的感染方法。

首先是比较3种感染方法，分别为腹腔注射法（intraperitoneal，IP）、两种浸泡法（immersion methods）。腹腔注射法为在每条鱼注射$10^{4.82}$或$10^{4.92}$CFU剂量的近海黏着杆菌，结果没有显示高死亡率或典型症状。浸泡（immersion）和稀释法（dilution method），即在同一个提供新鲜养殖水的水槽中连续给予剂量为$10^{5.81}$或$10^{5.91}$CFU/mL的浸泡感染鱼类；其死亡率高于浸泡和转移法（transfer method）的，即将浸泡感染鱼转移到另一个养殖水槽中。采用浸泡稀释法，感染死亡在17～26℃稳定，但不低于17℃或高于26℃。即使在浸泡水中含有足够的细菌浓度，稀释过高的细菌培养物也不会产生高死亡率，这表明菌细胞外物质（extracellular substance）含有毒力因子。在受感染的鱼体表检测到近海黏着杆菌，而在鳃、肾等部位均未检出。基于研究结果，认为浸泡稀释法是感染近海黏着杆菌的有效方法；为达到满意的感染效果，需要对水温和细菌培养稀释度进行精确的管理。

研究采用两株近海黏着杆菌，是分别于2005年在高知县（Kochi Prefecture）和1995年在大分县（Oita Prefecture）分离于牙鲆外表面损伤的菌株050603和46501。试验牙鲆，是从神川县渔业试验站（Kagawa Prefectural Fisheries Experimental Station；Kagawa Prefecture，Japan）获得的（体重4.7～45.8g，根据试验需要）。

在浸泡和稀释法中，鱼在细菌悬浮液中感染30min，然后在同一个提供新鲜海水的水槽中养殖15d；在浸泡和转移法中，鱼在细菌悬浮液中感染30min，然后转移到另一个海水供应的水槽中养殖15d。对照鱼浸泡在不含近海黏着杆菌的海水中处理，并饲养在同一个水槽中。所有试验均使用了近海黏着杆菌菌株050603，仅在试验中使用了菌株46501来比较两种浸泡感染方法。

供试鱼表现出典型的黏着杆菌病症状，包括与自然感染的鱼类相似的口充血、体表糜烂、鳍腐等，其鳃、肾脏、脾脏无任何症状；腹腔注射法感染的鱼体表无任何临床病症，但存在腹腔积液和肝充血。以亚甲基蓝染色（methylene blue stain）显示鱼体表面存在大量细菌，然而只在鳃部观察到少量细菌，在肾脏中不存在。同样地，通过使用抗菌株050603的兔抗血清（anti-050603 rabbit serum）的荧光抗体技术，在体表检测到近海黏着杆菌，而在鳃或肾脏中未检测到；在对照鱼的任何部位，均未检测到。

基于研究结果，认为浸泡感染方法，特别是浸泡稀释法，是牙鲆试验性诱生黏着杆菌病的一种有效方法。该方法可作为进一步研究该病发病机制，以及开发化学治疗药物和疫苗的感染试验的成功手段[96]。

（5）Faílde等报道大菱鲆近海黏着杆菌感染的特征

西班牙圣地亚哥德孔波斯特拉大学的Faílde等（2013）报道，近海黏着杆菌是引起黏着杆菌病的病原菌，是一种分布在世界各地的细菌性疾病，在大菱鲆养殖中造成重大损失。尽管这种细菌很重要，但对黏着杆菌病的发病机制、病变模式（pattern of lesions）和近海黏着杆菌的侵入门户（portal of entry）的研究却很少。

此项研究采用皮下接种（subcutaneous，SC）和腹腔接种（intraperitoneal，IP）法，对大菱鲆进行试验感染，在整个试验过程中采集皮肤和内脏样本检验。通过两种感染途径接种的鱼都会出现败血症，但只有皮下接种感染的才能复制出与自然暴发中描述的病症迹象。采用免疫组化方法（immunohistochemistry）对皮下接种的鱼感染后3h和腹腔接种后6h的内脏组织，进行细菌抗原检测。结果为两种接种途径都能引起鱼的感染和菌血症，皮下接种途径比腹腔接种途径的更快速、更可靠地复制疾病，且细菌很容易沿着内脏传播，但需要一个通道才能渗透到体内，这个侵入门户可能是皮肤。

供试150只健康大菱鲆，平均体重62.11g ± 27.32g；感染菌株，为LL01.8.3.8（血清型O1）。用0.1mL的菌悬液（10^8CFU/条）对30条鱼进行皮下注射，使其在背正中窦（dorsal median sinus）感染。对于腹腔接种感染，一组30条鱼接种0.1mL高剂量（high dose，HD）的菌悬液（10^9CFU/条）、30条鱼接种0.1mL低剂量（low dose，LD）的菌悬液（10^8CFU/条）。30条对照鱼，接受0.1mL盐水无菌溶液。在接种后3h、6h、24h、48h、72h和接种后7d采集受试鱼和对照鱼的样品。

细菌分离是在每个采样点，将5个对照以及5条试验感染的鱼的一小块脾脏和肾脏接种在海洋琼脂和屈挠杆菌培养基平板表面，在25℃下培养24h、72h进行细菌分析。通过形态学、生理生化试验和API ZYM系统鉴定，海洋琼脂和屈挠杆菌培养基中获得分离菌的纯培养物，通过PCR和血清学方法进行确认。

组织学和免疫组织化学研究，是在每个样本点，从5个对照组和5条试验感染的鱼中采集组织样本。皮肤和皮下肌肉、脾脏、肾脏、胃肠道、肝脏、鳃和心脏的样本固定并嵌入石蜡中，切片用苏木精-伊红染色和过碘酸-希夫氏（periodic acid Schiff，PAS）染色或免疫组化（immunohistochemistry，IHC）技术检验。

结果采用皮下接种和腹腔接种两种方法的，分别从鱼的脾脏和肾脏样品中分离得到近海黏着杆菌。在对照组鱼体内，未发现细菌或PCR未检测到。在两组接种近海黏着杆菌菌悬浮液的鱼中，从3h到试验结束，观察到所有鱼的厌食和嗜睡。在皮下接种的鱼中，在24h后检测到第一个严重损伤，包括背部正中窦上接种点皮肤的轻微色素脱失；在48h时，色素脱失区域沿着皮肤在中隔窦背侧进行，接种点肿胀，可见皮肤离散性溃疡；在72h，在接种点的病变呈圆形，周围有轻微充血晕；最后在7d时，鱼在接种区域出现中度溃疡性皮炎和充血，表皮和真皮消失；此外是在最后一次采样中，一些鱼在腹鳍、背鳍的基部和端部以及胸鳍和尾鳍的桡骨间组织中，出现弥漫性充血或出血。在腹腔接种的鱼中，在试验过程中没有观察到任何鱼的宏观损伤。

组织病理学检查和免疫组化检验，对所有在皮下接种的鱼检验表明，由于在试验过程中鱼表现出不同程度的组织学损伤，因此这些损伤发生了演变，在注射3h后，皮下结缔组织和肌束中可见细菌簇（clusters of bacteria）；观察到退化肌肉组织的碎片，没有相关的炎症反应；在6h后，在血管周围以及肌肉束之间发现由粒细胞组成的早期炎症反应，扩散到受损区域；在24h、48h、72h和7d时，肌肉纤维的退化表现出不同程度的严重性，一些纤维表现为肌肉外膜收缩和分离、纹状体消失，最后坏死区域被炎性细胞包围，主要是过碘酸-希夫氏反应阳性粒细胞和巨噬细胞，这些细胞延伸到皮下结缔组织并影响其他肌肉群（muscular packets）；表皮和真皮分离或缺失，可见散在的炎性细胞延伸至溃疡区域；在内部器官的样本中，试验过程中没有任何组织病理学变化的证据。免疫阳性的，主要表现在皮肤和肌肉纤维、脾脏和肾脏。在皮肤和肌肉样本中，病变的演变是明确的，在3h时，注射点检测到大量阳性细菌抗原，影响皮下和浅表肌肉群，但没有炎症反应相关；在24h时，主要是在接种部位和皮下结缔组织、肌肉中检测到粒细胞和巨噬细胞细胞质的免疫反应性；在严重溃疡性皮炎（ulcerative dermatitis）区域，也观察到细菌抗原；在这些位置，吞噬细胞显示细胞质对细菌抗原有很强的免疫染色反应。在脾脏中，免疫反应性主要分布在从3h到试验结束时位于椭球周围的巨噬细胞的细胞质中；在肾脏中，从3h到试验结束，在肾间质组织和肾小管周围毛细血管内随机发现大量阳性巨噬细胞。此外是在巨噬细胞细胞质和两个器官内皮细胞细胞质中的窦状体内，检测到细菌抗原。

在腹腔接种的大菱鲆皮肤上，没有发现显微镜下的损伤，也没有发现抗体抗近海黏着杆菌的反应，在注射了高剂量的，脾脏在浆膜上显示炎症细胞和坏死，延伸到胰腺。肾实质大量出血，伴有造血组织坏死和衰竭。肝脏出现多灶性坏死，轻度坏死，炎症反应和出血。在胃肠道中，观察到炎性细胞从浆膜延伸到肌肉层，伴有出血和坏死。

此外，在黏膜的某些区域可以看到轻微的上皮脱落和炎性细胞的存在。总的来说，在受累器官中，损伤非常广泛，并从器官的浆膜层扩散到中央实质。从6h到研究结束，接种高剂量的大菱鲆脾脏和肾脏对细菌抗原呈免疫阳性。在低剂量组，细菌抗原仅在6h和24h于脾脏和肾脏中检测到。两组的免疫反应性分布，与皮下接种的鱼相似。

在进行高剂量试验的大菱鲆肝脏中，偶尔在浆膜和实质坏死区域检测到免疫阳性细胞。此外是在高剂量接种的一些鱼中，胃肠道在浆膜和某些区域显示阳性细菌抗原，免疫染色扩散到肌肉层、到达黏膜表面，在坏死区域和血管也有强而广泛的阳性染色反应。在高剂量感染的大菱鲆中，鳃在血管中表现出强烈的阳性染色，特别是在片层顶部（top of lamellas）；在心脏，免疫染色可见于位于窦静脉（sinus venous）的巨噬细胞细胞质。

图5-41为皮下接种感染的病变。图5-41A显示位于皮肤和浅表肌肉皮下区域的细菌簇（星号示）。图5-41B显示血管周围的炎性细胞（箭头示）。图5-41C显示广泛坏死，影响肌肉、皮下和真皮层，伴有炎症反应（星号示）；其中的嵌入图显示受损区域的炎症细胞。图5-41D显示溃疡性皮炎，表皮和真皮消失（箭头示），肌肉层坏死，炎症细胞影响浅层和深层肌肉（星号示）。其中，图5-41C中的嵌入图为过碘酸-希夫氏染色，其他均为苏木精-伊红染色。

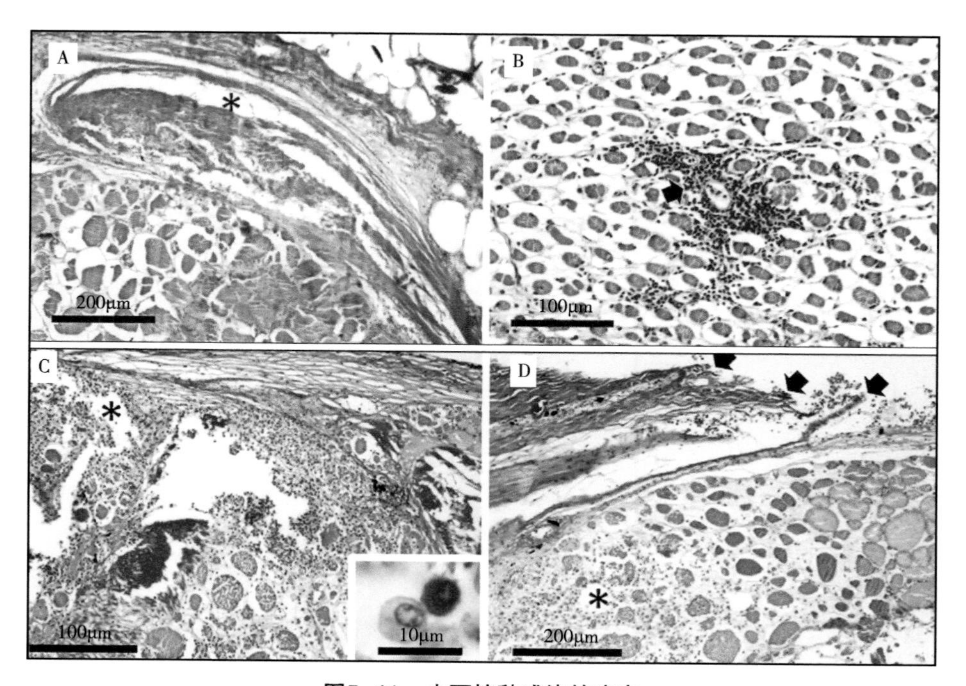

图5-41　皮下接种感染的病变

图5-42为皮下接种感染中对近海黏着杆菌抗原的免疫组化检验结果（一）。图5-42A显示在接种点（星号示）3h出现强免疫染色；图5-42B显示24h时皮下接种点

吞噬细胞的细胞质免疫阳性（星号示）；图5-42C显示肌肉严重坏死（星号示），吞噬细胞的细胞质24h呈强免疫染色；图5-42D显示溃疡病变，肌肉外露，7d的有大量吞噬细胞阳性染色；图5-42E显示肌性纤维在7d时表现出明显的变性和坏死，炎性细胞有较强的免疫染色。插图显示在受损区域检测到的吞噬细胞，细胞质染色强烈的细节。

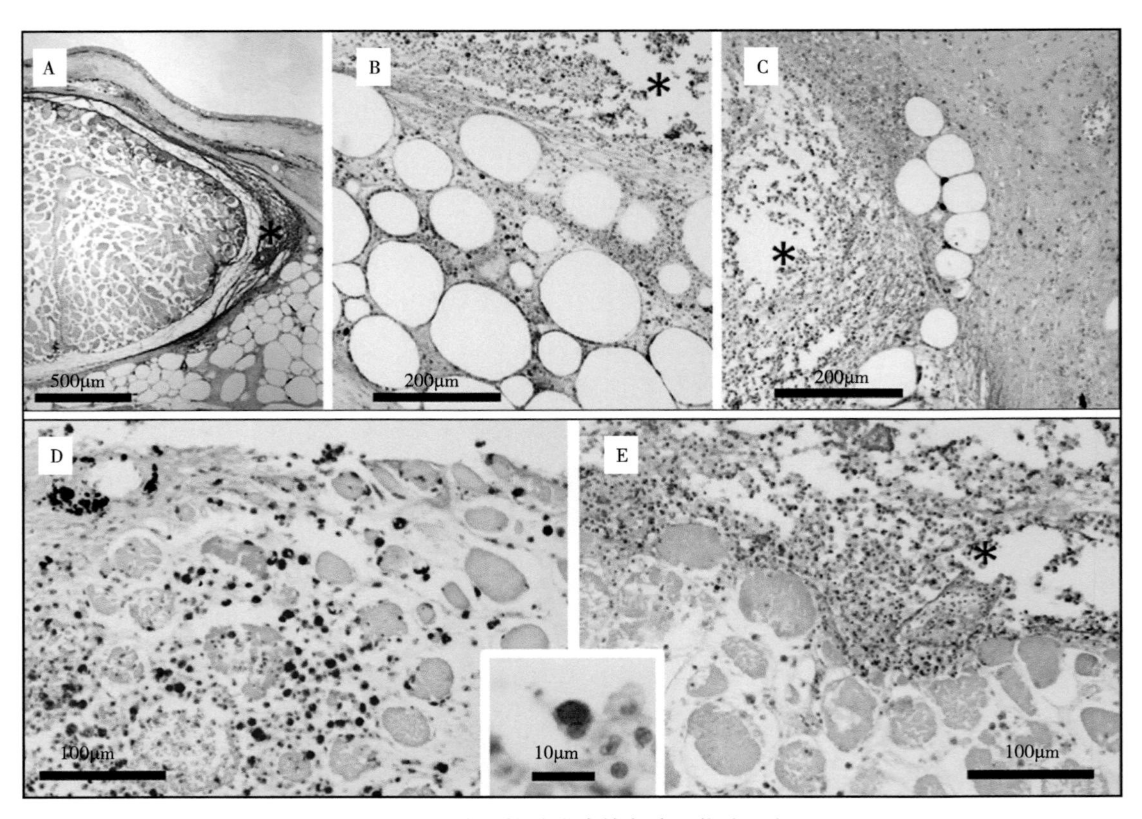

图5-42　皮下接种感染的免疫组化（一）

图5-43为皮下接种感染中对近海黏着杆菌抗原的免疫组化检验结果（二）。图5-43A显示细菌抗原在脾脏椭圆体（ellipsoids in spleen）周围的分布；图5-43B显示脾脏毛细血管椭圆体（capillary ellipsoid in spleen），周围有圆形细胞（round cells）（箭头示），胞质内呈强阳性反应；图5-43C显示脾脏窦状隙（sinusoid in the spleen）、血流中有阳性圆形细胞（蘑菇状箭头示），细胞质阳性的内皮细胞（箭头示）；图5-43D显示细菌抗原在肾小管周毛细血管（peritubular capillaries of kidney）中的分布；图5-43E显示巨噬细胞进入毛细血管，细胞质对抗体呈阳性（蘑菇状箭头示），分布在肾实质细胞之间（箭头示）；图5-43F显示肾窦内皮细胞用抗体染色、细胞质的（箭头示）反应。

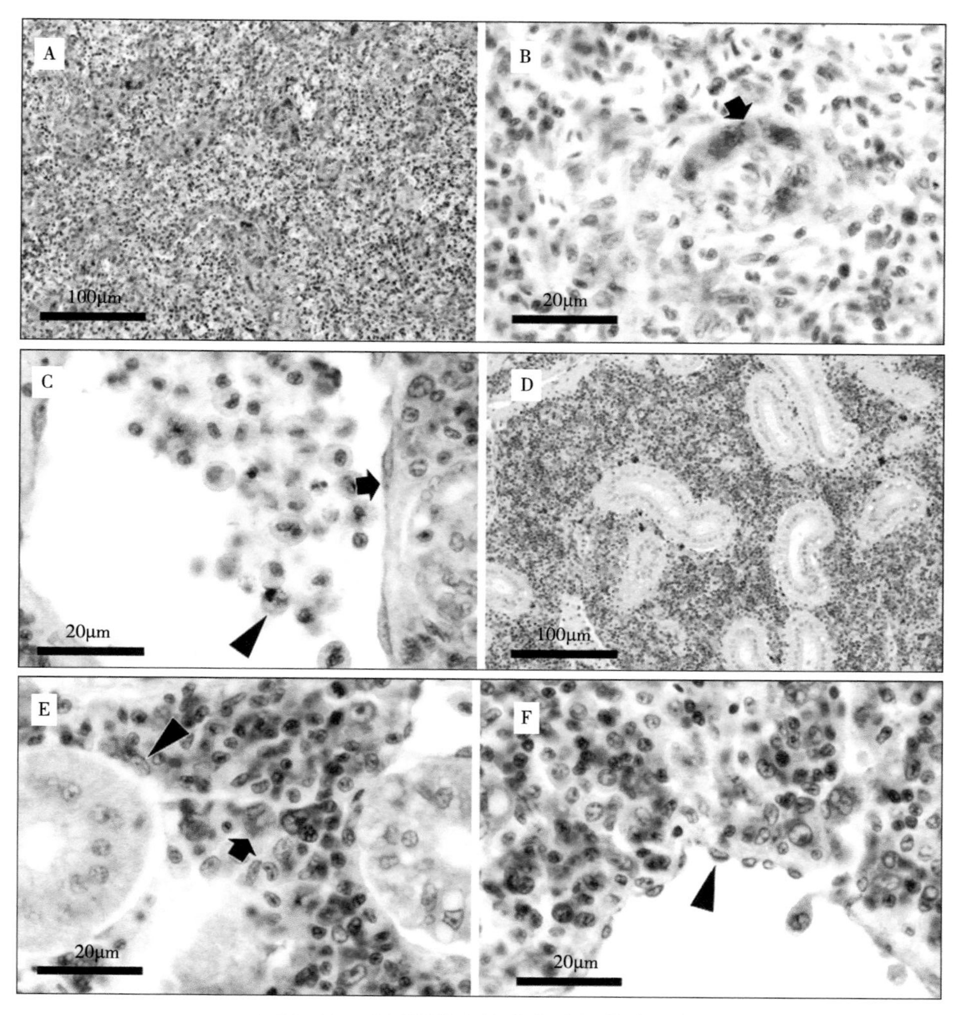

图5-43　皮下接种感染的免疫组化（二）

图5-44为腹腔接种感染的病变。图5-44A显示脾脏浆膜中有坏死区（星号示），并在7d的延伸至胰腺；图5-44B显示肾脏在7d时出现出血、坏死（星号示）和造血组织衰竭；图5-44C显示7d时肝实质坏死区（星号示）；图5-44D显示肠道出现炎症和坏死（箭头示），在6h时从浆膜层延伸到肌肉层；图5-44E显示6h时胃上皮缺失和轻度炎症反应。均为苏木精-伊红染色。

图5-45为腹腔接种感染中近海黏着杆菌抗原的免疫组化检验结果。图5-45A显示肝实质坏死，免疫染色明显；图5-45B显示肠道坏死，阳性染色从浆膜层（蘑菇状箭头示）延伸至肌肉层（箭头示）；图5-45C显示胃肠道黏膜肌层（箭头示）、血管（蘑菇状箭头示）和坏死区（星号示）免疫反应阳性；图5-45D显示肠表面存在明显的免疫染色反应（箭头示）；图5-45E显示鳃片顶端血管内有强阳性染色；图5-45F显示心脏的窦静脉的免疫染色（箭头示）[97]。

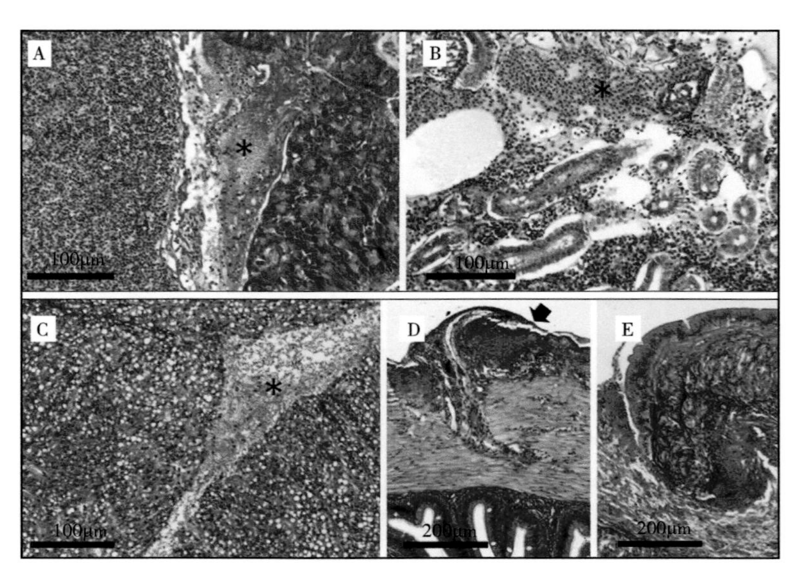

图5-44　腹腔接种感染的病变

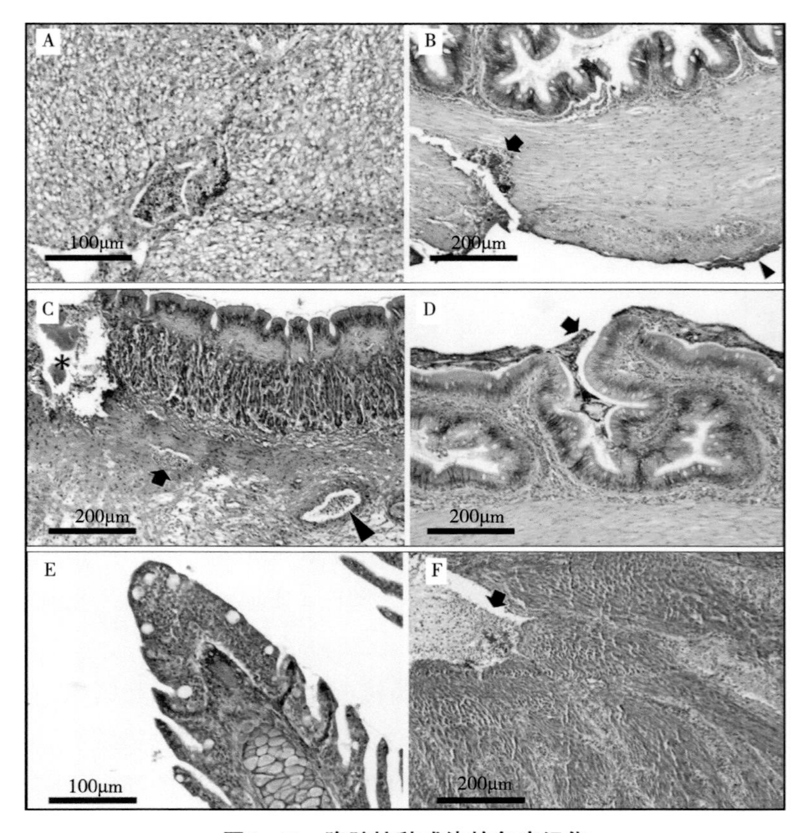

图5-45　腹腔接种感染的免疫组化

（6）Frisch等报道大西洋鲑的近海黏着杆菌试验感染模型

挪威卑尔根大学的Frisch等（2018）报道，口腐烂或细菌性口炎是一种主要影响养殖大西洋鲑的疾病。最近在加拿大不列颠哥伦比亚省和美国华盛顿州的幼鲑转移到海水中，导致了因死亡和抗生素治疗而造成的经济损失。相关病原近海黏着杆菌，是一种在全球许多养殖鱼类中造成重大损失的细菌；尽管从受影响的大西洋鲑中分离出来，但这种细菌并没有被证明是加拿大不列颠哥伦比亚地区口腐烂的病原体。

在此项研究中进行了感染试验，以确定是否可以通过从加拿大西部暴发中分离的近海黏着杆菌菌株诱导口腐烂，并试图建立一个浸泡感染模型（bath challenge model）。另外一个目的是利用这个模型，来测试对大西洋鲑幼鲑的近海黏着杆菌全细胞灭活疫苗（inactivated wholecell vaccines for *Tenacibaculum maritimum*）。研究表明，近海黏着杆菌是口腐烂的致病菌，细菌在群体中易于水平传播（transfer horizontally）。尽管全细胞油佐剂疫苗（whole-cell oil-adjuvanted vaccines）产生的抗体反应，部分与几个近海黏着杆菌的菌株间存在交叉反应，但在研究条件下的疫苗并不能保护鱼类。

研究中使用的近海黏着杆菌菌株是在大西洋鲑养殖场发生口腐烂暴发期间，从患病鱼类中采集的（Frisch等，2017；在前面基因型内容中有记述）。在第一个感染试验（试验1）中，还比较了近海黏着杆菌NCIMB 2154菌株（模式株）的。感染试验的分离株选择基于地理分布和基因分型结果（Frisch等，2017）。研究中使用的每个分离株的细菌培养物的菌细胞浓度，采用最近似数（most probable number，MPN）法测定。在一个感染试验（试验2）中，一组鱼单独用上清液进行感染，通过在3 000g下离心TmarCan15-1菌株的培养物30min获得上清液，上清液并通过注射器过滤器（syringe filter）过滤。

试验1为致病作用测定，即科赫氏法则（Koch's postulates）。结果显示垂死鱼表现出失去平衡和在水面盘旋的行为，外部操作一系列的异常，包括轻度的口腔病变，鳃病变和轻度的皮肤病变；这些病变，类似于在养殖场暴发时所见的。这些病变的涂片显示存在大量细长杆状细菌，与近海黏着杆菌的表型描述相一致。感染试验表明，口腐烂疾病可以在实验室环境中复制，并且近海黏着杆菌模式株NCIMB 2154的致病性，不如加拿大西部菌株TmarCan15-1的。感染试验显示，主要见于长期接触最高浓度细菌组的。

试验2为分离株毒力差异，根据试验1的结果使用了4个分离株，包括TmarCan15-1菌株。此外，由于某些受感染的鱼出现鳃损伤，一组暴露于用于培养细菌的海洋肉汤（marine broth，Difco，2216；MB2216）培养基，一组单独暴露于培养物上清液，以排除这些损伤的原因。其中两个菌株，TmarCan16-1（2-2a和2-2b组）和TmarCan16-6（2-3a和2-3b组）导致100%的死亡率，前者在较低的细菌浴浓度（2.25×10^6个菌细胞/mL对应1.52×10^7个菌细胞/mL）下起作用更快。较长时间受到影响的鱼，受到严重影响的鱼表现出较少的总临床病症。无论暴露时间如何，TmarCan16-5（2-1a和2-1b）在试验2中均未导致死亡。试验2中的对照组（2-6a和2-6b）都没有死亡，而且没有鱼显示出疾病迹象。

试验3为可复制感染模型（replicable challenge model），菌株TmarCan16-1（3-7组和3-8组）的即使在较低的浴液浓度下也能使死亡率达到100%。菌株TmarCan16-2（3-5组和3-6组）的死亡率为0%，没有鱼出现疾病迹象。在比较重复组时，TmarCan16-5（3-1组和3-2组）表现了不同的结果。

从试验1～3的结果，分离菌株TmarCan15-1产生最可重复的模型。在试验2和试验3中，在相同的浴液浓度下，分离株之间的死亡率变化表明在分离株间的致病性存在差异。

试验4为同居与水平传播（cohabitation and horizontal transmission），结果显示对照组的鱼没有临床疾病或死亡的迹象。在4-1组和4-2组（菌株TmarCan15-1），在7d的沐浴感染中有100%的死亡率，这高于之前对该菌株的感染试验结果。此两组的同居鱼在移入后第6天开始出现疾病迹象，导致两组的死亡率都在75%左右。4-3组和4-4组（TmarCan16-5）的死亡率在80%～95%，也高于该菌株的感染试验。在暴露后的第2天开始，并持续到第16天。同居鱼在转移到水箱后9d开始出现疾病迹象，试验结束时累积死亡率约为30%。在同居试验中使用的第三个菌株（TmarCan16-1），在暴露后9d内造成了寄宿鱼和同居鱼100%的死亡率。暴露后2d死亡率开始上升，3d后（转移后4d）同居鱼的死亡率开始上升。

与其他组相比，4-5组和4-6组（菌株TmarCan16-1）的寄宿鱼和同居鱼出现的外部病变更少。4-1组和4-2组（菌株TmarCan15-1）受感染的鱼在蜕皮处的鳃损伤比其他两个分离株多，但口腔和皮肤损伤比4-3组和4-4组（菌株TmarCan16-5）的轻。4-1组至4-4组受影响的同居鱼几乎没有鳃损伤，但几乎所有鱼类都有口腔和皮肤损伤的迹象。一般来说，有急性疾病的鱼（暴露后第一周内）比有慢性疾病的鱼表现出较少的外部损伤。

对试验4-1组至4-6组的，用实时PCR（real-time，RTPCR）法对鱼苗进行筛选结果均为阳性，对照组为阴性。抗体交叉反应（antibody cross-reaction）的结果显示，接种的细菌抗原对同源细菌的抗体反应很强，说明宿主的免疫系统能够产生识别近海黏着杆菌的抗体。更重要的是，结果表明接种了菌株TmarCan15-1的鱼的血浆产生的抗体对TmarCan16-5具有相同的特异性，由同源菌株的类似结合模式证明，使用接种了TmarCan16-5疫苗的鱼的血浆观察到相同的模式，该疫苗与TmarCan15-1结合。对TmarCan16-2诱导的血浆抗体进行免疫，其对TmarCan16-1的特异性与对同源菌株的特异性相同，对TmarCan15-1和TmarCan16-5也有交叉反应。

试验5为疫苗接种（vaccine challenge），疫苗组（8周组和12周组）和接种PBS的对照组之间没有差异。所有组的死亡率在50%～95%，从暴露后4～6d开始，并遵循暴露后14d左右稳定的模式。在试验期间，使用海洋肉汤培养基进行沐浴试验的组，没有显示出疾病或死亡的迹象。对接种鱼（8周和12周）的血浆样本进行的酶联免疫吸附试验（enzyme linked immunosorbent assay，ELISA）分析表明，三个疫苗组的幼鲑都产生了对疫苗分离株的抗体。

基于研究结果，在实验室用从口腐烂暴发中分离的菌株复制疾病，以及从这些患病个体中重新分离细菌，符合科赫氏法则，这是证明疾病因果关系的首选方法。因此，本研究表明近海黏着杆菌是加拿大不列颠哥伦比亚地区口腐烂的致病菌。尽管在免疫鱼体内有抗体反应，但在试验条件下，经试验的全细胞油佐剂疫苗并未起到保护作用。同居试验结果表明，近海黏着杆菌很容易从鱼体内传播到另外的鱼体内。

图5-46为大西洋鲑感染近海黏着杆菌的病变。其中的图5-46A左显示典型黄色斑的口腔损伤，右显示口腔损伤；图5-46B左的显示鳃损伤，为感染试验的，右显示鳃损伤，为来自加拿大不列颠哥伦比亚省养殖场自然暴发感染的[98]。

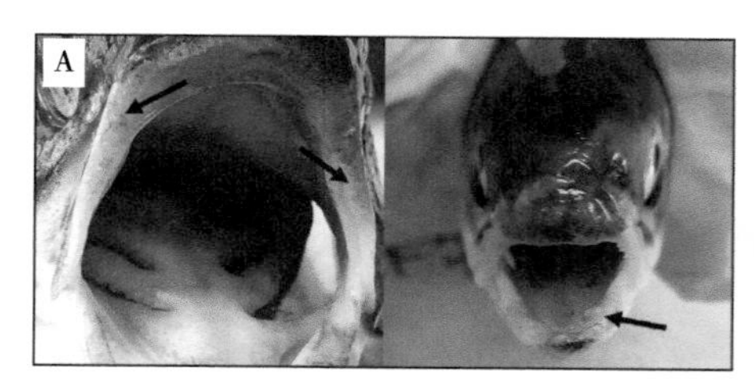

图5-46　大西洋鲑感染的病变

6. 近海黏着杆菌的致病机制

在近海黏着杆菌的致病机制方面，近年来有研究报道铁吸收机制（iron uptake mechanisms）、毒素、胞外产物、毒力基因及产物等内容，在揭示近海黏着杆菌致病作用与进化及有效控制感染等方面，具有重要意义。

（1）Avendaño-Herrera等报道的近海黏着杆菌铁吸收机制

西班牙圣地亚哥大学的Avendaño-Herrera等（2005）报道提出的第一个证据表明，铁吸收机制存在于细菌性鱼类病原近海黏着杆菌。对具有不同血清型和来源的近海黏着杆菌代表菌株进行了检测，它们都能在螯合剂（chelating agent）乙二胺二（邻羟基苯乙酸）[ethylenediamine-di-（o-hydroxyphenyl acetic acid），EDDHA]存在的条件下生长，并产生铁载体（siderophores）；交叉喂养试验（cross-feeding assays）表明，产生的铁载体是密切相关的。此外是当添加到缺铁培养基（iron-deficient media）中时，所有的近海黏着杆菌菌株都能够使用转铁蛋白（transferrin）、氯化血红素（hemin）、血红蛋白（hemoglobin）和柠檬酸铁氨（ferric ammonic citrate）作为铁源（iron sources）。在铁补充（iron-supplemented）或铁限制（iron-restricted）条件下生长的所有近海黏着杆菌菌株的整个细胞都能结合氯化血红素，表明近海黏着杆菌细胞表面存在组成性结合成分（constitutive binding components）。通过观察证实，从所有菌株中分离出的总膜蛋白（total membrane proteins）和外膜蛋白（outer membrane proteins），无论培养基中的铁含量如何，都能与氯化血红素结合，外膜表现出最强的结合。蛋白酶K （proteinase K）对整个细胞的处理对氯化血红素结合没有影响，说明除蛋白质外，一些蛋白酶抵抗成分（protease-resistant components）也能与氯化血红素结合。至少有三种外膜蛋白在铁限制条件下被诱导，所有菌株无论其血清型如何，都显示出相似的诱导蛋白模式（pattern of induced proteins）。研究结果表明，近海黏着杆菌具有至少两种不同的铁获取系统（systems of iron acquisition）：一种涉及铁载体的合成，另一种允许通过直接结合利用血红素基团（heme groups）作为铁源。

研究中的17株近海黏着杆菌，包括从6种不同海洋鱼类分离的15株，属于不同血清型以及不同的克隆谱系（clonal lineages），其中血清型O1的7株、O2的4株、O3的3株、未明确血清型的1株；不同克隆谱系的为基因群（genetic group）Ⅰ的6株、Ⅱ的6株、未明确的3株。另外是两个参考菌株［NCIMB 2154（模式株）和NCIMB 2158］，均为血清型O2的、基因群Ⅲ的[99]。

（2）Baxa等报道近海黏着杆菌毒素的致病性

日本高知农业大学（Agriculture Kochi University；Nankoku，Kochi，Japan）的Baxa等（1988），报道了近海屈挠杆菌（注：近海黏着杆菌）毒素在体外和体内的活性。供试菌株DBA-4a，是在1986年5月从患病五条鰤分离的；供试鱼为黑海鲷和红海鲷（真鲷）鱼苗，以其半数致死量（median lethal doses，LD_{50}）评估。

报道研究了近海屈挠杆菌（近海黏着杆菌）冻干培养物滤液（lyophilized culture filtrate）、沉淀的胞外产物、蛋白酶、溶血素、粗脂多糖、纯脂多糖和超声波处理的无菌细胞上清液（sonicated cell-free supernatant）的体外和体内活性，以检测这些是否与细菌的致病性相关。结果溶血素、胞外产物、超声处理的无菌细胞上清液、冻干的培养滤液，在黑海鲷中腹腔注射接种后的半数致死量分别为26.5μg、25.5μg、31.0μg和123μg，半数致死量值低于红海鲷。在粗脂多糖、纯脂多糖、蛋白酶的组中未观察到死亡，但同时接种时在蛋白酶和粗脂多糖的死亡率为40%；胞外产物和溶血素注射组的死亡率和垂死鱼通常在体腔中出现严重积液、脾脏肥大、内脏脂肪和肠道的瘀斑出血以及肝化脓，这些总体病理征象不是由其他毒素制剂产生的。海屈挠杆菌（近海黏着杆菌）在黑海鲷和红海鲷鱼苗的致病性可能归因于胞外产物和溶血素；它们相当微不足道的体外活性不能与它们在体内的毒性作用明显相关，提示细菌可能通过所检查的毒素和酶的协同作用发挥致病性[100]。

（3）van Gelderen等报道近海黏着杆菌胞外产物的致病性

澳大利亚塔斯马尼亚大学（University of Tasmania；Tasmania，Australia）的van Gelderen等（2009）报道，近海黏着杆菌是全球许多养殖鱼类中的一种著名病原体。是一种海洋细菌，能够引起躯体、头部、鳍和鳃的坏死性损伤，外表面的腐蚀性损伤是显著的临床病症。在澳大利亚，受影响的主要是大西洋鲑及塔斯马尼亚（Tasmania）海笼养殖（sea-cage culture）中的虹鳟。

对近海黏着杆菌发病机制的试验研究表明，高剂量（约1×10^8个/mL）的感染对大西洋鲑具有急性致死作用，当天死亡、病症表现为上皮细胞（epithelium）解体（disintegration）。此外，缺乏炎症反应是早期病变的特征。Handlinger等（1997）认为，这是强力外毒素（powerful exotoxins）阻止宿主反应的结果。这些发现指出了近海黏着杆菌毒素在大西洋鲑致病性中的可能作用。

此项研究通过观察不同毒素的直接作用，而非体外活性来研究胞外产物的体内毒性。此外，首次观察到了近海黏着杆菌对大西洋鲑的胞外产物毒性（ECP toxicity）。

从塔斯马尼亚州的患病大西洋鲑中分离的近海黏着杆菌菌株89/4762，采用玻璃纸覆盖法（cellophane overlay method），利用海洋Shieh's琼脂（marine Shieh's agar），在25℃下培养制备近海黏着杆菌89/4762菌株的胞外产物。

使用平均体重40g（30.4～56.5g）的70条大西洋鲑，每种处理的10条鱼腹腔注射0.1mL的胞外产物，5种不同剂量：每条鱼分别为1 000μg、500μg、250μg、125μg和62.5μg蛋白质。两种对照：一组未处理的对照和一组对照注射0.1mL的海洋Shieh's培养基（marine Shieh's medium）。

在24h试验期间，三种最高剂量导致100%的死亡率，发病时间随着剂量的减少而延迟，在62.5μg组和对照组中未观察到死亡，在注射125μg的鱼中为50%的死亡率。对胞外产物最明显的反应是腹腔出血和腹水，两个对照组的大西洋鲑，均未出现任何病理症状。死亡鱼的鳃、心脏和肝脏都变色，似乎没有血液流出。在3例中，125μg组存活鱼的肝脏呈黄色（表明黄疸），脾脏出血、肥大、颜色变暗，但在最高剂量时异常坚硬、随着剂量的减少变得更加柔韧（与对照组相似）。胃里有血，连同肠道肥大；这一增大导致了膀胱变小，在某些情况下，特别是在高剂量的情况下，膀胱出现鼓泡。肾脏出血，大多数情况下肛门发炎，而暴露在两种最高剂量下的鱼出现肛门出血。病理标志的严重程度与胞外产物毒素的剂量有关，剂量越低则大体病理越不严重。在62.5μg注射的鱼中存在轻微迹象，试验期间存活24h。

组织学检查鳃显示上皮隆起和坏死、细胞肥大，氯细胞数量似乎增加。心肌坏死、空泡化，心脏内可见炎性细胞浸润。肾小管变性，脾脏红细胞增多，肝脏局灶性炎症坏死，幽门腔增生不明显，中央黏膜上皮坏死。小肠表现为黏膜下浸润，炎性细胞浸润，平滑肌被炎性浸润分离，肌层圆形增厚。对照组鱼，无病理改变。

此研究结果证实了近海黏着杆菌胞外产物在大西洋鲑中的毒性，这种毒素能够导致鳃、心脏、肝脏和幽门盲囊（pyloric caeca）的细胞坏死，还会导致细胞自溶或快速溶解。

总的来说，近海黏着杆菌产生的胞外产物能够导致大西洋鲑坏死，其毒性很强。近海黏着杆菌感染鱼类外表面的坏死性损伤特征是上皮细胞和结缔组织的破坏，使肌肉组织暴露在外部环境中；通常认为不存在内部病理学。此项研究证明，近海黏着杆菌产生的胞外产物引起大西洋鲑内脏细胞坏死，与感染时发生在外表面的作用相同。这与此前致病性研究［可见：van Gelderen R.（2007）Vaccination of Atlantic salmon against marine flexibacteriosis. PhD thesis，School of Aquaculture，University of Tasmania，Launceston］中记录的短存活时间一起，提供了这种细菌可能利用胞外产物促进细胞分裂的证据。

图5-47为大西洋鲑组织切片。图5-47A左为对照鳃；右为注射接种感染1mg近海黏着杆菌胞外产物的鱼鳃，注射后2h，氯细胞明显增加，表现为大量嗜酸性细胞（箭头示）和上皮细胞的抬升（epithelial lifting）和坏死。图5-47B左为对照的幽门盲囊（pyloric caecum）；右为注射接种感染1mg近海黏着杆菌胞外产物的鱼的幽门盲囊，注射后2h，注意肠腔阻塞和中央黏膜上皮坏死。图5-47C左为对照肠；右为注射接种感染1mg近海黏着杆菌胞外产物的鱼肠，注射后2h[101]。

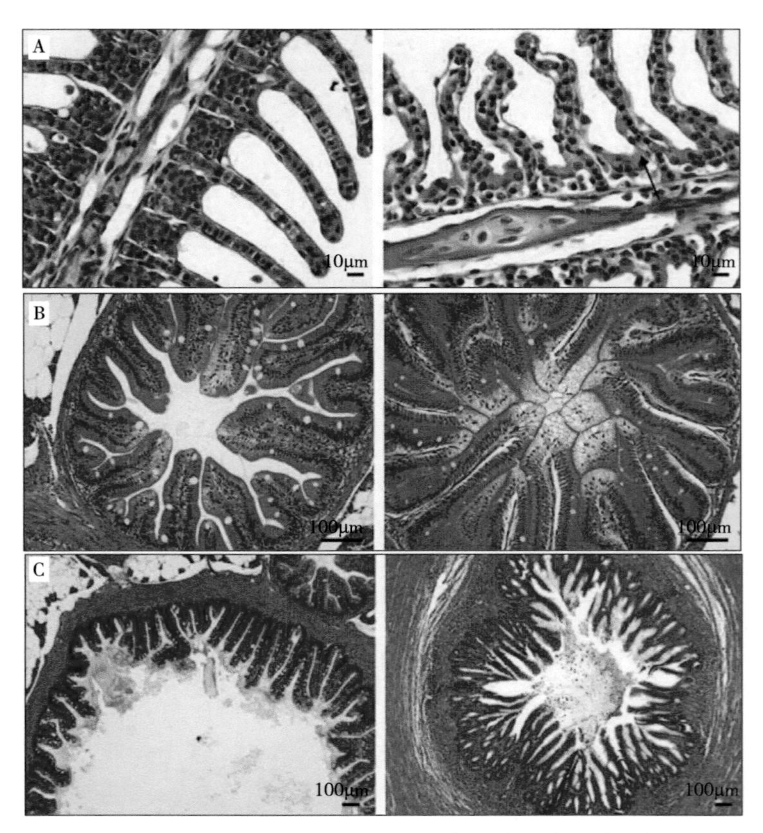

图5-47　大西洋鲑菌株近海黏着杆菌胞外产物的病变

（4）近海黏着杆菌的毒力基因及产物

在前面有记述法国巴黎-萨克雷大学、国家农业科学研究院的Pérez-Pascual等（2017）报道近海黏着杆菌的基因组序列和毒力基因分析中，涉及近海黏着杆菌的毒力基因。

研究中对近海黏着杆菌模式株NCIMB2154的全基因组进行了测序和分析，鉴定了编码外多糖生物合成、Ⅸ型分泌系统、铁摄取系统、黏附素、溶血素、蛋白酶、糖苷水解酶的基因。认为这些可能参与包括免疫逃逸、侵袭、定植、宿主组织破坏和营养素清除等的毒力过程，发挥致病作用。在预测的毒力因子中，鉴定了Ⅸ型分泌系统介导的和细胞表面暴露的蛋白，包括一种非典型唾液酸酶、一种鞘磷脂酶和一种软骨素AC裂合酶，这些蛋白类在体外表现出活性[41]。

四、微生物学检验

对近海黏着杆菌的微生物学检验，目前仍主要依赖于对细菌的分离与鉴定；免疫血清学检验方法，也有相应的描述。另外是在近年来，多有分子生物学检验方法的研究报道。

（一）细菌学检验

对近海黏着杆菌的细菌学检验的内容，主要包括对细菌进行分离与鉴定、免疫血清学检验内容。这种传统的细菌学检验方法，是很有价值的。

1. 细菌分离与鉴定

对近海黏着杆菌的分离，可采用以70%海水配制的噬纤维菌琼脂、TCY培养基（TCY medium）等进行并制备纯培养物后，按近海黏着杆菌主要特性进行相应的常规表型性状鉴定[59]。噬纤维菌琼脂（Anacker和Ordal，1959）、TCY培养基（Hikida等，1979）的制备方法，在第四章“黄杆菌属（*Flavobacterium*）”的表4-9中有记述；另外是TCY培养基即胰蛋白胨-水解酪蛋白氨基酸-酵母提取物培养基，最初是由日本东京大学的Hikida等（1979）报道，用于分离近海黏着杆菌（以近海屈挠杆菌记述）的培养基（可见在前面的相应记述[31]）。

2. 免疫血清学检验

在免疫血清学检验方面，采用血清学的凝集反应检验近海黏着杆菌是有效的[59]。另外是常规的荧光抗体技术，可用于鱼组织中近海黏着杆菌检验；还有免疫组织化学技术、聚合酶链反应-酶联免疫吸附试验（polymerase chain reaction-enzyme linked immunosorbent assay，PCR-ELISA）等的报道。

（1）Baxa等报道的荧光抗体技术检验

在早期由日本高知农业大学的Baxa等（1988）报道，采用荧光抗体技术检测黑海鲷鱼苗感染中的近海黏着杆菌（文中以近海屈挠杆菌记述），并与传统培养基培养法进行比较。皮肤、鳃、肝、肾的组织切片用荧光抗体染色，采用的分离培养法是用噬纤维菌琼脂培养基，对在100%海水分别均匀化、连续稀释、平板计数检验。结果在从15min到48h后所有试验感染鱼死亡，荧光抗体技术在所有组织中均能够检测到近海黏着杆菌。通过培养法，在15min至3h的鱼的皮肤中、在1～12h鱼的鳃中检测到近海黏着杆菌；在15min至12h内，由于其他细菌的增殖而不能被检测到。因此，荧光抗体技术被证明比培养法，在黑鲷鱼苗近海黏着杆菌感染诊断中是更有用的技术[102]。

（2）Faílde等报道的免疫组织化学技术检验

西班牙圣地亚哥德孔波斯特拉大学的Faílde等（2014）报道，为提高黏着杆菌病的诊断水平，更好地了解黏着杆菌病的发病机理，开发了一种灵敏、特异的免疫组织化学技术。以塞内加尔鳎为供试鱼，采用近海黏着杆菌的菌悬液皮下接种感染，并于接种后不同时间采样，不同器官切片作为阳性对照。此外，从黏着杆菌病暴发中采集的、不同器官的128份现场样本，在试验感染的塞内加尔鳎的几种器官和至少一种受自然黏着杆菌病感染的鱼类器官组织中检测到近海黏着杆菌抗原，这些组织中的近海黏着杆菌抗原已通过培养和基于PCR方法证实。在暴发期间采集的鱼中，于溃疡性皮肤区域检测到强烈的阳性反应。此外，在鳞囊（scale pockets）内和轻度损伤的皮肤部位发现存在细菌抗原（bacterial antigen）。在肾脏和脾脏，在自然感染和试验感染的鱼中都检测到了明显的细菌抗原免疫染色。此外，在肠道中近海黏着杆菌存在、没有相关组织学变化，表明该器官可能是近海黏着杆菌的贮存器（reservoir）。研究结果证实了免疫组织化学技术，在石蜡包埋组织中诊断黏着杆菌病的有效性。

试验感染的菌株，是从塞内加尔鳎一次自然暴发的黏着杆菌病中分离的近海黏着杆菌LL01.8.3.8菌株。相应特异性抗体，是用甲醛灭活的近海黏着杆菌LL01.8.3.8菌株免疫家兔制备的多克隆抗血清（polyclonal antiserum）。

对检验的33例自然暴发塞内加尔鳎进行了回顾性研究，显示不同程度的糜烂和溃疡性损伤。2003年12月至2005年8月，在加利西亚的一个养殖场收集的鱼。这些个体来自患有黏着杆菌病的，之前通过组织学、微生物学和分子程序证实。用10%中性福尔马林和Bouin's溶液固定皮肤、皮下肌肉、脾脏、肾脏、肠道和心脏，共128个现场样品进行免疫组织化学分析，以检验所开发的免疫组织化学技术在诊断黏着杆菌病中的有效性。

研究结果显示，在试验感染的宏观、微生物学和组织病理学发现，感染的早期症状在24h内观察到，包括注射点附近的皮肤局部肿胀；接着是出现腐蚀和坏死的表皮区域、伴有充血晕，48h的出现鳞片脱落。在最后一次采样中观察到严重的溃疡性损伤，使受影响的肌肉群暴露在环境中。此外，还检测到背鳍基底部充血和鳍桡骨间组织（inter-radial tissue）瘀斑（petechiae）。在组织病理学水平上，在接种点观察到表皮脱落，鳞片脱落，鳞片囊肿胀、充满水肿液和炎性细胞；此外是坏死扩展到皮下结缔组织，影响最浅的肌肉层，可以看到轻微的炎症反应；在内脏器官分析中，未见病理改变。免疫组织化学技术分析，溃疡区域显示在接种点的皮下组织和肌肉有强烈的染色，皮下注射对肌肉周围的结缔组织有明显的免疫反应；此外，可以在这些区域的皮下血管中检测到血浆的强免疫染色；脾脏和肾脏的分析显示巨噬细胞位于血管内，但在这些器官中未发现显微病变。结果表明，所开发的免疫组织化学技术在菌属水平上检测到所有被分析的鱼类病原性黏着杆菌，包括近海黏着杆菌、鲺黏着杆菌、异色黏着杆菌、加利西亚黏着杆菌；然而，在与异色黏着杆菌、加利西亚黏着杆菌、鲺黏着杆菌全菌细胞交叉吸收后，用抗近海黏着杆菌的抗体实现了近海黏着杆菌与其他黏着杆菌种的区分。在阴性对照组和对照组的组织，均未见阳性反应。

免疫组织化学分析来自病变部位的皮肤在表皮和真皮中表现出强烈的阳性反应，皮下组织中有严重的炎症反应；还观察到皮下组织中的脂细胞（adipocytes）和广泛受损区域中的肌肉包周围的结缔组织之间的免疫反应性；在鳞囊内获得强的免疫阳性、接近皮肤溃疡处；偶尔在有糜烂性损伤的皮肤区域，在表皮上皮细胞和真皮上能够发现近海黏着杆菌抗原。在这些位置，免疫反应细菌在受损组织中被检测到，从大的丝状外观到小的球状形态，呈现出不同的形态特征。在受累鱼的脾脏中，细菌抗原主要分布在椭圆形巨噬细胞内，但也游离于白髓中；在肾脏，阳性免疫反应主要分布在与毛细血管周围相关的巨噬细胞内，偶尔也分布在肾间质组织之间，细胞质中有明显免疫反应的巨噬细胞位于窦内；值得注意的是在肠道中，观察到大量免疫反应细菌与内层上皮表面紧密接触，偶尔在肠腔中出现游离细菌，尽管在这一水平上没有发现任何病理变化，细菌呈明显的丝状形态，有时在细菌的一端可以看到球形的头部。在分析的一些鱼中，脾脏、肝脏和胰腺显示出强阳性免疫染色，呈线性分布（lineal distribution），并伴有轻微的炎症反应。

采用抗近海黏着杆菌抗体检测分析的鱼，在大部分皮肤（86%）和肠道（74%）标本均为阳性，无论皮肤病变的严重程度如何；27份脾脏中的11份（41%）、27份肾脏中的12份（44%）和18份心脏中的10份（56%），均检测到阳性免疫染色。

在研究中已经开发出一种诊断工具，可以特别检测石蜡包埋样品中的近海黏着杆菌。此外，皮肤已被证实是细菌的一种进入途径，而近海黏着杆菌抗原在内脏中的分布显示了细菌引起败血症的能力。肠中存在近海黏着杆菌，强烈表明该器官可能是细菌的一个可能的贮存器。

图5-48为塞内加尔鳎试验感染近海黏着杆菌的主要宏观损伤。图5-48A上显示在注射接种点附近处24h后皮肤肿胀（箭头示）；图5-48A下显示深部溃疡性病变，7d后（箭头示）可观察到下面的肌肉；图5-48B上和中显示腐蚀/坏死的皮肤，伴有充血晕，注射点附近48h（箭头示）的鳞片脱落，图5-48B下显示48h后（箭头示）背鳍基部充血，鳍桡骨间组织有瘀斑。

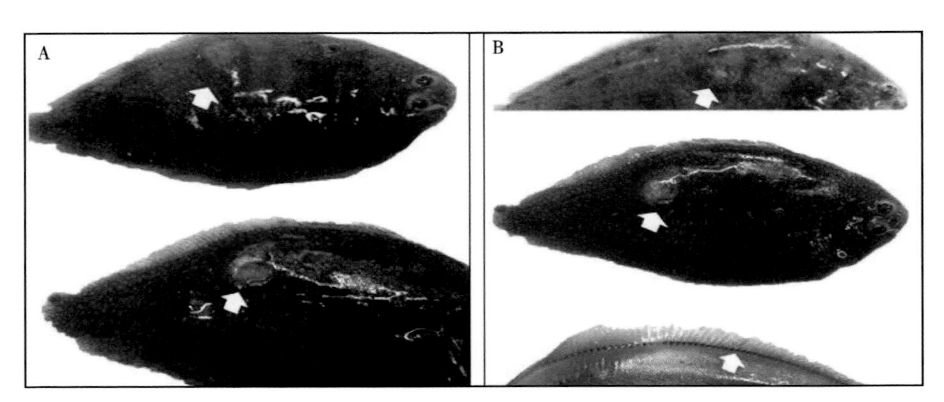

图5-48　塞内加尔鳎试验感染的主要病变

图5-49（苏木精-伊红染色）为溃疡附近皮肤样本。图5-49A显示表皮消失（箭头示），鳞囊扩张，部分无鳞片，存在炎症和水肿（蘑菇状箭头示），皮下和浅表肌肉坏死，伴有炎性细胞（星号示）；图5-49B显示接种点处坏死（星号示）、肌肉纤维变性（蘑菇状箭头示）和相关的炎症反应（箭头示）。

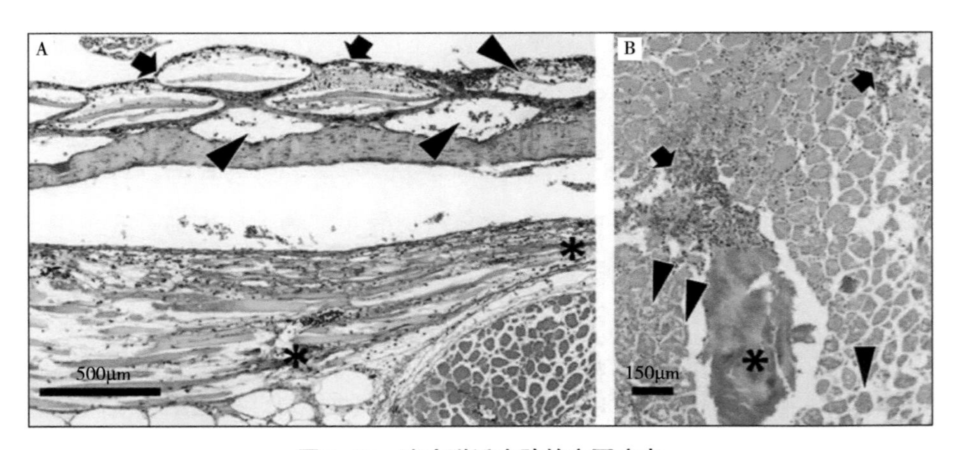

图5-49　溃疡附近皮肤的主要病变

图5-50为塞内加尔鳎试验感染近海黏着杆菌LL01.8.3.8菌株的免疫组织化学技术检验。图5-50A左为用抗近海黏着杆菌染色在皮下组织（箭头示）接种点（星号示）显示强染色；图5-50A右显示皮下组织向结缔组织包围的肌肉层（箭头示）的强阳性反应；图5-50A中插图显示位于受感染鱼皮下组织的血管在血浆中表现出强免疫染色。图5-50B左显示脾脏，免疫反应性巨噬细胞随机分布于间质组织和血管周围；图5-50B右显示肾小管周毛细血管内巨噬细胞免疫染色明显。

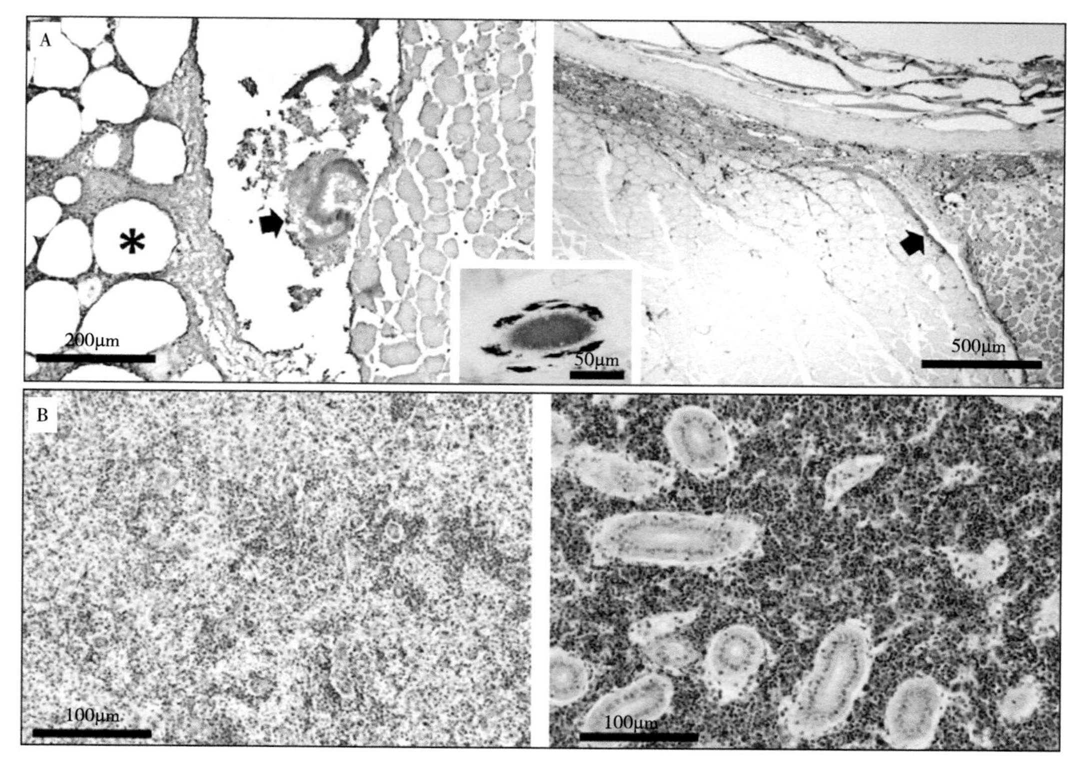

图5-50 塞内加尔鳎试验感染的免疫组织化学技术检验

图5-51为自然感染近海黏着杆菌的塞内加尔鳎的免疫组织化学技术检验。其中的图5-51A左显示真皮内强烈的阳性反应（箭头示），位于皮下组织的严重炎症反应（星号示）；图5-51A右显示皮下组织脂细胞和结缔组织间肌肉中广泛损伤区域的免疫反应（蘑菇状箭头示），阳性部位有轻度到中度炎症反应（箭头示）。图5-51B左显示在鳞囊内细菌抗原阳性免疫染色（星号示）；图5-51B右显示在溃疡附近的皮肤存在轻度损伤，表皮和真皮有明显的免疫染色。图5-51C左显示皮肤样品中的细菌抗原从丝状（箭头示）到球形（蘑菇状箭头示）表现出不同的形态；图5-51C右显示脾脏椭圆体周围阳性（箭头示），实质内游离阳性（蘑菇状箭头示）；图5-51C插图显示椭圆形巨噬细胞在细胞质中表现出强烈的阳性反应（蘑菇状箭头示）。图5-51D左显示肾门巨噬细胞（renal portal macrophages）内与肾小管周毛细血管相关的免疫反应性；图5-51D右显示血管内巨噬细胞在细胞质（箭头示）和毛细血管（蘑菇状箭头示）内有明显的免疫反应。

图5-52为免疫组织化学技术对近海黏着杆菌感染自然暴发鱼抗原的检验。图5-52A左显示位于肠上皮表面的免疫阳性细菌抗原；图5-52A右显示丝状细菌在黏膜（蘑菇状箭头示）上显示强免疫染色或在管腔内游离，有些细菌在一端呈球形（箭头示）。图5-52B左显示脾脏浆膜有细菌抗原（箭头示）；图5-52B中和图5-52B右显示肝和胰腺的浆膜存在细菌抗原，伴有轻微的炎症反应（箭头示）[103]。

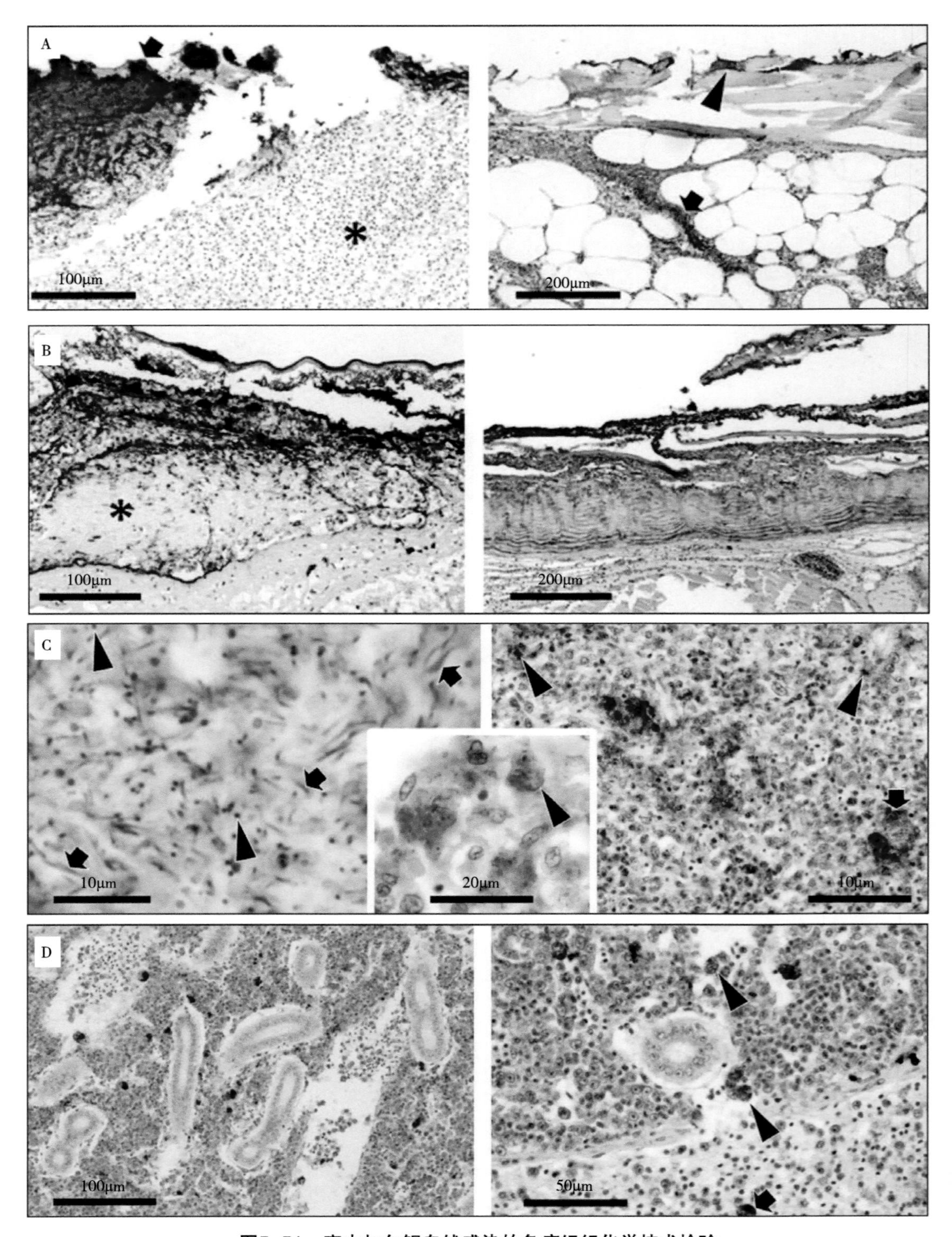

图5-51 塞内加尔鳎自然感染的免疫组织化学技术检验

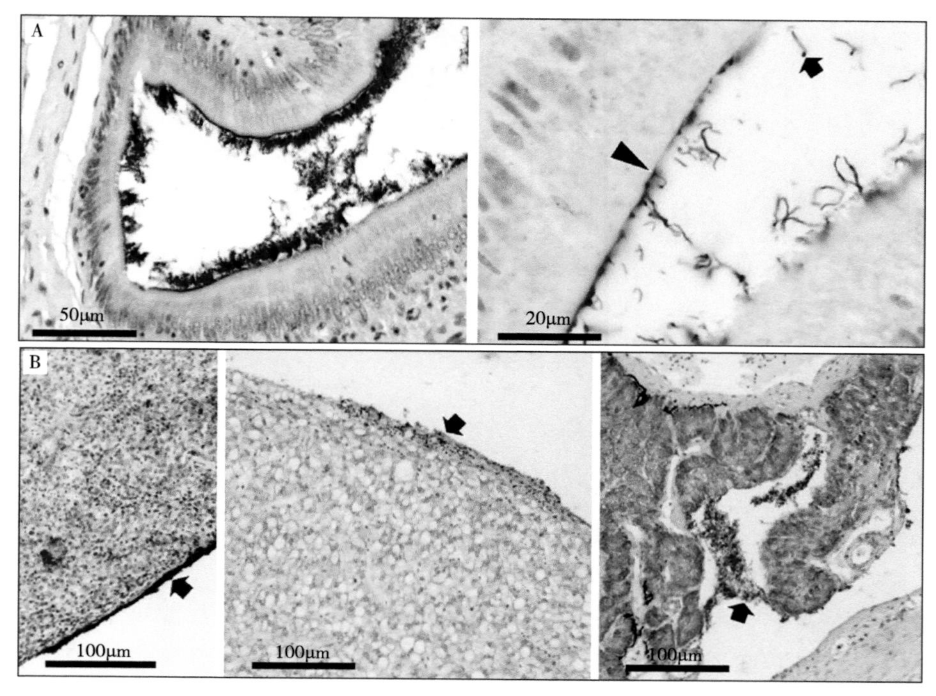

图5-52　塞内加尔鳎自然感染的鱼抗原的免疫组织化学技术检验

（3）Wilson等报道的聚合酶链反应-酶联免疫吸附试验检验

澳大利亚塔斯马尼亚大学（University of Tasmania；Launceston，Australia）的Wilson等（2002）报道，建立了一种简单、高效、低成本的聚合酶链反应-酶联免疫吸附试验（PCR-ELISA）方法，检测了4种细菌性鱼类病原体，即鲁氏耶尔森菌（*Yersinia ruckeri*）、近海黏着杆菌、格氏乳球菌（*Lactococcus garvieae*）、杀鲑气单胞菌（*Aeromonas salmonicida*）即杀鲑气单胞菌杀鲑亚种（*Aeromonas salmonicida* subsp. *salmonicida*），可检测4fg的DNA。

DNA扩增是在一个双相体系（biphasic system）中进行的，在一个管中实现了自由结合的PCR，用生物素标记的杂交探针（biotin labelled hybridization probes）检测固相扩增子（solid-phase amplicons），并以链霉亲和素-碱性磷酸酶（streptavidin-alkaline phosphatase）和对硝基苯磷酸（p-nitrophenylphosphate）为底物进行可视化显色。用不到8h的时间进行PCR和杂交，在24h内获得最大信号输出量（maximum signal output）的fg级模板DNA。研究中，内部探针（internal probes）用于检测扩增产物、并作为二级特异性检查，用生物素-链霉亲和素-碱性磷酸酶反应实现可视化，用酶联免疫吸附测定仪测量对硝基苯磷酸酯产生的颜色。

研究使用了从大西洋鲑分离出的鲁氏耶尔森菌（血清型为O1b）、格氏乳球菌ATCC 49156（模式株）、杀鲑气单胞菌是从绿背鲆（greenback flounder）分离的、近海黏着杆菌NCIMB 2154（模式株）。使用此该方案检测四种细菌性鱼类病原体，可检测中4fg的DNA存在；组织样本产生一个强大的高通量系统（powerful high-throughput system），可用于监测鱼类种群中的病原体[104]。

（4）血清型检定

使用近海黏着杆菌特异性抗血清对分离菌株进行的凝聚反应检验，也属于血清学检验的范畴，并能够确定相应的血清型，且在特定的情况下是很需要的，尤其是在进行流行病学调查中的应用。

2. 分子生物学检验

对近海黏着杆菌的分子生物学检验，近年来多有研究报道，涉及嵌套式PCR（nested PCR，nPCR）、多重PCR、实时PCR、反相斑点杂交（reverse line blot hybridization，RLB）等方法。

（1）嵌套式PCR方法

西班牙圣地亚哥大学的Avendaño-Herrera等（2004）报道，目前可用于检测近海黏着杆菌的一些技术存在要么耗时、要么缺乏足够灵敏度的问题。研究评估了嵌套式PCR方法，在使用不同养殖种类海洋鱼类的无损伤性黏液样本（non-destructive mucus samples）检测近海黏着杆菌中的效果。检测了60条无病症（29条）和有病症（31条）的养殖鱼，结果显示嵌套式PCR可以在100%的养殖大菱鲆、鳎和金头鲷的黏液样本中检测到近海黏着杆菌，而这些养殖大菱鲆、鳎和金头鲷正在经历着黏着杆菌病的流行。然而，在这些病鱼的黏液样本中只有81%能够通过细菌分离培养方法呈阳性；将嵌套式PCR方法应用于其中29条健康鱼的黏液样本检验有15条为阳性，此15条中的9条鱼通过细菌分离培养方法被检验为不存在近海黏着杆菌。研究结果表明，非致死性黏液样本可用于海洋黏着杆菌病的筛选和早期诊断，从而在培养基中无须预先分离即可快速检测到近海黏着杆菌（仅7h）。研究是从西班牙和葡萄牙西北部养殖的大菱鲆、鳎和金头鲷，共获得60条10～300g的鱼。进行细菌学检查（琼脂培养基分离培养和生化试验鉴定），并通过嵌套式PCR进行分析。其中有症状的31条鱼，主要病症包括口腔腐蚀、皮肤溃疡和腐烂、鱼鳍磨损[105]。

另外是Avendaño-Herrera等（2004）报道，采用从不同鱼类中分离的79株近海黏着杆菌，以及53个相关和不相关细菌的代表菌株，评价了两对引物（MAR1-MAR2和Mar1-Mar2）检测近海黏着杆菌的特异性和敏感性。这两对引物都对近海黏着杆菌具有种特异性，因为未能从所测试的非近海黏着杆菌的染色体DNA中获得扩增产物。然而，尽管MAR1-MAR2引物鉴定了所有近海黏着杆菌的菌株，产生了预期1 088bp长度的独特、清晰的PCR带，但Mar1-Mar2引物未能在3个从鳎分离的菌株中扩增到特异性的400bp带。为验证这些菌株是否为近海黏着杆菌，选择2种内切酶（*Pvu* Ⅰ和*Sac* Ⅱ）

作为最合适的酶来确认Mar1-Mar2引物扩增片段的特异性，结果两种内切酶的消化模式（digestion patterns）支持所有菌株为近海黏着杆菌。两种PCR检测方法的灵敏度也不同，显示与MAR1-MAR2相比，Mar1-Mar2引物的灵敏度至少低一个数量级。当将MAR1-MAR2、Mar1-Mar2引物PCR方法应用于对大菱鲆不同组织检测时，每个反应的检出限为10^2～10^4个近海黏着杆菌的菌细胞。此外，基于MAR1-MAR2引物建立了一个嵌套式PCR检测方案用于对大菱鲆不同组织的检测，该方案将灵敏度提高了约2个数量级，从1～250个近海黏着杆菌的菌细胞/反应（取决于所用组织），最容易检测到近海黏着杆菌的组织是皮肤和黏液。这种嵌套式PCR方案，最适合在诊断病理学和海鱼滑行细菌病流行病学研究中准确检测近海黏着杆菌[106]。

（2）多重PCR方法

西班牙圣地亚哥德孔波斯特拉大学的Castro等（2014）报道，建立了一种特异、灵敏的多重PCR（mPCR）方法，用于同时检测海水养殖中两种重要的比目鱼致病菌（flatfish pathogens）：近海黏着杆菌和迟钝爱德华氏菌（*Edwardsiella tarda*）。在鱼类组织中，此两种病原菌多重PCR扩增的平均检测限（average detection limit）分别为2×10^5CFU/g ± 0.2CFU/g和4×10^5CFU/g ± 0.3CFU/g；这些值与以前用相应的单独PCR（single PCR）方法获得的值相似，甚至更低。此外，当对33种不同细菌的36株分类相关和不相关菌株进行检测时，这种多重PCR方法没有产生任何非特异性扩增产物。其中一种目标细菌在另一种细菌存在少量的情况下，大量的DNA对后者的扩增敏感性没有显著影响。采用的菌株供47株，包括从不同寄主和来源分离的6株迟钝爱德华氏菌、5株近海黏着杆菌，36株其他分类学相关和不相关种（属于33种不同的细菌）[107]。

（3）实时PCR方法

对近海黏着杆菌进行的实时PCR方法检验，包括定量实时PCR（quantitative real-time PCR）技术、多重实时PCR（multiplex real-time PCR）、结合解链曲线分析（melting curve analysis）的实时PCR分析方法等。

①Fringuelli等报道的定量实时PCR方法。英国北爱尔兰农业-食品和生物科学研究所（Agri-food and Biosciences Institute of Northern Ireland；Stormont，Belfast，UK）的Fringuelli等（2012）报道，描述了一种定量实时PCR技术的发展和应用于检验近海黏着杆菌。一套引物和探针（probe）被设计用来扩增近海黏着杆菌一个155bp的特异性16S rRNA基因片段，结果表明该方法非常敏感（每微升能够检测到4.8个DNA拷贝数）；此外，发现该分析方法具有高度的重复性和再现性，线性动态范围（linear dynamic range）R^2=0.999、延伸（extending）超过6log10稀释度（dilutions）并且高效率（100%）。

该分析方法用于从48份福尔马林固定石蜡包埋的、显示不同程度的鳃病理的大西洋鲑鳃组织中提取的DNA样本，以及26份水母（jellyfish；*Phialella quadrata*、*Muggi-*

aea atlantica）样本的检验。结果在89%的无鳃病症状的和95%存在轻度到重度鳃病变的组织中，均检测到近海黏着杆菌的DNA；研究细菌与鳃病理严重程度之间的关系，在26只被测水母中，有4只在较低水平上检测到了近海黏着杆菌。

这是首次报道了一种定量实时PCR检测近海黏着杆菌的研究情况，还同时介绍了该方法在福尔马林固定石蜡包埋鲑鱼鳃和福尔马林固定水母样品野外采集中的应用。为提供更快速的结果，实时PCR能够同时进行定性和定量分析。由于采用了封闭系统，因此可以降低扩增子污染的风险，而且在不需要溴化乙锭（ethidium bromide）的情况下，实验室方案更安全[108]。

②Chapela等报道的多重实时PCR方法。西班牙健康营养与制药部［Department of Health-Nutrition and Pharma，ANFACO-CECOPESCA，Vigo（Pontevedra），Spain］的Chapela等（2018）报道，研究建立了一种多重实时PCR方法，对感染杀鲑气单胞菌、鳗弧菌（*Vibrio anguillarum*）和/或近海黏着杆菌的患病鱼进行早期检测，该方法包括用商业试剂盒提取DNA后检测三个种的特异性基因（species-specific genes）。对三种类型的样本进行了检测，并与传统的诊断结果进行了比较。结果显示该方法的检测限为10^4个菌细胞/mL（2×10^2个菌细胞/管）。此外，27个样品来自有疾病迹象的鱼、采用所开发的方法得到正确诊断，证明其适用于水产养殖。

研究中使用从西班牙西北部一家水产养殖场，在发生的不同疫情中患病大菱鲆（diseased turbots）中分离获得的杀鲑气单胞菌、鳗弧菌。另外是从西班牙典型培养物保藏中心（Spanish Type Culture Collection，CECT）引进的近海黏着杆菌菌株（CECT 4276）[109]。

③Fernández-Álvarez等报道结合解链曲线分析的实时PCR方法。西班牙圣地亚哥德孔波斯特拉大学（Universidade de Santiago de Compostela；Santiago de Compostela，Spain）的Fernández-Álvarez等（2019）报道，开发一种快速、准确的诊断由近海黏着杆菌引起的黏着杆菌病的方法，对提高该病的防治水平具有重要意义。研究设计了一种结合解链曲线分析的实时PCR分析方法，用于检测和量化近海黏着杆菌的164bp片段为靶点的16S rRNA基因序列。PCR系统的验证表明，该方法能够特异性地检测分离的近海黏着杆菌，以及区分近海黏着杆菌与其他相关的鱼病原黏着杆菌和其他非相关病原菌。所有的近海黏着杆菌菌株均表现出80.25℃ ± 0.35℃的种特异性解链温度（species-specific melting temperature，TM）。通过构建一个标准曲线（standard curve）来绘制Cq值（Cq values）与扩增子的量（ng）的标准曲线，来确定该检测的灵敏度。结果显示该方案的检测灵敏度为4×10^{-10}ng/μL的16S rRNA量，相当于2.22个基因拷贝数（cq 33.05）、R^2为0.99（m为−3.352 7），效率为98.73%。

研究中使用实验室的样本（包括细菌培养物），试验感染不同浓度近海黏着杆菌的鱼类肾脏样本、血液样本和黏液样本进行测试。结果表明，该方法具有很高的重复性，运行中和运行间分析的变异系数值（variation coefficient values）较低。该方法还可以检测感染组织中的近海黏着杆菌，以及受黏着杆菌病影响的养殖大菱鲆、塞内加尔鳎、欧洲舌齿鲈溃疡样本中的近海黏着杆菌。

基于研究结果，认为这种实时PCR检测是一种快速、灵敏和可靠的诊断方法，可用于鉴别近海黏着杆菌的菌株，检测和定量近海黏着杆菌的致死和非致死鱼样本，以及监测水质和病原微生物[110]。

（4）反相斑点杂交方法

西班牙国际爱护动物基金会的López等（2012）报道，为研究建立一种反相斑点杂交方法，用于海洋水产养殖中鳎黏着杆菌、近海黏着杆菌、哈维氏弧菌（*Vibrio harveyi*）、美人鱼发光杆菌（*Photobacterium damselae*）、贝提卡假单胞菌（*Pseudomonas baetica*）等5种重要的鱼类致病菌的鉴定。针对16S～23S基因间间隔区（intergenic spacer region，ISR）或23S rRNA基因设计了种特异性探针（species-specific probes）。各靶种的参考菌株和临床菌株，均通过反相斑点杂交分析得到正确鉴定；而除哈维氏弧菌的探针与坎氏弧菌（*Vibrio campbellii*）的PCR产物之间存在交叉反应性外，所有非靶菌株均给出明确的阴性结果。

使用纯培养菌的反相斑点杂交分析的灵敏度限在5种靶细菌中的变化范围为1～100pg的基因组DNA。认为这是第一个用于鉴定细菌性鱼类病原体的反相斑点杂交分析方案，也是第一个可用于贝提卡假单胞菌的分子诊断工具，这将有助于流行病学研究和水产养殖疾病的控制[111]。

3. 化学分析检验

对近海黏着杆菌的化学分析检验，近年来已有的研究报道。主要包括化学分类学方法（chemotaxonomic methods）的脂肪酸含量及分布特征分析、蛋白质组学方法（proteomic approach）。

（1）Piñeiro-Vidal等报道的脂肪酸分析方法

西班牙圣地亚哥德孔波斯特拉大学的Piñeiro-Vidal等（2008）报道，通过对从不同区域养殖海洋鱼类分离的致病性近海黏着杆菌（32株）、加利西亚黏着杆菌（7株）、异色黏着杆菌（7株）、解卵黏着杆菌（1株）的脂肪酸含量及分布特征分析，评价其作为动物流行病学分型（epizootiological typing）方法的潜力[112]。

研究中使用从海洋琼脂培养基培养（25℃培养48h）的菌细胞中，提取脂肪酸甲酯（fatty acid methylesters，FAMEs）进行分析。结果显示所测试的黏着杆菌菌株的细胞脂肪酸特征，是存在大量的支链（branched）脂肪酸（36.1%～40.2%）和羟基（hydroxylated）脂肪酸（29.6%～31.7%）。4种黏着杆菌的脂肪酸甲酯产物在iso-$C_{15:0}$ 3-OH、iso-$C_{16:0}$3-OH、iso-$C_{15:1}$G、汇总特征3（summed feature 3；含有$C_{16:1\omega 7c}$和/或

iso-$C_{15:0}$2-OH的成分）、iso-$C_{16:0}$、$C_{17:1\omega 6c}$、$C_{15:0}$3-OH、ISO-$C_{17:0}$3-OH的含量，存在显著差异。

研究结果表明，在不同海洋鱼类/地理位置分离的近海黏着杆菌菌株间、不同种的近海黏着杆菌、异色黏着杆菌、加利西亚黏着杆菌、解卵黏着杆菌间的脂肪酸含量存在差异。认为脂肪酸谱（Profiling of fatty acids）分析方法，可能是区分近海黏着杆菌与其他鱼类致病性黏着杆菌及近海黏着杆菌分离株的病原学鉴别的有用方法[112]。

（2）Fernández-Álvarez等报道的蛋白质组学分析方法

西班牙圣地亚哥德孔波斯特拉大学的Fernández-Álvarez等（2017）报道，黏着杆菌病是一种限制世界上多种具有商业价值的海洋鱼类养殖的鱼类疾病。黏着杆菌属包括若干种，它们的鉴别对于改善疾病暴发的管理具有临床意义[113]。

基于基质辅助激光解吸/电离飞行时间质谱法（matrix-assisted laser desorption/ionization time-of-flight mass spectrometry，MALDI-TOF-MS）分析，探讨了一种新的蛋白质组学方法（proteomic approach），用于黏着杆菌属细菌种的鉴定和鉴别。对通过基质辅助激光解吸/电离飞行时间质谱法分析得到的峰值质量列表（peak mass lists）进行了检验，以检测潜在的生物标志物（biomarkers）、相似性（similarity）、聚类分析（cluster analysis）、主成分分析（principal component analysis，PCA）。用于细菌生长的培养基不影响大规模指纹图谱（mass fingerprints）。在所分析的黏着杆菌属细菌种中，均发现8个属特异性峰（genus-specific peaks）。此外是在近海黏着杆菌、鳎黏着杆菌、舌齿鲈黏着杆菌、岸黏着杆菌、解卵黏着杆菌中至少发现一个种特异性峰（species-specific peak）。这些峰可以作为快速鉴定这些细菌性鱼类病原体的生物标志物，聚类分析和主成分分析清楚地分离出不同聚类中的近海黏着杆菌、鳎黏着杆菌、舌齿鲈黏着杆菌、解卵黏着杆菌。然而，根据其蛋白质指纹图谱（protein fingerprints），很难区分异色黏着杆菌和加利西亚黏着杆菌。这是第一个用基质辅助激光解吸/电离飞行时间质谱法对黏着杆菌属细菌生物标志物进行测定的研究，该方法是一种有效、可靠的方法，可作为微生物实验室的常规诊断方法。

研究中使用的黏着杆菌参考菌株，为从美国典型培养物保藏中心、西班牙典型培养物保藏中心、英国国家工业和海洋细菌保藏中心（National Collection of Industrial and Marine Bacteria，NCIMB；UK）、德国微生物和细胞保藏中心（German Collection of Microorganisms and Cell Cultures，DSMZ）、日本微生物保藏中心（Japan Collection of Microorganisms，JCM）获得的。临床分离的黏着杆菌菌株为在1985—2015年，本实验室从不同鱼类常规微生物学检验中分离的；另外是2株杀鲑气单胞菌（ATCC33658、NCIMB2261）、1株嗜水气单胞菌（*Aeromonas hydrophila*）CECT4330株、1株鳗利斯顿氏菌（*Listonella anguillarum*）即鳗弧菌（*Vibrio anguillarum*）ATCC43306株，用于分析[113]。

4. 检验方法的综合描述与评价

近年来有一些对近海黏着杆菌及其相应感染病的综合描述与评价，对比较全面的了解具有指导意义。这里所列的内容，是具有一定代表性的。

（1）Kolygas等对检验方法的综合描述与评价

希腊色萨利大学（University of Thessaly；Karditsa，Greece）的Kolygas等（2012）报道近海黏着杆菌是一种机会致病菌，在海洋鱼类中引起一种所谓的屈挠杆菌病（flexibacteriosis）。其他的名称有滑动细菌病、口腔侵蚀综合征、黑斑坏死病等。此病的主要特征是出血性皮肤损伤，这种情况也与鳍和鳃疾病有关。在一些案例中，系统性的形式也有报道。目前在欧洲、美国和日本广泛传播，影响了许多海洋鱼类。根据表型和生化特征，近海黏着杆菌通常被认为是一个同质分类群（homogeneous taxon）[114]。

希腊是地中海地区的主要海鲷和海鲈的生产国。屈挠杆菌病被认为是这两种鱼类的主要疾病之一，尤其是在压力条件下。在此项研究中，从希腊一些区域不同的海洋养殖场样品中分离的、在2010年3—6月鉴定的11株近海黏着杆菌，以研究在希腊存在的菌株是否具有相似的生化特征，该信息目前在许多流行病学研究中至关重要。

这些样本来自不同的养鱼场，在那里发生了屈挠杆菌病的暴发，在海洋琼脂（marine agar，MA）、海洋琼脂中加入氟甲喹（flumequine）2mg/L（MA-F）、近海屈挠杆菌培养基（*Flexibacter maritimus* medium，FMM）、近海屈挠杆菌培养基中加入氟甲喹2mg/L（FMM-F）、近海屈挠杆菌培养基中加入新霉素（neomycin）4g/L（FMM-N）等5种不同的培养基进行培养，以检验哪种培养基更适合最初的分离。为检验分离和鉴定的菌株生化特性，采用了API-20E、API-20NE、API-50CE、API-ZYM等4种商用微型化系统（commercial miniaturised systems）。结果显示几乎所有菌株在FMM-F培养基都生长得更好，尽管其中两个菌株对氟甲喹敏感、并且只在MA培养基上生长。在FMM培养基上的菌落呈圆形、边缘不均匀、呈黄色；在MA培养基上的菌落呈圆形、淡黄色和半透明。关于生化特征，所有分离菌株使用API-20E和API-20NE都表现出相同的特征；于API-ZYM系统，仅在前11个反应中发现阳性结果。

近海黏着杆菌在迄今为止所检测的所有培养基上生长缓慢，在许多情况下，它的生长受到其他快速生长细菌种类的抑制。在此项研究中使用的5种培养基中，FMM和FMM-F的分离率最高；有两个菌株似乎对氟甲喹敏感，这表明抑制性培养基FMM-F不能单独用于初始分离，因其可以排除一些敏感菌株，尽管它提供了清晰的近海黏着杆菌的菌落。微型化系统的API系统通常用于区分细菌种类，所用菌株的生化图谱几乎相同，使用API ZYM系统时观察到细微差异。这些结果已有与报道的相似，证实了近海黏着杆菌的生化表型同质性（phenotypic homogeneity）。Vatsos（2007）报道根据宿主鱼的种类，采用血清学和分子生物学方法进行的研究确定了3个组。

综上所述，此项研究证实了存在于希腊养殖海鲈和海鲷中的近海黏着杆菌菌株具有几乎相同的生化特征，与来自其他地理区域的报道相似。此外，FMM似乎是最合适的培养基，用于现场样品的初始分离[114]。

（2）Fernández-Álvarez等对检验方法的综合描述与评价

西班牙圣地亚哥德孔波斯特拉大学的Fernández-Álvarez等（2018）报道，黏着杆菌病是引起鱼类严重暴发感染和损失的一种主要细菌性疾病，限制了欧洲、美洲、亚洲和大洋洲多种具商业价值的溯河性（anadromous）和海洋鱼类的养殖。受黏着杆菌病影响的鱼类有外部损伤（external lesions）和坏死，影响体表不同区域，降低其商业价值。已鉴定出几种黏着杆菌是引起鱼类黏着杆菌病的病原菌，包括近海黏着杆菌、鳎黏着杆菌、异色黏着杆菌、加利西亚黏着杆菌、舌齿鲈黏着杆菌、芬马克黏着杆菌等。黏着杆菌病的诊断通常是基于依赖于培养的检测和鉴定技术，这些技术耗时且不能够区分密切相关的种。因此，研究黏着杆菌属成员间的关系和区分黏着杆菌属鱼类病原种的可靠技术的发展，是了解全球水产养殖黏着杆菌属细菌多样性和发病率、设计有效的预防策略和早期研究的关键一步，以实施感染控制措施。此文综述了近年来在分子学（molecular）、血清学（serological）、蛋白质组学（proteomic）和化学分类技术（chemotaxonomic techniques）方面的最新进展，这些技术用于黏着杆菌属细菌的鉴定和区分，以及分析它们的遗传和流行病学关系。还概述了当前诊断方法的主要特点，这些方法可能有助于控制和预防黏着杆菌病，并避免其病原的传播。本书作者注：此文中所描述的一些内容，在此章中多有相应记述，可供参考。

①基于培养的诊断和鉴别方法。黏着杆菌病的诊断通常是基于分离病原体，然后进行形态学、生化和血清学鉴定，并分析其抗菌药敏感性特征。

细菌培养基：对于这些与海水相关的鱼类相关黏着杆菌属的种、几种非选择性低营养培养基（non-selective，low nutrient media）如Anacker-Ordal琼脂（Anacker and Ordal agar，AOA）或几种经改良的（modifications）、近海屈挠杆菌培养基（Flexibacter maritimus medium，FMM）、胰蛋白胨-酪蛋白氨基酸-酵母浸出物（tryptone-casamino acids-yeast extract，TCY）培养基、胰蛋白胨-酵母浸出物-葡萄糖琼脂（tryptone-yeast extract-glucose agar，TYG）、用天然或人工海水制备的1/5海洋LB培养基（1/5 marine luria broth medium，LBM），已被常规使用；商品化的海洋琼脂（Marine agar，MA）2216E［美国底特律Difco实验室（Difco Laboratory；Detroit，MI，USA）］和近海屈挠杆菌培养基肉汤（FMMbroth）［西班牙马德里Conda实验室（Laboratorios Conda；Madrid，Spain）］培养基，也有报道描述为适用于海洋滑行细菌（marine gliding bacteria）的初始分离。对于体外药敏试验（drug susceptibility testing），包括近海屈挠杆菌琼脂（FMM agar）培养基、近海屈挠杆菌肉汤培养基；用天然或人工海水制备的稀释0.3%的Mueller-Hinton琼脂（dilute 0.3% Mueller-Hinton agar，DMHA）或肉汤培养基，没有或补充5%胎牛血清（fetal calf serum）。

生化特征和抗菌敏感性特征检验：基于对细菌菌株的生化特征和抗菌敏感性特征的研究的表型方法，仍然是诊断实验室中最广泛用于确定疾病病因的方法。鱼类相关的黏着杆菌种的表型同质性有助于对其鉴定，这是基于了使用传统微生物学方法和商用鉴定系统（如API-ZYM和API-50CH）分析基础上的。表5-3显示了与鱼类相关的7种黏着杆菌模式株间的主要鉴别特征，涉及近海黏着杆菌、解卵黏着杆菌、异色黏着杆菌、加利西亚黏着杆菌、鳎黏着杆菌、舌齿鲈黏着杆菌、芬马克黏着杆菌。

除生化和抗菌谱分型（antibiogram typing）外，基因组学、蛋白质组学、化学分类学和血清学技术还有助于区分和鉴定不同种的黏着杆菌，以及描述黄杆菌科的新分类群。

表5-3　鱼类7种黏着杆菌模式株间主要鉴别特征

特征	近海黏着杆菌	解卵黏着杆菌	异色黏着杆菌	加利西亚黏着杆菌	鳎黏着杆菌	舌齿鲈黏着杆菌	芬马克黏着杆菌
生长：温度（℃）	15～34	4～25	14～38	14～38	14～30	4～30	2～20
pH值	5.9～8.6	6～10	6～8	6～8	5～10	6～8	4～9
水解：吐温-80（tween-80）	+	+	–	–	–	–	–
淀粉	+	+	–	–	–	–	–
利用：脯氨酸（proline）	–	–	+	+	–	–	+
谷氨酸盐（glutamate）	–	–	+	+	–	–	+
海水生长（%）	30～100	70～100	30～100	30～100	55～100	30～100	50～100
胰蛋白酶（trypsin）	+	ND	+	+	–	–	ND
α-糜蛋白酶（α-chymotrypsin）	+	ND	+	+	–	–	–

注：ND指无数据（no data）。

②血清学研究和免疫诊断方法。血清学技术对于诊断和流行病学研究以及为疫苗配方选择菌株的抗原鉴定，具有重要意义。Wakabayashi等（1984）首次研究了近海黏着杆菌的血清学特征，观察到所有被检测的鱼类分离菌株无论其来源如何，都具有共同的抗原。这在相继多有报道基于全细胞蛋白分析（whole-cell protein analysis）、凝集技术（agglutination techniques）、斑点印迹分析（dot blot assay）、免疫扩散、免疫印迹（western immunoblots），使用未吸收抗血清对菌株NCIMB 2154（模式株）、NCIMB 2153及从不同种鱼类中分离出的本地菌株进行检测的进一步研究中得到了证实。后来由Baxa等（1988）、Pazos（1997）报道使用未吸收和交叉吸收的血清证明了近海黏着杆菌存在抗原异质性（antigenic heterogeneity），并建立了6个（Baxa等，1988）和4个（Pazos，1997）不同的菌体血清群（O-serogroups），与菌株来源无关。

从海洋和鲑鱼分离的O1、O2、O3和O4血清群的代表菌株中对脂多糖进行免疫印迹分析（immunoblot analysis），证实了近海黏着杆菌分离株间存在抗原差异性（antigenic diversity），并且血清型和分离源之间缺乏相关性（Pazos，1997）。Ostland等（1999）利用脂多糖的免疫印迹分析，描述了从大西洋鲑分离的近海黏着杆菌菌株之间及这些菌株与参考菌株（NCIMB 2153、NCIMB 2154）间的抗原差异，这可能与时间和地理方面有关。Arenas等（2003年）利用酶联免疫吸附试验，描述了根据与未吸收的抗血清对参考菌株NCIMB 2153的不同反应性和从大菱鲆分离出的一个菌株（LPV1.7）的不同反应性。van Gelderen等（2010）也报道了血清型与宿主物种之间缺乏关系，针对从大西洋鲑分离出的一种菌株产生的抗血清与从虹鳟、牙鲆和真鲷（红海鲷）分离出的菌株的抗原反应。相反地，Avendaño-Herrera等（2004、2005）描述了至少三种不同的菌体血清群，是从海洋鱼类中分离的，似乎与宿主物种有关；这些作者还描述了一种由3种主要血清型（O1、O2、O3）组成的O血清分型方案（O-serotyping scheme），用于在养殖的海鱼中对引起感染死亡的近海黏着杆菌的分型，如此，血清型O1（serotype O1）包括了从金头鲷分离的菌株，所有分离于大菱鲆的菌株都属于血清型O2，而从鳎（sole）分离的菌株则分布在血清型O1和O3中。在进一步的研究中，Castro等（2007）评估了这种血清分型方案的有效性，并证明血清型O1和O3也分别与黑斑海鲷（blackspot sea bream，Pagellus bogaraveo）和大菱鲆的感染死亡有关。同样，Yardimci和Timur（2016）证明，从土耳其（Turkey）养殖的海鲈中分离出的菌株与由Avendaño-Herrera等（2004）定义的血清型O1分组。这种血清分型方案在识别和分类从溯河产卵鱼类（anadromous fish）分离出的菌株方面的适用性尚未得到评估；此外是为了阐明血清群与宿主鱼类物种和/或地理区域之间的联系，有必要对大量代表该病原体全球多样性的菌株进行进一步研究。

③基因分型和分子诊断方法。细菌分型（bacterial typing）是诊断、治疗和流行病学调查的重要过程，各种遗传方法（genetic methods）已被开发用于细菌病原体的鉴定和基因分型（genotyping）。细菌基因分型方法分为DNA带型（DNA banding pattern）、DNA测序（DNA sequencing）和DNA杂交（DNA hybridization）；其中基于DNA条带模式的方法，根据PCR扩增产生的片段大小，通过限制性酶或二者的组合消化基因组DNA，是最常用对致病细菌分型的方法。

核糖体分型：核糖体分型（ribotyping）已被用于几种鱼类病原物种的特征鉴定，包括近海黏着杆菌。利用酶*Pvu*Ⅱ（enzyme *Pvu*Ⅱ）对近海黏着杆菌的DNA进行裂解，检测出5种不同的rRNA基因限制图谱（rRNA gene restriction patterns）即P1到P5的不同核糖体基因型（ribotype），这与Pazos（1997）描述的4种不同血清型一致（表5-4）。然而，该技术不能根据寄主来源或分离的地理区域来区分菌株。考虑到这些结果，有必要分析核糖体分型分析的能力，作为一种工具，以区分近海黏着杆菌和其他表型上密切相关的黏着杆菌属物种，以及这些鱼类病原体的流行病学特征。尽管核糖体基因型在种和亚种（subspecies）水平上具有良好的重复性和识别能力，但它比其他类型的方法更昂贵，也更难执行。表5-4涉及黑海鲷、真鲷、鳎、海鲈、大菱鲆、大西洋鲑、银大麻哈鱼。

表5-4　利用酶PvuⅡ裂解近海黏着杆菌DNA的rRNA基因限制图谱

菌株	分离来源	血清群	核糖体基因型	菌株	分离来源	血清群	核糖体基因型
菌株NCIMB 2153	黑鲷	O1	P1	2株	大菱鲆	O2	P2
模式株NCIMB 2154	真鲷	O1	P1	2株	大西洋鲑	O2	P2
菌株NCIMB 2158	鳎	O1	P1	3株	大菱鲆	O3	P3
2株	真鲷	O1	P1	1株	银鲑	O2	P4
1株	海鲈	O1	P1	1株	鳎	O4	P5
5株	大菱鲆	O1	P1				

在进一步的研究中，Avendaño-Herrera等（2004）采用随机扩增多态性DNA聚合酶链反应（random amplification polymorphic DNA polymerase chain reaction，RAPD-PCR）技术，揭示了从不同海鱼分离的近海黏着杆菌菌株的遗传变异性。与核糖体分型技术（Pazos，1997）一样，随机扩增多态性DNA分析显示，与近海黏着杆菌的菌体血清型（O-serotypes）一致的分子模式（molecular patterns）。随机扩增多态性DNA分析还可以从异色黏着杆菌、加利西亚黏着杆菌、鳎黏着杆菌中区分近海黏着杆菌。此外，尽管该技术相对便宜、快速且易于执行，但在从一个实验室重复到另一个实验室或尝试重复时，RAPD模式很难重复比较不同试验日的分离物。

聚合酶链反应方法分型：Fernández-Álvarez等（2018）采用肠杆菌重复基因间一致性PCR（enterobacterial repetitive intergenic consensus PCR，ERIC-PCR）和重复基因外回文式PCR（repetitive extragenic palindromic PCR，REP-PCR），对68株从不同地理区域的几种鱼类中分离出近海黏着杆菌、鳎黏着杆菌、异色黏着杆菌进行了分型。ERIC-PCR和REP-PCR已被证明是鉴别和检验鱼类相关的黏着杆菌属细菌种多样性的有用工具，因为在分析的黏着杆菌属不同种中发现了明显的不同遗传特征，同一种的菌株也显示出不同的遗传模式。进一步的分析，包括加利西亚黏着杆菌、舌齿鲈黏着杆菌、解卵黏着杆菌的模式菌株证实，这两种技术都可以作为诊断工具来鉴别黏着杆菌属细菌的种。

表5–5　特异性鉴定鱼类相关的3种黏着杆菌的PCR引物与方案

菌种	靶基因	正向引物5′-3′	反向引物5′-3′	样本类型	参考文献
		常规PCR方法			
Tm	16S rRNA	MAR1-AATGGCATCGTTTTAAA	MAR2-CGCTCTCTGTTGCCAGA	PMC	Toyama等，1996
	16S rRNA	Mar1-TGTAGCTTGCTACAGATGA	Mar2-AAATACCTACTCGTAGGTACG	PMC	Bader和Shotts，1998
Ts	16S rRNA	Sol-Fw-TGCTAATATGTGGCATCACAA	Sol-Rv-CAACCCATAGGGCAGTCATC	PMC	García-González等，2011
	16S rRNA和ISR	G47F-ATGCTAATATGTGGCATCAC	G47R-CGTAATTCGTAATTAACTTTGT	PMC、TIF	López等，2011
Td	16S rRNA	Tenadi Fw-ATACTGACGCTGAGGGAC	Tenadi Rv-TGTCCGAAGAAAACTCTATCTCT	PMC、TIF	Avendaño-Herrera等，2017
		巢式PCR方法			
Tm	16S rRNA	20F-AGAGTTTGATCATGGCTCAG	1500R-GGTTACCTTGTTACGACTT	PMC	Cepeda和Santos，2002
		Mar1-TGTAGCTTGCTACAGATGA	Mar2-AAATACCTACTCGTAGGTACG	TIF	Cepeda等，2003
		pA-AGAGTTTGATCCTGGCTCAG	pH-AAGGAGGTGATCCAGCCGCA	PMC	Avendaño-Herrera等，2004
		MAR1-AATGGCATCGTTTTAAA	MAR2-CGCTCTCTGTTGCCAGA	EIT	

（续表）

菌种	靶基因	正向引物5′-3′	反向引物5′-3′	样本类型	参考文献
实时荧光定量PCR					
Tm	16S rRNA	MAR 3-GATGAACGCTAGCGGCAGGC	MAR 6-CCGTAGGAGTCTGGTCCGTG	PMC	Fringuelli等，2012
		Taqman probe：CACTTTGGAATGGCATCG		FFPE-TIF	
	16S rRNA	Tm-rRNA16-Fw-CTTTGGAATGGCATCGTTTT	Tm-rRNA16S-Rv-CGTAGGAGTCTGGTCCGTGT	PMC、EIT、TDF	Fernández-Álvarez等，2019
	β-actin	β-actin-Fw-CTGAAGTACCCCATTGAGCAT	β-actin-Rv-CATCTTCTCCCTGTTGGCTTT		

在特异性PCR（specific PCR）方面，表5-5显示了特异性PCR检测黏着杆菌致病菌的可用引物和程序。所列为特异性鉴定鱼类相关的近海黏着杆菌、鳎黏着杆菌、舌齿鲈黏着杆菌3种黏着杆菌的PCR引物与方案。涉及常规PCR（conventional PCR）、嵌套式PCR（nested PCR）、实时荧光定量PCR（quantitative real-time PCR）方法；样本类型涉及纯培养和混合培养物（pure and mixed cultures，PMC）、感染鱼组织（tissues infected fish，TIF）、试验感染组织（experimentally infected tissues，EIT）、甲醛固定-石蜡包埋的感染鱼组织（formalin-fixed paraffin-embedded，FFPE；FFPE-TIF）、病鱼组织（tissues of diseased fish，TDF）；引物（primer）及探针（probe）包括正向引物（forward primer）、反向引物（reverse primer）、双标记探针（taqman probe）；靶基因包括16S rRNA、16S rRNA和23S rRNA基因（16S and 23S rRNA genes）内部间隔区域（internal spacer region，ISR）、β-肌动蛋白（内控）［β-actin（internal control）］。

实时荧光定量PCR检测已广泛应用于临床微生物学实验室，用于传染病，特别是细菌性疾病的常规诊断。这种分子工具非常适合于直接在临床标本中快速检测细菌，允许早期、敏感和特定的实验室确认疾病。Fringuelli等（2012）利用一套引物和TaqMan探针开发了一种定量实时PCR，用于扩增近海黏着杆菌16S rRNA基因的155bp片段，用于野外样本的检测；该方案还能够检测甲醛固定-石蜡包埋的感染鱼组织中的近海黏着杆菌，灵敏度高。这项试验的实施，可以代表一个重要的步骤，快速和安全的诊断黏着杆菌病，并提供了一个有用的工具，以阐明重要的疾病过程。

最近，Fernández-Álvarez等（2019）描述了一种结合解链曲线分析的实时PCR分析的实时PCR方法，针对近海黏着杆菌16S rRNA基因序列164bp的片段进行检测和定量。该方法可用于近海黏着杆菌细菌培养的鉴定，快速、灵敏，以及对感染死亡和非死亡样本鱼及海水样本中细菌的特异性检测和定量，从而可用于流行病学研究，在鱼类生产系统中监测近海黏着杆菌的存在，并评估进入和离开水产养殖设施的水质，这有助于防止黏着杆菌病暴发的发生。

多位点序列分析方法分型：多位点序列分析（multi-locus sequence analysis，MLSA）已成功用于黏着杆菌属细菌种的基因分型和遗传分化（genetic differentiation），并评估了从全球患病鱼类中分离的菌株间的进化关系。Habib等（2014）将多位点序列分析应用于收集的18种黏着杆菌属细菌的114个代表菌株，包括鱼类致病菌株和环境菌株。由多位点序列分析结果生成的系统发育树可清楚地分化出近海黏着杆菌、鳎黏着杆菌、加利西亚黏着杆菌、异色黏着杆菌、舌齿鲈黏着杆菌、解卵黏着杆菌；研究还发现病原和环境谱系是相互交织的，说明致病性在黏着杆菌属细菌种中是独立进化的，认为近海黏着杆菌是一个由三个主要基因型组成的内聚群（cohesive group），提示鱼类的健康状况和环境条件有关，而不是鱼类活动长距离的污染与鱼类活动，是导致黏着杆菌病暴发的主要因素。Olsen等（2017）报道对挪威海洋养殖鱼类中89株与溃疡相关的黏着杆菌属细菌分离株进行了同样的分析，并确定了为近海黏着杆菌、舌齿鲈黏着杆菌、鳎黏着杆菌、解卵黏着杆菌。基于多位点序列分析的系统发育研究表明，从加拿大大西洋鲑中分离的近海黏着杆菌菌株，与挪威和智利分离的其他黏着杆菌模式株（other *Tenacibaculum* type strains）密切相关（Frisch等，2018）；类似地，Avendaño-Herrera等（2016）应用多位点序列分析报道了智利大西洋鲑中第一次分离出舌齿鲈黏着杆菌，揭示了智利分离株与挪威鳕鱼（cod）分离出的舌齿鲈黏着杆菌间的密切关系。总的来说，多位点序列分析似乎是一种区分黏着杆菌细菌种和流行病学研究的可靠技术，并有助于监测在海洋水产养殖的黏着杆菌病。

④蛋白质组学和化学分类方法。蛋白质组学和化学分类方法作为诊断和流行病学研究的工具，基质辅助激光解吸/电离飞行时间质谱法已成为微生物鉴定、菌株分型、流行病学研究或抗生素耐药性检测的有力工具（Singhal等，2015）。基质辅助激光解吸/电离飞行时间质谱法通常针对2 000～20 000Da的质量范围，包括在细胞内丰富且相对独立的核糖体蛋白（ribosomal proteins）和其他管家蛋白（housekeeping proteins）以及结构蛋白质（structural proteins）的生长状态和外部刺激（growth state and external stimuli）。基质辅助激光解吸/电离飞行时间质谱法利用不同介质产生可比较光谱的能力对于构建光谱数据库至关重要，该数据库可作为诊断实验室快速分类和鉴定未知细菌分离株的可靠工具。近年来，人们致力于建立蛋白质数据库，用于鉴定和研究密切相关的鱼类病原菌间的种系-蛋白质组学（phylo-proteomic relationships）关系。Fernández-Álvareze等（2017）首次应用基质辅助激光解吸/电离飞行时间质谱法对一些黏着杆菌的分离株进行了研究，鉴定了8个属特异性峰，可作为黏着杆菌病快速诊断的生物标志物，并将该属细菌的种与其他海洋鱼类病原体区分开来。所有分析种的光谱都显示出许多共同的峰，然而在允许这些种分化和特定鉴定的种中，发现了一些相应种特异性质量峰。

化学分类学方法，允许基于化学标记物（chemical markers）如脂肪酸、极性脂质（polar lipids）、脂多糖（lipopolysaccharide）等细胞壁成分（cell wall constituents）的差异性和相似性对微生物进行分类。目前，这些方法已成功建立为常规鉴定方法，并与经典的生化试验、血清学试验、基因组测序相结合。脂肪酸分析用于黏着杆菌的常规鉴定是有限的，因为获得的结果在很大程度上取决于生长条件，而且与其他可用的基因组和蛋白质组学方法相比，该方法是昂贵的。

总之，表型和分子方法都有助于诊断黏着杆菌病。血清分型系统的协调和通用分子诊断系统具有适当的检测率、准确性和再现性，以确保实验室之间结果的兼容性，将有助于了解全球水产养殖中黏着杆菌病的多样性和发病率，设计有效的预防措施、策略和感染控制措施的早期实施。此外，基于DNA的菌株分型技术（DNA-based strain typing techniques）是流行病学研究的一套非常有用的工具，其中的多位点序列分析可作为黏着杆菌属病原菌分型的参考方法[115]。

6. 健康鱼类感染试验

鉴于近海黏着杆菌在不同鱼类引起的感染病，主要病症表现为体表及鳃的感染出现不同程度的溃疡、损伤病变，此类感染及病变在鱼类其他一些病原菌也可引起，因此对分离鉴定的近海黏着杆菌菌株，还需要进行对同种健康鱼类的感染试验，以明确其相应的病原学意义。

第三节　舌齿鲈黏着杆菌（*Tenacibaculum dicentrarchi* sp. nov.）

舌齿鲈黏着杆菌（*Tenacibaculum dicentrarchi* sp. nov. Piñeiro-Vidal，Gijón，Zarza，Santos 2012），由西班牙圣地亚哥德孔波斯特拉大学的Piñeiro-Vidal等（2012）报道在西班牙首先从养殖的患病欧洲舌齿鲈分离到。种名“*dicentrarchi*”为新拉丁语属格名词，以舌齿鲈属（*Dicentrarchus*）命名[116]。

西班牙圣地亚哥德孔波斯特拉大学的Piñeiro-Vidal等（2012）报道，在对从患病欧洲舌齿鲈皮肤病灶（skin lesions）中分离出的黏着杆菌样（*Tenacibaculum*-like）细菌进行鉴定时，在用近海屈挠杆菌培养基（*Flexibacter maritimus* medium，FMM）分离的菌株为革兰氏阴性杆状滑动细菌，命名为35/09（模式株）；菌落呈淡黄色，边缘不均匀，不能黏附在琼脂培养基上。经16S rRNA基因序列分析表明，与黏着杆菌属细菌有亲缘关系（与黏着杆菌属其他成员的分离株和模式株的序列同源性为93.1%～97.3%）；基因型和表型数据表明，35/09菌株可被划分为黏着杆菌属的一个新种，命名为“*Tenacibaculum dicentrarchi* sp. nov.”（舌齿鲈黏着杆菌）。

细菌DNA中G+C的摩尔百分数为31.3；模式株为35/09（CECT 7612=NCIMB 14598）[116]。

一、生物学性状

对舌齿鲈黏着杆菌的生物学性状研究与描述，还是比较全面的。包括了基本生物学性状、生物膜形成、基因组特征等方面内容。

（一）基本生物学性状

Piñeiro-Vidal等（2012）报道舌齿鲈黏着杆菌为严格有氧生长，革兰氏阴性、大小在（0.3～0.5）μm×（2～40）μm的杆菌（能够出现长达150μm的丝状细胞），可通过滑行运动；在老化培养物中，观察到退化的球形菌细胞（spherical cells）。在近海屈挠杆菌培养基或海洋琼脂培养基生长的菌落扁平、圆形、边缘不均匀、淡黄色，不黏附于琼脂。产生的淡黄色色素，不是柔红素型色素（flexirubin-type pigment）。生长发生在含有30%～100%强度海水（最佳为70%）的培养基中，但不能在仅添加NaCl的培养基中生长。能够在4～30℃（最佳为22～25℃）和pH值6.0～9.0（最佳为7.0）生长。图5-53显示菌株35/09在海洋琼脂培养基22℃培养48h（图5-53A）、168h（图5-53B）生长的形态特征，在图5-53B中的箭头示退化的呈球形菌细胞。

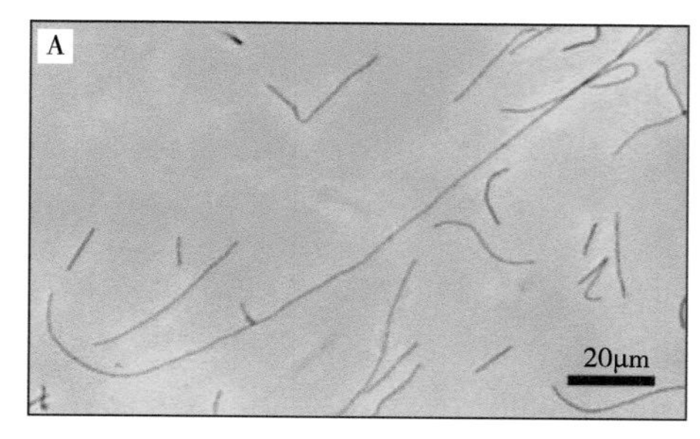

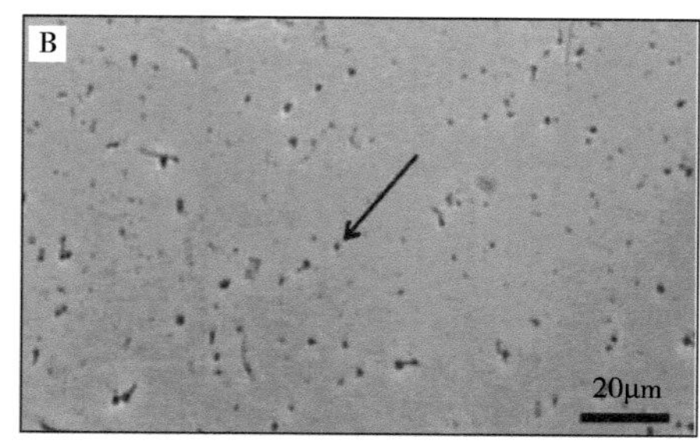

图5-53　舌齿鲈黏着杆菌形态

存在过氧化氢酶和细胞色素氧化酶（cytochrome oxidase）活性，能够水解明胶和酪蛋白、不能水解吐温-80和淀粉；V-P试验为阴性，不产生H_2S和吲哚，不能从碳水化合物产酸。不能利用L-脯氨酸（L-Proline）、L-谷氨酸盐（L-glutamate）、D(+)-蔗糖、D(−)-核糖、D(+)-半乳糖、D(+)-葡萄糖和L-酪氨酸（L-tyrosine）。在API ZYM系统（API ZYM system）细菌鉴定中，显示碱性磷酸酶（alkaline phosphatase）、酯酶C4（esterase C4）、酯酶脂肪酶C8（esterase lipase C8）、脂肪酶C14（lipase C14）、亮氨酸芳基酰胺酶（leucine arylamidase）、缬氨酸芳基酰胺酶（valine arylamidase）、胱氨酸芳基酰胺酶（cystine arylamidase）均为阳性，不存在胰蛋白酶、α-糜蛋白酶（α-chymotrypsin）、所有与碳水化合物代谢相关的酶类的活性。菌细胞主要脂肪酸（占大于总脂肪酸量的5%）为iso-$C_{15:0}$（24.8%）、iso-$C_{15:0}$3-OH（18.0%）、anteiso-$C_{15:0}$（8.1%）、$C_{15:1}\omega6c$（6.9%）和iso-$C_{15:1}$（6.2%）。对氨苄西林（ampicillin）、新生霉素（novobiocin）和蝶啶（pteridine）敏感[116]。

（二）生物膜形成

智利安德烈斯·贝洛大学（Universidad Andrés Bello，Chile）的Levipan等（2019）报道，由黏着杆菌属细菌引起的所谓黏着杆菌病，是一种常见于养殖鱼类的感染病，与近海黏着杆菌和相关的种如舌齿鲈黏着杆菌有关。舌齿鲈黏着杆菌最初由Piñeiro-Vidal等（2012）报道在西班牙的患病欧洲舌齿鲈（欧洲海鲈）分离到的，但也已有报道在智利和挪威从大西洋鲑中分离到，以及在智利红海鳗（*Genypterus Chilensis*）中被检出。

鱼类与舌齿鲈黏着杆菌相关的黏着杆菌病，其特征是躯体表面出现严重损伤、严重的尾部腐烂、鳍破损和其他损伤。皮肤损伤部位涂片的显微镜检查显示，存在大量具有滑动能力的细长杆菌。这些发表的观察结果表明，外部组织是舌齿鲈黏着杆菌感染的主要靶点。有关于生物膜形成等潜在生命策略（life strategies）的知识还不多，认为生物膜形成这些生命策略有助于舌齿鲈黏着杆菌的环境持久性和疾病传播。

对细菌生物膜（bacterial biofilms）研究的最常用方法是基于结晶紫微孔板技术（crystal violet-based microplate technique），但这种方法在某些情况下缺乏敏感性。另外，荧光共聚焦扫描激光显微镜检查（fluorescence-based confocal scanning laser microscopy）有助于评估生物膜的结构和活性，但由于其比较复杂、成本高，而且操作非常耗时，目前还远未被常规应用于大样本检测。在此项研究中以舌齿鲈黏着杆菌为模型菌，建立了一种将自动数字显微镜（automated digital microscopy）与多模式微孔板（multi-mode microplate）检测相结合的高通量分析（high-throughput analysis）方法，用于分析细菌生物膜的形成和活性。

结果显示，所研究的舌齿鲈黏着杆菌菌株都能够黏附在聚苯乙烯表面（polystyrene surfaces）并形成生物膜。这种形成生物膜行为（biofilm behaviour）将这种细菌列为威胁主要鲑鱼生产国水产养殖业的新兴风险之一。高通量分析方法是一种同时快速获取定性和定量数据的尖端程序（cutting-edge procedure），有助于深入了解生物膜的行为和活性[117]。

（三）基因组特征

在对黏着杆菌属细菌的基因组研究方面，揭示了舌齿鲈黏着杆菌分离的AY7486TD的完整基因组序列（complete genome sequence），研究与其致病作用相关联的编码基因等。

1. Grothusen等的研究报道

智利诊断和生物技术实验室（Laboratorio de Diagnóstico y Biotecnología；Puerto Montt，Chile）的Grothusen等（2016）报道，由于黏着杆菌属细菌生长缓慢，是一种与基于培养技术的疾病诊断不足有关的病原菌。此外是在不同种间的亲缘关系密切，使得传统方法难以鉴别。在智利，尽管没有关于分离近海黏着杆菌的官方报道，在管理机构自2012年已经通告了基于PCR的检测。

于2015年下半年在智利西区的养殖大西洋鲑中，暴发了病症表现为黏着杆菌病的感染病，但以分子方法筛查近海黏着杆菌为阴性。从皮肤病灶部位分离出黏着杆菌样细菌（*Tenacibaculum*-like bacteria），通过16S rRNA测序分型鉴定为舌齿鲈黏着杆菌。对分离的AY7486TD菌株，进行了完整基因组序列测定。核苷酸序列（Nucleotide sequence）的登记，已根据登记号No.CP013671存入DDBJ/EMBL/GenBank。

结果显示，基因组DNA中G+C的摩尔百分数为31.5。基因组包括2 542个基因、2 420个编码序列（coding sequences，CDS）、22个假基因（pseudogenes）、10个rRNAs、1个小的非编码RNA（small noncoding RNA，ncRNA）、69个tRNAs。另外，预

测了1个*oriC*区域（*oriC* region）。解读中的一个相关特征，是存在编码几种金属蛋白酶（metallopeptidases）和胶原结合蛋白（collagen-binding proteins）的基因；这些基因，连同那些编码溶血素（hemolysins）的基因，很可能是与在被感染的鱼观察到的广泛的表面组织损伤相关联的。有趣的是，编码第Ⅸ型分泌系统（Ⅸ secretion system，T9SS）结构成分的基因也被鉴定出来。最近的研究表明，Ⅸ型分泌系统不仅在细菌滑动中起作用，而且在相关细菌的效应蛋白酶（effector proteases）传递中起作用。

这是黏着杆菌属细菌第一个完整的基因组序列，将有助于改善有效的诊断，并有助于更好地了解黏着杆菌属细菌的生物学。进一步的研究，将对这种新出现的病原体的这些和其他毒力方面有更多的了解[118]。

需要注意的是，在下面记述法国巴黎-萨克雷大学（Université Paris-Saclay，France）的Bridel等（2018）报道，认为由Grothusen等（2016）报道的AY7486TD菌株，当归属为芬马克黏着杆菌[119]。

2. Bridel等的研究报道

法国巴黎-萨克雷大学的Bridel等（2018）报道在黏着杆菌属包含几个对海洋鱼类致病的种，舌齿鲈黏着杆菌和“*Tenacibaculum finnmarkense* sp. nov.”（芬马克黏着杆菌），是从养殖鱼类（如欧洲海鲈或大西洋鲑）的皮肤病灶（skin lesions）中分离的。由此两种黏着杆菌引起的所谓黏着杆菌病，在西班牙、挪威和智利的海洋养殖场均有报道严重的暴发和重要的鱼类损失。有报道首先根据从患病鱼类组织中分离出的细菌表型、生化和血清学方法的特征，来鉴定黏着杆菌病的病原体。使用16S rRNA测序可提高鉴别可靠性。然而，这些方法通常不能区分密切相关的细菌种类。

在这项研究中，提出了黏着杆菌属细菌7个菌株的基因组图（draft genomes）。对Genbank现有的黏着杆菌属细菌基因组进行了比较，包括最初描述为舌齿鲈黏着杆菌的菌株AY7486TD［注：即在上面智利诊断和生物技术实验室的Grothusen等（2016）的报道[118]］。研究中使用平均核苷酸同一性（Average Nucleotide Identity，ANI）来描述菌种边界，以及与核心基因组（core genome）分析来推断这些菌株间的系统发育关系。

供试菌株，包括舌齿鲈黏着杆菌模式株USC 3509和芬马克黏着杆菌模式株HFJ；以及5个野外分离株，分别为在挪威从大西洋鲑的皮肤溃疡病灶中分离的3个菌株（TNO 006、TNO 010、TNO 020；未明确种的黏着杆菌）、在挪威从娇扁隆头鱼（cork-wing-wrasse，*Symphodus melops*）口腔溃疡病灶中分离的菌株TNO 021（舌齿鲈黏着杆菌）、在智利从大西洋鲑的外部损伤病灶中分离的菌株TdChD05（舌齿鲈黏着杆菌）。

将舌齿鲈黏着杆菌和芬马克黏着杆菌模式株的基因组图，与从智利和挪威获得的野外分离株的基因组图及在先前有发表的黏着杆菌属基因组（*Tenacibaculum* genomes）进行了比较，并将平均核苷酸同一性和基于核心基因组的系统发育作为种界定的指标。

特别强调了密切相关的鱼类致病菌种的进化，并表明同源重组（homologous recombination）可能有助于基因组进化。同时校订了由Grothusen等（2016）报道的、当时鉴定为舌齿鲈黏着杆菌的AY7486TD菌株的菌种归属，当为芬马克黏着杆菌[119]。

二、病原学意义

舌齿鲈黏着杆菌的病原学意义，主要是在鲑科（salmonid）鱼类引起严重的感染暴发，病症特征是出现皮肤损伤的病症、也可引起鳃的病症。

（一）欧洲舌齿鲈的舌齿鲈黏着杆菌感染病

在前面有记述西班牙圣地亚哥德孔波斯特拉大学的Piñeiro-Vidal等（2012）报道，从患病欧洲舌齿鲈皮肤病灶中分离鉴定、作为黏着杆菌属细菌新种命名的舌齿鲈黏着杆菌，是这种病原黏着杆菌的最早报道[116]。

（二）鲑科鱼类的舌齿鲈黏着杆菌感染病

舌齿鲈黏着杆菌在鲑科鱼类的感染，尤其在大西洋鲑表现突出。主要病症表现是在体表的表皮损失（epidermis loss）、皮下组织多灶性（multifocal）病变、肌肉变性（muscular degeneration）和坏死，以及鳃损伤（damaged gills）等。

1. Avendaño-Herrera等报道在智利的发生

智利安德烈斯·贝洛大学（Universidad Andrés Bello；Viña del Mar，Chile）的Avendaño-Herrera等（2016）报道，首次确定了舌齿鲈黏着杆菌是智利大西洋鲑严重感染暴发的病原体。且基于这些结果，认为舌齿鲈黏着杆菌的地理和宿主鱼类分布要比先前估计的更为广泛，并能够对鲑科鱼类养殖带来负面影响。以大西洋鲑和虹鳟的感染毒力试验，导致了严重的病症和高死亡率；但对供试银鲑（Coho salmon，*Oncorhynchus kisutch*），没有引发死亡或相应病症。

Avendaño-Herrera等（2016）报道智利是全球第二大鲑生产国，感染病可能导致严重的养殖损失或降低商业价值。十多年来，近海黏着杆菌一直被怀疑是导致智利多种鱼类感染死亡的原因，尽管没有完全确定或报道任何分离菌株。在2010年和2014年，在智利蒙特港（Puerto Montt，Chile）水产养殖中心养殖的大西洋鲑发生感染死亡。在2010年10月暴发的疫情中，在智利蒙特港附近的一个养殖设施（aquaculture facility）中的1 200条大西洋鲑（平均体重25～30g）发生感染死亡，这些鱼是在18℃±1℃的玻璃纤维罐（fiberglass tanks）中养殖的；累积死亡率达50%～60%，其中有40%的死亡鱼显示出严重的尾腐（tail rots）、鳍破损（frayed fins）和偶尔的鳃损伤等病症；在2014年10月于同样的养殖设施中再次暴发，影响1 000条大西洋鲑（平均体重

480～520g）的种群，养殖条件和病症与2010年暴发的情况相似，累计死亡率达60%。

以病变部位湿涂片检验显示，其中有大量革兰氏阴性、能够弯曲（bend）的丝状菌（filamentous bacteria）。从感染的鳃和尾部组织分离到6个菌株，通过表型鉴定（phenotypic characterization）、16S rRNA测序和多位点序列分型（multilocus sequence typing）的多相分类（polyphasic taxonomy）鉴定，结果为舌齿鲈黏着杆菌，这是在智利从大西洋鲑分离株的首次鉴定。另外是多位点序列分型方法，揭示了舌齿鲈黏着杆菌的智利基因型（Chilean genotype）菌株与两个挪威大西洋鳕分离株存在密切近缘关系。用分离菌株TdChD05感染大西洋鲑和虹鳟评估其致病潜力，导致平均累积死亡率分别为65%、93%，出现相应病症，明确了相应的致病性。但感染银鲑的，没有出现死亡或相应病症。

在大体病变的组织病理方面，包括表皮损失，真皮和皮下组织有嗜中性粒细胞和淋巴细胞浸润，以及多灶性到融合的皮下组织出血；多灶性到融合的肌肉出血、伴有肌肉变性和坏死，很少观察到嗜中性粒细胞，存在许多丝状菌。

图5-54显示大西洋鲑的病症鱼鳃中的细菌。图5-54A显示2010年、图5-54B显示2014年大西洋鲑暴发期间，出现尾和尾柄部位损伤；图5-54C为在2014年暴发的大西洋鲑鳃涂片的革兰氏染色，显示长、易弯曲的舌齿鲈黏着杆菌[120]。

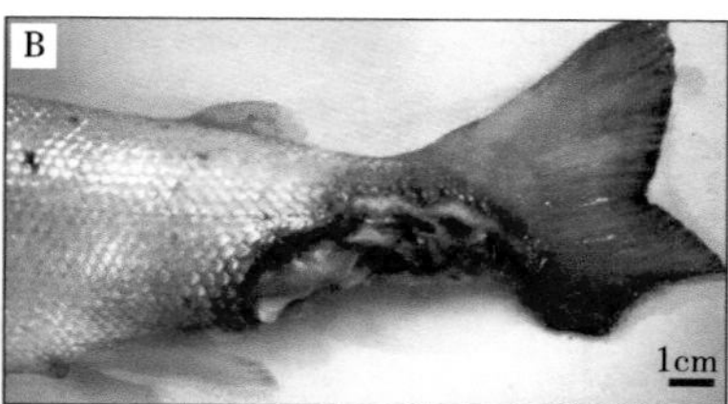

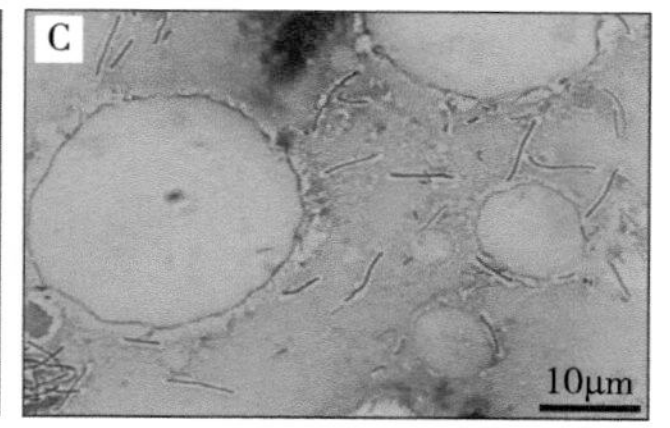

图5-54　大西洋鲑的病症及鳃涂片的细菌

2. Klakegg等报道在挪威的发生情况

挪威生命科学大学（Norwegian University of Life Sciences；Oslo，Norway）的Klakegg等（2019），首次报道了在挪威养殖的大西洋鲑中由舌齿鲈黏着杆菌引起的感染病暴发。

报道在大西洋鲑从淡水幼鲑（freshwater smolt）生产设施转移到陆地海水设施（land-based seawater post-smolt site）几天后，观察到以皮肤溃疡、鳍腐烂和死亡为特征的感染病暴发；死鱼和濒死的幼鲑，有严重的皮肤和肌肉溃疡。对溃疡和头肾组织的涂片进行显微镜检查，发现细长的革兰氏阴性杆菌；组织病理学分析显示，溃疡和被侵害的鳍中有大量细长的黏着杆菌样细菌（*Tenacibaculum*-like bacteria）。利用*atpA*、*dnaK*、*glyA*、*gyrB*、*infB*、*rlmN*、*tgt* 7个保守基因的多基因位点序列分析进行遗传特征分析，结果表明在发病期间分离的菌株均聚集在来自西班牙的欧洲舌齿鲈黏着杆模式株（*Tenacibaculum dicentrarchi*-type strain）USC39/09中。对大西洋鲑进行了两次浸浴感染试验，在第一次试验中未观察到任何病症或死亡；在第二个试验中，使用更高的剂量和更长的观察时间，结果在48h内获得了100%的感染死亡率。

具体是在转移到陆地海水设施7d后，观察到在E1号池（tank E1）的死亡率增加，同时观察到尾部到胸鳍有溃疡；在3d后，所有水槽的死亡率都在增加。发病后2～3周死亡率下降，接近正常（低于0.01%）。濒死和死亡的鲑鱼有严重的病变（通常在2～6cm宽），特别是发生在胸鳍后面；损伤穿透皮肤，并经常延伸到肌肉组织。在一些濒死的鲑鱼损伤穿透腹壁，导致内脏（肠道和肝脏）暴露在海水中。此外，还观察到鳍腐烂，尤其是在胸鳍。

图5-55A显示2016年11月15日采集于E4罐的濒死鱼，左侧胸鳍后面有典型溃疡；图5-55B显示2016年11月15日采集于E4罐的奄奄一息的鱼，剖检显示溃疡。图5-56A溃疡组织切片，显示存在大量线状的舌齿鲈黏着杆菌、深入溃疡周围的肌肉组织；图5-56B被感染的尾鳍的组织学切片，显示大量细长的舌齿鲈黏着杆菌样细菌（箭头示）深入被感染鳍的附近组织[121]。

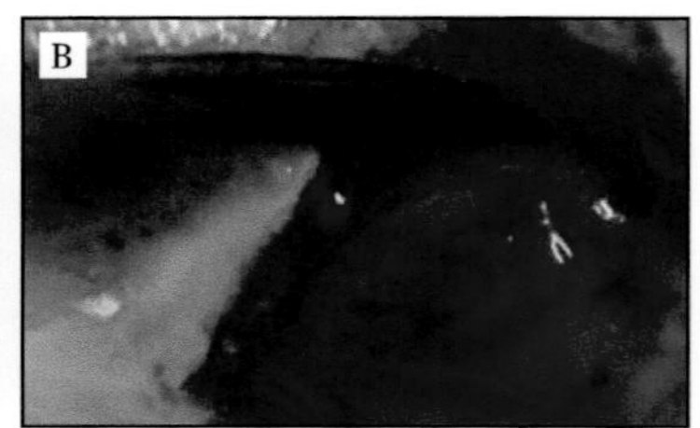

图5-55　大西洋鲑溃疡病症

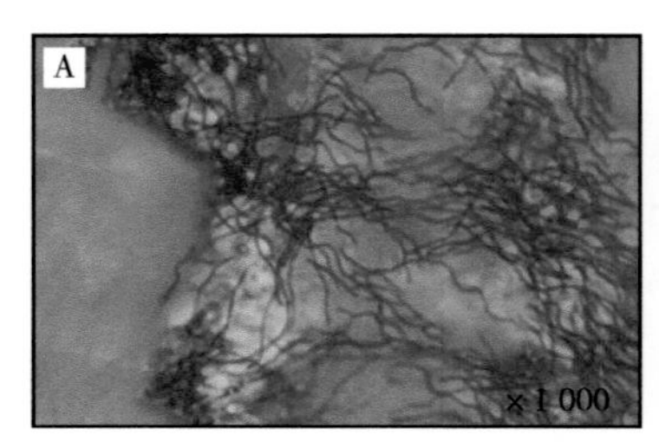

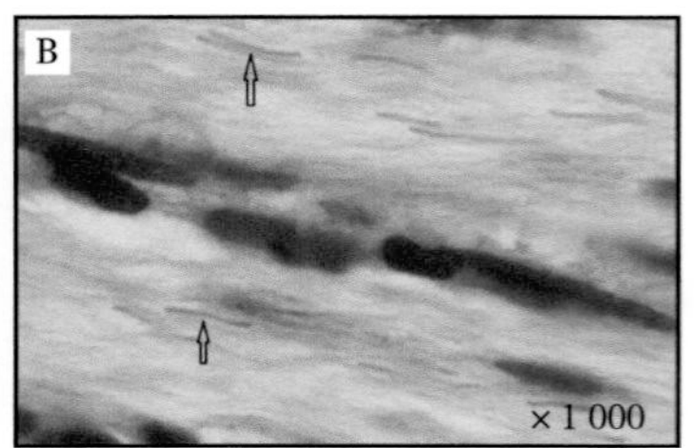

图5-56　溃疡病症中的舌齿鲈黏着杆菌

（三）红海鳗的舌齿鲈黏着杆菌感染病

智利安德烈斯·贝洛大学的Irgang等（2017），首次报道了在智利红海鳗（red conger eel，*Genypterus chilensis*）由舌齿鲈黏着杆菌引起的感染病。

报道在智利特有的红海鳗，于过去的12年来其渔业产量急剧下降，相应导致了对红海鳗养殖的关注，尤其是卫生设施的改善至关重要。于2015年7月，在智利昆泰湾（Quintay Bay，Chile）的一个实验水产养殖中心（experimental aquaculture）红海鳗种群（red conger eel broodstock）中发生了一次疫病暴发，累计损失达到20%（15个样本）。所有被感染死亡的红海鳗（平均体重6.5kg），均有皮肤病灶（skin lesions）、鳍破损（frayed fin）、尾部腐烂（tail rot）、口部和鳃盖出血。

对大体病变和内脏器官（即肝脏和肾脏）进行取样，显示肝脏苍白、有瘀点出血（petechial haemorrhages）。光学显微镜分析显示，皮肤病灶大量的细长、可弯曲，杆状细菌。在组织学分析中，组织病理学变化包括鼻口部切片中大量的丝状细菌，以及尾部和鼻口部切片中的上皮增生。炎症反应包括结缔组织中嗜酸性粒细胞增多。多糖类（Polysaccharide）的过碘酸-希夫氏方法（periodic acid-Schiff，PAS）检测，发现上皮细胞间有较大的黏液分泌型（mucus-secreting）或杯状细胞（goblet cells）。过碘酸-希夫氏染色也显示存在黏蛋白（mucine）、糖原（glycogen）和/或中性黏多糖（neutral mucopolysaccharides）。

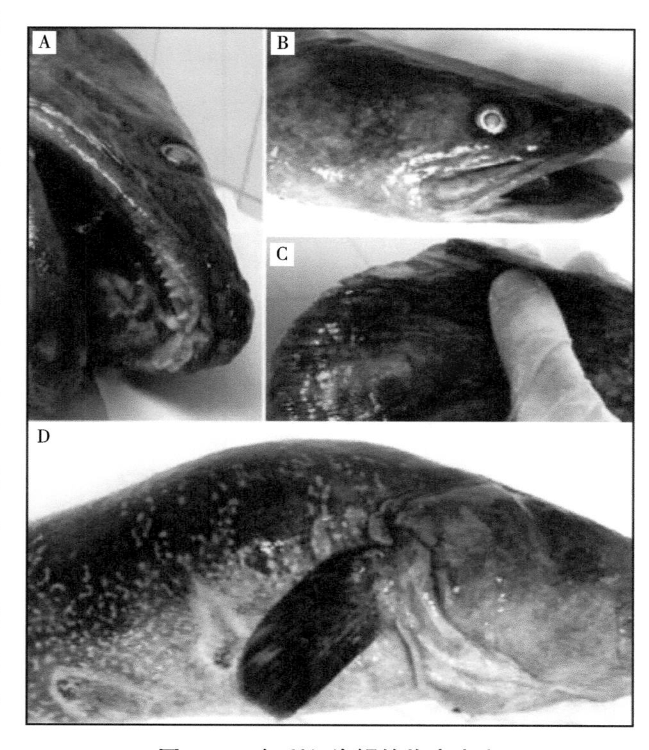

图5-57　智利红海鳗的临床病症

图5-57显示智利红海鳗的临床病症。图5-57A显示口鼻和图5-57B显示鳃盖出血；图5-57C显示尾部腐烂；图5-57D显示腹部溃疡（abdominal ulcerations）。

图5-58显示智利红海鳗病变的组织学检验结果。图5-58A左显示尾部病变，图5-58A右显示口鼻部病变；图5-58B左显示尾部病变，图5-58B右显示口鼻部病变；图5-58C左显示尾部病变，图5-58C右显示口鼻部病变。图5-58A、图5-58B的为苏木精-伊红染色，图5-58C的为过碘酸-希夫氏染色。箭头示肥大/嗜酸性粒细胞（mast/eosinophilic granular cells，MC/EGC）；星号示舌齿鲈黏着杆菌。

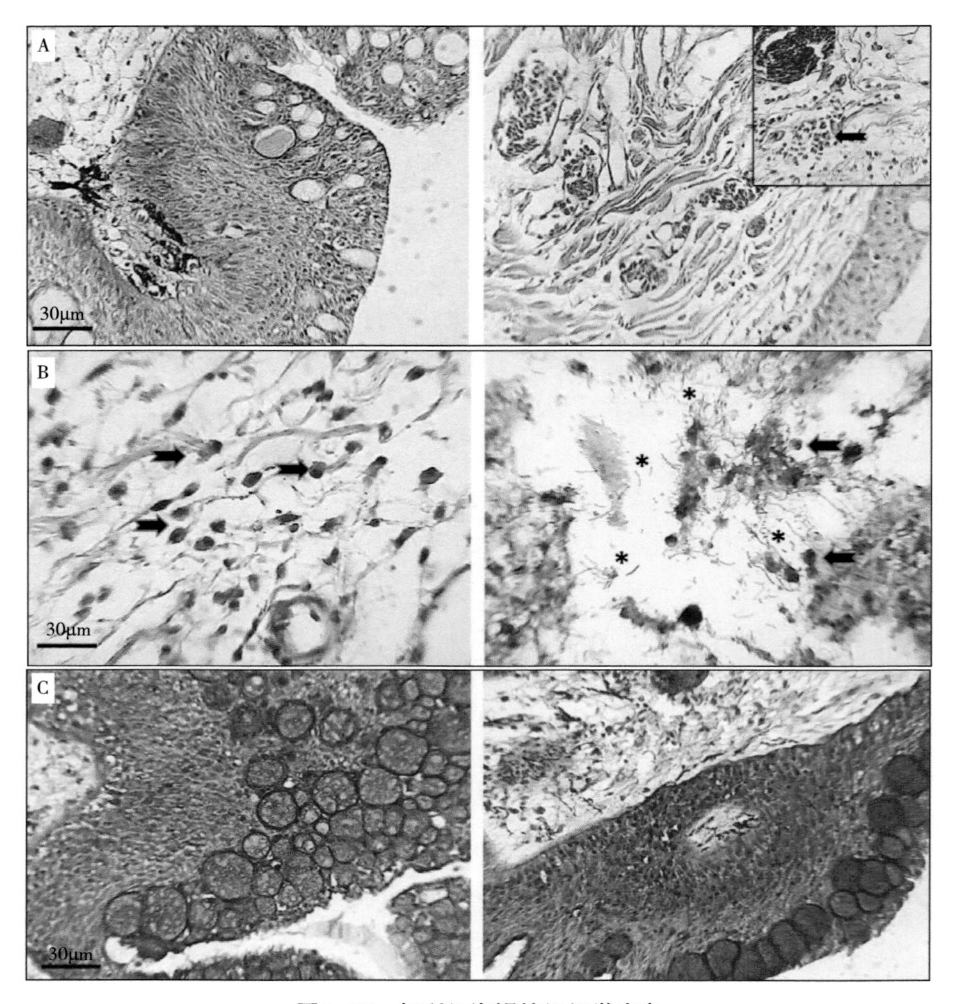

图5-58 智利红海鳗的组织学病变

对细菌分离，是将无菌剖检的组织样本（即出血性外皮和口腔；破损的鳍瓣；腹部皮肤损伤；肾脏和肝脏）涂布接种到海洋琼脂2216（marine agar 2216，MA 2216）、硫代硫酸钠柠檬酸钠胆酸钠蔗糖琼脂（thiosulfate citrate bile salt sucrose agar，TCBS）或哥伦比亚绵羊血琼脂（Columbia sheep blood agar）培养基有氧培养（18℃培养7d、每24h检查1次）。在海洋琼脂2216培养基的分离出具有代表性的菌落，获得纯培养物。只有在海洋琼脂2216培养基生长了这种菌落，从出血性鳃盖（分离出菌株QCR27）和口腔（分离出菌株QCR41）、腹部皮肤病灶（分离出菌株QCR29）和肝脏（分离出菌株QCR46）分离出。从肝脏分离的为纯培养物，其他的呈优势菌（几乎是纯培养的）[122]。

三、微生物学检验

对舌齿鲈黏着杆菌的微生物学检验，包括对细菌分离鉴定的常规细菌学检验、分子生物学检验及鱼类感染试验。常规细菌学检验，仍是目前对舌齿鲈黏着杆菌检验的常用有效方法。

（一）常规细菌学检验

首先是对细菌的准确分离，由于舌齿鲈黏着杆菌引起的鱼类病变主要是皮肤及有时也会出现在鳃的损伤、组织溃疡，以致从这些病变组织中分离细菌难免会存在其他细菌，或者本来就是的混合感染，加之舌齿鲈黏着杆菌要比其他一些细菌生长慢，因此确认分离细菌至关重要。通常是采用将病变组织接种在海洋琼脂培养基，于22～25℃进行分离。对分离作纯培养的菌株，按舌齿鲈黏着杆菌的生物学特性进行鉴定。

（二）分子生物学检验

智利安德烈斯·贝洛大学的Avendaño-Herrera等（2018）报道，舌齿鲈黏着杆菌是对智利水产养殖构成威胁的一种病原菌，能够造成养殖大西洋鲑的高死亡率，对虹鳟和红海鳗也具有致病性。快速、准确的检测，有助于对相应感染病的成功控制。细菌表型和生化特性鉴定是目前检测的标准方法，但其不仅耗时，且这种细菌与其他一些细菌相比在特定的合成培养基上生长极慢，加之在组织样本中共存的细菌过度生长，以致难于从鱼类组织中分离出舌齿鲈黏着杆菌。已有报道基于PCR方法，已成功用于对近海黏着杆菌和鳎黏着杆菌的检验，认为类似的方法也可能有效和准确地检测舌齿鲈黏着杆菌。

研究中利用Primer 3软件（Rozen和Skaletsky，2000），基于已识别的最可变16S rRNA区域（most variable 16S rRNA regions）设计了一对有效的PCR引物，即Tenadi-FW（5′-ATA CTG ACG CTG AGG GAC-3′）和Tenadi-RV（5′-TGT CCG AAG AAA ACT CTA TCT CT-3′）。对从有病症的大西洋鲑和红海鳗分离的舌齿鲈黏着杆菌25株（分离于大西洋鲑的20株、红海鳗的4株、作为阳性对照的模式株CECT 7612）进行了检测（扩增了284bp的产物）。结果显示所设计的引物和PCR方法，对舌齿鲈黏着杆菌的检测具有较好的效果；认为这种方法，可作为一种可行的、更快速和更具体的替代标准微生物学检验方法[123]。

（三）鱼类感染试验

鉴于舌齿鲈黏着杆菌引起的鱼类感染病变主要是皮肤及有时也会出现在鳃的损伤、组织溃疡，这些病变可因多种病原菌引起，因此要确认分离、检出的舌齿鲈黏着杆菌的相应病原学意义，尤其是在首次检出的鱼类，还需要进行对同种健康鱼类的感染试验。

参考文献

［1］ HANSEN G H，BERGH O，MICHAELSEN J，et al. *Flexibacter ovolyticus* sp. nov.，a pathogen of eggs and larvae of Atlantic halibut，*Hippoglossus hippoglossus*[J]. International Journal of Systematic Bacteriology，1992，42（3）：451–458.

［2］ PARTE A C. Bergey's manual of systematic bacteriology[M]. 2nd ed. NewYork：Springer New York，2010：279–283.

［3］ BERGEY' S MANUAL TRUST. Bergey's manual of systematics of archaea and bacteria[M]. New York：Wiley，2015：*Tenacibaculum.*

［4］ SUZUKI M，NAKAGAWA Y，HARAYAMA S，et al. Phylogenetic analysis and taxonomic study of marine *Cytophaga*-like bacteria：proposal for *Tenacibaculum* gen. nov. with *Tenacibaculum maritimum* comb. nov. and *Tenacibaculum ovolyticum* comb. nov.，and description of *Tenacibaculum mesophilum* sp. nov. and *Tenacibaculum amylolyticum* sp. nov[J]. International Journal of Systematic and Evolutionary Microbiology，2001，51（5）：1639–1652.

［5］ WANG J T，CHOU Y J，CHOU J H，et al. *Tenacibaculum aiptasiae* sp. nov.，isolated from a sea anemone *Aiptasia pulchella*[J]. International Journal of Systematic and Evolutionary Microbiology，2008，58（4）：761–766.

［6］ PIÑEIRO-VIDAL M，GIJÓN D，ZARZA C，et al. *Tenacibaculum dicentrarchi* sp. nov.，a marine bacterium of the family Flavobacteriaceae isolated from European sea bass[J]. International Journal of Systematic and Evolutionary Microbiology，2012，62（2）：425–429.

［7］ PIÑEIRO-VIDAL M，RIAZA A，SANTOS Y. *Tenacibaculum discolor* sp. nov. and *Tenacibaculum gallaicum* sp. nov.，isolated from sole（*Solea senegalensis*）and turbot（*Psetta maxima*）culture systems[J]. International Journal of Systematic and Evolutionary Microbiology，2008，58（1）：21–25.

［8］ SMÅGE S B，ØYVIND J B，HENRIK D，et al. *Tenacibaculum finnmarkense* sp. nov.，a fish pathogenic bacterium of the family Flavobacteriaceae isolated from Atlantic salmon[J]. Antonie van Leeuwenhoek，2016，109（2）：273–285.

［9］ PIÑEIRO-VIDAL M，CARBALLAS C G，GÓMEZ-BARREIRO O，et al. *Tenacibaculum soleae* sp. nov.，isolated from diseased sole（*Solea senegalensis* Kaup）[J]. International Journal of Systematic and Evolutionary Microbiology，2008，58（Pt 4）：881–885.

［10］ HEINDL H，WIESE J，IMHOFF J F. *Tenacibaculum adriaticum* sp. nov.，from a bryozoan in the Adriatic Sea[J]. International Journal of Systematic and Evolutionary Microbiology，2008，58（3）：542–547.

[11] PARK S，CHOI S J，WON S M，et al. *Tenacibaculum aestuariivivum* sp. nov.，isolated from a tidal flat[J]. International Journal of Systematic and Evolutionary Microbiology，2017，67（11）：4612–4618.

[12] XU Z X，YU P，MU D S，et al. *Tenacibaculum agarivorans* sp. nov.，an agar-degrading bacterium isolated from marine alga *Porphyra yezoensis* Ueda[J]. International Journal of Systematic and Evolutionary Microbiology，2017，67（12）：5139–5143.

[13] KIM Y O，PARK I S，PARK S，et al. *Tenacibaculum ascidiaceicola* sp. nov.，isolated from the golden sea squirt *Halocynthia aurantium*[J]. International Journal of Systematic and Evolutionary Microbiology，2016，66（3）：1174–1179.

[14] PARK S，YOON J H. *Tenacibaculum caenipelagi* sp. nov.，a member of the family Flavobacteriaceae isolated from tidal flat sediment[J]. Antonie van Leeuwenhoek，2013，104（2）：225–231.

[15] LEE Y S，BAIK K S，PARK S Y，et al. *Tenacibaculum crassostreae* sp. nov.，isolated from the Pacific oyster，*Crassostrea gigas*. International Journal of Systematic and Evolutionary Microbiology，2009，59（Pt 7）：1609–1614.

[16] KANG S J，LEE S Y，LEE M H，et al. *Tenacibaculum geojense* sp. nov.，isolated from seawater[J]. International Journal of Systematic and Evolutionary Microbiology，2012，62：18–22.

[17] KIM Y O，PARK I S，PARK S，et al. *Tenacibaculum haliotis* sp. nov.，isolated from the gut of an abalone Haliotis *discus hannai*[J]. International Journal of Systematic and Evolutionary Microbiology，2017，67（9）：3268–3273.

[18] KIM Y O，PARK S，NAM B H，et al. *Tenacibaculum halocynthiae* sp. nov.，a member of the family Flavobacteriaceae isolated from sea squirt *Halocynthia roretzi*[J]. Antonie van Leeuwenhoek，2013，103（6）：1321–1327.

[19] WANG L，LI X，HU D，et al. *Tenacibaculum holothuriorum* sp. nov.，isolated from the sea cucumber *Apostichopus japonicus* intestine[J]. International Journal of Systematic and Evolutionary Microbiology，2015，65：4347–4352.

[20] PARK S，CHOI J，CHOI S J，et al. *Tenacibaculum insulae* sp. nov.，isolated from a tidal flat[J]. International Journal of Systematic and Evolutionary Microbiology，2018，68（1）：228–233.

[21] OH Y S，KAHNG H Y，LEE D-H，et al. *Tenacibaculum jejuense* sp. nov.，isolated from coastal seawater[J]. International Journal of Systematic and Evolutionary

Microbiology，2012，62（2）：414-419.
［22］ SHEU S Y，LIN K Y，CHOU J H，et al. *Tenacibaculum litopenaei* sp. nov.，isolated from a shrimp mariculture pond[J]. International Journal of Systematic and Evolutionary Microbiology，2007，57（5）：1148-1153.
［23］ PARK S，HA M J，JUNG Y T，et al. *Tenacibaculum sediminilitoris* sp. nov.，isolated from a tidal flat[J]. International Journal of Systematic and Evolutionary Microbiology，2016，66：2610-2616.
［24］ SHIN S K，KIM E，Y I H. *Tenacibaculum todarodis* sp. nov.，isolated from a squid[J]. International Journal of Systematic and Evolutionary Microbiology，2018，68（5）：1479-1483.
［25］ LI Y，WEI J，YANG C，et al. *Tenacibaculum xiamenense* sp. nov.，an algicidal bacterium isolated from coastal seawater[J]. International Journal of Systematic and Evolutionary Microbiology，2013，63：3481-3486.
［26］ MASUMURA K，WAKABAYASHI H. An outbreak of gliding bacterial disease in hatchery-born red sea bream（*Pagrus major*）and gilthead（*Acanthopagrus schlegeli*）fry in Hiroshima[J]. Fish Pathology，1977，12（3）：171-177.
［27］ 宫崎照雄，洼田三朗，江草周三. 哈骑滑行细菌性溃疡病的病理组织学的研究[J]. 鱼病研究，1975，10（1），69-74.
［28］ 宫崎照雄，洼田三朗，江草周三. 五条鰤滑动细菌感染病的病例组织学研究- I 感染病灶[J]. 三重大学水产学部研究报告，1976，1（3）：49-58.
［29］ 宫崎照雄，洼田三朗，江草周三. 五条鰤滑动细菌感染病的病例组织学研究- II 治愈阶段的溃疡病灶[J]. 三重大学水产学部研究报告，1976，1（3）：59-66.
［30］ 宫崎照雄，洼田三朗，江草周三. 五条鰤滑动细菌感染病的病例组织学研究- III 内脏各器官[J]. 三重大学水产学部研究报告，1976，1（3）：67-73.
［31］ HIKIDA M，WAKABAYASHI H，EGUSA S，et al. *Flexibacter* sp.，a gliding bacterium pathogenic to some marine fishes in Japan[J]. Bulletin of the Japanese Society of Scientific Fisheries，1979，45（4）：421-428.
［32］ WAKABAYASHI H，HIKIDA M，MASUMURA K. *Flexibacter maritimus* sp. nov.，a pathogen of marine fishes[J]. International Journal of Systematic Bacteriology，1986，36（3）：396-398.
［33］ BERNARDET J F，GRIMONT P A D. Deoxyribonucleic acid relatedness and phenotypic characterization of *Flexibacter columnaris* sp. nov.，nom. rev.，*Flexibacter psychrophilus* sp. nov.，nom. rev.，and *Flexibacter maritimus* Wakabayashi，Hikida，and Masumura，1986[J]. International Journal of Systematic Bacteriology，1989，39

（3）：346–354.

［34］ HOLMES B. Synonymy of *Flexibacter maritimus* Wakabayashi，Hikida and Masumura，1986 and *Cytophaga marina* Reichenbach，1989[J]. International Journal of Systematic Bacteriology，1992，42（1）：185.

［35］ HOLT J G，KRIEG N R，SNEATH P H A，et al. Bergey's manual of determinative bacteriology[M]. 9th ed. Baltimore：Williams and Wilkins，1994：83，140，487，507–508.

［36］ Buller N B. Bacteria and fungi from fish and other aquatic animals[M]. 2nd ed. London：CABI，2014：355–361.

［37］ RAHMAN T，SUGA K，KANAI K，et al. Biological and serological characterization of a non-gliding strain of *Tenacibaculum maritimum* isolated from a diseased puffer fish *Takifugu rubripes*[J]. Fish Pathology，2014，49（3）：121–129.

［38］ AVENDAÑO-HERRERA R，RODRÍGUEZ J，MAGARIÑOS B，et al. Intraspecific diversity of the marine fish pathogen *Tenacibaculum maritimum* as determined by randomly amplified polymorphic DNA-PCR[J]. Journal of Applied Microbiology，2004，96（4）：871–877.

［39］ HABIB C，HOUEL A，LUNAZZI A，et al. Multilocus sequence analysis of the marine bacterial genus *Tenacibaculum* suggests parallel evolution of fish pathogenicity and endemic colonization of aquaculture systems[J]. Applied and Environmental Microbiology，2014，80（17）：5503–5514.

［40］ OLSEN A B，GULLA S，STEINUM T，et al. Multilocus sequence analysis reveals extensive genetic variety within *Tenacibaculum* spp. associated with ulcers in sea-farmed fish in Norway[J]. Veterinary Microbiology，2017，205：39–45.

［41］ PÉREZ-PASCUAL D，LUNAZZI A，MAGDELENAT G，et al. The complete genome sequence of the fish pathogen *Tenacibaculum maritimum* provides insights into virulence mechanisms[J]. Frontiers in Microbiology，2017，8：1–11.

［42］ FRISCH K，SMÅGE S B，BREVIK Ø J，et al. Genotyping of *Tenacibaculum maritimum* isolates from farmed Atlantic salmon in Western Canada[J]. Journal of Fish Diseases；2017，41（1）：131–137.

［43］ AVENDAÑO-HERRERA R，MAGARIÑOS B，LÓPEZ-ROMALDE S，et al. Phenotyphic characterization and description of two major O-serotypes in *Tenacibaculum maritimum* strains from marine fishes[J]. Diseases of aquatic organisms，2004，58（1）：1–8.

［44］ AVENDAÑO-HERRERA R，MAGARIÑOS B，MORIÑIGO M A，et al. A novel

O-serotype in *Tenacibaculum maritimum* strains isolated from cultured sole（*Solea senegalensis*）[J]. Bulletin of the European Association of Fish Pathologists，2005，25（2）：70–74.

[45] CASTRO N，MAGARIÑOS B，NÚÑEZ S，et al. Reassessment of the *Tenacibaculum maritimum* serotypes causing mortalities in cultured marine fish[J]. Bulletin of the European Association of Fish Pathologists，2007，27（6）：229–233.

[46] FERNÁNDEZ-ÁLVAREZ C，TORRES-CORRAL Y，SANTOS Y. Comparison of serological and molecular typing methods for epidemiological investigation of *Tenacibaculum* species pathogenic for fish[J]. Applied Microbiology and Biotechnology，2018，102（6）：2779–2789.

[47] MAGARIÑOS B，PAZOS F，SANTOS Y，et al. Response of *Pasteurella piscicida* and *Flexibacter maritimus* to skin mucus of marine fish[J]. Diseases of Aquatic Organisms，1995，21（2）：103–108.

[48] HARIKRISHNAN R，KIM M C，KIM J S，et al. *Alnus firma* supplementation diet on haematology and innate immune response in olive flounder against *Tenacibaculum maritimum*[J]. Bulletin of the Veterinary Institute in Pulawy，2011，55（4）：649–655.

[49] COSTAS B，SIMÕES I，CASTRO-CUNHA M，et al. Antimicrobial responses of Senegalese sole（*Solea senegalensis*）primary head-kidney leucocytes against *Tenacibaculum maritimum*[J]. Fish and Shellfish Immunology，2013，34（6）：1702–1703.

[50] COSTAS B，SIMÕES I，CASTRO-CUNHA M，et al. Non-specific immune responses of Senegalese sole，*Solea senegalensis*（Kaup），head-kidney leucocytes against *Tenacibaculum maritimum*[J]. Journal of Fish Diseases，2014，37（8）：765–769.

[51] FAÍLDE L D，LOSADA A P，BERMÚDEZ R，et al. Evaluation of immune response in turbot（*Psetta maxima* L.）tenacibaculosis：Haematological and immunohistochemical studies[J]. Microbial Pathogenesis，2014，76：1–9.

[52] MABROK M，MACHADO M，SERRA C R，et al. Tenacibaculosis induction in the Senegalese sole（*Solea senegalensis*）and studies of *Tenacibaculum maritimum* survival against host mucus and plasma[J]. Journal of Fish Diseases，2016，39（12）：1445–1455.

[53] GELDEREN R，CARSON J，GUDKOVS N，et al. Physical characterisation of *Tenacibaculum maritimum* for vaccine development[J]. Journal of Applied Microbiology，2010，109（5）：1668–1676.

[54] SALATI F，CUBADDA C，VIALE I，et al. Immune response of sea bass

Dicentrarchus labrax to *Tenacibaculum maritimum* antigens[J]. Fisheries Science，2005，71（3）：563–567.

[55] KATO F，ISHIMARU K，MURATAI O，et al. Comparison of immersion-vaccination against gliding bacterial disease in red sea bream *Pagrus major* and Japanese flounder *Paralichthys olivaceus*[J]. Aquaculture Science，2007，55（1）：97–101.

[56] GELDEREN R，CARSON J，NOWAK B. Experimental vaccination of Atlantic salmon（*Salmo salar* L.）against marine flexibacteriosis[J]. Aquaculture，2009，288（1–2）：7–13.

[57] ADAMS A. Birkhäuser advances in infectious diseases，fish vaccines[J]. Springer Basel，2016，29：80.

[58] KHALIL R H，DIAB A M，SHAKWEER M S，et al. New perspective to control of tenacibaculosis in sea bass *Dicentrarchus labrax* L[J]. Aquaculture Research，2018，49（7）：2357–2365.

[59] AUSTIN B，AUSTIN D A. Bacterial fish pathogens disease of farmed and wild fish[M]. 6th ed. Cham：Springer International Publishing Switzerland. 2016：438–448.

[60] AVENDAÑO-HERRERA R，IRGANG R，MAGARIÑOS B，et al. Use of microcosms to determine the survival of the fish pathogen *Tenacibaculum maritimum* in seawater[J]. Environmental Microbiology，2006，8（5）：921–928.

[61] BROSNAHAN C L，MUNDAY J S，HA H J，et al. New Zealand rickettsia-like organism（NZ-RLO）and *Tenacibaculum maritimum*：distribution and phylogeny in farmed chinook salmon（*Oncorhynchus tshawytscha*）[J]. Journal of fish diseases，2019，42：85–95.

[62] DELANNOY C M J，HOUGHTON J D R，NICHOLAS E C，et al. Mauve stingers（*Pelagia noctiluca*）as carriers of the bacterial fish pathogen *Tenacibaculum maritimum*[J]. Aquaculture，2011，311（1–4）：255–257.

[63] FRINGUELLI E，SAVAGE P D，GORDON A，et al. Development of a quantitative real-time PCR for the detection of *Tenacibaculum maritimum* and its application to field samples[J]. Journal of Fish Diseases，2012，35（8）：579–590.

[64] BARKER D E，BRADEN L M，COOMBS M P，et al. Preliminary studies on the isolation of bacteria from sea lice，*Lepeophtheirus salmonis*，infecting farmed salmon in British Columbia，Canada[J]. Parasitology Research，2009，105（4）：1173–1177.

[65] NEKOUEI O，VANDERSTICHEL R，MING T，et al. Detection and assessment of the distribution of infectious agents in Juvenile Fraser River Sockeye salmon，Canada，in 2012 and 2013[J]. Frontiers in microbiology，2018，9：1–16.

[66] BAXA D V, KAWAI K, KUSUDA R. Chemotherapy of *Flexibacter maritimus* infection[J]. Rep USA Mar Biol Inst Kochi Univ, 1988, 10: 9–14.

[67] AVENDAÑO-HERRERA R, IRGANG R, NÚÑEZ S, et al. Recommendation of an appropriate medium for In vitro drug susceptibility testing of the fish pathogen *Tenacibaculum maritimum*[J]. Antimicrobial Agents and Chemotherapy, 2005, 49 (1): 82–87.

[68] AVENDAÑO-HERRERA R, NÚÑEZ S, BARJA J L, et al. Evolution of drug resistance and minimum inhibitory concentration to enrofloxacin in *Tenacibaculum maritimum* strains isolated in fish farms[J]. Aquaculture International, 2008, 16 (1): 1–11.

[69] AVENDAÑO-HERRERA R, MAGARIÑOS B, IRGANG R, et al. Toranzo. Use of hydrogen peroxide against the fish pathogen *Tenacibaculum maritimum* and its effect on infected turbot (*Scophthalmus maximus*) [J]. Aquaculture, 2006, 257 (1–4): 104–110.

[70] WATANABE K, NISHIOKA T. Antibacterial effect of chemical reagents against *Tenacibaculum maritimum*[J]. Fish Pathology, 2010, 45 (2): 66–68.

[71] VAZQUEZ-RODRIGUEZ S, LÓPEZ R L, MATOS M J, et al. Design, synthesis and antibacterial study of new potent and selective coumarinchalcone derivatives for the treatment of tenacibaculosis[J]. Bioorganic & Medicinal Chemistry, 2015, 23 (21): 7045–7052.

[72] JANG Y H, JEONG J B, YEO I K, et al. Biological characterization of *Tenacibaculum maritimum* isolated from cultured olive flounder in Korea and sensitivity against native plant extracts[J]. Journal of fish pathology, 2009, 22 (1): 53–65.

[73] LI D, OKU N, HASADA A, et al. Two new 2-alkylquinolones, inhibitory to the fish skin ulcer pathogen *Tenacibaculum maritimum*, produced by a rhizobacterium of the genus *Burkholderia* sp[J]. Beilstein Journal of Organic Chemistry, 2018, 14: 1446–1451.

[74] WANKA K M, DAMERAU T, COSTAS B, et al. Isolation and characterization of native probiotics for fish farming[J]. BMC Microbiology, 2018, 18: 1–13.

[75] Roberts R J. Fish pathology[M]. 4th ed. Malden: Blackwell Publishing Ltd, 2012: 348–349.

[76] MAGI G E, AVENDAÑO-HERRERA R, MAGARIÑOS B, et al. First reports of flexibacteriosis in farmed tub gurnard (*Chelidonichthys lucernus* L.) and wild turbot (*Scophthalmus maximus*) in Italy[J]. Bulletin of The European Association of Fish Pathologists, 2007, 27 (5): 177–184.

[77] LÓPEZ J R, NÚÑEZ S, MAGARIÑOS B, et al. First isolation of *Tenacibaculum maritimum* from wedge sole, *Dicologoglossa cuneata* (Moreau) [J]. Journal of Fish

Diseases，2009，32（7）：603–610.

[78] HABIB C，HOUEL A，LUNAZZI A，et al. Multilocus sequence analysis of the marine bacterial genus *Tenacibaculum* suggests parallel evolution of fish pathogenicity and endemic colonization of aquaculture systems[J]. Applied and Environmental Microbiology，2014，80（17）：5503–5514.

[79] OLSEN A B，GULL S，STEINUM T，et al. Multilocus sequence analysis reveals extensive genetic variety within *Tenacibaculum* spp. associated with ulcers in sea-farmed fish in Norway[J]. Veterinary Microbiology，2017，205：39–45.

[80] APABLAZA P，FRISCH K，BREVIK Ø J，et al. Primary isolation and characterization of *Tenacibaculum maritimum* from Chilean Atlantic salmon mortalities associated with a *Pseudochattonella* spp. Algal Bloom[J]. Journal of Aquatic Animal Health，2017，29：143–149.

[81] JONES M A，POWELL M D，BECKER J A，et al. Effect of an acute necrotic bacterial gill infection and feed deprivation on the metabolic rate of Atlantic salmon *Salmo salar*[J]. Diseases of Aquatic Organisms，2007，78（1）：29–36.

[82] VAN GELDEREN R，CARSON J，NOWAK B. Experimentally induced marine flexibacteriosis in Atlantic salmon smolts *Salmo salar*. I. pathogenicity[J]. Diseases of Aquatic Organisms，2010，91（2）：121–128.

[83] VAN GELDEREN R，CARSON J，NOWAK B. Experimentally induced marine flexibacteriosis in Atlantic salmon smolts *Salmo salar*. II. pathology[J]. Diseases of Aquatic Organisms，2011，95（2）：125–135.

[84] YARDIMCI R E，TIMUR G. Isolation and Identification of *Tenacibaculum maritimum*，the causative agent of Tenacibaculosis in farmed sea bass（*Dicentrarchus labrax*）on the aegean sea coast of Turkey[J]. The Israeli Journal of Aquaculture-Bamidgeh，2015，67：1–10.

[85] FRISCH K，SMÅGE S B，JOHANSEN R，et al. Pathology of experimentally induced mouthrot caused by *Tenacibaculum maritimum* in Atlantic salmon smolts[J]. PLOS ONE，2018，13（11）：1–18.

[86] MCVICAR A H，WHITE P G. Fin and skin necrosis of cultivated Dover sole *Solea solea*（L.）[J]. Journal of Fish Diseases，1979，2（6）：557–562.

[87] CAMPBELL A C，BUSWELL J A. An investigation into the bacterial aetiology of ‘black patch necrosis’ in Dover sole，*Solea solea* L[J]. Journal of Fish Diseases，1982，5（6）：495–508.

[88] BERNARDET J F. *Cytophaga*，*Flavobacterium*，*Flexibacter* and *Chryseobacterium*

infections in cultured marine fish[J]. Fish Pathology，1998，33（4）：229–238.

[89] AVENDAÑO-HERRERA R，TORANZO A E，MAGARIÑOS B. Tenacibaculosis infection in marine fish caused by *Tenacibaculum maritimum*：a review[J]. Diseases of aquatic organisms，2006，71（3）：255–266.

[90] VILAR P，FAÍLDE L D，BERMÚDEZ R. Morphopathological features of a severe ulcerative disease outbreak associated with *Tenacibaculum maritimum* in cultivated sole，*Solea senegalensis*（L.）[J]. Journal of Fish Diseases，2012，35（6）：437–445.

[91] FLORIO D，GRIDELLI S，FIORAVANTI M L，et al. First isolation of *Tenacibaculum maritimum* in a captive sand tiger shark（*Carcharias Taurus*）[J]. Journal of Zoo and Wildlife Medicine，2016，47（1）：351–353.

[92] SMÅGE S B，FRISCH K，BREVIK Ø J. First isolation，identification and characterisation of *Tenacibaculum maritimumin* Norway，isolated from diseased farmed sea lice cleaner fish *Cyclopterus lumpus* L[J]. Aquaculture，2016，464：178–184.

[93] POWELL M，CARSON J，VAN GELDEREN R. Experimental induction of gill disease in Atlantic salmon *Salmo salar* smolts with *Tenacibaculum maritimum*[J]. Diseases of Aquatic Organisms，2004，61（3）：179–185.

[94] AVENDAÑO-HERRERA R，TORANZO A E，MAGARIÑOS B. A challenge model for *Tenacibaculum maritimum* infection in turbot，*Scophthalmus maximus*（L.）[J]. Journal of Fish Diseases，2006，29（6）：371–374.

[95] NISHIOKA T，WATANABE K，SANO M. A bath challenge method with *Tenacibaculum maritimum* for Japanese flounder *Paralichthys olivaceus*[J]. Fish Pathology，2009，44（4）：178–181.

[96] YAMAMOTO T，KAWAI K，OSHIMA S. Evaluation of an experimental immersion infection method with *Tenacibaculum maritimum* in Japanese flounder *Paralichthys olivaceus*[J]. Aquaculture Science，2010，58（4）：481–489.

[97] FAÍLDE L D，LOSADA A P，BERMÚDEZ R，et al. *Tenacibaculum maritimum* infection：pathology and immunohistochemistry in experimentally challenged turbot（*Psetta maxima* L.）[J]. Microbial Pathogenesis，2013，65：82–88.

[98] FRISCH K，SMÅGE S B，VALLESTAD C，et al. Experimental induction of mouthrot in Atlantic salmon smolts using *Tenacibaculum maritimum* from Western Canada[J]. Journal of fish diseases，2018，41：1247–1258.

[99] AVENDAÑO-HERRERA R，TORANZO A E，JESÚS L. ROMALDE，et al. Iron uptake mechanisms in the fish pathogen *Tenacibaculum maritimum*[J]. Applied and Environmental Microbiology，2005，71（11）：6941–6953.

[100] BAXA D V，KAWAI K，KUSUDA R. In vitro and in vivo activities of *Flexibacter maritimus* toxins[J]. Reports of the USA Marine Biological Institute，Kochi University，1988，10（1）：1–8.

[101] VAN GELDEREN R，CARSON J，NOWAK B. Effect of extracellular products of *Tenacibaculum maritimum* in Atlantic salmon，*Salmo salar* L[J]. Journal of Fish Diseases，2009，32（8）：727–731.

[102] BAXA D V，KAWAI K，KUSUDA R. Detection of *Flexibacter maritimus* by fluorescent antibody technique in experimentally infected black sea bream fry[J]. Fish Pathology，1988，23（1）：29–32.

[103] FAÍLDE L D，BERMÚDEZ R，LOSADA A P，et al. Immunohistochemical diagnosis of tenacibaculosis in paraffin-embedded tissues of Senegalese sole *Solea senegalensis* Kaup, 1858[J]. Journal of Fish Diseases，2014，37（11）：959–968.

[104] WILSON T，CARSON J，BOWMAN J. Optimisation of one-tube PCR-ELISA to detect femtogram amounts of genomic DNA[J]. Journal of Microbiological Methods，2002，51（2）：163–170.

[105] AVENDAÑO-HERRERA R，NÚÑEZ S，MAGARIÑOS B，et al. A non-destructive method for rapid detection of *Tenacibaculum maritimum* in farmed fish using nested PCR amplification[J]. Bulletin of the European Association of Fish Pathologists，2004，24（6）：280–286.

[106] AVENDAÑO-HERRERA R，MAGARIÑOS B，ALICIA E，et al. Species-specific polymerase chain reaction primer sets for the diagnosis of *Tenacibaculum maritimum* infection[J]. Diseases of aquatic organisms，2004，62（1–2）：75–83.

[107] CASTRO N，TORANZO A E，MAGARIÑOS B. A multiplex PCR for the simultaneous detection of *Tenacibaculum maritimum* and *Edwardsiella tarda* in aquaculture[J]. International Microbiology，2014，17（2）：111–117.

[108] FRINGUELLI E，SAVAGE P D，GORDON A，et al. Development of a quantitative real-time PCR for the detection of *Tenacibaculum maritimum* and its application to field samples[J]. Journal of Fish Diseases，2012，35（8）：579–590.

[109] CHAPELA M J，FERREIRA M，RUIZ-CRUZ A，et al. Application of real-time PCR for early diagnosis of diseases caused by *Aeromonas salmonicida*，*Vibrio anguillarum*，and *Tenacibaculum maritimum* in turbot：A field study[J]. Journal of Applied Aquaculture，2018，30（1）：76–89.

[110] FERNÁNDEZ-ÁLVAREZ C，GONZÁLEZ S F，SANTOS Y. Quantitative PCR coupled with melting curve analysis for rapid detection and quantification of

Tenacibaculum maritimum in fish and environmental samples[J]. Aquaculture，2019，498：289–296.

［111］LÓPEZ J R，NAVAS J I，THANANTONG N，et al. Simultaneous identification of five marine fish pathogens belonging to the genera *Tenacibaculum*，*Vibrio*，*Photobacterium* and *Pseudomonas* by reverse line blot hybridization[J]. Aquaculture，2012，324–325：33–38.

［112］PIÑEIRO-VIDAL M，PAZOS F，SANTOS Y. Fatty acid analysis as a chemotaxonomic tool for taxonomic and epidemiological characterization of four fish pathogenic *Tenacibaculum* species[J]. Letters in Applied Microbiology，2008，46（5）：548–554.

［113］FERNÁNDEZ-ÁLVAREZ C，TORRES-CORRAL Y，SALTOS-ROSERO N，et al. MALDI-TOF mass spectrometry for rapid differentiation of *Tenacibaculum* species pathogenic for fish[J]. Applied Microbiology Biotechnology，2017，101（13）：5377–5390.

［114］KOLYGAS M N，GOURZIOTI E，VATSOS I N，et al. Identification of *Tenacibaculum maritimum* strains from marine farmed fish in Greece[J]. Veterinary Record，2012，170（24）：623.

［115］FERNÁNDEZ-ÁLVAREZ C，SANTOS Y. Identification and typing of fish pathogenic species of the genus *Tenacibaculum*[J]. Applied Microbiology and Biotechnology，2018，102（23）：9973–9989.

［116］PIÑEIRO-VIDAL M，GIJÓN D，ZARZA C，et al. *Tenacibaculum dicentrarchi* sp. nov.，a marine bacterium of the family Flavobacteriaceae isolated from European sea bass[J]. International Journal of Systematic and Evolutionary Microbiology，2012，62（2）：425–429.

［117］LEVIPAN H A，IRGANG R，TAPIA-CAMMAS D，et al. A high-throughput analysis of biofilm formation by the fish pathogen *Tenacibaculum dicentrarchi*[J]. Journal of Fish Diseases，2019，42：617–621.

［118］GROTHUSEN H，CASTILLO A，HENRÍQUEZ P，et al. First complete genome sequence of *Tenacibaculum dicentrarchi*，an emerging bacterial pathogen of salmonids[J]. Genome Announcements，2016，4（1）：1–2.

［119］BRIDEL S，OLSEN A-B，NILSEN H，et al. Comparative genomics of *Tenacibaculum dicentrarchi* and "*Tenacibaculum finnmarkense*" highlights intricate evolution of fish-pathogenic species[J]. Genome Biology and Evolution，2018，10（2）：452–457.

［120］AVENDAÑO-HERRERA R，IRGANG R，SANDOVAL C，et al. Isolation，characterization and virulence potential of *Tenacibaculum dicentrarchi* in salmonid cultures in Chile[J]. Transboundary and Emerging Diseases，2016，63（2）：

121–126.

[121] KLAKEGG Ø，ABAYNEH T，FAUSKE A K，et al. An outbreak of acute disease and mortality in Atlantic salmon（*Salmo salar*）post-smolts in Norway caused by *Tenacibaculum dicentrarchi*[J]. Journal of fish diseases，2019，2：1–19.

[122] IRGANG R，GONZÁLEZ-LUNA R，GUTIÉRREZ J，et al. First identification and characterization of *Tenacibaculum dicentrarchi* isolated from Chilean red conger eel（*Genypterus chilensis*，Guichenot 1848）[J]. Journal of Fish Diseases，2017，40（12）：1–6.

[123] AVENDAÑO-HERRERA R，IRGANG R，TAPIA-CAMMAS D. PCR procedure for detecting the fish pathogen *Tenacibaculum dicentrarchi*[J]. Journal of Fish Diseases，2018，41（4）：715–719.

（房海　撰写）

第三篇 鱼类鳃的细菌性上皮囊肿

本篇共记述了3章内容：第六章“衣原体目细菌的基本性状与致病作用特征”、第7章“鱼类鳃上皮囊肿及其病原性衣原体”、第八章“鱼类鳃上皮囊肿及其病原性非衣原体细菌”。

第六章“衣原体目细菌的基本性状与致病作用特征”，比较系统地综合记述了衣原体目（Order Chlamydiales）细菌的分类特征、衣原体（Chlamydia）的基本生物学性状与病原性衣原体的致病作用。

第七章“鱼类鳃上皮囊肿及其病原性衣原体”，比较系统记述了鱼类鳃上皮囊肿（亦即上皮囊肿病）及其相应病原性衣原体。记述了鱼类鳃上皮囊肿的基本特征、鳃上皮囊肿及其病原体的相关研究情况及病原性衣原体的检验等内容；分别比较详细描述了作为鱼类鳃上皮囊肿的病原性衣原体，涉及7个不同衣原体属的13个种。

第八章“鱼类鳃上皮囊肿及其病原性非衣原体细菌”，比较系统记述了鱼类鳃上皮囊肿（上皮囊肿病）及其相应病原性非衣原体细菌；分别比较详细描述了作为鱼类鳃上皮囊肿的病原性非衣原体细菌，共3个菌属的5个种。

在对每种病原性衣原体、非衣原体细菌的描述中，均包括了基本生物学性状、病原学意义方面的内容。

第六章　衣原体目细菌的基本性状与致病作用特征

通常所谓的衣原体（Chlamydia），基本上都指的是衣原体属（*Chlamydia* Jones，Rake and Stearns，1945 emend. Everett，Bush and Andersen，1999）微生物（microorganism）。实际上，衣原体亦属于真细菌的范畴，包括多个菌属、种，有的种是人及/或动物的病原菌。但在一般的《微生物学》书籍中，通常还多是按传统习惯将衣原体作为一大类记述于“其他微生物”的章节中。

第一节　衣原体目细菌的分类特征

按伯杰氏（Bergey）细菌分类系统，在第二版《伯杰氏系统细菌学手册》第4卷（2010）、《伯杰氏系统古菌和细菌手册》（2015）中，衣原体目（Order Chlamydiales Storz and Page，1971）细菌分类在衣原体门（Phylum Chlamydiae Garrity and Holt，2001）、衣原体纲（Class Chlamydiia class. nov.）中[1-2]。

一、衣原体目细菌的定义

衣原体目细菌为革兰氏染色阴性的细胞内微生物（intracellular microorganisms），生活在真核生物（eukaryotes）中，可能引起各种疾病。衣原体在宿主细胞质中有膜包裹的液泡（cytoplasmic vacuole）内增殖的模式，是从小的、硬壁、代谢不活跃的感染形式（infectious forms）的原体（elementary body，EB）到较大的、柔性壁的、代谢活跃的、通常是非感染性的网状体（reticulate body，RB），以其独特的发育周期进行二分裂繁殖，在网状体重新构建浓缩为新一代原体时完成整个循环过程；原体在体外存活并感染新的宿主细胞时，发育周期就完成了。

衣原体目在传统上仅包含一个科，即衣原体科（Chlamydiaceae Rake，1957）；在衣原体科中，仅包括一个“*Chlamydia*”（衣原体属）。在近年来发现的新的衣原体相关细菌，扩大了衣原体目的菌科，包括了4个菌科，与衣原体科具有80%～90%的16S rRNA序列同源性。根据对鲑鱼鱼衣原体、栖鲑鱼棒状衣原体（Candidatus *Clavichlamydia salmonicola* corrig.）、鼠妇虫杆状衣原体（Candidatus

Rhabdochlamydia porcellionis）的描述，又增加了三个菌科，所有这些都显示出与所有其他衣原体科具有80%～90%的16S rRNA序列同源性。

为了在菌科和菌属水平上对衣原体成员进行分类，Everett等（1999）提出了16S rRNA序列相似阈值，目前已被接受。衣原体科成员之间的16S rRNA序列同源性一般为≥90%；衣原体属成员之间的16S rRNA序列同源性一般为≥95%，衣原体科是一个明显的例外。目前的衣原体目，由8个衣原体科组成。

衣原体目细菌DNA中G+C的摩尔百分数为35.8～41.3。模式属为衣原体属（*Chlamydia* Jones，Rake and Stearns，1945 emend. Everett，Bush and Andersen，1999）[1-2]。

二、衣原体目内的衣原体科及衣原体属

按伯杰氏（Bergey）细菌分类系统，在第二版《伯杰氏系统细菌学手册》第4卷（2010）、《伯杰氏系统细菌和古菌手册》（2015）中，衣原体目内共记载了8个菌科、11个菌属（表6-1）[1-2]。其中棒状衣原体属、新衣原体属、鱼衣原体属的一些种，是鱼类鳃上皮囊肿（亦即上皮囊肿病）的病原菌。

表6-1　衣原体目的菌科及菌属

分类	科/属名称
第1菌科（Family Ⅰ）	衣原体科（Chlamydiaceae Rake，1957）
第1菌属（Genus Ⅰ）	衣原体属（*Chlamydia* Jones Rake and stearns，1945）
第2菌科（Family Ⅱ）	棒状衣原体科（Candidatus Clavichlamydiaceae）
第1菌属（Genus Ⅰ）	棒状衣原体属（Candidatus *Clavichlamydia* Corrig，Karlsen，Nylund，Watanabe，helvik，Nylund and Plarre，2008）
第3菌科（Family Ⅲ）	细胞内细菌研究中心衣原体科（Criblamydiaceae Thomas，Casson and Greub，2006）
第1菌属（Genus Ⅰ）	细胞内细菌研究中心衣原体属（*Criblamydia* Thomas，Casson and Greub，2006）
第4菌科（Family Ⅳ）	副衣原体科（Parachlamydiaceae Everett，Bush and andersen，1999）
第1菌属（Genus Ⅰ）	副衣原体属（*Parachlamydia* Everett，Bush and Andersen，1999）
第2菌属（Genus Ⅱ）	新衣原体属（*Neochlamydia* Horn Wagner Müller，et al.，2001）
第3菌属（Genus Ⅲ）	原衣原体属（*Protochlamydia* horn，gen. nov. Collingro，Toenshoff，Taylor，et al.，2005）

（续表）

分类	科/属名称
第5菌科（Family Ⅴ）	鱼衣原体科（Candidatus Piscichlamydiaceae）
第1菌属（Genus Ⅰ）	鱼衣原体属（Candidatus *Piscichlamydia* Draghi，Popov，Kahl，Stanton，Brown，Tsongalis West and Frasca，2004）
第6菌科（Family Ⅵ）	杆状衣原体科（Rhabdochlamydiaceae fam. nov.）
第1菌属（Genus Ⅰ）	杆状衣原体属（*Rhabdochlamydia* Horn，gen. nov. Kostanjšek，Štrus，Drobne and Avguštin，2004）
第7菌科（Family Ⅶ）	西蒙娜卡汉氏菌科（Simkaniaceae Everett，Bush and Andersen，1999）
第1菌属（Genus Ⅰ）	西蒙娜卡汉氏菌属（*Simkania* Everett，Bush and andersen，1999）
第2菌属（Genus Ⅱ）	弗里切氏菌属（Candidatus *Fritschea* Everett，Thao，Horn，Dyszynski and Baumann，2005）
第8菌科（Family Ⅷ）	华盛顿动物疾病诊断实验室菌科（Waddliaceae Rurangirwa，Dilbeck，Crawford，et al.，1999）
第1菌属（Genus Ⅰ）	华盛顿动物疾病诊断实验室菌属（*Waddlia* Rurangirwa，Dilbeck，Crawford，et al.，1999）

第二节　衣原体的基本生物学性状与病原性衣原体

衣原体是介于立克次氏体（Rickettsia）与病毒之间、能够通过细菌滤器、营专性活细胞内寄生的一类原核微生物（prokaryotic microorganism），最初被误认为是大型病毒，现已明了其生物学特性更接近细菌、不同于病毒。

一、衣原体的基本生物学性状

衣原体细菌为大小在0.2～1.5μm的球形微生物，无动力，只能在宿主细胞细胞质中有膜包裹的液泡内、从小的原体到较大的网状体、以独特的发育周期进行二分裂繁殖，在网状体重新构建浓缩为新一代原体时完成整个循环过程。原体可在细胞外存活，能与易感宿主细胞表面特异性受体结合并通过吞噬作用进入宿主细胞发生感染。原体到网状体是逐渐转变成的，网状体在进行二分裂时可形成中间类型的所谓中间体（intermediate body，IB）及原体。原体的直径在0.2～0.4μm，含有电子致密的核质和少数核蛋白体，由坚硬的三层壁围绕，具有感染性；网状体也称为始体（initialbody），直径在0.6～1.5μm，不如原体致密，呈纤维状的核质，较多的核蛋白体，较薄和较柔软的三层壁，对细胞的传染性尚未得到证明。

革兰氏染色阴性，细胞壁在结构和成分上与其他革兰氏阴性菌的类似，但缺乏胞壁酸或极少，存在具有属特异性、与壁相关联的、含有2-酮-3-脱氧辛酸（2-keto-3-deoxyoctanoic acid）样物质的脂多糖抗原。在原体和网状体壁的内表面上存在六角形规则排列的亚单位（hexagonally arrayed subunits）、在外表面上则为布缀着六角形排列的半球状凸出物（hexagonal projections）。衣原体能够引起人、其他哺乳动物及鸟类的相应疾病。在宿主细胞外培养繁殖衣原体尚未能成功，它们可在实验动物、鸡胚卵黄囊或培养细胞中生长繁殖。衣原体可依靠宿主的高能化合物及低分子量的中间代谢物来合成其自身的DNA、RNA和蛋白质及衣原体特异的小分子物质，不是由宿主细胞来制造[1-2]。

（一）衣原体的基本特征

与衣原体相类似，通常也归类于真细菌中“其他微生物”范畴的还有立克次氏体、支原体（Mycoplasma），此三类革兰氏阴性细菌，其大小和特性均介于通常所指的细菌与病毒之间，表6-2是这几类微生物主要特征的比较。

表6-2　支原体、立克次氏体、衣原体与细菌和病毒的比较

特征	细菌	支原体	立克次氏体	衣原体	病毒
一般直径（μm）	0.2～0.5	0.2～0.25	0.2～0.5	0.2～0.3	<0.25
可见性	光学显微镜	光学显微镜勉强可见	光学显微镜	光学显微镜勉强可见	电子显微镜
过滤性	不能过滤	能过滤	不能过滤	能过滤	能过滤
革兰氏染色	阳性或阴性	阴性	阴性	阴性	无
细胞壁	有坚韧细胞壁	缺	与细菌相似	与细菌相似	无细胞结构
繁殖方式	二均分裂	二均分裂	二均分裂	二均分裂	复制
培养方法	人工培养基	人工培养基	宿主细胞	宿主细胞	宿主细胞
核酸种类	DNA和RNA	DNA和RNA	DNA和RNA	DNA和RNA	DNA或RNA
核糖体	有	有	有	有	无
大分子合成	有	有	进行	进行	只利用宿主合成机构
产生ATP系统	有	有	有	无	无

（续表）

特征	细菌	支原体	立克次氏体	衣原体	病毒
增殖中结构完整性	保持	保持	保持	保持	失去
入侵方式	多样	直接	昆虫媒介	不清楚	取决于宿主细胞的性质
对抗生素	敏感	敏感（青霉素例外）	敏感	敏感	不敏感
对干扰素	某些菌敏感	不敏感	有的敏感	有的敏感	敏感

（二）衣原体的原体和网状体基本形态

衣原体具有双层外膜（outer membrane）即细胞壁，另外是其细胞质膜（cytoplasmic membrane）是与外膜分开的、周质空间（periplasmic space）狭窄，原体、网状体均存在凸出物结构。典型的衣原体形态，除人型（human biovar）肺炎衣原体（*Chlamydia pneumoniae*）以外为圆形的；肺炎衣原体具有多形性，但典型的是梨形（pear-shaped）且周质空间宽大，也有的肺炎衣原体分离物是圆形的、但其比典型圆形的原体的周质空间宽。

图6-1、图6-2、图6-3分别显示衣原体的原体、网状体形态特征。其中的图6-1显示衣原体的原体基本形态，图6-1A显示沙眼衣原体（*Chlamydia trachomatis*）菌株TW-5（血清型B），圆形；图6-1B为肺炎衣原体菌株TW-183，梨形（可见宽大的周质空间）。图6-2显示鹦鹉热衣原体（*Chlamydia psittaci*）的原体，在壁的内表面上存在六角形规则排列的亚单位、在外表面上则为六角形排列的半球状凸出；右下角插图为一个原体，显示凸出物的排列。Hsia等（1997）、Bavoil和Hsia（1998）报道这种六角形排列的半球状凸出物，很可能是Ⅲ型分泌系统结构（type Ⅲ secretion system-like structures）。图6-3显示肺炎衣原体的包涵体（部分），中间的箭头所指为显示发育良好的网状体的3层膜结构与包涵体膜（inclusion membrane）的接触点，是在具有纤毛的小鼠支气管上皮细胞（ciliated bronchial epithelial cell），这个网状体是正在分裂期的[1-2]。

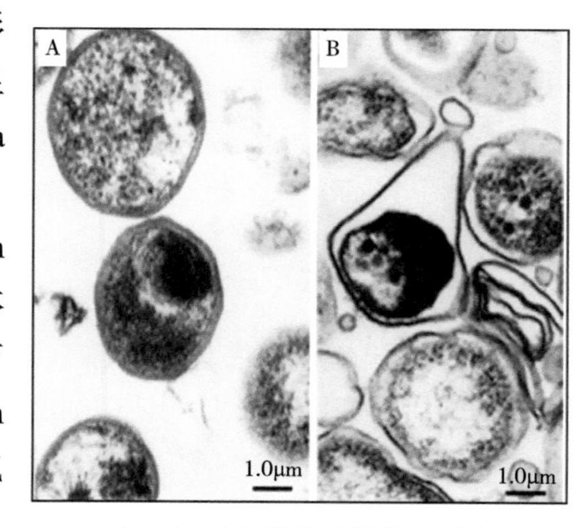

图6-1　衣原体的原体基本形态

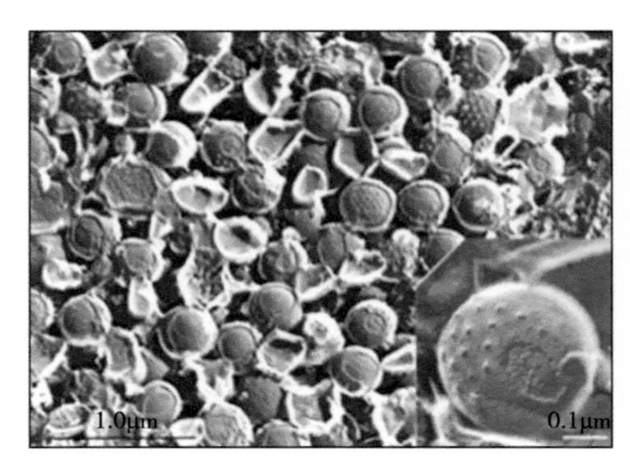

图6-2　鹦鹉热衣原体的原体

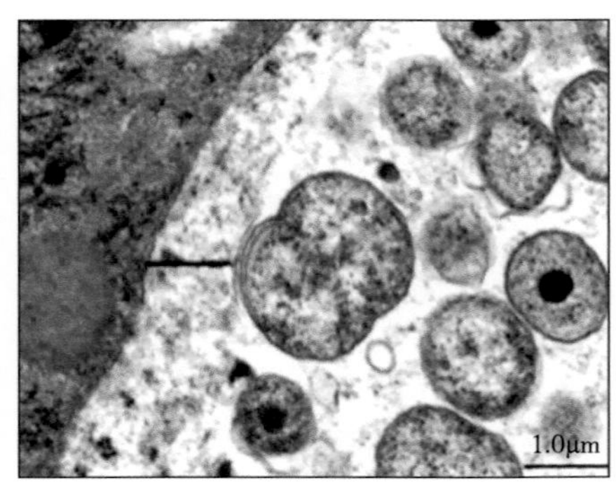

图6-3　肺炎衣原体的网状体

（三）衣原体的基本性状特点

衣原体是已知在细胞型微生物中生活能力最简单的，它没有产三磷酸腺苷（adenosine triphosphate，ATP）的系统（自身缺乏能量系统），其能量必须由宿主细胞提供，因而只能在活的细胞内寄生、不能通过人工培养基培养；目前多是以鸡胚等活组织，以及多种细胞培养衣原体。衣原体的蛋白质中缺少精氨酸和组氨酸，这表明它们的繁殖不需要这两种氨基酸。

衣原体是唯一的具有两个阶段繁殖周期、严格细胞内寄生的原核生物（prokaryote）。其主要特点是：与细菌的相同点，是同时含有RNA和DNA两种核酸；具有独特的双相生活环，在其生活环的后期，呈二分裂繁殖；存在由脂多糖、多种蛋白组成的细胞壁，是类似于革兰氏阴性菌的，在其中可有胞壁酸、但缺乏肽聚糖（peptidoglycan）；含有核糖体，以及多种代谢活性的酶类，能够进行简单的代谢活动；对多种抗生素及磺胺类药物，具有敏感性；在有的鹦鹉热衣原体菌株网状体中，已发现可存在噬菌体（bacteriophage）；在除鹦鹉热衣原体的某些型、肺炎衣原体的大部分菌株外的其他多数衣原体中，通常都含有7.5kb的隐蔽性质粒（cryptic plasmid），这些质粒（plasmid）不能表达可以辨别的表型性状，所以属于“隐蔽性”的；就致病作用来讲，衣原体是在同一种病原体、能够引起多种类型疾病具有代表性的[1-7]。

（四）衣原体的生活环

衣原体在细胞内生长繁殖具有原体、网状体两种大小不同细胞类型的生活周期。其中小的原体细胞属于非生长型细胞，呈球形或卵圆形（肺炎衣原体呈梨形），是具有感染性的颗粒形态，RNA/DNA=1；大的网状体细胞属于生长型细胞，呈球形或不规则形态，是具有繁殖性的颗粒形态，RNA/DNA=3。

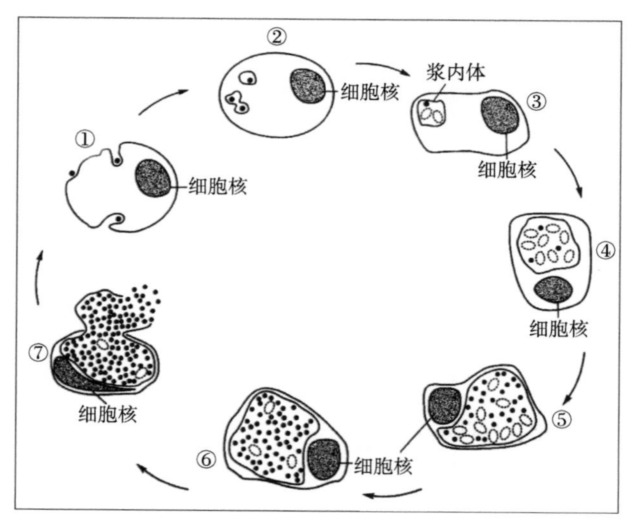

图6-4　沙眼衣原体的生活环

衣原体感染始自原体（原始小体），原体与细胞质界限清楚，也是发育成熟的衣原体。具有高度感染性的原体被易感宿主细胞表面的特异性受体吸附后，以胞吞作用（endocytosis）方式被细胞摄入后形成吞噬小泡，阻止与吞噬溶酶体融合；原体在泡内细胞壁变软，增大形成致密类核结构的网状体。网状体（始体）作为衣原体的繁殖体，在空泡中以二分裂方式反复繁殖，形成大量子细胞，然后子细胞又变成新生的原体。这种有大量衣原体在其中复制的空泡，称为包涵体，在包涵体成熟后，其膜和宿主细胞膜均破裂，释放出原体、再感染新的宿主细胞进入新的生活周期，整个周期35～40h（图6-4）。另外是在衣原体发育周期中的中间体，是一种从中间体到原体的过渡形态。衣原体的这些形态，以普通染料染色后在光学显微镜下能够观察到。衣原体与立克次氏体不同，衣原体不需媒介，它直接感染宿主[1,6-7]。

（五）衣原体的主要蛋白与抗原

由于衣原体的外膜结构在感染过程和免疫反应中具有重要作用，以致对其研究较多。已明了衣原体外膜复合物（chlamydial outer membrane complex，COMC）的主要组分，是分子量为40.0kDa、60.0kDa和12.0kDa的蛋白质及脂多糖[6-7]。

1. 外膜主要蛋白

在原体和网状体中均存在40.0kDa的外膜主要蛋白（major outer membrane protein，MOMP），占外膜蛋白的60%以上，与外膜结构的完整性、生长典型调节、抗原性、毒力等生物学活性密切相关；在抗原性方面，具有属特异性、种特异性、血清型特异性的抗原决定簇，暴露于原体的表面，所以也构成了在标记试验中唯一起介导作用的蛋白。

2. 富含半胱氨酸的蛋白

在衣原体外膜复合物上的另外两种主要蛋白成分，是60.0kDa和12.0kDa的、富含半胱氨酸的蛋白质（cysteine-rich protein，Crp），它们在原体和网状体的转变中发挥重要的作用；尽管衣原体外膜缺乏肽聚糖，但由于此两种蛋白的半胱氨酸残基间形成广泛的二硫键交叉连接，也使得相当坚硬。

3. 热休克蛋白

在热休克蛋白（heat shock proteins，HSP）中的一种是57.0kDa的外膜蛋白，它是具有属特异性的抗原，能够使致敏的豚鼠、猴等实验动物发生迟发型的变态反应眼疾；以完整的原体作为疫苗进行免疫预防接种时，常可导致病情加重，提示可能与此蛋白有关。另一种是分子量为75.0kDa的外膜蛋白，目前普遍认为它是引起人类感染的一种已知抗原，抗相应蛋白的特异性抗体具有一定的中和作用。

4. 巨噬细胞感染增强蛋白

衣原体外膜上的27.0kDa蛋白，也具有重要功能。此蛋白与嗜肺军团菌（*Legionella pneumophila*）表面的巨噬细胞感染增强蛋白（macrophaga infectivity potentiator protein，MIP protein）具有很高的同源性。巨噬细胞感染增强蛋白为嗜肺军团菌的主要毒力因子，在感染和防止吞噬体-溶酶体融合两个方面均起重要作用。此蛋白的N-端有一段序列能够形成突出于表面的α-螺旋，所以推测此蛋白可能是发挥类似于嗜肺军团菌的巨噬细胞感染增强蛋白的作用、并形成表面突起。

5.脂多糖

在衣原体的细胞壁上均具有共同的脂多糖抗原，也是唯一能够将这种特异性的脂多糖排至宿主细胞膜表面上的微生物；有证据表明这种脂多糖在衣原体生长时合成过剩，从包涵体中释放出来到达感染细胞的细胞膜上。能够耐受100℃作用10min，也是检验衣原体属的一种很有用的抗原成分。衣原体的脂多糖在菌体破坏时释放出来，能够刺激机体产生抗体，也与衣原体吸附宿主细胞有关，但缺乏内毒素的毒性。衣原体的脂多糖缺乏O-多糖及部分核心多糖，带有一个菌属特异的抗原决定簇。此决定簇对高碘盐敏感，所以长期被应用在了衣原体的血清型（serovars）检验中。

（六）衣原体的生境与抗性

衣原体在自然界的宿主范围很广，在脊椎动物中包括人及多种家畜（马、牛、羊、猪及其他多种动物），家禽及其他鸟类。在无脊椎动物，如在节肢动物，甚至在阿米巴原虫（amoebae；变形虫）中均有寄生。除可引起人及一些动物发病外，也有的生物体是作为传播媒介、或为贮存宿主。另外是澳大利亚昆士兰理工大学（Queensland University of Technology；Brisbane，Australia）的Bodetti等（2002）报道，肺炎衣原体［注：文中以肺炎嗜衣原体（*Chlamydophila pneumoniae*）描述］在以往被认为仅仅是作为人类呼吸系统疾病、也与心血管疾病密切相关的病原菌；但通过采用分子方法（molecular methods）证实其分布广泛，在爬行动物蛇、鬣蜥（iguanas）、变色龙（chameleons）、乌龟（turtles）及两栖类动物青蛙（frogs）中检测到。特别感兴趣的是发现在这些检出的肺炎衣原体菌株中，其衣原体主要外膜蛋白（outer membrane protein）的基因分型（genotyping）显示许多基因在遗传上非常相似，如果与人类呼吸道菌株不相同，这些爬行动物和两栖类动物的菌株是否仍能感染人类，或在越过宿主屏障的一段时间前尚待确定，但可进一步探讨这种常见呼吸道感染与人类宿主的关系[8]。

衣原体对热敏感，温度在56～60℃保持5～10min即可使其灭活。常用的消毒剂（0.1%甲醛、0.5%苯酚、浓度1：2 000的升汞溶液、70%酒精等），均能在数分钟内将其杀灭。对低温干燥有耐性，在冰冻干燥条件下能够保存30年以上。由于原体的细胞壁缺乏肽聚糖，所以对β-内酰胺类抗生素缺乏敏感性，但对大环内酯类抗生素和四环素类敏感。

衣原体中以鹦鹉热衣原体的抵抗力最强，抗干燥能力较强，在室温条件下可存活1周，尤其是在鸟类粪便中。沙眼衣原体的感染性材料，在35～37℃条件下经48h即失去活性；对干燥敏感，在纤维织物、光滑表面上2～4h即失去活性；经56℃作用5～6min可被灭活，对冰冻干燥具有耐受性。肺炎衣原体在4℃经24h后的感染性丧失约50%，不能用甘油保存。

总体来讲，衣原体对低温的抵抗力较强，对56～60℃的温度敏感，通常仅能存活5～10min。沙眼衣原体在干燥的脸盆上30min即失去活性，但在卵黄囊膜悬液中于4℃可存活数周、−60℃可存活5年、−196℃可存活10年以上、冰冻干燥保存30年以上仍可复活。0.1%甲醛或0.5%石炭酸溶液在24h可杀灭沙眼衣原体，2.0%来苏尔仅需5min即可将其杀灭。对鹦鹉热衣原体，3.0%来苏尔需要24～36h才能被杀灭，但75%酒精仅需要数分钟即可将其杀灭。四环素、大环内酯类的红霉素、青霉素对衣原体有抑制作用[3,6]。

二、病原性衣原体的种类与致病作用特征

由衣原体属细菌引起的感染病，也常被统称为衣原体病（chlamydiosis）。但在人、动物的致病作用，通常是涉及不同种类的衣原体。在致病作用特征方面，也常常是表现出不同的感染类型。

（一）鱼类鳃感染病的病原性衣原体

鱼类鳃感染病的病原性衣原体，已有明确记载和报道的涉及7个菌属的13个种，还多是以“Candidatus”（暂定、候选）的名义描述的。这些衣原体的共同致病作用特征，均是能够引起多种鱼类的鳃上皮囊肿（上皮囊肿病）。相应的具体内容，可见在第7章“鱼类鳃上皮囊肿及其病原性衣原体”中的记述。

（二）人及陆生动物的病原性衣原体

衣原体属的多个种，均具有医学病原学意义。临床最为重要的，包括常可引起沙眼（trachoma）及成人包涵体结膜炎（inclusion conjunctivitis）的沙眼衣原体、引起呼吸道感染（主要是引起肺炎）的肺炎衣原体、引起鹦鹉热（psittacosis）的鹦鹉热衣原体等。其中的鹦鹉热衣原体，除能引起人的鹦鹉热（多是表现为肺炎或非典型肺炎型）外，也能引起多种禽类及其他哺乳类动物的感染病（infectious diseases），属于人畜共患病（zoonoses）的一种重要病原菌[3-6]。

另外是在爬行动物，比利时兽医细菌学实验室禽病科（Department of Avian Diseases，Laboratory for Veterinary Bacteriology；Belgium）的Vanrompay等（1994）报道，一种鹦鹉热衣原体鸟血清型A（avian serovar A *Chlamydia psittaci*）存在于爬行动物（reptiles）欧洲陆龟（Moorish tortoises，*Testudo graeca*），也可构成欧洲陆龟肺炎（pneumonia）的病原菌，这种情况还是比较少见的[9]。

参考文献

［1］ PARTE A C. Bergey’s manual of systematic bacteriology[M]. 2nd ed. New York：Springer，2010：845-877.

［2］ BERGEY’S MANUAL TRUST. Bergey’s manual of systematics of archaea and bacteria[M]. New York：Wiley，2015：*Chlamydia*.

［3］ 贾辅忠，李兰娟. 感染病学[M]. 南京：江苏科学技术出版社，2010：625-629.

［4］ 李梦东. 实用传染病学[M]. 2版. 北京：人民卫生出版社，1998：288-293.

［5］ 房海，史秋梅，陈翠珍，等. 人兽共患细菌病[M]. 北京：中国农业科学技术出版社，2012：677-692.

［6］ 杨正时，房海. 人及动物病原细菌学[M]. 石家庄：河北科学技术出版社，2003：1262-1295.

［7］ 闻玉梅. 现代医学微生物学[M]. 上海：上海医科大学出版社，1999：570-591.

[8] BODETTI T J, JACOBSON E, WAN C, et al. Molecular evidence to support the expansion of the hostrange of *Chlamydophila pneumoniae* to include reptiles as well as humans, horses, koalas and amphibians[J]. Systematic and Applied Microbiology, 2002, 25（1）: 146–152.

[9] VANROMPAY D, DE MEURICHY W, DUCATELLE R, et al. Pneumonia in Moorish tortoises（*Testudo graeca*）associated with avian serovar A *Chlamydia psittaci*[J]. Veterinary Record, 1994, 135（12）: 284–285.

（陈翠珍　撰写）

第七章　鱼类鳃上皮囊肿及其病原性衣原体

衣原体（Chlamydia）的代表菌属是衣原体属（*Chlamydia* Jones，Rake and Stearns，1945 emend. Everett，Bush and Andersen，1999），亦属于真细菌的范畴。真细菌指除古细菌（archaebacteria）、也称为古菌（archaea）或古生菌外，包括：通常所指的细菌，以及立克次氏体（Rickettsia）、支原体（Mycoplasma）、衣原体、螺旋体（Spirochaeta），还有放线菌（Actinomycetes）、蓝细菌（Cyanobacteria）等所有单细胞原核生物（prokaryotes）。所以由衣原体引起的鱼类鳃上皮囊肿（也称上皮囊肿病），也属于鱼类细菌性鳃感染病的范畴。

迄今已有明确记载和报道作为鱼类鳃上皮囊肿（上皮囊肿病）的病原性衣原体（pathogenic Chlamydia），共涉及衣原体目（Chlamydiales，Storz and Page，1971）中不同衣原体科的7个菌属、13种衣原体（表7-1）。其中3个菌属的4个种，为在第二版《伯杰氏系统细菌学手册》第4卷（2010）、《伯杰氏系统古菌和细菌手册》（2015）中有记载的（表7-1中的1～3）；另外的4个属、9个种，是属于作为新菌属、新菌种报道和描述的（表7-1中的4～7）。

表7-1　鱼类鳃上皮囊肿的病原性衣原体

病原菌	感染病类型
伯杰氏细菌分类学手册中记载的鱼类鳃上皮囊肿病原性衣原体（3个菌属4个种）	
棒状衣原体属（Candidatus *Clavichlamydia*）	
栖鲑鱼棒状衣原体（Candidatus *Clavichlamydia salmonicola*）	鳃上皮囊肿
新衣原体属（*Neochlamydia*）	
哈特曼氏阿米巴原虫新衣原体（*Neochlamydia hartmannellae*）	鳃上皮囊肿
鱼衣原体属（Candidatus *Piscichlamydia*）	
鲑鱼鱼衣原体（Candidatus *Piscichlamydia salmonis*）	鳃上皮囊肿
鲤科鱼鱼衣原体（Candidatus *Piscichlamydia cyprinis* sp. nov.）	鳃上皮囊肿

（续表）

病原菌	感染病类型
鱼类鳃上皮囊肿病原性衣原体新属与新种	
放射衣原体属（Candidatus *Actinochlamydia* gen. nov.）	
胡鲶放射衣原体（*Actinochlamydia clariae* sp. nov.）	鳃上皮囊肿
巨鲶放射衣原体（Candidatus *Actinochlamydia pangasiae* sp. nov.）	鳃上皮囊肿
类似衣原体属（Candidatus *Parilichlamydia* gen. nov.）	
鲹类似衣原体（Candidatus *Parilichlamydia carangidicola* sp. nov.）	鳃上皮囊肿
相似衣原体属（Candidatus *Similichlamydia* gen. nov.）	
栖婢鱼相似衣原体（Candidatus *Similichlamydia latridicola* sp. nov.）	鳃上皮囊肿
尖吻鲈相似衣原体（Candidatus *Similichlamydia laticola* sp. nov.）	鳃上皮囊肿
隆头鱼相似衣原体（Candidatus *Similichlamydia labri* sp. nov.）	鳃上皮囊肿
石斑鱼相似衣原体（Candidatus *Similichlamydia epinephelii* sp. nov.）	鳃上皮囊肿
海龙衣原体属（Candidatus *Syngnamydia* gen. nov.）	
威尼斯海龙衣原体（Candidatus *Syngnamydia venezia* sp. nov.）	鳃上皮囊肿
鲑鱼海龙衣原体（Candidatus *Syngnamydia salmonis* sp. nov.）	鳃上皮囊肿

第一节　鱼类鳃上皮囊肿及其病原体的特征与检验

爱尔兰兽医-水产国际奥兰莫尔公司（Vet-Aqua International，Oranmore，Co.Galway，Ireland）的Mitchell和Rodger（2011）在“A review of infectious gill disease in marine salmonid fish”（海洋鲑鱼感染性鳃病研究进展）一文中记述，上皮囊肿是一种感染病，影响鱼鳃，影响皮肤较不常见。指出这种感染病最早是于1920由德国学者Plehn首先在德国的鲤鱼中描述，命名这种疾病为“mucophilosis”（嗜黏液病）；当时认为是由单细胞藻类引起的，并命名这种病原体为鲤鱼嗜黏液菌（*Mucophilus cyprini*）。此后是美国学者Hoffman等（1969）报道在调查蓝鳃太阳鱼（bluegill，*Lepomis macrochirus*）的疾病和死亡情况时，在最初认为这种疾病的病原体是原生动物（protozoans），在最终证实了其病原体是衣原体，同时首先将这种疾病称为上皮囊肿。上皮囊肿在多年来一直是养殖大西洋鲑的关注焦点，关于其重要性的争论也仍在持续[1-3]。

一、鱼类鳃上皮囊肿的基本特征

在鱼类鳃上皮囊肿的基本特征内容中，具体描述了鳃上皮囊肿的基本病症特征、病原体的生长发育与传播、宿主范围、防治措施等。在了解鱼类鳃上皮囊肿及其病原体方面，具有一定的意义。另外是有关衣原体的基本生物学性状，可见在第六章“衣原体目细菌的基本性状与致病作用特征”中的相应记述。

（一）基本病症特征

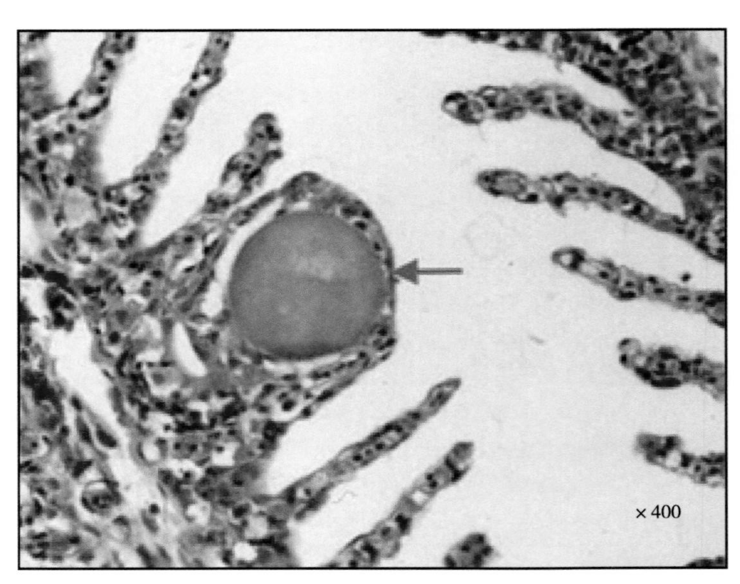

图7-1 金头鲷的鳃上皮囊肿

鱼类鳃的上皮囊肿（上皮囊肿病）、也被称为上皮囊肿感染，也有记述称其为“mucophilosis disease”（嗜黏液病），主要是发生在鳃（也有的连累到皮肤）组织的上皮细胞（epithelium）感染。病鱼的主要病症表现为生长迟缓，鳃盖变形，呼吸困难，鳃片上形成肿囊、鳃片变形[4-6]。图7-1显示在金头鲷鳃的上皮囊肿（箭头示）特征[6]。

鱼类鳃的上皮囊肿是一种温和或增生性疾病（proliferative disease），以鳃的囊肿和（很少）发生在皮肤上皮为特征。鳃部感染引起的临床症状可能包括嗜睡、鳃盖张开（flared opercula）和呼吸急促。囊肿可能表现为透明的、白色至黄色结节（nodules），直径约1mm。一般来说宿主的反应是有限的，很少或没有与感染相关的死亡率；然而，当宿主反应是增生性的情况下，鳃上皮增生可导致呼吸不全，与此相关的死亡率在养殖幼鱼中高达100%。

特征性囊肿是充满病原菌的肥大宿主细胞，扩大的宿主细胞直径从10～400μm不等，经常是被鳞状上皮细胞（squamous epithelial cells）或立方形上皮细胞（cuboidal epithelial cells）包围。目标宿主细胞的性质和起源尚不清楚，囊肿可能起源于单个细胞或是多个细胞的结合，受感染的细胞通常是上皮细胞，然而对感染的描述各不相同。在温和感染（benign infections）中，囊肿周围可能有一层鳞状上皮细胞或立方形上皮细胞；通常情况下，即使存在大量的囊肿，宿主也没有明显的反应。然而在某些情况下可诱导广泛的宿主反应，鳃上皮细胞无限制地增殖、并产生大量黏液，这种情况称为严重感染（hyperinfection）；在增生性感染（proliferative infections，）中，增生的上皮细胞在囊肿周围形成同心层（concentric layers）、并在鳃丝（gill filaments）中增殖，浸润的巨噬细胞和嗜酸性粒细胞与增生组织结合、包围并阻塞鳃丝的毛细血管网，这些情况损害了气体传输和渗透调节过程，可能导致感染的鱼类死亡。然而，细胞反应的诱导似乎并不受鳃丝囊肿大小和位置的影响[4]。

上皮囊肿的病理组织学主要包括单个上皮细胞的膨胀，这些上皮细胞强嗜碱性，其中可以看到大量的球形或球杆状体（coccobacillary bodies），在电子显微镜下可见肿胀的表皮细胞内有大量的生物体。在鉴别上皮囊肿病与增生性上皮性疾病如大菱鲆疱疹病毒感染时，必须特别注意区别[5]。

（二）病原体的生长发育与传播

上皮囊肿的病原体在形态学上是多种多样的，可能代表一组在海洋鱼类和淡水鱼类中产生类似病理学相关的、细胞内的革兰氏阴性细菌。根据它们的超微结构和16R rRNA序列分析，属于衣原体。分子证据表明鱼类致病性衣原体具有高度多样性，可能与宿主特异性有关。由于无法分离出这些衣原体，因此其特征是基于对其超微结构的观察，显示这种衣原体具有多形性。从鱼类描述了两个衣原体的发育周期。一是在非复制的感染性（non-replicating infectious）原体（elementary body，EB）和复制的非感染性（non-infectious）网状体（reticulate body，RB）之间交替的典型发育周期，在这个周期中的感染是由原体附着在宿主细胞上引起的，一旦这些原体进入细胞，它们就会发育并转化为网状形式（reticulate form），网状结构被内吞小泡（endocytic vesicles）内化（internalized）；二是分裂后恢复其原体形式，并通过胞吐（exocytosis）作用从细胞中释放出来。在第二个周期中，细胞内营养阶段（vegetative stages）被鉴定为初期和中期的长细胞，感染形式为小细胞；这两个阶段都能在同一种鱼中发现，表明其发育阶段受鱼类条件、环境因素或受感染细胞类型的影响，而不是衣原体本身的特征。

上皮囊肿的病原体的自然传播方式尚不很清楚，但水平传播（horizontal transmission）显然是存在的。Hoffman等（1969）描述了在蓝鳃太阳鱼和Wolf（1988）描述在金鲫（goldfish，*Carassius auratus*）中进行的试验，证明了直接传播方式。在这两项研究中，在将受感染鱼的鳃组织添加到未受感染鱼的养殖池（aquaria）3 ~ 4周发生上皮囊肿。Paperna（1977）报道，认为受感染的鱼可能通过受污染网（contaminated nets）和其他设备在养殖设施中传播。有研究报道显示与鱼类相关的衣原体和与自由生活阿米巴（free-living amoeba）相关的新衣原体（novel chlamydia）的遗传相似性表明，阿米巴可能是感染的宿主；然而，至今还没有试验证明这一点[4]。

（三）宿主范围

明确对此感染病给予了上皮囊肿命名的，最初由Hoffman等（1969）在蓝鳃太阳鱼中描述，当时将病原体鉴定为贝德逊氏体属（*Bedsonia*）亦即现在分类命名的“*Chlamydia*”（衣原体属）。Molnar和Boros（1981）报道证实了病原体的衣原体样性质（*Chlamydia*-like nature），并确定上皮囊肿与Plehn（1920年）描述的鲤鱼黏液病相同，并认为是由单细胞藻类或真菌引起的，其次是来自温水和冷水环境的淡水、海洋和溯河产卵鱼类（anadromous fish）的疾病报道。迄今为止，已有报道的寄主范围包括超过23个科、50个种，包括鲟科（Acipenseridae）、鲹科（Carangidae）、太阳鱼科（Centrarchidae）、丽鱼科（Cichlidae）、鲤科（Cyprinidae）、鳕科（Gadidae）、美洲鮰科（Ictaluridae）、狼鲈科（Moronidae）、鲻科（Mugilidae）、羊鱼科（Mullidae）、石鲷科（Oplegnathidae）、鲆科（Paralichthyidae）、鲈科（Percidae）等的鱼类。由于尚未建立对上皮囊肿的试验感染模型，因此从调查中推断出宿主易感性，并且由于这些研究的目标与种和有限的样本量，可能被低估。通常认为上皮囊肿是相对温和的，但严重的死亡率与养殖的鱼类感染有关，通常发生在生长早期阶段[4]。

（四）防治措施

有记述Miyaki等（1998）报道利用紫外线对养殖水进行消毒，以控制高体鰤（amberjack，*Seriola dumerili*）和豹纹鳃棘鲈（coral trout，*Plectropomus leopardus*）的上皮囊肿暴发。Goodwin等（2005）报道使用土霉素（25mg/L有效成分），每天两次、连续3d，成功治疗了养殖大口黑鲈的严重上皮囊肿。在早期，Paperna（1977）曾报道用1%氯霉素，治疗孵化场养殖的疑似患有上皮囊肿病的金头鲷幼鱼；虽然没有未经治疗的鱼的信息，但提示感染是使用抗生素治疗控制的。目前还不太可能研制出抗上皮囊肿病的疫苗，其感染通常是温和的，病原表现出多样性，没有一种能够使用细菌培养基进行分离或培养生长。与上皮囊肿病相关的死亡率主要发生在孵化场，在孵化场通过适当的养殖，可以最有效预防和控制上皮囊肿[4]。

二、鱼类鳃上皮囊肿及其病原体的相关研究与描述

鱼类的上皮囊肿，首先由德国学者Plehn（1920）作为鱼类一种新的感染病（嗜黏液病）在德国的鲤鱼中描述；相继是美国学者Hoffman等（1969）报道在蓝鳃太阳鱼的疾病和感染死亡情况，并证实了其病原体是衣原体、同时首先提出了上皮囊肿（上皮囊肿病）的疾病名称。就在几乎与Hoffman等（1969）报道的同时，美国学者Wolke等（1970）报道了发生在美洲条纹狼鲈（striped bass，*Morone saxatilis*）、白鲈（white perch，*Morone americanus*）的鳃上皮囊肿病。此后在多种海水、淡水鱼类，多有发生上皮囊肿的报道。在早期报道通常认为此病不会产生严重危害，是鱼类周年发生的一种慢性病；也有报道显示上皮囊肿可导致病鱼大量死亡，具有严重的危害性，且越来越被引起重视。

对鱼类上皮囊肿的描述至今已是一个世纪的历程，但对其比较详细的描述还是在近几年较多，也有在逐渐认识和明确的过程。就对其病原体来讲，存在一个显著的逐渐认知的过程，迄今可认为达成相对共识的是衣原体类的细菌，但更多是属于在衣原体目内不同菌科、不同菌属的，且在分类学方面尚存在一些有待研究明确的问题，也以致对

其命名多是以暂定（候选）的名义描述的。这里简要的记述，是发生在不同种鱼类的一些报道和描述中具有一定代表性的，这些将有助于对鱼类上皮囊肿及其相应病原体的了解、认识和进一步的研究明确。

（一）Plehn首先报道在鲤鱼的上皮囊肿和对病原体的认识

美国鱼类和野生动物局国家鱼类健康研究实验室的Wolf（1981）在"*Chlamydia* and *Rickettsia* of Fish"（鱼类衣原体和立克次氏体）文中记述，鱼类上皮囊肿最初由Plehn于1920年首先描述，当时认为此病是一种感染过程，排除了原生动物的病因，虽然表达了某种不确定性，但认为该病原性生物体当归类为最低等真菌（lowest fungi），同时将这种假定的病原体命名为鲤鱼嗜黏液菌（*Mucophilus cyprint*），Plehn的描述和插图毫无疑问，在她手头上已有后来称为上皮囊肿的第一手资料。

根据Plehn在巴伐利亚（Bavaria）和中欧地区（Central Europe）发现的鲤鱼鳃病，其囊肿样细胞（cyst like cells）不存在于皮肤、仅限于在鳃中，宿主反应包括大量黏液的产生，因此被称为"*Mucophilus*"（嗜黏液菌）和"hyperplasia of epithelium"（上皮增生）病变。此病在2年龄以下的鲤鱼中表现最为严重，重症感染导致鳃组织广泛增生，对呼吸组织造成机械损伤，只在冬季观察到感染死亡。Plehn报道试验性传播给健康的幼鲤鱼，将健康幼鲤鱼与严重感染的鱼放在同一水族箱中，以验证疾病的自由传播。

在Plehn的*Praktikum der Fischkrankheiten*《鱼类疾病实践》（1924）中，有一个简短的章节描述和关于"*Mucophilus cyprint*"（鲤鱼嗜黏液菌）的插图，但在随后Plehn认为这个生物是一种藻类，这一解释可能是因为她在最初的描述注意到了囊肿呈淡黄色（yellowish color）。Wolf报道在蓝鳃鱼（bluegills）湿的上皮囊肿细胞中，也发现了这种淡黄色的囊肿[2,7-8]。

值此也简要记述德国动物学家（German zoologist）、博物学家（eine deutsche Naturwissenschaftlerin）和鱼类生物学家（Fische spezialisierte Biologin），也是鱼类病理学奠基人（founders of fish pathology）和病原微生物（pathogener mikroorganismen）的主要发现者之一的玛丽安·普莱恩（Marianne Plehn）。普莱恩（图7-2）于1863年出生在普鲁士卢博钦即现今的卢博钦（Lubochin，Provinz Preußen；heute：Lubocheń），1946年卒于格拉夫拉（Grafrath）。普莱恩是第一位在苏黎世联邦理工学院（ETH Zurich）获得博士学位的女性，也是于1914年在巴伐利亚州（Bavaria）被任命为教授的第一位女性。1898年，普莱恩被任命为巴伐利亚慕尼黑兽医学院（School of Veterinary Medicine in Munich，Bavaria）巴伐利亚生物实验研究所（Bavarian Biological Experimental Institute）的助理讲师（assistant lecturer），在那里与德国渔业科学家（German fishery scientist）、鱼类病理学奠基人布鲁诺·霍弗（Bruno Hofer）

合作研究。自1898年以来，一直在慕尼黑皇家兽医大学（Königlichen Tierärztlichen Hochschule München）即现慕尼黑LMU兽医学院（Tiermedizinischen Fakultät der LMU in München）研究鱼类疾病；1909年，被提升为斯坦伯格研究站（Starnberg research station）的负责人（Konservatorin；curator）。当时在德国的女性没有资格担任讲师（lecturers），普莱恩因对鱼类病理学的杰出贡献，于1914年被巴伐利亚国王路德维希三世（King Ludwig Ⅲ of Bavaria）授予皇家教授（title royal professor），这使她成为巴伐利亚州首位获教授职位的女性。但是教学证书与该教授头衔没有关系，妇女只有在1919年获得这种资格才有可能。普莱恩没有寻求这种资格，相反是继续专注于巴伐利亚生物实验研究所的研究工作，在1920年发表了皮肤和鳃有关两种寄生生物（parasites）的报道，即“*Ichthyochytrium vulgare*”（普通鱼壶菌）和“*Mucophilus cyprini*”（鲤鱼嗜黏液菌）。普莱恩对鱼类疾病的研究广度决定了该领域的科学研究，她发表了关于该主题方面的114篇科学论文。

图7-2　普莱恩

还有德国渔业科学家布鲁诺·霍弗，被誉为鱼类病理学的奠基人。霍弗（图7-3）于1861年出生在东普鲁士（East Prussia）、现今的波兰（Poland）莱茵（Rhein），1916年卒于慕尼黑（Munich）。霍弗于1887年获博士学位，之后在慕尼黑动物研究所（Zoological Institute of Munich）获得了大学讲师的职位，1894年被任命为慕尼黑兽医大学（Veterinary University of Munich）鱼类学讲师，1898年被授予动物学和鱼类学副教授、1904年被授予教授职位。在他的职业生涯中，他曾是“巴伐利亚皇家渔业研究站”（Royal Bavarian Research Station for Fisheries）和“巴伐利亚皇家养鱼研究站”（Royal Bavarian Research Station for Fish-Farming）的主任（director），“巴伐利亚渔民协会”（Bavarian Association of Fishermen）的副主席。霍弗在鱼类寄生虫学和病理学领域尤其成就卓越，撰写了有关该领域的综合德文本《鱼类病理学》（1904）、《鱼类疾病手册》（1904）、《中欧淡水鱼》（1908）等著作和200多个出版物，最为重要的出版物之一是“taxonomic description of the

图7-3　霍弗

myxosporean parasite，Myxobolus cerebralis”《脑黏液孢子虫的分类描述》。霍弗还因其在环境保护方面的早期工作而闻名，特别是在水质和饮用水资源保护方面。

（二）Hoffman等报道蓝鳃太阳鱼的上皮囊肿和分离病原体

美国运动渔业和野生动物局东部鱼类疾病实验室（Bureau of Sport Fisheries and Wildlife，Eastern Fish Disease Laboratory；Kearneysville，West Virginia）的Hoffman、Dunbar、Wolf和瑞士伯尔尼大学卫生与医学微生物研究所（Institute of Hygiene and Medical Microbiology，University of Bern，Bern，Switzerland）的Zwillenberg（1969）报道，首先描述了发生在蓝鳃太阳鱼的上皮囊肿。当时报道是Hoffman于1960年，在蓝鳃太阳鱼幼鱼的鳍和鳃上发现了一种小的白色囊肿样物（cyst-like objects），虽然肉眼不易直接观察到、但在放大10倍的情况下即清晰可见。起初被认为是由原生动物（protozoan）引起的，病原形态特征为圆形至细长的（直径在15～85μm），位于上皮细胞中、也有的位于上皮细胞或黏液细胞中，经仔细观察确认其并非寄生虫类生物，很明显的是这种具有特征性的结构物使宿主鱼的细胞显著增大。在不是通过组织切片观察的情况下，这种被感染细胞难以与Wolf等（1966）报道由病毒引起的淋巴囊肿细胞（lymphocystis cells）相区分；实际上这种新发现的感染病是独特的，容易与由病毒引起的淋巴囊肿病（lymphocystis disease）相区别。报道者基于这种新的感染病侵害的是上皮细胞、认为有必要将此病与淋巴囊肿病区分开来，因此提出了对该病命名为上皮囊肿，相应受侵害的上皮细胞称为上皮囊肿细胞。在一些蓝鳃太阳鱼很少有异常的细胞，而在其他的有很多、有时覆盖几乎整个躯体；这些细胞在鱼体的分布位置有很大的不同，然而有在背侧面（特别是在鳍基部）上出现更多的趋势，但在肛门、尾鳍和鳃有时也是相似的。在5年的时间里，对一些小的（体长2.5～7.5cm）蓝鳃太阳鱼进行了初步观察，但仅在蓝鳃太阳鱼观察到了这种上皮囊肿细胞，尽管也有那些鳟鱼（trouts）、各种鲤科鱼类（cyprinidae）、亚口鱼科（catostomidas）、杜父鱼科（cottidae）、叉尾鮰科（ictaluridae）就在相邻的水池中。最初的观察是从西弗吉尼亚卡尼斯维尔莱特沃恩国家鱼类孵化场（Leetown National Fish Hatchery，Kearneysville，West Virginia）的鱼，在后来是在一些地区农场池塘养殖的鱼；大多数观察结果是蓝鳃太阳鱼持续在12.5℃养殖的，但有3组被观察的鱼是保持在20～28℃的、也显示存在一些上皮囊肿细胞。

上皮囊肿是发生在蓝鳃太阳鱼的一种新的、温和和慢性型感染病，组织病理学与病毒性淋巴囊肿病（viral disease lymphocystis）不同。上皮囊肿的病症是皮肤和鳃的上皮细胞膨大、充满嗜碱性颗粒（basophilic granules），经以电子显微镜观察这些颗粒被证实具有在当时的“*Bedsonia*”（贝德逊氏体属）亦即现在分类命名的衣原体属、“*Miyagawanella*”（宫川氏体属）亦即现在分类命名的支原体属（*Mycoplasma* Nowak

1929）细菌的形态特征；并被认为是一种属于贝德逊氏体属（即现在分类命名的衣原体属）细菌的成员［Chlamydiae or psittacosis/lymphogranuloma-venereum/trachoma（衣原体科或鹦鹉热/性病淋巴肉芽肿/沙眼）］。在当时以蓝鳃太阳鱼成纤维细胞系BF-2（bluegill fibroblast cell line BF-2）进行分离，结果初代培养发现产生了类似的细胞病变，但这种病原体在后来的传代过程中却消失了，取而代之的情况是传代中存在病毒诱发了特征性的梭形细胞病变效应（fusiform cytopathic effect）；这种病毒对虹鳟细胞系RTG-2（rainbow trout cell line RTG-2）也能够产生细胞病变，但将这种感染细胞培养物接种于幼龄蓝鳃太阳鱼不能引起可识别的感染病，而接种较大量的、非病毒生物体（non-viral organism）则几乎必然是上皮囊肿的病原体。因此，当时被推测病毒在上皮囊肿中也是有病原作用的，超薄切片的电子显微镜检查显示这种病毒在形态上类似于流感病毒（influenza virus）。

组织病理学检验结果显示上皮囊肿的细胞膨大、含有嗜碱性的包涵体。包涵体由细小的（0.5～2.0μm）嗜碱性颗粒（basophilic granules）组成，在较晚期的病变中呈液泡（vacuolated）状；通常情况下，液泡出现在包涵体的边缘附近。包涵体的发育，认为可能始于仅有少量嗜碱性物质颗粒聚集在上皮细胞的细胞质中，随着包涵体的增大，细胞核被挤到一边。

Hoffman等（1969）报道基于在鱼进行的感染试验，认为上皮囊肿有可能是一种感染病，并据他们所知这种感染病在以前未曾被描述过，其与淋巴囊肿病也有轻度相似之处。但其特征是受侵害的宿主细胞增大，上皮囊肿细胞通常比淋巴囊肿病细胞小得多，通常需要放大倍数才能看到，此外是上皮囊肿病通常是发生在鳃组织中。另外是基于电子显微镜观察的结果，认为上皮囊肿病的病原体不太可能是“Rickettsia”（立克次体）或“Mycoplasma”（支原体）类的微生物[3]。

图7-4　蓝鳃太阳鱼鳍上皮囊肿细胞

图7-4显示在小蓝鳃太阳鱼的鳍组织表层上存在大量的上皮囊肿细胞，如同小的白色物（small white objects）。

图7-5为上皮囊肿细胞形态，图7-5A显示大的（直径为55μm）、发育成熟的上皮囊肿细胞的组织切片，增大的细胞的核位于细胞的边缘，细胞质区域充满大量嗜碱性、均匀大小的颗粒；图7-5B显示在鳃片（gill lamella）的一个小上皮囊肿细胞，可能是发育的早期阶段；图7-5C显示一个成熟的上皮囊肿细胞（星号示），有丝分裂图（箭头示）指示基底层中的活跃增殖、上皮明显增厚，可能是对上皮囊肿的反应。

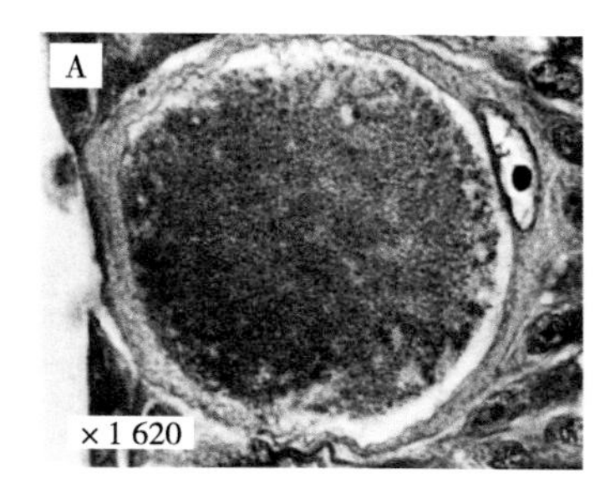

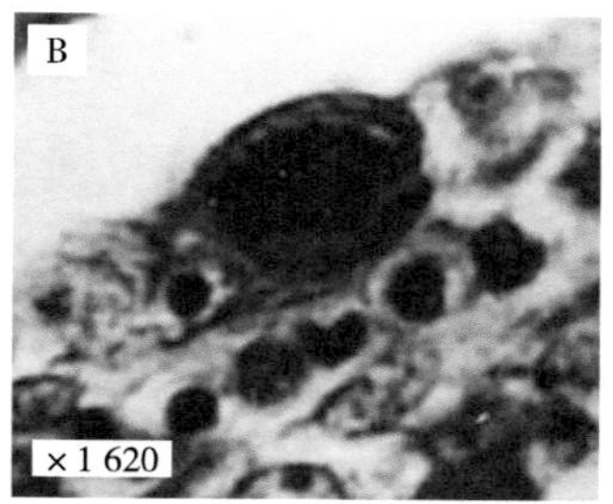

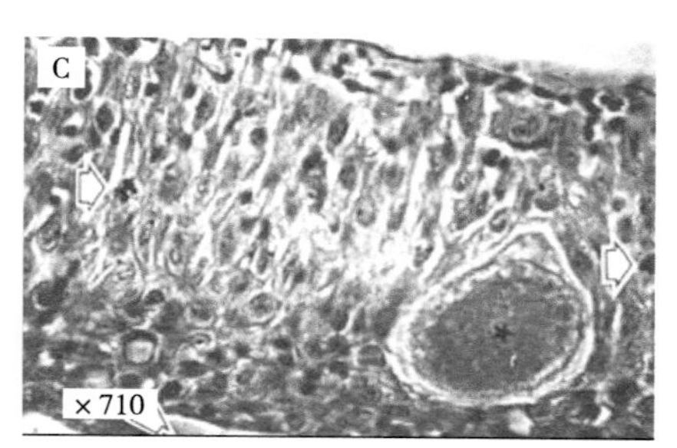

图7-5　上皮囊肿细胞形态

图7-6为薄切片显示了三个相邻的上皮囊肿细胞的一部分，细胞外围的皮层（cortex）被一层膜从细胞内大量的生物体中分离出来。

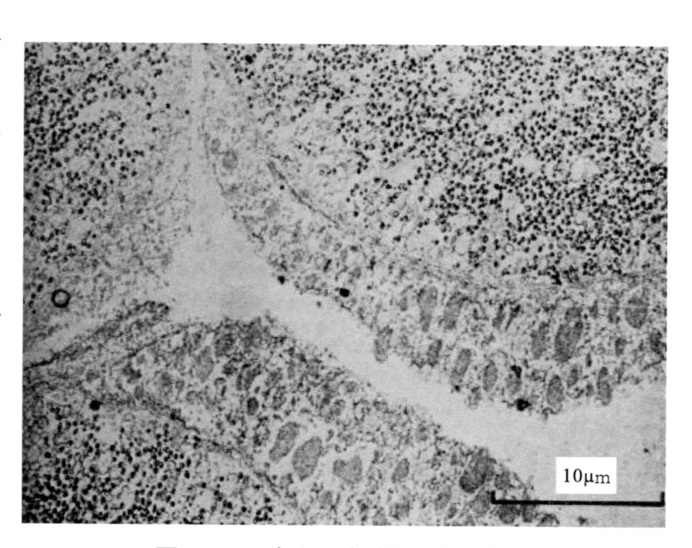

图7-6　三个上皮囊肿细胞的一部分

图7-7显示在上皮囊肿细胞中的细胞内生物（intrac-ellular organisms），图7-7A显示在一个上皮囊肿细胞中的细胞内生物，注意较大的膜囊（membranous sacs）和致密的团块（dense masses）；图7-7B显示在上皮囊肿细胞中的细胞内生物，除了常见的包含核糖体（containing ribosomes）形式和偏心的致密团块，还可以看到一些较大的形式且核糖体浓度较低；图7-7C显示在上皮囊肿细胞中的细胞内生物，生物体被一个单位膜（unit membrane）所包围[3]。

值此注明的是最初由美国东部鱼类疾病实验室（Eastern Fish Disease Laboratory; Leetown，Kearneysville，West Virginia）的Wolf等（1966）报道的淋巴囊肿病，其病毒即现在已明确的淋巴囊肿病病毒（*lymphocystis disease virus*，LCDV），为虹彩病毒科（Iridoviridae）、淋巴囊肿病毒属（*Lymphocystivirus*）的大型、六边形、二十面体对称、有囊膜的双链DNA病毒[9]。

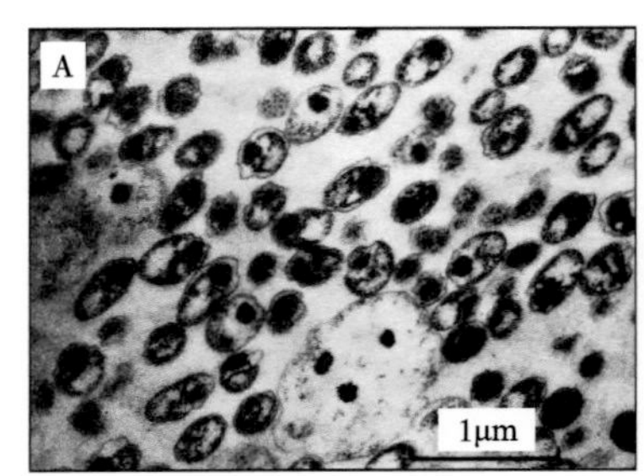

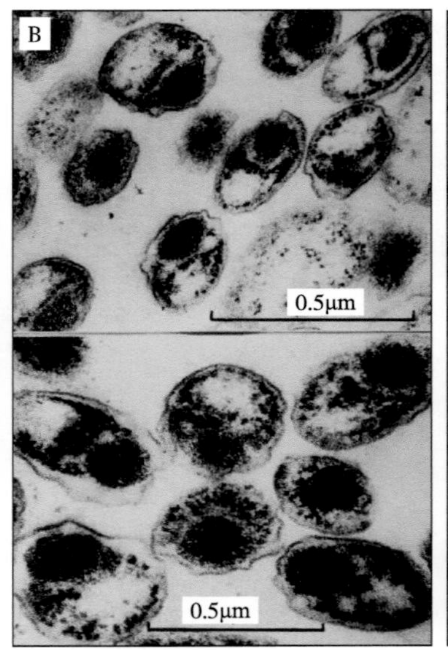

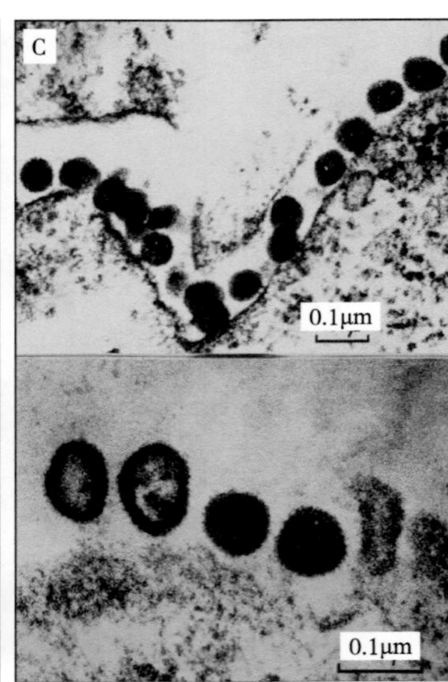

图7–7　上皮囊肿细胞中的细胞内生物

（三）鲈鱼的上皮囊肿

鲈鱼感染衣原体发生的上皮囊肿，涉及条纹狼鲈、白鲈、尖吻鲈（barr-amundi，*Lates calcarifer*）、欧洲舌齿鲈等多种，也是比较容易被感染的鱼类。

1. Wolke等报道条纹狼鲈和白鲈的上皮囊肿病变

美国康涅狄格大学（Department of Animal Diseases，University of Connecticut；Storrs，USA）的Wolke等（1970）报道，对在康涅狄格泰晤士河（Thames River，Connecticut）的溯河性硬骨鱼类（anadromous teleosts）美洲条纹狼鲈、白鲈发生的鳃上皮囊肿，进行了病理学研究[10]。

在大体病理学方面，先后检验6条病鱼（其中美洲条纹狼鲈4条、白鲈2条）。例1，在1969年3月检验1条雌性美洲条纹狼鲈长40.6cm，源于泰晤士河的蒙特维尔发电站（Montville Power House）地区，由康涅狄格大学动物疾病学系（Department of Animal Diseases，University of Connecticut）检验。体表病症表现在鳍和皮肤有隆起的颗粒（raised granules），约10个白色1.0mm的；鳃片上的隆起区域，除皮炎（dermatitis）外、未观察到其他大体病变；初步诊断为淋巴囊肿病。例2，在1969年4月检验1条雄性美洲条纹狼鲈长38.1cm，源于泰晤士河的蒙特维尔发电站地区，由康涅狄格大学动物疾病学系检验，表现为颗粒状皮炎（granular dermatitis），发现主要大体病变为在鳃存在的寄生虫有单殖吸虫（monogenetic trematodes）、多后盘目（Polyopisthocotylea）寄生虫、后肠段浆膜下存在隆起的红色区域（0.5 ~ 1.0mm）、棘头虫病（acanthocephaliasis）、纤维蛋白性腹膜炎（fibrinous peritonitis）、在鳃片和表皮存在5～10个白色隆起区域显示淋巴囊肿病。例3～例6：在1969年11月检验4条，其中2条雄性美洲条纹狼鲈（分别长50.5cm和44.0cm）、2条雌性白鲈（分别长29.7cm和44.0cm），源于在康涅狄格斯托达德桥（Stoddard Bridge，Connecticut）区域捕获、为国家鱼类疾病调查项目的部分内容；在其中的例3（美洲条纹狼鲈）、例5和例6（白鲈）均未见明显肉眼病变，在例4（美洲条纹狼鲈）的鳃存在单殖吸虫、鳃片存在白色小病灶、肠道棘头虫病（intestinal acanthocephaliasis）。

在组织病理学方面，2条美洲条纹狼鲈（例1和例2）表现呈颗粒状、粉红白色物覆盖皮肤，具有淋巴囊肿病毒感染特征的微小病灶（microscopic lesions）；其中的例2，还有慢性增生性支气管炎（chronic proliferative branchitis）、鳃毛虫病（branchial trichodiniasis）、肉芽肿性肠炎（granulomatous enteritis）、腹膜炎（peritonitis）的病变。在所有被检鱼中，在鳃的初级鳃瓣上皮细胞内菌存在一种生物体，表现是在早期阶段为一些小的（直径在0.5～1.0μm）、嗜碱性球杆状体（basophilic，coccobacillary bodies），存在于内衬细胞（lining cell）的细胞质中；随着这种小生物体数量的增多，受影响的细胞变得肥大、细胞核移位，含有这种增殖性生物体（proliferating organisms）的细胞通常直径可增加到50～60μm；在这些肥大细胞（hypertrophying cells）的某些区域，似乎是从基底膜（basement membrane）出现芽殖，可能由细小的细胞质柄（thin cytoplasmic stalk）附着的中间形式（intermediate forms）。因此，疾病表现为两种方式之一，在鳃片中均含有这种游离存在生物体，或在受侵害的鳃片顶端存在大的（50μm）、密集的嗜碱性生物聚集物，围绕这些聚集体的是透明的、嗜酸性的基底层（其厚度不同），包含多个细胞核，上皮层的厚度为3～4个细胞的、有边界的完整结构。

电镜观察发现在鳃片顶端、大的嗜碱性聚集物内，存在大量直径在0.26～1.82μm的生物体，显示电子致密结构、形状不规则。表现上皮囊肿的生物体以4种形式之一存在：一种大的如同始体、如同一种中间体形式或如同一种原体；一种大的生物体；一种大的囊泡（vesicular）；一种直径在0.99～1.82μm不等的多形体、具有明显的细胞壁和不明显的细胞质膜。在生物体内，偶尔存在核糖体颗粒和可能的DNA链；在罕见的情况下，也存在偏心电子致密区。在4种形态类型中，巨大的生物体数量最少。这种生物体的繁殖似乎通过二分裂（binary fission）方式，在一个实例中观察到4个中间体形式、其中的一个具有两个致密的中心区域，从一个大的生物体中芽殖；然而在大多数情况下，观察到导致哑铃形中间体形式（dumbbell-shaped intermediate forms）的二分裂，见不到原体存在分裂现象。

应用光学显微镜和电子显微镜观察方法，对6例美洲条纹狼鲈和白鲈的上皮囊肿病的鳃检验，通过电镜观察可见其病原体存在于鳃片（lamellae）上皮细胞、导致细胞肥大，这种病原体的形态特征类似于贝德逊氏体属（即现在的衣原体属）的成员。

图7-8显示上皮囊肿及生物体。图7-8A（苏木精-伊红染色）显示在两个上皮细胞的细胞质内的嗜碱性（basophilic）、上皮囊肿的球杆状体（coccobacillary bodies）（箭头示）；图7-8B（苏木精-伊红染色）显示生物体（organisms）在鳃片间的上皮细胞内相互竞争（within epithelial cells frce）（箭头示）；图7-8C（苏木精-伊红染色）显示在鳃片尖端，密集的生物体（densely packed organisms）聚集；图7-8D显示在受感染上皮细胞的胞质内，大量的生物体；图7-8E切片样本显示透明基底层（hyaline basement lamina）含有多个细胞核，并以上皮细胞为界；图7-8F由结缔组织纤维（connective tissue fibres）和细胞器（cellular organelles）组成的基底层（箭头示），左边的是上皮细胞，片层的外表面向左。图7-8G显示在上皮囊肿中一些生殖形式的生物体，其1为巨大体（giant body），2为相链接的、四分哑铃形（four dividing dumbbell-shaped）的中间体形式（其中的一个具有两个致密的中心区域）；图7-8H显示在上皮囊肿中一些生殖形式的生物体，其1为上皮囊肿病原体的哑铃形始体即网状体（上箭头示）和中间体形式、外层的细胞壁和细胞质膜（下箭头示），2为可见附着于巨大体上的原体[10]。

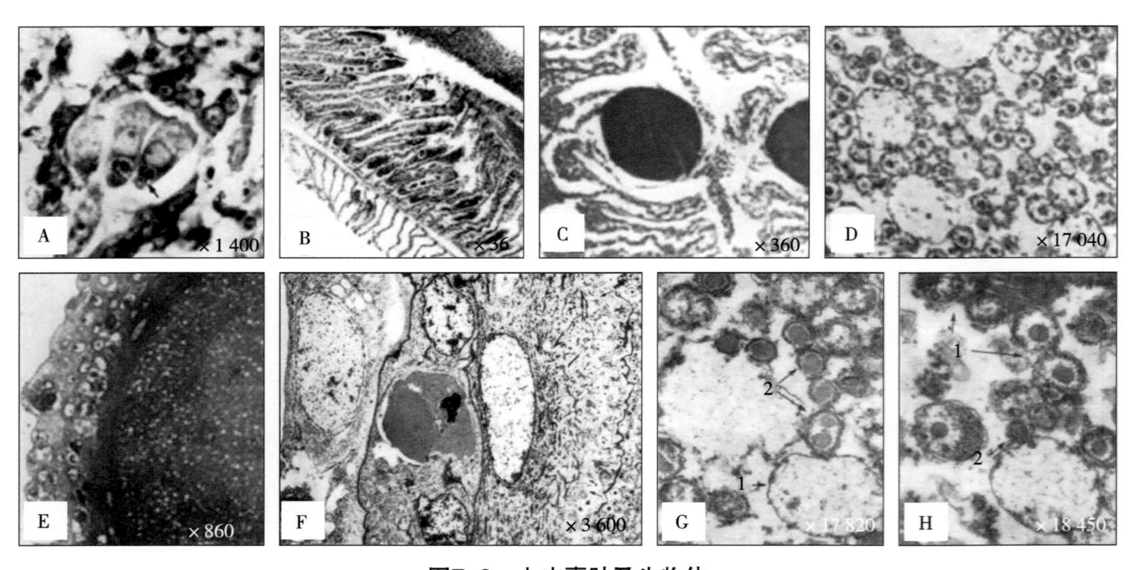

图7-8　上皮囊肿及生物体

2. Paperna和Zwerner报道美洲条纹狼鲈和白鲈的上皮囊肿

美国弗吉尼亚海洋科学研究所（Virginia Institute of Marine Science；Gloucester Point，Virginia，USA）的Paperna［当前地址：以色列海因茨-斯坦尼茨海洋生物实验室（Present address：Heinz Steinitz Marine Biology Laboratory；Elat，Israel）］和

Zwerner（1976）报道对切萨皮克湾下游（lower Chesapeake Bay）的美洲条纹狼鲈，于1972年5月至1973年5月的每月进行一次调查，以确定是否存在寄生生物（Parasites）和疾病，以及对美洲条纹狼鲈在河口种群（estuarine populations）的影响。采用标准的尸检和组织学方法，对共采集到的654条鱼（其中1年龄以上的514条、当年的幼鱼140条）进行了检查。对其他种鱼类进行了研究，以明确美洲条纹狼鲈寄生虫的特异性，以及明确其他种鱼类是否为美洲条纹狼鲈病原体的宿主。结果从美洲条纹狼鲈中鉴定出了45种从病毒到后生动物（metazoa）的寄生性病原体，一些严重感染是与一定的病理状体（pathological conditions）相关联的。

研究中的1年龄以上的鱼，主要来自约克河（York river），每月采集15～20条；其次是从詹姆斯河（James river）、拉帕汉诺克河（Rappahannock river）、波托马克河（Potomac river）和切萨皮克湾下游不定期采集的。此外，还从弗吉尼亚州钦科泰格（Chincoteague，Virginia）商业性渔业（commercial fishery）中，收集了大西洋条纹狼鲈（Atlantic striped bass）。

就上皮囊肿病来讲，发现在美洲条纹狼鲈、白鲈中均存在。病症表现是在鳃丝（gill filaments）和鳃弓（gill arches）上均发现了白色病灶，在美洲条纹狼鲈存在两种不同大小的病变，即在约克河上游（upper York river）的幼鱼中存在的小结节（直径在0.05～0.1mm），在约克河下游（lower York river）的1年龄以上鱼中存在的大结节（直径在0.4～0.8mm）。图7-9显示美洲条纹狼鲈鳃感染的上皮囊肿大型结节（large type of epitheliocystis nodules）（箭头示，E）[11]。

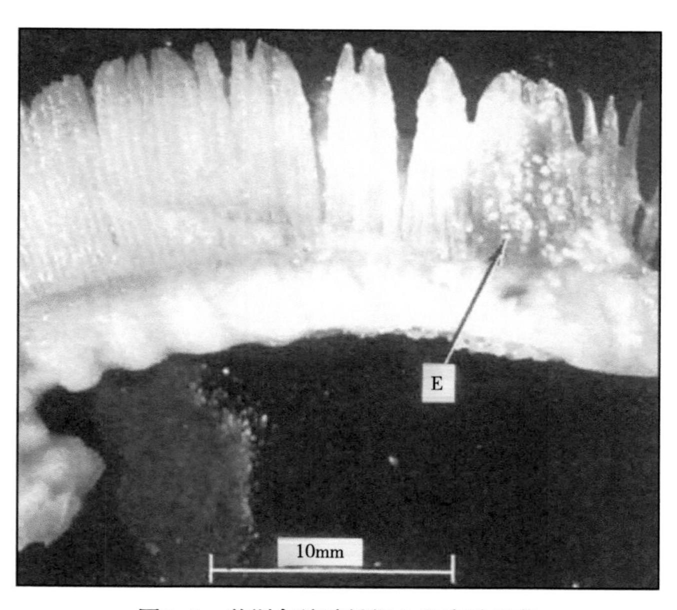

图7-9　美洲条纹狼鲈鳃上皮囊肿结节

3. Zachary和Paperna报道美洲条纹狼鲈上皮囊肿的病变特征

美国弗吉尼亚海洋科学研究所的Zachary［当前地址：美国马里兰大学（Present address：Department of Microbiology，University of Maryland，College Park，USA）］和Paperna（当前地址：以色列海因茨-斯坦尼茨海洋生物实验室）（1977）报道，采用光学显微镜和电子显微镜方法，比较详细地观察研究了切萨皮克湾（Chesapeake Bay）

美洲条纹狼鲈的鳃上皮囊肿。发现在一个被感染宿主上的所有包囊（capsules）处于同一发育阶段，上皮囊泡感染表现同步。这种感染病于开始出现在鳃片（gill lamella）的单个细胞上、逐渐扩大形成一个大的囊肿，由一个厚的上皮细胞来源的细胞包囊（cellular capsule）所包裹。在上皮囊肿包涵体（epitheliocystis inclusion）中，充满在形态和大小方面如同类立克次氏体（*Rickettsia*-like organism）的菌细胞；然而，这种类立克次氏体感染是非典型的，因为细胞具有致密的中心拟核（nucleoid）区域，并且它们是在与宿主细胞质分离的包涵体内发育[12]。

图7-10显示在美洲条纹狼鲈鳃上的小型上皮囊肿包囊（epitheliocystis capsules）。图7-11显示鳃上大型的上皮囊肿包囊。图7-12显示鳃片细胞的早期感染（箭头示），苏木精-伊红染色。图7-13为鳃片内衬细胞（gill lamella lining cell）椭圆形的上皮囊肿感染（箭头示），苏木精-伊红染色。

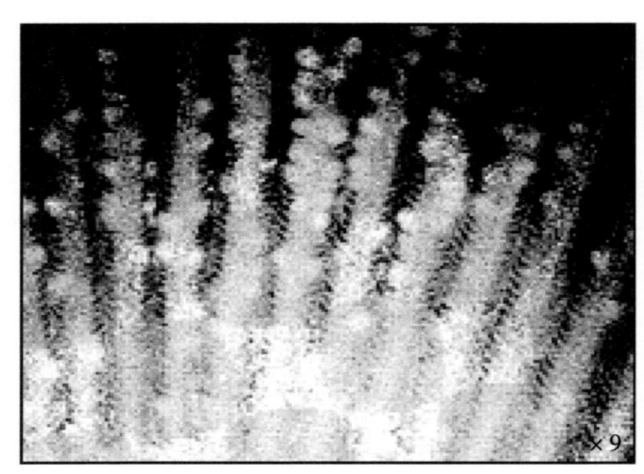

图7-10　上皮囊肿小型包囊

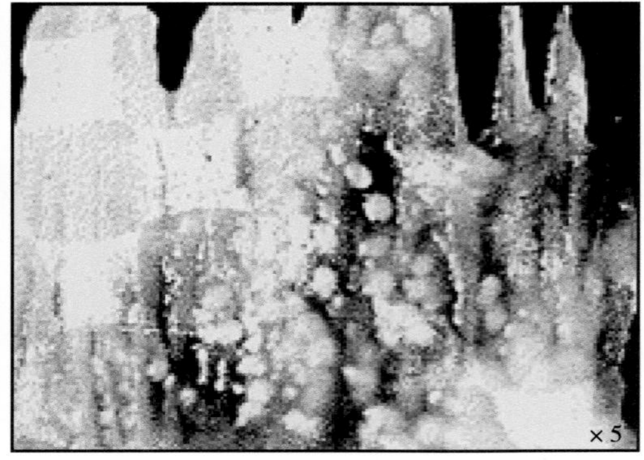

图7-11　上皮囊肿大型包囊

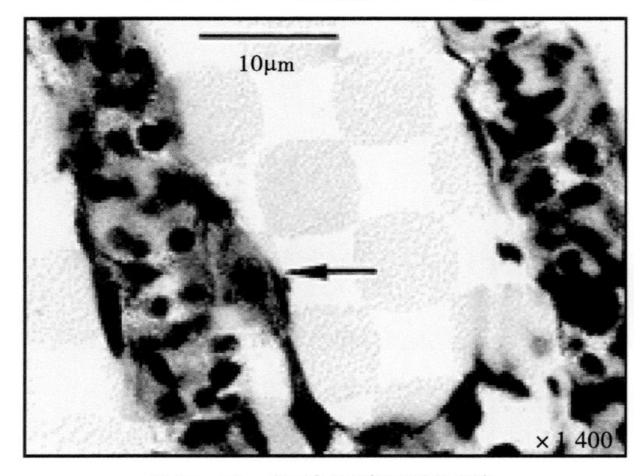

图7-12　鳃片细胞早期感染

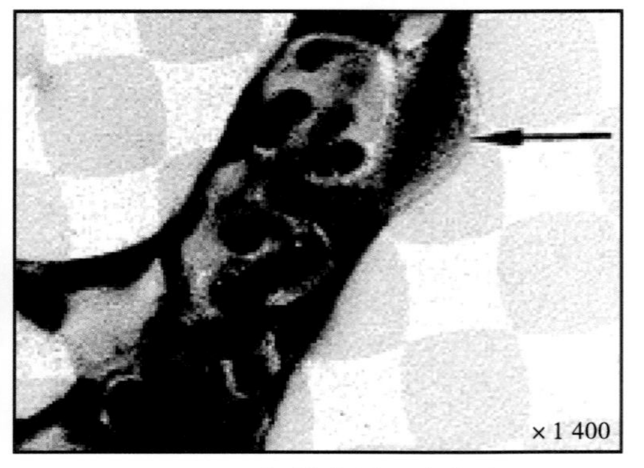

图7-13　鳃片内衬细胞囊肿

图7-14（苏木精-伊红染色）显示鳃小瓣细胞（gill lamella cell）的囊肿。图7-14A为鳃小瓣细胞椭圆形的上皮囊肿感染，明显可见宿主细胞核（N）；图7-14B为鳃小瓣细胞上皮囊肿感染，有液泡（vacuole，V）；图7-14C为鳃小瓣细胞上皮囊肿在早期感染的圆形细胞阶段；图7-14D为圆形的上皮囊肿感染细胞在发育过程中明显从鳃小瓣分

开，可见宿主细胞核（N）。

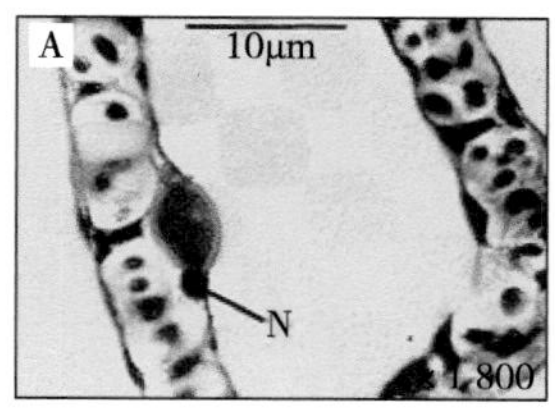

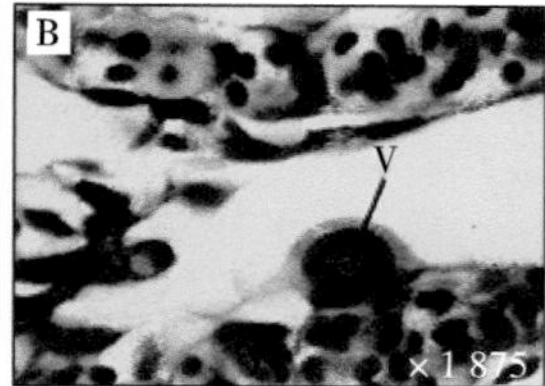

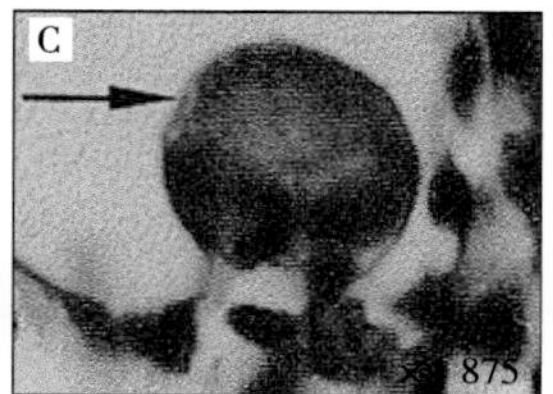

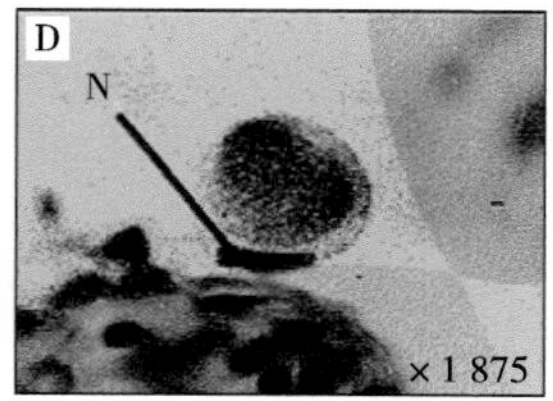

图7-14　鳃小瓣细胞的囊肿

图7-15为鳃丝（gill filament）中的圆形感染细胞，显示宿主细胞核（N）和上皮囊肿包涵体（E），苏木精-伊红染色。图7-16显示上皮囊肿细胞发育的早期包囊阶段（encapsulation stage），苏木精-伊红染色。图7-17为放大的美洲条纹狼鲈的鳃上皮囊肿包囊（epitheliocystis cyst），苏木精-伊红染色。

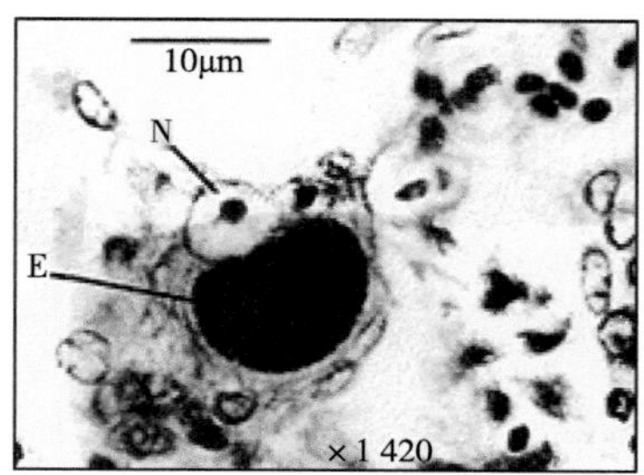

图7-15　鳃丝的囊肿

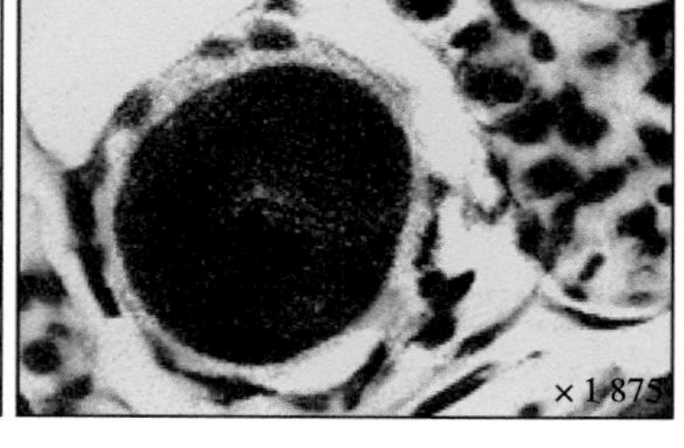

图7-16　囊肿细胞发育的早期

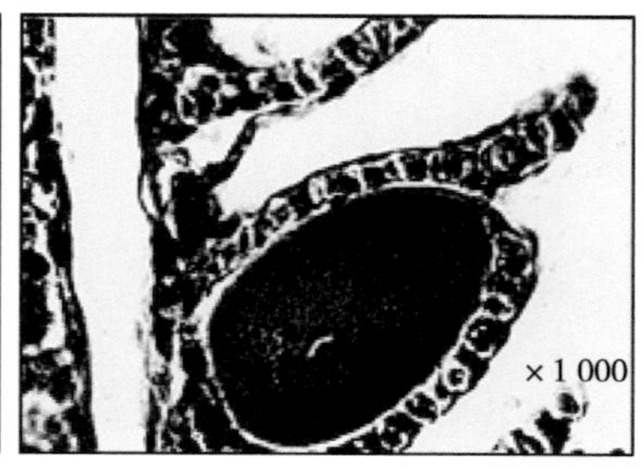

图7-17　鳃上皮囊肿包囊

图7-18为发育成熟的、大的上皮囊肿包囊，显示上皮囊肿包涵体（E）、血腔隙（blood lacuna，L）和上皮增生（epithelial proliferation，P），Van Gieson胶原染色（Van Gieson's collagen stain）。图7-19为发育成熟的上皮囊肿包囊的切面，显示血腔隙（L）、核晕（nuclear corona，N）、嗜酸性层（acidophilic lamina，M）、鳃片（gill lamella，G），Van Gieson胶原染色。图7-20为最后发育阶段，显示上皮囊肿包囊与鳃组织松散结合，苏木精-伊红染色。图7-21为发育成熟的上皮囊肿包囊超薄切片。图7-21A显示包囊和包囊壁边缘；图7-21B显示上皮囊肿包囊仍与鳃组织相连接（G），用双箭头示出上皮囊肿细胞通过二分裂明显分开，在横截面（X）和纵切面（L）中可见质壁分离细胞（plasmolyzed cells）；图7-21C显示上皮囊肿包囊周边区的超薄切片，在横截面（X）和纵切面（L）中可见显示胞内体（inner cell body）的质壁分离细胞，箭头表示细胞内膜（inner membranes）破裂；图7-21D为超薄切片显示上皮囊肿包囊中心区域，细胞不发生质壁分离[12]。

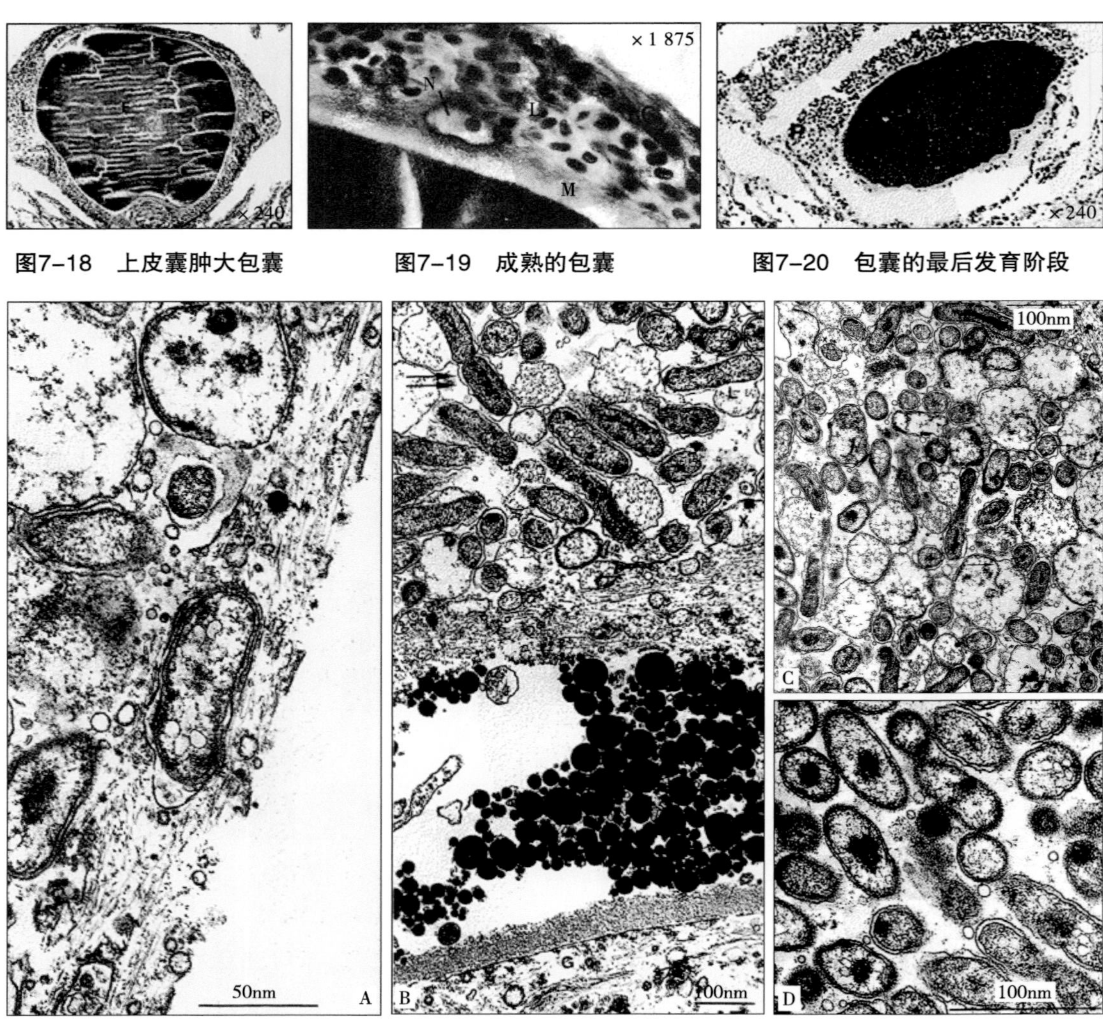

图7-18　上皮囊肿大包囊

图7-19　成熟的包囊

图7-20　包囊的最后发育阶段

图7-21　包囊的超薄切片

4. Anderson和Prior报道尖吻鲈上皮囊肿的病变特征

澳大利亚第一产业部昆士兰奥诺翁巴兽医实验室（Oonoonba Veterinary Laboratory，Department of Primary Industries；Townsville，Queensland）的Anderson和动物研究所（Animal Research Institute，Department of Primary Industries，Yeerongpilly，Queensland）的Prior（1992）报道，由衣原体侵入鳃或皮肤上皮细胞引起的上皮囊肿，是一种来自世界各地许多鱼类的感染病。此报道描述了在澳大利亚养殖的鳍鱼（fin fish）中发生的上皮样囊肿，检测到上皮囊肿的鱼是于10月下旬在昆士兰北部韦帕（Weipa，northem Queensland）捕获的野生亲鱼（wild-caught broodstockat）、产卵（spawning）尖吻鲈，首次被检测为8周龄鱼种（fingerlings），检验发现在鱼的坏死鳃丝上有屈挠杆菌样细菌（*Flexibacter*-like bacteria）。

在检验的6条8周龄鱼中的5条、8条12周龄鱼中的6条，鳃丝和片层（lamellar）显示上皮细胞增生（hypertrophied cells）的较少，在这些细胞的细胞质中含有直径10～32μm的嗜碱性包涵体（basophilic inclusions），有明显的嗜酸性壁（eosinophilic wall）和颗粒状物（granular）。

在电子显微镜下观察可见细胞质包涵体是膜结合（membrane bound）的，包含许多0.28～0.58μm宽的双（三）层膜（double trilaminar membranes）的多形体（pleomorphic bodies）。有些小体是圆形的，有明显的电子致密拟核（electron-dense nucleoid）和半透明的核周区，或者是有一个均匀的颗粒状细胞质（granular cytoplasm），或者是中央为半透明的；也有一些细长形式的，细胞质半透明，在靠近壁的地方有一个颗粒状物质区。这些细胞体类似于已有描述的上皮囊肿病原生物体发育阶段的圆形和细长细胞，基于形态学和发育学证据倾向于将这种生物体归类为衣原体[13]。

图7-22为上皮囊肿组织的电子显微镜图片。图7-22A显示在细胞膜结合（箭头示）细胞质内囊肿中，具有双层膜（double membranes）的圆形细胞形态（round cell forms）；图7-22B显示细长细胞形态（elongated cell forms）[13]。

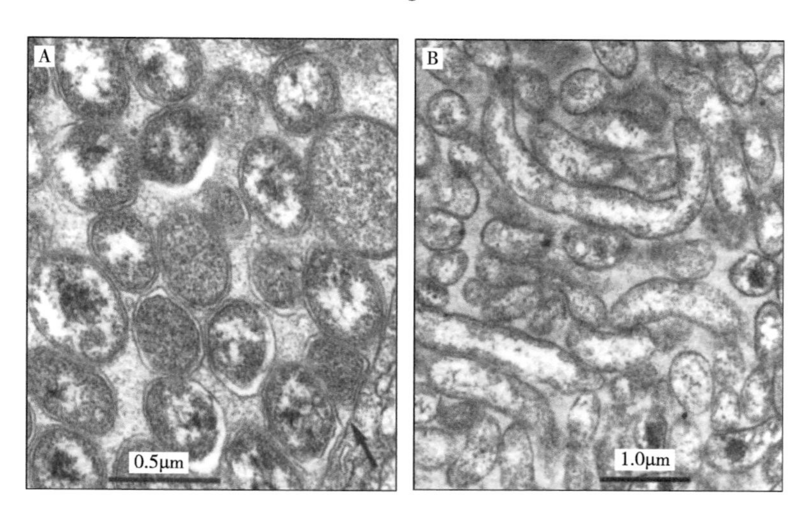

图7-22　上皮囊肿的电镜图片

5. Crespo等报道欧洲舌齿鲈上皮囊肿的病变特征

西班牙巴塞罗那自治大学（Universitat Autònoma de Barcelona；Bellaterra，Barcelona，Spain）的Crespo等（2001）报道，鳃上皮囊肿是一种由衣原体样生物（chlamydia-like organisms）或称为类衣原体感染鳃上皮的疾病，已在世界范围内报道了许多来自淡水和海洋环境的鱼类。尽管这种感染的新寄主记录的列表是连续不断的增多，但高度感染（hyperinfections）是不常见的，而且这种疾病只是偶尔与死亡率有关。在1990年至1995年，对该病进行了组织病理学诊断工作，发现在被检鱼中有11%的幼鱼（juveniles）和50%的鱼种（fingerlings）存在上皮囊肿。在所有被检鱼的鳃样本中，感染均非常轻微，而且未发现囊肿在其周围触发增殖细胞反应。

此研究结果是对地中海北部（northern Mediterranean）养殖的影响鲈鱼的上皮囊肿高度感染的首次报道，进行了光镜显微镜和电子显微镜观察研究，以便从形态学上鉴定鲈鱼的上皮囊肿病原体，并将其与在地中海地区感染上皮囊肿的鲷鱼（sea bream）的病原体进行了比较。

从一个有高死亡率记录的养殖场（在2000年夏季）采集的欧洲舌齿鲈样本。通过光学显微镜（light microscope，LM）对鳃湿涂片（gill wet mounts）的研究显示，存在大量黄色圆形至椭圆形囊肿，位于层间间隙，大小在20～45μm。上皮囊肿包涵体含有一种非定型的、相当均匀的嗜碱性物质，出现在海鲈鱼鳃丝的片层间隙。宿主反应最常见的是鳃组织的中度上皮增生，仅偶尔导致片层融合。用扫描电子显微镜（scanning electron microscopic，SEM）观察有93%的鳃丝，没有显示任何明显的形态学改变；仅有7%的鳃丝显示出连续片层的片层融合，在鳃丝的前缘或后缘均未见囊肿。结果显示在鲈鱼的上皮囊肿包涵体小于其他鱼种，仅位于片层间隙，不会引起周围的增殖反应。用透射电子显微镜（transmission electron microscope，TEM）对病鱼的鳃丝进行观察，表明上皮囊肿细胞内包涵体（epitheliocystis intracellular inclusions）含有原核生物（prokaryotic organisms），描述了两个形态不同的发育阶段：长度可变的细长生殖形式（elongated reproductive form）和未分裂（non-dividing）得相当均匀的球形（coccoid form），推测与感染阶段相对应。长细胞（elongated cells，EC），0.3～0.5m宽、最大长度为3.7μm，表现出一种电子低密度细胞质（electron-lucent cytoplasm），并受到细胞壁和细胞质膜的限制，拟核（nucleoid）是一个或多或少松散的丝状聚集体（fibrillar aggregate），随着细胞成熟而变得更密集。小细胞（small cells，SC）圆形至椭圆形，大小为0.3～0.5m，显示出一个电子密度高的细胞质和一个更紧密、中心位置、圆形的拟核，所有小细胞的细胞质均含有2～8个大小不等的透明液泡。只观察到长细胞发生分裂：初级长细胞在分裂后产生中间体长细胞（intermediate elongated cells），中间长细胞在分裂后分裂成单个的，没有观察到分支结构、链或相连的个体。囊肿中含有长细胞和小细胞，主要是小细胞，可见长细胞和小细胞随机分布在包涵体内，提示这种原核生物的非同步分裂。研究得出结论，被检欧洲舌齿鲈上皮囊肿高度感染（epitheliocystis hyperinfection）是非增殖性（non-proliferative）的[14]。

图7-23为对欧洲舌齿鲈上皮囊肿高度感染的鳃组织的光学显微镜和扫描电子显微镜观察的结果。图7-23A显示湿涂片中匀质的囊肿（光学显微镜）；图7-23B显示苏木精-伊红染色切片中匀质的囊肿，宿主反应仅限于鳃组织的中度增生（光学显微镜）；图7-23C

为扫描电子显微镜观察，显示在囊肿周围不存在假包囊（pseudocapsules）；图7-23D为扫描电子显微镜观察，显示偶尔导致片层融合。图7-24为对囊肿内的上皮性囊肿病原体（epitheliocystis organisms）的透射电子显微镜观察结果，区分了两个不同的发育阶段。图7-24A显示长细胞（箭头示）和小细胞（蘑菇状箭头示）；图7-24B显示初级长细胞在分裂后产生中间体长细胞[14]。

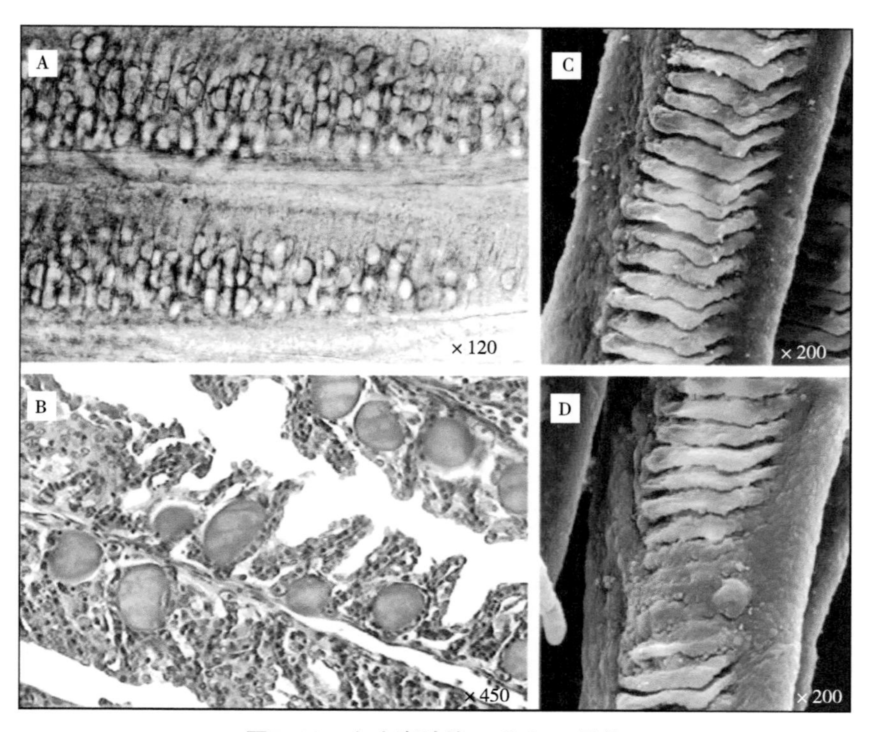

图7-23　上皮囊肿的LM和SEM图片

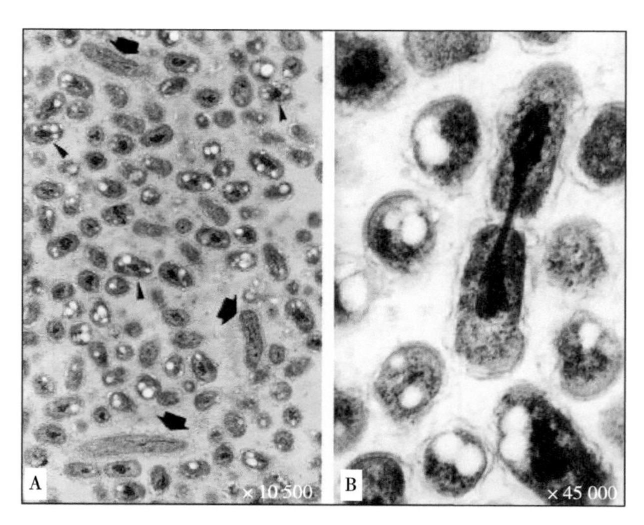

图7-24　上皮囊肿的TEM图片

（四）鲷鱼以及其他鱼类的上皮囊肿

鲷鱼感染衣原体发生的上皮囊肿，涉及金头鲷、斑石鲷（spotted knifejaw，*Oplegnathus puncatus*），主要还是发生在金头鲷。

1. Paperna报道金头鲷和鲻鱼的上皮囊肿病

以色列耶路撒冷希伯来大学海因茨-斯坦尼茨海洋生物实验室（H.Steinitz Marine Biology Laboratory，The Hebrew University of Jerusalem；Elat，Israel）的Paperna（1977）报道，上皮囊肿能够导致野生和养殖鱼类感染。在孵化场，鳃的上皮囊肿存在严重感染，能够导致金头鲷出生后的感染死亡，组织病理学显示在上皮囊肿包囊周围的鳃上皮细胞广泛增生（proliferation），但在良性感染（benign infections）的观察不到这种增生病变。上皮囊肿的这种严重感染仅发生于孵化场的出生金头鲷，在从自然资源养殖的金头鲷和鲻科（Mugilidae）的灰色鲻鱼（grey mullets，*Liza ramada*）中，感染表现是良性的和散发的。上皮囊肿感染在地中海东部海域（east Mediterranean waters）以及红海的埃拉特海湾（Gulf of Elat，Red Sea），也存在幼鲻鱼（juvenile mullets）的上皮囊肿感染。

报道于1959—1968年，在以色列的地中海海岸（Mediterranean coast of Israel）沿岸和河口水域（estuarine waters）对幼龄鲻鱼（juvenile mullets）；在1970年和1973—1976年，在西奈（Sinai）地中海海岸的高盐度巴达威尔潟湖（hypersaline Bardawil Lagoon）对鲻鱼和金头鲷；在1975—1976年，在红海埃拉特和苏伊士海湾（Gulfs of Elat and Suez，Red Sea）对鲻鱼；进行了广泛的寄生虫学（parasitological）调查。在这些调查中，有两次遇到上皮囊肿感染：一是于1975年3月，在巴达威尔潟湖的两条（分别为62mm和133mm长）灰色鲻鱼，表现为轻度感染；二是在1975年2月捕获于埃拉特海湾的达哈卜湾（Dahab Bay，Gulf of Elat）的一组、体长11～31mm 的17条鱼中，严重感染的6条鱼（11～15mm长）、其中的3条严重感染鳃丝。

在巴达威尔潟湖、在埃拉特海湾收集放养在海水养殖设施、体长27～35mm的金头鲷鱼种，没有遇到发生上皮囊肿感染的。然而在埃拉特对放养后的鱼种重复取样，显示了上皮囊肿感染的发生和逐渐增多，在放养1个月的时间里，在被检鱼中有60%～70%存在轻度感染，这些鱼的感染持续至少6个月时间，然而一直是轻度感染和散发，从未发展到流行病的程度。作为流行病，在孵化场中的一群金头鲷中，出现了严重的致死性感染；然而在经治疗消除感染后，轻度的散发性感染在该流行病的幸存鱼中持续存在一年的时间，没有出现高度感染的发作。在1976年2月从地中海海岸沿海河口水域采集的，以及3月从埃拉特采集的养殖灰色鲻鱼（60～80mm长）中，有一些存在严重感染，病鱼表现消瘦和迟钝。

在孵化场中发生流行感染的金头鲷，发生在6月龄、长40～60mm的一群（230条）

鱼中，源于在1975年2月产卵的一对亲鱼，在7月20—30日死亡60条；主要病症表现为生长迟缓、有些显示鳃盖变形、其病症程度不同，濒死的鱼表现倦怠、躺在表面、鳃盖扩张、张嘴快速呼吸，濒死或死亡鱼的鳃存在密集的白色斑点。显微镜检查显示在鳃丝充满透明的圆形、直径在75～150μm的包囊，导致鳃丝的层状结构完全畸形，只是在鳃丝的顶端无囊肿、保持着层状结构[15]。

图7-25为金头鲷鳃的上皮囊肿。图7-25A显示金头鲷的鳃严重感染的上皮囊肿，不染色的新鲜压片标本显示大量、密集的囊肿；图7-25B为高倍放大金头鲷严重感染上皮囊肿的鳃（显示不同大小的囊肿），不染色的新鲜压片标本；图7-25C显示金头鲷轻度感染上皮囊肿（E）的横截面，Harris氏苏木精（Harris'haematoxylin）染色；图7-25D为金头鲷严重感染上皮囊肿的横截面，显示了毛细血管（B）、上皮囊肿包囊（E），Meyer氏苏木精染色；图7-25E为金头鲷严重感染上皮囊肿的鳃横截面，显示了毛细血管（B）、上皮囊肿包囊（E）、退化的上皮细胞（N），苏木精-伊红染色；图7-25F为在严重感染上皮囊肿的包囊周围的组织反应，显示了上皮囊肿的包囊（E）、退化的上皮细胞（N）、增生的上皮组织形成假包囊（pseudocapsule，P），苏木精-伊红染色。

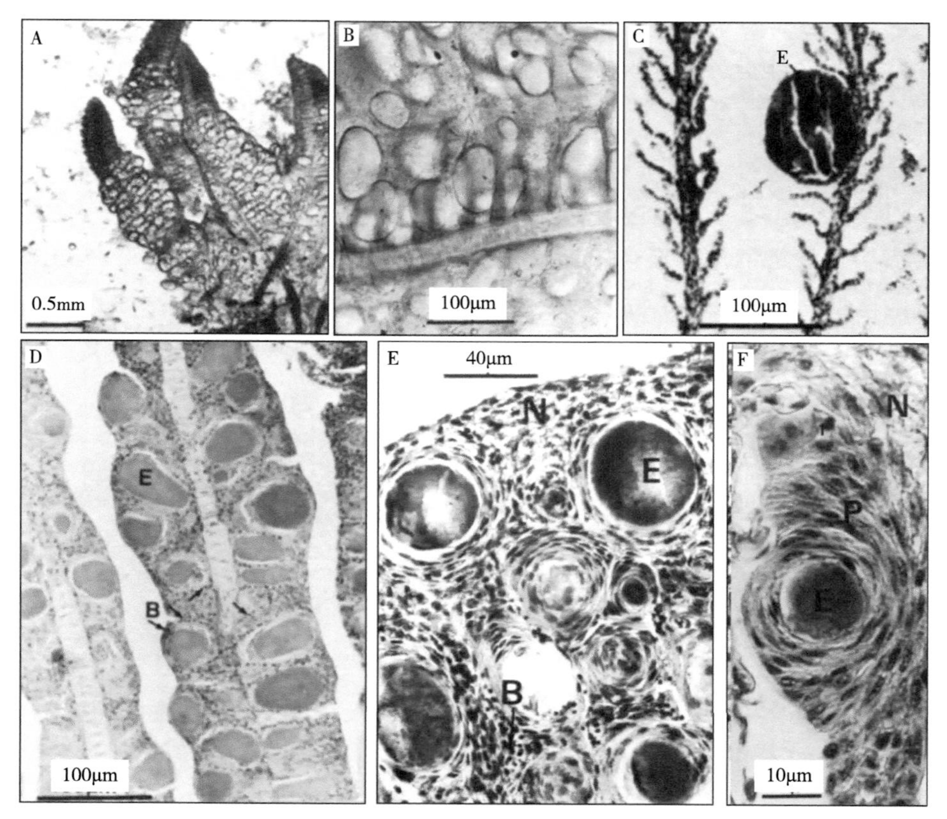

图7-25　金头鲷鳃感染

图7-26为苏木精-伊红染色。图7-26A、图7-26B、图7-26C分别显示上皮囊肿包囊在鳃上皮细胞的连续发育阶段，显示了细胞核和核仁（C）、上皮囊肿包涵体（E）[15]。

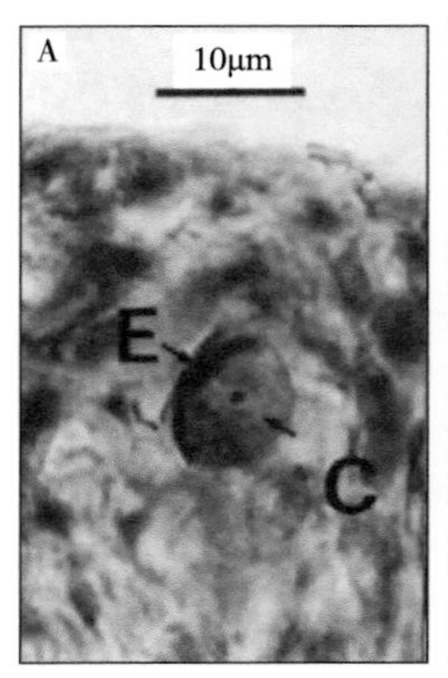

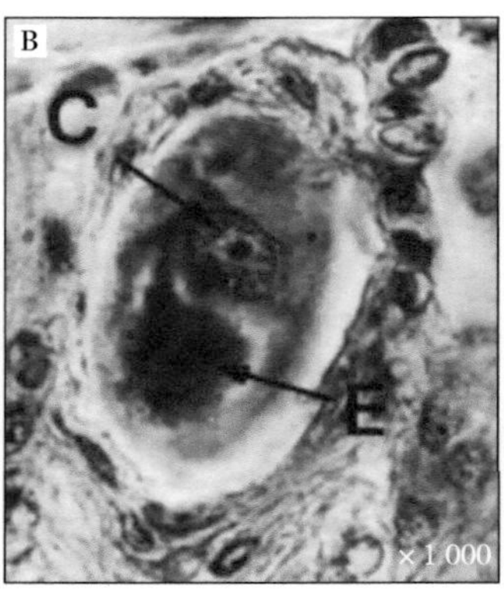

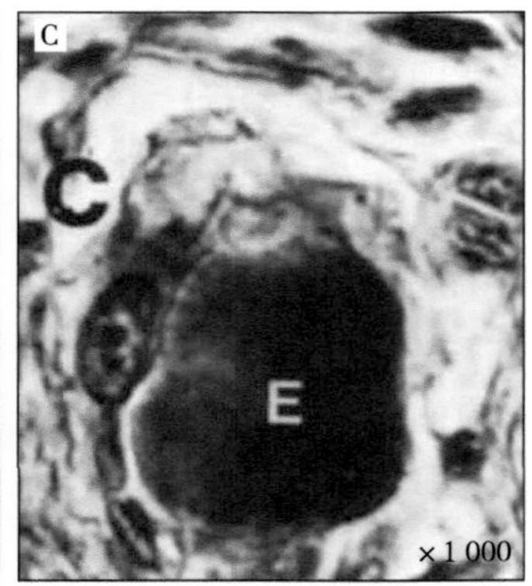

图7-26　鳃囊肿的发育

2. Paperna等报道金头鲷和鲻鱼上皮囊肿的超微结构

Paperna等（1978）等报道，进一步对金头鲷和灰色鲻鱼上皮囊肿的鳃及病原体进行了超微结构研究，均显示存在一种与先前描述的上皮囊肿所不同的新形式病原体。这种病原体在其大小、存在质膜、三层细胞壁和中央拟核方面，类似于衣原体。然而在金头鲷和灰色鲻鱼的，存在以下方面的不同：在金头鲷和灰色鲻鱼中，有几种形态形式是经证实的；菌丝或类菌丝体形式（hyphae or mycelium-like forms）和个体，不能与衣原体的任何连续单元相比较；这种病原体和衣原体都是包含在宿主细胞的包涵体内的，但在金头鲷上皮囊肿的细胞质内也明显观察到；在上皮囊肿的细胞质壁（cytoplasmic wall）超微结构研究表明，在金头鲷的上皮囊肿的囊肿包含在单个未破裂的过度增长细胞（hypertrophied cell）中，而在灰色鲻鱼中最终的囊肿是通过多个上皮细胞融合形成的[16]。

3. Crespo等报道金头鲷的上皮囊肿

西班牙巴塞罗那自治大学的Crespo等（1999）报道，描述了金头鲷上皮囊肿膜结合胞内包涵体（membrane-bound intracellular inclusions）或囊肿的形态。光学显微镜下的包涵体呈颗粒状或无定形，颗粒状包涵体不引起增生性宿主反应（proliferative host reaction），包含衣原体的3个不同发育阶段：高度多形生殖型（highly pleomorphic reproductive form）或网状体、浓缩型（condensing form）或中间体（intermediate body）和感染性的不分裂相当均匀的原体（elementary body）。无定形包涵体可能引发增生性宿主反应，并在颗粒囊肿（granular cysts）内含有不同形态的原核生物，存在空泡状和非空泡状的小细胞。金头鲷上皮囊肿的形态和发育周期支持其为衣原体的特征，但对携带两种包涵体的鳃标本进行的免疫组化法（immunohistochemistry）测定未能显示脂多糖衣原体抗原（chlamydial antigen）的表达。此项研究所描述的两个不同发育周期的不同阶段，与来自不同宿主鱼上皮囊肿的电子显微镜观察结果进行了比较，讨论了一种独特的、高度多形性的类衣原体（*chlamydia*-like）病原体可能引起金头鲷上皮囊肿感染的假说，该病原体的生命史包括两个完全不同的发育周期（developmental cycles）。

此项研究的目的是比较上皮囊肿感染的金头鲷的组织学和超微结构观察，以阐明病原体的发育周期。进行了免疫组化法研究，以阐明上皮囊肿病原体与衣原体属的抗原相似性（如果有的话）。应用光学显微镜观察了从西班牙沿岸鱼养殖场采集的149份阳性标本（共检验2 157条鱼，体重0.7～400g），显示存在两种形态上不同的寄生性胞内包涵体（parasitic intracellular inclusions）或囊肿：颗粒状嗜碱性细胞（granular basophilic content）的囊肿，在报道中称为“granular cysts”（颗粒状囊肿）；含有无定形均质嗜碱性物质（amorphous homogenous basophilic material）的囊肿，称为“amorphous cysts”（无定形囊肿）[17]。

图7-27显示感染金头鲷的鳃内颗粒细胞内包涵体（granular inlracellular inclusions）或囊肿。图7-27A为苏木精-伊红染色的切片，异质性（heterogenicity）颗粒状囊肿包涵体；图7-27B为湿涂片，囊肿内有颗粒状物；图7-27C为甲苯胺蓝染色（toluidineblue-stained）的切片，不同发育阶段的囊肿病原体；图7-27D和图7-27E为阿赞染色法（Azan staining）观察到浅黄色或灰色的原核生物。图7-27A、图7-27C和图7-27E的蘑菇状箭头指向囊肿的膜，图7-27E中的箭头指向随着寄生包涵体扩大、宿主的细胞核被推挤到细胞的周围。

图7-28显示感染金头鲷的鳃内无定形胞内囊肿。图7-28A为苏木精-伊红染色的切片，图7-28B为湿涂片，可见囊内容物的同质性；图7-28C为马基阿韦洛氏（Macchiavello）染色，无定形囊肿呈阳性，颗粒状囊肿（granular cysts）呈阴性（箭头示），图7-28D显示在严重感染的鱼，无定形囊肿被一些同心的上皮组织假包膜（pseudocapsule）层包围；图7-28E显示在轻度感染的鱼，囊肿病原体可能不导致宿主反应；图7-28F为阿赞染色法，显示无定形囊肿呈深橙色。

图7-29为金头鲷鳃丝中的颗粒囊肿。图7-29A显示囊肿主要位于片层间隙，尽管它们也可以在沿着鳃丝的前缘（箭头示）发现；图7-29B显示囊肿（星号示）也可以在沿着鳃丝的边缘发现[17]。

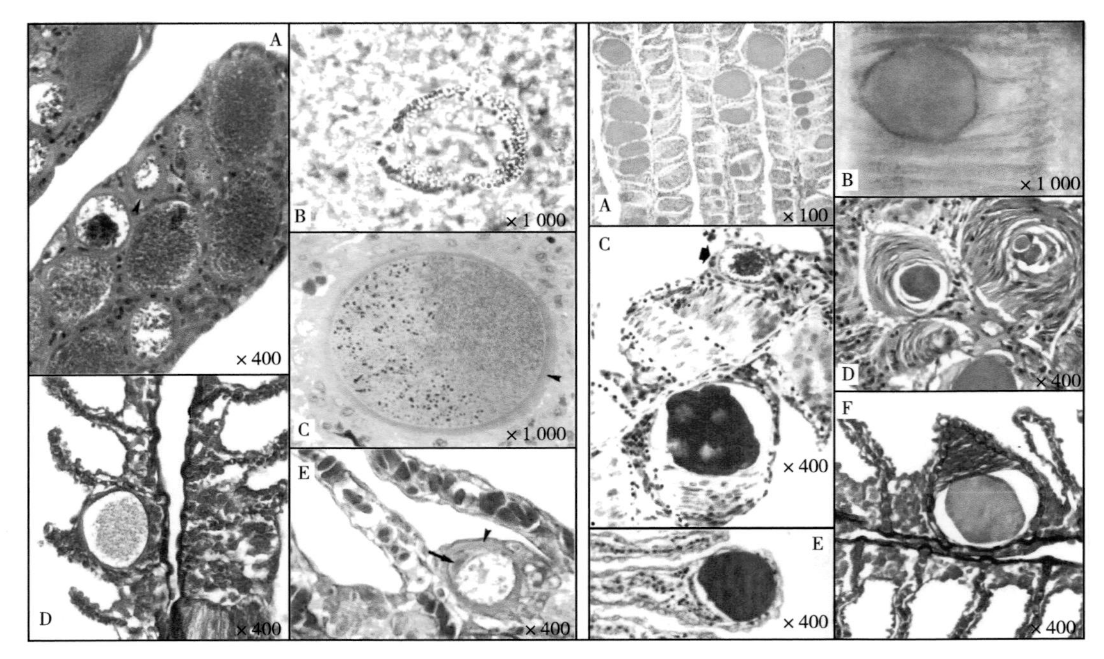

图7-27　金头鲷的鳃内颗粒包涵体

图7-28　金头鲷的鳃内无定形囊肿

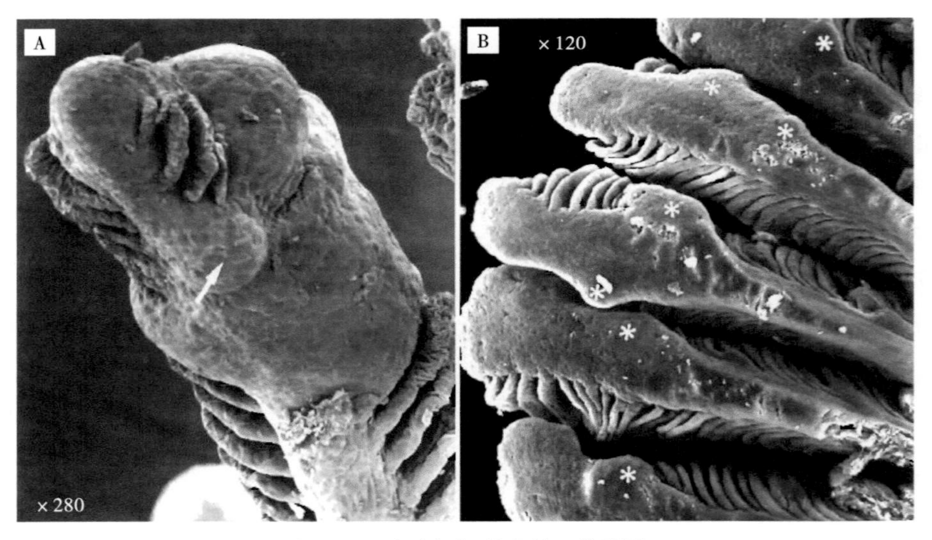

图7-29　金头鲷鳃丝中的颗粒囊肿

4. 范超等报道斑石鲷的上皮囊肿

中国水产科学研究院黄海水产研究所的范超等（2018）报道在2015年初，山东省某养殖场工厂化养殖的斑石鲷（Spotted knifejaw，*Oplegnathus puncatus*）幼鱼（全长为15cm左右）因病陆续死亡，在40个斑石鲷幼鱼养殖池中有9个养殖池的幼鱼发病，15d内累积死亡率达40%以上。

现场调查发现，患病鱼群散开、不聚集，病鱼身体侧偏、活力差，常贴底或者贴壁，严重鱼随着水流漂流；病鱼呼吸困难，口部持续张开，鳃盖开合频繁，对投喂的食物无反应；但病鱼反应灵敏，难以捕捉。临床检查和剖检可见病鱼鳃表面覆盖着大量黏液，鳃丝有损伤，肠道无食物。取病鱼鳃丝制成水浸片，在光学显微镜下观察，鳃丝上可见到许多直径为30～70μm（平均约为50μm）的囊肿物，其外观圆形或卵圆形、呈浅黄棕色，少数包囊已从鳃丝上脱落；在苏木精-伊红染色的石蜡切片样本中，可见患病斑石鲷的鳃丝病变严重，鳃丝末端的许多上皮细胞膨大呈囊肿状，部分上皮细胞坏死、脱落，次级鳃丝粘连、呈棍棒化，囊肿嗜碱性、内部均质化。在扫描电子显微镜下观察，病鱼鳃丝呈棍棒化，鳃小片被大量黏液覆盖，有许多大小不一的囊肿细胞镶嵌于鳃小片之间，只露出光滑的上表面。

通过疾病现场调查、病鱼的临床检查、鳃组织的光学显微镜和扫描电子显微镜病理观察，初步确定该病为斑石鲷上皮囊肿病，这是上皮囊肿病在中国养殖斑石鲷中首次被发现和记载[18]。

图7-30显示患上皮囊肿病斑石鲷幼鱼的鳃。图7-31显示患上皮囊肿病的斑石鲷鳃丝上附着的包囊，其中的图7-31A显示鳃丝末端大小不一的包囊；图7-31B显示圆形或卵圆形的呈浅黄棕色的包囊。图7-32显示病鱼鳃丝末端呈囊肿状的上皮细胞，图7-32A显示次级鳃丝末端粘连；图7-32B显示囊肿嗜碱性且内部均质化。图7-33为扫描电子显微镜下患病斑石鲷幼鱼的鳃丝及包囊，图7-33A显示棍棒化的鳃丝及镶嵌着上皮囊肿细胞的鳃小片；图7-33B显示表面光滑的上皮囊肿细胞[18]。

图7-30　斑石鲷幼鱼的鳃

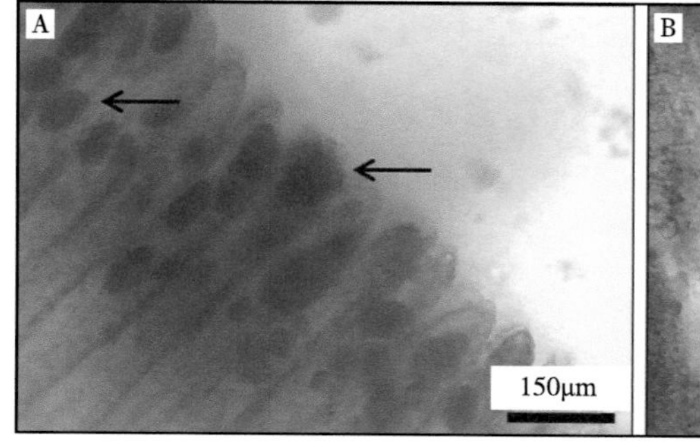

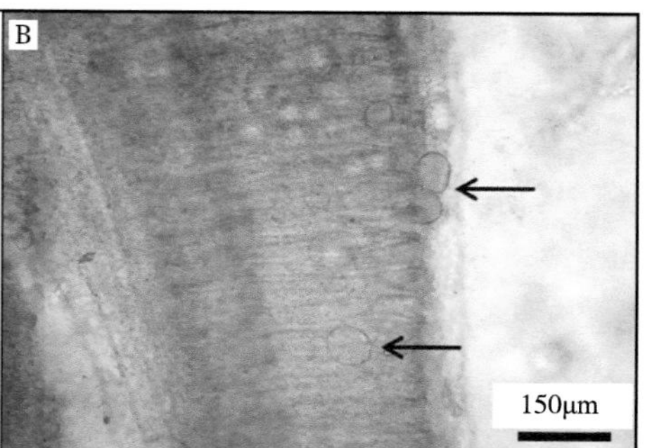

图7-31　斑石鲷鳃丝上附着的包囊

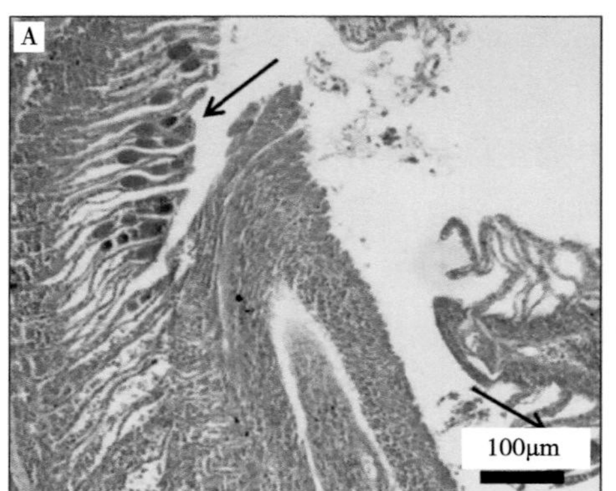

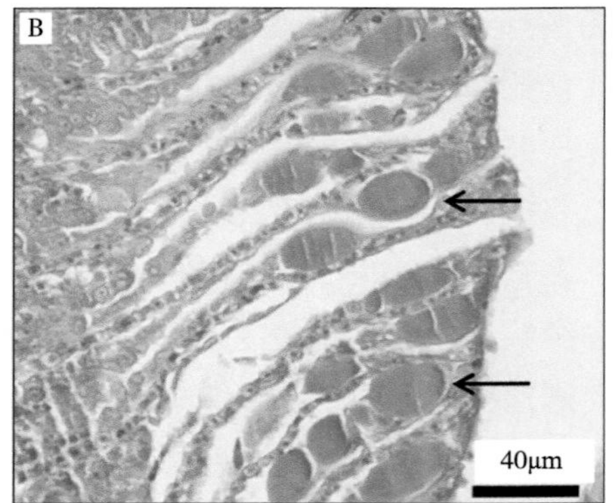

图7-32　鳃丝末端囊肿状上皮细胞

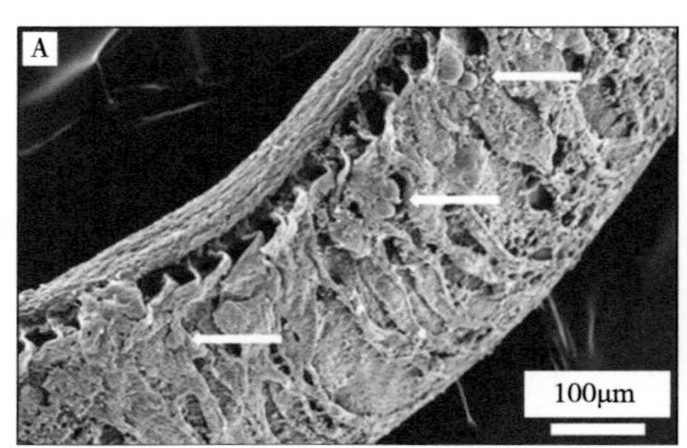

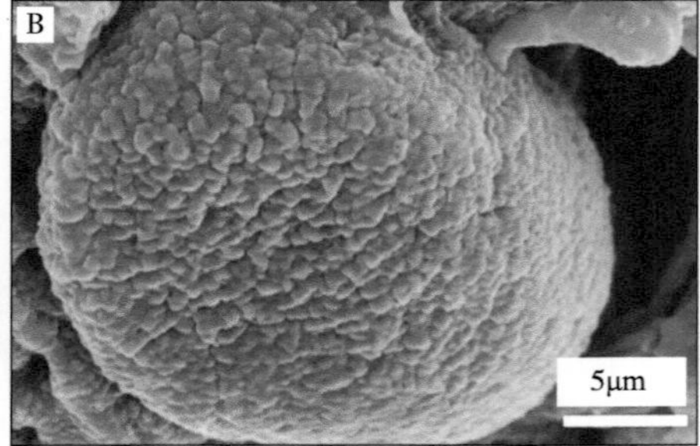

图7-33　患病斑石鲷的鳃丝及包囊

（五）鲤科鱼类的上皮囊肿

鲤科鱼类感染衣原体发生的上皮囊肿，涉及鲤鱼、野生银鲫（gibel carp，*Carassius auratus gibelio*）、白鲢、细鳞巨脂鲤（pacu，*Piaractus mesopotamicus*）俗称细鳞鲳等鲤科鱼种类（cyprinid fish species）。

1. Molnár和Boros报道鲤鱼和白鲢的上皮囊肿

匈牙利科学院兽医研究所的Molnár和匈牙利兽医大学的Boros（1981）报道，对从不同养殖池塘收集的鲤鱼鱼苗（common carp fry）及一些其他鱼类，分别制备鳃的光学显微镜和电子显微镜样品进行了观察，结果未检测到存在藻类或真菌，显示出典型的嗜黏液病、即上皮囊肿病的病症。电子显微镜检查显示，在特征性嗜黏液性囊肿（mucophilus cysts）、即上皮囊肿内存在类立克次体（*Rickettsia*-like organisms）或类衣原体（*Chlamydia*-like organisms）。这些细菌被认为是嗜黏液病（上皮囊肿病）的相应病原体（mucophilus organisms），在鳃上皮细胞内发育，几次分裂后产生直径为70～80μm的嗜黏液性囊肿；在囊肿、病原体的形态学和超微结构变化方面，这种所谓的嗜黏液病与上皮囊肿病，存在惊人的相似性[19]。

图7-34（苏木精-伊红染色）为鲤鱼上皮囊肿病的病症。图7-34A显示鲤鱼鳃丝的顶端部分，存在一些发育的嗜黏液性囊肿，在呼吸片层（respiratory lamellae）上皮细胞间，在无层区域（lamella-free region）上皮细胞中有许多发育初期囊肿（young cysts）；图7-34B显示在鲤鱼鳃丝的层状上皮中的黏液囊肿，染色呈黑暗的、大量聚集的黏液因子（mucophilus agents）被泡沫状细胞质（foamy cytoplasm）包围，囊肿被上皮细胞、扁平的细胞核包围，在左侧有残留的宿主细胞的细胞核仍然可以看到在囊肿内；图7-34C显示一个鲤鱼鳃的细节，有许多发育中的嗜黏液性囊肿，染色呈黑暗的嗜黏液性囊肿被环状的（ring-like）、界限明显的细胞质区包围；图7-34D显示发育成熟的、在破裂前阶段的嗜黏液性囊肿，内部结构不清晰，周围泡沫细胞质区（foamy cytoplasmic zone）的包涵体不再可辨别。

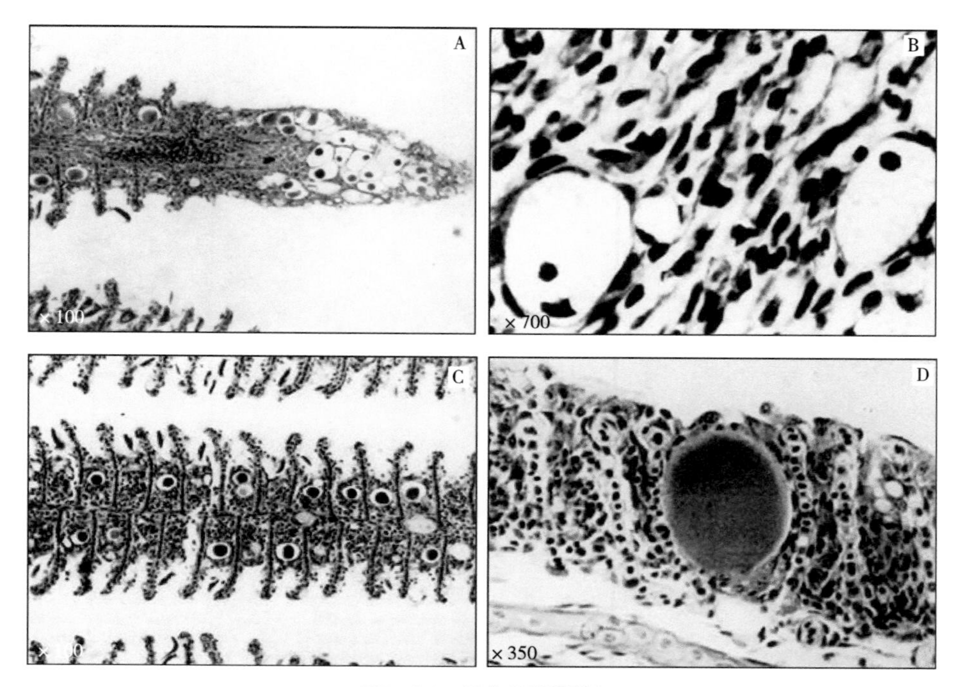

图7-34　鲤鱼鳃丝囊肿

图7-35显示在白鲢鳃丝中，存在大量的嗜黏液性囊肿，苏木精-伊红染色。图7-36为早期囊肿的特征。图7-36A为早期囊肿（early cyst）的电子显微图片，中央夹杂物由密集聚集的嗜黏液性单元（mucophilus units）组成的，并被圆形黏液滴（round mucine droplets）的花环状区域（wreath-like zone）包围；图7-36B为早期嗜黏液性囊肿（early mucophilus cyst）的细节，包涵体（Z）是由一个膜（membrane，M）分隔的，由黏液滴（V）包围，细胞质（双箭头示）的狭窄边缘仍然存在于囊肿的周边、并且由细胞膜（箭头示）从囊肿壁（cyst wall）（P）外膜状结构（extra-membraneous structure）隔开。图7-37显示包涵体的细节，由三层膜（箭头示）包围的嗜黏液性单元的高倍放大，并含有中心电子致密的结构为拟核（nucleoid，N）。图7-38为成熟囊肿（mature cyst）的细节，嗜黏液性单元已经分离、变得圆形、并嵌入在低电子密度的基质中，注意区分开的形式（箭头示）仍然由窄胞质桥（cytoplasmic bridges）连接，外周细胞质残体（cytoplasmic residue，C），囊肿被侵入宿主细胞的膜分隔（黑粗的箭头示）、其周围由含有电子致密颗粒的层（P）包围[19]。

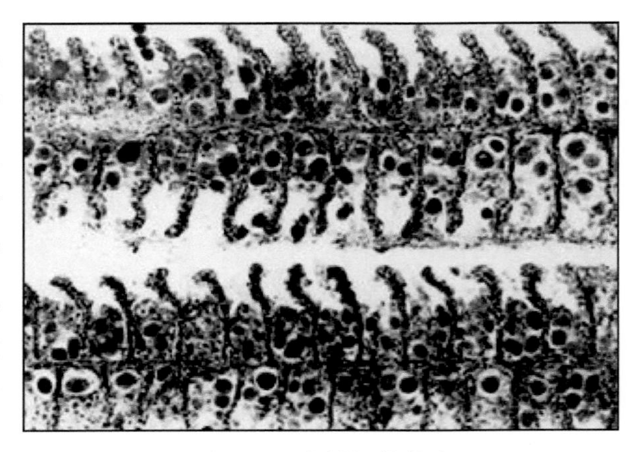

图7-35　白鲢鳃丝囊肿

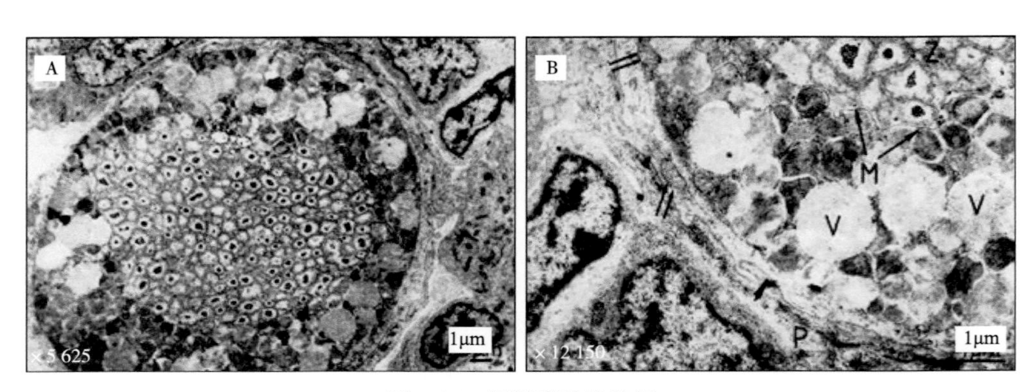

图7-36　早期囊肿的特征

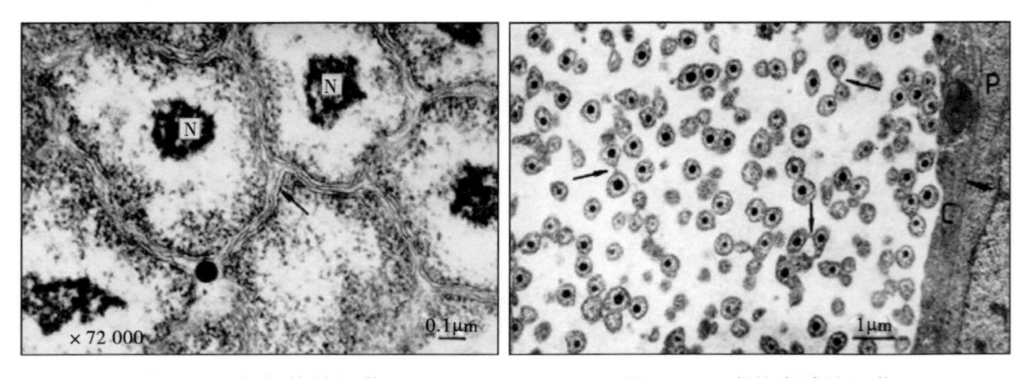

图7-37　包涵体的细节　　图7-38　成熟囊肿的细节

2. Paperna和Matos报道鲤鱼的上皮囊肿

以色列耶路撒冷希伯来大学海因茨-斯坦尼茨海洋生物实验室的Paperna和葡萄牙国家兽医研究所（National Veterinary Institute；Lisbon，Portugal）的Matos（1984）报道，来自以色列和葡萄牙的鲤鱼鳃上皮囊肿，感染发生在衬里上皮细胞（lining epithelial cells）以及黏液细胞和氯细胞中。感染细胞的超微结构研究，揭示了几种形态的上皮细胞表明存在多形发育周期（pleomorphic developmental cycle）。观察到以下阶段：衣原体样圆形细胞（*Chlamydia*-like round cells，RC）、不分裂圆形细胞（non-dividing round cells，NRC）和弹头状小细胞（bullet-shaped small cells，SC），所有这些在形态上都与对其他鱼类的上皮囊肿所描述的圆形细胞和小细胞相同，在其他鱼类的上皮囊肿中出现并产生小细胞的立克次体样生物（*Rickettsia*-like cells）在鲤鱼上皮囊肿中不存在，相反是衣原体样圆形细胞被视为转化为小细胞的发育过程。被感染的鲤鱼总长度为25～120mm或2～10月龄的，这些鲤鱼来自以色列约旦河（Jordan Valley，Israel）上下游谷的养殖场；另外是从葡萄牙阿赞布雅林业局农场（Azambuja Forestry Department Farm in Portugal），获得的35～50mm鲤鱼[20]。

3. Szakolczai等报道细鳞巨脂鲤的上皮囊肿

匈牙利兽医大学（University of Veterinary Science；Budapest，Hungary）的Szakolczai等（1999）报道，在池塘养殖的细鳞巨脂鲤俗称细鳞鲳鱼群中发现了类似上皮样囊肿的鱼鳃损伤，并因该感染导致大量死亡。由于没有关于巴西（Brazil）是否有这种病的描述，因此进行了病理学和电子显微镜检查，以澄清感染的性质。根据大体病理学和组织病理学检查，对养殖的细鳞巨脂鲤诊断为上皮囊肿包涵体或特征性颗粒物，30%～40%的感染细鳞巨脂鲤死亡，这是首次报道在细鳞巨脂鲤群中观察到鳃损伤和严重的死亡。根据超微结构检查，这种病原体被认为是衣原体或类衣原体（衣原体样生物）。

病症表现为在一个养殖池塘的长40～45cm、重600～650g的细鳞巨脂鲤，体表没有显示病变。鳃比平时的更红，上面覆盖着丰富的黏液；在初级鳃片层上随机检测到灰白色、很小的病灶区域，这些区域与其的基部紧密相连，与其周围的环境分界或逐渐转变为周围的环境，没有发现大量组织坏死的迹象。

在苏木精-伊红染色的鳃组织切片中，在某些地方鳃的通常结构被证明是完整的，但呼吸上皮细胞从次级呼吸片层（secondary respiratory lamellae）脱落，或者增殖的上皮细胞强烈地变形了鳃的正常结构。鳃组织中有两种类型的肥大细胞。

在次级呼吸片层之间的增生上皮细胞中发现10～20μm大小的椭圆形或圆形结构，这些细胞有一个清晰的细胞壁和一个中心包涵体，由染色均匀的嗜碱性物质组成；周围未见病变及炎性细胞，在呼吸片偶见上皮增生、充血或水肿。中心包涵体（central inclusion），可以用吉姆萨（Giemsa）染色。

透射电子显微镜检验，显示有病原体（衣原体或类衣原体）的存在。在感染的早期阶段，上皮囊肿病原体的发育形式自由地出现在受感染细胞的细胞质中。呈椭圆形或圆形，大小280～400nm，被一个限制膜包围；这些单元的中心区域密度较小，周围是非常密集的外围区域，中央和周围被一层限制膜隔开。后来的上皮囊肿病原体的发育形式，被定位在宿主细胞中被界膜（limiting membrane）包围的包涵体中。衣原体发育周期的主要阶段，其大小（直径）为始体500～700nm、中间体400～600nm、分裂形式的800～1 200nm，出现在包涵体中。在最后的发育阶段，包涵体的界膜消失。在早期包裹体的空腔中，病原体单元嵌入一个低电子密度的网状基质中，这些单元由三层膜分开[21]。

图7-39显示细鳞巨脂鲤鳃上皮囊肿病变。图7-39A显示初级鳃片（primary gill lamellae）上皮囊肿引起的病变，未染色样本；图7-39B显示鳃的整体视图，完整区域和组织增生（蘑菇状箭头示）随机交替存在，呼吸上皮（respiratory epithelium）分离（箭头示），苏木精-伊红染色；图7-39C显示鳃丝感染上皮样囊肿，导致的未成熟（箭头示）和成熟（蘑菇状箭头示）的细胞肥大，苏木精-伊红染色；图7-39D显示在成熟的肥大细胞周围无任何反应，或周围有组织增生、炎症和出血的区域，苏木精-伊红染色；图7-39E为透射电子显微图片，显示成熟的肥大细胞，有特征性的壁和发育形式，初始体（箭头示）、中间体（蘑菇状箭头示）[21]。

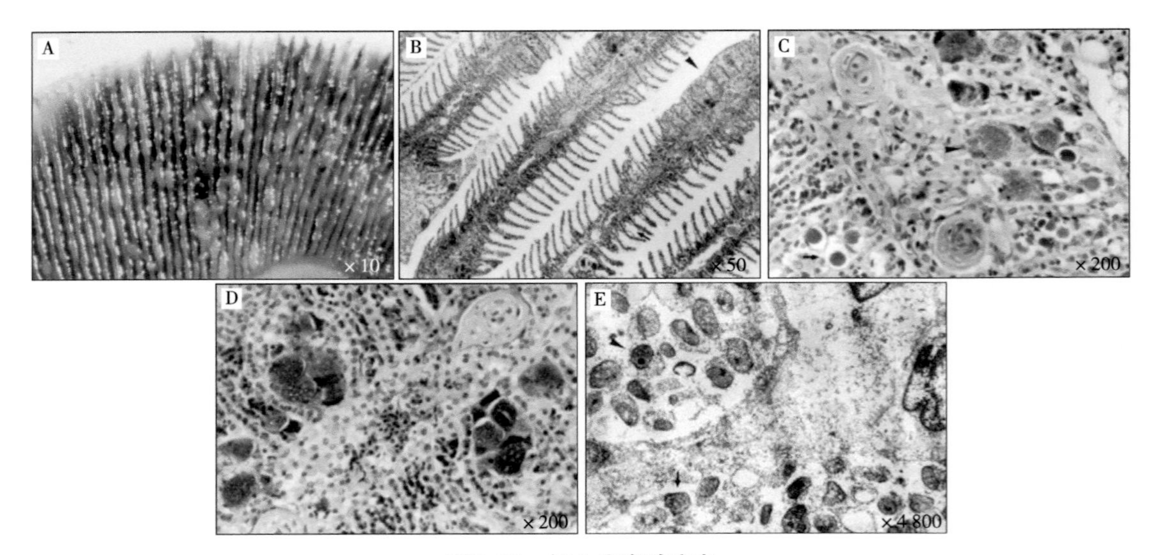

图7-39 鳃上皮囊肿病变

4. Kim等报道鲤鱼的上皮囊肿

韩国首尔国立大学（Seoul National University；Seoul，South Korea）的Kim等（2005）报道，从瑞山（Seosan，Korea）一家宠物鱼市场，采集了7条病态鲤鱼

（Carp，*Cyprinus carpio*）进行了检验（体长7～23cm、体重20～230g）。组织病理学检查证实存在上皮囊肿，上皮囊肿被证实为炎症、上皮增生和鳃组织片层融合（lamellar fusion），电子显微镜观察发现包裹体中充满着衣原体样生物体，此为在韩国鲤鱼上皮囊肿病的首次报道。

经组织病理学检查均诊断为上皮囊肿，在次级鳃片层间的增殖性病变处，观察到直径为10～40μm的圆形囊肿。包涵体中含有均匀的嗜碱性颗粒物质，鳃组织上皮中度增生、偶有片层融合，在所有被感染的鳃组织均存在广泛的炎症反应，包括粒细胞和单核细胞。超微结构分析显示囊肿内充满直径为0.2～0.4μm的多形细胞（polymorphic cells），这些细胞有电子密度高的细胞质和一个紧密的、位于中心的圆形拟核（round nucleoid），这些小细胞大多含有几个不同大小的半透明液泡（translucent vacuoles）。

图7-40显示在鲤鱼鳃次级片间的上皮囊肿包涵体（箭头示），鳃组织中度增生，导致片层融合（蘑菇状箭头示）；苏木精-伊红染色。图7-41为透射电子显微镜观察上皮囊肿鳃丝中的衣原体样生物体的病原体，囊肿内充满多形细胞，直径0.2～0.4μm[22]。

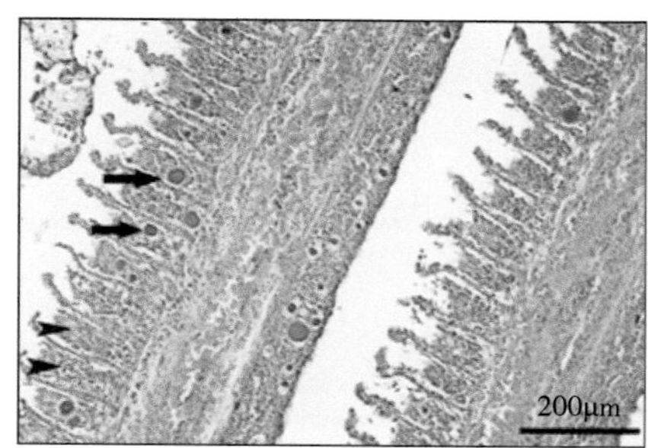

图7-40　上皮囊肿包涵体

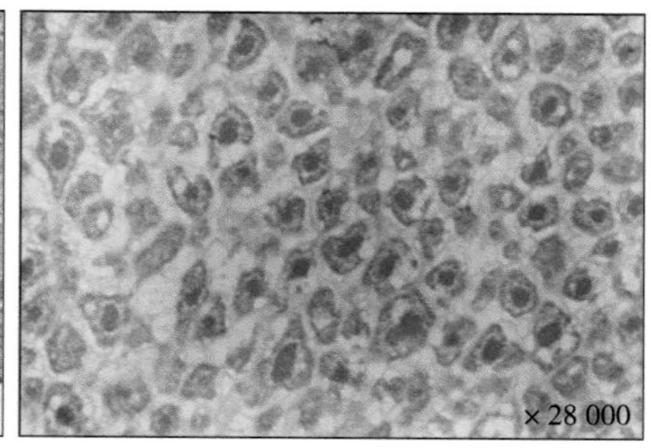

图7-41　上皮囊肿中的病原体

5. Sellyei等报道鲤科鱼类的上皮囊肿

匈牙利科学院（Hungarian Academy of Sciences；Budapest，Hungary）的Sellyei等（2017）报道，在自然水域和池塘进行的鱼类健康普查中，发现在养殖普通鲤鱼、野生银鲫（gibel carp，*Carassius auratus gibelio*）两种鲤科鱼类的鱼种在存在上皮囊肿感染，在温和感染和重度感染的均无死亡。除对鱼类进行一般健康检查外，还对感染的鳃进行组织病理学检查，并对分离的上皮样囊肿进行分子生物学研究。在鳃丝的层间上皮细胞和无片层的多层上皮细胞中，均形成上皮囊肿。在感染的早期，细胞中心有深染色包涵体，包涵体中充满了致病因子（pathogenic agents）；在包涵体发育进展期，宿主细胞内的包涵体在细胞质中播散。分子研究表明，16S rRNA基因短区域（short regions）序列分析显示，3种不同的包涵体与新衣原体属、原衣原体属（*Protochlamydia*）和鱼衣原体属的衣原体有关。其中的鱼衣原体属，是鱼类的主要病原菌；新衣原体属和原衣原体属大多感染自由生活的阿米巴（free-living amoebae），但已完全适应鱼类。

在2013—2015年的7月和8月，在养殖场进行常规的健康监测和天然水监测期间，共对240条养殖普通鲤鱼和27条野生银鲫进行了上皮囊肿感染研究。普通鲤鱼（2～4月龄）来自匈牙利东部的3个养殖场（养殖场1、样本EP2；养殖场3、样本EP5；养殖场4、样本EP6）和西部的1个养殖场（养殖场2、样本EP4）共4个养殖场。1～2年龄的野生银鲫，从一个渔场采集了15条、从巴拉顿湖（Lake Balaton）及其支流采集了12条。

研究结果显示，采用光学显微镜检查匈牙利4个养殖场普通鲤鱼鱼种进行了上皮囊虫感染检测，共有62条（26%）；在野生银鲫，只有一个来自扎拉河（Zala river）流入巴拉顿湖的天然水源存在感染。病理检查发现在鳃的次级片层间的上皮细胞和非片层部分、鳃丝的背侧和腹侧边缘和顶端存在上皮囊肿。光学显微镜检查在感染的第一阶段，在宿主细胞中观察到一团排列呈蜂窝状结构（honeycomb structure）的衣原体簇（clump），作为一个膜结合的小包涵体（membrane-bound small inclusion）。由于感染因子的增殖，包涵体的大小增加，并且位于中心位置；在发育过程的最后，增大的包涵体占据细胞质的大部分，上皮细胞增大、细胞核被挤在一个角落；最后，成熟的基体突破细胞膜，分散在宿主细胞的细胞质中，表现出布朗运动（Brownian motion）[23]。

图7-42为普通鲤鱼鱼种鳃的上皮囊肿。图7-42A显示在鳃丝严重的上皮囊肿感染，囊肿位于邻近鳃片间的多层上皮中，在增大的细胞内，深染色的细菌聚集在宿主细胞的变性黏液物质（degenerated mucous material）的中心（苏木精-伊红染色）；图7-42B显示鳃丝顶端多层上皮中的上皮囊肿（苏木精-伊红染色）；图7-42C显示在鳃中发育的上皮囊肿感染，一些受感染的细胞有致密的、深染色的、位于中心位置的细菌包涵体（bacterial inclusions），在一些染色浅的细胞中，病原体已溶入（dissolved）在退化细胞的黏液物质中（苏木精-伊红染色）[23]。

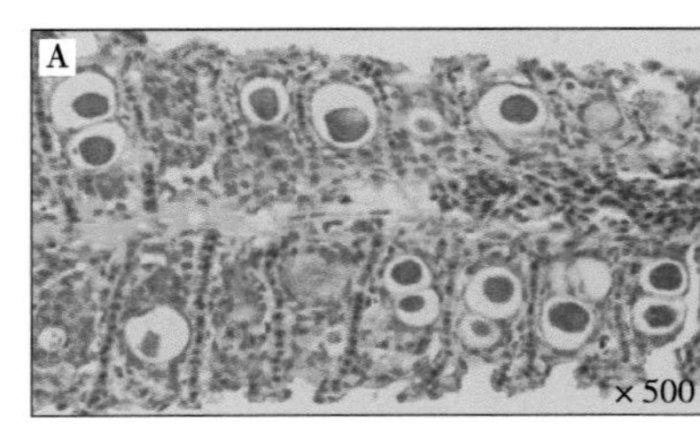

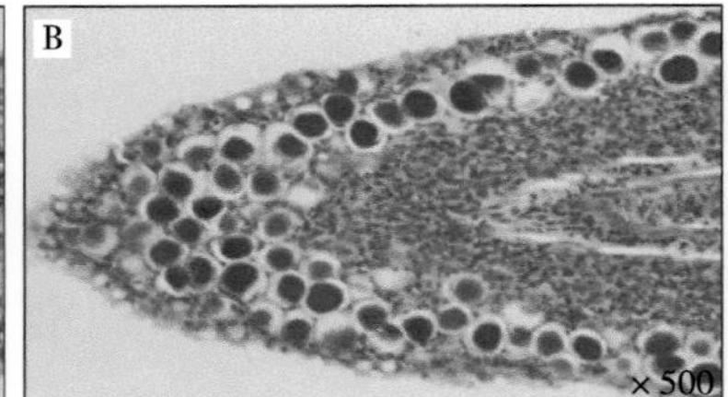

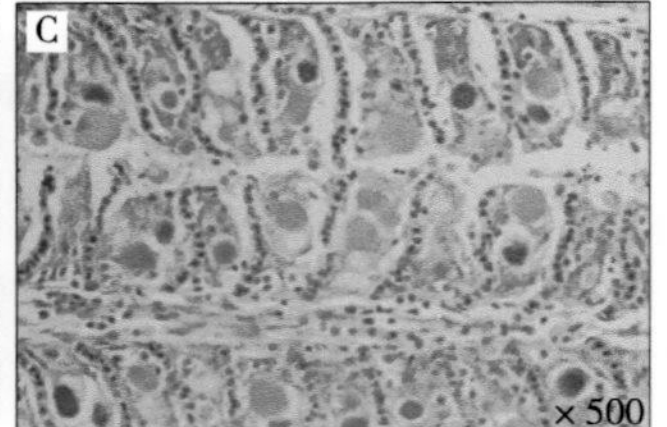

图7-42　普通鲤鱼鳃上皮囊肿

（六）鲑鳟鱼类的上皮囊肿

在鲑鳟鱼类的上皮囊肿感染，涉及硬头鳟、湖红点鲑、大西洋鲑等鱼类，都是比较容易被感染发病的。

1. Rourke等报道硬头鳟的上皮囊肿与病原形态特征

美国爱达荷大学（Department of Biological Sciences，University of Idaho；Moscow，Idaho，USA）的Rourke等（1984）报道，上皮囊肿是一种温和或增殖性感染（benign or proliferative infection），主要是发生在海洋鱼类和淡水鱼类的鳃上皮细胞（gill epithelium）。

通过采用光学显微镜、电子显微镜观察的方法，对爱达荷州阿萨卡德沃沙克国家鱼类孵化场（Dworshak National Fish Hatchery in Ahsahka，Idaho），溯河性（anadromous）幼龄硬头鳟鳃的上皮囊肿型感染（epitheliocystis-type infection）及其病原菌的超微结构进行了检验，发现存在几种不同的存在形式。检验的鳃样本是由孵化场工作人员收集提供（体长3～10cm的幼鱼），在这样大小的幼鱼上皮囊肿感染率接近95%；取鱼的鳃弓，分别制备用于透射电子显微镜（超薄切片）、光学显微镜观察的样品，光学显微镜检验样品以甲苯胺蓝（toluidine blue）染色。检验结果与先前的报道一致，显示上皮囊肿的病原具有强致病性、能够引起鱼类养殖过程中的严重感染死亡，在育苗阶段的幼鱼表现尤为突出。并首次报道了发生在鲑科鱼类（Salmonidae）鳃的上皮囊肿病，以及首次报道了相应病原体的独特形态特征。

具体检验结果，表明每个囊肿残体（cyst remains）均是包含在单个宿主细胞的细胞质内。光学显微检验显示鳃片含有包囊（cysts），多数包囊位于鳃片基底部位；光学显微镜和电子显微镜检验，显示包囊各自部分被单个宿主细胞的外围细胞质薄层（thin layer）所包围、暴露于外部的包囊部分由裸膜结构（naked membranous structure）覆盖，用光学显微镜观察到膜很厚、清晰可见，宿主细胞的细胞质未完全包围包囊、并在外膜区域不存在，有大小在0.03～0.04μm的小液泡（small vesicles）存在于由细胞膜包围的包囊侧面，这些小液泡只有当一层细胞质与包囊相邻时才出现，当细胞质减少到只有外膜存在时则见不到小液泡；包囊包含至少两种不同的原核结构形态类型，多数为两种不同大小的卵圆形、与宿主细胞质最接近膜分开的形式，大的为0.9μm×0.5μm、较小的平均直径为0.5μm；卵圆形细胞的特征，在于存在由双层膜（double membrane）包裹的细胞质含有颗粒（particles）和细纤维（fine fibrils）；二裂变在一些形式中是明显的和一些较小的表现出致密的拟核（nucleoid）区，这些形态的病原体类似于在先前有过描述的衣原体样细菌的特征。在包囊中观察到的第二种形态通常是集中在中心、一直延伸到外部，具有明显的椭圆形头部（oval head region）区域和伸出如同尾的结构（tail-like structure），这种原核生物形式（prokaryotic forms）所显示的超微结构外观，在以前对上皮囊肿病的报道中未曾被描述过，其独特的形式包括三个独立的部分：一个略微呈椭圆形的头部，长度约为0.4μm、0.3μm宽，含有直径为0.1μm的高电子密度的拟核；一个尾部从头部伸出、平均长度为0.3μm、0.06μm的宽度；一个是在尾部末端直径为0.125μm的小的、膨大的圆球形区域；这种细胞的总长度为0.8μm，具有一个普遍的头-尾结构（head-tail configuration）、和被称为头-尾细胞（head and tail cells，HTC），一些头-尾细胞散布在靠近宿主细胞质的卵圆形细胞中、更多的是在包囊的其余部分中。

通过对硬头鳟的上皮囊肿病的鳃组织研究，发现并描述了在包囊中发现的病原体两种形态。这些包囊的卵圆形细胞的两种类型，与在以前有描述的类似。然而也含有一种另外的形式即头-尾细胞结构，与任何先前描述的病原体都不相似，以前有报道的研究结论是病原体在不同类型鱼的为多形发育周期，目前对于单个包囊的多种形态的最佳解释是多种形式代表单独的发育阶段，对于多个形态特征的这种解释的一个可能困难是圆形细胞（round cells，RC）的"神秘"（enigmatic）性质，目前的研究工作并没有确定幼龄硬头鳟的包囊在卵圆形细胞和头-尾细胞两种类型之间的发育关系，在包囊内可见的形态可能是单一病原体的多种形式。然而，本研究的超微结构不排除可能存在多种病原体的每种不同形式[24]。

图7-43为鳃片囊肿的形态特征。图7-43A为鳃片的光学显微图片，显示幼鱼的囊肿，鳃组织显示广泛破坏；图7-43B为在高放大倍率下的光学显微图片，显示在图7-43A中的一个鳃片层上的单个囊肿，在囊肿存在外膜（箭头示）；图7-43C为在鳃片顶端囊肿的电子显微图片，显示左侧的破裂的囊肿和完整囊肿的外膜（箭头示）。图7-44为典型发育成熟囊肿的电子显微图片，显示为原核生物形态（prokaryotic morphologies）类型；包括大的卵圆形细胞（1）、小的卵圆形细胞（2）、头-尾细胞（head and tail cells，H）；注意一些病原体，似乎正处于在二分裂状态（插图）和囊肿的外膜出现破裂。图7-45为囊肿的电子显微图片。图7-45A为囊肿外膜的电子显微图片，显示在没有明显宿主细胞质的区域中缺少小液泡；图7-45B为一个囊肿的一部分的电子显微图片，显示在囊肿膜（v）旁边的小液泡和具有双层膜的卵圆形细胞（箭头示）。图7-46为头和尾细胞的电子显微图片，其中许多可见于截面的各个不同平面；插图显示在这些细胞中，明显的亚结构（substructure）[24]。

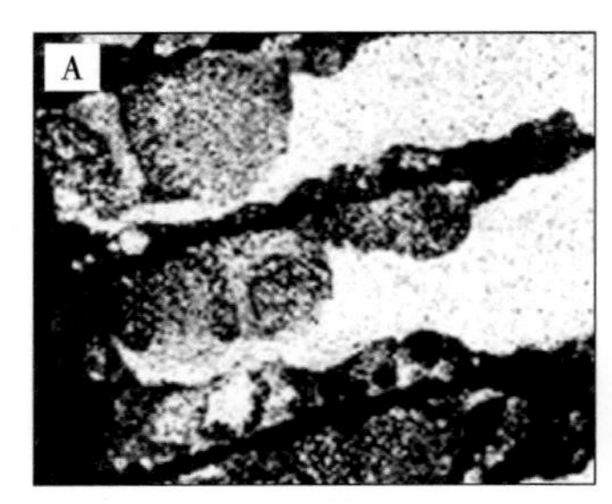

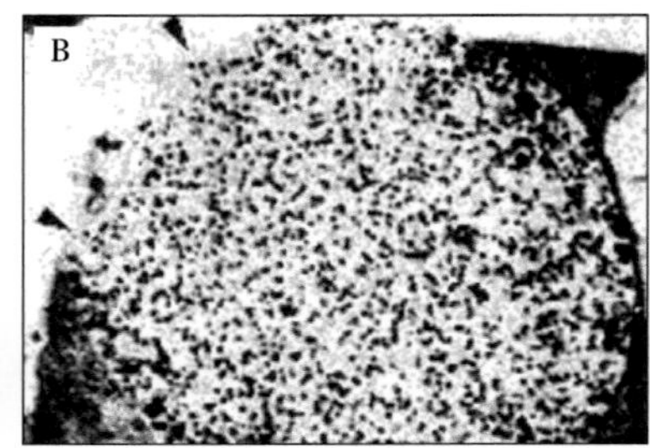

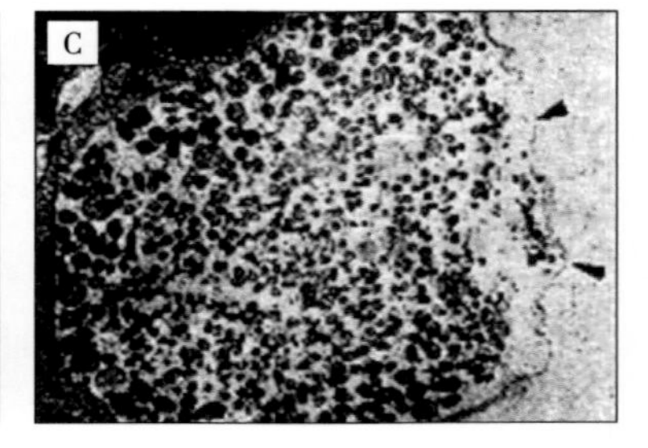

图7-43　鳃片囊肿

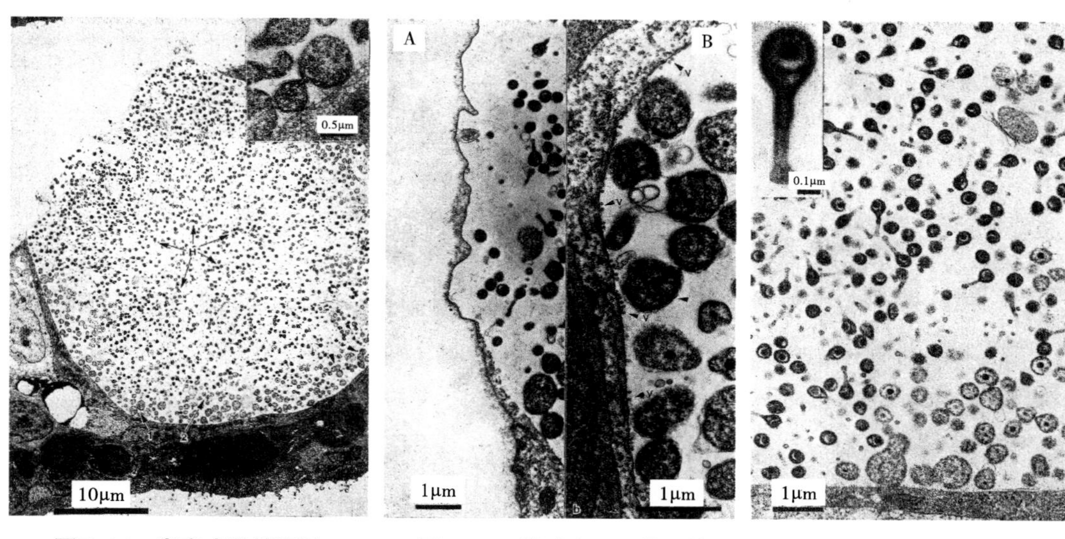

图7-44　发育成熟的囊肿　　图7-45　囊肿电子显微图片　　图7-46　头和尾细胞的形态

2. Bradley等报道湖红点鲑的上皮囊肿与病原体

美国罗德岛大学（University of Rhode Island；Kingston，Rhode Island，USA）的Bradley等（1988）报道于3—5月，在美国五大湖地区的两个孵化场（A、B），从垂死和健康的当年、一年生养殖幼体湖红点鲑收集了鳃组织样品；同时，还收集了一些鱼的其他器官。利用光学显微镜、免疫荧光法、透射电子显微镜检验方法，研究了两个孵化场中湖红点鲑的上皮囊肿病的病原体。在孵化场A的鱼中观察到的鳃包涵体（branchial inclusions），分布在次级片层（secondary lamellae）的基部、并向上随机分布，它们包括上皮细胞增生和肥大，弥漫性片层水肿和融合。在孵化场B的鱼中，鳃包涵体主要位于初级片层（primary lamellae）上，病理变化较轻，主要表现为上皮细胞肥大的局灶性病变。两个孵化场鱼的鳃包涵体中的上皮囊肿颗粒，表现出典型的衣原体形态、大小和发育阶段。另外，还观察到一种不典型形式的衣原体；此外是在孵化场B的鱼鳃组织中，发现了一种未知显著意义（unknown significance）的"non-*Chlamydia*-like agent"（非衣原体样病原体）。

病理组织学检验显示，孵化场A的鱼鳃包涵体大小从直径9～15μm不等，并含有许多密集的球状嗜碱性颗粒（coccoidal basophilic particles），包裹体沿次级片层随机分布、在片层的基部有多个包涵体。在孵化场B的鱼鳃包涵体主要在层间区域（interlamellar region）观察到，其大小和形态特征与孵化场A的鱼相似。在孵化场A的鱼存在广泛的鳃病变，在初级和次级片层存在显著的上皮细胞增生和肥大，不论是否存在明显的或不明显的感染。在次级片层基部的包涵体，与明显的弥漫性水肿及上皮细胞的肥大和增生相关；此外，观察到次级片层泛发性的增厚、层间区域黏液蓄积。与孵化场A相比，在孵化场B的鱼与上皮囊肿感染相关的病变不太严重，上皮性肥大的病灶与鳃包涵体相关。

以透射电子显微镜检查超微结构，表明涉及上皮囊肿感染的主要病原体在两个孵化场的鱼是相似的，在鳃包涵体中的病原体表现为典型的衣原体形态和大小。衣原体发育周期的主要阶段存在于细胞质空泡（cytoplasmic vacuole）中：始体（initial body）大小在700～1 250nm、中间体（intermediate body，IB）大小在400～600nm、哑铃形（dumbbell-shaped）分裂形式的大小在（800～1 300）nm×（575～750）nm。除正常的衣原体形式外，存在类似于Rourke等（1984）描述的头部和尾部细胞（head and tail cell，HTC）结构，其全长在815～900nm、卵圆形的头部长375～450nm（宽度在250～300nm）、尾部直径在80～115nm。包涵体被三层膜分开，在鳃片（gill lamellae）中包涵体的位置似乎与发育阶段相关。始体、中间体和划分形式（dividing forms）一般位于包涵体的基部，最接近含细胞质的区域，头部和尾部细胞结构形式主要位于包涵体的中心和顶点位置。在包涵体周围的细胞质附近区域，观察到小囊泡样颗粒（small vesicle-like particles）。囊泡由大小在45～70nm的圆形头部（round head）构成，在15～25nm的短茎（short stalk）顶上从细胞质包涵体界面伸出。在孵化场B的鱼鳃组织中还观察到第二种颗粒，但其没有表现出典型的衣原体形式。观察发现了两种形式的病原体，一种为典型的（350～550nm），含有被包裹在由不同的膜包围的细颗粒状细胞质中的电子致密的拟核（nucleoid）；另一种形式缺少电子致密的拟核，其大小更均匀（350～425nm）；这些颗粒在包涵体中显示浓缩中间体（condensing intermediate body）的一些形态特征，但不存在粗颗粒细胞质成分。

以用异硫氰酸荧光素（fluorescein isothiocyanate，FITC）标记的抗衣原体属细菌特异性抗原的单克隆抗体（monoclonal antibody），对受感染的鳃组织进行免疫荧光染色检验，显示缺乏衣原体属所有已知各个种所共有的脂多糖抗原。试图使用麦考伊细胞（McCoy cells）和鲤乳头状上皮瘤细胞（epithelioma papillosum cyprini，EPC）分离培养这种衣原体，未能获得成功。

在孵化场A的样品采集期间，发现有95%以上的幼体湖红点鲑（超过100万条）死亡；在孵化场B，湖红点鲑的死亡率在15%（超过10万条）。在两个孵化场观察到的湖红点鲑大量死亡，是与上皮囊肿病相关联的。在动物流行病中，观察到的鳃和全身病变与几种上皮囊肿病的病原体，和在其他鱼类中所发现的类衣原体病原（*Chlamydia*-like agents）是一致的[25]。

图7-47显示在孵化场A的湖红点鲑上皮囊肿的鳃存在的大量的包涵体（箭头示），可见鳃丝和片层变厚（filament and lamellar thickening）。图7-48显示孵化场B的幼体湖红点鲑上皮囊肿感染鳃的包涵体（箭头示）。图7-49显示幼体湖红点鲑鳃组织中膜结合的上皮囊肿包涵体（membrane-bound epitheliocystis inclusion body），膜顶

端破裂。图7-50显示湖红点鲑经放大倍率的上皮囊肿包涵体，含有特征性衣原体颗粒（Chlamydial particles）：始体（initiai body，IB）、中间体（intermediate body，IMB）和哑铃状分裂形式（dumbbell-shaped dividing form，DF），也存在头-尾细胞（head-tail cells，HTC）和小囊泡（small vesicles，V）。图7-51显示位于细胞质包涵体界面处的胞内包涵体小囊泡（V），注意与在上角的始体（IB）大小比较。图7-52显示在孵化场B的湖红点鲑鳃组织中发现的第二种颗粒[25]。

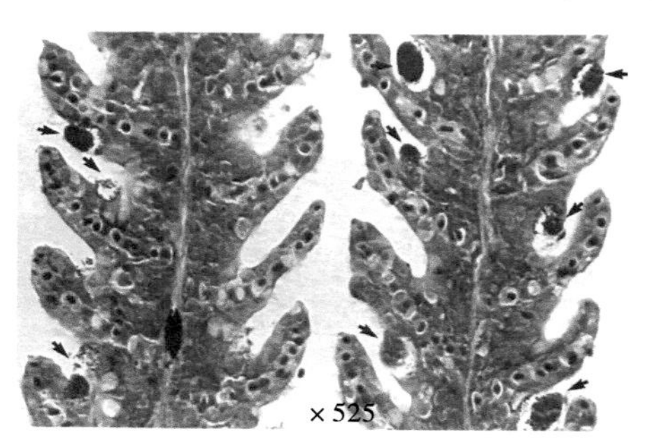

图7-47　孵化场A的湖红点鲑上皮囊肿　　图7-48　孵化场B的湖红点鲑上皮囊肿

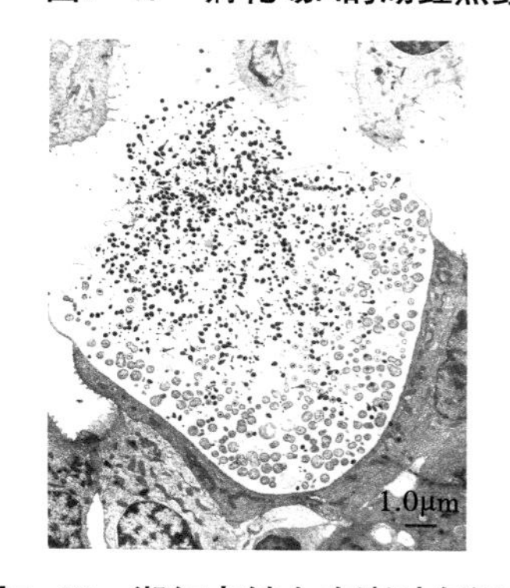

图7-49　湖红点鲑上皮囊肿包涵体

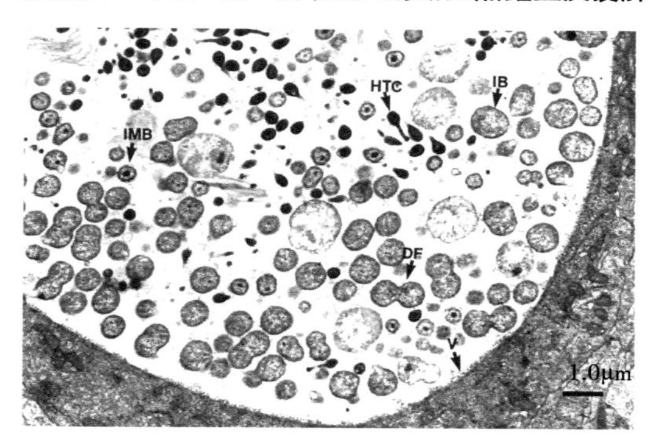

图7-50　湖红点鲑上皮囊肿包涵体结构物

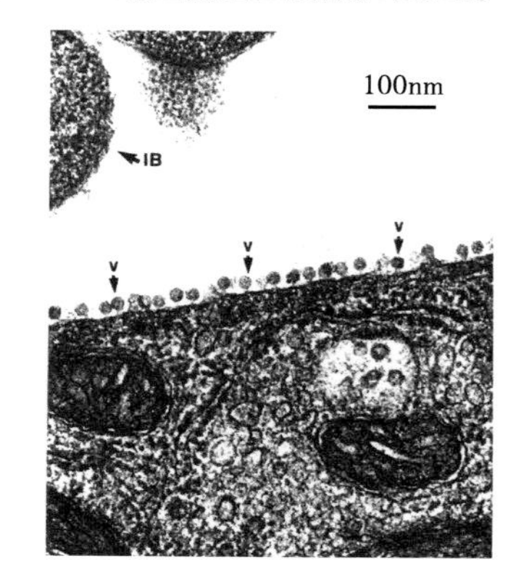

图7-51　上皮囊肿的包涵体小囊泡

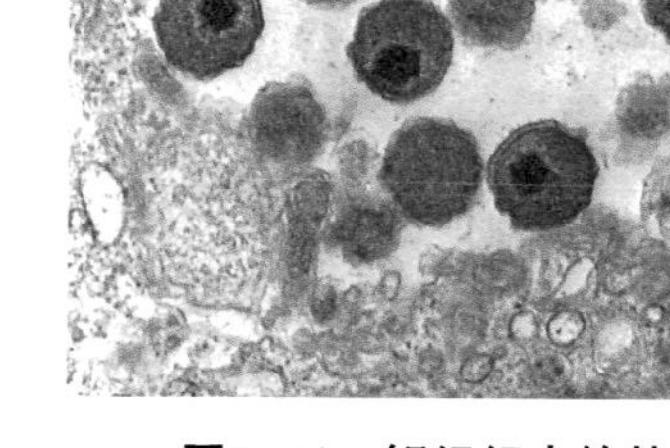

图7-52　鳃组织中的其他颗粒

3. Nylund等报道大西洋鲑上皮囊肿形态特征

挪威卑尔根大学（Department of Fisheries and Marine Biology，University of

Bergen；Bergen，Norway）的Nylund等（1998）报道在过去的几年里，有一些关于挪威海岸（Norwegian coast）养殖的大西洋鲑上皮囊肿的报道，在某些情况下，严重的死亡与该病有关。对上皮囊肿的研究表明，其病原属于立克次体目（order Rickettsiales）或衣原体目（order Chlamydiales）细菌。在大西洋鲑中发现的上皮囊肿病原体，是一种细胞内的革兰氏阴性细菌，具有三个不同的发育阶段：网状体、中间体和原体，这三个阶段都存在于鳃上皮细胞的膜结合液泡（membrane-bound vacuoles）内，被两三层膜包围，含有核糖体和核酸。中间体和原体中的核酸被浓缩成一个拟核，网状体中的核酸被发现是染色质链，RB可以长达10μm并且可以分支；原体呈球形，直径约0.5μm。从形态即发育过程来看，大西洋鲑的上皮囊肿病原体属于衣原体目细菌。

此项研究的目的是对挪威大西洋鲑养殖中，上皮性囊肿病原体的电子显微镜描述。大西洋鲑上皮囊肿的组织，是在当年的秋天从挪威西海岸（west coast of Norway）的4个不同的鲑鱼养殖场采集的。鲑鱼在5月底和6月初被放养在海洋网箱（marine net-pens）中。在一个养殖场（farm A，FA），鲑鱼濒死时有一种被称为心肌病综合征（cardiac myopathy syndrome）的不相关疾病的临床症状，心房扩大或破裂，纤维蛋白性肝周炎（fibrinous perihepatitis）、心房心肌和心室海绵状（spongiosum）变性和炎症。这些被检鱼，是在1995年9月收集的。在其他三个养殖场（FB、FC、FD），病症表现鱼的食欲下降，出现呼吸窘迫（respiratory distress）。在鳃上有白色或透明的囊肿，初级鳃丝的基部有明显的色素沉着；鳃上皮局部增生，上皮细胞肥大，含有大量颗粒状物质。肝脏呈淡黄色，有些瘀点，脾脏和后肾轻度肿胀，养殖场损失了10%的鲑鱼。当从养殖场收集鲑鱼时，死亡率高达每天5%，所有濒死鱼和死鱼都感染了上皮囊肿。在1996年8月29日从FB和FC、1996年10月17日从FD采集的样本，在1996年12月17日又从FD采集了样本。

所采用的诊断程序，没有发现在4个鲑鱼养殖场的样本鱼中存在任何致病性细菌或感染性胰腺坏死病毒（*infectious pancreas necrosis virus*，IPNV）。然而，在一些鳃细胞中发现存在上皮囊肿病原因子（epitheliocystis agent），另外是病毒样颗粒（Virus-like particles）；除这些病毒样颗粒外，鳃上还有一种车轮虫（*Trichodina*），直径在100nm。根据资料，这些（病毒样颗粒、车轮虫）不能确定是上皮囊肿的病原体，导致了所研究的鲑鱼养殖场的鱼死亡，是与其他病原体有关的。另外是其中一种病毒样颗粒类似于红细胞包涵体综合征（erythrocytic inclusion body syndrome，EIBS）病毒，而且这种病毒可能会增加由上皮样囊肿病原体引起的问题。

研究结果从4个养殖场采集的鲑鱼样本，鳃上皮细胞和氯细胞均有不同程度的肥大；上皮细胞增生及邻近的次级片层融合，但并不总是与囊肿或鳃包涵体有关，只有不到20%的次级片层因增生而融合；但发现有肥大细胞（hypertrophic cells），不同程度存在于所有次级片层。细菌只在上皮细胞的液泡（vacuoles）中发现，用革兰氏染色呈阴性。初级层和次级层黏液细胞数量较多，但与感染上皮细胞的频率无关。感染的上皮细胞沿次级片层的整个长度分布，但大部分包涵体位于片层的顶端。

细菌病原体在形态上表现出三个不同的发育阶段：一是含有颗粒状物质的大的球形或长形的，为核糖体、网状体；二是具有几个电子密集区（拟核），其周围有一个电子透明晕（electron-lucent halo），以及核糖体，为中间体；三是具有一个电子致密区的小体，其周围有一个窄的电子透明晕和核糖体，为原体。网状体的最大直径约为1μm，细长型的最长为10um；细胞质内核糖体直径从14～17nm，在网状体内均匀分布；网状体是存在于小液泡中的唯一形式，但也存在于相当大的液泡中。中间体常呈分支状，含有多个核区和空泡，直径在0.5～0.6μm；含有直径14～17nm的核糖体，位于细胞质的外围；位于中心的电子致密核区直径约为240nm，并通过电子透明区（40～100nm）从核糖体中分隔出来，丝状物质（filamentous material）从拟核延伸到这个电子透光区，发现膜结合的囊泡（membrane-bound vesicles）从细胞质膜出芽（budding）并进入某些中间体的周质空间，这些膜结合的囊泡大部分似乎缺乏电子致密物质。球形原体的最大直径约为0.5μm，具有电子致密的核区，一些原体含有电子透明囊泡（electronlucent vesicles）；在大多数原体，细菌细胞壁和细胞质膜之间的距离（10～40nm）有很大的不同，在一些囊泡中原体的形状比球形更细长呈子弹状（bullet-shaped）[26]。

图7-53显示在大西洋鲑鳃的病变，上皮增生和相邻次级片层融合（箭头示）伴上皮囊肿。图7-54显示有上皮囊肿的大西洋鲑鳃的光学显微镜观察结果，半薄切片以甲苯胺蓝染色（toluidine blue stained）。特征为图7-54A显示一个大的（星号示）和两个小的（箭头示）液泡在次级片层的受感染上皮细胞中；图7-54B显示多个有含细菌液泡的上皮细胞（箭头示），随着液泡的增大，上皮细胞的宿主细胞核（蘑菇状箭头示）逐渐变平。图7-55为病原体3种形态不同发育阶段的示意图，分别为网状体（1～3）、中间体（4～7）、原体（8～12）和“头-尾”（head-tail）细胞（13），在此所检验的鲑鱼材料中没有发现这种头-尾细胞形态的；宿主细胞液泡中的膜结合包涵体（14），也被显示出来。图7-56显示上皮囊肿病原体发育的早期阶段。图7-56A显示上皮细胞（epithelial cell，Ec）（箭头示细胞边缘）感染一个原体（EB）和一个电子透明液泡（V）；图7-56B显示上皮细胞（Ec），有细胞核（nucleus，Nu）、线粒体（mitochondria，Mi）、基底膜（basement membrane）（星号示）和包含3个网状体（Rb）的液泡；图7-56C显示上皮细胞（Ec）具有一个中间大液泡，显示含有大而分支的网状体Rb、基底膜（星号示），宿主细胞核（Nu）扭曲。图7-57显示含有中间体（Ib）和网状体（Rb）混合物的宿主细胞液泡。图7-57A显示宿主细胞液泡、邻近的宿主细胞核（Nu）、网状体；图7-57B显示宿主细胞液泡中的中间体和网状体，注意Ib内的拟核（nucleoid，N）。图7-58显示含有中间体的宿主细胞液泡。图7-58A显示

宿主上皮细胞（Ec）中的液泡，含有中间体（IB）、膜结合包裹体（membrane-bound inclusions）（小箭头示）及丝状和非定形物质（amorphous material）；在成对蘑菇状箭头之间显示了菌细胞质膜和细胞壁之间恒定距离的区域，从菌细胞质膜可以看到芽殖（大箭头示）。图7-58B显示来自宿主细胞液泡壁的膜结合包涵体（箭头示）与中间体（IB）、拟核（N）、菌细胞质膜和细胞壁之间恒定距离的区域（成对蘑菇状箭头之间）。C显示含有电子致密物质的膜结合包涵体（箭头示）。图7-59显示包含原体的宿主细胞大液泡的一部分。图7-59A显示具有拟核（N）和电子致密细胞质的原体，宿主上皮细胞（Ec）、宿主细胞液泡中的膜结合电子致密包涵体（箭头示）和原体中的液泡（V）。图7-59B为原体，注意拟核的丝状结构（箭头示）。图7-60显示在上皮细胞（Ec）具有一个中间大液泡，包含网状体（RB）、中间体（箭头示），宿主细胞被其他上皮细胞包围，包含线粒体（星号示）及一个移位的、扁平的宿主细胞核（Nu），宿主细胞和其他上皮细胞之间的细胞边界用蘑菇状箭头示[26]。

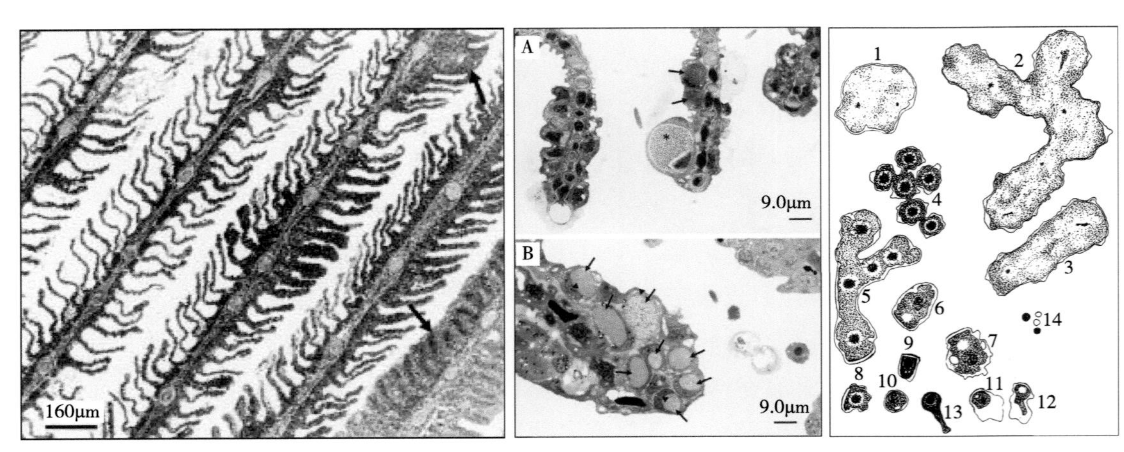

图7-53　大西洋鲑鳃的病变　　图7-54　大西洋鲑鳃上皮囊肿的特征　　图7-55　病原体不同发育阶段示意

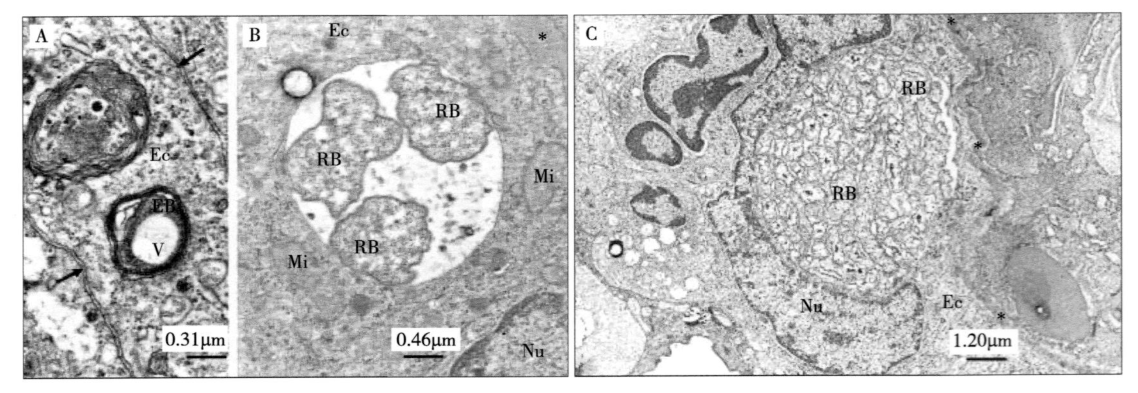

图7-56　病原体发育的早期阶段

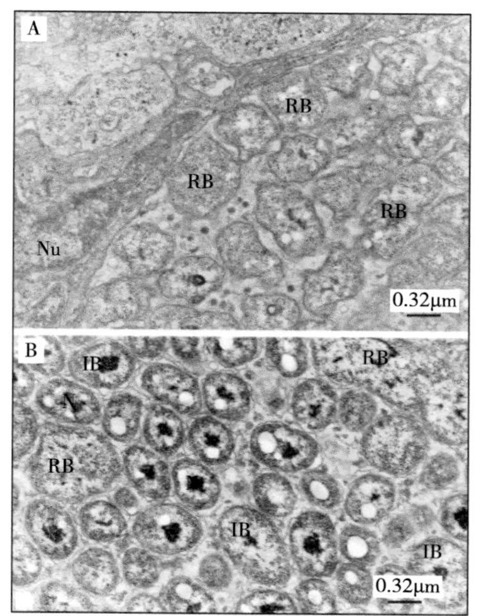

图7–57　含有IB和RB的宿主细胞液泡

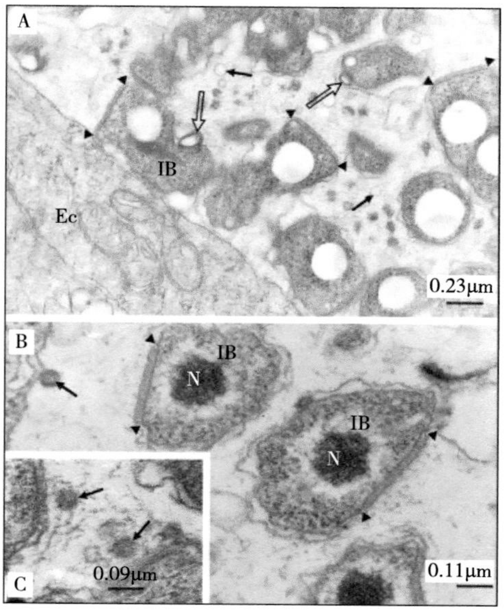

图7–58　含有IB的宿主细胞液泡

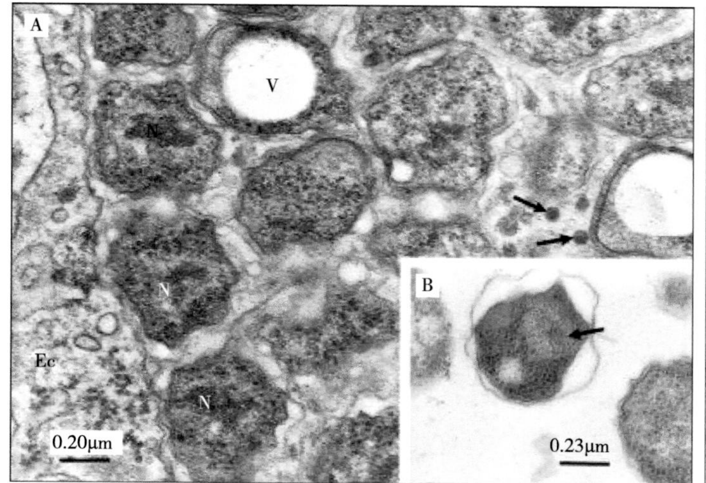

图7–59　含有原体的大宿主细胞液泡

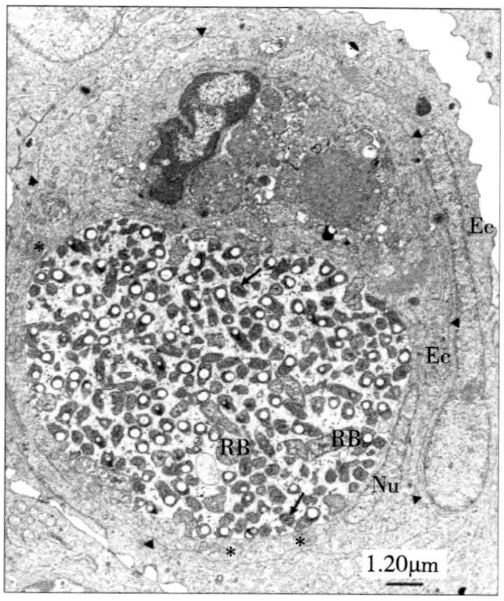

图7–60　上皮细胞的一个中间大液泡

（七）鲕鱼的上皮囊肿

在鲕鱼（*Seriola*）的上皮囊肿感染，涉及高体鲕（amberjack，*Seriola dumerili*）、黄尾鲕（yellowtail，*Seriola mazatlana*）两种鱼类。

1. Crespo等报道的养殖高体鲕的上皮囊肿

西班牙巴塞罗那自治大学兽医学院的Crespo等（1990）报道，描述了在养殖高体鲕上皮囊肿感染对鳃和假鳃（pseudobranch）的影响。在高度感染的鱼中，上皮肿囊周围的增殖细胞反应导致鳃和假鳃的片层融合，导致0+年龄段（0+age class）鱼的大量死亡。组织病理学和扫描电子显微镜观察表明，靶细胞为氯细胞，因为：上皮囊肿病原体首先出现在氯细胞内；氯细胞在纤维上皮（filament epithelium）中变性，沿片层增生、肥大；仅在鱼鳃丝后缘和片层间隙中发现有囊肿，而正常鱼片层间隙中主要是氯细胞。在某些情况下，受感染鱼的假鳃受到的影响比鳃严重得多。因此，建议在怀疑有上皮囊肿时，也应取假鳃作诊断。

Crespo等（1990）报道自1980年以来，高体鰤一直在西班牙马洛卡岛（Mallorca）安德拉茨港口（Port Andratx）的海水网箱（sea-cages）中养殖。1980年以来，除一些弧菌病（vibriosis）暴发外，只发现零星死亡病例。然而在1988—1989年的冬春2个月里，0+年龄段鱼（250～500g体重）发生了大量死亡，最终死亡率为85%。鱼类生病始于1988年11月，死亡率在1—2月达到高峰，5月开始下降，6月没有死亡；1+年龄段和2+年龄段的网箱中的鱼，未受影响。在同一海水养殖设施的网箱里养殖的0+年龄段的金头鲷、欧洲舌齿鲈中，均未发现死亡。此项研究旨在描述在西班牙马略卡岛安德拉茨港口的海水网箱中养殖高体鰤上皮囊肿对鳃和假鳃的影响。

大体病理征象显示，所有受影响的鱼都表现消瘦，生长迟缓，并表现出皮肤损伤和鳍轻度褪色；均表现出不正常的游泳行为，不能和鱼群一起迁移。口腔和鳃旁腔被黏液覆盖，鳃和假鳃呈淡白色，白色的结节直径约为1mm，一些受感染的鱼表现为角膜浑浊和失明，鱼鳃表面和腹部常有瘀点，尸检未发现任何内部病变。

组织病理学和表面现象显示，在受影响的鱼的肝、肾、脾、消化道、心脏和体肌中，未发现组织病理学改变。鳃的组织学研究显示，在所有被检查的鱼类中都存在大小不等的囊肿，这些囊肿被包裹在一个由多层鳞状上皮组织（squamous epithelial tissue）构成的假包膜（pseudocapsule）中，其大小达到250μm×210μm。不同的染色显示囊肿嗜碱性，过碘酸-希夫氏（periodic acid-Schiff）染色阴性，革兰氏阴性，马基阿韦洛氏（Machiavello）染色阳性。囊肿发生在片层的基部和顶端，假包膜中未发现纤维成分。囊肿的破裂导致上皮囊肿组织的释放和包裹上皮样细胞的脱落。在严重感染的鱼中，有巨大的增生上皮细胞反应导致片层融合。甲苯胺蓝染色和亚甲蓝染色（methylene blue stained）的组织切片显示，上皮囊肿的靶细胞是氯细胞。在健康鱼类中，氯细胞位于初级鳃上皮的层间间隙和次级片层的底部，而一般而言，沿鳃片层没有氯细胞。在感染上皮囊肿的鱼中，首先在氯细胞的细胞质中发现了球状菌体（coccobacillary bodies）。在受影响的鱼鳃的层间上皮中发生变性的唯一细胞类型是氯细胞，其数量沿着次级片层增加，并且随着上皮囊肿病原体的增殖而变得肥大。肥大细胞，细胞质完全填满约0.5～1μm直径的球状菌体，达到90μm的大小。

扫描电子显微镜研究表明，病鱼的氯细胞失去顶端的微绒毛，导致顶端凹陷的不同形态；相反，相邻扁平细胞（pavement cells）的微脊保持不变。在鳃丝后缘和氯细胞主要分布的细胞间隙中，增生反应最强。在鳃丝的前缘未发现包被囊肿（encapsulated cysts），富含黏液细胞，但缺乏氯细胞。对假鳃的研究表明，在某些情况下，这个器官受上皮囊肿的影响比鳃大得多：虽然在一些患病鱼的鳃片基部只检测到少数囊肿，但其假鳃外部的片层几乎完全融合。假鳃的组织学显示，其内部显示融合片层，富含假鳃细胞，但缺乏氯细胞和黏液细胞，不受上皮囊肿病原体的影响，但外部显示游离片层，富含氯细胞和黏液细胞，含有嗜碱性细胞囊肿周围有强烈的增生组织反应。

对健康鱼的组织学和扫描电子显微镜观察研究显示，鳃上皮中存在散在的囊肿，不会引发任何增生细胞反应，也不会导致片层融合。

在检查的鱼中，有50%的上皮囊肿疾病与车轮虫病（trichodiniasis）和血居吸虫样寄生虫（*Sanguinicola*-like parasites）的存在有关。不同发育阶段的包囊吸虫卵（*Encysted trematode* eggs）在片层的边缘血管道和细丝动脉（filament arteries）中均有存在，成虫在病鱼的心室中也有存在[27]。

图7-61显示高体鰤感染上皮囊肿的鳃形态，在鳃丝鳃片层基部（图7-61A）和顶端（图7-61B）存在囊肿，囊肿被包裹在多层鳞状上皮组织的假包膜中，不含纤维成分（图7-61C），囊肿破裂导致上皮样囊肿组织的释放和假包膜上皮样细胞的脱落（图7-61D）；箭头示氯细胞。图7-62显示增生细胞对上皮囊肿病原体的反应导致片层融合。注意，在扫描电子显微照片中，在远侧边缘（图7-62A）或鳃片基部（图7-62B）有囊肿（箭头示）；在高度感染的鱼中，囊肿占据鳃丝的后缘（trailing edge，TE），在前缘（leading edge，LE）未见囊肿（图7-62C），可见融合层（图7-62D）远缘有氯细胞（箭头示）。图7-63显示健康和上皮囊肿病鱼的鳃氯细胞。氯细胞（星号示）主要位于健康鱼类（图7-63A）的层间空间，它们不存在于片层（图7-63B）。在患病的鱼中，首先在氯细胞（图7-63C）中见到上皮囊肿病原体（箭头示）；氯细胞变性（图7-63D），沿片层增生和肥大（图7-63E）。图7-64显示健康的（图7-64A）和上皮囊

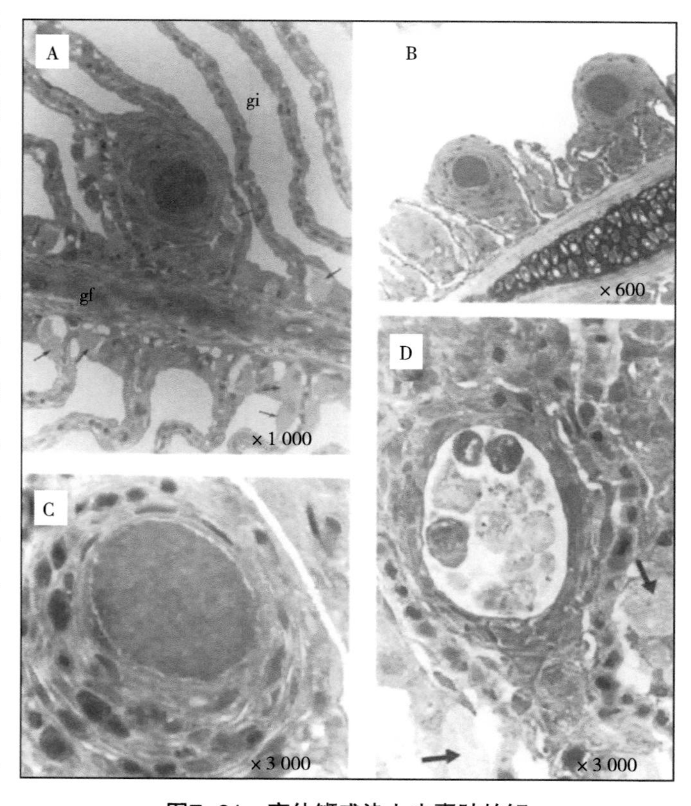

图7-61　高体鰤感染上皮囊肿的鳃

肿感染的高体鰤（图7-64B）的氯细胞顶坑（Chloride cell apical pits）（箭头示）。注意，在患病的鱼中，氯细胞缺乏微绒毛（microvilli），而相邻上皮细胞的微脊保持不变（图7-64B）。图7-65显示高体鰤的假鳃。在病鱼（图7-65A）的假鳃（pseudobranch）的内部（inner part，IP）没有囊肿，而外部（outer part，OP）的片层是融合的（图7-65B）。在健康鱼中，外假鳃（outer pseudobranch）的片层是游离的，表现出氯细胞（星号示）和黏液细胞（蘑菇状箭头示）细胞（图7-65C），而内假鳃（inner pseudobranch）则表现出融合片层，富含假鳃细胞（pseudobranchial cells，P），但缺乏氯细胞（图7-65D）[27]。

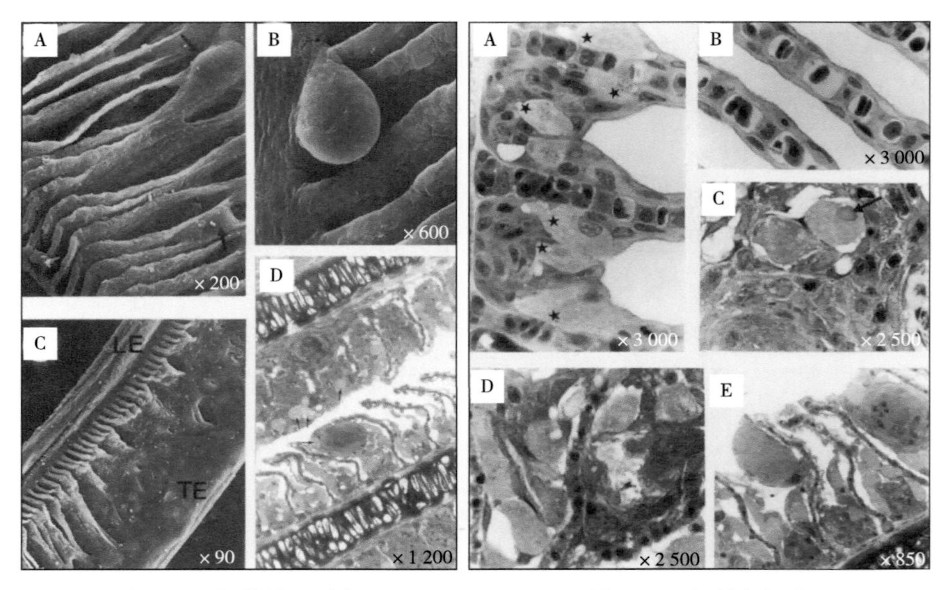

图7-62　鳃的片层融合

图7-63　鳃的氯细胞

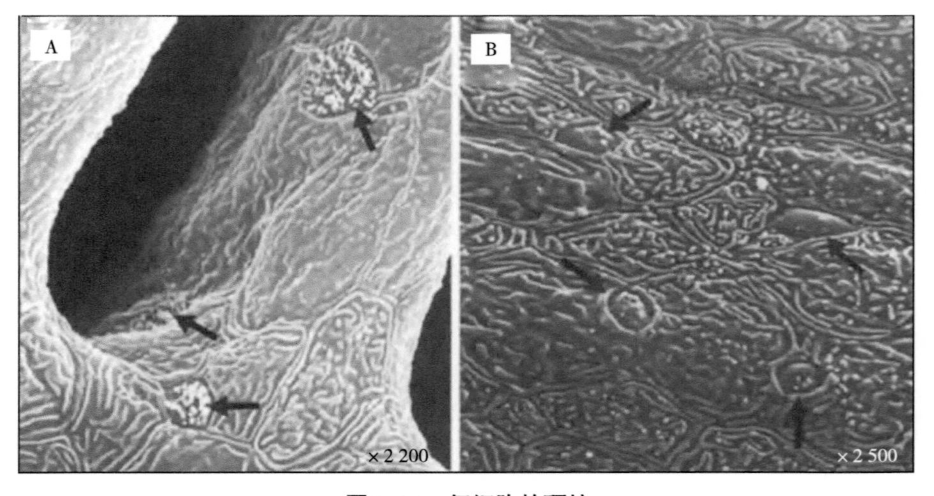

图7-64　氯细胞的顶坑

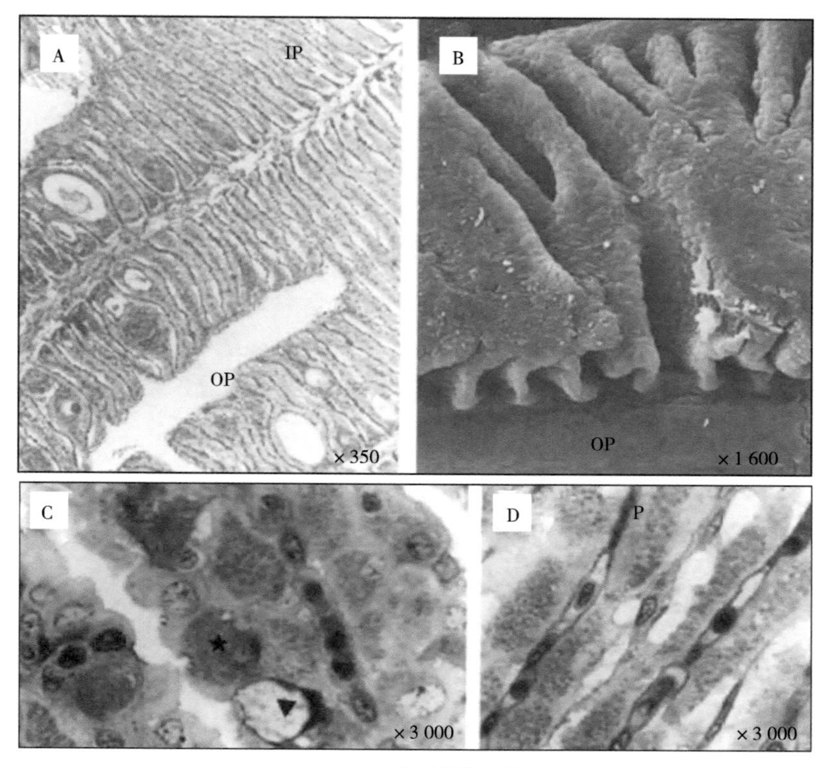

图7-65　高体鰤的假鳃

2. Grau和Crespo报道的高体鰤上皮囊肿

西班牙巴塞罗那自治大学兽医学院的Grau和Crespo等（1991）报道，Crespo等（1990）描述了影响养殖高体鰤的鳃和假鳃的上皮囊肿感染，与0+年龄组的大量死亡有关（注：即在上面的记述[27]）。但认为仍有三个主要问题有待阐明：上皮样囊肿感染在野外的发生；病原体的形态；宿主细胞的性质。此项研究的目的是研究野生幼鱼（wild juvenile fish）鳃的组织病理学，并描述上皮囊肿生物体和上皮囊肿感染细胞的透射电子显微镜观察结果。描述了高体鰤上皮囊肿的超微结构，揭示了它们与高等脊椎动物衣原体的亲缘性。讨论了富含线粒体的氯细胞，作为上皮囊肿宿主细胞的作用。

供试15条高体鰤大约在3个月大，于1989年10月采集，分别是在马洛卡岛（Majorca Island）的沿海水域捕获了11条鱼，在巴塞罗那海岸（Barcelona coast）附近捕获了4条。鳃标本切片，并用苏木精-伊红染色进行常规光镜检查。1988年至1989年冬春两个月在马洛卡岛安德拉茨港口海水养殖设施中受上皮囊肿影响的鱼（注：即在上面的记述[27]）的样本，用超薄切片进行透射电子显微镜观察。

对野外捕获的高体鰤的鳃组织病理学研究表明，在15条被检查的鱼中有7条偶尔出现嗜碱性囊肿。囊肿通常不会触发周围的增生细胞反应，也不会导致片层融合。在马略卡岛沿海水域捕获的11条鱼中，有3条感染了上皮囊肿，而在巴塞罗那海岸附近捕获的4条鱼都感染了上皮囊肿。电子显微镜研究显示，囊肿壁由一个单位膜和一层厚度为5μm的结缔组织纤维组成。可见几层上皮细胞被一个或两个囊肿包裹，似乎发生了压迫性坏死（pressure necrosis）。囊肿内的原核生物的长度为0.4～1.2μm不等，出现两种基本形态类型：椭圆形细胞（长0.5～0.6μm），呈中心圆形，电子密度高的拟核，核周透光带和边缘电子致密的絮状物质（flocculent material）；长细胞（长0.7～1.2μm），无电子密度高的拟核。过渡型，表现出圆形的电子透明液泡。在受影响的高体鰤上皮囊肿的鳃中，在氯细胞中可见感染生物体。该研究表明，在鳃丝的后缘和氯细胞主要分布的细胞间隙中发现了上皮囊肿生物体[28]。

图7-66显示野生（图7-66A）和养殖（图7-66B）高体鰤上皮囊肿的鳃形态。注意在野生鱼的片层中有两个囊肿（箭头示），它们周围没有增生细胞反应（图7-66A）。在上皮囊肿感染的养殖鱼（图7-66B）中，囊肿被包裹在多层鳞状上皮组织的假包膜中，在高度感染的鱼中，假包膜导致片层融合。图7-67显示囊肿的透射电子显微镜观察结果。在两个囊肿周围可见几层上皮细胞受压坏死（图7-67A）。注意，囊肿壁由一个单位膜（箭头示）和一层结缔组织纤维（connective tissue fibres，F）（图7-67B）组成。囊肿内原核生物（图7-67C）有两种主要的形态类型：中心电子致密的卵圆细胞（oval cells，OC）和无拟核的细长细胞（elongated cells，EC）；还发现了过渡型（transitional forms，TF）和圆形电子透光液泡（round electron-lucent vacuoles）。图7-68显示在氯细胞（图7-68A）及由于福尔马林固定不良和寄生虫造成的损伤而无法正确识别的细胞（图7-68B）中发现了感染性生物体（infecting organisms）（箭头示）。值得注意的是大量的线粒体（mitochondria，m）存在于氯细胞（图7-68C）中，而在扁平细胞（pavement cells）（图7-68D）中仅发现少量线粒体[28]。

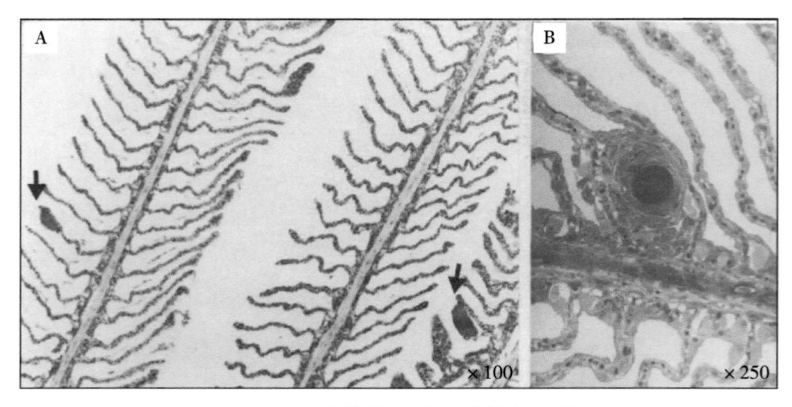

图7-66　高体鰤上皮囊肿的鳃形态

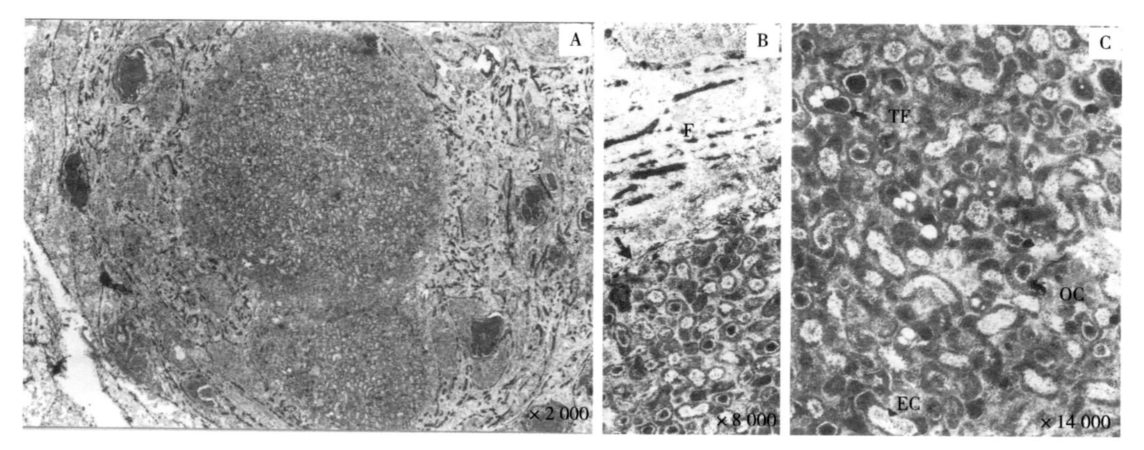

图7–67　囊肿的TEM观察结果

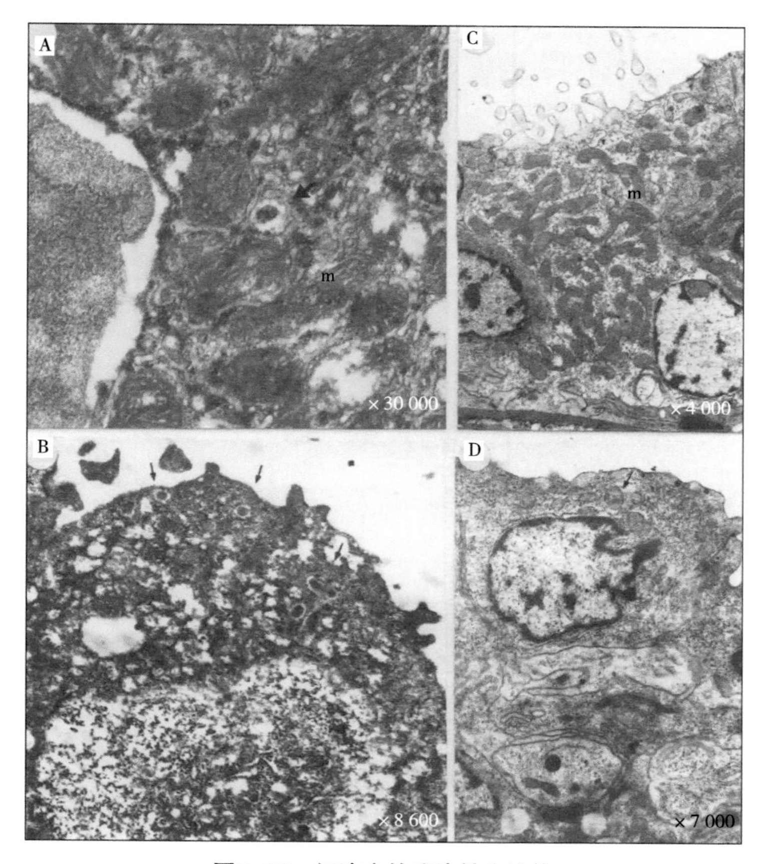

图7–68　细胞中的感染性生物体

3. Venizelos和Benetti报道的黄尾鰤上皮囊肿

美国水产养殖国际咨询公司（AIC-Aquaculture International Consulting，AIC；Key

Biscayne，Florida，USA）的Venizelos和迈阿密大学（University of Miami；Miami，Florida，USA）的Benetti（1996）报道，黄尾鰤（yellowtail，*Seriola mazatlana*）是厄瓜多尔（Ecuador）用于水产养殖的一种新的海洋鳍鱼（marine finfish）。

上皮囊肿是一种在鳃和皮肤上皮细胞的一种慢性疾病，据报道发生在一些野生和养殖的海洋和淡水鱼类中。报道了在厄瓜多尔水产养殖中新发现的一种属于琥珀鱼（amberjack）的黄尾鰤幼体和早期幼鱼（early juvenile）的上皮囊肿。报道在厄瓜多尔，黄尾鰤受精卵是从圈养一年多的野生亲鱼群的自然产卵中获得的。从孵化后3周龄以下的幼体通常表现为大体正常，没有寄生虫或病理变化的迹象。在4～6周龄，鱼会开始表现出典型的病症，如皮肤变黑、张嘴和虚弱或不稳定的游泳行为。濒死的鱼在开始严重死亡之前和期间，在水中呈现出特征性的垂直位。这一阶段的显微镜检查显示，增生的鳃片上覆盖着黏液，鳃丝可见透明囊肿。在组织学研究中，发现鳃上皮和皮肤上皮中可见大小不等（直径4～100um）的增大细胞，细胞内密集分布嗜碱性颗粒。覆盖鳃弓和支撑结构的表皮细胞通常被感染，有时成簇，细胞直径可达50μm。最大的肥大细胞，大小在50～100μm，分别出现在片层隐窝和沿鳃片层的侧面，氯细胞和杯状细胞的密度增加。侧表面的呼吸上皮细胞也被认为是感染的，感染细胞也见于鱼背部和腹部的皮肤上皮细胞，以及鼻孔和口腔的严重感染[29]。

图7-69显示黄尾鰤感染上皮囊肿。图7-69A显示鳃上皮囊肿，最大的肥大细胞在片层隐窝（lamellar crypts）和沿鳃片表面出现；图7-69B显示鼻孔高度感染上皮囊肿病原生物体[29]。

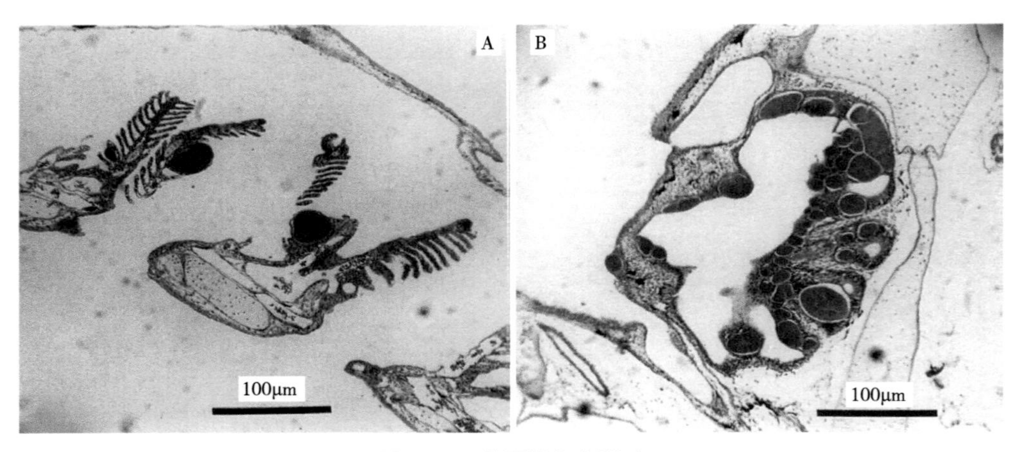

图7-69　黄尾鰤上皮囊肿

（八）叶海龙的鳃上皮囊肿

在叶海龙（leafy sea-dragon，*Phycodurus eques*）的上皮囊肿感染，总体来讲还是

不常见的。有报道认为叶海龙在密集养殖鳍鱼（finfish）类中，可能构成上皮囊肿病的病原体贮存。

1. Langdon等报道叶海龙的鳃上皮囊肿病

西澳大利亚农业渔业部鱼类健康处（Fish Health Section, Departments of Agriculture and Fisheries; South Perth, Western Australia）的Langdon等（1991）报道上皮囊肿病在北半球（Northern Hemisphere）和南非（South Africa），有报道发生在多种海洋和淡水鱼类，其病原体被认为是衣原体或立克次氏体类微生物，被感染的鳃常常表现出与呼吸系统疾病（respiratory disease）相关联。

叶海龙是一种美丽壮观、但很少被研究的鱼类，为澳大利亚南部（southern Australian）海域所特有，属于包括海马（sea-horses）在内的海马科（Syngnathidae）鱼类成员。一条被捕获（captive）的、最初来自澳大利亚埃斯佩兰斯地区（Esperance area, Australia）的叶海龙，在因弧菌性败血症（*Vibrio* septicaemia）死亡后进行尸检中，发现鳃存在上皮囊肿感染。检验叶海龙的鳃丝呈高度卷曲、并从一个共同的膜突出，而不是在单独的软骨拱（cartilage arches），检验鳃丝的湿涂片标本显示在每条鳃丝上存在1～5个卵圆形颗粒状、20～90μm大小的囊肿，每个囊肿位于单个的呼吸上皮细胞内，细胞质膨胀、细胞核变平；在切片标本检验中，发现囊内容物存在呈微小的、革兰氏阴性的球杆状体（Gram-negative coccobacillary bodies），在一些囊肿中有较大的革兰氏阳性杆菌。电子显微镜检验显示为较小的（宽0.25～0.5μm）、不规则的卵圆形细胞，具有纤维状的低电子密度核心、位于细胞质膜下方的电子致密层，以及松散的双层包膜，这些是在高度多形性上皮囊肿病原体呈“round cell”（圆形细胞）期（阶段）的特征；囊肿壁（cyst wall）由衰退的宿主细胞胞质包围的双层、非定形物组成，没有炎症反应或组织损伤。被检叶海龙没有表现出呼吸窘迫，因此认为其上皮囊肿病是偶发的；检验结果确认在澳大利亚鱼类中存在上皮囊肿病，不应再将上皮囊肿病视为外来病（exotic disease），尽管仍有可能不止一种病原体能引起上皮囊肿病。叶海龙在密集养殖鳍鱼（finfish）类中，可能构成上皮囊肿病的病原体贮存；上皮囊肿病虽然不常见，但可能很普遍。这是首次报道在澳大利亚鱼类中发现的上皮囊肿，也是在叶海龙中唯一的报道。

图7-70为鳃片（gill lamella）组织切片，显示呼吸上皮细胞（respiratory epithelial cell）中的上皮囊肿，甲苯胺蓝染色。图7-71为双层膜的“圆形细胞”的电子显微照片（插图的箭头示）。图7-71为囊肿电子显微图片，图中a显示在囊肿内由非定形层（amorphous layer）组成、b显示宿主上皮细胞、c显示宿主上皮细胞的细胞核[30]。

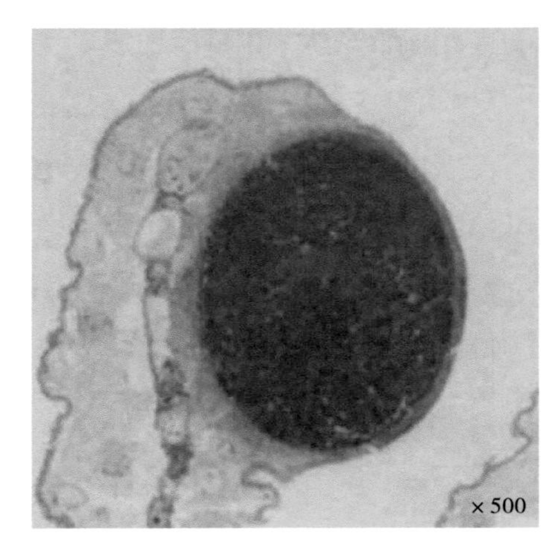

图7–70 叶海龙鳃的囊肿

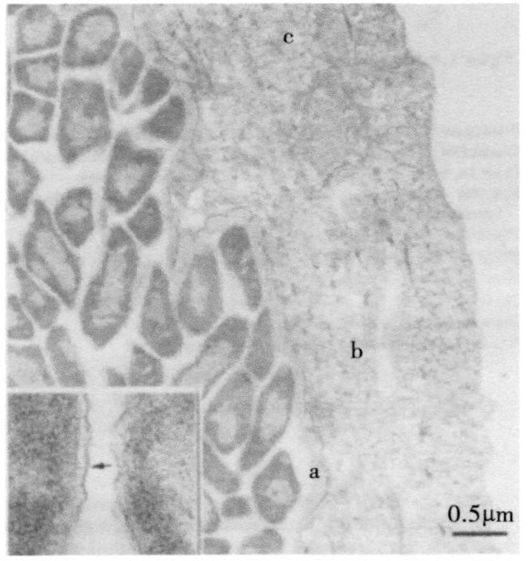

图7–71 囊肿电子显微图片

2. Meijer等报道叶海龙及银鲈和尖吻鲈鳃上皮囊肿

荷兰国家公共卫生和环境研究所（Diagnostic Laboratory for Infectious Diseases and Screening，National Institute of Public Health and the Environment；Bilthoven，Netherlands）的Meijer等（2006）报道，在超微结构观察的基础上，进一步利用分子方法（molecular methods）和免疫细胞化学法，研究了叶海龙［注：其样本即在上面有记述由Langdon等（1991）报道的[30]］、银鲈（silver perch，*Bidyanus bidyanus*）、尖吻鲈（barramundi，*Lates calcarifer*）的上皮囊肿。通过电镜检查在囊肿中观察到衣原体样（*Chlamydia*-like）和立克次氏体样（*Rickettsia*-like）细菌的发育阶段；取上皮囊肿的石蜡包埋鳃（paraffin-embedded gills）组织标本，进一步进行了检验分析。此外，用分子方法进一步分析了在1998年保存的银鲈上皮囊肿的石蜡包埋鳃组织标本，该病例是来自从澳大利亚东部（eastern Australia）一个商业孵化场到澳大利亚渔业WA（Fisheries WA，Australia）的150尾鱼种（fingerlings），用于出口前的批次疾病检验认证。于1999年在荷兰比尔特霍芬（Bilthoven，Netherlands）公共卫生与环境国家研究所（National Institute of Public Health and the Environment，RIVM），对此两种鱼（叶海龙、银鲈）的石蜡包埋鳃组织标本进行了衣原体抗原（Chlamydiales antigens）和16S RNA分析。再者是于1999年，在西澳大利亚珀斯（Perth，Western Australia）的一个循环淡水系统（recirculating freshwater system）中一条幼龄（50mm长）尖吻鲈，发生鳃的上皮囊肿和皮肤淋巴囊肿［由虹彩病毒（*Iridovirus*）引起导致被感染的成纤维细胞（fibroblast cells）肥大］的混合感染，提交到澳大利亚渔业WA检验；对一些受侵害鱼进行鳃和皮肤组织的石蜡包埋保存及冷冻全鱼，送达荷兰比尔特霍芬公共卫生与环境国家研究所进行分子分析。

通过苏木精-伊红染色检查三种鱼的鳃组织切片，显示在次级片层（secondary lamellae）基部的细胞中存在圆形到卵圆形的嗜碱性包涵体（basophilic inclusions）；在银鲈中，这些包涵体有时也会存在于初级片层（primary lamellae）的顶端，偶可见于囊肿周围组织存在增殖反应（proliferative response）、次级片层的结构受到破坏。在鳃囊肿（gill cysts）中，通常是充满细颗粒状物（fine granular material）。在尖吻鲈中的鳃囊肿，存在大囊肿（large cysts）和小囊肿（small cysts）两种类型，其中在大囊肿（large cysts）中存在松散的颗粒状物、小囊肿（small cysts）中存在密集的颗粒状物。在尖吻鲈中由淋巴囊肿引起的皮肤囊肿（skin cysts）的形态与鳃上的上皮囊肿不同，其特征表现为一个或多个囊肿一起被牢固包覆、囊肿几乎完全充满嗜碱性颗粒（basophilic granular）和无定形物（amorphous material），这些圆形囊肿的大小在100～300μm，远大于尖吻鲈在鳃上皮囊肿（13～35μm）的。

在从银鲈鳃标本、尖吻鲈鳃和皮肤标本DNA制备的类衣原体序列（Chlamydia-like sequences），以衣原体目特异性16S rRNA寡核苷酸探针（Chlamydiales-specific 16S rRNA oligonucleotide probe）进行的原位杂交（in situ hybridization，ISH），结果显示能够与银鲈鳃囊肿、尖吻鲈鳃囊肿结合；在叶海龙的囊肿，其阳性反应不明确。进一步证实上皮囊肿病原体与衣原体目细菌的联系，是通过对叶海龙鳃囊肿、尖吻鲈鳃囊肿，以上皮囊肿病原体单克隆抗体（monoclonal antibodies）进行交叉反应抗原检测，显示具有沙眼衣原体（*Chlamydia trachomatis*）脂多糖（lipopolysaccharide）、肺炎衣原体（*Chlamydia pneumoniae*）膜蛋白（membrane protein）抗原；在银鲈的鳃囊肿，没有用这些单克隆抗体染色检验。用免疫细胞化学法和RNA原位杂交对尖吻鲈的鳃囊肿染色，显示大囊肿比小囊肿染色反应弱。在尖吻鲈的皮肤淋巴囊肿以衣原体抗原进行的免疫细胞化学法染色虽然反应模糊，但对衣原体RNA原位杂交染色的显示一些染色点，与经PCR检测这些囊肿的DNA样本中的上皮囊肿病原体相一致。

研究结果显示，尽管与已有报道衣原体科的细菌相比，上皮囊肿病原体的超微结构有很大的差异，但在四种鱼类中，这些病原体现在已被分子分析鉴定为属于衣原体目（order Chlamydiales）的。迄今为止在每种病原体都是不同的，表明病原体存在种的特异性（species specificity）。Draghi等（2004）曾在鲑鱼（salmon）上皮囊肿的病原体，提出了“Candidatus *Piscichlamydia salmonis*”（鲑鱼鱼衣原体）的暂定命名；对其属“Candidatus *Piscichlamydia*”（鱼衣原体属）的命名，是与上皮囊肿相联系的、对感染鱼类的衣原体细菌具有普遍性的菌属特征。然而，本研究中对三种新的上皮囊肿病原体的16S rRNA序列系统发育分析，表明它们是与鲑鱼鱼衣原体及在它们之间清晰分开的，从中推断出不存在这样的普遍性的菌属。总之，我们的研究结果提供了在叶海龙、银鲈、尖吻鲈上皮囊肿的证据，表明其病原体为属于衣原体目的细菌、但与衣原体科是分开的。

在形态学方面，此三种鱼都显示鳃存在上皮囊肿，其中的尖吻鲈也在皮肤存在淋巴囊肿（lymphocystis cysts）。从三种鱼的鳃囊肿、尖吻鲈的皮肤囊肿中，通过16S rRNA基因片段的PCR扩增和测序、与其他衣原体一起进行系统发育分析，显示在衣原体科中构成独立的谱系。通过原位RNA杂交，在银鲈的鳃囊肿、尖吻鲈的鳃囊肿和皮肤囊肿中，检测到衣原体目特异性16S rRNA序列。应用免疫细胞化学法，在叶海龙的鳃囊肿、尖吻鲈的鳃囊肿和皮肤囊肿中，检测到衣原体（Chlamydial antigens）脂多糖和/或膜蛋白（lipopolysaccharide and/or membrane protein）抗原、但在银鲈的鳃囊肿中未检测到。综合分析，认为这是首次采用分子方法，确定叶海龙、银鲈、尖吻鲈上皮囊肿的病原体为衣原体目细菌。此外的结果表明，已知由虹彩病毒感染引起的淋巴囊肿，可与上皮囊肿的病原体共同感染（coinfected）[31]。

图7-72显示应用免疫细胞化学法和原位RNA杂交技术检测尖吻鲈、银鲈鳃上皮囊肿的衣原体目细菌。图7-72A（苏木精-伊红染色）显示尖吻鲈的鳃囊肿（箭头示）；图7-72B（苏木精-伊红染色）显示尖吻鲈的皮肤囊肿（箭头示），明显不同于鳃囊肿的大小和形态；图7-72C和图7-72D分别显示尖吻鲈的一些鳃囊肿，明显被抗肺炎衣原体膜蛋白染色（图7-72C中的箭头示），并与抗沙眼衣原体脂多糖抗原的抗体反应（图7-72D中的箭头示）；图7-72E和图7-72F显示尖吻鲈的鳃囊肿（图7-72E中的箭头示和蘑菇状箭头示）和银鲈的鳃囊肿（图7-72F中的箭头示），以衣原体目特异性16S rRNA寡核苷酸探针进行的RNA原位杂交，呈充分的染色反应，尖吻鲈鳃的大囊肿（图7-72E中的蘑菇状箭头示）比小的囊肿（图7-72E中的箭头示）染色反应弱[31]。

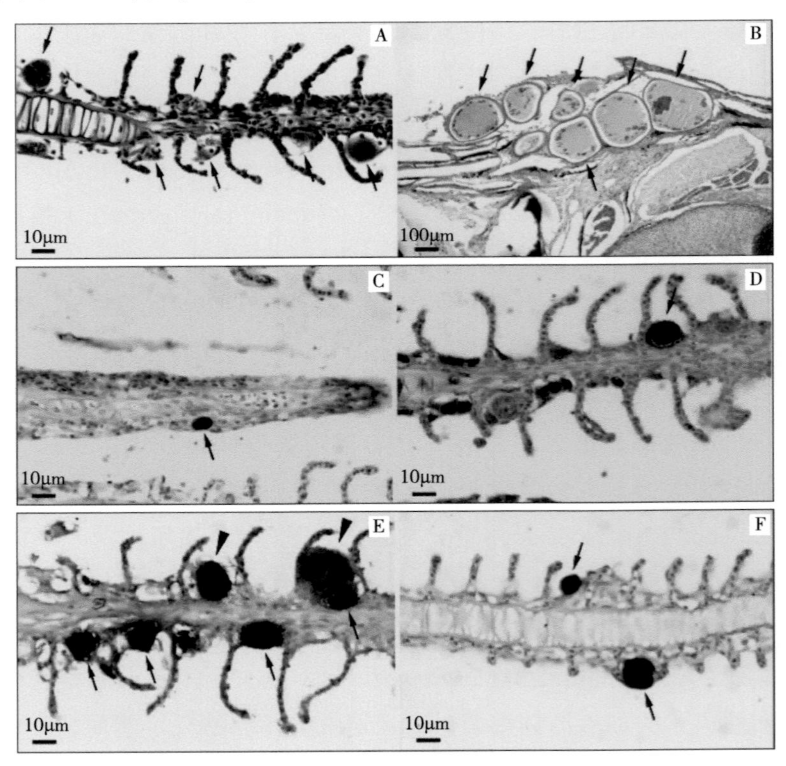

图7-72　鳃上皮囊肿的衣原体

（九）其他鱼类的鳃上皮囊肿

这里记述在其他鱼类的上皮囊肿感染，涉及罗非鱼、高首鲟（white sturgeon，*Acipenser transmontanus*）、豹纹鲨（leopard shark，*Triakis semifasciata*）、鲷鱼、青背竹筴鱼（jack mackerel，*Trachurus declivis*）、巴斯鲬（sand flathead，*Platycephalus bassensis*）、深海新鲬（tiger flathead，*Neoplatycephalus richardsoni*）等鱼类，包括养殖或野生的。

1. Paperna等报道罗非鱼等鱼类上皮囊肿的超微结构

以色列海因茨-斯坦尼茨海洋生物实验室（H.Steinitz Marine Biology Laboratory，Eilat，Israel）的Paperna、以色列耶路撒冷希伯来大学（Zoology Department of the Hebrew University of Jerusalem，Israel）的Sabnai、美国马里兰大学的Zachary（1981）报道，进一步通过对鲷科（Sparidae）的金头鲷、鲻科（Mugilidae）的灰色鲻鱼（*Liza ramada*）、金灰色鲻鱼（golden gray mullet，*Liza aurata*）、普通鲻鱼（*Mugil cephalus*）、慈鲷科（Cichlidae）的莫桑比克罗非鱼（*Tilapia mossambica*）和奥尼罗非鱼（*Tilapia aurea* × *nilotica*）、鮨科（Serranidae）的欧洲舌齿鲈等多种鱼类上皮囊肿超微结构的连续性观察，证实其病原体即上皮囊肿生物体存在一个多形态性的发育周期，但不同发育阶段之间的差异非常明显；在所有的情况下，上皮囊肿生物体都位于宿主细胞细胞质中的一个包涵体内；在一个超薄切片中，可以通过从细长立克次体样细胞（elongated *Rickettsia*-like cell）到球形小细胞（coccoid small cells）的连续分裂来跟踪发育过程，有可能发现“囊肿”主要包含细长细胞（elongated cells）或主要是小细胞（small cells）。描述了在连续发育阶段中初期的长细胞、中间体长细胞和小细胞的阶段划分，另一个阶段是圆形细胞在感染的氯细胞中发现。讨论了在脊椎动物和无脊椎动物，上皮囊肿病原体和已知衣原体生物（chlamydial organisms）间的亲缘关系。基于研究结果，认为上皮囊肿的病原体与高等脊椎动物（higher vertebrates）、节肢动物（arthropods）的衣原体生物存在诸多方面的共同特征（性），因此应该归类于衣原体目；然而，上皮囊肿在许多方面是具有独特性的，因此应该被视为衣原体目内的一个独特分类（支）群（distinct taxon）。

在的种类和上皮囊肿特征方面，在普通鲻鱼、灰色鲻鱼或莫桑比克罗非鱼和奥尼罗非鱼的上皮囊肿生物体，似乎属于同一物种。对养殖鱼类的初步观察表明，交叉感染在同一科的鱼类中显然是可行的。来自不同科鱼类宿主的上皮囊藻生物（如鲻科、慈鲷科、鲷科）的上皮囊肿生物体，明显属于不同的物种。不同科鱼类的上皮囊肿具有明显的结构差异，但大小差异不大。每种上皮囊肿显然对一个科的宿主鱼类具有特异性，并且从养殖鱼类中的感染发生率可以明显看出，不同科鱼类之间不可能发生交叉感染[32]。

图7-73A为囊肿的形态特征，其中的1～3显示为普通鲻鱼的囊肿，包含初长细胞（primary long cells，PLC）、中长细胞（intermediate long cells，ILC）和小细胞（small cells，SC）；4显示普通鲻鱼囊肿中的SC；5显示在金灰色鲻鱼成熟囊肿（mature cyst）中的SC。6～9显示在金头鲷囊肿中的PLC、ILC和SC。

图7-73B为罗非鱼的肿囊结构，1显示奥尼罗非鱼囊肿中的PLC、ILC和SC；2显示莫桑比克罗非鱼囊肿中的PLC、ILC和SC；3显示奥尼罗非鱼囊肿中分裂的PLC（dividing PLC），注意细胞间桥（intercellular bridges）；4显示奥尼罗非鱼囊肿中分裂的圆形ILC（dividing rounded ILC），注细胞间桥；5显示奥尼罗非鱼囊肿中从ILC分裂产生的SC；6显示SC的后分裂（post-division）。

图7-73C显示受感染氯细胞的特征。其中的1显示金头鲷受感染氯细胞中的圆形细胞（round cells，RC）；2和4显示鲻科和普通鲻鱼、3显示金灰色鲻鱼的受感染氯细胞的RC；5显示受感染的氯细胞的细胞质严重液泡化（vacuolated）（如在金灰色鲻鱼）；6显示受感染的氯细胞的细胞质中有大量的纤维丝（fibrils）（如普通鲻鱼）。

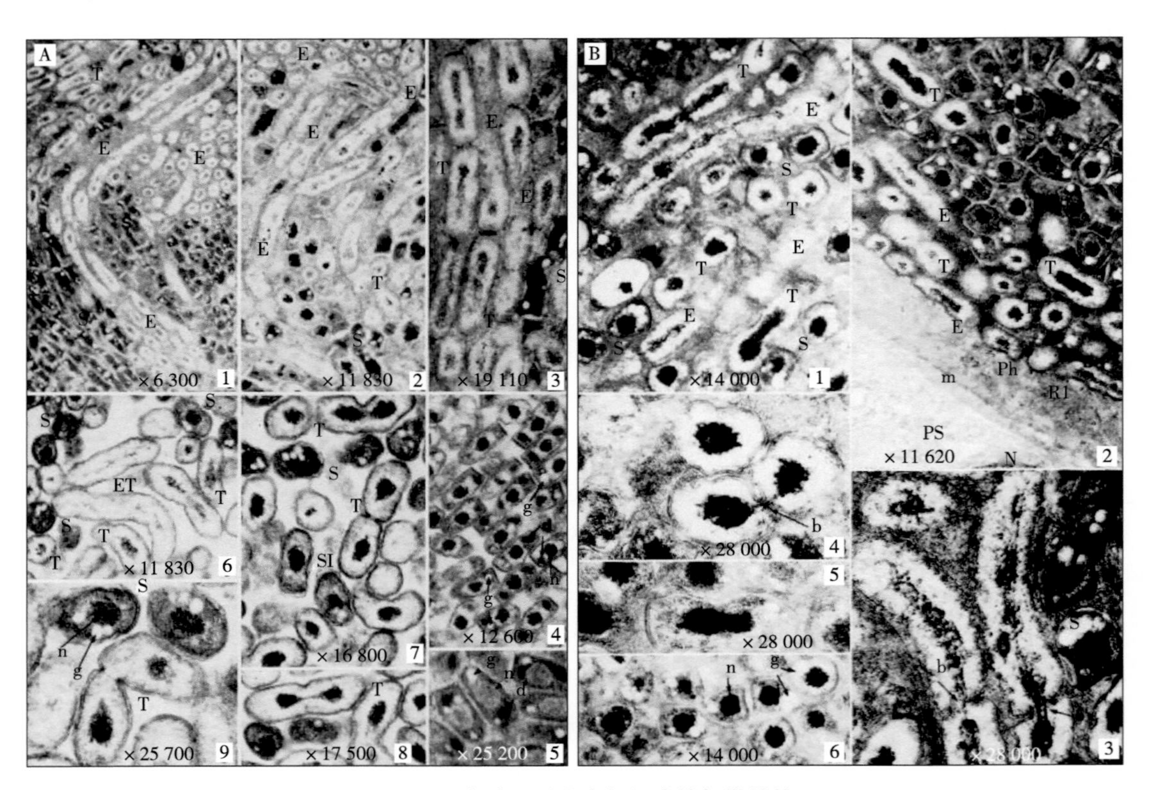

图7-73　囊肿及受感染氯细胞的超微结构

图7-73D显示上皮囊肿结构特征。其中的1显示高度感染的普通鲻鱼，感染鳃上皮细胞残留细胞质中的线粒体；2显示高度感染的金头鲷的上皮囊肿的壁，注意在邻近细胞（adjacent cells）的空泡化（vc）；3显示宿主细胞在细胞质中的纤维和相邻细胞

的过度感染；4显示普通鲻鱼在感染氯细胞细胞质中的变形管状网状结构（deformed tubular reticulum）；5显示金头鲷受感染氯细胞细胞质中变形的变形管状网状结构；6显示高度感染的普通鲻鱼的上皮细胞，低倍镜观察；7显示在普通鲻鱼感染细胞中沿上皮囊肿包涵体边缘的纤维的积聚（良性感染），注意宿主细胞的细胞质几乎完全消失；8显示奥尼罗非鱼的上皮囊肿壁[32]。

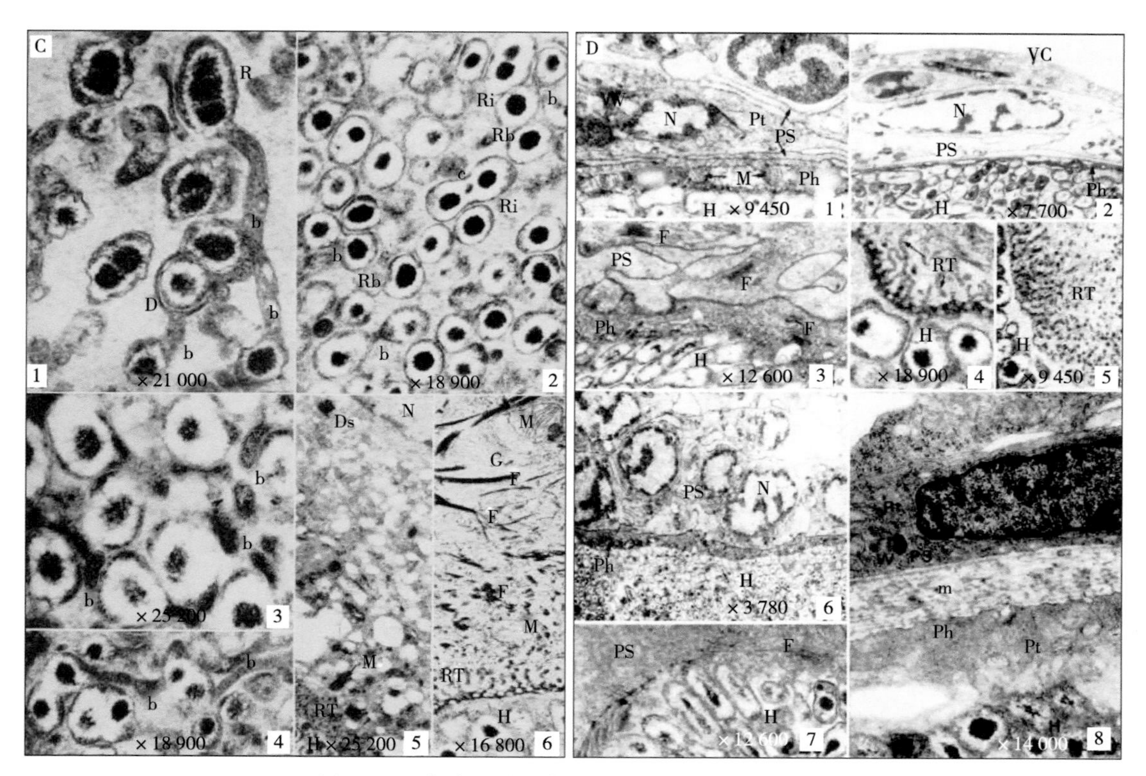

图7-73　囊肿及受感染氯细胞的超微结构（续）

注：图7-73A中缩写E示PLC，ET示初期阶段ILC（early stage ILC），S示SC，SI示新形成的SC（newly-formed SC），T示ILC；d示电子致密包涵体（electron dense inclusion），g示半透明球状体（translucent globule），n示拟核（nueleoid）。图7-73B中缩写Ph示宿主细胞的细胞质残基（residue），PS示周围细胞（surrounding cells），Rt示内质网（cndoplasmic reticulum）；b示细胞间桥；m示膜（membrane）。图7-73C中缩写DS示桥粒（desmosome），F示细胞间纤维（intercellular fibrils），G示高尔基体（Golgi apparatus），H示上皮囊肿包涵体，M示线粒体（mitochondria），N示宿主细胞核，R示RC，Rb示分裂后由桥连接的RC，Ri示分裂的RC，RT示变形的管状网状物（deformed tubular reticulum），b示细胞间桥，D示分裂中心（division centrum）。图7-73D中缩写的W示Shawman样体（Shawman-like bodies），VC示液泡（vacuoles）。

2. Groff等报道高首鲟的上皮囊肿

加利福尼亚大学（University of California）的Groff等（1996）报道，在来自爱达

荷州南部（southern Idaho）一个私家养殖场的高首鲟亦称美洲白鲟的种群，在11个月龄（体重250～300g）时诊断出轻度至中度鳃上皮囊肿感染，死亡率在4%～8%。研究了这种高首鲟（美洲白鲟）上皮囊肿病原体和衣原体之间的抗原及超微结构的相似性，也相应增加了鱼类上皮囊肿感染病的鱼种类。

受感染高首鲟的鳃上皮细胞中含有从球形到球杆状的上皮囊肿生物体，这些上皮囊肿细胞质包涵体由细小、均匀、致密、嗜碱性的颗粒状物质组成。被感染细胞呈球形或椭圆形，随机分布于鳃上皮。细胞质包涵体用马基阿韦洛氏染色（Macchiavello stain）呈阳性，用Brown-Brenn法、过碘酸-希夫氏（periodic acid-Schiff，PAS）法、姬梅尼茨氏（Gimenez stains）法染色为阴性。细胞质包涵体用过氧化物酶-抗过氧化物酶免疫组化技术（peroxidase-antiperoxidase immunohistochemical technique）检验显示表达衣原体抗原（chlamydial antigen）。电镜下观察到细胞内协调发育的三个阶段：网状体呈椭圆形至球形，（0.4～0.8）μm×（0.5～1.4）μm，但由于膜内陷和外翻的变化，常表现出多形性和卷曲性，提示分裂和芽殖不均匀。分裂的宿主细胞含有球形到椭圆形的、（0.2～0.4）μm×（0.3～0.6）μm的中间体，在明显的不均匀分裂过程中常可观察到。在单个宿主细胞中分别观察到0.3～0.4μm椭圆形原体的均匀群体。白鲟上皮囊肿的形态特征与其他硬骨鱼类相似，扩大了上皮囊肿感染的种类。此外，与衣原体的超微结构相似性和衣原体抗原的免疫组化检测进一步证明，上皮囊肿病变与衣原体成员有关。虽然这种感染被认为是轻度到中度的，不能确定是由这一群体的死亡率造成的，但上皮囊肿感染对鲟鱼养殖的潜在不利影响，尤其是在密集的鱼类养殖作业中。

在鳃中观察到典型的上皮囊肿感染细胞病变。受影响的鳃上皮细胞变大，包含球形到椭圆形、中心位置细胞质内包涵体，占据宿主细胞细胞质的大部分。被感染细胞的大小范围为（11～20）μm×（15～28）μm，而组成的细胞质内包涵体为（10～20）μm×（12～20）μm。感染细胞的数量在个体鱼内和个体鱼间变化，并随机分布在初级鳃丝（primary gill filaments）的层间复层上皮（interlamellar stratified epithelium）和次级鳃片（secondary gill lamellae）的单呼吸上皮（simple respiratory epithelium）。

鳃组织的超微结构检查进一步支持了组织学观察。寄主细胞的细胞质和细胞器由于胞质包涵体的扩大而受到周围的挤压，尽管没有观察到细胞器的损伤，也没有明显的膜来描绘胞质包涵体。但与包涵体并列的宿主细胞细胞质内信息量大，与包涵体周边呈交叉状。周围定位的核要么增大要么减弱，包含一个松散的核基质和数目不等的核仁。受感染宿主细胞的超微结构特征由于感染的晚期而被排除，但它们似乎是上皮细胞，因为存在与相邻的未受感染上皮细胞相似的定期发生的顶端质膜投射。

细胞内发育的三个不同阶段与宿主细胞的发育协调一致。无论发育阶段如何，生物体都被一层薄而不规则的细胞膜所分隔，而这层细胞膜很难被识别为三聚结构。不同的发育阶段还包含不同密度的离散非膜结合细胞质凝聚，这取决于发育阶段。微生物被包含在一个精细的、松散的、网状的细胞外基质中。网状体通常为卵圆形至球形的（0.4～0.8）μm×（0.5～1.4）μm细胞，含有单个细胞质浓缩物和一个松散、细、颗粒状的细胞质，暗示有核糖体。其中少数细胞由于膜内陷而无隔膜，呈多形性和卷曲状，提示不均匀分裂，但少数高度增大的网状体，其变化范围分别为（0.8～2.2）μm×（1.0～3.7）μm，分别沿最宽和最长的轴，有多个细胞质凝聚和夸张的多形性和卷曲外观。卷曲和多形性的出现是由于多个膜外翻符合芽接过程。外翻包含一个由电感应区或晕包围的单胞质缩合，并且经常在基部收缩但没有间隔，这导致外翻过程的椭圆形到球形轮廓。相比之下，其他外翻过程高度延长，扩张和收缩长度交替，没有间隔。每个延长外翻的扩展长度通常包含一个被电子透光带或晕包围的细胞质凝聚。与发育后期的细胞质缩聚相比，这些细胞质缩聚的电子密度相对较低，致密程度也较低。

分裂的宿主细胞含有球形到椭圆形的中间体［大小在（0.2～0.4）μm×（0.3～0.6）μm］，通常在分裂过程中观察到。这些细胞包含一个单一的，紧密的细胞质凝聚的、被一个电子透光带（electron-lucent zone）或晕（halo）完全包围。在这一阶段，最初发现有一个帽状（cap）或匾块（plaque），由起源于细胞膜的六边形排列的细纤维表面突起物（fine fibrillar surface projections）组成。切向截面进一步证明，帽状物由多达30个表面突起组成。

单个宿主细胞中也分别出现0.3～0.4μm卵圆形原体的均匀群体。这个发育阶段有一个单一的，致密的，致密的，偏心定位的细胞质凝聚和一个没有膜结合的细胞质空泡。先前所描述的六角排列的纤维表面投射的帽状突起在这个发育阶段更加明显，并且发生在与偏心定位的细胞质凝聚相反的位置。与这些表面突起相关的膜帽构成细胞轮廓的大约25%，并且相对于细胞膜的其余部分显示出突出的、均匀的电子密度。

综合分析，高首鲟上皮囊肿的超微结构特征与在其他鱼类的相似，扩大了上皮囊虫感染的种类范围。与衣原体相似的超微结构特征与细胞质包涵体中衣原体抗原的免疫组化显示相关，进一步证明上皮囊肿病原体与衣原体成员有关。尽管该感染被认为是轻度到中度的，不能确定与该人群的死亡率有关，但应考虑建立监测方法，以检测并随后防止上皮囊肿感染在养殖群中的传播。同样，应评估替代饲养方法的实用性和可行性，以减少或消除上皮囊肿感染的潜在不利影响，特别是在高密度养殖中[33]。

图7-74为高首鲟鳃组织感染上皮囊肿生物体的显微图片。显示受感染的上皮细胞含有大量上皮囊肿生物体，这些上皮囊肿生物体以细胞质包涵体的形式出现，并通过免疫组织化学技术表达衣原体属特异性脂多糖抗原（箭头示）。图7-75为透射电子显微镜观察，显示两个相邻鳃上皮细胞感染上皮囊肿生物体，感染的宿主细胞表现出重复的顶端质膜突起（箭头示）、胞质和细胞器的外周压迫。图7-76为透射电子显微镜观察，显示上皮囊肿的网状体（空心箭头示）；一个高度放大、多形性和卷曲的网状体，包含多个细胞质凝聚物（蘑菇状箭头示），有多个膜外突（membrane evaginations）提

示出芽（箭头示）。图7-77为透射电子显微镜观察，显示上皮囊肿的中间体在分裂过程中；这些小体包含一个由电子透光带，以及一个最初在发育阶段识别的六边形排列的纤维表面突起物（箭头示）所包围的单一致密的中央位置的细胞质凝聚物，穿过帽状物的切面部分显示多达30个表面突起物（蘑菇状箭头示）。图7-78为透射电子显微镜观察，显示上皮样囊肿的原体包含一个致密的、偏心分布的胞质凝聚物和一个低电子密度（透光）的胞质液泡（cytoplasmic vacuole）。在这个时期，六角排列的纤维表面突起物（箭头示）的帽状突起非常突出，并且发生在细胞质凝聚物的相反位置。与这些突起物相关的细胞膜（蘑菇状箭头示）部分，是明显的和高电子密度的[33]。

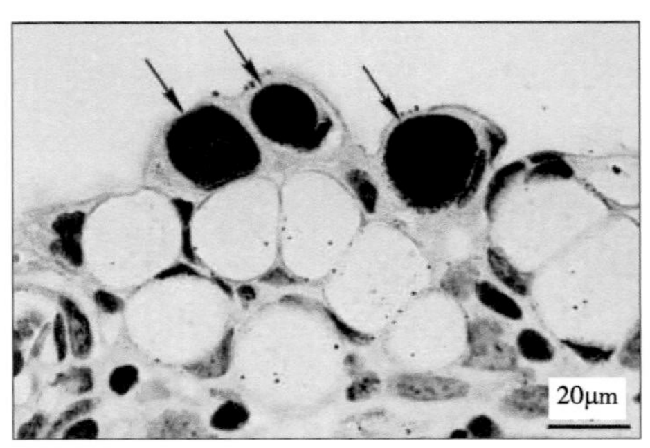

图7-74　高首鲟鳃组织感染上皮囊肿

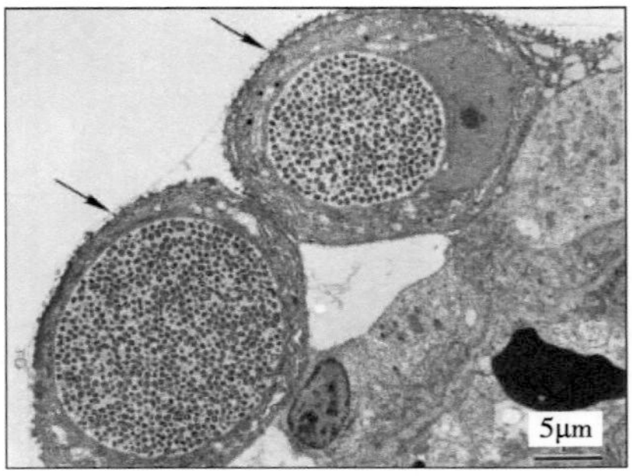

图7-75　被感染宿主细胞表面的突起

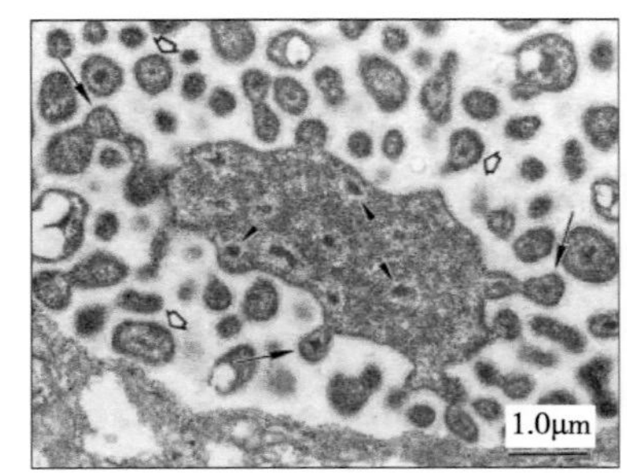

图7-76　上皮囊肿的网状体

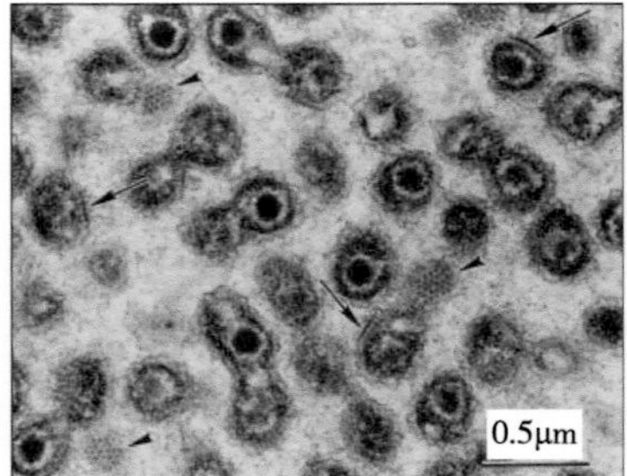

图7-77　上皮囊肿的中间体

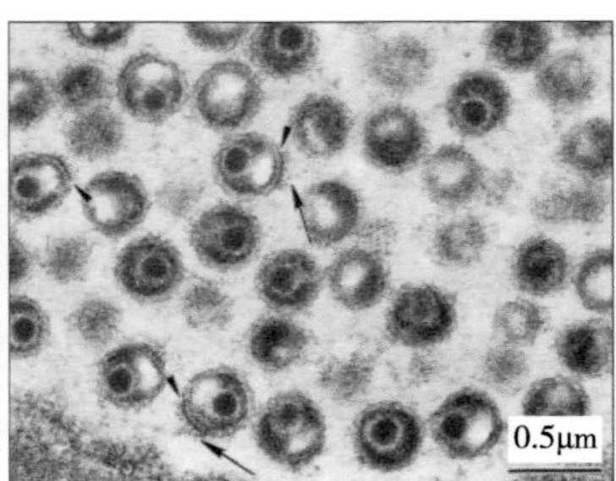

图7-78　上皮囊肿的原体

3. Polkinghorne等报道豹纹鲨的上皮囊肿

瑞士苏黎世大学兽医病理研究所［Institute of Veterinary Pathology，University of Zurich，Zurich，Switzerland；当前地址：澳大利亚昆士兰科技大学健康与生物医学创新研究所和生命科学学院（Present address：Institute of Health and Biomedical Innovation and School of Life Sciences，Queensland University of Technology，Kelvin Grove，Australia）］的Polkinghorne等（2010）报道，衣原体是一种多样化的专性细胞内革兰氏阴性菌，已知在陆生动物，包括人类中引起广泛的疾病。分子分析表明，衣原体也是与硬骨鱼类（teleost fish）的上皮囊肿病相关的。值得怀疑的是这种细菌成员的

深层进化起源，然而显著对它们的鱼类宿主范围及此类细菌自身多样性的了解仍然是非常有限的。

上皮囊肿病是发生在多种海洋鱼类、淡水鱼类鳃和皮肤的一种感染病。在过去几十年的研究结果显示，其病原体为衣原体科的细菌成员，属于专性细胞内细菌（obligate intracellular bacteria），能够引起人及动物的感染病；近年来，分子研究也证实了这一点，尽管有研究报道显示有的具有系统发育特征性，也已有基于鲑科鱼类（salmonid）宿主提出的两个暂定（Candidatus）名称，即“Candidatus *Piscichlamydia salmonis* Draghi et al 2004”（鲑鱼鱼衣原体）、“Candidatus *Clavochlamydia salmonicola* Karlsen et al 2008”（栖鲑鱼棒状衣原体；现在修正命名的“*Clavichlamydia salmonicola*”）。上皮囊肿病对感染鱼显示有不同的影响，范围从不明显的最轻微感染、到鳃上皮细胞的严重增生感染导致出现呼吸不畅引起的运动迟缓病症；在养殖鱼类种群死亡率的差距很大，特别是在幼鱼或仔鱼表现突出。这种感染病除在大西洋鲑、红点鲑、欧洲舌齿鲈、金头鲷等重要的养殖鱼类外，也有在观赏鱼类（ornamental species），如Langdon等（1991）报道在叶海龙的发生。

在此项研究中，研究者在一种非硬骨鱼类（nonteleost species）豹纹鲨，提供了衣原体一个新成员的分子证据，这种衣原体是在瑞士巴塞尔动物园（Zoological Garden in Basel，Switzerland）一个水族馆（aquarium）与一头豹纹鲨的上皮囊肿病相关联的。发病豹纹鲨为一头成年雌性豹纹鲨（3.75kg重、100cm长），在死亡前三个月表现出多发性皮肤溃疡（multiple skin ulcerations），并呈现出呼吸速率降低、游泳不协调等恶化病症，使用恩诺沙星治疗无效。由于不能通过病症对此疾病予以辨别，实施安乐死术（euthanized）处理、并送达瑞士伯尔尼大学鱼类和野生动物健康中心［Centre for Fish and Wildlife Health（FIWI），University of Bern，Switzerland］进行检验。尸检结果，在皮肤、鳃、肠内容物均未见存在寄生虫；细菌学检验，取皮肤、肝脏、脾脏、肾脏组织标本，接种于血液琼脂（blood agar）、溴麝香草酚蓝乳糖琼脂（Bromothymol blue-lactose agar）培养基进行细菌分离培养，结果除在皮肤组织标本存在混合培养物外、在内脏器官组织是无菌的。

通过对豹纹鲨的组织病理学检验，在鳃上皮细胞呈多灶性增生（multifocal hyperplasia），在这些区域表现上皮细胞的核固缩（karyopycnosis）和核破裂（karyorhexis）的多发性坏死，中度细胞浸润、以嗜酸性粒细胞为主和少量巨噬细胞、在鳃的横断面发现一种吸虫样结构（trematode-like structure）、没有变形虫（amoeba）；在片状上皮细胞的多个位置，显示细胞间质水肿（intercellular edemas）和散在的炎症细胞，通常在这些片层状病变（lamellar lesions）附近存在多发性的胞内囊肿、于增大的上皮细胞中，上皮细胞这种增大（直径在10～40μm）现象似乎是细胞质和细胞核位移的结果，边缘良好的液泡（vacuole）含有细微的颗粒状物（用衣原体科特异性抗体进行免疫组化法（immunohistochemistry），研究石蜡切片证实了衣原体的存在；进一步使用抗衣原体脂多糖（Chlamydial lipopolysaccharide，cLPS）的特异性小鼠单克隆抗体（monoclonal antibodies，Abs）和EnVision试剂盒（EnVision kit）检验，尽管有研究报道在衣原体感染的组织检验呈阳性，但我们用这种抗体在豹纹鲨样本中未能检测到任何相应反应，这表明在这些组织样本中检测到的衣原体样生物与衣原体科的距离足够远，从而不携带该家族成员所共享的脂多糖抗原表位（LPS epitope）。

对此新型衣原体样生物的分子鉴定，是从被感染豹纹鲨的阳性鳃组织切片中提取衣原体DNA，进行特异性衣原体16S rRNA的 PCR检测，这些基因的克隆和序列分析显示存在一个可重复性的、294bp的PCR产物，这个序列被指定为不能培养的鱼衣原体1（Uncultured Fish Chlamydiae 1，UFC1），系统发育学分析显示不能培养的鱼衣原体似乎是与其他衣原体分支呈分开的、与衣原体科其他成员的遗传距离远，形成自身的独特谱系（own lineage）。这种分析也证实了其在形态学的观察结果，提示其为所检豹纹鲨上皮囊肿病的病原菌，属于一种新的、系统发育于不同分支（phylogenetically distinct branch）衣原体，这种新的病原体似乎代表了在衣原体目的一个独特谱系，尽管在组织学上检查其类似于引起其他鱼类上皮囊肿的衣原体，但这将有助于更好地了解海洋衣原体（marine Chlamydiales）类细菌的遗传多样性，以有效控制上皮囊肿病的暴发，并了解这种独特的专性细胞内病原体（obligate intracellular pathogen）的演变；同时，这也是提供了第一个在与非硬骨鱼类——豹纹鲨上皮囊肿病相关的病原体、属于衣原体样细菌的分子证据[34]。

图7-79显示豹纹鲨鳃片中的上皮囊肿包涵体。图7-79A为一个约50μm（横截面）的包涵体出现破裂，释放颗粒状物（granular material），推测是细菌，进入亚上皮空间（sub-epithelial space），这是一种罕见的特征、在上皮囊肿中很少见到，但可能意味着在这种情况下细菌借此能够在宿主中更广泛地传播；图7-79B为一种更为典型的包涵体，完全包裹在上皮细胞膜内[34]。

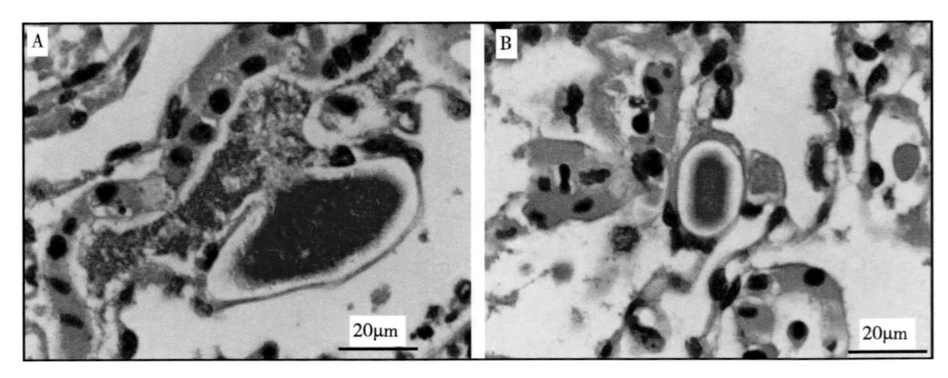

图7-79　豹纹鲨鳃片中的上皮囊肿包涵体

4. Lai等报道鲷鱼的上皮囊肿

澳大利亚塔斯马尼亚大学国家海洋保护与资源可持续发展中心（National Centre for Marine Conservation and Resource Sustainability，University of Tasmania；Launceston，Tasmania，Australia）的Lai等（2013）报道，研究了一起养殖的幼龄鲷鱼上皮囊肿及其对溶菌酶活性和血清渗透压的影响，认为这是首次报道与上皮囊肿相关的生理效应。

在澳大利亚塔斯马尼亚州霍巴特塔鲁纳（Taroona，Hobart，Tasmania，Australia）的塔斯马尼亚水产养殖和渔业研究所（Tasmanian Aquaculture and Fisheries Institute，TAFI）的海洋研究实验室（Marine Research Laboratories，MRL）里养殖的鲷鱼幼鱼，养殖在两个地方的鱼水槽（tanks）中。在春季和秋季，共对两个不同鱼群的116条鱼进行了取样。

在春季（68条鱼）和秋季（48条鱼）两个时间点，对养殖的幼年鲷鱼进行采样，以评估上皮囊肿的感染率和严重程度及相关的生理影响。结果显示春季和秋季的上皮囊肿感染率分别为49.2%和100%（在合计116个样本中的感染率为73%），囊肿平均直径无差异（春季47.9μm ± 3.41μm、秋季50.7μm ± 0.50μm）。囊肿位于顶端或沿片层，宿主反应受感染程度的影响。组织学检查显示，低密度囊肿的鲷鱼对宿主的反应很小，但高密度囊肿鱼有增生反应（proliferative responses），包括上皮增生和炎症引起的片层融合；血清渗透压（Serum osmolality）和溶菌酶活性（lysozyme activity），与幼年鲷鱼囊肿密度呈正相关。感染的鲷鱼的渗透压和溶菌酶活性，较未感染鲷鱼显著升高。组织学检查显示囊肿附近的鳃片基部无氯细胞，这可能解释了上皮性囊肿鱼的渗透压升高的原因。而渗透压高的鱼与渗透压正常的鱼之间，片层间氯细胞计数无显著差异。这项研究描述了第一例在鲷鱼上皮囊肿，以及描述相关的生理效应（physiological effects）。

组织学检查，在低倍显微镜下可见上皮囊肿征象。表现感染细胞肥大，呈圆形至卵圆形；在秋季采样的鱼多数有较严重的上皮囊肿，不同大小的囊肿均匀分布在鳃部，这些增大的细胞偶尔位于表皮下纤维组织（subepidermal fibrous tissue）；大多数囊肿出现在片层，囊肿分布在鲷鱼鳃丝中，约有60%的囊肿位于鳃端或沿片层、40%的位于鳃丝上皮（filamentous epithelium）。在一些严重感染的鱼中，囊肿引起宿主反应，如单核细胞浸润和片层融合，含有多个囊肿的片层清晰可见[35]。

图7-80A显示在表皮下纤维组织中的囊肿；图7-80B显示在鳃丝中心，表皮下纤维组织的放大图像。图7-81显示上皮囊肿导致的片层融合和炎症反应。图7-82显示一个片层的多个囊肿[35]。

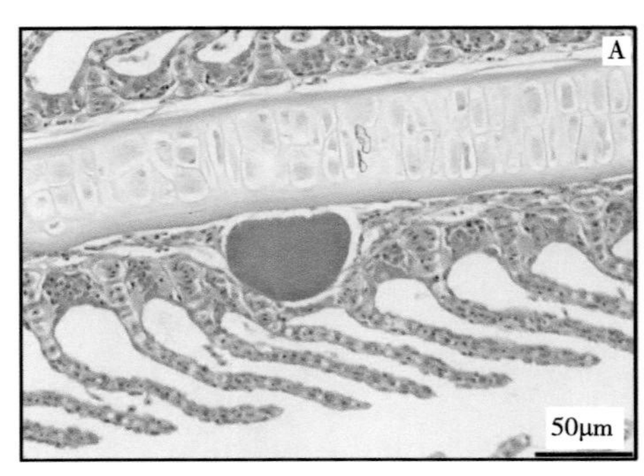

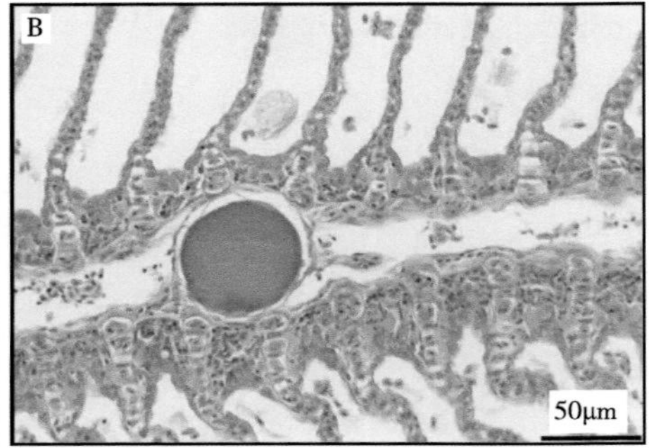

图7-80 纤维组织中的囊肿

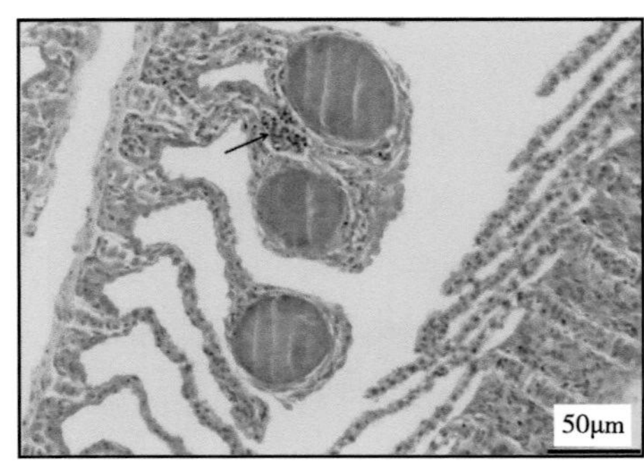

图7-81 片层融合和炎症反应

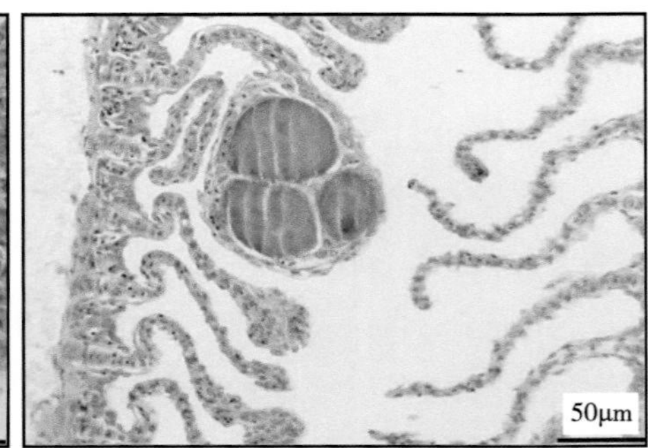

图7-82 在一个片层的多个囊肿

5. Stride和Nowak报道的3种野生鱼类上皮囊肿

澳大利亚塔斯马尼亚大学国家海洋保护与资源可持续发展中心的Stride和Nowak（2014），报道了青背竹筴鱼（jack mackerel，*Trachurus declivis*）又称真鲹、巴斯鲬（sand flathead，*Platycephalus bassensis*）又称巴斯牛尾鱼、深海新鲬3种野生鳍鱼（wild finfish）的上皮囊肿感染。

报道上皮囊肿是一种类似衣原体的细胞内细菌（intracellular bacterial），影响鳍鱼的鳃和皮肤。其特征是存在膜包裹的嗜碱性包涵体（membrane-enclosed basophilic inclusions），导致宿主细胞肥大。虽然上皮囊肿通常是温和的感染，但可能会导致鳃部炎症，在受感染的鱼类中可以观察到黏液分泌增加和呼吸窘迫（respiratory distress）。这种情况发生在野生和养殖鱼类种群中，目前已知影响超过80种不同的海洋鱼类和淡水鱼类。

有报道显示，有几个危险因素会影响上皮囊肿感染，包括水温，较高的水温和较低的水温都与感染水平增加有关。此项研究旨在调查三种商业上重要的野生鱼类上皮囊肿的感染水平，在11个月的时间里，进行了5次不同的上皮囊肿感染调查，此是报道了在塔斯马尼亚东部水域（eastern Tasmania waters）发现的青背竹筴鱼、巴斯鲬、深海新鲉的上皮样囊肿的感染率和感染强度。

在塔斯马尼亚州弗林德斯岛以东（east of Flinders Island）和菲欣纳半岛以东（east of Freycinet Peninsula）海域的底栖拖网捕捞（benthic trawling）活动中，对目标鱼种青背竹筴鱼、巴斯鲉、深海新鲉进行了随机取样。共在5个采样期（2011年12月、2012年4月、2012年7月、2012年9月、2012年11月）对575条鱼进行了采样；在每个采样期内，从每个目标鱼种中取样约40条鱼。对样本进行鳃切片，苏木精-伊红染色，用光学显微镜检查，以确定上皮样囊肿包涵体和相关病变。

结果除2011年12月和2012年4月采集的青背竹筴鱼和2011年12月的巴斯鲉外，所有三个物种在大多数采样期都存在上皮囊肿。青背竹筴鱼和巴斯鲉的上皮囊肿患病率为0%～20%，深海新鲉为7.5%～20%，在2012年7月、2012年9月和2012年11月采样期的感染率最高；此外，上皮样囊肿的感染率与海水温度呈负相关（其排列为13.6～19.8℃）。

膜包被的囊肿中充满了一种嗜碱性物质，这种物质并不总是颗粒状的；包涵体没有增生性宿主反应。在上皮囊肿阳性的青背竹筴鱼、巴斯鲉的鳃弓内只有一个囊肿，而深海新鲉的鳃弓常有多个囊肿（通常少于10个）。深海新鲉在不同的采样期内，上皮囊肿的强度没有差异；囊肿的位置也没有固定模式，形成于片层的基部、中部和顶端。

除上皮囊肿外，在这三种鱼类的鳃弓内还观察到各种寄生虫、肥大的黏液细胞和其他未知的病原学条件。在深海新鲉的中央金星窦（venus sinus）内偶尔可见含有嗜酸性物质的、未知病原的大囊肿（在1.5%）。在巴斯鲉鳃（在18.4%）中有规律地观察到肥大和增生的黏液细胞；然而在深海新鲉鳃（在1%）中只有两个个体观察到这一现象，而在青背竹筴鱼中根本没有发生。在所有三个物种中都观察到单殖鳃吸虫（Monogenean gill flukes），只有13.4%的鱼出现了上皮囊肿和寄生虫的混合感染，这些混合感染仅见于巴斯鲉和深海新鲉是青背竹筴鱼细胞增生和片层融合的两倍（在1.2%）。

此项研究的数据表明在较大的鱼类中，上皮囊肿的患病率较高；但在较冷的海水温度下，这两个因素的影响是不可能是分开的。然而必须考虑的是，虽然海水温度数据有限，但上皮囊肿感染率增加与水温下降有显著相关性。另外，这是首次在巴斯鲉和深海新鲉中发现上皮囊肿，增加了受这种情况影响的鱼类种类的数量[36]。

图7-83（苏木精-伊红染色）显示鳃的膜包裹的上皮囊肿。图7-83A显示巴斯鲉的上皮囊肿与细胞宿主反应，沿初级片层；图7-83B显示深海新鲉鳃片上皮内的双囊肿；图7-83C显示在高倍镜下深海新鲉鳃片顶端的嗜碱性包涵体，无宿主反应；图7-83D显示青背竹筴鱼鳃片层上皮内嗜碱性颗粒上皮囊肿，无宿主反应。图7-84显示在青背竹筴鱼、巴斯鲉和深海新鲉鳃中，发现的其他病理变化和寄生虫。图7-84A显示在深海新鲉金星窦中央不明原因的大囊肿；图7-84B显示在巴斯鲉中沿着鳃丝的肥大和增生性黏

液细胞；图7-84C显示附着在鳃片的单殖鳃吸虫，在巴斯鲬中引起细胞反应；图7-84D显示一个未知的病因导致青背竹筴鱼的细胞增殖和片层融合[36]。

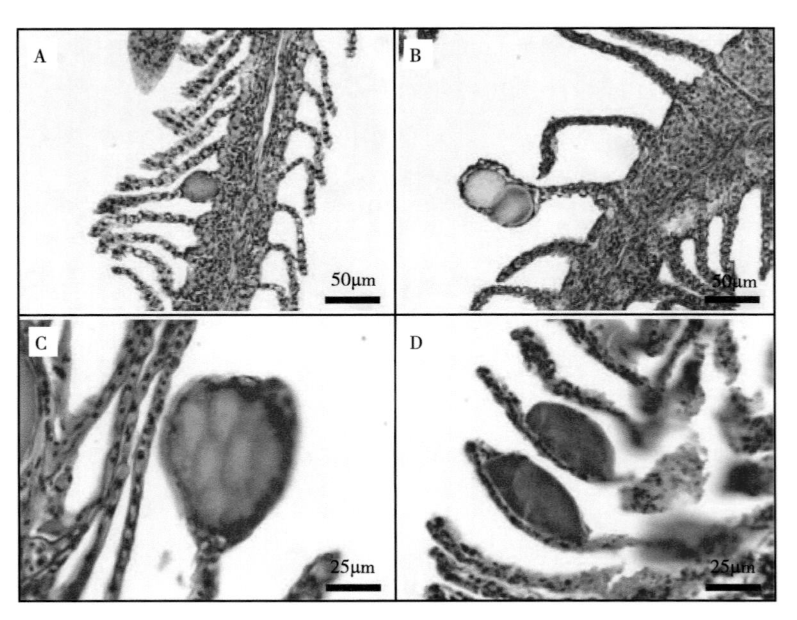

图7-83 鳃的膜包裹的上皮囊肿

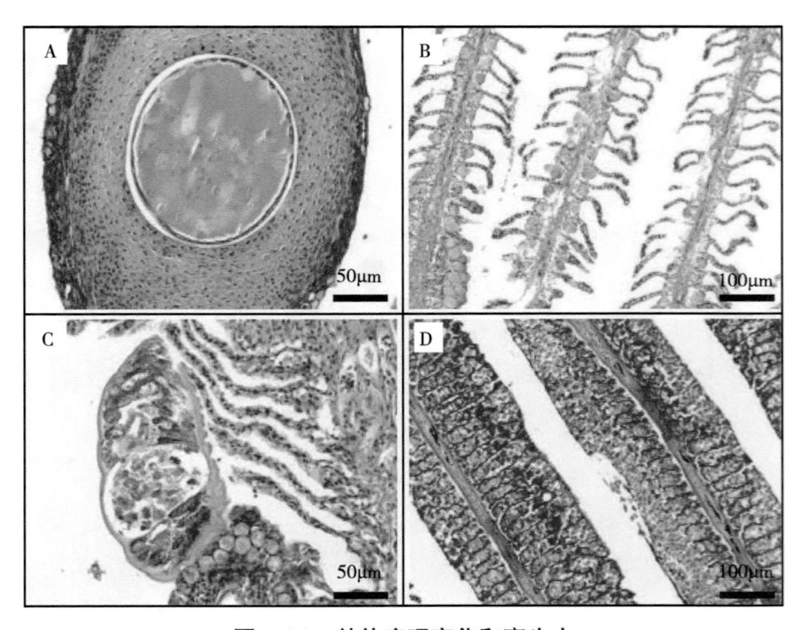

图7-84 其他病理变化和寄生虫

（十）鱼类鳃上皮囊肿的综合描述

近年来陆续有一些关于鱼类上皮囊肿的综合描述，这里记述的是具有一定代表性的，对于比较全面了解和认识鱼类上皮囊肿病及其病原体，具有一定的参考价值。

1. Nowak和LaPatra对鱼类鳃上皮囊肿的综合描述

澳大利亚塔斯马尼亚大学水产学院（School of Aquaculture，University of Tasmania；Launceston，Tasmania，Australia）的Nowak和美国清泉食品公司研究部（Research Division，Clear Springs Foods，Inc：Buhl，USA）的LaPatra（2006）报道，上皮囊肿是一种影响鱼类鳃和皮肤的疾病，已有50多种淡水和海洋鱼类被感染的报道，是由细胞内的革兰氏阴性菌（intracellular Gram-negative bacteria）引起的。在养殖鱼类中，死亡与上皮囊肿感染有关。此综述提供了目前对这种情况的最新认识，包括利用免疫组织化学和分子研究对病原体进行鉴定。在大多数鱼类中，上皮囊肿病原因子对衣原体属的特异性脂多糖抗原（chlamydial genusspecific lipopolysaccharide antigen）的抗体呈阴性。最近，用分子分析法对4种不同鱼类的4种上皮囊肿进行了鉴定，虽然它们都属于衣原体目的成员，但在与衣原体科是在分开的一个谱系中，它们是不同的有机体，相似性分析表明与从各种来源分离出的其他衣原体样细菌具有最高的相似性，包括人或猪源的，这证实了病原菌的高度多样性和宿主特异性，进一步的分子分析当能加深对这种情况的了解。迄今为止，该病原体尚未被培养，这使得试验研究变得困难。高载动物密度、营养物质的存在、季节、温度和鱼龄等，已被确定为发病的潜在危险因素[37]。

图7-85显示上皮囊肿的鱼鳃湿涂片。图7-85A为养殖大口黑鲈的鳃内高度感染，出现大量囊肿（箭头示），这种感染会导致死亡；图7-85B为感染上皮囊肿的大口黑鲈的鳃放大图像，显示一条存在大量囊肿的鳃丝（箭头示）；图7-85C显示在高倍镜下所见八线马鲅（threadfin shad，*Dorosoma petenense*）的上皮囊肿，可见炎性细胞浸润（箭头示）。图7-86显示上皮囊肿的组织病理学。图7-86A为大口黑鲈鳃的高度感染，显示有许多囊肿（箭头示）；图7-86B大口黑鲈鳃的高倍镜下所见感染的上皮囊肿，显示囊肿（箭头示）和宿主反应导致片层融合；图7-86C显示在养殖的无鳔石首鱼（kingfish）鳃中发现的两个囊肿，缺乏宿主反应；图7-86D显示在养殖的大西洋鲑鳃中发现的一个囊肿，存在宿主反应，特别是炎性细胞的浸润[37]。

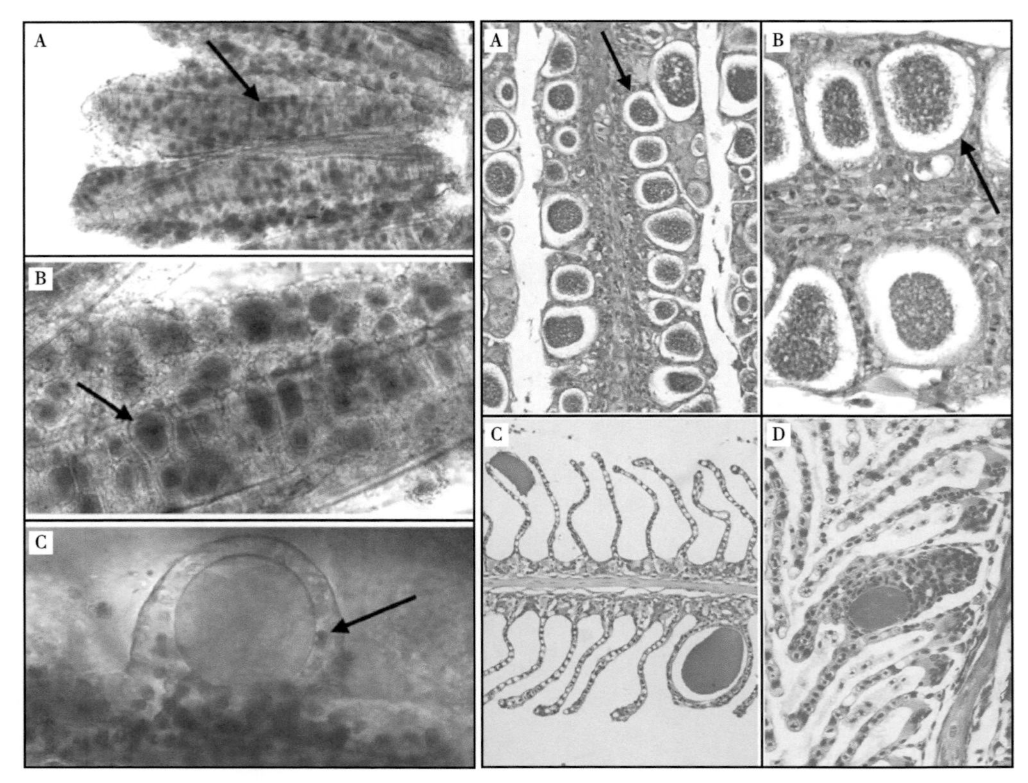

图7-85　上皮囊肿鱼鳃湿涂片　　图7-86　上皮囊肿的组织病变

2. Stride等对鱼类鳃上皮囊肿的综合描述

澳大利亚塔斯马尼亚大学国家海洋保护与资源可持续发展中心的Stride等（2014）报道，鱼类的衣原体感染正在成为新的和已建立的水产养殖业中的一个重要致病原因，迄今为止已有超过90种鱼类（包括海洋和淡水环境）出现上皮囊肿，这是一种皮肤和鳃疾病，与细胞内的专性病原体感染有关。近年来，随着分子检测和分型技术的进步，人们对与上皮囊有关的鱼类衣原体病原体的描述出现了爆炸性的变化，极大地拓宽了对衣原体目遗传多样性的认识。值得注意的是，在大多数情况下，似乎每个被研究的新的鱼宿主都揭示了一种系统发育上独特和新颖的衣原体病原体的存在，为研究人员提供了一个了解其传统陆地衣原体近亲的起源、进化和适应的迷人机会。尽管在这方面取得了进展，但要想在养殖环境中控制这些病原体，还需要了解鱼类衣原体感染的流行病学。鱼类衣原体病原体的体外培养方法缺乏，是该领域的主要障碍。此综述提供了对鱼类衣原体病原体分类和多样性的最新知识，讨论了这些感染对鱼健康的影响，并强调了需要进一步研究的领域，以了解此类重要的水产养殖鱼类病原体的生物学和流行病学。

Plehn（1920）首次报道在鲤鱼的所谓“嗜黏液菌病”，Hoffman等（1969）报道在淡水蓝鳃太阳鱼的鳃上皮细胞内观察到囊肿包涵体，并创造了“上皮囊肿”一词。自初步诊断以来，全球已有在90多种鱼类被报道存在上皮囊肿。

在最初，人们认为是同一种病原菌引起了所有鱼类的上皮囊肿。然而早在1977年（Paperna，1977），人们就认识到上皮囊肿是一个明显的分类实体（taxonomic entity），表现出高度的宿主特异性。此外，尚不能确定上皮囊肿是由类立克次体（*Rickettsia*-like organisms，RLO）或类衣原体（*Chlamydia*-like organisms，CLO）引起的，因为这两种菌群被定义为革兰氏阴性、专性（obligate）和细胞内（intracellular）发育。鉴定属于病原衣原体的上皮囊肿还只是最近的一项进展，主要是通过使用分子技术进行的。

第一种上皮囊肿病原体的分子特征是鲑鱼鱼衣原体（AY462243-4），由Draghi等（2004）报道在爱尔兰和挪威养殖的大西洋鲑中发现。这些近全长序列与衣原体目的成员有80%的核苷酸同源性，根据Everett等（1999）的分子分类学指导方案（molecular taxonomic guide-lines），这一结果将大西洋鲑的上皮囊肿病原体明确地归为这一类，并首次从分子水平上证明了这些细菌是类衣原体、不是在先前推测的类立克次体。对鱼类上皮囊肿相关类衣原体的遗传多样性的认识，也通过对许多其他鱼类的类衣原体的16S rRNA序列的部分扩增而得到扩展。

直到最近，所有上皮囊肿的病原体，尽管在分类上多种多样，但都被认为是属于衣原体目的成员。2012年，挪威和爱尔兰养殖的大西洋鲑鳃囊肿中发现了一种新的β-变形菌（betaproteobacterium）细菌（Toenshoff等，2012）。这是第一个报道的分子特征的上皮样囊肿细菌，不是类衣原体细菌。这种新的细菌被命名为“Candidatus *Branchiomonas cysticola* sp. nov.”（囊肿鳃单胞菌）。

最近的研究极大地提高了对上皮样囊肿的分类多样性、寄主范围、自然来源和分布以及与这些感染相关的类衣原体的认识，揭示了至少30种新的宿主物种和6种更具特征的细菌种类。除这些病原体作为水产养殖物种疾病病原体的重要性外，对上皮囊肿的病原类衣原体的研究可能有助于理解衣原体这种病原体的进化和适应，衣原体是人类和陆栖动物（terrestrial animals）的传统病原体（traditional pathogens）。

虽然比较完整的类衣原体基因组将是了解鱼类的类衣原体生物学的一项重要成就，但与其他衣原体一样，由于缺乏一种用于纯培养和分离上皮囊肿相关致病菌的体外方案，这些任务仍然很困难。主要问题是类衣原体还不能在传统的细菌培养基上生长，细胞培养或阿米巴共培养（amoebal co-cultures）是最有可能的类衣原体培养方法。尽管已知的传统的沙眼衣原体（*Chlamydia trachomatis*）的培养方案，但这些方案在从感染上皮样囊肿的鱼中培养类衣原体方面并不成功。无法从鱼类在体外培养这些类衣原体，严重阻碍了试验感染模型的建立和与这些细菌的完整特征相关的进一步研究。在这成为可能之前，所有新的类衣原体特征将保持“Candidatus status”（候选或暂定的分类地位）。致病菌的体外培养，无论是类衣原体还是非类衣原体，都很可能采取阿米巴共培养或宿主特异性细胞系（host-specific cell line）发育两种途径之一来解决。迄今为止，已证明两种非鱼类的类衣原体“*Waddlia chondrophila*”和“*Estrella lausannensis*”在传代上皮瘤鲤鱼细胞系（epithelioma papulosum cyprini cells）EPC-175和虹鳟性腺细胞（rainbow trout gonad cells）RTG-2中繁殖，以及多个哺乳动物细胞系和各种阿米巴（Kebbi-Beghdadi等，2011）。

最近描述的几种鱼类的类衣原体，是否证明是物种特异性或区域特异性需要进一步研究。这些有趣的病原体当继续成为水产养殖疾病研究的目标，并且持续的研究，并进一步强调这些微生物对发展中的水产养殖业的潜在影响，同时为人们提供一个有趣的洞察这些专性细胞内细菌的演化和适应性[38]。

3. Pawlikowska-Warych和Deptula对鱼类鳃上皮囊肿的综合描述

波兰什切青大学（University of Szczecin；Felczaka，Szczecin，Poland）的Pawlikowska-Warych和Deptuła（2016）报道，衣原体目的细菌早就为人所知，特别是对人类和许多种动物（主要包括鸟类和哺乳动物）来说是致病菌。但在近20多年来，它们在水环境中被鉴定为阿米巴（amoebas）和海虫（sea worms）的内共生体（endosymbionts）。几年来，它们也被发现为鱼类疾病的病因，以鳃上皮囊肿的形式引起呼吸系统感染。目前，已报道了11种对鱼类致病的类衣原体。此文描述了11种衣原体类生物，以及7个对鱼类有致病性的未分类分离株，介绍了它们的遗传特性，以及它们的分类、形态特性和引起的疾病。

现有资料表明，目前已知11种致病于鱼类的类衣原体，其中新鉴定的9种，这些细菌的一个共同特点是感染鱼类的上皮细胞，普遍存在典型的衣原体发育形式，以巨噬细胞浸润的形式引起免疫反应，以及它们不能在体外培养。必须补充的是，试验证明鱼类上皮细胞对类衣原体感染也很敏感，并引起免疫反应，这可能构成模拟研究的基础，包括免疫学研究，与引起上皮囊肿的细菌有关。这类事实证明，尽管衣原体已经存在数百年，但仍有必要对其进行监测，因为目前呈现的类衣原体形式通常是水生环境中普遍存在的细菌，对鱼类的生存和健康构成实在的威胁，也可能间接地影响到包括人类在内的哺乳动物的健康[39]。

4. Blandford等对鱼类鳃上皮囊肿的综合描述

澳大利亚阳光海岸大学（University of the Sunshine Coast；Maroochydore，Australia）的Blandford等（2018）报道，上皮囊肿是一种由致病性细胞内细菌（pathogenic intracellular bacteria）引起的鱼类皮肤和鳃疾病。据报道，南半球和北半球至少有90种海洋和淡水鱼类感染了这种疾病，影响到许多商业上重要的水产养殖鱼类。在受感染的鱼中，囊肿通常在鳃上皮（gill epithelia）发育，促进鳃片层融合。感染可导致呼吸窘迫（respiratory distress）和死亡，特别是在养殖鱼和幼鱼（juvenile fish）中，在野生鱼类（wild fish）还很少有报道。现代分子技术（modern molecular techniques）对上皮囊肿流行病学的研究表明，来自完全不同的细菌门（phyla）的一些不同的细菌性病原体（bacterial pathogens）可以导致上皮囊肿。此文回顾了目前的知识状况，包括病原学、宿主范围、诊断和治疗方面的最新进展。传统上，衣原体门（phylum Chlamydiae）的细菌是已知的上皮囊肿唯一的致病因子，但病原学于现在被认为是更复杂的，包括一系列属于变形菌纲（Proteobacteria）的细菌。尽管最近在鉴定病原体方面取得了一些进展，但其宿主和传播方式仍在很大程度上是未知的。最近对越来越多的上皮囊肿病原体进行的基因组测序表明，导致这种疾病的许多细菌是在不同鱼类所特有的。接近或超过动物的环境条件生理耐受性（如不典型的温度、盐度或pH值），被认为有助于疾病的发展和进程；然而有关流行病学、病原学和治疗方面的数据和证据在许多情况下还是有限的，这突出表明需要更多的工作来更好地描述这种疾病在不同宿主和受影响区域的特征。

鱼类的上皮囊肿是一种极其广泛的鳃病，其病原菌和宿主种类越来越多。鉴于与其他水产养殖系统的新兴疾病相比，它也是一种经常被忽视的疾病，因此目前还缺乏对特定鱼类的上皮囊肿的全面系统研究，并且对上皮囊肿发病机制的基本知识还存在着广泛的空白。虽然上皮囊肿有复杂的病因，但引起上皮囊肿的病原多为细菌。从治疗的角度来看，这意味着无论宿主种类和病原菌如何，抗菌治疗都是治疗上皮性囊肿的可行选择。

另一个最重要的知识差距是缺乏对影响上皮囊肿疾病的因素的了解，限制了主动降低水产养殖系统感染和疾病风险的努力。考虑到这种疾病的散发性和引起它的因素，事实是在所有受影响的宿主中不会有一个简单和/或共同的答案。由于缺乏在可控条件下检查上皮样囊肿的研究，这一点非常困难。现在迫切需要扩大对其他寄主物种的此类研究，特别是在没有试验感染模型的情况下，以了解影响疾病的因素。这些知识将为水产养殖业提供实用的信息，可用于对受上皮囊肿影响的鱼类进行管理，同时为日益庞大和研究不足的细胞内细菌寄生的生物学提供令人着迷的见解[40]。

三、鱼类鳃上皮囊肿病及其病原性衣原体的检验

目前对鱼类鳃上皮囊肿病及其病原体的检验，还主要是依赖于通过光学显微镜、电子显微镜的形态特征检验；另外是在近年来，研究报道通过分子生物学方法检验相应病原衣原体。

（一）鳃上皮囊肿病的检验

对鱼类上皮囊肿病的检验（诊断），初步的诊断是通过观察受累鱼的鳃或皮肤上呈白色至黄色的囊肿来完成的。上皮囊肿的特征是在湿涂片样本中很容易看到厚的包膜（capsule）和颗粒状内容物（granular contents），但组织学方法推荐用于确诊。在组织学切片中，颗粒嗜碱性包涵体（granular basophilic inclusion）含有大量的球状或球杆状形细胞；当细胞核可见时，其就在细胞的外围，这是区分上皮囊肿与淋巴囊肿病毒感染的特征。

另外需要注意的是肾衣原体属（Candidatus *Renichlamydia* gen. nov. Corsaro and Work，2012）与笛鲷肾衣原体（Candidatus *Renichlamydia lutjani* gen. nov. sp. nov. Corsaro and Work，2012），是由法国衣原体研究协会（CHLAREAS Chlamydia Research Association；Vandoeuvre-lès-Nancy，France）、瑞士纽沙特尔大学（University of Neuchâtel；Neuchâtel，Switzerland）的Corsaro和美国国家野生动物健康中心夏威夷火奴鲁鲁野外站（Honolulu Field Station，National Wildlife Health Center；Honolulu，Hawaii，USA）的Work（2012）首先报道建立的衣原体新属、新种，发现在被感染的四带笛鲷（blue-striped snapper，*Lutjanus kasmira*）亦称四线笛鲷、蓝纹笛鲷肾脏和脾脏（主要是在肾脏）中，与在鱼类鳃是不同的（不是引起鳃的上皮囊肿病），也是首次报道的衣原体感染发生在鱼类内脏器官。是在对夏威夷作为礁鱼（reef fish）的四带笛鲷微寄生物（microparasites）常规监测研究中，揭示了一种衣原体样生物体在肾脏、脾脏的感染，于光学显微镜下观察其病变特征在外观上呈上皮囊肿样感染，即与上皮囊肿（上皮囊肿病）特征相似，这些生物体曾在当时被Work等（2003）暂时命名为“上皮囊肿样生物”；然而，鱼类的上皮囊肿通常是侵害鳃；而在夏威夷发现的这种生物体是在肾脏中。经采用PCR和16S rRNA序列分析，证明了这些革兰氏阴性细菌样生物体（Gramnegative bacteria-like organisms，BLO）属于衣原体、是衣原体科的新成员，命名为“Candidatus *Renichlamydia lutjani* gen. nov. sp. nov.”（笛鲷肾衣原体）[41-43]。

（二）病原衣原体的分离培养

在对病原衣原体的分离培养方面，目前还主要是通过使用阿米巴分离培养病原衣原体，另外是使用发育鸡胚分离培养。在体外分离培养衣原体，还一直是研究人员致力于解决的一个难题。

1. 使用阿米巴分离培养病原衣原体

在对病原衣原体的分离培养方面，瑞士洛桑大学（University of Lausanne，Lausanne，Switzerland）的Thomas等（2006）报道积累的证据支持衣原体相关生物体（*Chlamydia*-related organisms）是新出现的、对人类和动物具有致病性的病原体；对其致病性的评估需要具有可用性的菌株，至少需要动物模型和血清学研究。由于这些专性细胞内寄生细菌能够在变形虫（amoebae）即阿米巴的体内生长，研究了使用与卡氏棘变形虫（*Acanthamoeba castellanii*）的共培养（co-culture）方法，试图从河流中分离新的衣原体相关的种（*Chlamydia*-related species）。从法国莫桑塞纳河畔（Morsang-sur-Seine）饮用水厂入口附近收集的8个水样中分离出两个菌株，其中的一个菌株是一个新的棘变形虫（棘阿米巴）副衣原体（*Parachlamydia acanthamoebae*），与以前有过描述的菌株所不同的，是在完整的16S rRNA基因序列中只有两个碱基的差异。另一个菌株基于了16S rRNA、23S rRNA、ADP/ATP转位酶（ADP/ATP translocase）、*RnpB*编码基因（*RnpB* encoding genes）的遗传和系统发育分析，证明代表着衣原体科一个新的成员；使用荧光原位杂交（fluorescent in situ hybridization）和电子显微镜观察，证实这个菌株在阿米巴中能够大量生长，显示具有衣原体样的发育周期，包括网状体和星形的原体（star-like elementary bodies），基于这些结果建议通过此种建立衣原体的新科、新属、新种，即细胞内细菌研究中心衣原体科（Criblamydiaceae Thomas，Casson and Greub，2006）、细胞内细菌研究中心衣原体属（*Criblamydia* Thomas，Casson and Greub，2006）、这一新种为塞纳河细胞内细菌研究中心衣原体（*Criblamydia sequanensis* Thomas，Casson and Greub，2006）；其菌科（Criblamydiaceae）、菌属（*Criblamydia*）为新拉丁语阴性名词，是以细胞内细菌研究中心（Center for Research on Intracellular bacteria）的缩写词（CRIb）命名的，菌种名称“*sequanensis*”为新拉丁语阴性形容词指分离于塞纳河（river Seine）；塞纳河细胞内细菌研究中心衣原体的模式株：CRIB-18；GenBank登录号（16S rRNA）为DQ124300。这项研究工作证实通过与阿米巴的共培养，可作为分离新的衣原体的一种相关方法，并且可应用于在生态系统复杂菌群中的成功分离[44，45]。

2. 使用发育鸡胚分离培养病原衣原体

使用发育的鸡胚培养病毒，是比较常用的方法。在使用发育的鸡胚培养衣原体方面，是由我国第一代医学病毒学家、世界著名的微生物学家汤飞凡带领的研究团队，在世界上首先对引起人沙眼（trachoma）的沙眼衣原体（*Chlamydia trachomatis*）培养取得的成功。在1955年7月，汤飞凡（图7-87）及其助手黄元桐、李一飞等，首次用鸡胚卵黄囊接种培养方法，并以链霉素和青霉素作为抑菌剂，仅进行了8次试验，就分离出了1个当时称为“病毒

图7-87　汤飞凡

TE8”的毒株，其中的T代表沙眼、E代表鸡胚（Egg）、8代表的是8次试验。相继，又分离到了称为“TE55”及“TE66”等毒株。在当时由于对衣原体尚缺乏认识，被认为是病毒，后来在许多的外国实验室都将其称为“Tangy's virus”（汤氏病毒），即现在的沙眼衣原体。对沙眼衣原体的成功分离培养，使过去一直认为是不能人工培养，并且认为是病毒的衣原体这类新的病原微生物被分离出来，并从此开辟了国内外对衣原体的研究之路，也使汤飞凡成为世界上发现重要病原体的第一位中国科学家[46]。

（三）病原衣原体的分子生物学检验

近年来有越来越多的分子方法被用于检测上皮囊肿感染，并且在一些研究中使用了衣原体特异性引物（*Chlamydia*-specific primers）的PCR和原位杂交。从16S rRNA基因设计了几个泛衣原体PCR引物组（pan-chlamydial PCR primer sets）；但是，由于该组内的遗传多样性，目前还没有普遍接受的用于诊断的引物[4]。相关的分子方法（molecular approaches），可见在相应病原衣原体中的记述。

还有是法国衣原体研究协会的Corsaro和瑞士洛桑大学（University of Lausanne; Switzerland）的Greub（2006）报道，综合描述了新型衣原体（novel *Chlamydia*）的致病潜能及由这些专性细胞内细菌（obligate intracellular bacteria）引起的感染的诊断方法。

描述衣原体是脊椎动物（vertebrates）、某些节肢动物（arthropod species）和几种自由生活的阿米巴（free-living amoebae）的专性细胞内寄生物（obligate intracellular parasites）。衣原体表现出一个特殊的两阶段发育周期，包括一个细胞外感染性原体（infectious elementary body）和一个细胞内营养性网状体（intracellular vegetative reticulate body）。另外是一个感染阶段（infective stage）的新月体（crescent body），最近被描述在副衣原体科（Parachlamydiaceae），为衣原体目（order Chlamydiales）的一个新科。

在此综述文章中，涉及新型衣原体的致病潜能（pathogenic potentials），包括在人类感染、其他脊椎动物的感染；衣原体与阿米巴的相互作用；微生物检验标本的处理方法。检验方法的核酸扩增，包括菌种和菌株鉴定，16S rRNA基因、23S rRNA基因、其他基因检测，假阳性和假阴性结果的判定；细胞培养，包括哺乳动物细胞、阿米巴共培养（amoebal coculture）、阿米巴富集（amoebal enrichment）、染色方法。血清学方法，包括酶联免疫吸附试验（enzyme-linked immunosorbent assay，ELISA）、免疫荧光（immunofluorescence）方法。

综合分析越来越多的证据表明，新增加的衣原体的致病潜能尚待确定。因此，迫切需要有效和标准化的诊断方法。根据已发表的报道，采用分子方法和血清学

（serology）相结合的诊断策略作为初步诊断筛选工作似乎是合适的。阳性结果可通过细胞培养、阿米巴共培养得到证实。未来的诊断研究包括确定最佳PCR方案，确认血清学方法，并对每种新型衣原体的最佳生长条件进行确定。

图7-88显示通过电子显微镜观察的在多食棘阿米巴（*Acanthamoeba polyphaga*）内的棘阿米巴副衣原体（*Parachlamydia acanthamoebae*）菌株BN9[47]。

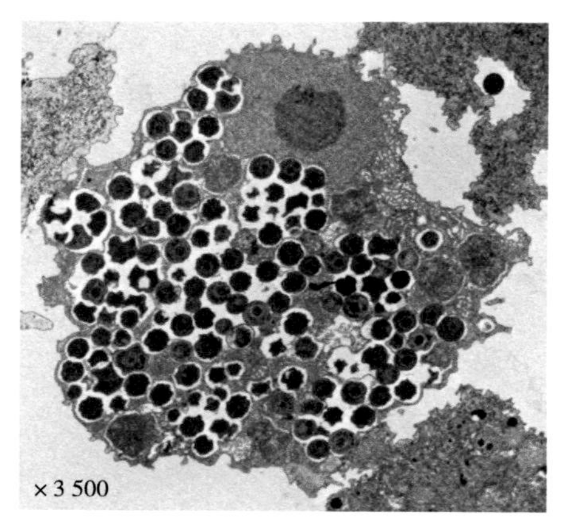

图7-88　衣原体与阿米巴的共培养

第二节　伯杰氏细菌分类学手册记载的鱼类鳃上皮囊肿病原性衣原体

按伯杰氏（Bergey）细菌分类系统，在《伯杰氏系统细菌学手册》第二版第4卷（2010）、《伯杰氏系统古菌和细菌手册》（2015）中记载的衣原体，其在鱼类致病的共涉及棒状衣原体属、新衣原体属、鱼衣原体属的3个菌属衣原体，均为鱼类鳃上皮囊肿的病原体[44，48]。

一、棒状衣原体属（Candidatus *Clavichlamydia*）

棒状衣原体属（Candidatus *Clavichlamydia* Corrig. Karlsen，Nylund，Watanabe，helvik，Nylund and Plarre，2008）的菌属名称"*Clavichlamydia*"为新拉丁语阴性名词，指菌细胞为具有头-尾（head-tail cells）结构的棒状形态，最初在鲑鱼（salmonid fish）上皮囊肿病中描述[44,48]。

（一）菌属定义与属内菌种

棒状衣原体属分类于棒状衣原体科（Candidatus Clavichlamydiaceae），目前在棒状衣原体科内还仅包括一个棒状衣原体属。

1. 菌属定义

菌细胞为多形或为长的（可达2μm），无动力，专性细胞内细菌。在宿主液泡（host vacuole）内生长发育，菌细胞在形态上表现出一个不同阶段发育周期（developmental cycle）。首先在鱼的鳃损伤中发现，并基于其原体（elementary bodies）的形态特征与所有其他衣原体区分开来，这些原体显示出特征性的头-尾部形式。在包围细菌的宿主液泡内观察到了三种不同的形态，代表了不同的发育阶段。其网状体（reticulate bodies）是大的多形性细胞（可长达2μm），其内部结构类似于衣原体科的网状体；中间体（intermediate bodies）略小，细胞质浓缩；原体长约1μm，由头部和尾部组成。另外，可观察到这三个发育阶段间的过渡形式（transitional forms）。尚未能够在细胞培养中获得成功。

模式种：栖鲑鱼棒状衣原体（Candidatus *Clavichlamydia salmonicola* corrig.Karlsen，Nylund，Watanabe，Helvik，Nylund and Plarre，2008）[44,48]。

2. 属内菌种

目前在棒状衣原体属内，目前还仅是包括“Candidatus *Clavichlamydia salmonicola*”（栖鲑鱼棒状衣原体）一个种，也是模式种[44,48]。

（二）栖鲑鱼棒状衣原体（Candidatus *Clavichlamydia salmonicola*）

栖鲑鱼棒状衣原体（Candidatus *Clavichlamydia salmonicola* corrig. Karlsen，Nylund，Watanabe，Helvik，Nylund and Plarre，2008）的种名“*salmonicola*”为现代拉丁语名词，指鲑鱼的居民、居住者（salmon-dweller）、感染斑鳟属的鱼类（infecting fish of the genus *Salmo*）；GenBank登录号（16S rRNA gene）：EF577391，EF577392[44,48]。

1. 生物学性状

挪威卑尔根大学（University of Bergen；Bergen，Norway）的Karlsen等（2008）报道，基于分子证据提出了一种新的衣原体（novel Chlamydiae），其在挪威鲑科鱼类能够导致上皮囊肿病。这种新的衣原体被发现于淡水鲑鱼（freshwater salmonids）中，并基于其16S rRNA基因的部分，认为其可能构成衣原体科的第三菌属或与衣原体科（Chlamydiaceae Rake 1957）构成密切相关的姊妹菌科（sister family）。通过完整的RNA-RNA杂交，证实了被感染细胞在鳃弓的斑驳分布方式（patchy manner）。这种新衣原体的形态包括特征性的头部和尾部细胞（head-tail cell，HTC）结构、即在先前已有描述过在鲑科鱼类上皮囊肿病的。

Karlsen等（2008）报道按Everett等（1999）对衣原体的修正分类标准，作为一个衣原体目（Order Chlamydiales Storz and Page 1971）成员的标准为16S rRNA基因序列同源性>80%，而两种衣原体属于同一衣原体科的成员需要16S rRNA基因序列同源性>90%。在此研究报道中，报道了对来自挪威的鲑科鱼类三个种群的鳃的研究结果，成功扩增了属于衣原体目的部分新的16S rRNA基因序列，系统发育分析结果表明属于新的鱼类衣原体（novel fish Chlamydiae）。对这种在淡水鲑鱼中引起上皮囊肿的病原衣原体，提出对其命名为“Candidatus *Clavochlamydia salmonicola*”（栖鲑鱼棒状衣原体）。其与“*Chlamydia*”（衣原体属）、“*Chlamydophila*”（嗜衣原体属）的16S rRNA同源性<91%，可能为衣原体科的第三个属，或为一个关系密切的姊妹菌科。

Karlsen等（2008）报道，栖鲑鱼棒状衣原体具有一个类似衣原体的发育周期，显示的三种不同形态形式，代表着在宿主体内观察到的不同发育阶段。其网状体（reticulate body，RB）、也称为始体是大的（可达至少2μm长）多形性细胞（pleomorphic cells），网状体发育成介于350～650nm的中间体（intermediate body，IB）、包含一个在中心位置的电子致密的拟核区域（直径约在180nm）及大小约30nm与核糖体分开的电子透明区（electron-lucent zone）；中间体发育成的原体（elementary body，EB）显示存在头和尾形状（head-and-tail form）的形态结构（长约1μm），由头部区域（直径为350～400nm）和550～600nm长的尾部区域组成，尾部（直径约80nm）在终端部膨大（直径约150nm），这也是与其他衣原体的区别特征。三种形态结构体均被细胞壁和细胞质膜包围，细胞壁和胞质膜包含三层膜（单位膜）[49]。

另外是关于名称问题，将“Candidatus Clavichlamydiaceae”（棒状衣原体科）、“*Clavochlamydia*”（棒状衣原体属）、“*Clavochlamydia salmonicola*”（栖鲑鱼棒状衣原体）的学名，分别修正为“Clavichlamydiaceae”“*Clavichlamydia*”“*Clavichlamydia salmonicola*”，是因连接元音必须是“*i*”、不是“*o*”，因为名字的第一部分是派生的、源自拉丁语[44]。

2. 病原学意义

栖鲑鱼棒状衣原体能够感染鱼类发生上皮囊肿，目前的研究报道涉及大西洋鲑（Atlantic salmon，*Salmo salar*）、褐鳟（brown trout，*Salmo trutta*），包括养殖和野生的。

（1）大西洋鲑的上皮囊肿

大西洋鲑的栖鲑鱼棒状衣原体感染发生上皮囊肿，包括Karlsen等（2008）报道在挪威的，爱尔兰都柏林大学（University of Dublin，Ireland）的Mitchell等（2010）报道在爱尔兰（Ireland）淡水养殖的大西洋鲑。

①Karlsen等报道的大西洋鲑幼鲑上皮囊肿。Karlsen等（2008）报道衣原体是专性的细胞内寄生菌（obligate intracellular parasites），是在真核细胞（eukaryotic cells）的胞内专性共生或寄生体（obligate intracellular symbionts or parasites），显著的特征是存在两个阶段的发育（复制）周期。衣原体在鱼类中引起的感染病，通常是引起皮肤或鳃的单细胞囊肿（unicellular cysts），因此被命名为“上皮囊肿”。如果鱼的鳃受到侵害，则常常是炎症反应严重，有些情况下会导致呼吸问题，此种情况通常被称为“proliferative gill inflammation，PGI”（增生性鳃炎），但增生性鳃炎的病原体和发

病机制还没有很好地被认识。上皮囊肿病在淡水鱼类和海水鱼类普遍存在，在不同养鱼场的感染死亡率不同、但常有发生，这种情况常常被认为是相对良性的感染；然而在严重的情况下，也会发生100%的感染死亡率。

Karlsen等（2008）报道，衣原体是一群与挪威鲑科鱼类（Norwegian salmonids）的疾病有关的、在淡水鱼类包括在上皮组织（epithelial tissues）构成单细胞囊肿（上皮囊肿）。栖鲑鱼棒状衣原体已经被发现在淡水环境条件下感染大西洋鲑、野生褐鳟等鲑鱼（salmonid fish）的鳃，可由单一的过度营养的上皮细胞形成可达56μm的大囊肿（large cysts）。虽然直接因果关系尚不够明确，但栖鲑鱼棒状衣原体在淡水和海水鱼类代表着能够引起上皮囊肿的一种病原菌。

Karlsen等（2008）报道对三个鱼类群体进行了研究。第一个是大西洋鲑的幼鲑，患轻度鳃炎（gill inflammation），并在背鳍和尾鳍存在病变；这些大西洋鲑来自挪威北部芬兰马克郡（county Finnmark，northern Norway）的一家增养殖孵化场（stock enhancement hatchery），是源于阿尔塔河（river Alta）、且未曾暴露于海水的野生大西洋鲑的后代，分别于2005年4月、2006年6月、2006年10月的三次收集。第二个是挪威西部霍达兰郡（county Hordaland，western Norway）的一家增养殖孵化场，于2006年9月提供给实验室的淡水养殖的大西洋鲑，这些鱼存在呼吸问题。第三个是于2006年10月，在挪威西部松恩-菲尤拉讷郡（county Sogn og Fjordane，western Norway）的布雷克河（river Brekke）捕获的野生鳟鱼，表现为外表是健康的。

Karlsen等（2008）报道经组织病理学与透射电镜检验，第一个鱼类群体鳃的研究显示次生鳃片（secondary lamellae）上的囊肿或包涵体，其构成为单个过度增大的上皮细胞和大空泡（large vacuole）、含有不同发育阶段和形态特征的细菌。大的囊肿直径在56μm，无与囊肿相关的增生迹象；在细胞核内有大空泡的细胞核位移，宿主细胞线粒体与粗面内质网在宿主细胞质中、周围是空泡和发育中细菌。这个除宿主细胞外，还含有宿主细胞的空泡、细菌、小的膜结合包涵体（membrane bound inclusions）及丝状和非定型物。膜结合包涵体的直径约为50nm，发源于宿主细胞空泡壁的芽殖。细菌在宿主上皮细胞空泡内处于不同发育阶段的形态表现不同，第一种为大的球形或狭长、分枝体（branching bodies）含有颗粒状物（核糖体），无定形区域被认为是网状体，网状体的长在2μm是常见的。第二种为电子致密区域（染色质）更小，由低电子密度晕和中间体包围，中间体的直径介于350～650nm。第三种为小的电子致密体有尾部（原体），约1μm长，包含头部区域（直径为350～400nm）和一个550～600nm长的尾部区域，尾部（直径约80nm）在终端部位膨大（直径约150nm）。三种形态结构体均被细胞壁和细胞质膜包围，细胞壁和胞质膜包含三层膜（单位膜）。

栖鲑鱼棒状衣原体是上皮囊肿的病原体，可感染淡水环境中的鲑鱼（salmonid fish）鳃细胞，被感染细胞的囊肿至少56μm且感染可蔓延到附近的细胞。栖鲑鱼棒状衣原体感染的细胞，分布在鳃弓。

图7-89为鳃原位杂交（in situ hybridization，ISH），地高辛标记的RNA探针（DIG-labelled RNA probes）。图7-89A为反义地高辛标记RNA探针染色感染鱼鳃抗新型衣原体16S rRNA的检测，受感染的细胞呈深紫色或黑色斑点，呈斑片状散布在鳃弓。图7-89B为健康鱼的鳃用与（图7-89A）相同的RNA探针染色。图7-89C为反义地高辛标记RNA探针染色感染鳃抗鲑鱼鱼衣原体16S rRNA。图7-89D、图7-89E分别为在图7-89A中的D和E部分。图7-89F为放大显示原位杂交阳性细胞（箭头示），使用与图7-89A中相同的RNA探针。图7-89G为显示在原位杂交阳性细胞内包涵体中的细菌样颗粒，RNA探针如图7-89A中的。图7-89H为感染鱼鳃的半薄切片，显示初级鳃片（primary lamellae，P）、次级鳃片（secondary lamellae，S）、一个大的囊肿（箭头示）含有衣原体样细菌。图7-90显示鲑鱼新衣原体的形态。图7-90A是与图7-89H中相同发育阶段的囊肿切面，显示细胞核（n）、囊肿，网状体位于囊肿的外围部位（蘑菇状箭头示）、在囊肿的中央部位可见发育成熟的原体（箭头示）；图7-90B显示网状体位于囊肿的外围部位（蘑菇状箭头示）；图7-90C显示中间体（蘑菇状箭头示）；图7-90D显示发育成熟的原体（箭头示），具有特征性的头部和尾部结构形状；图7-90E显示来自衣原体空泡（Chlamydial vacuole）的膜结合包涵体（蘑菇状箭头示）[49]。

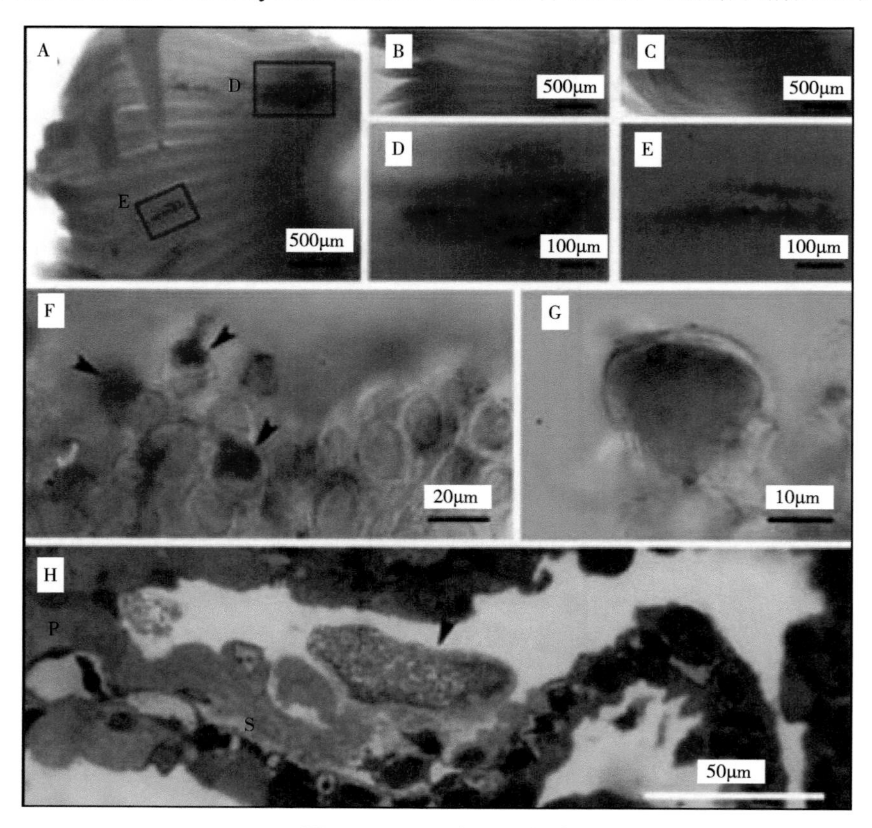

图7-89　原位杂交及囊肿

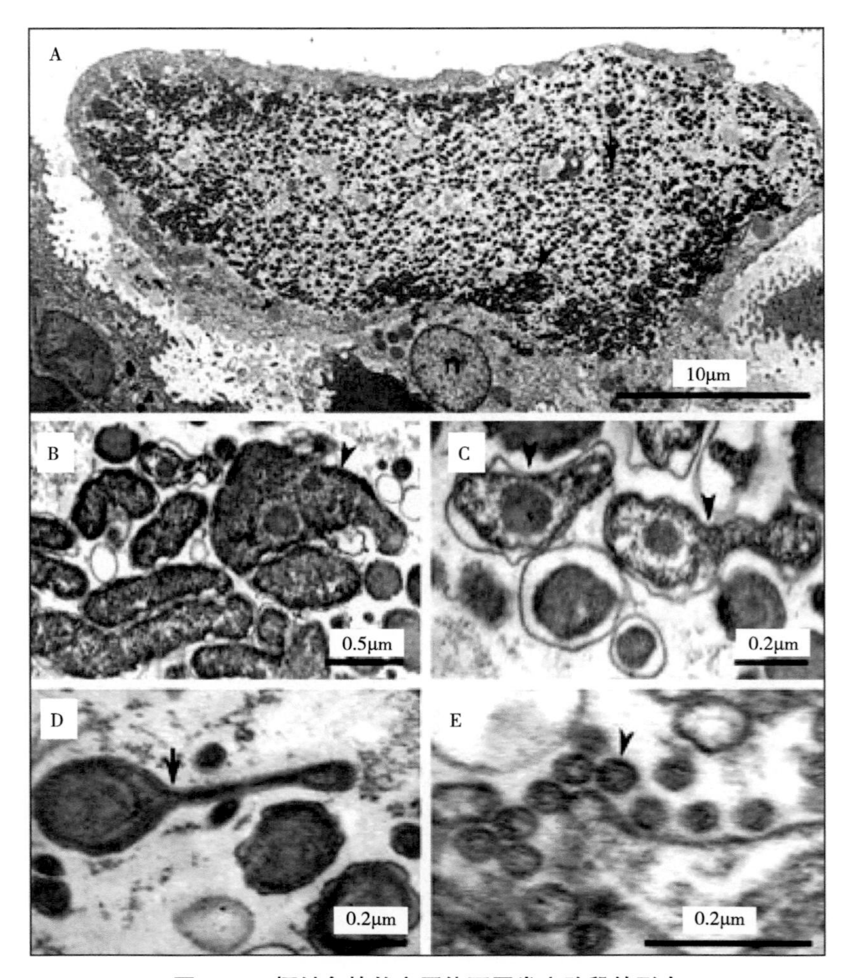

图7-90 栖鲑鱼棒状衣原体不同发育阶段的形态

②Mitchell等报道的大西洋鲑上皮囊肿。爱尔兰兽医-水产国际奥兰莫尔公司工业园（Vet-Aqua International，Oranmore Business Park，Oranmore，Co.Galway，Ireland）、爱尔兰都柏林大学（Trinity College，University of Dublin；Ireland）的Mitchell等（2010）报道，在爱尔兰（Ireland）淡水养殖的大西洋鲑鳃上皮细胞（gill epithelial cells）中，常发现含有"*Chlamydia*-like organisms，CLO"（类衣原体）的细胞内包涵体（intracellular inclusions）。在此项研究中，通过16S rRNA测序，在四个不同的淡水养殖地点鉴定出病原体为栖鲑鱼棒状衣原体。组织病理学和实时PCR（real-time PCR，RT-PCR）进一步评估感染，其感染率在75%～100%；感染强度变化很大，没有明显的损伤与这些感染相关。作为一种诊断工具，实时PCR的敏感性略高于组织病理学的。在一项为期12周的海洋纵向研究（marine longitudinal study）中，对大西洋鲑海水转移后的栖鲑鱼棒状衣原体的命运（fate）进行了研究。实时PCR和组织病理学检查均表明在转移后4～6周，栖鲑鱼棒状衣原体从鳃中消失了。

此项研究的目的，是确定在爱尔兰不同地理位置淡水养殖大西洋鲑中导致上皮囊肿的类衣原体；评估感染的病理影响，调查不同地点之间感染的感染率和强度变化；最后，调查转移到海水中的类衣原体的命运。

供试大西洋鲑，在淡水研究中的是从爱尔兰的4个地点的每个地点各随机抽取20条，其中两个在西北部（地点A、D），两个在西部（地点B、C）；采样点包括3个（A、B、D）商业养殖场（commercial farms）和1个（C）鲑鱼养殖经营设施（salmon-ranching facility）。其中两个商业养殖场（A、D）和养殖经营设施是以陆地为基础的，鱼被存放在水池中，水由当地河流供应，而其余的养殖场则是以湖泊为基础的网围栏，任何养殖场都不使用海水。在2008年11—12月，对鱼类进行了取样。在海水纵向研究中，跟踪了D点提供的幼鲑，在向海水转移之前，2009年2月从该地点采集了样本，并在两周内将鱼转移到海上的X地点（site X）；在海水转移后（在转移后约4周、6周、10周、12周）定期取样鱼；每次取样时，从一个鱼群中抽取10～15条。所有取样的鱼均是来自同一鱼群，在淡水中的鱼体重在40～60g、在海水中体重在50～90g；未发现明显的临床异常或病理变化。

组织病理学检查，发现在鳃丝中存在鳃包涵体，由密集的嗜碱性球杆菌（packed coccobacillary basophilic particles）组成，这些包涵体大部分位于两个相邻片层的基部之间；包涵体不均匀地分布在整个鳃丝中，通常观察到包涵体簇（clusters of inclusions）跨越两到三条鳃丝，包涵体通常位于每根鳃丝的近一半或中间位置，在尖端附近观察到较少，片层上皮细胞是被感染的靶细胞。

包涵体的形态在个体鱼和不同个体鱼间都有明显的差异，小的卵圆形包涵体与密集的生物体（densely packed organisms）一起被观察到，旁边是扩张的和体积巨大的囊肿，在球杆菌（coccobacilli）之间有明显的空间。无论包涵体的形态如何，都显示感染细胞的细胞核（nucleus）通常被边缘化，细胞质在囊肿周围减少为一条细条纹（fine strip）；用光学显微镜可见感染性囊肿周围有轻微病理改变，然而在许多被检鱼鳃片层的其他地方显示出轻微的局灶性病变，典型的是轻度的多灶性增生（multifocal hyperplasia）和偶尔的局灶性片层融合。

在D点于约50%的鱼中观察到低水平的毛管虫（Trichophyra）、原生动物寄生虫，这些寄生虫的存在和水平与上皮囊肿之间没有明显的相关性。组织学检查，未发现其他病原体。

在两个不同的时间点计算所有淡水地点（包括D点）的感染率和感染强度。根据组织学估计感染率为20%～100%，通过实时PCR估计感染率为75%～100%[50]。

图7-91（苏木精-伊红染色）显示大西洋鲑鳃的囊肿。图7-91A显示存在中等数量的栖鲑鱼棒状衣原体引起的囊肿；图7-91B显示位于相邻片层基部间的囊肿（箭头示）；图7-91C显示一个跨越3条鳃丝的感染簇（infection cluster），说明了囊肿形态的

很大变化；图7-91D为图7-91C的特写，显示了一个与任何囊肿都没有直接关系的增生区域（箭头示），同样可见不同大小和形态的囊肿[50]。

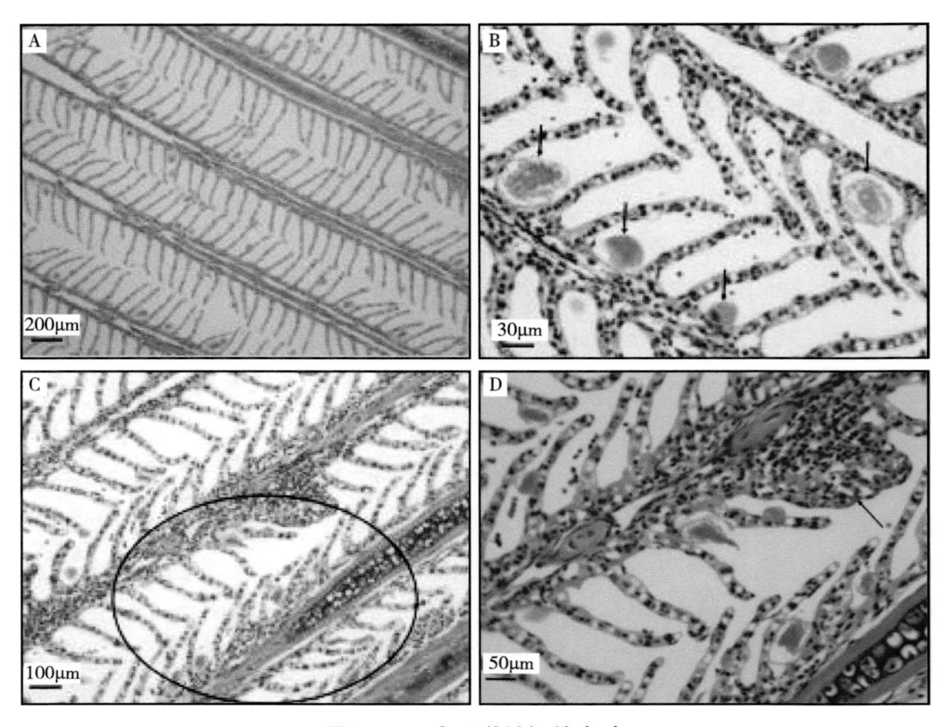

图7-91　大西洋鲑鳃的囊肿

（2）褐鳟的上皮囊肿

褐鳟的栖鲑鱼棒状衣原体感染发生上皮囊肿，涉及上皮囊肿感染的分布特征、上皮囊肿感染的组织病理特征、野生褐鳟上皮囊肿等的报道。

①Soto等报道褐鳟上皮囊肿感染的分布特征。瑞士伯尔尼大学（Department of Infectious Diseases and Pathobiology，Centre of Fish and Wildlife Health，University of Bern；Bern，Switzerland）的Soto等（2016）报道，首次描述了在欧洲两条主要河流莱茵河（Rhine rivers）和罗纳河（Rhone rivers）的上游，褐鳟上皮囊肿感染的分布与特征。总的来说，上皮囊肿广泛分布，在莱茵河的70%、罗纳河的67%的取样位点显示褐鳟存在上皮囊肿感染。尽管在两个集水区位点的相对程度不同，但在两个集水区都能鉴定出鲑鱼鱼衣原体、栖鲑鱼棒状衣原体。此外，在莱茵河流域的两条河流中，还发现了相似衣原体属（Candidatus *Similichlamydia* sp.）的衣原体。基于组织学、感染强度和病理变化的严重程度，更多显示为衣原体混合感染，而单一感染则表现为囊肿数目少和病变轻微。感染可在很宽的温度范围内发生，与感染的传播流行或感染强度没有相关性。

Soto等（2016）报道在2012年6—11月，在52条河流中采集了当年野生（wild young-of-the-year，YOY）幼龄褐鳟，其中42条河流属于莱茵河流域（Rhine catchment）、10条河流属于罗纳河流域（Rhone catchment）。采样是在一项全国性项目的框架内进行的，目的是评估在瑞士河流（Swiss rivers）中鳟鱼（trout）的健康状况。从64个不同采样点（46个采样点来自莱茵河流域、18个采样点属于罗纳河流域），共检测1 442条褐鳟。对每条鱼进行体表病变检验后进行尸检，切除左鳃盖取第一个左鳃弓（gill arch）固定于10%缓冲福尔马林液用于组织学检查，取第二个鳃弓保存用于进行PCR检测和测序分析。结果在莱茵河流域中，42条河流中有33条的褐鳟存在上皮囊肿感染；在罗纳河流域中，10条河流中有6条的褐鳟存在上皮囊肿感染。通常是在几个采样点，在鳃上显示存在细菌囊肿（bacterial cysts）。在从莱茵河采集的875条鱼中有161条、从罗纳河采集的567条鱼中有47条存在上皮囊肿感染。

Soto等（2016）报道在上皮囊性病变的形态学方面，鉴定出了两种类型（types）的包涵体，均导致宿主上皮细胞肥大。组织学上，一种包涵体的特征是由致密的暗嗜碱性中心细菌组成，在细菌囊肿（bacterial cyst）周围形成清晰的晕圈（halo），导致宿主细胞核到边缘；这种形态归因于鲑鱼鱼衣原体（type 1，1型）。另一种囊肿类型的组织学特征是颗粒状、松散排列的嗜碱性细菌物（basophilic bacterial material），宿主细胞核大多不可见，代表栖鲑鱼棒状衣原体（2型）。两种形态的囊肿出现在同一鳃弓（gill arch）上，鉴定为混合感染（3型）。不同的囊肿形态，可作为鲑鱼鱼衣原体、栖鲑鱼棒状衣原体感染的可靠区分。混合感染是常见的，单一感染栖鲑鱼棒状衣原体是少见的。混合感染与每个鳃弓的囊肿数量显著相关，表明混合感染的感染强度高于每种单一感染的。

鲑鱼鱼衣原体感染的，通常表现为轻度至中度的上皮细胞增生、轻度水肿（edema）和以淋巴细胞为主的浸润。栖鲑鱼棒状衣原体感染的仅是与宿主反应很少见的相关，感染强度（每个鳃弓囊肿的数量）弱，与水肿、炎症、片层融合（lamellar fusion）等的病理变化弱相关。

图7-92（苏木精-伊红染色）为所检验鱼的上皮囊肿。图7-92A显示褐鳟鳃的鲑鱼鱼衣原体感染囊肿，其特征是由清晰的晕圈包围致密的嗜碱性物（condensed basophilic intracellular material）组成，直径可达20μm；闭合箭头（closed arrowheads）示上皮下区域水肿，开放箭头（open arrowheads）示主要以淋巴为主的散在浸润；图7-92B显示鲑鱼鱼衣原体感染囊肿（蘑菇状箭头示），片层融合，淋巴细胞、巨噬细胞和嗜酸性粒细胞浸润（开放蘑菇状箭头示）和上皮下水肿（箭头示）；图7-92C显示栖鲑鱼棒状衣原体感染的囊肿，特征的颗粒状物松散存在，其直径约在20μm以上，周围组织可见散在的水肿（闭合箭头示）[51]。

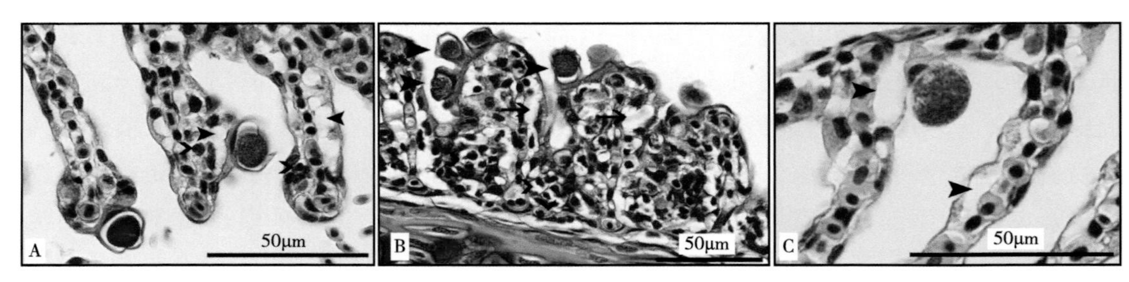

图7-92 鱼的上皮囊肿

②Soto等报道褐鳟上皮囊肿感染的组织病理特征。瑞士伯尔尼大学的Soto等（2016）报道，瑞士褐鳟上皮囊肿是一种衣原体感染（chlamydial infection），主要由鲑鱼鱼衣原体和栖鲑鱼棒状衣原体引起。为更好地了解野生褐鳟感染的时间发展，调查了一年（2015年）夏秋两个季节的上皮囊肿感染情况，并将其与2012—2014年的采样点进行了比较。调查的重点，是流入日内瓦湖（Lake Geneva）的罗纳河（Rhone flowing）维诺吉（Venoge）和博伊隆（Venoge）支流（tributaries）。在组织学评估中，除6月外，在整个调查期间均发现上皮囊肿感染。每次抽样调查50～86条鱼，发病率和感染强度以在9月最高。上皮囊肿感染与水温之间的相关性不明显。年际比较显示，夏末的患病率和感染强度水平一致。6月没有感染，再加上年际结果一致，表明褐鳟上皮囊肿感染的季节性波动在冬季有一个储存点（reservoir），每年从那里可以重新开始感染，这可能是在水平低于检测范围内的褐鳟种群本身或在一个替代宿主内。

在患病率和感染强度方面，在博伊隆的两个地方，所有鱼在6月的上皮囊肿都呈阴性，感染率随后上升到14%～15%，这一水平从8月一直维持到11月取样期结束。与中游区域相比，在下游区域的感染率于9月达到高峰（28%），之后下降到12%。其感染强度，以每个鳃弓的囊肿数量衡量，在不同的采样点之间没有差异；与季节发生率相比，9月的感染强度最高、11月再次下降，但这一趋势不显著；大多数受感染鱼的每个鳃弓只有不到10个囊肿。2015年晚些时候（9月和11月）采集到的3条鱼，每个鳃弓最多有35个囊肿，感染强度与水温无相关性。

根据组织学，研究区分了褐鳟上皮囊肿病变的两种不同形态：第一种类型显示的是鲑鱼鱼衣原体样囊肿（Candidatus *Piscichlamydia salmonis*-like cysts），具有暗嗜碱性无定形中心（dark basophilic amorphous centre）和清晰的晕（clear halo）；感染与上皮细胞轻度至中度增生、上皮下水肿和以淋巴细胞为主的轻度至中度浸润有关。另一种囊肿表现为轻度嗜碱性颗粒中心（lightly basophilic granulated centre），伴有轻度水肿和轻度上皮增生，典型的是栖鲑鱼棒状衣原体感染。每个鳃弓的囊肿形态分为1型（鲑鱼鱼衣原体感染）、2型（栖鲑鱼棒状衣原体感染）和混合型（1型和2型）的描述为3型。

图7-93显示褐鳟鳃（苏木精-伊红染色）。图7-93A为鲑鱼鱼衣原体感染的囊肿，

特征是细胞内浓缩嗜碱性物质，周围有一个清晰的晕，直径可达20μm，开口箭头示衣原体囊肿，在周围组织中的上皮下有水肿，淋巴细胞和巨噬细胞浸润（箭头示），存在上皮增生（星号示）；图7-93B显示栖鲑鱼棒状衣原体感染的囊肿，以颗粒状松散排列的物质填充整个囊腔为特征，直径约20μm，其中的插入图显示两种衣原体混合感染类型，开口箭头示鲑鱼鱼衣原体感染的囊肿、蘑菇状箭头示栖鲑鱼棒状衣原体感染的囊肿型[52]。

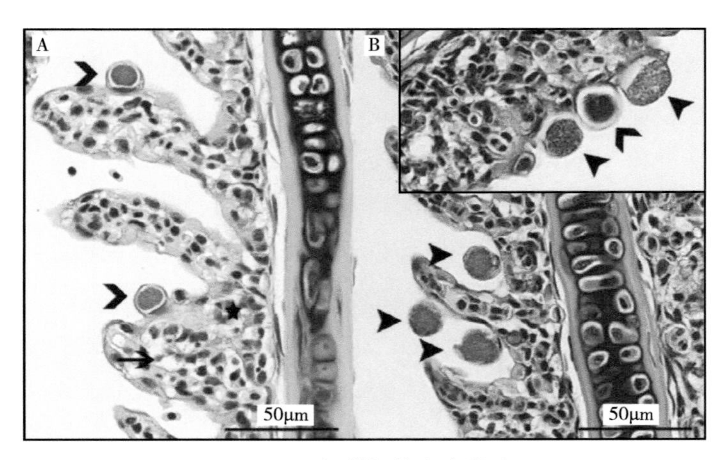

图7-93　褐鳟鳃的上皮囊肿

③Schmidt-Posthaus等报道的野生褐鳟上皮囊肿。瑞士伯尔尼大学（Centre for Fish and Wildlife Health，Vetsuisse Faculty，University of Bern，Switzerland）的Schmidt-Posthaus等（2011）报道，鲑鱼鳃疾病的特点存在多因素病因。鳃上皮囊肿是由衣原体目的细胞内专一性细菌引起的，但此类病原体的多样性非常复杂，有时也难以建立因果关系。此外，目前还不可能追踪到潜在的环境污染源。在此项研究中，通过调查瑞士河流系统7个不同地点的野生褐鳟种群来解决这些问题。一个年龄组的鱼被跟踪超过18个月。上皮囊肿以特定的部位发生，与夏季的最高水温有关。在褐鳟鱼种群中没有发现持续感染的证据，这意味着一个未知的环境来源。首次在同一个鲑鱼种群（salmonid population）中检测到鲑鱼鱼衣原体和栖鲑鱼棒状衣原体感染，包括在同一鱼体内的双重感染。这些病原体，与挪威和爱尔兰网箱养殖大西洋鲑的鳃病有着密切的联系。这一河流系统内没有水产养殖生产，而且远离海洋，这表明此两种细菌都是淡水来源，并为探索它们的生态免受水产养殖影响提供了新的可能性。

为了了解瑞士河流系统中不同环境因素对野生褐鳟健康的作用，在此项工作中注意到一些暴露在河水中的鱼出现了上皮囊肿，而这些上皮囊肿并没有在自来水水池中养殖（water-fed tanks）的对照鱼发现。作为一个广泛的野生褐鳟监测计划的一部分，描述了一项在褐鳟一代16个月后进行的纵向研究。在估计为6月龄、9月龄、16月龄、18

月龄时，从7个不同地点采集鱼类样本，调查其健康状况，包括上皮囊肿。测定了影响褐鳟鱼健康的一个重要物理参数水温。表明上皮囊肿确实发生在瑞士的野生褐鳟中，而且是以特定的季节性方式发生，可能是由于水温升高。受感染的地点记录了野生种群（12%～20%）的高水平衣原体感染，尽管与海洋隔离良好，但最令人惊讶的是可以描述首次观察到鲑鱼鱼衣原体和栖鲑鱼棒状衣原体的混合感染。

通过组织学检查对所有类进行初步筛选，以检测与疾病存在一致的病理变化。在组织学上，上皮囊肿仅在第一个夏季（2008年9月）结束时在6～8月龄的幼鱼中发现，而在2009年下一个夏季18～20月龄的鱼中未发现。在Lyssbach的下游（16%；4/25条鱼）和中游（16%；4/25条鱼），在Schmidebach下游支流（downstream tributary）（24%；6/25条鱼）和Allenwilbach中游支流（midstream tributary）（16%；4/25条鱼）入口点附近（entry points）采集的褐鳟中，存在上皮囊肿。在Lyssbach的上游（upstream site）、Seebach的下游支流（downstream tributary）和Chuelibach的上游支流（upstream tributary）均未发现存在上皮囊肿感染。

在形态学上，上皮囊肿阳性鱼可分化为两种不同的囊肿：较大的囊肿，直径可达15μm，具有高度颗粒状，轻度嗜碱性成分；较小的囊肿，直径可达10μm，呈致密、均匀，暗嗜碱性成分。后一种囊肿与上皮细胞轻度增生有关，并与附近观察到的巨噬细胞和淋巴细胞浸润极少。相反，较大的囊肿通常与任何病变无关。然而在来自Schmidebach和Allenwilbach的鱼中，两种囊肿类型都存在于种群中，并且确实可以在Schmidebach的单个鱼的同一鳃枝（gill branch）上发现。使用抗衣原体多克隆抗体（anti-*Chlamydia* polyclonal antibody）的免疫组化染色（Immunohistochemical staining）显示两种囊肿类型均为阳性，证实这些类型为衣原体起源（chlamydial origin)。

图7-94显示褐鳟鳃上皮囊肿的组织学特征。图7-94A显示褐鳟鳃肥大上皮细胞有颗粒状、轻度嗜碱性内容物的囊肿，直径可达15μm，为栖鲑鱼棒状衣原体感染（箭头示），包涵体与鳃损伤无关。图7-94B显示有致密、均匀、深色嗜碱性物质的囊肿，直径可达10μm，为鲑鱼鱼衣原体感染（蘑菇状箭头示），鳃上皮细胞肥大，上皮细胞核增大，嗜酸性粒细胞增多（箭头示）；上皮细胞轻度增生，巨噬细胞和淋巴细胞浸润轻微，位于上皮囊肿附近（星号示）。图7-94C显示两种囊肿类型的双重感染，较大的囊肿颗粒较多，嗜碱性成分较轻（箭头示）；较小的囊肿致密，均匀，嗜碱性成分较暗（蘑菇状箭头示）。图7-95显示褐鳟鳃上皮囊肿的免疫组化染色特征。图7-95A显示褐鳟鳃中的鲑鱼鱼衣原体（箭头示），用兔多克隆抗体（rabbit polyclonal antibody）免疫组化染色，包涵体与中度上皮细胞增生有关（星号示）。图7-95B显示褐鳟鳃中的栖鲑鱼棒状衣原体（箭头示），用兔多克隆抗体进行免疫组化染色，包涵体与任何鳃病理学无关。图7-96为上皮囊肿病变的透射电子显微镜观察结果，显示鲑鱼鱼衣原体（图7-96A、图7-96B）和栖鲑鱼棒状衣原体（图7-96C、图7-96D）感染的典型特征。在

图7-96A、图7-96B中，在包涵体中可以发现连接分裂或出芽（budding）的衣原体的细胞质桥（cytoplasmic bridges）（星号示）。在图7-96C、图7-96D中，可以看到一个典型的衣原体发育周期，有分裂的网状体（RB）、中间体（IB）、感染颗粒（infectious particles）或原体（EB），显示了迄今为止仅在栖鲑鱼棒状衣原体中观察到的头部和尾部形态（head and tail form）[53]。

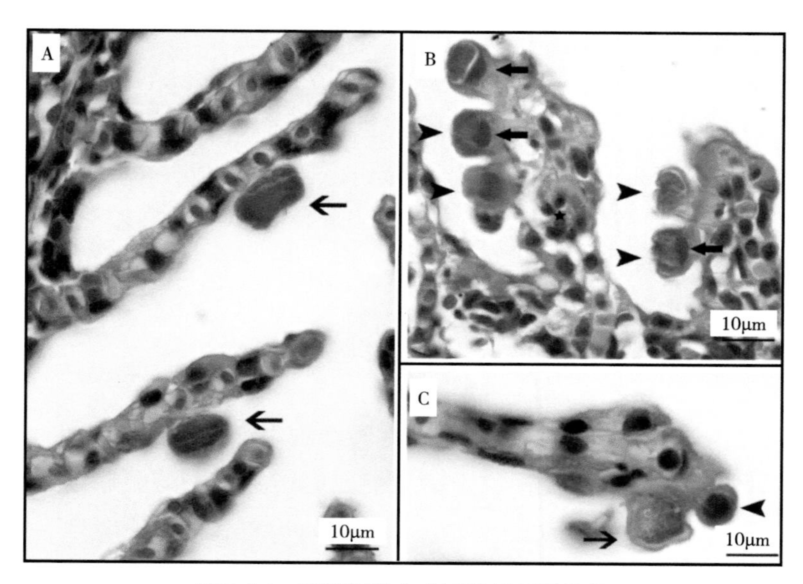

图7-94　褐鳟鳃的上皮囊肿组织学特征

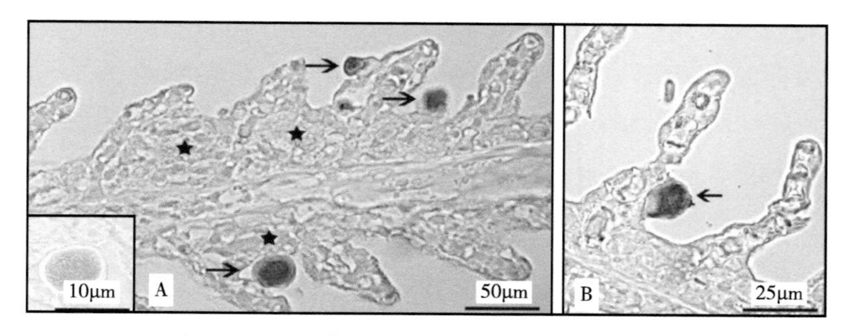

图7-95　褐鳟鳃的上皮囊肿的免疫组化染色

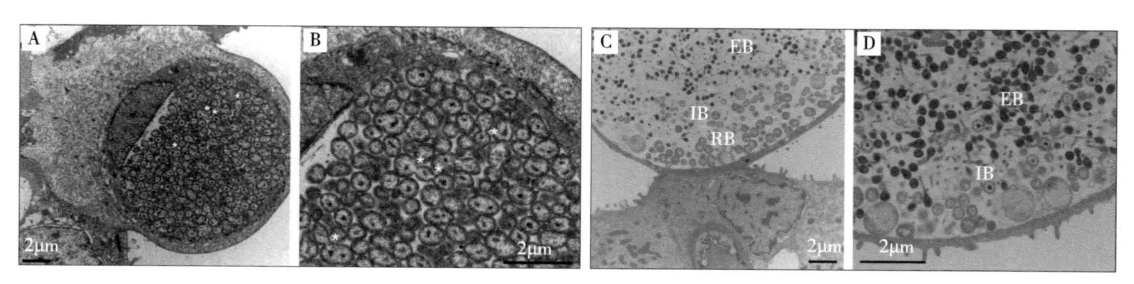

图7-96　褐鳟鳃的上皮囊肿病变

二、新衣原体属（*Neochlamydia*）

新衣原体属（*Neochlamydia* Horn，Wagner，Müller，Schmid，Fritsche，Schleifer and Michel 2000）的菌属名称“*Neochlamydia*”为新拉丁语阴性名词，指一个新的衣原体属（a new *Chlamydia*）[44,48]。

（一）菌属定义与属内菌种

新衣原体属分类于副衣原体科（Parachlamydiaceae Everett，Bush and Andersen 1999），目前在副衣原体科内包括3个属：副衣原体属（*Parachlamydia* Everett，Bush and Andersen 1999）、新衣原体属、原衣原体属（*Protochlamydia* Horn，gen. nov.）；原衣原体属是最初由Collingro等（2005）称为的暂定原衣原体属（Candidatus *Protochlamydia*）。

副衣原体科的模式属为副衣原体属[44,48]。

1. 菌属定义

新衣原体属的衣原体呈球形，无动力，专性细胞内细菌，直径0.4～0.6μm。细菌的发育周期具有明显的形态阶段性，位于宿主细胞的细胞质中。能够自然感染蠕形哈特曼氏阿米巴原虫（amoeba，*Hartmannella vermiformis*），但没有其他自由生活的阿米巴，包括被测试的棘阿米巴属（*Acanthamoeba*）的种；唯一的例外是群居性的盘基网柄菌阿米巴（social amoeba，*Dictyostelium discoideum* Berg$_{25}$）。

在蠕形哈特曼氏阿米巴原虫宿主体内观察到两种不同的形态，代表了不同的发育阶段。网状体呈不规则球形（直径0.4～0.6μm），细胞质呈颗粒状，与衣原体科的网状体相似；球状原体的大小相似（直径0.5～0.6μm）。与迄今已知的所有其他衣原体相比，哈特曼氏阿米巴原虫新衣原体（*Neochlamydia hartmannellae*）似乎并不位于包涵体内，而是位于宿主细胞的细胞质内，表明这些生物体具有从吞噬体（phagosome）逃逸的机制（escape mechanism）。

感染哈特曼氏阿米巴原虫新衣原体的蠕形哈特曼氏阿米巴原虫抑制了囊肿的形成，并导致5d内阿米巴宿主迅速溶解。这表明宿主和寄生的适应有限，可能是由于相对较短的进化关系，并且可能表明在环境中存在哈特曼氏阿米巴原虫新衣原体的替代原生生物宿主（protist hosts）。

通过电子显微镜观察，在异常的、增大的哈特曼氏阿米巴原虫新衣原体细胞（直径可达1.3μm）中观察到细菌噬菌体样颗粒（bacteriophage-like particles）。这种假定的噬菌体（Neo-Ph/1）直径为68nm，比已知的衣原体微小噬菌体属（*Chlamydiamicrovirus*）的衣原体噬菌体（chlamydia phages）大得多。

哈特曼氏阿米巴原虫新衣原体主要是阿米巴的寄生菌，也有报道被认为是鱼类上皮囊肿的致病菌；此外，有初步的分子证据表明与猫眼病（feline ocular disease）有关。迄今为止，还没有证据表明哈特曼氏阿米巴原虫新衣原体与人类疾病有关。

模式种：哈特曼氏阿米巴原虫新衣原体（*Neochlamydia hartmannellae* Horn，Wagner，Müller，Schmid，Fritsche，Schleifer and Michel 2000）[44,48]。

2. 属内菌种

目前在新衣原体属内，还仅是包括"*Neochlamydia hartmannellae*"（哈特曼氏阿米巴原虫新衣原体）一个种，也是模式种[44,48]。

（二）哈特曼氏阿米巴原虫新衣原体（*Neochlamydia hartmannellae*）

哈特曼氏阿米巴原虫新衣原体（*Neochlamydia hartmannellae* Horn，Wagner，Müller，Schmid，Fritsche，Schleifer and Michel 2000）的种名"*hartmannellae*"为新拉丁语属格名词，指是在其宿主蠕形哈特曼氏阿米巴原虫（amoeba，*Hartmannella vermiformis*）A_1Hsp株中首先发现的，以此阿米巴原虫的属名"*Hartmannella*"（哈特曼氏阿米巴原虫属）命名。

哈特曼氏阿米巴原虫新衣原体的模式株为A_1Hsp，ATCC 50802；GenBank登录号（16S rRNA gene）为AF177275[44,48]。

1. 基本性状

德国慕尼黑工业大学（Technische Universität München，Freising，Germany）的Horn等（2000）报道，新衣原体属细菌为球状的，无动力的专性细胞内细菌（obligate intracellular bacteria），直径在0.4～0.6μm；细菌呈现于发育周期中形态不同的阶段，并始终是位于宿主细胞质中。在宿主蠕形哈特曼氏阿米巴原虫内观察到，新衣原体属细菌存在两种不同形态形式，代表不同的发育阶段。网状体呈不规则的球形（直径0.4～0.6μm）、呈颗粒状细胞质，类似衣原体科其他成员的网状体，球状原体的大小相似（直径0.5～0.6μm），与迄今为止已知的所有其他衣原体相比，哈特曼氏阿米巴原虫新衣原体似乎不位于包涵体内，而直接位于宿主细胞的细胞质中，表明具有对吞噬体（phagosome）的逃逸机制。蠕形哈特曼氏阿米巴原虫自然感染哈特曼氏阿米巴原虫新衣原体不是形成囊肿，是导致宿主阿米巴原虫的快速裂解（在5d内），这表明宿主和寄生物的适应能力有限，可能是由于在进化关系上还是相对较短暂的，并且可能表明哈特曼氏阿米巴原虫新衣原体在环境中存在替代的原生生物宿主（protist hosts）。

Horn等（2000）报道，哈特曼氏阿米巴原虫新衣原体主要是寄生于阿米巴（amoebae）原虫。从蠕形哈特曼氏阿米巴原虫A_1Hsp株（amoeba，*Hartmannella vermiformis* strain A_1Hsp）中回收获得的这种球形内囊菌（coccoid endocytobionts）转染到蠕形哈特曼氏阿米巴原虫OS101株，能够形成囊肿。哈特曼氏阿米巴原虫新衣原体能够自然感染蠕形哈特曼氏阿米巴原虫，通过对包括在棘阿米巴属的种（*Acanthamoeba* species）等17株不同种自由生活的阿米巴（free-living amoebae，FLA）原虫的转染试验，结果显示仅能够在蠕形哈特曼氏阿米巴原虫A_1Hsp株（原宿主株）、蠕形哈特曼氏阿米巴原虫OS101株、蠕形哈特曼氏阿米巴原虫C3/8株，例外的是在群居阿米巴（social amoeba）盘基网柄菌$Berg_{25}$株（*Dictyostelium discoideum* $Berg_{25}$）引起感染，但没有在其他自由生活的阿米巴原虫引起感染[54]。

Horn等（2000）报道，哈特曼氏阿米巴原虫新衣原体的模式株A_1Hsp（=ATCC 50802），最初是在德国科布伦茨附近的兰施泰因（Lahnstein，near Koblenz，Germany）从一个牙科综合治疗台（dental unit）的水导管系统（water conduit system）中分离的。使用16S rRNA靶向寡核苷酸探针（16S rRNA-targeted oligonucleotide probe）S-S-ParaC-0658-a-A-18（5′-TCCATTTTCTCCGTCTAC-3′），可用于荧光原位杂交检测哈特曼氏阿米巴原虫新衣原体[44,54]。

另外是德国埃森大学医学微生物学研究所（Institut für Medizinische Mikrobiologie der Universität Essen；Essen，Germany）的Schmid等（2001）报道，在异常的、膨大的哈特曼氏阿米巴原虫新衣原体细胞内，曾观察到类似于细菌噬菌体（bacteriophages）样的病毒样颗粒（virus-like particles）。这种假定的细菌噬菌体（Neo-Ph/1）的直径为68nm，远大于已知的衣原体微小噬菌体属（*Chlamydiamicrovirus*）的衣原体噬菌体（*Chlamydia* phages）[55]。

2. 病原学意义

已有明确的研究报道在水生动物，哈特曼氏阿米巴原虫新衣原体能够引起红点鲑（Arctic charr，*Salvelinus alpinus*）的感染发生鳃上皮囊肿。另外是在对阿米巴原虫的致病作用，也有报道在猫的致病作用。

（1）在红点鲑的致病作用

美国康涅狄格大学的Draghi等（2007）报道在水生动物，在最初是Noble等（1999）曾报道于1998年，在美国西弗吉尼亚谢泼兹敦（Shepherdstown，West Virginia，USA）的保护基金会淡水研究所（Conservation Fund’s Freshwater Institute）养殖的拉布拉多系（Labrador strain）弗雷泽河（Fraser River）红点鲑，暴发了一种伴有死亡的呼吸系统疾病（respiratory disease），其暴发为由革兰氏阴性胞内细菌（Gram-negative intracellular bacterium）引起的鱼鳃感染。在1999年11月至2002年6月，5批次（群）同样的无特定病原体红点鲑的卵，在保护基金会淡水研究所进行商业规模的孵化和培育养殖。在5群中的4群暴发呼吸系统疾病，与在1998年暴发的临床症状相同且病理组织学表现一致的上皮囊肿和鳃是唯一受侵害的器官。此外是除弗雷泽河红点鲑外，瑙尤克湖（Nauyuk Lake）、树河/瑙尤克湖混合处（Tree Rivers/Nauyuk

Lake hybrids）也受到影响。

Draghi等（2007）报道为有效描述红点鲑这种暴发上皮囊肿鳃病的组织病理学、超微结构，细胞内细菌（intracellular bacterium）的部分16S rRNA基因序列和系统发育相关性，鉴定与养殖红点鲑的上皮囊肿相关细菌，进行了相应的研究。于2002年4—5月的上皮囊肿病暴发期间，从保护基金会淡水研究所采样红点鲑，调查了在上皮囊肿暴发期间的生产系统，供试鱼的选择是基于存在鳃病的临床症状、被认为是具有发病群体代表性的。取鳃组织固定于10%福尔马林中，提交美国康涅狄格大学的康涅狄格兽医医学诊断实验室（Connecticut Veterinary Medical Diagnostic Laboratory）检验。

Draghi等（2007）报道取鳃组织，进行的病理组织学检查、常规的和免疫电镜（immunoelectron microscopy）检查、原位杂交、16S rRNA扩增、序列和系统发育分析。结果经染色检验，显示在红点鲑的鳃中存在颗粒状、嗜碱性的细胞质内包涵体（cytoplasmic inclusions）；在超微结构方面，显示包涵体是膜结合的（membrane-bound）、包含圆形到长形网状体，其对衣原体脂多糖（chlamydial lipopolysaccharide）抗体具有免疫反应性，提示存在类似的抗原表位（epitopes）。从鳃组织中提取DNA进行16S rRNA基因的多态性和系统发育相关区域的扩增，其与几个未能培养的临床（uncultured clinical）新衣原体属的种（*Neochlamydia* spp.）克隆WB13（AY225593.1）和WB258（AY225594.1）具有97%～100%的同一性。原位杂交试验中，序列特异性核糖核酸探针（Sequence-specific riboprobes）定位于包涵体期。分类学的系统发育分析，结果显示其系统发育分支与“*Neochlamydia hartmannellae*”（哈特曼氏阿米巴原虫新衣原体）的分支序列具有高置信度（high confidence）。这是首次通过分子特征鉴定与红点鲑上皮囊肿相关的衣原体，也是第四个新衣原体属的种。

Draghi等（2007）报道在1999—2002年发生的4次红点鲑上皮囊肿暴发中，其临床症状开始于鱼群出现倦怠的逐渐发作和饵料消耗减少，并逐渐发展为食欲减退；病鱼在水面附近游动、有或没有暴露背鳍，有张开现象、有的在水面上喘息；累积死亡率为18～44%，平均为31%[56]。

图7-97显示红点鲑上皮囊肿的增生性鳃病变（proliferative gill lesions），上皮囊肿包涵体存在于增生上皮（hyperplastic epithelium）中（箭头示）。

图7-98为红点鲑增生性鳃病变中以不同的染色所显示的新衣原体包涵体（Neochlamydial inclusions）。图7-98A（苏木精-伊红染色）显示在上皮细胞细胞质中有明显边缘的空泡的、嗜碱性（basophilic）的、致密颗粒核（dense granular cores）的包涵体（箭头示）；图7-98B为显示以马基阿韦洛氏技术（Macchiavello technique）染色的，呈嗜品红（fuchsinophilic）特征；图7-98C显示以姬梅尼茨氏技术（Gimenez technique）染色的，呈砖红色（brick red）；图7-98D显示以Lendrum's玫瑰红-酒石黄技术（Lendrum's phloxine-tartrazine technique）染色的，呈红色。另外，在图7-98A的以

苏木精-伊红染色的，显示嗜酸性颗粒细胞（eosinophilic granular cells）的细胞质颗粒（cytoplasmic granules），蘑菇状箭头示；在图7-98D的显示以Lendrum's玫瑰红-酒石黄技术染色，显示红色的（蘑菇状箭头示）；但在图7-98B（马基阿韦洛氏技术染色）和图7-98C（姬梅尼茨氏技术染色）的，没有染色差异。

图7-99为红点鲑鳃上皮（branchial epithelium）中新衣原体包涵体的透射电子显微镜图片。图7-99A显示包涵体位于细胞质中，形状不规则，有多个突起（projections）和凹痕（indentations），并且是完全膜结合的（entirely membrane-bound），含有嵌入到嗜锇基质（osmiophilic matrix）中大小不等的圆形到卵形网状体。图7-99B为高放大率的，显示网状体被不同的膜包围，具有分散的颗粒状细胞质内含物，并且由中等电子密度的无定形纤维状基质（fibrillar matrix）分隔。

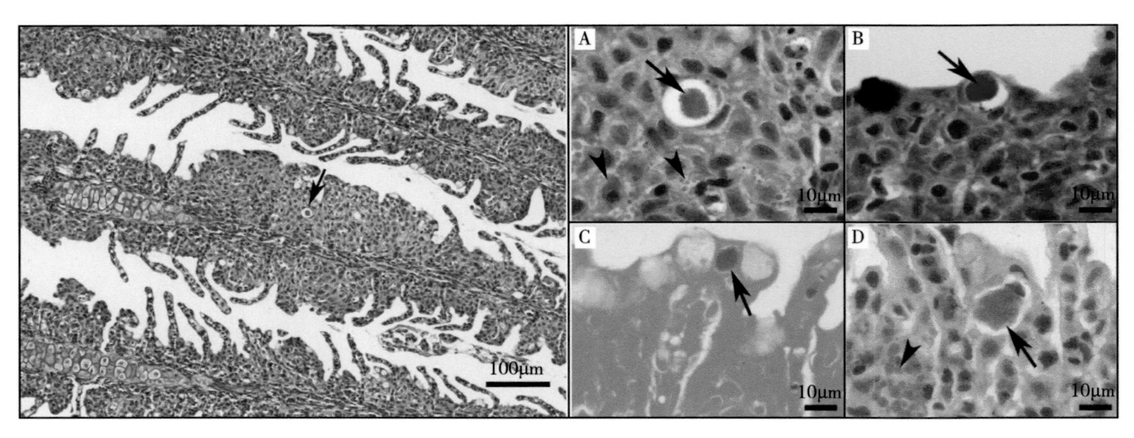

图7-97　红点鲑上皮囊肿包涵体　　　　图7-98　不同染色方法显示的新衣原体包涵体

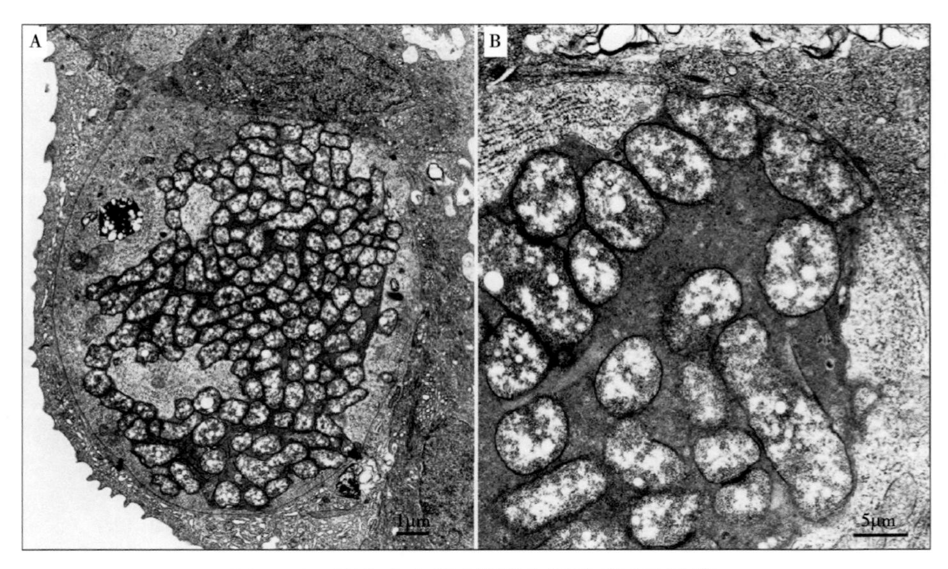

图7-99　鳃上皮中新衣原体包涵体的TEM图片

图7-100为对红点鲑鳃上皮囊肿用从新衣原体（*Neochlamydia* sp.）16S rRNA序列转录的300bp的地高辛标记的核酸探针（digoxigenin-labeled riboprobe），进行的原位杂交（in situ hybridization，ISH）。图7-100A显示未用核酸探针的、图7-100B显示用鸡败血支原体（*Mycoplasma gallisepticum*）16S rRNA核酸探针的无反应，作为非同源核酸探针对照（nonhomologus riboprobe control）；图7-100C为新衣原体16S rRNA核酸探针标记的，在鳃切片样本中显示特异性、颗粒状、鲜红色标记的细菌包涵体；图7-100D为杂交反应的放大倍数，标记信号仅限于感染鳃上皮细胞的细胞质中[56]。

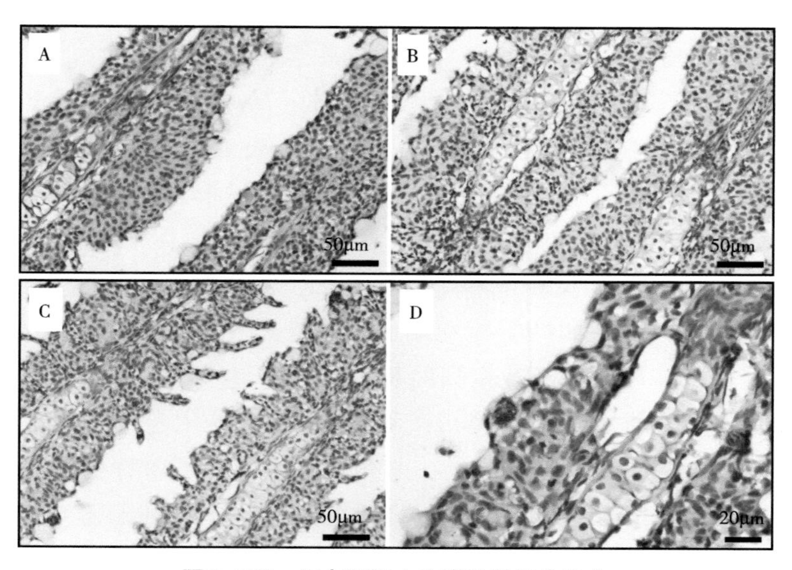

图7-100　红点鲑鳃上皮囊肿的原位杂交

（2）在阿米巴原虫的致病作用

Horn等（2000）报道自由生活的阿米巴原虫，被越来越多地认识到作为人类病原体的各种细菌的传播媒介，并作为多种专性内囊菌（obligate bacterial endocytobionts）的宿主，最近提出构成棘阿米巴属（*Acanthamoeba*）内囊菌（endocytobionts）的副衣原体科的一些类衣原体具有作为人类病原体的潜在能力。在此项研究中，通过对一株来自蠕形哈特曼氏阿米巴原虫A_1Hsp株的球形内囊菌（coccoid bacterial endocytobionts）进行的分析，结果表明这些细菌感染的蠕形哈特曼氏阿米巴原虫，导致了囊肿形成和相继的宿主细胞裂解；转染试验（transfection experiments）表明，其不能在其他密切相关的自由生活阿米巴增殖传播，但能够感染远缘相关的盘基网柄菌。电子显微镜检验揭示其显示衣原体的典型形态特征，包括存在衣原体样的生命周期（*Chlamydia*-like life-cycle），但与衣原体不同的是不存在于空泡（vacuole）内；比较16S rRNA序列分析表明，蠕形哈特曼氏阿米巴原虫A_1Hsp株的这种内囊菌，分类命名为衣原体新属、新种的

“*Neochlamydia hartmannellae* gen. nov. sp. nov.”（哈特曼氏阿米巴原虫新衣原体），隶属于副衣原体科。

Horn等（2000）报道哈特曼氏阿米巴原虫新衣原体的基本特征，表现为革兰氏染色阴性的网状体和原体，呈直径为0.4～0.6μm的球形。不能在无细胞培养基上培养，在蠕形哈特曼氏阿米巴原虫A_1Hsp株（原宿主株）和其他可增殖的蠕形哈特曼氏阿米巴原虫株的细胞质内专性寄生，形成保护性囊肿（preventing cyst），适宜增殖的温度为20～30℃。在不同时间点取感染的阿米巴细胞进行电镜观察，显示在感染后3～5d可见大量发育成熟的原体，随后导致严重感染的滋养体（trophozoites）破裂或溶解。然而在感染的早期阶段，观察到单个发育成熟的原体脱落进入到环境中，而不伴随宿主细胞的破坏。由于最终被感染的哈特曼氏阿米巴滋养体（*Hartmannella* trophozoites）被这种球形内囊菌杀死，它们被认为是细胞内寄生菌（intracellular parasites）。

图7-101A显示宿主蠕形哈特曼氏阿米巴原虫的滋养体中衣原体相关的内吞菌（Chlamydia-related endocytobiont）（箭头示），游离的原体（EB）也可在真核细胞（eukaryotic cells）外见到，其中一些附着在阿米巴细胞膜（amoebal cell membrane）上（蘑菇状箭头示）。图7-101B显示在蠕形哈特曼氏阿米巴原虫A_1Hsp株细胞质中内吞菌的不同发育阶段：可以同时观察到网状体（RB）和原体（EB），不存在于空泡内；箭头示网状体（RB）处于二分裂状，可以观察到细胞内定位的细菌周围没有电子半透明层（electron-translucent layers）。图7-101C显示蠕形哈特曼氏阿米巴原虫的滋养体对这种内吞菌原体的黏附和吞噬作用，黏附是由在阿米巴细胞膜（amoebal cellular membrane）的细纤维物（fine fibrous material）糖萼（glycocalyx）和原体表面（蘑菇状箭头示）介导的，一个特殊大小的原体已经被部分吞噬，形成了一个特征性的食物杯（foodcup，fC）；在细胞质中，可以看到网状体的收缩阶段（箭头示）。另外，可见宿主细胞的细胞核（nucleus，N）、线粒体（mitochondrion，mi）、脂质颗粒（lipid granules，L）、内质网（endoplasmic reticulum，ER）[54]。

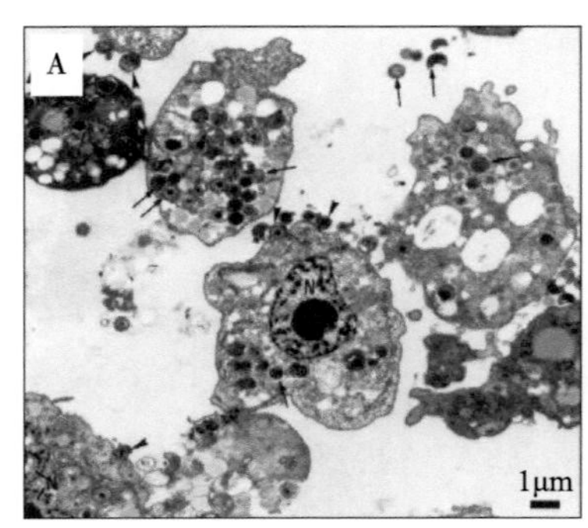

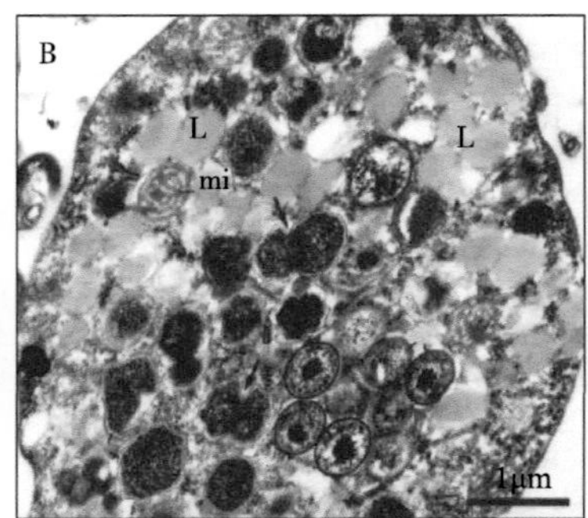

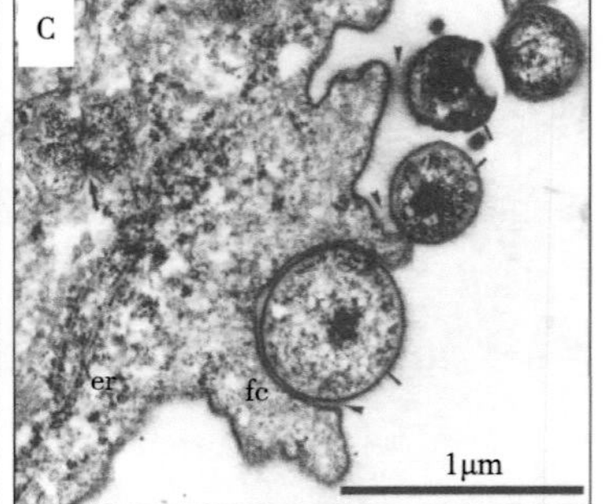

图7-101　哈特曼氏阿米巴原虫新衣原体

（3）对猫的致病作用

瑞士苏黎世大学的von Bomhard等（2003）报道经初步的分子证据显示，哈特曼氏阿米巴原虫新衣原体是与猫眼病（ocular disease in cats）相关的，这也是哈特曼氏阿米巴原虫新衣原体在哺乳类动物的首次检出。显然对于一些环境衣原体（environmental chlamydiae）来讲，哺乳动物和鱼类可能构成其宿主范围。到目前为止，还没有证据表明哈特曼氏阿米巴原虫新衣原体与人类疾病的关联[56-57]。

三、鱼衣原体属（Candidatus *Piscichlamydia*）

鱼衣原体属（Candidatus *Piscichlamydia* Draghi，Popov，Kahl，Stanton，Brown，Tsongalis West and Frasca，2004）的菌属名称"*Piscichlamydia*"为拉丁语阴性名词，指影响鱼的衣原体样生物（*Chlamydia*-like organism affecting fish）[44,48]。

（一）菌属定义与属内菌种

鱼衣原体属分类于鱼衣原体科（Candidatus Piscichlamydiaceae），目前在鱼衣原体科内还仅包括一个明确的鱼衣原体属，也是模式属[44,48]。

1. 菌属定义

鱼衣原体属细菌为球形到杆状，无动力，为专性细胞内细菌，长度可达1.8μm。菌细胞存在发育周期，形态明显，与衣原体属的相似，在宿主液泡内生长发育。在鱼的鳃损伤中发现，但在细胞培养中尚未获得。在包围细菌的宿主液泡中观察到两种不同的形态，代表不同的发育阶段。其中的网状体是细长的、长圆形的或球形的（0.7～1.8μm），细胞质均匀，颗粒状；另一种形态阶段为圆形至椭圆形（0.6～0.8μm），细胞质集中，尽管这些形式被提议代表中间体，但它们实际上可能对应于原体，因为没有观察到类似于其他衣原体那样的原体阶段。

模式种为鲑鱼鱼衣原体（Candidatus *Piscichlamydia salmonis* Draghi，Popov，Kahl，Stanton，Brown，Tsongalis West and Frasca，2004）[44,48]。

2. 属内菌种

目前在鱼衣原体属内，包括了鲑鱼鱼衣原体、鲤科鱼鱼衣原体两个种。鲤科鱼鱼衣原体由奥地利兽医大学（University of Veterinary Medicine；Vienna，Austria）的Kumar等（2013）报道，是引起草鱼上皮囊肿的病原体[58]。

鱼衣原体属的模式种：鲑鱼鱼衣原体[44,48]。

（二）鲑鱼鱼衣原体（Candidatus *Piscichlamydia salmonis*）

鲑鱼鱼衣原体（Candidatus *Piscichlamydia salmonis* Draghi，Popov，Kahl，

Stanton，Brown，Tsongalis West and Frasca，2004）的种名“*salmonis*”为拉丁语属格名词，指鲑鱼（salmon）、感染鲑鱼属的鱼类（infecting fish of the genus *Salmo*）。序列登录号（16S rRNA基因）为AY462244[44,48]。

1. 基本性状

美国康涅狄格大学的Draghi等（2004）报道，鱼衣原体属细菌为具有球状到杆状（菌体长度可达1.8μm）的形态特征，专性细胞内寄生菌（obligately intracellular bacteria），显示存在不同的发育周期、在不同发育阶段的形态特征有所不同，无动力，在宿主细胞细胞质中的液泡（vacuole）内繁殖。存在于鱼的鳃病变组织细胞，在体外细胞培养中尚未获得成功。有两种不同的形态代表不同的发育阶段。一种在宿主细胞衍生的空泡（host-derived vacuole）能够观察到被包围的细菌，网状体是狭长、长方形或球形的（0.7～1.8μm）类似于衣原体科网状体的颗粒状细胞质；另一种为圆形到卵圆形（0.6～0.8μm），中心存在凝聚的细胞质。虽然这些形式是代表着中间体的，但事实上它们可能是对应于原体，没有观察到如同其他衣原体那样的原体阶段。用免疫金（immunogold）标记的抗衣原体属细菌特异性脂多糖表位［LPS epitope；KDOp(2-8)-KDOp-(2-4)-KDO］检测，显示在鲑鱼鱼衣原体的脂多糖存在一个类似的三糖（trisaccharide）成分[59]。

2. 病原学意义

已有的研究报道显示，鲑鱼鱼衣原体主要是能够引起褐鳟等鲑鳟鱼类感染发生鳃上皮囊肿；此外，也有在斑点纳氏鹞鲼（spotted eagle rays，*Aetobatus narinari*）引起上皮囊肿的报道。

（1）鲑鳟鱼类的鲑鱼鱼衣原体感染

鲑鱼鱼衣原体在鲑鳟鱼类的感染引起鳃上皮囊肿，已有的研究报道显示涉及大西洋鲑、红点鲑、褐鳟等鱼类。

①Draghi等报道大西洋鲑的鲑鱼鱼衣原体感染。美国康涅狄格大学的Draghi等（2004）报道，细胞内革兰氏阴性菌（intracellular Gram-negative bacteria）表现与养殖大西洋鲑的上皮囊肿相关联。在爱尔兰（1999）和挪威（2000）于暴发流行上皮囊肿期间，分别收集了表现增生性病变（proliferative lesions）的鳃组织，进行了组织病理学、常规的透射电镜和免疫电镜（immunoelectron microscopy）、原位杂交和DNA提取检验；并与于1995记录的、在爱尔兰的非增生性鳃（nonproliferative gills）的超微结构和免疫反应性进行了比较。用增生性鳃（proliferative gills）基因组DNA扩增16S rRNA（16S rRNA），进行了分子系统发育分析。结果显示在增生性

鳃的上皮囊肿包涵体，具有易变长的网状体、二分裂体（binary fission）、形成液泡（vacuolated）和非液泡（nonvacuolated）的中间体；而在非增生性鳃中的包涵体显示典型衣原体的发育阶段，另外具有独特的头和尾细胞（head-and-tail cells）结构。利用免疫金（immunogold）标记的抗衣原体脂多糖抗体（anti-chlamydial lipopolysaccharide antibody）处理增生性鳃、非增生性鳃的网状体。直接从爱尔兰（1999）和挪威（2000）鳃样品扩增16S rRNA，显示了99%的核苷酸同源性（nucleotide identity）；从挪威鱼鳃样品的包涵体克隆的近全长16S rRNA扩增子制备的转录核糖核酸探针（riboprobes transcribed），能够与爱尔兰（1999）和挪威（2000）的增生性病变杂交。使用距离和简约法（distance and parsimony）、从16S rRNA基因序列推断的分子亲缘关系表明，增生性鳃的衣原体样细菌处于衣原体目成员分支，提出“Candidatus *Piscichlamydia salmonis*”（鲑鱼鱼衣原体）这种病原体的命名，在爱尔兰和挪威是与海水养殖大西洋鲑的增生性鳃病变的上皮囊肿相关联的衣原体样细菌，表现出不同于非增殖性鳃的那样的发育阶段。

图7-102（苏木精-伊红染色）显示在2000年挪威养殖大西洋鲑增生性鳃病变中，可见鲑鱼鱼衣原体，在鳃片层顶端有细胞内包涵体（箭头示），伴随在层间填充增生性上皮细胞、巨噬细胞和固缩的核（pyknotic nuclei）。

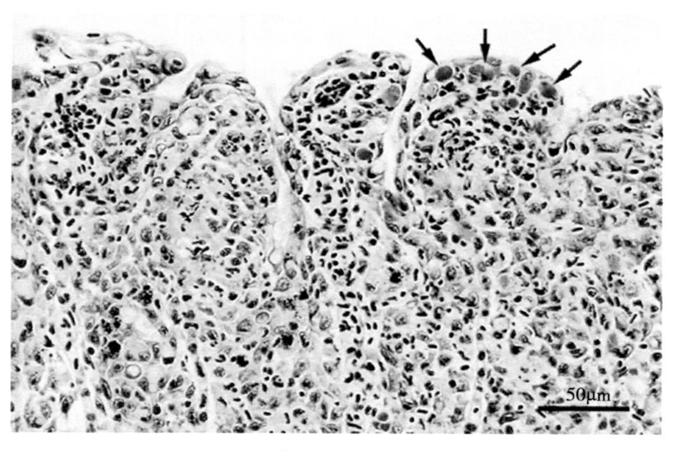

图7-102　大西洋鲑增生性鳃病变

图7-103为在2000年挪威养殖大西洋鲑标本中典型的鲑鱼鱼衣原体包涵体的透射电子显微图。其中的图7-103A显示包涵体是胞质内的膜结合空泡（intracytoplasmic membrane-bound vacuoles），包含圆形到椭圆形网状体（reticulate bodies，RB）和较小的卵圆形中间体（intermediate bodies，IB），它们有凝聚的嗜锇性拟核（osmiophilic nucleoids）和液泡状（vacuolated）的（箭头示）或非液泡状细胞质（nonvacuolated cytoplasm）；图7-103B显示高放大率的网状体（RB）和中间体（IB），在中央区域（箭头示）中有一些缢缩（constrictions），提示为二分裂；网状体和中间体间的空间包含松散的颗粒状和纤维状物（fibrillar material），蘑菇状箭头示。

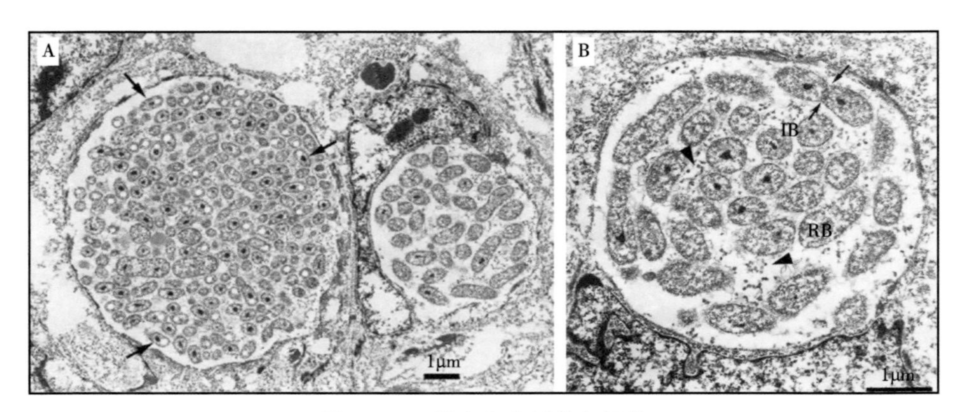

图7-103　鲑鱼鱼衣原体包涵体

图7-104为从1995年爱尔兰的非增殖鳃样本中的上皮细胞包涵体的透射电子显微镜图。其中的图7-104A显示包涵体位于肥大上皮细胞（hypertrophied epithelial cell）的细胞质中，由含有多个衣原体发育阶段的膜结合空泡组成。图7-104B显示衣原体的原体（EB）、网状体（RB）、中间体（IB），以及头和尾的形式（head-and-tail forms）；在头部和尾部具有长的单极外延（unipolar extensions）和末端球状（terminal knobs）（蘑菇状箭头示）、中心凝聚的拟核（central condensed nucleoids）。图7-104C显示从鳃上皮细胞内破裂的液泡，释放出网状体（RB）、中间体（IB）、原体（EB）。

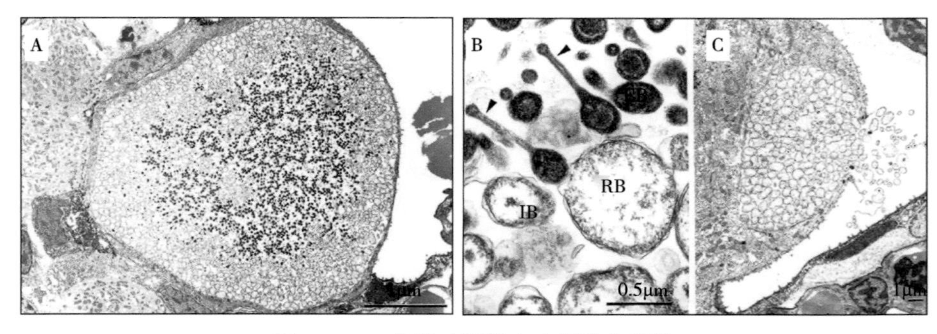

图7-104　非增殖鳃的上皮细胞包涵体

图7-105为使用地高辛标记的16S核糖核酸探针（digoxigenin-labeled 16S riboprobes）在2000年挪威（图7-105A、图7-105B、图7-105C）和1999年爱尔兰（图7-105D、图7-105E、图7-105F）的鲑鱼鳃切片上进行的原位杂交。使用从由鲑鱼鱼衣原体感染的挪威鲑鳃组织样品扩增的16S rRNA转录的衣原体样核糖核酸探针（*Chlamydia*-like riboprobe），在挪威（图7-105A）和爱尔兰（图7-105D）的鱼鳃组织切片中可见明显的标记的细胞内包涵体；在用海分枝杆菌（*Mycobacterium marinum*）16S rRNA转录的核糖核酸探针的，没有显示出标记（图7-105B、图7-105E）；没有用核糖核酸探针的，没有显示出标记（图7-105C、图7-105F），以

Dako碱性品红衬底（Dako fuchsin substrate）和苏木精（hematoxylin）染色[59]。

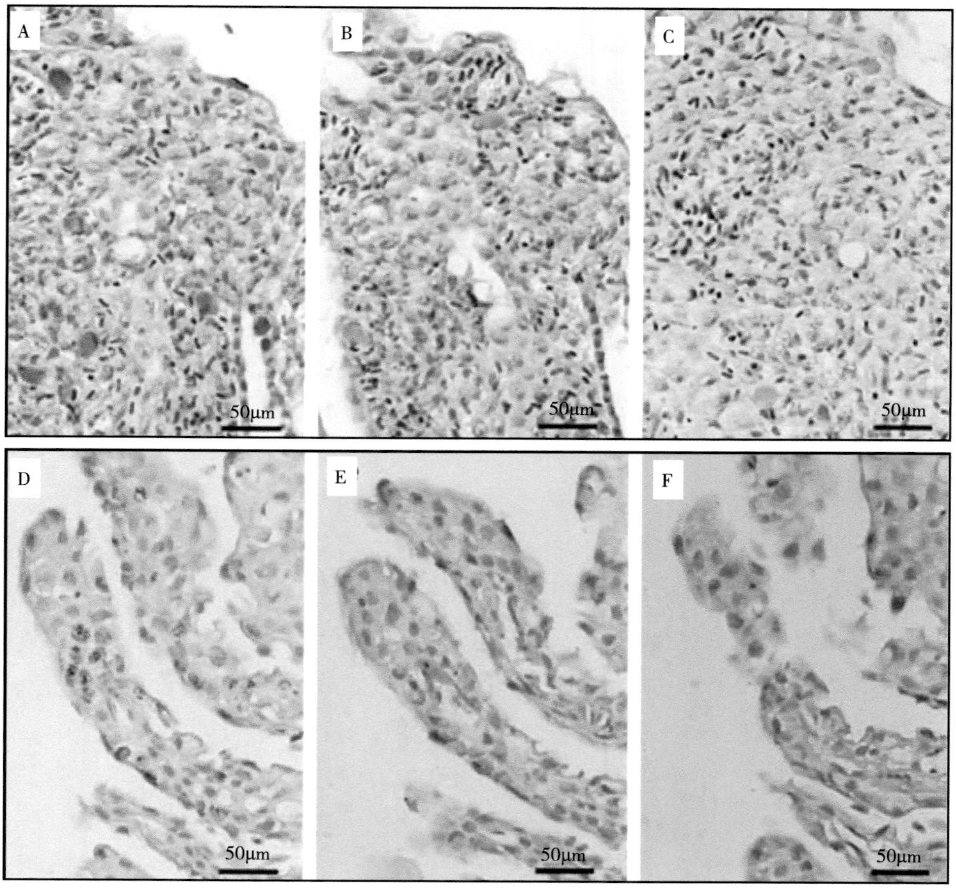

图7-105　鲑鱼鳃切片的原位杂交

②Steinum等报道大西洋鲑的鲑鱼鱼衣原体感染。挪威国家兽医研究所（National Veterinary Institute；Oslo，Norway）的Steinum等（2009）报道，增生性鳃炎（proliferative gill inflammation，PGI）是一种多病因的呼吸性疾病，影响挪威海水养殖的大西洋鲑，与显著的损耗有关。在本研究中，采用逆转录聚合酶链反应（reverse transcriptase polymerase chain reaction，RT PCR）-变性梯度凝胶电泳（denaturing gradient gel electrophoresis，DGGE）方法，将组织学诊断的增生性鳃炎的海水养殖的大西洋鲑鳃相关细菌群（bacterial communities）与健康鱼的鳃相关细菌群进行比较。样品来自挪威西南部和中部的10个海水养殖场大西洋鲑的幼鲑，在2004年的春季迁移后于当年的夏季和秋季定期取样，取每条鱼的鳃组织样品用于检验；另外是在2007年秋季，在挪威西部的两个养鱼场增生性鳃炎暴发期间，取鳃软组织及表层海水（接近围栏的）样品检验。在组织学上，在21条显示增生性鳃炎的16条中检测到上皮囊肿的、

鲑鱼鱼衣原体的细胞内包涵体。虽然是经逆转录聚合酶链反应-变性梯度凝胶电泳鉴定了来自存在增生性鳃炎感染的养殖场的一些临床健康鱼，但被鉴定出的这种细菌仅在无增生性鳃炎的48条鱼中的7条中检测到鲑鱼鱼衣原体，其中所有被检出的鱼都源于同一养鱼场。综合检验结果，揭示了从10个地理上不同的养鱼场所调查的材料，鲑鱼鱼衣原体和增生性鳃炎之间呈正相关[60]。

Steinum等（2010）相继报道，增殖性鳃炎是挪威大西洋鲑海水养殖损失的重要原因。一些微生物与增殖性鳃炎有关，包括鳃片内常见但不是均可见到的包涵体（上皮囊肿），这些包涵体与鲑鱼鱼衣原体感染有关。对在2004年春季迁移到挪威中部和西南部12个海水养殖场的大西洋鲑进行了取样，根据临床检查、组织学和死亡率数据评估，在挪威西南部的7个养殖场中有6个被诊断为增殖性鳃炎暴发，但在挪威中部的5个养殖场中不存在。通常是在海水转移后3～5个月开始出现死亡，至少持续1～3个月。仅在受增殖性鳃炎影响的养殖场鱼中，通过实时PCR（real-time PCR）检测到鲑鱼鱼衣原体，结果表明鲑鱼鱼衣原体与增殖性鳃炎严重程度之间存在关联。同样，尽管在所有12个养殖场中广泛分布，但组织学观察到的上皮囊肿患病率和每条鱼上皮囊肿的数量似乎与增殖性鳃炎患病率和严重程度有关。然而，上皮囊肿的发生与的分子检测鲑鱼鱼衣原体没有关联，这表明至少有1种其他生物体对观察到的许多包涵体有关。属于微孢子虫（microsporidian）的鲑鱼虱间质细胞孢子虫（*Desmozoon lepeophtherii*），无论鱼和养殖场的增殖性鳃炎状况如何，都被鉴定呈高感染率，但在有增殖性鳃炎的鱼中，其存在量较高。研究结果支持了增殖性鳃炎的多因素病因，其中鲑鱼鱼衣原体和微孢子虫分别是病因之一，没有发现大西洋鲑鱼副黏病毒参与增殖性鳃炎的证据。

被检鱼分别是于2004年，在挪威中部和西南部的6个淡水孵化场和12个海水养殖场取样的。观察到在养殖场之间，甚至个别养殖场的不同网围栏之间的死亡率有相当大的差异，最高的是在一个网箱中超过32d的14.7%死亡率。通常表现呼吸困难的鱼悬吊（hung）在靠近网围栏的水中，面向水流，不进食；鳃苍白，似乎有黏液积聚。

组织病理学研究显示在12个海水养殖场鱼类的病理变化差异很大，与所观察到的任何一种病原体都没有明确的关系。这里只了解最主要和最明显的病理变化，病理变化与增殖性鳃炎一致；在6个受增殖性鳃炎影响的养殖场的鱼中检测到，主要是在显示呼吸窘迫的鱼中，但也在挪威中部5个明显未受影响的养殖场中的3个养殖场的一些鱼类中检测到。共有27%的受检鱼（120/438）表现出与增殖性鳃炎一致的病理变化。所有被检鱼，无论养殖场的状况如何，都表现出片层上皮的轻微炎症，特别是在通常增厚的顶端边缘；这些变化本身不符合增殖性鳃炎的标准，但可能提示不利的环境条件。在5个可获得系列数据的受增殖性鳃炎影响的养殖场中，增殖性鳃炎的流行率和严重程度随着季节从6月到12月的推移而增加，在9月下旬达到高峰。

在所有养殖场的鱼中都观察到上皮囊肿，主要存在于非增殖性鳃炎鱼的顶片层上皮和增殖性鳃炎鱼增生的层间上皮内，显示出与病理变化的共同位置。

在挪威西南部6个受增殖性鳃炎影响的海水养殖场的鱼中，通过实时PCR检测到了鲑鱼鱼衣原体。在这些养殖场中，有（102条）和无（229条）增殖性鳃炎的鱼中，鲑鱼鱼衣原体的感染率分别为56%和33%，当比较鲑鱼鱼衣原体的存在增殖性鳃炎的严重程度时，发现了中度正相关。通过对5个可获得系列数据的受增殖性鳃炎影响养殖场的比较，发现随着季节从6月到12月的推移，鲑鱼鱼衣原体的感染率和严重程度也在增加。在6个受增殖性鳃炎影响的养殖场中，通过半定量实时PCR（semi-quantitative real-time PCR）检测到的鲑鱼鱼衣原体的存在与观察到的上皮囊肿数量之间没有关联。

在淡水期观测，对挪威西南部4个孵化场的80条幼鲑进行了组织学检查，发现由于上皮细胞的炎性浸润，片层边缘有轻度到中度增厚，而有9个个体可能是腹腔接种疫苗（intraperitoneal vaccination）引起的轻度炎症。在挪威西南部的4个加上2个其他孵化场的120条幼鲑中，用实时PCR对鳃进行了检测，虽然组织学上没有发现上皮囊肿，但在8条幼鲑中发现了存在非常少的鲑鱼鱼衣原体。在任何幼鲑中，均未检测到大西洋鲑鱼副黏病毒。

综合分析，虽然在海水养殖鱼中鲑鱼鱼衣原体与上皮囊肿和增殖性鳃炎的发生呈中度正相关，但检测到上皮囊肿和鲑鱼鱼衣原体之间没有明显的相关性，因此提示在海水养殖的大西洋鲑的上皮囊肿可能存在除在挪威的鲑鱼鱼衣原体、栖鲑鱼棒状衣原体以外的未识别细菌[61]。

图7-106（苏木精-伊红染色）显示大西洋鲑鳃切片的组织学特征。其中的图7-106A、图7-106B、图7-106C显示存在广泛病理变化的鳃与增殖性鳃炎一致，3条（图7-106A、图7-106B、图7-106C）鱼中有2条（图7-106A、图7-106B）出现临床症状。图7-106A显示上皮细胞增生和炎症导致片层（lamellae，L）明显增厚和许多层间间隙（interlamellar spaces，IS）消失，在鳃的其他部位观察到很少的上皮囊肿。图7-106B显示符合增殖性鳃炎的标准，因为片层血管中有纤维蛋白和/或死亡细胞（短箭头示），上皮细胞增生（星号示），上皮细胞死亡（蘑菇状箭头示）和炎症细胞（长箭头示），还注意到许多上皮囊肿的存在（空心箭头示）。图7-106C显示一种未知性质的大多核细胞，位于增生的层间上皮中，这种定位从每侧的片层血管（虚线示）可见，也存在巨噬细胞样细胞（箭头示），用实时PCR对该养殖场的一些鱼进行了大西洋鲑鱼副黏病毒检测。图7-106D显示无疾病迹象鱼的鳃，但有轻微病理变化，不符合增殖性鳃炎标准，由于上皮细胞的改变（矩形区域）和/或片层的变形（箭头示），一些片层在顶部轻微至中度增厚。图7-106E显示由于上皮细胞的基底浸润而增厚边缘，其中一些为巨噬细胞样细胞（箭头示），在一些边缘还观察到有上皮细胞增大和上皮囊肿（空心箭头示）[61]。

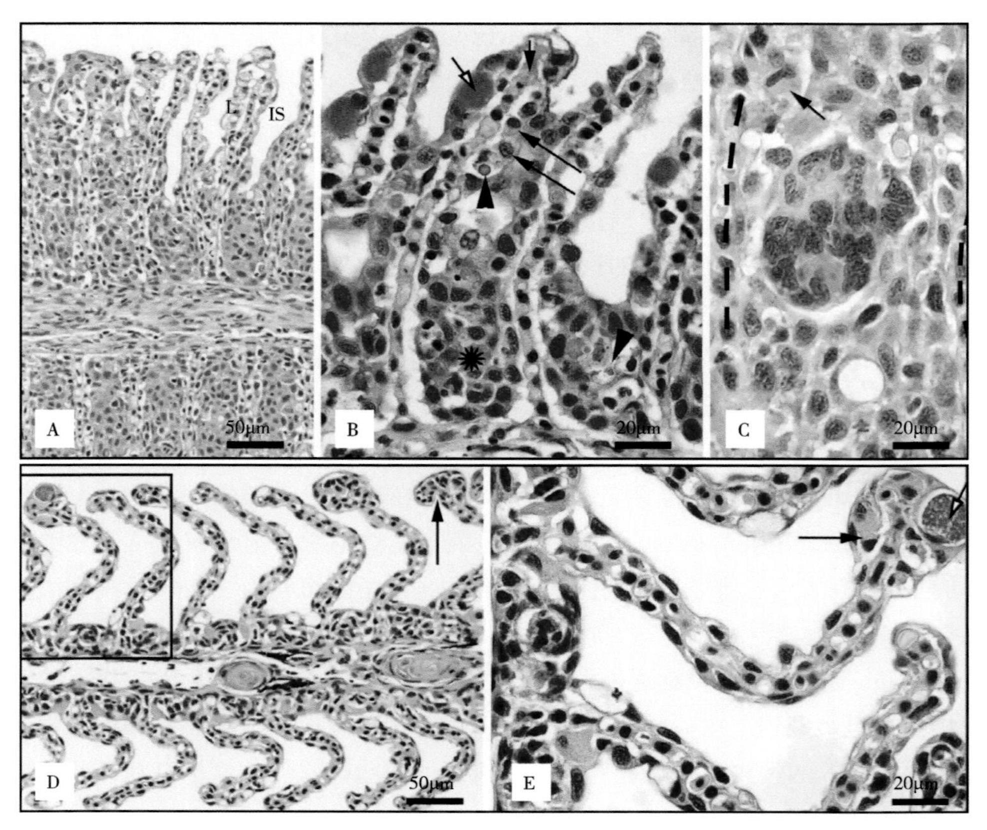

图7–106　大西洋鲑鳃切片的组织学特征

③Draghi等报道红点鲑的鲑鱼鱼衣原体感染。美国康涅狄格大学的Draghi等（2010）报道在加拿大和美国，鲑鱼鱼衣原体引起红点鲑的上皮囊肿。为明确与上皮囊肿相关的衣原体是否存在于水中，并与鳃组织中的上皮囊肿的包涵体相关联。在2005年5月1日至9月30日间，在13个（美国5个、加拿大8个）红点鲑养殖场，从红点鲑生产设施（production facilities）、非生产水源（nonproduction water sources）和流出物取样，以及采集鳃组织标本；养殖场选择为具有代表性的广泛地理区域，位于美国东北部和西北部、加拿大东部和中部。从13个养殖场采集的607条鱼鳃进行组织病理学检查和DNA提取，从21个地点采集的水样进行DNA检测。结果在同一个地点的18条鱼，存在上皮囊肿的包涵体及增生性和炎性鳃病变。用姬梅尼茨氏方法对包涵体进行染色，和在超微结构水平上检查，显示在细胞质内膜结合空泡（membrane-bound vacuoles）内含有网状和中间体。

用衣原体目特异性引物进行PCR扩增，结果在13条被感染鱼的的DNA提取物，其中的12条扩增出与鲑鱼鱼衣原体序列登录号（16S rRNA基因）GQ302988相同、1条扩增出与鲑鱼鱼衣原体序列登录号（16S rRNA基因）GQ302987相同的16S RRNA基因特征性序列扩增子（amplicons）。鲑鱼鱼衣原体是先前在养殖大西洋鲑的上皮囊肿的包涵体发现、经鉴定的属于衣原体。使用约1.5kb的、对应于鲑鱼鱼衣原体16S rRNA基因序列登录号AY462244的核糖核酸探针进行的原位杂交，证实了其存在于红点鲑的鳃的包涵体中。用衣原体目特异性PCR（Chlamydiales-specific PCR）检测出了从水样中的提取的DNA、产生54型（yielded 54）部分16S rRNA基因序列识别标志区域（signature region）；然而，没有发现与经鉴定的上皮囊肿相关的16S rRNA基因序列。这是第一个报道鲑鱼鱼衣原体是与红点鲑上皮囊肿相关联的，第一次从淡水生产场地鉴定鲑鱼鱼衣原体，并首次报道发生在北美洲（North America）。

图7-107（苏木精-伊红染色）显示红点鲑与鲑鱼鱼衣原体相关联的增殖性鳃损伤。图7-107A为在鳃片间（interlamellar）充盈有与增生上皮（hyperplastic epithelium）一起的上皮内（intra-epithelial）嗜酸性粒细胞（eosinophilic granular cells）浸润（蘑菇状箭头示）和中性粒细胞在鳃丝的浸润，嗜碱性细胞质内包涵体（basophilic intracytoplasmic inclusion）存在于上皮细胞中（箭头示）；图7-107B为增殖性鳃损伤的吉姆萨染色，显示鲑鱼鱼衣原体的包涵体。显示位于两个上皮细胞中的细胞质内包涵体染为红紫色（箭头示）。

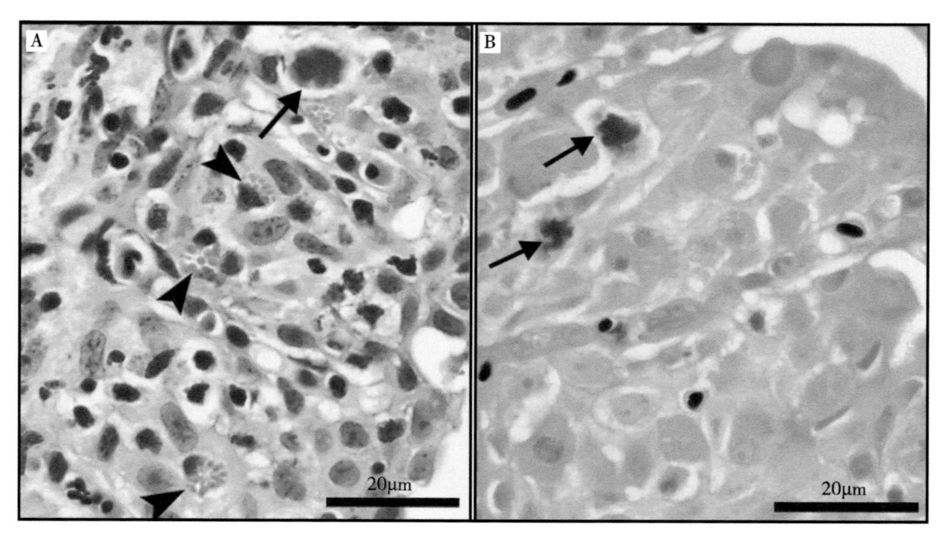

图7-107　红点鲑的增殖性鳃损伤

图7-108为红点鲑的鲑鱼鱼衣原体感染鳃组织福尔马林固定和石蜡包埋后的含有一个上皮囊肿包涵体的透射电子显微图。图7-108A显示上皮细胞的细胞质由一个位于纤维状基质（fibrillar matrix）中包含球形至细长网状物和中间体的膜结合空泡（membrane-bound vacuole）扩张（expanded）；图7-108B为高放大率显示网状体（星号示）及间体中心或中心旁的拟核（箭头示），集中在密度不等的中等嗜锇（moderately osmiophilic）、纤维状基质（蘑菇箭头示）中。

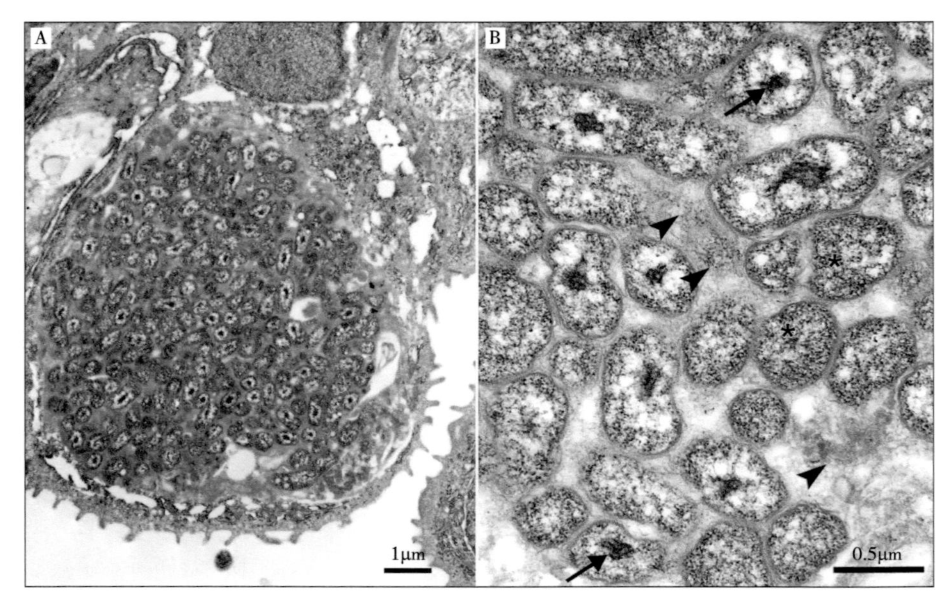

图7-108　红点鲑上皮囊肿的包涵体

图7-109为红点鲑鳃组织上皮囊肿包涵体鳃切片用从鲑鱼鱼衣原体16S rRNA转录的1 487bp的地高辛标记核酸探针（digoxigenin-labeled riboprobe），进行的原位杂交。图7-109A为在没有用探针；图7-109B为T7控制地高辛标记核酸探针的集中点（epicentre）的部分中，没有检测到标记的包涵体（labeling of inclusions）（箭头示）；图7-109C为用鲑鱼鱼衣原体16S rRNA核酸探针（16S rRNA riboprobe）的，在该鳃部分中可见显示特异性、颗粒状、鲜红色标记定位于细菌包涵体；图7-109D显示信号出现（signal development）仅限于鳃上皮细胞中的细菌包涵物[62]。

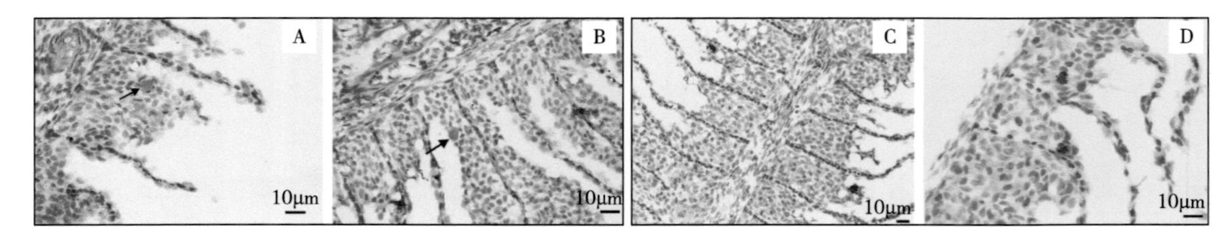

图7-109　红点鲑鳃上皮囊肿包涵体的原位杂交

④Soto等报道褐鳟的鲑鱼鱼衣原体感染。在前面有记述瑞士伯尔尼大学的Soto等（2016）报道，首次描述了在欧洲两条主要河流的莱茵河、罗纳河的上游，褐鳟上皮囊肿感染的分布与特征。结果在两个集水区都能鉴定出鲑鱼鱼衣原体、栖鲑鱼棒状衣原体，在莱茵河流域的两条河流中还发现了相似衣原体属的衣原体。基于组织学、感染强度和病理变化的严重程度，更多显示为衣原体混合感染[51]。

（2）斑点纳氏鹞鲼的鲑鱼鱼衣原体感染

美国佐治亚大学的Camus等（2013）报道了2例斑点纳氏鹞鲼（spotted eagle rays，*Aetobatus narinari*）上皮囊肿，并与一个新的衣原体目16S rRNA序列相关。上皮囊肿是一种常见的疾病，严重程度不一，影响超过50种野生和养殖淡水及海洋硬骨鱼（teleost fish）类，在板鳃类（elasmobranchs）还很少有报道，而且描述也很有限。

在一次安全检疫期（uneventful quarantine period）后，1条所捕获的斑点纳氏鹞鲼出现急性嗜睡、呼吸困难和游泳异常，显微镜下发现轻度上皮囊肿病变；在3个月后，另有1条出现了类似的症状。组织学显示上皮细胞包涵体在200μm以上，填充约80%的片层槽（lamellar troughs）。电子显微镜观察可见类衣原体细菌，多克隆抗衣原体脂多糖抗体（polyclonal anti-chlamydial lipopolysaccharide antibody）免疫组化染色显示阳性。从斑点纳氏鹞鲼中分离到的一个独特的296bp衣原体特征序列扩增子的序列分析显示，与鲑鱼鱼衣原体的同源性最高（85%～87%）。

与硬骨鱼类相比，软骨鱼类（Chondrichthyes）中识别的特定疾病或病原体还相对较少。此报道详细介绍了2例捕获的斑点纳氏鹞鲼的临床、病理和电子显微镜观察结果，其组织病理学改变与上皮囊肿病一致。此外，还提供了独特的16S rRNA标记序列分子数据，进一步表明了衣原体目的广泛遗传多样性。

2009年3月，两条斑点纳氏鹞鲼是在美国佛罗里达（Florida，USA）海岸采集的，在一个近海养殖设施中保存了3周，然后运送到美国佐治亚州亚特兰大市的佐治亚水族馆（Georgia Aquarium；Atlanta，GA，USA）。在53d的隔离期之后，前哨病例（sentinel case）斑点纳氏鹞鲼（雌性、体重15.9kg）出现急性嗜睡，表现为通气率增加，间歇性浅睡和倒立游泳。尽管给予了支持性治疗，但治疗12h后死亡；类似的病症，在抵达后139d的第二条斑点纳氏鹞鲼（雌性、体重11.6kg）中出现。

组织病理学检查，鳃切片苏木精-伊红染色，两条斑点纳氏鹞鲼的鳃均含有多个片状上皮细胞的胞质膨大到50～200μm，胞质内含圆形至卵球形的包涵体，包涵体为无定形至细颗粒状、中等嗜碱性，常被薄的淡嗜酸性膜状结构所包围，呈革兰氏染色阴性，吉姆萨染色呈深紫色（deep purple）、姬梅尼茨氏染色（Gimenez stains）呈亮红色（bright magenta）。透射电子显微镜检验，包涵体由平均为（2.53μm ± 0.41μm）×（0.65μm ± 0.11μm）大小的细长细菌填充，末端呈圆形，没有电子致密的拟核。免疫组织化学检验，多克隆抗衣原体脂多糖抗体20-CR19免疫组化染色呈强阳性，而单克隆抗体ACI（monoclonal antibody ACI）呈阴性。

泛衣原体PCR引物组，已广泛应用于各种动物的环境样本和临床样本检验，以鉴定越来越多的衣原体。虽然不适合进行广泛的系统发育分析，但此报道中的296bp特征序列，显示出与鲑鱼鱼衣原体最大的相似性，与之具有85%～87%的同源性。研究结果表明，在板鳃类中，与上皮囊肿相关的衣原体具有致病潜力，进一步说明了这一群体的广泛遗传多样性[63]。

图7-110（苏木精-伊红染色）显示斑点纳氏鹞鲼鳃组织的上皮囊肿。图7-110A为鳃丝的低倍观察图像，显示上皮囊肿的高度感染；图7-110B显示片层槽中充满多个上皮囊肿包涵体，形成了一系列相邻片层的融合，片层基部的鳃丝组织被少量的粒细胞和淋巴细胞混合群浸润。图7-111显示斑点纳氏鹞鲼上皮囊肿包涵体的透射电子显微图片。图7-111A显示包涵体由相对均匀的细长细胞群填充；图7-111B显示从宿主细胞细胞质双层膜中描绘出内含物（bilaminate membrane-delineated inclusions）（箭头示），个别细菌细胞质呈颗粒状，缺乏电子致密的拟核区。图7-112显示用多克隆抗衣原体脂多糖抗体，对斑点纳氏鹞鲼的上皮囊肿包涵体的免疫组化染色[63]。

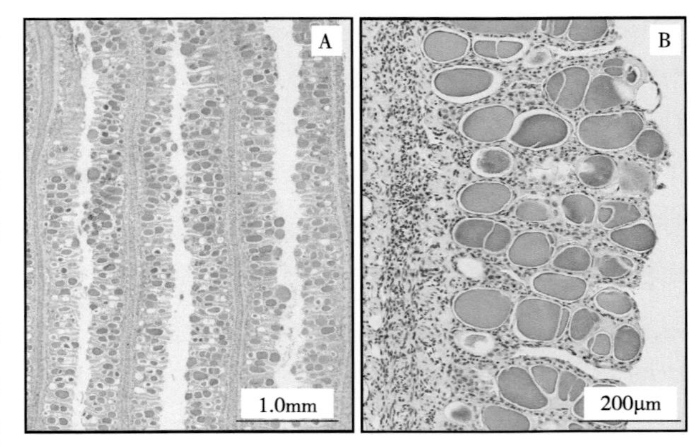

图7-110　斑点纳氏鹞鲼鳃上皮囊肿

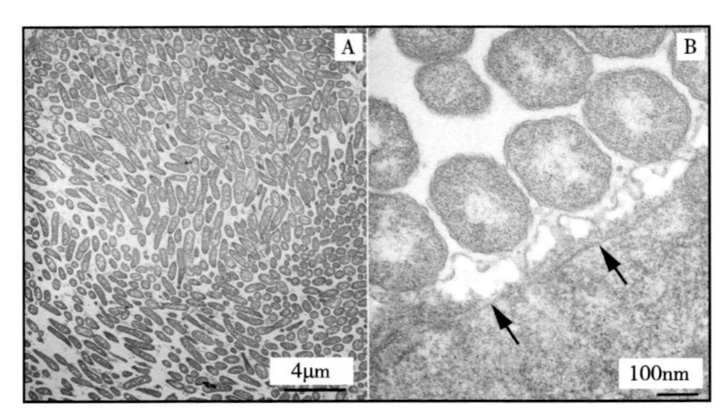

图7-111　斑点纳氏鹞鲼上皮囊肿包涵体TEM图片

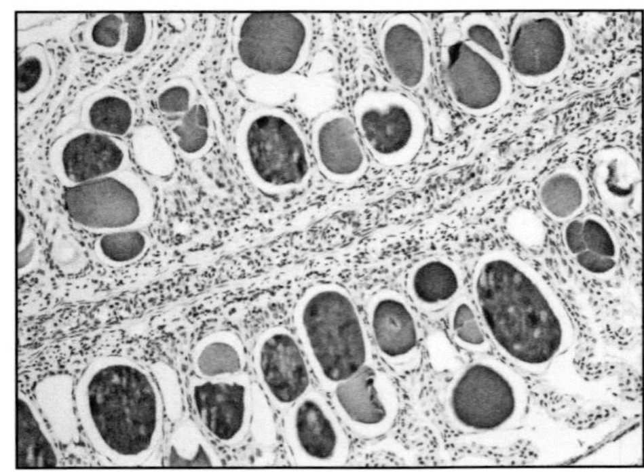

图7-112　上皮囊肿包涵体的免疫组化染色

（三）鲤科鱼鱼衣原体（Candidatus *Piscichlamydia cyprinis* sp. nov.）

鲤科鱼鱼衣原体（Candidatus *Piscichlamydia cyprinis* sp. nov. Kumar，Mayrhofer，Soliman et al.，2013），由在上面有提及奥地利兽医大学的Kumar等（2013）报道，是引起草鱼上皮囊肿的病原体。种名“*cyprinis*”，是基于草鱼为鲤科鱼类（Cyprinidae）命名的[58]。

1. 基本性状

病草鱼的鳃组织切片用苏木精-伊红染色检验，可见增生性病变和细菌包涵体

（bacterial inclusions）；在大多数包涵体发现于两个相邻的次级片层（secondary lamellae）的基部之间，不规则地散布在整个丝中，鳞状上皮细胞（squamous epithelial cells）包围着一个或两个囊肿。受感染的鳃上皮增生，次级片层融合。囊肿直径约37μm，内充满嗜碱性颗粒物质（basophilic granular material）；囊肿表现为边缘液泡（marginated vacuoles），上皮细胞的细胞质扩张和包围的不透明颗粒物质（opaque granular material），以透明空间为界。在感染鱼的其他组织中，未观察到上皮囊肿或病理变化。另外，尽管使用了多种细菌培养基和细胞系（cell lines），但仍未能在体外分离到这种草鱼上皮囊肿的病原体。因此认为草鱼上皮囊肿的病原体是属于衣原体目的"*Chlamydia*-like organism"（类衣原体、衣原体样生物体），暂命名为"Candidatus *Piscichlamydia cyprinis* sp. nov."（鲤科鱼鱼衣原体）[58]。

2. 病原学意义

奥地利兽医大学的Kumar等（2013）报道，鱼类的上皮囊肿病是由衣原体目的一组遗传多样的细胞内革兰氏阴性细菌（intracellular Gram-negative bacteria）引起的。此项研究旨在探讨草鱼上皮囊肿的病原体。

在2011年9月，从奥地利的一个渔场采集平均体长10cm的草鱼450条进行常规诊断检查；在实验室养殖3周后，采集到的鱼出现了嗜睡、呼吸窘迫、鳃片（gill lamellae）明显囊肿等病症。由于鳃上皮肿胀和感染严重的鳃周围黏液增多，所有病鱼都存在呼吸系统问题，发病率为100%（死亡率为14%），病鱼表现贫血。取20条病鱼的鳃、肾、肝、脾等组织标本进行了检验。组织病理学检查，用10%福尔马林固定、切片，苏木精-伊红染色，光学显微镜检查。

图7-113（苏木精-伊红染色），显示奥地利养殖草鱼鳃组织切片观察的上皮囊肿。其中的A显示上皮囊肿导致鳃片严重弥漫性增生（Severe diffuse hyperplasia）和融合（fusion）；B显示在上皮囊肿一个增生上皮细胞（hyperplastic epithelial cell）中的颗粒嗜碱性内含物（granulated basophilic content）（蘑菇状箭头示）[58]。

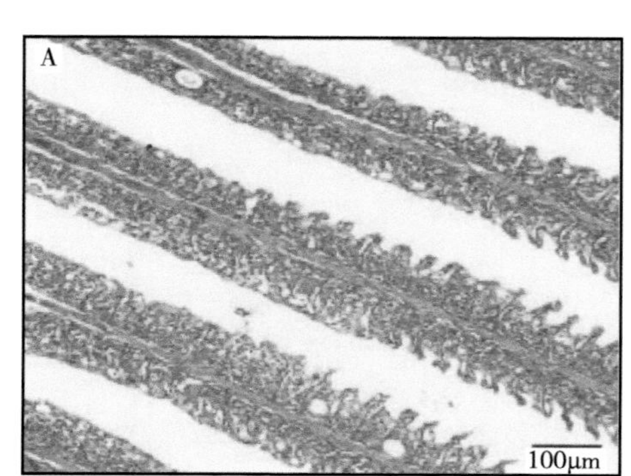

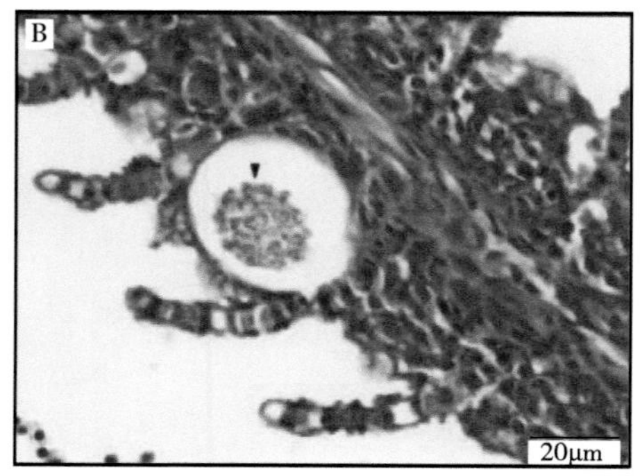

图7-113　草鱼鳃的上皮囊肿

第三节　鱼类鳃上皮囊肿病原性衣原体新种

迄今报道鱼类新种病原性衣原体，共涉及不同菌科、5个菌属（放射衣原体属、类似衣原体属、肾衣原体属、相似衣原体属、海龙衣原体属）的10个种。它们在鱼类的致病作用特征，在前面已有提及肾衣原体属的笛鲷肾衣原体，是四带笛鲷（四线笛鲷、蓝纹笛鲷）肾脏感染（也可见于脾脏）的病原菌（很是特殊）、不是鳃上皮囊肿的病原菌[41-43]，所以在此处未作专门记述；其他4个菌属的9个种，均为鱼类鳃上皮囊肿的病原菌。

一、放射衣原体属（Candidatus *Actinochlamydia* gen.nov.）

放射衣原体属（Candidatus *Actinochlamydia* gen. nov. Steigen，Nylund，Karlsbakk et al.，2013），由挪威卑尔根大学（Department of Biology，University of Bergen; Bergen，Norway）的Steigen等（2013）建立。菌属名称"*Actinochlamydia*"为现代拉丁语阴性名词，是指具有从包涵体发出的管状结构（tubular structures）特征、分类于"*Chlamydia*"（衣原体属）的细菌[64]。

（一）菌属定义与属内菌种

放射衣原体属分类于衣原体目的一个新科"Actinochlamydiaceae fam. nov. Steigen，Nylund，Karlsbakk et al.，2013"（放射衣原体科），目前在放射衣原体科内还仅是包括一个放射衣原体属，也是模式属[64]。

1. 菌属定义

放射衣原体属衣原体为具有放射状结构（raylike structures）的衣原体，即能够从包涵体放射出明显的管状结构。放射衣原体属的成员显示包涵体膜（inclusion membrane）厚，发出放射状结构。放射衣原体属新成员的16S rRNA基因序列，均与胡鲶放射衣原体（Candidatus *Actinochlamydia clariae*）序列（JQ480299、JQ480300、JQ480301）的同源性在95%以上。

模式种为胡鲶放射衣原体（Candidatus *Actinochlamydia clariae* gen. nov. sp. nov. Steigen，Nylund，Karlsbakk et al.，2013）[64]。

2. 属内菌种

目前在放射衣原体属内，已有的报道包括胡鲶放射衣原体、巨鲶放射衣原体（Candidatus *Actinochlamydia pangasiae* sp. nov.）两个种，均是鱼类鳃上皮囊肿的病原菌[64-65]。

（二）胡鲶放射衣原体（*Actinochlamydia clariae* sp. nov.）

胡鲶放射衣原体是革胡子鲶鳃上皮囊肿的病原菌，由挪威卑尔根大学的Steigen等（2013）首先描述。种名“*clariae*”为现代拉丁语属格单数，指存在于胡鲶属（genus *Clarias*）的；其16S rRNA基因序列编号：JQ480299、JQ480300、JQ480301[64]。

1. 基本性状

Steigen等（2013）报道，在革胡子鲶（非洲尖齿胡鲶，African sharptooth catfish）鳃细胞的细胞质内膜结合液泡（membrane-bound vacuoles）即包涵体中含有一种细胞内细菌，其特征是具有许多与衣原体科成员相似的发育阶段，并表现出类似衣原体（chlamydia-like）的发育周期。发育阶段包括大小不等的多形性网状体、呈分支（branching）和球状（coccoid shapes）多形性中间体、长椭圆形的原体（直径220～250nm），所有发育阶段的都被细胞壁和细胞质膜所包围。在原体有一个极性的帽区（polar cap area），细胞膜被六边形排列（hexagonal pattern）的杆状结构（rod-like structures）穿透（penetrated）。

通过16S rRNA基因的序列测定与分析存在于上皮囊肿的细菌，其16S rDNA序列（登录号JQ480299、JQ480300、JQ480301）与衣原体科（Chlamydiaceae Rake，1957）的16S rDNA序列存在18.0%～17.6%的差异，符合80%～90%的同源性范围，使其能够作为衣原体目（order Chlamydiales）的成员、但不是衣原体科的成员。其16S rRNA序列与鲑鱼鱼衣原体存在86.3%的相似性（similarity）的序列同源性为86.3%，与其他衣原体成员的序列同源性较小。

通过透射电子显微镜（transmission electron microscopy，TEM）检查，发现其形态与发育阶段显示与衣原体科细菌相似。这种新细菌的独有的特点，是在包涵体具有从包涵体膜（inclusion membrane）辐射出呈放射状的，并在细胞表面或相邻细胞上开放的小管/通道（tubules/channels）亦等于肌动蛋白（actinae）。这种在包涵体膜辐射的小管/通道（肌动蛋白），从未在衣原体目的其他成员中被描述过，这似乎是一个全新的特征和形态，因此提出命名其为“Candidatus *Actinochlamydia clariae* gen. nov., sp. nov.”（放射衣原体属、胡鲶放射衣原体），并将其归属为衣原体目的一个新科“Actinochlamydiaceae fam. nov. Steigen，Nylund，Karlsbakk et al.，2013”（放射衣原体科）、新属“Candidatus *Actinochlamydia* gen. nov. Steigen，Nylund，Karlsbakk et al.，2013”（放射衣原体属），是引起革胡子鲶上皮囊肿的一种新的病原衣原体。胡鲶放射衣原体无动力，革兰氏染色阴性[64]。

2. 病原学意义

Steigen等（2013）报道于2011年9月，在乌干达坎帕拉郊外（outside Kampala，

Uganda）、靠近维多利亚湖岸（shores of Lake Victoria）的一个养鱼场中（混凝土水池养殖），从存在鳃病（gill disease）并导致死亡的鱼群中收集了幼龄（体长约10cm）的革胡子鲶；另外，在2012年3月，从幼体（体长在2～3cm）及于2011年9月取样的养殖水池死亡鱼群中残存的鱼取样检验。所有样本运送到挪威卑尔根大学，进行与鳃组织相关的组织病理学检验、病原体的分子鉴定。组织病理学表现在鳃组织存在大量的上皮囊肿病变，而且存在少量属于一种鱼波豆虫（*Ichthyobodo* sp.）和一种车轮虫（*Trichodina* sp.）的寄生虫。

对鳃组织检验的结果显示这些革胡子鲶严重感染上皮囊肿病，幼龄鱼（体长约10cm）的病症表现为游泳在水面、有的会颠倒（腹部朝上），暗色素，并显示呼吸窘迫（respiratory distress），在新孵出的鱼苗和一些大的鱼（体长在20～30cm）缺乏明显病症[64]。

图7-114为革胡子鲶感染胡鲶放射衣原体的初级鳃片（primary gill lamellas）的半薄切片（semi-thin sections）图片，箭头所指为不同大小的囊肿，大多数囊肿位于初级鳃片的顶端部位。

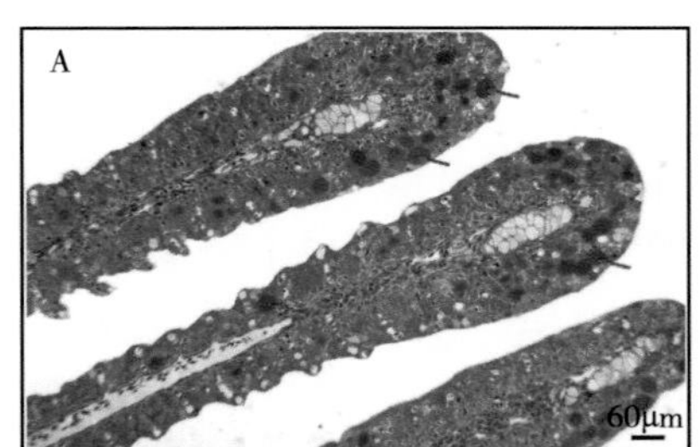

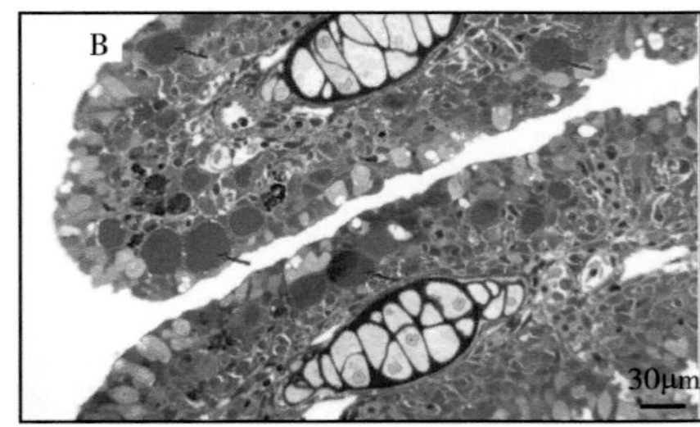

图7-114　革胡子鲶鳃片的囊肿

图7-115为胡鲶放射衣原体感染的囊肿，含有胡鲶放射衣原体的囊肿高倍放大图片。图7-115A和图7-115B显示中等大小的囊肿、从包涵体辐射出的小管/通道，使囊肿具有不同的形态；图7-115B显示一个囊肿的切面、清楚地表明突起是小管/通道（红色圆环内）；图7-115C显示一个大的、主要包含原体（星号示）的囊肿，直径约30μm。

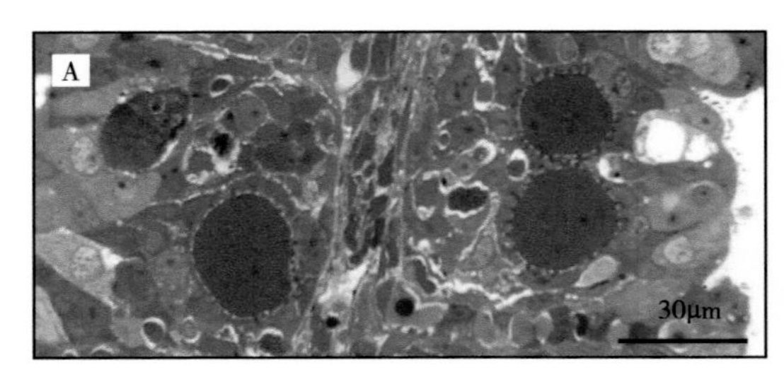

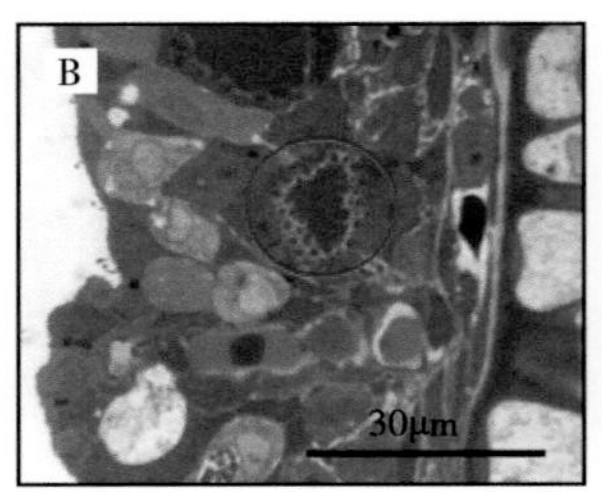

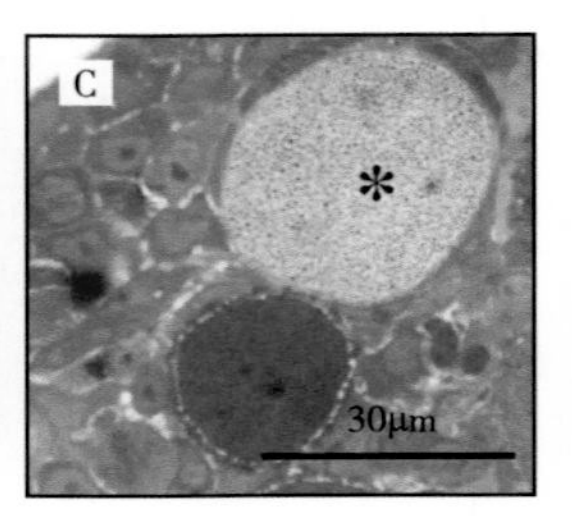

图7-115　胡鲶放射衣原体感染的囊肿

图7-116显示被胡鲶放射衣原体感染的细胞含有包涵体膜（inclusion membrane）和

网状体（Rb）。图7-116A显示在新感染细胞包含一些被薄的包涵体膜包围的网状体，从包涵体膜伸出的细短管状物（箭头示），在宿主细胞的细胞质中有大量的线粒体和小泡（small vesicles）存在于包涵体膜附近；图7-116B显示胡鲶放射衣原体早期发育的后期阶段，在包涵体内仅含有网状体，从包涵体膜伸出的管状物（箭头示）比较长、清晰，包涵体由大量的小泡（星号示）和线粒体所包围，宿主细胞核（Nu）似乎稍有变形，在网状体中可以看到DNA链。

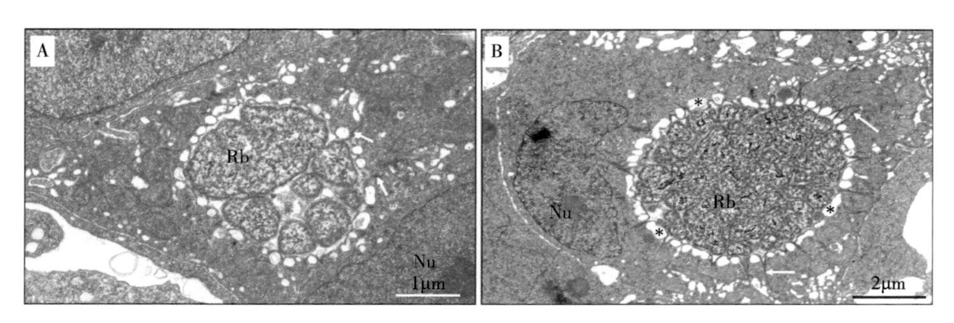

图7-116　胡鲶放射衣原体感染的细胞

图7-117显示来自包涵体的、伸出的小管状物形态。图7-117A显示在包涵体膜附近的小管的横截面，小管呈不规则的、星状（star-shaped）的，在包涵体膜附近的低电子密度物；图7-117B为通过相邻细胞的、伸出的管状物的截面，显示所含电子致密物伸到该细胞中及细胞核（Nu）。

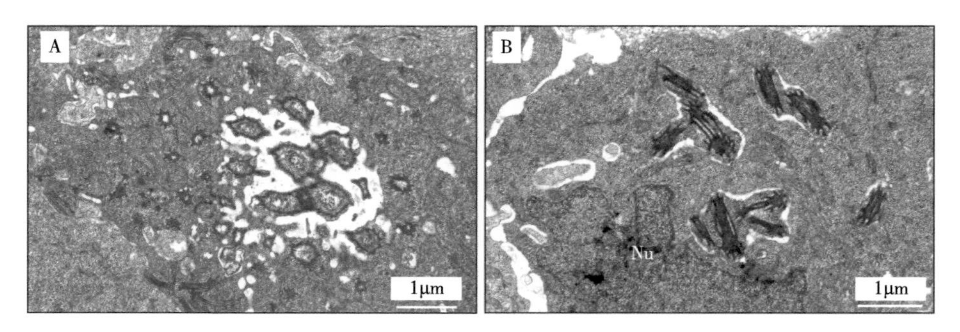

图7-117　包涵体伸出的小管状物形态

图7-118为包涵体膜的切片，切片是通过一个含有中间体和原体的包涵体的膜。其中的图7-118A显示从包涵体伸出的管状物，穿入到相邻细胞的细胞质中，与相邻细胞的细胞质，在管状物开口处没有与相邻细胞膜的分离。图7-118B显示在图7-118A中显示的两个小管进入细胞质部位的放大情况的图片。图7-118C显示小管从一个较小的包涵体穿入到相邻细胞的细胞质中，在细胞质中的小管进入处似乎有细（slight）的纤丝（fibrils）积聚，在感染细胞的包涵体附近有大囊泡（large vesicles），细胞膜（箭头示）。图7-118D为一个包含主要是发育晚期的中间体和原体的包涵体，其通过包涵体

膜的截面，包涵体的膜很厚，可能是由于细菌蛋白质类（bacterial proteins）物质的嵌入（insertion）所致（箭头示）。

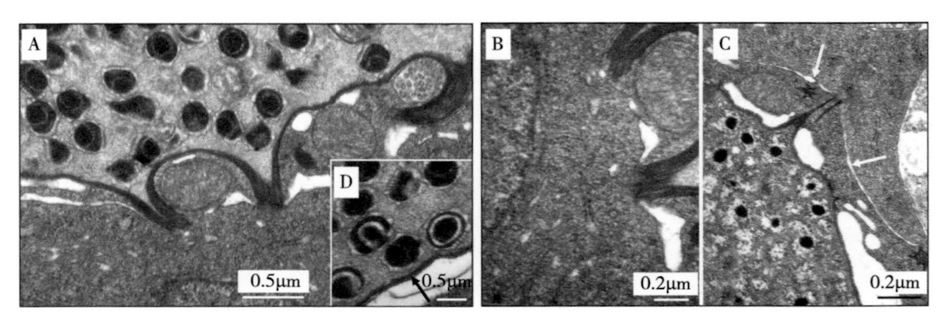

图7-118　含中间体和原体的包涵体的膜

图7-119为通过包涵体与其中间体的切片截面，主要是包含中间体的包涵体的切片，中间体使细胞核浓缩，但细菌是不聚积的。

图7-120为通过包涵体原体的切片截面，切片截面是通过一个大的包涵体、来自含有主要是原体的革胡子鲶的鳃。图7-120A显示囊肿开始向鳃表面打开（箭头示），宿主细胞的细胞质显示衰退的迹象，一个相邻的细胞包含一个包涵体、其中仅含有网状体（星号示）；图7-120B为通过原体的切片截面，显示帽状区（cap area）与相关的蛋白质结构（箭头示），切向截面通过帽状区（环形示）显示蛋白质呈六角形排列；图7-120C为通过游离的原体的切片截面，显示平滑的帽状区（箭头示）与蛋白质类，电子致密的拟核（nucleoid），浓缩细胞质主要由核糖体组成。

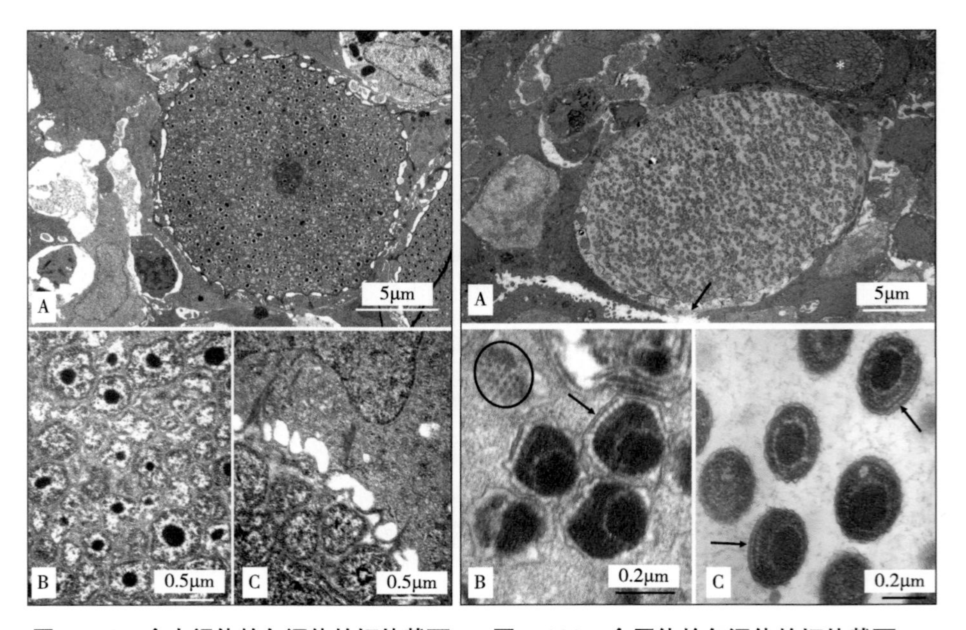

图7-119　含中间体的包涵体的切片截面　　图7-120　含原体的包涵体的切片截面

图7-121显示退化的上皮囊肿。革胡子鲶的退化的上皮囊肿，含有网状体（RB）和中间体（IB），宿主细胞的细胞质表现松弛、电子密度正常，线粒体增大、变为球形（星号示），包涵体伸出的管状物形态从正常变为不规则、星状（横截面）到圆形小管（箭头示）变化。

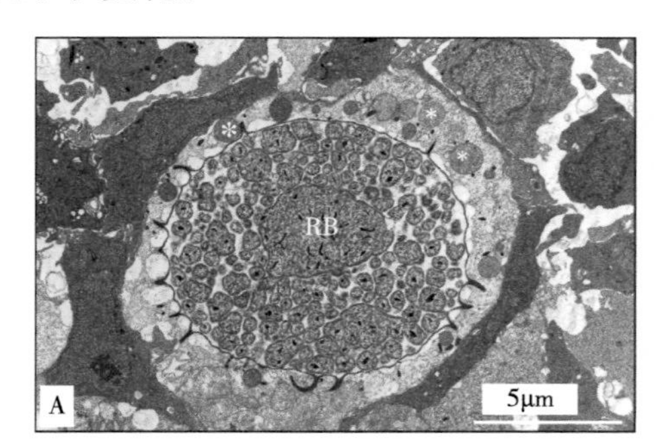

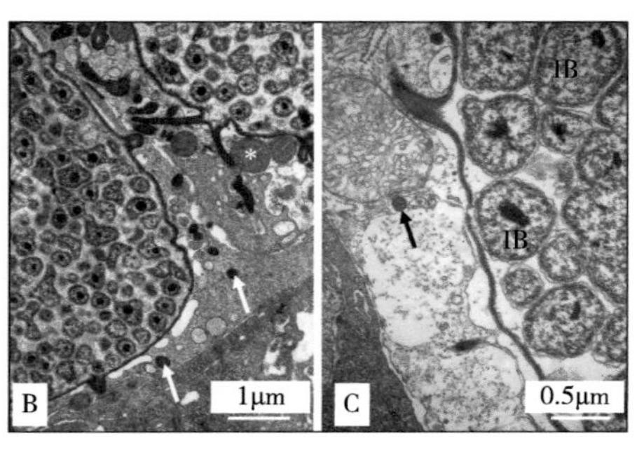

图7-121　革胡子鲶的退化的上皮囊肿

图7-122为鳃组织石蜡切片样本。对革胡子鲶的鳃组织切片进行原位杂交（in situ hybridization，ISH）或苏木精-伊红染色。图7-122A为初级鳃丝（primary filament），显示深蓝色着染的胡鲶放射衣原体的包涵体，用抗胡鲶放射衣原体16S rRNA的、反义地高辛标记的RNA探针（antisense DIG-labelled RNA-probe）染色，包涵体在细胞纤丝尖端常常呈频繁存在；图7-122B是同样的初级丝，用感测探针（sense probe）染色，显示包涵体没有被染色（箭头示的例子）；图7-122C为对同样的细胞纤丝尖端切片，进行苏木精-伊红染色的；图7-122D为放大的包涵体，其中的放射蛋白（actiniae）是可辨别的（蘑菇状箭头示）[64]。

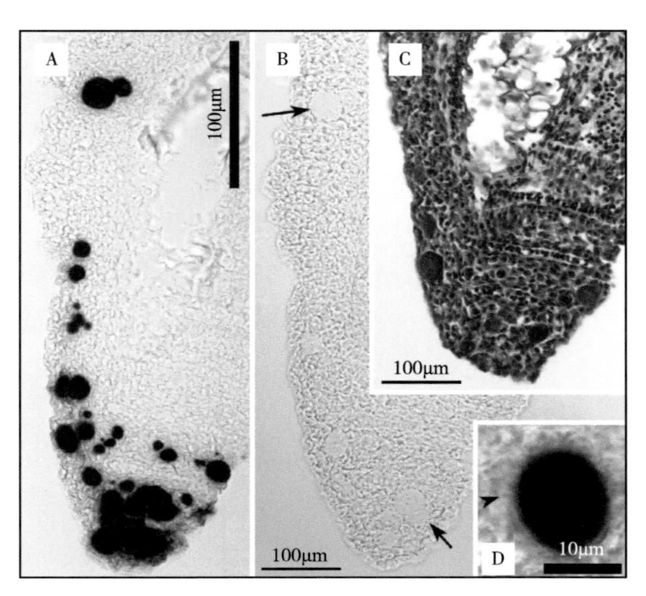

图7-122　革胡子鲶鳃组织切片染色

（三）巨鲶放射衣原体（Candidatus *Actinochlamydia pangasiae* sp. nov.）

巨鲶放射衣原体（Candidatus *Actinochlamydia pangasiae* sp. nov. Sood，Pradhan，Verma，et al.，2018）由印度ICAR国家鱼类遗传资源局（ICAR-National Bureau of Fish Genetic Resources；Lucknow，Uttar Pradesh，India）的Sood等（2018）报道，是养殖低眼巨鲶（striped catfish，*Pangasianodon hypophthalmus*）上皮囊肿的病原菌。种名

"*pangasiae*"是基于其宿主"striped catfish，*Pangasianodon hypophthalmus*"（低眼巨鲶）的属名"*Pangasianodon*"命名的[65]。

1. 基本性状

Sood等（2018）报道，衣原体感染被认为是鱼类上皮性囊肿的病原体，据报道已有90多种鱼类能够被感染。在此项研究中，对在2015年6—7月累计死亡率约为23%的养殖低眼巨鲶（体长14 ~ 15cm、体重70 ~ 90g）的鳃组织进行了病理学检查，结果显示存在颗粒嗜碱性细胞内包涵体（granular basophilic intracellular inclusions），主要位于鳃片间区（interlamellar region）基部和鳃丝中。在鳃中观察到与车轮虫属（*Trichodina* spp.）、鱼波豆虫属（*Ichthyobodo* spp.）和指环虫（*Dactylogyrus* spp.）属的寄生虫同时感染。通过对16S rRNA基因的扩增和测序，证实了感染鱼鳃中存在衣原体的DNA，分析显示了与Candidatus *Actinochlamydia clariae*存在最大的同源性（96%）。在系统发育分析的基础上，推测低眼巨鲶的上皮囊肿病原体是一种属于放射衣原体属分类群的新种，提议将其命名为"Candidatus *Actinochlamydia pangasiae* sp. nov."（巨鲶放射衣原体）[65]。

2. 病原学意义

Sood等（2018）报道在此项研究中，描述了2015年6—7月，在密集型养鱼场（intensive fish farm）中，影响养殖低眼巨鲶鳃的上皮囊肿持续死亡（死亡率分别约为2.3%和20.5%）。根据16S rRNA基因序列，将低眼巨鲶上皮囊肿的病原鉴定为新的类衣原体。重要的是这是在印度首次报道鱼类上皮囊肿病，也是首次报道在低眼巨鲶的发生。

报道在距勒克（Lucknow）50km的北方邦巴拉班基（Barabanki，Uttar Pradesh）的一个养鱼场（grow-out fish farm）里，混凝土池中养殖的低眼巨鲶。2015年7月，在养殖场连续出现鱼死亡后，农场主将6条幼鱼带到了ICAR国家鱼类遗传资源局。

在显微镜下检查鱼鳃和皮肤上是否存在外部寄生虫，无菌收集幼鱼的肾脏，接种在脑-心浸液琼脂（brain–heart infusion agar，BHIA）培养基，在28℃培养48h。按照标准程序，尝试以锦鲤鳍细胞系［Cyprinus carpio koi fin（CCKF）cell line］从低眼巨鲶（3条）混合肾组织中分离病毒。对3条幼鱼的鳃和肾组织切片，苏木精-伊红染色后显微镜观察。

结果鱼的体表没有任何外部损伤，检验鳃的颜色苍白，在用鳃制备的湿涂片上观察到车轮虫属（*Trichodina* spp.）寄生虫感染。重要的是，即使在48h的培养后，没有观察到肾组织中存在细菌生长；同样，从受感染鱼的混合肾组织中筛选出的匀浆接种锦鲤鳍细胞系也没有观察到细胞病变效应。

在鳃的组织切片中，在所有被检查的鱼中观察到典型的上皮囊肿颗粒嗜碱性细胞内包涵体。在片层区域的基部以及初级鳃丝（primary gill filaments）中观察到包涵体，这些包裹体分布不均匀。大多数包涵体内被紧密填充（densely packed），而一些包涵体被松散填充（loosely packed）。包涵体呈椭圆形至球形，直径大小为10.03～28.26μm（平均18.19μm），内衬透明嗜酸性膜（eosinophilic membrane），包涵体周围有时可见一层鳞状上皮细胞（squamous epithelial cells）。重要的是在包涵体周围观察到轻度到中度的单核细胞浸润，仅在少数地方观察到次级片层（secondary lamellae）钝化（blunting）。在远离包涵体的位置偶尔也观察到次级片层的钝化和融合。有部分包涵体存在一个中心液泡（central vacuole）。此外，在鳃切片中还观察到与滴虫车轮虫、鱼波豆虫等寄生虫的共感染（co-infection）。在肾组织切片中，未见明显病变[65]。

图7-123显示养殖的低眼巨鲶鳃上皮囊肿。图7-123A显示多个细胞内膜结合嗜碱性颗粒包涵体分布在层间区基部（蘑菇状箭头示），并伴有车轮虫感染（箭头示）；图7-123B显示在高倍镜下观察的上皮囊肿，存在紧密填充的包涵体周围有一层厚的嗜酸性膜（蘑菇状箭头示），囊肿被一层上皮细胞（箭头示）覆盖，并在层间区基部观察到；图7-123C显示鳃丝表面密集的嗜碱性包涵体，由一层厚的嗜酸性细胞膜结合（箭头示）；图7-123D显示初级丝的上皮囊肿，含松散的嗜碱性物质（箭头示）；图7-123E显示在受上皮囊肿感染的低眼巨鲶的鳃中，观察到指环虫属的寄生虫，还能够观察到次级片层的钝化；图7-123F显示在鳃丝上皮细胞表面，观察到与鱼波豆虫属寄生虫的共感染。

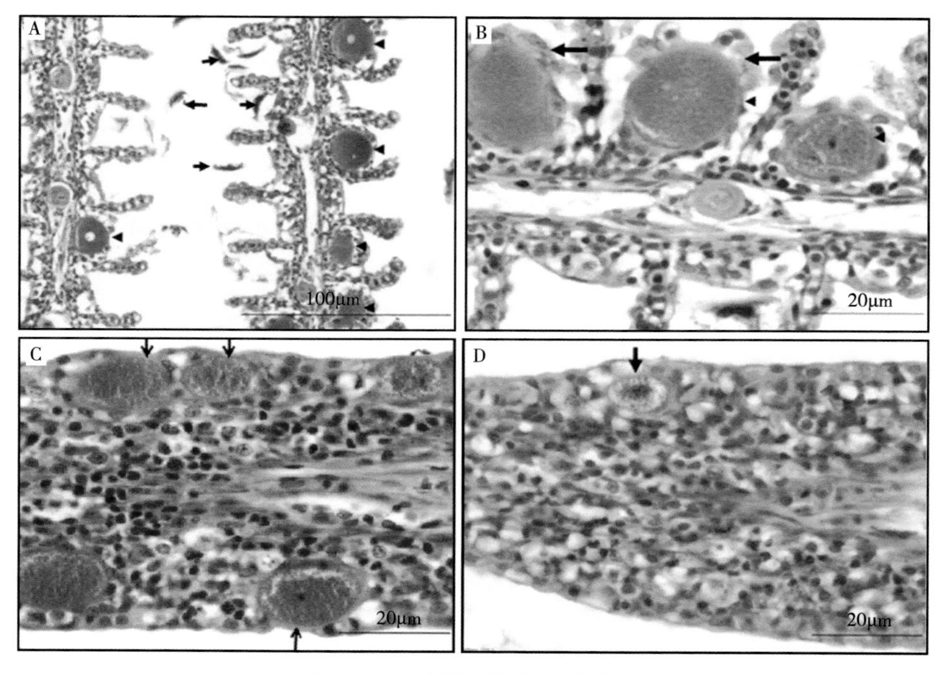

图7-123　低眼巨鲶鳃上皮囊肿

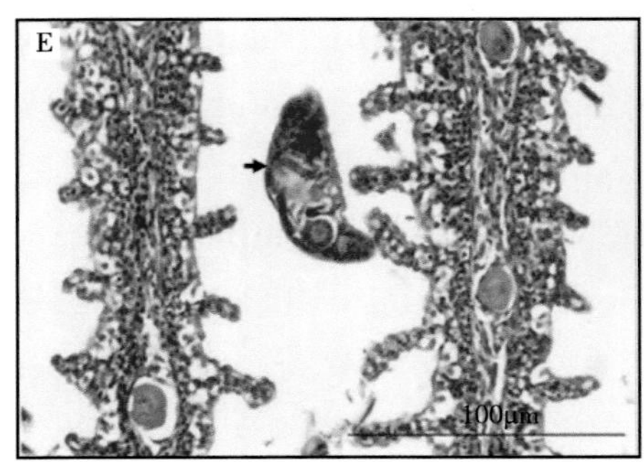

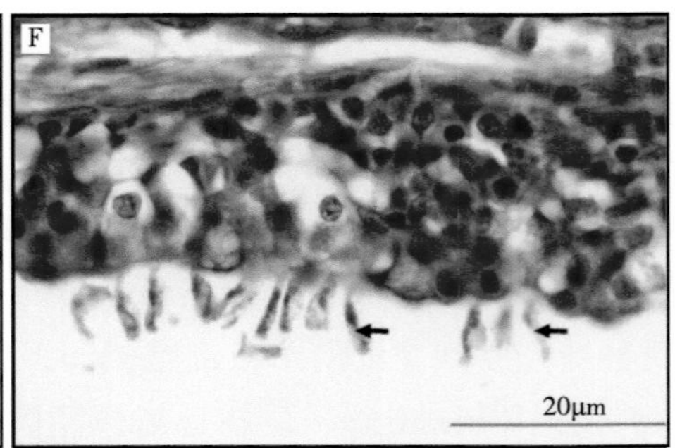

图7-123　低眼巨鲶鳃上皮囊肿（续）

图7-124显示低眼巨鲶鳃组织切片的原位杂交。图7-124A显示在低眼巨鲶的未标记对照鳃切片的（箭头示）；图7-124B显示用Digoxigenin（地高辛）标记探针（DIG-labelled probe）的，在鱼鳃中观察到细胞内包涵体的明显标记（箭头示）[65]。

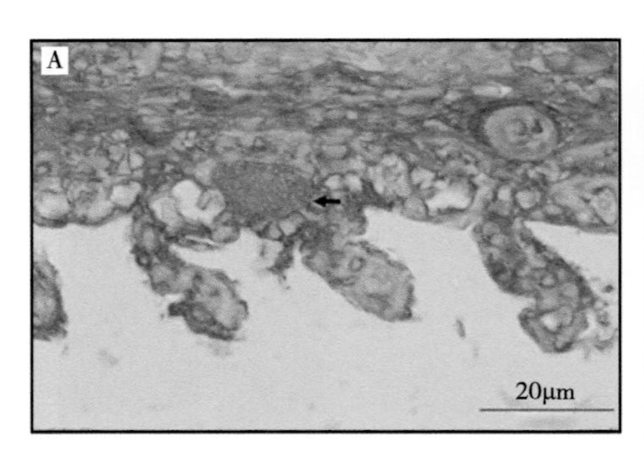

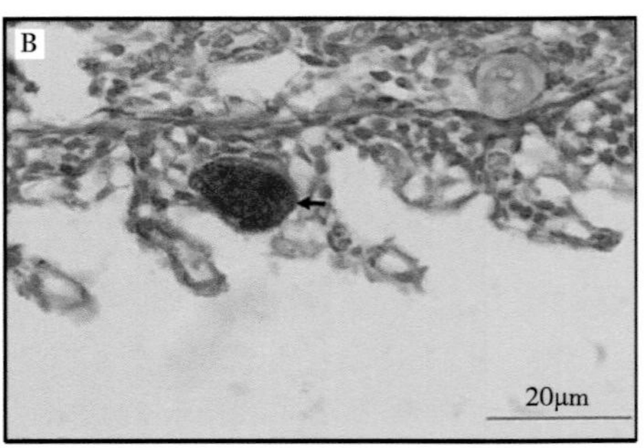

图7-124　低眼巨鲶鳃组织原位杂交

二、类似衣原体属（Candidatus *Parilichlamydia* gen. nov.）

类似衣原体属（Candidatus *Parilichlamydia* gen. nov. Stride，Polkinghorne，Miller et al.，2013）由澳大利亚塔斯马尼亚大学国家海洋保护与资源可持续发展中心（National Centre for Marine Conservation and Resource Sustainability，University of Tasmania；Launceston，Tasmania，Australia）的Stride等（2013）报道，首先从黄尾鰤（yellowtail kingfish，*Seriola lalandi*）检出。菌属名称“*Parilichlamydia*”为新拉丁语阴性名词，指相当于或类似于衣原体属（equal or similar，*Chlamydia*）的衣原体[66]。

（一）菌属定义与属内菌种

类似衣原体属分类于同时新建立的类似衣原体科（Candidatus Parilichlamydiaceae fam. nov. Stride，Polkinghorne，Miller et al.，2013），目前在类似衣原体科内包括类似衣原体属、相似衣原体属（Candidatus *Similichlamydia* gen. nov.）两个菌属[66-67]。

1. 菌属定义

澳大利亚塔斯马尼亚大学国家海洋保护与资源可持续发展中心的Stride等（2013）报道新建立的“Candidatus *Parilichlamydia* gen. nov.”（类似衣原体属），没有对菌属的特定描述，是基于了对相应的新种“Candidatus *Parilichlamydia carangidicola* sp. nov.”（鲹类似衣原体）的描述[66]。

2. 属内菌种

目前在类似衣原体属内，还是仅包括鲹类似衣原体一个种，也是模式种；鲹类似衣原体，是海洋网箱养殖（sea cage aquaculture）黄尾鰤上皮囊肿感染的病原菌。

（二）鲹类似衣原体（Candidatus *Parilichlamydia carangidicola* sp. nov.）

鲹类似衣原体（Candidatus *Parilichlamydia carangidicola* sp. nov. Stride，Polkinghorne，Miller et al.，2013）由澳大利亚塔斯马尼亚大学国家海洋保护与资源可持续发展中心的Stride等（2013）报道，首先从黄尾鰤的鳃上皮囊肿检出。种名“*carangidicola*”为新拉丁语属格单数名词，指属于鲹科（Carangidae）鱼类作为其宿主的[66]。

1. 基本性状

澳大利亚塔斯马尼亚大学国家海洋保护与资源可持续发展中心的Stride等（2013）报道，鲹类似衣原体为专性胞内细菌，位于鳃上皮细胞液泡（vacuolated gill epithelial cells）内、包裹于膜结合包涵体内，这些液泡包含狭长的网状体和球形的中间体及能够观察到头部和尾部结构体（head and tail bodies）。网状体的大小为（83nm×211nm）~（100nm×361nm），中间体大小为（353nm×470nm）~（924nm×941nm）。此新的科、属、种衣原体，是基于了在形态特征和遗传差异（即在所研究的16S rRNA数据中，与衣原体目其他的只有86%~86.1%的同源性）方面，不同于已有正式描述和暂定衣原体目（candidate Chlamydiales）分类群的所有其他种均不同。在感染鱼类的鳃部，组织学观察到细胞增生，细胞空泡化（vacuolation），鳃片融合。

从鳃囊肿提取的DNA中，扩增到一个新的、大小在1 393bp的16S衣原体rRNA序列（16S Chlamydial rRNA sequence）；该序列与已有报道菌株序列登录号（16S rRNA基因）为AY462244的鲑鱼衣原体的相似性仅为87%，对此新16S衣原体rRNA序列的系统发育分析表明其属于衣原体目中的一个新的菌科。基于研究结果，命名源于黄尾鰤的这种新的衣原体为“Candidatus *Parilichlamydia carangidicola*”（鲹类似衣原体）[66]。

2. 病原学意义

目前已有的研究报道鲹类似衣原体作为鱼类的病原体，还仅是在黄尾鰤感染发生鳃上皮囊肿。

（1）Mansell等报道的黄尾鰤上皮囊肿病

澳大利亚塔斯马尼亚大学塔斯马尼亚水产养殖与渔业研究所、水产学院（School of Aquaculture，Tasmanian Aquaculture and Fisheries Institute，University of Tasmania；Launceston，Tasmania，Australia）的Mansell等（2005）报道，鳃吸虫（gill fluke，*Zeuxapta seriolae*）感染是黄尾鰤海洋网箱养殖（sea cage aquaculture）的一个严重问题。研究了鳃吸虫渐进性感染的病理生理效应，描述了感染的病理学，评估了过氧化氢（hydrogen peroxide）作为感染治疗剂的效果和其在商业规模养殖中使用的可能。

供试黄尾鰤（平均体重223.5g ± 21.65g，体长58.5mm ± 7.53mm），是在南澳大利亚斯潘塞湾（Spencer Gulf，South Australia）的一个养殖场，从海洋网箱养殖中获得的。检验中发现，有85.7%的黄尾鰤的鳃组织病理学显示存在上皮囊肿。因此，基于这项研究的结果也认为存在鳃吸虫与上皮囊肿的共同感染情况。上皮囊肿病的高发病率，可能反映了在南澳大利亚海洋网箱养殖黄尾鰤的正常情况[68]。

（2）Stride等报道的黄尾鰤上皮囊肿病

Stride等（2013）报道在南澳大利亚的商品化海水网箱养殖黄尾鰤区域，在养殖黄尾鰤的收获期从养殖区域三个群体采集了38条（2008年8条、2009年10条、2010年20条）黄尾鰤样本。均从第二鳃弓（second gill arch）的左端取样，根据检验的需要进行处理保存。其中在2009年的黄尾鰤约为3kg大小，其临床症状，包括严重感染单殖吸虫（monogenean，*Benedenia seriolae*），表现缓慢游泳、病情差；鳃肿胀、短丝缩短，并观察到沿细丝的白色条纹。来自2010年的黄尾鰤约为3.5kg大小，所有的鱼似乎是临床健康的；在2008年采样的鱼，是临床健康的。

组织病理学检验，从三个群体采集的黄尾鰤均存在上皮囊肿感染的。通过普通显微镜观察到鳃片内存在膜包裹的囊肿（membrane-enclosed cysts），其细菌性囊肿（bacterial cysts）表现为膜包裹的颗粒状嗜碱性包涵体（membrane-enclosed granulated basophilic inclusions），这些嗜碱性包涵体并不总是与细胞增殖相关联，且大多数位于鳃片（gill lamellae）的基部；在鳃上皮细胞，病理组织学改变包括细胞增生（hyperplasia）、鳃片的细胞质空泡化（cytoplasmic vacuolization）和鳃片融合。透射电子显微镜检验上皮囊肿的包涵体，显示被紧密包裹在膜结合液泡（membrane-bound vacuole）内，这些液泡包含的狭长网状体和球形中间体呈典型的衣原体目的成员，在包涵体内观察到相关的头部和尾部结构体，尽管未能观察到原体。

对黄尾鰤的鲹类似衣原体这种新的衣原体样生物体感染的流行病学研究，基于两种方法（PCR和组织病理学）的结果，其检出感染的发生率变化很大，其中的PCR检测比对上皮囊肿的观察检测方法更敏感[66]。

图7-125（苏木精-伊红染色）显示黄尾鰤鳃上皮囊肿。图7-125A显示嗜碱性包涵体（basophilic inclusion），无相关宿主反应（2008年的鱼）；图7-125B显示片层（lamellae）底部的膜结合包涵体（2010年的鱼）；图7-125C显示嗜碱性包涵体伴相关片层融合（lamellar fusion）（2008年的鱼）；图7-125D显示与基底片层（basal lamellar）上皮增生和空泡形成（vacuolation）相关的片层基底嗜碱性包涵体的高倍放大（2009年的鱼）。

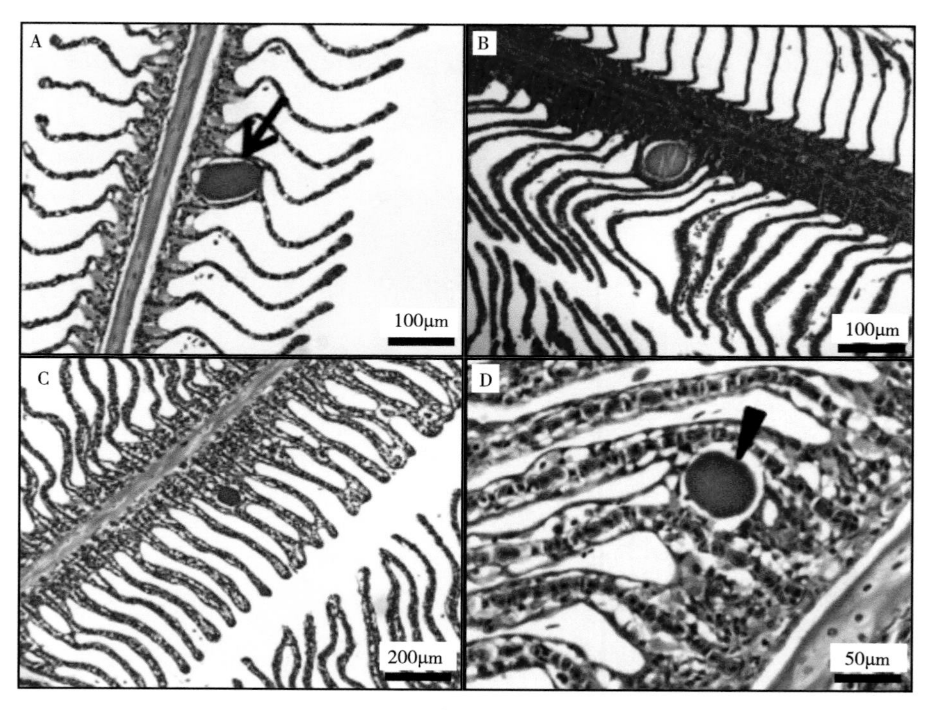

图7-125　黄尾鰤鳃上皮囊肿

图7-126显示黄尾鰤鳃上皮中衣原体样上皮囊肿包涵体的透射电镜观察（2002年的黄尾鰤样本）。图7-126A显示含有网状体（RB）的膜结合上皮囊肿包涵体；图7-126B显示网状体（RB）的高倍放大；图7-126C显示含有中间体（IB）的膜结合上皮囊肿包涵体；图7-126D显示中间体（IB）的放大倍数更高，注意不存在原体[66]。

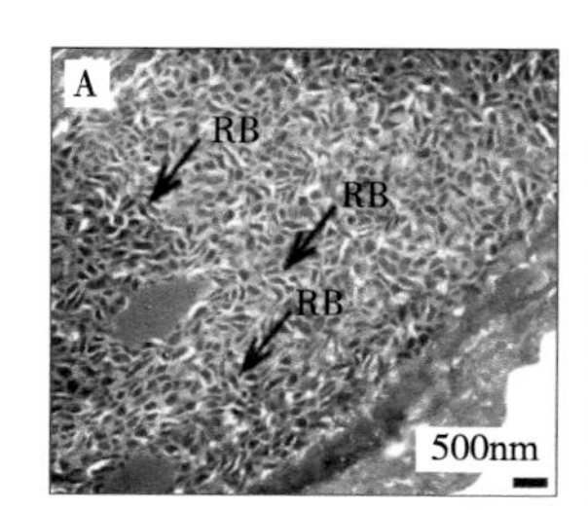

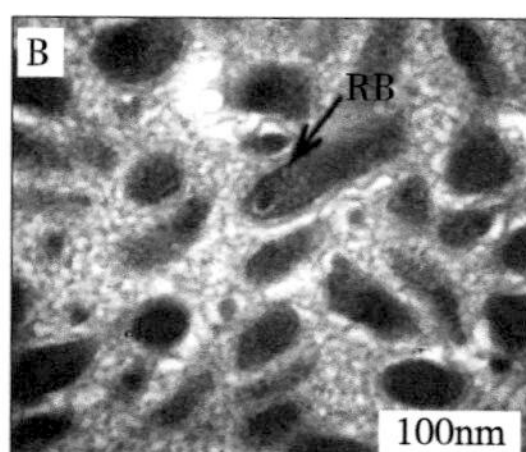

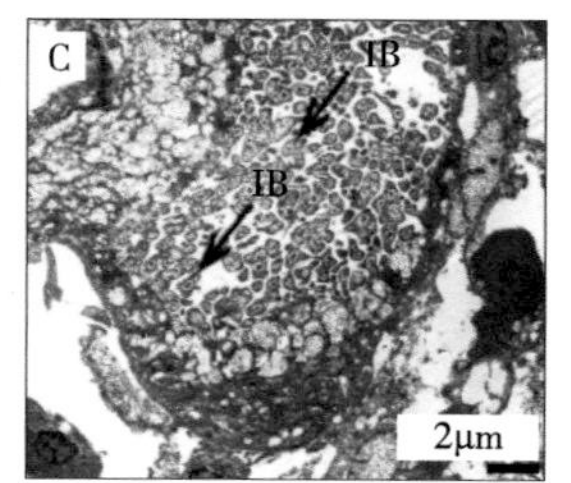

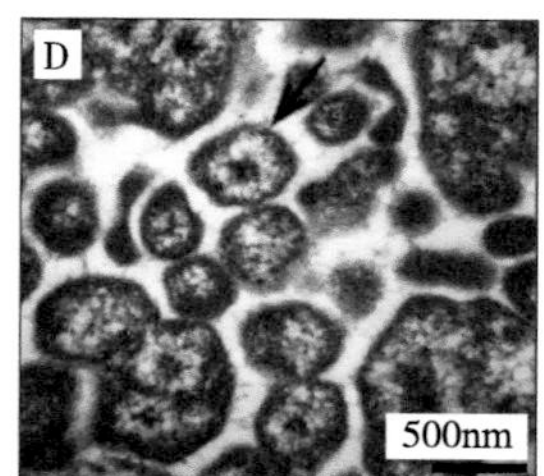

图7-126　鳃中衣原体样上皮囊肿包涵体

另外，也对2002年的黄尾鰤样本进行了检验，即在上面记述澳大利亚塔斯马尼亚大学塔斯马尼亚水产养殖与渔业研究所、水产学院的Mansell等（2005）报道的，在对黄尾鰤鳃吸虫感染鳃组织学检验中，存在上皮囊肿病变的鳃组织样本[66, 68]。

三、相似衣原体属（Candidatus *Similichlamydia* gen. nov.）

相似衣原体属（Candidatus *Similichlamydia* gen. nov. Stride，Polkinghorne，Miller and Nowak，2013），由澳大利亚塔斯马尼亚大学国家海洋保护与资源可持续发展中心的Stride等（2013）建立，是首先从条纹婢鱼（striped trumpeter，*Latris lineata*）检出的。菌属名称“*Similichlamydia*”为新拉丁语阴性名词，指相似于衣原体属（resembling *Chlamydia*）的衣原体[67]。

（一）菌属定义与属内菌种

相似衣原体属分类于新建立的类似衣原体科，目前在类似衣原体科内包括类似衣原体属、相似衣原体属两个菌属[66-67]。

1. 菌属定义

Stride等（2013）报道新建立的“Candidatus *Similichlamydia* gen. nov.”（相似衣原体属），没有对菌属的特定描述，是基于了对相应的新种“Candidatus *Similichlamydia latridicola* gen. nov.”（栖婢鱼相似衣原体）的描述[67]。

2. 属内菌种

目前在相似衣原体属内，已有的报道包括了栖婢鱼相似衣原体（Candidatus *Similichlamydia latridicola* gen. nov.）、尖吻鲈相似衣原体（Candidatus *Similichlamydia laticola* sp. nov.）、隆头鱼相似衣原体（Candidatus *Similichlamydia labri* sp. nov.）、石斑鱼相似衣原体（Candidatus *Similichlamydia epinephelii* sp. nov.）4个种，均为鱼类鳃上皮囊肿的病原菌。

（二）栖婢鱼相似衣原体（Candidatus *Similichlamydia latridicola* sp. nov.）

栖婢鱼相似衣原体（Candidatus *Similichlamydia latridicola* gen. nov., sp. nov. Stride，Polkinghorne，Miller and Nowak，2013），由澳大利亚塔斯马尼亚大学国家海洋保护与资源可持续发展中心的Stride等（2013）报道，首先从条纹婢鱼上皮囊肿检出，是条纹婢鱼的病原体。种名“*latridicola*”为新拉丁语名词，指栖息于婢鱼属（*Latris* dweller）鱼类的。序列登记号为KC686678、KC686679、JQ687061[67]。

1. 基本性状

Stride等（2013）报道，栖婢鱼相似衣原体是感染鱼鳃的专性细胞内细菌（obligate intracellular bacteria）。膜结合包涵体呈颗粒状、紧密堆积，苏木精-伊红染色呈嗜碱性。在鳃丝（gill filament）基部、中部和顶端均存在包涵体，并刺激细胞增生的宿主反应。包涵体与16S rRNA原位杂交探针（ISH 16S rRNA probes）呈阳性反应，染色呈紫/黑色。

从16条鱼中测序的3个（KC686679、JQ687061、KC686678）不同的特征性16S rRNA基因型（16S rRNA genotypes），经对该细菌的几乎全长16S rRNA序列的系统发育分析表明它们几乎是相同的、属于衣原体目的新成员；这种新的分类单元，与Stride等（2013）报道从黄尾鰤检出的"Candidatus *Parilichlamydia carangidicola*"（鲹类似衣原体）形成一个良好的分支；与其相应的"Candidatus Parilichlamydiaceae"（类似衣原体科）显示存在6%～6.3%的不同，可分类于类似衣原体科内，但不是作为在类似衣原体科内已有的"Candidatus *Parilichlamydia*"（类似衣原体属）的一个成员。基于不同于衣原体目所有其他成员16S rRNA区域序列的特征，以"*Latris lineata*"（条纹婢鱼）提出了"*Similichlamydia* gen. nov."（相似衣原体属）这个新菌属、新菌种"*Similichlamydia latridicola* sp. nov."（栖婢鱼相似衣原体）的衣原体样细菌[67]。

2. 病原学意义

Stride等（2013）报道，在位于澳大利亚霍巴特（Hobart）的塔斯马尼亚水产渔业研究所（Tasmanian Aquaculture and Fisheries Institute）采集养殖的条纹婢鱼87条（2010年7月的8条、11月的79条）；除养殖的条纹婢鱼外，6条野生鱼是在2011年8月从塔斯马尼亚西南海域采集的。被检各样品鱼的发病率，分别为100%（8/8）、75.9%（60/79）、50%（3/6）。对所有采集的鱼从第二鳃弓（second gill arch）左端取样，根据检验的需要进行处理。

经对条纹婢鱼的组织病理学及衣原体样生物体的检验，确定了在所有采样点的均存在上皮囊肿，膜包裹的嗜碱性颗粒状囊肿（membrane-enclosed basophilic granular cyst），存在于整个鳃丝，在养殖条纹婢鱼宿主的一些上皮细胞呈增生，但在野生条纹婢鱼的未观察到。以衣原体特异性探针（Chlamydiales-specific probes）原位杂交证实，于存在上皮囊肿的条纹婢鱼的鳃样品通过PCR检测到衣原体样序列，囊肿对反义引物原位杂交探针（antisense ISH probe）检测呈强反应、囊肿染色呈深紫色/黑色，以传感原位杂交探针（sense ISH probe）检测无反应性。研究结果发现在条纹婢鱼存在鳃上皮囊肿感染，并证实了栖婢鱼相似衣原体为相应病原菌[67]。

图7-127（苏木精-伊红染色）为条纹婢鱼上皮囊肿的鳃病变。图7-127A显示单个有膜包裹的嗜碱性颗粒状囊肿（箭头示），没有宿主反应；图7-127B显示多个有膜包裹的嗜碱性颗粒状囊肿（箭头示），沿单个片层及宿主上皮细胞增生性反应（hyperplasic-epithelium host response）。

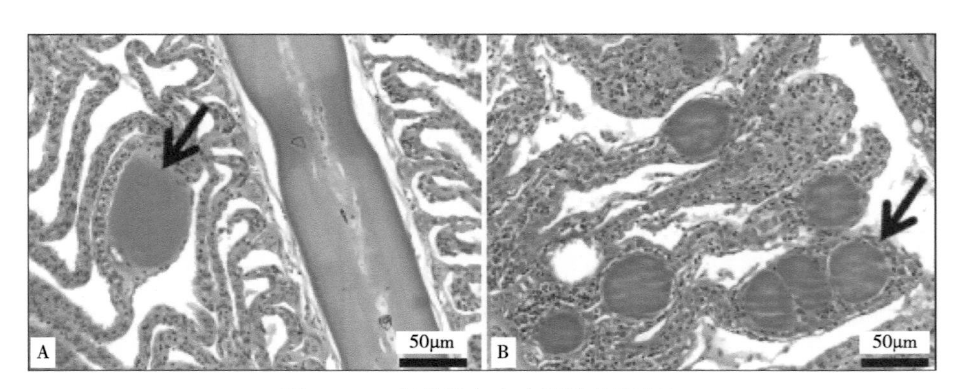

图7-127　条纹婢鱼上皮囊肿的鳃病变

图7-128显示以原位杂交检测条纹婢鱼上皮囊肿感染鳃的衣原体目细菌。图7-128A显示上皮囊肿感染鳃的囊肿及对传感原位杂交探针检测无反应性（箭头示）；图7-128B显示上皮囊肿感染鳃的囊肿与反义引物原位杂交探针检测呈强反应、囊肿染色呈深紫色/黑色（箭头示）[67]。

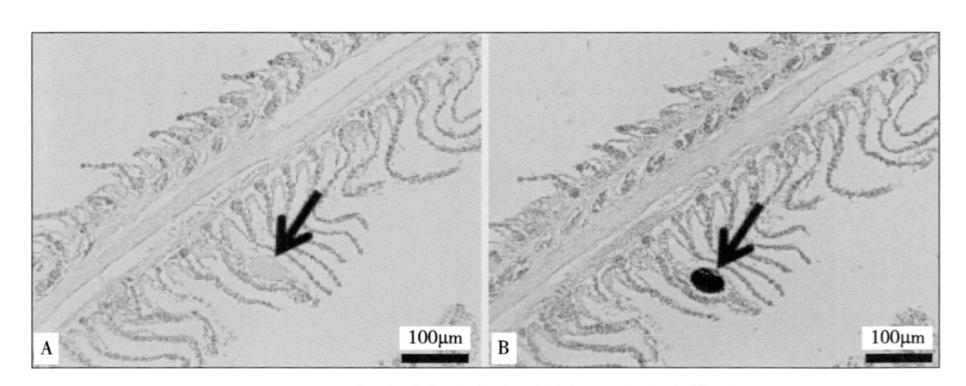

图7-128　条纹婢鱼上皮囊肿的鳃原位杂交检测

（三）尖吻鲈相似衣原体（Candidatus *Similichlamydia laticola* sp. nov.）

尖吻鲈相似衣原体（Candidatus *Similichlamydia laticola* sp. nov. Stride，Polkinghorne，Powell and Nowak，2013）由澳大利亚塔斯马尼亚大学国家海洋保护与资源可持续发展中心的Stride等（2013）报道，是首先从养殖尖吻鲈（barramundi，*Lates calcarifer*）检出的。种名“*latridicola*”为新拉丁语名词，指从尖吻鲈分离（isolated from barramundi，*Lates calcarifer*）的，以其属名“*Lates*”（尖吻鲈属）命名的[69]。

1. 基本性状

澳大利亚塔斯马尼亚大学国家海洋保护与资源可持续发展中心的Stride等（2013）报道，对来自南澳大利亚（south Australia）的6个连续孵化的群体和1个养殖尖吻鲈的孵化前卵（pre-hatch eggs）进行了衣原体样生物与上皮囊肿的相关性研究。为鉴定细菌，对59个鳃样本和3个孵化前卵样本进行了组织学、原位杂交（in situ hybridisation，ISH）和16S rRNA扩增、测序与综合系统发育分析。结果通过显微镜观察到上皮囊肿，其特征是在膜包裹的嗜碱性囊肿（membrane-enclosed basophilic cysts）内充满颗粒物（granular material），导致上皮细胞肥大。

用衣原体特异性探针（Chlamydiales-specific probe）原位杂交，可导致鳃上皮内上皮囊肿包涵体的特异性标记（specific labelling）。两个不同但密切相关的16S rRNA衣原体序列从鳃DNA中被扩增出来，包括从孵化前卵中。这些基因型序列被发现是新的，与从来自澳大利亚条纹婢鱼（Australian striped trumpeter）检出的“Candidatus *Similichlamydia latridicola*”（栖婢鱼相似衣原体）存在97.1%～97.5%的相似性。对这些基因型序列（genotype sequences）在衣原体目的代表性成员和其他上皮囊肿病原体进行的系统发育分析表明，这些衣原体样生物是新的、在分类上属于最近提出的“Candidatus *Similichlamydia* Stride，Polkinghorne，Miller and Nowak，2013”（相似衣原体属）成员，提出将这种引起尖吻鲈上皮囊肿的病原性衣原体命名为“Candidatus *Similichlamydia laticola* sp. nov.”（尖吻鲈相似衣原体）。

感染鱼鳃的专性细胞内细菌，分类为衣原体。此新种16S rRNA序列是在形态和遗传差异的基础上，从所有正式确认的和衣原体分类群中分化出来的。根据Everett等（1999）对衣原体的分类方案（Everett，Bush and Andersen，1999[70]），该新种与该属的栖婢鱼相似衣原体不同。膜包裹囊肿（membrane-enclosed cysts），为苏木精-伊红染色嗜碱性；其包涵体不是特定位置的，在片层的基部、中部和顶端沿着鳃丝发现。当应用16S rRNA衣原体探针进行原位杂交时，上皮样囊肿包涵体呈强烈、特异的标记反应[69]。

2. 病原学意义

Stride等（2013）报道上皮囊肿是一种由细胞内革兰氏阴性菌（intracellular Gram-negative bacteria）引起的鱼类鳃和皮肤的感染病，发生在野生和养殖鱼类种群中，目前已知影响超过80种不同的海洋和淡水鱼类。上皮囊肿通常与衣原体样生物体有关，可引起感染组织的上皮增生、肥大和炎症。

供试尖吻鲈是在2012年冬季，共采集了来自七个连续群（consecutive cohorts）的62份样本。从A～D群和F群各采集10条鱼的，从E群采集9条鱼的，从G群采集另外3个受精但尚未孵化的样本。在所有的鱼群中，均可见上皮囊肿[69]。

图7-129（苏木精-伊红染色）为澳大利亚尖吻鲈（Australian Barramundi，*Lates calcarifer*）鳃上皮囊肿。图7-129A显示尖吻鲈鳃中的多个膜包裹的嗜碱性颗粒（membrane-enclosed basophilic granular）即上皮囊肿（箭头示）；图7-129B显示单个膜包裹的囊肿（箭头示），囊肿周围和尖吻鲈鳃丝基部存在上皮增生。

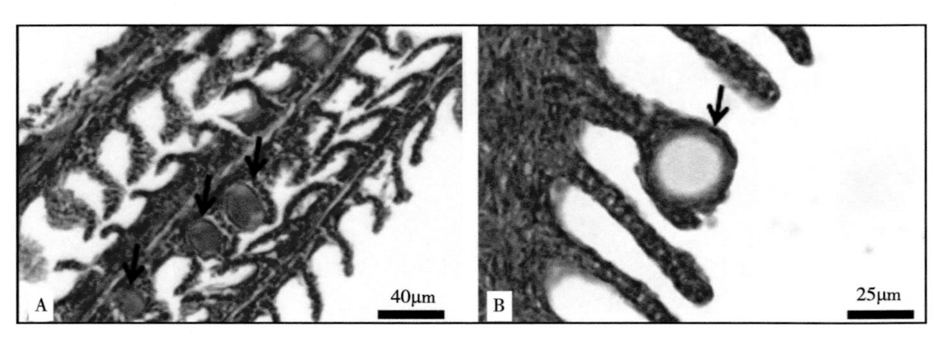

图7-129　澳大利亚尖吻鲈的上皮囊肿

图7-130为用衣原体特异性探针原位杂交检测上皮囊肿感染鳃中的衣原体。用原位杂交法检测养殖的尖吻鲈鳃组织切片，图7-130A显示用反义原位杂交探针（antisense ISH probe）检测鳃上皮囊肿的呈阳性反应，囊肿呈紫色/黑色（purple/black colouration）；图7-130B显示用侦测原位杂交探针（sense ISH probe）检测鳃上皮囊肿无反应[69]。

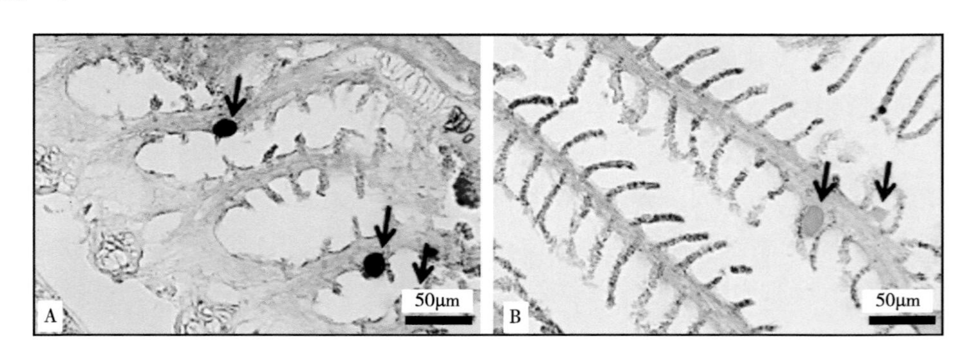

图7-130　原位杂交检测上皮囊肿感染鳃中的衣原体

（四）隆头鱼相似衣原体（Candidatus *Similichlamydia labri* sp. nov.）

隆头鱼相似衣原体（Candidatus *Similichlamydia labri* sp. nov. Steigen，Karlsbakk，Plarre et al.，2015），由挪威卑尔根大学（Department of Biology，University of Bergen；Bergen，Norway）的Steigen等（2015）报道。种名“*labri*”为现代拉丁语属格单数名词，指从隆头鱼属（*Labrus*）宿主贝氏隆头鱼（ballan wrasse，*Labrus bergylta*）分离的。贝氏隆头鱼为典型宿主（type host），细胞内包涵体存在于鳃

的氯细胞中。地点类型：挪威霍达兰郡卑尔根附近的Raunefjorden（Type locality: Raunefjorden, near Bergen, Hordaland County, Norway）。GenBank登录号为No.KC469556[71]。

1. 基本性状

挪威卑尔根大学的Steigen等（2015）报道，在挪威海岸（Norwegian coast）的鲑鱼养殖场（salmon farms），某些属于隆头鱼科（Labridae）的隆头鱼（wrasse）种类被用作清洁鱼（cleaner fish），以降低鲑鱼虱子（salmon louse）的密度。在挪威隆头鱼的病原菌种类还鲜为人知，此项研究的目的是描述一种在挪威贝氏隆头鱼检测到的新的细胞内细菌（intracellular bacterium）。组织学检查的鳃组织，贝氏隆头鱼显示上皮囊肿发生在鳃的次级片层上皮基部。在超微结构，这些细菌的包涵体具有厚膜（thickened membranes）和放射状结构（radiating ray-like structures; actinae），鳃中细菌的16S rRNA基因序列与栖蜱鱼相似衣原体的相似性最高（97.1%）与“Candidatus *Actinochlamydia clariae* sp. nov.”（胡鲶放射衣原体）的相似性为94.9%。采用实时RT-PCR技术，以“Candidatus Actinochlamydiaceae”（放射衣原体科）的16S rRNA为靶点，对来自挪威西部（western Norway）的47份贝氏隆头鱼鳃标本进行了筛选，其感染率为100%。提出将这一新种命名为“Candidatus *Similichlamydia labri* sp. nov.”（隆头鱼相似衣原体），能够引起贝氏隆头鱼鳃上皮囊肿。

隆头鱼相似衣原体是一种存在于贝氏隆头鱼鳃氯细胞细胞质中膜结合囊泡（包涵体）内的细胞内细菌，包涵体膜厚，脊状（ridged），并产生脊状肌动蛋白（ridged actinae）。发育阶段包括大小、形状和数量不等的拟核的网状体，直径小于300nm的较小的球形细胞。细菌细胞壁薄，未观察到典型的原体[71]。

2. 病原学意义

Steigen等（2015）报道在2012年5—6月和2013年5月，在挪威西部靠近卑尔根的劳内峡湾（Raunefjorden close）收集了贝氏隆头鱼的标本，这些鱼已经成熟或刚刚产卵，秋季采样期为在2012年10月。在挪威西部的两个不同的亲鱼种群（brood stock populations）中，也获得了养殖的贝氏隆头鱼16条。在2013年5月捕获的贝氏隆头鱼的体长为20～26cm（15条），2012年6月的为21～41cm（27条），2012年10月的为27～37cm（4条）。

受感染的贝氏隆头鱼上皮囊肿具有独特的形态，囊肿发生在次级片层的基部，细胞类似于氯细胞（线粒体和内质网丰富的细胞）中。包涵体在包涵体膜（inclusion membrane, IM）上放射出大量的肌动蛋白（actinae）。与鳃表面接触的包囊直径达30μm，但大多数包涵体的测量值小于25μm。超微结构显示包涵体膜增厚（50～

100nm），电子密度高，放射出规则间隔的肌动蛋白。

包涵体中的细菌具有多形性，从具有多个拟核或没有明显拟核的不规则网状体样形态（reticulate body-like morphology）到具有明显电子致密拟核的球形中间体样形态（intermediate body-like morphology）。最小的球状细胞细胞质更为浓缩，它们没有分裂，直径为200～250nm，可能是早期的原体。包涵体内的细菌形态均为细胞壁和胞质单位膜所包围，但球形细胞的细胞壁更为明显。没有迹象表明，寄主的反应（炎症、增生）相关的上皮囊肿[71]。

图7-131显示隆头鱼相似衣原体感染贝氏隆头鱼的鳃，半薄切片的甲苯胺蓝染色。图7-131A显示上皮囊肿（星号示），典型的位于层间隐窝（interlamellar crypt），从包涵体膜上可以看到放射状的肌动蛋白（actinae）；图7-131B显示一种上皮囊肿，有放射状的肌动蛋白，在鳃表面基部到次级片层有开口（箭头示）。

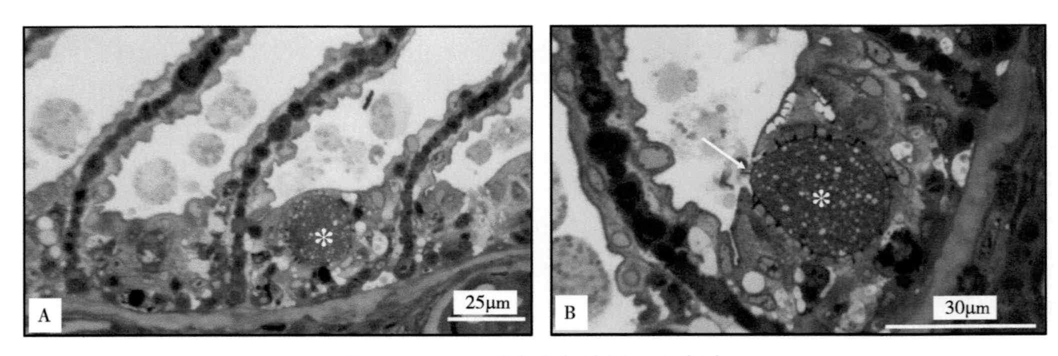

图7-131　贝氏隆头鱼的鳃上皮囊肿

图7-132显示隆头鱼相似衣原体感染贝氏隆头鱼鳃，透射电子显微镜观察。图7-132A为在两个次级片层之间的一个上皮囊肿，显示一个包含细菌的圆形包涵体和一个带有放射状肌动蛋白的包涵体膜（箭头示），周围组织无明显反应；图7-132B显示在包涵体中含有不同形态的细菌（网状体样和中间体样形态），肌动蛋白穿过宿主细胞的细胞质，细胞质中含有大量的线粒体（星号示）。

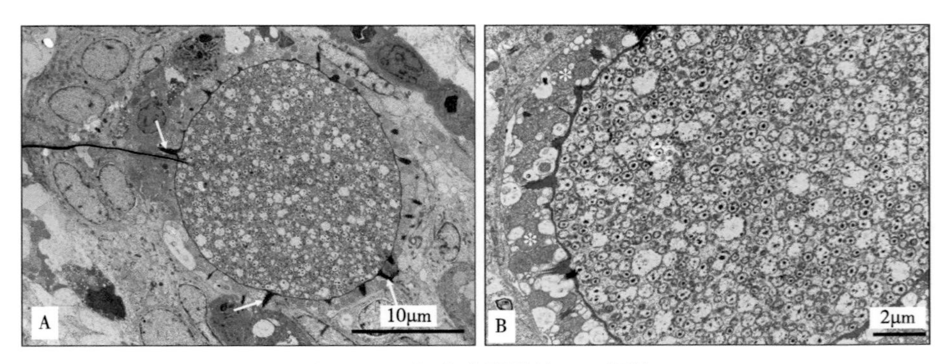

图7-132　鳃上皮囊肿的TEM图片

图7-133显示隆头鱼相似衣原体感染贝氏隆头鱼鳃，透射电子显微镜观察。图7-133A显示在高倍镜下可见肌动蛋白穿过宿主细胞的细胞质进入邻近细胞膜（箭头示），以星号示的为线粒体；图7-133B显示呈齿轮状的肌动蛋白横切面（星号示）；图7-133C显示在肌动蛋白之间的宿主细胞细胞质中，存在大量线粒体和内质网。

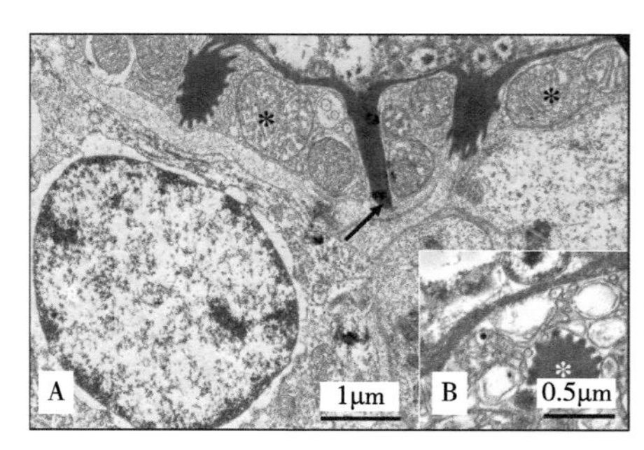

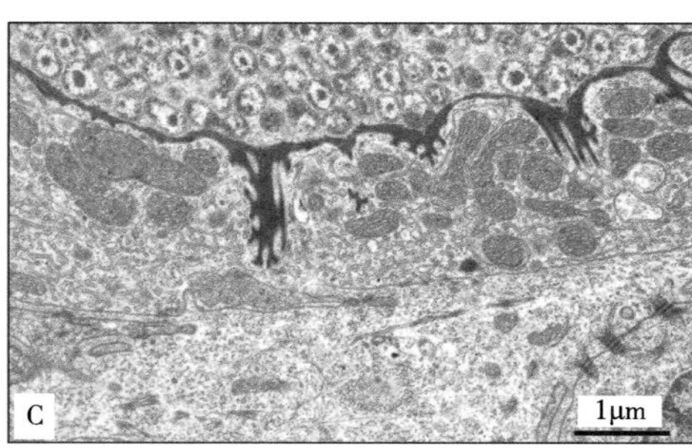

图7-133　包涵体的肌纤蛋白

图7-134显示经原位杂交处理的贝氏隆头鱼鳃组织切片。图7-134A显示用感测探针（sense probe）染色的初级鳃丝，显示包涵体没有被染色（箭头示）；图7-134B为初级鳃丝显示深蓝色染色的隆头鱼相似衣原体的包涵体，为用反义引物地高辛标记（antisense DIG-labelled）的、抗隆头鱼相似衣原体16S rRNA（against 16S rRNA of the bacterium）的探针染色；图7-134C显示图7-134B中染色包涵体的高放大倍数（箭头示）的[71]。

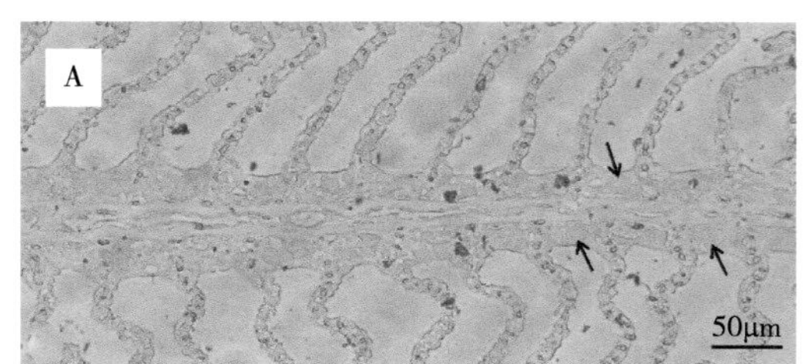

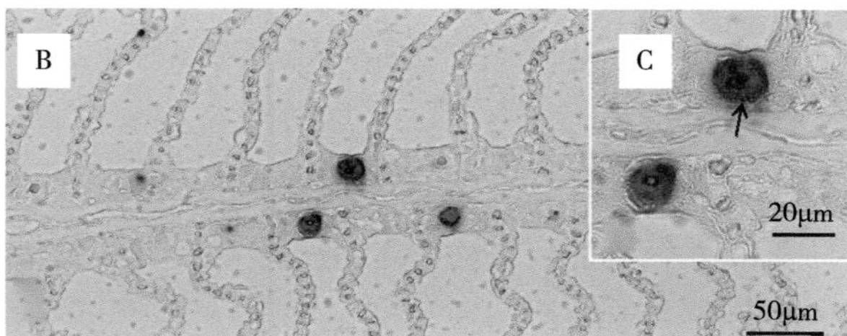

图7-134　贝氏隆头鱼鳃组织原位杂交

（五）石斑鱼相似衣原体（Candidatus *Similichlamydia epinephelii* sp. nov.）

石斑鱼相似衣原体（Candidatus *Similichlamydia epinephelii* sp. nov. Taylor-Brown，Pillonel，Bridle et al.，2017），由澳大利亚阳光海岸大学（University of the Sunshine Coast；Sippy Downs，Queensland，Australia）的Taylor-Brown等（2017）报道，是斜带石斑鱼（orangespotted grouper，*Epinephelus coioides*）上皮囊肿的病原菌。种名“*epinephelii*”为拉丁语阳性名词，指其宿主鱼（fish host）为石斑鱼属（*Epinephelus*）的[72]。

1. 基本性状

澳大利亚阳光海岸大学的Taylor-Brown等（2017）报道，在衣原体目中有几种衣原体与鱼常见的鳃上皮囊肿有关。这些衣原体和环境衣原体有着共同的祖先，由于缺乏培养系统，目前对这些鱼类病原性衣原体的生物学特性知之甚少。调查了澳大利亚昆士兰北部（North Queensland，Australia）养殖的斜带石斑鱼（orangespotted grouper，*Epinephelus coioides*）的上皮囊肿，在多数（22/31条）鱼的鳃中存在嗜碱性包涵体，经原位杂交证实囊肿中存在衣原体。在同样养殖系统中养殖的鞍带石斑鱼（giant grouper，*Epinephelus lanceolatus*），无上皮囊肿。16S rRNA基因测序显示为类似衣原体科（Candidatus Parilichlamydiaceae）的一个新的成员，命名为“Candidatus *Similichlamydia epinephelii*”（石斑鱼相似衣原体）。

利用宏基因组方法（metagenomic approaches），获得了约68%的衣原体基因组（Chlamydial genome），揭示了这一新的病原性衣原体与衣原体科有许多共同的致病特征，包括完整的Ⅲ型分泌系统（TypeⅢsecretion system）和几个衣原体毒力因子（Chlamydial virulence factors）。这提供了额外的证据，是证明了这些致病机制是在这个独特细菌门（unique bacterial phylum）进化的早期获得的。石斑鱼相似衣原体的鉴定和基因组特征，为进一步研究衣原体的生物学特性提供了新的可能，同时也为衣原体科的致病性进化提供了新的线索。对石斑鱼相似衣原体这种新的鱼类病原性衣原体的培养无关基因组学（Culture-independent genomics）研究，为这些细胞内细菌（intracellular bacteria）利用的宿主特异性适应（hostspecific adaptations）提供了新的见解。

感染斜带石斑鱼的鳃切片用苏木精-伊红染色，显示圆形到卵圆形的嗜碱性包涵体，直径从10～100μm不等。囊肿零星地散布在鳃丝中，不局限于通常所描述的片层中的特定位置，在斜带石斑鱼阳性的囊肿的数量从每条鳃丝0～35个。当大多数囊肿被透明囊膜（hyaline capsules）包裹时，一些囊肿被嗜酸性囊膜（eosinophilic capsules）包裹，推测来源于上皮细胞层。在一些病例中，观察到两个囊肿占据相同的层间空隙（interlamellar space）。宿主反应的证据有限，如白细胞浸润和上皮增生、片层融合不常见[72]。

2. 病原学意义

Taylor-Brown等（2017）报道在目前的研究中，在澳大利亚昆士兰州（Queensland，Australia）对10组养殖的斜带石斑鱼和鞍带石斑鱼进行了为期12个月的流行病学调查，在检查鳃吸虫（gill flukes）后观察到斜带石斑鱼的上皮囊肿。研究中取样的鱼群为：在2014年3月至2015年2月，从10个鱼群中取样53条鱼（31条斜带石斑鱼、22条鞍带石斑鱼）。除在5月14日（EC-May-14）从凯恩斯（Cairns）采集的斜带石斑鱼的亲鱼样本（broodstock samples）外，所有取样的鱼都是幼鱼。

最初在斜带石斑鱼中发现的假定性上皮囊肿来自昆士兰因尼斯费尔（Innisfail，

Queensland）附近一个开放池塘养殖场的个体，并于2014年5—7月在詹姆斯·库克大学（James Cook University，JCU）的封闭循环水族箱系统中进行鳃吸虫感染试验。此开放池塘养殖场毗邻一条咸水小溪，与之有定期的水交换。詹姆斯·库克大学的封闭系统，每周有10%的水与海水交换。用于交换的水，都没有经过处理。

组织病理学显示斜带石斑鱼，从2014年3月（秋季）的首次采样（83.33%）到2014年10月（春季）的所有采样鳃（100%）达到峰值的，感染率有所上升；总的来说，经组织病理学检查31条斜带石斑鱼样本中有22条存在上皮囊肿。受感染的鱼每条鳃丝平均有高达2.1个囊肿。到2015年2月（夏季），没有组织学证据表明存在上皮囊肿，尽管在这个时间点只采集了3条鱼。对上皮样囊肿的一些研究表明，温度的周期性变化有助于疾病的严重程度和流行，在温暖的月份观察到更高的上皮囊肿感染率，这可能更多地反映了季节性变化，而不是水温本身。石斑鱼已经被证明能够在感染其他细胞内病原体时产生先天性和适应性免疫反应，在不同设施取样的3条斜带石斑鱼的亲鱼样本不存在上皮囊肿，这表明该细菌可以通过海水调换（seawater exchange）引入池塘（ponds）或在詹姆斯·库克大学的设施（JCU facility），或疾病的感染率和严重程度存在年龄依赖性影响。有趣的是在从同样池塘取样的鞍带石斑鱼，没有发现上皮囊肿的病症或组织病理学证据，这表明该病原体是种特异性的，或鞍带石斑鱼可能比斜带石斑鱼更不易受到这种细菌感染。

这种新的衣原体与上皮囊肿病有关，通过衣原体目16S rRNA探针（Chlamydiales 16S rRNA probe；探针序列为5′DIG-ATGTAYTACTAACCCTTCCGCCACTA-3′DIG）与鳃上皮的囊肿杂交证明了这种细菌的致病性，在基因组草案（draft genome）中的毒力因子也证明了这种衣原体的致病性。

衣原体的一个关键毒力机制是第三类分泌系统，石斑鱼相似衣原体基因组为古代获得衣原体Ⅲ型分泌系统（T3SS）提供了证据衣原体的一个关键毒力机制（virulence mechanism）是Ⅲ型分泌系统，这是一种古老的、高度保守的分子装置（molecular machinery），它通过针状的注射体（needle-like injectisome）促进效应器（effectors）向真核宿主细胞的转移，从而介导细菌的存活和复制。Ⅲ型分泌系统组分可分为两类：一类是被视为（account）跨膜针状系统（transmembrane needle-like system）结构的器蛋白（apparatus proteins）；另一类是分泌到宿主细胞质中介导黏附（adhesion）、进入和侵袭（invasion）的效应器蛋白（effector proteins），它们似乎在整个衣原体中高度保守。石斑鱼相似衣原体基因组的组装图显示，Ⅲ型分泌系统的大部分结构/装置成分是完整的。此外还观察到先前描述的Ⅲ型分泌系统基因排列的保守性，因为4个簇中有3个已经成功组装。此外，在基因组中还发现了普遍的分泌途径蛋白（general secretion pathway proteins），这有助于分泌蛋白（secreted proteins）的稳定性、相互作用和运输。

为进一步确定石斑鱼相似衣原体的致病潜力，对一系列已知的衣原体毒力因子进行了基因组调查。已知衣原体目的成员编码一系列蛋白酶，这些蛋白酶在宿主细胞附着和侵袭过程中用于切割宿主蛋白质。其中一种蛋白酶是衣原体蛋白酶样活性因子（chlamydial protease-like activity factor，CPAF），它能够降解一系列涉及细胞骨架稳定性和抗原提呈的宿主细胞蛋白质，如主要组织相容性复合体（major histocompatibility complex）。鉴定出一个具有S41肽酶结构域（S41 peptidase domain）的衣原体蛋白酶样活性因子同系物（homolog）GCCT14_00610。衣原体蛋白酶样活性因子的分泌和分裂需要sec依赖途径（sec-dependent pathway），在石斑鱼相似衣原体组和体（assembly）GCCT14_00180、05190、02900、07980、01650、06730、0001、8720中鉴定出了包括伴侣（chaperones）在内的部分转移酶复合体（translocase complex），这表明衣原体蛋白酶样活性因子确实可以由石斑鱼相似衣原体分泌。尾特异性蛋白酶（tail-specific protease，*tsp*）的假定同源物（GCCT14_08300）也存在于基因组中，它与阻断宿主转录控制和细胞因子产生有关。这些蛋白酶及其部分伴侣的存在提供了证据，证明了石斑鱼相似衣原体可能通过其调节宿主细胞和逃避感染时的鱼宿主免疫反应的机制。

为了评估石斑鱼相似衣原体致病过程的新方面，根据与已知毒力因子的相似性预测了假定的新致病蛋白。使用Gupta等（2014）报道的MP3混合模型（hybrid model），测定了278种蛋白质的毒力；使用Garg和Gupta（2008）报道的毒力宝（VirulentPred）认为235种蛋白是具体毒力的，约占编码区域的30%。两个程序都预测214个蛋白在毒力中起作用，其中139个是假想蛋白（hypothetical proteins）。分析表明，石斑鱼相似衣原体可能具有几种新的致病机制。

此项研究的结果，一是在鮨科（Serranidae）鱼类中，首次描述了上皮样囊肿；二是描述了“Candidatus *Similichlamydia* sp. nov.”（相似衣原体属）的一个新种；三是第一个对“Candidatus Parilichlamydiaceae”（类似衣原体科）成员的基因组研究。

溶血素的3个拷贝GCCT14_01140、01150、08420，是一种能溶解红细胞的分泌性蛋白，在石斑鱼相似衣原体基因组中被自动注释。根据识别的蛋白质结构域（protein domains identified）DUF21，这些基因实际上可能编码与钠和/或镁吸收有关的转运蛋白（transporters）[72]。

图7-135显示斜带石斑鱼苏木精-伊红染色的鳃上皮囊肿（图7-135A、图7-135B）和原位杂交显示的囊肿衣原体定位（图7-135C、图7-135D、图7-135E）。嗜碱性囊肿零星分布于鳃部，被包裹在嗜酸性（星号示）或透明囊（开放箭头示）中。一个针对16S rRNA基因的探针与上皮样囊肿阳性鳃（图7-135C、图7-135D）中的囊肿杂交，而非感觉探针（non-sense probe）没有杂交（图7-135E中黑色箭头示）。较浅的染色信号很可能表明囊肿含有的细菌比深色染色囊肿少[72]。

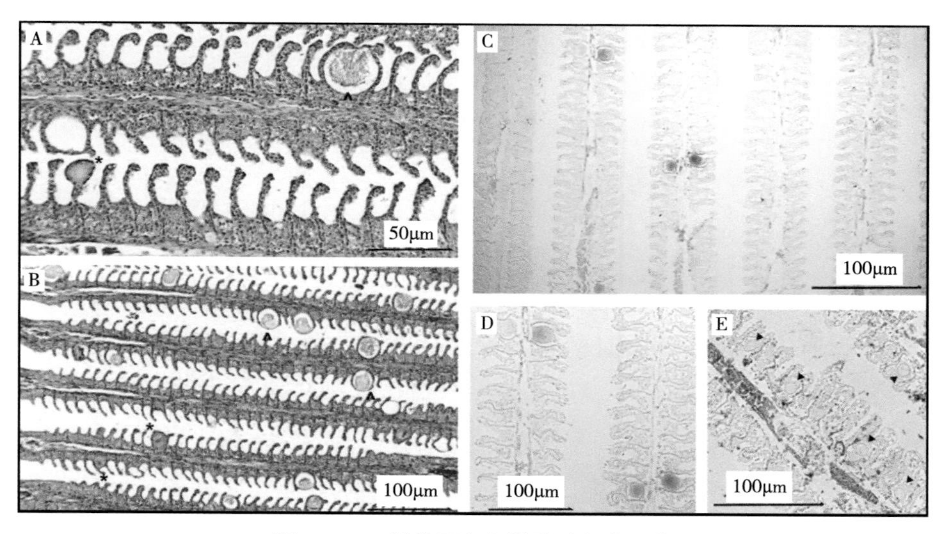

图7–135　斜带石斑鱼的囊肿与衣原体

四、海龙衣原体属（Candidatus *Syngnamydia* gen. nov.）

海龙衣原体属（Candidatus *Syngnamydia* gen. nov. Fehr，Walther，Schmidt-Posthaus et al.，2013），由瑞士苏黎世大学（Institute of Veterinary Pathology，Vetsuisse Faculty，University of Zurich；Zurich，Switzerland）的Fehr等（2013）建立。菌属名称“*Syngnamydia*”为拉丁语阴性名词，是以其宿主海龙属（*Syngnathus*）鱼类、结合其是属于衣原体门（Chlamydiae Garrity and Holt，2001）的细菌门（bacterial phylum）命名的[73]。

（一）菌属定义与属内菌种

海龙衣原体属分类于西蒙娜卡汉氏菌科（Simkaniaceae fam. nov. Everett，Bush and Andersenl，1999），目前在西蒙娜卡汉氏菌科内，包括西蒙娜卡汉氏菌属（*Simkania* gen. nov. Everett，Bush and Andersenl，1999）、弗里切氏菌属（Candidatus *Fritschea* Everett，Thao，Horn et al.，2005）、海龙衣原体属共3个菌属[44,73–74]。

顺便记述，“Simkaniaceae fam. nov.”（西蒙娜卡汉氏菌科）由美国农业部农业研究局国家动物疾病中心（National Animal Disease Center，Agricultural Research Service，US Department of Agriculture；Ames，USA）的Everett等（1999）建立，通过对16S rRNA和23 rRNA基因序列系统发育分析，提供了确凿的遗传和表型信息，表明衣原体目在菌科水平（family level）上至少包含4个不同的类群（groups），而在“Chlamydiaceae”（衣原体科）内则是两个不同的谱系（lineages），分为9个独立的簇（clusters）。同时，对衣原体目及其现有分类群进行了重新分类描述。提议保留了目前已知的衣原体科中16S rRNA存在90%同源性的菌株，并将与衣原体科16S rRNA存在80%～90%相关性的其他类衣原体生物（*Chlamydia*-like organisms）分类为新菌科（new families）。文中对衣原体目和衣原体科作了订正描述，通过对16S和23S核糖体基因（ribosomal genes）特征序列的分析，这些科、属和种很容易区分[74]。

1. 菌属定义

瑞士苏黎世大学的Fehr等（2013）报道建立的“Candidatus *Syngnamydia* gen. nov.”（海龙衣原体属），没有对菌属的生物学性状具体描述，是基于了“Candidatus *Syngnamydia venezia* sp. nov.”（威尼斯海龙衣原体）描述的[73]。

2. 属内菌种

目前在海龙衣原体属内，包括威尼斯海龙衣原体（Candidatus *Syngnamydia venezia* sp. nov.）、鲑鱼海龙衣原体（Candidatus *Syngnamydia salmonis* sp. nov.）两个种，均为鱼类鳃上皮囊肿的病原菌。

（二）威尼斯海龙衣原体（Candidatus *Syngnamydia venezia* sp. nov.）

威尼斯海龙衣原体（Candidatus *Syngnamydia venezia* Fehr，Walther，Schmidt-Posthaus et al.，2013），由瑞士苏黎世大学的Fehr等（2013）报道。种名“*venezia*”为现代拉丁语名词，指作为宿主的宽吻海龙（broad nosed pipefish，*Syngnathus typhle*）源于威尼斯潟湖（Lagoon of Venice）。GenBank登录号（16S rRNA）：KC182514[73]。

1. 基本性状

Fehr等（2013）报道，威尼斯海龙衣原体是专性细胞内细菌（obligate intracellular bacteria）。其网状体呈多形性，大小在宽约为0.75μm、长约为2μm（在分裂前的长形体可达3.5μm）。在每个网状体中，波纹状外膜（rippled outer membrane）包围低电子密度的、散布的颗粒状细胞质区域，其可聚结形成一个或两个簇（clusters）、后者可能为分裂细胞。没有观察到具有电子致密核心的、清晰的原体或感染颗粒（infectious particle），这提示了网状体本身能够引发感染的可能性、并导致在宿主海龙的上皮囊肿感染；外膜似乎是相当可塑性（malleable）的，其形状从圆形到细杆状（angular rods）。鳃上皮包涵体，似乎不引起组织炎症或增生。威尼斯海龙衣原体16S rRNA基因序列，与西蒙娜卡汉氏菌科家族存在亲缘关系[73]。

2. 病原学意义

Fehr等（2013）报道作为水生动物的病原性威尼斯海龙衣原体，存在于海洋环境中，是可感染海龙科（Syngnathidae）水生动物鳃组织细胞的细胞内细菌（intracellular bacteria），是被广泛认可的宽吻海龙的上皮囊肿感染的病原菌，且已知具有能够感染从无脊椎动物（invertebrates）到人的不同宿主范围。

衣原体相关细菌（*Chlamydia*-related bacteria）是鱼类的病原体，主要是感染鱼鳃和皮肤的上皮细胞（epithelial cells）引起上皮囊肿。海龙是一种分布广泛、遗传多样的温带硬骨鱼类（bony fishes），对上皮囊肿易感。于2011年6月和9月，在威尼斯潟湖的鳗草丛（eelgrass beds）通过拖网捕捞收集的宽吻海龙进行检验。所发现的一种新细菌、命名为"Candidatus *Syngnamydia venezia*"（威尼斯海龙衣原体），是宽吻海龙上皮囊肿的病原菌，是与其他衣原体相近的病原体。

研究中取宽吻海龙的鳃组织，能够容易见到大的（直径在40～300μm）的椭圆形上皮囊肿病变，囊肿锚定在鳃片。鳃组织的组织学检查，显示在增大的上皮细胞内有多个囊肿，这些囊肿与鳃上皮细胞的炎症反应无关，大的（直径在40～300μm）囊肿导致细胞质和细胞核移位，空泡包含嗜碱性粒状物；在鳃片层间也有多个20～30μm的、帽状寄生虫（hat-like parasites），每个有一个基部边缘纤毛（cilia）和在中央部位存在嗜碱性狭长的核（basophilic elongated nucleus），为车轮虫（*Trichodina* sp.）。

为了确定这种新的衣原体是否与西蒙娜卡汉氏菌科的其他成员具有超微结构相似性，制备了单个包涵体的透射电镜图像。所有包涵体均显示出均匀的颗粒群，个别细菌在宽度平均（测定42个的）为0.76μm ± 0.08μm、长度为2.17μm ± 0.44μm。鳃上皮细胞包涵体，似乎不引起组织炎症或增生。

图7-136为刁海龙（pipefish）鳃的湿组织和组织学病变。图7-136A显示在无菌海水中的湿悬物，有许多突起的上皮囊肿病变（epitheliocystis lesions）清晰可见（开放箭头示）；图7-136B显示鳃片及有局灶性上皮细胞内囊肿（intracellular cyst），长40μm，呈暗嗜碱性颗粒物（dark basophilic granular material）（蘑菇状箭头示），受影响的片层上皮无病理改变和无炎症反应；图7-136C显示多发性车轮虫（*Trichodina* sp.）在片层之间（箭头示），无相关病理改变。

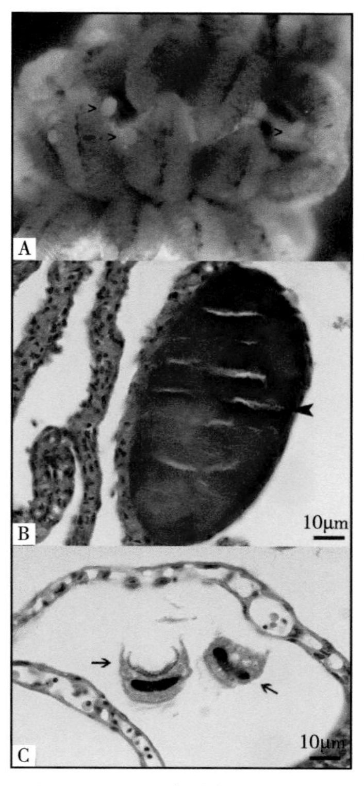

图7-136　刁海龙鳃组织病变

图7-137为上皮囊肿病变的透射电子显微镜观察，显示典型的威尼斯海龙衣原体特征。图7-137A和图7-137B显示致密细胞群体（dense cell packing）的概貌；在图7-137C和图7-137D，内共生菌（endosymbionts）显示一个或两个电子透明区（electron-lucent regions）（开放箭头示），可

能代表分裂细菌（dividing bacteria），最长的为3.4μm（d中的星号示）；图7-137E显示的波纹外膜；图7-137F显示的角度形式（angular forms）是典型的特征。

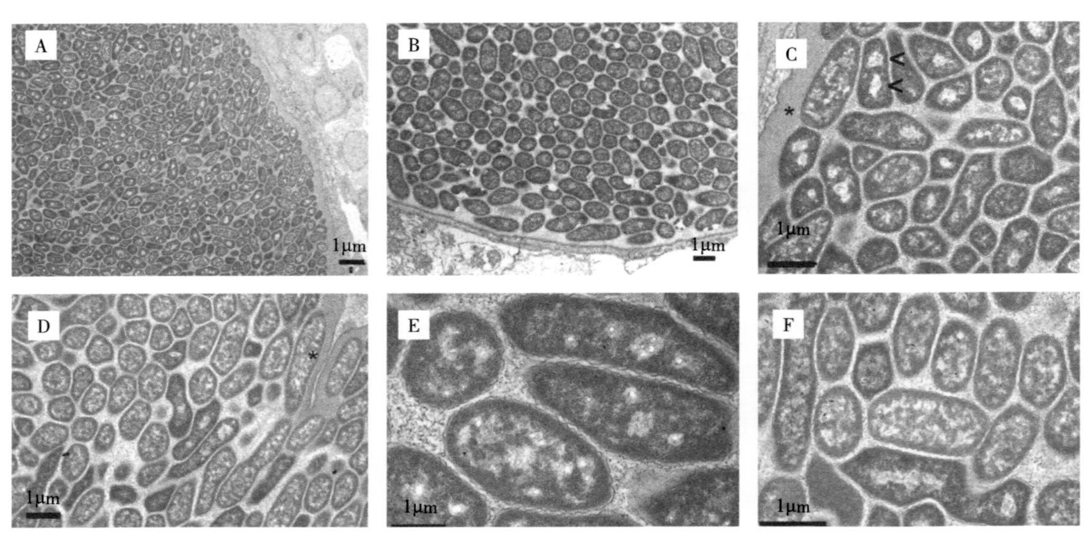

图7-137　上皮囊肿病变的透射电镜图片

图7-138为从鱼分离的单个包涵体（isolated inclusions）的湿涂片（wet mount）图7-138A、图7-138B、图7-138C。其中的图7-138A显示在无菌海水中的新鲜分离的囊肿，图7-138B显示用玻璃微注射针进行穿刺，图7-138C显示释放出厚厚云雾状的细菌（星号示）；图7-138D显示用真细菌探针（eubacterial probe）和图7-138E显示用衣原体特异性探针（Chlamydiales-specific probe）标记及7-138F显示两者组合的囊肿，分别呈绿色、红色、绿和红混合色[73]。

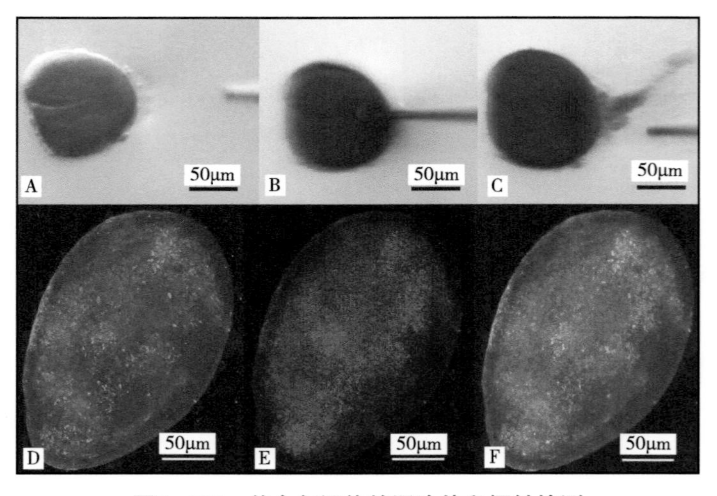

图7-138　单个包涵体的湿涂片和探针检测

（三）鲑鱼海龙衣原体（Candidatus *Syngnamydia salmonis* sp. nov.）

鲑鱼海龙衣原体（Candidatus *Syngnamydia salmonis* sp. nov. Nylund，Steigen，Karlsbakk et al.，2015），由挪威卑尔根大学（Department of Biology，University of Bergen；Bergen，Norway）的Nylund等（2015）报道，是大西洋鲑（Atlantic salmon，*Salmo salar*）鳃上皮囊肿的病原菌。种名“*salmonis*”为拉丁语属格名词，指感染海洋环境（marine environment）鲑科鱼类（Salmonidae）大西洋鲑鳃细胞发生上皮囊肿的细胞内细菌（intracellular bacterium）[75]。

1. 基本性状

Nylund等（2015）报道，鲑鱼海龙衣原体表现出与衣原体科的衣原体相似的复制发育周期的形态学特征。包涵体膜简单光滑，多形性网状体（Pleomorphic reticulate bodies，RB）能够长达2.5μm；发育的中间体（IB）长500～800nm，包含中心电子致密的拟核区域（nuclear area），直径约150nm；原体（EB）的大小为（0.7～1.0）μm×（0.4～0.5）μm。两个单位膜（unit membranes），包围细菌的不同发育阶段。原体有一个冠状区域（cap area）、一个明显的电子低密度（透光）区域和一个电子致密的拟核；冠状区域的组成，其中两个膜与一个包含电子致密突起（electron dense projections）的规则膜间隙（intermembrane space）对齐。

基于其部分16S rRNA基因序列，它是新的西蒙娜卡汉氏菌科成员，与模式种“Candidatus *Syngnamydia venezia*”（威尼斯海龙衣原体）存在95.7%的同源性，提示为海龙衣原体属的衣原体；RNA-RNA杂交显示其存在于大西洋鲑鳃上皮囊肿中，这种新型细菌产生具有特征性形态的多形性网状体和原体。EBs为短杆状（short rods）结构，存在顶端盘状冠状区域（terminal disc-like cap area），近顶端球形液泡状低电子密度结构（sub-apical spherical vacuole-like electron-lucent structure）和拟核。提议将这种来自海水养殖鲑鱼（seawater-reared salmon）上皮囊肿的新病原体命名为“Candidatus *Syngnamydia salmonis* sp. nov.”（鲑鱼海龙衣原体）。

鲑鱼海龙衣原体的16 rRNA基因，在GenBank的登录号为KF768762（P-I）、EU326493（P-Ⅱ）、KF768763（P-Ⅲ）[75]。

2. 病原学意义

Nylund等（2015）报道，提供了大西洋鲑中鲑鱼海龙衣原体这种新的衣原体与上皮囊肿相关的证据。在2006年秋，调查了挪威西部一个养殖场的大西洋鲑，那里的鲑鱼有呼吸窘迫（respiratory distress）的病症，鳃也有明显的损伤。PCR检测和测序显示，这些鲑鱼的鳃中存在感染因子，包括一种新的上皮囊肿相关的衣原体，是与西蒙娜卡汉氏菌科有亲缘关系的。随后，在挪威其他养殖场的鲑鱼也发现了这种病原菌。

供试大西洋鲑是在2006年10月，从挪威三个独立的海水养殖场（seawater farms）种群

（P-I、P-Ⅱ、P-Ⅲ）采集了鲑鱼。P-I来自挪威北部，P-Ⅱ、P-Ⅲ来自挪威西部，所有的鲑鱼都患有鳃疾病、并伴有相关的死亡率。从所有种群中采集鳃，均进行组织学和核酸提取检验；从种群PⅢ中采集的鳃，也用于原位杂交（in situ hybridization，ISH）。

上皮囊肿的组织学和超微结构检验，结果显示所有种群的鳃组织学研究均显示有上皮囊肿，这些囊肿由单个肥大细胞（hypertrophied cells）和包含细菌的包涵体组成。最大的囊肿直径可达25μm。大的包涵体使细胞核移位（displaced）。透射电子显微镜观察显示除细菌外，包涵体还含有小的膜结合颗粒（membrane bound particles）和丝状物和非定形物。包涵体中的细菌呈不同的形态：大的细长分枝体长度可达2.5μm，含有颗粒状物质（核糖体）和含有定形物（染色质）的区域，这里称其为网状体，呈网状体样（reticulate body，RB-like）；更小的电子致密的、短杆状形态（short rod-like morphs）在（0.7～1.0）μm×（0.4～0.5）μm，具有明显的顶端盘状（apical disc，cap）结构，接近顶端的半透明液泡状区域（sub-apical translucent vacuole-like area）平均直径为280nm，这里称其为可能的原体（likely elementary bodies，EBs）；与包涵体中的网状体和原体相比，呈中等大小（直径500～800nm）的，这里称其为中间体（intermediate bodies，IBs）。所有发育阶段的细菌都被两个单位膜包裹，在细菌的接近顶端部分，外膜（outer membrane）看起来是不规则的，并与内膜（inner membrane）分开。在成熟原体的冠状区域，两膜以固定的距离排列，该区域包含杆状电子致密物，似乎穿过两个膜并从帽状结构表面（cap-surface）伸出。在原体中，一个突出的拟核仁位于中央或稍后的位置[75]。

图7-139为大西洋鲑鳃中包涵体。图7-139A显示大西洋鲑鳃中肥大上皮细胞（hypertrophied epithelial cells）液泡内（intra-vacuolar）（星号示）含有细胞内衣原体样细菌；图7-139B为感染上皮细胞的透射电子显微镜图片，显示包涵体（星号示）内衣原体样细菌。

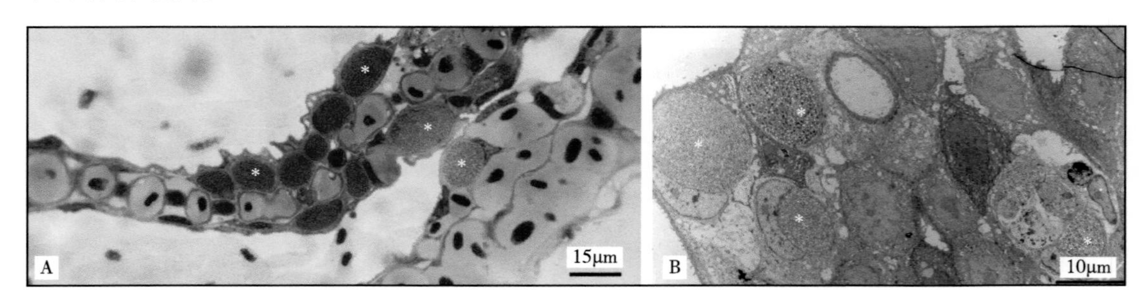

图7-139　大西洋鲑鳃中包涵体

图7-140显示鲑鱼海龙衣原体发育的早期阶段。图7-140A显示被感染的上皮细胞，含有一个带有网状体（RB）的液泡；图7-140B显示上皮细胞，内含中等大小的包涵体，含有网状体（RB）和较小的中间体，核仁较浓缩；图7-140C显示感染的上皮细胞含有大部分未成熟的原体，核仁和电子低密度区域明显。

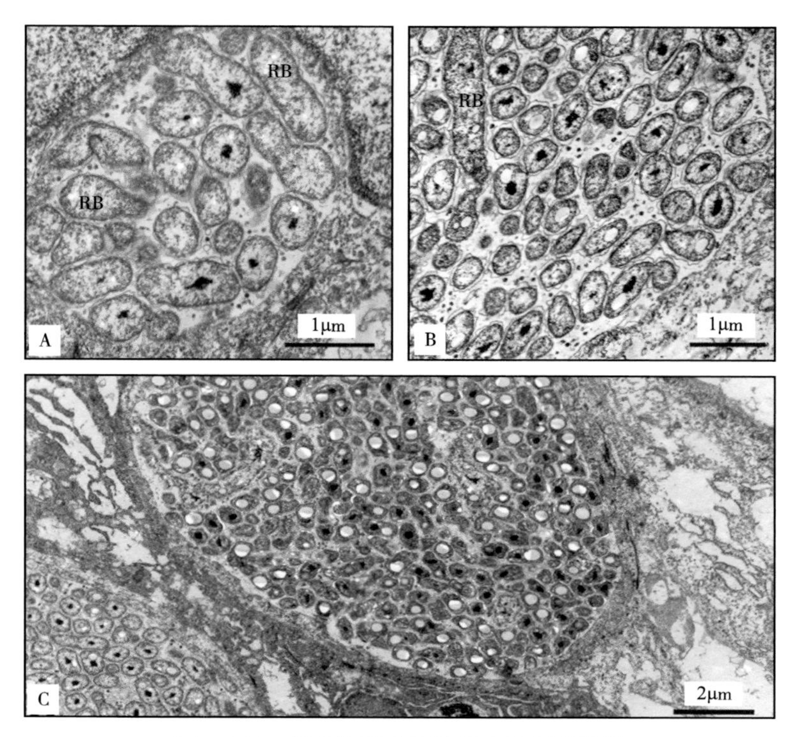

图7-140　鲑鱼海龙衣原体发育的早期阶段

图7-141A为鲑鱼海龙衣原体的原体放大图像，显示拟核（N）、电子低密度区域（V）；图7-141B为放大显示类似杆状结构（rod-like structures）的顶冠（apical cap）（箭头示）。

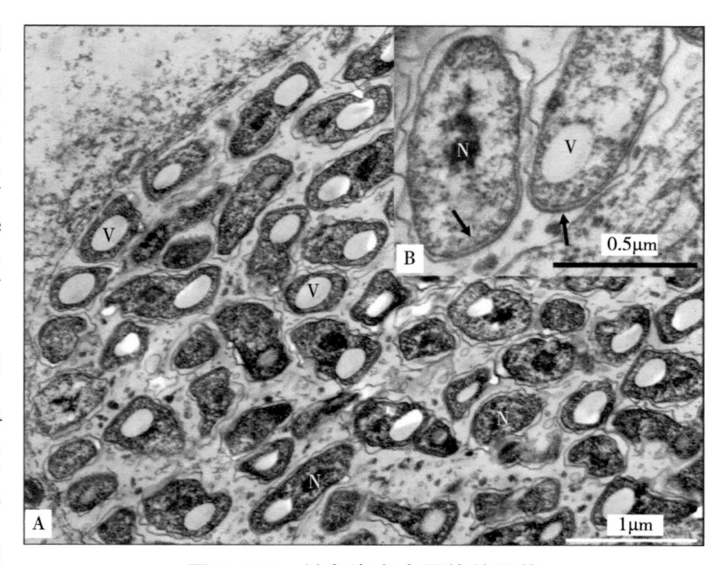

图7-141　鲑鱼海龙衣原体的原体

图7-142为用Dig标记的RNA探针（DIG-labelled RNA probes），对感染鲑鱼海龙衣原体的鱼鳃石蜡包埋切片进行原位杂交。图7-142A显示感染鱼的鳃，用地高辛标记的RNA侦测探针（sense DIG-labelled RNA probe）染色，靶向来自此新衣原体的16S rRNA；图7-142B显示用反义引物DIG标记的RNA探针（anti-sense DIG-labelled RNA probe）对感染鱼的鳃进行染色，可见感染的细胞（聚集在一起的黑点）；图7-142C显示放大的图7-142B[75]。

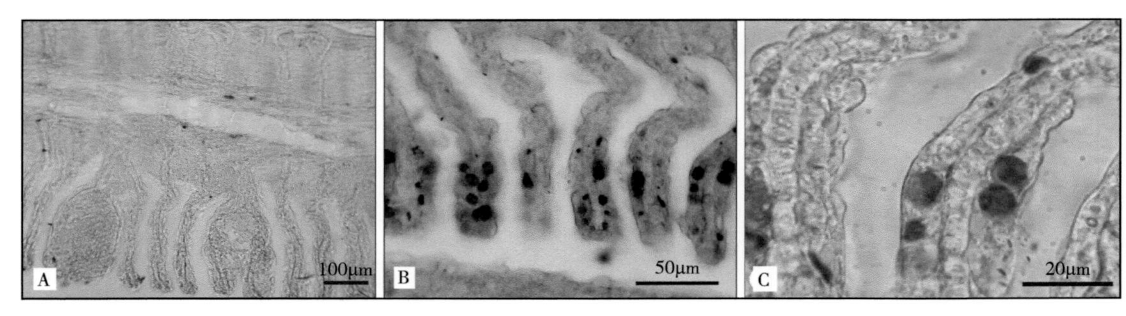

图7-142　鳃组织原位杂交

参考文献

［1］　MITCHELL S O，RODGER H D. A review of infectious gill disease in marine salmonid fish[J]. Journal of Fish Diseases，2011，34：411-432.

［2］　PLEHN M. New parasites in the skin and gills of fish. *Ichthyochytrium* and *Mucophilus*.（Neue Parasiten in Haut and Kiemen von Fischen. *Ichthyochytrium* und *Mucophilus*.）Zentralblatt für Bakteriologie，Parasitenkunde de Infektionskrancheiten und Hygiene[J]. Abt I Originale. 1920，85：275-281.

［3］　HOFFMAN G L，DUNBAR C E，WOLF K，et al. Epitheliocystis，a new infectious disease of the bluegill（*Lepomis macrochirus*）[J]. Antonie van Leenwenhoek，1969，35（2）：146-158.

［4］　WOO P T K，BRUNO D W. Fish diseases and disorders，volume 3：viral，bacterial and fungal infections[M]. 2nd ed. Cornwall：MPG Books Group，2011：324-329.

［5］　ROBERTS R J. Fish pathology[M]. 4th ed. Malden：Blackwell Publishing Ltd，2012：369-370.

［6］　AUSTIN B，AUSTIN D A. Bacterial fish pathogens disease of farmed and wild fish[M]. 6th ed. Cham：Springer International Publishing Switzerland，2016：630-632.

［7］　WOLF K. *Chlamydia* and *Rickettsia* of fish[J]. Fish Health News，1981，10（3）：1-4.

［8］　PLEHN M. Practical course in fish diseases[J]. Stuttgart：Schweizerbart'sche Verlag，1924：179.

［9］　WOLF K，GRAVELL M，MALSBERGER R G. Lymphocystis virus：isolation and propagation in centrarchid fish cell lines[J]. Science，1966，151（713）：1004-1005.

［10］　WOLKE R E，WYAND D S，KHAIRALLAH L H. A light and electron microscopic study of epitheliocystis disease in the gills of Connecticut striped bass（*Morone saxatilis*） and white perch（*Morone americanus*）[J]. Journal of Comparative Pathology，1970，80（4）：559–563.

[11] PAPERNA I，ZWERNER D E. Parasites and diseases of the striped bass，*Morone saxatilis*（Walbaum） from the lower Chesapeake Bay[J]. Journal of Fish Biology，1976，9（3）：267–287.

[12] ZACHARY A，PAPERNA I. Epitheliocystis disease in the striped bass *Morone saxatilis* from the Chesapeake Bay[J]. Canadian Journal of Microbiology，1977，23（10）：1404–1414.

[13] ANDERSON I G，PRIOR H C. Subclinical epitheliocystis in barramundi，*Lates calcarifer*，reared in sea cages[J]. Australian Veterinary Association，1992，69（9）：226–227.

[14] CRESPO S，ZARZA C，PADRÒS F. Epitheliocystis hyperinfection in sea bass，*Dicentrarchus labrax*（L.）：light and electron microscope observations[J]. Journal of Fish Diseases，2001，24（9）：557–560.

[15] PAPERNA I. Epitheliocystis infection in wild and cultured sea bream（*Sparus aurata*，Sparidae）and grey mullets（*Liza ramada*，Mugilidae）[J]. Aquaculture，1977，10（2）：169–176.

[16] PAPERNA I，SABNAI I，CASTEL M. Ultrastructural study of epitheliocystis organisms from gill epithelium of the fish *Sparus aurata*（L.） and *Liza ramada*（Risso） and their relation to the host cell[J]. Journal of Fish Diseases，1978，1（2）：181–189.

[17] CRESPO S，ZARZA C，PADRÒS F，et al. Epitheliocystis agents in sea bream *Sparus aurata*：morphological evidence for two distinct *Chlamydia*-like developmental cycles[J]. Diseases of Aquatic Organisms，1999，37（1）：61–72.

[18] 范超，史成银，刘江春. 中国养殖斑石鲷（*Oplegnathus puncatus*）上皮囊肿病的发现及显微观察[J]. 渔业科学进展，2017，38（2）：178–180.

[19] MOLNÁR K，BOROS G. A light and electron microscopic study of the agent of carp mucophilosis[J]. Journal of Fish Diseases，1981，4（4）：325–334.

[20] PAPERNA I，ALVES A P，MATOS D. The developmental cycle of epitheliocystis in carp，*Cyprinus carpio* L[J]. Journal of Fish Diseases，1984，7（2）：137–147.

[21] SZAKOLCZAI J，VETÉSI F，PITZ S R. Epitheliocystis disease in cultured pacu（Piaractus mesopotamicus） in Brazil[J]. Acta Veterinaria Hungarica，1999，47（3）：311–318.

[22] KIM D J，PARK，SEOK S H，et al. Epitheliocystis in Carp（*Cyprinus carpio*） in

South Korea[J]. The Journal of Veterinary Medical Science，2005，67（1）：119-120.

[23] SELLYEI B，MOLNÁR K，SZÉKELY C. Diverse *Chlamydia*-like agents associated with epitheliocystis infection in two cyprinid fish species，the common carp（*Cyprinus carpio* L.）and the gibel carp（*Carassius auratus gibelio* L.）[J]. Acta Veterinaria Hungarica，2017，65（1）：29-40.

[24] ROURKE A W，DAVIS R W，BRADLEY T M. A light and electron microscope study of epitheliocystis in juvenile steelhead trout，*Salmo gairdneri* Richardson[J]. Journal of Fish Diseases，1984，7（4）：301-309.

[25] BRADLEY T M，NEWCOMER C E，MAXWELL K O. Epitheliocystis associated with massive mortalities of cultured lake trout *Salvelinus namaycush*[J]. Diseases of Aquatic Organisms，1988，4（1）：9-17.

[26] NYLUND A，KVENSETH A M，ISDAL E. A morphological study of the epitheliocystis agent in farmed Atlantic salmon[J]. Journal of Aquatic Animal Health，1998，10（1）：43-55.

[27] CRESPO S，GRAU A，PADRÒS F. Epitheliocystis disease in the cultured amberjack，*Seriola dumerili* Risso（Carangidae）[J]. Aquaculture，1990，90：197-207.

[28] GRAU A，CRESPO S. Epitheliocystis in the wild and cultured amberjack，*Seriola dumerili* Risso：ultrastructural observations[J]. Aquaculture，1991，95：1-6.

[29] VENIZELOS A，BENETTI D D. Epitheliocystis disease in cultured yellowtail *Seriola mazatlana* in Ecuador[J]. Journal of the World Aquaculture Society，1996，27（2）：223-227.

[30] LANGDON J S，ELLIOTT K，MACKAY B. Epitheliocystis in the leafy sea-dragon[J]. Australian Veterinary Journal，1991，68（7）：244.

[31] MEIJER A，ROHOLL P J M，OSSEWAARDE J M，et al. Molecular evidence for association of Chlamydiales bacteria with epitheliocystis in leafy seadragon（*Phycodurus eques*），silver perch（*Bidyanus bidyanus*），and barramundi（*Lates calcarifer*）[J]. Applied and Environmental Microbiology，2006，72（1）：284-290.

[32] PAPERNA I，SABNAI I，ZACHARY A. Ultrastructural studies in piscine epitheliocystis：evidence for a pleomorphic developmental cycle[J]. Journal of Fish Diseases，1981，4（6）：459-472.

[33] GROFF J M，PATRA S E L，MUNN R J，et al. Epitheliocystis infection in cultured white sturgeon（*Acipenser transmontanus*）：antigenic and ultrastructural similarities of the causative agent to the chlamydiae[J]. Journal of veterinary diagnostic investigation，1996，8（2）：172-180.

［34］ POLKINGHORNE A，SCHMIDT-POSTHAUS H，MEIJER A，et al. Novel Chlamydiales associated with epitheliocystis in a leopard shark *Triakis semifasciata*[J]. Diseases of Aquatic Organisms，2010，91（1）：75–81.

［35］ LAI C C，CROSBIE P B B，BATTAGLENE S C，et al. Effects of epitheliocystis on serum lysozyme activity and osmoregulation in cultured juvenile striped trumpeter，*Latris lineata*（Forster）[J]. Aquaculture，2013，388：99–104.

［36］ STRIDE M C，NOWAK B F. Epitheliocystis in three wild fish species in Tasmanian waters[J]. Journal of Fish Diseases，2014，37（2）：157–162.

［37］ NOWAK B F，PATRA S E L. Epitheliocystis in fish[J]. Journal of Fish Diseases，2006，29（10）：573–588.

［38］ STRIDE M C，POLKINGHORNE A，NOWAK B F. Chlamydial infections of fish：diverse pathogens and emerging causes of disease in aquaculture species[J]. Veterinary Microbiology，171：258–266.

［39］ PAWLIKOWSKA-WARYCH M，DEPTULA W. Characteristics of *chlamydia*-like organisms pathogenic to fish[J]. Journal of Applied Genetics，2016，57（1）：135–141.

［40］ BLANDFORD M I，TAYLOR-BROWN A，SCHLACHER T A，et al. Epitheliocystis in fish：an emerging aquaculture disease with a global impact[J]. Transboundary and emerging diseases，2018，6：1–11.

［41］ CORSARO D，WORK T M. 'Candidatus *Renichlamydia luyjani*'，a Gram-negative bacterium in internal organs of blue-striped snapper *Lutjanus kasmira* from Hawaii[J]. Diseases of Aquatic Organisms，2012，98（3）：249–254.

［42］ WORK T M，RAMEYER R A，TAKATA G，et al. Protozoal and epitheliocystis-like infections in the introduced bluestripe snapper *Lutjanus kasmira* in Hawaii[J]. Diseases of Aquatic Organisms，2003，57（1–2）：59–66.

［43］ WORK T M，VIGNON M，AEBY G S. Microparasite ecology and health status of common bluestriped snapper *Lutjanus kasmira* from the Pacific Islands[J]. Aquatic Biology，2010，9（2）：185–192.

［44］ AIDAN C. PARTE. Bergey's manual of systematic bacteriology[M]. 2nd ed. New York：Springer，2010，845–877.

［45］ THOMAS V，CASSON N，GREUB G. *Criblamydia sequanensis*，a new intracellular Chlamydiales isolated from Seine river water using amoebal co-culture[J]. Environmental Microbiology，2006，8（12）：2125–2135.

［46］ 刘隽湘. 医学科学家汤飞凡[M]. 北京：人民卫生出版社，1999：106–130.

［47］ CORSARO D，GREUB G. Pathogenic potential of novel *Chlamydia* and diagnostic approaches to infections due to these obligate intracellular bacteria[J]. Clinical Microbiology Reviews，2006，19（2）：283–297.

[48] BERGEY' S MANUAL TRUST. Bergey's manual of systematics of archaea and bacteria[M]. New York：Wiley，2015：*Chlamydia*.

[49] KARLSEN M，NYLUND A，WATANABE K，et al. Characterization of 'Candidatus *Clavochlamydia salmonicola*'：an intracellular bacterium infecting salmonid fish[J]. Environmental Microbiology，2008，10（1）：208–218.

[50] MITCHELL S O，STEINUM T，RODGER H，et al. Epitheliocystis in Atlantic salmon，*Salmo salar* L.，farmed in fresh water in Ireland is associated with 'Candidatus *Clavochlamydia salmonicola*' infection[J]. Journal of Fish Diseases，2010，33（8）：665–673.

[51] SOTO M G，VAUGHAN L，SEGNER H，et al. Epitheliocystis distribution and characterization in brown trout（*Salmo trutta*） from the headwaters of two major European rivers，the Rhine and Rhone[J]. Frontiers in Physiology，2016，7.

[52] SOTO M G，VIDONDO B，VAUGHAN L，et al. Investigations into the temporal development of epitheliocystis infections in brown trout：a histological study[J]. Journal of Fish Diseases，2016，40（6）：811–819.

[53] SCHMIDT-POSTHAUS H，POLKINGHORNE A，NUFER L，et al. A natural freshwater origin for two chlamydial species，Candidatus *Piscichlamydia salmonis* and Candidatus *Clavochlamydia salmonicola*，causing mixed infections in wild brown trout（*Salmo trutta*）[J]. Environmental microbiology，2011，14（8）：2048–2057.

[54] HORN M，WAGNER M，MÜLLER K-D，et al. *Neochlamydia hartmannellae* gen. nov. sp. nov.（Parachlamydiaceae），an endoparasite of the amoeba *Hartmannella vermiformis*[J]. Microbiology，2000，146（5）：1231–1239.

[55] SCHMID E N，MÜLLER K-D，MICHEL R. Evidence for bacteriophages within *Neochlamydia hartmannellae*，an obligate endoparasitic bacterium of the free-living amoeba *Hartmannella vermiformis*[J]. Endocytobiosis and Cell Research，2001，14：115–119.

[56] DRAGHI A Ⅱ，BEBAK J，POPOV V L，et al. Characterization of a *Neochlamydia*-like bacterium associated with epitheliocystis in cultured Arctic charr *Salvelinus alpinus*[J]. Diseases of Aquatic Organisms，2007，76（1）：27–38.

[57] VON BOMHARD W，POLKINGHORNE A，LU Z H，et al. Detection of novel chlamydiae in cats with ocular disease[J]. American Journal of Veterinary Research，2003，64（11）：1421–1428.

[58] KUMAR G，MAYRHOFER R，SOLIMAN H，et al. Novel Chlamydiales associated with epitheliocystis in grass carp（*Ctenopharyngodon idella*）[J]. Veterinary Record，2013，172（2）：47-49.

[59] DRAGHI A Ⅱ，POPOV V L，KAHL M M，et al. Characterization of 'Candidatus *Piscichlamydia salmonis*'（order Chlamydiales），a *Chlamydia*-like bacterium associated with epitheliocystis in farmed Atlantic salmon（*Salmo salar*）[J]. Journal of Clinical Microbiology，2004，42（11）：5286-5297.

[60] STEINUM T，SJÅSTAD K，FALK K，et al. An RT PCR-DGGE survey of gill-associated bacteria in Norwegian seawater-reared Atlantic salmon suffering proliferative gill inflammation[J]. Aquculture，2009，293（3-4）：172-179.

[61] STEINUM T，KVELLESTAD A，COLQUHOUN D J，et al. Microbial and pathological findings in farmed Atlantic salmon *Salmo salar* with proliferative gill inflammation[J]. Diseases of Aquatic Organisms，2010，91：201-211.

[62] DRAGHI A，BEBAK J，DANIELS S，et al. Identification of 'Candidatus *Piscichlamydia salmonis*'in Arctic charr *Salvelinus alpinus* during a survey of charr production facilities in North America[J]. Diseases of Aquatic Organisms，2010，89（1）：39-49.

[63] CAMUS A，SOTO E，BERLINER A，et al. Epitheliocystis hyperinfection in captive spotted eagle rays *Aetobatus narinari* associated with a novel Chlamydiales 16S rDNA signature sequence[J]. Diseases of Aquatic Organisms，2013，104：13-21.

[64] STEIGEN A，NYLUND A，KARLSBAKK E，et al. 'Cand. *Actinochlamydia clariae*'gen. nov.，sp. nov.，a unique intracellular bacterium causing epitheliocystis in Catfish（*Clarias gariepinus*）in Uganda[J]. PLOS ONE，2013，8（6）：e66840.

[65] SOOD N，PRADHAN P K，VERMA D K，et al. Candidatus *Actinochlamydia pangasiae* sp. nov.（Chlamydiales，Actinochlamydiaceae），a bacterium associated with epitheliocystis in *Pangasianodon hypophthalmus*[J]. Journal of Fish Diseases，2018，41（2）：281-290.

[66] STRIDE M C，POLKINGHORNE A，MILLER T L，et al. Molecular characterization of "Candidatus *Parilichlamydia carangidicola*"，a novel *Chlamydia*-like epitheliocystis agent in yellowtail kingfish，*Seriola lalandi*（Valenciennes），and the proposal of a new family，"Candidatus Parilichlamydiaceae" fam. nov.（order Chlamydiales）[J]. Applied and Environmental Microbiology，2013，79（5）：1590-1597.

[67] STRIDE M C，POLKINGHORNE A，MILLERT L，et al. Molecular characterization

of "Candidatus *Similichlamydia latridicola*" gen. nov., sp. nov. (Chlamydiales: "Candidatus Parilichlamydiaceae"), a novel *Chlamydia*-like epitheliocystis agent in the striped trumpeter, *Latris lineata* (Forster) [J]. Applied and Environmental Microbiology, 2013, 79 (16): 4914–4920.

[68] MANSELL B, POWELL M D, ERNST I, et al. Effects of the gill monogenean *Zeuxapta seriolae* (Meserve, 1938) and treatment with hydrogen peroxide on pathophysiology of kingfish, *Seriola lalandi* Valenciennes, 1833[J]. Journal of Fish Diseases, 2005, 28: 253–262.

[69] STRIDE M C, POLKINGHORNE A, POWELL M D, et al. "Candidatus *Similichlamydia laticola*", a Novel *Chlamydia*-like agent of epitheliocystis in Seven Consecutive Cohorts of Farmed Australian Barramundi, *Lates calcarifer* (Bloch) [J]. PLOS ONE, 2013, 8 (12): 1–8.

[70] EVERETT K D E, BUSH R M, ANDERSEN A A. Emended description of the order Chlamydiales, proposal of Parachlamydiceae fam. nov. and Simkaniaceae fam. nov., each containing one monotypic genus, revised taxonomy of the family Chlamydiceae, including a new genus and five new species, and standards for the identification of organisms[J]. International Journal of Systematic Bacteriology, 1999, 49 (2): 415–440.

[71] STEIGEN A, KARLSBAKK E, PLARRE H, et al. A new intracellular bacterium, Candidatus *Similichlamydia labri* sp. nov. (Chlamydiaceae) producing epitheliocysts in ballan wrasse, *Labrus bergylta* (Pisces, Labridae) [J]. Archives Microbiology, 2015, 197: 311–318.

[72] TAYLOR-BROWN A, PILLONEL T, BRIDLE A, et al. Culture-independent genomics of a novel chlamydial pathogen of fish provides new insight into hostspecific adaptations utilized by these intracellular bacteria[J]. Environmental Microbiology, 2017, 19 (5): 1899–1913.

[73] FEHR A, WALTHER E, SCHMIDT-POSTHAUS H, et al. Candidatus *Syngnamydia Venezia*, a novel member of the phylum Chlamydiae from the broad nosed pipefish, *Syngnathus typhle*[J]. PLOS ONE, 2013, 8 (8): 70853.

[74] EVERETT K D E, BUSH R M, ANDERSEN A A. Emended description of the order Chlamydiales, proposal of Parachlamydiaceae fam. nov. and Simkaniaceae fam. nov., each containing one monotypic genus, revised taxonomy of the family Chlamydiaceae, including a new genus and five new species, and standards for the identification of organisms[J]. International Journal of Systematic Bacteriology, 1999,

49（2）：415-440.

［75］ NYLUND S，STEIGEN A，KARLSBAKK E，et al. Characterization of ‘Candidatus *Syngnamydia salmonis*'（Chlamydiales，Simkaniaceae），a bacterium associated with epitheliocystis in Atlantic salmon（*Salmo salar* L.）[J]. Archives of Microbiology，2015，197（1）：17-25.

（房海　撰写）

第八章　鱼类鳃上皮囊肿及其病原性非衣原体细菌

鱼类鳃上皮囊肿亦即上皮囊肿病，主要是由衣原体目（Chlamydiales Storz and Page，1971）中不同衣原体科、属、种的鱼类病原性衣原体引起的，通常表现出受累的还偶尔牵连到皮肤组织上皮细胞（epithelial cells），但几乎不涉及内脏器官（具体可见第七章“鱼类鳃上皮囊肿及其病原性衣原体”中的记述）[1-3]。图8-1显示金头鲷鳃上皮囊肿集落（epitheliocystis colony），苏木精-伊红染色（haematoxylin-eosin stained）显示上皮细胞（epithelial cells）的强嗜碱性（strongly basophilic）反应[2]。

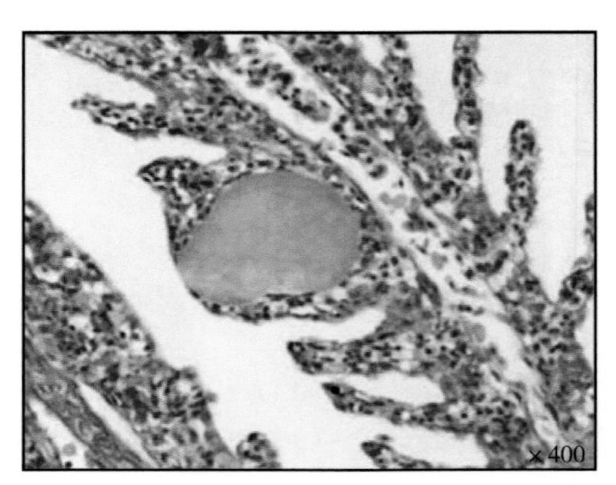

图8-1　金头鲷的鳃上皮囊肿

作为鱼类鳃上皮囊肿的病原体，除了病原性衣原体外，近年来也有由细菌引起的报道（有的近似于衣原体），涉及3个菌属的5个种（表8-1），且均为新菌属、新菌种。另外，如果与引起鱼类鳃上皮囊肿的病原性衣原体或引起鱼类细菌性鳃感染病（bacterial gill infectious diseases）的病原性细菌即通常所指的细菌相比较，可以认为主要包括三个方面的共性或相关性：一是有的在宿主细胞内生长发育阶段类似于衣原体，但通常不具有典型衣原体那样的发育周期（developmental cycles），不是很确切的比喻更像是介于衣原体与通常所指细菌之间的一类微生物（microorganism），也可将其看作是衣原体样生物体或称为类衣原体。二是有的具有与通常所指细菌一样的基本生物学性状，并能够在体外人工培养基生长；或是有的具有与通常所指细菌一样的基本形态特征，但尚不能在体外人工培养基生长；这些细菌，通常是属于β-变形菌纲（β-proteobacteria）或γ-变形菌纲（γ-proteobacteria）细菌的成员。三是均为鱼类鳃上皮囊肿（上皮囊肿病）的病原体，这一点与衣原体在鱼类鳃的致病作用特征极其相似或相同。

表8-1 鱼类鳃上皮囊肿的病原性非衣原体细菌

菌属（菌种）	感染病类型
鳃单胞菌属（Candidatus *Branchiomonas* gen. nov.）	
囊肿鳃单胞菌（Candidatus *Branchiomonas cysticola* sp. nov.）	鳃上皮囊肿
动物内脏单胞菌属（*Endozoicomonas* gen. nov.）	
栖海天牛动物内脏单胞菌（*Endozoicomonas elysicola* sp. nov.）	鳃上皮囊肿
克里特岛动物内脏单胞菌（*Endozoicomonas cretensis* sp. nov.）	鳃上皮囊肿
鱼囊肿菌属（*Ichthyocystis* gen. nov.）	
希腊鱼囊肿菌（Candidatus *Ichthyocystis hellenicum* sp. nov.）	鳃上皮囊肿
鲷鱼鱼囊肿菌（Candidatus *Ichthyocystis sparus* sp. nov.）	鳃上皮囊肿

第一节 鳃单胞菌属（Candidatus *Branchiomonas* gen. nov.）

鳃单胞菌属（Candidatus *Branchiomonas* gen. nov.Toenshoff，Kvellestad，Mitchell，et al.，2012）的囊肿鳃单胞菌（Candidatus *Branchiomonas cysticola* sp. nov.），可构成多种鲑科鱼类（salmonids）的病原菌，主要是引起鳃上皮囊肿（上皮囊肿病）。

一、菌属定义与属内菌种

鳃单胞菌属细菌，由奥地利维也纳大学（Department of Microbial Ecology，University of Vienna；Vienna，Austria）的Toenshoff等、挪威兽医研究所（Department of Laboratory Services，Norwegian Veterinary Institute；Oslo，Norway）的Steinum等（2012）首先报道，是作为大西洋鲑（Atlantic salmon，*Salmo salar*）的病原菌首先检出和描述的[4]。此后，相继有作为鲑科其他鱼类病原菌检出的报道。

（一）菌属定义

在奥地利维也纳大学的Toenshoff等、挪威兽医研究所的Steinum等（2012）的报道中，是基于了“Candidatus *Branchiomonas cysticola* sp. nov.”（囊肿鳃单胞菌）予以描述的。没有对“*Branchiomonas* gen. nov.”（鳃单胞菌属）这一新菌属作出具体的描述，仅是提议菌属名称“*Branchiomonas*”为用希腊语名词“branchia”［意思是鳃（gills）］和希腊语名词“monas”［意思是一个单位的单细胞生物（a unit， monad）］的组合形式，构成此菌属名称[4]。因此，在目前可根据囊肿鳃单胞菌的主要生物学性状，来作为鳃单胞菌属细菌的特征。

（二）属内菌种

目前在鳃单胞菌属内，已有的报道还仅是包括“Candidatus *Branchiomonas cysticola* sp. nov.”（囊肿鳃单胞菌）一个种，也是模式种。

二、囊肿鳃单胞菌（Candidatus *Branchiomonas cysticola* sp. nov.）

囊肿鳃单胞菌（Candidatus *Branchiomonas cysticola* sp. nov. Toenshoff，Kvellestad，Mitchell，et al.，2012）的种名“*cysticola*”（囊肿），是基于了新拉丁语名词“cystis”［意思是膜囊（membranous sac）、小袋（pouch）］、源于希腊语“Kystis”和拉丁语动词“colere”/拉丁语名词“incola”［意为栖息或居民（inhabit/inhabitant or dweller）］命名的[4]。

（一）基本性状

奥地利维也纳大学的Toenshoff等、挪威兽医研究所的Steinum等（2012）报道上皮囊肿，是一种以在鳃和一些皮肤组织上皮细胞的细胞质内细菌性包涵体（cytoplasmic bacterial inclusions）囊肿或称为包囊为特征的感染病，在多种海水和淡水鱼类中均有发生，并能够引起感染死亡。在以前，通过对病原体的超微结构和分子分析，基本确认这种病原体与衣原体科细菌成员相关。

报道于2007年秋季，在挪威西海岸（west coast of Norway）、挪威西南部（south-western Norway）调查了一个存在鳃的上皮囊肿病的海水养殖大西洋鲑群体。应用广泛的16S rRNA靶向PCR检测（16S rRNA targeted PCR assay）方法，鉴定出了属于一种新的β-变形菌（betaproteobacterium），是鳃微生物群的主要成员，并通过荧光原位杂交（Fluorescence in situ hybridization，FISH）证实；将这种细菌初步分类命名为“Candidatus *Branchiomonas cysticola* sp. nov.”（囊肿鳃单胞菌），是在被检样品中构成囊肿形成的病原体。虽然由这种囊肿鳃单胞菌形成的囊肿在组织学和超微结构特征，显示类似于在早期有描述海水养殖鲑鱼（salmon）上皮囊肿中病原体的网状体（reticulate body，RB）和中间体（intermediate body，IB），但没有观察到典型衣原体发育周期的原体（elementary body，EB）。

基于16S rRNA序列同源性等综合分析的结果，认为此项研究发现了一种新的、海水养殖大西洋鲑上皮囊肿的病原体，可分类为一个新的菌属、菌种，并提议其临时命名为“Candidatus *Branchiomonas cysticola* sp. nov.”（囊肿鳃单胞菌）。同时证明在鱼类的上皮囊肿病，可由与衣原体目细菌在系统发育方面不同的细菌引起[4]。

（二）病原学意义

由囊肿鳃单胞菌引起的鲑科鱼类感染病，已有的报道涉及大西洋鲑、大鳞鲑、硬头鳟。主要是在大西洋鲑，主要感染类型是鳃的上皮囊肿。

1. Toenshoff等报道的大西洋鲑囊肿鳃单胞菌感染病

Toenshoff等、Steinum等（2012）报道鱼鳃的上皮囊肿，通常被认为是由衣原体目的细菌成员引起的，这是基于了超微结构和最近的分子方法学鉴定的研究结果。在此项研究中，首次确证囊肿鳃单胞菌，是与任何海洋或淡水鱼类上皮囊肿相关联的β-变形菌纲（Betaproteobacteria）细菌，这表明鱼类上皮囊肿是由不同进化的、不同细菌引起的一种感染病。

为了验证这种丰富的种系类型（abundant phylotype）是否与所调查鱼群体中的囊肿相关，开发了一种针对此种系类型的特异性寡核苷酸探针（oligonucleotide probe），并在鳃组织切片和压片上使用荧光原位杂交方法检验。结果显示用寡核苷酸探针BraCy-129能够很容易地构成到囊肿内的细菌，同时应用一种细菌探针混合物（bacterial probe mix）和一种针对β-变形菌纲多种细菌的探针，证实不存在鲑鱼鱼衣原体，并证明新的β-变形菌纲种系类型（betaproteobacterial phylotype）是所检验样本中唯一与所检囊肿相关的细菌。

图8-2显示挪威海水养殖大西洋鲑鳃上皮囊肿病，福尔马林固定和石蜡包埋的鳃组织切片病变。囊肿（箭头示）出现在上皮细胞中，呈规则圆形到椭圆形、颗粒状、嗜碱性（蓝色）、界限清楚的细胞质包裹体占细胞体积的大部分；宿主细胞核呈扁平的、移位的（蘑菇状箭头示）。苏木精-伊红染色。

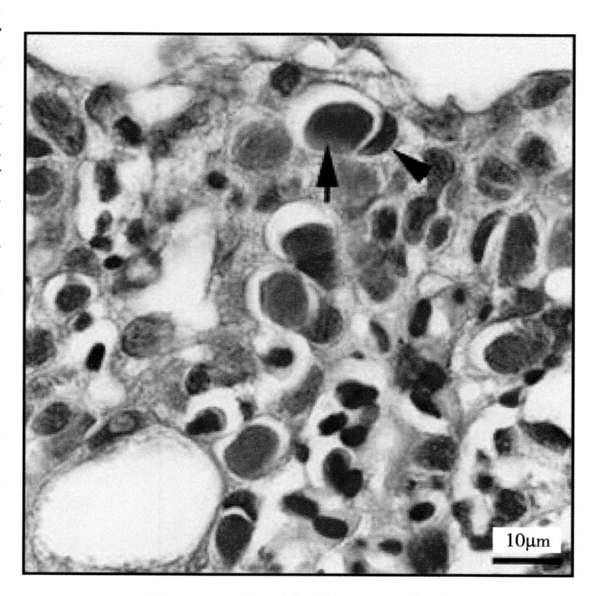

图8-2　大西洋鲑鳃上皮囊肿

图8-3为鳃组织超薄切片的透射电子显微镜观察，显示囊肿与细菌超微结构。描述了鱼鳃组织中囊肿形态、基于qPCR的检验显示不存在鲑鱼鱼衣原体。图8-3A显示囊肿内存在密集的圆形、球形或短到长杆状形态的多形细菌，有或没有拟核（nucleoids）（细菌中心的电子致密物质，蘑菇状箭头示）。图8-3B显示囊肿被宿主细胞形成的膜（箭头示）所限制（limited），宿主细胞的质膜（蘑菇状箭头示），在许多细菌细胞中可观察到电子致密拟核。图8-3C显示拟核在少数的细菌中

显然是不存在的，类似于在以前的研究中称为衣原体的网状体的形态（箭头示）。图8-3D显示在其他囊肿中含有更多的菌细胞，其特征性的拟核类似于以前称为衣原体中间体的形态。图8-3E显示大量的囊肿相关细菌含有大的拟核（蘑菇状箭头示）和液泡（vesicles）（箭头示），在对鳃组织处理过程中，它们可能会被机械地扩大、压缩周围的结构。图8-3F显示所有的细菌都具有内双层膜（蘑菇状箭头示），而外部（箭头示）显然是三层的、不太明显[4]。

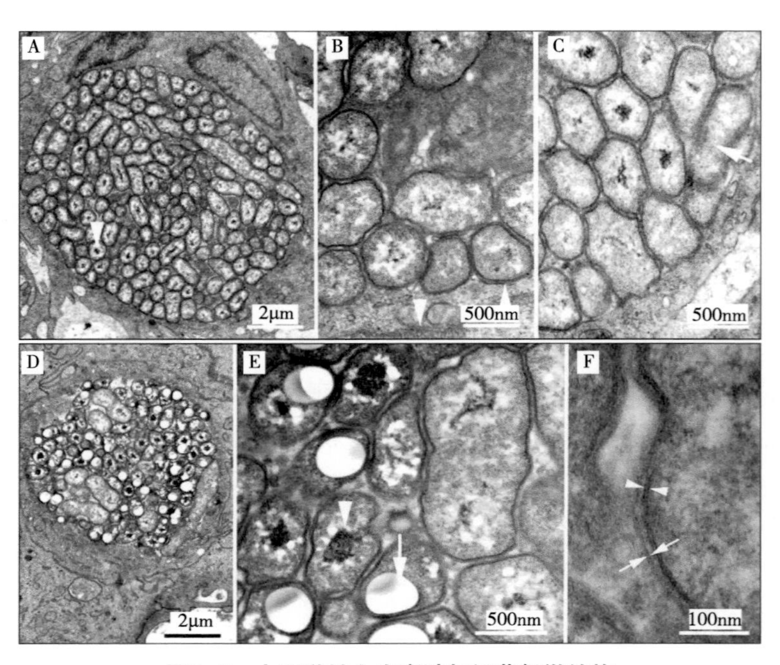

图8-3　大西洋鲑上皮囊肿与细菌超微结构

2. Mitchell等报道的大西洋鲑囊肿鳃单胞菌感染病

挪威兽医研究所（Norwegian Veterinary Institute；Ullevålsveien，Oslo，Norway）、爱尔兰国际兽医水产奥兰莫尔工业园（Vet Aqua International，Oranmore Business Park，Oranmore，Galway，Ireland）的Mitchell等（2013）报道，Toenshoff等（2012）描述了囊肿鳃单胞菌作为在挪威大西洋鲑鳃上皮囊肿的共生菌（endosymbiont），也同样是上皮囊肿的一种病原菌。此外，囊肿鳃单胞菌rRNA基因序列与以前Steinum等（2009）报告从外表健康和表现增生性鳃炎（proliferative gill inflammation，PGI）感染的挪威大西洋鲑检测的一致。借此研究了在海水养殖鱼类中存在的增生性鳃炎的流行和地理分布情况；同时为此专门开发了一种特异和敏感的实时PCR检测方法（real-time PCR assay，RT-PCR），用来检测囊肿鳃单胞菌。采样（2004、2005、2007、2009、2010）超过7年、从17个地理上处于遥远的挪威和爱尔兰（Ireland）的海水区域，结果发现这种增生性鳃炎在大西洋鲑的鳃样品中呈高度流行状态；在大量的鱼、大量的上皮囊肿中发现存在囊肿鳃单胞菌，荧光原位杂交证实了这种囊肿鳃单胞菌局限存在于囊肿内。在先前有描述鲑鱼鱼衣原体是一种与上皮囊肿病相关的细菌，但经鉴定这种鲑鱼鱼衣原体处于相对低的感染水平。这些研究结果表明，这种囊肿鳃单胞菌在海水养殖的大西洋鲑中是导致鳃上皮囊肿病的主要病原菌。研究结果还提示了囊肿鳃单胞菌与囊肿病变程度之间的关系，以及在先前描述的挪威鲑鱼（Norwegian salmon）上皮囊肿与增生性鳃炎严重程度之间相关联，研究结果证实了囊肿鳃单胞菌在大西洋鲑的鳃病（gill diseases）如增生性鳃炎中的病原性作用。

Mitchell等（2013）报道涉及鱼类鳃的上皮囊肿的增生性鳃炎，也有报告在苏格兰和爱尔兰存在。从不同海水大西洋养殖场（挪威的14个、爱尔兰的3个）进行了组织取样研究，通过实时PCR、16S rRNA基因测序分析、荧光原位杂交证实，囊肿鳃单胞菌的地理分布和流行在大西洋鲑的不同种群。组织病理学表现，在202条被检鱼中有123条组织学检查，85/147（58%）和38/55（69%）分别来自挪威和爱尔兰的表现存在病理变化。增生性鳃炎的百分比为挪威诊断鱼高达83/109（76%），更类似于在爱尔兰观察到的，如果几乎没有鳃问题的养殖场被省略了。在爱尔兰的鱼中，发现是温和的，片层尖端（lamellar tips）过度增生与偶发片层融合，广泛增生性炎症损害正常片层结构的病灶、上皮细胞广泛融合和死亡。在所有养殖场的鱼中都观察到严重的和轻度的感染，然而在所有的鱼，不论养殖场状态，显示轻微炎症的片层、特别是在顶端边缘的上皮。病理学一致性，在大多数鱼中也发现了典型增生性鳃炎。在2005和2007年从挪威的3个农场取样，在123条鱼中的84条（68%）观察到上皮囊肿。

图8-4显示通过荧光原位杂交技术检测爱尔兰大西洋鲑的囊肿鳃单胞菌。图8-4A为福尔马林固定和石蜡包埋鳃组织；图8-4B和图8-4C为新鲜的挤压鳃组织。用Fluos标记的β-变形菌探针（betaproteobacterial probe）Btwo-23A和用Cy3标记的囊肿鳃单胞菌特异性探针BraCy-129，被用于图8-4A和图8-4B。图8-4C显示用Cy5标记的通用细菌探针（general bacterial probe）EUB混合物（EUB-Mix）和用Cy3标记的鲑鱼鱼衣原体的特异探针Psc-523和Psc-197的[5]。

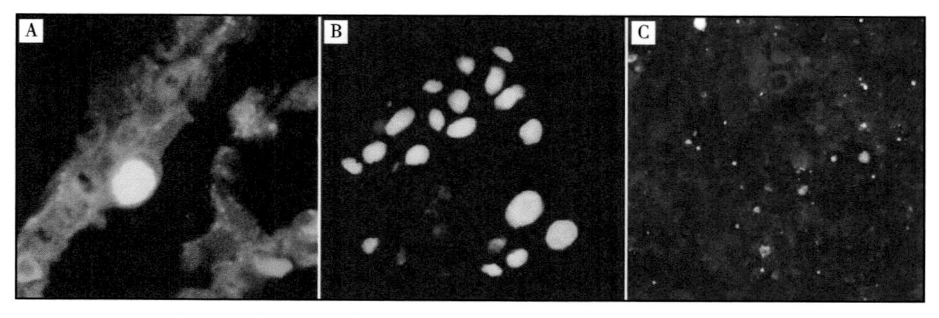

图8-4　荧光原位杂交检测爱尔兰大西洋鲑的囊肿鳃单胞菌

3. Gunnarsson等报道的大西洋鲑囊肿鳃单胞菌感染病

挪威卑尔根大学（Department of Biology，University of Bergen；Bergen，Norway）的Gunnarsson等（2017）报道养殖大西洋鲑的鳃病（gill disease，GD），可能是由于几种可能相互作用的因素的影响。在6个养殖场生产的第一年跟踪了4种与鳃病相关的病原体感染情况，研究了它们在鳃中密度间的相关性。这些养殖场位于鳃疾病的高发风险地区，其中的3个养殖场在秋季被诊断存在鳃病。

研究中显示了来自6个养殖场的鲑鱼病原体的时间变化，揭示了属于微孢子虫（microsporidian）的鲑鱼虱间质细胞孢子虫（*Desmozoon lepeophtherii*）和囊肿鳃单胞菌的反复感染模式（recurring infection patterns），以及鲑鱼鱼波豆虫（*Ichthyobodo salmonis*）密度无明显变化的大变化（large variation）的表观模式（apparent pattern）。微孢子虫感染呈明显的季节性分布，高密度与鳃病有关。尽管囊肿鳃单胞菌的密度可能与高密度的微孢子虫相一致，但囊肿鳃单胞菌似乎与鳃病没有直接关系。阿米巴（amoebae）的副阿米巴（*Paramoeba* spp.），只偶尔检测到呈低密度存在。鳃内高密度的属于微孢子虫（microsporidian）的"*Paranucleospora theridion*"即为同物异名（synonym）的鲑鱼虱间质细胞孢子虫（*Desmozoon lepeophtherii*）与鳃病相吻合，使其成为鳃病一个可能的原始来源（primary source）。在有鳃病的养殖鲑鱼群体中，与微孢子虫、囊肿鳃单胞菌、鲑鱼鱼波豆虫的密度可能存在相关性。

研究是对2011年春季转移到海上的大西洋鲑，是从挪威西部（western Norway）的霍达兰（Hordaland）、索恩（Sogn）和峡湾县（Fjordane counties）的6个养殖点取样的。这些养殖场均位于有鳃病反复暴发史的区域。在4个不同的采样日期对所有种群进行采样，每次采样30条鱼；在第一年的海上，夏季（7—8月）、秋季（9—10月）、冬季（2月）和春季（5月）采样。捕获大样本鱼，随机选择30条[6]。

4. Wiik-Nielsen等报道的大西洋鲑囊肿鳃单胞菌感染病

挪威兽医研究所的Wiik-Nielsen等（2017）报道，由于缺乏对一些病原体的培养系统，通常无法阐明感染性病原体（infectious agents）在鳃病中的作用。在此项研究中，在一个养殖的大西洋鲑群体，显示出增殖性鳃病（proliferative gill disease）与相关的囊肿鳃单胞菌、鲑鱼鱼衣原体和大西洋鲑鳃痘病毒（*Atlantic salmon gill pox virus*，SGPV）感染被鉴定。病鱼的一个亚群（subpopulation）被用作水传播感染大西洋鲑种群的来源，在暴露后的第一个月内，在暴露的鱼中发现囊肿鳃单胞菌感染，并且在研究期间细菌的量增加；在试验期间，仅在暴露鱼中发现鲑鱼鱼衣原体和大西洋鲑鳃痘病毒的低感染率。虽然临床上是健康的，但在试验结束时，暴露的鱼表现出组织学上可见的病理变化，典型的变化是上皮增生和上皮下炎症，并伴有相关的细菌包涵体，通过荧光原位杂交证实含有囊肿鳃单胞菌。这一结果表明，囊肿鳃单胞菌感染可直接从鱼传播到鱼，并且该细菌与在暴露的、以前的鱼中观察到的病理变化直接相关。

研究中的供试鱼是在2014年12月，在挪威西部一个淡水（freshwater recirculation aquaculture systems，RAS）中的大西洋鲑幼鲑种群中，发现了与增殖性鳃病相关的高发病率和死亡率，该疾病涉及囊肿鳃单胞菌、鲑鱼鱼衣原体和大西洋鲑鳃痘病毒感染。确诊后的鱼（平均体重约50g），于2013年1月从养殖场运送到卑尔根大学的产业和水产实验室（Industrial and Aquatic Laboratory，ILAB；University of Bergen）试验装置（experimental facility）供试；临床上健康的供试鲑鱼（约40g），由产业和水产实验室提供。

研究结果表明在淡水的大西洋鲑中，囊肿鳃单胞菌、鲑鱼鱼衣原体和大西洋鲑鳃痘病毒是通过水平传播的。通过快速建立高感染率和低感染率的囊肿鳃单胞菌、鲑鱼鱼衣原体感染模式，表明了同居感染模式（cohabitant infection model）对进一步研究大西洋鲑囊肿鳃单胞菌、鲑鱼鱼衣原体感染的适用性。

图8-5显示大西洋鲑鳃组织切片的正常与病变。图8-5A、图8-5B、图8-5C为苏木精-伊红染色，显示大西洋鲑鳃组织切片。其中的图8-5A显示试验开始时（第0天）的对照健康鱼和传播感染暴露前的健康鱼，鳃丝与正常片层（箭头示），没有观察到异常的病理变化（鳃健康）；图8-5B显示在试验结束时（第65天），传播感染暴露鱼的鳃丝上皮增生（箭头示）和上皮下炎症（蘑菇状箭头示）；图8-5C显示在研究期间（第30天）采集的传播感染暴露鱼，鳃丝伴局灶性片层上皮下炎症（箭头示）；图8-5D显示传播感染暴露鱼的（第30天）荧光原位杂交，片层内存在的囊肿鳃单胞菌包涵体/上皮囊肿（红色）[7]。

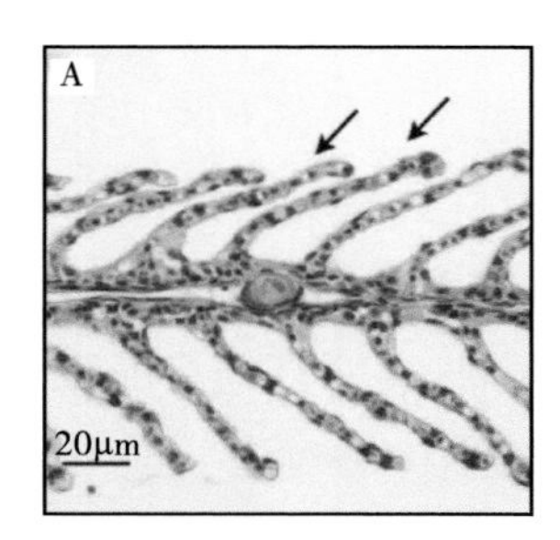

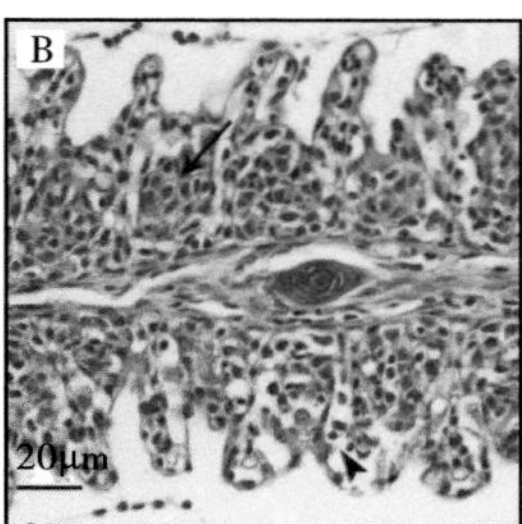

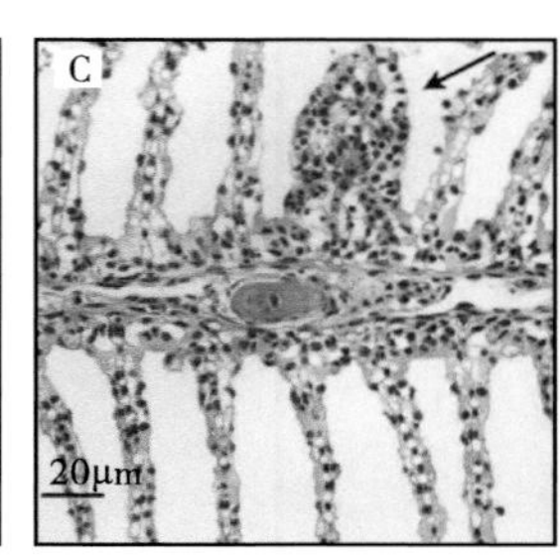

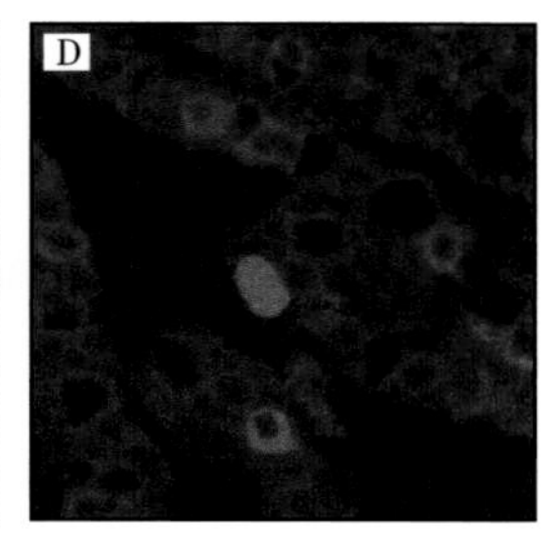

图8-5　大西洋鲑鳃的正常与病变

5. Thakur等报道的大鳞鲑囊肿鳃单胞菌感染病

加拿大爱德华王子岛大学的Thakur等（2018）报道，感染病很可能导致太平洋西北部（Pacific Northwest）大鳞鲑（大鳞大麻哈鱼）种群的大规模下降，但具体的病原体和疾病情况，以及洄游鲑（migratory salmon）的感染发病率，大多还不得而知。在2014年，应用高通量微流控技术平台（high-throughput microfluidics platform），在加拿大温哥华岛（Vancouver Island，Canada）考伊坎河系统（Cowichan River system）淡水（freshwater，FW）和咸水（saltwater，SW）采集的556条外移幼大鳞鲑（out-migrating juvenile chinook salmon）中，在筛选出45种中共检测到19种病原体（细菌5种、病毒2种，寄生虫12种），检出感染率为0.2%~57.6%；在咸水样本中观察到了囊肿鳃单胞菌、属于微孢子虫（microsporidian）的“*Paranucleospora theridion*”即为同物异名的鲑鱼虱间质细胞孢子虫（*Desmozoon lepeophtherii*）、鳃衣原体（gill chlamydia）间的共感染。所有这些，都是与鳃病有关的。野生鱼和孵化鱼在淡水中的病原体分布差异最大，在野生鱼的病原体多样性较高；当它们在海洋环境中时，感染率的差异在很大程度上就不存在了，孵化鱼在进入海洋后不久可能会受到更多种类的病原体的感染。

为了一致性，将所有从卵中发育并在河床中自然产卵的鱼定义为野生鱼；类似地，所有从卵和产卵群中人工繁殖的鱼，保持在受控孵化环境中直到释放，都被定义为孵化鱼。供试鱼样本，为在考伊坎大鳞鲑幼鲑（Cowichan chinook salmon smolts）的孵化场和野生的，分别在其淡水出生地考伊坎孵化场、考伊坎河和咸水地点（海湾沿岸）。于2014年4月23日和5月13日在考伊坎孵化场释放了幼鲑，并在释放当天在孵化场收集；野生鱼是于2014年4月22日和5月13日，在与洄游的孵化场鱼接触之前（这些鱼往往会迅速向下游移动到海洋环境中），在孵化场下游采样的。

此项研究为温哥华岛南部（southern Vancouver Island）一个孵化场养殖和野生捕获的大鳞鲑幼鲑种群的时空分布和感染源的流行提供了新的信息。虽然这项研究的重点是从淡水环境向咸水环境过渡的短暂时期，但这一时期被认为是鲑鱼生存最具挑战性的时期之一。研究结果表明野生鱼和孵化鱼在其出生地的病原体分布最不相同，一旦它们在海洋环境中聚集，则感染率的差异就会消失，这表明孵化鱼和野生鱼在共同环境中容易受到类似一系列感染性病原体的影响；鉴于孵化鱼比野生鱼大，而且这些较大的鱼似乎比野生鱼更早进入海湾更深的水域，所以假设孵化鱼可能比野生鱼更早接触到各种各样的病原体。认为对其他种群和鱼种使用类似的方法，可以扩大对早期海洋环境中及以后的病原体分布的时间和空间变化的了解[8]。

6. Twardek等报道的硬头鳟囊肿鳃单胞菌感染病

加拿大卡尔顿大学（Fish Ecology and Conservation Physiology Laboratory, Department of Biology and Institute of Environmental and Interdisciplinary Science, Carleton University，Ottawa，Canada）的Twardek等（2019）报道，溯河产卵鱼类（Anadromous fishes）如硬头鳟，在淡水迁徙过程中，暴露在一系列感染性病原体（infectious agents）和迁徙危险（migratory challenges）中。评估了在不列颠哥伦比亚（British Columbia，CA）布克利河（Bulkley River）捕获的硬头鳟鳃组织中的感染性病

原体和丰度（richness）、免疫系统基因表达（immune system gene expression）和在向上游的迁徙妨碍（migratory barrier），以评估感染性病原体的存在是否影响迁徙成功。供试硬头鳟，是在2016年9月23日至10月29日捕获的。结果在硬头鳟鳃组织中检测到8种感染性病原体，其中的病原菌以囊肿鳃单胞菌（80%）和嗜冷黄杆菌（*Flavobacterium psychrophilum*）（95%）及属于微寄生物（microparasite）的真菌性病原体（fungal pathogens）鲑破坏性球囊菌（*Sphaerothecum destruens*）（53%）的高感染率。这项工作扩大了对野生鲑鱼（wild salmonids）感染性病原体流行的认识，并提供了对感染性病原体和宿主生理习性之间关系的见解[9]。

7. Gjessing等报道的海洋养殖大西洋鲑囊肿鳃单胞菌感染病

挪威兽医研究所（Norwegian Veterinary Institute；Oslo，Norway）的Gjessing等（2019）报道，包括鲑鱼鱼衣原体、囊肿鳃单胞菌、属于微孢子虫（microsporidian）的鲑鱼虱间质细胞孢子虫（*Desmozoon lepeophtherii*）、属于副阿米巴的炎症副阿米巴（*Paramoeba perurans*）和鲑鱼鳃痘病毒在内的多种病原体，可能与大西洋鲑的复合鳃病（complex gill disease，CGD）有关；两种或两种以上的共感染是常见的，因此对病变的组织病理学解释具有挑战性。

在此项研究中，开发了一个半定量评分系统（semi-quantitative scoring system），用于检查患鳃病的海洋养殖大西洋鲑的组织病理学鳃病变。通过对22个地理分布的暴发区域的鳃样本中鲑鱼鱼衣原体、囊肿鳃单胞菌、微孢子虫、副阿米巴的qPCR分析，选择5个代表不同感染程度和不同病原体组合的案例进行组织病理学评分。评估了28个组织学特征，并研究了个体病理变化与个体病原体发生之间的潜在联系。为验证评分方案的可重复性（robustness），计算了三位相关病理学家在组织学参数（histological parameters）解释方面的观察者间一致性。其中17个组织学参数符合观察者间一致性分析的标准，最常见的三种表现是上皮下的白细胞（subepithelial leukocytes）、上皮细胞增生和黏液细胞增生。虽然很少发现与特定病原体相关，但增生性病变的坏死、脓疱（pustules）和上皮下的细胞坏死，似乎与囊肿鳃单胞菌的存在有关。在以鲑鱼鱼衣原体为主要病原体的单一病例中，观察到很少的病理变化。所开发和应用的评分方案具有可重复性和敏感性，提出了一种不太广泛的常规诊断方案。

研究中在所有22个养殖场中，都检测到了高感染率的包囊鳃单胞菌（60%～100%，在总计504条鱼的平均感染率为91%）。在挪威南部和中部的所有养殖场都检测到了微孢子虫的高流行率，而在挪威北部的低流行率。鲑鱼鱼衣原体和副阿米巴，是在此项研究中发现的最不广泛流行的病原体。在5个供试养殖场，鲑鱼鳃痘病毒的水平和流行率都很低。

图8-6为大西洋鲑的鳃组织切片，其中的图8-6B和图8-6E为免疫组织化学染色切

片的，显示氯细胞为红色的。图8-6A和图8-6B为正常鳃组织片层，图8-6A显示氯细胞（箭头示）可见于层间空间（interlamellar space），更清晰的可见于图8-6B中的，在片层（lamellae）上看不到氯细胞。图8-6C和图8-6D源于22号养殖场鱼的鳃，主要由囊肿鳃单胞菌感染，在图8-6C中可见有少量粘连（adhesions）的片层，尽管由于黏液细胞增生（mucus cell hyperplasia）比正常的厚（蘑菇状箭头示），一些氯细胞、上皮下白细胞（subepithelial leukocytes）增生（箭头示），一些上皮细胞增生也可见基底部的层间间隙；图8-6D为与图8-6C相同鳃的放大，显示上皮下白细胞和坏死细胞（箭头示）、氯细胞增生（蘑菇状箭头示）；图8-6E为与图8-6D相同的鳃，更清楚地显示氯细胞增生[10]。

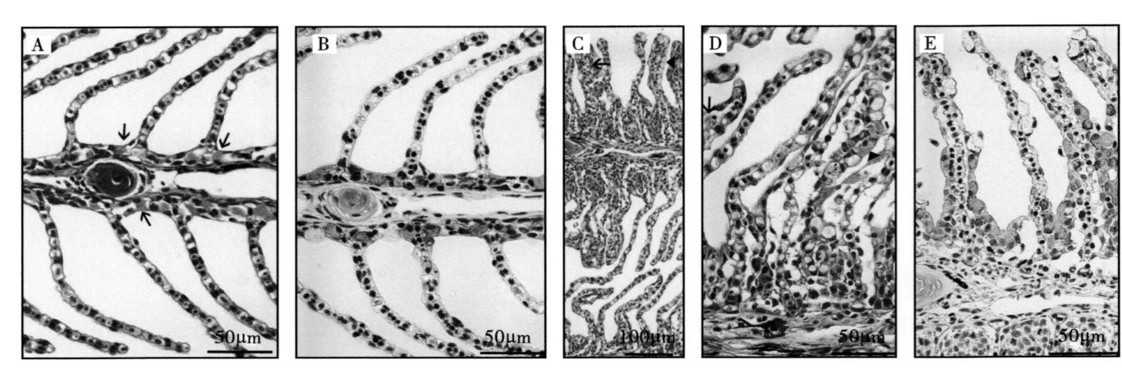

图8-6　大西洋鲑的鳃组织病变

第二节　动物内脏单胞菌属（*Endozoicomonas* gen. nov.）

动物内脏单胞菌属（*Endozoicomonas* gen. nov.），由日本东京大学分子与细胞生物科学研究所（Institute of Molecular and Cellular Biosciences，The University of Tokyo；Tokyo，Japan）的Kurahashi和Yokota（2007）首先报道建立。相继，在菌属内已有多个种的报道。

一、菌属定义与属内菌种

动物内脏单胞菌属（*Endozoicomonas* gen. nov. Kurahashi，Yokota，2007）隶属于动物内脏单胞菌科（Endozoicomonadaceae fam. nov. Bartz，Blom，Busse et al.，2018），菌属名称“*Endozoicomonas*”为新拉丁语阴性名词，指生活在动物内脏的单细胞生物（monad living inside an animal）[11]。

（一）菌属定义

日本东京大学的Kurahashi和Yokota（2007）报道，动物内脏单胞菌属细菌的菌细胞呈杆状，革兰氏阴性，有动力（motile），不能形成芽孢（spores），在菌细胞表面有许多小泡（vesicles）。在海洋琼脂培养基（marine agar medium）上生长于3d内形成菌落，菌落为浅褐色（beige）、圆形、凸起、光滑、有光泽。在有氧条件下生长，在厌氧条件下不能生长；在没有NaCl的培养基中，没有观察到生长。最佳生长温度为25～30℃，氧化酶和过氧化氢酶阳性。辅酶Q系统（ubiquinone system）为Q-9。主要细胞脂肪酸（cellular fatty acid）组成为16：1ω7c、16：0和14：0，主要羟基脂肪酸（hydroxy fatty acids）为3-OH 14：0、3-OH 10：0和3-OH 12：0。此菌属隶属于γ-变形菌纲（γ-proteobacteria），当时仅包含"*Endozoicomonas elysicola*"（栖海天牛动物内脏单胞菌）一个种，也是模式种[11]。

继日本东京大学的Kurahashi和Yokota（2007）首先报道后，一些学者分别对内脏单胞菌属的性状作了校订描述（emended description）及归属菌科等，丰富了相应的内容，以下列出供参考。

1. Nishijima等校订菌属定义的描述

日本海洋生物技术研究所（Marine Biotechnology Institute；Heita，Kamaishi，Japan）的Nishijima等（2013）报道对"*Endozoicomonas* gen. nov."（动物内脏单胞菌属）的校正描述，对此菌属定义作了下列的补充：有动力（motile）或无动力（non-motile），需氧或兼性厌氧发酵糖类；一些种，在好氧和厌氧培养条件下均能产生甲基萘醌类（menaquinones），主要的细胞脂肪酸为C16：0、C16：1ω7c和/或C18：1ω7c；DNA中G+C的摩尔百分数为48.3～50.4[12]。

2. Pike等校订菌属定义的描述

加拿大大西洋兽医学院（Department of Biomedical Sciences，Atlantic Veterinary College；Charlottetown，Canada）的Pike等（2013）报道，最初由Kurahashi和Yokota（2007）报道、在Nishijima等（2013）报道校订定义的动物内脏单胞菌属的描述，还应扩展到包括以下特征。在海洋琼脂培养基生长的菌落颜色可以是浅褐色或白色（white），可以是严格的需氧菌（strict aerobes）或为兼性厌氧菌（facultative anaerobes）。主要的细胞脂肪酸包括汇总特征3（summed feature 3）的$C_{16:1\omega6c}$和/或$C_{16:1\omega7c}$、总特征8的 $C_{18:1\omega6c}$和/或$C_{18:1\omega7c}$及$C_{16:0}$；所有的种也含有$C_{14:0}$和$C_{10:0}$ 3-OH，尽管数量不同。所有其他的脂肪酸甲酯（fatty acid methyl esters，FAME）都是依赖于种的，在是否存在或丰度（abundance）上不一致于所有种间。DNA中G+C的摩尔百分数为47.5～50.4。迄今为止，该属的所有种都被报道能够利用α-D-葡萄糖（α-Dglucose）和N-乙酰-D-葡萄糖胺（N-acetyl-D-glucosamine）作为碳源。此外，除沼津动物内脏单胞菌（*Endozoicomonas numazuensis* sp. nov.）模式株NBRC 108893（未对该菌株测试这些碳源的使用）外，所有已知菌株都代谢吐温-40和吐温-80以及α-酮戊二酸（α-ketoglutaric acid）。一般来说，迄今为止所有种都是从底栖、海洋无脊椎动物（benthic，marine invertebrates）中分离出来的[13]。

3. Bartz等校订菌属定义的描述与建立新菌科

德国吉森大学（Justus-Liebig-Universität Giessen；Giessen，Germany）的Bartz等（2018）报道，描述了新建立的“Endozoicomonadaceae fam. nov. Bartz，Blom，Busse et al.，2018”（动物内脏单胞菌科）和校正描述了动物内脏单胞菌属。

报道从蜂海绵属（genus *Haliclona*）的海绵（sponge）中分离到两株兼性厌氧、有动力的革兰氏染色阴性杆菌（菌株为S-B4-1U和JOB-63a），在海洋琼脂（marine agar）培养基生长为白色透明的小菌落。两个菌株的16S rRNA基因序列同源性为99.7%的相似性，DNA-DNA杂交值为100%，但用rep-PCRs进行基因组指纹分析（genomic fingerprinting）能够鉴别。基于16S rRNA基因序列系统发育上与最近似同源性菌属的明显区别，提出了在γ-变形菌纲内的一个新菌科“Endozoicomonaceae fam. nov.”（动物内脏单胞菌科），属于“Oceanospirillales”（海洋螺菌目）细菌；在科内包括动物内脏单胞菌属、“*Parendozoicomonas*”（另外动物内脏单胞菌属）、“*Kistimonas*”（韩国科学技术院单胞菌属）。动物内脏单胞菌科的模式菌属：动物内脏单胞菌属；细菌DNA中G+C的摩尔百分数为47～51。

对动物内脏单胞菌属的校正描述，是在Kurahashi和Yokota（2007）、Nishijima等（2013）、Pike等（2013）基础上增加的。主要极性脂质（polar lipid）化合物为磷脂酰乙醇胺（phosphatidylethanolamine，PE）、磷脂酰甘油（phosphatidylglycerol，PG）、磷脂酰丝氨酸（phosphatidylserine，PS），中等到较少的双磷脂酰甘油（diphosphatidylglycerol，DPG）。所有的种，都是与海洋真核生物（marine eukaryotic organisms）相关联的[14]。

（二）属内菌种

自从Kurahashi和Yokota（2007）报道了动物内脏单胞菌属、栖海天牛动物内脏单胞菌后，相继多有新种的报道。迄今在此菌属内已包括栖海天牛动物内脏单胞菌在内的共11个种，其中的栖海天牛动物内脏单胞菌是军曹鱼（cobia，*Rachycentrum canadum*）鳃上皮囊肿的病原菌、克里特岛动物内脏单胞菌（Candidatus *Endozoicomonas cretensis* sp. nov.）是尖吻重牙鲷（sharpsnout seabream，*Diplodus puntazzo*）幼体鳃上皮囊肿的病原菌。

1. 栖海天牛动物内脏单胞菌

栖海天牛动物内脏单胞菌为动物内脏单胞菌属模式种，已明确为鱼类上皮囊肿的病原菌。其主要生物学性状、病原学意义，可见在相应项中的记述。

2. 鹿角珊瑚动物内脏单胞菌

鹿角珊瑚动物内脏单胞菌（*Endozoicomonas acroporae* sp. nov. Sheu，Lin，Hsu et al.，2017），由我国台湾高雄海洋科技大学（National Kaohsiung Marine University；Kaohsiung City，Taiwan）的Sheu等（2017）报道。种名“acroporae”为新拉丁语属格名词，指从我国台湾南方海岸收集的鹿角珊瑚属（genus *Acropora*）的珊瑚（coral）分离的。

细菌DNA中G+C的摩尔百分数为49.1；模式株为Acr-14（BCRC 80922=LMG 29482=KCTC 42901）[15]。

3. 海绵动物内脏单胞菌

海绵动物内脏单胞菌（*Endozoicomonas arenosclerae* sp. nov.Appolinario，Tschoeke，Rua et al.，2016），由巴西里约热内卢联邦大学（Universidade Federal do Rio de Janeiro；Rio De Janeiro，RJ，Brazil）的Appolinario等（2016）报道。种名“*arenosclerae*”为新拉丁语属格名词，指在里约热内卢（Rio de Janeiro）从健康海绵（marine sponge，*Arenosclera brasiliensis*）分离的。

模式株为CBAS 572（=Ab112），细菌DNA中G+C的摩尔百分数为47.6；另外是菌株CBAS 573，DNA中G+C的摩尔百分数为47.7[16]。

Appolinario等（2016）相继报道，用基因分类方法（genomic taxonomy approach）对海绵动物内脏单胞菌进行了校订描述。模式株为CBAS 572（Ab112=LMG 29175）的GenBank登录号为LASA010000000，菌株CBAS 573（Ab227_MC）的GenBank登录号为LASB010000000[17]。

4. 栖海鞘动物内脏单胞菌

栖海鞘动物内脏单胞菌（*Endozoicomonas ascidiicola* sp. nov. Schreiber，Kjeldsen，Obst et al.，2016），由丹麦奥胡斯大学（Aarhus University；Denmark）的Schreiber等（2016）报道。种名“*ascidiicola*”为新拉丁语阴性名词，指栖海鞘类动物（ascidian dweller）的，是从瑞典古尔马斯峡湾（Gullmarsfjord，Sweden）收集的海鞘（ascidians）中分离的。

细菌DNA中G+C的摩尔百分数为46.64～46.70，模式株为46.70、菌株KASP37为44.64。模式株为AVMART05（DSM 100913=LMG 29095），是2010年11月从在瑞典古

尔马斯峡湾收集的长纹海鞘属（genus *Ascidiella*）的海鞘咽部组织（pharynx tissue）分离的；菌株KASP37（DSM 100914= LMG 29096），是2011年10月从在瑞典古尔马斯峡湾收集的长纹海鞘属的赤海鞘"*Ascidiella scabra*"咽部组织分离的[18]。

5. 江珧蛤动物内脏单胞菌

江珧蛤动物内脏单胞菌（*Endozoicomonas atrinae* sp. nov. Hyun，Shin，Kim et al.，2014），由韩国庆熙大学（Kyung Hee University；Seoul，Republic of Korea）的Hyun等（2014）报道。种名"*atrinae*"为新拉丁语属格名词，是以牛角江珧蛤（comb pen shell，*Atrina pectinata*）的属名江珧蛤（*Atrina*）命名的，分离于牛角江珧蛤。

细菌DNA中G+C的摩尔百分数为50.5；模式株为WP70（KACC 17474=JCM 19190），是从韩国丽水南海岸（southern sea of Yeosu in Korea）收集的牛角江珧蛤分离的[19]。

6. 珊瑚动物内脏单胞菌

珊瑚动物内脏单胞菌（*Endozoicomonas coralli* sp. nov. Chen，Lin，Sheu，2019），由我国台湾高雄科技大学（National Kaohsiung University of Science and Technology；Kaohsiung，Taiwan）的Chen等（2019）报道。种名"*coralli*"为拉丁语属格名词，指从"coral"（珊瑚）分离的。

细菌DNA中G+C的摩尔百分数为49.6；模式株为Acr-12（BCRC 80921=KCTC 42900），是从我国台湾南方海岸（coast of Southern Taiwan）收集的一种鹿角珊瑚（coral，*Acropora* sp.）分离的[20]。

7. 克里特岛动物内脏单胞菌

克里特岛动物内脏单胞菌（Candidatus *Endozoicomona*s *cretensis* sp. nov.），由希腊海洋研究中心海洋生物、生物技术和水产养殖研究所（Institute of Marine Biology，Biotechnology and Aquaculture，Hellenic Center for Marine Research；Heraklion，Crete，Greece）的Katharios等（2015）报道。是尖吻重牙鲷幼体鳃上皮囊肿的病原菌，其主要生物学性状、病原学意义，可见在相应项中的记述[21]。

8. 栖八角珊瑚动物内脏单胞菌

栖八角珊瑚动物内脏单胞菌（*Endozoicomonas euniceicola* sp. nov. Pike，Haltli and Kerr，2013），由加拿大大西洋兽医学院的Pike等（2013）报道。种名"*euniceicola*"为新拉丁语名词，指栖于八角珊瑚（*Eunicea* dweller）的。

细菌DNA中G+C的摩尔百分数为48.6；模式株：EF212（NCCB 100458=DSM 26535），是在从美国佛罗里达海岸（coast of Florida，USA）12.5m深处收集的八角珊

瑚（octocoral，*Eunicea fusca*）分离的[13]。

9. 栖柳珊瑚动物内脏单胞菌

栖柳珊瑚动物内脏单胞菌（*Endozoicomonas gorgoniicola* sp. nov. Pike, Haltli and Kerr，2013），由加拿大大西洋兽医学院的Pike等（2013）报道。种名"*gorgoniicola*"为新拉丁语名词，指栖于柳珊瑚（*Gorgonia* dweller）的。

细菌DNA中G+C的摩尔百分数为47.5；模式株为PS125（NCCB 100438=CECT 8353），是在美国佛罗里达巴哈马比米尼海岸（coast of Bimini，Bahamas；Florida，USA）17.0m深处收集的一种从柳珊瑚（*Plexaura* sp.）分离的[13]。

10. 表孔珊瑚动物内脏单胞菌

表孔珊瑚动物内脏单胞菌（*Endozoicomonas montiporae* sp. nov.Yang，Chen，Arun et al.，2010），由我国台湾高雄海洋科技大学的Yang等（2010）报道。种名"*montiporae*"为新拉丁语属格阴性名词，指其模式株是从我国台湾南方海水中收集的表孔珊瑚属（*Montipora*）的瘿叶表孔珊瑚（encrusting pore coral *Montipora aequituberculata*）分离的。

表孔珊瑚动物内脏单胞菌的模式株为CL-33（LMG 24815=BCRC 17933）[22]。

11. 沼津动物内脏单胞菌

沼津动物内脏单胞菌（*Endozoicomonas numazuensis* sp. nov. Nishijima，Adachi，Katsuta et al.，2013），由日本海洋生物技术研究所的Nishijima等（2013）报道。种名"*numazuensis*"为新拉丁语阴性形容词，指模式株是在日本静冈的沼津（Numazu，Shizuoka Prefecture，Japan）从潮汐区域（tidal area）收集的海洋紫色海绵（marine purple sponges，order Haplosclerida）中分离的。

细菌DNA中G+C的摩尔百分数为48.3～48.7，模式株的为48.7；模式株为HC50（NBRC 108893=DSM 25634）[12]。

二、栖海天牛动物内脏单胞菌（*Endozoicomonas elysicola* sp. nov.）

栖海天牛动物内脏单胞菌（*Endozoicomonas elysicola* gen. nov.，sp. nov. Kurahashi and Yokota，2007），由日本东京大学的Kurahashi和Yokota（2007）报道。种名"*elysicola*"为新拉丁语名词，指栖海天牛的（*Elysia* dweller）。

细菌DNA中G+C的摩尔百分数为50.4；模式株为MKT110（IAM 15107、KCTC 12372），从日本东京三宅岛（Miyake Island；Tokyo，Japan）的海洋软体动物（marine mollusk）华丽海天牛（sea slug，*Elysia ornata*）的胃肠道（gastrointestinal tract）中分离得到；GenBank登录号为AB196667）[11]。

（一）生物学性状

日本东京大学的Kurahashi和Yokota（2007）报道，从日本伊豆群岛（Izu-Miyake Island，Japan）的三宅岛（Miyake Island）沿岸15m深的海水中采集到的一种海洋软体动物华丽海天牛的胃肠道（取以无菌海水按1：10的比例稀释的内脏匀浆）中，用海洋琼脂（marine agar）培养基（取0.1mL的稀释液涂布接种后于25℃培养1周）分离到一株革兰氏阴性、严格需氧的杆状细菌（菌株编号：MKT110）。经16S rRNA基因序列比较分析表明，菌株MKT110是一个属于γ-变形菌纲的细菌，与源于海绵（marine sponge，*Halichondria okadai*）的菌株AB054136和AB054161、珊瑚（coral，*Pocillopora damicornis*）的菌株AY700600和AY700601亲缘关系紧密。基于16S rRNA基因序列的系统发育分析显示，菌株MKT110与海洋新细菌（genus *Zooshikella*）形成了相关的亚系（sub-lineage），自举值（bootstrap value）为100%。

菌株MKT110的表型特征为革兰氏阴性，杆状，（0.4～0.6）μm×（1.8～2.2）μm。电子显微镜观察显示有单极鞭毛（single polar flagella）、有菌毛（pili）和囊泡（vesicles）释放到细胞表面。在海洋琼脂培养基生长的菌落直径为4～5mm，圆形、凸形和浅褐色，在海洋琼脂培养基25℃培养4～5d后的菌落边缘整齐。在高于37℃或低于4℃的温度条件下不能生长，最佳生长温度范围为25～30℃；属嗜中温（mesophilic）型菌，生长它们对NaCl有绝对要求。含有16：1ω7c、16：0和14：0的主要细胞脂肪酸（cellular fatty acids），以及3-OH 14：0、3-OH 10：0和3-OH 12：0的主要羟基脂肪酸（hydroxy fatty acids），主要的醌（quinone）为Q-9。

化学分类特征（chemotaxonomic characteristics）显示，从菌株MKT110中检测到的类异戊二烯醌（isoprenoid quinones）分别为Q-9和Q-8，比例为9：2。其细胞脂肪酸组成以16：1ω7c（54.5%）、16：0（18.9%）和14：0（9.3%）为主，羟基脂肪酸含量分别为3-OH 14：0（4.1%）、3-OH 10：0（3.1%）和3-OH 12：0（2.8%）。

观察到七叶皂苷的水解，没有观察到明胶的水解。硝酸盐还原为亚硝酸盐，不产生β-半乳糖苷酶（β-galactosidase）、尿素酶、3-羟基丁酮（acetoin）、H_2S和吲哚。酸是由以下化合物产生的：葡萄糖、半乳糖、N-乙酰-D-葡萄糖胺（N-acetyl-D-glucosamine）、麦芽糖和葡萄糖酸盐（gluconate）；不能从以下化合物产生酸：精氨酸、鸟氨酸、阿拉伯糖、核糖、鼠李糖、甘露糖、甘露醇、山梨醇、乳糖、蜜二糖、蔗糖、木糖、果糖。

根据系统发育和表型特征，认为此菌与目前公认的细菌属不同，应归入一个新属，并提出了“*Endozoicomonas elysicola* gen. nov., sp. nov.”（栖海天牛动物内脏单胞菌）的命名。图8-7显示MKT110 菌株的透射电子显微镜观察的一般形态[11]。

（二）病原学意义

哥伦比亚水产研究中心（Corporación Centro de Investigación de la acuicultura en Colombia，CENIACUA；Carrera，Colombia）的Mendoza等（2013）报道在过去的十年里，军曹鱼的养殖业越来越受欢迎，现在军曹鱼在拉丁美洲和亚洲的几个国家被养殖。尽管最近生产技术的改进使该行业得以扩大，但在养殖阶段影响军曹鱼的疾病却鲜为人知。研究了3个养殖周期的军曹鱼孵化后13～20d发生群体性死亡的原因，病幼体（diseased larvae）鳃的湿涂片（wet mounts）显示有囊肿样嗜碱性包涵体（cyst-like basophilic inclusions）。从囊肿提取DNA，用16S rRNA基因通用引物进行PCR扩增，对扩增产物进行测序和分析，发现其与栖海天牛动物内脏单胞菌的相似性为99%；通过设计种特异性探针（specific probe）的原位杂交（in situ hybridization），对栖海天牛动物内脏单胞菌进行了鉴定，特异性引物也被设计用于诊断目的。这是首次报道的军曹鱼幼体（cobia larvae）上皮囊肿病，也是首次报道栖海天牛动物内脏单胞菌为相应上皮囊肿的一种病原菌。

Mendoza等（2013）报道军曹鱼幼体，在哥伦比亚玻利瓦尔（Punta Canoas Bolivar，Colombia）的哥伦比亚水产研究中心实验室养殖和生产。养殖期间，3个独立周期出现了13～22d开始的突发死亡事件。在13d暴发、22d暴发和15d暴发中检测到最初的病症。在最初病症出现后12h开始死亡，到7d时几乎达到100%。

在第一次暴发后，通过湿涂片和鳃组织病理学对9d的进行筛查，以检测早期的病理学疾病的征兆。结果是在2010年和2011年的3起疫情中，第一个临床病症是出现了嗜睡和饲料消耗减少；鳃水肿和充血，表现为红头（red head）是病症的特征，在后期出现鳃盖张开和在水面喘气现象，其中一次的累积死亡率达到100%。在湿涂片检验中，在患病幼体的鳃中发现许多直径在50～70μm的球形暗褐色囊肿（spherical dark brown cysts），在严重感染的鱼中，几乎所有的鳃丝都有许多囊肿。对3次暴发的幼体进行的组织病理学检查显示，在鳃上皮细胞肥大的区域内存在大量致密嗜碱性小体（dense basophilic bodies）。囊肿主要位于鳃丝的基部，在远端发现的囊肿较少；此外，包涵体并不是均匀分布在鳃丝间，一些鳃丝有多达6个囊肿，而另一些则没有病理学表现。鳃耙（gill rakers）也受到影响，主要是每耙一个囊肿，囊肿呈革兰氏阴性。

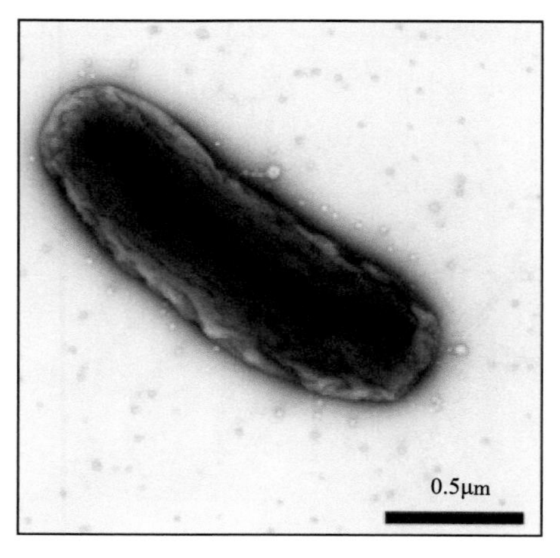

图8-7　MKT110菌株形态特征

原位杂交在鳃的囊肿样体中显示，对地高辛（digoxigenin，DIG）标记的探针（DIG-labeled

probe）存在深蓝色/黑色沉淀物（dark blue/black precipitate）的阳性反应，偶尔在囊肿附近也发现存在游离细菌。在其他器官或健康幼体的组织中，未发现阳性信号。

综合分析，描述了一次由栖海天牛动物内脏单胞菌引起的军曹鱼幼体上皮囊肿的暴发，在上皮囊肿的致病菌中增加了一个新的成员。

图8-8显示用睫毛从患病军曹鱼幼体鳃中收集的两个囊肿。图8-9显示患病军曹鱼幼体鳃的湿涂片，囊肿呈圆形暗体（rounded dark bodies）。图8-10为福尔马林固定和石蜡包埋的军曹鱼幼体鳃组织切片，苏木精-伊红染色，显示囊肿以规则的圆形嗜碱性结构发生在上皮细胞中。图8-11显示用栖海天牛动物内脏单胞菌特异性引物PCR制备的地高辛标记探针，对军曹鱼幼体的鳃组织进行比色原位杂交（colorimetric in situ hybridization），图8-11A为来自第一次暴发垂死的军曹鱼幼体鳃组织，显示大多数囊肿对探针呈强阳性反应；图8-11B为军曹鱼幼体鳃组织，无信号[23]。

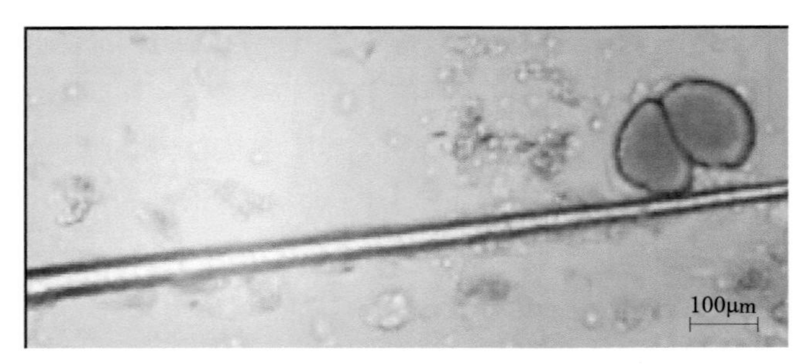

图8-8　从患病军曹鱼鳃收集的囊肿

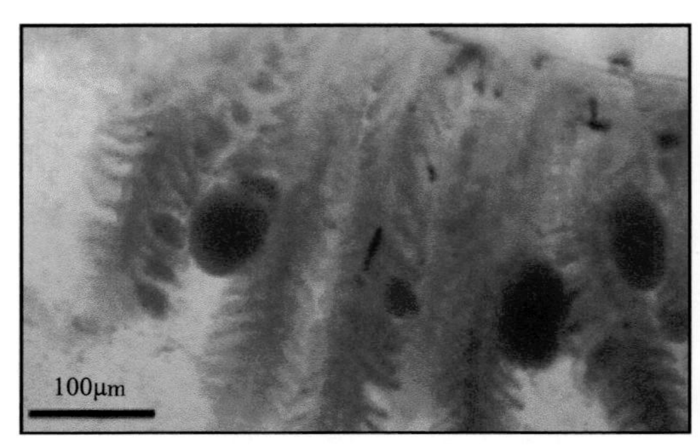

图8-9　患病军曹鱼鳃的囊肿

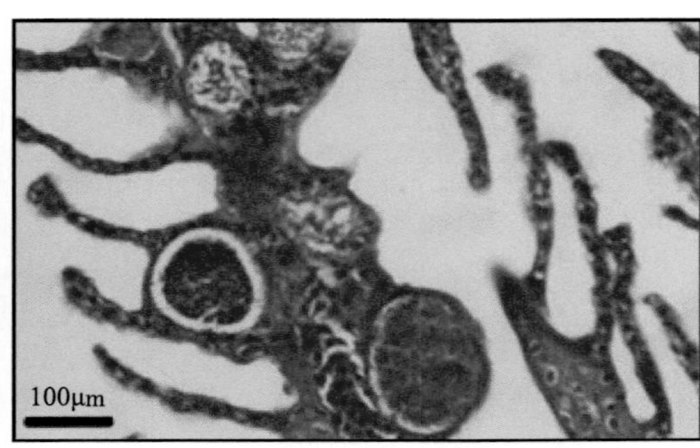

图8-10　军曹鱼鳃组织切片的囊肿

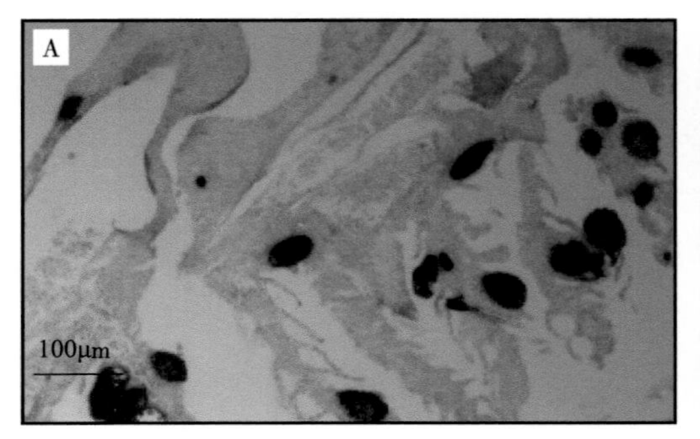

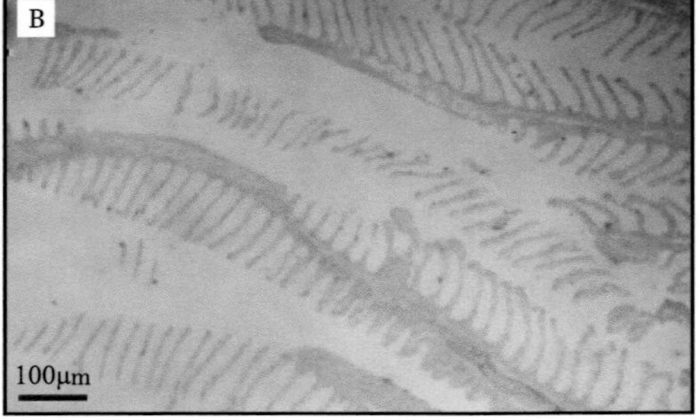

图8-11　军曹鱼鳃组织原位杂交

三、克里特岛动物内脏单胞菌（*Endozoicomonas cretensis* sp. nov.）

克里特岛动物内脏单胞菌（Candidatus *Endozoicomonas cretensis* sp. nov. Katharios，Helena M B Seth-Smith，Alexander Fehr et al.，2015），由希腊海洋研究中心海洋生物、生物技术和水产养殖研究所的Katharios等（2015）报道。种名“*cretensis*”，是基于了试验地“Crete”（克里特岛）命名的[21]。

（一）生物学性状

Katharios等（2015）报道水产养殖业是一个新兴的产业，需要多样化地培育新的养殖物种，而这些物种往往面临感染疾病的风险。采用围隔技术（mesocosm technique）研究了尖吻重牙鲷幼体对海水中潜在环境病原体（potential environmental pathogens）的感受性。结果显示暴露在海水中的鱼从孵化后21d开始就死于上皮囊肿，导致25%的死亡。致病菌不是衣原体，而是隶属于γ-变形菌（γ-proteobacterial）的一种新的内脏单胞菌属成员。利用高分辨率荧光和电子显微镜对感染病灶内的病原菌进行了详细的鉴定，结果表明此病原菌呈杆状形态，从保存的材料中获得了未培养细菌的基因组序列草图，并与内脏单胞菌属模式种栖海天牛动物内脏单胞菌的菌株基因组进行了比较，显示这种“Candidatus *Endozoicomonas cretensis*”（克里特岛动物内脏单胞菌）基因组正经历着功能基因（functional genes）丢失和插入序列扩展（insertion sequence expansion）的衰退，这往往表明其适应了一个新生态位（new niche）或限制了另一种生活方式（alternative lifestyle）。

利用透射电子显微镜（transmission Electron Microscopy，TEM）和来自聚焦离子束扫描电子显微镜（Focused Ion Beam-Scanning Electron Microscopy，FIB-SEM）的三维成像（3D datasets）进行进一步成像，可以准确地识别囊肿内的细菌形状，并用于显示它们是直径约为0.8μm、长度为2.5μm的杆状。在整个囊肿中，细菌显示浓密（densely packed）且均匀，如扫描电镜所示，不存在典型的衣原体生命周期的网状体和具感染性的原体。细菌通常定向于同一方向，在一个平面上产生圆形直径（circular diameter）的2D图像，在另一个平面上产生长的横截面（elongated cross-sections）。除了细长的形状和无定形的菌体，还可以看到分裂的细菌。细菌内没有明显的浓缩核质（condensed nuclear material），但有许多可能含有脂质（lipid）的淡液泡（pale vacuoles）。囊肿内部呈颗粒状（granular）或微粒状（particulate），囊肿周围的膜似乎围绕着封闭细菌。在细菌之间，观察到许多细肌丝（thin filaments），在细菌周围形成一个网络（network）。尽管感染持续时间越长、囊肿越大，但在孵化后20d、21d、24d或28d的透射电子显微镜观察结果，囊肿的形态和囊内细菌没有明显差异。

图8-12显示典型感染尖吻重牙鲷幼体的组织病理学。图8-12A为孵化后21d时的头

部的切片，显示鳃和皮肤中的囊肿（箭头示）；图8-12B为在孵化后21d时感染幼体的鳃中可见一个典型的大囊肿，显示颗粒状外观，在其下方可见一个小囊肿；图8-12C为在孵化后28d时感染幼体头部的切片，在皮肤、口腔和鳃的上皮存在广泛的多个囊肿；图8-12D为高倍放大的图8-12C，显示囊肿内的细菌大小的颗粒；图8-12E为来自孵化后21d时幼体的空包涵体（empty inclusion），释放的细菌（星号示）附着在下的细丝（filament）上。在片层的基部还有一个新形成的小包裹体（箭头示）。

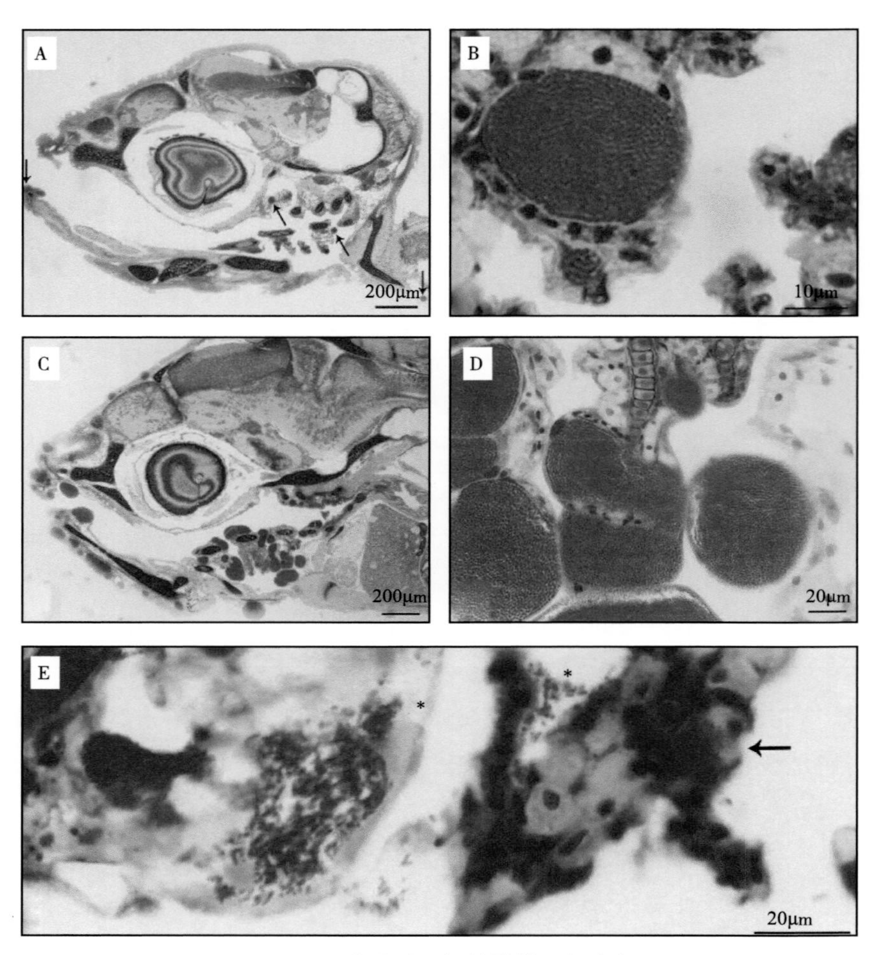

图8-12　尖吻重牙鲷幼体的组织病变

图8-13显示孵化后21d时感染尖吻重牙鲷幼体的扫描电镜观察结果。图8-13A为幼体的表面视图，显示皮肤和鳍上的囊肿；图8-13B为皮肤下破裂的囊肿，似乎充满了细菌；图8-13C为囊肿破裂，显示细菌通过膜与上皮细胞分离（箭头示），并有多个开窗（fenestrations）或穿孔（perforations）；图8-13D显示细菌似乎与周围的膜密切接触（箭头示），膜似乎部分地折叠在细菌周围，为细菌形成浅湾（shallow bays）；

图8-13E显示在囊肿内，细菌似乎正在分裂（箭头示）；图8-13F为另一个视图显示长的细菌形态和细丝状（箭头示）[21]。

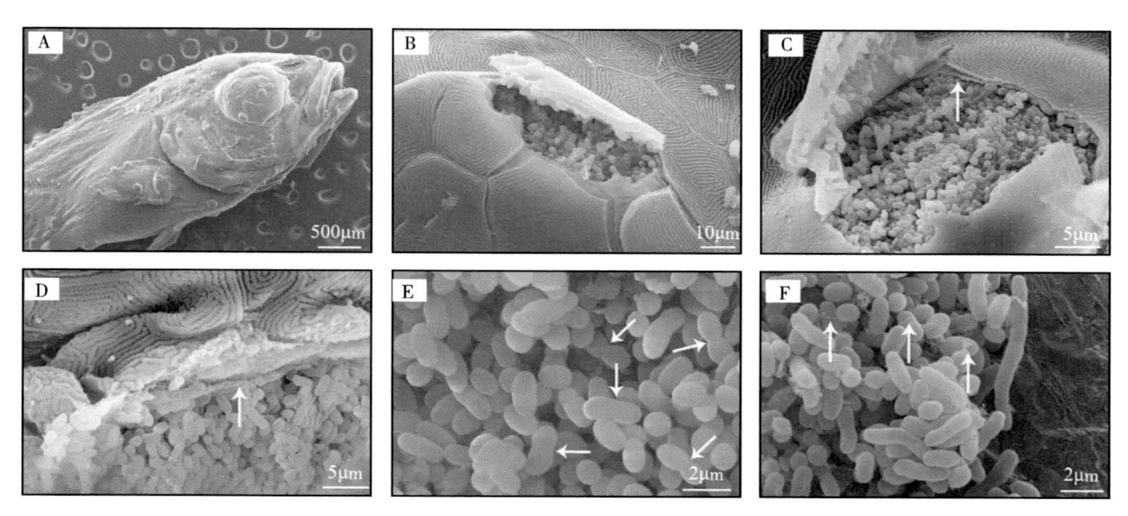

图8-13　尖吻重牙鲷幼体的SEM图片

（二）病原学意义

Katharios等（2015）报道，海洋微生物病原体（marine microbial pathogens）可以在水柱（water column）中自由扩散，也可以通过中间真核宿主（intermediate eukaryotic hosts）扩散。虽然细菌病原体在很大程度上与野生鱼类种群中的宿主防御系统保持平衡，但它们可能对养殖水生动物产生更严重的影响，因为养殖的条件可能导致过度拥挤和存在宿主压力。

上皮囊肿是一种严重的淡水和海洋鱼类疾病，发现在世界各地存在，影响到许多不同的种（包括野生和养殖的），特征性囊肿见于幼鱼和老龄鱼的鳃中。在幼鱼也有皮肤病变，死亡率也最高。

研究围隔上皮囊肿感染模型（mesocosm epitheliocystis infection model），试图研究开发一个系统，用来研究地中海东部（eastern Mediterranean）引起上皮囊肿的细菌，特别是考虑到缺乏体外培养上皮囊肿病原体的方法。利用在克里特岛（Crete）希腊海洋研究中心（Hellenic Center for Marine Research，HCMR）的大型围隔水池设施（large scale mesocosm tank facilities），将易感宿主种尖吻重牙鲷幼体暴露在试验水池中的天然海水中；对照幼体在第二个水池中养殖，由深孔（deep borehole）供应盐水（saline water）。从孵化后9d起，每1～4d监测一次幼体的行为和形态学特征，并从分子水平监测由衣原体引起的上皮囊肿。孵化后13d收集了一系列从池水中过滤出来的浮游生物（plankton），以确定水柱中是否存在潜在的上皮囊肿病原体，或是否与特定的组分有关。

结果在孵化后21d时，在试验水池中的尖吻重牙鲷幼体鳍中检测到第一个上皮囊肿病变，并在从受影响的幼体提取的DNA中检测到第一个衣原体特征序列的阳性PCR信号。在接下来的7d里，上皮囊肿感染的严重性增加，影响到所有被筛查（screened）的幼体，孵化后28d的幼体被多个囊肿覆盖。到35d时的感染率下降，仅发现少量感染幼体。在任何阶段，在对照的幼体中均未观察到上皮囊肿，也未检测到衣原体特征序列。试验有19.6%的幼体存活到幼龄阶段（孵化后55d），对照组的存活率为53.3%。

尖吻重牙鲷幼体感染的病理学变化，在孵化后21d的幼体切片组织学检查显示，大的囊肿被上皮细胞的细胞质和透明的嗜酸性膜（hyaline eosinophilic membrane）包围。这些囊肿与皮肤或鳃上皮的改变有关，表皮或鳃上皮有非常轻微的增生。中等大小（直径在10～30μm）的囊肿，似乎是由细胞质和细胞核移位引起的，边缘良好的液泡（well-marginated vacuoles）含有嗜碱性颗粒物质（basophilic granular material）；在感染严重程度最高（孵化后28d）时，发现多个直径在20～100μm的囊肿，通常紧密存在，大量分布于皮肤和鳃上皮。偶尔可以看到空囊肿（empty cysts），释放的细菌游离或黏附在邻近组织上，推测可能的再感染（reinfection）方式。

上皮囊肿的超微结构研究，是在没有培养菌株的情况下，利用电子显微镜进一步鉴定这些细菌的特性。在孵化后21d时对幼体进行的初始扫描电子显微镜（Scanning Electron Microscopy，SEM）观察用于评估皮肤中幼体囊肿的外部情况，确认囊肿的外部形态，并提供在制备过程中破裂的囊肿的内部视图。发现囊肿似乎被周围的一层膜完全包围，其本身嵌入在一层上皮细胞下。在囊肿内可见密集排列的杆状细菌，其中一些似乎正在分裂，还有较长的细菌形态和细肌丝网络（network of thin filaments）。

图8-14显示具有代表性的整体尖吻重牙鲷幼体的图像。图8-14A、图8-14B为幼体在孵化后21d时表现为上皮囊肿感染，囊肿最容易出现在鳍的周围；图8-14C、图8-14D为幼体在孵化后21d时，严重感染影响鳍和皮肤的上皮囊肿，一些囊肿用箭头示。

图8-15显示孵化后24d和20d尖吻重牙鲷幼体上皮囊肿的典型聚焦离子束扫描电子显微镜和透射电子显微镜图像。图8-15A、图8-15B为聚焦离子束扫描电子显微镜图像，从一个囊肿横、纵平面上的三维体（3D volume）显示细菌的大小、方向、形状和致密度，细菌被染色浓密的单层膜所包围，含有一个致密均匀层（dense homogeneous layer），细菌的中心看起来较浅，有许多淡液泡（箭头示）；图8-15C显示分裂细菌的聚焦离子束扫描电子显微镜图像（箭头示），细菌之间可见颗粒状物质；图8-15D为孵化后20d幼体横切面的透射电子显微镜图像显示囊肿边缘、细菌纵切和横切面，也存在两个无定型体（amorphous bodies）（箭头示）；图8-15E为两个相邻囊肿被囊肿边界隔开的聚焦离子束扫描电子显微镜图像（箭头示），这种组织呈内卷膜（involuted membranes）状，部分包裹细菌；图8-15F为聚焦离子束扫描电子显微镜图像，显示细

菌间的细肌丝网络（network of thin filaments）。

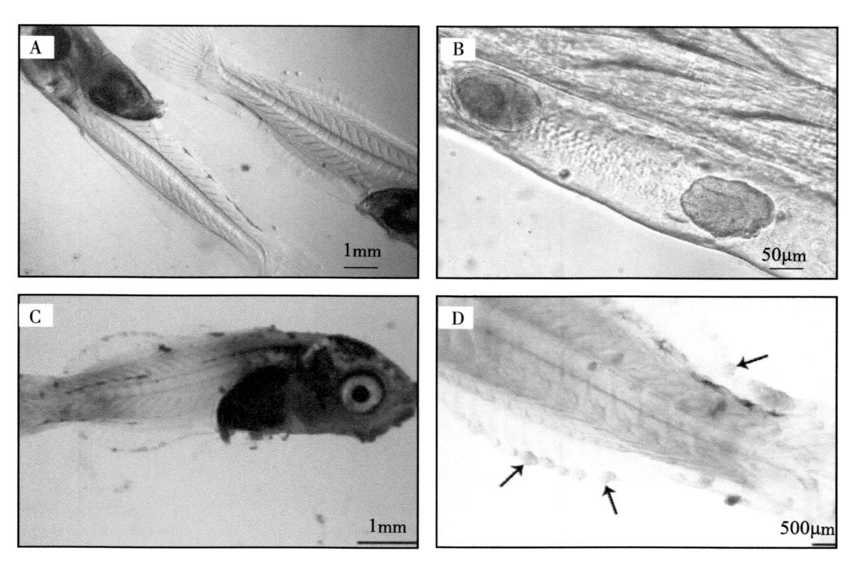

图8-14 尖吻重牙鲷幼体的上皮囊肿

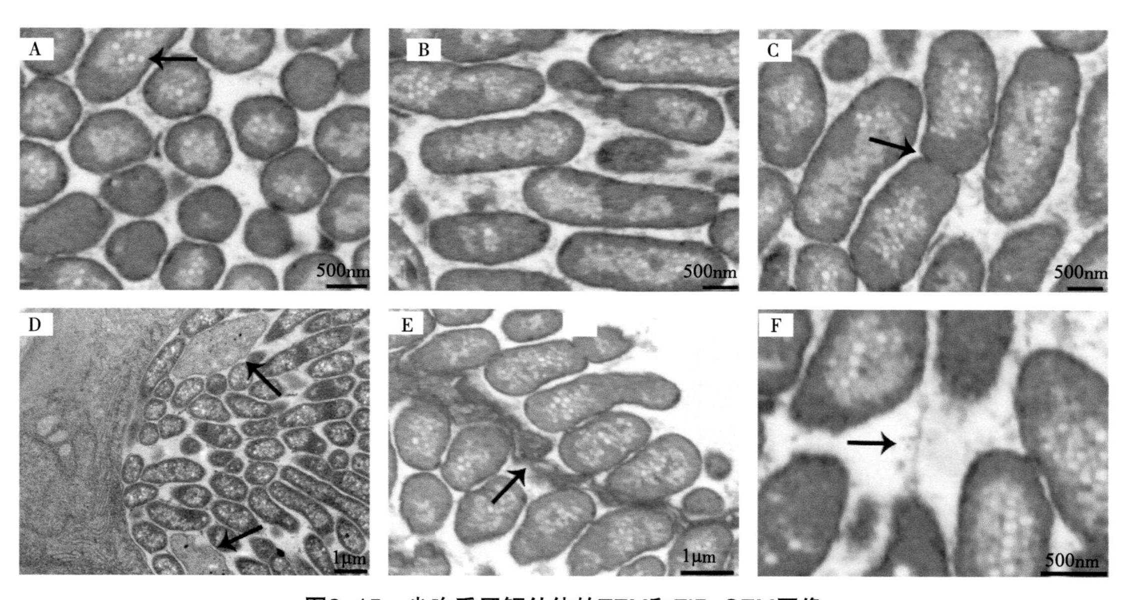

图8-15 尖吻重牙鲷幼体的TEM和FIB-SEM图像

图8-16显示利用基于动物内脏单胞菌16S rRNA基因序列的探针，对尖吻重牙鲷幼体进行的研究。所有切片均与细菌的Endo-0474-Cy3（红色示）杂交，并用荧光染料4',6-二脒基-2-苯基吲哚（4′,6-diamidino-2-phenylindole，DAPI）进行复染。图8-16A为孵化后20d的重牙鲷幼体的切片，可见囊肿包含细菌（bacteria-containing cyst）的囊肿（箭头示）；图8-16B为幼体孵化后24d的切片，在鳃内可见多个囊肿（箭头示），在

孵化后28d的切片含有更多的囊肿；图8-16C、图8-16D为孵化后24d的幼体的动物内脏单胞菌所致上皮囊肿的高分辨率共焦图像（high resolution confocal images），附加了刀豆蛋白A-Alexa488（concanavalin A-Alexa488）标记，显示鳃上皮细胞内含有大颗粒细菌的囊肿，置换了周围的细胞核；图8-16D的（箭头示）表示有几个巨噬细胞攻击破裂囊肿的细菌。

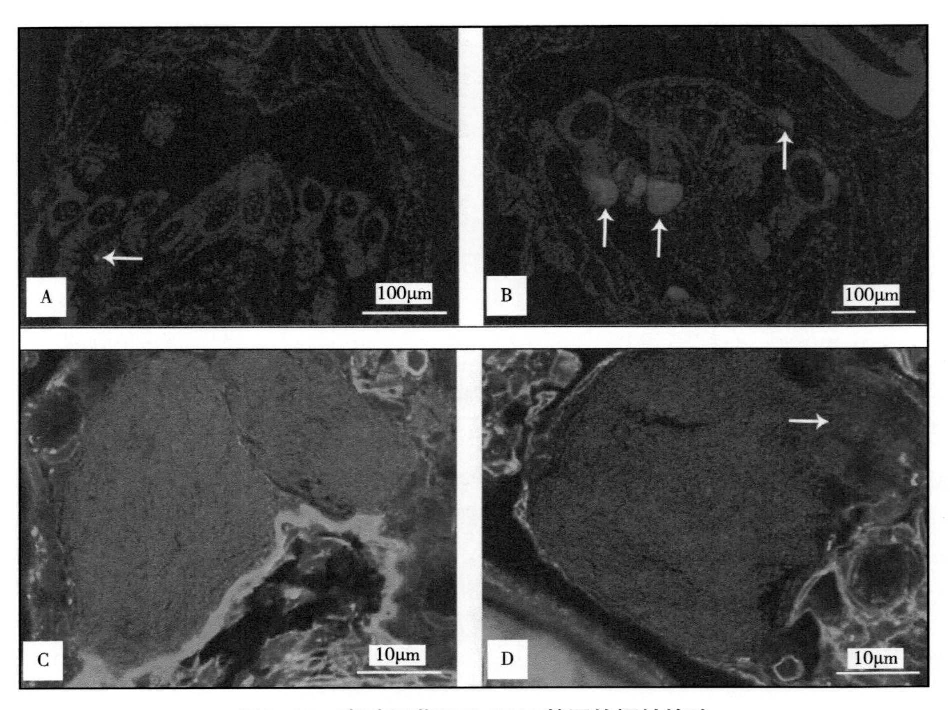

图8-16　囊肿细菌16S rRNA基因的探针检验

基于结果提出了在可控条件下研究上皮囊肿的第一例。利用海水中胚层中易感的尖吻重牙鲷幼体宿主，在孵化后20～35d的时间段内，可以看到上皮囊肿病变的发展、导致死亡和消退。虽然这种幼体培养的死亡率通常很高，但发现上皮囊肿是这些鱼类健康的一个重大威胁。上皮囊肿感染最常见的原因是病原性衣原体，然而此项基于在克里特岛的研究中，一种新的引起上皮囊肿的病原体被鉴定为γ-变形菌纲细菌的一员，并命名为“Candidatus *Endozoicomonas cretensis*”（克里特岛动物内脏单胞菌）。在过去的几年里，在动物内脏单胞菌属内的许多种已被确认，并且大多被描述为海洋生物的共生体（symbionts of marine organisms）。基于相关信息，认为克里特岛动物内脏单胞菌可能是全球范围内鱼类幼体的病原体[21]。

第三节　鱼囊肿菌属（*Ichthyocystis* gen. nov.）

鱼囊肿菌属（*Ichthyocystis* Seth-Smith，Dourala，Fehr et al.，2016），由瑞士苏黎世大学苏黎世功能基因组学中心、兽医学院兽医病理学研究所（Functional Genomics Center Zürich，University of Zürich，Zürich，Switzerland；Institute for Veterinary Pathology，Vetsuisse Faculty，University of Zürich，Zürich，Switzerland）的Seth-Smith等（2016）报道。菌属名称"*Ichthyocystis*"为新拉丁语阴性名词，指鱼的囊肿[24]。

一、菌属定义与属内菌种

Seth-Smith等（2016）报道，从养殖金头鲷中检出的新种"Candidatus *Ichthyocystis hellenicum* sp. nov."（希腊鱼囊肿菌）和"Candidatus *Ichthyocystis sparus* sp. nov."（鲷鱼鱼囊肿菌）。经16S rRNA基因序列分析显示当归入一个新菌属（novel bacterial genus），为β-变形菌纲细菌，是引起鱼金头鲷鳃上皮囊肿的病原菌。囊肿是膜包裹（membrane enclosed）的，苏木精-伊红染色呈嗜碱性，使用一种专为鱼囊肿菌属设计的探针时，呈现强烈和特异的标记反应[24]。

（一）菌属定义

Seth-Smith等（2016）报道，鳃感染性上皮囊肿（gill infection epitheliocystis）在地中海水产养殖金头鲷中的问题日益严重。上皮囊肿通常与衣原体细菌（chlamydial bacteria）有关，但在此项研究中无法在主要的金头鲷病灶内定位衣原体靶点（chlamydial targets），在一个新的β-变形菌纲的菌属（β-Proteobacterial genus）中发现了两个以前未被确认的种。对这些共感染的细胞内细菌（co-infecting intracellular bacteria）的特征，使用高分辨率成像（high-resolution imaging）和基因组学（genomics），提出了迄今为止在上皮囊肿病原方面最全面的研究。从保存的材料中重新测序和注释了两种未曾明确过种的基因组草图（raft genomes），即"Candidatus *Ichthyocystis hellenicum* sp. nov."（希腊鱼囊肿菌）和"Candidatus *Ichthyocystis sparus* sp. nov."（鲷鱼鱼囊肿菌）。对基因组的分析显示，一个紧凑的核心表明了对宿主的代谢依赖性（metabolic dependency），一个附属基因组（accessory genome）具有数量空前的标准排列的基因家族（tandemly arrayed gene families）[24]。

（二）属内菌种

目前在鱼囊肿菌属内，还仅包括希腊鱼囊肿菌（Candidatus *Ichthyocystis helleni*

cum sp. nov.）、鲷鱼鱼囊肿菌（Candidatus *Ichthyocystis sparus* sp. nov.）两个种，均为养殖金头鲷鳃上皮囊肿的病原菌[24]。

二、希腊鱼囊肿菌（Candidatus *Ichthyocystis hellenicum* sp. nov.）

希腊鱼囊肿菌（Candidatus *Ichthyocystis hellenicum* sp. nov. Seth-Smith，Dourala，Fehr et al.，2016）由瑞士苏黎世大学苏黎世功能基因组学中心、兽医病理学研究所的Seth-Smith等（2016）报道，是养殖金头鲷鳃上皮囊肿的病原菌。种名“*hellenicum*”为新拉丁语中性名词，指从希腊的（from Greece）[24]。

（一）基本性状

Seth-Smith等（2016）报道，衣原体是上皮囊肿最常见的病原体，在2012年11月从萨罗尼科斯（Saronikos）、2013年6月从阿古利达（Argolida）采集样本的鳃组织提取物的衣原体特异性16S rRNA基因（Chlamydiae-specific 16S rRNA gene）PCR鉴定出许多属于鱼衣原体目分支（Piscichlamydiales clade）的新序列。然而经详尽的荧光原位杂交分析，无法将这些基因序列定位到被已确定为原发性病理性病变（primary pathological lesions）的大囊肿。以通用引物从分离的囊肿（fish 2013Arg42；2013年从阿古利达采集的样本）中扩增DNA，提供了两个相同的克隆序列（cloned sequences），代表一个新的β-变形菌的菌属（new genus of β-proteobacterium）细菌的16S rRNA基因。系统发育分析揭示了与最近有描述的两种上皮囊肿病原体的关系为：来自由Toenshoff等（2012）报道养殖大西洋鲑的“Candidatus *Branchiomonas cysticola* sp. nov.”（囊肿鳃单胞菌）（注：可见在上面的记述[4]）存在88%的相同核苷酸（nucleotide identity）；以及Contador等（2015）报道来自湖红点鲑的BJC-BK克隆（clone BJC-BK）（注：可见在下面的记述[25]）存在87%的相同核苷酸。从每个位置和时间点的鱼样本中扩增并测序，系统发育分析表明它们在新菌属内分为两个不同的种，只有95.2%的序列同源性，符合Yarza等（2014）描述种间差异定义为94.5%～98.7%的16S rRNA基因核苷酸同源性。

在18条鱼鳃的切片上使用针对新细菌属（novel bacterial genus）的探针进行荧光原位杂交，在大囊肿中产生非常强的信号；相比之下，没有针对鱼衣原体属细菌分支探针（Candidatus *Piscichlamydia* clade probes）及针对更多不同细菌的探针的信号。因此，这些新的病原体是这些希腊海岸线（Greek coastline）附近的金头鲷上皮囊肿的主要病原菌，至少已超过1年。作为未培养的、新的病原体，这两个物种被分别命名为“Candidatus *Ichthyocystis hellenicum* sp. nov.”（希腊鱼囊肿菌）和“Candidatus *Ichthyocystis sparus* sp. nov.”（鲷鱼鱼囊肿菌）。

鱼囊肿菌的菌体细长，直径约0.5μm、长约0.7μm。在每个细菌周围都有一层双层膜包围，它们可能会芽殖进入囊肿基质中的小囊泡（small vesicles）中。可见细菌存在的4种形态：中心有一个致密的拟核（dense nucleoid）；在分裂过程中，显示由一个细桥（thin bridge）连接的核仁；长的细菌；细胞质较暗，有小而清晰的空泡。使用聚焦离子束扫描电子显微镜可以看到许多分裂细菌，可能表明囊肿快速生长；一些细菌还携带一个额外的致密体（dense body），靠近膜，与拟核分离[24]。

图8-17为针对新细菌序列的探针与大囊肿荧光原位杂交的图像。其中的图8-17A为2012年从萨罗尼科斯（2012Sar）、图8-17B为2013年从阿古利达（2013Arg12）、图8-17C为2013年从阿卡迪亚（Arkadia）的（2013Ark11）采集样本鱼的鳃组织。所有切片均用Ichthyo290-Cy3（即抗鱼囊肿菌属细菌引起囊肿（Ichthyo-Cy）的探针，Ichthyo290-Cy3）标记（红色示），并用荧光染料4′, 6-二脒基-2-苯基吲哚（DAPI）进行复染DNA（蓝色示）。

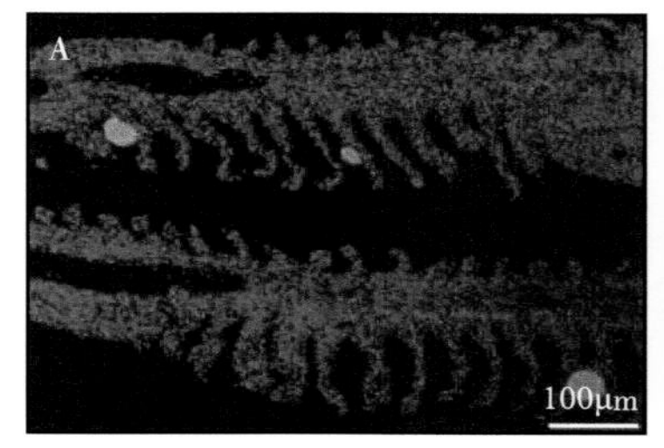

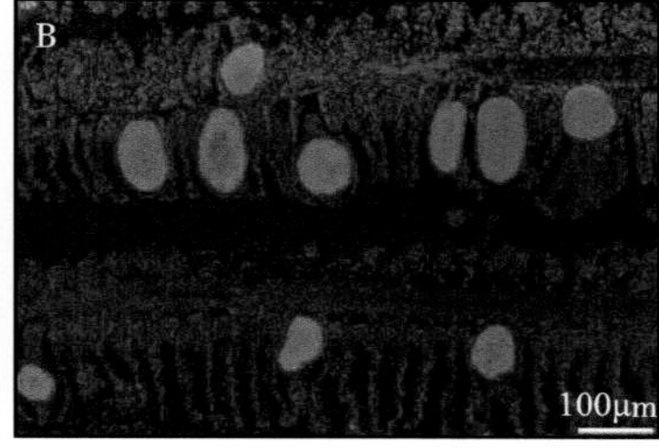

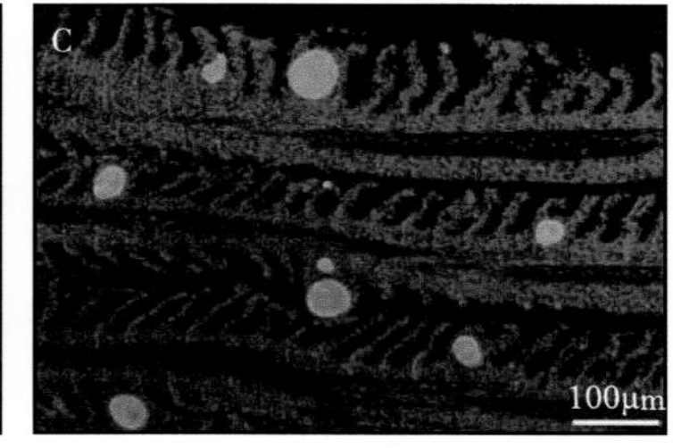

图8–17　囊肿荧光原位杂交

图8-18为感染鳃的扫描电子显微镜和透射电子显微镜图像。图8-18A为2012年从萨罗尼科斯（2012Sar）采集的鱼鳃丝扫描电镜观察结果，显示增生和一个囊肿的形态（箭头示）。图8-18B为2012Sar囊肿的扫描电镜显示，囊肿周围有黏液。图8-18C为2013年从阿古利达采集的样本鱼（fish 2013Arg14）的囊肿形态，固定在初级片层（primary lamella）上，嵌入在两个次级片层（secondary lamellae）之间，毛细血管中可见有核红细胞，沿着次级片层中心向上流动（running up）。图8-18D为2013年从阿古利达采集的样本鱼（fish 2013Arg13）的囊肿的边缘，显示交错的上皮细胞（interdigitated epithelial cells），从宿主细胞的细胞质看不到细菌分隔的连续膜。图8-18E为2013年从阿古利达采集的样本鱼（fish 2013Arg13）的囊肿内的细菌，分开的DNA仍保持连接，细菌之间有许多小泡。图8-18F为2013年从阿古利达采集的样本鱼（fish 2013Arg12）的高分辨率图像，显示细菌双层膜，在双层膜之间常可以看到成排的周质小电子密度颗粒，在菌细胞质中大的低电子密度的小泡是常见的；同样在这张图片中，可见细菌之间的多个小泡[24]。

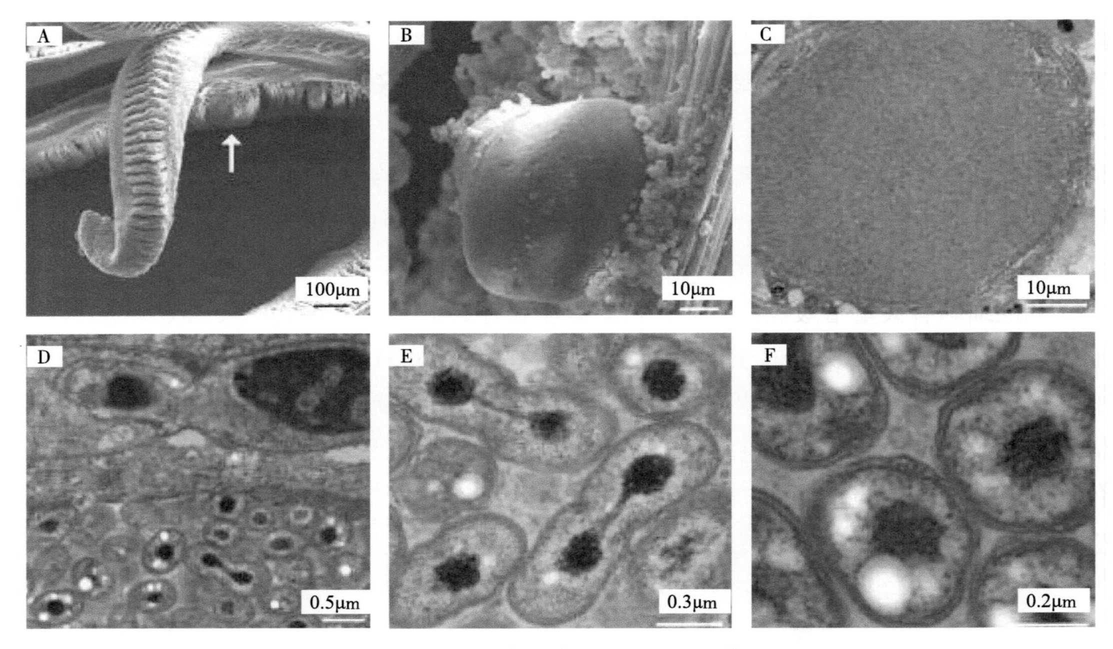

图8-18　感染鳃的SEM和TEM图像

（二）病原学意义

Seth-Smith等（2016）报道，上皮囊肿是在地中海养殖的金头鲷的一种新疾病；一家商业水产养殖公司的数据显示，上皮囊肿导致的死亡率逐年上升，尽管是一种持续约2周的短期感染，但在受感染的海笼（sea cages）中死亡率可高达20%。

为了确定上皮囊肿的严重程度和相关的病原学因素，3次从希腊周边3个沿海区域养殖的商业鱼笼（commercial fish cages）中采集了患病的金头鲷鳃样本。分别是从希腊水产养殖公司（Greek aquaculture company）Selonda SA获得的，在3个地点和3个时间节点采集病鱼的样本：于2012年11月在萨罗尼科斯、阿古利达于低水平感染期间随机采集样本；于2013年6月在阿古利达、10月在阿卡迪亚，在上皮囊肿暴发期间采集。

对鳃样本病理组织学检验，发现了两种主要的囊肿类型，均是位于次级鳃片（secondary lamellae）的顶端或基部。这些在暴发期间大量发现的大囊肿（large cysts），很可能由于上皮增生而影响呼吸，造成氧气扩散的中断和宿主的痛苦。第一种类型直径可达100μm，具有嗜碱性和充满细颗粒物质（finely granular content），由1~2μm厚的嗜酸性膜（eosinophilic membrane）包围，常是被一层上皮细胞包围着，偶尔呈现增生；在破裂的囊肿周围可见巨噬细胞、淋巴细胞，偶尔可见中性粒细胞；在囊肿周围常可见轻度炎症，次级鳃片继发性片层可钝变（blunted）和融合（fused）。第二种类型的囊肿较小，直径可达40μm，含有更多嗜碱性和粗颗粒物质（coarsely granular contents），周围有稍厚（2～3μm）的膜。另外是在罕见的病例中，观察到与其他病原体的共感染（Co-infections），但这些不会导致鱼类的疾病状况。

图8-19为鳃组织切片显示典型的病变。图8-19A显示2013年从阿古利达采集的样本（fish 2013Arg11）的鳃的情况，表现鳃部严重感染囊肿，直径可达100μm。图8-19B为来自鱼2013Arg11的囊肿，位于两个融合的次级片层之间，向片层顶端的细胞通过上皮增生和鳞状化生（squamous metaplasia）可见异型性（atypically）增厚和增生，上皮细胞有大量嗜酸性细胞质，彼此紧密相连；囊肿周围的缝隙被认为是通过收缩形成的固定物（fixation artefact）。图8-19C为鱼2013Arg11囊肿，显示粗颗粒物和较厚的嗜酸性膜。图8-19D为从鱼2013Ark11的，显示含多糖膜（polysaccharide containing membrane）（粉红色），在膜状层（membranous layer）内可见一个细长的细胞核，染色质上有细小的斑点（finely stippled）。图8-19E为鱼囊肿从2013Arg11的，显示囊肿破裂和相关巨噬细胞（箭头示）。其中的图8-19A、图8-19B、图8-19C、图8-19E为苏木精-伊红染色，图8-19D为过碘酸-希夫氏染色（periodic-acid-Schiff staining）[24]。

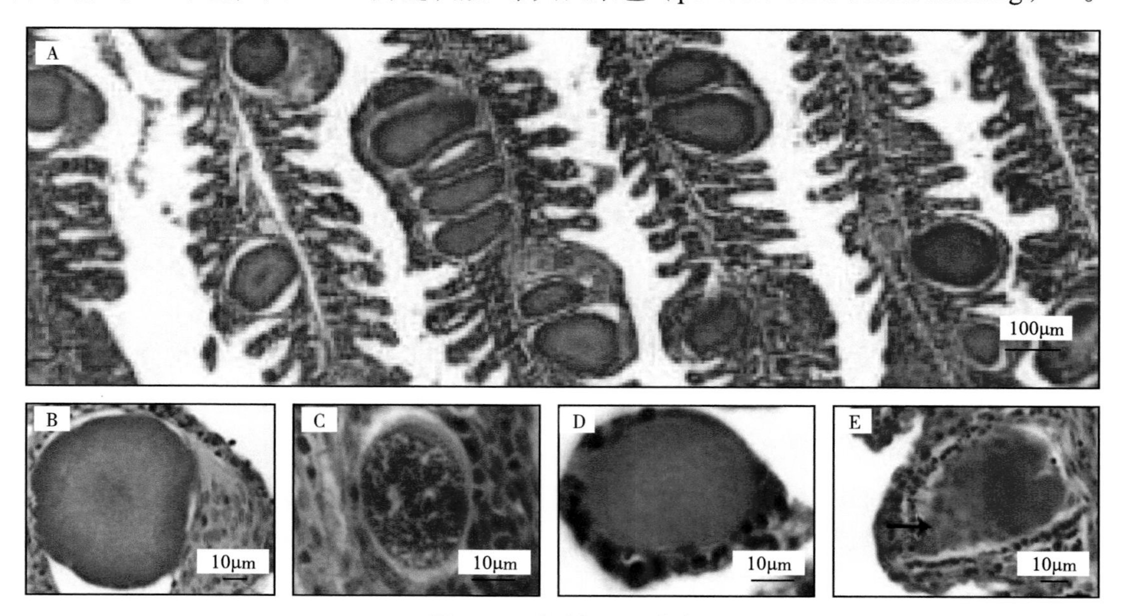

图8-19　囊肿鳃组织病变

另外，在Seth-Smith等（2016）的报道中，有提及的在对鱼囊肿菌属细菌研究中，与Contador等（2015）报道来自湖红点鲑的BJC-BK克隆存在87%的相同核苷酸（注：可见在前面的记述[24]）。为使文献资料的系统性，也基于这些病原菌均为β-变形菌纲的细菌，在此对Contador等（2015）的报道予以简要记述。

加拿大圭尔夫大学安大略兽医学院鱼病理学实验室（Fish Pathology Laboratory，Ontario Veterinary College，University of Guelph；Guelph，ON，Canada）的Contador等（2015）报道，湖红点鲑养殖经历了每年（2011—2013年）冬季流行的上皮囊肿感

染。受影响的鱼表现分散在池塘（tank）底部，饲料食用和对惊吓反应降低，死亡率常可达到40%。死亡高峰发生在出现临床症状的3周内，暴发通常持续6周。受影响的鱼没有明显的病变，但组织学上存在鳃上皮坏死和片层增生，少量到大量的散在上皮细胞含有10～20μm的包涵体。对一年一次的暴发进行了纵向研究，发现片层增生与死亡率关系最为密切。组织化学染色、免疫组化（immunohistochemistry）分析和透射电子显微镜观察的结果，支持在包涵体中存在β-变形菌纲细菌，而不是衣原体目细菌（Chlamydiales bacterium）。PCR引物鉴定衣原体目细菌没有给出一致的结果，然而使用通用16S rRNA细菌引物结合激光捕获显微切割（laser capture microdissection）包涵体证明，β-变形菌纲细菌始终与受感染的鳃相关，更可能是湖红点鲑疾病的病原菌，基于基因分析的一致性命名为BJC-BK。

报道在安大略省自然资源部（The Ontario Ministry of Natural Resources）养殖湖红点鲑，在一个孵化场，每年都会暴发与上皮囊肿有关的冬季死亡。此项研究的目的是描述受影响鱼类的临床表现和病变，并确定可能与此相关的感染源。从加拿大安大略省马尼图林岛（Manitoulin Island；Ontario，Canada）蓝松鸦溪（Blue Jay Creek）鱼类养殖站采集湖红点鲑样本，进行组织病理学检查。自2011年以来，有临床病史和可疑上皮囊肿征象的活鱼已直接提交给圭尔夫大学鱼类病理实验室进行诊断。2013年在3个月的时间里，在暴发之前、期间和之后从一条水沟（raceway）收集了5组鱼、共收集了34条鱼进行组织学和其他方面的评估。从这条特殊的水沟中挑选鱼，是因为它们在疾病暴发期间没有经过治疗。

检验结果显示2011—2013年临床报告，平均体长10cm的鱼出现鳃病暴发。伴随上皮囊肿暴发的临床症状包括鱼群散开并停留在鱼池/水沟底部，对饲料反应降低，第三天或第四天恐惧反应减少和消失，嗜睡，旋转和死亡；暴发高峰通常在3周内达到，6周完全恢复。在暴雨导致水中沉积物增加后，疫情持续发生。累积死亡率通常达到约40%，尽管主要影响因素是生长减少。除鳃苍白外，没有发现其他的内部或外部的严重病变。在2013年暴发期间，进行纵向研究的累积死亡率和最高日死亡率分别为42.0%和4.1%。

在光镜下的组织病理学病变表现逐年一致，可见片层上皮增生，鳃丝融合，上皮细胞坏死；此外是细胞间隙充满炎症细胞和增生上皮细胞，较少出现柱细胞（pillar cell）血栓形成，具有方形轮廓的片层也很常见。这些片层有肥大的上皮细胞，最明显的是沿其下半部，典型的外部包涵体。含有细菌包涵体的细胞也发生肥大，并且最常见于片层间隙。观察到两种类型的包涵体。一是轻度嗜碱性的致密同质形态，大小约为10μm；二是大小为15～20μm的颗粒，嗜酸性。两种类型的包涵体均被清晰的晕圈包围，当感染细胞的细胞核明显时则显示通常位于周边；在细胞质中，包涵体呈革兰氏染色阴性[25]。

图8-20（苏木精-伊红染色）显示湖红点鲑鳃组织病理学变化。图8-20A显示2013年采集的湖红点鲑鳃组织存在多灶片层融合（星号示）和微动脉瘤（aneurysms）（箭头示）。图8-20B显示C群湖红点鲑鳃的层间上皮细胞内有一个轻度嗜碱性的细胞内（lightly basophilic intracellular inclusion）的上皮囊肿包涵体，周围有一个特征性的晕（halo）（箭头示），也可以观察到具有方形轮廓（square profile）和坏死的片层（蘑菇状箭头示）。图8-20C和图8-20D显示D组湖红点鲑鳃的组织病理学变化，其中图8-20C显示在有边缘细胞核的细胞细胞质中存在一个轻度嗜碱性的约在10μm的上皮囊肿包涵体（箭头示），上皮细胞附近有坏死碎片（蘑菇状箭头示）；图8-20D显示在上皮细胞中有颗粒状微嗜酸性（slightly eosinophilic）的、约在20μm的上皮囊肿包涵体（箭头示）。

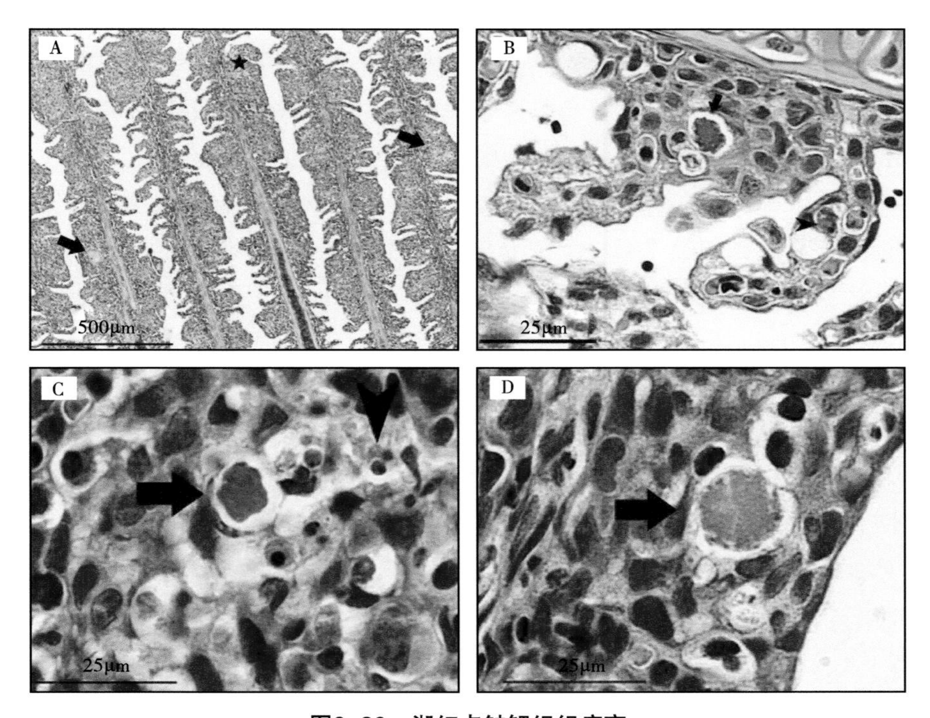

图8-20　湖红点鲑鳃组织病变

图8-21显示湖红点鲑鳃上皮囊肿的透射电子显微镜观察结果。图8-21A显示上皮囊肿包涵体，多形态细菌出现在细胞中心，周围有一个晕；图8-21B为在图8-21A中相同的上皮囊肿包涵体，多形态细菌通过芽殖分裂（蘑菇状箭头示）；图8-21C显示上皮囊肿包涵体的细菌有双层膜（蘑菇状箭头示）、拟核（箭头示）和电子透光泡（electron-lucent vesicles）（星号示）[25]。

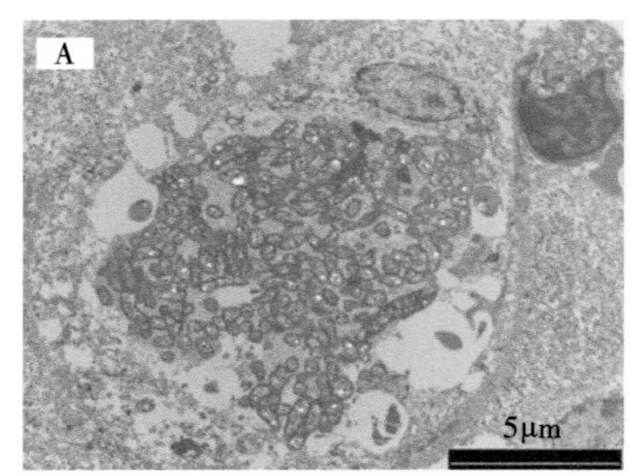

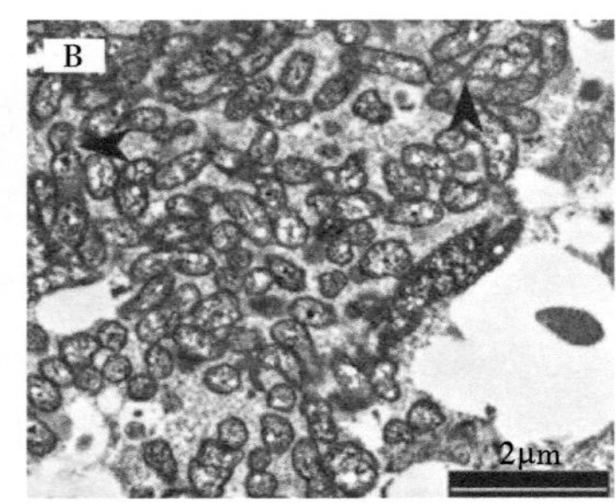

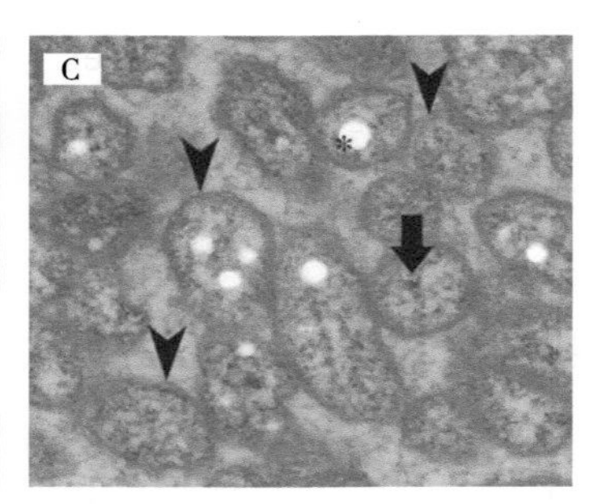

图8-21 湖红点鲑鳃上皮囊肿TEM观察

三、鲷鱼鱼囊肿菌（Candidatus *Ichthyocystis sparus* sp. nov.）

鲷鱼鱼囊肿菌（Candidatus *Ichthyocystis sparus* sp. nov. Seth-Smith，Dourala，Fehr et al.，2016）由瑞士苏黎世大学苏黎世功能基因组学中心、兽医学院兽医病理学研究所的Seth-Smith等（2016）报道，是养殖金头鲷鳃上皮囊肿的病原菌。种名“*sparus*”为新拉丁语名词，是指其宿主（fish host）为鲷鱼属（*Sparus*）的鱼[24]。

注：当时Seth-Smith等（2016）报道，即是将希腊鱼囊肿菌、鲷鱼鱼囊肿菌两个种同时描述的。需要注意在这里将两个种分别记述，实际上也都是反映了两个种的内容。

（一）基本性状

Seth-Smith等（2016）报道，进一步用荧光原位杂交探针对两种病原体，从16条鱼的鳃部切片进行鉴别。这两个种都可以在同一鳃切片中被鉴定，表明它们在阿古利达（2013）和阿卡迪亚（2013）样本中的为严重的共感染病原体（co-circulating pathogens）；而在2012样本中，只能鉴定出希腊鱼囊肿菌。连续切片的苏木精-伊红染色和荧光原位杂交染色显示，较光滑的囊肿含有希腊鱼囊肿菌，一些颗粒状囊肿（granular cysts）包含鲷鱼鱼囊肿菌。在每个囊肿内，都可以看到单独标记的细菌颗粒（bacterial particles）[24]。

在基因组分析方面，对10个来自个体的或混合囊肿的DNA提取物样本，进行全基因组测序。所有样本的数据都反应到了鱼囊肿菌属细菌16S rRNA基因，没有覆盖衣原体序列，证实这些大的包囊含有鱼囊肿菌属细菌。选择两个样本进行重新组装（novo assembly），分别代表希腊鱼囊肿菌，为2013年从阿卡迪亚采集的样本鱼（fish 2013Ark11）；鲷鱼鱼囊肿菌，为2013年从阿古利达采集的样本鱼（fish 2013Arg41）。β-变形菌纲细菌的基因组相对较小，约为2.3Mb。使用KEGG分析来研究2013Ark11和2013Arg41的基因组中编码的功能，两者给出了非常相似的结果，这两个基因组也包含了Ⅱ型分泌系统（Type Two Secretion Systems，T2SS）和Ⅲ型分泌系统（T3SS）的一些结构亚单位（structural subunits）。一个显著的基因组特征是出现了扩展的基因家族（expanded families），首先观察到这两个基因组之间存在较大的差异区域，在2013Ark11中鉴定出433个编码序列（coding sequences，CDSs），占所有注释编码序列（annotated CDSs）的28%；在2013Arg41中鉴定出544个编码序列，占所有注释编码序列31%；它们属于30个新的基因家族（novel gene families），其中许多是内部串联排列的（within tandem arrays），每个种的基因组包含9个独特的家族，共有12个家族，最大的一个科包含200个成员，这表明这些家族的复制和多样化是该属细菌一个重要的进化策略。很少有家族具有赋予它们的假定功能：在鲷鱼鱼囊肿菌基因组中约96个家庭成员，不存在希腊鱼囊肿菌中，包含与ShET2肠毒素（ShET2 enterotoxin）N-氨基末端（N-terminal domain）相关的Pfam PF07906结构域（Pfam PF07906 domain）[24]。

图8-22显示为区分希腊鱼囊肿菌和鲷鱼鱼囊肿菌的荧光图像。图8-22A、图8-22B为2013年从阿古利达采集的样本（fish 2013Arg11）的连续切片，图8-22A为用抗鱼囊肿菌属细菌引起囊肿的探针Ichthyo290-Cy3对整个新属、图8-22B为用抗鱼囊肿菌属细菌引起囊肿的探针Ichthyo230-Cy3进行探测的，具有5个与鲷鱼鱼囊肿菌16S rRNA基因序列不匹配的位点，因此仅针对希腊鱼囊肿菌。鲷鱼鱼囊肿菌引起的囊肿在图8-22A中被标记、在图8-22B中未能够被标记（箭头示）。图8-22C、图8-22D为与探针Ichthyo290-Cy3杂交的典型囊肿的展开图像（deconvolved images），图8-22C为2013年从阿古利达（2013Arg42）鱼的，含有希腊鱼囊肿菌的囊肿；图8-22D为2013年从阿古利达（2013Arg23）鱼的，含有鲷鱼鱼囊肿菌的囊肿。所有的荧光原位杂交探针都用Cy3（红色示）标记，所有的切片都用荧光染料4′,6-二脒基-2-苯基吲哚（DAPI）进行复染DNA（蓝色示）[24]。

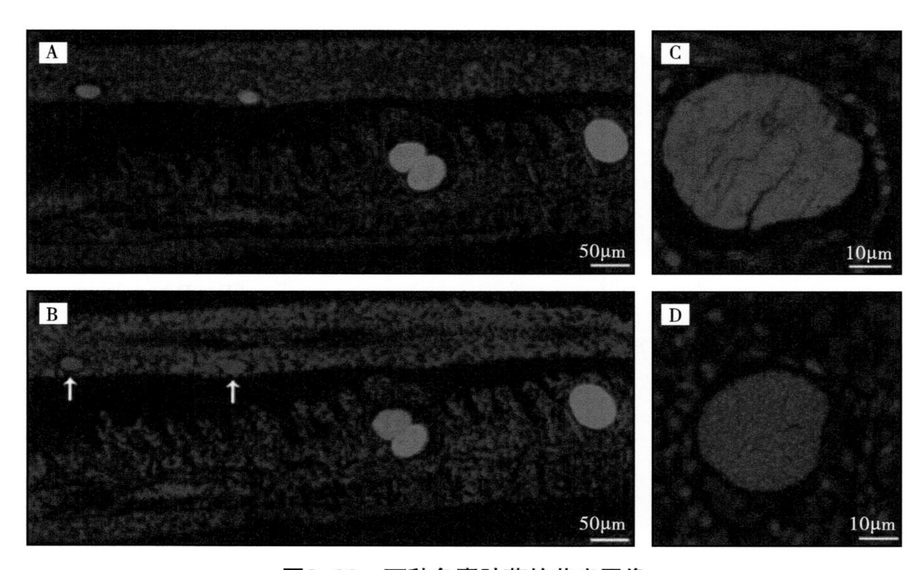

图8-22　两种鱼囊肿菌的荧光图像

另外，在基因组分析方面，相继是瑞士苏黎世大学苏黎世功能基因组学中心（Functional Genomics Center Zürich，University of Zürich，Zürich，Switzerland）的Qi等（2016）报道，研究中应用微型亚基因组测序法（mini-metagenome sequencing method）组装（assemble）了地中海水产养殖金头鲷的一种新的感染病病原菌即上皮囊肿的未能够培养的病原体（uncultured causative agents）的基因组图（genome drafts）。对多个囊肿样本进行了测序，并从一个新的β-变形菌纲谱系（β-Proteobacterial lineage）的鱼囊肿菌属（Candidatus *Ichthyocystis*）细菌构建了11个基因组图（constructed 11 genome drafts）。该基因组图显示了具有专性细胞内生活方式（obligate intracellular lifestyle）的病原菌的典型特征：基因组减少（reduced）高达2.6Mb，DNA中G+C含量降低，代谢能力降低。代谢途径重建显示，这种鱼囊肿菌属细菌基因组缺乏所有氨基酸合成途径，迫使它们从鱼宿主觅食（scavenge）。所有的基因组编码Ⅱ型（T2SS）、Ⅲ型（T3SS）Ⅳ型（T4SS）分泌系统，大量预测效应器（effectors）和Ⅳ型菌毛（type IV pilus），这些都被认为是毒力因子，是黏附、侵袭和操纵宿主（host manipulation）所必需的。然而，没有发现合成脂多糖的证据。除在属内共享的核心功能外，显示出不同种间的区别，其特征是具有可供选择的大基因家族（large gene families），它们构成了每个基因组的1/3，似乎是通过复制和多样化产生的，编码许多效应蛋白（effector proteins），似乎对毒力至关重要。因此，鱼囊肿菌属细菌代表了一个新的专性细胞内致病性鱼囊肿菌属细菌。所使用的方法：微型亚基因组分析和手工注释，对新的、未培养的病原体的生活方式和进化产生了重要的见解，阐明了许多假定的毒力因子，包括前所未有的一系列新基因家族（novel gene families）[26]。

基因组测序研究的样本收集和命名，即为Seth-Smith等（2016）报道的。即在于2013年6月阿古利达、10月阿卡迪亚的上皮囊肿暴发期间，从养鱼场采集的样本。此项研究结果表明，鱼囊肿菌属细菌的基因组显示了专性细胞内病原体的新进化机制（novel evolutionary mechanisms）。这些细菌的代谢能力表明它们不能独立生长，因为它们不能合成任何氨基酸。这意味着它们如何传播是未知的，并提供了可能有助于体外培养尝试的信息。大规模扩展的基因家族的进化表明，这些家族成员具有关键功能，可能被选为毒力因子。与毒力有关的其他因素也存在，包括T2SS、T3SS、T4SS和Tfp；这些细菌的细胞壁结构是不寻常的，因为似乎缺乏脂多糖成分。Tfp在鱼囊肿菌属细菌的动力和致病机制中的作用，将是今后研究的热点[26]。

图8-23为鱼囊肿菌属细菌的表面结构和分泌系统及参与其产生的编码序列（CDSs）。图8-23A部分为鉴定的结构示意：T2SS、Tfp、T3SS和T4SS的肽聚糖层（peptidoglycan layer）被描绘成浅蓝色带，缺失的脂多糖被描绘成浅灰色。这4个分泌系统（secretion systems）的几乎所有成分都位于鱼囊肿菌属两个种的参考基因组中，

只有T2SS的前导蛋白GspS（GspS pilotin）、T3SS的YscI、T4SS的VirB7和VirD4尚未被确认。标示的OM指细菌外膜（bacterial outer membrane），IM指细菌内膜（bacterial innner membrane）。图8-23B部分为分别显示与T2SS、Tfp、T3SS和T4SS的结构成分有关的基因簇，图8-23A中每个大分子结构中的颜色反映在相应的编码序列（CDSs）中，编码序列（CDSs）相对于样本鱼2013Ark11的基因组图编号（希腊鱼囊肿菌，位点标记Ark11_0），与样本鱼2013Arg41为同等效，尚未指定功能的基因簇中的编码序列（CDSs）显示为白色，一个I类（class Ⅰ）T3SS伴侣（T3SS chaperone）标记为ChI（红色）、连同5个Ⅱ类（ChⅡ）T3SS伴侣标记为砖红色（brick red）[26]。

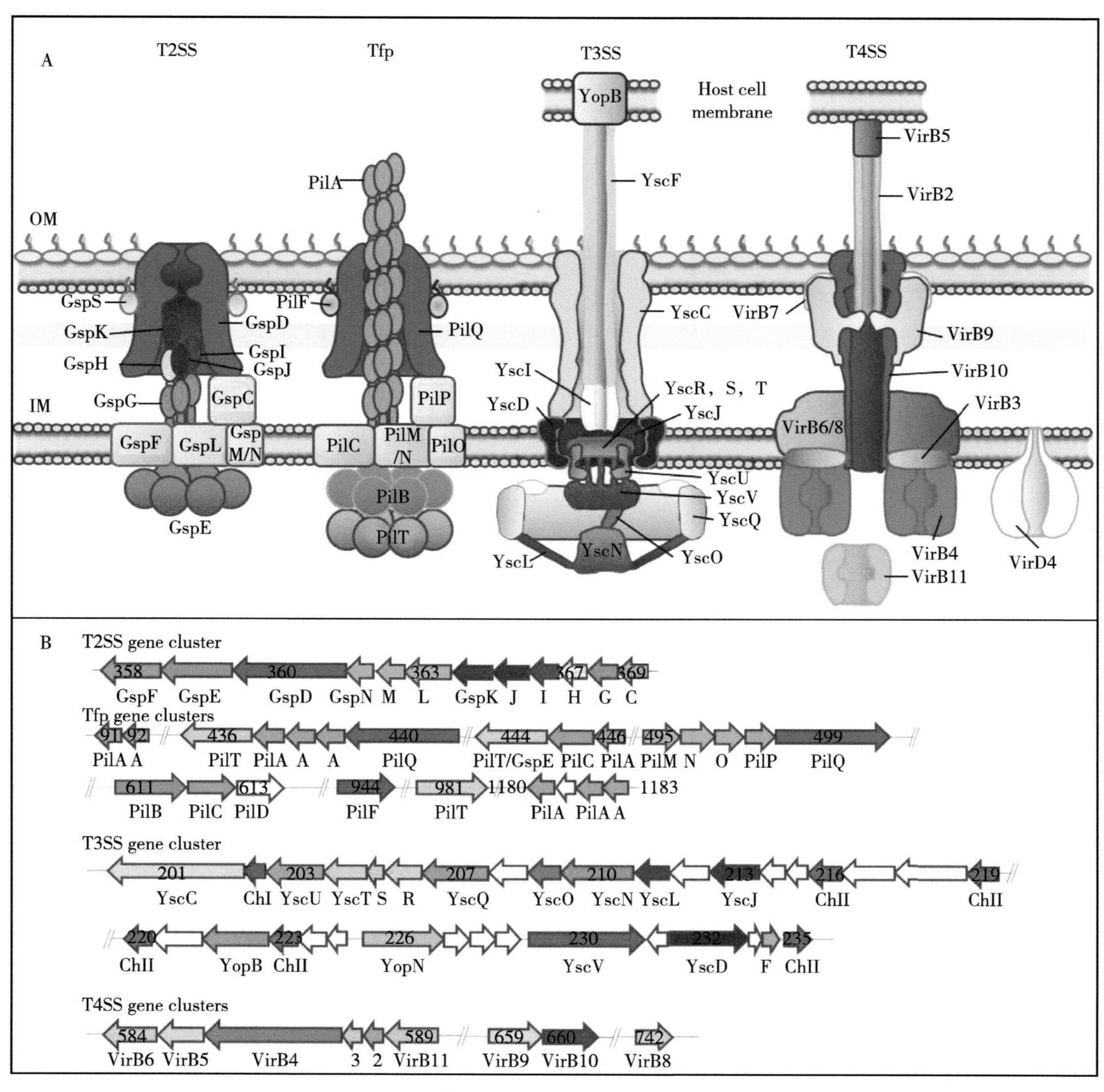

图8-23　鱼囊肿菌属细菌的基因结构示意

图8-24显示鱼囊肿菌属细菌的透射电子显微镜观察结果。在所有的图像中都可以清晰看到细菌的双层膜，由14 ~ 17nm（图8-24A中的白色三角形示）隔开。在它们之间，常可看到一排电子密度小的颗粒（图8-24A、图8-24B中黑色箭头示）或一根细丝（filament）（图8-24A、图8-24C、图8-24D中的白色箭头示），在这种情况下，内、外膜被30 ~ 35nm（图8-24A中的黑色三角形）隔开，这些结构可能代表横切面或纵向切面的周质细丝（periplasmic filaments）。在与之相反的极点（opposite pole）上，双层膜不那么明显，并且经常被一系列的精细结构（图8-24A中的开放箭头示）所连接；在某些情况下，这些结构似乎也与相对的细菌（opposing bacteria）紧密相连（图8-24B中的开放箭头示），细菌之间的小泡（vesicles）是常见的（图8-24B、图8-24C中的星号示）。图8-24D显示了从细菌（白五角星示）突出（projecting）出来的结构[26]。

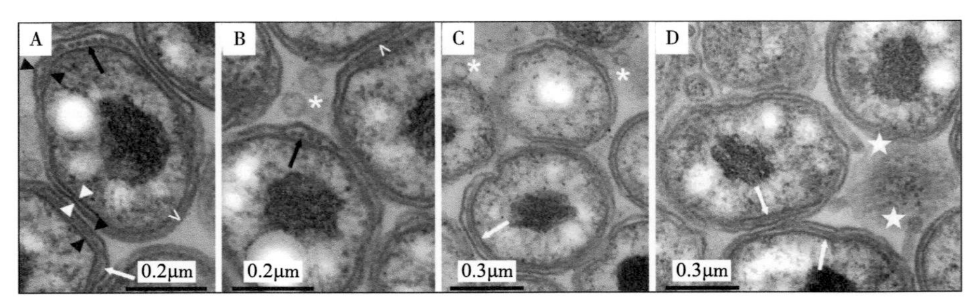

图8-24　鱼囊肿菌属细菌的TEM观察结果

瑞士苏黎世大学苏黎世功能基因组学中心、兽医学院兽医病理学研究所的Seth-Smith［当前地址：瑞士巴塞尔大学附属医院、生物医学系（Present Address：Clinical Microbiology，University Hospital Basel，Basel，Switzerland；Department of Biomedicine，University of Basel，Basel，Switzerland）］等（2017）相继报道，衣原体是专性细胞内细菌（obligate intracellular bacteria），虽然已有许多已知不同衣原体的基因组（genomes）及这些衣原体是如何调节各种形态的，但对衣原体门的系统发育却知之甚少，只被发现的是海洋脊椎动物（marine vertebrates）和淡水脊椎动物（fresh water vertebrates）的病原体，与之相关的疾病被称为上皮囊肿；然而，由于衣原体无法培养进行精细的体外试验，对病原体的分析受到阻碍。为此，研究开发了直接从受感染组织中分析引起上皮囊肿的细菌基因组和超微结构的工具，提供了相似衣原体科（family Candidatus Similichlamydiaceae）一个成员从深根支（deep-rooted clade）的结构数据（structural data），在希腊金头鲷上皮囊肿病变已用分子方法进行了鉴定，所提供的证据表明衣原体包涵体似乎在核周围发育，并且存在衣原体发育周期，形态类似于衣原体的网状体和原体，用透射电子显微镜和聚焦离子束扫描电子显微镜（focused ion beam-Scanning Electron Microscopy，FIB-SEM）观察到了具有多个浓缩核仁的较大网状体。作为宿主模型（model hosts），鱼类为此类研究提供了许多优势。

供试金头鲷幼鱼是如前所述，在萨罗尼科斯（Saronikos，Sar）的Selonda SA养殖场（Selonda SA farms）于2012年11月随机取样和在阿古利达（Argolida，Arg）于2013年6月上皮囊肿病暴发期间；对金头鲷幼鱼进行取样，采样是对养殖场鱼类健康进行常规监测的一部分内容[27]。

图8-25显示鱼囊肿菌属细菌和相似衣原体属（Candidatus *Similichlamydia* sp.）细菌感染金头鲷幼鱼鳃丝中的囊肿形态。图8-25A显示暗染色（darkly stained）的鱼囊肿菌属细菌感染的囊肿（星号示），典型地附着在初级片层（primary lamella）的基部，并填充在两个次级片层（secondary lamellae）间的空隙，被增殖的上皮细胞包围，完全包裹囊肿。相似衣原体属细菌引起的囊肿（方框内及箭头示的）染色较浅，通常呈簇状，通常位于初级片层基部，图8-25B1～图8-25B4显示两个小囊肿的连续1μm切片，宿主细胞核（箭头示）被压挤在包涵体和细胞膜之间，所示区域是从小方框内（图8-25A中右上角的）区域的放大。图8-25C显示图8-25A中右下角方框内高倍放大的，以更好地显示有宽厚包涵体膜（broad inclusion membranes）的相似衣原体属细菌引起的囊肿（similichlamydial cysts）。半薄（Semi-thin）1μm切片用甲苯胺蓝（toluidine blue）染色。

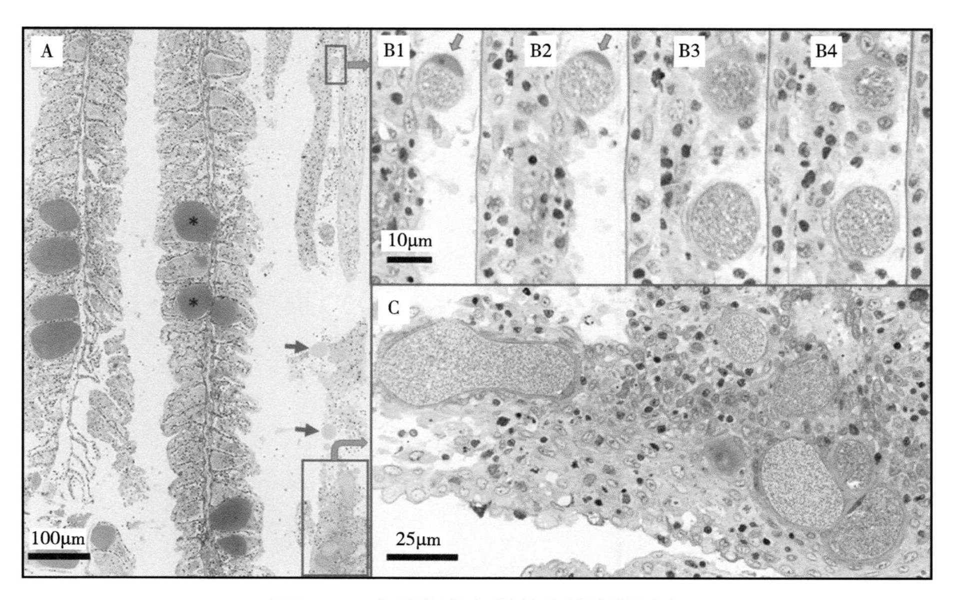

图8-25　金头鲷幼鱼鳃丝中的囊肿形态

图8-26为原位杂交（in situ hybridization，ISH）（图8-26A）、早期（图8-26C、图8-26D）和中期（图8-26A、图8-26B、图8-26E、图8-26F）囊肿的电子显微镜检验结果。图8-26A显示样本2013Arg23的用相似衣原体属细菌标记囊肿（Candidatus Similichlamydia labeled cyst）的正交投影（orthogonal projection），激光扫描共聚焦显微镜（Confocal laser scanning microscope，CLSM）观察显示用Pisci0312-Cy3染色的呈

红色、用荧光染料4′,6-二脒基-2-苯基吲哚（DAPI）进行复染的呈蓝色。图8-26B为透射电子显微镜观察显示的囊肿，可见相似的空泡间隙（星号示）。图8-26C为透射电子显微镜观察显示在早期阶段的囊肿充满了无定形的细菌形式（bacterial forms），其中可以包含多个浓缩细菌拟核（bacterial nucleoids）。图8-26D显示用聚焦离子束扫描电子显微镜进行三维成像（3D imaging），可以最佳显示在图8-26C中的形态，显示了包含多个浓缩拟核（condensed nucleoids）的大的无定型网状体（large amorphous RB）的分段重建（segmented reconstruction）。图8-26E显示在图8-26B中的高倍图像，揭示了中间体（IBs）的不对称芽殖（asymmetrical budding），个别细菌在从网状体释放之前首先被外膜包围，大的电子低密度空间可以很好地代表残余网状体（remnant RBs），在芽殖过程完成后遗留下来。图8-26F显示较小网状体的不对称芽殖也很明显，如一个网纹网（reticular network），经常可在宿主细胞内观察到并包围包涵体。

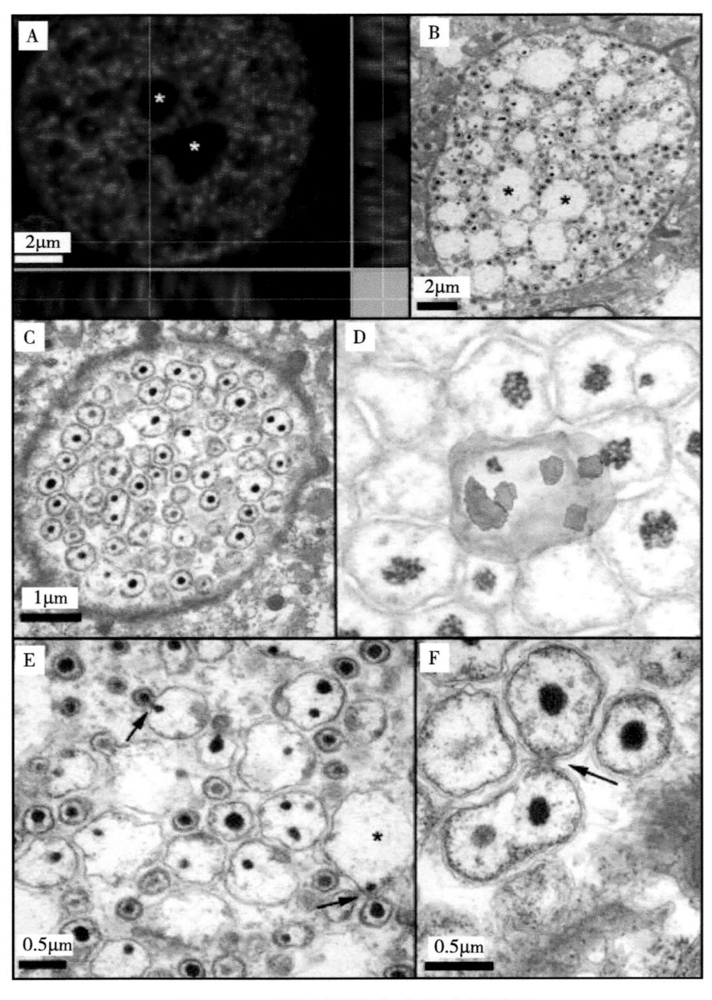

图8-26　囊肿原位杂交和电镜检验

图8-27为相似衣原体属细菌引起的囊肿晚期阶段的透射电子显微镜观察，囊肿中含有均匀的原体样形式（EB-like forms）。显示整个囊肿（图8-27A）的形态，以及一组高倍放大的单个原体（图8-27B、图8-27C、图8-27D）图像，显示与极性位置（polar location）的细菌膜（bacterial membrane）相关的、紧密凝聚的染色体（tightly condensed chromosomes）（星号示），细菌膜跨越肌动蛋白（spanning actinae）呈细丝状体（箭头示）从细菌外膜向外突出。通过挤压外膜空泡（outer membrane vesicles）（图8-27B、图8-27C、图8-27D中的开口箭头示），原体的大小似乎减小，变得更紧密，尽管这也可能是所用化学固定方法的收缩导致的[27]。

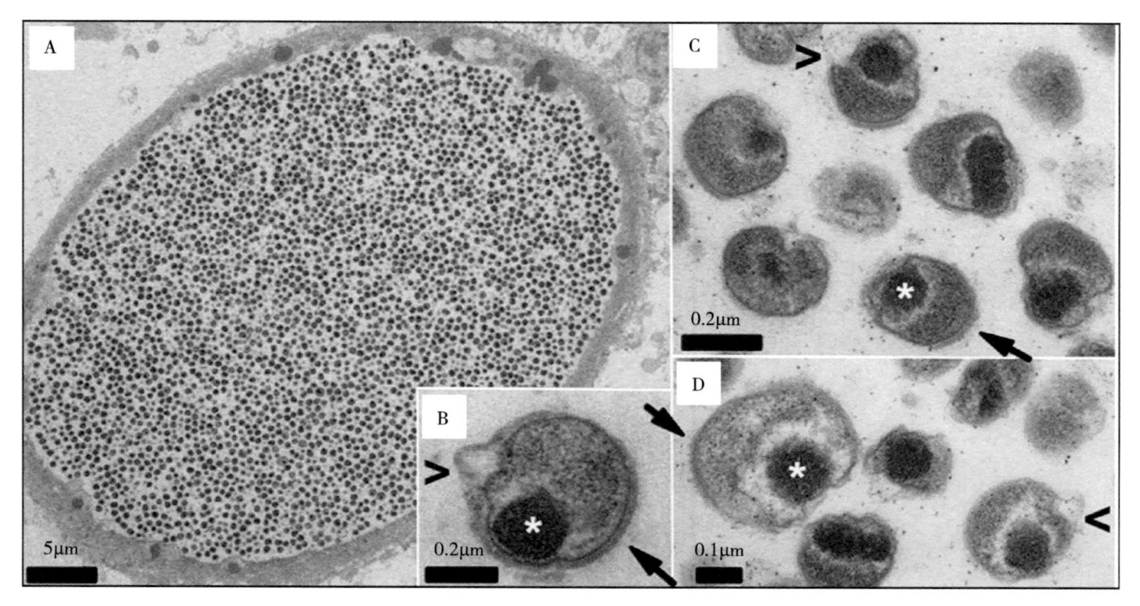

图8-27　相似衣原体属细菌引起的囊肿

（二）病原学意义

瑞士苏黎世大学苏黎世功能基因组学中心、兽医学院兽医病理学研究所的Seth-Smith等（2016）报道，对囊肿的进一步成像可以更深入地了解这些未能培养的细菌（uncultured bacteria）及其与宿主组织的相互作用。2012年从萨罗尼科斯采集的样本（2012Sar），扫描电镜观察显示囊肿在上皮细胞中臌胀（bulging），增生的鳃和融合的片层被过量的黏液覆盖。

对14条鱼鳃的切片进行透射电镜观察，并使用聚焦离子束扫描电子显微镜（FIB-SEM）进行三维成像，允许在选定的平面上对样本进行特定分析，以帮助特定结构的可视化，但电镜图像不能区分含有希腊鱼囊肿菌或鲷鱼鱼囊肿菌的囊肿。没有证据表明存在衣原体样的发育周期（*Chlamydia*-like developmental cycle），在囊肿的外面存在复制的细菌，在囊肿的中间有不同的感染形式，因为在整个囊肿中都可以看到类似的细菌形式。在组织学和刀豆蛋白A（concanavalin A）染色下，宿主细胞膜的囊肿膜周围可见交叉的上皮细胞突（interdigitating epithelial cell processes）；在电子显微镜的图像，可见细胞膜由桥粒（desmosomes）紧密相连。无法确定囊肿是否在单个上皮细胞内、然后被其他细胞包裹，或者是多个上皮细胞联合来包裹正在发育的囊肿[24]。

图8-28显示从荧光原位杂交和聚焦离子束扫描电子显微镜（FIB-SEM）选择的图像，为2013年从阿古利达采集的样本鱼（fish 2013Arg42）的囊肿。图8-28A为从阿古利达采集的样本鱼（fish 2013Arg23）的、用抗鱼囊肿菌属细菌（Ichthyo-290）与希腊鱼囊肿菌杂交的（红色示），随后用刀豆蛋白A-Alexa488（concanavalin A-Alexa488）对质膜（plasma membranes）上的膜糖蛋白（glycoprotein membrane proteins）染色（绿色示），对DNA用荧光染料4′,6-二脒基-2-苯基吲哚（DAPI）进行复染（蓝色示），可以看到囊肿被完全包裹，囊肿内的波浪状图案（wave-like patterns）是由人工切片造成的。图8-28B为囊肿边缘显示交错的上皮细胞（箭头示）和连接细胞突起的桥粒（desmosomes connecting cell processes）（星号示）。图8-28C为分裂细菌（中心），有些细菌含有一个致密体（dense body）（箭头示），与疑似拟核物质的主体不相连。图8-28D显示可见清晰界定的双层膜，与小泡相连（箭头示）。图8-28E显示一个长的细菌（箭头示）。图8-28F显示许多细菌中存在小而透明的空泡（箭头示）[24]。

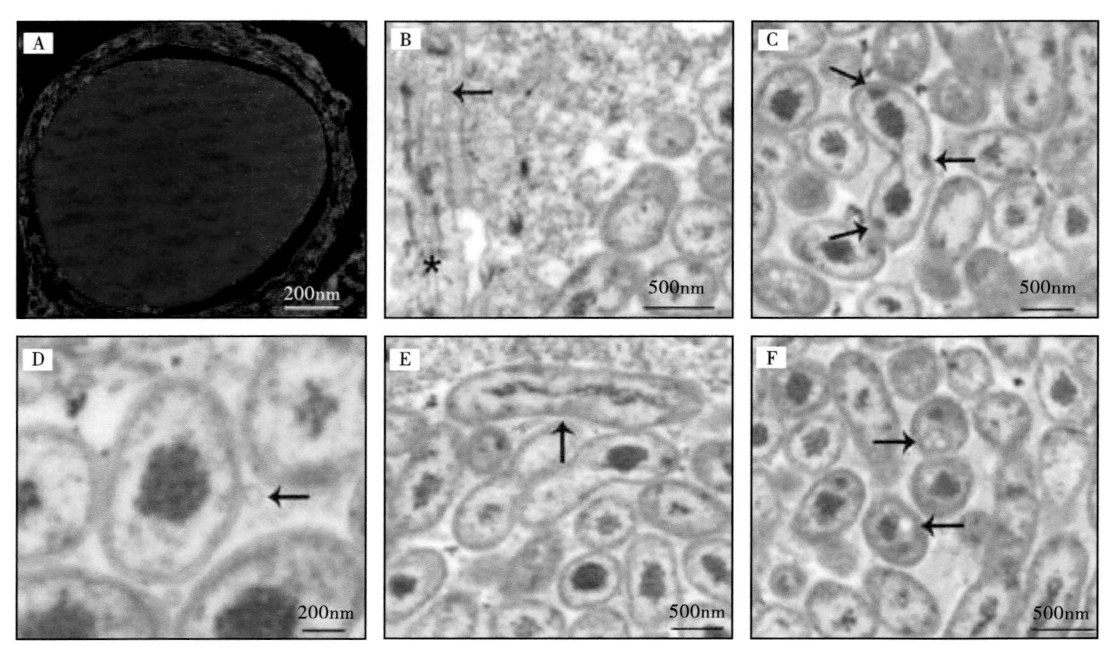

图8-28　囊肿菌的荧光与FIB-SEM图像

参考文献

［1］ WOO P T K，BRUNO D W. Fish diseases and disorders，Volume 3：Viral，Bacterial and Fungal Infections[M]. 2nd ed. Cornwall：MPG Books Group，2011：324-329.

［2］ ROBERTS R J. Fish pathology[M]. 4th ed. Malden：Blackwell Publishing Ltd，2012：369-370.

［3］ AUSTIN B，AUSTIN D A. Bacterial fish pathogens disease of farmed and wild fish[M]. 6th ed. Cham：Springer International Publishing Switzerland. 2016：630-632.

［4］ TOENSHOFF E R，KVELLESTAD A，MITCHELL S O，et al. A novel betaproteobacterial agent of gill epitheliocystis in seawater farmed Atlantic salmon（*Salmo salar*）[J]. PLOS ONE，2012，7（3）：e32696.

［5］ MITCHELL S O，STEINUM T M，TOENSHOFF E R，et al. ‘Candidatus *Branchiomonas cysticola*’ is a common agent of epitheliocystis in seawater-farmed Atlantic salmon *Salmo salar* in Norway and Ireland[J]. Diseases of Aquatic Organisms，2013，103（1）：35-43.

［6］ GUNNARSSON G S，KARLSBAKK E，BLINDHEIM S，et al. Temporal changes in infections with some pathogens associated with gill disease in farmed Atlantic salmon（*Salmo salar* L.）[J]. Aquaculture，2017，468：126-134.

［7］ WIIK-NIELSEN J，GJESSING M，SOLHEIM H T，et al. Ca. *Branchiomonas cysticola*，Ca. *Piscichlamydia salmonis* and salmon gill pox virus transmit horizontally in Atlantic salmon held in fresh water[J]. Journal of Fish Diseases，2017，40：1387-1394.

［8］ THAKUR K K，VANDERSTICHEL R，LI S，et al. A comparison of infectious agents between hatchery-enhanced and wild out-migrating juvenile chinook salmon（*Oncorhynchus tshawytscha*）from Cowichan River，British Columbia[J]. FACETS，2018，3：695-721.

［9］ TWARDEK W M，CHAPMAN J M，MILLER K M，et al. Evidence of a hydraulically challenging reach serving as a barrier for the upstream migration of infection-burdened adult steelhead. Conservation Physiology[J]，2019，7（1）：coz023.

［10］ GJESSING M C，STEINUM1 T，OLSEN A B，et al. Histopathological investigation of complex gill disease in sea farmed Atlantic salmon[J]. PLOS ONE，2019，14（10）：e0222926.

[11] KURAHASHI M，YOKOTA A. *Endozoicomonas elysicola* gen. nov. sp. nov.，a γ-proteobacterium isolated from the sea slug *Elysia ornata*[J]. Systematic and Applied Microbiology，2007，30：202–206.

[12] NISHIJIMA M，ADACHI K，KATSUTA A，et al. *Endozoicomonas numazuensis* sp. nov.，a gammaproteobacterium isolated from marine sponges，and emended description of the genus *Endozoicomonas* Kurahashi and Yokota 2007[J]. International Journal of Systematic and Evolutionary Microbiology，2013，63：709–714.

[13] PIKE R E，HALTLI B，KERR R G. Description of *Endozoicomonas euniceicola* sp. nov. and *Endozoicomonas gorgoniicola* sp. nov.，bacteria isolated from the octocorals *Eunicea fusca* and *Plexaura* sp.，and an emended description of the genus *Endozoicomonas*[J]. International Journal of Systematic and Evolutionary Microbiology，2013，63：4294–4302.

[14] BARTZ J O，BLOM J，BUSSE H J，et al. *Parendozoicomonas haliclonae* gen. nov. sp. nov. isolated from amarine sponge of the genus *Haliclona* and description of the family Endozoicomonadaceae fam. nov. comprising the genera *Endozoicomonas*，*Parendozoicomonas*，and *Kistimonas*[J]. Systematic and Applied Microbiology，2018，41（2）：73–84.

[15] SHEU S Y，LIN K R，HSU M，et al. *Endozoicomonas acroporae* sp. nov.，isolated from Acropora coral[J]. International Journal of Systematic Evolutionary Microbiology，2017，67（10）：3791–3797.

[16] APPOLINARIO L R，TSCHOEKE D A，RUA C P J，et al. Description of *Endozoicomonas arenosclerae* sp. nov. using a genomic taxonomy approach[J]. Antonie van Leeuwenhoek，2016，109（3）：431–438.

[17] APPOLINARIO L R，TSCHOEKE D A，RUA C P J，et al. Erratum to：Description of *Endozoicomonas arenosclerae* sp. nov. using a genomic taxonomy approach[J]. Antonie van Leeuwenhoek，2016，109：1071–1072.

[18] SCHREIBER L，KJELDSEN K U，OBST M，et al. Description of *Endozoicomonas ascidiicola* sp. nov.，isolated from Scandinavian ascidians[J]. Systematic and Applied Microbiology，2016，39（5）：313–318.

[19] HYUN D W，SHIN N R，KIM M S，et al. *Endozoicomonas atrinae* sp. nov.，isolated from the intestine of a comb pen shell *Atrina pectinata*[J]. International Journal of Systematic and Evolutionary Microbiology，2014，64（4）：2312–2318.

[20] CHEN W M，LIN K R，SHEU S Y. *Endozoicomonas coralli* sp. nov.，isolated from

the coral *Acropora* sp[J]. Archives of Microbiology，2019，201（4）：531–538.

［21］KATHARIOS P，SETH-SMITH H M B，FEHR A，et al. Environmental marine pathogen isolation using mesocosm culture of sharpsnout seabream：striking genomic and morphological features of novel *Endozoicomonas* sp[J]. Scientific Reports，2015，5：17609.

［22］YANG C S，CHEN M H，ARUN A B，et al. *Endozoicomonas montiporae* sp. nov.，isolated from the encrusting pore coral *Montipora aequituberculata*[J]. International Journal of Systematic and Evolutionary Microbiology，2010，60（5）：1158–1162.

［23］MENDOZA M，GÜIZA L，MARTINEZ X，et al. A novel agent（*Endozoicomonas elysicola*）responsible for epitheliocystis in cobia *Rachycentrum canadum* larvae[J]. Diseases of Aquatic Organisms，2013，106（1）：31–37.

［24］SETH-SMITH H M B，DOURALA N，FEHR A，et al. Emerging pathogens of gilthead seabream：characterisation and genomic analysis of novel intracellular β-proteobacteria[J]. The ISME Journal，2016，10：1–13.

［25］CONTADOR E，METHNER P，RYERSE I，et al. Epitheliocystis in lake trout *Salvelinus namaycush*（Walbaum）is associated with a β-proteobacteria[J]. Journal of Fish Diseases，2015，11（5）：12369.

［26］QI W，VAUGHAN L，KATHARIOS P，et al. Host-associated genomic features of the novel uncultured intracellular pathogen Ca. *Ichthyocystis* revealed by direct sequencing of epitheliocysts[J]. Genome Biology and Evolution，2016，8：1672–1689.

［27］SETH-SMITH H M B，KATHARIOS P，DOURALA N，et al. *Ca. Similichlamydia* in epitheliocystis co-infection of gilthead seabream gills：unique morphological features of a deep branching chlamydial family[J]. Frontiers in Microbiology，2017，8：1–9.

（陈翠珍　撰写）